HISTOIRE

DES

MATHÉMATIQUES.

TOME PREMIER.

V ℔ 703
3.

HISTOIRE

DES

MATHÉMATIQUES,

Dans laquelle on rend compte de leurs progrès depuis leur origine jusqu'à nos jours ; où l'on expose le tableau et le développement des principales découvertes dans toutes les parties des Mathématiques, les contestations qui se sont élevées entre les Mathématiciens, et les principaux traits de la vie des plus célèbres.

NOUVELLE ÉDITION, CONSIDÉRABLEMENT AUGMENTÉE, ET PROLONGÉE JUSQUE VERS L'ÉPOQUE ACTUELLE ;

Par J. F. MONTUCLA, *de l'Institut national de France.*

TOME PREMIER.

A PARIS,

Chez Henri AGASSE, libraire, rue des Poitevins, n°. 18.

AN VII.

PRÉFACE.

Un des spectacles les plus dignes d'intéresser un œil philosophique, est sans contredit celui du développement de l'esprit humain et des diverses branches de ses connoissances. Le célèbre chancelier Bacon le remarquoit il y a plus d'un siècle et comparoit l'Histoire, telle qu'on l'avoit écrite jusqu'alors, à un tronc mutilé d'une de ses parties les plus nobles, à une statue privée d'un de ses yeux. Je ne sais cependant par quelle fatalité cette partie de l'Histoire a été jusqu'à ces derniers temps la plus négligée. Nos bibliothèques sont surchargées de prolixes narrations, de siéges, de batailles, de révolutions. Combien de vies de héros qui ne se sont illustrés que par les traces de sang qu'ils ont laissées sur leur passage! A peine trouve-t-on, comme Pline le remarque avec regret, quelques écrivains qui ayent eu l'idée de transmettre à la postérité les noms de ces bienfaiteurs du genre humain, qui ont travaillé, les uns à soulager ses besoins par leurs inventions utiles, les autres à étendre les facultés de son entendement, par leurs méditations et leurs recherches. Encore moins en trouve-t-on qui ayent songé à présenter le tableau des progrès de ces inventions, ou à suivre l'esprit humain dans sa marche et dans son développement. Un pareil tableau seroit-il donc moins intéressant que celui des scènes sanglantes que ne cessent de produire l'ambition et la méchanceté des hommes ?

Ce fut sans doute ce motif qui inspira, vers le commencement de ce siècle, à M. de Montmort, l'idée d'une Histoire de la géométrie. La manière dont il s'exprime à ce sujet vient trop bien ici pour l'omettre. « Il seroit fort à souhaiter, dit-il dans » une de ses lettres à Bernoulli (1), que quelqu'un voulut prendre » la peine de nous apprendre comment et dans quel ordre les » découvertes mathématiques se sont succédé les unes aux autres, » et à qui nous en avons l'obligation. On a fait l'histoire de la » peinture, de la musique, de la médecine ; une bonne his- » toire de la géométrie seroit un ouvrage beaucoup plus cu- » rieux et plus utile. Quel plaisir n'auroit-on pas à voir la

_____

(1) *Analyse des jeux de hasard*, seconde édition, page 399.

Tome I.   a

» liaison des méthodes, l'enchaînement des nouvelles théories,
» à commencer depuis les premiers temps jusqu'au nôtre. Un
» tel ouvrage, bien fait, pourroit être regardé comme l'histoire
» de l'esprit humain, puisque c'est dans cette science, plus
» que dans toute autre, que l'homme fait connoître l'excellence
» de l'intelligence que Dieu lui a donnée pour l'élever au-dessus
» de toutes les autres créatures ». M. de Montmort ne s'en
tint pas à ces souhaits et à recommander cette histoire ; il
l'entreprit bientôt lui-même, et l'avoit même fort avancée,
comme l'apprend un fragment d'une de ses lettres rapporté dans
les Actes de Léipsick (1). Quel homme pouvoit mieux l'exécuter que ce savant géomètre, qui à ses profondes connoissances,
joignoit l'avantage d'une correspondance fort étendue qui le
lioit avec la plupart des principaux géomètres de l'Europe f
mais sa mort nous a envié ce précieux ouvrage, et les recherches que j'en ai faites autrefois auprès de ses héritiers, par
l'entremise d'un homme célèbre, M. de la Condamine, qui
étoit lié avec eux, n'ont abouti qu'à m'assurer de la destruction
ou de la dispersion totale de ces manuscrits précieux.

Ce sont ces mêmes motifs et un goût mélangé pour l'érudition et les mathématiques, qui m'inspirèrent, il y a bien des
années, dans ma province, et avant que de connoître ces
souhaits de Bacon et de M. de Montmort, l'entreprise que j'ai
exécutée depuis. Je m'étois, à la vérité, d'abord borné à l'histoire de la géométrie et des mathématiques pures ; mais la
crainte de faire un ouvrage qui n'eût intéressé qu'un trop petit
nombre de lecteurs, et les exhortations de quelques personnes,
me firent étendre mon plan jusqu'à l'histoire générale des mathématiques. Peut-être eussé-je mieux fait de m'en tenir à mon
premier projet.

Quoiqu'il en soit, voici la manière dont je l'ai exécuté. J'ai
d'abord remonté aussi haut qu'il étoit possible vers l'origine
de ces sciences. J'ai suivi ensuite leurs traces chez les plus anciens peuples, et substituant quelquefois à un développement
inconnu, un développement fictice et probablement peu diffé-

(1) Année 1721, page 215.

rent du véritable. De là j'ai passé à rendre compte de leurs progrès dans tous les âges, faisant connoître surtout les découvertes propres à chacun, ou celles dont ils présentent les premiers germes. Quoique je ne me sois point proposé de faire l'histoire de ceux qui ont cultivé les mathématiques, c'est une partie que je n'ai pas entièrement négligée. J'ai donné des notices assez détaillées sur la personne, la vie et les écrits des mathématiciens les plus célèbres. J'ai aussi rendu compte des contestations qu'on a vu quelquefois s'élever dans le sein des mathématiques, et je crois avoir fait de la plupart de ces procès célèbres un rapport précis et exact. Enfin, ce qui étoit le point le plus essentiel, je me suis particulièrement attaché à présenter une idée distincte et les véritables principes de toutes les théories de quelque considération qui composent le système des mathématiques.

Tel est le plan que je me suis proposé, et que j'ai tâché de remplir. Mon premier dessein étoit de prolonger cette histoire jusques vers le milieu de ce siècle; mais l'abondance de la matière et des circonstances particulières me forcèrent à m'arrêter au commencement de ce siècle. Jetté depuis, par les événemens de la fortune, dans une carrière toute différente, si je n'ai pas entièrement perdu de vue les mathématiques, il s'est quelquefois écoulé des années sans que j'y aie songé. Je me bornois à voir dans le lointain la possibilité de jouir de quelque loisir pour donner une seconde édition de mon Ouvrage, avec beaucoup d'additions et de corrections; car ses imperfections nombreuses ne m'avoient pas échappé. Mais les événemens de la révolution m'ont laissé plus de loisir que je n'en désirois. Le besoin de m'occuper, disons mieux, le besoin de travailler pour suppléer à la perte d'un état avantageux et de la plus grande partie d'une fortune acquise par près de trente années de travail, m'ont rejetté dans la carrière que j'avois abandonnée. Enfin, les sollicitations de quelques personnes trop satisfaites de mon ancien Ouvrage m'ont fait reprendre le fil de mes anciennes idées, et entreprendre la continuation de cette histoire intéressante. Si j'entre dans ces détails, qu'on n'imagine pas que ce soit par un sentiment trop vif des suites de ces événemens, mais pour me concilier l'indulgence de mes lecteurs, relativement aux fautes qui ont dû nécessairement m'échapper, après un si long divorce d'avec les mathématiques.

J'ai donc osé entreprendre la suite de cette histoire pendant le siècle à la fin duquel nous touchons ; et cette partie formera deux volumes *in-quarto*, qui paroîtront après ces deux premiers. Cette étendue ne paroîtra certainement pas trop considérable à quiconque aura quelqu'idée de l'accroissement étonnant de ces sciences pendant ce siècle.

Tout lecteur intelligent sentira sans peine, et a dû sentir dès la première édition de cet ouvrage, les difficultés que j'ai eues à surmonter pour remplir un pareil plan. Que de livres à lire, extraire, parcourir et comparer, pour rassembler les matériaux de mon édifice ! J'ajouterai à cela la connoissance des langues principales de l'Europe, pour pouvoir consulter une foule de livres non traduits. Heureusement j'avois été dès ma jeunesse un peu atteint de la glossomanie. Je ne dis rien de la nécessité d'allier à ces recherches une connoissance suffisamment approfondie de toutes les parties des mathématiques, dont le système est si vaste; c'étoit le premier élément de mon projet. Et qu'auroit fait sans cela le téméraire qui auroit formé une pareille entreprise, si ce n'est un ouvrage vuide de choses, et plein de fautes propres à apprêter à rire aux mathématiciens ? Ce n'est pas tout : les matériaux de cet ouvrage rassemblés, il falloit les mettre en ordre, et en former un tout dont les parties eussent de la liaison entr'elles; écrire enfin une histoire, non une chronique décousue. Cela faisoit dire au célèbre Wolf, qui désiroit fort l'exécution d'une pareille entreprise, et qui en sentoit les difficultés, qu'une bonne histoire des mathématiques ne paroîtroit que *ad graecas calendas*. C'est son expression. Ces difficultés, j'ai tenté de les surmonter. Si j'y ai quelquefois échoué, peut-être au moins me saura-t-on quelque gré de mes efforts.

J'ai dit plus haut, et je l'ai dit avec confiance, qu'à peine

l'entrée de la carrière dans laquelle je me suis jetté étoit légèrement frayée. Je dois donc faire connoître ceux qui, avant
moi, avoient tenté d'y entrer. Je vais en rendre un compte
impartial.

Il y eut parmi les anciens quelques hommes qui cultivèrent
ce genre d'érudition. Théophraste avoit écrit l'histoire de l'arithmétique, de la géométrie et de l'astronomie. Ces deux dernières
sciences eurent encore, vers le même temps, un historien dans
Eudemus, autre philosophe de l'école d'Aristote. Enfin, peu
avant l'ère chrétienne, Geminus avoit de nouveau écrit l'histoire
de la géométrie. Quel dommage que de tous ces ouvrages il
ne nous reste que le peu que Proclus paroît en avoir extrait, et
employé dans son prolixe commentaire sur le premier livre
d'Euclide ! Les autres écrivains de l'antiquité qui nous ont
transmis quelques traits de l'histoire de ces sciences, sont
Diogène Laërce, dans ses Vies des philosophes ; Plutarque,
dans ses *Placita philosophorum* ; Stobée, dans ses *Eclogae
physicae* ; l'anonyme auteur des *Philosophumena* ; et Achille
Tatius, dans son *Isagoge ad Arati phenomena*. Mais qu'est-ce
que ce petit nombre de traités isolés, et dont la plupart sont
défigurés par la crédulité et l'ignorance de la matière ?

A l'égard des modernes qui ont couru la même carrière,
voici ceux qui sont venus à ma connoissance.

Je crois pouvoir passer légèrement sur des ouvrages tels que
la *Chronica de' mathematici*, &c. de Bernardino Baldi, et la
Chronologia clarorum mathematicorum, de Blancanus. Ces
deux écrits ne sont qu'un catalogue aride de noms et de dates.

L'ouvrage de Vossius, intitulé : *De universae matheseos
natura et constitutione liber cui subjungitur chronologia mathematicorum* (Lugd. Bat. 1660), ne présente guère encore
que des divisions et des subdivisions des mathématiques, et
une énumération d'auteurs avec les titres de leurs ouvrages ;
énumération, au reste, dans laquelle les éloges pompeux sont
souvent distribués comme ils pouvoient l'être par un savant
qui avoit à peine quelque teinture de ces sciences. Je serois
cependant injuste, si je ne reconnoissois pas que cet ouvrage

m'a été par fois utile. C'est ainsi qu'une aride chronique de nos anciens auteurs a pu servir à ceux qui depuis ont écrit notre histoire.

Wallis publia, en 1684, une histoire de l'algèbre, sous le titre latin de *Algebræ tractatus historicus et practicus*, (il a aussi paru en anglois). Considéré du côté du savoir, cet ouvrage est assurément digne de Wallis; mais considéré du côté historique, il est tout-à-fait inexact. Son auteur semble n'avoir connu qu'un homme, savoir Harriot. On diroit que l'algèbre et tous ses procédés les plus ingénieux sont nés entre ces mains. J'ai mis cela dans le plus grand jour en divers endroits de cette histoire.

Tels étoient à peu près, jusqu'à la fin du dernier siècle, les ouvrages sur l'histoire des mathématiques. Celui ci en a produit, il faut en convenir, quelques-uns plus considérables antérieurement à la première édition du mien.

On doit mettre à cet égard dans le premier rang celui de M. Weidler, intitulé : *Historia astronomiae sive de ortu et progressu astronomiae liber singularis* (Witteb. 1741, in-4°.). Je serois ingrat envers un savant dont le travail m'a été souvent d'un grand secours, si je refusois à cet ouvrage un certain mérite. Mais je ne crains point de dire que ceux qui ont l'idée juste du vrai objet d'une histoire des mathématiques, ne verront guère dans cet ouvrage de M. Weidler, qu'une sorte de notice, fort étendue à la vérité, des mathématiciens et des titres de leurs ouvrages; mais que ce n'est point là une histoire de l'astronomie.

Ce que je viens de dire de l'ouvrage de Weidler est, à plus forte raison, applicable à celui que M. Heilbroner publia en 1742, sous le titre de *Historia matheseos ab orbe condito ad seculum XV*. (Lips. in-4°.). Indépendamment de ce qu'il ne conduit qu'à la fin du quinzième siècle, c'est l'histoire des mathématiques, comme l'amas informe des matériaux tirés d'une carrière est l'édifice auquel ils sont destinés. Je conviendrai néanmoins que ce chaos, car c'en est un vrai, m'a souvent fourni des lumières utiles, et des faits qui m'auroient échappé.

Je ne dis qu'un mot de l'écrit intitulé : *De praecipuis scriptis mathematicis*, qui forme une partie du cinquième volume du Cours mathématique de Wolf. C'est un recueil fait avec assez de choix, mais qui ne pouvoit guère me fournir que l'indication de quelques livres à consulter.

Je daigne à peine parler de l'*Histoire générale et particulière de l'Astronomie*, par M. Esteve (Paris, 1755; in-12, 3 vol.). C'est un ouvrage qui est rempli d'inexactitudes, de bévues et d'erreurs. Il est superflu de répéter ici les détails où j'entrois à cet égard dans la préface de ma première édition.

Mais depuis cette première édition, il a paru deux ouvrages auxquels j'aime à me flatter d'avoir en quelque sorte donné naissance par mon exemple, et qu'on peut véritablement qualifier d'histoire d'une science. Le premier est l'*Histoire de l'Astronomie*, de l'infortuné Bailly, et dont les différentes parties forment cinq volumes *in-quarto*. Le succès de cet ouvrage, qui a mérité à son auteur l'honneur, je crois unique, de ceindre le triple laurier académique, me dispense d'en dire davantage. Je me flatte néanmoins que ceux qui auront lu cette histoire de l'astronomie, trouveront encore dans ce que j'en dis, quoique d'une manière bien moins étendue, de quoi s'instruire et satisfaire leur curiosité.

L'autre ouvrage indiqué plus haut est une *Histoire de l'Optique*, par le fameux docteur Priestley. On s'étonnera sans doute de voir ce savant chimiste entrer dans cette carrière. Mais quelle est celle, sans en excepter la théologie et la politique, où il n'ait fait quelque excursion plus ou moins étendue. M. Priestley a d'ailleurs donné, en 1770, un Traité de perspective. Son Histoire de l'optique est, à la vérité, plus physique que mathématique ; mais elle est d'autant plus intéressante pour beaucoup de monde. Elle a été traduite en allemand, et cette traduction, augmentée de notes de M. Klügel, n'en est que plus précieuse ; car ce traducteur rectifie souvent des faits sur lesquels M. Priestley s'étoit trompé, et souvent en ajoute d'autres qui lui étoient échappés, ou même qu'il n'avoit pu connoître.

Il est temps de terminer cette préface, et je le fais par une réflexion. De toutes les sciences, les mathématiques sont celles dont les pas, dans la recherche de la vérité, ont de tout temps été les plus assurés. On les a vues souvent marcher avec lenteur ; elles ont été quelquefois, et même des siècles entiers, *stationnaires*, je veux dire arrêtées dans leur marche, et ne faisant aucun progrès sensible ; mais on les a vues moins que toute autre, *rétrogrades*, c'est-à-dire adoptant l'erreur pour la vérité. Car dans la marche de l'esprit humain, une erreur est un pas en arrière. Encore ceci ne regarde-t-il que les mathématiques mixtes, celles qui, par leur alliance avec la physique, ont dû se ressentir de la foiblesse et des erreurs de cette dernière. Mais il n'en est pas ainsi des mathématiques pures : leur marche ne fut jamais interrompue par ces chutes honteuses, dont toutes les autres parties de nos connoissances offrent tant d'exemples humilians. Quoi de plus propre à intéresser un esprit philosophique, et à lui inspirer pour ces sciences l'estime la plus profonde ?

N. B. Mon éloignement du lieu où s'imprimoit cet Ouvrage ne m'ayant pas permis de veiller assez commodément à sa correction, il s'y est glissé plusieurs fautes d'impression ; c'est pourquoi le lecteur est prié de jetter avant tout les yeux sur l'*Errata* qui est à la fin du second volume, ou de le consulter lorsqu'il se trouvera embarrassé. On n'y a d'ailleurs compris que les fautes typographiques. Les autres seront corrigées à la fin du même volume, où l'on trouvera en même-temps quelques additions qui vraisemblablement paroîtront intéressantes.

HISTOIRE

HISTOIRE
DES
MATHÉMATIQUES.

PREMIÈRE PARTIE,

Contenant l'Histoire des Mathématiques, depuis leur naissance jusqu'à la destruction de l'Empire Grec.

LIVRE PREMIER.

Discours préliminaire sur la nature, les divisions et l'utilité des Mathématiques.

SOMMAIRE.

I. Quelle est l'origine du nom des Mathématiques. II. Quelle est leur nature & leur objet. III. Leur division et leur différente étendue parmi les anciens et les modernes. IV. Développement métaphysique de ces Sciences, et de leurs différentes branches. V. Remarque utile sur celles qu'on nomme abstraites. VI. Eloges qu'elles ont reçus dans tous les temps des meilleurs esprits et des Philosophes les plus illustres. Examen de la manière de penser de Socrate à leur égard. VII. Réponse aux difficultés élevées contre elles par les Scepticiens et les Epicuriens. VIII. Leur défense contre ceux qui ont affecté de les déprimer. IX. Examen de la cause de la certitude des mathématiques, et surtout des mathématiques pures, et du charme particulier qui leur attache les bons esprits. X. Développement des utilités et des applications des mathématiques. Digression sur quelques usages chimériques que des esprits peu judicieux leur ont attribués. XI. Apologie des Mathématiques abstraites, et purement intellectuelles.

I.

Les Mathématiques, si nous en croyons un sentiment presque universel, doivent leur nom à l'estime où elles furent

Tome I.   A

auprès des Anciens. Frappés, dit-on, de la certitude lumineuse qui les caractérise, ils les appelèrent *Mathesis* ou *Mathemata;* ce qu'on explique par *Sciences*, comme étant de toutes les connoissances humaines, celles qui répondent le mieux à l'étendue de ce nom.

Cette étymologie est si heureuse, elle fait tant d'honneur à ces Sciences, que nous desirerions pouvoir l'établir sur les fondemens les plus solides. Il est bien vrai qu'*Aulugelle* nous dit (1) que l'antiquité donna le nom de *Mathématiques* à la Géométrie, à la Gnomonique, ainsi qu'à la Musique et aux autres connoissances supérieures, qu'il appelle *disciplinas altiores.* Mais ce témoignage, en nous instruisant du fait, ne nous paroît pas décisif quant au motif; et en effet, si cette prééminence des Mathématiques sur toutes les autres connoissances eût conduit les anciens dans le choix de cette dénomination, ne devroit-on pas en trouver chez eux des preuves plus décidées? Que devons-nous donc penser en voyant qu'ils furent aussi embarrassés que nous à en démêler la vraie cause? *Proclus* qui donne aux Mathématiques de si grands éloges, et qui rapporte avec tant de soin les sentimens de ses prédécesseurs sur leur nature, leurs divisions, &c. ne dit rien de cette prétendue origine: il va au contraire la chercher dans une métaphysique Platonicienne, trop déliée pour avoir quelque solidité (2). On a cité aussi en preuve de cette étymologie le témoignage de *Platon*, ou de l'auteur du livre *de mundo* (3); mais c'est en vain que je l'y ai cherché; on n'y lit rien de semblable.

Quelques modernes, peu contens ou peu persuadés de cette étymologie, en donnent une autre; ils la tirent de ce que lors de la naissance des Mathématiques, & durant les siècles qui la suivirent de plus près, elles étoient les premières instructions qu'on reçût chez les philosophes. En effet, la rhétorique, la dialectique, la grammaire, la morale, qui eurent dans la suite tant de part à la culture de l'esprit, étoient encore à naître; les Mathématiques et la Philosophie naturelle occupoient presque seules l'entendement humain: celle-ci étoit toujours précédée de l'étude des premières qui en étoient comme l'avenue et l'introduction. Tout le monde sait que dans l'école de *Pythagore*, la classe des mathématiciens précédoit celle des physiciens; que *Platon*, dans des temps bien postérieurs, excluoit de ses leçons physiques et métaphysiques, ceux qui ignoroient la géométrie: ce fut enfin ce qui attira cette réponse de *Xenocrate* à quelqu'un qui se présentoit à ses instructions, tout-

---

(1) *Noctes Atticæ*, lib. 1, cap. 9.
(2) *Comment. in I Euclidis*, l. 1.

(3) Voy. Scapula dans son dictionnaire Grec, au mot Μαθεσις.

à-fait étranger en géométrie et en arithmétique. Retirez-vous, lui dit un peu durement le philosophe, *ansas philosophiae non habes.* 1)

Ces traits établissent effectivement que les Mathématiques furent d'abord les premières dont on s'occupa dans les écoles des philosophes; et c'est, disent les auteurs dont nous parlons (2), cette priorité, non de perfection, mais de temps, qui les fit appeler *Mathesis*, comme qui diroit *Sciences*, ou plutôt *instruction*; car le mot de Μαθησις vient de Μανθανω, j'apprends, j'instruis. De là aussi le mot de Μαθητης, *disciple.* Il seroit téméraire de prononcer sur la validité de cette étymologie; car qui pouvoit mieux que les anciens dissiper notre incertitude à cet égard; et s'ils y ont trouvé tant d'embarras, eux qui étoient plus voisins de la source, quel fond devons-nous faire sur nos conjectures? Heureusement nous perdrons peu à laisser ce point indécis.

I I.

Nous ne rencontrerons pas les mêmes difficultés à expliquer quelle est la nature des Mathématiques. Si nous les considérons sous un point de vue général, c'est la science *des rapports de grandeur ou de nombre, que peuvent avoir entr'elles toutes les choses qui sont susceptibles d'augmentation ou de diminution.* Qu'on ne s'effraie pas de l'espèce d'obscurité que présente d'abord cette définition toute métaphysique; ce que nous allons ajouter va la dissiper. La Géométrie, par exemple, considère les rapports des différentes parties de l'étendue; car *mesurer*, ce qui est l'objet primitif et principal de la Géométrie, n'est autre chose que connoître le rapport d'une certaine portion de l'étendue à une autre, prise pour mesure fixe. L'Astronomie s'occupe à démêler l'arrangement des astres, c'est-à-dire leurs éloignemens plus ou moins grands, à supputer les temps de leurs révolutions, à prévoir leurs rencontres et leurs retours. Dans la Mécanique on compare les poids ou les mouvemens entr'eux, on calcule les efforts qu'ils s'opposent les uns aux autres. Il y a dans toutes ces considérations des rapports de grandeur, et ce sont les seuls auxquels les Mathématiques s'attachent. Si l'esprit, passant ces bornes de leur ressort, entreprend de raisonner sur la nature des astres, sur celle de l'étendue ou du mouvement, sur la cause de la pesanteur, elles renvoyent ces recherches à la physique: la clarté

---

(1) Diog. Laer. *in Xenocr.*
· (2) Ramus *proem. in Math.* Barrow, *lect. Math. lect.* 1.

A 2

pure et brillante dont elles sont jalouses, ne leur permet pas
de s'en occuper.

I I I.

Les Mathématiques se divisent naturellement en deux classes ;
l'une comprend celles qu'on nomme pures et abstraites ; l'autre
celles qu'on appelle mixtes, ou plus ordinairement physico-mathématiques. Les premières considèrent les propriétés de la
quantité d'une manière tout-à-fait abstraite, et uniquement en
tant qu'elle est capable d'augmentation ou de diminution : et
comme l'esprit apperçoit aussitôt deux espèces de grandeurs,
l'une qui consiste dans le *nombre* ou la *multitude*, l'autre dans
l'*espace* ou l'*étendue*, de là naissent aussi les deux branches
principales de la première division ; l'Arithmétique et la Géométrie. Les nombres sont l'objet de la première ; l'étendue figurée, ses rapports et sa mesure, forment celui de la seconde.

A l'égard des Mathématiques mixtes, elles ne sont autre
chose que certaines parties de la physique, susceptibles par
leur nature d'une application spéciale des Mathématiques abstraites : nous éclaircirons encore ceci par des exemples. Ainsi
dans l'Optique on traite des effets et des propriétés de la lumière, d'après certains principes qui réduisent cette considération à la Géométrie pure. On y établit d'abord que les rayons
de lumière se transmettent en ligne droite tant qu'aucun obstacle ne s'oppose à leur passage ; qu'ils se réfléchissent en faisant les angles de réflexion égaux à ceux d'incidence ; qu'en
pénétrant d'un milieu dans un autre de différente densité, ils
s'écartent de leur première direction, en observant néanmoins
une certaine loi géométrique. Ces principes une fois admis,
quelle que soit la nature de la lumière, des milieux qu'elle
traverse ou qui la réflechissent, le Mathématicien ne l'examine
point : les rayons ne sont plus pour lui que des lignes droites ;
les surfaces réfléchissantes ou refringentes, des surfaces purement géométriques, dont la forme seule est ce qu'il considère.
C'est de cette manière qu'il détermine le chemin des rayons
de lumière sur les miroirs, et au travers des verres optiques,
leurs effets sur la vue, &c. On ne peut disconvenir que ces
recherches ne soient proprement du ressort de la Physique :
mais en tant que mêlées intimement, et dépendantes des Mathématiques abstraites qui leur font part de la certitude qui les
distingue elles-mêmes, elles sont en quelque sorte élevées par-
là au rang des Mathématiques dont elles forment la seconde
division. En cette qualité elles occupent une sorte de milieu
entre la physique, trop souvent enveloppée d'incertitude et de
ténèbres, et les Mathématiques pures dont la clarté et l'évi-

dence sont toujours sans nuages. Elles ne sauroient avoir plus de certitude absolue que le principe qui leur sert de fondement ; c'est en quoi elles tiennent de la Physique : d'un autre côté elles jouissent d'une évidence hypothétique, égale à celle des Mathématiques abstraites ; je veux dire que leur principe supposé vrai, elles ne sont pas moins certaines que ces dernières. Elles ont même l'avantage de jouir d'une espèce de certitude métaphysique, quand même leur principe ne seroit pas vrai ou existant dans la nature, pourvu qu'il n'ait rien de répugnant à la raison. Ainsi, par exemple, ce qu'*Archimède* a démontré sur le rapport des poids en équilibre aux extrémités d'une balance, n'est exactement vrai que dans la supposition que les directions des graves sont parallèles entr'elles, ce qui approche infiniment de la vérité, à cause de l'immense éloignement du centre de la terre. Ce principe purement hypothétique, et qui n'a pas lieu dans l'ordre présent de l'univers, n'a pas laissé de conduire le géomètre de Syracuse à la quadrature de la parabole. Les découvertes physico-mathématiques de *Newton*, sur la forme des orbites que les planètes doivent décrire suivant les différentes lois de l'attraction, n'en seroient pas moins vraies, quand on démontreroit que cette attraction n'existe point ; elles seroient alors dans le même cas que les propriétés d'un triangle ou d'un cercle, dont aucun n'existe dans l'état de perfection où le conçoit l'esprit mathématique.

Il suit de ce qu'on vient de dire sur les Mathématiques mixtes, que leur nombre ne sauroit être fixe et déterminé comme celui des abstraites. A mesure que la physique acquérant de nouvelles richesses s'est assurée de certains faits qui ont pu servir de principes, les premières ont gagné en étendue ; l'illustre Chancelier *Bacon* le remarquoit avec cette sagacité qui lui faisoit prévoir le sort à venir des connoissances humaines. *Prout Physica,* dit-il, (1) *majora in dies incrementa capiet, & nova axiomata educet, eo Mathematicae novâ operâ in multis indigebit & plures demùm fient Mathematicae mixtae.*

On ne doit donc pas s'étonner que les Mathématiques mixtes n'aient fait que des progrès lents et peu assurés parmi les Anciens, tandis que les abstraites s'accrurent rapidement chez eux d'un grand nombre de découvertes. L'esprit humain n'a qu'à rentrer en lui-même pour avancer dans celles-ci, mais les autres demandent une marche presque contraire ; elles exigent des amas de faits, d'observations : et ce fut là l'écueil de l'Antiquité. En général on y observa trop peu ; on donna trop au raisonnement et à la métaphysique, tandis qu'il ne falloit encore

_____

(1) *De augmento scient.* lib. 3, cap. 6.

s'attacher qu'à voir et à observer avec exactitude. Excités par une curiosité impatiente, et après tout fort excusable, les Anciens voulurent expliquer la nature avant que d'avoir seulement reconnu ses premières démarches : aussi l'édifice qu'ils élevèrent, semblable à celui que d'imprudens architectes établiroient sur un fond sans consistance, s'écroula-t-il bientôt.

La naissance successive des diverses parties des Mathématiques, confirme le discours précédent. Les Pythagoriciens n'en reconnurent que quatre , deux abstraites et deux mixtes. Ces deux dernières étoient la Musique et l'Astronomie. Déjà les observations de *Pythagore* sur le son, et celles qu'on avoit faites de tout temps sur les phénomènes célestes, jointes à quelques hypothèses propres à expliquer et à calculer les mouvemens des astres , donnoient lieu d'appliquer les Mathématiques pures à ces objets de recherche. Ces sciences ne furent guères plus étendues chez les Platoniciens : la division qu'ils en firent (1) en Géométrie, Stéréométrie, Arithmétique, Musique et Astronomie , étoit peu judicieuse , et ne comprenoit rien de plus que celle de l'école Pythagoricienne : les deux premières parties ne sont en effet qu'un développement de celles de la géométrie. Au reste, les Mathématiques pures s'augmentèrent considérablement par les soins des Platoniciens; mais philosophes trop contemplatifs, ils furent moins heureux en physique. Il ne paroît pas qu'ils ayent établi aucun fait capable de servir de principe à une nouvelle science , si nous en exceptons peut-être la propagation rectiligne de la lumière, et l'égalité des angles d'incidence et de réflexion. Quoi qu'il en soit, l'Optique et la Mécanique semblent n'avoir été qu'assez tard comptées parmi les Mathématiques ; cela arriva seulement vers le temps d'*Aristote*, lorsqu'on eut enfin démêlé quelques-unes des lois de la propagation de la lumière , de la vision, et de l'équilibre. Les questions mécaniques de ce Philosophe , quelques-uns de ses problêmes, et le traité d'Optique attribué à *Euclide* , semblent être les premières ébauches de ces sciences. Le système général des Mathématiques fut alors composé de six parties , la Géométrie et l'Arithmétique, la Musique et l'Astronomie, l'Optique et la Mécanique : il ne s'accrut pas davantage chez les Anciens.

Les modernes, en cultivant la physique avec succès , ont soumis à la Géométrie un grand nombre d'autres sujets que les Anciens avoient à peine reconnus; l'Optique ne comprenoit parmi eux qu'une théorie assez simple de l'illumination des corps, la Catoptrique ou la science de la lumière réfléchie, et

(1) Plat. *dial.* 7 , *de rep.* Théon de Smyrne, *in loca math. Platonis.*

une ébauche de la Perspective. La science de la vision ou l'Optique directe leur étoit inconnue ; ils n'enseignoient que des erreurs grossières ou puériles sur ce sujet. La dioptrique étoit encore à naître. A peine y a-t-il un siècle et demi qu'on a découvert le principe sur lequel elle est entièrement établie, de même que celui qui sert de fondement à l'optique directe : ces deux branches d'une science aujourd'hui très-étendue, doivent aux modernes presque jusqu'à leurs premiers traits.

Il y a aussi peu de temps que la Mécanique est sortie de l'état de foiblesse dans lequel les Anciens nous l'avoient transmise ; bornée alors à la seule science de l'équilibre, elle ne renfermoit que ce que nous nommons aujourd'hui la Statique et l'Hydrostatique, où l'on ne considère que l'équilibre des corps. La Mécanique est à présent la science du mouvement en général, et ce qui la composoit autrefois n'en est plus maintenant qu'une petite partie. Le mouvement est-il empêché par une résistance contraire qui, sans détruire sa tendance, anéantit son exécution, et produit l'équilibre ; voilà la Mécanique ancienne. Mais considère-t-on le mouvement actuel dans les corps, les phénomènes qui résultent de leurs chocs et leurs rencontres, le chemin qu'ils décrivent et les vîtesses dont ils se meuvent lorsqu'ils sont sollicités par diverses forces combinées, la résistance que les fluides opposent aux corps qui les traversent ; voilà la Dynamique. Ainsi toutes les autres parties des Mathématiques, sans changer de nom, embrassent aujourd'hui des objets plus vastes ; et chacune d'elles a poussé un grand nombre de rejettons qui, cultivés avec soin par les modernes, ont bientôt surpassé la tige ancienne dont ils sont sortis.

I V.

On nous accuseroit avec justice d'avoir omis une partie essentielle de notre plan, si nous négligions de mettre sous les yeux le système entier des mathématiques, et de donner une idée claire des différentes branches qui le composent. D'ailleurs cet ouvrage devant représenter l'histoire et les progrès de l'esprit humain dans cette partie considérable de nos connoissances, leur développement, et pour ainsi dire leur génération métaphysique, semblent y revendiquer une place.

Les corps sont doués de plusieurs propriétés, comme l'étendue, la mobilité, l'impénétrabilité ; mais de toutes ces propriétés, celle qui semble la première en ordre, celle sans laquelle les autres ne pourroient subsister, et qui est également apperçue par les esprits les moins accoutumés à réfléchir, comme par les plus subtils, c'est l'étendue. Il n'est pas nécessaire d'être fort capable d'abstraction pour en saisir l'idée, pour discerner ses différentes espèces, quoique physiquement inséparables les unes des autres. L'homme le moins instruit sait très-bien reconnoître dans un globe de telle grosseur, de telle matière, ou de telle couleur qu'on voudra, ce qui fait qu'il est un globe et non un cube ou une pyramide. Lui parle-t-on de l'étendue d'une plaine, son esprit, par une opération qui est aussi naturelle que le raisonnement, écarte alors l'idée de profondeur, et ne lui attache que celle de longueur et de largeur. S'agit-il de la distance entre deux objets, il ne songe qu'à la longueur ; il va même plus loin : il dépouille dans ce cas de toute étendue ces deux termes de la distance qu'il se représente. Voilà le point, les lignes, les surfaces mathématiques, sujets de tant de mauvaises objections par lesquelles des gens peu Métaphysiciens, ou fauteurs d'un pyrrhonisme dangereux, se sont efforcés de jeter des doutes sur la solidité des Mathématiques.

Le corps, considéré en tant qu'étendu, et sous cet aspect unique, est donc le dernier terme où parvient l'esprit porté naturellement et par une suite de sa foiblesse, à décomposer les objets de ses recherches. Ainsi, l'étendue bornée, et la figure qui l'accompagne nécessairement, seront les premières considérations qui occuperont les hommes quand ils voudront approfondir la nature des corps qui les environnent. Ils commenceront à les comparer sous ces deux points de vue, les seuls qui puissent avoir lieu, en vertu de l'abstraction qui écarte toutes les autres qualités capables de servir de base à quelque comparaison : telle est l'origine métaphysique de la Géométrie.

L'idée de multitude ou de nombre n'est pas moins naturelle à l'homme que celle de l'étendue ; environné d'êtres distincts et plus ou moins nombreux, il ne sauroit faire usage de ses sens qu'ils ne la lui présentent à tout instant ; d'ailleurs, en même-temps que l'esprit conçoit l'espace, qu'il le partage en portions figurées, et qu'il les compare entr'elles, il conçoit le nombre sans lequel cette division ne peut subsister. De-là naît la distinction de la quantité en discrète et continue. La quantité, en tant que divisée en parties plus ou moins nombreuses, est l'objet de l'*Arithmétique* ; en tant qu'étendue, et terminée par des bornes, c'est celui de la *Géométrie*, dont nous allons à présent exposer quelques divisions.

Parmi les différentes dimensions des corps, il en est de plus simples les unes que les autres ; les lignes droites le sont davantage que les courbes, et parmi ces dernières, la circulaire est la moins composée ; de même les surfaces planes, bornées par des lignes droites ou circulaires, les solides terminés par ces surfaces, sont les plus simples de leur espèce. Ainsi ces sujets de considération ont

dû

dû servir comme d'échelons pour s'élever à des recherches plus difficiles ; ils sont l'objet de la *Géométrie élémentaire*. On nomme *transcendante* la partie incomparablement plus étendue de cette science qui s'occupe des figures courbes d'une nature plus relevée et plus abstraite, comme les sections coniques, et tant d'autres, à la théorie desquelles celles-ci ne sont que l'introduction.

On peut considérer les figures, ou comme des espaces qui ont certaines propriétés, ou analyser ces espaces et les décomposer, pour ainsi dire, dans les élémens infinimens petits dont ils sont formés. Ces deux manières d'envisager l'étendue donnent lieu à la division de la Géométrie transcendante, en *finie* et *infinitésimale*. Les spéculations des anciens et des modernes sur la théorie des courbes fournissent un exemple de la première. Leurs recherches sur la mesure de ces courbes, recherches qui ne procèdent ordinairement que par la considération des rapports, suivant lesquels croissent ou décroissent leurs élémens, forment la seconde. Il faut observer que j'exclus jusqu'ici de la Géométrie toute espèce de calcul, du moins algébrique : car à l'égard de l'Arithmétique, elle devient nécessaire dès les premières comparaisons qu'on fait des grandeurs entre elles.

Il n'y a proprement de calcul que par les nombres ; mais une manière de concevoir plus généralement les rapports de quantité, a donné lieu à l'*Algèbre*. Elle est, si l'on veut, une Arithmétique par signes, ou bien un langage particulier et abrégé, par lequel on exprime des raisonnemens géométriques. En effet, le Mathématicien déduit à son choix d'une expression algébrique, ou le rapport numérique des grandeurs qu'elle désigne, ou leur étendue respective, au moyen d'une opération qu'on nomme *construction*. On doit donc regarder l'Algèbre comme une science mitoyenne entre l'Arithmétique et la Géométrie, ou pour mieux dire encore, comme les renfermant l'une et l'autre, et c'est en quoi je me suis écarté du système ordinaire, dans lequel on fait du calcul algébrique une sorte d'Arithmétique. Je comparerois volontiers ces deux sciences, l'Arithmétique et la Géométrie, à deux fleuves, qui, après avoir séparément roulé leurs eaux, se réunissent enfin et ne forment plus qu'un même lit, grossi des acquisitions que chacun d'eux a faites dans son cours particulier. En continuant la comparaison, ce nouveau lit seroit l'Algèbre, science en quelque sorte formée des découvertes réunies des deux autres, qui se prêtent par leur union des forces que ni l'une ni l'autre n'auroit séparément.

L'*Algèbre*, cette science des rapports quelconques, des grandeurs en général, ou ne considère que les grandeurs finies, ou elle va jusqu'aux rapports de leurs accroissemens instantanés et infiniment petits. La première est l'*Algèbre ordinaire* qui, s'applique à la solution de mille questions, soit numériques, soit géométriques. La résolution et la construction les équations, la théorie des propriétés des courbes, en sont des branches. L'autre est l'*Algèbre infinitésimale*; celle ci va tantôt de l'expression d'une quantité finie à celle de ses élémens ou accroissemens infiniment petits; tantôt de l'expression de ceux ci elle remonte à la grandeur finie qui est formée de leur somme. De la naît sa division en calculs *différentiel* et *intégral*, ou, comme on s'énonce en Angleterre, en calculs *des fluxions* et *des fluentes*, parce qu'on y appelle *fluxion*, ce que dans le continent nous appellons *différentielle*, ou élément infiniment petit. Du calcul différentiel dépendent diverses théories particulières. La *méthode des tangentes*, ou la détermination des tangentes à une courbe quelconque; celle *de maximis et minimis* ou la manière de reconnoître le dernier terme de l'accroissement ou de la diminution d'une grandeur qui, en vertu de la loi suivant laquelle elle varie, croît et ensuite diminue, ou au contraire; celle *des développées*, etc. Le calcul *intégral* fournit les moyens de mesurer les aires des courbes, leurs longueurs, les surfaces et les solidités des corps, c'est-à-dire tout ce qui est susceptible d'augmentation ou de diminution. Car toute quantité qui observe une loi dans ses variations, peut être représentée par des espaces curvilignes, auxquels le Géomètre applique ensuite les règles de son art.

Mais l'esprit humain, après s'être livré quelque temps à ces recherches de pure spéculation, recherches d'autant plus agréables pour lui qu'il y trouve toujours une évidence pure et lumineuse, est bientôt forcé par ses besoins ou sa curiosité à rentrer dans le monde naturel. Le mouvement des corps et leurs efforts mutuels, occasionnés par leur impénétrabilité, sont les premiers objets dont il a intérêt de s'occuper. Aussi donnent ils lieu à la partie la plus considérable et la plus utile des Mathématiques mixtes, savoir la mécanique. On dira peut-être que l'origine que nous donnons ici à cette science est peu conforme aux faits, puisqu'elle semble n'avoir été répartie partie des Mathématiques que vers le temps d'Aristote. On en convient, mais cela n'empêche pas que les premières recherches des hommes sur la Mécanique ne doivent être regardées comme de la plus haute antiquité. On fit long-temps par instinct ce qu'on a fait par une suite du raisonnement, depuis qu'on a approfondi les principes du mouvement et de l'équilibre. De tout temps presque il y a eu des machines; de tout temps les hommes ont travaillé à contrarier la nature ou à la plier à leurs usages.

On peut considérer dans le corps, en tant que mobile, ou sa simple tendance au mouvement, tendance contrariée par un effort contraire, ou son mouvement même: de la première considération naît la statique, qu'on divise en *statique proprement dite*, s'il s'agit des solides, et en *hydrostatique*, lorsqu'il s'agit des fluides. Quand on considère le corps en mouvement, on nomme cette science la *dynamique*, qui se divise, de même que la première, en *dynamique* et *hydro-dynamique*. De la dynamique, sort une foule de théories qu'il seroit trop long d'indiquer, et dont on se contente de présenter quelques-unes dans le système figuré des Mathématiques, qui est à la tête de cet ouvrage. Plusieurs sciences ne sont que l'application de la dynamique : telle est entr'autres la *navigation* ou la *science navale*, en tant qu'elle est l'art de faire mouvoir et de diriger un bâtiment à l'aide des puissances mécaniques qui le mettent en mouvement, comme les rames, les voiles frappées par le vent, le gouvernail, etc. Cette science est devenue aujourd'hui très-considérable par les méditations que de savans Géomètres ont faites sur ce sujet, et forme par cette raison une science particulière ou une des branches de la navigation.

Après ces connoissances intéressantes pour nos besoins, celle qui nous doit flatter le plus est *l'Astronomie*; les mouvemens des corps célestes sont si réguliers, que de tout temps ils excitèrent l'admiration et la curiosité des hommes les moins sensibles au spectacle de la nature : ainsi l'esprit humain dut bientôt se porter à en rechercher la cause et les différens rapports. J'ai appelé avec *Kepler* (1) *Astronomie sphérique*, celle qui s'occupe des phénomènes qui suivent de cette supposition sensiblement vraie, que la terre est au centre d'une sphère dont les astres occupent la surface; c'est la première branche de l'Astronomie : la seconde est la *théorique*, où l'on tâche de démêler les différens rapports de position, d'éloignement, de vitesse des corps célestes, c'est-à-dire de reconnoître la véritable forme de l'univers. Une troisième branche de cette science en général est *l'Astronomie* physique, dont l'objet est de démêler les causes des mouvemens célestes, d'après les principes mécaniques que l'expérience et l'observation ont fait reconnoître. De l'*Astronomie* enfin naissent quelques Sciences qui lui sont subordonnées; la *Géographie* mathématique, où l'on détermine la figure de la terre et la position de ses principaux lieux par l'observation; la *Navigation* ou l'art de conduire au travers des mers un bâtiment par la seule inspection des astres; la *Gnomonique* ou la manière de partager le temps et d'en marquer les divisions, par le moyen des corps célestes, sur-tout par le mouvement de l'ombre que projettent les corps exposés au soleil; la *Chronologie* ou cette partie de la science des temps;

qui consiste à mettre un ordre dans la manière de les compter, en faisant accorder, autant qu'il est possible, les périodes civiles avec celles du soleil ou de la lune.

Les phénomènes de la propagation de la lumière, c'est-à-dire du mouvement par lequel elle se porte des corps lumineux vers ceux qu'elle éclaire, ou de ceux-ci à nos yeux, ont donné naissance à l'*Optique*. La première observation sur les rayons de lumière, est qu'ils se transmettent en ligne droite tant qu'ils restent dans un même milieu; nous appercevons le plus communément les objets de cette manière, et le sentiment que nous en recevons est diversement modifié suivant les circonstances de leur éloignement, de leur position, etc. Ces considérations forment ce qu'on nomme l'*Optique proprement dite*, ou *directe*; il auroit été naturel de lui subordonner la *Perspective*: celle-ci n'est en effet que l'art de représenter sur une surface ces dégradations de forme et de grandeur, suivant lesquelles nous appercevons les objets qui nous environnent; et toutes ses règles sont uniquement fondées sur le principe de la propagation rectiligne de la lumière. Je n'irai cependant pas contre l'usage ordinaire, qui la range parmi les divisions principales de l'Optique.

Mais la lumière ne se meut en ligne droite que lorsque son mouvement n'est traversé par aucun obstacle; rencontre-t-elle un corps opaque à son passage, elle se réfléchit contre sa surface; et si elle est polie, le faisceau entier de lumière continue sa route en faisant un angle de réflexion égal à celui d'incidence; si le corps opposé est transparent, et plus ou moins dense que le premier, elle pénètre au dedans en prenant une route plus ou moins inclinée que la première, ce qu'on nomme réfraction. De la première observation se déduisent les phénomènes nombreux des miroirs; de la seconde, ceux des verres et des instrumens que nous employons pour suppléer à la foiblesse de notre vue: on a donné le nom de *Catoptrique* et de *Dioptrique* aux deux sciences qui s'occupent de ces objets.

L'*Acoustique* est à peu-près à l'égard du son ce que l'Optique est à l'égard de la lumière; mais il s'en faut encore beaucoup qu'elle soit aussi riche que celle-ci de connoissances certaines et incontestables: Nous en trouverons la raison dans la nature de son principe, plus difficile à ramener à la simplicité d'une supposition purement mathématique: ce principe est celui des vibrations des particules élastiques de l'air, qu'on voit d'abord être compliqué de plusieurs difficultés physiques. On doit rapporter à cette division générale la *Musique*, cet art enchanteur de flatter l'oreille par les accords et la succession des sons; elle est fondée sur un principe dont une partie a été découverte autrefois par *Pythagore*, et l'autre de nos jours. Ce n'est pas qu'on prétende ici que l'on puisse, à l'aide des seules règles mathématiques, faire de la Musique agréable. Non sans doute : une harmonie mathématiquement exacte pourroit être très-peu flatteuse ; c'est au génie, c'est au goût à choisir les accords les plus convenables pour le sujet qu'on traite, et sur-tout à inventer cette succession agréable de sons, dans laquelle consiste la mélodie, et sans laquelle, à mon avis, il n'est point de Musique. Aussi les Musiciens Mathématiciens, ou ceux qui ont traité cet art mathématiquement, n'ont jamais prétendu autre chose, que rendre raison de certains phénomènes que nous appercevons, soit dans la mélodie, soit dans l'harmonie.

La crainte d'être trop prolixes nous oblige à nous contenter de mettre brièvement sous les yeux les autres parties des Mathématiques. La considération des rapports de pesanteur, d'élasticité, de densité dans l'air, et les autres fluides qui jouissent de ces propriétés, a été nommée par quelques modernes *pneumatologie*, ou *pneumatique*. L'application du calcul à déterminer la probabilité des événemens, donne l'*art de conjecturer*, dont l'*analyse des jeux de hazard* est une branche principale ; enfin la géométrie pure, appliquée à l'art de tailler les pierres dans la forme convenable, pour former par leur réunion certains ouvrages d'architecture, compose ce qu'on nomme la *coupe des pierres*, art qui exige souvent des considérations géométriques assez profondes. A l'égard de l'architecture, soit civile, soit militaire, et de la pyrotechnie, qu'on me permette, malgré l'estime qu'elles méritent, de ne point les ranger parmi les mathématiques : ceux qui ont bien conçu l'objet et la nature de ce genre de connoissances, ne peuvent manquer de voir que ces arts en font à la vérité un usage fréquent ; mais que leur constitution n'est point celle des sciences auxquelles on donne ce nom.

V.

Nous avons déjà remarqué plus d'une fois, que toutes les parties des mathématiques mixtes dépendent intimement des abstraites, et qu'elles n'en sont que des applications. C'est une observation sur laquelle on croit devoir insister pour l'avantage de ceux qui, voulant acquérir une connoissance étendue et solide de ces sciences, se séroient mépris sur le chemin propre à y parvenir, ou desireroient le connoître : on s'attachera dans cette vue à montrer clairement cette liaison et cette dépendance.

Toute question de mathématique mixte se réduit à un problème de géométrie pure ; il suffit pour cela de la dépouiller de quelques circonstances physiques indifférentes à sa solution : l'exemple qu'on va donner le fera sentir. On recherche, comme

on sait , dans la Gnomonique, la position de l'ombre que projette dans les différentes heures du jour un style parallèle à
l'axe du monde, sur une surface dont la situation est donnée.
Il ne faut qu'avoir une connoissance médiocre de la sphère,
pour appercevoir que ces heures sont déterminées par la position du soleil dans les douze cercles horaires qui divisent sa révolution journalière en vingt-quatre parties égales, et que ces
cercles se coupent tous dans une même ligne, savoir dans l'axe
du monde. On remarque de plus que le style posé dans la situation convenable, c'est-à-dire parallèlement avec cet axe,
coïncide sensiblement avec lui; car il le feroit effectivement si
l'on étoit au centre de la terre, et l'éloignement où nous en
sommes, comparé à celui du soleil, est si peu considérable que
nous pouvons nous y supposer. Il est enfin évident que l'ombre
de l'axe solide posé dans la commune intersection de tous les
plans horaires, est toujours dans le même plan où se trouve
le soleil et cet axe. L'ombre que projette cet axe, n'est donc
que le plan horaire prolongé; ainsi le problême de déterminer
la position de cette ombre, se réduit à celui-ci : *Un certain nombre*
de plans qui se coupent dans une même ligne, et à angles
par-tout égaux, étant proposé, on demande leur intersection
avec une surface dont la situation et la forme sont données.
Or il est aisé de voir que ceci n'est qu'un problême de géométrie : aussi pendant que celui qui l'ignore, ou qui n'y est
que peu versé, s'instruit laborieusement des pratiques gnomoniques et de leurs raisons, le géomètre intelligent trouve
dans lui-même ces secours; il résoud la question, il imagine et
se forme des méthodes. Il en est de même de la perspective;
cette partie de l'Optique consiste dans un problême peu embarrassant pour un géomètre. Il s'agit de *déterminer sur un plan*
dont la position est connue, l'intersection des différentes lignes
qu'on conçoit tirées de l'œil aux linéamens de la figure qu'il
faut représenter, et qu'on suppose placée derrière ce plan.
Une médiocre intelligence en géométrie suffit pour résoudre une
pareille question dans toute son étendue , pendant que celui
qui n'y a fait aucun progrès, arrêté à chaque pas, trouve une
foule de difficultés dont il n'apperçoit ni ne comprend les solutions. Aussi ne craindrons-nous pas de le dire , la géométrie
est la clef générale et unique des mathématiques: celui-là seul
peut aspirer à pénétrer profondément dans ces sciences, qui
possède la première; tout autre restera nécessairement confiné
dans une sphère étroite, et dans un état de médiocrité extrême.

V I.

Les mathématiques furent toujours accueillies avec une estime singulière par les philosophes les plus respectables de l'antiquité. Nous remarquerons en effet que tous ceux dont la doctrine et les mœurs furent les plus parfaites, cultivèrent ces connoissances, ou du moins en firent cas. Je dis à dessein, ceux dont la doctrine et les mœurs furent les plus parfaites ; car je n'ignore pas qu'on trouvera un sophiste *Protagore*, un voluptueux *Aristippe*, un épicurien *Zenon de Sidon* et quelques autres de la même trempe, qui s'élevèrent contre les mathématiques : on fera plus bas quelques remarques sur les motifs de cette aversion ; mais les philosophes les plus dignes de notre estime leur rendirent toujours la justice qu'elles méritent. Ainsi pensèrent, pour ne citer que les plus célèbres, *Thalès*, *Pythagore*, *Démocrite*, *Anaxagore*, et tous les philosophes des écoles Ionienne et Italique ; *Platon* enfin, *Xénocrate*, *Aristote*, &c. Personne n'ignore que les premiers de ces philosophes contribrèrent de tous leurs soins aux progrès qu'elles firent dans la Grèce ; que *Platon* fut un des plus habiles Géomètres de son temps, et que ses ouvrages sont remplis de traits honorables pour les mathématiques. Quel cas ne témoignoit-t-il pas faire de la géométrie, lorsque questionné sur les occupations de la divinité, il répondit qu'elle *géométrise continuellement*, c'est-à-dire, sans doute, qu'elle gouverne l'univers par des lois géométriques ? pensée sublime, et dont la physique démontre de plus en plus la vérité, à mesure qu'on l'approfondit davantage. Les mouvemens des corps célestes assujettis à décrire des courbes par une gravitation mutuelle, en raison réciproque des carrés des distances, en présentent un exemple frappant. On pourroit d'ailleurs soupçonner que cette idée de *Platon* a été excitée dans lui par ce passage de l'Ecclésiaste, *omnia in pondere, numero et mensura constant.* Car on est dans une opinion assez fondée qu'il connoissoit nos livres saints.

Xénocrate, l'un de ses successeurs, ne pensa pas moins avantageusement des mathématiques, témoin la réponse que nous avons rapportée ailleurs. Enfin le chef de l'école Péripatéticienne se sert fréquemment d'exemples tirés de la géométrie dans ses écrits métaphysiques ; ce qui montre assez qu'il la regardoit comme un modèle de la méthode à suivre dans la recherche de la vérité : on sait d'ailleurs qu'il avoit écrit sur divers sujets mathématiques. Nous nous bornerons là, quoiqu'il nous fût facile d'accumuler un plus grand nombre d'autorités favorables.

Nous ne trouvons dans l'antiquité que *Socrate* dont on puisse, avec quelque apparence de raison, opposer le sentiment à ce langage universel en faveur des mathématiques. Ce sage, nous ne devons point le dissimuler, désapprouva une trop grande curiosité à pénétrer leurs mystères. Quand on sait, dit il, assez de géométrie pour mesurer son champ, assez d'astronomie pour connoître les heures et les temps, pour se conduire dans les voyages de terre et de mer, on ne doit pas affecter un savoir plus profond. (1)

Mais qu'il nous soit permis de faire sur ce langage de *Socrate*, quelques observations propres à réduire à leur juste valeur les conséquences qu'on voudroit en tirer. D'abord ce philosophe ne nous accorde-t-il pas beaucoup, et bien plus qu'il ne paroît vouloir le faire, en nous permettant de cultiver les mathématiques jusqu'à ce qu'on les ait amenées au point que demandent les besoins de la société? Si les circonstances du temps où il vivoit rendoient leur utilité assez bornée, il n'en est plus de même à présent. Nous ne navigeons plus sur une mer étroite comme on le faisoit alors ; jamais plus à l'abri des dangers de la navigation, que quand on est éloigné des côtes, on se guide à travers l'océan, sans avoir pendant un temps considérable d'autre commerce qu'avec les étoiles : la connoissance de la position de tous ces corps célestes est donc nécessaire. Il est essentiel d'avoir une géographie parfaite ; on n'y atteindra qu'autant qu'on perfectionnera, et qu'on multipliera les méthodes astronomiques. Si l'on travaille aujourd'hui à la théorie de la lune avec tant de soin, et un si grand appareil d'observations et de calculs, qu'on ne pense pas que ce soit une pure curiosité qu'il seroit cependant facile de justifier ; c'est dans la vue de procurer aux navigateurs un moyen assuré et parfait de reconnoître en tout temps le lieu de leur situation : voilà donc une astronomie profonde, devenue nécessaire au jugement même de *Socrate*. Nous avons choisi l'astronomie pour exemple, parce que c'est la partie des mathématiques dont l'usage moins connu pourroit la faire regarder comme une science vaine et inutile. Quelle multitude d'usages n'aurions-nous pas trouvé dans la mécanique, l'optique, &c. !

Nous devons aussi dire quelque chose sur le motif qui inspiroit à *Socrate* cette manière de penser. Ce philosophe s'adonnant uniquement à la morale, se persuada (tant il est difficile de tenir un juste milieu) que la seule étude qui dût occuper l'homme, étoit celle qui pouvoit servir à le rendre meilleur. Nous convenons qu'elle est la première et la plus essentielle ;

(1) Diog. *in Socrat.* Xenoph. liv. 4, *de dic. et fac. Socr.*

que

que sans les vertus morales, les qualités les plus éminentes de l'esprit et du génie méritent peu d'estime ; mais ne doit-on pas convenir qu'il y a un excès de sévérité à ne permettre à l'esprit humain que cette occupation ? S'il est nécessaire de fournir quelque aliment à une curiosité, qui lui est trop naturelle pour qu'il soit criminel de chercher à la satisfaire, quel autre lui convient mieux que l'étude des mathématiques ? Incapables en effet d'égarer le cœur en même-temps qu'elles éclairent l'entendement, ces sciences, ne les supposât-on que curieuses, sont sans contredit les plus propres à l'occuper sans danger. Au reste, *Socrate*, malgré le peu d'estime que cette rigueur excessive lui inspiroit pour les mathématiques, ne laissoit pas de reconnoître qu'elles étoient avantageuses à certains égards. Si nous en croyons *Platon*, il les regardoit comme fort propres à fortifier les facultés de l'esprit. « N'avez-vous jamais remarqué, dit-il, (1) » que ceux qui comptent naturellement sont doués d'une intel-» ligence propre à faire des progrès rapides dans tous les arts, » et que ceux qui sont d'un génie tardif et peu ouvert, si on » les exerce dans l'arithmétique, deviennent, de l'aveu de tout » le monde, plus spirituels et plus intelligens ? » Et ailleurs il paroît reconnoître l'utilité des mathématiques dans tous les arts ; ce qui modifie beaucoup son jugement peu avantageux, ou du moins le rend peu conséquent. Car il est incontestable que des connoissances utiles dans la société, doivent être l'occupation de quelques particuliers doués de talens et de génie pour les perfectionner, et qu'il seroit à souhaiter que tous les hommes pussent y contribuer de leurs travaux et de leurs efforts.

Ajouterai - je encore ici une autorité respectable ? c'est celle d'*Hippocrate*, qui conseille à son fils *Thessalus* l'étude de la géométrie et de l'arithmétique ; *car*, dit - il, *non - seulement elle rendra votre vie glorieuse et utile* (ad multa) *dans les choses humaines, mais elle rendra votre esprit plus intelligent* (acutiorem) *et plus propre même aux objets dépendans de la médecine*, &c. Ce témoignage de l'ancien coryphée de la médecine est confirmé par celui de l'*Hippocrate* moderne, le célèbre Boerhaave, qui conseille également l'étude de la géométrie à ceux qui veulent s'adonner à la médecine, et cela par des motifs à peu près semblables à ceux du médecin grec. On ne peut donc se refuser à convenir qu'une étude qui rend l'entendement plus propre à concevoir, plus capable d'exercer ses facultés, savoir le raisonnement et la méditation, devroit former une partie considérable de l'éducation de tous ceux qui

_____

(1) *In Phædro* et liv. 7, *de Republica.*

sont destinés à penser dans le cours de leur vie. Ainsi, bien loin que le témoignage de *Socrate* puisse servir à déprimer les mathématiques, nous tirerons des faits même qu'il avoue une conséquence toute contraire.

Nous pouvons recueillir dans tous les siècles une suite de suffrages qui ne sont pas moins favorables à ces sciences que ceux des philosophes de l'antiquité. S'il se trouve dans ces temps ténébreux, dont le règne a été si long en occident, quelques hommes dignes d'un âge plus éclairé, et qui ont pris l'essor sur leurs contemporains, nous remarquerons qu'ils les ont ou cultivées, ou appréciées avec justice. Tels furent le fameux *Boëce*, *Cassiodore*, dans le sixième siècle; le célèbre *Bède*, *Alcuin*, son disciple, et précepteur de *Charlemagne*, dans le huitième; *Gerbert*, dans le dixième; *Albert* le Grand, *Roger Bacon*, et quelques autres dans le treizième : tous ces personnages, d'autant plus respectables qu'ils ont su se faire jour au travers de l'ignorance et de la barbarie de leur siècle, ces personnages, dis-je, aimèrent et estimèrent les mathématiques, et quelques-uns d'entr'eux les cultivèrent avec ardeur : témoin *Roger Bacon*, dans les écrits duquel on trouve les germes de tant d'inventions brillantes; témoin *Gerbert*, qui, épris de ces connoissances, alla chercher chez les Arabes des secours que la chrétienté ne lui fournissoit pas, qui apporta dans ce pays-ci l'art hmétique arabe, dont nous faisons usage, et s'éleva par son mérite jusqu'au trône pontifical.

Passons à présent aux modernes; nous verrons que les philosophes les plus illustres qui ont fleuri depuis la renaissance des lettres, ces hommes à qui le genre humain doit une partie des lumières dont il jouit aujourd'hui, ont cultivé ou apprécié justement les mathématiques. Tel fut l'illustre chancelier d'Angleterre, ce profond génie qui, dans un temps qui n'étoit que le crépuscule du grand jour qui nous éclaire aujourd'hui, traçoit à l'esprit humain la route qu'il devoit tenir pour perfectionner les sciences. Les mathématiques lui parurent un moyen indispensable pour la restauration et l'avancement de la physique, à laquelle il exhorte si fort de s'appliquer. Qui ignore que *Galilée*, *Torricelli*, *Descartes*, *Pascal*, tinrent les premiers rangs parmi les mathématiciens de leur temps, et qu'ils enrichirent la physique des découvertes les plus brillantes? *Boyle*, le principal restaurateur de la physique expérimentale, a regretté plus d'une fois (1) de n'avoir pas pénétré assez profondément dans les mystères de la géométrie et de l'analyse : néanmoins on ne peut pas dire qu'il y fût étranger, ses ouvrages témoignent le

(1) *In Consid. circa utilit. Phil. experim. exercit.* **6.**

contraire en plusieurs endroits : mais il sentoit que des connoissances plus approfondies dans ce genre lui auroient été d'un grand secours. Le même génie à qui nous devons les plus belles découvertes géométriques, le grand *Newton*, est l'auteur des plus sublimes découvertes dans la physique. Il étoit réservé au premier des géomètres de décomposer la lumière, de reconnoître et de démontrer d'une mi lière incontestable le système de l'univers, et les ressorts par lesquels il se perpétue. Les plus illustres métaphysiciens viennent enfin ajouter leurs suffrages à ceux qu'on vient de recueillir ; *Mallebranche* n'a pas cru pouvoir donner de meilleur exemple de la manière de procéder dans la recherche de la vérité, que la méthode des géomètres. (1) Je finis par le témoignage de *Locke*, témoignage bien pressant pour ceux à qui ce grand homme est connu. *J'ai insinué,* dit il, (2) *que les mathématiques étoient fort utiles pour accoutumer l'esprit à raisonner juste et avec ordre; ce n'est pas que je croye nécessaire que tous les hommes deviennent des mathématiciens : mais lorsque par cette étude ils ont acquis la bonne méthode du raisonnement, ils peuvent l'employer dans toutes les autres parties de nos connoissances, &c. L'algèbre,* dit-il plus loin, *qui fait une partie des mathématiques, donne de nouvelles vues, et fournit de nouveaux secours à l'entendement. &c.* Je passe, pour abréger, plusieurs autres traits aussi décisifs de l'estime de *Locke* pour ces sciences. Si l'autorité des hommes les plus illustres est de quelque poids, quels noms à opposer aux ennemis des mathématiques et a ces écrivains qu'on voit de temps à autre les attaquer, si peu initiés dans leur connoissance, qu'ils tombent, dès qu'ils commencent à en parler, dans les plus ridicules méprises ? Le fameux *Bayle* (3), à qui un penchant décidé vers le pyrrhonisme faisoit dire que les mathématiques même avoient un côté foible, convenoit du moins que pour les combattre avec quelque succès, il falloit un homme également bon philosophe et habile mathématicien. Mais, nous le dirons avec confiance, cette attaque n'est point à craindre pour elles ; et nous osons assurer que rien ne seroit plus capable de faire rétracter leurs adversaires, qu'une étude sincère et approfondie des vérités qu'elles enseignent.

Les annales de la philosophie et de l'esprit humain nous fournissent une foule de traits honorables pour les mathématiques ;

---

(1) Rech. de la vérité, liv. 6, ch. 5, et *passim.*

(2) De la conduite de l'entend. §. 6, 7, etc.

(3) Diction. critique, article de *Zénon de Sidon.*

la plûpart des découvertes physiques dont nous sommes aujourd'hui en possession, ont été enfantées ou perfectionnées par des physiciens mathématiciens. On vient de le montrer par l'exemple des *Descartes*, des *Pascal*, des *Galilée*, des *Newton*, &c. Au contraire, si quelque vérité lumineuse et utile a essuyé des oppositions, elles sont venues le plus souvent de la part de gens qui ignoroient ou déprimoient les mathématiques. Les découvertes mécaniques de *Galilée*, la pesanteur de l'air, ne trouvèrent des contradicteurs que dans des hommes qui prouvèrent qu'ils étoient dénués de ces connoissances solides. Quels sont ceux qui combattent de nos jours les vérités mécaniques et optiques, enseignées par l'illustre philosophe anglois, sinon des gens qui ignorent, ou qui décrient ces sciences ?

Si nous jetons maintenant les yeux sur ces sociétés de savans, où un grand nombre de physiciens géomètres donnent ordinairement le ton, nous verrons les saines opinions de la physique toujours long-temps accueillies avant qu'elles pénètrent dans les écoles où les mathématiques sont peu cultivées ; elles ne passent que fort tard, et plutôt sous le titre d'opinion commune qu'à la faveur d'une discussion éclairée, dans celles où on les néglige entièrement. On discutoit la physique de *Descartes* dans l'académie des sciences, dès les premières années de son institution; *Aristote* régna encore despotiquement plus de quarante ans dans toutes les universités, même les plus éclairées. La société illustre dont je viens de parler, rejettoit l'opinion du philosophe français sur les lois du choc des corps, sur le flux et le reflux, sur les couleurs ; elle condamnoit enfin ses tourbillons, presq'à mesure que des expériences bien constatées, et de nouveaux phénomènes physiques en démontroient le peu de solidité. Et dans le même temps, combien d'écoles où *Aristote* exerçoit encore pleinement son empire ! Combien d'autres où *Descartes* commençoit seulement à percer, et dans lesquelles substituant erreur pour erreur, on enseignoit ses opinions déjà rejettées par les académies !

Avouons-le cependant : depuis un petit nombre d'années, il n'est presque aucune université, aucun collége où les mathématiques n'ayent pénétré. Aussi, semblables à la clarté de l'aurore naissante, qui dissipe les prestiges de la nuit, ont-elles banni de ces lieux d'institution publique, les opinions erronées de la philosophie ancienne, et jusqu'au misérable ergotage de la logique et de la théologie.

V I I.

Après des témoignages si respectables, des faits si connus,

qui déposent en faveur des mathématiques, peut-être est-il superflu de s'arrêter aux vaines déclamations de leurs ennemis. Cependant comme il en est quelques-unes qui pourroient séduire des esprits qui ont peu réfléchi sur la nature de ces sciences, il n'est pas entièrement inutile d'y répondre directement : il ne faut pas de grands efforts pour en dévoiler la foiblesse, et les réduire à leur juste valeur.

Deux sectes parmi les anciens s'attachèrent à décrier les mathématiques; savoir, celles de *Pyrrhon* et d'*Ipicure*. Nous examinerons d'abord les motifs de la première. Celle-ci, comme l'on sait, faisoit son unique étude d'élever des doutes contre toutes les connoissances humaines ; ainsi l'on doit bien s'attendre que les mathématiques eurent à en essuyer les premières attaques. *Sextus Empiricus* nous a conservé les raisonnemens de sa secte dans son fameux livre *contre les mathématiciens*, c'est le nom qu'il donne en général à tous ceux qui font profession de quelque genre de savoir que ce soit ; il leur déclare successivement la guerre, et les mathématiciens proprement dits, sont attaqués dans les III, IV, V et VIme livres. Il suffiroit presque, pour répondre à ses objections, de remarquer le ridicule d'un pyrrhonisme qui va jusques à prétendre qu'il n'y a aucune démonstration, aucun moyen de se procurer la moindre certitude, pour qui les axiomes du sens commun sont de moindre poids que le témoignage des sens si souvent exposés à l'erreur ; qui prétend enfin détruire et anéantir la science du raisonnement. Notre objet n'est pas ici de combattre cette manière de penser et de rétablir la raison humaine dans les prérogatives qu'on lui conteste ; il n'est point d'esprit droit qui, rentrant en lui-même, n'y trouve la réponse à ces vaines subtilités. Quel est l'homme raisonnable qui ne rira des prétentions absurdes d'*Empiricus*, lorsqu'il entreprend de prouver contre les géomètres, qu'il n'y a ni corps ni étendue, contre les arithméticiens, qu'il n'y a pas même de nombre ; contre les musiciens, qu'il n'y a point de son ? L'exposition seule de ces paradoxes ridicules suffit pour les réfuter.

Parmi les objections que le pyrrhonisme élève contre les mathématiques, les seules qui méritent quelque attention, sont celles qui regardent la nature des objets dont elles s'occupent, et en particulier la géométrie. Nous pourrions à cet égard nous contenter d'y faire une réponse générale donnée plusieurs fois par d'habiles gens. Les objets des mathématiques, ont-ils dit, sont si métaphysiques qu'on ne doit point s'étonner qu'ils prêtent à des difficultés; mais c'est ici le lieu de faire usage d'une règle nécessaire dans la recherche de la vérité : c'est que quelques objections, fussent-elles même insurmontables, ne doivent point faire abandonner un sentiment qui se présente avec cette évidence qui arrache le consentement. Les mathématiques sont dans ce cas ; les doutes qu'on fait valoir contre elles, uniquement fondés sur le peu de connoissance que nous avons de la nature des corps, de l'étendue et du mouvement, ne doivent porter aucune atteinte à des conséquences établies sur des principes et des raisonnemens dont l'évidence ne peut être contestée.

Nous ne nous bornerons cependant pas à ce genre de défense, et nous examinerons quelques-unes de ces difficultés si vantées par les sceptiques, ou les ennemis des mathématiques.

Les objets de la géométrie, disent-ils d'abord, n'ont aucune réalité, et ne peuvent exister ; des lignes sans largeur, des surfaces sans profondeur, un point mathématique, c'est-à-dire sans longueur, largeur ni épaisseur, sont des êtres de raison, de pures chimères. Il en est de même des figures dont la géométrie démontre les propriétés ; il n'y a et il ne sauroit y avoir aucun cercle, aucune sphère parfaite : ainsi, concluent-ils, cette science ne s'occupe que d'objets chimériques et impossibles. Ils étayent cette objection de plusieurs raisonnemens. Si l'on tire, disent-ils, du centre d'un cercle des lignes à tous les points de la circonférence, elles rempliront toute la surface de ce cercle ; et tout cercle concentrique au premier, étant coupé par ces rayons en autant de points, lui sera égal parce qu'il en contiendra un même nombre. Si l'on suppose une sphère parfaite, et qu'elle touche un plan parfait, le contact sera un point sans étendue, un vrai point mathématique ; mais lorsque cette sphère roulera sur le plan, elle décrira une ligne par l'application continuelle de sa surface à ce plan. Ainsi voilà, ajoutent-ils, une ligne composée de points non étendus, c'est-à-dire une étendue formée de parties non étendues ; ce qui est absurde, et qui démontre qu'un cercle parfait, une sphère parfaite sont des êtres dont l'existence entraîne des contradictions palpables. On vient encore à la charge, et l'on dit : Si l'on décrit par chacun des points du rayon d'un cercle des circonférences concentriques, elles se toucheront toutes, et elles rempliront le cercle entier ; nouvelle absurdité qui consiste en ce que des lignes sans largeur puissent, accumulées les unes sur les autres, former une surface ; ou bien les géomètres seront contraints de dire que leurs lignes ont de la largeur : ce qui suffit pour renverser toutes leurs démonstrations. Je ne rapporte pas un plus grand nombre d'objections de cette nature, parce qu'elles ne sont, pour la plûpart, que la même idée retournée de diverses manières, et que la solution de quelques-unes peut servir de réponse à toutes les autres.

Pour résoudre ces difficultés, il suffiroit presque de renvoyer à ce que nous avons dit plus haut sur le développement des connoissances mathématiques; on y verroit que les mathématiciens n'ont jamais prétendu qu'il y eût des corps étendus en long et en large, sans avoir de la solidité; qu'il y en eût qui n'eussent que de la longueur sans aucune autre dimension : ils n'ont fait que décomposer l'étendue qu'ils considéroient dans ses diverses parties, qui n'en sont pas moins nécessairement liées ensemble, quoique l'esprit s'attache à l'une d'entre elles sans réfléchir à l'autre en même temps. Tout corps a de l'étendue en longueur, en largeur et en profondeur; mais ce qui fait qu'il est étendu suivant les deux premières dimensions, n'est pas ce qui fait qu'il a de la profondeur. On a donc pu le considérer uniquement comme long et large; ce qui a donné l'idée de la surface : et celle-ci, décomposée de même par un nouveau degré d'abstraction, a présenté celle de la longueur. La surface est le terme du volume du corps, et par conséquent elle n'a point d'épaisseur; la ligne est le terme d'une surface bornée, et le point celui d'une ligne.

Il suit de là que les corps, les surfaces, les lignes ne sont en aucune manière des amas de surfaces, de lignes, de points entassés; car le terme d'une étendue ne sauroit être pris pour une de ses parties intégrantes : ainsi l'on peut nier l'hypothèse sur laquelle roule la première et la dernière objection. Quelque nombre de lignes qu'on tire du centre d'un cercle à sa circonférence, ou du sommet d'un triangle à sa base, elles ne formeront jamais une surface; elles ne seront que les termes des divisions de cette surface en parties, comme les points de la circonférence ne sont que les termes des portions de cette circonférence, car ce sont ces portions qui la composent, et non leurs extrémités. Lors donc que l'on prétend qu'il y a autant de points dans une grande que dans une petite ligne, cela ne peut s'entendre raisonnablement que de cette manière; savoir, qu'on peut les diviser en autant de parties l'une que l'autre : conséquemment il y aura autant de termes de divisions dans chacune; mais on ne peut en tirer aucune conséquence pour leur grandeur qui dépend de celle des portions dans lesquelles on les a divisées. La prétendue absurdité qu'on s'efforce de prouver par la dernière objection, n'a pas plus de réalité. Toutes ces circonférences concentriques ne rempliront pas la surface du cercle; elles ne feront que la diviser en bandes circulaires qu'elles borneront de part et d'autre.

Il importe peu aux géomètres qu'il existe physiquement une sphère parfaite, un plan parfait; ces figures ne sont que les limites intellectuelles des grandeurs matérielles qu'ils considèrent, et ce qu'ils démontrent à l'égard de ces limites est d'autant plus vrai à l'égard des corps matériels, qu'ils en approchent davantage. Ainsi en admettant que les vérités de la géométrie ne sont qu'hypothétiques, c'est-à-dire seulement, que s'il existoit un globe et un cylindre parfaits, ils seroient entre eux dans telle raison, il s'en faudra toujours beaucoup qu'elle en reçoive aucune atteinte. Il falloit démontrer qu'une sphère parfaite seroit les deux tiers du cylindre parfait qui la circonscriroit, pour savoir que le même rapport règne sensiblement entre les corps matériels qui approchent de ces figures autant que nos sens nous permettent d'en juger.

Mais peut-être insistera-t-on, et demandera-t-on si ces corps doués de figures parfaites sont possibles? nous répondrons à cela qu'il faudroit mieux connoître la nature de l'espace et de la matière pour décider la question, et pour juger si l'absurdité qui suivroit, à ce qu'on prétend, de cette supposition, a quelque réalité. Si, par exemple, l'espace est un être *réellement subsistant*, toutes les figures n'y existent-elles pas dans la perfection où les mathématiciens les considèrent, comme dans un bloc de marbre sont renfermées toutes les figures qu'un sculpteur peut en tirer: mais je n'insiste pas sur cette réponse. Il suffit aux géomètres que l'idée métaphysique de ces figures soit claire et évidente pour servir de fondement à leurs recherches, et pour que leurs conséquences jouissent de la même évidence et de la même clarté.

A l'égard des mathématiques mixtes, leur certitude dépend en partie de celle de la géométrie, en partie de la vérité de l'hypothèse qu'elles prennent pour base; c'est pourquoi, en défendant la cause de cette science, nous avons défendu la leur, du moins en ce qui concerne les conséquences qu'elles tirent du fait qu'elles supposent. Quant à ce fait ou ce principe, comme il est fondé sur l'observation ou l'expérience réitérée et constante, il faudroit pousser le scepticisme plus loin que les sceptiques même, pour refuser de l'admettre; car ces philosophes ne nioient pas les faits et les expériences. *Empiricus* qui refuse de reconnoître la vérité des axiômes de la géométrie, admettoit, par une inconséquence ridicule, cette partie de l'astrologie judiciaire qui consiste à prévoir les vicissitudes des saisons, parce qu'il la croyoit fondée sur les observations des astronomes.

La nature de notre sujet ne nous permet pas de passer sous silence quelques traits de plaisanterie lancés contre les mathématiques. *Diogène* s'en moquoit; quelqu'un lui montrant un cadran solaire, comme un chef d'œuvre de l'industrie mathématique, il répondit froidement: *belle invention pour ne pas manquer l'heure de son repas !* Il a été imité par quelques modernes, comme un certain abbé *Cartaud de la Villate*, qui ont voulu
employer

employer contre elles les armes du ridicule ; mais qui prouvoient seulement n'avoir pas même l'idée de ce dont ils parloient. *Aristippe* marcha sur les traces de Diogène, suivant *Diogène Laërce.* (1) Enfin, *Epicure* ne trouvoit rien de vrai dans les mathématiques : mais les invectives ou les sarcasmes de ces hommes contre elles seront de peu de poids auprès de ceux qui les connoissent. On ne doit pas être surpris que des sciences qui exigent une forte contention d'esprit, ayent déplu à un voluptueux et courtisan comme étoit *Aristippe.* Les plaisirs qui n'affectent que l'ame ne sont pas de la nature de ceux où il faisoit résider la félicité. Quant à *Epicure*, à qui l'on auroit peut-être tort d'imputer une morale si grossière, un autre motif lui faisoit rejetter les mathématiques ; c'étoit l'incompatibilité de ses dogmes avec les vérités qu'elles enseignent. En effet, à quel mathématicien auroit-il persuadé que le soleil pouvoit n'avoir que la grandeur dont il nous paroît être, ou même être encore moindre ; que les éclipses du soleil et de la lune, les couchers des étoiles, se faisoient peut-être par une extinction totale de leur lumière, qui se rallumoit à leur lever, etc. ? Une physique si absurde étoit bien digne d'un pareil appréciateur des mathématiques. Aussi *Cicéron* se moque-t-il de lui en plus d'un endroit, entr'autres dans l'un (2), où il dit qu'il l'en croit sans peine, et sans avoir besoin de son serment, lorsqu'il se donne pour n'avoir jamais eu aucun maître ; mais qu'il auroit bien mieux fait d'en avoir un, et d'en recevoir quelques leçons de géométrie, que de la décrire : il ajoute enfin que cette salutaire instruction lui auroit épargné un grand ridicule. On voit par un autre endroit de Cicéron (3), qu'Epicure étoit venu à bout de gagner à sa manière de penser, un certain *Polyaenus* qui avoit été réputé un bon mathématicien, et qui soutint ensuite que la géométrie n'étoit qu'un tissu de faussetés. Il est fort possible que ce *Polyaenus*, dont le nom parmi les géomètres est absolument inconnu, n'ait été qu'un homme très-médiocre, et qu'*Epicure*, pour faire valoir son suffrage, lui ait prêté une grande habileté dans les mathématiques, et il peut encore fort bien se faire qu'un habile mathématicien donne dans un travers. Mais ce ne seront point de pareilles raisons qui prouveront rien contre les mathématiques. Il faudroit plus d'exemples de mathématiciens, et surtout de mathématiciens distingués, et non obscurs comme ce *Polyaenus*, qui les auroient abandonnées après en avoir sondé le foible, pour en tirer des inductions contre leur certitude.

(1) Diog. Laert. *in Aristippo.*
(2) *De finibus bonor. et mal.* lib. 1, §. 7.
(3) *Acad. quæst.* lib. 2.

Qu'il me soit permis de remarquer ici que c'est un motif à-peu-près semblable, qui soulevoit la plûpart des philosophes de l'école contre l'étude des mathématiques, et c'est encore le même qui soulève aujourd'hui contre la profonde géométrie et son application à la physique, quelques modernes amateurs de ces systêmes, à l'aide desquels on explique tout à-peu-près, et rien en détail et avec exactitude. Ces sciences dévoiloient la foiblesse de la physique des premiers, et la géométrie est le fléau de ces romans physiques, objet des complaisances des derniers.

Il est presque superflu de parler des condamnations portées par quelques empereurs contre les mathématiciens. Tout le monde sait que ce fut sous ce nom que s'annoncèrent dans Rome ces astrologues qui l'inondèrent pendant plusieurs siècles ; ils le portoient encore au temps de *Saint Augustin*, dont on lit une Homélie faite au sujet de la réconciliation d'un de ces prétendus mathématiciens avec l'église (1). Mais les gens sensés, les philosophes, les empereurs même auteurs de ces décrets réitérés pour proscrire les mathématiciens de l'empire, savoient distinguer les véritables des imposteurs qui usurpoient leur nom ; ils donnoient des éloges aux uns pendant qu'ils proscrivoient les autres. Il y a même un décret des empereurs *Théodose* et *Valentinien* (2), qui assigne des titres d'honneur, tels que ceux de *Spectabiles* et *Clarissimi*, à ceux qui font profession de la géométrie, ou qui l'étudient. Avant eux, les empereurs *Dioclétien* et *Maximien* avoient déclaré par un rescrit, qu'il étoit de l'intérêt public que la géométrie fût cultivée : *Artem geometriæ discere atque exerceri publicè interest.* Ces géomètres romains étoient au surplus de pitoyables géomètres, à en juger par ce qu'on lit dans les *Gromatici veteres* sur la manière dont ils mesuroient un trapèse. Car ils faisoient la somme des quatre côtés, et en prenoient le quart dont ils supposoient que le carré égaloit le trapèse. J'ai lu quelque part que les arpenteurs périgourdins ont cette méthode ou une équivalente.

V I I I.

J'ai maintenant à répondre à des objections d'une autre nature ; celles-ci ne regardent pas la certitude des mathématiques, mais seulement le rang qu'elles méritent de tenir parmi les connoissances humaines. Il est fort ordinaire de voir des gens de lettres affecter en toutes rencontres de déprimer ces sciences, et de rabaisser le mérite de ceux qui y excellent. Qu'on écoute

(1) *In Psalm.* 61, p. 32, *ed. Frob.* (2) L. 2, *Cod. de excusat. artif* de 1556.

l'abbé *Desfontaines*, cet homme célèbre par l'emploi qu'il a si long-temps exercé dans la littérature : si on l'en croit, on a vu fleurir des mathématiciens avec des scholastiques dans les siècles les plus dénués de goût, de vraie science et de délicatesse (1). Les plus grands mathématiciens, dit-il ailleurs, ont toujours été les plus âgés ou ceux qui ont le plus travaillé. On ne peut se méprendre sur le motif qui inspiroit un pareil langage à ce critique, pour qui l'exactitude et l'équité n'étoient souvent que des vertus de pure spéculation. C'étoit visiblement d'exclure des mathématiques toute espèce de génie, et de les mettre au niveau des puérilités scholastiques dont s'occupoient ces siècles ignorans. Suivant *Scaliger* et plusieurs autres qui l'ont répété, il ne falloit, pour réussir dans ces sciences, qu'un esprit lourd et pesant, et ceux qui s'y adonnoient ne devoient jamais espérer une part brillante à l'immortalité.

Ces reproches, ou plutôt ces imputations, n'étonneront point ceux qui connoissent le cœur humain ; c'est l'ouvrage de cet amour propre qui anime la plûpart des hommes à ne regarder comme utile, comme digne d'estime, que ce qu'ils font, et qui les porte à relever avec soin tout ce qui peut rabaisser les occupations des autres. A l'égard des mathématiques, il y a une raison de plus : de tout temps estimées par les esprits judicieux, je puis même le dire, puisque je l'ai prouvé, par les premiers génies ; à la mode quelquefois, elles sont d'un abord rude et difficile ; on ne s'initie qu'avec peine dans leurs mystères, et plusieurs de ceux qui s'efforcent de les déprimer avec malignité, ne le font que par une sorte de dépit de n'avoir pu y pénétrer. Ce n'étoit, par exemple, qu'un amour propre mêlé d'envie, qui animoit *Scaliger* contre elles, et qui lui faisoit tenir les discours qu'on vient de rapporter. Il faut remonter à la source de cette inimitié : *Joseph Scaliger*, plein de cette confiance en lui-même qui l'entraîna dans tant de méprises, voulut se faire une réputation jusques parmi les mathématiciens ; bien éloigné alors d'en penser d'une manière méprisante, il rechercha la solution de tous les problêmes qui leur avoient échappé, comme la quadrature du cercle, la trisection de l'angle, la duplication du cube, &c. Il dévoila (2) enfin ses prétendues découvertes avec beaucoup d'emphase ; il donna aussi une manière de réformer le calendrier, et il l'opposa à celle de *Grégoire XIII* ; mais toutes ces nouveautés, loin de plaire aux mathématiciens, en furent reçues comme devoit l'être un tissu de paralogismes

---

(1) J'ignore dans quel endroit de ses écrits cela se trouve ; mais je l'ai oui souvent répéter d'après lui avec confiance par un littérateur, à qui les écrits de ce critique célèbre étoient fort familiers.

(2) *Cyclometria nova.* 1692, in-folio.

palpables, annoncé avec une confiance insultante : un cri universel s'éleva contre *Scaliger*, et le P. *Clavius*, entr'autres,
écrivit pour le réfuter. Dès ce moment, ceux qui cultivoient
les mathématiques avec succès ne furent plus que des esprits
lourds et pesans; et le jésuite géomètre, son principal adversaire, fut traité avec une distinction d'injures proportionnée à
l'offense qu'il en avoit reçue. Elles ne méritent d'autre réponse
que cette courte histoire. Le fameux *Hobbes* se couvrit d'un
semblable ridicule vers le milieu du siècle dernier, lorsque prétendant avoir trouvé la quadrature du cercle, la trisection et
multisection de l'angle, la rectification de la parabole, &c. il
fut contredit par *Wallis*, qui montra que toutes ces prétendues
découvertes n'étoient que de pitoyables paralogismes. Il attaqua
alors la géométrie et les géomètres avec une violence et un
torrent de mauvais raisonnemens, bien dignes d'un homme qui
le jour étoit athée, et dans la nuit trembloit de crainte des dia-
bles et des revenans. (1)

Ceux qui applaudissent à ces imputations mal fondées, montrent ou bien peu de connoissance des faits, ou bien peu de
bonne foi. Etoient ce donc des esprits lourds et pesans que ceux
d'un *Pythagore*, d'un *Platon*, et de tant d'autres qui excel-
lèrent dans les mathématiques chez les anciens ? d'un *Descartes*, d'un *Leibnitz*, parmi les modernes ? Il y auroit une
extrême injustice à en accuser la plûpart des mathématiciens
de nom qui fleurissent aujourd'hui. Quiconque saura apprécier
le discours préliminaire de l'Encyclopédie, discours où éclatent
le feu d'un génie profondément philosophique, et les talens
d'un écrivain peu ordinaire : quiconque, dis-je, saura apprécier
ce discours, ne refusera pas à son auteur une place parmi les
hommes rares qui illustrent notre nation. C'est néanmoins l'ouvrage d'un de nos premiers mathématiciens, qui de la même
plume dont il calcula l'action des fluides et le dérangement de
la lune, écrivit ce morceau sublime. Il en est un autre, dont le
nom est célèbre par une des plus belles opérations que les hommes
aient tentées, par des découvertes mathématiques et physiques
de diverse espèce, et qui a su couvrir de fleurs les recherches
philosophiques les plus sèches. Il me seroit aisé d'en citer plusieurs autres dans qui la méditation profonde n'a point nui à
l'aménité de l'esprit : si l'on en trouve d'un caractère différent,
ce sont ou des mathématiciens d'un mérite fort médiocre, ou
bien c'est un défaut contracté par la solitude du cabinet, si

(1) Ses deux ouvrages intitulés *Le-*
viathan et *de Cive*, quoique encore ad-
mirés par quelques *libres-penseurs*, ne
sont plus regardés par des esprits solides, que comme les délires d'un esprit
faux.

propre à éteindre tout le brillant et la vivacité de l'esprit. De beaux génies en tout genre, ont éprouvé ce sort dans divers temps, et surtout dans ces siècles où les savans, moins répandus, ne voyoient presque que leurs livres, et n'avoient jamais passé les bornes de la science à laquelle ils s'étoient voués. Si quelques mathématiciens étoient alors tout-à-fait étrangers dans la littérature, combien peu de ceux qui faisoient profession de belles lettres ou d'érudition, savoient les premiers élémens de la sphère! J'ai dit quelques mathématiciens, car il seroit aisé de prouver par des exemples nombreux, que la plûpart ne manquoient pas de connoissances dans l'érudition et les belles lettres; mais y en eût-il eu davantage qui vécurent dans une espèce de barbarie littéraire, cela leur fut commun avec bien d'autres. Au reste, ils se sont fort corrigés dans ce siècle. On trouveroit, au contraire, je pense, encore bien des gens de lettres, et surtout des poètes, qui ignorent pourquoi en été les jours sont plus longs que durant l'hiver. Un phénomène si réglé et si fréquent a-t-il moins de droit que les beautés sublimes de la poésie et de l'éloquence, à exciter l'admiration et la curiosité de l'entendement humain?

Ajouterons nous ici que quelques hommes d'un mérite d'ailleurs distingué, ont pensé peu favorablement des mathématiques? Le célèbre *Pic de la Mirandole* ne les croyoit pas compatibles avec l'étude de la théologie. Il avoit quelque raison; car qu'étoit la théologie de son temps, sinon une science pétrie de subtilités, que les bons esprits d'aujourd'hui trouvent ridicules? Sans doute des esprits nourris des raisonnemens solides de la géométrie et des mathématiques, étoient absolument ineptes pour ce genre d'escrime. Si le célèbre auteur de Télémaque a pensé à-peu-près de même, c'est que de son temps la théologie n'étoit pas encore affranchie de cette rouille des siècles d'obscurité et d'ergotage. Au surplus, on auroit pu répondre à l'un et à l'autre, *tant pis pour la théologie.* Car si la science où l'on raisonne le plus juste est nuisible à l'étude de la théologie, c'est apparemment que celle-ci se contente de preuves peu concluantes, ou tout-à-fait frivoles. On a cependant vu de célèbres théologiens être en même-temps de grands géomètres: tel fut le célèbre *Barrow*; mais la théologie qu'il cultiva, n'étoit pas cette scolastique pitoyable, éclose du cerveau de *Scot.*

Pour peu qu'on sache l'histoire des sciences, il est aisé de repousser les traits lancés par l'abbé *Desfontaines*; ils n'ont de la force que pour ceux qui ne savent point peser les talens. En effet, cet écrivain a sans doute pris pour les plus grands mathématiciens les compilateurs des plus gros ouvrages; et

comme on n'a pas fait à la fleur de son âge, ou sans un travail
obstiné, d'épais volumes, il en a conclu que les plus habiles
étoient les plus âgés ou les plus laborieux. Cette méprise n'est
pardonnable qu'à un étranger en mathématique : si l'abbé *Desfontaines* l'eût été un peu moins, il auroit pensé autrement.
Les mathématiciens ont toujours reconnu plus de génie dans
quelques pages de *Viète*, de *Kepler*, de *Copernic*, de *Tycho
Brahé*, que dans les vastes écrits de *Clavius*, de *Renaldini*,
et de *Guarini*, &c. *Descartes*, encore à la fleur de son âge,
enseignoit tous les mathématiciens de son temps en donnant sa
géométrie, écrit très-court, et qui, par les découvertes nombreuses qu'il contient, forme aujourd'hui la partie la plus assurée de sa gloire. Le prodigieux accroissement de la géométrie, depuis environ un siècle, n'est presque dû qu'à de jeunes
mathématiciens. M. *de Fermat* étoit aussi peu agé que *Descartes*, lorsqu'il luttoit avec lui, et qu'il jettoit les fondemens
de notre calcul de l'infini. *Wallis* étoit jeune dans le temps
qu'il entoit ses découvertes sur celles de *Descartes* et *Fermat*;
Newton atteignant à peine 23 ans, étoit déjà le premier géomètre de l'Europe, puisqu'à cet âge il avoit découvert plusieurs
de ses sublimes méthodes analytiques, et entr'autres les fondemens des calculs différentiel et intégral. Peu d'années après,
il analysa la lumière, et il publia sa savante théorie à l'âge de
28 ans. Son immortel traité *des principes de la philosophie
naturelle*, est en partie une production de sa jeunesse. Il avoit
dès-lors conçu le plan de cet immense et admirable édifice ;
plusieurs vies ordinaires suffiroient à peine pour recueillir, et
mettre en œuvre les nombreux matériaux qu'il y employa, et
qu'il tira de la géométrie et de la mécanique la plus subtile.
Cependant il n'avoit pas atteint la moitié de sa carrière, quand
il donna cet ouvrage à l'empressement du public. *Leibnitz* découvrant le calcul différentiel, et proposant aux géomètres des
cartels, ou y satisfaisant, étoit encore peu avancé en âge ; le
savoir profond de cet homme illustre, dans les antiquités, dans
l'histoire, dans la politique et la jurisprudence ; son goût pour
la métaphysique la plus déliée, sont connus de tout le monde.
Sans ces travaux variés, et qui le partagèrent également durant toute sa vie, il est à croire que sa jeunesse, de même que
celle de *Newton*, auroit été marquée par les découvertes les plus
brillantes. Que dirai-je des deux célèbres frères, MM. *Jacques*
et *Jean Bernoulli*, du marquis *de l'Hôpital*, qui marchant sur
les traces de *Leibnitz* et de *Newton*, furent, après eux, les
plus habiles et les plus jeunes mathématiciens de l'Europe ? mais
pourquoi chercher dans le siècle passé des exemples de ce phénomène, si c'en est un ? Nous en avons de récens, et qui sont

sous nos yeux. MM. *Clairault* et d'*Alembert*, ont été dès leur
jeunesse au rang des premiers géomètres. Nous pouvons dire
enfin, qu'il n'y a pas aujourd'hui un mathématicien de réputation, qui n'ait annoncé, dès ses premières années, par
quelque ouvrage de génie, ce qu'il étoit déjà, et ce qu'il seroit un jour.

Conoluons de ces traits, dont il seroit facile d'augmenter le
nombre, que rien n'est moins fondé que la première accusation
de l'abbé *Desfontaines* : il n'y a pas plus d'équité dans
la seconde. Ces mathématiciens qu'on vit fleurir dans des siècles ignorans et barbares, ne sont point tels que ce critique
voudroit nous les représenter ; indépendamment de ce qu'ils
furent en fort petit nombre pendant qu'on étoit inondé de
scolastiques, indépendamment de ce que la plûpart s'élevèrent
avec force contre le mauvais goût qui régnoit dans les écoles,
les plus éclairés parmi eux peuvent-ils entrer en comparaison
avec les génies que la Grèce produisit dans ses beaux jours,
et avec ceux qu'on a vu fleurir en Europe depuis la renaissance
des lettres. Bornés aux connoissances les plus élémentaires en
tout genre, ils réputoient comme un effort d'esprit d'entendre
Euclide entier. Les géomètres d'un mérite plus relevé, les *Archimède*, les *Apollonius*, à peine leur étoient connus de nom.
Mais admettons pour un moment que ces siècles ténébreux aient
produit des mathématiciens distingués, pourquoi la fécondité
de la nature, qui forme de temps à autre des génies éminens,
auroit-elle dû être suspendue ? Ces hommes n'en furent que plus
estimables d'avoir su se faire jour au travers des nuages de leur
temps ; et rien ne seroit plus honorable pour les mathématiques,
que de voir les meilleurs génies dans tous les siècles en avoir
été instruits : on pourroit en conclure que rien n'est plus propre qu'elles, à donner à l'esprit cette force et cette vigueur
qui le fait triompher des obstacles des préjugés et de l'ignorance. D'ailleurs, pourrai-je demander, dans quel siècle ont
vécu les *Homère*, les *Hésiode*, &c. ? n'est-ce pas dans le temps
où la Grèce étoit encore bien près de la barbarie. Quel est celui
qui a donné à l'Italie le *Dante*, *Pétrarque*, poëtes célèbres
à juste titre, sinon un siècle ignorant ? Combien de poëtes
dont plusieurs ne sont pas sans mérite, combien d'hommes dignes d'être estimés par une solide littérature, n'a pas produit le
seizième siècle, si voisin des ténèbres et du mauvais goût, si
peu fertile en mathématiciens originaux par tout ailleurs qu'en
Italie où les arts et les lettres fleurissoient à l'envi ! Ainsi l'objection de l'abbé *Desfontaines* retourne contre lui-même, ou
plutôt ne prouve rien. Un examen moins partial fera voir que
presque toujours les hommes célèbres dans la littérature, et ceux

qui l'ont été dans les mathématiques, ont vécu en même-temps.
Les mathématiciens habiles que produisit l'Italie lors du retour
des lettres en Europe, furent contemporains de l'*Arioste*
et du *Tasse*. Le même âge qui a donné à la France les
Descartes, les *Pascal*, les *Fermat*, le marquis *de l'Hôpital*,
lui a donné *Corneille*, *Molière*, *Racine*; en Angleterre
Wallis, *Newton*, *Hallei* ont vécu avec *Milton*, *Addisson*
et *Pope*.

Les anciens plus équitables, reconnoissoient, ce semble,
cette vérité, quand ils assignoient à une de leurs muses l'emploi de présider à l'étude du ciel. Comme cette étude est la
partie des mathématiques qui en impose le plus par la noblesse
de son objet, ce fut aussi celle qu'ils eurent la première en
vue, lorsqu'ils créèrent cet être allégorique; mais les attributs
qu'ils lui donnèrent appartiennent aux mathématiques en général : en effet le compas et l'équerre sont les symboles de la
géométrie, et nous apprennent qu'ils eurent des vues plus étendues qu'il ne paroît d'abord. D'ailleurs ce n'est que par les secours mutuels que se prêtent ces sciences, qu'on peut s'élever
à la connoissance sublime des ressorts et des lois de l'univers;
ainsi elles entrent toutes nécessairement dans le nombre de
celles auxquels préside cette divinité. La muse Uranie est donc
non-seulement celle qui conduit l'astronome dans le ciel, c'est
encore celle qui inspire le géomètre et le mécanicien : ces
derniers ont aussi leur place sur le Parnasse ; et en effet pourquoi ceux qui sondent avec tant de sagacité les mystères de la
nature, n'y monteroient-ils pas avec ceux qui la peignent avec
tant de charmes?

C'est par une suite de cette alliance de l'astronomie avec
la poésie, que les anciens poètes ont mis souvent dans
la bouche de leurs chantres des sujets dépendans de cette
science, comme les plus dignes d'être annoncés dans le
langage des dieux. Écoutons *Virgile* vers la fin du premier
Livre de l'Énéide.

> . . . . *Cythará crinitus Iopas*
> *Personat auratâ docuit quae maximus Atlas.*
> *Hic canit errantem Lunâm, Solisque labores,*
> *Arcturum, pluviasque Hyadas, geminosque Triones;*
> *Quid tantum Oceano properent se tingere soles*
> *Hiberni, vel quae tardis mora noctibus obsit.*

Ce prince des poètes témoigne même la prédilection qu'il

ressent

ressent pour les connoissances naturelles et pour l'astronomie, lorsqu'il s'énonce ainsi dans ses Géorgiques : (1)

> Me verò primùm, dulces ante omnia, Musae,
> Quarum sacra fero ingenti perculsus amore,
> Accipiant, cœlique vias et sidera monstrent;
> Defectus Solis varios, Lunæque labores.
> Unde tremor terris, quâ vi maria alta tumescant,
> Obicibus ruptis, rursusque in se ipsa residant,
> Quid tantùm oceano properent, etc.

Je puis enfin faire valoir le témoignage de *Cicéron*, non de *Cicéron* orateur et faisant l'éloge de son art à l'exclusion de tout autre, mais de *Cicéron* philosophe et appréciant les connoissances à la balance de la raison. Quels éloges ne donne-t-il pas à la physique et aux mathématiques ! (2) *Quid dulcius otio litterato ; iis dico litteris, quibus infinitatem rerum ac naturæ, et in hoc ipso mundo, cœlum, maria, terras cognoscimus !* Il fait consister une partie de la sagesse à contempler et à développer ces merveilles ; il s'écrie (3) : quelles richesses, quelles couronnes peuvent être préférées aux plaisirs que ressentoient un *Pythagore*, un *Démocrite*, un *Anaxagore* ! Quelles délectations ne goûte pas un sage à contempler le spectacle surprenant de cet univers ! Ailleurs (4) il ne craint pas d'appeler divin le génie d'*Archimède*, pour avoir su imiter dans une fragile machine, ce magnifique ouvrage ; et la sagacité des astronomes lui paroît telle qu'il en tire une de ses principales preuves de l'existence d'une ame, portion ou image de la Divinité.

I X.

Ce seroit omettre un des principaux objets de ce discours, que de négliger ici l'examen des causes de cette certitude qui caractérise les mathématiques, et qui les élève à cet égard au-dessus de toutes les autres connoissances humaines.

La première et la principale tient à la simplicité de leur objet et à la marche des mathématiciens ou plutôt des géomètres. Cette marche est précisément celle qui est la plus convenable pour la recherche de la vérité. Car d'abord le géomètre commence à définir le moindre terme qu'il employe, et jamais il ne s'en sert que dans le même sens et de la même manière. D'une idée claire il ne déduit que des conséquences claires et incontestables, qui lui servent comme d'échelons pour s'élever à d'autres aussi claires et incontestables. Il n'a point l'ambition de faire

---

(1) Liv. 2, v. 474.
(2) *Tuscul. quæst.* lib. 5, vers. fin.
(3) *Ibid.* lib. 5, vers. med.
(4) *Ibid.* lib. 1, vers. med.

des enjambées gigantesques ; mais il aime mieux (c'étoit du moins le procédé des géomètres anciens) diviser en quelque sorte sa marche dans les plus petits pas possibles , et il n'en entreprend jamais un nouveau sans avoir la conviction qu'il repose sur une vérité , à l'abri de toute contestation. Il préfère de rester où il en est à faire un seul pas, si ce dernier n'est pas aussi solide que le précédent, et il attend du temps et des réflexions ultérieures le moyen de pénétrer plus avant ; il rejette enfin tout ornement qui ne tend qu'à subjuguer l'imagination sans porter la conviction dans l'entendement. La clarté , la netteté et la précision sont les seules qualités où il aspire. Son élégance enfin consiste à aller à son but par le plus court chemin. Telle est la marche du géomètre ; telle étoit surtout celle des géomètres anciens ; et c'est cette marche qui rend leur lecture si satisfaisante pour ceux à qui leur langage est familier. Aussi faut-il vouloir se faire illusion à soi-même pour se tromper en géométrie. Il n'est pas donné, sans doute, à tous les esprits d'ajouter un chaînon à la chaîne de vérités déjà formée. Mais il est d'un esprit radicalement faux de croire y en avoir ajouté un, quand on ne l'a pas fait. *Turpe non est*, dit quelque part *Descartes, nihil invenire, sed turpissimum est aliquid falsum pro vero venditare*. Ajoutez à cela, si vous voulez, que l'objet des recherches du géomètre n'inspire aucun de ces intérêts bas qui, pervertissant les hommes, leur font si fréquemment et sciemment prêcher l'erreur pour la vérité.

Il est aisé de sentir qu'un esprit accoutumé à une pareille marche, doit naturellement acquérir une justesse particulière et une aptitude à lier avec des principes les idées qui peuvent en dériver, et à ne se faire aucune illusion sur la connexion des uns avec les autres. Tous les hommes ne sont pas appelés à cultiver les mathématiques; mais il seroit à désirer, et c'étoit le vœu de *Locke*, ce profond métaphysicien , que tous ceux qui sont destinés à user de leur raison , les eussent étudiées jusqu'à un certain point. On verroit moins de conséquences précipitées , moins de mauvais raisonnemens vantés pour des démonstrations, enfin, moins de personnes séduites par des apparences de vérité.

C'est encore ici le lieu de dire quelque chose des causes de la satisfaction, je dirois même de l'enchantement, que goûtent tous les esprits justes dans l'étude des mathématiques, pour peu que la nature les y ait disposés. Indépendamment de la clarté et de la conviction lumineuse qu'elles portent dans l'ame, un caractère frappant des mathématiques est l'accord admirable qui règne dans les découvertes sur un même objet, quoique dérivées de principes différens. *Archimède* a , par exemple , démontré le premier la quadrature de la parabole de deux mamières différentes, l'une purement géométrique ou arithmético-géométrique, l'autre d'après un principe de mécanique intellectuelle. Depuis ce temps, deux cents géomètres se sont comme évertués à résoudre, d'après différens principes, le même problème; leurs solutions ont toujours donné le même résultat, et la parabole s'est toujours trouvée les deux tiers du parallélogramme de même base et même hauteur. La demi-sphère s'est toujours trouvée les deux tiers du cylindre circonscrit; et les calculs modernes dérivés de sources si différentes donnent la même chose. Le géomètre de l'Inde ou de la Chine a anciennement trouvé, comme en Grèce, que dans le triangle rectangle, le carré de l'hypothénuse est égal à la somme des carrés des côtés qui renferment l'angle droit. Enfin les mêmes vérités mathématiques sont communes aux géomètres depuis les bords de la Néva jusqu'à ceux du Guadalquivir, et depuis Londres jusqu'à Peking; quelle que soit d'ailleurs leur manière de penser sur tous les autres objets des connoissances humaines.

X.

Il nous reste à faire voir l'utilité qui accompagne l'étude des mathématiques. Il faut d'abord convenir à cet égard que quelques auteurs ont donné des preuves d'un jugement peu solide, en exaltant cette utilité d'une manière fort ridicule. Qui ne rira, par exemple, en voyant le P. *Mersenne* (1) inviter les orateurs à orner leur discours de traits et de textes tirés des mathématiques? Les sections coniques lui paroissent même propres à fournir de beaux sujets de comparaison dans l'éloquence de la chaire. Le célèbre *Vossius* (2) (*Gérard Jean*) n'hésite pas à les trouver bonnes à tout, à la poésie, à la grammaire, à l'économie, à la théologie, *&c.* On auroit peine à démêler les raisons qu'il en donne. En voici une: l'art des combinaisons apprendra, dit-il, au poète que ce vers: *Rex, lex, sol, dux, fons, lux, mons, pax, petra, Christus*, peut être varié de 3,628,800 manières différentes; et celui-ci: *tot tibi sunt dotes, virgo, quot sidera cœlo*, de 1022 manières. Il faut avoir une étrange idée de la poésie pour trouver là de l'utilité pour elle. Nous passons sous silence les autres raisons de *Vossius*, en faveur de l'utilité des mathématiques dans l'économie, la théologie, etc. Mais tout cela n'est rien en comparaison des idées folles de J. *Caramuel de Lobkowitz* (3). Celui-ci explique par des raisons mathématiques tout ce que la métaphysique a de plus profond, et la religion révélée d'incompréhensible. La question du Jansé-

---

(1) Harm. universelle, *passim.*   (3) *Matheis audax*, etc. Iovenii,
(2) *De Nat. et Constitut. Math.* p. 28,   1642 et 1644, in-4°.
29, etc.

nisme y est réduite à une simple construction géométrique ,
qui donne tout le tort possible à Jansénius et à ses sectateurs.
Malheureusement, pour le repos de l'église Gallicane, ces derniers n'ont jamais voulu entendre sa démonstration, et Port-
Royal lui-même, quoiqu'il eût des géomètres dans son sein,
y a toujours été réfractaire (1).

Ce trait nous amène à parler d'un autre abus, que quelques
philosophes ont fait de ces sciences, en prétendant les appliquer
à la métaphysique et à la médecine. Il en est qui se sont
imaginés que, quand ils avoient digéré leurs méditations en
théorêmes et corollaires, ils les avoient mises au rang des vérités mathématiques. On a vu paroître dans ces derniers temps
des ouvrages, où la métaphysique la plus contentieuse, où les
questions les plus épineuses de la médecine sont traitées à la
manière des géomètres, et dont les auteurs, en terminant chacune de leurs prétendues démonstrations par un Q. E. D.
(*quod erat demonstrandum*), semblent persuadés de bonne foi
avoir donné à leurs idées la certitude d'un théorême géométrique. Le célèbre *Wolff* est un de ceux qui ont le plus abusé
de ces formules mathématiques dans sa métaphysique. Si les
mots de *théorêmes*, *lemmes*, *corollaires*, et ces finales ordi-

___

(1) Nous remarquerons, cependant,
que quelques auteurs ont travaillé d'une
manière plus judicieuse à faire voir
l'usage des mathématiques dans l'étude
de la théologie et de l'écriture-sainte.
On ne peut disconvenir qu'on ne trouve
dans leurs ouvrages un grand nombre
de questions, dont la résolution exige
une certaine connoissance des diverses
parties des mathématiques. Mais on y
trouve aussi un grand nombre de questions minutieuses et frivoles, qui prouvent davantage la curiosité et l'envie
de les multiplier, que la critique de
leurs auteurs. Ces ouvrages au surplus, étant assez curieux et rares, nous
croyons devoir les faire connoître. En
voici les titres :
Georg. Arnoldi , *sacra mathesis.*
Altorf. 1676, in-4.
Leon. Christ. Sturmii , *mathesis ad
sacrae script. interpret. applicata.*
Norimb. 1710, in-8.
Sam. Reyheri , *mathesis mosaica sive
loca pentateuchi mathematica, mathe-
matice explicata.* Klon. 1679.
Joh. Bern. Wideburgii , *matheseos*

biblicae specimina vii. Iena. 1731,
in-4.
Joh. Jac. Schmidii , *biblischer mathematicus oder erlœuterung*, etc. Id est :
*mathematicus biblicus seu illustratio
sacr. script. ex mathematicis scien-
tiis.* Zullichau. 1736 , in 4.
Nous croyons devoir faire connoître
ici, à l'égard de la jurisprudence, un
livre qui a eu le même objet ; savoir,
celui de M. J. Fr. Polac, dont le titre
est :
*Mathesis forensis , oder ausfurlich
abhandlung*, etc. Id est : *Mathesis ad
jus applicata seu tractatio eorum in
jure casuum, in quibus dijudicandis
ac resolvendis , matheseos cognitio om-
nino necessaria est.* Lips. 1734, in-4.
It. ibid. 1740 , in-4.
Cet ouvrage peut tenir lieu de tous
les autres du même genre, et contient
la solution de beaucoup de questions
utiles tirées de toutes les parties de la
jurisprudence. Bien loin d'en penser,
comme j'ai fait jadis, je pense aujourd'hui
qu'une traduction n'en eût pas été inutile
pour nous.

naires des démonstrations géométriques avoient quelque puissance démonstrative, l'onthologie de *Wolff* auroit la certitude des élémens d'*Euclide*, tandis qu'elle a au moins autant de contradicteurs que de partisans. On peut même dire que ces derniers sont à-peu-près renfermés dans le pays qui l'a vu naître.

Le fameux médecin écossois *Pitcairn* a aussi entrepris, dans un de ses ouvrages, d'élever la médecine à la certitude mathématique, (1) et il y prétend avoir trouvé par des raisonnemens mathématiques le moyen certain de guérir. Nous ne voyons pas que les idées de ce médecin ayent fait fortune parmi ses confrères. Si la médecine pouvoit être élevée à cette certitude, ce seroit à-peu-près l'art de rendre l'homme immortel. Il faut s'y contenter de raisonnemens plus ou moins probables, plus ou moins appuyés sur l'expérience, la mécanique et la physique.

Nous ne ferons donc pas usage de raisonnemens semblables à la plûpart de ceux qu'on vient de voir, pour prouver les utilités nombreuses des mathématiques : il est aisé de les démontrer par des raisons plus solides.

On ne peut d'abord refuser de reconnoître la nécessité de la géométrie et de l'arithmétique dans la société, et dans une infinité de cas économiques, juridiques, etc. par-tout enfin où il s'agit de calcul et de comparaison de grandeurs. A la vérité il n'est besoin dans la plûpart, que des connoissances élémentaires de ces sciences, et souvent cette portion que la nature en a accordée à tous les hommes est suffisante ; mais il est des cas plus difficiles, qui exigent une analyse profonde : il importe à un Etat, à une communauté qui crée des rentes viagères, quelquefois sous des conditions très-composées, qui permet ou autorise certains jeux que le hasard seul dirige, comme les loteries, d'en connoître les avantages et les désavantages, et d'y conserver une certaine égalité. Ce sont des questions sur lesquelles les mathématiciens sont toujours consultés, et l'inspection seule des livres profonds faits sur ces matières, apprend qu'elles ne sont point du ressort de l'arithmétique, ni même de l'analyse ordinaire.

C'est par la mécanique et l'ingénieuse combinaison de ses diférentes puissances, que l'industrie humaine est parvenue à remuer et à transporter des fardeaux si supérieurs à nos forces ; à faire servir l'eau de moteur à une foule de machines, à l'élever au sommet des montagnes, pour la répandre ensuite avec mesure pour notre agrément. *Arch...ède* défendit long-temps

(1) *Elementa medicinæ physico-mathematicæ.* Lond. 1717, in-8°.

c

sa patrie par ses inventions, et presque toutes les machines que les anciens employoient dans la guerre, ont été imaginées ou perfectionnées dans des temps, où les mathématiques étoient très-florissantes dans la Grèce: ce qui est une sorte de preuve qu'elles influèrent beaucoup sur la perfection de cette partie de l'art militaire.

Les avantages de l'astronomie ne seront point contestés par ceux qui réfléchiront sur les faits suivans : c'est au sort de l'astronomie qu'est lié celui de la géographie, de la navigation, de la chronologie. On admettra sans doute qu'il est de quelque importance pour l'homme de connoître la forme, la grandeur, la position exacte des divers lieux du globe qu'il habite: comment y seroit-il parvenu sans le secours de l'astronomie? Les plus exacts itinéraires sont des moyens sur lesquels il est aisé de sentir qu'on doit peu compter, du moins pour fixer la situation des lieux fort éloignés entre eux D'ailleurs dans combien peu de cas est-il possible d'employer cette méthode? si elle étoit la seule, on en seroit encore à franchir les bornes étroites des lieux qui nous environnent de plus près. Par le secours de l'astronomie les contrées les plus éloignées, malgré les mers *innavigables*, les déserts et les peuples barbares qui les divisent, sont dans une sorte de correspondance, dont le ciel est le seul médiateur.

Le commerce, cette source de l'opulence et de la force des états, est redevable, en quelque sorte, aux mathématiques de l'étendue qu'il a aujourd'hui. En effet, elles ont plus de part qu'on ne l'estime vulgairement, à la découverte de ces pays d'où nous viennent tant de richesses. Lorsque l'Infant dom Jean de Portugal, qui fut le principal promoteur de la découverte des Indes, mit ce projet à exécution, il employa des mathématiciens qui lui étoient attachés, à inventer des instrumens, à imaginer des méthodes propres à se conduire en mer; ce fut en partie par ces moyens qu'il engagea des hommes à entrer dans ses vues, et qu'il les rassura contre les dangers d'une mer inconnue : telle fut la première origine de notre astronomie nautique. Ce prince lui-même, savant en mathématiques, fut l'inventeur des cartes qu'on employa dans cette navigation, et probablement une si magnifique entreprise auroit encore tardé long-temps, peut-être même seroit à peine exécutée sans ces circonstances. *Colomb* concluoit par des raisons physiques et mathématiques, ou l'existence d'un nouveau continent à l'ouest de l'Europe, ou celle d'un passage plus commode et plus court aux grandes Indes ; et s'il est vrai, comme on le raconte, qu'il prédit une éclipse aux habitans de la Jamaïque, il devoit avoir des connoissances astronomiques bien supérieures pour son temps.

Si l'on se conduit aujourd'hui avec tant de sûreté et de science au travers des mers, on le doit aux mathématiques qui en ont fourni les moyens. C'est à *Wright*, géomètre, géographe et navigateur anglais, qu'est due l'invention des cartes par latitude croissante, les meilleures au jugement des navigateurs intelligens; c'est sans doute aux astronomes qu'ils seront un jour redevables de la dernière perfection de leur art, lorsque le mouvement de la lune sera assez connu pour pouvoir à chaque instant déterminer sa place avec exactitude.

Les habiles chronologistes ont toujours fait des phénomènes célestes un des moyens de vérifier les dates de certaines époques fondamentales; on ne trouve aucun ordre dans les temps des anciens peuples, à cause de l'ignorance où ils étoient des périodes célestes. L'histoire certaine, et qui assigne aux événemens leur vraie place, ne prend naissance qu'avec l'astronomie. Une forme d'année bien ordonnée, et telle qu'il convient à des nations raisonnables et policées, semble être le chef-d'œuvre de cette science. Quelle peine n'ont pas pris les anciens Grecs, les Persans, les Européens modernes, pour donner à leur calendrier une forme constante et parfaite! et ils n'en ont approché qu'à proportion que l'étude du ciel a été plus cultivée chez eux. Dois-je oublier que nous ne devons qu'à cette étude la cessation de ces terreurs si déshonorantes pour la raison humaine, qui saisissoient autrefois les peuples à la vue de certains phénomènes peu fréquens? On ne se rappelle qu'avec pitié le trait de ce prince imbécille qui, à l'aspect d'une éclipse de soleil, fit couper les cheveux à son fils comme dans un jour de calamité. L'ignorance de *Nicias*, qui commandoit l'armée navale des Athéniens dans la guerre de Sicile, fut la cause de l'échec malheureux qu'ils y essuyèrent; épouvanté par une éclipse, *Nicias* n'osa mettre à la voile quand il en étoit temps, pour lever le siège de Syracuse: le lendemain les vents devenus contraires l'empêchèrent de partir, et il fut pris avec toute son armée. Il n'y a pas encore long-temps que l'apparition d'une comète inspiroit des frayeurs superstitieuses; l'astronomie seule a pu les calmer en dévoilant les causes de ce phénomène. C'est aussi à ses progrès considérables qu'est due la chûte de l'astrologie judiciaire. Cet art imposteur, né de l'abus de l'astronomie encore au berceau, a cessé de trouver du crédit, ou n'en a plus qu'auprès de quelques esprits foibles, depuis qu'elle a pris l'essor et qu'elle s'avance vers la perfection. De toutes les connoissances astronomiques, il résulte enfin une grande lumière pour le système général de l'univers, objet assurément digne d'occuper les êtres intelligens qui jouissent de cet admirable spectacle: c'est ce que penseront sans doute tous ceux qui n'ont pas les yeux uniquement tournés vers la terre, et qui se souviendront de ces beaux vers d'*Ovide* :

Pronaque cum spectent animalia castera terram,
Os homini sublime dedit, cælumque tueri
Jussit, et erectos ad sidera tollere vultus.

X I.

Ce seroit tomber dans une prolixité excessive et inutile, que de montrer avec ce détail les usages des autres parties des mathématiques mixtes ; la plûpart se présentent assez d'eux-mêmes pour me dispenser d'y insister : je me borne donc à quelques réflexions concernant les spéculations géométriques d'un certain ordre, dont on peut demander le but et l'utilité. Ici nous conviendrons qu'il en est un grand nombre qui ne sont que des curiosités intellectuelles, et qui ne présentent aucun usage sensible ; mais qu'on fasse attention qu'elles sont les seules vérités incontestables et sans mélange, dont l'esprit humain, aidé de ses propres lumières, ait pu s'assurer, et l'on cessera de leur intenter le reproche de frivolité qu'elles paroissent mériter. En effet l'homme étant composé de deux parties, l'une spirituelle dont la nature est de penser et d'approfondir les propriétés des objets ; l'autre corporelle, destinée à sentir et à jouir de ces mêmes objets, il faut convenir que si l'on doit étudier leurs propriétés sensibles dans la vue de les tourner à l'avantage de la partie matérielle, celles qui ne sont qu'intellectuelles conviennent spécialement à la partie intelligente. D'ailleurs à quoi se réduiroient les connoissances humaines, si on bannissoit toutes celles dont on ne retire aucun avantage matériel ? Bientôt l'ignorance reprendroit le dessus, et rameneroit tous les malheurs des siècles les plus grossiers et les plus barbares.

Je pourrois encore remarquer que ces vérités de pure théorie, dont l'utilité est peu apparente, ne laissent peut-être pas d'en avoir une que les siècles à venir découvriront ; mais j'observerai sur-tout que plusieurs d'entr'elles, inutiles, ce semble, par elles-mêmes, servent d'échelons et d'échafaudages pour s'élever à d'autres qui sont très-importantes. Quel appareil de géométrie ne demandent pas certaines questions mécaniques et astronomiques ! Telle est parmi les dernières celle du mouvement de la lune, de la solution de laquelle il est à présumer qu'on retirera le précieux avantage d'une navigation parfaite. Le sort des mathématiques mixtes est nécessairement lié à celui des abstraites ; toutes les vérités qu'enseignent celles ci, participent donc de l'importance des premières.

Je

Je finis par une réflexion : un philosophe demandoit à quoi s'occuperoient les hommes, s'ils étoient exempts des passions qui les agitent, et affranchis des besoins divers auxquels leur nature les assujettit. Il n'est pas douteux que l'amour et la recherche de la vérité, la contemplation des phénomènes de la nature, et l'accomplissement de leurs devoirs envers l'auteur de leur être, partageroient seuls une vie également tranquille et heureuse. Eh bien! ces objets si nobles, puisqu'ils sont les seules occupations d'une créature parfaite, ces objets, dis-je, sont ceux du mathématicien. La recherche des vérités intellectuelles, leur application aux phénomènes de l'univers, voilà ce qui compose cette partie des mathématiques qui ne peut se vanter de satisfaire à aucun besoin corporel, d'amener aucune richesse dans nos ports, ou de fournir aux hommes aucune arme pour se nuire mutuellement.

> *Felices animæ quibus hæc cognoscere primis,*
>   *Atque domos superas scandere cura fuit.*
> *Credibile est illos pariter, vitiisque jocisque*
>   *Altius humanis, exeruisse caput.*
> *Admovere oculis distantia sidera nostris,*
>   *Aetheraque ingenio supposuere suo.*
> etc.
>
> Ovid. 1. Fast. v. 297 et seq.

Fin du Livre premier.

HISTOIRE

DES

MATHÉMATIQUES.

PREMIERE PARTIE,

Contenant l'Histoire des Mathématiques, depuis leur naissance jusqu'à la destruction de l'Empire Grec.

LIVRE SECOND.

Origine des diverses branches des Mathématiques, et leur histoire, chez les plus anciens peuples du monde.

SOMMAIRE.

I. Incertitude où l'on est sur l'origine de la plûpart des sciences. II. Naissance de l'arithmétique. D'où vient que nous comptons par périodes de dix; forme de l'arithmétique des Grecs et des Orientaux. III. Origine qu'on donne à la géométrie. Discussion des raisons sur lesquelles on se fonde. Conjecture sur les progrès que les Egyptiens y avoient faits. IV. Origine de l'astronomie. V. Traces qui nous restent de l'astronomie Chaldéenne. VI. Conjectures sur celle des Egyptiens. VII. En quoi consistoit l'astronomie grecque avant le temps des philosophes. Division du zodiaque et du ciel en constellations. VIII. Examen de divers systêmes au sujet de cette division. IX. Description des sphères Persane, Egyptienne et Indienne. X. Invention et progrès de la navigation chez les anciens. XI. Naissance des autres parties des mathématiques.

{ I.

L'HISTOIRE des sciences, de même que cell. des croires, a ses commencemens enveloppés de ténèbres et d'incertitude;

les premiers pas de l'esprit humain, foibles et obscurs, excitèrent si peu l'attention de ceux qui en furent les témoins, qu'on ne doit point s'étonner que leurs traces soient presque entièrement effacées : à cette raison se joint à notre égard celle de l'éloignement des temps auxquels ils se rapportent. Si l'histoire politique, qui fut toujours transmise avec le plus de soin, nous manque au-delà de certaines époques, doit-on s'attendre à voir celle des sciences et des arts presque toujours négligée, se perdre dans les fables ou les conjectures? car on ne doit guères regarder autrement la plûpart des traits qu'on trouve épars sur ce sujet. Dans ces circonstances le devoir d'un historien consiste à savoir apprécier les témoignages, et discerner ce qui porte l'empreinte de la crédulité ou de l'ignorance, de ce qui paroît établi sur des fondemens solides; nous avons tâché de remplir ces objets. Commençons par l'arithmétique : on raconte sa naissance de la manière suivante.

I I.

Les Phéniciens, ont dit quelques-uns, furent les premiers et les plus habiles commerçans de l'univers; mais l'arithmétique n'est nulle part plus utile et plus nécessaire que dans le commerce : ainsi ces peuples ont dû être aussi les premiers Arithméticiens. *Strabon* (1) nous donne cette opinion comme accréditée de son temps; et même, si nous en croyons un historien, (2) *Phœnix*, fils d'*Agenor*, écrivit le premier une arithmétique en langue phénicienne. D'un autre côté l'Egypte se faisoit gloire d'avoir été le berceau de cet art, (3) et comme une intelligence humaine parut à peine suffisante pour une invention si utile, on imagina cette pieuse fable qu'une divinité en étoit l'auteur, et qu'elle en avoit fait part aux hommes (4). C'étoit du moins l'opinion générale, suivant *Socrate* ou *Platon* (5), que *Theut* ou *Thot* étoit l'inventeur des nombres, du calcul et de la géométrie; et il est fort probable que c'est de là que les Grecs ont pris l'idée, de donner à leur *Mercure*, avec qui le *Theut* ou l'*Hermès* Egyptien a un rapport marqué, l'intendance du commerce et de l'arithmétique. Il est même bien difficile de ne pas leur associer les Chaldéens. Car puisque ces peuples nous présentent les premières traces des connoissances astronomiques, il falloit bien qu'ils eussent une arithmétique, et même fort avancée. Comment, sans ce se-

(1) *Geograph.* lib. 17.
(2) Cedrenus, p. 19; *edit. Par.*
(3) Diog. Laer. *in proemio.*

(4) *In Phædro*, p. 1240; ed. 1602.
(5) *Ibid.*

cours auroient-ils pu parvenir à la découverte de plusieurs périodes astronomiques, dont la connoissance est venue jusqu'à nous !

Mais je n'insisterai pas davantage sur ces conjectures; quand on voudra discuter un peu philosophiquement l'origine de nos connoissances, on verra que l'arithmétique a dû précéder toutes les autres. Les premières sociétés policées ne purent s'en passer; car il suffit de posséder quelque chose pour être obligé de faire usage des nombres, et même les premiers hommes n'eussent-ils que compté les jours, les années, leur âge, leurs troupeaux, en voilà assez pour dire qu'ils étoient en possession de l'arithmétique. Il est vrai que les sociétés les plus riches ou les plus commerçantes ont dû étendre les limites de cette arithmétique naturelle, en inventant des signes ou des procédés abrégés pour soulager l'esprit dans les supputations un peu compliquées : et en ce sens *Strabon* n'a rien dit que de conforme à la raison. Quant au récit de *Josephe* (1) qui nous donne *Abraham* comme le plus ancien Arithméticien, et qui lui fait donner aux Egyptiens les premières leçons d'arithmétique, il est aisé de voir que cet historien a voulu parer le premier père de sa nation de quelques-unes des connoissances qu'il voyoit en estime chez les étrangers. C'est un de ces traits qui ne peuvent trouver de l'accueil qu'auprès de quelque compilateur dénué de critique et de raisonnement.

En remontant ainsi aux plus anciennes traces de l'arithmétique, notre première attention doit naturellement se porter sur l'accord surprenant de presque tous les hommes à choisir le même système de numération. En effet, si nous en exceptons les anciens Chinois, et un autre peuple dont parle *Aristote*, tous les autres semblent s'être accordés à choisir la progression décuple; je veux dire qu'après avoir compté jusqu'à dix, ils ont recommencé, en disant l'équivalent de 10 plus 1, plus 2, etc. (car onze et douze ne sont autre chose) jusqu'à 10 plus 10, ou deux fois dix ou vingt; puis continuant par deux fois 10 plus 1, plus deux, ou vingt-un, vingt-deux, etc., ils ont de même recommencé par un à la troisième, à la quatrième dixaine, etc. jusqu'à la dixième, dont ils ont fait une espèce différente; ensuite de dix centaines une nouvelle, comme mille, etc. *Aristote* se proposoit autrefois ce problème (2), et il l'auroit mieux résolu s'il s'en fût tenu à la dernière raison qu'il donne, après s'être mal à propos rejeté sur les propriétés du nombre dix. C'est que tous les hommes, dans l'enfance de leur raison, ont commencé à compter sur leurs doigts; et

---

(1) *Ant. Jud.* liv. 1, c. 9.　　　(2) *Problem.* Sect. 15, 3.

comme le nombre de ceux des deux mains ne passe pas dix, parvenus jusques-là, ils ont été obligés de recommencer en retenant dans leur mémoire qu'ils l'avoient déjà épuisé une fois, et ensuite deux, trois, quatre fois, etc., ce qu'ils pouvoient encore marquer à l'aide des mêmes doigts. Mais après avoir épuisé dix fois ce nombre, il leur fallut imaginer un autre signe équivalent à notre cent pour les exprimer, et par la même raison ils en formèrent un nouveau pour dix fois cent, et ainsi de suite. Cette méthode étoit d'ailleurs indispensable pour fixer l'imagination, et soulager la mémoire ; elle n'auroit jamais pu suffire à retenir les signes nécessaires pour représenter chaque nombre en particulier, si on ne les avoit pas ainsi rangés par classes.

Il est vrai que toute autre progression auroit pu également servir à cet usage ; il faut seulement remarquer que quelques-unes auroient pu être embarrassantes par le trop grand nombre de caractères différens, comme la progression vigécuple, c'est-à-dire de vingt en vingt, ou une autre plus grande. Il auroit fallu vingt signes différens entr'eux, pour employer la première ; il en est d'autres qui auroient eu l'incommodité d'exiger une trop grande suite des mêmes caractères répétés pour exprimer des nombres médiocres. Si l'on s'étoit fixé, par exemple, à la progression double, un nombre entre 32 et 64 n'auroit pu être représenté que par sept caractères. Ce défaut semble cependant n'avoir pas arrêté les anciens Chinois ; ils se servirent, à ce que l'on croit, de cette progression : ce qui a formé l'arithmétique binaire, dont quelques savans ont exposé la constitution et les usages. *Aristote* nous donne encore l'exemple d'un peuple qui s'écartoit de la règle générale ; une nation de Thraces, dit-il, dans l'endroit cité, ne compte que jusqu'à quatre, ce qui peut-être doit s'entendre dans le même sens qu'il dit que nous comptons jusqu'à 10, c'est-à-dire par périodes de 10. Il en donne pour raison, que ce peuple, semblable aux enfans, ne pouvoit pas se souvenir au-delà de quatre, et que vivant dans une grande simplicité, il avoit besoin de peu de choses. Je tiens d'un officier de la garnison du Sénégal que les Jalofs, peuple de noirs voisin de cet établissement, comptent par périodes de 5. Ils expriment un, deux, trois, quatre, cinq, par *ben, niard, niet, guyanet, guiron*, et ensuite six, sept, huit, neuf, par *guiron ben, guiron niard*, etc. et 10 par *fouque*, puis probablement 11 par *fouque ben*, etc. Notre arithmétique seroit plus parfaite, si au lieu de la progression décuple, nous avions adopté la duo-décuple, c'est-à-dire celle de 12 en 12. Deux caractères de plus auroient peu surchargé la mémoire. Si nous étions nés sexdigitaires, nous aurions sûrement une arithmétique de cette nature, et nos calculateurs s'en trouveroient bien; car le nombre 12 a par-dessus celui de dix, et tous les autres jusqu'à 60, l'avantage d'admettre le plus grand nombre de diviseurs d'un usage commun, comme 2, 3, 4, 6; ce qui seroit extrêmement commode dans beaucoup d'occasions. Mais il seroit trop tard pour chercher à introduire ce nouveau système de numération. Ce qu'il y avoit de mieux à faire, étoit de réformer la division des mesures pour l'adopter au système actuel, et c'est ce qui vient d'être fait.

Quant à la manière de représenter les nombres par des signes écrits, presque toutes les nations anciennes qui nous sont connues, se sont accordées à y employer les caractères de leur alphabet. C'étoient, en effet, les signes les plus naturels, soit parce que la forme de chacun d'eux étoit déjà familière, soit parce que leur ordre dans la suite de l'alphabet les rendoit tout-à-fait propres à exciter sur-le-champ l'idée d'un nombre plus ou moins grand. Les Orientaux ont eu les premiers cet usage, et les Grecs semblent l'avoir emprunté d'eux; car on remarque dans la suite de leurs caractères numériques une imitation de ceux des Hébreux. Ces derniers, et probablement les Phéniciens qui parloient la même langue, employoient les neuf premières lettres de leur alphabet, *aleph*, *beth*, *ghimel*, *daleth*, *he*, *vau*, etc. à exprimer les neuf premiers nombres, les neuf suivantes pour les dixaines, comme 10, 20, etc., et le reste de l'alphabet avec quelques signes particuliers pour les centaines. Les Grecs ne firent que traduire fidèlement lettre pour lettre, quand ils en eurent de semblables ou d'analogues dans leur langue; et lorsqu'ils en manquèrent, au lieu d'employer le caractère suivant, ils aimèrent mieux y substituer un signe particulier. Ainsi n'ayant point de *vau* parmi eux, ils mirent en sa place le signe ς, auquel ils donnèrent le nom d'επισημον βαυ, *qui tient la place du vau*. Au lieu donc de faire α, β, γ, δ, ε, ζ, η, θ, ι, représenter 1, 2, 3, etc., ils exprimèrent ces nombres par α, β, γ, δ, ε, ς, ζ, η, θ, afin de continuer avec les Hébreux à désigner 10, 20, 30, 40, etc. par ι, κ, λ, μ, ν, qui répondent au *jod*, *kaph*, *lam*, *mem*, *nun*. Il est vrai qu'à l'égard des nombres suivans le reste de leur alphabet étant fort différent de celui des Hébreux, ils prirent le parti de l'employer tel qu'il étoit, afin de ne point causer trop d'embarras. Mais le nom seul qu'ils ont donné à ce signe ς mis à la place du *vau* hébraïque, semble désigner qu'ils ont d'abord été de simples imitateurs.

Je ne m'arrêterai pas davantage à expliquer cette sorte d'arithmétique : comme elle appartient plutôt à la Philologie qu'aux mathématiques, je me borne à renvoyer aux auteurs qui en ont traité. La plûpart des grammairiens Grecs donnent là-dessus tous les éclaircissemens qu'on peut désirer.

I I I.

Il est une certaine géométrie que la nature a accordée à tous les hommes, et dont l'origine est aussi ancienne que celle des arts, et même que le raisonnement. Il n'est pas nécessaire de recourir aux inondations du Nil pour la faire naître ; tous les peuples chez lesquels les arts firent quelques progrès, nous en fournissent des vestiges. On construisit, en Grèce et ailleurs, long-temps avant la naissance de la philosophie, des ouvrages bien ordonnés qui exigèrent certaines lumières géométriques. Dans toutes les sociétés policées et soumises à des lois, il se fit sans doute des divisions de terrain où l'on affecta de la précision. Voilà la géométrie naturalisée en quelque sorte dans tous les pays.

Nous en trouvons cependant un, savoir l'Egypte, où tous les écrivains s'accordent à placer l'origine de cette science. On la raconte de bien des manières : suivant les uns, le Nil en couvrant, dans ses crûes périodiques, toutes les terres de ce pays, confondoit les limites des possessions, ce qui obligeoit de recourir à de nouveaux partages après qu'il étoit rentré dans son lit (1). Il étoit donc nécessaire de se former des règles, pour assigner à chacun une portion de terre égale à celle qu'il possédoit avant l'inondation. Telle fut, dit-on, l'origine de l'arpentage, première ébauche de la géométrie, à laquelle néanmoins elle a donné le nom : car géométrie, signifie en Grec, *mesure de la terre* ou *des terrains*. Je remarque en passant que c'est assez gratuitement qu'on suppose que le Nil confondoit ainsi les limites des possessions ; il n'étoit pas bien difficile de lui en opposer d'assez stables ou d'assez profondes pour subsister malgré l'inondation. On ne sauroit se persuader que l'Egypte fût chaque année ravagée par les eaux, elle en étoit seulement couverte, et le contraire s'accorderoit mal avec l'idée d'un pays délicieux, comme celle que nous en donne l'antiquité.

Quelques écrivains, parmi lesquels est *Hérodote*, fixent la naissance de la géométrie au temps où Sesostris (2) coupa l'Egypte par des canaux nombreux, et en fit une sorte de

(1) Procl. *in* 1. Eucl. *l.* 11, *c.* 4.   (2) Herod. *l.* 2.
Servius, *in eclog.*

répartition générale entre ses habitans. M. *Newton* (1), en adoptant le sentiment d'*Hérodote*, dit que ce partage fut fait par le conseil de *Thot*, le ministre de *Sesostris*, qui est, suivant lui, *Osiris*. Cette conjecture sur l'emploi et la nature de ce personnage célèbre, n'est pas destituée d'autorités anciennes, et s'accorde parfaitement avec l'opinion dont on a parlé ailleurs, que *Theut* étoit l'inventeur des nombres, du calcul et de la géométrie. En effet, on peut dire que le partage projeté par *Sesostris*, exigeant des connoissances géométriques, son ministre en jeta à cette occasion les fondemens. Ceci s'accorde encore avec le sentiment qui attribue ces inventions à *Hermès*, autrement le fameux *Mercure Trismégiste* ; car tous ces hommes sont probablement le même. Un écrivain (2) raconte que ce Mercure grava les principes de la géométrie sur des colonnes qui furent déposées dans de vastes souterrains, et le fabuleux *Jamblique* (3) dit que *Pythagore* profita beaucoup de la vue de ces monumens. Un auteur enfin cité par *Diogène Laërce* (4), dit que *Mœris*, apparemment ce prince qui fit creuser le fameux lac de ce nom, pour servir de décharge au Nil, avoit inventé les principes de la géométrie. On voit facilement le motif de sa conjecture.

On ne peut se refuser à tant d'autorités qui, quoique variant dans les circonstances, forment une espèce de cri unanime en faveur des Egyptiens. Nous devons aussi considérer que ce fut chez eux que les premiers philosophes Grecs allèrent puiser leurs connoissances géométriques. C'est donc en Egypte, que l'on doit chercher, à ce qu'il paroît, les premières étincelles de la géométrie, je veux dire, de cette géométrie un peu développée, par laquelle le géomètre diffère de l'artiste, ou de l'artisan guidé seulement par un certain instinct. Nous en trouvons même dans *Aristote*, une raison plus philosophique et plus judicieuse que toutes celles que nous venons d'exposer. Sans recourir aux inondations du Nil, ou aux colonnes de *Mercure Trismégiste* : « les mathématiques, dit-il (5), sont » nées en Egypte, parce que dans cette contrée les prêtres » jouissoient du privilége d'être détachés des affaires de la » vie, et avoient le loisir de s'adonner à l'étude ». C'est ce que nous apprennent aussi *Hérodote*, *Diodore*, et plusieurs autres. Il semble que parmi des hommes qui pouvoient suivre librement et sans inquiétude le penchant de leur esprit, il

---

(1) *Chron. ad ann* 964.
(2) Ammian. Marcell. *rerum gest.*
l. 22.
(3) *In vita Pythagor.* c. 29.
(4) *In Pythag.*
(5) *Metaph.* l. 1, c. 1.

dut

dut s'en trouver, qui se tournèrent vers des objets curieux, comme la physique, l'astronomie, et qui s'attachèrent à perfectionner cette géométrie naturelle dont nous avons parlé. La manière dont ce sentiment fait naître la géométrie est le plus analogue au développement que nous lui avons donné (1), et peut-être est-elle la plus conforme à la vérité.

Il nous reste maintenant à former quelques conjectures sur les progrès que les Egyptiens firent dans cette science. A cet égard, quelque grande idée que certains auteurs ayent conçue de leur savoir géométrique, je suis porté à croire qu'il ne fut pas considérable, et qu'ils ne passèrent guère les bornes des vérités élémentaires les plus communes. Les travaux et les premières démarches des philosophes Grecs me paroissent en fournir des preuves. En effet, si les transports de joie que *Thalès* et *Pythagore* firent éclater à la vue de quelques théorêmes géométriques qu'ils venoient de découvrir, ne furent point affectés, nous ne devons pas concevoir une idée bien relevée du savoir des prêtres Egyptiens, ou bien il faut dire qu'ils ne révélèrent à leurs disciples que les plus élémentaires des connoissances dont ils étoient en possession ; ce qui me paroît difficile à croire. Mais en l'adoptant même, nous pouvons juger de la foiblesse du corps de science qu'ils cachoient, par la foiblesse des élémens qu'ils dévoiloient. Ils auroient été bien plus étendus, si leur savoir dans ce genre répondoit à l'imagination de leurs panégyristes. En vain m'objectera-t-on l'antiquité de ce peuple, et le nombre des siècles écoulés depuis qu'il s'adonnoit aux sciences : nous avons un exemple moderne qui nous fournit la réponse à cette objection. Les Chinois, depuis plusieurs milliers d'années, connoissent l'astronomie, l'estiment, et font même une loi de leur empire de la cultiver. Cependant lorsque les Européens pénétrèrent chez eux, ils en étoient encore à ses élémens. Le génie de l'invention s'étoit rarement fait sentir chez eux : toujours contens de ce que leurs pères leur avoient transmis, ils ne connoissoient point cette curiosité inquiette qui cherche à perfectionner, et qui seule est capable de procurer aux sciences des progrès rapides. Je crois qu'il en fut à-peu-près de même chez les Egyptiens, et mon opinion sur ce sujet s'accorde tout-à-fait avec celle de M. *de Mairan* (2). Il y a entre ces deux peuples certaines ressemblances de mœurs et de caractère, que plusieurs savans ont saisies, et qui servent de fondement à cette conjecture.

(1) Liv. précéd. *Art.* 4.   . (2) Hist. de l'Acad. *ann.* 1732, p. 24.

I V.

L'astronomie est de toutes les connoissances dont nous traitons dans cette histoire, celle sur laquelle il y a moins d'accord entre les écrivains, et l'on ne doit pas s'en étonner. Les phénomènes celestes et la régularité qu'on observe dans les mouvemens des astres, ont dû exciter à peu-près dans le même temps la curiosité de tous les hommes. Aussi trouve-t-on des traces de l'étude du ciel chez presque toutes les nations anciennes; celles qui eurent la réputation d'être savantes, ne furent pas les seules sensibles à ce beau spectacle de la nature. Qu'il me soit permis de citer uniquement les Gaulois nos ancêtres. *Jules César* (1) nous apprend que les Druides, qui répondent assez bien aux prêtres Egyptiens, philosophoient sur le mouvement des cieux, et en instruisoient la jeunesse. L'astronomie enfin fut presque la première science de tous les peuples.

On ignorera toujours quel progrès avoit fait l'esprit humain chez les premiers habitans de l'Univers avant le déluge. Cette terrible catastrophe, en rompant le fil entr'eux et nous, ne permet que des fables ou des conjectures. Ainsi, que les descendans d'*Adam* et de *Seth* ayent été versés dans l'astronomie, je n'y vois rien d'impossible; mais que ces pères du genre-humain leur ayant prédit que le monde périroit par deux déluges, l'un d'eau, l'autre de feu, ils ayent gravé les principes de cette science sur deux colonnes, l'une de pierre, l'autre de brique, pour les transmettre à leur postérité (2); que *Seth* lui-même ait divisé le ciel en constellations, et imposé des noms aux planètes et aux étoiles (3), c'est ce qu'on doit regarder comme des faits hazardés. *Josephe*, qui rapporte le premier de ces traits, l'imagina sans doute à l'imitation de ces colonnes dépositaires de l'ancienne histoire Egyptienne, que *Manethon* avoit consultées. A peine le nom de l'auteur de ces monumens et celui du lieu où on les voyoit, y sont-ils déguisés. Car on les nommoit, ou du moins *Manethon* les nomme, les colonnes de *Sothis*, appelé autrement *Aseth*, et elles étoient dans une contrée appelée *Seriadica*. *Josephe* en fait l'ouvrage de *Seth* et de ses descendans, et les place aussi dans un pays qui porte le même nom, *in terra Siriade*. Il en est sans doute de cette histoire comme de celle d'*Abraham* montrant l'astronomie et l'arithmétique aux Egyptiens. L'his-

(1) *De bell. Gall.* l. 6.
(2) *Ant. Jud.* l. 1, c. 3.

(3) *Malalas.* Chron. p. 4. *Glycas.* annal. p. 121.

torien Juif a voulu mettre le père de sa nation pour quelque chose dans l'invention des sciences et des arts qu'il voyoit en honneur chez les étrangers.

Sans donner dans la fable, on peut conjecturer que les premiers hommes ne furent pas sans quelques connoissances astronomiques, n'eussent ils que tenté de compter les temps avec quelque régularité. D'ailleurs on ne sauroit croire que le spectacle du ciel n'ait pas eu pour eux les mêmes charmes que pour leurs successeurs ; mais vouloir deviner jusqu'où ils avoient pénétré dans l'astronomie, ce seroit une entreprise au-dessus de nos forces. Le célèbre M. *Cassini* (1) conjecturoit néanmoins leur savoir astronomique, d'après un passage de *Josephe* (2). Cet historien après avoir dit que Dieu n'accorda aux premiers pères du genre-humain une si longue vie, qu'afin de leur donner le temps de perfectionner l'astronomie et la géométrie, ajoute qu'ils ne l'auroient pas pu faire s'ils eussent vécu moins de 600 ans. Car ce n'est, dit-il, qu'après une révolution de six siècles que s'accomplit une grande année. En effet, dit M. *Cassini*, cette période de 600 ans ramène le soleil et la lune à très peu de chose près au même point du ciel, et le feroit parfaitement, si le mois lunaire étoit de 29 jours, 12 heures, 44', 3", et l'année solaire de 365 jours, 5 heures, 51', 36". C'est pourquoi, continue-t-il, si les patriarches connurent cette période, il faudra leur accorder une connoissance assez profonde des mouvemens lunaires et solaires. Nous conviendrons que si ces patriarches connurent la période dont parle *Josephe*, ils furent fort avancés en astronomie. Mais de ce que l'auteur des annales juives semble attribuer à ces premiers pères du genre humain la connoissance de cette période, doit on en conclure que réellement ils l'ayent connue, et n'est-il pas bien plus probable qu'il l'a puisée lui-même chez les Chaldéens ou les Egyptiens, ou dans des écrits anciens qui ne subsistent plus ? car on sait que les premiers sur-tout avoient plusieurs inventions de cette espèce. On parlera au surplus ailleurs, d'une manière plus étendue, de cette période, que nous croyons fermement être une invention purement Chaldéénne. C'est-là sans doute tout ce qu'on peut dire de cette astronomie *Anté-diluvienne*. Je croirois perdre un temps précieux, si je m'arrêtois à discuter les contes divers qu'on en fait, d'après les livres apocryphes d'*Henoch*, etc.; ils ne peuvent en imposer qu'à des gens sans discernement. Nous mettrons avec confiance l'astronomie de ce patriarche dans le même rang que les traités

(1) Origine et prog. de l'Astron.   (2) *Ant. Jud.* Ubi supra.
Anciens Mém. de l'Acad. t. 8.

philosophiques dictés par *Abraham* dans la vallée de Mambré à ceux qui l'aidèrent à délivrer *Lot*, traités qu'un Auteur (1) d'une crédulité extrême a dit se conserver encore dans la bibliothèque des rois d'Ethiopie.

Les siècles fabuleux ou héroïques, c'est-à-dire, qui s'écoulèrent avant la guerre de Troye, ne sont guère plus connus que ceux qui précédèrent le déluge. Je crois donc ne pas devoir m'y arrêter beaucoup. Dans cette vue je passe légèrement sur diverses fables de la mythologie grecque, telles que celles de *Prométhée*, d'*Endymion*, d'*Atlas*, etc., où il a plu à quelques auteurs de trouver les premiers traits de l'astronomie. On a fait du premier un observateur occupé avec sollicitude, à contempler du haut du Caucase le mouvement des cieux. C'est, a-t-on dit, cette curiosité inquiette qu'on a prétendu désigner par le Vautour qui lui rongeoit sans cesse le cœur. On a voulu qu'*Endymion* fût un astronome qui passa un grand nombre d'années sur le mont Latmos, pour observer les inégalités de la lune, et qui dormoit le jour et veilloit la nuit pour cette raison ; ce fut, dit-on, ce qui donna lieu de feindre qu'il dormoit toujours, hormis le temps des visites nocturnes dont la chaste *Diane* l'honoroit. Il n'y a que des liaisons fort arbitraires entre ces fables et les explications qu'on en donne. Il n'y a pas plus de solidité dans le sens qu'on attache à l'emblême d'*Atlas* chargé du poids de la voûte céleste. Rien n'est moins fondé que d'imaginer que les anciens ayent eu en vue l'invention de la sphère ; car elle n'étoit pas encore connue au temps où cette fable étoit familière aux poètes. Il est facile d'appercevoir que ce n'est-là qu'une fiction ingénieuse, par laquelle les Grecs, qui voyoient dans leurs navigations le mont Atlas porter son sommet dans les nues, ont voulu désigner sa prodigieuse hauteur. Qui pourra ne pas rire en voyant la fable d'*Hercule* délassant *Atlas* quelques momens, expliquée par des leçons d'astronomie que ce héros en reçut dans une visite qu'il lui rendit? Ce prétendu roi de Mauritanie, quoique mis par *Riccioli* avec bien d'autres dans son catalogue, n'est pas plus un astronome qu'*Uranus* et son fils *Hesper*, dont un historien Grec (2) raconte la triste aventure avec tant de détail, et qui donna, suivant lui, son nom à une partie de la mer Atlantique, de même qu'à l'étoile du soir, comme s'il n'étoit pas mille fois plus simple d'appeler la mer d'Occident du nom d'*Hesper*, qui signifie le soir.

Le *Musée* et le *Linus*, auxquels *Diogène Laërce* (3) attri-

---

(1) Le nom de cet auteur nous est fourni par l'Encycl. Art. *Biblioth.*

(2) Diod. *Bibl. Hist.* l. 3, c. 5.

(3) *De vit. Philos. in proem.*

bue l'invention de la sphère, me paroissent aussi ressentir beaucoup la fiction. J'en dirai autant du fameux *Orphée*, sous le nom duquel en rapporte des poèmes remplis d'idées pythagoriciennes sur le système de l'Univers; si ces personnages eurent jamais quelque réalité, les connoissances dont on les pare, leur furent probablement supposées par les Grecs, jaloux de voir les étrangers en possession des sciences avant eux. Ils auroient été plus sages d'imiter *Platon* ou l'auteur de l'*Epinomide* (1), qui, convenant de ce fait, mettoit la principale gloire de sa nation à les avoir perfectionnées, ou du moins beaucoup étendues.

Ce seroit s'apprêter bien des motifs d'incertitude, que d'adopter aveuglément tous les témoignages des auteurs anciens qui ont parlé de l'origine de l'astronomie. On peut les voir rassemblés dans le livre savant que M. *Weidler* a intitulé : *Histoire de l'Astronomie*, livre sans doute estimable par les passages nombreux, et les détails bibliographiques qu'on y trouve rassemblés, mais qui ne sauroit être pris pour une vraie histoire de l'astronomie, que par ceux qui n'ont pas bien réfléchi sur ce qui constitue la vraie histoire d'une science. On peut voir, au surplus, ce que nous en disons dans la préface de cet ouvrage.

A travers la diversité d'opinions que nous présente cette foule de passages et d'autorités, laborieusement recueillie par M. *Weidler*, on démêle aisément que les Babyloniens et les Egyptiens, sont les seuls qui puissent se disputer d'avoir les premiers cultivé l'étude du ciel. C'est ce qui résulte du témoignage de *Platon* (2), d'*Aristote* (3), de *Cicéron* (4), de *Diodore de Sicile* (5), et de mille autres. Ces deux peuples se faisoient gloire de plusieurs monumens astronomiques très-anciens. En Chaldée, le temple de *Jupiter Belus.*, élevé par *Sémiramis*, dont il restoit des traces au temps de *Pline* (6), avoit servi d'Observatoire aux Chaldéens, si nous en croyons *Diodore* (7). Les Egyptiens avoient leurs colléges de prêtres à Diospolis, Héliopolis et Memphis, avec le fameux monument du roi *Osymandyas*. C'étoit un cercle d'or, ou plutôt de bronze doré, de 365 coudées de tour, et d'une de large, sur chacune des divisions duquel étoit marqué un jour de l'année, avec le lever et le coucher des étoiles fixes qui lui convenoient. Cela s'entend du lever et du coucher héliaque, dont

(1) *Plat Op.* p. 1012. Ed. 1602.
(2) *In Phæd. et Epin. passim.*
(3) L. 11. *De cælo*, c. 12.
(4) *De Divinat.* l. 1, §. 1, *et alibi.*

(5) *Bib. Hist. passim.*
(6) *Hist. Nat.* l. 17, c. 26.
(7) *Bib. Hist.* l. 1, p. 11.

les anciens tenoient beaucoup de compte. On expliquera ailleurs
ce que c'étoit que ces levers et couchers d'étoiles, si employés
par les anciens. Les Chaldéens vantoient leur *Zoroastre*, roi
de la Bactriane (1), qui vivoit, dit-on, 500 ans avant la
guerre de Troye, et ils en faisoient l'instaurateur de leur astronomie. Les Égyptiens lui opposoient leur fameux *Thot*, ou
leur *Mercure Trismégiste*, inventeur, suivant eux, de l'astronomie, de même que de l'arithmétique et de la géométrie (2).
Les uns et les autres paroient enfin leurs annales d'une prodigieuse antiquité, et faisoient remonter leurs travaux astronomiques à plusieurs milliers de siècles (3). Nous nous gar-
derons bien d'entrer dans une discussion sérieuse de ces faits,
dont plusieurs portent l'empreinte de la crédulité et de l'exagération. Je pense que, dans ce siècle éclairé des lumières de
la critique et de la philosophie, l'immense cercle d'*Osymandyas* et l'observatoire de *Bélus* trouveront peu de croyance. Ce
fameux *Zoroastre* pourroit bien n'être qu'un personnage chimérique Au moins, si l'on s'en tient à ce qu'en rapportent
la plûpart des écrivains, il a beaucoup plus l'air d'un magicien
ou d'un astrologue, que d'un vrai astronome ; et l'on ne peut
guère concevoir une idée différente de cet *Hostane*, ce *Béloses*,
que de crédules compilateurs de noms d'astronomes lui donnent
pour successeurs. Il vaut beaucoup mieux passer à ce qui concerne le fonds de l'astronomie Chaldéenne et Égyptienne, que
de nous arrêter plus long-temps sur un sujet si obscur et si
peu susceptible d'être entièrement éclairci.

                              V.

L'astronomie des Chaldéens nous présente plusieurs traits
dont la réalité ne peut être soupçonnée. Il est vrai que ces
493,000 ans d'antiquité astronomique, dont ils se faisoient
gloire, n'étoient qu'une fiction de leur vanité ; mais on ne
peut leur disputer de s'être adonnés de très-bonne heure à remarquer les phénomènes célestes. Suivant le rapport de *Simplicius* (4), ils citoient au temps d'*Alexandre* une suite d'observations de 1903 ans, qu'*Aristote* se fit communiquer par
l'entremise de *Callisthène*. Mais il seroit à souhaiter que la
vérité de ces observations anciennes fût mieux constatée ; car
on peut citer des autorités qui contrarient celle de *Simplicius*.

(1) Justin. *l* 1, c. 1. Diod. *l.* 11.   (3) Herod. *l.* 11. Plin. *l.* 8, c. 48.
(2) Diod. *l.* 11. Platon, *in Phæ-*   Cic. *de Divin. l.* 1, §. 19. Diod. *l.* 11.
dro.   (4) *Comm. in* Arist. *de cælo*, c. 11.

Berose, qui est probablement l'historien peu antérieur à *Alexandre*, ne reconnoissoit pas de monument astronomique des Chaldéens, qui fût antérieur de plus de 480 ans à lui (1). Un certain *Épigène*, dont *Sénèque* (2) dit qu'il avoit étudié l'astronomie chez les Chaldéens, et que *Pline* (3) donne pour un auteur grave et de considération, citoit seulement des observations de 720 ans d'antiquité, que l'on conservoit gravées sur de la terre cuite. On conjecture que cet *Épigène* n'est pas beaucoup antérieur à *Alexandre*. Ainsi le plus favorable de ces écrivains ne fait remonter les travaux des Chaldéens en astronomie, que quelques siècles avant l'Ere de *Nabonassar*, qui commença le 26 février de l'an 747 avant l'Ere Chrétienne.

Les plus anciennes observations Chaldéennes, dont il soit fait mention dans l'astronomie, sont des années 27 et 28 de l'Ere de *Nabonassar*, c'est-à-dire 719 et 720 avant J. C. Ce sont trois observations d'éclipses de lune, employées par *Ptolémée* (4). Cet astronome en rapporte encore (5) quatre autres, dont la dernière est de l'année 367 avant notre Ere. Il les tenoit probablement d'*Hipparque*, qui avoit pris soin de recueillir celles qui étoient venues à la connoissance des Grecs: cependant quoique *Ptolémée*, et peut-être *Hipparque*, n'ayent pas fait usage d'observation plus ancienne que les premières dont j'ai parlé, nous ne sommes pas absolument en droit d'en conclure qu'on ne commença en Chaldée, à suivre les mouvemens célestes, qu'à cette époque. Celles qui avoient été faites auparavant, ont pu leur être suspectes pour bien des raisons; et d'ailleurs toutes celles qui précédoient l'Ere de *Nabonassar*, n'avoient peut-être pas des dates assez certaines pour pouvoir être employées. Car d'anciennes observations ne sont qu'un monument presqu'inutile, si l'on ignore le temps précis écoulé depuis elles; et il a pu arriver qu'il régnât un grand désordre dans le calendrier Babylonien avant l'Ere de *Nabonassar*.

Les anciens auteurs font mention de quelques périodes lunisolaires, qui peuvent donner une idée fort avantageuse de l'astronomie Chaldéenne. *Geminus* (6) en explique une, d'où l'on conclut le mouvement diurne et moyen de la lune, de 13°, 10′, 35″, ce qui s'écarte à peine d'une seconde de la grandeur qui résulte des observations modernes. Mais rien ne

---

(1) Plin. *Hist. Nat. l. 7, c. 56.*
(2) *Quæst. Nat. l. 8, c. 3.*
(3) *Hist. Nat. ibid.*
(4) *Almagest. l. 4, c. 6.*

(5) *Ibid. c. 9 et 11.*
(6) *Isagoge astron. in Uranologio Petavii.*

fait plus d'honneur à ces anciens astronomes, que la période à laquelle M. *Halley* a donné le nom de *Saros*, et qui avoit l'avantage de ramener, après 223 mois lunaires, la lune presque exactement dans la même position à l'égard du soleil, de son nœud et de son apogée; d'où il suit que les phénomènes dépendans du mouvement combiné de ces deux astres, doivent se renouveler avec assez de précision dans le cours des périodes suivantes. C'est ce que ce savant astronome (1) déduisoit des passages combinés de *Suidas* (2) et de *Pline* (3). En effet, *Suidas* dit que les *Sares* étoient une mesure et période des Chaldéens; que 120 sares faisoient 2222 ans, suivant leur calcul; ce qui donnoit pour la *Sare* 222 mois lunaires, formant 18 ans et six mois; d'un autre côté, Pline dit positivement: *defectus (solis et lunæ) 222 mensibus redire in orbem compertum est*. Sur quoi, néanmoins, on doit observer que plusieurs manuscrits portent 223, au lieu de 222, et M. *Halley* a trouvé que c'est en effet dans 223 mois, que les éclipses de soleil et de lune se renouvellent. Admettant donc dans le passage de *Suidas* la même correction, voilà la période Chaldéenne appelée le *Saros*. Il y a, au surplus, sûrement quelque erreur dans les nombres de *Suidas*; car 223 mois lunaires font 6585 jours, 8 heures, qui, multipliés par 120, forment non pas 2222 ans solaires, mais seulement 2163 ans juliens, et près de 10 mois. Comment arranger tout cela? Si la période de 223 mois lunaires est le *Saros* Chaldéen, mentionné par *Suidas*, il faut qu'il y ait erreur dans le nombre 2222; et 120 périodes de 223 mois lunaires, ne font que 2169 ans juliens, et quelques mois.

Quoi qu'il en soit de ce calcul de *Suidas*, il n'en est pas moins certain que les anciens connurent cette période de 223 mois lunaires, et il y a apparence qu'elle est d'origine Chaldéenne. Il n'étoit pas fort difficile à des gens qui comparoient une longue suite d'observations, de reconnoître que les mêmes éclipses revenoient, à quelques légères différences près, tous les 223 mois lunaires, ou à peu-près tous les 18 ans solaires, 6 mois et environ 11 jours.

Cette période, au reste, a paru très-précieuse à M. *Halley*, et il a pensé qu'au moyen d'une correction de 16 minutes 40 secondes, elle donne les retours des mêmes erreurs de la lune avec une précision qui, à la date de son écrit, en surpassoit celle des meilleures tables de la lune. Des avantages aussi marqués avoient engagé cet astronome à tenter ce moyen de

(1) Transact. Philos. *ann.* 1691.   (3) Hist. nat. *l.* 2, *c.* 13.
(2) *Suidas, Lexicon*, au mot *Saros*.

perfectionner

perfectionner la théorie de la lune par l'observation immédiate. Mais nous parlerons ailleurs de cette tentative et du succès qu'elle a eu.

On parle encore de trois cycles ou périodes connues des Chaldéens; savoir le *Sossos*, le *Néros* et le *Saros*; sujets de beaucoup de conjectures, et même de quelques discussions assez animées entre les savans. Suivant le *Syncelle* (1), qui parle d'après *Bérose*, et *Polyhistor*, qui avoient anciennement écrit l'histoire de ces peuples, le *Sossos* étoit une période de 60 ans, le *Néros* de 600, et le *Saros* de 3600. Il faut, je crois, regarder cette proportion comme une donnée. Mais quand on considère que le mot *année* avoit chez les anciens une signification fort vague; qu'il peut signifier une révolution quelconque du soleil, de la lune, un jour même, il reste l'embarras de déterminer quelle sorte d'année étoit celle dont il est question dans ce passage.

Le savant M. *Goguet*, dans son ouvrage sur *l'origine des Lois, des Sciences et des Arts*, ne fait nulle difficulté de penser qu'il s'agit de vraies années solaires de 365 jours, et que le *Néros* n'est autre chose que la fameuse période de 600 ans, dont parle *Josephe*. On peut néanmoins objecter à cette évaluation, que les mêmes historiens ayant parlé de 84 anciens rois, dont les règnes avoient duré ensemble 9 saros, 2 néros et 8 sossos, ce qui fait 34,080 ans; il s'en ensuivroit que chacun d'eux auroit régné près de 400 ans. Mais si ces années sont des mois *lunaires*, tout rentre dans l'ordre des probables, et la durée moyenne de ces règnes ne sera plus que d'environ 33 ans. Cette raison a déterminé le P. *Giraud*, de l'Oratoire à prétendre que le *sossos* étoit seulement de 60 mois ou 5 ans solaires, équivalens à 62 lunaisons, le *néros* de 50 ans, le *saros* de 500 ans; et qu'en doublant ce *saros*, on avoit la fameuse période de 600 ans. Il donne même par-là à cette période une généalogie assez probable. Car les 60 mois solaires de 30 et 31 jours alternativement, forment 62 mois lunaires synodiques. Mais ces 62 révolutions synodiques de la lune, excédant les 60 mois solaires de 4 à 5 jours, ce qui étoit facile à reconnoître, on eut, dit le P. G., l'idée de décupler la période; et comme de-là, il résultoit 45 jours environ, ou une lunaison et demie d'excès dans les 620 mois lunaires, il fut donc aisé de s'appercevoir qu'il n'y avoit, pour faire mieux accorder les mouvemens du soleil et de la lune, qu'à retrancher trois lunaisons dans deux périodes, en sorte qu'on en fit une de 618, et l'autre de 619 mois lunaires. Un pareil procédé

(1) Chronographia, *p.* 17.

enseigna encore que 3,600 mois solaires équivalent à 109,575 jours, tandis que 6 néros ou 3711 lunaisons équivalent à 109,587j, 12ʰ, dont la différence avec la durée ci-dessus est d'environ 15 jours. Il n'y avoit donc plus qu'à doubler cet intervalle, et retrancher une lunaison ou mois lunaire, et l'on voit aussi-tôt naître la période de 600 ans équivalente à 7421 lunaisons, comme M. *Cassini* l'avoit trouvé par ses calculs.

Tout cela est, j'en conviens, fort ingénieux. On y voit en quelque sorte les pas tardifs et chancelans de l'esprit humain, dans la détermination des mouvemens luni-solaires. Mais cela n'a pas empêché que l'idée du P. G., d'abord exposée dans le journal des savans de 1760, au mois de février, ne fût vivement attaquée dès le mois d'avril suivant, par un académicien, ami de M. *Goguet*. Le même journal fut pendant l'année 1760, et même jusqu'en janvier 1761, le champ de bataille de ces deux athlètes. Mais, il faut en convenir, après avoir lu toutes les pièces de ce démêlé littéraire, il reste encore bien des doutes et des obscurités dans l'esprit.

Comme j'ai témoigné plus haut être dans le sentiment, que la fameuse période de 600 ans, mentionnée par *Joseph*, étoit une invention Chaldéenne, je crois, que c'est ici le lieu d'entrer dans quelque détail sur ce sujet, et de dire mon sentiment sur ce qu'on doit en penser.

Je l'avouerai: cette période, malgré ce qu'en disent M. *Cassini* et M. *de Mairan*, ne me paroît pas mériter l'admiration qu'on lui a prodiguée. En effet, il est bien vrai que la période de 600 ans feroit accorder précisément les mouvemens du soleil et de la lune, si l'année solaire étoit de 365j, 5ʰ, 51′, 36″, et la lunaison ou révolution synodique de la lune de 29j, 12ʰ, 44′, 3″; car 600 années solaires de la grandeur ci-dessous, font précisément 7421 lunaisons : mais si l'on suppose que dans ces temps reculés, les mouvemens du soleil et de la lune fussent les mêmes qu'au moment actuel, il ne laissera pas d'y avoir encore une aberration considérable entre le soleil et la lune, à la fin de cette longue période. Car l'année solaire paroît être réellement de 365j, 5ʰ, 48′, 50″, ou, si l'on veut, de 365j, 5ʰ, 49′. Ainsi c'est une erreur de 2′, 24″ par an, et conséquemment dans 600 ans une 24ᵉʰ, tout juste. Qu'a donc dès-lors de si merveilleux une période, qui est en défaut de cette quantité, après un temps aussi considérable? Car il nous semble évident qu'une période doit être estimée, d'autant plus que l'erreur commise à sa fin est moindre, et que sa durée est moindre aussi; puisqu'à égalité d'erreur, une période plus courte seroit préférable, et qu'à égalité de durée, elle seroit d'autant plus digne de préférence, que l'erreur seroit plus petite. On pourroit seulement inférer de-là, à la louange des anciens auteurs de la période de 600 ans, qu'ils connurent mieux les mouvemens du soleil et de la lune, que les astronomes Grecs, sans en excepter *Hipparque* et *Ptolémée*, et conséquemment qu'ils n'avoient pu obtenir cette connoissance que par une longue observation.

Mais en admettant que les anciens aient connu cette période, on pourroit demander pourquoi *Josephe* est le seul des anciens qui en ait fait mention? Pourquoi sa mémoire a-t-elle laissé si peu de traces, que, sans cet historien, on n'en eût peut-être jamais parlé? La réponse me paroît facile. 1º. Nous n'avons pas tous les historiens anciens, dont peut-être quelques-uns en faisoient mention; 2º. c'est qu'elle est un pur objet de spéculation, et non d'usage pratique. Quand une pareille période auroit l'avantage de faire cadrer dans la seconde les mouvemens du soleil et de la lune, attendra-t-on dans la société une révolution de 600 ans, en supportant patiemment toutes les aberrations intermédiaires? Il faut pour les usages civils des périodes moins longues, fussent-elles moins exactes, et c'est là ce qui a fait la fortune du cycle de *Meton*. Car il a l'avantage de ramener au bout de 19 ans le soleil et la lune au même point, à deux heures près, et quelques minutes. Le cycle de 600 ans, comme pure spéculation astronomique, a dû s'effacer facilement de la mémoire des hommes.

L'astronome Arabe, *Albatenius*, dit que les Chaldéens faisoient l'année solaire sidérale, ou la révolution du soleil d'une fixe à la même fixe, de 365j, 6ʰ, 11′. On est fondé à en conclure que la progression des fixes ne leur fut pas inconnu. Car d'où pouvoit provenir cet excès d'environ 22′, dont cette année surpasse la révolution tropique du soleil, ou d'un équinoxe au même équinoxe, sinon du temps que le soleil emploie de plus à atteindre l'étoile qui s'est avancée d'Occident en Orient? Cette différence de l'année astrale ou sidérale, avec l'année tropique, exige dans les fixes un mouvement de 50′ à 61′ dans l'année, ou d'un degré en 69 ans environ. Mais on conçoit que des peuples adonnés depuis long-temps à l'observation des phénomènes célestes, ont pu appercevoir cette progression des fixes par le retardement successif de leurs levers et couchers héliaques (1). Je vais m'expliquer.

C'est un fait qu'une étoile qui commence à se dégager des rayons du soleil, certain jour de l'année, et à paroître sur l'horison un instant avant le lever de cet astre, quelques siècles après ne commence à se montrer de cette manière que plu-

(1) Voy. plus loin art. 6, une explication des levers poétiques des étoiles.

sieurs jours plus tard. C'est ainsi que, pour l'Egypte, le lever héliaque de *Sirius* s'y fait maintenant plusieurs mois plus tard que pour les anciens Egyptiens. De même une étoile remarquable, comme l'épi de la Vierge, qui, dans le commencement de l'astronomie Chaldéenne, se levoit vers le temps de l'équinoxe d'automne, douze siècles après n'a dû se lever que 16 ou 17 jours après l'équinoxe. Ceux donc, qui comparant les anciennes observations avec les récentes, firent cette remarque, durent en conclure que cette étoile s'étoit éloignée de l'équinoxe d'automne, d'environ 17 à 18 degrés et repartissant cet intervalle de temps sur douze cents ans, ils durent trouver que son mouvement étoit de plus d'un degré, et un tiers par siècle, au moins d'un degré et demi. La première de ces déterminations donne pour la progression annuelle des fixes 48', et l'autre 54', par conséquent 51, en prenant un milieu. Je ne donne cependant ceci que pour une conjecture, que peut faire naître l'endroit de l'astronome Arabe que nous avons cité.

L'art de diviser la durée du jour par le moyen des horloges solaires, est une invention dont l'astronomie Chaldéenne paroît avoir été en possession fort anciennement. *Hérodote* dit (1) que les Grecs tenoient des Babyloniens la division de la journée en douze portions égales, et l'usage des instrumens qu'il nomme le *Pole* et le *Gnomon*. Cette division y fut apportée par *Bérose*, ce qui prouve qu'il étoit antérieur, ou tout au moins contemporain de cet historien. Le dernier de ces instrumens est assez connu, et probablement *Hérodote* n'entendoit par-là, que celui que nous appelons de ce nom, c'est-à-dire, un style vertical qui, par son ombre, sert à montrer la hauteur du soleil, les solstices et les équinoxes. A l'égard de celui qu'il nomme *pole*, on trouve dans *Julius Pollux* (2) un passage qui nous apprend, que le *polos* n'étoit autre chose qu'un instrument, servant à montrer par l'ombre d'un style les divisions de la journée, enfin ce que les Grecs appeloient *horologion*, lorsque l'usage fut établi chez eux de donner le nom d'*heures* à ces divisions. Mais pour revenir à notre sujet, nous pensons que cette science fut connue dans la Chaldée, même avant le commencement de l'Ere de *Nabonassar* ou du temps d'*Achaz*, près de 250 ans avant qu'on en eut l'idée dans la Grèce. Le cadran d'*Achaz*, dont l'écriture fait mention, me paroît en fournir une preuve. Quoiqu'on n'y trouve rien qui annonce que ce fût l'ouvrage des Chaldéens, on ne peut guère en douter, quand on considère les grandes liaisons que ce prince entretenoit avec eux, et l'ignorance extrême où furent toujours les

(1) Livre 2.　　　　　(2) *Onomasticon*, lib. 6.

Juifs à l'égard de ces sortes de sciences. Je suis fort éloigné d'adopter l'opinion, ou plutôt le paradoxe de M. *Flamstead* (1), qui a prétendu que ce furent les Israélites qui transplantèrent l'astronomie dans la Chaldée. Un peuple qui, dans ses derniers temps, avoit besoin de recourir à la vue de la première phase de la lune pour s'assurer du jour de son renouvellement, me paroît peu propre à avoir enseigné l'astronomie, ou avoit extrêmement dégénéré. Quant au cadran d'*Achaz*, on pourroit demander quelle forme avoit ce premier monument de la gnomonique; c'est ce qu'il seroit assez curieux de connoître : il est à regretter que l'obscurité de l'écriture ne le permette pas. Quoique divers commentateurs ayent fait des efforts pour y parvenir, nous osons dire que leurs conjectures n'ont jetté aucune lumière sur cette énigme. Je dirai plus; je parle ici du cadran d'*Achaz*, en me conformant à l'opinion commune, car d'habiles critiques contestent avec fondement, que ce fût un cadran véritable.

Nous avons rassemblé jusques ici les traits qui font le plus d'honneur à l'astronomie Chaldéenne; mais pour en tracer un tableau fidèle, nous devons également rapporter ceux qui nous en donnent une idée moins avantageuse. C'est un fait connu qu'elle fut extrêmement infectée des rêveries de l'astrologie judiciaire : les Chaldéens s'acquirent même une telle renommée par la profession particulière qu'ils faisoient de cet art insensé, que leur nom devint celui de tous ces imposteurs. Si nous en croyons *Diodore* (2), ces astronomes connoissoient la cause des éclipses de lune, mais ils disputoient, c'est-à-dire, ils étoient dans l'ignorance sur celle des éclipses de soleil : la rondeur de la terre leur étoit inconnue, et ils la faisoient semblable à un bateau. A la vérité, j'ai bien de la peine à ajouter foi au récit de l'historien Grec, et je ne sais comment allier une ignorance de cette espèce avec tant d'autres indices de savoir qui nous sont parvenus d'eux. Néanmoins quand on fait attention qu'il y a des peuples Orientaux, comme les Siamois et les Indiens, qui ont des cycles et des périodes assez ingénieuses, et qui ignorent cependant la rondeur de la terre, la cause des éclipses et des phases de la lune, ce que *Diodore* nous apprend des Chaldéens ne paroît pas absolument impossible.

L'histoire ne fait mention que d'un astronome Chaldéen; c'est le fameux *Berose*, qui me paroît devoir être distingué de l'historien qui vivoit vers le temps d'*Alexandre*. Il vint, dit-on, en Grèce, et s'y acquit une si grande réputation par

---

(1) *Hist. Celest. prolegom.*   (2) *Lib. 2.*

son savoir en astronomie et par ses prédictions, que les Athéniens lui élevèrent dans leur académie publique, une statue avec la langue dorée. Ces prédictions, conjointement avec divers autres traits, nous apprennent que *Berose* ne fut guère moins astrologue qu'astronome. *Vitruve* (1) nous rapporte une explication qu'il donnoit des phases de la lune; elle ne diffère de la véritable, qu'en ce qu'il supposoit, ce semble, que la lune avoit un hémisphère naturellement lumineux, et l'autre obscur : il ajoutoit qu'elle tournoit toujours par une certaine sympathie son hémisphère lumineux du côté du soleil; ce qui produisoit ses phases différentes, tout de même que nous les expliquons, en partant du principe, qu'elle en est éclairée. Mais je suis fort tenté de soupçonner l'architecte Latin d'avoir ajouté à l'explication de *Berose*, des circonstances que son auteur n'y mit point; car il lui est assez familier de montrer peu d'intelligence lorsqu'il s'écarte de l'art qui est sa profession. On attribue enfin à *Berose* une espèce de cadran qui fut appelé *hémicycle*. Ce n'est pas ici le lieu de discuter ce qu'étoit ce cadran. Nous examinerons cet objet, ainsi que l'âge de ce *Berose*, en faisant l'histoire de la Gnomonique ancienne.

V I.

Quoiqu'il nous reste moins de monumens astronomiques des Égyptiens que des Chaldéens, nous ne sommes pas en droit d'en conclure qu'ils se soient moins adonnés qu'eux aux observations des phénomènes célestes. Divers motifs portent à croire que leurs travaux en astronomie ne sont guère moins anciens. Ils avoient conservé dans leurs annales la mémoire de 373 éclipses de soleil, et de 832 de lune arrivées avant *Alexandre* (2). C'est assez bien la proportion qui règne entre les éclipses de ces deux astres vues sur un même horison; et ce te remarque paroît prouver que ces éclipses ne sont point fictices, et qu'elles furent observées réellement. Mais ce qu'ils ajoutoient, savoir que ces phénomènes étoient arrivés dans 48863 ans, n'est qu'une fable mal concertée; car ce nombre d'éclipses a dû être vu dans 12 à 13 cents ans. Ainsi il paroît que l'époque des premières observations Égyptiennes remonte à 16 ou 17 siècles avant l'Ère Chrétienne. *Aristote* confirme ce qu'on vient de dire par son témoignage. Après avoir parlé d'une occultation de *Mars* par la lune, qu'il avoit observée, il ajoute (3): « les Babyloniens et les Égyptiens, qui ont été attentifs aux

(1) *Arch.* l. 9, c. 4.
(2) D.og. Laër. *in proemio.*

(3) *De cælo*, l. 11, c. 12.

» mouvemens célestes depuis un grand nombre d'années, ont
» vu arriver le même phénomène à d'autres étoiles, et l'on
» tient d'eux un grand nombre d'observations dignes de foi ».
On sait que *Conon*, l'ami d'*Archimède*, avoit ramassé les éclipses
de soleil observées par les Egyptiens (1); il est impossible de
ne pas regretter la perte de tant de travaux dont il ne subsiste
plus aujourd'hui la moindre trace; et l'on doit s'étonner que
Ptolémée, qui vivoit et qui observoit à Alexandrie, n'en ait
jamais fait aucune mention ni aucun usage.

Les Egyptiens eurent probablement des méthodes pour calculer les éclipses, soit qu'elles ressemblassent aux nôtres, ce
qui n'est cependant pas probable; soit qu'elles fussent des
espèces de formules de calcul, semblables à celles des Siamois
et des Indiens d'aujourd'hui. Il semble, en effet, que c'est
des Egyptiens que *Thalès* tenoit le moyen de prédire une
éclipse de soleil. De légères connoissances en astronomie
suffisent pour voir que ce philosophe et les Grecs qui le suivirent pendant plusieurs siècles, n'y avoient pas fait assez de
progrès, pour atteindre d'eux-mêmes à une prédiction de cette
nature.

On conjecture avantageusement de l'astronomie-pratique des
Egyptiens, par la position de leurs pyramides, dont les faces
sont tournées avec beaucoup de précision vers les quatre points
cardinaux (2). Une situation si exacte ne pouvant être l'effet
du hasard, il faut en conclure qu'ils eurent de bonnes méthodes
pour trouver la ligne méridienne; et les adroits observateurs
savent que cela est plus difficile qu'on ne pense vulgairement,
puisque l'illustre *Tycho-Brahé*, le plus habile observateur de
son temps, s'étoit trompé de quelques minutes en traçant celle
de son observatoire d'Uranibourg. L'exactitude avec laquelle
ces pyramides fameuses sont encore orientées, a fait évanouir
une conjecture occasionnée par l'erreur de *Tycho*, savoir que
la position des méridiens ou celle de poles de la terre avoit
changé. *Proclus* (3) a dit que ces pyramides servirent autrefois d'observatoire aux prêtres Egyptiens. Cela n'est guère probable, ou bien ce n'auroit pas été sans raison qu'il y auroit
eu, comme on le dit, en Egypte des colléges de prêtres préposés à l'étude du ciel, et qu'ils auroient été assez nombreux
pour fournir un observateur à chaque jour. Car c'est presque
tout ce qu'auroit pu faire celui dont le tour seroit venu, que
de monter à son observatoire, d'y observer, et d'en des-

(1) Sénèque, *quæst. nat.* l. 7, c. 3.   d'une société de gens de lettres, t. 1;
(2) Mém. de l'Acad. ann. 1710.   p. 341, anc. édit.
(3) *Comm. in Timaeum.* Hist. Univ.

cendre dans la journée; mais non, l'ouverture d'une de ces pyramides ne permet plus de douter que ces monumens qui surchargent la terre, ne fussent destinés aux sépultures des Pharaons. Il est d'ailleurs certain qu'elles étoient revêtues d'un plan uni, et nullement en gradins, comme est aujourd'hui la grande pyramide. On ne monte point sur les autres, parce qu'on ne les a pas dépouillées de leur revêtement. Les gradins qui servent aujourd'hui à monter sur cette pyramide, n'étoient pratiqués, sans doute, que pour faciliter la construction. C'étoit l'échafaudage des maçons.

Une opinion fort propre à faire honneur aux astronomes Egyptiens, est celle du mouvement de Venus et de Mercure autour du soleil. On la leur attribue sur le témoignage de *Macrobe* (1), quoiqu'il la décrive d'une manière si ambiguë, qu'on pourroit croire qu'il ne l'entendoit pas. *Vitruve* (2) et *Martianus Capella* (3) donnent plus de marques d'intelligence dans le compte qu'ils en rendent, mais ils n'y parlent point des Egyptiens; ce qui pourroit jeter quelque doute sur le droit qu'on leur donne à la découverte de ce systême. Il est cependant presque passé en coutume d'appeler systême *Egyptien*, celui qui ne diffère de celui de *Ptolémée*, qu'en ce qu'on y met Vénus et Mercure en mouvement autour du soleil, tandis que le Soleil lui-même, Mars, Jupiter et Saturne, avec la lune, tournent autour de la terre. On croit même que le premier des Grecs, savoir *Pythagore*, qui enseigna que l'étoile du soir et celle du matin n'étoient autre chose que Vénus, tantôt suivant, tantôt précédant le soleil; on croit, dis-je, que ce philosophe tenoit cette découverte des Egyptiens. On va même plus loin, et on fait honneur à l'astronomie Egyptienne, d'avoir donné naissance à ce systême, dans lequel on fait tourner toutes les planètes autour du soleil immobile. St. *Clément* d'Alexandrie (4) l'assure expressément, et l'on pourroit remarquer, pour appuyer son témoignage, qu'il n'est guère probable que les Pythagoriciens se fussent élevés d'eux-mêmes à ce sentiment. Soupçonner seulement une vérité si contrariée par le témoignage des sens, c'est, ce me semble, l'ouvrage d'une astronomie fort avancée. Je ne dissimulerai cependant pas un trait qui semble renverser d'une manière assez péremptoire, tout cet édifice de conjectures honorables pour l'astronomie Egyptienne; c'est l'ordre, suivant lequel on y rangeoit les planètes, ordre absolument semblable à celui que leur

(1) *Comm. in Somn. Scip.* l. 1, cap. 9.

(2) *Archit.* l. 9, cap. 19.

(3) De Nupt. Merc. et Philol. l. 8.

(4) *Stromat.* lib 5.

donnoit

donnoit *Ptolémée*, et qui est une suite de sa manière de penser sur la position de la terre. Mais peut-être cela doit-il seulement s'entendre des Egyptiens modernes, c'est-à-dire, des astronomes Grecs établis à Alexandrie. Ce qu'on a dit plus haut, d'après *Pline*, sur les sentimens de *Pétoris* et *Necepsos*, concernant l'éloignement du soleil et de la lune, porte encore une furieuse atteinte à cette opinion qui fait les Egyptiens si avancés dans la théorie du système de l'Univers. Si les prêtres Egyptiens, maîtres de *Platon* et d'*Eudoxe* en astronomie, dont parle *Clément* d'Alexandrie, ne leur ont appris que ce que ces philosophes enseignèrent eux-mêmes dans la Grèce, ils étoient encore étrangement loin des connoissances qu'on leur attribue.

C'est aux Egyptiens que presque toutes les nations modernes doivent la division de l'année en semaines ou périodes de sept jours, et la dénomination des jours dont la semaine est composée. *Dion Cassius* nous l'apprend expressément (1); il dit que les Egyptiens ayant établi l'ordre des sept planètes qu'on a vu plus haut, savoir, en descendant, Saturne, Jupiter, Mars, le Soleil, Vénus, Mercure et la Lune, et ayant divisé le jour en 24 heures égales, ils attribuèrent la première à Saturne, et donnèrent à ce jour le nom de cette divinité; ensuite ils consacrèrent à Jupiter la seconde, à Mars la troisième, et ainsi de suite, en recommençant par Saturne jusqu'à la vingt-quatrième heure. Or en faisant cette opération, on trouve que la première heure du second jour répond au Soleil : ainsi le jour du Soleil suit celui de Saturne, ou au samedi a succédé le jour du Soleil, que par un motif religieux, nous avons nommé Dimanche ou le jour du Seigneur. De même au jour du Soleil succéda le jour de la Lune (Lundi), à celui-ci le jour de Mars ou Mardi, etc. La révolution se termine au bout de sept jours; la première heure du huitième se trouvant de nouveau affectée à Saturne. Ainsi la semaine Egyptienne commençoit, selon *Dion*, par le Samedi ou le jour de Sabbaoth. Mais les Hébreux fugitifs de l'Egypte s'écartèrent des Egyptiens, en faisant du jour du Sabbat ou Sabbaoth, le dernier de leur semaine, probablement par un effet de leur haine contre un peuple qui les avoit si fort maltraités. Remarquons en passant que les Chrétiens, s'écartant des uns et des autres, ont pris précisément le contrepied des Egyptiens, en commençant leur semaine par le jour de la Lune, la plus basse des planètes : cela est, sans contredit, plus raisonnable que de l'avoir commencée par une autre quelconque; car il est naturel de commencer par un des extrêmes, et nullement par un des intermédiaires.

(1) Hist. Rom. *lib.* 37.

On peut encore assez raisonnablement conjecturer, que c'est aux Egyptiens que sont dus les rapports mystérieux des planètes avec les tons de la musique; d'où résulta ce que les anciens appelèrent l'harmonie des corps célestes. A la vérité, cela n'est appuyé d'aucun témoignage positif; mais il est probable que *Pythagore* l'avoit empruntée d'eux. Les Egyptiens, en effet, voyoient qu'il y avoit sept planètes, et d'un autre côté, qu'il y avoit sept tons ou sept degrés de chant dans l'octave. Ils en prirent sujet d'imaginer qu'il y avoit un rapport caché entre ces objets, et ils attribuèrent à Saturne la note appelée depuis par les Grecs *Hypate*, qui revient à notre *si* : comme si, se mouvant le plus lentement, il sonnoit le ton le plus bas; ensuite à Jupiter le son qui, dans notre gamme, est nommé *ut*; à Mars le *re*, et jusqu'à la Lune, à laquelle répendoit le *la*. Ensuite, comme d'ordinaire, une vision entraîne dans une autre, ils pensèrent qu'en vertu de ce rapport, les distances des planètes étoient dans les mêmes proportions que les cordes qui donnent ces sons. Tout cela mystérieusement énoncé par *Pythagore*, à l'exemple de ses maîtres, donna peut être lieu de lui faire dire que les planètes formoient un concert musical, idée au fond fort ridicule. Car ce seroit un exécrable concert que la réunion de tous les tons de l'octave; mais tout cela n'étoit apparemment qu'un rapport mystérieux, ou peut-être même physique, dont le sens ne nous a pas été transmis. Quoi qu'il en soit, il me paroît difficile de croire que ce fut là une idée de *Pythagore* lui-même. Il la dut probablement à ce peuple superstitieux et rêveur. La même raison donne lieu de croire que ce philosophe avoit aussi emprunté de lui son système musical; mais c'est un objet qui nous occupera ailleurs.

Je ne dois pas omettre de parler ici de la fameuse période caniculaire des Egyptiens. Elle naît de la combinaison de leur année solaire avec le lever héliaque de la Canicule ou de l'étoile *Sirius*, si remarquable pour eux par les suites de ce lever. Je vais développer l'origine de cette période, fort aisée à concevoir d'après *Géminus* (1) et quelques autres, quoique les savans *Scaliger* et *Saumaise* soient tombés à ce sujet dans de grandes méprises. Mais comme nous aurons plusieurs fois occasion de parler des levers et couchers des étoiles ou des constellations, dans le sens des anciens, nous croyons devoir expliquer ici ce qu'on entend par-là.

On distingue trois espèces de levers et couchers des étoiles, les Cosmiques, les Héliaques et les Achroniques. Les premiers sont ce qu'on entend ordinairement par le lever et le coucher

_____

(1) *Isagoge Astron. cap.* 3. Voy. *Uranologium* Petavii.

d'un astre ; c'est son élévation sur l'horison, ou son abaissement au-dessous de ce cercle. Mais une étoile, *Sirius*, par
exemple, se levoit héliaquement, lorsque le soleil l'ayant suffisamment dépassée par son mouvement apparent d'Occident
en Orient, on commençoit à l'appercevoir se levant dans le
crépuscule du matin. Elle se couchoit au contraire héliaquement,
lorsqu'après avoir été vue vers l'Occident, après le coucher du soleil, on ne pouvoit plus l'appercevoir à cause de
la clarté du crépuscule du soir. Elle restoit ainsi cachée au
regard des hommes, jusqu'à ce que le soleil l'ayant dépassée
par son mouvement propre, la laissoit appercevoir à l'Orient
avant le lever du soleil. Le premier jour où l'on pouvoit l'appercevoir ainsi, étoit le jour de son lever héliaque. Elle étoit
alors apparente tous les jours au matin, et de plus en plus,
jusqu'au lever du soleil qui offusque toutes les étoiles, et jusqu'à ce que cet astre s'étant éloigné d'elle de tout un demi-
cercle, elle se couchoit quand il se levoit, et se levoit conséquemment quand il se couchoit ; ce qui faisoit qu'elle étoit
visible toute la nuit. Ce que nous venons de dire d'une étoile
s'applique aussi à une constellation ou à une de ses parties.

Le lever achronique est celui qui se fait quand une étoile
ou une constellation monte sur l'horison immédiatement, ou
peu après que le crépuscule du soir est fini, et permet de l'appercevoir au levant. Au contraire, le coucher achronique est
celui qui a lieu, lorsqu'une étoile se plonge sous l'horison peu
avant le crépuscule du matin. C'est du lever héliaque de
Sirius, que doit s'entendre ce qu'on a dit un peu plus haut
de ce lever de *Sirius*, si intéressant pour toute l'Égypte, puisqu'il ramenoit la crue et l'inondation du Nil, sources de sa
fertilité ; mais c'est le coucher achronique des Pléiades, dont
il est question dans le précepte d'*Hésiode*, de commencer à
labourer au coucher de ce groupe d'étoiles. C'étoit le coucher
achronique des Hyades, qui ramenoit dans la Grèce les temps
pluvieux et les tempêtes. C'est enfin ce coucher que *Virgile*
avoit en vue dans ces charmans vers de ses Géorgiques, où
il défend de semer avant le coucher des Pléiades et de la brillante
de la Couronne :

> *Ante tibi Eoae Atlantides abscondantur*
> *Gnossiaque ardentis decedat stella coronae*
> *Debita quàm sulcis committas semina, quàmque*
> *Invitae properes anni spem credere terrae...*
> *Multi ante occasum Maiae caepere, sed illos*
> *Expectata seges vanis elusit aristis.*
> *Si vero viciamque seres vilemque phaselum,*
> *Haud obscura cadens mittet tibi signa Bootes.*

Ces levers et couchers, donnés comme signes des différentes opérations de l'agriculture, ou de changemens de temps, par *Hésiode*, *Aratus*, *Virgile*, *Ovide*, ont été par cette raison dénommés du nom de *poétiques*. Mais après cette digression nécessaire, il est temps de revenir à notre sujet.

Un événement qui excitoit l'attention de toute l'Egypte, étoit la crue et l'inondation du Nil. Il ne pouvoit y en avoir de plus intéressant pour elle, puisque de cette crue dépendoit toute sa subsistance. Dans les commencemens de cet empire, il étoit annoncé par un phénomène fort remarquable, savoir l'apparition ou le lever héliaque de *Sirius*, la brillante étoile de la Canicule. Il est probable que par cette raison on en fit le commencement de l'année. C'étoit un point fixe très-bien adapté à cet usage, et qui, sans le mouvement propre des étoiles, remplissoit toutes les conditions de l'année solaire la mieux ordonnée.

Dans la suite on substitua à cette période une année solaire, ou qu'on prétendit du moins conformer au cours du soleil. On la composa d'abord de 360 jours, distribués en 12 mois de 30 jours chacun (1); mais on apperçut bientôt son écart d'avec cet astre; et comme l'astronomie faisoit déjà des progrès en Egypte, on l'augmenta de 5 jours qui s'intercaloient à la fin. Ce furent les Thébéens, dit-on, qui y firent cette correction. On se persuada même alors qu'elle répondoit fort exactement à la durée d'une révolution solaire. Le monument d'*Osymandias* en est une preuve; car autrement il eût été bien mal entendu, puisque les levers et couchers des étoiles, assignés à chacune de ses divisions, ne pouvoient leur convenir invariablement que dans cette supposition.

Mais l'erreur dans laquelle on tomboit, en faisant l'année solaire de 360 jours seulement, étoit de près de 6 heures par année, et l'on sent aisément que l'effet qu'elle devoit produire, étoit une rétrocession successive du commencement de l'année dans toutes les saisons. Je veux dire que si cette année prétendue solaire commençoit avec le solstice d'été, après quatre ans elle auroit commencé un jour plutôt, en sorte qu'après un certain nombre de siècles, elle auroit commencé avec le printemps, puis avec l'hiver, et enfin avec l'automne. Sans doute on s'apperçut bientôt de cette rétrogradation annuelle; mais bien loin de chercher à la corriger, on y trouva un mystère dont on fit un point de religion; et tandis que les autres peuples cherchèrent toujours à rendre le commencement de leur année fixe et immuable, les Egyptiens se plurent dans un effet contraire,

(1) Le Syncelle, Chronogr. p. 123, edit. Paris.

imaginant sanctifier par-là toutes les parties de l'année ; car leurs fêtes étant attachées à des jours fixes de leur année solaire, la même fête arrivoit tantôt dans une saison, tantôt dans une autre. Telle fut la constitution de l'année Égyptienne jusqu'au temps d'Auguste, où les habitans d'Alexandrie adoptèrent l'année Julienne (1).

Cependant le lever de la Canicule étoit un événement, sur lequel l'Egypte avoit les yeux fixés. C'est pourquoi l'on chercha à le lier de quelque manière avec l'année civile. Or l'on vit bientôt que ce phénomène avançoit continuellement, de sorte que s'il étoit arrivé d'abord le premier jour de l'année, quatre ans après il arrivoit le second jour, après quatre autres années le troisième, etc. d'où il résulte qu'au bout de 1,461 ans, il devoit se renouveler avec le premier jour de l'année. On nomma cette période l'année de *Thot*, l'année de Dieu, autrement encore la grande année ou caniculaire, ou de *Sothis* ; car tous ces noms sont synonymes. On donnoit aussi le nom de *Thot* à l'étoile *Sirius*, en l'honneur du célèbre *Mercure* ; ce nom enfin, ou *Theut,* étoit encore un des noms de la divinité, et *Sothis* semble être le même mot un peu défiguré par les Grecs. Ces raisons font qu'il est peut-être inutile de rechercher aucun personnage réel pour l'auteur de cette période. *Censorin* paroît le penser (2), et c'est l'opinion de plusieurs savans. Le P. *Petau* (3) a fixé le commencement de la période caniculaire vers l'an 1330 avant J. C., se fondant sur un passage de *Censorin* (4), qui dit, que l'an du consulat d'*Antonin le Pieux* et de *Brutius,* la période caniculaire s'étoit renouvelée. Or cette année répond à la 138e après J. C. : ainsi il faut remonter en arrière de 1,460 années Juliennes, et l'on trouvera la 1321e avant notre Ere, c'est-à-dire, suivant la chronologie commune, la 137e avant la guerre de Troye.

Ce calcul reçoit une confirmation de la remarque suivante. On sait que le commencement de l'Ere de *Nabonassar* tombe au 26 février de l'an 747 avant J. C. Donc le commencement de l'année Égyptienne avoit passé, en rétrogradant, du jour de son institution primitive, au 26 février. Car les années de *Nabonassar* étoient absolument les mêmes que les Égyptiennes. Mais au temps de cette institution, ce commencement convenoit avec le lever de la Canicule, qui, dans les siècles voisins de la guerre de Troye, se levoit héliaquement vers le 20 de juillet pour Héliopolis. Ainsi il avoit rétrogradé du 20 juillet au 26 février, c'est-à-dire, de 144 jours. Or pour une semblable

---

(1) Theon, *in canone expedito.*   (3) *Uranol. in Dissert.*
(2) *De die natali,* c. 18.   (4) *De die nat.* ibid.

rétrocession, il faut un intervalle de 576 ans. Conséquemment l'époque du commencement de la grande periode caniculaire, est plus reculée de 576 ans que la 747ᵉ année avant J. C. ; c'est pourquoi elle tombe à la 1323. Cette détermination s'écarte si peu de celle du P. *Petau*, que bien loin de la contredire, elle lui donne et elle en reçoit un nouveau degré de probabilité.

Il nous auroit été facile de donner plus d'étendue à cet article, si nous nous étions attachés à rassembler indistinctement tout ce que les historiens nous présentent concernant l'astronomie Egyptienne. Mais la plûpart montrent si peu d'exactitude, ou si peu d'intelligence dans ces matières, que ce seroit avoir peu de discernement que d'y ajouter quelque foi. Devonsnous croire *Pline* (1), lorsqu'il raconte que les Egyptiens donnoient à un degré de l'orbite de la lune seulement 33 stades? S'il y avoit chez ces peuples quelque connoissance de la rondeur de la terre, quelqu'ébauche grossière d'observation, enfin quelque légère teinture de géométrie, pouvoient ils ignorer qu'un degré terrestre, qui est moindre qu'un degré du cercle de la lune, a une étendue beaucoup plus considérable ?

Macrobe a prétendu nous apprendre la manière dont les Egyptiens divisèrent le Zodiaque, et il la décrit tout au long (2). Ils prirent, dit il, un grand vase qu'ils remplirent d'eau, et ils la laissèrent couler par une petite ouverture, pratiquée à son fond, durant une révolution entière des étoiles fixes. Après quoi, ayant divisé cette eau en douze parties égales, ils remarquèrent quelle portion du Zodiaque s'élevoit pendant qu'une de ces parties s'écouloit. Mais *Macrobe* ne nous citant point ses garants, et je crois qu'il eût eu de la peine à en citer aucuns, on ne doit, sans doute, regarder cette histoire que comme une fiction ; et même l'astronomie Egyptienne y perdra peu, si nous la dépouillons de cette invention pour en faire honneur à cet écrivain, ou plutôt à *Sextus Empiricus*, qui raconte la même chose des Chaldéens. Si l'un et l'autre eussent été plus versés dans les mathématiques, ils n'auroient pas manqué de s'appercevoir que le moyen qu'ils proposoient n'étoit point propre à partager le Zodiaque en parties égales. Car en supposant même, que ces premiers observateurs eussent fait une attention suffisante à la manière dont l'eau s'écoule d'un vase percé à son fonds, pour se procurer des intervalles de temps égaux, ils n'auroient pas réussi plus heureusement. Ils auroient divisé également l'équateur et non l'écliptique ; dont l'obliquité à l'axe de révolution de la sphère, fait qu'il s'élève

---

(1) *Hist. Nat.* l. II, c. 23.　　　(2) *Comm. in Somn. Scip.* l. 1, c. 21.

en temps égaux des portions inégales. Le commentateur du songe de *Scipion* (*Macrobe*) donne encore une idée bien peu favorable de son intelligence en astronomie, lorsqu'il veut rapporter comment on trouva, dit-il, que le diamètre apparent du soleil étoit la 108ᵉ partie du demi cercle. Car cette grandeur est plus que triple de la véritable, et un homme doué de quelque savoir en astronomie, n'auroit pas manqué de l'observer. Mais devons-nous juger entièrement l'astronomie Egyptienne sur de semblables témoignages? Non, sans doute; il est plus sage et plus conforme aux lois de la critique, de suspendre son jugement sur ce qui la concerne. Je me borne à cette dernière observation sur les astronomes Egyptiens; c'est qu'ils ne cédèrent en rien aux Chaldéens en crédulité pour les vaines rêveries de l'astrologie judiciaire. Plusieurs auteurs nous l'apprennent, et il en subsiste une preuve dans les *Apotelesmatica* ou règles de prédictions du fameux *Manéthon*, prêtre Egyptien, qui les compila sous *Ptolémée Philadelphe*. *Gronovius* a pris la peine assez superflue de publier ce morceau. Nous ne l'imiterons pas en nous y arrêtant.

Les Coptes étant les descendans des anciens Egyptiens, et ayant retenu un grand nombre de mots de la langue primitive de l'Egypte, on est fondé à penser que les noms qu'ils donnent aux signes du Zodiaque, peuvent servir à jeter quelque lumière sur ce qu'étoit l'ancien zodiaque Egyptien. Les voici donc, d'après le savant commentateur des tables d'*Ulugh Beg* (M. *Beck* (1) et M. *Sherdurr*) (2). La constellation du Belier étoit nommée *Tametouros Ammon*, *regnum Ammonis*, par où l'on voit que le Belier des Egyptiens étoit leur Dieu *Ammon*, ce qu'on pouvoit aisément prévoir. Le second signe étoit tantôt *Isis* ou *Apis*, tantôt *Horias* ou *Statio Hori*. Jusqu'ici l'analogie se soutient assez bien; mais elle nous abandonne bientôt entièrement, car le 3ᵉ signe (nos Gémeaux) s'appeloit *Clusos* ou *Claustrum Hori*; le 4ᵉ (notre Cancer) étoit *Klaria* ou *Statio Typhonis*; le 5ᵉ portoit le nom de *Pi-Mentekeou* ou *Cubitus Nili*; le 6ᵉ (la Vierge) celui de *Aspolia* ou *Statio Amoris*; le 7ᵉ celui de *Lambadia* ou *Statio Propitiationis*; le 8ᵉ étoit *Isias* ou *Statio Isidis*; le 9ᵉ *Pi-Maere* ou *Statio Amœnitatis*; le 10ᵉ étoit *Hupenius* ou *Brachium Sacrificii*; le 11ᵉ *Hupei-Tirion* ou *Brachium Beneficii*; le 12ᵉ enfin étoit *Pi Cot-Orion* (*) ou *Piscis Hori*, ce qui a quelque analogie avec

(1) Ephemerides Persarum.
(2) M. Manilius made an English Poem. *Lond.* 167.. *p.* 19, etc.

(*) La syllabe *Pi* est un article dans la langue Copte, et probablement dans l'Egyptienne; et le mot *Cot* ou *Caut* est le *Haut* des Arabes, où le *H* indique une forte aspiration. *Haut* signifie *Poisson*.

notre signe des Poissons. Car chez les Egyptiens presque tout
appartenoit à *Horus, Isis* ou *Osiris*. Tels sont les noms Coptes,
et probablement les noms anciens des signes du zodiaque
Egyptien. On pourroit conclure de-là que ces signes n'ont
pour la plus grande partie aucune analogie, ou du moins fort
peu avec ceux de notre Zodiaque. Je laisse d'ailleurs au lecteur le soin de juger jusqu'à quel point cela contredit ou
favorise le système de ceux qui dérivent notre Zodiaque de
celui des Egyptiens.

Peut-être ne sera-t-on pas fâché de trouver pareillement ici
les noms Egyptiens des planètes, et de quelques signes et étoiles.
Saturne étoit *Rephan* ou *Deus temporis*. Les Grecs ont probablement pris de-là le nom de *Chronos* (tempus), qu'ils donnoient à cette planète. Jupiter étoit *Pi-cheus* ou *Deus vitæ*.
Dans ce mot, *Pi* étant, suivant la langue Copte, une espèce
d'article, on croit y voir l'origine du mot *Zeus*, que les Grecs
donnoient à Jupiter. *Mars* étoit *Moloch*, ou le Dieu de la
guerre. Le Soleil *Pi-Othiris* ou *Osiris*, Mercure *Thaut*, Vénus
Surath ou *Athor*, et la Lune *Isis Pi-Cochos Actephcom*,
Isis ou *Domina maris et humidorum*.

La Voie Lactée étoit, comme on l'a trouvée, chez les anciens Arabes, *Pi-inhiten topitos* ou *via Straminis*. Car de même
que les Grecs racontoient une fable qui avoit donné lieu à la
dénomination de la Voie Lactée, les Egyptiens en racontoient
aussi une. Ils disoient qu'*Isis* fuyant les fureurs de *Typhon*,
avoit semé sur cette partie du ciel des brandons de paille
enflammée pour le retarder. L'étoile *Sirius* des Grecs étoit
Sothis ou *Thaut*, *Thot* qui est la même chose, le *th* et l's
ayant, dans la langue Grecque, des prononciations fort voisines.
Thot ou *Thaut* étoit, comme l'on sait, le conseiller ou premier ministre d'Osiris. Il faut même remarquer que le *Sirius*
des Grecs a une origine Egyptienne ; car le Nil se nommoit
Siris ; et comme cette étoile présidoit en quelque sorte par son
lever héliaque à l'accroissement du Nil, on lui donna le nom
de l'étoile du Nil ou *Sirius*.

De cette multitude de prêtres Egyptiens ou autres, qui cultivèrent en Egypte les sciences astronomiques, il ne s'est échappé
les noms que d'un bien petit nombre. Leur célèbre *Thot* ou
Mercure Trismégiste est le principal, et presque l'unique.
Encore y a-t-il bien des personnes qui prétendent que ce pourroit bien n'être qu'un personnage allégorique. On prétend
même (1) que le mot *Thaut* ne signifie que *Colonne*. Ainsi
ce fameux *Thot* ne seroit plus que les colonnes cachées dans

(1) Lettres sur l'Egypte, *t.* 3, *l.* 25.

les souterreins de Thèbes, où les prêtres inscrivoient en caractères hiéroglyphiques ou inconnus au vulgaire, les découvertes réelles ou prétendues qu'ils avoient faites. Mais j'aime mieux croire que *Thot* a été un personnage réel, duquel ces colonnes ont pu prendre le nom, comme, chez nous, le *Mercure* est un livre qui prend son nom du *Mercure*, messager des Dieux; et c'est le sentiment de M. *de la Nauze* qui, dans les mémoires de l'académie des inscriptions, t. 14, tâche d'établir que *Thot* n'est autre chose que le roi *Aseth* ou *Séthos*, qui vivoit environ un siècle avant la guerre de Troye.

J'ai parlé ailleurs de *Petosiris* et *Necepsos*, qui, indépendamment de leurs visions astrologiques, étoient de pauvres astronomes, si le sentiment que *Pline* leur attribue sur les distances de la Lune, du Soleil et de Saturne à la terre, fut vraiment le leur. Mais il est trop absurde pour pouvoir se le persuader. Voici encore les noms de trois de ces philosophes Égyptiens, que *Clément* d'Alexandrie nous a conservés dans le premier livre de ses *Stromates* ou *Tapisseries* L'un d'eux se nommoit *Senchez*, et fut, dit il, le maître de *Pythagore*. Le second nommé *Senek-Nuphis* d'Héliopolis, fut l'instituteur de *Platon*; le 3e enfin se nommoit *Konuphis*, et fut celui qui instruisit *Eudoxe* de Cnyle, et qui apparemment lui enseigna le mouvement des cinq planètes, sujet auquel les Grecs n'avoient pas encore osé toucher. Remarquons cependant que si c'est de ce *Konuphis*, que le philosophe Grec tint son hypothèse sur ces planètes, on peut dire à coup sûr que la philosophie Égyptienne en étoit encore à sa première enfance.

Nous devons à M. *Bruce*, l'auteur du célèbre voyage en Abyssinie et aux sources du Nil, quelques traits relatifs à l'astronomie Égyptienne, qui ne peuvent être mieux placés qu'ici. Il nous apprend, par exemple (1 vol. p. 178), qu'il subsiste encore à Axum, l'ancienne capitale de la haute Égypte, un obélisque en place et bien conservé, qui a été, selon toute probabilité, destiné à des observations astronomiques. Il est, dit-il, sans hiéroglyphes, une face tournée directement au sud, son sommet fort aminci et terminé par une forme demi-circulaire; le pavé en est nivellé d'une manière très-exacte, et l'on y distingue, aussi bien qu'il est possible, la vraie ombre de la pénombre. Il y en a, dit-il, encore plusieurs semblables en Egypte. Quant à celui dont nous parlons, il en attribue l'érection à *Ptolémée Evergètes*, dans la vue de servir aux observations d'*Eratosthènes*. Mais cela ne paroît appuyé par ce voyageur sur aucune raison; et comme tous ces ouvrages gigantesques qu'on trouve en Egypte, sont antérieurs au règne des princes Grecs dans ce pays-là, je serois porté à croire que ce monument tient plutôt à l'ancienne astronomie Egyptienne, qu'à la moderne. Il n'est guère probable que ce *Ptolémée*, élevant un pareil monument, l'eût placé si loin du siége de l'astronomie et de l'académie d'Alexandrie, d'autant plus qu'Axum est sous un climat, que M. *Bruce* nous apprend lui-même être très-défavorable à l'astronomie pendant plusieurs mois de l'année.

L'autre trait relatif à l'astronomie Egyptienne, que nous devons à M. *Bruce*, regarde l'usage de certaines pierres gravées ou sculptées, de l'une desquelles il nous a donné la représentation dans le premier volume de son voyage (pag. 476 et 480). Celle-ci fut trouvée à Axum, et lui fut donnée par l'empereur, qui connoissoit sa curiosité à cet égard. Elle a 18 pouces de hauteur, et quelques pouces d'épaisseur. Une de ses faces présente une figure humaine, sculptée avec divers attributs qui semblent ne convenir qu'au fameux personnage Egyptien le *Thot* (1), et sur l'autre face, au-dessous d'une espèce de ceinture chargé de deux rangs de figures, sont sculptées huit colonnes, qui, avec deux autres latérales sur l'épaisseur, forment dix colonnes chargées d'hiéroglyphes. Quelques monumens pareils se retrouvent, dit-il, dans les cabinets de curiosités Egyptiennes. M. *Bruce* conjecture que cette pierre étoit une de ces sculptures que les anciens appeloient un *livre* ou un *almanach*, et qu'ils exposoient au public pour l'instruire de l'état des cieux, du cours des saisons et des travaux propres à chacune d'elles. Mais pourquoi seulement huit ou dix colonnes? l'année n'étoit-elle alors divisée qu'en un pareil nombre de parties? Cela pourroit beaucoup affoiblir la vraisemblance de cette conjecture, que j'ai cru cependant devoir rapporter ici pour ne rien omettre de ce qui concerne l'astronomie Egyptienne.

V I I.

On ne doit pas chercher dans la Grèce des vestiges de travaux astronomiques, aussi anciens que ceux des Chaldéens et des Egyptiens. Ces derniers étoient déjà des peuples anciens, lorsque les Grecs en étoient au premier degré de la civilisation. Aussi les Egyptiens et les Chaldéens avoient déjà fait des efforts pour reconnoître la durée des périodes célestes, et l'arrangement de l'Univers que les Grecs commençoient à peine à lever les yeux vers le ciel. Toute leur astronomie, jusqu'au temps de *Thalès* et de *Pythagore*, consiste à avoir peut-être donné les noms à quelques constellations, à remarquer les levers et

_____

(1) Clément d'Alexandrie, attribue à Thot ou Hermès Trismégiste, quatre traités ou livres d'astronomie.

couchers héliaques ou achroniques de quelques étoiles ou groupes d'étoiles remarquables, comme l'Épi de la Vierge, les Hyades, les Pléiades, etc. C'est-là tout ce que nous présentent les écrits d'*Hésiode* et d'*Homère*, les plus anciens poètes qui nous soyent parvenus.

Il n'est presque point de héros Grec, dont les poètes ou d'autres écrivains n'ayent fait des hommes fort versés dans la science des astres. *Euripide*, *Sophocle*, *Eschyle*, nous présentent sur la scène *Prométhée*, *Hercule*, *Palamède*, comme très-attachés à l'étude du ciel ; mais il faudroit être bien crédule pour voir quelque vérité historique dans ces déclamations théâtrales. *Lucien* et *Hygin* ont expliqué astronomiquement un grand nombre de traits de la mythologie Grecque. Ce sont-là de pures visions. Les esprits raisonnables doivent être fort surpris de voir *Lucien*, dans son livre *de Astrologia*, trouver dans *Phaéton* un astronome qui mourut au milieu de ses observations, pour reconnoître le mouvement du soleil, et qu'on dit par cette raison avoir été foudroyé par Jupiter. On a avec autant de fondement transformé en astronomes, *Dédale*, *Atrée* et *Thieste*, *Bellérophon*, *Tirésias*, etc. On l'a déjà dit, et nous ne craindrons pas de le répéter. Toutes ces explications sont d'une puérilité extrême. S'il est quelque sens raisonnable à donner aux fables débitées sur les personnages ci-dessus, c'est que *Dédale* échappa à *Minos* sur une frêle embarcation, où peut-être adapta-t-il le premier une voile, et qu'il eut le bonheur d'arriver, tandis que son fils *Icare* périt faute de savoir la manœuvrer ; qu'*Atrée* et *Thieste*, par un effet de leur haine féroce, commirent des crimes propres, en termes figurés, à faire reculer le soleil d'effroi, etc.

Le monument le plus remarquable de l'ancienne astronomie Grecque, paroît être la division du ciel en constellations. Car, quoi que l'on en die, nous sommes portés à penser qu'elle est au moins en grande partie, l'ouvrage des Grecs peu antérieurs à l'époque de la guerre de Troye. Comme cette division subsiste encore dans notre astronomie, c'est un point qui mérite de nous occuper avec quelque étendue.

Tous les hommes, que leurs occupations ou leur demeure mettent à portée de lever souvent les yeux au ciel, ne manquent point de donner des noms aux groupes d'étoiles remarquables par leur forme ou leur éclat. Tantôt cette dénomination est tirée de leur ressemblance avec des objets que ces observateurs grossiers ont sans cesse sous les yeux, tantôt ils leur appliquent les noms des personnages qui figurent dans les traits d'histoire les plus célèbres. Quelquefois ils ont égard aux effets que l'apparition ou l'occultation de ces étoiles semblent produire. Nous en avons des exemples dans nos campagnes, et sans doute nous en aurions un plus grand nombre, si nos agriculteurs étoient obligés, comme les anciens, de consulter fréquemment le ciel pour leurs travaux. Il est vraisemblable que c'est ainsi que la plûpart des constellations reçurent leurs noms dans la Grèce. Qu'on imagine un peuple doué, comme étoient les Grecs, de l'imagination la plus riante, un peuple porté à embellir tous les objets par des fictions agréables, et qu'il veuille, soit par curiosité, soit par besoin, donner des noms à ces assemblages d'étoiles qui frappent sa vue, il fera sans doute, mais d'une manière plus étendue et plus ingénieuse, ce que nous avons remarqué avoir été fait par les hommes grossiers qui habitent nos campagnes. Tantôt à l'occasion de certaines dénominations, il imaginera des fables. C'est ainsi que les Pléiades, ainsi nommées à cause du grand nombre d'étoiles rassemblées en un groupe, devinrent dans la suite les filles de *Pléïoné* et d'*Atlas*. La première de ces étymologies est fondée sur ce qu'en grec πλειον veut dire *multus*. C'est ainsi que la constellation d'*Orion*, remarquable par son étendue et son éclat, car il n'en est point qui renferme un aussi grand nombre d'étoiles des premières grandeurs, fut transformée en un géant; et comme elle suit continuellement les Pléiades, on en prit occasion de feindre qu'il les poursuivoit sans cesse, et qu'il en vouloit à leur honneur. Rien n'étoit plus naturel que de donner le nom de *Couronne* aux étoiles qui portent ce nom, car la figure qu'elles forment en est extrêmement approchante. Les deux Ourses paroissent ne pouvoir devoir ce nom qu'à la Grèce. Car l'Ours est un animal des pays septentrionaux et froids : aussi les Grecs ont-ils pris pour les figurer deux amas d'étoiles semblables, situés aux environs du Pôle. Je n'ignore pas que M. *Pluche* fait venir ce nom qui est en Arabe *Dubb*, du mot Phénicien *Dabba*, *locutus est*, parce que ces deux constellations, et sur-tout la dernière, indiquoient le Nord aux navigateurs Phéniciens; à quoi il ajoute que les Phéniciens euxmêmes en firent le nom d'Ours, en changeant *Dabba* en *Dubbe*, et que les Grecs, voyant les Phéniciens nommer ces constellations du nom d'*Ourses*, les lui donnèrent aussi sans en connoître l'origine. Mais si les Phéniciens ne connurent jamais, ainsi que nous le croyons, l'Ours qui n'étoit point un animal de leur pays, comment ont-ils pu faire cette transposition de noms? Quoiqu'il en soit, les Grecs, en possession de leurs deux Ourses, firent sur ce sujet leur charmante histoire de *Calisto* et de son fils, transformés en Ourses.

Continuons. D'autres fois le peuple, dont nous parlons, recourra aux traits célèbres, soit historiques, soit fabuleux, dont il aura la mémoire remplie. Il les transportera dans le ciel, en donnant aux étoiles ou à leurs groupes les noms des principaux personnages qui y jouent un rôle. C'est ainsi que le voyage des Argonautes semble retracé à la postérité dans les constellations Grecques. Car on voit parmi elles le navire *Argo* : il devoit être formé d'étoiles très-peu dégagées de la mer qui étoit au midi de la Grèce ; car les vaisseaux ne voguent pas dans les airs: On y voit le Belier, dont la toison étoit l'objet de cette expédition si fameuse ; *Castor* et *Pollux*, deux des héros qui y eurent part ; *Hercule*, l'un d'entr'eux avec le *Lion* de Némée qu'il avoit tué, et le Vautour de *Prométhée*, percé de ses flèches ; l'Hydre et le Taureau qui gardoient le précieux dépôt de la Toison ; la Lyre d'*Orphée*, l'un des Argonautes ; *Chiron*, enfin, aussi celebre chasseur, que renommé par sa piété envers les Dieux, y paroît tuant un Loup d'un côté, et ayant de l'autre un autel fumant d'un sacrifice. La fable ou l'histoire défigurée de *Persée* et d'*Andromède*, y est représentée par ces constellations et par celles de *Céphée*, de *Cassiopée*, et de la Baleine, que *Persée* semble combattre. Celles du Bouvier, de la Vierge et du petit Chien, semblent être des monumens de la piété paternelle d'*Hérigone*, qui ne put survivre à son père *Icare*, et de l'attachement de son Chien, qui mourut de douleur de la perte de ses maîtres.

A la vérité, il n'est aucun sujet qui offre une plus grande variété d'opinions que cette origine du nom des *Constellations* (1) ; mais celle que nous venons de développer paroît la moins recherchée, et la plus généralement adoptée.

Je m'attends que quelque lecteur objectera qu'on doit donner à quelques-uns au moins de ces noms, une antiquité bien plus grande, et une autre origine, puisqu'on lit dans le livre de *Job* (ch. 10), les noms d'*Orion*, des *Pléiades* et d'*Arcturus*. Mais le savant M. *Scultens* a remarqué dans son commentaire sur ce livre, que ce n'étoit point là le sens des expressions hebraïques, qui veulent dire seulement : *qui fecit nocturnum circitorem, sidus torpidum et penetralia austri.* Quel est ce *nocturnus circitor*? c'est ce qu'il est difficile de déterminer. A l'égard du *sidus torpidum*, ce sont probablement les étoiles qui environnent le Pôle arctique; ou si, comme M. *Weidler*, on l'explique par *sidus calidum*, ce seroit l'étoile de la Canicule, dont le lever ramenoit les grandes chaleurs ; ces *penetralia* ou *tabernacula austri* peuvent n'être que les parties les plus méridionales du ciel, ou celles que l'abaissement du Pôle austral sous l'horison, cachoit à la vue de l'Arabie, ou laissoit seulement appercevoir pendant quel-

(1) Hygin, *Poeticon astron.*, ou le *Cœlum astron.* de *Cæsius* ou *Blaüs.*

quées heures. Mais en tout cela, rien de semblable à nos dénominations. Après cette petite digression, je reprends le fil de
mon sujet.

L'auteur de la *Titanomachie*, cité par *Clément* d'Alexandrie
(1), fait honneur à *Chiron* de cette dénomination de la
Sphère céleste. Mais, il faut en convenir, quel fond peut-on
faire sur un auteur, dont il ne nous reste que deux vers, dont
voici la traduction littérale : *Ille* (Chiron) *in justitiam morta-
lium genus induxit, monstrans juramentum (juramenti fidem)
hilaria sacrificia, et figuras olympi* (καὶ σχήματα ὀλυμπῖ)? D'ailleurs aucun autre des anciens n'a parlé de *Chiron*, que comme
d'un homme juste, grand chasseur et tireur d'arc, ainsi que
versé dans la médecine ou la chirurgie. Cependant nous ne
saurions négliger une remarque, qui paroît du moins prouver
que cette dénomination est d'une grande antiquité; c'est que
presque toutes ces constellations Grecques, à quelques-unes
près, comme celles de la Balance, de la chevelure de *Bérénice*, et d'*Antinoüs*, dont l'origine est connue, ont des rapports marqués avec la fameuse expédition des Argonautes, ou
des événemens antérieurs, jamais avec des histoires ou des
fables plus récentes. Ainsi il paroît presque certain que tous ces
signes reçurent au plus tard leurs noms, vers le temps de cette
expédition et avant la guerre de Troye. Car il est difficile de
penser que ce dernier événement, le plus célèbre de l'histoire
Grecque, ne nous eût pas fourni plusieurs constellations, si
leurs noms ne leur eussent été donnés qu'après cette époque.

M. *Newton* a fait de cette division du ciel, exécutée au temps
des Argonautes ou peu après, une des bases de sa nouvelle
chronologie. Il a prétendu que *Chiron*, non-seulement nomma
alors les signes célestes, mais qu'il disposa les quatre signes équinoxiaux, et solstitiaux, de sorte qu'ils fussent partagés en deux
également par les colures des solstices et des équinoxes. Nous ne
pouvons disconvenir que le système chronologique de *Newton*,
ne soit appuyé sur plusieurs raisons séduisantes. Mais celle
qui est tirée de cette prétendue fixation des points solstitiaux
et équinoxiaux, me paroît bien foible. Car en supposant même
que *Chiron* eut donné aux constellations principales du ciel,
les noms qu'elles portèrent chez les Grecs, il est bien difficile
de se persuader que cette fixation soit l'ouvrage de ce premier
père de l'astronomie Grecque. Ne seroit-ce pas lui accorder
des connoissances astronomiques bien réfléchies, et même fort
supérieures à ce qu'on peut légitimement attendre de l'enfance
de la géométrie? Quel appareil d'instrumens et d'observations

(1) *Stromat. lib.* 5.

ne lui auroit-il pas fallu pour parvenir à une fixation aussi précise ? Ainsi, quand on supposeroit que *Chiron* l'auroit eu en vue, rien ne seroit plus naturel que de penser qu'il auroit pu facilement se tromper de 4 ou 5 degrés. Ce n'est pas concevoir une idée trop abjecte de sa dextérité, dans un temps où l'on ne connoissoit point encore l'inégalité du mouvement du soleil, et où l'on n'avoit certainement que des instrumens fort grossiers, si toutefois on en-avoit aucuns. Il est même bien difficile de prêter cette intention à *Chiron*, puisque ce n'est que bien des années après, que des philosophes, comme *Thalès*, *Anaximandre*, etc. donnèrent aux Grecs une idée du zodiaque et de la course oblique du soleil, à l'égard de l'équateur. Ainsi la preuve que M. *Newton* prétend tirer de cette position des colures au temps du voyage des Argonautes, me paroît fondée sur le sable. Moyennant l'erreur qu'on peut raisonnablement admettre dans l'observation de *Chiron*, cette époque peut facilement être reculée de 4 à 5 siècles ; ce qui la ramène au 14e avant l'ère chrétienne, où l'ont placée et la placent encore la chronologie ordinaire et les marbres d'*Arundel*.

Eudoxe de Gnide, qui vivoit vers l'an 380 avant Jesus-Christ, fixoit à la vérité dans les 8es degrés des mêmes signes, les points équinoxiaux et solstitiaux ; ce qui semble prouver qu'ils étoient quelques siècles auparavant dans des points moins avancés. C'est une suite de la précession des équinoxes, mais il ne s'ensuit pas de-là que lorsqu'ils reçurent leurs dénominations, ils étoient précisément coupés en deux également par les points équinoxiaux ou solstitiaux ; une de ces choses ne suit pas nécessairement de l'autre. Enfin en supposant même que primitivement les signes du zodiaque eussent été arrangés de cette manière, la fixation d'*Eudoxe* ne pourroit pas servir à remonter au temps où elle fut faite. Car il est certain qu'*Eudoxe* supposoit plutôt les choses ainsi, qu'il ne les avoit trouvées par l'observation. L'astronomie pratique n'en étoit pas encore capable chez les Grecs, et, à cet égard même, *Eudoxe* est souvent contredit par *Hipparque*.

Mais voici une autre observation qui me paroît porter un grand coup à la prétention de *Newton*. C'est qu'il n'y avoit primitivement que 11 signes dans le zodiaque Grec. Le Scorpion y occupoit la place de deux, et ses pinces nommées χηλαι, formoient ce que depuis on a appelé la *Balance*. Cela se prouve bien facilement par l'inspection des anciennes descriptions du ciel, comme le poème d'*Aratus* et ses premiers commentateurs. On ne trouve nulle part dans ce poème une seule fois le mot de ζυγὸς ou autre figurant une Balance. Il est d'ailleurs connu que les deux étoiles principales de la Balance, dont une devroit être appelée le *bassin austral* et l'autre le *boréal*, se nommèrent toujours chez les anciens la *pince australe*, la *pince boréale*, et même après la formation de cette nouvelle constellation. Comment ces observateurs partageant le zodiaque avec tant de soin, et affectant de placer précisément le milieu de leurs quatre signes cardinaux aux points des équinoxes et des solstices, auroient-ils oublié de diviser ce cercle en douze parties égales? Une pareille omission me paroît difficile à croire, et doit jeter de grands doutes sur cette division.

Ce manque d'un douzième signe dans le Zodiaque des anciens Grecs, me fait naître dans l'esprit une conjecture sur la manière dont se fit la première division de ce cercle. Je suis porté à penser que les premiers qui assignèrent des noms aux étoiles, les donnèrent sans s'astreindre à rien de plus qu'à placer dans le milieu, ou dans le corps des images qu'ils vouloient représenter, les étoiles les plus brillantes. Ce fut ainsi qu'ils formèrent la Sphère céleste, et il est vraisemblable qu'ils ne firent encore aucune attention au Zodiaque. C'eût été une entreprise trop difficile pour eux que de déterminer le chemin du soleil parmi les étoiles qu'il traverse, et qu'il offusque à la fois de ses rayons. On ne commença proprement à y songer que vers le temps où la philosophie prit racine dans la Grèce. Alors ses premiers astronomes, observant la position de la route de cet astre dans le ciel, y tracèrent un cercle pour le désigner, et les constellations qu'il traversa furent les douze signes du Zodiaque. Elles y sont, en effet, assez irrégulièrement situées pour former presqu'une preuve de notre conjecture. Les unes y occupent une grande étendue, pendant que les autres y sont resserrées. Il y en a peu qui soient partagées par l'écliptique en parties à peu-près égales; au contraire, les unes sont pour la plus grande partie du côté des Pôles, les autres du côté de l'équateur. Cela semble indiquer que le cercle fut tracé après les constellations déjà désignées, et non que les constellations furent inventées pour marquer ses divisions.

Mais il falloit douze signes dans le Zodiaque, et il n'y en avoit encore qu'onze. La première idée fut de former le douzième des pinces du Scorpion, qui les étendoit extrêmement en avant, et on le nomma *les pinces*, χηλαι. Enfin les astronomes Grecs établis à Alexandrie, changèrent cette dénomination en celle de la Balance, soit qu'ils eussent en vue de désigner l'égalité des jours et des nuits, soit qu'ils prétendissent la donner comme symbole de la justice à la Vierge, qui forme le signe précédent, et qu'on prenoit pour *Astrée*.

On

On écarta donc alors, dans les peintures du ciel, les pinces du Scorpion, en les lui faisant recourber en arrière et sur les côtés, et l'on mit à leur place le nouveau signe. On conserva néanmoins l'usage d'appeler *les pinces*, les deux étoiles brillantes qui le distinguent principalement; et c'est une sorte de monument qui, à notre avis, ne permet point de douter de sa dénomination primitive.

V I I I.

La recherche de l'origine des constellations du Zodiaque est un sujet qui a élevé un grand nombre d'opinions et de conjectures. Mais ce seroit nous amuser infructueusement, que de les examiner toutes avec étendue. Nous passerons donc rapidement sur la prétention d'un anonyme, qui a voulu que les douze signes du Zodiaque fussent les symboles des douze fils de *Jacob* (1). Quoiqu'il fasse valoir en sa faveur divers rapports assez marqués de ces pères du peuple Juif, avec quelques-unes de ces constellations, on ne peut regarder son opinion que comme un paradoxe soutenu avec esprit. Que penser encore du sentiment d'*Olaüs Rudbeck*, qui a fait tous ses efforts (2) pour trouver dans la Scandinavie et la Norvége, l'origine de notre Sphère; le dirai-je même, celle de l'astronomie et de la plûpart des inventions astronomiques les plus heureuses, comme le cycle lunaire, etc.? Il faut être épris d'un singulier amour pour sa patrie, et être bien accoutumé aux frimats de ces pays disgraciés de la nature, pour prétendre que les montagnes de la Lapponie et de la Suède, furent l'endroit que choisirent par préférence les premiers qui vinrent habiter l'Europe; que c'est-là cette délicieuse Atlantide si célébrée par les écrivains Grecs; qu'enfin aucune contrée de l'Univers n'étoit plus favorable à l'avancement de l'astronomie. Je doute fort qu'une opinion, si dénuée de vraisemblance, ait jamais séduit quelqu'un parmi ses compatriotes mêmes, malgré l'étalage surprenant d'érudition septentrionale que présente ce singulier ouvrage.

Il y a quelque chose de plus séduisant dans l'ingénieux système de M. *Warburton*, sur l'origine de la mythologie de la sphère Grecque. M. *Pluche* lui a donné parmi nous une sorte de célébrité, par la manière dont il l'a développé et présenté dans son histoire du ciel. Ce motif nous engage à l'exposer avec soin, et à faire quelques réflexions sur son sujet.

---

(1) Mém. de l'Acad. des Inscript.   (2) *Atlantica*, p. 2 et 3. t. 6.

MM. *Warburton* et *Pluche* trouvent l'origine des noms que portent les signes du Zodiaque, dans les diverses productions de la campagne au temps où le soleil les parcourt, ou dans quelques circonstances du mouvement de cet astre. *Macrobe* (1) a fourni la première idée de ce système, en remarquant que le Cancer et le Capricorne pouvoient être regardés comme des symboles, l'un de la rétrogradation du soleil lorsqu'il est arrivé au tropique d'été, l'autre de son retour vers les parties supérieures de notre hémisphère, après avoir atteint le tropique d'hiver. M. *Pluche* s'est attaché à étendre cette idée à tous les autres signes. Ainsi les trois premiers, le Bélier, le Taureau et les Gémeaux, doivent, dit-il, leurs noms aux agneaux, aux jeunes taureaux, et aux chevreaux, dont la naissance enrichit les Bergers dans le printemps. Le Cancer ou l'Ecrevisse, qui marche à reculons, marque le retour du soleil, qui, parvenu à sa plus grande distance de l'équateur, commence a rebrousser en arrière. Le Lion représente la fureur de l'été alors le plus ardent; et la Vierge n'est autre chose qu'une glaneuse, signe naturel de la moisson. La Balance annonce l'égalité des jours et des nuits à l'équinoxe d'automne. Le Scorpion est l'emblême des maladies de cette saison; et le Sagittaire celui de la chasse, occupation des derniers mois de l'année. Le Capricorne désigne le retour du soleil qui commence à remonter vers le haut du ciel, comme cet animal qui cherche toujours les hauteurs, lorsqu'il est en pâturage. Le Verseau et les Poissons annoncent enfin les pluies qui terminent ordinairement l'hiver. A l'égard du temps où se fit cette distribution du Zodiaque, il n'est pas moins ancien, dit M. *Pluche*, que celui où nos premiers pères, encore rassemblés dans les plaines de la Mésopotamie, y menoient la vie pastorale. Il fait même la description de la manière dont ils entreprirent de mesurer la révolution du ciel, et de diviser le Zodiaque en douze parties égales. C'est à peu près celle que *Macrobe* et *Empiricus* ont attribuée, l'un aux Chaldéens, l'autre aux Egyptiens, et dont nous avons parlé dans l'article VI. Ils assignèrent enfin à ces divisions et aux étoiles qu'elles renferment les noms ci-dessus; leurs descendans, ajoute-t-on, les conservèrent, mais bientôt les raisons qui les avoient fait donner s'effacèrent de leur souvenir, suite nécessaire de leurs transmigrations, ou de leur nouvelle manière de vivre. En effet, habitans des climats différens de ceux pour lesquels ces signes avoient été établis, ils n'appercevoient plus les rapports qu'il y avoit entre leurs noms, et ce qui se passoit dans la nature, pendant

---

(1) *Saturnal'*. 1, c. 17.

que le soleil les parcouroit. Il fallut donc imaginer des fables, pour suppléer aux raisons dont on avoit perdu la mémoire, et l'esprit humain encore vide de faits dans cette enfance de l'Univers, les adopta avec avidité. Alors le Belier devint celui qui avoit transporté *Hellen* et sa sœur dans la Grèce au travers des flots. Le Taureau fut un Dieu déguisé qui avoit ravi *Europe*, ou le gardien de la Toison, et ainsi des autres.

Plusieurs des constellations, continue M. *Pluche*, tirent leur origine de l'ignorance des Grecs dans les langues Orientales, ignorance qui les entraînoit dans de fréquentes méprises. Il en donne divers exemples. C'est une méprise, suivant lui, qui a fait donner le nom d'*Ourses* aux deux constellations que nous appellons ainsi. Les Phéniciens, qui s'en servoient pour se diriger dans leurs navigations, les nommoient, dit il, les étoiles parlantes, à cause qu'elles leur montroient leur vraie route. Mais le mot Phénicien et Hébreu (*Dabba*), avec quelques légers changemens de voyelles, chose familière dans les langues Orientales, signifioit aussi une Ourse; les Arabes et les Hébreux l'appellent, en effet, *Dubb*. De-là vint que les Grecs, qui entendoient ainsi nommer ces étoiles par les navigateurs Phéniciens qui fréquentoient leurs côtes, prenant une signification pour l'autre, les appellèrent les signes des *Ourses*. De-là vint ensuite la fable célèbre de *Calisto* et d'*Arcas*, changés en Ours, et que *Jupiter* transporta dans le ciel; à quoi l'imagination des poètes, qui voyoient ces étoiles ne se coucher jamais dans le climat de la Grèce, ajouta que *Junon* poursuivant toujours sa vengeance, leur avoit ôté le privilége de venir se reposer comme les autres dans la mer. Peut-être même la ressemblance des deux mots avoit elle déjà donné lieu aux Phéniciens de former cette fable, de sorte que les Grecs ne firent que la recevoir d'eux, et y ajoutèrent seulement cette nouvelle circonstance de la vengeance de *Junon*. Car le phénomène qui en est le motif, n'a point lieu à l'égard des côtes de la Phénicie et de l'Afrique, ou d'autres pays plus méridionaux, que les navigateurs Phéniciens fréquentoient principalement. On doit remarquer encore ici que les Grecs donnoient aussi à la grande Ourse le nom du *chariot*, αμαξα, comme le font les gens de nos campagnes.

La constellation de la Canicule, et le nom de l'étoile brillante qui la distingue, n'ont pas d'autre origine. Suivant le même auteur, cette étoile fut nommée par les Égyptiens l'étoile du *Nil*, ou *Sihor*; car ce fleuve portoit ce nom, comme nous l'apprend l'écriture (1). On avoit voulu désigner par-là que

(1) *Jos.* XIX, 26; 1 *Paralip.* 13, 5.

son apparition annonçoit le débordement du Nil. Une légère inflexion, avec la terminaison Grecque, en fit Σειρις, *Sirius*; mais cette étoile se nommoit encore *Thot* ou *Tahaut*, c'est-à-dire, le Chien, comme nous l'apprennent divers auteurs de l'antiquité. On lui avoit donné ce nom, parce que, comme un chien fidèle, elle avertissoit de la crue du Nil, ou en mémoire du fameux *Thot* ou *Mercure*, dont l'histoire Egyptienne raconte tant de merveilles, et qu'on peignoit hiéroglyphiquement avec une tête de chien. Les Grecs le traduisirent littéralement dans leur langue, et en firent leur Αστρο-κυων, *Astro-canis*, ce qui leur donna lieu de former un chien des étoiles voisines. Je pourrois encore donner, d'après M. *Pluche*, divers exemples semblables, mais l'envie et la nécessité d'abréger, font que je me contente de renvoyer à son ouvrage.

Ce système d'explications donne une origine fort ingénieuse, je le dirai même, quelquefois fort satisfaisante à divers traits de la mythologie Grecque. Mais son auteur, ou plutôt M. *Pluche* qui l'a principalement développé, l'auroit peut être rendu plus séduisante s'il ne l'eût pas trop forcé. Je ne saurois me persuader, par exemple, que le voyage des Argonautes, dépouillé de ce que la fiction lui a ajouté d'embellissement, ne soit qu'une fable fondée sur le mot *Argonioth*, qui signifioit en Phénicien, *Ouvrage de la Navette*; que les Grecs en ayent tiré leur navire *Argo*, et qu'ils ayent bâti sur ce léger fondement toute l'histoire de cette expédition fameuse. Mais ce n'est pas ici le lieu d'entrer dans cet examen. Quelle que soit l'origine de ces fables, elle ne porte aucune atteinte au sentiment qui attribue aux Grecs la division du ciel en constellations; car soit qu'elles ayent été imaginées par leurs poètes, soit qu'elles ayent été occasionnées de la manière qu'on a expliquée, il sera toujours vraisemblable que ce fut la Grèce qui transplanta ces objets fabuleux dans le ciel. Quelques noms, comme ceux de la Canicule, de *Canope*, etc. seront, j'en conviens, empruntés des étrangers; mais à l'égard du plus grand nombre, je crois que jusqu'à ce qu'il nous survienne de nouvelles preuves, nous devons les regarder comme l'ouvrage des Grecs mêmes. A l'égard de la division du Zodiaque dont M. *Pluche* fait le récit, et qui forme une partie considérable de son système, nous ne pouvons nous empêcher de faire quelques réflexions propres à montrer combien peu sa conjecture est fondée.

En premier lieu, le moyen qu'on veut avoir été mis en usage par ces premiers habitans de la Chaldée, pour diviser la route du Soleil en parties égales, n'est sans doute qu'une fiction de *Sextus Empiricus*, de qui *Macrobe* l'a empruntée en l'attribuant aux Chaldéens. Personne, je pense, ne se persuadera que ces auteurs, ni aucuns de ceux qui ont écrit avant eux, ayent pu avoir quelque lumière sur ce qui s'est passé dans un temps si reculé. M. *Pluche*, à la vérité, prétend que c'est une ancienne tradition qu'ils nous ont conservée. Mais c'est fort gratuitement, et il est, je crois, plus vraisemblable que ces restaurateurs du genre humain, bien plus jaloux de la prospérité de leurs troupeaux, et de l'excellence de leurs pâturages, que d'une division parfaite du Zodiaque, ne songèrent jamais à une astronomie si relevée.

Il falloit, dira-t-on, à ces premiers hommes des moyens pour reconnoître les progrès de l'année, et pour régler les temps de leurs différens travaux. Nous en convenons, mais ils pouvoient, sans diviser le Zodiaque, trouver dans le ciel ces divers signes propres à les guider. Jugeons de ceux qu'ils choisirent, par ceux que nous voyons avoir été en usage chez tous les peuples, dans les temps où le manque d'un calendrier bien réglé les obligeoit de consulter sans cesse le ciel. Ce sont les occultations et les apparitions successives, ou, pour se servir du terme consacré chez les anciens, les levers et les couchers, non des signes du Zodiaque; mais de diverses étoiles, constellations ou groupes très-remarquables par leur éclat ou leur figure, comme les Pléiades, les Hyades, *Arcturus*, *Orion*, la Couronne, etc. C'est sur ces phénomènes que sont fondés les préceptes d'*Hésiode*, de *Magon* le Carthaginois dans ses *géoponiques*, d'*Ovide* dans ses *fastes*, de *Columelle* dans son ouvrage *de re rustica*, de *Virgile* dans ses géorgiques, de *Pline* enfin dans son histoire naturelle.

On ne peut douter que ces grands maîtres n'ayent proportionné leurs instructions à la simplicité de ceux qu'elles regardoient. C'est donc à de semblables signes qu'ont dû recourir les premiers hommes, et non aux constellations du Zodiaque même. En effet nous observerons que la plûpart sont peu remarquables, peu propres à servir de signes à des gens pour qui il en falloit de frappans. Aussi voyons-nous que dans nos campagnes on connoît les Pléiades, les Hyades, la grande et la petite Ourse, *Orion*, *Arcturus*, la Couronne, etc. Mais on n'y connoît ni le Bélier, ni le Cancer, ni le Verseau, encore moins les Poissons; et si quelqu'un les enseignoit à nos bergers ou à nos lecteurs, ce seroit une connoissance qui ne se transmettroit pas loin.

En second lieu, nous croyons pouvoir employer ici contre cette prétendue dénomination du Zodiaque, une remarque qui nous a servi contre celle qu'on a attribuée à *Chiron*. On a fait voir qu'il n'y avoit primitivement qu'onze signes dans ce cercle;

que la Balance est d'institution moderne, je veux dire, tout au plus, de quelques siècles avant l'ère chrétienne, et que sa place étoit occupée par les pinces du Scorpion. On cherchera donc en vain à faire remarquer l'analogie qui se trouve entre le nom de *Balance*, et l'égalité des jours et des nuits. D'ailleurs, et ceci est encore une observation importante, dans ces temps reculés, auxquels on rapporte cette division, toutes les étoiles qui composent la Balance étoient placées avant le point de l'équinoxe. Cet endroit du ciel étoit occupé par le Scorpion, signe remarquable par une étoile de la première grandeur qui en fait partie. C'étoit donc cette constellation qui devoit recevoir le nom de la *Balance*.

La Vierge dont on fait une glaneuse, signe de la moisson, ne répond point à cette destination. Le Soleil étoit encore bien éloigné des étoiles qui la composent, et sur-tout de l'*Épi*, la plus brillante d'entr'elles, lorsque la moisson étoit achevée dans les pays un peu chauds, comme la Grèce, la Chaldée, etc. M. *Pluche* s'est trompé, en jugeant du temps de la moisson dans ces pays méridionaux, par celui où elle se fait dans les parties septentrionales de la France. L'écriture nous apprend que les épis approchoient de la maturité vers le temps de la Pâque, qui suivoit de près l'équinoxe du Printemps; et suivant le précepte d'*Hésiode* rapporté plus haut, on moissonnoit dans la Grèce vers le lever des Pléiades, ou vers le milieu d'avril. La Vierge, cette prétendue glaneuse, n'a donc jamais pu désigner la moisson. Elle auroit pu plus facilement être l'indication de la vendange, et elle l'étoit en effet dans l'Italie. Car les Latins donnoient le nom de *Vindemiatrix* à l'étoile brillante, que nous nommons l'*Épi*, et celui de *Pro-Vindemiatrix*, à une autre de la troisième grandeur qui la précède.

On pourroit encore citer en preuve de ce qu'on vient de dire, un auteur ancien (1), qui nous apprend qu'on ne voyoit dans les sphères des étrangers les mêmes constellations, que dans la sphère Grecque. Les Égyptiens, dit-il, n'ont ni Dragon, ni *Céphée*, ni *Cassiopée*, mais leurs signes célestes sont autrement conformés, et portent d'autres noms; il en est de même chez les Chaldéens. Les Grecs ont donné aux leurs les noms des héros et des personnages qui se sont illustrés chez eux.

I X.

Ce qu'*Achille Tatius* vient de nous dire, paroît assez bien confirmé par un morceau curieux qui nous a été conservé par

----

(1) Achille Tatius *Isagoge in Arati phænomena*. Voyez *Uranolog. de Petau.*

Joseph *Scaliger* (1), et qui a été tiré du livre du fameux Juif *Abraham Ben-Esra*, qu'il possédoit manuscrit. Cet ouvrage contenoit une description et une comparaison des trois Sphères, la Persanne, l'Indienne et la Barbarique; cette dernière est celle que les Grecs, vivant dans le climat de la Grèce, appeloient ainsi, parce qu'elle leur étoit étrangère; mais elle n'étoit que celle des Grecs même, rapportée au climat d'Alexandrie, où leurs principaux astronomes s'étoient établis. *Scaliger* nous a aussi conservé une espèce de tableau de l'ancienne sphère Egyptienne (2), d'après divers auteurs Arabes, qui l'avoient compilée sur d'anciens manuscrits astrologiques. Ces pièces nous mettent à portée de former une comparaison des figures qu'on voyoit dans ces quatre Sphères.

A l'égard de la sphère Egyptienne, on remarque d'abord qu'il y a à peine une seule des figures qui y sont nommées, qu'on puisse rapprocher des constellations Grecques. On y voit en effet un homme tenant une faux, un autre avec une tête de chien, un troisième avec des cheveux crépus : il y en a un autre tuant un Ours. On y trouve encore un chien assis sur son derrière, et regardant un Lion dans la même posture; divers animaux, enfin, qui sont dans des situations ou dans des lieux du ciel, qui ne permettent pas de les confondre avec ceux de même nom, qui sont peints sur notre Sphère. Celle dont nous parlons a d'ailleurs une particularité; savoir, que ces constellations semblent être au nombre de 360, qui se lèvent successivement avec chacun des degrés du Zodiaque. Ce cercle y paroît aussi divisé en 36 parties égales, dont chacune porte un nom propre, et est dédiée à une des planètes. Ce sont les *Decani* Egyptiens, déjà si connus, et qui jouent un si grand rôle dans leur astrologie. Aucun de ces mots ne m'a paru avoir une origine Hébraïque ou Arabe, et c'est un soupçon légitime qu'ils sont de l'ancienne langue Egyptienne, circonstance qui pourroit confirmer l'antiquité de cette division et le droit des Egyptiens sur elle. Il est vrai qu'il est difficile de concevoir comment ils arrangeoient dans le ciel un si grand nombre de constellations. Ce n'étoit peut-être, et même probablement, qu'une division purement astrologique.

Le P. *Montfaucon* nous a donné dans ses antiquités, et, d'après lui, M. *Pluche* a fait représenter dans son histoire du ciel (3), la figure d'un monument d'astronomie Egyptienne. C'est un vieillard ayant, autour de son corps, un Serpent entortillé en forme de spirale, dont l'intervalle des tours est rempli par les signes du Zodiaque. On y apperçoit sur-tout le Lion et le Cancer ou le Scorpion; mais rien ne nous assure que ce monument soit antérieur à l'établissement des Grecs en Egypte, et cela suffit pour détruire toutes les conséquences qu'on voudroit en déduire. Je crois que tout homme ayant une médiocre connoissance de l'antiquité, reconnoîtra au premier abord un monument Grec, Egyptien, Indien ou Chinois; or le monument en question n'a assurément quoi que ce soit qui ait l'air Egyptien.

Les sphères Indienne et Persanne sont moins chargées de figures que l'Egyptienne, et c'est presque en cela seul qu'elles ressemblent à la sphère Grecque; voici quelques constellations de la première. On y voit d'abord un chien qui ne peut être ni la Canicule ni *Procyon*, car ces constellations ne se lèvent point avec les premiers degrés du Bélier, comme celle dont nous parlons ici. On voit ensuite un Ethiopien de forme gigantesque, une femme couverte d'un manteau, un homme roux en posture de se battre, qui semble être le même que *Persée*, quoique défiguré par les autres attributs que lui donnent les Indiens. On trouve encore dans le ciel Indien un Léopard, une Cicogne, deux Cochons, un grand arbre sur lequel est un chien, etc. Une énumération plus étendue me paroît superflue.

La sphère Persanne nous présente à la vérité un assez grand nombre de constellations, qui sont les mêmes que dans la sphère Grecque. Telles sont, dans le Zodiaque, celle de la Vierge, ou plutôt d'une femme tenant des épis à la main, allaitant un enfant et ayant son mari à côté d'elle. La Balance y est portée par un homme d'un regard sévère, qui tient des livres de l'autre main; symbole qui n'a plus trait à l'égalité des jours et des nuits, mais à la justice. On y voit aussi des poissons. Hors du Zodiaque, on voit les deux Ourses, la tête de *Méduse*, *Cassiopée*, le triangle Boréal, un Cheval ailé ou *Pégase*; mais toutes ces constellations paroissent empruntées de la Grèce; et en effet on n'aura pas de peine à se le persuader, si l'on considère qu'après l'expédition d'*Alexandre*, ce furent des princes Grecs qui régnèrent dans l'Orient; ainsi l'astronomie Grecque a dû nécessairement introduire bien des choses qui lui étoient propres, dans celle des Perses. On ne doit donc pas s'étonner d'y trouver des constellations Grecques, et l'on ne sauroit en tirer aucune induction favorable au systême de M. *Pluche*. D'ailleurs, s'il falloit combattre sérieusement une conjecture aussi peu fondée, j'observerois qu'on ne trouve dans le zodiaque Persan, ni Bélier, ni Gémeaux, ni Cancer, ni Lion, ni Scorpion. Si les Chaldéens eussent été les auteurs des

des

des noms de nos constellations, il devroit en rester plus de trace chez leurs descendans.

Nous distinguerons donc dans la sphère Persanne les constellations qui lui sont propres, et qui sont vraisemblablement plus anciennes; voici quelques-unes de celles-ci. C'est un Taureau, différent par sa position du nôtre; une cuirasse, un jeune homme sur un trône, un navire où est un Lion monté par un homme, une espèce de cor, etc. Mais je crois devoir supprimer le surplus, de crainte qu'on ne m'accuse d'une prolixité excessive.

Avant néanmoins de terminer cet article, nous croyons devoir faire connoître et analyser deux autres systêmes sur l'objet que nous traitons.

Le premier est celui du P. *Kircher*. Ce savant jésuite, dans son *Œdipus Egyptiacus*, donne à nos signes du Zodiaque une origine tout Egyptienne, sentiment qui a été adopté par M. *Schmidt*, dans une dissertation savante (1), où il ajoute diverses raisons à celle de *Kircher*, quoique quelquefois il le critique. Suivant le savant jésuite, le premier signe du Zodiaque fut consacré à Jupiter Ammon, dont le symbole étoit, comme on sait, un Belier. Le fameux bœuf Apis figuroit dans le second; les dieux *Horus* et *Harpocrate* formoient le troisième, d'où le nom des Gémeaux. On voyoit au 4e, suivant *Kircher*, un *Hermanubis* ou *Hermès* à tête de chien. Le 5e étoit dédié au dieu *Monphta* qui, suivant les savans, étoit . . . . . Le 6e étoit consacré à la déesse *Isis*. Le 7e présentoit un homme tenant une règle à la main, et portant un boisseau sur sa tête, emblême, selon *Kircher*, de la fécondité produite par la juste mesure de l'inondation. Le symbole de *Typhon*, dieu destructeur, figuré par un Taureau que mord un Scorpion, formoit le 8e signe. On voyoit enfin à leur suite *Anubis*, figuré par un Belier-poisson, le fameux Bouc *Mendez*, le dieu *Canope* sous la figure d'une cruche, etc. Si tout cela est bien réel, il faut convenir qu'il fut facile aux Grecs de faire du Belier Ammon, leur Belier fameux dans l'histoire de *Cadmus*; du Bœuf *Apis*, leur Taureau; d'*Horus* et *Harpocrate*, leurs Gémeaux, *Castor* et *Pollux*; de transformer *Isis* dans *Erigone*, ou la moissonneuse, ou *Astrée*, etc.

Tout cela est ingénieux, sans doute, mais n'a guère de fondement que dans l'imagination du P. *Kircher*, et des analogies plus ou moins éloignées, qui ne portent pas la conviction dans l'esprit. Nul passage positif qui ait jamais attribué aux Egyptiens cette division et dénomination du Zodiaque, quoi-

_____
(1) *De Zodiaci origine Egyptia.*

qu'elle soit assez bien dans l'ordre des idées de ce peuple; mais tout ce qui est vraisemblable n'est pas vrai. A la vérité, le P. *Kircher* donne en confirmation de ce sentiment, un planisphère qu'il dit ancien; mais comme il ne dit point où il a été trouvé, ni où il se trouve actuellement, et qu'il est le seul qui l'ait vu, nous croyons pouvoir le regarder comme aussi suspect que sa figure du soleil qu'il a vu hérissé de volcans.

En effet, M. *Bianchini* a communiqué à l'académie des sciences (1) un monument précieux dans ce genre, qui contrarie un peu cette origine Egyptienne de notre Zodiaque. C'est le fragment d'un planisphère Egyptien, dont on ne peut trop regretter l'intégrité. Ce planisphère présente un cercle central, environné de cinq bandes concentriques. Dans le cercle du milieu, sont les deux Ourses séparées par le Dragon. La bande la plus voisine du centre présente douze constellations, pour la plûpart fort différentes des constellations Grecques; par exemple, aux Gémeaux répond un Serpent, et la plûpart des autres signes sont des quadrupèdes impossibles à reconnoître, à cause de leur petitesse ou de l'état du monument. Dans les deux bandes suivantes, on reconnoît les signes du Zodiaque Grec, parmi lesquels celui de la Balance est représenté par une figure humaine, tenant une balance de la main gauche. Pourquoi cette répétition des mêmes signes dans ces deux bandes? je n'en saurois voir la raison. Après ces trois bandes, vient celle des fameux *Decani*. Car il faut savoir que les Egyptiens faisoient présider à chaque tiers de signe de leur Zodiaque, une de leurs Divinités; on reconnoît ici distinctement, dans des parties subsistantes, des Divinités Egyptiennes. On voit enfin au-dessus les planètes distribuées à raison de trois par signe, et dans cet ordre rétrograde et circulaire; Mars, le Soleil, Vénus, Mercure, la Lune, Saturne, Jupiter. Il est à remarquer qu'entre la 3e et la 4e bandes, il y a des caractères Grecs, parmi lesquels on lit ΙΣΙΣ; ce qui montre que ce monument ne peut dater que du temps où les Grecs s'étoient établis en Egypte, et qu'il est semi-Grec, semi-Egyptien. Mais alors, pourquoi ne voit on pas dans la première bande les signes conjecturés par *Kircher*? Ne peut-on pas en conclure que son prétendu Zodiaque Egyptien n'est qu'un rêve ingénieux? Ce jésuite célèbre étoit au surplus fort sujet à de pareils rêves. Je ne vois pas d'ailleurs sur quel fondement le savant auteur de l'histoire de l'astronomie ancienne, conteste l'origine demi-Grecque de ce monument: car les lettres, qui se trouvent dans la petite bande qui est au-dessous des *Decani*, sont évidemment Grecques. A moins qu'on ne dise que les Egyptiens avoient les mêmes caractères enfin que les Grecs, je ne vois, dans ce monument, quoi que ce soit qui ait l'air Égyptien.

Je serois beaucoup plus tenté de reconnoître un zodiaque Egyptien dans les douze figures, que le P. *Montfaucon* nous a conservées (1), et qui sont en tête de douze colonnes chargées d'hiéroglyphes. M. *Bailly* les a fait graver dans la planche 11 de son histoire de l'astronomie ancienne. Rien ne ressemble plus à un de nos almanachs que ces douze colonnes chargées d'hiéroglyphes, et surmontées de ces figures ; ainsi elles ne peuvent guère être que les signes qui président à chacun des mois, c'est-à-dire, les douze signes du zodiaque Egyptien. On ne peut même leur contester un air très-Égyptien. Mais ici nulle trace de correspondance avec le zodiaque Grec. Ainsi l'on peut, ce semble, conclure que cette origine prétendue de notre Zodiaque n'est rien moins que prouvée.

Nous passons maintenant au second systême, que nous avons annoncé sur l'origine de notre Zodiaque. En voici l'exposition avec la briéveté qu'exige l'immensité de la carrière, que nous avons à parcourir.

L'auteur de ce systême (M. *Dupuy*) prend pour base l'idée de *Macrobe*, développée ensuite par M. *Warburton* et M. *Pluche*, comme on l'a dit plus haut. Mais il y fait diverses modifications et changemens. Il lui paroît d'abord incontestable, que le premier Zodiaque a dû être une sorte de calendrier propre à indiquer les diverses circonstances de l'année rurale. En plaçant d'ailleurs le berceau de notre zodiaque en Egypte, il observe que les motifs de cette dénomination ne peuvent se soutenir qu'autant qu'on la placera à une époque fort antérieure à celle qu'on lui donne communément. En effet, peut-on dire que le Capricorne désigne le retour du soleil vers notre zénith, parce que l'animal de ce nom cherche toujours les hauteurs, tandis qu'il y a 3 ou 4 mille ans qu'il étoit au plus bas du Zodiaque ? Désignera-t-on l'animal qui aime le sommet des montagnes, en le plaçant dans la vallée ? La Vierge ne sauroit indiquer pour l'Egypte, et pour cette époque, la moisson ; car l'épi de la Vierge se couchoit il y a 3 à 4 mille ans pour *Memphis*, environ 45 jours après le solstice d'été, et se levoit environ 15 jours avant l'équinoxe d'automne. Or dans ce temps l'Egypte étoit sous les eaux. Le Capricorne qu'on peignoit, moitié Chèvre ou Bouc, et moitié Poisson ; le Verseau figuré, dans les Zodiaques les plus anciens, par une simple urne ; les Poissons, n'ont pu désigner, lors de leur dénomination, que la saison

(1) Antiquité expliquée, supplém. t. 2.

pluvieuse et l'abondance des eaux ; cependant, tout au contraire, leurs principales étoiles se couchent et se lèvent héliaquement pendant le temps où l'Egypte est la plus sèche.

Tout rentre, au contraire, dans l'ordre, et l'analogie des dénominations de ces signes célestes avec les diverses circonstances de l'année pour l'Egypte, est rétablie, lorsqu'on se porte à une époque beaucoup antérieure, par exemple, celle où le Belier, au lieu d'être à l'équinoxe du printemps, étoit placé à celui d'automne, et la Balance à l'équinoxe du printemps ; car alors on trouvera le Capricorne vers le point solstitial d'été, ensuite le Verseau, puis les Poissons. Le Nil commence en effet à monter en juin, et même un peu auparavant ; pouvoit-on mieux désigner ce phénomène, et en même-temps le passage du soleil par le point le plus élevé de sa course annuelle, que par un animal moitié poisson, et moitié quadrupède, connu par son penchant, à chercher les points les plus élevés des montagnes ? Pouvoit-on mieux désigner les mois d'août et de septembre, où l'Egypte est sous les eaux, que par l'urne et les poissons ? A ces signes succède le Belier, symbole de la renaissance de la nature qui excite les animaux à la reproduction ; vient ensuite le Taureau, emblême du labourage qui, en Egypte, commence en novembre ; après ce signe, viennent les Gémeaux, figurés par deux enfans, et même par deux Chevreaux dans les Sphères orientales, emblême de la renaissance, pour ainsi dire, de la nature. Le retour du soleil, et en quelque sorte sa rétrogradation, célébré en Egypte par de grandes fêtes, étoit ensuite représenté par le Cancer ou l'Ecrevisse, dont la marche rétrograde est un préjugé vulgaire. Le Lion, qui suit le Cancer, a pu être l'emblême de la force renaissante du soleil, ou de la couleur des moissons. Enfin la Vierge ou la moissonneuse désignoit la moisson qui, en Egypte, se fait vers février et mars. Si l'on veut analyser de la même manière les trois autres signes, la Balance, le Scorpion et le Sagitaire, on trouvera facilement que la Balance a désigné le retour de l'égalité des jours et des nuits ; le Scorpion, les maladies qui sont en effet causées par les vents du midi dans le mois suivant ; le Sagittaire, le temps de la chasse, etc.

Ainsi, pour trouver l'époque de la formation de notre Zodiaque, il faut se rapporter au temps où la Balance à pu être à la place qu'occupoit le Belier, environ 2000 ans avant notre ère, c'est-à-dire, environ 16000 ans avant cette époque. Car pour qu'une étoile ou une constellation parcoure à peu-près la moitié de l'écliptique, il faut 12960 ans.

Tel est le précis du système que nous venons d'exposer, et que son auteur établit avec un grand appareil de preuves tirées de la mythologie Grecque, Egyptienne et Orientale. Je ne puis qu'inviter les lecteurs à les lire dans l'ouvrage même. Néanmoins j'avoue avoir peine à croire notre Zodiaque si antique. Ce n'est pas que je ne croye la terre bien plus vieille qu'on ne le pense communément. Mais quoi qu'en disent les partisans de ce peuple primitif, qui a tout su avant nous, mon esprit se refuse à porter à une époque si éloignée, des inventions qui paroissoient n'être encore qu'ébauchées par les Chaldéens et les Egyptiens. Je parlerai ailleurs des Indiens, qu'on prétend avoir conservé plus de lambeaux des connoissances de ce peuple primitif. Du reste, il en faut convenir, nous nageons ici dans une mer de conjectures, où l'on n'apperçoit ni rives ni points fixes, auxquels on puisse s'arrêter : contens d'avoir exposé ces différens systèmes sur l'origine de notre Zodiaque, nous laissons à chacun la liberté d'embrasser celui qui lui semblera le plus probable.

X.

On croit, et c'est l'opinion commune, que la navigation doit son origine aux Phéniciens. Ces peuples jouissent en effet, sans contestation, du titre des premiers et plus anciens commerçans de l'univers. Les nombreuses colonies qu'ils fondèrent sur les côtes de la Méditerranée, et sur quelques-unes de l'Océan, où ils pénétrèrent par le détroit de Gadez, aujourd'hui de Gibraltar, en sont des preuves. Tant d'ardeur pour cet art, tant d'entreprises exécutées par son moyen, sont de puissantes raisons pour leur en faire honneur. Il est du moins nécessaire de convenir qu'ils le perfectionnèrent beaucoup, et que la plûpart des habitans des côtes de la Méditerranée le reçurent d'eux. Mais qu'il me soit permis, quant à cette première ébauche de la navigation, de la reprendre d'un peu plus haut, et de la développer davantage.

On peut considérer la navigation sous deux points de vue. Sous l'un de ces aspects, c'est l'art de conduire un vaisseau à l'aide des puissances mécaniques, comme la rame, la voile, etc. qui servent à le mettre en mouvement et à le diriger. C'est ce que nous entendons par le nom de *Manœuvre*. Sous l'autre point de vue, c'est la science de diriger ce vaisseau dans la route nécessaire pour aller d'un lieu dans un autre. Celle-ci emprunte le secours de l'astronomie ; celle-là est une application, une dépendance de la mécanique.

A l'égard de cette première partie de la navigation, il est difficile de se persuader que l'ébauche en soit due aux Phéniciens. Elle a, sans doute, une origine plus ancienne. Les premiers hommes, obligés de traverser des fleuves, ou des lacs, le firent d'abord sur des radeaux, auxquels on substitua peu après des bateaux creux, et par-là plus propres à contenir quantité de choses. L'invention de la rame vint bien-tôt après, et précéda tous les autres moyens de mettre les bateaux en mouvement. Son usage devint nécessaire, dès qu'on commença de s'exposer à des eaux trop profondes pour pouvoir continuer à se servir des longues perches, qu'on employa d'abord pour conduire ces frêles bâtimens. Ces perches elles-mêmes purent d'abord tenir lieu de rames, comme nous voyons qu'elles servent encore souvent à nos gens de rivière. Ensuite on s'apperçut, et il est aisé de le faire, qu'en donnant à la partie plongée dans l'eau plus de surface, on éprouveroit une plus grande résistance à fendre ce fluide, et par conséquent on réagiroit davantage en sens contraire. Cela donna lieu aux rames, telles que nous les avons aujourd'hui; il n'étoit aucun besoin de recourir aux Coptes, comme a fait *Polidore Virgile*, pour les inventer, ni aux Platéens, pour leur donner cette forme avantageuse qui augmente leur effet.

L'invention de la voile demande plus de raisonnement, et par une conséquence naturelle, a dû venir plus tard. Je ne saurois croire cependant qu'elle ait été long-temps inconnue aux premiers hommes. L'action que le vent exerce contre les corps qui s'opposent à son mouvement, est trop sensible pour n'avoir pas bien-tôt fait naître l'idée d'employer cette puissance qui ne coûte rien, et qui n'a besoin que d'être ménagée; et il n'est point nécessaire de supposer aux inventeurs de cette pratique, trop de sagacité : car nous voyons les nations de sauvages Américains, connoître l'usage de la voile, s'en servir même avec adresse, malgré leur ignorance et leur grossièreté.

Quelques auteurs ont sérieusement expliqué les fables d'*Eole*, de *Dédale* et d'*Icare*, par l'invention des voiles. Le Dieu des vents, est, selon eux, le premier qui sut si habilement les manier et les tourner à son avantage. Mais les philosophes aimeront mieux trouver dans *Eole*, un ouvrage de l'imagination riante des Grecs, portée à personnifier toute la nature. Je l'ai déjà remarqué au sujet de tant de fables, qu'on prétend expliquer astronomiquement. Celle de *Dédale* et d'*Icare* doit encore moins être regardée comme un monument de l'invention de la voile. Ceux qui l'ont dit, ne faisoient pas attention que la voile étoit connue avant ce temps, puisque *Thésée* arriva en Crète, dit la fable, sur des vaisseaux dont les voiles étoient noires, et que l'oubli de les changer à son retour coûta la mort à son père *Egée*, qui le crut la proie du Minotaure. Il est probable, que si la fable de *Dédale* et d'*Icare* a quelque réalité, elle doit son origine à l'adresse extrême avec laquelle ils échappèrent à *Minos*, malgré les soins qu'il avoit pris pour les retenir. Cela fit dire d'abord qu'ils n'avoient pu s'enfuir que par le chemin des oiseaux, et bien-tôt après qu'ils l'avoient fait réellement.

Ce n'est pas seulement dans la médecine qu'on a dit que les hommes avoient pris en quelque sorte leçon des animaux, en ce qui concerne certaines pratiques. Tout le monde sait l'origine prétendue de la saignée, et d'un autre remède, dont le nom trop peu décent ne doit se trouver que dans les livres de l'art. Il en est de même dans la navigation. On veut que ce soit au milan, et à sa manière de se gouverner dans l'air avec sa queue, que les navigateurs doivent le gouvernail (1). *Typhis*, dit-on, le fameux pilote des Argonautes, en fit la remarque, et le navire Argo fut le premier auquel on en vit un. La conjecture paroît ici avoir imaginé des faits propres à tenir lieu de ceux dont on avoit perdu la mémoire. La nécessité du gouvernail est trop grande, pour croire que plusieurs siècles se soient écoulés avant qu'on l'ait connu. L'homme seroit à plaindre, si les connoissances nécessaires pour subvenir à ses besoins, lui étoient trop profondément cachées. La nature l'a traité plus favorablement, et la plûpart de ces inventions se présentent sans raisonnement, ou plutôt à l'aide d'un certain instinct qui n'est qu'un raisonnement moins développé.

Le gouvernail ne fut, sans doute, d'abord qu'une rame manœuvrée par un homme se tenant à la poupe. On l'y attacha ensuite pour une plus grande commodité, et enfin on lui donna les différentes formes que nous lui voyons aujourd'hui. Le navire *Argo*, construit avec soin, comme destiné à porter l'élite des héros Grecs, en eut peut être un placé et construit d'une façon particulière, ce qui a donné lieu à la fable ci-dessus.

Les Américains ont, dans certaines contrées (2), une manière de se gouverner qui mérite que nous en parlions, et qui montre ce dont est capable l'instinct seul aiguillonné par le besoin. Les Sauvages dont nous parlons, ne naviguent que sur des radeaux, et leur gouvernail est composé de rames plates, et plantées perpendiculairement à l'avant et à l'arrière,

---

(1) Pline, *Hist. nat.* l. 10.
(2) *Voyage de l'Amérique méri-* dionale, par deux officiers Espagnols, etc. t. 1.

dans une ligne parallèle à la longueur, entre des fentes laissées à ce dessein. Veulent ils serrer davantage le vent, ou au contraire, il n'y a qu'à enfoncer plus ou moins de ces planches à l'avant ou à l'arrière. Un plus grand nombre à la proue fait tourner au vent ; si l'on en met davantage à l'arrière, le radeau *arrivera*, c'est-à-dire, se tournera davantage dans la direction du vent. Ces rames plongées de suite, forment une espèce d'arête au-dessous du radeau, qui à proportion qu'elle est plus profonde, ou moins interrompue, présente une plus grande surface à l'eau dans la direction perpendiculaire à la course, et sert à l'y maintenir. Je viens maintenant à développer la naissance de la seconde partie de la navigation.

Les premiers qui s'exposèrent à la fureur des flots, ne le faisant jamais jusqu'à perdre la terre de vue, n'avoient pas besoin de tourner souvent les yeux au ciel pour y lire leur route. Ils ne voyageoient point de nuit, & pendant le jour ils avoient le soleil pour les guider. Mais lorsque plus enhardis, ils eurent tenté la haute mer, ou que les tempêtes les y eurent portés, alors la connoissance du ciel leur devint nécessaire. Le premier élément de tout voyage dont la route n'est pas tracée, est de s'orienter. Il n'est aucun signe fixe du côté du Midi, de l'Occident et de l'Orient. Mais on remarque du côté du Nord une constellation, ou un grouppe d'étoiles, si frappant par sa figure, que presque toutes les nations du monde y ont fait une attention particulière. C'est la grande Ourse parmi les savans, le charriot auprès du vulgaire et des habitans de la campagne. Cette constellation paroît toujours vers le même endroit du ciel, et ne se couche qu'en partie à l'égard des côtes les plus méridionales de l'Europe. Elle étoit propre par-là à faire connoître le Nord, et elle en devint d'abord le signe, vague à la vérité, mais tel cependant qu'on pouvoit l'attendre, lors de cette première ébauche de la navigation. Les Phéniciens furent, dit-on, les auteurs de cette invention, qu'ils perfectionnèrent ensuite, en remarquant la constellation de la petite Ourse, qui s'écarte moins du Nord que la première. C'est un fait que *Strabon* nous apprend en termes exprès (1). *Thalès*, à qui ses compatriotes font mal-à-propos honneur de cette remarque, la tenoit des Phéniciens. Il s'efforça, dit-on, d'en introduire l'usage dans sa patrie, mais ses instructions furent de peu d'utilité pour les hommes grossiers qui exerçoient la navigation dans la Grèce, et l'inspection de la petite Ourse continua d'être particulière aux Phéniciens. En effet,

(1) *Geogr.* l. 1.

Aratus nous apprend que de son temps les navigateurs Grecs n'avoient pas encore abandonné l'usage de la grande Ourse.

> *Dat Graïis Helice cursus majoribus astris ,*
> *Phœnicas Cynosura regit. . . . .*
> *Certior est Cynosura tamen suleantibus æquor :*
> *Quippe brevis totam fido se cardine vertit ,*
> *Sydoniamque ratem nunquam , spectata fefellit.*

Ovide nous le témoigne aussi par ces deux vers :

> *Magna minorque feræ , quarum regit altera Graïas,*
> *Altera Sydonias , utraque sicca , rates.*

Ne nous étonnons point de ce que le préjugé et l'habitude l'emportèrent ainsi dans la navigation Grecque , sur une utilité évidente. La même chose arrive encore si souvent parmi nous, quoique dans des temps bien plus éclairés, que nous ne devons point y trouver de sujet de surprise.

X I.

On doit s'attendre à trouver chez les anciens une ébauche de toutes les connoissances mathématiques qui peuvent procurer au genre humain des utilités sensibles. La nature, nous l'avons déjà dit, auroit traité l'homme avec trop de dureté, si elle l'eût réduit à recourir à de longs raisonnemens, et à approfondir la nature des objets qui l'environnent, avant que de pouvoir en faire usage pour ses besoins. Il ne faut donc point s'étonner de rencontrer dans la plus haute antiquité, des traces d'une mécanique fort développée. Nous nous bornerons à quelques exemples frappans. Ces énormes masses de pierre, qu'entassa la vanité des rois d'Egypte dans les plaines de Memphis, ces obélisques que divers princes firent élever, même avant la guerre de Troye, ne pouvoient manquer d'exiger des secours mécaniques très-puissans, pour les transporter et les mettre en place. Mais sans aller en Egypte, il y eut chez tous les peuples policés des édifices considérables, des arts qui demandèrent à tout instant les secours de la mécanique, comme de cette géométrie naturelle à tous les hommes. Si l'on veut enfin envisager un peu philosophiquement la naissance de cet art, on verra facilement que les principales puissances qui entrent

dans la construction des machines, comme le levier, le plan
incliné, la poulie, n'ont pas dû être long-temps cachées aux
hommes ; et pour le confirmer, nous croyons devoir développer la manière dont se fit la première observation de quelques-unes.

On dut s'appercevoir de l'efficacité du levier, dès les premiers efforts qu'on fit pour soulever et ébranler des masses
considérables. Imaginons un bloc de pierre qui repose sur le
terrain, et qu'on veuille le déplacer. Un instinct naturel portera d'abord à tâcher de glisser par-dessous, le bout de quelque long instrument, afin de dégager sa base. Cela fait, le
même instinct indiquera, ou de lever l'autre extrémité, ou
bien d'appliquer sous cet instrument, le plus près qu'il est
possible du fardeau à lever, quelque corps formant un appui,
sur lequel il tournera pendant qu'on abaissera cette autre
extrémité. Les premiers qui firent cette opération, durent voir
avec étonnement que les masses les plus énormes ne résistoient
pas à ce moyen, et que plus l'instrument étoit long, plus
l'appui qu'ils lui avoient donné étoit près du fardeau, moins
il falloit de force pour l'enlever. Une pareille observation ne
pouvoit rester stérile, on l'étendit aussi-tôt, autant qu'il fut
possible, à tous les cas où il falloit surmonter de grandes résis-
tances ; et telle fut l'origine du levier.

L'observation du plan incliné ne sauroit être moins ancienne. Lorsqu'on eut dans les commencemens de l'architecture des masses considérables à élever à des hauteurs médiocres, on s'avisa, sans doute, de les y mener par un échaffau-
dage, ou une aire de terre en pente. Or on dut aussi remarquer qu'on les conduisoit avec d'autant moins de difficulté,
que cette pente étoit plus douce, et prise de plus loin. Tout
cela est presque indiqué par la nature. Des hommes plus ingénieux que les autres, imaginèrent ensuite de faire couler dans
certains cas le plan incliné sous le fardeau à élever, ou à
ébranler. De là naquit la vis, qui n'est qu'un plan incliné,
roulé autour d'un cylindre. A l'égard du coin, rien de plus
naturel que son origine. Lorsqu'il s'agit de fendre un corps, le
premier moyen qui se présente est de tâcher d'y former une
fente en frappant sur quelque instrument tranchant, et d'élar-
gir cette fente en l'enfonçant de plus en plus. Or c'est ce que
fait le coin, dont l'angle est propre à se frayer d'abord un
chemin, et l'écartement des côtés à séparer de plus en plus
les parties entre lesquelles on l'introduit avec violence. Il seroit
superflu d'étendre davantage ce développement de l'origine de
nos puissances mécaniques. Quoiqu'il ne reste aucun monument capable de nous donner de grandes lumières sur la manière

dont on les combina, il est probable que le même instinct qui présida à leur invention, secondé de ce génie que nous voyons quelquefois éclater dans des hommes sans étude, comme un *Zabaglia*, un *Ferracino*, dut produire dans l'antiquité plusieurs machines très-ingénieuses.

Ce que nous venons de dire de la mécanique ou de la science des mouvemens des corps solides, s'applique aussi à l'hydraulique et à l'hydrostatique. De tout temps les besoins de la société obligèrent de creuser des canaux, de conduire les eaux, par divers moyens, d'un endroit à l'autre. On fut donc de tout temps à portée de remarquer les principales lois du mouvement de ce fluide. On vit qu'il se soutenoit toujours à une même hauteur; qu'il tâchoit de l'atteindre en jaillissant, lorsqu'il sortoit d'une ouverture au-dessous de son niveau, qu'il choquoit avec force les corps qui s'opposoient à son mouvement. Il n'en falloit pas davantage pour engager des hommes doués de génie, et d'ailleurs éguillonnés par le besoin, à en tirer bien des usages. Mais l'obscurité qui couvre toutes ces inventions, nous dispense de nous arrêter davantage sur ce sujet.

Fin du Livre second.

HISTOIRE

DES

MATHÉMATIQUES.

PREMIÈRE PARTIE,

Contenant l'Histoire des Mathématiques, depuis leur naissance jusqu'à la destruction de l'Empire Grec.

LIVRE TROISIÈME,

Qui comprend l'histoire de ces Sciences transplantées dans la Grèce jusqu'à la fondation de l'École d'Alexandrie.

SOMMAIRE.

I. *Réflexions sur l'incertitude des progrès des Chaldéens et des Egyptiens dans les mathématiques.* II. *Thalès va en Egypte, d'où il rapporte des connoissances de Géométrie et d'Astronomie. Fondation de l'école Ionienne.* III. *Progrès que fait la Géométrie sous les premiers Philosophes de cette école.* IV. *Dogmes Astronomiques de Thalès. Il prédit une éclipse de soleil, et comment.* V. *Progrès de l'Astronomie sous Anaximandre. Ce Philosophe imagine la sphère armillaire, et le gnomon. Il mesure l'obliquité de l'éclip-tique. Invention des Cartes Géographiques et des Cadrans solaires.* VI. *Défense d'Anaximandre et de divers Philo-sophes au sujet des opinions absurdes qu'on leur impute. Origine de ces imputations confirmée par des exemples. Persécution élevée contre les Philosophes, et dont Anaxagore est la victime. Exposition de quelques opinions Physico-Astronomiques de ce Philosophe.* VII. *Naissance et travaux de Pythagore ; fondation de l'école Pythagoricienne. Progrès que doit la Géométrie à ce Philosophe et à ses disciples.* VIII. *Connoissances et dogmes Astronomiques de Pythagore et de ses sectateurs, sur le mouvement de la terre, la nature des Comètes, la destination des Planètes et des*

Etoiles. IX. Ils donnent naissance à l'Arithmétique. On leur attribue quelque chose de semblable au système de notre Arithmétique moderne. Abus qu'ils font des propriétés mystérieuses des nombres, etc. X. Découverte de Pythagore sur les accords de la Musique. Histoire qu'on en fait. Erreur des musiciens Pythagoriciens. Leur dispute avec les Aristoxeniens discutée. Diverses choses concernant la Musique ancienne. XI. Histoire de plusieurs Mathématiciens sortis de la secte Italique, Empédocle, Philolaüs, Archltas, Démocrite, Hippocrate de Chio, etc. XII. Histoire du Calendrier Grec. Diverses périodes imaginées avant celle de Meton; invention de ce dernier, perfectionnée par Callippe et Hipparque. Autres travaux de Meton. Traits singuliers sur cet Astronome. XIII. Fondation de l'école Platonicienne. Obligations que lui a la Géométrie; invention de l'analyse Géométrique expliquée et éclaircie. XIV. Découvertes des sections coniques. Leur génération et quelques-unes de leurs propriétés élémentaires. XV. Invention des lieux géométriques. Esprit de la méthode qui les applique à la résolution des problèmes déterminés. Leurs divisions, etc. XVI. Histoire du problème de la duplication du cube; solutions données par Ménechme; de celui de la trisection de l'angle. XVII. Divers Géomètres Platoniciens et leurs travaux. XVIII. Progrès peu considérables des Mathématiques mixtes sous les Platoniciens, et quelle en fut la raison. Hypothèse Astronomique d'Eudoxe, et ses défauts monstrueux. Ebauche de l'Optique. Conjectures puériles des Platoniciens sur la vision. XIX. Les Mathématiques continuent à être cultivées dans le Lycée après la mort de Platon. Géomètres qui paroissent en être sortis. XX. Les Mathématiques sont aussi estimées dans l'école d'Aristote; mais elles y prennent peu d'accroissemens. Premiers traits de l'Optique et de la Mécanique dans les écrits de ce Philosophe. Leur imperfection extrême. XXI. Divers Mathématiciens et Géomètres qui remplissent l'intervalle entre Aristote et la fondation de l'école d'Alexandrie. XXII. De Pythéas. Son observation de l'obliquité de l'écliptique, et les conséquences qu'on en tire discutées. XXIII. Précis du progrès des Mathématiques depuis Thalès jusqu'à Alexandre.

I.

Nous touchons enfin à un temps où des traits de lumière plus fréquens viennent dissiper l'obscurité où nous avons marché jusqu'ici. Les monumens que nous avons recueillis du savoir des Egyptiens et des Chaldéens, sont trop équivoques pour établir rien de certain sur les progrès qu'ils avoient faits dans les mathématiques. On voit, en effet, d'un côté les Grecs accourir pendant plusieurs siècles en Egypte pour s'y instruire, et de l'autre on voit ces mêmes Grecs, quoique doués d'un esprit pénétrant, bégayer pendant long-temps sur les vérités les plus élémentaires. Si les découvertes géométriques dont *Thalès* et *Pythagore* témoignèrent se savoir tant de gré, furent leur propre ouvrage, il est difficile de concevoir une idée bien avantageuse de ces hommes qu'on venoit consulter de de-là les mers. Aussi sans trop déprimer leur habileté, nous croyons qu'elle ne passa guère ce que les mathématiques ont de plus élémentaire, et qu'à l'exemple des Chinois, ils eurent beaucoup de zèle, mais que le génie de l'invention se montra rarement parmi eux. Quelques idées heureuses, mais mal suivies, et presque aussi-tôt étouffées ; quelques connoissances de la grandeur des périodes célestes, résultat d'une suite immense d'observations, paroissent être ce qu'ils nous offrent de plus brillant. Il falloit que ces sciences passassent entre les mains des Grecs pour prendre des accroissemens plus considérables. Doués de ce génie qui manqua à leurs maîtres, ils les portèrent dans bien moins de temps, et avec moins de secours, à un état capable de leur laisser peu regretter de n'en pas être les premiers inventeurs.

I I.

Thalès de Milet transplanta le premier dans la Grèce les sciences, et principalement les mathématiques. Cet homme, dont le nom mérite à ce titre une réputation immortelle, naquit vers l'an 640 avant J. C. Passionné pour l'étude de la nature, et manquant de secours dans sa patrie, il passa à un âge, dit-on, assez avancé, chez les Egyptiens. La circonstance étoit favorable; ces peuples jusqu'alors renfermés dans leur pays, comme les Chinois le sont encore dans le leur, venoient enfin de l'ouvrir aux étrangers. *Thalès* y accourut; il conversa avec ces prêtres, les seuls dépositaires des sciences chez eux, et fit sous leur instruction des progrès rapides. On prétend même qu'il ne tarda pas à prendre l'essor au-dessus de ses maîtres. On en tire la preuve de *Diogène Laërce* (1), qui nous apprend qu'il mesura les pyramides, ou plutôt les obélisques, par le moyen de leur ombre. Si nous en croyons *Plutarque* (2), le roi *Amasis* témoin de cette opération, fut frappé d'étonnement, et admira la sagacité du philosophe Grec. Ceci semble

(1) *In vitâ Thaletis.*   (2) *In conviv. Septem Sapien.*

en effet désigner que les mathématiciens Égyptiens n'étoient pas encore en possession de cette invention géométrique; car s'ils l'eussent connue, il est probable qu'elle n'auroit pas eu autant de nouveauté pour ce prince. Suivant la manière dont *Diogène* décrit l'invention de *Thalès*, il choisit l'instant où notre ombre projetée au soleil nous est égale, et il en conclut une égalité semblable entre celle de la pyramide et sa hauteur. Mais ne pourroit-on pas conjecturer plus de finesse dans ce trait de la vie de *Thalès*, et soupçonner qu'il employa seulement dans cette mesure le rapport des corps verticaux à leur ombre projetée sur un plan horisontal, rapport qui est le même pour tous dans le même instant? C'est aussi de cette manière que *Plutarque* (1) le rapporte. Et peut-être l'historien cité par *Diogène*, l'a-t-il seulement expliqué de la manière dont il l'entendoit. Car si nous en exceptons les mathématiciens, combien peu trouverons-nous de personnes qui ayent une idée distincte d'un rapport conçu d'une manière générale et abstraite! Quoiqu'il en soit, cette opération est la première ébauche connue de cette partie de la géométrie, qui mesure les grandeurs inaccessibles, par les rapports des côtés des triangles. *Proclus* (2) nous apprend encore que *Thalès* mesuroit par un procédé géométrique, la distance des vaisseaux arrêtés loin du rivage. Ce ne sont plus là, il est vrai, que des jeux de la géométrie; mais ce qui n'est rien pour une science adulte, qu'on me permette ce terme, est une invention brillante pour celle qui ne fait que de naître.

De retour dans la Grèce, *Thalès* fit part à ses compatriotes des connoissances qu'il avoit acquises dans ses voyages, ou par ses propres réflexions; et bien-tôt plusieurs d'entr'eux, frappés de ce nouveau jour, se rangèrent sous ses instructions. Telle fut la naissance de la philosophie Grecque, et en particulier de la secte nommée Ionienne, du nom de la patrie de son fondateur. Nous allons en développer les travaux dans les divers genres, en commençant par la géométrie.

I I I.

Avant que *Thalès* parut, il y avoit déjà eu dans la Grèce quelques génies heureux qui lui avoient donné une légère idée de la géométrie. Tel fut, suivant nos conjectures, un certain *Euphorbe* de Phrygie, célébré par *Callimaque* (3), pour avoir trouvé la description (apparemment géométrique) du triangle,

(1) *Ibid.*
(2) *Comm. in* Eucl. *ad l.* 1, *p.* 26.

(3) Diog. Laër. *in Thaleste.*

et pour avoir considéré les propriétés des figures. Le compas et la règle étoient deux instrumens dont l'antiquité remontoit aux temps fabuleux, puisqu'on faisoit honneur du premier au neveu de *Dédale*. On devoit l'équerre et le niveau à *Théodore* de Samos, n, des architectes du temple d'Ephèse (1). Mais ces inventions ne sont que l'ouvrage de cette géométrie d'instinct, naturelle à tous les hommes, et qui ne sauroit manquer de se développer chez un peuple adonné aux arts. C'est au retour de *Thalès*, qu'on doit fixer chez les Grecs l'origine de la vraie géométrie, de cette science qui ne se conduit que par le raisonnement et la lumière de l'évidence, qui a fourni à la société tant de secours qui font l'étonnement de ceux qui l'ignorent, qui a enfin servi à l'esprit humain d'instrument pour mesurer les cieux, et pour approfondir mille phénomènes naturels. Si ses pas ont été prévenus par ceux de la première, on ne doit point s'en étonner ; la nature a donné à l'homme l'instinct pour suppléer à ses besoins les plus pressans ; elle a destiné le raisonnement plus tardif à de plus nobles objets.

Thalès jeta donc dans la Grèce les fondemens de la véritable géométrie ; et, ce que n'avoit pu faire *Euphorbe*, il la fit goûter à ses compatriotes. On lui attribue en particulier plusieurs découvertes sur les triangles comparés entr'eux, et sur le cercle. Une sur-tout excita dans lui ces vifs transports qui ne sont peut-être connus que des poètes et des géomètres ; c'est celle de la propriété remarquable du cercle, suivant laquelle tous les triangles qui ont pour base le diamètre, et dont l'angle opposé atteint la circonférence, ont cet angle droit. Il prévit que cette découverte seroit d'une grande utilité pour s'élever à d'autres, et il en remercia les Muses par un sacrifice (2). Mais ce ne sont-là que quelques traits légers des travaux de ce père de la géométrie ; en effet, *Proclus* nous dit expressément qu'il l'enrichit d'un grand nombre de découvertes. Il est à regretter que l'histoire de cette science, écrite autrefois, ne nous soit point parvenue, et que cette perte ne nous laisse aucun moyen de savoir jusqu'où il y pénétra.

Il est probable que la plûpart des disciples de *Thalès* furent géomètres ; mais il n'est presque aucuns d'eux dont les noms ayent pu percer l'obscurité des temps. *Amériste*, frère du poète *Stesichore*, et *Anaximandre*, sont les seuls connus (3). Le premier fut un habile géomètre ; c'est tout ce qu'on en sait. Quant à *Anaximandre*, il écrivit une sorte de traité élémentaire, ou d'introduction à la géométrie (4), ouvrage qui

(1) Pline, *Hist. Nat. l.* 7, c. 56, et Diog. *in Theodoris.*

(2) Diog. *in Thalete.*

(3) Proclus, *in Euclid. comm.* 3, p. 5.

(4) Suidas, *in voce* Anaximander.

est

est le premier de ce genre dont il soit fait mention. L'histoire ne nous apprend rien des travaux géométriques d'*Anaximène*. Nous n'en saurions pas davantage de ceux d'*Anaxagore*, si tout ce qui le regarde étoit renfermé dans *Diogène Laërce*; mais graces à *Platon* (1), nous ne pouvons douter qu'il ne se soit adonné avec de grands succès à cette étude. *Plutarque* (2) nous apprend aussi qu'il s'occupa dans sa prison à rechercher la quadrature du cercle. Ce trait mérite attention, comme étant la première tentative connue qui ait eu pour objet cet épineux problême, écueil de tant de réputations. Il est probable qu'*Anaxagore*, qui étoit habile géomètre, sut se préserver d'y faire un honteux naufrage; je veux dire, qu'il sut éviter l'illusion dont nous avons tant d'exemples, anciens et récens, et qu'il ne donna pas dans le ridicule de proposer de vains paralogismes comme une véritable solution de ce problême. Nous tenons encore de *Vitruve* (3), qu'*Anaxagore* écrivit sur l'optique, et en particulier sur la perspective; mais nous aurons occasion ailleurs de développer plus au long l'origine de l'une et de l'autre.

I V.

Je suspends ici le récit des progrès de la géométrie pour parler de ceux que faisoit l'étude du ciel dans le même temps et dans la même école. On a vu dans le livre précédent, en quoi consistoit chez les Grecs ce genre d'étude avant l'âge de la philosophie. *Thalès*, à son retour d'Égypte, leur fit connoître la véritable astronomie. Ce fut même par ses connoissances astronomiques qu'il excita le plus leur admiration. Si les auteurs qui parlent de lui sont véridiques, il enseigna la rondeur de la terre (4), la vraie cause des éclipses de lune et de soleil (5); il fit plus, il en prédit une de la dernière espèce, et l'événement vérifia la prédiction (6). Cette éclipse est celle qui arriva au moment que *Cyaxare*, roi des Mèdes, et *Aliathe*, roi des Lydiens, étoient sur le point de se livrer bataille. Ce fut l'année 585 avant J. C., suivant le calcul de *Riccioli* (7), et conformément au témoignage de *Pline* (8), qui assigne cet événement à la quatrième année de la XLVIIIe olympiade. Il est difficile de croire que *Thalès* soit parvenu de lui-même à une prédiction si difficile. Il employa sans doute

---

(1) *Voy.* Procl, *in Eucl.* l. 11, c. 4.
(2) *De exil.*
(3) *Arch.* l. 9.
(4) Plut. *de Placit. Philos.* l. 2, c. 9, 10.

(5) *Ibid.* 21, 24, 28.
(6) Herod. *l.* 1. Diog. Laër. etc.
(7) *Alm. nov.* t. 1, p. 363.
(8) *Hist. Nat.* l. 2, c. 12.

quelque méthode artificielle imaginée par les Égyptiens; car la prédiction d'une éclipse de soleil, suppose un grand nombre d'élémens certainement inconnus à ce père de l'astronomie, et qui le furent même long-temps après lui.

La connoissance de la sphère (1), c'est-à-dire, la division du ciel en différens cercles, l'obliquité de l'écliptique (2), découverte à l'honneur de laquelle on associe tant d'autres; la cause même des phases de la lune, furent, suivant *Apulée* (3), des découvertes ou des points de doctrine du philosophe de Milet. Il mesura aussi dès-lors le diamètre apparent du soleil, et le trouva la 720ᵉ partie de son cercle (4), en quoi il s'écarta peu de la vérité. Ce passage d'*Apulée* donne le vrai sens de ce que *Diogène Laërce* présente d'une manière inintelligible et ridicule, lorsqu'il dit que *Thalès* trouva que le soleil étoit la 720ᵉ partie de l'orbe de la lune. Il vouloit dire de son orbite propre; car qui a jamais imaginé de mesurer la grandeur, soit réelle, soit apparente d'une planète, en la comparant à l'orbite d'une autre?

Quant à l'obliquité de l'écliptique, il est nécessaire de développer davantage ce que j'ai dit plus haut. On ne peut en refuser la connoissance à *Thalès*, malgré les témoignages de ceux qui en attribuent la découverte à divers philosophes, comme *Pythagore*, *Œnopide* et *Anaximandre*. Nous la lui revendiquons d'après *Plutarque*, qui la lui attribue expressément (5), et d'après *Diogène*, qui dit qu'il enseigna le cours du soleil d'une conversion, c'est-à-dire, d'un solstice à l'autre. Car les anciens appeloient *tropes*, ou conversions, ce que nous nommons solstices, en ayant égard à une circonstance différente, savoir l'espèce de station que le soleil fait aux environs de ces points durant quelques jours. Peut-on sur un pareil indice refuser à *Thalès* la connoissance de l'obliquité de la route du soleil? S'il est vrai, comme on le dit (6), qu'il ait écrit sur *les solstices et les équinoxes*, on ne peut douter que l'explication de ces phénomènes n'ait été l'objet de cet ouvrage, et conséquemment qu'il n'ait connu l'obliquité de l'écliptique.

Thalès ne se borna pas à la pure spéculation : il fit des efforts pour appliquer l'astronomie à l'utilité publique, en cherchant à perfectionner le calendrier Grec, qui étoit alors dans un grand désordre, mais on ne connoissoit pas encore assez bien la grandeur des révolutions de la lune et du soleil, et nous conviendrons que nous en sommes étonnés. En effet,

---

(1) *De Placit.* l. 2, c. 11.

(2) Diog. Laër.

(3) *In Floridis.*

(4) *Ibid.*

(5) *De Placit. Phil.* Ibid.

(6) Diog. Laër.

les Egyptiens, dont il avoit emprunté tant d'autres connoissances, paroissent en avoir été assez instruits vers cette époque.
Il ne tint pas non plus à *Thalès* que la navigation ne fût et
plus sûre, et plus savante chez ses compatriotes. Il leur enseigna
l'usage de la petite Ourse (1), qu'il tenoit lui-même des Phéniciens. Mais les Grecs attachés à leurs anciennes pratiques,
ne paroissent pas avoir adopté cet usage. C'est peut-être
dans cette vue qu'il écrivit ce traité d'*astronomie nautique*,
dont quelques-uns le réputoient auteur : au reste, il y a tant
d'incertitude sur ce point, que pendant que les uns le regardoient comme son seul écrit, d'autres l'attribuoient à un certain *Phocus* de Samos (2).

V.

Anaximandre (3), qui succéda à *Thalès* dans la direction
de l'école Ionienne, confirma la théorie de son maître. Il enseigna comme lui que la terre étoit ronde, que la lune tenoit
son éclat du soleil, etc. (4). Quelques auteurs l'ont rangé
parmi les partisans du mouvement de la terre; ils se fondoient
sur l'autorité d'un passage que nous fournit un fragment d'une
ancienne histoire de l'astronomie (5), et qui dit que, suivant
ce philosophe, la terre étoit en mouvement autour du centre
de l'univers (κινειται περι το τᵔ κοσμᵔ μεσον). Mais je soupçonne
fort ce passage d'altération; il est facile que le mot de κινειται
s'y soit glissé à la place de celui de κειται, *jacet*, et cette
observation le concilie avec ce que tous les autres historiens
nous apprennent de ce philosophe. Le témoignage d'*Aristote*,
(6) sur ce sujet, doit paroître concluant. Suivant lui, c'étoit
une question ancienne, comment la terre pouvoit se soutenir
au milieu de l'univers sans tomber. Le successeur de *Thalès*
en donna une raison assez judicieuse pour le temps. Il dit que
ce qui l'empêchoit de tomber, étoit sa position uniforme autour
du centre de l'univers, position qui faisoit qu'elle y restoit,
n'y ayant rien qui dût l'en déplacer.

On ne sait point sur quel motif *Anaximandre* se persuada
que le soleil étoit une masse enflammée, du moins aussi grosse
que la terre (7). Ce ne pouvoit être qu'une conjecture; mais
quoique fort au-dessous de la réalité, elle étoit assez hardie

(1) Strab. *Geogra*. l. 1.
(2) Diog. *Ibid.*
(3) *Anaximandre* fleurissoit vers l'an
560 avant J. C. Il étoit né vers l'an 620,
et il mourut l'an 545 avant la même
époque.

(4) Diog. *in Aximand.*
(5) Fabricius. *Bibl. Græc.* l. 3;
p. 278.
(6) *De cælo*, l. 2, c. 13.
(7) Diog. Laër.

pour le temps où il vivoit, et elle doit faire concevoir une idée avantageuse de son auteur. Celui qui, dans cette enfance de l'astronomie, osa faire le soleil égal à la terre, dans d'autres siècles auroit eu peu de peine à s'élever aux vérités sublimes dont les modernes sont en possession.

Diverses inventions remarquables prirent naissance vers ce temps dans l'école Ionienne, et paroissent dues à *Anaximandre*. Telle fut d'abord celle de la sphère, ou de cet instrument ingénieux, qui met sous la vue les différens cercles que les astronomes conçoivent dans le ciel. C'est ce que veut dire *Diogène*, par ces mots, *et sphaeram construxit*.

La seconde invention qui illustre *Anaximandre*, est celle du gnomon. *Diogène* nous apprend qu'il en éleva un à Lacédémone ; à la vérité, cet ancien instrument, tel qu'il sortit des mains de ce philosophe, étoit bien différent de ce qu'il est aujourd'hui. Il consistoit seulement en un stile élevé perpendiculairement, et qui par l'ombre de son sommet marquoit la route du soleil, au lieu qu'à présent nous faisons passer la lumière de cet astre par un trou circulaire, dont le centre est censé le sommet de sa hauteur. *Anaximandre* s'en servit à observer les solstices ; et peut-être est-ce à cette observation encore grossière, telle enfin qu'on doit l'attendre de l'astronomie naissante, qu'est due l'évaluation que firent les premiers astronomes Grecs de l'obliquité de l'écliptique à 24°, c'est-à-dire, en nombre rond, à une 15e de la circonférence. On peut cependant en assigner une autre raison. Comme dans ces anciens temps on n'avoit point encore partagé le cercle en degrés, les géomètres qui vouloient désigner la grandeur d'un arc, le faisoient par son rapport avec la circonférence : or il est fort naturel de penser que quand on ne pouvoit pas l'exprimer précisément, on choisissoit les nombres ronds les plus voisins. Ainsi, quoique peut-être on se fût apperçu que l'obliquité de l'écliptique n'étoit pas précisément contenue quinze fois dans la circonférence, on prit ce nombre pour l'exprimer, parce qu'il en approchoit le plus.

Les cartes géographiques et les horloges solaires sont encore deux inventions que les mathématiques doivent au successeur de *Thalès*. *Strabon* (1) et *Diogène* s'accordent à nous apprendre que ce philosophe exposa aux yeux des Grecs un tableau de la Grèce, des pays et des mers que fréquentoient les voyageurs de cette nation. Nous imaginons qu'il s'en tint-là, du moins dut-il le faire, s'il ne voulut pas s'exposer à défigurer son tableau par bien des faussetés. Telle fut chez les Grecs la naissance de

(1) *Geogra. l. 1, vers. init.*

la géographie, sur laquelle *Hécatée*, compatriote d'*Anaximandre*, écrivit le premier traité connu, mais qui ne nous est pas parvenu. J'ai dit à dessein, que ce fut-là l'origine de la géographie chez les Grecs ; car si nous croyons *Apollonius* de Rhodes (1), le fameux *Sesostris* avoit déjà fait faire une pareille représentation des pays qu'il avoit subjugués.

A l'égard des cadrans solaires, *Diogène* en fait honneur à *Anaximandre*, tandis que *Pline* (2) le fait à *Anaximène*. La ressemblance des noms a, sans doute, induit l'un des deux en erreur, et nous chercherions en vain à démêler de quel côté est la vérité. Nous en conclurons seulement que cette invention est due aux premiers successeurs de *Thalès*.

Quelques savans, entre autres M. de *Saumaise*, ont soupçonné de fausseté le récit de *Pline* et de *Diogène Laërce*, concernant l'invention des cadrans solaires. Fondés sur quelques expressions d'anciens poètes comiques, ils ont prétendu qu'elle étoit bien moins ancienne que ne la font ces historiens. Nous évitons d'entrer dans une discussion qui nous meneroit trop loin ; nous nous bornons à indiquer le P. *Petau* (3) et *Léon Allatius* (4), qui paroissent avoir rétabli d'une manière victorieuse l'ancienneté des cadrans solaires dans la Grèce.

V I.

Anaximandre eut pour successeur son compatriote *Anaximène*, et celui-ci *Anaxagore* (5). On ne connoît qu'en général leurs travaux ; mais il est certain que l'étude du ciel continua de fleurir sous eux dans l'école Ionienne. *Anaxagore* s'y adonna lui-même avec beaucoup d'ardeur, témoin cette réponse qu'il fit à quelqu'un qui lui reprochoit son indifférence pour les affaires de sa patrie : *eh quoi! n'y prends-je pas un grand intérêt*, répondit le philosophe, en montrant le ciel, et voulant dire par-là qu'il le regardoit comme sa vraie patrie (6)?

On attribue cependant à l'un et à l'autre de ces philosophes des opinions bien peu capables de leur faire honneur. Suivant

(1) *Argon.* l. 4, c. 278.
(2) *Hist. Nat.* l. 2, c. 68.
(3) *Uranol. Var. diss.*
(4) *De ratione temp.*
(5) L'âge précis du premier de ces philosophes est peu connu. Mais il est naturel de penser qu'il étoit d'un âge mûr vers l'an 545 avant J. C., puisque ce fut cette année qu'il succéda

à *Anaximandre*. Il mourut probablement vers l'an 500. Quant à *Anaxagore*, il commença à fleurir vers ce temps, et mourut l'an 469 avant J. C. âgé de 72 ans. Ainsi *Périclès* a pu être facilement son disciple ; car ce personnage mourut vers l'an 430.
(6) Diog. Laër.

Aristote (1), ils rendirent à la terre la figure plate, que *Thalès* et son premier successeur lui avoient ôtée. *Anaximandre* n'a pas été exempt de ces imputations; on lui a fait dire (2) que les orbites des astres étoient de grandes roues, remplies d'un feu qui s'échappoit par une ouverture, et que les éclipses se faisoient par un engorgement de cette ouverture : on en rapporte autant d'*Anaximène*. Il ajouta même, dit-on, à ces absurdités, que les astres ne tournoient point sous la terre, mais autour d'elle, comme un bonnet sur la tête (3). Il faudroit être d'une crédulité extrême pour adopter ces récits. Pour peu qu'on lise les vies des philosophes avec un esprit doué de critique, on s'apperçoit aisément combien la fiction défigure cette partie de leur histoire. Je crois que celle de leurs dogmes et de leur doctrine n'a guère moins souffert de l'ignorance, et même j'en rapporterai plus bas quelques preuves. Je ne craindrai donc point de rejeter entièrement certains faits, quand ils seront trop visiblement contraires à la marche de l'esprit humain. On a dû, il est vrai, errer longtemps dans la recherche des causes des premiers phénomènes; mais les vérités mathématiques dont il s'agit ici, sont telles qu'étant une fois reconnues, elles ne pouvoient manquer d'entraîner les suffrages de tous les bons esprits. S'il est donc vrai que *Thalès* et *Anaximandre* aient eu des idées justes sur la forme de la terre, les éclipses, la distribution de la sphère, etc. qui pourra se persuader que leurs successeurs, c'est-à-dire, les meilleurs esprits de leur école; que des hommes distingués d'ailleurs par divers traits de génie, se soient aussi-tôt écartés de leur doctrine, et ayent substitué à des vérités lumineuses des erreurs d'une absurdité révoltante? Ces écrivains qui ne cherchent qu'à amuser par des traits de ridicule, vrais ou faux, pourront adopter ces récits dénués de vraisemblance. Pour nous, à qui l'intérêt de la vérité et l'honneur de la philosophie sont chers, nous les mettrons dans le même rang que les contes qu'on fait de la mort d'*Empedocle* et d'*Aristote*, les ris continuels de *Démocrite* et les calomnies dont on a noirci *Socrate*.

Il est à propos de remarquer ici avec quelque étendue l'origine de ces imputations, et de montrer sur quel fondement elles sont appuyées. Les unes viennent probablement du style poétique ou mystérieux dans lequel écrivirent les premiers philosophes; et les autres, de l'ignorance des compilateurs qui

---

(1) *De cælo*, l. 2, c. 12.
(2) Plut. *de Placit. Phil.* Stob. *Eclog. Phys.* Orig. *Philosophumena.*

(3) Orig. *Philosoph.*

ont entrepris de nous rendre leurs opinions. Comme il ne nous
est rien parvenu de ceux de la secte Ionique, nous ne pouvons
pas établir par des exemples les méprises qui ont pu occasionner les absurdités qu'on leur attribue. Mais l'école Pythagoricienne nous en fournit; et comme ses opinions sur divers sujets
n'ont pas été moins défigurées que celles des philosophes Ioniens,
qu'il me soit permis d'anticiper sur cette partie de notre histoire, en les comprenant dans cette apologie.

Tout le monde sait que la plûpart des Pythagoriciens écrivirent en vers, et d'une manière très-poétique et très-obscure.
On le voit par ce qui nous reste d'*Empedocle*, de *Xénophane*,
de *Parménide*, etc. C'est-là la source principale des ridicules
opinions dont on a chargé leur mémoire. Un philosophe et
poète Pythagoricien avoit feint, par exemple, que la voie lactée
étoit le chemin que Phaéton avoit tenu après avoir perdu sa
vraie route : des gens crédules prirent cette fiction à la lettre,
et en firent un sentiment de l'école Pythagoricienne. *Empedocle*
avoit sans doute dit poétiquement que les tropiques étoient les
barrières du soleil, que cet astre étoit le miroir qui nous ren-
voyoit le feu primigène répandu dans l'univers : on sait d'ailleurs
que c'étoit à peu-près son sentiment. Un compilateur imbécile
lui fait dire que les tropiques étoient les barrières qui empê-
choient le soleil de passer plus loin, et qui le faisoient rebrousser; que cet astre n'étoit que le miroir d'un autre qui étoit le
véritable, etc. Je remarque en passant que cette imputation
ridicule est démentie par *Diogène Laërce*, suivant lequel *Empedocle* faisoit du soleil une masse de feu égale à la lune; peut-
être a-t-il voulu dire la terre. Mais il n'étoit pas nécessaire
qu'il s'expliquât mystérieusement pour être défiguré. Cela lui
est arrivé lors même qu'il s'exprimoit assez clairement. Nous
en avons la preuve dans *Achille Tatius* (1). Est-il rien de
plus juste que ce vers, dont voici la traduction littérale de Grec
en Latin, *circulare circa terram volvitur alienum lumen*,
dit-il, en parlant de la lune? *Achille Tatius* en tire une preuve
qu'*Empedocle* a regardé cette planète comme un morceau
détaché du soleil. Il n'a pas conçu que cet *alienum lumen*
vouloit dire *lumière empruntée*, ce qui est très-conforme à
la vérité. Apparemment *Anaximandre* et *Anaximène* parlant
des orbites célestes, s'étoient servi de quelques comparaisons
qui ont donné lieu à d'ignorans auteurs, de leur attribuer
les impertinentes opinions dont on a parlé plus haut. *Anaximène* avoit raison de dire que les astres ne tournoient point
sous la terre, ou dessus, comme on le lit dans *Diogène*,

(1) *Isag. ad Arat. Cap.*

mais à l'entour. Car la terre étant ronde, dans quelque endroit qu'ils soient, ils ne sont jamais au-dessus ni au-dessous d'elle.

Je finirai par un exemple marqué de ces sortes de méprises qui ont défiguré les sentimens des anciens philosophes. Nous avons un ouvrage du célèbre *Aristarque* de Samos, qui traite des distances du soleil et de la lune à la terre; et nous y voyons que son sentiment sur leur disposition, ne différoit en rien de celui des modernes. Qui le reconnoîtra cependant dans ces paroles de *Plutarque*, qui sont une fidèle traduction de son texte (1)? *Lunam* (*putavit*), dit-il, *circa solis orbem verti, umbramque suis inclinationibus inferre*. Qui ne sera tenté de croire qu'il mit la lune en mouvement autour du soleil? et c'est en effet ce que lui fait dire l'auteur de l'*origine ancienne de la physique nouvelle* (2), ouvrage qui n'est qu'une compilation de passages rassemblés sans la moindre trace de critique. *Vitruve* (3) n'est guère plus exact, quand il dit qu'*Aristarque* avoit pensé que la lune étoit un miroir qui recevoit son éclat *ab impetu solis*. Ces derniers mots passant par la filière d'un commentateur, ne manqueroient pas de produire quelque absurdité monstrueuse, dont l'astronome ancien seroit assurément fort innocent; mais je termine cette digression, et je reprends le fil de mon récit.

Si nous en croyons *Plutarque* (4), on connoissoit avant *Anaxagore* la cause des éclipses de soleil, et ce fut ce philosophe qui le premier découvrit celle des éclipses de lune. Mais comme ailleurs il nous a appris lui-même que *Thalès* l'avoit découverte, il faut, pour concilier ces deux récits, dire qu'*Anaxagore* la dévoila le premier, par un écrit public. Car il est bien difficile de croire qu'elle ait été, pendant près de deux siècles, une énigme pour les philosophes.

Il est assez singulier, si le récit de *Plutarque* est fondé, que la cause des éclipses du soleil ait été plutôt connue que celle des éclipses de lune. Cependant si l'on veut se rapporter à l'enfance de l'astronomie, cela n'est pas impossible. Car on voyoit, dans le cours de la lune, cet astre se rapprocher du soleil, et l'on a pu bientôt reconnoître qu'il pouvoit lui passer au devant. Au contraire, on ne voit point l'ombre de la terre, et il étoit à certains égards plus difficile de deviner quelle cause obscurcissoit la lune.

Nous ne devons enfin pas oublier une circonstance du récit de *Plutarque* sur ces découvertes. Elle nous montre que ce

(1) *De Plac. Phil.* l. 2, c. 24.
(2) *Tom.* 2, p. 187.
(3) *Arch.* l. 9, c. 9.
(4) *In Nicia.*

n'est

n'est pas seulement dans ces derniers temps, que la philosophie et la vérité ont trouvé dans un faux zèle des obstacles à leur avancement. A peine y eut-il des philosophes, qu'ils commencèrent à être persécutés. On leur fit un crime de prétendre expliquer les ouvrages de la divinité. C'étoit, dit-on, la détruire que de montrer qu'elle agissoit par une suite de lois générales et invariables. Ils combattoient enfin des préjugés qui tenoient à la religion, ou plutôt que des gens mal intentionnés trouvoient le moyen d'y ramener. On les rendit par-là odieux à la multitude ; ce qui les réduisit souvent au mystère et à des façons de parler énigmatiques. *Anaxagore* tint long-temps secret son écrit sur la cause des éclipses de lune ; il osa le mettre au jour avec quelques autres opinions physiques, et il devint le premier martyr de la philosophie. *Périclès* son ami et son disciple, put à peine lui sauver la vie. Que ceci nous retrace bien la persécution et le traitement indigne qu'éprouva *Galilée*, pour avoir adopté le sentiment de la mobilité de la terre ! On ne peut voir qu'avec douleur, que le monde en vieillissant ne devient ni meilleur, ni plus sage. Au reste le temps de la prison d'*Anaxagore* ne fut pas entièrement perdu pour la science. On dit qu'il s'y occupa de la quadrature du cercle ; on n'ajoute pas qu'il crut l'avoir trouvée, et il est probable que cela valut à la géométrie, la découverte de quelques nouvelles propriétés de cette figure.

Je ne saurois me dispenser de parler encore de quelques opinions Physico-astronomiques, dont on trouve déjà des traces chez les philosophes de l'école Ionienne. La principale concerne la matérialité des astres, et la pesanteur universelle des corps. Tout le monde sait qu'*Anaxagore* regardoit le soleil comme une masse terrestre enflammée (1). Mais ce sentiment étoit bien plus ancien, et il le tenoit de ses prédécesseurs. En effet, on rapporte que *Thalès* composoit les corps célestes d'un mélange de feu et de matière terrestre (2) ; en quoi il n'avançoit rien qui ne soit assez probable. Car si la gravitation universelle n'est pas une chimère, on a de fortes raisons pour croire que le feu du soleil n'est pas un feu pur, mais que sa densité est à peu-près égale à celle de la terre à sa surface. Lorsqu'*Anaxagore* disoit encore que le ciel étoit composé de pierres, il ne vouloit apparemment dire autre chose, sinon que tous les corps célestes étoient d'une matière pesante, et à peu-près semblable à celle de notre terre. A l'égard de l'histoire qui lui fait prédire la chûte d'une de ces pierres, la manière dont elle est racontée par *Diogène Laërce*, la rend tout-

---

(1) Diog. *in Anaxag.*   (2) *De Placit. Phil.* l. 2, c. 13.

à-fait suspecte de fiction. Car suivant les uns, ce fut la chûte d'un météore semblable qui lui fit embrasser son sentiment sur la matérialité des cieux, et suivant d'autres, il l'avoit prédite avant l'événement. Quoi qu'il en soit, ce sentiment de la matérialité des astres étoit exposé à une forte objection ; à laquelle néanmoins *Anaxagore* répondit très-bien. On lui demandoit pourquoi les astres étant pesans, ils ne tomboient point sur la terre. Sa réponse fut que leur mouvement circulaire en étoit la cause, et que sans cela ils ne tarderoient pas à le faire (1). *Plutarque*, dans son livre *de facie in orbe lunae*, adopte cette manière de penser, à cela près qu'il ne l'étend pas au-delà de la lune. Ce sont-là, je crois, les plus anciennes traces de la connoissance de la force centrifuge qui retient les corps célestes dans leurs orbites.

V I I.

Je viens d'exposer avec l'étendue que permettent les bornes de cet ouvrage, les progrès des mathématiques sous les successeurs de *Thalès*. Mais pendant que ces philosophes s'illustroient dans la Grèce, une école célèbre, née en Italie, s'adonnoit aux mêmes recherches avec de grands succès. Je veux parler de la secte Pythagoricienne, où l'on trouve les germes de tant de belles découvertes. Obligé de faire mention de ses travaux, je remonte à *Pythagore*, son chef et son fondateur.

Pythagore né à Samos vers l'an 540 avant l'ère chrétienne, fut d'abord sous la discipline de *Thalès*, qui conçut de grandes espérances de la pénétration de son jeune élève. Il écouta aussi *Phérécyde* de *Syros*, et non de *Scyros*, (car ce sont deux îles de l'Archipel fort différentes). Celle de *Syros*, aujourd'hui *Syra*, a été décrite, d'une manière fort intéressante, par un compatriote moderne de *Phérécyde*, M. *Della Roca*, (dans son ouvrage sur les Abeilles). On raconte de ce sage de la Grèce, bien des merveilles qu'il ne nous appartient pas ici de discuter. Mais il est difficile d'en parler sans faire mention d'un trait astronomique qui le concerne, et qui a occupé plusieurs critiques. Il est question de l'Héliotrope qu'il y avoit élevé, et que, suivant *Diogène Laërce*, on y voyoit encore de son temps. C'est du moins ce qu'on doit inférer de ce que dit cet historien, en terminant sa légère notice des opinions et des ouvrages de *Phérécyde*, par ces mots : *servatur et heliotropium in Syra insula*. Il est difficile de penser que *Diogène*

---

(1) Diog. *Ibid.*

ait voulu dire par-là autre chose, sinon que c'étoit l'ouvrage de cet ancien philosophe, d'où il est naturel de conclure qu'il avoit cultivé l'astronomie, et que pour l'utilité de ses compatriotes, il avoit fait pour eux un héliotrope ou instrument propre à mesurer et déterminer les conversions du soleil, monument astronomique qui subsistoit encore au temps de *Diogène*.

Un pareil instrument étoit en effet, dans ces temps-là, un vrai présent pour les habitans de cette petite île. Car on sait que le commencement de l'année Grecque étoit fixé à la nouvelle lune, qui suivoit de plus près le solstice d'été. C'étoit de 4 ans en 4 ans le renouvellement de l'olympiade, et le retour des fameux jeux olympiques, qui rassembloient toute la Grèce dans l'Elide. Ainsi il étoit du plus grand intérêt de connoître le jour du solstice d'été, et tel étoit l'objet de l'héliotrope, qui étoit une pyramide, marquant par l'ombre de sa pointe sur la méridienne, le progrès du soleil vers le Zénith. Sans doute, lorsque cette ombre étoit arrivée à un point marqué de cette ligne, ou cessoit de s'en approcher, on avoit le jour du solstice.

Tout cela est assez simple. Mais deux vers d'*Homère* (Iliade, l. 15, vers. 402) viennent en quelque sorte déranger cet édifice, en disant, ce semble, qu'il y avoit dans cette île de Syra un pareil héliotrope naturel; ce ne seroit donc pas l'ouvrage de *Phérécyde*, bien postérieur à *Homère*. Voici ces deux vers traduits littéralement :

Insula quaedam Syria vocatur, sicubi audis,
Ortygia desuper ubi conversiones solis.

C'est-à-dire, *il y a, vous en avez entendu parler, une île appelée* Syria, *au-dessus de celle d'Ortygie, où sont les conversions du soleil.*

Il me semble d'abord, qu'on ne voit pas trop clairement, si c'étoit dans Ortygie ou dans Syria, qu'étoient ou que se faisoient ces conversions du soleil. Quoi qu'il en soit, *Eustathe* qui entendoit le Grec et *Homère* mieux que nous, se borne à dire sur cet endroit, que cela signifie seulement que Syria étoit au couchant d'Ortygie, le mot τρεπη signifiant aussi le couchant. D'un autre côté, *Didyme*, autre commentateur d'*Homère*, explique cet endroit, en disant qu'il y avoit dans cette île une caverne appelée la *caverne du soleil*, qui faisoit voir ses conversions, (peut-être étant éclairée jusqu'au fond le jour du solstice d'hiver). Il seroit, ce nous semble, difficile, d'après deux vers aussi obscurs, de rien déterminer de précis sur ce sujet, d'autant plus qu'on ne connoît même plus cette Ortygie, voisine de Syra, et je ne sais si la discussion en vaut la peine. Il suffira d'avoir mis sous les yeux de nos lecteurs, ce petit problème Géographico-astronomique. Si toutefois il me falloit prendre un parti, j'adopterois la pensée d'*Eustathe*, et j'interpréterois ainsi les deux vers d'*Homère* : *vous avez peut-être entendu parler de certaine île de Syria, au-delà d'Ortygie, du côté où le soleil tourne (au couchant)*. Mais, je le répète, ce seroit, je pense, perdre à cette discussion un temps facile à employer plus utilement, et je reviens à *Pythagore*.

Phérécyde étant mort, *Pythagore* suivit le conseil de *Thalès*; il alla en Egypte, muni de recommandations puissantes auprès d'*Amasis*. Il conversa avec les prêtres Egyptiens, se fit initier dans leurs mystères, et demeura long-temps avec eux. Durant ce séjour, il consulta les colonnes de *Sothis* (1), ces colonnes fameuses, sur lesquelles ce célèbre personnage avoit gravé les principes de la géométrie. Il ne s'en tint pas à ce voyage. Guidé par sa savante inquiétude, il pénétra jusqu'au bord du Gange, où il vit les Brachmanes, autrement les Gymno-sophistes de l'Inde. A la vérité, s'il n'en rapporta que son dogme de la métempsycose, c'est une course qu'il auroit pu s'épargner. De retour enfin dans sa patrie qu'il trouva en proie à la tyrannie, il s'en exila, et porta ses lumières en Italie, où il fonda son école célèbre ; école où toutes les connoissances qui peuvent contribuer à perfectionner l'esprit ou le cœur, furent cultivées avec zèle. Sa réputation de sagesse le rendit le législateur de toute cette contrée, et fit de plusieurs de ses disciples, les chefs et les administrateurs des états florissans qui la composoient.

La géométrie prit un grand accroissement par les soins de *Pythagore*; le sacrifice qu'il fit (2), à ce qu'on dit, aux Muses, en reconnoissance de la découverte de la propriété si connue du triangle rectangle, est un trait célèbre en géométrie. *Diogène Laërce* le rapporte sur le témoignage d'un ancien chronologiste. C'est grand dommage qu'il ne soit qu'une fable; car comment l'accorder avec la doctrine de ce philosophe sur la transmigration des ames, avec cette horreur qu'il avoit de verser le sang des animaux, et qui lui faisoit dire que les hommes avoient voulu associer les Dieux à leurs crimes, en leur attribuant du plaisir à se voir honorés par des victimes sanglantes :

Nec satis est quod tale nefas committitur, ipsos
Inscripsère Deos sceleri, numenque supernum
Caede laboriferi credunt gaudere juvencx.

　　　　　　　　Ovid. *Metam.* l. 10, f. 2.

(1) Jamblique, *in vita Pyth. et de*　　(2) Diog. *in Pythag.*
Myst. Ægypt. lib. 1, *cap.* 2.

Ainsi *Cotta* dans *Cicéron* (1) avoit raison de se mocquer de ce prétendu sacrifice, peu compatible avec les facultés d'un philosophe, et encore moins avec les dogmes de celui de Samos. Suivant *Diogène*, dont le texte est ici fort corrompu, et probablement transposé, il ébaucha aussi la doctrine des Isopérimètres, en démontrant que de toutes les figures de même contour, parmi les figures planes, c'est le cercle qui est la plus grande, et parmi les solides, la sphère.

L'application que les Pythagoriciens donnèrent à la géométrie, fit naître chez eux plusieurs théories nouvelles. Telle fut (2) celle de l'incommensurabilité de certaines lignes, comme de la diagonale du quarré comparée au côté. Telle fut encore la théorie des corps réguliers, qui suppose tant d'autres connoissances en géométrie. Cette théorie que nous regardons aujourd'hui, et avec assez de justice, comme une branche inutile de la géométrie, fut à l'égard des Pythagoriciens, l'occasion et le motif d'une foule de découvertes. A la vérité, leur physique n'en fut pas plus parfaite; elle se ressentit extrêmement de l'application mal entendue qu'ils y firent des propriétés mystérieuses qu'ils remarquoient avec une puérile affectation dans les figures et les nombres. Mais l'importance qu'ils attachèrent à ces recherches valut à la géométrie des progrès considérables; et ce succès doit nous faire excuser leur foible extrême pour ces chimères. Combien de philosophes dont les travaux n'ont jamais contribué à reculer d'un seul pas, les bornes de nos connoissances !

V I I I.

L'astronomie avoit un objet trop brillant : elle occupoit une place trop considérable parmi les sciences qui attirèrent *Pythagore* en Egypte, pour ne pas être cultivée dans l'école qu'il fonda. Aussi voyons nous qu'elle y donna une attention particulière, et que ses succès répondirent assez bien à ses travaux. En rassemblant et en discutant les differens rapports des auteurs qui nous ont transmis ses opinions, on apperçoit que, dès les commencemens, on y eut des idées justes sur les points fondamentaux de l'astronomie. La distribution de la sphère céleste (3), l'obliquité de l'écliptique (4), la rondeur de la terre (5), l'existence des antipodes (6), la sphéricité du soleil, et même des

(1) *De nat. deorum*. l. 3.
(2) Pach, *in I de insecab.* c. 2. Proclus, *in I. Eucl.* l. 2, c. 4, es. gr.
(3) Stob. *Ecl. Phy.* Plut. *de Plac. Phil.* l. 2, c. 23.

(4) Plut. *Ibid.* et c. 12.
(5) Diog. *in Pyth.*
(6) *Ibid.*

autres astres (1), la cause de la lumière de la lune (2), et de ses éclipses, de même que de celles de soleil (3), furent enseignées par *Pythagore*. On lui attribue même ces découvertes, quoiqu'il eût été prévenu dans la plûpart par *Thalès* et les philosophes de l'école Ionienne. Mais l'on ne doit pas s'en étonner : rien n'est plus commun aux anciens historiens de la philosophie, que de faire ainsi honneur des mêmes découvertes à plusieurs hommes, sur le fondement sans doute qu'ils les ont enseignées en divers lieux et en divers temps. Peut-être *Pythagore* dut-il, de même que *Thalès*, une partie de ces vérités aux Egyptiens ; je dis une partie, car je ne me forme pas une idée assez abjecte de ce philosophe, pour croire qu'il ne fit que répéter ce qu'il avoit appris d'eux, sans y rien ajouter. On veut que ce soit des Egyptiens qu'il tint l'explication qu'il donna à la Grèce du phénomène de l'étoile du matin et du soir ; il lui apprit le premier que cette étoile n'étoit que Vénus, tantôt précédant le soleil et se levant avant lui, tantôt le suivant et se couchant après lui (4). On attribue en effet aux Egyptiens la connoissance du cours de Vénus et de Mercure autour du soleil (5).

L'école Pythagoricienne mérite sur-tout d'être célébrée, comme ayant été le berceau de plusieurs idées heureuses, dont le temps et l'expérience ont démontré la justesse. Telle fut entre autres celle du mouvement de la terre. *Aristote* la lui attribue expressément (6), quoiqu'avec un mélange d'erreurs qui la défigurent d'une manière étrange. Mais l'on sait assez que telle est la coutume de ce philosophe, de ne rendre les opinions de ses prédécesseurs qu'accompagnées d'une foule de circonstances d'une absurdité palpable. A l'égard de l'opinion Pythagoricienne sur le mouvement de la terre et la stabilité du soleil, on la reconnoît aisément sous l'emblême d'un feu placé au centre de l'univers, feu qui ne sauroit être que celui du soleil, quoique quelques-uns ayent prétendu qu'il s'y agissoit du feu central. Nous la croyons enfin plus ancienne que *Philolaüs*, quoique nous n'en trouvions des traces qu'à son temps. On sait que *Pythagore* avoit coutume de voiler ses dogmes sous des emblêmes obscurs, dont le vrai sens étoit toujours inconnu au vulgaire. Il en usoit sur-tout ainsi à l'égard de ces opinions qui, trop contraires aux préjugés, auroient exposé sa philosophie à être tournée en ridicule. Apparemment celle du mouvement de la

---

(1) Stob. *Ecl. Phy.* Tatius, *Isag. ad Arat.* c. 18.

(2) Diog. *Ibid.*

(3) S.ob. *Ibid.*

(4) Pline, *Hist. nat.* l. 2, c. 8. Diog.

(5) Liv. précéd. art. 5.

(6) *De cælo,* l. 2, c. 13.

terre fut de ce nombre ; ainsi elle resta couverte du voile mystérieux de l'énigme et du secret, jusqu'à *Philolaüs*. Ce philosophe osa le premier la découvrir au grand jour, et c'est par-là qu'il mérita l'honneur de lui donner son nom.

On remarque, parmi ces anciens astronomes, quelque chose de fort semblable à ce que nous avons vu arriver parmi les modernes qui ont fait revivre leur systême. Les uns seulement, frappés de l'inconvénient de faire parcourir chaque jour au soleil et aux autres corps célestes un espace immense, se contentèrent de placer la terre au centre, et de la faire mouvoir autour de son axe. Ils expliquoient par-là le mouvement diurne des astres, mouvement qui dès-lors n'étoit qu'une apparence, pendant que celui du soleil dans l'écliptique étoit réel. Ce sentiment eut quantité de partisans. Il est attribué par *Plutarque* (1) à *Héraclide* de Pont, à *Ecphante*, à *Séleucus* d'Érithrée, auteur d'une explication du flux et du reflux, assez analogue à celle de *Descartes*. *Cicéron* (2), fondé sur le témoignage de *Théophraste*, parle aussi d'un certain *Nicetas* ou *Hicetas* de Syracuse, qui adopta cette manière de penser. D'autres plus hardis encore, donnèrent à la terre, non-seulement ce mouvement de rotation autour de son axe, mais encore un mouvement progressif autour du soleil. Tels furent *Philolaüs* de Crotone (3), *Architas* et *Timée* de Locres (4), et dans des temps postérieurs le fameux *Aristarque* de Samos (5). Ce systême fut aussi adopté par *Platon* dans sa vieillesse. Il se repentit alors, dit *Plutarque* (6), sur le rapport de *Théophraste*, d'avoir donné à la terre une place qui ne lui convenoit pas, en la mettant au centre de l'univers dans ses premiers écrits. L'autorité de *Théophraste* doit être ici d'un grand poids ; car il avoit écrit une histoire de l'astronomie, dont la perte ne sauroit être assez regrettée.

Le mouvement de la terre autour du soleil n'est qu'une branche particulière du vrai systême de l'univers, mais elle est tellement liée avec le reste de ce systême, que quoique nous n'en retrouvions pas des traces bien marquées dans l'école pythagoricienne, on est fondé à croire que ce fut celui qu'elle adopta. En effet, puisqu'on y faisoit tourner la terre autour du soleil placé au centre, il falloit nécessairement qu'on y mît les autres planètes en mouvement autour de lui. C'est ce qu'au rapport de quelques-uns, elle voulut exprimer par le symbole

(1) *De Placit. Phil.* l. 3, c. 13, 17.　　(4) Plut. *in Numa.*
(2) *Quaest. Acad.* l. 4, §. 39.　　(5) Archim. *in Arenar.*
(3) Diog. *in Philol.* Plut. *de Placit.*　　(6) *Quaest. Plat.* 7.
Phil. l. 3, c. 13.

d'un Apollon tenant à la main, et touchant une lyre à sept cordes; on tâche d'autoriser ce sens caché par le témoignage de quelques auteurs anciens (1). Mais ils s'expliquent d'une manière trop ambiguë pour faire aucun fond sur cette conjecture; M. *Grégori* (2) allant bien plus loin, ne s'est pas contenté de trouver des traces de l'attraction chez les Pythagoriciens; il a voulu qu'ils connussent aussi la fameuse loi de la raison inverse des quarrés des distances, suivant laquelle elle agit. Mais son raisonnement, quoique ingénieux, est si détourné, que par un moyen semblable, il n'est presque rien qu'on ne puisse retrouver chez les anciens. On en fera voir ailleurs l'inconsistance.

Les comètes, ces objets de terreur pour le vulgaire, furent vues sans effroi par les Pythagoriciens; ils les regardèrent comme des astres aussi anciens que l'univers, qui font leurs révolutions autour du soleil, et qui ne se montrent que lorsqu'ils sont arrivés dans une certaine partie de leur orbite. C'est *Aristote* qui nous l'apprend (3). Mais je ne pense pas que la comparaison qu'il en fait avec la planète de Mercure, que la petitesse de ses digressions permet rarement d'appercevoir, soit conforme au sens de ces philosophes; car la distance considérable dont la plûpart des comètes s'éloignent du soleil, la rend d'une fausseté évidente. Le philosophe *Artémidore* expliquoit mieux comment se faisoient ces apparitions, et ces occultations successives des comètes. Il disoit (4) qu'il y avoit plus de cinq planètes, (il entendoit parler des cinq, outre le soleil et la lune) mais qu'elles n'avoient pas été toutes observées à cause de la position de leurs orbites, qui ne les laissoit paroître que dans une de leurs extrémités. Il est honorable pour *Sénèque* d'avoir adopté cette idée, comme il le fait avec cette sorte de transport, qui saisit le génie à l'aspect d'une vérité brillante. Il osoit dès-lors prévoir qu'il viendroit un temps où le cours de ces planètes singulières seroit connu et soumis au calcul, et où l'on s'étonneroit que ces vérités eussent échappé à l'antiquité. *Veniet tempus quo posteri nostri nos tam aperta ignorasse mirabuntur.* Sa prédiction se vérifie de jour en jour plus parfaitement.

Une troisième partie du système de l'univers que saisirent les Pythagoriciens, est la destination des planètes et de cette multitude d'astres que nous voyons fixés et dispersés dans le ciel. Ils osèrent conjecturer que ces derniers étoient autant de

---

(1) Plin. *Hist. Nat.* l. 2, c. 22.   (3) Arist. *Meteor.* l. 1, c. 6.
Macrob. *in Somn. Scip.* l. 1, c. 19.   (4) Sénèque, *Quaest. Nat.* l. 7, c. 13.
(2) *Astr. Phys. et Geom. elem. Praef.*

soleils répandus dans l'immensité de l'espace, et autour desquels des planètes semblables à celles de notre soleil faisoient leurs révolutions (1). Ils donnoient même à ces soleils, de même qu'aux planètes, des mouvemens autour de leur axe. *Achilles Tatius* nous l'atteste (2), et dans la pauvreté de ses idées, il compare ce mouvement à celui d'une tarière qui tourne dans sa propre place. Ce fut encore un sentiment accrédité dans l'école de *Pythagore*, que toutes les planètes étoient habitées par des animaux qui ne le cédoient ni en beauté ni en grandeur à ceux de notre demeure (3). L'auteur du poëme attribué à *Orphée*, étoit sans doute de cette école; car on y trouve cette doctrine répandue dans quelques endroits. Les Pythagoriciens enfin alloient jusques à déterminer apparemment sur certaines raisons de convenance, la grandeur de ces habitans; mais la plûpart de ces conjectures sur la nature, la forme et les facultés de ces êtres qui résident dans les planètes, n'ont aucun fondement solide, et sans trop les déprimer, on peut dire qu'elles sont très-limitrophes à la puérilité. A l'égard de celle qui fait de chaque étoile un soleil semblable au nôtre, et de chaque planète un globe couvert, comme celui que nous habitons, d'êtres animés, on doit du moins convenir qu'elle est tout-à-fait digne de la grandeur et de l'immensité divine. La ressemblance des planètes avec notre terre, ressemblance que le télescope met hors de doute; la révolution journalière découverte dans la plûpart, comme pour en éclairer successivement toutes les parties; ces astres enfin, qui, semblables à notre lune, roulent autour de Jupiter et de Saturne, comme pour les dédommager de l'éloignement prodigieux où ils sont de la source de la lumière, donnent à cette conjecture une grande apparence de vérité.

Tant d'auteurs qui, d'une voix unanime, font germer ces découvertes brillantes dans l'école Pythagoricienne, forment sans doute une autorité puissante. Nous ne devons cependant pas dissimuler qu'il nous est parvenu deux ouvrages d'anciens Pythagoriciens, *Ocellus Lucanus* et *Timée* de Locres (4), mais on n'y trouve aucune trace de toutes ces opinions. Il est vrai qu'*Ocellus Lucanus* a envisagé son sujet d'une manière plus métaphysique que physique. Mais *Timée* de Locres parle précisément de l'arrangement des planètes, et il est bien loin de la vérité; car il met le soleil immédiatement au-dessus

(1) Plut. *de Plac. Phil.* l. 2, c. 15.
(2) *Isag. ad Arat.* c. 18.
(3) Plut. *Ibid.* et c. 30.
(4) *De universi natura; de anima mundi.*

Voyez sur-tout l'élégante édition de ces deux ouvrages, et de celui d'*Aristote, de mundo*, qu'on doit à M. *le Batteux.* Paris, 1768. in 8.

Tome I. Q

de la lune. C'est-là qu'on peut voir la composition des quatre élémens par des corps géométriques, et l'assimilation de l'ame du monde au nombre 114,695, somme des nombres harmoniques de 36 tons ou semi-tons descendans, et remplissant l'intervalle de 5 octaves. O esprit humain, dans combien de folies n'a-tu pas erré, avant de rencontrer la vérité !

I X.

Les mathématiques s'accrurent chez les Pythagoriciens de deux nouvelles branches, savoir, l'arithmétique et la musique. Ce n'est pas qu'il n'y eût avant eux et une musique et une manière de compter; l'une et l'autre sont si naturelles à l'homme; la dernière sur-tout est si nécessaire à tout peuple policé, qu'on ne pourroit le révoquer en doute, quand on n'en auroit aucune preuve positive. Ce que firent ces philosophes, fut donc seulement d'y appliquer les considérations mathématiques; et par-là de simples arts qu'elles étoient, ils les élevèrent au rang des sciences.

L'arithmétique fut toujours chez les anciens fort différente de ce qu'elle est aujourd'hui. On n'y trouve presque aucune trace des opérations dont les modernes composent la plus grande partie de la leur; et il y a apparence que ces opérations se faisoient presque à force de tête ; du moins nous avons perdu tous les livres où elles étoient expliquées. Tels étoient, à ce que nous conjecturons, un traité de *Nicomaque*, et les deux premiers livres des collections mathématiques de *Pappus*, dont il nous reste un petit fragment, où l'on entrevoit le procédé embarrassant, par lequel on diminuoit un peu la difficulté de multiplier de grands nombres.

Boëce (1) nous apprend que quelques Pythagoriciens avoient inventé et employoient, dans leurs calculs, neuf caractères particuliers, pendant que les autres se servoient des signes ordinaires, savoir, des lettres de l'alphabet. Il nomme ces caractères *Apices* ou *Caractères* ; nous ne pouvons nous empêcher de remarquer la grande analogie que cette arithmétique particulière paroît avoir avec celle que nous employons aujourd'hui, et que nous tenons des Arabes. Il y a plus; ces caractères, à un petit nombre près, ressemblent extrêmement aux chiffres arabes qu'on voit dans des manuscrits de trois ou quatre cents ans; mais cette raison est un motif d'en soupçonner l'authenticité. En effet les *manuscrits* de *Boëce*, où l'on trouve ces caractères si ressemblans aux premiers de l'arithmétique arabe,

(1) *De Geometria.*

n'ayant aussi que trois à quatre siècles, il est assez probable qu'ils sont l'ouvrage du copiste. Au reste cela est peu important; il s'agit ici beaucoup plus du fonds de cette arithmétique Pythagoricienne, que de la forme des caractères qu'elle employoit; et si le récit de *Boëce*, qui ne paroît pas également altéré, est vrai, il faudra admettre que l'on connut dans l'école de *Pythagore*, une manière de noter les nombres semblable à la nôtre.

Ce trait de *Boëce* admis dans toute son étendue, ne me paroît pas néanmoins un motif suffisant pour nous porter à chercher un nouveau système sur l'origine de notre arithmétique; les témoignages nombreux des Arabes me porteront toujours à croire qu'elle est née dans les Indes; et j'aimerai mieux conjecturer que ce fut une de ces inventions que *Pythagore* puisa chez les Indiens, que de penser que ceux ci la tirèrent des Grecs. J'avoue que si cette arithmétique eût été ordinaire chez ces derniers, ce seroit une grande présomption en leur faveur. Mais une méthode usitée seulement par un petit nombre d'hommes mystérieux, ne me paroît point propre à avoir pénétré jusqu'aux Indes.

Ce qui occupa principalement ces anciens philosophes dans leur arithmétique, ce furent les propriétés et les rapports qu'ils remarquèrent dans les nombres. Ils les distinguèrent en bien des espèces, en *parfaits* et *imparfaits*; en *abondans* et *déficitfs*; en *plans* et *solides*; en *triangulaires*, *quarrés*, *pentagones*, etc. compris sous le nom général de *polygones*, et en *pyramidaux*. Ces divisions, dont les unes sont d'assez vaines spéculations, et les autres de quelque utilité, exercèrent beaucoup les Pythagoriciens; et comme les recherches des questions que présentent ces rapports, supposent la plûpart une théorie utile, ce ne fut pas tout à-fait sans fruit qu'ils s'en occupèrent. Il faut cependant convenir que le foible qu'ils témoignèrent pour ce genre de subtilité fut extrême; qu'ils trouvèrent tant d'allusions, de rapports mystérieux et de prétendues merveilles dans ces propriétés des nombres, qu'ils ont besoin de toute l'indulgence des esprits raisonnables. Quelques-uns écrivirent, ce semble, beaucoup sur d'aussi minces sujets, comme *Architas* dont on cite un traité sur le nombre dix (1), et *Télaugès* le fils de *Pythagore*, qui fit, dit-on (2), quatre livres sur le quaternaire. On formeroit un ouvrage considérable des puériles remarques qu'on leur attribue de toute part; et en effet, quelques auteurs, comme *Jean Meursius*, (3), le bon cha-

_____

(1) *Biblioth. Graeca* de Fabricius.   (3) *Denarius Pythagoricus*.
(2) *Ibid.*

.noine de Cézène, *Pierre Bungo*, qui a même beaucoup enchéri sur eux (1), et le père *Kircher* (2), ont pris la peine de les rassembler. On perdra peu, si je ne m'y arrête pas.

Je ne puis cependant m'empêcher de remarquer une de ces rêveries des Pythagoriciens sur la vertu des nombres ; c'est celle d'après laquelle ils composoient le monde des quatre premiers nombres pairs, et des quatre premiers impairs, rêverie certainement empruntée des Egyptiens, et qui, par un singulier hasard, se retrouve chez les Chinois, qui en attribuent l'invention à leur premier empereur *Fo-hi*. Les quatre premiers nombres impairs représentoient les élémens purs et célestes, et les pairs moindres en dignité, les mêmes élémens associés aux impuretés terrestres. Or la somme de tous ces nombres forme 36. Ainsi le monde, l'assemblage de tous les élémens célestes et terrestres étoit représenté par 36, qui devoit avoir de grandes propriétés. C'étoit-là, suivant *Plutarque*, qui nous a conservé ces lambeaux de la philosophie Pythagoricienne ou plutôt Egyptienne, le fameux quaternaire de *Pythagore*, celui par lequel jurer étoit le serment le plus redoutable et le plus respectable.

Platon, suivant le même *Plutarque*, avoit toutefois perfectionné ce quaternaire en le portant à 40. Car il assimiloit les quatre élémens célestes aux nombres impairs, 1, 3, 7, 9, le nombre 5 qui tient le milieu, représentant le premier principe, Νᾶς, l'intelligence suprême ou la divinité, qui est hors de rang ; les quatre nombres pairs, 2, 4, 6, 8, représentoient les quatre élémens terrestres. Or de ces huit nombres résulte celui de 40, qui ainsi représente le monde. Une singularité bien grande, est que *Fohi*, passant, chez les Chinois, pour l'auteur des idées sublimes du premier système, le chinois *Vou vang*, père de l'empereur *Vou-vang*, qui régnoit sur la Chine vers l'an 1120 avant J. C., passe pour l'inventeur du second. Il faut un hasard bien singulier pour produire chez deux peuples, aussi éloignés que les Egyptiens et les Chinois, une conformité aussi complète. Que deux peuples rencontrent la même vérité, cela n'a rien de surprenant, parce que la vérité est une ; mais qu'ils coïncident, pour ainsi dire, dans des visions aussi bizarres, c'est ce qui a droit d'étonner, à moins qu'on ne dise que l'un est en quelque sorte le père de l'autre, ou qu'ils ont une origine commune ; ce que je tiendrois presque pour démontré par cela seul.

Ce foible des Pythagoriciens pour les propriétés des nombres a paru si excessif à quelques esprits judicieux, et jaloux de l'honneur de la philosophie, qu'ils ont soupçonné, que ce n'étoient

que des emblêmes dont nous n'avons plus la clef. M. *Barrow*
est de ce nombre (1), et en avoit formé une ingénieuse conjecture sur cette *tetractys*, ou ce quaternaire si fameux chez
Pythagore. Il a pensé que ce n'étoit autre chose que le systême des quatre parties des mathématiques; car elles n'étoient
pas alors plus étendues. Il explique donc ainsi cette formule
de serment Pythagoricien : *assevero per illum qui animae
nostrae tradidit quaternarium.* Je le jure par celui qui nous a
instruit des quatre parties des mathématiques. D'autres ont
pensé que ce sacré quaternaire n'étoit autre chose que le systême des nombres 1, 2, 3, 4, d'où *Pythagore* dérivoit toutes
les proportions musicales. Ainsi l'ouvrage de *Télaugès* n'auroit
été qu'un traité de musique. *Erhard Weigelius* s'est imaginé
que cette fameuse *tetractys* étoit une arithmétique quaternaire,
c'est-à-dire, usant seulement de périodes de 4, comme nous
employons celle de 10. Il a fait sur cela deux ouvrages (2), par
le premier desquels on voit, qu'entrant dans les idées Pythagoriciennes, il croyoit tirer de grandes merveilles de cette
espèce d'arithmétique, ce que le succès n'a pas justifié. Mais
il est fatigant de s'abîmer dans des conjectures, dont l'objet
ne présente d'ailleurs rien d'utile. Nous allons passer à des
objets plus intéressans.

Les Pythagoriciens apprêtèrent sur-tout une ample matière
aux problêmes arithmétiques, en imaginant leurs triangles rectangles en nombres. Ce sont trois nombres tels que le carré du
plus grand est égal à la somme des carrés des deux autres. Ils
representent en effet alors les trois côtés d'un triangle rectangle, et c'est ce qui leur en a fait donner le nom. L'école
pythagoricienne s'en occupa beaucoup, et celle de *Platon* ne
les négligea pas. *Proclus* (3) nous a conservé la manière que
l'une et l'autre employoient pour en trouver une infinité. Les
problêmes sur les triangles, limités à certaines conditions, ont
eu de la célébrité pendant quelque temps chez les modernes,
et ont occasionné des défis entre des géomètres d'un grand
nom. Ce n'est même pas tout à fait sans raison; car ils sont
très-propres à exercer le génie, et leur solution demande souvent des tours d'analyse particuliers, et très-adroits.

X.

La découverte que *Pythagore* fit sur le son, est une des

---

(1) Lect. Mathém. 2, p. 17.
(2) Tetractys *summum tùm arith. tùm geometrix compendium*, etc. Tetractys *tetracty pythagoræ respondens.*

(3) *Comm. in* 1 *Euclidis ad prop.* 40.

plus belles de ce philosophe, et elle donna naissance à une quatrième branche des mathématiques, savoir, la musique : voici en quoi elle consiste.

Il n'y a personne qui n'ait remarqué qu'une corde tendue rend des sons d'autant plus aigus, que l'on raccourcit davantage sa longueur sans augmenter sa tension ; c'est ce qui se passe sur tout instrument à cordes. Il ne falloit sans doute rien de plus à un mathématicien pour l'exciter à rechercher quels devoient être les rapports des longueurs qui donnent ces différens tons, et probablement ce fut le motif qui engagea *Pythagore* dans cette recherche. Cependant on aime mieux en faire l'histoire suivante.

On dit donc, et c'est *Nicomaque* qui le raconte (1), que *Pythagore* se promenant un jour, l'esprit occupé des moyens par lesquels il pourroit réduire au calcul et mesurer les sons, passa devant un attelier de forgerons, qui frappoient un morceau de fer sur l'enclume. Surpris d'en entendre sortir des sons qui s'accordoient aux intervalles de quarte, quinte et octave, il entra dans cet attelier, et ayant examiné de près le phénomène, il fut convaincu qu'il ne pouvoit avoir d'autre cause que la différence du poids des marteaux. Il les pesa donc, et trouva que celui qui rendoit le *diapason* ou l'octave, étoit la moitié du plus lourd ; que celui qui sonnoit la *diapente* ou la quinte, en étoit les deux tiers ; et enfin que celui qui donnoit le *diatessaron* ou la quarte, en étoit les trois quarts. Rentré chez lui et réfléchissant sur le phénomène, il imagina d'attacher une corde à un arrêt fixe, et la faisant passer sur une cheville, de suspendre de l'autre côté des poids dans la même proportion, pour éprouver quels sons elle rendroit étant ainsi tendue par ces poids inégaux ; et il trouva les intervalles dont on a parlé. C'est ainsi que le racontent plusieurs anciens auteurs, comme *Nicomaque*, *Jamblique*, dans sa vie de *Pythagore*, etc. et même des modernes, qui, sans examiner la chose, ont ajouté foi à leur récit. Mais cela seul prouveroit que ce trait de la vie de *Pythagore* est une fiction, ou qu'il a été bien défiguré. Car il n'est point vrai qu'il faille des poids dans cette proportion pour produire les sons ci-dessus : il faut pour cela des cordes tendues par un même poids, et dont les longueurs soyent dans ces rapports, et quant aux poids appliqués à la même corde, ils doivent être réciproquement comme les carrés des nombres cités plus haut. Il faudroit un poids quadruple pour former l'octave en haut ; pour la quinte, il devroit être les $\frac{9}{4}$, et pour la quarte, les $\frac{16}{9}$. D'ailleurs le procédé de *Py-*

(1) *Isagoge Arithmet.*

thagore n'est nullement celui qu'indique le raisonnement. Car comme c'étoient des marteaux inégaux qui, choqués par l'enclume, rendoient des sons différens, il est évident que ce devoient être des cordes de différente longueur qu'il falloit mettre en vibration. S'il y a donc quelque réalité dans l'histoire qu'on raconte de *Pythagore*, la manière dont il raisonnoit fut sans doute celle ci-dessus; et ce fut ainsi qu'il trouva que l'octave devoit être exprimée par $\frac{1}{2}$, la quinte par $\frac{2}{3}$, et la quarte par $\frac{3}{4}$, le ton enfin qui est la différence de la quarte et la quinte, par $\frac{8}{9}$. Ce sont là en effet les longueurs des cordes qui produisent ces intervalles; on peut conjecturer aussi qu'il trouva les rapports des tensions ou des poids nécessaires à appliquer à une même corde pour produire ces sons. Cela n'étoit pas bien difficile, puisqu'il n'y avoit qu'à augmenter ces poids, jusqu'à ce que les cordes tendues rendissent les sons ci-dessus. On voit par un passage de *Théon de Smyrne* (1), et par divers endroits de *Nicomaque* (2), que les philosophes de l'école pythagoricienne, et en particulier, *Lasus* d'Hermione et *Hippasus* de Métaponte, firent beaucoup d'expériences de ce genre sur les cordes, soit plus ou moins longues, soit tendues par des poids plus ou moins grands, et enfin au moyen de vases de même grandeur, plus ou moins remplis d'eau.

La découverte de *Pythagore* fut ainsi confirmée de diverses manières, par lui et ses disciples. Mais cet amour mal entendu pour les propriétés numériques, qui le jetta, ainsi que ses disciples, dans tant d'écarts bizarres, l'engagea bientôt dans une erreur. Il ne voulut admettre pour consonnances que les intervalles qui s'exprimoient par des rapports extrêmement simples, tels que ceux qu'on vient de voir. Ainsi, en recevant pour consonnance, la quarte, la quinte, l'octave, la quinte au-dessus de l'octave, et la double octave, qui sont respectivement exprimées par $\frac{3}{4}$; $\frac{2}{3}$; $\frac{1}{2}$, $\frac{1}{3}$, $\frac{1}{4}$, il rejetta la quarte au-dessus de l'octave, parce qu'elle est exprimée par $\frac{3}{8}$. Cette prétention est absolument contrariée par le témoignage des sens, qui enseignent que les sons à l'octave les uns des autres se ressemblent parfaitement, tellement que ce qui est vrai de l'un, l'est aussi de l'autre. *Pythagore* et ses sectateurs méritent la répréhension qu'ils essuyèrent de la part d'*Aristoxène* et de ses sectateurs.

Il y eut dans l'antiquité deux sectes de musiciens, dont l'une eut pour chef *Pythagore*, et l'autre *Aristoxène*. Les premiers, comme on vient de voir, consultant presque uniquement certains préjugés métaphysiques, négligeoient tout à fait les sens dans leur système de musique et dans la division des accords en consonanns et dissonans (1) ; les autres tomboient dans une extrémité aussi peu philosophique, refusant d'exprimer les accords par des raisons. Ainsi, ayant fixé un intervalle qui est le ton, ils y rapportoient tous les autres, en le lui comparant comme multiple ou partie aliquote : absurdité ridicule, comme si on pouvoit dire qu'un ton fût la moitié d'un autre, comme un demipied est la moitié d'un pied. La quarte, selon eux, étoit composée de deux tons et demi, la quinte de trois et demi, l'octave de cinq tons et deux demi tons, ou de six tons. Cela est, à la vérité, sensiblement vrai, mais non exactement, et c'est ce que les *Pythagoriciens* démontroient facilement.

En effet, puisque deux cordes de grosseur égale et tendues par des poids égaux, forment des accords semblables quand leurs longueurs ont le même rapport, il est nécessaire de convenir que, pour mesurer ces tons, il faut considérer les rapports des longueurs des cordes qui les produisent. Ainsi lorsqu'un ton partagera également un intervalle, il faudra que la longueur de la corde qui le produit soit moyenne proportionnelle entre celles qui produisent les deux autres. On en a un exemple dans l'octave, qui partage incontestablement en deux également l'intervalle entre le son fondamental et la double octave. Aussi la longueur qui sonne l'octave ou $\frac{1}{2}$ est-elle précisément moyenne proportionnelle entre celles qui forment les autres sons, 1 et $\frac{1}{4}$. Voyons donc d'abord si ce qu'on nomme un demi-ton, est réellement une moitié de ton, ou partage en deux également le ton. On a vu plus haut que les rapports qui expriment la quarte et la quinte sont $\frac{3}{4}$ et $\frac{2}{3}$: or de la quarte à la quinte il y a un ton : ainsi le rapport du ton sera exprimé par le rapport de deux cordes qui font la quinte et la quarte, rapport qui est de 8 à 9. Chez les anciens, où la tierce majeure étoit composée de deux tons majeurs, il étoit nécessaire qu'elle fût exprimée par le carré de 8 à 9, ou $\frac{64}{81}$; enfin de la tierce majeure à la quarte, il y a un demi-ton exprimé par le rapport de $\frac{64}{81}$ à $\frac{3}{4}$, ce qui donne le rapport de $\frac{243}{256}$. Or cette fraction n'est point moyenne proportionnelle géométrique entre 1 et $\frac{8}{9}$, comme elle devroit l'être, si le demi-ton partageoit également l'intervalle du ton. Il en est de même dans le systême moderne, où la tierce majeure est composée d'un ton majeur et d'un mineur, c'est-à-dire, des deux raisons de 8 à 9 et 9 à 10 ; ce qui donne celle de 4 à 5 ou $\frac{4}{5}$, d'où résulte un demi-ton exprimé par $\frac{15}{16}$, appellé demi-ton majeur. Il est aisé de voir que ce nombre n'est point moyen proportionnel entre 1 et $\frac{8}{9}$; le calcul montre qu'il est un peu moindre,

(1) *Ibid.*

et

et par conséquent le demi-ton est plus haut que le milieu précis de l'intervalle du ton. Il est même impossible qu'il y ait un pareil milieu précis, puisque le nombre $\frac{8}{9}$ n'est pas susceptible d'extraction de racine carrée.

On démontre d'une manière semblable que l'octave n'est point composée de 6 tons, comme le vouloient les Aristoxéniens ; car si cela étoit, le rapport de 8 à 9 multiplié six fois par lui-même, ou la sixième puissance de $\frac{8}{9}$, formeroit le rapport de l'octave, ou égaleroit $\frac{1}{2}$; mais ce nombre est $\frac{272144}{549444}$, qui est moindre que $\frac{1}{2}$. Si donc l'on montoit exactement 6 fois de suite par l'intervalle d'un ton juste, on monteroit au dessus de l'octave ; et l'intervalle dont on la surpasseroit, seroit exprimé par le rapport de 136 à 137. Les *Pythagoriciens* qui remarquoient cette différence, donnoient à cet intervalle le nom de petit *comma*, et c'est là le fameux *comma* de *Pythagore*. Toutes ces choses, si nous en exceptons ce que nous avons dit sur les tons mineurs ou de 9 à 10, qui furent inconnus aux anciens, sont démontrées rigoureusement dans la musique d'*Euclide*.

Jusqu'ici *Pythagore* n'a joué que le rôle d'un musicien théoricien ; mais suivant *Nicomaque* et tous les auteurs qui ont écrit sur la musique ancienne, il fit même, dans la pratique de l'art, une grande innovation. Cela nous conduit nécessairement à tracer ici un tableau abrégé non-seulement de la théorie, mais de l'art même pratique de la musique chez les anciens.

Il faut d'abord observer que, chez les Grecs, le mot *musique* avoit une acception bien plus étendue que chez nous. Chez eux tout ce qui étoit susceptible d'ordre, d'arrangement, comme la danse, la poésie, l'économie politique même, étoit du ressort de la musique. Chez nous ce mot est borné à exprimer l'art des sons ou successifs ou simultanés, ce qui comprend la mélodie et l'harmonie. Nous remarquerons seulement encore que parmi nous le mot d'*harmonie*, pris dans un sens figuré, revient assez bien à ce que les Grecs appelloient *musique* en général. Mais nous ne prendrons ici l'un et l'autre que dans le sens strict, et pour la science des sons.

Lors de la naissance de la musique chez les Grecs et dans les temps antérieurs à *Orphée*, si toutefois ce personnage est quelque chose de plus qu'un être symbolique, la lyre dont l'invention étoit attribuée à *Mercure*, n'étoit formée que de quatre cordes, dont les sons auroient répondu à *si, ut, re, mi*. Voilà, dira-t-on, d'abord un instrument bien borné. Cela est vrai ; mais nous avons des airs même modernes, qui sont contenus dans des limites presque aussi étroites, et qui ne sont pas sans agrément. Beaucoup d'airs de nations, qui sont encore au premier degré de civilisation, ne présentent pas plus d'étendue de sens. Or, tel étoit alors l'état des Grecs. Ce premier instrument étant donc ainsi borné à quatre cordes, il en résulta que les Grecs ne virent par tout que des tétracordes, même dans des temps postérieurs ; et quoique alors leur systême de modulation fût d'une beaucoup plus grande étendue, tout fut composé de tétracordes ajoutés en dessus ou en dessous des primitifs.

Cette composition de la lyre de *Mercure* est fondée sur le témoignage presque unanime des auteurs anciens. Cependant nous ne pouvons le dissimuler ; *Boëce* qui n'a guère fait que nous transmettre la doctrine des anciens sur l'arithmétique et la musique, *Boëce*, dis-je, donne une valeur différente aux sons des quatre cordes de cette lyre. Suivant lui elles étoient montées, en sorte que la seconde faisant avec la première la quarte, la troisième sonnoit la quinte, et la quatrième l'octave ; c'étoit donc, suivant notre langage actuel, en montant, ces sons *mi*, *la*, *si*, *mi*, ou en descendant, *mi*, *si*, *la*, *mi*. J'observerai que *Boëce* cite *Nicomaque*, à l'appui de son assertion, mais qu'on cherche en vain ce passage dans ce que nous avons de cet auteur.

Tel étoit l'état de la lyre ancienne, lorsque *Mercure*, suivant *Nicomaque*, et *Orphée*, suivant d'autres, y ajouta trois cordes nouvelles. Elles furent disposées au-dessus des quatre précédentes *si*, *ut*, *re*, *mi*, de sorte que la plus haute *mi*, formant avec la suivante un demi-ton, il y eut ensuite deux tons. Ainsi, la lyre fut composée de sept cordes rendant ces sons, *si*, *ut*, *re*, *mi*, *fa*, *sol*, *la* : or, comme de *si* à *mi* il y avoit un tétracorde, et de *mi* à *la* un autre, dont *mi* étoit le son commun, on les appella tétracordes conjoints. *Mercure*, suivant les uns, enseigna ce systême à *Orphée*, et suivant d'autres, on le dut à *Orphée* lui-même, à qui il fit tant d'honneur que son nom en est devenu immortel. *Orphée* l'enseigna à *Tamyris*, et à *Linus* qui fut le maître d'*Hercule* : celui-ci le transmit aussi à *Amphion*, qui devint si célèbre par ses chants et son art à toucher la lyre, que l'on feignit qu'il s'en servit pour bâtir les murs de Thèbes ; ce qui signifie seulement que par ses chants il adoucit les mœurs des peuples encore sauvages de la Béotie, et les engagea à se rassembler dans ce qui forma depuis la ville de Thèbes.

Les choses restèrent en cet état jusqu'au temps de *Pythagore*, qui reconnut qu'il manquoit à ce systême un complément essentiel, celui de l'octave. Comment cela put-il même tarder si long-temps, le sentiment de l'octave étant si naturel, qu'un enfant chantant avec son maître, se met tout naturellement à l'octave, ne pouvant être à l'unisson? *Pythagore* voulut donc que les deux extrémités des deux tétracordes formassent entre elles cette consonnance, la plus parfaite de toutes. Un son surajouté en-dessus ou en-dessous n'auroit pas rempli son objet; car il falloit deux tétracordes semblables, suivant les idées adoptées. Il prit donc le parti de mettre un ton entre l'un et l'autre, au lieu qu'ils avoient un son commun; et alors son échelle eut cette forme, *mi, fa, sol, la, si, ut, re, mi.* Elle est, comme la nôtre, une espèce de chant dans le ton *d'ut;* mais au lieu que la nôtre se repose sur la tonique *ut,* celle-ci se repose sur sa tierce majeure; désinence que nous remarquerons ailleurs avoir été familière aux Grecs, comme elle l'est dans notre plainchant.

Dans la suite, lorsqu'on s'avisa de faire des chants ou des airs pour la lyre plus étendus, on augmenta encore le nombre des cordes. *Nicomaque* attribue à *Théophraste* de l'ierie l'addition d'une neuvième, celle d'une dixième à *Histiée* de Colophone; cela se fit apparemment à Athènes ou à Thèbes, car les Lacédémoniens n'entendoient pas raillerie sur ce point; *Thimothée* de Milet s'étant avisé chez eux d'innover sur cet article intéressant, fut gravement puni. Le décret des Ephores contre ce musicien nous a été transmis par *Boëce.* Pour avoir voulu ajouter quatre nouvelles cordes aux sept dont la lyre antique étoit composée, il fut réprimandé publiquement, obligé de rompre lui-même dans l'assemblée du peuple les cordes superflues de son instrument, qui fut en cet état suspendu, comme monument de sa punition, dans un lieu public. On dit communément qu'il éprouva ce désagrément, pour avoir ajouté une seule corde aux anciennes, mais on est dans l'erreur; le décret qui nous a été transmis par *Boëce,* et d'après lui par *Scaliger* (1), et qui porte le caractère singulier du dialecte spartiate, parle de quatre cordes. On lui imputoit néanmoins dans ce décret d'autres crimes, comme celui d'avoir violé le secret des mystères *d'Eleusis.* Nous ajouterons que *Terpandre,* l'émule *d'Orphée,* avoit déjà éprouvé quelque chose de semblable.

Timothée ne fut même pas le seul des musiciens grecs, à qui les sévères Spartiates firent l'affront de couper quelques cordes de leur lyre. *Plutarque* nous raconte encore, que l'Ephore *Emerépes* coupa deux cordes de celle du musicien *Phrynis,* en lui disant : *ne corromps pas la musique de nos pères.* Il est fâcheux que les musiciens de notre ancien opéra n'ayent pas été assez instruits pour connoître ces traits. Car sans doute ils les

_____

(1) *Notae in Sph. Barbaricam,* à la suite de son édition de *Manilius,* p. 426, édit. de 1600.

eussent fait valoir contre *Rousseau* et les partisans de la musique italienne, lorsqu'elle s'est introduite sur nos théâtres.

Mais apparemment le surplus de la Grèce n'étoit pas si rigoureux, car l'innovation de *Pythagore* y passa, et l'on fit bien plus : on ajouta dans la suite, en sus de son double tétracorde, deux autres tétracordes conjoints, l'un en-dessus, l'autre au dessous, en sorte que l'échelle grecque fut alors composée de quatorze sons revenans à ceux-ci, *si, ut, re, mi, fa, sol, la, si, ut, re, mi, fa, sol, la*. Et pour compléter la double octave, on prit un *la*, une octave au dessous de celui du milieu. On le nommoit par cette raison *proslambanomène*, ou son *sur-ajouté* au-devant, et il étoit en quelque sorte étranger et hors-de-rang, à cause de l'attachement que les Grecs avoient à leurs tétracordes. Mais pourquoi prit on ce *la* en bas plutôt qu'un *si* en haut, qui auroit également complété l'octave? On fut apparemment guidé par le sentiment de l'oreille, d'après lequel ce *si* auroit fort mal terminé l'échelle; au lieu que le *la*, quoiqu'il ne la termine pas, nous en convenons, par une cadence parfaite, le fait au moins d'une manière plus passable, et même assez analogue à une désinence fort commune dans le chant grec et dans le plain-chant. On voulut encore conserver au *la* du milieu le nom de *mèse* ou *moyenne*, qu'on lui avoit anciennement donné. Telles furent sans doute les causes de cette bisarrerie.

Ainsi, la gamme ou l'échelle diatonique grecque étoit composée (en mettant à part eproslambanomène) de quatre tétracordes, dont les deux plus bas, *si, ut, re, mi, fa, sol, la*, étoient conjoints. ayant le *mi* commun; le second et le troisième, *mi, fa, sol, la, si, ut, re, mi*, étoient disjoints, et enfin le troisième et le quatrième étoient conjoints. Le premier de ces tétracordes se nommoit des *hypatón hypatón*, le second des *hypatón*, le troisième des *diezeugmenon*, ou disjointes, et le quatrième des *hyperboléon*, et chacune de ces cordes dans chaque tétracorde avoit son nom particulier. Mais les détails de cette dénomination nous meneroient trop loin.

Il est néanmoins à observer qu'il y avoit une disposition, au moyen de laquelle le troisième tétracorde étoit conjoint avec le second, et répondoit à *la, si♭, ut, re*. *Ptolémée* avoit tort, ce nous semble, de regarder cette corde abaissée d'un demi-ton comme inutile. Car il est visible qu'elle devenoit utile, lorsqu'ayant modulé en *ut* naturel, on passoit au ton de *fa* qui exige un *si♭*; et cette transition étoit familière dans la musique grecque, comme dans notre plain-chant; *Plutarque* parle même d'une combinaison, où l'on separoit les tétracordes conjoints, en élevant la seconde note du plus haut d'un demi-ton, ce qui la faisoit répondre à un *fa* dièse. Cette corde servoit apparemment, quand du ton d'*ut* on passoit à celui de *sol*, qui exige ce *fa* dièse. Mais cela étoit aussi rare chez les Grecs que commun chez nous. C'est pour cette raison peut-être qu'il n'en est question que dans *Plutarque*. Ainsi une lyre garnie de toutes ses cordes présentoit ces sons, *la*, *si*, *ut*, *re*, *mi*, *fa*, *fa* dièse, *sol*, *la*, *si♭*, *si*, *ut*, *re*, *mi*, *fa*, *fa* dièse, *sol*, *la*. Nous allons passer maintenant à une singularité des plus grandes de la musique grecque.

Tout le monde sait qu'il y avoit trois genres dans la musique grecque, le diatonique, le chromatique et l'enharmonique. Ce que l'on vient de dire regarde le diatonique; une lyre montée aux tons ci-dessus, un chant qui n'auroit employé que ces sons, eût été dans le genre diatonique; car être dans un ton ou dans un genre, c'est n'employer que les sons qui proviennent de la division de ce genre ou de ce ton.

Le genre chromatique étoit celui où l'on employoit des demi-tons de suite. En montant suivant la succession ou le chant le plus simple de ce genre, on formoit d'abord deux demi-tons, puis une tierce mineure, ensuite deux demi-tons, et une autre tierce mineure. Ainsi la gamme chromatique exprimée à la moderne, étoit *si*, *ut*, *ut* dièse, *mi*, *fa*, *fa* dièse, *la*, *si*, *ut*, *ut* dièse, etc., et les chants formés de ces sons seuls étoient nommés chromatiques. On voit par-là que le chromatique grec différoit fort du nôtre. Car nous appelons chromatique, dans la musique moderne, tout trait de chant qui monte ou qui descend par demi-tons, quel que soit leur nombre; mais nous n'avons que des passages de cette espèce; un chant chromatique de quelque étendue ne seroit point supportable à nos oreilles. En effet ce genre est moins naturel que le diatonique, et il a une sorte de dureté, qui oblige de ne l'employer qu'avec ménagement; à la vérité, cette dureté même le rend d'autant plus propre à exprimer certains sentimens: aussi les Italiens, grands coloristes en musique, en font ils beaucoup d'usage. On en trouve fréquemment des passages dans leurs airs, et nos habiles musiciens françois ne le négligent pas.

Le genre enharmonique, le plus parfait de tous, au jugement des oreilles grecques, mais aussi le plus difficile, employoit des quarts de ton, comme le chromatique les demi-tons. Que l'on prenne le signe * pour celui du dièse enharmonique, ou qui n'élève la note que du quart de ton, la gamme de ce genre étoit *la*, *si*, *si* *; *ut*, *mi*, *mi* *, *fa*, *la*, *etc.* et l'on appelloit enharmonique tout chant, où il n'y avoit que ces sons d'employés. Telle étoit la nature du chromatique et de l'enharmonique; à tort *Sauvas* (1) a-t-il prétendu, que l'un et l'autre de ces

(1) *Le Musica.*

genres étoient l'octave entière divisée en demi tons, **ou en quart de tons**; il se trompoit, et il suffit d'ouvrir le premier musicien grec, pour s'assurer que notre description est la véritable. On concevra peut-être comment on pouvoit former quelque chant dans le genre chromatique; mais à l'égard de l'enharmonique, on n'a pu jusqu'ici comprendre comment il étoit possible de faire quelque chose de supportable en ce genre si peu naturel. C'est aussi un sujet d'étonnement pour nous qu'il y ait eu des gens assez exercés, pour apprécier et former des intervalles aussi peu sensibles que des quarts de ton. Il paroît cependant certain que ce genre, malgré sa dureté et sa difficulté, fut long-temps cher à la Grèce, et en fit les délices. Nous remarquerons même que, dans la musique asiatique, comme celle des Turcs et des Persans, il y a des sons qui paroissent tenir de l'enharmonique ancien. Car on ne sauroit les représenter par des sons de notre gamme; ce qui donne au chant de ces peuples une mollesse, qui ne laisse pas d'être agréable pour les oreilles qui y sont accoutumées. Au surplus la Grèce se dégoûta peu-à-peu de son enharmonique; et au temps de Ptolemée, il étoit passé d'usage, ainsi que le chromatique. L'un et l'autre ne subsistent plus aujourd'hui que dans les livres des Musiciens, et je crois que nous n'y perdons guères.

Une chose encore qui semble ne pas faire l'éloge des oreilles des Grecs, c'est qu'ils avoient trois espèces de diatoniques et trois chromatiques différens. De ces trois diatoniques, le premier appellé *syntou* ou *diton* est celui dont on a parlé plus haut, et qui est le seul conforme au sentiment d'une oreille bien organisée. Le second étoit appellé *diatorique mol* et procédoit par un intervalle, espèce de semi ton de 20 à 21; un ton de 9 à 10, et un 3ᵉ intervalle de 7 à 8. Le troisième qui étoit, dit-on, une invention d'*Architas*, étoit appellé *toniée* et procédoit par un semi-ton encore plus petit que le précédent, savoir dans le rapport de 27 à 28, un ton de 7 à 8, et un de 8 à 9. *Euclide* représente le second un peu différemment, en disant qu'il procédoit par le semi-ton ordinaire, trois quarts de ton et cinq quarts de ton; vrai être de raison, qui n'a, ainsi que les deux précédens, aucun fondement dans la nature.

Il y avoit également deux autres espèces de chromatiques, indépendamment de celle décrite plus haut. L'un appellé *mol* procédoit par un tiers de ton, un tiers de ton, et un 3ᵉ intervalle qui équivaloit à $\frac{11}{6}$ de ton, ou le restant pour atteindre la quarte. L'autre nommé *ses-qui-altère* procédoit par $\frac{1}{4}$ de ton, autre $\frac{1}{4}$ de ton et $\frac{7}{4}$ de ton. On ne peut s'empêcher de se demander comment les Grecs avoient donc les oreilles constituées, s'ils trouvoient du plaisir à une mélodie établie sur de pareils principes ; et qu'on ne dise pas que c'étoient les géomètres seuls qui avoient imaginé ces étranges divisions du tétracorde ; car *Aristoxène*, le chef de ceux qui se vantoient de ne consulter que le témoignage des sens, disoit la même chose qu'*Euclide*. Je ne saurois au surplus me persuader qu'*Euclide* soit l'auteur des deux parties qui constituent l'ouvrage qui porte son nom. Car, dans l'introduction, c'est un Aristoxénien qui parle, et dans la section du canon ou monochorde, c'est un géomètre, qui démontre rigoureusement qu'un ton ne peut être divisé en deux parties, que six tons égaux font plus que l'octave ; etc. ? Comment attribuer au même homme deux doctrines et deux langages qui se réfutent mutuellement ?

Je viens maintenant à une des parties les plus intéressantes de la musique ancienne. C'est celle de ses modes, sujet obscur et qui a embarrassé la plûpart de ceux qui ont tenté de le débrouiller.

Je dis donc que les modes, ou plutôt les tons de la musique ancienne, sont la même chose que les tons de la nôtre. A la vérité on ne les reconnoîtroit pas dans la manière dont les anciens les ont pour la plûpart expliqués ; et si l'on s'en tenoit à leur explication, il en résulteroit qu'ils n'avoient qu'un seul mode. En effet, l'origine qu'on leur donne communément paroîtra évidemment fausse à tous ceux qui sont initiés dans la musique. La voici :

Les anciens remarquoient sept espèces d'octaves formées du différent arrangement des tons et semi tons, comme seroient celles-ci : *la*, *si*, *ut*, *re*, *mi*, *fa*, *sol*, *la* ; *si*, *ut*, *re*, *mi*, *fa*, *sol*, *la*, *si* ; *ut*, *re*, *mi*, *fa*, *sol*, *la*, *si*, *ut*, etc. Et ils leur avoient donné différens noms, comme d'octaves dorienne, lydienne, phrygienne, etc. C'étoit là, suivant eux, ce qui caractérisoit leurs différens modes ; mais pour peu qu'on soit musicien, croira-t-on être dans un mode ou un ton différent, quand on chantera *ut*, *re*, *mi*, *fa*, *sol*, *la*, *si*, *ut* ; ou *sol*, *la*, *si*, *ut*, *re*, *mi*, *fa*, *sol* ; ou *mi*, *fa*, *sol*, *la*, *si*, *ut*, *re*, *mi* ? Pour être dans le mode de *sol*, il faut que le *fa* soit dièse pour devenir note sensible ; et dans le mode de *mi* majeur, il faut que le *fa*, l'*ut*, le *sol* et le *re*, soient également élevés d'un demi-ton. *Aristoxène* et ceux qui s'expliquoient, comme on a vu plus haut, se trompoient donc. Mais doit-on s'en étonner ? on n'a qu'à lire les auteurs qui écrivoient il y a un siècle ou un siècle et demi sur la musique, ils ne donnoient pas à leurs modes ou tons d'autre origine ; et sans doute ils étoient dans l'erreur, ils n'avoient pas senti ce qui caractérise le passage d'un ton à un autre, ou ils l'expliquoient mal. Par sentiment ils mettoient les dièses et bémols où il convenoit, mais ils n'en donnoient aucune raison satisfaisante, ou pour mieux dire ils n'en donnoient aucune.

Heureusement nous trouvons dans quelques anciens musiciens grecs, sur-tout *Bacchius* et *Alypius*, des tables qui nous paroissent propres à suppléer au défaut de leur explication. Il résulte, ce me semble, évidemment de ces tables, que tous les modes étoient semblables pour leur succession de tons, et qu'ils ne différoient qu'en gravité et hauteur. Ainsi, le dorien étant pris pour échelle de comparaison à l'égard des autres, et étant représenté par l'échelle diatonique donnée plus haut, *la, si, ut, re, mi, fa, sol, la, si, ut, re, mi, fa, sol, la,* le mode phrygien étoit celui dont le *proslambanomène* étoit d'une tierce mineure plus haut que celui du dorien. Dans le phrygien et le lydien, comme dans le dorien, on montoit du *proslambanomène* à la seconde note par un ton ; de-là à la 3e par un semi-ton, ensuite deux fois d'un ton &c. Il suffit de jetter les yeux sur les tables dont je viens de parler pour s'en convaincre. Le proslambanomène du second mode est au même niveau, pour la hauteur, que la seconde note, ou *hypate-hypatôn* du premier. Du reste ce sont les mêmes intervalles respectifs ; car on y voit toujours les mêmes dénominations entre les cordes successives de chaque mode. C'est ainsi que dans notre musique moderne l'arrangement de l'octave est le même en commençant par la tonique, qu'on chante en *ut*, ou en *re* &c. En montant, le premier demi-ton est de la tierce à la quarte, et le second de la septième à l'octave.

Ces mêmes tables nous apprennent que le mode dorien tenoit le milieu entre tous les autres. Car des 7 qu'on admettoit vulgairement, il y en a 3 plus hauts et trois plus bas. De-là il suit que le *la* du mode dorien étoit à-peu-près le milieu entre le ton le plus haut des dessus, et le plus bas des basses. Ainsi je crois qu'il répondoit au *la* du milieu de notre clavecin, et la suite des notes du mode dorien, exprimé par nos notes, seroit *la, si, ut, re, mi, fa, sol, la, si, ut* etc. D'où il suit que ce mode seroit notre mode d'*ut*. Au reste, comme il ne s'agit que de comparer les modes anciens entre eux, il est peu important de savoir à quel ton de notre musique répondoit certain mode de l'ancienne. Nous prendrons donc hypothétiquement le mode dorien pour *ut*. Alors le phrygien eut été *si, ut* dièse, *re, mi, fa* dièse, *sol, la, si,* etc. Ainsi il étoit en *re* ; le lydien plus élevé que le dorien d'une tierce mineure étoit en *mi*b. Le mixolydien étoit en *fa* majeur ; l'hypolydien plus bas d'une quarte que le lydien, étoit en *si*b ; l'hypophrygien, d'un triton plus bas que le phrygien, étoit conséquemment en *la*b, et

enfin

enfin l'hypodorien plus bas d'une quarte que le dorien, étoit en *sol*.

Mais il y eut parmi les anciens des divisions au sujet du nombre de leurs modes. *Ptolémée* n'en vouloit que 7, et il avoit tort. *Aristoxène* eut raison d'en admettre jusqu'à 13 ou plutôt 12, c'est-à-dire autant qu'il y a de semi tons dans l'octave. Car il en faut tout autant pour satisfaire à tous les besoins possibles de la mélodie. Nous nous en tiendrons donc au système du dernier, et voici en peu de mots les rapports de ses 12 modes entre eux. L'hypodorien répondoit à notre *sol*; l'hypophrygien étoit *sol* dièse ou *la*ᵇ, l'hypophrygien *acutior* étoit en *la*. l'hypolydien ou hypoéolien étoit *si* bémol, l'hypolydien *acutior* étoit *si*, le dorien, *ut*; l'iastien, *ut* dièse; le phrygien, *ré*, l'éolien, *ré* dièze; le lydien, *mi*; l'hyperdorien, *fa*; l'hyper-vastien ou mixoxydien, *fa* dièze. L'hypermixolydien qu'il ajoutoit inutilement étoit *sol*, ou la réplique de l'hypodorien.

Tous les modes ou tons qu'on vient de voir étoient majeurs, et il ne paroît pas que les anciens eussent senti ni reconnu cette grande différence du mode majeur au mode mineur, différence toutefois si grande, que des oreilles fort médiocrement organisées comme les miennes sentent la transition de l'un à l'autre; différence, qui fait que le premier est propre au chant brillant et gai, et l'autre à l'expression de sentimens tristes et sombres, ou profondément affectueux. Il n'y a nulle trace de cette distinction chez les anciens. Il est cependant difficile de penser que les anciens ne le pratiquèrent jamais. Car, parmi les airs grecs, que M. *Burette* nous a communiqués, après les avoir traduits en notre langue musicale, il y en a un qui est en *mi*-mineur.

Pour terminer ce tableau de la musique ancienne, il faut maintenant donner quelque idée de sa modulation. M. *Burette*, en nous communiquant (1) quelques airs grecs, nous a mis en état d'en porter une sorte de jugement. Je pense avec lui qu'on peut à certains égards, la comparer avec notre plain-chant, et je crois pouvoir établir cette comparaison sur quelques rapports, dont ce savant, quelque versé qu'il fût dans ce genre d'érudition, semble ne s'être pas apperçu.

En premier lieu, il y a beaucoup d'analogie entre la manière dont on y passoit d'un mode à l'autre, et celle dont on en change dans le plain-chant. Les Grecs passoient plus volontiers du mode de la tonique à celui de la quinte au-dessous, qu'à celui de la quinte au dessus. Nous le voyons par les airs

(1) Mémoires de l'Académie des Inscriptions.

Tome I.   S

qui nous sont parvenus d'eux, aussi bien que par les préceptes de leurs musiciens. Il en est de même de notre musique d'église; un chant en *ut* prend ordinairement bientôt un *si* bémol, signe qu'il a passé en *fa*; jamais on n'y voit de *fa* dièze, qui désigneroit un passage au mode de *sol.* A la vérité on voit quelquefois dans un chant en *fa*, que le *si* devient naturel, ce qui montre que la modulation a passé en *ut*, mode de la quinte en haut. Néanmoins ces passages m'ont paru plus rares; ils n'étoient pas interdits dans la musique grecque, mais ils étoient de même moins fréquens.

En second lieu, les terminaisons de chant dans la musique grecque et dans celle de nos églises sont fort ressemblantes, et elles diffèrent de celles de notre musique moderne. Dans celle-ci, on finit en retombant sur la note du ton de l'air, et en effet toute autre désinence laisse une espèce d'inquiétude dans l'oreille qui attend à se reposer sur la tonique. Dans la Grecque, on finissoit fort bien sur la tierce; deux des airs publiés par M. *Burette* se terminent ainsi, et probablement il y en avoit qui finissoient à la quinte en haut ou en bas. On observe la même chose dans notre plain-chant. On y remarque un grand nombre de pièces terminées par la tierce ou la quinte du ton.

En troisième lieu, la musique grecque, de même que notre chant d'église, ne connoissoit point cette multitude de notes de différente longueur que nous remarquons dans la musique moderne; la tenue de chaque son se conformoit exactement à la prosodie; ainsi il n'y avoit guère que des notes, dont les plus longues égaloient en durée deux des plus courtes.

Je suis cependant loin de penser que la musique ancienne fût aussi simple et aussi modeste que notre plain-chant. L'Eglise, par un esprit de sagesse, a écarté de son chant les ornemens trop recherchés, et plus propres à émouvoir les passions qu'à inspirer le respect dû aux lieux-saints et à l'Être-Suprême qu'on y adore. Mais les musiciens grecs employoient avec art dans leurs compositions tout ce qui pouvoit en augmenter l'expression; ils changeoient, dans une même pièce, de genre, en passant du diatonique au chromatique, à l'enharmonique, peut-être du majeur au mineur, puisqu'on a vu plus haut que ce dernier ne leur fut pas inconnu. Ils faisoient des excursions plus grandes et plus libres dans les modes analogues, passant à celui de la tierce, et même, suivant l'occasion, à un mode entièrement étranger. Ils avoient une mesure très-marquée, qu'ils battoient à-peu-près comme nous, et leurs concerts étoient dirigés par un batteur de mesure, auquel ils donnoient le nom de *choragus.* Les mouvemens de leurs pièces étoient variés;

leurs phrases de mélodie étoient assez bien coupées par des intervalles de silence semblables à nos pauses et à nos soupirs, si nous en jugeons par les airs dont nous avons parlé. Ils avoient des agrémens comme les coulés et les ports de voix; car dans ces airs on trouve quelquefois deux des lettres qui leur tenoient lieu de notes, sur une même syllabe, soit en montant, soit en descendant. Nous ne rencontrons, à la vérité, dans les écrits qui nous sont parvenus sur la musique ancienne, aucune trace des tremblemens ou *trilles* vulgairement appellés *cadences*, si familiers dans la nôtre; mais on ne doit cependant pas en conclure absolument qu'ils fussent inconnus; car il y a plusieurs motifs de croire que ces écrits ne nous instruisent pas de tout ce qui concerne cet art chez les anciens.

On peut maintenant concevoir comment la musique grecque, quoique moins parfaite que la nôtre, pouvoit encore, entre les mains d'un habile compositeur, produire de grands effets; car nous avons des exemples qui nous apprennent qu'avec des sons fort simples, on peut faire un chant très-capable d'affecter. Nous ne croirons pas néanmoins tous les traits singuliers qu'on raconte sur l'effet de la musique grecque; les uns sont évidemment des fictions, comme l'histoire du musicien laissé par *Agamemnon* auprès de son épouse *Clytemnestre*; d'autres sont au moins des exagérations; d'ailleurs, en les réduisant à leur juste valeur, nous verrons seulement dans les Grecs un peuple très-sensible aux charmes de la musique, et sur qui elle faisoit une impression singulière. Il est naturel de l'attendre d'une nation douée en général d'une imagination vive et d'un sentiment exquis. Nous pourrions au surplus trouver dans ces temps modernes des exemples à-peu-près semblables, et des miracles presque égaux à ceux qu'on cite de la musique grecque. Un bel air chanté en Italie y excite des transports de plaisir dans certaines personnes. Chanté dans la Nort-Hollande, il s'y attireroit peut-être tout au plus une froide admiration.

Il me reste à parler d'une question célèbre et qui a divisé plus d'une fois les savans, c'est celle-ci: les anciens avoient-ils ce que nous appellons le contrepoint, ou l'art de faire chanter ensemble plusieurs parties, formant différens accords entre elles? Il n'est possible de traiter ici que fort légèrement cette question. Je dirai seulement que sur l'inspection des raisons alléguées de part et d'autre, je suis tout-à-fait pour la négative. Une raison même, à mon avis, tout-à-fait concluante me conduit à penser que non-seulement les anciens ne connoissoient pas la musique à plusieurs parties, mais qu'ils ne pouvoient même la pratiquer; car ils rejettoient la tierce du nombre des consonnances, et en effet, la tierce des Grecs, composée de deux tons majeurs, n'est point cosonnante ; car elle n'est pas la nôtre qui provient de la résonance du corps sonore, qui sonne en même temps que la quinte, la dix-septième majeure. Or comment auroient-ils pu faire chanter plusieurs parties ensemble, sans employer des tierces? Quand quelqu'un aura fait de la musique à plusieurs parties, en n'y employant que la quinte et l'octave, ou les accords qui en dérivent, on pourra croire que les anciens possédoient cet art. Si donc on rencontre quelquefois des passages qui semblent indiquer des parties chantantes à divers degrés de gravité ou d'acuité, cela ne doit s'entendre que de l'octave, qui est l'intervalle auquel des dessus et des basses s'accordent naturellement, et sans y songer, lorsqu'ils sont obligés de chanter ensemble, ce qui n'est qu'une sorte d'unisson. Je n'ignore pas que quelques-uns de ces passages ne soient extrêmement spécieux ; mais lorsqu'on les analyse avec attention, l'on voit qu'ils ne peuvent faire une preuve contre l'opinion que nous avons adoptée.

Les auteurs anciens qui ont écrit sur la musique, et dont nous possédons les ouvrages, sont *Aristoxène*, *Euclide*, *Alypius*, *Nicomaque*, *Aristide Quintilien*, *Bacchius Senior*, *Gaudentius*, *Ptolémée*, *Porphyre*, *Manuel Brienne*, et *Théon de Smyrne*. Les huit premiers ont été recueillis et publiés en Grec et en Latin, par *Meibomius* en 1662 (2 vol. in-4°). *Ptolémée* a été donné en Grec et en Latin, par *Wallis*, en 1682, in-4, et se retrouve dans le 3e volume de ses œuvres, qui contient aussi le commentaire de *Porphyre*, sur une partie de l'ouvrage de *Ptolémée*, et celui de *Manuel Brienne*, sur ses trois livres, en Grec et en Latin. *Théon de Smyrne* a été publié par *Bouilland*, en Grec et en Latin, dans l'ouvrage intitulé: *Theonis Smyrnœi loca Platonis math.* &c. Quelques-uns de ces ouvrages avoient déjà été publiés à part ; mais mon dessein n'étant pas d'entrer dans des détails bibliographiques, je me borne ici à indiquer les meilleures et les principales éditions. On pourroit joindre à ces auteurs le célèbre *Boëce* (*Manlius Severinus Boetius*) qui en a parlé dans son traité d'arithmétique, intitulé : *De Arithmetica libri duo.*

Parmi les modernes qui ont traité de la musique ancienne, on peut citer *le Fèvre* d'Etaples, (*Jacob. Faber Stapulensis*) qui en a donné un traité en quatre livres, imprimé à Paris dès 1496, et de nouveau en 1512 et 1552, sous le titre de *Musica libris 4 comprehensa*. On y trouve rassemblée, d'une manière fort claire et fort précise, la doctrine des anciens musiciens, sur-tout géomètres.

Au nombre des écrivains plus modernes, qui se sont occupés de la musique ancienne, il faut ranger le père du célèbre

Galilée, *Vincenzio Galilei*, dont nous avons sur ce sujet un traité rare et estimé, intitulé : *Della Musica antica e moderna, Dialogo di v. Galilei* Fir. 1582. f,). Ce fut le sujet d'une querelle vive et assez longue entre lui et le fameux musicien *Zarlino*. Mais ce n'est pas ici le lieu d'en dire davantage. *Giov. Bapt'sta Doni* écrivit aussi sur ce sujet quelques traités, en particulier celui *de præstantiâ musicae veteris* (Florentiæ 1647, in-4°.). Un des traités les plus étendus, et les plus profonds sur le même sujet, est celui de M. *Lemme Rossi*, sous le titre de *Systema musico overo musica speculativa dove si spiegano i piu celebri systemi de' tré generi.* (*Perugia* 1658 in-4°.). C'est un traité des plus étendus et des plus profonds sur cette matière ; j'ai cependant osé m'en écarter en ce qui concerne les modes ou plutôt les tons de cette musique.

Pour épuiser enfin à-peu-près tout ce qu'on peut dire sur la musique ancienne, je citerai encore les ouvrages suivans.

Traité *de la musique des anciens*, (Paris 1680, in-12). M. *Perrault*, son auteur, y est bien décidément de l'avis que les anciens n'avoient pas de musique à plusieurs tons, et il y explique, d'une manière bien vraisemblable, tous les passages les plus forts allégués pour l'opinion contraire. Celle-ci a été vivement soutenue par l'abbé de *Châteauneuf*, dans son *Dialogue sur la musique des anciens* (Paris 1725, in-8.) ; il s'y attache surtout à réfuter *Perrault*, ce qu'il fait, en employant alternativement les armes du raisonnement et ceux du sarcasme ; mais ces dernières ne sont pas des raisons, et les raisonnemens de M. l'abbé de *Châteauneuf* me paroissent foibles.

M. *Burette* a donné dans les Mémoires de l'Académie des Inscriptions, un grand nombre d'écrits sur la musique ancienne, au savoir et à l'érudition desquels on ne peut rien ajouter. Mais un ouvrage bien fait pour terminer cette énumération est sur-tout celui de M. l'abbé *Roussier*, intitulé : *Mémoire Historique et Pratique sur la musique des anciens, où l'on expose les principes des proportions authentiques, dites de* Pythagore*, et de divers systèmes de musique chez les Grecs, les Chinois et les Egyptiens, avec un parallèle entre le système des Egyptiens et celui des modernes* (Paris 1775, in-4°.) Nous regrettons d'être obligés, par la longueur déjà excessive de cet article, de nous borner à cette annonce. Notre dessein est cependant, si l'extrême abondance de notre matière nous le permet, de reprendre quelque part ce sujet, et de lui donner une plus grande étendue.

X I.

Il sortit de l'école de *Pythagore* un grand nombre de philosophes et de mathématiciens célèbres, dont je dois faire ici mention. Un des plus illustres est *Empédocle*, dont la fabuleuse mort est si connue. On donne sous son nom un poëme *sur la sphère* (1), mais ce paroît être une supposition. D'un autre côté, il est certain que ce philosophe avoit écrit en vers sur la physique, et *Aristote* en cite quelques fragmens. C'est là, sans doute, qu'il appeloit les tropiques, les *barrières du soleil*, d'où de sots philologues ont pris occasion de lui attribuer la pensée que le soleil ne rétrogradoit aux solstices, que parce qu'il rencontroit des barrières physiques.

Un auteur célèbre a prétendu trouver, dans quelques expressions de ce Pythagoricien, l'attraction Neutonienne, et la force centrifuge qui se contrebalancent mutuellement, et qui entretiennent l'univers (2). C'est là, dit-il, cet amour et cette discorde que célèbre *Empédocle*, et qui tendent, l'un à tout réunir, et l'autre à tout dissiper. Mais que n'attribuera-t-on pas aux anciens, si l'on se croit fondé à interpréter ainsi des idées aussi vagues? Il me paroît plus probable, qu'il ne faut chercher, dans les expressions du philosophe Pythagoricien, autre chose que cette sympathie et cette antipathie, auxquelles plusieurs anciens attribuoient la formation et la dissolution des corps.

Nous apprenons d'*Aristote* (3) qu'*Empédocle* faisoit consister la lumière dans un écoulement continu hors du corps lumineux; et je me rappelle avoir lu, je ne sais plus dans quel commentateur, qu'il répondoit avec beaucoup de justesse, à une objection qu'on lui faisoit à ce sujet. Si la lumière du soleil, disoit-on, consiste dans une émission de corpuscules partans de cet astre, nous ne le verrions jamais à sa vraie place; car il en auroit changé dans l'intervalle de temps que le corpuscule de lumière arriveroit à nous. *Empédocle*, sans recourir à l'instantanéité de cette émission ou à sa prodigieuse vélocité, disoit que cette objection seroit vraie, si le soleil lui-même étoit en mouvement; mais que la terre tournant autour de son axe, venoit au-devant du rayon, et voyoit l'astre dans sa prolongation. On ne répondroit pas mieux aujourd'hui à cette objection, si quelqu'un la proposoit contre la propagation successive de la lumière et son émission.

(1) *Biblioth. Graeca*, t. 2, p. 478. (3) *De Anima*, lib. 2.
(2) M. *Freret*, Mém. de l'Acad. des Inscript. t. 18.

Philolaüs et *Architas* tenoient un rang distingué parmi les Pythagoriciens, et embrassèrent l'un et l'autre l'universalité des mathématiques. Nous savons, il est vrai, peu de particularités de *Philolaüs*, si ce n'est la part qu'il eut à l'opinion fameuse du mouvement de la ~~terrent~~ de l'immobilité du soleil. Il l'embrassa dans toute son étendue, et la dévoila le premier; car elle fut pendant long-temps un des dogmes mystérieux des Pythagoriciens. *Fabricius* fait l'énumération de ses différens écrits (1), parmi lesquels nous en trouvons un *sur la mécanique*; ce qui nous donne lieu de l'associer avec *Eudoxe* et *Architas* au mérite d'avoir créé, pour ainsi dire, cette partie des mathématiques. *Philolaüs*, au reste, éprouva une fin tragique; car il fut massacré par le peuple de la petite république, dont il avoit été le législateur.

L'histoire nous a conservé plus de lumières et de détails concernant les travaux et le savoir d'*Architas*. Il avoit aussi écrit un grand nombre d'ouvrages sur divers sujets, dont il ne subsiste plus que quelques titres (2). De ce nombre étoit celui intitulé περι παντος, *de omni* ou *de mundo*, dont *Platon* qui le lui avoit demandé regrettoit beaucoup la perte. Nous avons un monument estimable de son savoir en géométrie, dans sa solution du problème des deux moyennes proportionnelles, dont on parlera ailleurs plus au long. Il fut aussi un des premiers qui firent usage de l'analyse, dont *Platon*, suivant *Proclus*, lui communiqua le procédé; et aidé de ce secours, il fit de nombreuses découvertes en géométrie. On doit enfin lui savoir gré d'avoir rappelé la géométrie de ses spéculations abstraites à l'usage de la société. En effet, non-seulement il tâcha de fonder une théorie de la mécanique, en rendant raison de ses effets (3), mais il excella même dans l'invention des machines. Car l'antiquité parle avec admiration d'une Colombe artificielle qu'il avoit fabriquée, et dont le mécanisme étoit si ingénieusement combiné, qu'elle imitoit le vol des Colombes naturelles. On peut sans doute penser que l'éloignement a beaucoup grossi le récit, et il en est probablement ici comme de l'aigle de *Regiomontanus*, qu'on a écrit avoir volé au-devant de l'empereur entrant à Nuremberg, et qui n'étoit qu'un aigle battant des ailes; ce qui n'a rien que de facile à exécuter.

Architas essuya, dit-on, des reproches de *Platon*, pour avoir appliqué la géométrie à la mécanique (4); mais nous avons peine à croire que ce dernier philosophe ait pu improuver un service si essentiel rendu aux arts et à la société. Comme

---

(1) *Bibl. Græca*, t. 2..
(2) *Ibid.*
(3) *Diogène Laërce*, in Archita.
(4) *Plutarque*, in Symposio.

Diogène Laërce nous apprend qu'*Architas* employa le premier le mouvement dans les résolutions et descriptions géométriques, nous croirions volontiers que ces reproches regardoient l'application de la mécanique à la géométrie, si nous n'avions l'exemple de *Platon* lui-même, ~~lui-même~~, qui se contenta de résoudre de cette manière le problême des deux moyennes proportionnelles. Peut-être le dénouement de tout ceci seroit-il de dire, que le chef du Lycée n'employa ce moyen que dans un cas désespéré, et que le philosophe Pythagoricien se donna trop de licence à cet égard, ou qu'il proposa des mouvemens trop compliqués et trop difficiles à exécuter.. Sa solution du problême des deux moyennes proportionnelles continues appuie cette conjecture ; car quoiqu'ingénieuse, cette solution a le défaut d'une mécanique ou d'un mouvement qui ne peut être exécuté qu'intellectuellement.

Architas enfin étoit aussi astronome, et ce sont ces connoissances en géométrie et en astronomie, qu'*Horace* paroît avoir eu en vue dans ces vers d'une de ses Odes :

> *Te maris ac terræ numeroque carentis arenæ*
> *Mensorem cohibent Archita*
> *Pauca terræ jugera :*

Ce qu'il termine par cette désolante réflexion :

> *Quid profuit illi*
> *Æthereas peragrasse domos animoque profundum*
> *Percurrisse polum, moritaro ?*

Architas, en effet, eut le malheur de faire naufrage dans un des voyages qu'il faisoit fréquemment à Athènes, et c'est son corps roulé sur la plage, qui donne occasion à un matelot de lui adresser ces paroles.

Nous ne devons pas oublier parmi ces Pythagoriciens fameux, *Timée* de Locres, dont *Platon* semble avoir voulu décrire la doctrine physique et astronomique sur la formation de l'univers, dans celui de ses dialogues qui porte ce nom. Mais ce traité est si mystérieux et si inintelligible, qu'on ne peut former que des conjectures sur le vrai sens de ses expressions. C'est dans ce livre que quelques auteurs ont cru voir que les astres reçurent d'abord une impulsion directe vers le centre de l'univers, et qu'ensuite ce mouvement fut changé en circulaire par une impulsion latérale. *Galilée* développe cette idée de *Platon*, aussi clairement que si elle étoit expressément énoncée dans l'ouvrage cité. M. *Gregori* est aussi du nombre

de

de ceux qui soupçonnent au moins ce sens dans le passage de *Timée* ; mais c'est assurément avec peu de fondement, car ce passage, interprété littéralement, ne dit autre chose que ceci : *motum enim ei* (cœlo) *attribuit corpori proprium* ; et un peu plus loin, *quare circumagens fecit illud in circulo moveri conversum*. Pour expliquer, comme M. *Gregori*, ce mouvement propre du corps par un mouvement direct, il faudroit que les anciens eussent eu sur le mouvement des idées semblables aux nôtres, c'est-à-dire, qu'ils eussent regardé le mouvement direct comme naturel aux corps, comme celui qu'ils suivroient, s'ils n'étoient gênés par aucun obstacle. Or il est au contraire certain que les anciens regardoient le mouvement circulaire, comme un mouvement tout aussi naturel, que celui en ligne droite ; et conséquemment les deux passages de *Timée* ne nous paroissent dire, en deux manières différentes, autre chose, sinon, que le créateur imprima au ciel, lors de la formation de l'univers, un mouvement circulaire.

On ne peut s'empêcher, toutefois, de reconnoître que les anciens sentirent d'une manière obscure, le principe qui maintient la circulation des corps célestes autour de leur centre de révolution. Car *Anaxagore* disoit, suivant *Diogène Laërce*, que ce qui soutenoit le ciel, étoit son violent mouvement, et qu'il tomberoit si ce mouvement se rallentissoit. *Plutarque* compare dans son livre *de facie in orbe Lunae*, ce mouvement à celui de la pierre agitée dans une fronde. *Ce qui empêche*, dit-il, *la lune de tomber sur la terre, est l'impétuosité de son mouvement ; c'est ainsi que les corps mis dans une fronde, agités en rond, ne tombent pas.* Mais tout cela est extrêmement vague ; puisque les anciens n'avoient aucune idée nette de la force centrifuge, engendrée par le mouvement de rotation, et ne pouvoient en avoir, puisqu'ils ne connoissoient aucune règle du mouvement.

On peut aussi attribuer aux anciens quelque soupçon de la gravitation universelle. Car *Plutarque*, dans le livre cité ci-dessus, dit que si un corps tombe de toute part sur la terre, ce n'est pas parce qu'elle est le centre de l'univers, mais que cet effet est produit par l'affinité (*cognatio*) des corps terrestres avec la terre, qui fait qu'ils tendent à s'y réunir ; que, de même que le soleil feroit retourner vers lui les parties dont il est composé et qui en seroient détachées, ainsi la terre fait tendre vers elle la pierre ; que cela ne s'opère pas par une vertu du centre du monde, car *ce centre n'est qu'un point immatériel, et il seroit absurde qu'un pareil point fût doué d'une force suffisante pour tout tirer à lui, et faire tout circuler à l'entour de lui* ; d'où il résulte que *Plutarque*, ou bien ceux dont il suivoit les dogmes, sentoient au moins obscurément, que la pesanteur étoit l'effet de l'action de toutes les parties de la terre, vers la pierre qu'on en avoit détachée. Mais ils étoient bien loin de soupçonner la réciprocité de cet effet, c'est-à-dire, que si la masse de la terre attire, pour se servir du terme moderne, la pierre vers elle, la pierre attire aussi la terre, et qu'elles s'attirent l'une l'autre en raison de leurs masses. C'est néanmoins dans cette réciprocité que consiste le système moderne de l'attraction, ainsi que dans son universalité. Je veux dire que ce ne sont pas seulement les parties du soleil qui gravitent vers le soleil, celles de la terre vers la terre, et celles de la lune vers la lune; mais que celles de la lune, par exemple, tendent et vers celles de la lune, et vers celles de la terre, et vers celles du soleil, et *vice versa*, selon une loi mesurée par la distance.

On a aussi prétendu que les anciens avoient entrevu la loi de cette gravitation, en raison inverse des quarrés des distances. Mais c'est sur des fondemens bien légers. De ce que *Pythagore* disoit que les mouvemens célestes étoient tempérés selon les lois de l'harmonie, et de ce qu'il avoit découvert qu'une corde, pour rendre le même son qu'une autre plus courte, exigeoit une tension, ou un poids appendu à son extrémité, en raison doublée des longueurs, peut-on en inférer qu'il vouloit dire que les forces avec lesquelles les corps célestes tendoient vers leur centre, étoient en raison réciproque des carrés de ces distances? Il faut, à coup sûr, bien de la sagacité pour lier ensemble ces idées, comme le fait M. *David Gregori* (1), au moyen d'un raisonnement singulièrement entortillé. Encore, qu'en suivroit-il en l'admettant? que toutes les planètes tendroient également vers leur centre de mouvement, ce qui est faux.

Je crois avoir discuté avec impartialité ce que l'on peut attribuer aux anciens, en ce qui concerne les découvertes brillantes de l'astronomie physique des modernes. Tout cela, quoi qu'en dise M. *Dutens* (2), qui semble avoir voulu à tout prix revendiquer aux anciens toutes les vérités dont nous sommes en possession; tout cela, dis-je, se réduit à quelques soupçons vagues et incohérens de quelques-unes de ces vérités, et ce n'est là qu'un effet du hasard; car l'activité de l'esprit humain a dû nécessairement le faire errer d'idées en idées, et tomber sur quelques-unes qui étoient véritables. Mais avoir ainsi rencontré une vérité, ce n'est pas l'avoir découverte et s'en être mis, pour ainsi dire, en possession. Il faut l'avoir établie sur

(1) *Astron. Physicae et Geometricae elementa*; ref.

(2) Recherches sur l'origine des découvertes attribuées aux modernes.

des preuves solides, et du moins propres à subjuguer un esprit juste et impartial. Ainsi contentons-nous d'accorder à ces philosophes anciens le mérite d'avoir ébauché des connoissances, que les travaux successifs de tant de siècles ont portées au point où elles sont aujourd'hui; mais gardons-nous de leur attribuer, sur d'aussi foibles preuves, les idées les plus ingénieuses, ou les plus heureuses de la philosophie moderne.

L'impatience de mettre fin à des discussions si peu lumineuses, me porte à passer brièvement sur ce qui concerne les philosophes suivans, dont plusieurs ne nous sont connus que par quelques traits légers. Tels sont *Héraclide* de Pont, qui écrivit sur la géométrie, qui fut auteur d'un livre intitulé: Περι των ϰρανων, *de cœlis*, et qui tint pour le mouvement de la terre (1); *Ecphantus*, et *Hicetas*, ou *Nicetas* de Syracuse, qui adoptèrent la même opinion (2); *Lasus* d'Hermione, le premier écrivain connu sur la musique (3); *Hippasus* de Métaponte, autre musicien géomètre (4); *Parménide*, à qui l'on fait part de l'honneur d'avoir découvert la rondeur de la terre, et la cause du phénomène de l'étoile du matin et du soir (5) (il subsiste de lui quelques *fragmens* d'un poème astronomique, que *Scaliger* nous a conservés dans ses notes sur *Manilius*; et l'on voit par ces fragmens que sa doctrine étoit saine et solide); *Leucippe*, dont *Diogène Laërce* raconte qu'il mit la terre en mouvement autour de son axe (6). A la vérité, si *Leucippe* eut des sentimens aussi absurdes que ceux qu'on lui impute sur d'autres points astronomiques, c'est un suffrage dont le système Pythagoricien doit peu s'honorer. Car on lui fait dire que la terre avoit la forme d'un tambour, que le soleil étoit le plus éloigné des astres, etc. Mais si nous avions les ouvrages de ce philosophe, nous trouverions peut-être ce récit peu fidèle. Suivant le rapport de *Plutarque* (7), le philosophe *Xénophane* proposa bien d'autres absurdités : il pensa, dit-il, que chaque contrée avoit son soleil et ses astres; que la terre étoit infinie en profondeur; que le soleil étoit un nuage enflammé qui s'éteignoit dans les éclipses etc. ; mais nous n'imiterons pas la crédule docilité de tant de compilateurs; et pour apprécier ce récit, nous remarquerons que *Xénophane* écrivit en vers, et qu'il pourroit bien se faire que l'on eût pris trop à la lettre ses expressions poétiques et figurées. Nous avons en effet de grandes raisons de douter que *Xénophane* fût aussi

(1) Diog. *in Heracl.* et *art.* 7, ci-dessus.

(2) *Art.* 8.

(3) Suidas, *au mot* Λασος. Théon de Smyr. *loca Math. Plat.* l. 2, c. 32.

(4) Theor. *Ibid.*

(5) Diog. *In Parmenide*

(6) *In Leucippo.*

(7) *De Plac. Phil.* l. 2 et 3, *pass.*

imbécille qu'on nous le représente. Ce philosophe admettoit cette partie du système Pythagoricien qui fait les planètes habitées. *Cicéron* nous l'apprend (1), et *Lactance* (2) l'explique d'une manière qui nous montre que ce père de l'église étoit moins versé dans les matières philosophiques, que dans la théologie et la morale; car après bien des absurdités qu'il met de son chef dans l'opinion Pythagoricienne, il y en trouve une grande à penser que nous soyons à quelque corps céleste, ce que la lune est à nous. Il n'est cependant aujourd'hui personne qui ignore que rien n'est plus vrai; et qu'indépendamment de tout système sur la nature et la destination des planètes, notre globe vu de la lune, y présenteroit l'apparence que celle-ci a pour nous. Mais comment concilier ce sentiment de *Xénophane* avec le premier des dogmes absurdes qu'on lui impute? s'il pensoit, suivant *Cicéron*, que la lune étoit une terre couverte de montagnes et de villes, comment cela se peut-il accorder avec son opinion sur la profondeur infinie de la terre? D'ailleurs *Lactance* le traite d'insensé d'avoir cru que la lune étoit 25 fois aussi grande que la terre. Il se trompoit à la vérité grossièrement; mais cette erreur même prouve encore qu'il ne pensoit pas que la terre fût infinie en profondeur: ces remarques me paroissent propres à confirmer ce que j'ai dit ailleurs sur le peu de foi qu'on doit ajouter aux historiens qui attribuent à ces anciens philosophes des opinions si déraisonnables.

Le célèbre philosophe d'Abdère va nous occuper maintenant, et nous fournir des traits plus intéressans. Profond mathématicien, physicien ingénieux, éclairé dans la morale, ayant enfin des connoissances dans les arts, soit libéraux, soit mécaniques, il mérita, au jugement de *Socrate* même, d'être comparé à ceux qui ont remporté la palme dans les cinq espèces de combats des jeux olympiques (3). Que de titres pour lui décerner un rang parmi les hommes qui ont le mieux mérité des sciences! Mais plusieurs de ces objets sont absolument étrangers à notre plan. Nous nous bornerons donc à ses connoissances mathématiques, et à celles de ses opinions physiques, qui sont les plus remarquables, ou dont la succession des temps a montré la justesse.

Démocrite s'adonna avec grand soin à la géométrie, et il paroît que cette science lui dut beaucoup. Nous conjecturons par divers titres d'ouvrages (4), qu'il fut un des principaux promoteurs de la doctrine élémentaire sur les contacts des

(1) *Acad. Quaest.* l. 4.　　　　　(3) *Diog. in Democrito.*
(2) *Instit. div.* l. 3, 23.　　　　　(4) *ibid.*

cercles et des sphères, sur les lignes irrationnelles et les solides. La perspective et l'optique lui durent aussi quelques-uns de leurs premiers traits. *Vitruve* l'associe à *Anaxagore* (1), dans l'invention de la première de ces sciences, sujet sur lequel il écrivit un traité intitulé : *Actinographia*, ou *Radiorum descriptio*, dont fait aussi mention l'historien des philosophes cité si souvent. Il est probable qu'il s'y agissoit encore de l'optique directe, c'est-à-dire, de la manière dont nous appercevons les objets. Mais nous aurons occasion ailleurs de remonter à l'origine de ces sciences, et nous y renvoyons (2).

L'astronomie, soit physique, soit mathématique, occupa beaucoup *Démocrite*, et il écrivit sur ce sujet divers ouvrages dont les titres seuls nous sont parvenus (3). Tel étoit son *Étés* ou *annus*, où probablement il proposoit son nouvel arrangement du calendrier Grec; mais sans succès, parce qu'il se trompoit beaucoup, et même de quelques heures, sur la grandeur de l'année solaire. Il publia une ou plusieurs Éphémérides ou *Parapegmes*, comme firent dans la suite *Eudoxe*, *Hipparque*, *Ptolémée*. Il fut enfin auteur d'une *Uranographie*, qui étoit peut-être une description des constellations célestes. Mais aucun de ces ouvrages n'a surnagé dans l'océan des temps. Nous nous bornons à rendre ici compte de son système physique sur la constitution de l'univers. Il contient des idées assez remarquables, et qui ont quelque ressemblance avec celles de *Descartes*.

En effet, *Démocrite* attribuoit le mouvement et la formation des corps célestes à des tourbillons d'atomes, qui s'étant accrochés dans quelques endroits, y avoient formé des concrétions sphériques (4). Ce sont-là les planètes, la terre et le soleil. Ceci lui étoit commun avec *Leucippe* : il ajoutoit que le mouvement propre des planètes d'Occident en Orient, n'étoit qu'une apparence; qu'il n'y en avoit qu'un seul dont la direction étoit d'Orient en Occident ; mais que les planètes les plus voisines de notre globe, étant les plus éloignées du premier mobile, obéissoient moins à son mouvement, et restoient en arrière, ce qui faisoit qu'elles paroissoient s'être mues vers l'Orient. Ce seroit presque ce qui arriveroit à un tourbillon sphérique, ou cylindrique, dont le principe de mouvement seroit à la surface. A l'égard de l'inclinaison des planètes à la direction commune de ce mouvement, il y avoit aussi pourvu; il avoit imaginé des sortes de courans de matière éthérée, qui

---

(1) Arch. *l.* 7.
(2) Liv. 6, troisième part. de cet ouv.

(3) Diog. Laërce ; Fabric. *Bib. Grœc.*
(4) Diog. Laër. *Ibid.*

les écartoient ou les rapprochoient alternativement de l'équateur. Il est vrai que *Démocrite* ne faisoit pas attention que cela même ne suffisoit pas, et que cette déviation devoit être considérée par rapport à l'écliptique : mais quel auteur de système a pourvu à tout? et pour en donner un exemple mémorable, le philosophe célèbre qui imagina l'explication de la gravité par les tourbillons, fit il d'abord attention qu'ils ne ramenoient les corps qu'à l'axe et non au centre? Tel fut l'un des premiers systèmes de l'univers, que *Lucrèce* nous a conservé élégamment décrit dans son cinquième Livre. C'est avec peine que je me vois contraint de sacrifier cette agréable description à la briéveté.

Je suis porté à penser que c'est à *Démocrite* que sont dues les premières étincelles de diverses opinions physiques que nous trouvons chez *Épicure*, et auxquelles les modernes ont donné la plus grande probabilité; car on sait qu'*Épicure* avoit puisé chez lui la plus grande partie de ses dogmes; et plusieurs auteurs, parmi lesquels je cite seulement *Cicéron* (1) et *Macrobe* (2), ont prétendu que sa physique ne contenoit de raisonnable que ce qu'il en avoit emprunté sans l'altérer. Dans ce cas, nous pouvons revendiquer au philosophe d'Abdère plusieurs idées très-justes, que nous trouvons dans *Lucrèce* : telles sont celles ci, que *le vuide est nécessaire au mouvement*; que *tous les corps pesans tomberoient dans le vuide avec la même vitesse*; que *la légéreté n'est qu'une moindre pesanteur*; que *la lumière consiste dans une émanation de corpuscules des corps lumineux* (3). Nous savons d'ailleurs par un témoignage positif, que *Démocrite* disoit que les atômes pesoient plus les uns que les autres (4) à proportion de leur masse; ce qui est fort propre à confirmer nos conjectures. Quant à *Épicure*, pour reconnoître l'accueil qu'il fit aux mathématiques, nous le laisserons volontiers en possession d'avoir découvert que le soleil n'est pas plus grand qu'il nous paroît, et d'avoir pensé que, comme des lampes, les astres s'éteignent peut être à l'horison, pour se rallumer le lendemain à leur lever (5). Il est du moins bien assuré que ces traits d'ignorance n'appartiennent point à *Démocrite*. *Cicéron* en est notre garant (6), lorsqu'il rapporte ces absurdités comme des preuves de l'ignorance d'*Épicure*, et qu'il les oppose aux sentimens raisonnables que le philosophe d'Abdère, versé dans les mathématiques, avoit sur les mêmes sujets.

(1) *De fin. bon. et mal.* l. 1.
(2) *Saturn.* l. 7, c. 14.
(3) L. 1, v. 336 ... v. 359 .... l. 2, v. 258, 141; l 5, v. 282, *et suiv.*
(4) Arist. *de gener. Anim.* l. 1, c. 8.
(5) Lucr. *l* 5, v. 564, 640, *etc.*
(6) *De finib. bon. et mal.* l. 1, §. 7.

Nous terminerons ce que nous avons à dire de *Démocrite*, en lui faisant honneur de la conjecture heureuse, que l'éclat de la voie lactée n'est autre chose que la clarté réunie d'une multitude de petites étoiles, dont chacune en particulier échappe à la vue. C'est ainsi que *Macrobe* (1) et *Plutarque* (2) l'expliquent, et il est plus naturel de les en croire, lorsqu'ils attribuent à un philosophe célèbre un sentiment raisonnable, que d'adopter le récit d'*Aristote* qui lui prête une opinion tout-à-fait ridicule, et incompatible avec les connoissances les plus élémentaires de la sphère (3).

Dans ce temps fleurissoient encore quelques mathématiciens, dont il seroit injuste d'ensevelir la mémoire dans le silence. De ce nombre est *Œnopide* de Chio, géomètre habile, suivant le témoignage de *Platon* (4). Cela étoit probablement fondé sur quelque chose de plus relevé que les deux propositions tout-à-fait élémentaires qu'on lui attribue. On ne sauroit penser que la géométrie en fût encore réduite à chercher le moyen de faire un angle égal à un angle donné, et d'abaisser d'un point une perpendiculaire sur une ligne. En effet, un contemporain d'*Œnopide*, nommé *Zénodore*, s'occupa de choses plus relevées. Il s'attacha à combattre le préjugé vulgaire, savoir que les figures dont les contours sont égaux, ont des capacités égales. (5) Son écrit, le premier des écrits géométriques de l'antiquité qui nous soit parvenu, nous a été conservé par *Théon* dans son commentaire sur l'*Almageste*, d'où *Clavius* l'a tiré et inséré dans son commentaire sur la sphère de J. *de Sacro-bosco*. Mais nous nous hâtons d'arriver à *Hippocrate* de Chio, qui jouit chez les anciens d'une grande célébrité, autant par son mérite en géométrie que par la singularité de son histoire.

Hippocrate n'étoit pas né pour être mathématicien, et sans l'infortune et le hasard, il ne l'auroit peut-être jamais été. Il étoit commerçant sur mer, et *Aristote* nous l'a représenté (6) comme un homme d'une simplicité approchante de la bêtise, ou d'une impéritie extrême dans les affaires. Les fermiers des droits publics à Bysance en profitèrent, et le trompèrent d'une étrange manière ; ce qui justifieroit peut-être *Hippocrate*, c'est que l'on peut n'être pas sot, et être la dupe de pareilles gens. Quoi qu'il en soit, réduit par-là à suspendre son commerce et à demi ruiné, il vint à Athènes pour y rétablir un peu ses affaires. Ce fut-là qu'il connut la géométrie pour la première fois. Le

(1) *Com. in Som. Scip.* l. 1, c. 15.
(2) *De Pl. Phil.* l. 2, c. 15.
(3) *Meteor.* l. 1, c. 8.
(4) Procl. *in I. Eucl.* l. 2, c. 4.
(5) *Ibid.* l. 4, c. 8. Théon, *in Almag.* l. 1.
(6) *Ethica ad Eudem.* l. 7, c. 14.

génie mathématique est, nous l'oserons dire, semblable à certains égards à celui qui produit les poëtes ; c'est une impulsion de la nature qui ne manque point d'entraîner dès la première occasion. L'aventure d'*Hippocrate* en est un exemple remarquable. La curiosité ou l'envie d'occuper son temps l'ayant conduit un jour dans une école de philosophes, il y goûta tellement les leçons de géométrie qu'il y entendit donner, que renonçant à son commerce, il ne songea plus qu'à cette science. Quelques-uns ont dit, il est vrai, qu'il ne quitta pas entièrement l'esprit de son premier métier, et qu'ayant montré la géométrie pour de l'argent, il fut chassé d'une école de Pythagoriciens à laquelle il étoit agrégé.

Hippocrate devenu géomètre, fut bientôt un des plus distingués. Il est sur-tout célèbre par sa découverte de la quadrature de la lunulle qui en a retenu son nom. On appelle ainsi un espace compris entre deux arcs de cercle inégaux. Voici la découverte d'*Hippocrate*. Sur le diamètre d'un demi-cercle (*fig. I*), il décrivoit un triangle rectangle ayant conséquemment son angle droit dans la circonférence. Ensuite sur chacun des côtés AD, DB, il décrivoit un demi-cercle, après quoi il raisonnoit ainsi: le triangle ADB étant rectangle, le demi-cercle construit sur AB est égal aux deux demi-cercles décrits sur AD, et DB, pris ensemble. Otant donc, de part et d'autre, les deux segmens AFDA, DEBD, il restera d'un côté le triangle rectiligne ADB, et de l'autre les deux lunulles AGDFA, DHBED; conséquemment les deux lunulles ensemble seront égales au triangle rectiligne ; et delà il suit que si les côtés AB, DB, sont égaux comme dans la *fig. II*, les deux lunulles étant égales sont chacune égale à la moitié du triangle ADB, ou au triangle CDB.

On tire de là une manière de construire la lunulle d'*Hippocrate*, quarrable. Car dans la *fig. II*, l'arc DEB est un quart de cercle au rayon CB, et DHB est un demi-cercle. Si donc l'on prend *fig. III*, une ligne AB, et qu'on décrive sur elle le demi-cercle ADB ; qu'on fasse ensuite sur AB, le triangle isoscele rectangle, ACB ; et que du centre C on décrive l'arc de cercle AEB, on aura une lunulle semblable à l'une de celles de la *fig. II*, et égale au triangle rectiligne ACB. C'est là le premier exemple de la quadrature absolue d'un espace curviligne, c'est-à-dire, de son égalité démontrée avec une figure rectiligne. Il est vrai que ce n'est pas là une quadrature proprement dite, comme celle que trouva *Archimède* dans la suite, lorsqu'il fit voir que la parabole étoit les deux tiers du rectangle, de même base et même hauteur. Celle d'*Hippocrate* est en quelque sorte un tour de passe-passe géométrique, où l'on ne fait qu'ôter un espace commun d'un côté et de l'autre ; et il arrive, par une sorte
de

de hasard, que l'un des restans est un espace rectiligne, tandis que l'autre est une figure curviligne, qui lui est conséquemment égale.

Nous remarquerons ici en passant que les géomètres modernes ont extrêmement enchéri sur cette espèce de jeu géométrique ; car ici l'on voit que les deux cercles, dont les arcs forment la lunulle, sont dans le rapport de 2 à 1 ; mais avec deux cercles, dont le rapport sera de 3 à 1, ou de 3 à 2, de 5 à 1, ou de 5 à 3, on peut construire, au moyen de la règle et du compas, ou de la simple géométrie élémentaire, une lunulle absolument quarrable. D'autres rapports, comme de 4 à 1, ou de 4 à 3, ou de 5 à 2, ou autres nombres quelconques, exigent une géométrie d'un ordre supérieur.

Les géomètres modernes se sont aussi plu à trouver des portions de la lunulle d'*Hippocrate* retranchées par des lignes droites, qui fussent absolument quarrables. La plus simple est la suivante : tirez dans la *fig. III*, du centre C une ligne quelconque C F G, coupant les deux cercles en F et G. Tirez la corde B G, et du point B la perpendiculaire B H sur C G. Alors le triangle mixtiligne B F G sera égal au triangle rectiligne B G H, lequel triangle on démontre être lui-même égal au triangle B I C.

Cette découverte d'*Hippocrate* lui inspira, dit-on, la confiance de trouver la mesure du cercle même, et on lui attribue un raisonnement qui, étant le premier exemple connu de paralogisme occasionné par l'envie de résoudre ce problême, mérite d'être connu. *Hippocrate* supposoit un demi-cercle A D E B, dans lequel il inscrivoit trois fois le rayon en A D, D E, E B. Puis sur chacune de ces cordes il décrivoit un demi-cercle, et un quatrième F égal, à part. Enfin, il raisonnoit ainsi :

Les quatre demi-cercles A G D, D E H, E I B, *fig. IV*, et F, étant chacun le quart du demi-cercle A D E B, lui sont égaux pris ensemble. Otons de part et d'autre les petits segmens A G D, D H E, E I B, on aura d'un côté la figure rectiligne A D E B, égale aux trois lunulles, plus le demi-cercle F. Si donc en vertu de la quadrature de la lunulle déjà trouvée, on ôte de la figure rectiligne la quantité de ces trois lunulles assignables en figure rectiligne, le restant sera encore une figure rectiligne, égale au demi-cercle F.

Ce raisonnement est tout-à-fait ingénieux, mais il n'en est pas moins vicieux. Son vice consiste en ce que les lunulles employées ici ne sont pas semblables à celle que *Hippocrate* avoit fait voir être égale à un triangle rectiligne. Car celle-ci étoit bornée d'un côté par un demi-cercle, et de l'autre par un quart de cercle. Celles employées dans le raisonnement ci-dessus sont bornées par un demi-cercle, et un sixième de circonférence.

V

ce qui n'est plus la même chose. Ces dernières ne sont point quarrables. Le raisonnement d'*Hippocrate* montroit seulement que si quelque géomètre trouvoit un jour la quadrature de cette espèce de lunulle, on auroit aussi-tôt la quadrature du cercle; mais c'est ce qu'on n'a pu encore trouver.

De ce même raisonnement d'*Hippocrate*, on peut déduire qu'on auroit la quadrature du cercle, si deux lunulles quelconques, comme dans la *fig. 1*, étant données, on pouvoit connoître seulement leur rapport. Car supposons qu'il fût connu, on diviseroit le triangle A D B en deux parties qui fussent dans ce rapport; ainsi l'on auroit la quadrature particulière de chacune des deux lunulles, et par conséquent, en supposant A D égal au rayon du cercle, la quadrature de la lunulle qui entre dans le raisonnement d'*Hippocrate*, seroit donnée, conséquemment celle du cercle.

Cette différence au reste entre la lunulle décrite sur une base égale au rayon, et celle décrite sur la corde du quart de cercle, étoit si apparente pour un bon esprit, comme étoit ce géomètre, que nous ne saurions nous persuader qu'il ait été la dupe du raisonnement que nous avons rapporté ci-dessus, quoi qu'en disent quelques auteurs, comme *Simplicius*, *Blancanus* etc. Ce n'étoit sans doute qu'un exemple du paralogisme auquel sa découverte pouvoit donner lieu, ou un moyen qu'il proposoit de trouver la quadrature du cercle, si quelqu'un trouvoit jamais la quadrature de cette nouvelle espèce de lunulle; ce qu'alors on pouvoit espérer raisonnablement, car la quadrature du cercle n'étoit pas alors un problême désespéré, comme elle l'est aujourd'hui. On se confirmera dans cette idée, si l'on fait attention qu'à l'exception de Grégoire de Saint-Vincent, qui s'égara dans un labyrinthe tortueux de raisonnemens sur les proportions et proportions de proportions, tous les autres prétendus inventeurs de la quadrature du cercle étoient à peine initiés dans la géométrie.

Un savant homme, M. *Heinius* de l'académie de Berlin, a prétendu (1) que la quadrature de la lunulle étoit l'ouvrage, non d'*Hippocrate*, mais d'*Œnopide* de Chio. Il est même porté à penser que ces deux hommes ne sont que le même personnage; cette dernière opinion n'est pas éloignée de probabilité, et le nom d'*Œnopide* seroit un surnom ayant quelque rapport au premier état d'*Hippocrate*, qui étoit celui de commerçant en vins. Mais il paroît qu'*Œnopide* étoit un peu plus ancien. Quant à l'autre prétention de M. *Heinius*, il la fonde sur un passage de *Proclus* (2), où cette découverte est d'abord attribuée à *OEnopide*, et ensuite à *Hippocrate*, au moyen d'une répétition de ces mots, *qui fut l'inventeur de la lunule*. Mais en examinant avec attention le contenu du passage, il est beaucoup plus probable que ces mots se sont glissés mal-à-propos après le nom d'*OEnopide*, qu'après celui d'*Hippocrate*. D'ailleurs, le témoignage universel de l'antiquité doit décider ici le doute; et enfin il y auroit un vice de locution dans la phrase, si la place de ces mots étoient après *OEnopide*. Aussi l'idée paradoxale de M. *Heinius* a-t-elle eu un contradicteur dans M. *Castilhon* (1), qui me paroît avoir rétabli *Hippocrate* dans la possession où il avoit toujours été.

Nous ne devons pas oublier que ce fut encore ce géomètre, qui montra le premier que le problême de la duplication du cube tenoit à l'invention de deux moyennes proportionnelles continues entre deux lignes données. Cár il fit voir que si l'on a quatre lignes en proportion continue, le cube de la première est au cube de la seconde, comme la première est à la quatrième (2). Il fut enfin le premier qui écrivit des élémens de géométrie (3) qui ne nous sont pas parvenus. Nous ne pouvons les regretter qu'à raison de l'utilité dont ils nous seroient, pour juger de l'état de la géométrie à cette époque.

Un trait singulier de la vie d'*Hippocrate* est que, selon *Simplicius*, il fut chassé d'une école de pythagoriciens, parce qu'il avoit reçu de l'argent pour montrer la géométrie. Cela a paru un peu rigoureux; car quoiqu'il soit plus noble de faire part de ses lumières gratuitement, il semble qu'*Hippocrate* ruiné, pouvoit tirer quelque parti de son savoir. Nos maîtres de mathématiques n'auroient pas eu beau jeu avec ces philosophes rigoureux.

C'est probablement vers ce même temps, et peu avant *Aristote*, que vivoient deux géomètres, *Bryson* et *Antiphon*, dont le nom ne nous est parvenu que par des idées sur la quadrature du cercle, que ce philosophe appelle des paralogismes. *Alexandre Aphrodisée*, dans ses commentaires sur *Aristote*, nous indique la prétention de *Bryson*, qui croyoit en effet, par une construction géométrique, assigner la grandeur de la circonférence circulaire, d'où il paroît qu'on savoit avant lui que la surface du cercle étoit égale à la moitié du rectangle du rayon par la circonférence, vérité que nous croyons en effet n'avoir pas dû être long-temps ignorée des géomètres; mais la construction de *Bryson* n'étoit fondée que sur une simple assertion ou un

(1) Mém. de Ber. an. 1749.
(2) Procl. *in Euclid.* lib. 3. ad Prop. 2.
(3) Procl. *Ibid.* lib. 2.

vrai paralogisme. A l'égard d'*Antiphon*, il ne nous paroît pas qu'il doive être accusé de paralogisme ; car ayant inscrit un quarré dans un cercle, il inscrivoit dans chaque segment un triangle isocèle, puis dans les huit segmens en résultans autant de triangles isocèles, et ainsi de suite ; et il disoit que pour avoir la grandeur du cercle, il falloit prendre le quarré inscrit, plus les 4 premiers triangles, plus les 8 suivans, et ainsi jusqu'à ce qu'ils se confondissent sur la circonférence. On ne sait au surplus s'il prétendoit assigner cette somme ; mais l'idée est si peu fausse, que c'est par un moyen semblable, qu'*Archimède* a trouvé la quadrature de la parabole, parce que dans cette dernière ces triangles décrits, suivant un certain procédé, décroissent en progression géométrique ; et il est telle autre loi, suivant laquelle ces triangles continuellement inscrits dans les segmens de cercle pourroient décroître, et qui permettroit d'en assigner la somme. Ainsi, quoiqu'*Aristote*, en appelant cette quadrature du nom de *contentieuse*, ce qu'on n'entend pas trop malgré ses commentateurs, ait donné lieu d'accuser *Antiphon* de paralogisme, nous croyons pouvoir laver son nom de cette tache.

XII.

Pour terminer l'histoire des mathématiques, pendant ces deux premiers siècles écoulés depuis leur naissance dans la Grèce, il ne me reste qu'à parler de l'invention célèbre, par laquelle les deux astronomes *Méton* et *Euctémon* remirent l'ordre dans le calendrier grec ; invention qui, à certains égards, est le chef-d'œuvre de l'astronomie. En effet, si nous en exceptons quelques corrections, on n'a encore rien trouvé de meilleur pour concilier les deux mouvemens de la lune et du soleil. Ceci m'engage à faire une courte histoire de ce calendrier, à l'arrangement duquel plusieurs astronomes avoient déja travaillé, mais avec peu de succès.

Il est inutile de s'étendre beaucoup sur la nécessité d'un calendrier bien réglé. Le premier soin de toute société policée, après avoir pourvu aux besoins les plus pressans, fut toujours d'établir une manière fixe de compter le temps. Ce n'est que par-là qu'on peut désigner commodément le retour des mêmes travaux, des mêmes cérémonies, etc. fixer enfin et conserver à la postérité la date des événemens, dont il importe de transmettre la mémoire.

La première division du temps que la nature présente aux hommes, et qui fut la première en usage, est celle des révolutions de la lune ; on y trouve sur-tout un avantage précieux pour des hommes grossiers, à qui il faut des signes également

simples et apparens. C'est que les phases de cette planète servent
elles-mêmes de divisions à sa révolution. Aussi voit-on un grand
nombre de peuples employer le retour de la nouvelle ou de
la pleine lune, pour l'indication de leurs assemblées politiques
ou religieuses. C'étoit la coutume des Juifs, des Grecs, des
Arabes, etc. Les Gaulois et les Saxons tenoient leurs espèces
de comices généraux au renouvellement ou au plein d'une certaine lune. La plûpart des Américains comptent par lunes,
comme nous par années.

Cette division n'est cependant point la plus avantageuse. Le
retour des mêmes saisons et de la même température d'air en
donne une autre beaucoup plus naturelle, et dont le soleil est
le seul modérateur. On tâcha donc de l'adopter; et comme douze
lunaisons en remplissent à-peu-près la durée, on la divisa en
douze parties. On les nomma *mois* : nom qui est dérivé dans
toutes les langues de celui de la lune, ou qui est emprunté de
quelque autre, dans laquelle il a cette dérivation.

Il s'en faut néanmoins 11 jours, à quelques heures près, que
douze révolutions de la lune d'une conjonction à l'autre, égalent
une révolution solaire. On s'en apperçut bien-tôt, et la difficulté de concilier ces deux mouvemens presque incommensurables, jetta dans un grand embarras. Quelques-uns tranchèrent
la difficulté, en s'en tenant au seul mouvement solaire. C'est
ce que firent les Égyptiens. Les Arabes au contraire s'attachèrent
uniquement à celui de la lune. Mais les Grecs se fondant sur
la réponse d'un certain oracle (1), s'obstinèrent à concilier les
deux mouvemens, et ce fut chez eux l'occasion d'une multitude de tentatives qui occupèrent leurs astronomes pendant plusieurs siècles, et qui peut-être contribuèrent beaucoup aux progrès de l'astronomie.

On crut d'abord que douze mois lunaires et demi égaloient
une révolution solaire, et sur cela on imagina une période de
deux ans, au bout de laquelle on intercaloit un mois. On attribue, je crois, mal-à-propos, cette invention à *Thalès*; mais l'erreur étoit grossière, et ne tarda pas à être apperçue. *Solon*
enfin, aidé peut-être des lumières de *Thalès*, remarqua ce qui
semble n'avoir pas dû être ignoré si long-temps, savoir que
les lunaisons étoient d'environ 29 jours ½. Car la nouvelle lune,
arrivée au commencement du premier jour d'un mois, lui parut
se renouveller vers le milieu du 30e. En conséquence il institua
les mois alternativement caves ou de 29 jours, et pleins ou de
30 jours, et nomma le 30e des mois pleins ένην και νέαν, dernier

_____
(1) Geminus, *Isag. Astron.* c. 6.

et premier, parce que ce jour étoit le dernier de la lunaison qui finissoit, et le premier de la suivante.

L'année fut par ce moyen assez bien conformée au cours de la lune, si ce n'est pourtant qu'il y avoit encore à la fin de l'année une erreur d'environ 9 heures; mais la grande difficulté étoit de la concilier avec le cours du soleil. On y parvint à-peu près, en prenant quatre périodes de deux ans, où l'on intercaloit seulement trois fois. Car en estimant l'année solaire de 365 jours, 6 heures, et les douze lunaisons de 354 jours précisément, on remarquoit que deux de ces années faisoient 730 jours et demi, pendant que 25 lunaisons en faisoient 738; c'étoient donc sept jours $\frac{1}{2}$ de trop, ce qui est le quart d'un mois plein. C'est pourquoi retranchant un mois plein, ou de 30 jours, de quatre périodes de deux ans, où l'on auroit intercalé à chaque seconde année, il en résultoit une de huit, où l'on ne devoit intercaler que trois fois. Cette période fut nommée *octaétéride*, et l'on en fait honneur à un certain *Cléostrate* de Ténédos (1), astronome, à ce qu'on croit, peu postérieur à *Thalès*. Elle comprenoit 2922 jours, distribués en 99 lunaisons, savoir les 96 de huit années communes, et trois intercalaires de 30 jours, qui s'inséroient à la fin de la troisième, de la cinquième et de la huitième (2). Nous remarquerons, à l'égard de ce *Cléostrate*, une petite anecdote astronomique. On dit de lui qu'il trouva le premier les signes du Bélier et du Sagittaire, ainsi que les Chevreaux. On a sans doute entendu dire par là qu'il fixa la position et le nombre des étoiles composant ces deux constellations, car on ne sauroit penser qu'à cette époque les Grecs n'eussent pas formé leur zodiaque. A l'égard des Chevreaux, ce fut apparemment lui qui donna ce nom aux deux étoiles encore sans nom, sises dans le Cocher, c'est-à-dire, qu'il ajouta à la forme de cette constellation les deux Chevreaux que le Cocher paroît porter. Mais je reviens à l'octaétéride de *Cléostrate*.

Cet arrangement auroit été fort heureux, si l'année lunaire se fût trouvée précisément de 354 jours, 4 heures, 18′: mais elle est plus grande de 4 heures et demie environ; ce qui dans huit années fait 36 heures. Ainsi les 99 lunaisons font réellement 2923 jours, 12 heures et quelques minutes, de sorte que la lune qui auroit dû se renouveller à l'expiration des huit années solaires, s'en trouvoit encore éloignée d'un jour et demi. De-là naquit une nouvelle période qu'il nous faut expliquer, quoiqu'elle n'ait jamais été mise en usage.

On a vu que 99 lunaisons surpassent huit années solaires,

(1) Censorin. *De die Nat.* c. 18.   (2) Gemin. *Ubi suprà.*

d'un jour et demi. Ce sont donc trois jours d'excès dans 16 ans, et 30 dans 160 ans. On proposa de former une nouvelle période qui auroit été composée de 20 octaétérides, moins une lunaison intercalaire. Cette période auroit été assez parfaite; car on trouve par le calcul que 160 ans juliens ne s'écartent de cette somme de lunaisons que d'environ 10 à 12 heures; ce qui est peu considérable, eu égard à la longueur du temps. Mais cet avantage est trop compensé par l'incommodité de ne ramener la lune et le soleil au même point du ciel qu'après un temps si long. Cette considération porta sans doute les Athéniens et les autres Grecs qui se servoient d'octaétérides, à continuer de les employer malgré leur défaut. On se contenta pendant assez long-temps d'y faire de temps à autre des corrections, pour les rapprocher de l'état du ciel; mais à la fin il se glissa un si grand désordre dans le calendrier, que les moins clairvoyans en furent frappés. *Aristophane* en fit lui-même des plaisanteries dans ses *Nuées*. Il y introduit un acteur qui, venant à Athènes, a rencontré Diane ou la Lune, fort irritée de ce que l'on ne se régloit plus sur son cours; elle s'étoit plainte amèrement à lui de ce que tout étant bouleversé sans-dessus-dessous, les Dieux ne savoient plus à quoi s'en tenir, et s'attendant quelquefois à faire grande chère un jour marqué, ils venoient et avoient le désagrément d'être obligés de s'en retourner le ventre vuide et sans avoir soupé. *Aristophane* désignoit ainsi plaisamment les sacrifices qui devoient se faire à certains jours marqués, et qui, à cause du dérangement du calendrier, étoient tantôt accélérés, tantôt retardés. Cela, pour le remarquer en passant, lui auroit mérité la ciguë à plus juste titre qu'à Socrate.

Un dérangement si visible excita, ou pour mieux dire, avant qu'il fût aussi considérable, il avoit déja excité les efforts des astronomes. Plusieurs avoient proposé de nouveaux cycles, comme *Harpalus, Nautelès, Mnésistrate, Philolaüs, OEnopide, Démocrite, Criton* de Naxos, (1) mais ils n'avoient pas été accueillis, et ne méritoient pas de l'être. Il ne faut cependant pas attribuer à ces anciens des erreurs aussi grossières sur la grandeur des périodes lunaire et solaire, que le fait *Scaliger* (2). Comme nous savons seulement quel étoit le nombre des lunaisons intercalaires de ces cycles, mais non quel étoit celui des mois caves et pleins qu'ils y employoient, tout le calcul de *Scaliger* est en pure perte (3). Si nous ne savions du cycle de *Méton*, rien de plus, sinon qu'il y avoit sept lunaisons intercalaires

---

(1) *De die Nat.* Suidas. *Plin.* l. 18, cap. 31.
(2) *De Emendatione Temporum.*
(3) Petau, *Rat. Temp.* p. 2, l. 1, c. 2.

dans 19 ans, en raisonnant comme le fait *Scaliger*, on lui attribueroit une erreur grossière sur la grandeur de l'année solaire et des révolutions de la lune.

Méton et *Euctémon* parurent enfin, et proposèrent leur célèbre *ennéadécatéride*, ou cycle de 19 ans. C'étoit une période de 19 années lunaires, dont douze étoient communes, ou de 12 lunaisons, et les sept autres de 13, ce qui faisoit en tout 235 lunaisons ; les années où l'on intercaloit étoient les 3e, 6e, 8e, 11e, 14e, 17e, 19e. Il faut remarquer que *Méton* changea aussi quelque chose à la distribution des mois caves et pleins. Dans l'usage ordinaire, l'année commune en avoit autant de pleins que de caves. En le conservant et en faisant tous les mois intercalaires pleins, cela n'auroit composé que 121 lunaisons pleines, et 114 caves. *Méton* voulut qu'il y en eût 125 des premières, et 110 seulement des dernières. Par ce moyen les mouvemens de la lune et du soleil sont très-heureusement conciliés ; et ces deux astres se rencontrent à la fin de la période, *à très-peu de chose près*, dans le même lieu du ciel, d'où ils étoient partis au commencement. Ce cycle fut établi l'an 453 Julien avant J. C., le 16 juillet, dix-neuvième jour après le solstice d'été ; et la nouvelle lune qui arriva ce jour à sept heures 43' du soir, en fut le commencement, le premier jour de la période étant compté du coucher du soleil arrivé la veille. *Méton* choisit à dessein cette nouvelle lune, quoique plus éloignée du solstice que la précédente, afin de n'être pas obligé d'intercaler dès la première année. Car l'année Grecque étoit telle que la pleine lune de son premier mois devoit être postérieure au solstice, à cause des jeux olympiques dont la célébration étoit fixée au milieu de ce premier mois après le solstice d'été. *Méton* exposa à Athènes, et probablement devant la Grèce assemblée à ces jeux célèbres, une table où l'ordre de sa période étoit expliqué, et l'applaudissement avec lequel elle fut reçue de la plûpart des nations Grecques, lui fit donner le nom de *cycle* ou de *nombre d'or* ; nom qui lui a été confirmé par l'accord universel de tous les peuples qui se servent d'une année luni-solaire, et qui l'ont adoptée, ou accommodée à leurs usages.

Quelques éloges que mérite cette invention, on en concevroit néanmoins une fausse idée, si on la regardoit comme parfaite. Elle avoit un défaut qui exigea bientôt après une correction : les 235 mois lunaires, tant caves que pleins, qu'elle comprend, forment 6940 jours. Mais cet intervalle est plus long de quelques heures qu'il ne faut, pour s'accorder parfaitement soit avec le mouvement du soleil, soit avec celui de la lune. Car 19 années solaires de 365j 6h, font seulement 6939 jours

et

et 18 heures, ou, en prenant l'année solaire plus exactement,
6939 jours 14 heures 32'. D'un autre côté, les 235 révolutions
menstruelles de la lune ne font que 6939 jours 16ʰ 32'. Ainsi
la période anticipoit de 6 heures sur les 19 révolutions Juliennes
du soleil, de près de 10 sur les 19 révolutions précises, et
de 7ʰ et demie sur les 235 de la lune. En considérant donc
uniquement ces dernières que les phases de la lune rendent
les plus apparentes, on voit que la nouvelle lune qui auroit
dû avoir lieu précisément à l'instant où recommençoit la
période, se trouvoit déjà avancée de sept heures et demie,
et cette erreur multipliée ne pouvoit manquer d'être sensible
dès la quatrième, et même dès la troisième révolution du cycle.
Il devint donc dès-lors nécessaire de retrancher un jour, afin
de remettre les pleines lunes à leurs vraies places.

L'astronome *Calippe* entreprit cette correction environ un
siècle après (1), et il s'y prit de cette manière. Il proposa de
quadrupler le cycle de *Méton*, d'où s'en formeroit un nouveau
de 76 ans, et au bout de ce terme, on devoit retrancher ce
jour excédent; c'est-à-dire, que sa période étoit composée de
quatre de celles de *Méton*, dont trois étoient de 6940 jours,
et une de 6939 jours. Il suffisoit pour cela de changer de quatre
en quatre périodes un des mois de 30 en un de 29. L'effet
de cette correction devoit être de retarder l'anticipation des
nouvelles lunes, de plus de 300 ans, et en même temps de
faire mieux accorder toute la période avec le mouvement du
soleil. Car l'intervalle de quatre cycles lunaires, diminué d'un
jour, fait 27759 jours, et les 940 mois lunaires qui les composent, forment exactement 27758 jours, 18 heures, 8'. Enfin
76 révolutions exactes du soleil composent la somme de 27758
jours, 10 heures, 4'. Ainsi le mouvement de la lune n'eût
anticipé sur la période entière que de 8 heures, 52', et par
conséquent que d'un jour seul environ, après quatre de ces
révolutions, ou 304 ans. A la vérité son écart du mouvement
du soleil étoit plus considérable; il alloit à un jour et quelques heures dans 152 ans, c'est-à-dire, dans deux révolutions. Mais il étoit si naturel alors d'évaluer l'année solaire
à 365 jours, 6 heures, qu'on ne pouvoit le prévoir. Cette
période fut appelée *Calippique*, du nom de son auteur, et
elle commença l'an 331 avant J. C. la septième année de la
sixième période Métonienne. Elle fut adoptée sur-tout par les
astronomes qui y lièrent leurs observations, comme on peut
le voir dans *Ptolémée*, qui en fait une mention fréquente.
Elle répond précisément à notre cycle lunaire combiné avec

(1) Geminus, *Isag. Astr.* c. 6.

nos années Juliennes. Car 76 de ces années forment une période Calippique, et l'anticipation de la lune est la même dans l'une et dans l'autre forme de calendrier. C'est cette anticipation, accumulée depuis le concile de Nicée jusques vers la fin du seizième siècle, qui avoit porté les nouvelles lunes véritables, quatre jours avant celui où le calendrier les annonçoit, et qui conjointement avec celle des équinoxes, donna lieu à la fameuse réformation de 1582.

Les anciens n'ignorèrent pas le défaut qui restoit dans la période Calippique; du moins il n'échappa pas à la pénétrante sagacité d'*Hipparque*, qui entreprit de le corriger. Ses observations lui avoient appris que l'année solaire et la lunaire étoient un peu moindres que *Calippe* ne les avoit supposées; et suivant son calcul, très-exact à l'égard de la lune, mais encore un peu fautif à l'égard du soleil, il trouvoit que l'anticipation de l'un et de l'autre étoit d'un jour en quatre périodes. Il quadrupla donc le cycle de *Calippe*, et il en retrancha ce jour qu'il avoit de trop dans quatre révolutions (1). Cette nouvelle période devoit avoir l'avantage de s'accorder beaucoup mieux avec le mouvement de la lune, qui n'auroit effectivement retardé que de demi-heure dans 304 ans. Elle n'auroit non plus anticipé sur le mouvement du soleil que d'un jour un quart, ce qui étoit une erreur seulement égale à celle de *Calippe* dans un intervalle double. Mais cette invention eut le sort de tant d'autres aussi utiles et aussi peu accueillies. La Grèce, accoutumée aux cycles de *Méton* et de *Calippe*, n'adopta pas celui d'*Hipparque*, quoique plus parfait.

Le cycle dont je viens de parler est le principal monument qui a valu à *Méton* et à *Euctémon* la célébrité dont ils jouissent. L'un et l'autre sont cependant encore mémorables par une observation qui est la première que fournit la Grèce à l'astronomie (2). C'est celle du solstice d'été de l'an 432 avant J. C. Ces deux observateurs donnèrent aussi une attention spéciale à ces levers et ces couchers des étoiles, qui formoient une partie des éphémérides Grecques. Il en publièrent, à l'imitation de divers astronomes qui les avoient précédés, et *Ptolémée* les cite souvent dans celles que nous avons de lui (3).

Un vers d'un ancien poëte Grec (4) peut nous faire conjecturer que *Méton* fut très-entendu dans l'art de conduire

---

(1 *Scal. de Em. Temp.* l. 2.

(2) *Alm* l. 3, c. 2.

(3) *App. fixarum.*

(4) *Meton Leuconeus, novi eum qui scaturigines ducit.* Phrynique.

les eaux. Je finis ce qui le concerne par un trait remarquable et peu connu. Il eut, de même que *Socrate*, le malheur de déplaire à *Aristophane*, qui le tourna en ridicule dans sa comédie *des Oiseaux*. Comme la licence de ce spectacle naissant étoit sans bornes, son nom même n'y est pas déguisé; un acteur s'avance, et après avoir dit qu'il est ce *Méton* si connu dans la Grèce, il débite les propos les plus ridicules sur la géométrie et l'astronomie. Il offre de quarrer le cercle, et d'exécuter diverses opérations insensées. L'autre interlocuteur, lassé de ces discours impertinens, cherche à s'en débarrasser, et n'en vient à bout qu'en le menaçant du bâton. J'ai lu encore quelque part une anecdote particulière sur cet ancien astronome. On dit qu'afin de ne point partir pour la guerre de Sicile, il mit en usage un artifice semblable à celui qu'*Ulysse* employa pour ne point aller à celle de Troye. Il contrefit l'insensé, ruse qui lui réussit, et qui lui fut du moins fort salutaire, si elle ne nous donne pas une grande idée de son courage. Car on sait assez que jamais Athènes ne fit d'expédition plus malheureuse que celle de Sicile, et qu'il n'en revint presque aucun de ceux qui y allèrent. Ce pourroit être ce trait peu honorable de la vie de *Méton*, qu'*Aristophane* eut en vue, en le mettant sur la scène, et en lui faisant jouer le rôle d'un insensé.

Méton avoit eu en astronomie un maître dont il est juste de faire mention, puisque *Théophraste* (1) en parle avec éloge. Il se nommoit *Phainus*, et suivant le témoignage de ce philosophe, ce fut un observateur zélé, et qui eut même quelque part à l'invention célèbre de son disciple. *Théophraste* nous parle encore d'un certain *Matricéta*, qui observoit dans l'île de Métymne, et qui n'est connu que par-là. *Géminus* (2) associe à *Euctémon* un astronome qu'il nomme *Philippe*, et ce qui est tout-à-fait surprenant, il ne dit rien de *Méton*, qui fut toujours réputé avoir la principale part à la réformation du calendrier Grec. Il y a probablement quelque faute dans les manuscrits qui ont servi à l'édition de cet ancien auteur.

X I I I.

Nous arrivons maintenant à l'une des époques les plus mémorables de l'histoire des mathématiques. C'est la fondation de l'école Platonicienne, à laquelle la géométrie doit un accroissement rapide. Quelque florissante qu'eût déjà été cette science dans la Grèce, ont peut dire néanmoins que *Platon* lui donna

---

(1) *De Sig. Temp.* Init.   (2) *Isag. Ast.* c. 6.

une nouvelle vigueur, et qu'il lui fit en quelque sorte changer
de face. Elle ne s'étoit, ce semble, occupée jusqu'alors que
des considérations les plus élémentaires; elle sortit dans le Lycée
de cet état d'enfance, et elle commença à prendre l'essor. L'invention de l'Analyse, la découverte des sections coniques, celle
de plusieurs méthodes nouvelles furent les fruits de l'application
que *Platon*, et ses disciples autant encouragés par l'exemple,
que par les exhortations de leur chef, donnèrent à la géométrie. Tous ces objets différens seront développés avec soin; mais
nous devons d'abord dire quelque chose du philosophe célèbre,
à qui nous avons tant d'obligations.

Personne n'ignore les principaux traits de la vie et des tâlens
de *Platon*, non plus que les honneurs que l'antiquité rendit
à sa mémoire. Cela me dispense de m'engager dans ce récit;
ainsi je me bornerai à ce qui concerne particulièrement mon sujet.
Quoique disciple et successeur d'un maître qui avoit peu estimé
les mathématiques, *Platon* pensa à leur égard d'une manière
plus équitable; elles eurent part aux motifs des voyages, qu'à
l'imitation des premiers sages de la Grèce, il entreprit pour
s'instruire. Il fut en Egypte pour y converser avec ses prêtres,
en Italie pour y consulter les Pythagoriciens fameux, *Philolaüs*, *Timée* de Locres, et *Archltas*, avec le dernier desquels
il contracta une liaison particulière. Il alla à Cyrène pour y
écouter le mathématicien *Théodore* (1); un tel empressement
fait beaucoup d'honneur à ce géomètre peu connu d'ailleurs.
Platon lui donne dans quelques-uns de ses écrits des témoignages de reconnoissance et d'estime. De retour dans la Grèce,
lorsqu'il fonda sa célèbre école, il fit des mathématiques, et
sur-tout de la géométrie, la base de ses instructions. Il ne laissoit, dit-on, jamais écouler un jour sans en montrer à ses
disciples quelque nouvelle vérité. Tout le monde connoît l'inscription fameuse, par laquelle il défendoit l'entrée de son auditoire à ceux qui ignoroient la géométrie. Il disoit enfin que la
Divinité s'en occupoit continuellement, entendant sans doute
par-là, que toutes les lois par lesquelles elle gouverne l'univers, sont des lois mathématiques : plus la physique s'enrichit
de découvertes, plus cette vérité se manifeste et acquiert de
nouvelles preuves.

Il ne paroît pas que *Platon* ait écrit aucun ouvrage purement mathématique; mais une seule invention dont il est réputé
l'auteur, doit lui tenir lieu à notre égard de l'ouvrage le plus
étendu (2). J'entends parler de l'Analyse géométrique, ce moyen

(1) Diogène Laërce.
(2) Procl. *in* I. Eucl. l. 3, p. 1. Diog. *in Plat.*

unique et indispensable pour se guider dans la recherche des questions mathématiques d'une certaine difficulté. Cette méthode a eu de si heureuses suites pour la perfection de la géométrie, qu'il est essentiel d'en donner une idée claire.

On peut procéder de deux manières dans la géométrie, par voie de Synthèse, ou par voie d'Analyse. Les exemples de la première sont les plus ordinaires, et presque les seuls qu'on rencontre dans les livres des géomètres anciens. C'est celle dont on se sert, quand on veut seulement exposer aux autres des vérités, dont on connoît déjà la liaison avec les principes. On part de ces principes, ou de quelques vérités déjà connues ; et en les assemblant et marchant de conséquence en conséquence, on parvient enfin à la conclusion de ce qu'on a avancé.

La marche de l'Analyse est différente. Cette méthode est nécessaire, lorsqu'il s'agit de la recherche de quelque question géométrique, soit problème, soit théorême. Ici l'on commence à prendre pour vrai ce qui est en question, ou l'on regarde comme résolu le problème qu'il s'agit de résoudre. On tire de-là les conséquences qui s'en déduisent, et de celles-ci de nouvelles, jusqu'à ce que l'on soit parvenu à quelque chose de manifestement vrai ou faux, si c'est un théorême ; de possible ou d'impossible à exécuter, si c'est un problème. La nature de cette dernière conséquence décide de la vérité ou de la possibilité de la proposition qu'on examine. Pour comparer enfin ces deux méthodes, dans l'une, on assemble, on joint en quelque sorte, plusieurs vérités, de la liaison desquelles il en résulte une nouvelle. C'est de-là que lui vient son nom ; car *Synthèse*, signifie *composition*. Dans l'autre on décompose au contraire une proposition encore incertaine en ses parties, toutes nécessairement vraies et liées ensemble, si la proposition est vraie ; ou fausses et répugnantes entr'elles, ou bien contraires à quelque vérité déjà démontrée, si cette proposition est fausse ; de-là est venu à cette méthode le nom d'*Analyse* qui signifie *décomposition*. Dans l'une, savoir la synthèse, on va du connu à l'inconnu, du tronc aux rameaux. Dans celle-ci, on va de l'inconnu au connu, des rameaux au tronc. Un exemple choisi parmi les plus simples, rendra sensible ce procédé géométrique.

Supposons qu'il s'agisse de résoudre ce problème. Un quarré AC (*figure* 5) étant donné, et le côté DC étant prolongé, on demande d'inscrire dans l'angle ECF une ligne, comme EF, d'une grandeur donnée, et qui, prolongée, aille passer par l'angle A.

Quand on dit que l'analyse conduit infailliblement à la solution d'un problème, on suppose toujours dans celui qui l'entreprend une certaine sagacité qui lui fait entrevoir le chemin qu'il faut tenir, & les constructions préliminaires propres à démêler les rapports qu'il examine. Ainsi l'on apperçoit ici, qu'ayant supposé que AEF est la position de la ligne cherchée, il pourra être avantageux de lui tirer la perpendiculaire FH jusqu'à AB prolongée, et FG perpendiculaire à BH. Cela fait, on voit que AB : BE : : FG : GH. Or FG = AB, conséquemment GH est égale à BE. De plus, CF : CE : : AB ou CB : BE : donc le rectangle de CE par CB, est égal à celui de CF par BE, ou de leurs égales BG, GH. Ce qui nous servira pour la solution du problème.

Supposons donc maintenant qu'il soit résolu, c'est-à-dire, que EF soit de la grandeur donnée. Donc le carré de EF sera aussi donné ou connu, et par conséquent la somme de CE^2 et CF^2; ajoutons-y celui de CB aussi connu, qui est égal à $CE^2 + 2CE \times EB + EB^2$, on aura donc la somme de $CF^2 + 2CE^2 + 2CE \times EB + EB^2$ connue. Or $BG = CF$, et $2CE \times (CE + EB) = 2CE \times CB$; donc $BG^2 + 2CE \times CB + EB^2$ est connu. Mais $2CE \times CB = 2GH \times BG$, par ce qu'on a vu plus haut, et $EB^2 = GH^2$; ainsi $BG^2 + 2GH \times BG + GH^2$ sera donné : or cette somme forme le carré de BH; donc le carré de BH est donné, savoir égal à la somme de ceux de EF et CB. Le problème est donc résolu, car il ne s'agit que de prendre BH, telle que son carré égale ceux de CB, et de la grandeur assignée EF, pris ensemble; après quoi l'on décrira sur AH un demi-cercle qui coupera la ligne DCI au point cherché F. La démonstration synthétique est facile; il n'y a qu'à retourner sur ses pas : c'est pourquoi nous ne nous y arrêterons pas davantage. On trouvera dans la note *A*, qui est à la suite de ce livre, quelques autres exemples de l'analyse ancienne, propres à en donner une connoissance plus approfondie.

Ce que nous venons de dire montre combien peu la géométrie des anciens étoit connue de ceux qui ont mis en question s'ils avoient une analyse. Ces géomètres n'avoient apparemment jamais parcouru *Archimède*, qui l'emploie quelquefois, encore moins *Pappus*, qui en fait presque toujours usage. Il leur auroit suffi de jeter les yeux sur la préface du septième Livre des *collections mathématiques* de ce géomètre, pour dissiper leurs doutes sur ce sujet. Car cette méthode y est expliquée avec beaucoup de soin. Nous avons encore un ouvrage d'*Apollonius*, intitulé : *de Sectione rationis*, qui est tout traité analytiquement, et dont M. *Neuton*, juste appréciateur de la géométrie ancienne, faisoit grand cas. Au reste, c'est s'énoncer d'une manière fort impropre, que d'appeler, comme on fait aujourd'hui, méthode *Synthétique* ou *Synthèse*, celle qui n'emploie aucun calcul, et qui parle aux yeux et à l'esprit par des figures et des raisonnemens développes, suivant le langage ordinaire. Il seroit plus exact de la nommer la méthode des anciens; car les calculs algébriques dont nous faisons usage, ne sont pas ce qui constitue l'analyse; ils ne sont qu'une manière d'exprimer un raisonnement en abrégé; et une démonstration pourroit appartenir à la synthèse, quoiqu'on s'y servît du calcul algébrique. Sans aller en chercher bien loin des exemples, telles sont les démonstrations que quelques auteurs donnent des théorêmes du second livre d'*Euclide*.

A la vue de la clarté lumineuse qui accompagne le plus souvent cette méthode des anciens, je ne puis me refuser à quelques réflexions. Il me semble qu'il seroit à désirer qu'elle fût un peu moins négligée des modernes, que la facilité extrême de l'analyse algébrique, semble jeter de plus en plus dans une extrêmité vicieuse. Déjà cet abus a excité les regrets de plusieurs géomètres du premier ordre (1), qui se sont plaints du tort que faisoit à l'élégance géométrique cette méthode de réduire tout en calcul. En effet la méthode ancienne a certains avantages, que ne peuvent lui refuser tous ceux qui la connoissent un peu. Toujours lumineuse, elle répand la clarté en même temps qu'elle produit la conviction; au lieu que l'analyse algébrique, en convainquant l'esprit, n'y porte aucune lumière. Dans l'une, on apperçoit distinctement tous les pas qu'on fait; aucune des liaisons entre le principe et la dernière des conséquences qu'on en tire, n'échappe à l'esprit : dans l'autre, tous les dégrés intermédiaires sont en quelque façon supprimés, et l'on n'est convaincu que par l'enchaînement légitime qu'on sait régner dans l'espèce de mécanisme des opérations qui forment une grande partie de la solution. Il est d'ailleurs un assez grand nombre de problêmes, où le calcul algébrique ne s'applique pas facilement; il en est d'autres, où les expressions algébriques qui en résultent, sont d'une telle composition, que l'analyste le plus intrépide en est déconcerté. Je pourrois citer pour exemple, l'un des problêmes, donnés dans la note *A*, savoir, celui *du cercle et des deux points*, etc. ou celui de *faire toucher trois cercles donnés de position par un quatrième*. Quiconque comparera les solutions élégantes que *Viète* (2) et *Néwton* (3) ont données de ce dernier problème, avec celle que présente le calcul algébrique, et celle de *Des-*

---

(1) Fermat, Newton, Maclaurin.
(2) *In Appoll. Gallo.*

(3) *Arith. universalis. Phil. Nat. princ. Math.* l. 1, lemm. 16.

cartes (1), sera obligé de convenir que le dernier avoit quelque tort de déprimer, comme il faisoit, la méthode ancienne.

Je suis cependant bien éloigné de méconnoître la supériorité
de l'analyse moderne, à d'autres égards, sur celle des anciens.
Je n'ai prétendu blâmer que l'abus d'appliquer le calcul à des
cas, où un peu plus d'attention, ou plus de connoissance en
géométrie, fourniroit des solutions bien plus satisfaisantes pour
l'esprit. Car de même qu'on ne se sert pas du quart de cercle,
pour mesurer un objet qu'on a sous sa main, ainsi ne doit-on
pas employer le calcul algébrique dans des questions où il est
superflu. Mais il faudroit ignorer les sublimes découvertes de
la géométrie moderne, pour contester la nécessité absolue de
ce calcul dans les recherches d'une certaine nature, telles que
la plûpart de celles qui occupent aujourd'hui nos géomètres.
En vain l'esprit le plus laborieux, le plus capable d'attention
et de méditation, s'efforceroit-il de se passer de ce secours ;
les rapports qu'il s'agit de développer dans ces recherches sont
si compliqués, qu'il faudroit pour les démêler, sans l'aide des
méthodes modernes, des intelligences d'un ordre supérieur au
nôtre. Usons-donc, pour découvrir la vérité, des ressources
puissantes que nous présentent ces méthodes, à la perfection
desquelles on ne sauroit apporter trop de soin. Ce sont les seules
de qui la géométrie et la physique puissent attendre désormais
des progrès. Ainsi quand certaines personnes cherchent à ridiculiser le prétendu jargon qu'affectent, disent-elles, les mathématiciens de nos jours ; quand elles déclament contre l'abus
d'appliquer une géométrie transcendante aux phénomènes physiques, elles ne font que se couvrir elles-mêmes de ridicule
auprès de tous ceux qui ont fait quelques progrès réels dans
ces sciences. Pour apprécier au juste ces plaisanteries ou ces
clameurs, il suffit de remarquer qu'elles ne partent que de gens
tout-à-fait étrangers en géométrie et en physique, ou de quelques esprits superficiels, à qui l'impuissance de suivre la même
marche, fait prendre le parti beaucoup plus facile de blâmer
ce qu'ils n'entendent pas.

X I V.

La seconde découverte remarquable que la géométrie doit à
l'école Platonicienne, est celle des sections coniques. Quelques-
uns semblent l'attribuer à *Platon* même (2), mais c'est trop
obscurément pour y faire aucun fonds. Il y a quelques mots

(1) Lett. de Descar.. *t.* 3, *lettr.* 80,   (2) Proclus. *in Eucl.* l. 3, p. 4.
81.

dans

dans un écrit d'*Eratosthène* (1), qui pourroient la faire adjuger à *Ménechme*. *Neque Menechmeos necesse erit in cono secare ternarios*, dit-il, en parlant de ces courbes. Mais comme on sait que ce géomètre Platonicien employa les sections coniques à la résolution du problème des deux moyennes proportionnelles continues, dont parle *Eratosthène* dans cette pièce, il est à présumer que c'est-là tout ce qu'il a voulu dire par ces mots. Nous ne conclurons donc rien de-là en faveur de *Ménechme*; nous nous bornerons à remarquer qu'on voit dans le Lycée des traces d'une connoissance assez approfondie des sections coniques. Les deux solutions que le géomètre dont nous venons de parler, donna du problème des deux moyennes proportionnelles en sont la preuve. Car l'une emploie deux paraboles, l'autre une parabole combinée avec une hyperbole entre les asymptotes. Cette dernière montre même qu'on avoit fait à cette époque quelque chose de plus que les premiers pas dans cette théorie.

Parvenus à cet endroit intéressant de notre histoire, nous ne pouvons nous dispenser de parler avec quelque étendue de ces courbes devenues depuis ce temps si célèbres en géométrie. Je vais dans cette vue exposer leur génération, et quelques-unes des propriétés que nous pouvons légitimement croire avoir été connues aux géomètres de l'école de *Platon*, ou à ceux qui les suivirent de près.

Les sections coniques, comme leur nom l'indique assez, sont des courbes qui naissent de la section du cône par un plan. Il est facile d'observer que ce corps peut-être coupé de cinq manières différentes; les deux premières et les plus simples, sont de le couper par un plan qui passe par le sommet, ou qui soit parallèle à la base. La première donne un triangle, plus ou moins ouvert, suivant que le plan coupant est plus ou moins voisin de l'axe; la seconde produit un cercle; ces deux lignes, considérées sous cet aspect, sont des sections coniques. C'est néanmoins des trois suivantes qu'il s'agit ordinairement, lorsqu'on parle des courbes de ce nom.

Prenons le plan supposé parallèle à la base, (*figure 6*) G L, et qui nous a donné un cercle, et imaginons qu'il passe à la situation G H inclinée à cette base, où il coupe toujours le cône entièrement. Il forme alors une section allongée, comme G K H I, nommée *Ellipse*, et qui n'est qu'un cercle oblong. Nous ne pouvons en donner une idée plus juste qu'en disant que l'ellipse est au cercle, ce que le carré long est au carré parfait; et comme ces deux dernières figures ont des

_____

(1) *In Mesolabo.* Eutoc. *ad Arch.* l. 2, *de Sph. et cil.*

propriétés communes, d'autres différentes, mais toujours analogues entr'elles, de même le cercle et l'ellipse ont des propriétés communes, et d'autres entre lesquelles règne toujours une analogie remarquable.

Concevons maintenant que le plan coupant, continuant de plus en plus à s'incliner, prenne une situation G M, telle qu'il ne sorte plus du cône, se trouvant parallèle au plan qui le touche dans le côté S A, il se formera une nouvelle courbe qui ira toujours en s'élargissant, et qui ne sera nulle part fermée ; c'est celle qu'on nomme *Parabole :* on pourroit fort bien la comparer à une ellipse infiniment allongée ; et en effet plusieurs géomètres modernes faisant usage de cette idée, ont démontré avec beaucoup de facilité les propriétés de cette courbe. Nous rendrons compte, quand il en sera temps, de cette manière d'envisager les sections coniques.

Supposons enfin que le plan coupant continuant à se mouvoir, de parallèle qu'il étoit au plan tangent du cône, lui devienne incliné en sens contraire à sa situation primitive, de sorte qu'il vienne à couper le cône opposé, comme fait G g, il se formera une courbe dont la forme paroîtra assez bizarre à ceux qui sont peu versés dans la géométrie transcendante ; car, au lieu que les deux moitiés de l'ellipse ou du cercle, se présentent leurs concavités aux deux extrémités de leur axe, dans celle-ci, ce sont les convexités qui sont tournées l'une vers l'autre. La courbe, prise dans son entier, est composée de deux parties E G F, *e g f*, infinies chacune en étendue. C'est-là ce qu'on nomme une *Hyperbole*, si l'on ne considère que l'une des deux parties ; ou les Hyperboles opposées, si on les considère l'une et l'autre ; ou la courbe dans sa totalité.

Telle est la génération des sections coniques, courbes devenues depuis leur invention du plus grand usage en géométrie, et dans l'astronomie physique. Quel eût été le ravissement de *Platon* et des géomètres de son école, s'ils eussent pu prévoir que l'on démontreroit un jour que ces courbes sont la trace que décrivent les planètes et les comètes dans les espaces célestes, celle des projectiles, et qu'enfin une multitude de problêmes physico-mathématiques suppose la théorie des sections coniques. Nous croyons devoir donner, en faveur des géomètres, un précis de leurs propriétés principales, et qui furent les premières connues aux géomètres de l'antiquité. Nous avons tâché d'y mettre dans un grand jour l'analogie continuelle qui règne entr'elles, analogie qui, sans doute, fera plaisir à ceux qui sont doués de l'esprit géométrique (*note* B). Ces propriétés nous paroissent avoir été, pour la plûpart au moins, connues des géomètres contemporains de *Platon*, ou peu postérieurs. La solution du problême des deux moyennes proportionnelles, où *Ménechme* employoit une hyperbole entre les asymptotes le prouve clairement; car on ne peut y méconnoître une théorie assez avancée de ces courbes. D'ailleurs, *Apollonius* nous apprend que les quatre premiers livres de ses coniques, dont les propositions, contenues en cette note, ne sont que le précis, ne présentoient guère que la théorie connue avant lui : ainsi ce n'est pas sans fondement que nous en revendiquons une grande partie à l'école Platonicienne. Passons à la troisième découverte de cette école célèbre.

X V.

Cette découverte est celle des Lieux géométriques et de leur application à la résolution des problêmes indéterminés. Les deux solutions que *Ménechme* donna du problême de la duplication du cube, nous présentent des exemples de cette méthode, dont l'invention réputée moderne a fait beaucoup d'honneur à MM. *Descartes* et de *Sluse*. On trouve aussi bientôt après *Platon*, un géomètre qui écrivit au long sur ce sujet, savoir *Aristée* l'ancien, dont *Pappus* cite les cinq livres sur *les Lieux solides*. J'ajoute à dessein cette nouvelle preuve, afin qu'on ne soit point tenté de penser que j'accorde à ces anciens géomètres ces connoissances profondes, sur de simples conjectures. Voici l'esprit de cette ingénieuse méthode.

On appelle *Lieu* en géométrie une suite de points, dont chacun résoud également un problême susceptible par sa nature d'une infinité de solutions. Eclaircissons ceci par quelque exemple facile. Si l'on proposoit de faire sur une base donnée un triangle, dont l'angle opposé à cette base fût égal à un angle donné, il n'est point de géomètre qui n'apperçût aussi-tôt qu'il y en a un nombre infini ; car la seule géométrie élémentaire apprend que tous ces triangles ont leurs sommets dans un arc de cercle. Cet arc, en langage de géométrie sublime, est nommé le Lieu de tous ces angles. De même une ligne droite est le Lieu de tous les sommets des triangles égaux ayant la même base ; une ellipse est celui des sommets de tous les triangles sur une base déterminée, et dont les deux autres côtés forment une même somme : ainsi toute courbe est un lieu géométrique, et presque d'autant de manières qu'elle a de propriétés différentes.

Les anciens distinguèrent les Lieux géométriques en diverses classes. Ils nommèrent les uns *plans* ; c'étoient les lignes simples, comme la droite et la circulaire. On appela *solides* les courbes d'un genre plus composé, comme les sections coniques, parce qu'on concevoit leur génération dans le solide, tandis que l'on imaginoit celle des premières sur un plan. Les courbes d'un ordre encore supérieur, furent nommées Lieux *hyperso-lides*, ou simplement *linéaires*. On comprit sous cette déno-mination générale presque toutes les courbes, hors les sections coniques, telles que les Conchoïdes, les Cissoïdes, les Qua-dratrices, les Spirales, etc. Mais depuis que la géométrie a acquis de nouvelles lumières, on a reconnu que les auteurs de cette division se trompoient. Car les dernières des courbes que nous venons de nommer sont d'un ordre et d'une espèce, qui ne permet aucune comparaison entr'elles et les premières. On en donnera une division plus convenable en traitant la théorie des courbes.

Les anciens établirent encore quelques autres divisions de lieux. Ils nommèrent les uns *Lieux à la ligne*, parce que c'étoit une simple ligne, c'est le cas le plus ordinaire; cette espèce est celle dont il a été uniquement question jusqu'ici. Ils don-nèrent à d'autres le nom de *Lieux à la surface*, parce que cette suite de points doués tous d'une même propriété, for-moient effectivement une surface. Telle seroit celle d'une sphère, d'un conoïde, d'un sphéroïde, à l'égard du plan qui lui ser-viroit de base. Tous les points d'une surface pareille pourroient servir à la résolution d'un problême indéterminé d'une certaine nature. *Euclide* avoit écrit sur cette sorte de Lieux (1). Ceux enfin qu'on nomma *au solide*, reçurent cette dénomination de ce que tous les points, renfermés dans l'étendue d'un solide, satisfaisoient à la question. Mais l'on ne fait plus aujourd'hui ces distinctions; c'est pourquoi je ne m'y arrête pas davan-tage. Je viens à quelque chose de plus important.

La grande utilité des Lieux géométriques consiste dans leur application aux problêmes déterminés. On va en donner un exemple tiré de la géométrie la plus simple. Supposons qu'il s'agisse de décrire sur une base A B (*fig.* 7), un triangle d'une surface déterminée, et dont l'angle au sommet soit égal à un angle donné E. Le géomètre qui voudra résoudre ce problême, observera d'abord que tous les triangles qui ont même base et même surface, ont leurs sommets dans une ligne droite paral-lèle à la base. L'aire du triangle cherché étant donc connue, il trouvera, par une opération fort facile, la distance de cette parallèle à la base, savoir la hauteur du triangle. Suppo-sons qu'elle soit CD, voilà le premier Lieu. Il remarquera de plus, que tous les triangles sur une même base, et ayant le même angle au sommet, ont ce sommet dans l'arc d'un segment de cercle capable de cet angle. C'est un théorème élémentaire, et rien de plus facile que de déterminer ce segment. Qu'il soit

(1) Pappus. *Coll. Math.* l. 7, *Praef.*

donc A E B, son intersection avec la parallèle C D, donnera
la solution du problème; car ce point d'intersection, entant
qu'il appartient au cercle, donnera l'angle au sommet egal à
l'angle desiré; et comme appartenant à la ligne parallèle à la
base, il déterminera un triangle de la grandeur donnée. Le
triangle trouvé par ce moyen satisfera donc aux deux conditions imposées; s'il n'y a aucune intersection, comme lorsque
la parallèle à la base sera trop éloignée pour couper l'arc de
cercle, alors le problême sera impossible; si elle le touche,
il n'y aura qu'une solution. Si elle le coupe, ce qu'elle ne
peut faire qu'en deux points, il y aura deux triangles qui satis-
feront aux conditions du problême. A la vérité, le second
n'est ici que le même situé en sens contraire, mais, dans d'autres
cas, les solutions, lorsqu'il y en a plusieurs, sont entièrement
différentes.

En analysant le procédé de cette méthode, on voit que l'art
de résoudre un problême déterminé par les Lieux géométriques,
consiste à le dépouiller d'abord d'une de ses conditions, ce
qui le rend indéterminé, c'est-à-dire, susceptible d'une infinité de solutions. C'est ce que nous venons de faire en ne considérant d'abord le triangle cherché que comme ayant une aire
déterminée, d'où nous avons d'abord tiré un lieu géométrique.
On remet ensuite cette condition dans le problême, en le dépouillant d'une autre, comme nous avons fait, en n'ayant égard
qu'à celle de faire que l'angle du sommet fût égal à un angle
assigné; ce qui nous a donné le second Lieu. Or il est évident
qu'afin que le problême satisfasse aux deux conditions, il faut
que le point cherché soit à la fois dans l'un et dans l'autre.
Ce sera donc leur intersection, ou leurs intersections, qui le
détermineront. S'il n'y en a aucune, c'est que les conditions
sont répugnantes et incompatibles entr'elles. Un des exemples
de l'analyse ancienne qu'on donne dans la note *A*, peut
en servir pour les lieux géométriques, et leur usage dans les
problêmes déterminés. Nous l'avons même choisi de cette nature,
à dessein et dans la vue de ne pas trop multiplier les notes
ou les exemples. Nous y renvoyons nos lecteurs.

X V I.

Ce fut seulement vers le temps de *Platon* que le problême
de la duplication du cube acquit la célébrité dont il a joni
depuis parmi les géomètres. A la vérité, il leur étoit déjà
connu, puisqu'*Hippocrate* de Chio l'avoit réduit (1) à la

(1) Procl. *in I. Eucl.* l. 3, p. 1.

recherche des deux moyennes proportionnelles continues; mais il semble qu'il ne les avoit point encore intéressés, comme il fit alors. Un auteur ancien (1) raconte ainsi l'occasion qui le leur présenta de nouveau.

Il dit qu'une peste ravageant l'Attique, on envoya des députés à Délos, pour consulter l'oracle sur les moyens d'appaiser la colère céleste. Le Dieu qui y présidoit se borna à une demande bien modeste : il vouloit seulement qu'on doublât son autel qui étoit de forme cubique; la chose parut aisée à d'ignorans entrepreneurs, qui doublant ses côtés, en construisirent un autre, non point double, mais octuple; cependant la peste ne cessoit point, car le Dieu bizarre le vouloit précisément double : on lui fit une nouvelle députation, qui reçut pour réponse qu'on n'avoit point satisfait à sa demande; on commença alors à soupçonner dans cette duplication plus de mystère qu'on n'avoit fait, et l'on implora le secours des géomètres, qui furent eux-mêmes fort embarrassés. *Platon*, qui étoit réputé le plus célèbre d'entr'eux, consulté le premier, sentit la difficulté du problême (2); et il tâcha, dit-on, de le décliner en renvoyant les députés à *Euclide*. Mais ce trait ne peut pas s'accorder avec ce qu'on sait de l'âge de ce dernier géomètre, qui fut postérieur à *Platon* de plus d'un demi-siècle. Aussi les critiques ont-ils soupçonné que l'historien Latin s'est trompé, et qu'il a voulu nommer *Eudoxe*, et non l'auteur si connu des élémens de géométrie. Il est sans doute plus sûr de traiter de fiction l'histoire racontée par *Valère Maxime*. Le motif qu'il donne à *Platon* pour renvoyer les députés de l'oracle, prouve son peu de réalité. Car il dit qu'il les adressa à *Euclide*, comme à un homme du métier; mais outre qu'*Euclide* de Mégare n'étoit rien moins que géomètre de profession, qui ignore que *Platon* tenoit lui-même un des premiers rangs, pour ne pas dire le premier, parmi les géomètres de son temps?

A l'égard de l'histoire de l'Oracle, ce ne peut être qu'une fable imaginée par quelque mathématicien, qui a voulu donner de l'importance à ce problème. *Eratosthène* raconte son origine d'une autre manière, qui n'est pas moins fabuleuse suivant les apparences. Mais il n'étoit pas nécessaire de recourir à de pareils contes, pour rendre raison de ce qui avoit engagé les géomètres dans cette recherche. Après avoir réussi à doubler ou à multiplier en raison donnée les figures superficielles semblables,

_____

(1) Philopponus. *Comm. in anal. post.* l. 1. Eratost. *in mesolabo, apud Eutocium.*

(2) Val. Max. *l.* 7, *c.* 13.

ils ne pouvoient manquer de se proposer la même question à l'égard des solides ; et comme ils savoient déjà que les solides semblables étoient comme les cubes de leurs côtés semblablement situés, ils le réduisirent à faire un cube en raison donnée, et ensuite à trouver entre deux lignes deux moyennes proportionnelles continues. Telle fut l'origine du problême : il suffisoit qu'il fût difficile, et en quelque sorte irrésoluble, pour acquérir de la célébrité parmi les géomètres. Car tel fut toujours leur caractère ; les choses faciles les flattent peu, la difficulté a pour eux des charmes et les attache.

Le problême des deux moyennes proportionnelles, déféré à l'école platonicienne, y excita les efforts de plusieurs géomètres, et elle nous en fournit diverses solutions qu'*Eutocius* a rapportées (1) ; j'entends des solutions telles que les admet la nature du problême, c'est-à-dire, dans lesquelles on emploie quelqu'autre ligne que la droite et la circulaire, ou quelqu'autre instrument que la règle et le compas. Car on démontre aujourd'hui, et les anciens ne l'ignorèrent pas, qu'on ne sauroit le résoudre par les seuls secours de la géométrie ordinaire. *Platon* donna une solution de la dernière espèce ; il y employa un instrument composé de deux règles, dont l'une s'éloigne parallèlement de l'autre, en coulant entre les rainures de deux montans perpendiculaires à la première. Cette solution est commode dans la pratique. *Architas* s'occupa aussi de ce problême, et sa solution nous est parvenue. Il imaginoit une courbe décrite par un mouvement particulier, sur la surface d'un cylindre droit, et qui étant rencontrée par la surface d'un cône situé d'une certaine manière, déterminoit l'une des moyennes. Mais ce n'étoit-là qu'une curiosité géométrique, uniquement propre à satisfaire l'esprit, et dont la pratique ne sauroit tirer aucun secours. Le célèbre *Eudoxe* donna aussi une solution, où il employoit certaines courbes de son invention. *Eratosthène* (2) semble en faire un grand cas, tandis qu'*Eutocius* la traite de pitoyable, et n'a pas daigné nous la rapporter. Comme elle ne subsiste point, nous ne pouvons décider entre l'un et l'autre. Le témoignage d'*Eratosthène*, plus voisin du temps d'*Eudoxe*, et d'ailleurs, grand géomètre, me paroît néanmoins devoir l'emporter sur celui du commentateur d'*Archimède*.

Ménechme enfin proposa les deux savantes solutions dont on a déjà parlé (3). Elles sont recommandables, en ce qu'elles présentent la première application connue des lieux géomé-

---

(1) *Ad Arch.* I. 2, *de Sph. et cyl.*   (3) *Ibid.*
(2) *In Mesol.* Voy. Eutoc. *l. cit.*
au texte Grec.

triques et des sections coniques , à la résolution des problêmes solides. Nous croyons satisfaire la curiosité des lecteurs géomètres , en les rapportant. Ceux pour qui une géométrie si relevée a peu d'attraits peuvent s'en épargner l'ennui.

Que E et F soyent les deux lignes données (*fig. 8*), *Ménechme* décrivoit sur l'axe ABE, une parabole ACK, ayant pour paramètre la ligne E, et sur l'axe ADG perpendiculaire au premier, la parabole ACL au paramètre F. Leur intersection C déterminoit les deux ordonnées CB, CD, qui étoient les deux moyennes cherchées : la démonstration en est facile, car le point C appartenant à la première parabole ACK, on a le rectangle de E par l'abscisse AB ou son égale CD, égal au quarré de CB. Ainsi, l'on a E, CB et CD en proportion continue ; et puisque ce point C appartient aussi à la seconde parabole, on a le rectangle de F par AD égal au quarré de CD, et conséquemment AD ou CB est à CD comme CD à F, c'est-à-dire que CB, CD et F sont en proportion continue. Ainsi, l'on a à la fois, E à CB comme CB à CD, et CB à CD comme CD à F. Donc E, CB, CD et F sont en proportion continue.

La seconde solution procédoit en partie comme la première. *Ménechme* traçoit (*fig. 9*) une parabole ACK sur l'axe AB au paramètre E ; ensuite il faisoit dans l'angle droit DAB un rectangle AG égal et semblable à celui de E par F. Enfin, il traçoit par le point G une hyperbole entre les asymptotes DA, AB, qui coupoit la parabole en C. Ce point C lui donnoit les deux CL, CH, qui étoient les moyennes cherchées. Car, à cause de l'hyperbole, on a le rectangle de E par F, égal à celui de CL, CH. Conséquemment E : CL : : CH : F ; mais à cause de la parabole, on a E à CL, comme CL à AL ou CH, puisque le quarré de CL est égal au rectangle de E par CH. Donc, E, CL et CH sont en proportion continue, et conséquemment CL, CH et F le sont également.

Il faut cependant convenir que ces solutions, toutes élégantes qu'elles sont, ont un défaut, savoir celui d'employer deux sections coniques, où une seule combinée avec un cercle eût suffi. Mais doit-on s'attendre qu'une invention, encore si voisine de sa naissance, eût déja atteint la perfection dont elle étoit susceptible? Cela seroit injuste, on doit tenir compte aux inventeurs, même du petit nombre de pas qu'ils ont faits en ouvrant la carrière.

Il est un autre problême du même genre, et du même ordre de difficulté que le précédent, et que nous croyons avoir aussi excité les efforts de l'école platonicienne. C'est celui de la trisection de l'angle, écueil non moins fameux que ceux de la duplication du cube et de la quadrature du cercle. Nous

n'avons

n'avons pas à la vérité de témoignage positif, qu'il ait une aussi grande ancienneté, mais l'ordre des progrès de l'esprit humain ne permet pas d'en douter. Après avoir partagé l'angle rectiligne en deux également, la première question qu'on dut se proposer étoit de le diviser géométriquement en trois parties égales. Peut-être même envisagea-t-on tout de-suite le problême beaucoup plus-généralement, et qu'on se proposa de le diviser en raison donnée. Car la Quadratrice, courbe presque aussi ancienne que Platon, semble avoir été imaginée dans cette vue. Ainsi le problême de la trisection de l'angle doit avoir une ancienneté au moins égale.

Ce motif nous fait penser que quelques-unes des solutions anciennes de ce problême pourroient bien être dues à l'école platonicienne, qui s'occupa avec tant de soin des théories les plus utiles à la géométrie. Nous allons donc faire connoître deux de ces solutions les plus simples.

On dut s'appercevoir bientôt que le problême de diviser un angle rectiligne en trois parties égales, se réduisoit à l'une de ces constructions (fig. 10, 11.) Dans la première, ayant l'angle BCD ou l'arc BD, et ayant achevé le demi-cercle, il s'agit de tirer une ligne DEF, de telle sorte que la partie EF, interceptée entre la circonférence et le diamètre prolongé, soit égale au rayon. Car alors le triangle CEF est isoscèle, d'où il suit que l'angle CED est double de EFC, et le triangle DEC étant aussi isoscèle, l'angle CDE est égal à CED, et l'externe à l'égard du triangle CDF, est égal aux angles CDF et CFD pris ensemble, d'où il suit qu'il est égal à deux fois l'angle DFC plus encore une fois DFC, conséquemment à trois fois DFC. Ainsi l'angle ECF est le tiers du proposé.

Dans la seconde construction, l'angle donné est DAB. On achève le rectangle DCAB, et le côté CD étant prolongé, il faut tirer AGF, de sorte que GF soit double de la diagonale DA. Alors on aura l'angle BAG égal au tiers de DAB; ce dont la démonstration est à-peu-près semblable à la précédente.

On peut à la vérité exécuter ces constructions au moyen d'une sorte de tâtonnement. Car prenant pour exemple la première, si l'on a marqué sur une ligne ou règle la longueur du rayon AC ou CB, à commencer d'une extrémité F de cette règle, comme FE, on pourra faire glisser ce bout F le long de BAF, la règle passant toujours par le point D, jusqu'à ce que le point E tombe sur l'arc DA. Alors tirant la ligne CE, l'angle ACE sera le tiers de BCD, ou l'arc AE le tiers de l'arc BD. Un pareil mécanisme est applicable à la seconde solution. Mais la géométrie n'admet pas de pareils moyens, et ce seroit en vain qu'on chercheroit à résoudre ce problême par la géométrie ordinaire. De même nature que celui de la duplication du cube, il exige le secours d'une géométrie plus relevée que la géométrie ordinaire, ou l'emploi d'un instrument plus compliqué que la règle et le compas. On se bornera ici à ce qu'on vient de dire sur ces deux problêmes fameux, parce qu'on aura ailleurs occasion d'en parler plus au long, ainsi que de celui de la quadrature du cercle.

X V I I.

Les découvertes que nous venons d'exposer paroissent un ouvrage de l'école de *Platon* en général, et il seroit inutile de rechercher quel en fut le principal et le premier auteur. Mais *Proclus* (1) nous a transmis les noms d'un grand nombre de géomètres de cette école, et l'objet des travaux qui les occupèrent. Tels furent *Architas* de Tarente, *Laodamas* de Thase, *Theaetetus* d'Athènes, *Amyclas* d'Héraclée, *Néoclis* ou *Néoclides*, *Léon*, *Eudoxe* de Cnyde, *Theudius* de Magnésie, *Athénée* de Cysique, *Philosophus*, *Hermotime* de Colophone, les deux *Philippes* de Medmée et d'Opuntium, *Cratistus*, *Ménechme* et *Dinostrate* son frère. Tous ces géomètres fréquentoient l'école de *Platon*, les uns plus avancés que lui en âge ou ses égaux, comme amis et par affection pour sa doctrine; les autres plus jeunes y venoient comme ses disciples ou ses élèves. Il est de notre objet de les passer en revue, et d'indiquer à-peu-près ce que les mathématiques doivent d'avancement à chacun d'eux.

Parmi les premiers étoient *Laodamas*, *Architas* et *Theaetetus*, *Laodamas* fut un des premiers à qui *Platon* fit part de sa méthode d'analyse avant de la rendre entièrement publique, et il profita, dit *Proclus* (2), habilement de cet instrument de découverte. *Architas* et *Theaetetus* le secondèrent heureusement, et reculèrent encore les limites de la géométrie; le dernier de ceux ci étoit un riche citoyen d'Athènes, ami et con-disciple de *Platon*, sous *Socrate* et *Théodore* de Cyrène le géomètre. On croit, d'après le dialogue de *Platon* intitulé *Theaetetus*, qu'il avoit spécialement cultivé et amplifié la théorie des corps réguliers. A l'égard d'*Architas*, c'étoit, comme l'on sait, un pythagoricien d'une vaste étendue de connoissances, et avec qui notre philosophe avoit contracté une grande amitié. Il venoit souvent à Athènes et fréquentoit alors l'école de *Platon*, mais il eut le malheur, comme on l'a déja dit, de faire naufrage, et de périr dans un de ses voyages.

(1) *Comm. in Euclid* passim.   (2) *Loco citato.*

Archĭtas fut, à l'exemple des autres pythagoriciens, arithméticien, géomètre, astronome et musicien. Sa solution du problème de la duplication du cube, qui procédoit par l'intersection d'une surface cylindrique avec un cercle, quoique plus intellectuelle que pratique, est un monument de sa profonde géométrie. Il nous est aussi parvenu quelques-unes de ses spéculations musicales (1). Enfin il fut sans doute un mécanicien ingénieux, car l'antiquité parloit avec admiration d'une colombe volante qu'il avoit fabriquée. Il y a sans doute de l'exagération.

L'augmentation que la géométrie avoit reçue depuis *Hippocrate* de Chio rendant nécessaires de nouveaux élémens de cette science, *Léon*, élève de *Néoclis* ou de *Néoclide*, en composa, et on lui attribue d'avoir ajouté à la solution des problèmes cette partie qu'on nomme la *détermination*. Elle consiste à faire voir les cas où le problème proposé est possible, et ceux où il ne l'est pas. Une solution est en effet imparfaite sans cette détermination.

Eudoxe de Cnyde fut un des plus célèbres de ces amis et contemporains de *Platon*; et il eut beaucoup de part à l'avancement de la géométrie par un grand nombre de théorèmes qu'il généralisa. On croit qu'il cultiva avec succès la théorie des sections coniques; on lui en attribue même l'invention, soit que ses recherches et découvertes en ce genre ayent donné cette opinion, soit que l'on ait confondu ces courbes avec d'autres particulières, de l'une desquelles il se servoit pour résoudre le problème de la duplication du cube. Il est fâcheux qu'*Eutocius*, qui parle avec mépris de cette solution, n'ait pas jugé à propos de nous la transmettre. *Diogène Laërce* fait plus, car il lui attribue l'invention des lignes courbes en général, *fertur lineas curvas invenisse*. Mais de tout cela il résulte que les Platoniciens ne se bornèrent même pas à considérer les sections coniques, mais qu'ils avoient aussi considéré des courbes d'un autre genre. *Archimède* nous apprend dans son traité *de Spheræ et Cylindro*, qu'*Eudoxe* étoit auteur de la mesure de la pyramide et du cône, et qu'il s'étoit spécialement occupé de la contemplation des solides. Quelques-uns lui ont encore fait honneur de la théorie des proportions exposée dans le cinquième livre d'*Euclide*. Enfin il imagina diverses nouvelles espèces de rapports, outre celles qu'on connoissoit déjà; mais quoique quelques mathématiciens s'en soyent occupés (2), elles sont assez superflues et n'ont pas fait en mathématiques la fortune de leurs trois sœurs aînées. On appelloit ces rapports du nom général de *Mediètés*,

(1) Théon de Smyrne, *loca Platonis*, &c.　　(2) Ibid.

celui de proportion étant affecté chez les anciens au rapport géométrique.

Theudius, *Athénée*, *Amyclas*, *Hermotime*, *Philosophus*,
les deux *Philippes*, *Ménechme* et *Dinostrate* furent encore des
géomètres distingués du Lycée. *Theudius* généralisa, à l'exemple
d'*Eudoxe*, quantité de théorèmes, et composa de nouveaux élémens de géométrie. *Philosophus*, ou peut-être l'un des deux
Philippes (car on croit qu'il pourroit bien y avoir erreur de
nom), écrivit sur les *Medictés*. *Philippe* de Medmée, ou
celui d'*Opuntium*, traita des questions nécessaires à l'intelligence des livres de *Platon*, et l'autre écrivit sur les *Medictés*,
sur le cercle, sur les nombres abondans, probablement aussi sur
les nombres parfaits et défectifs, car toute cette théorie numérique paroît due à cette école. Le géomètre *Cratistus* étoit, si
l'on en croit *Proclus* (1), un homme fort extraordinaire; car
la géométrie lui étoit comme innée, et il n'y avoit aucun problême de géométrie, si difficile fût-il, qu'il ne résolût avec sa
géométrie naturelle. C'étoit le *Pascal* de l'antiquité.

Il nous reste à parler de *Ménechme* et de *Dinostrate* son frère.
Ménechme, disciple particulier de *Platon*, amplifia la théorie
des sections coniques, au point qu'*Eratosthène* semble lui faire
honneur de leur découverte, en les appellant les courbes de
Ménechme, comme on l'a dit plus haut. Ses deux solutions du
problême des deux moyennes proportionnelles sont un monument remarquable de son habileté en géométrie. A l'égard de
Dinostrate, il marcha sur les traces de son frère, et on lui attribue en général plusieurs découvertes géométriques; mais il
est sur-tout connu par l'invention de la courbe appellée *Quadratrice*, qui en a retenu son nom. Disons quelques mots sur
cette courbe célèbre en géométrie.

La quadratrice paroît avoir été imaginée dans la vue de résoudre le problême de diviser un angle ou arc de cercle donné
en raison quelconque. Car cette propriété est la première qui
découle de sa génération, que voici : (*voyez* fig. 12.)

Imaginons dans un quart de cercle un rayon, comme CB, se
mouvoir circulairement et uniformément, en passant par les situations CE, C*e*, jusqu'à celle de CA, et que pendant ce temps
une ligne CB se meuve parallèlement à elle-même et uniformément de la situation CB en KP, K*p*, jusqu'en AL, l'intersection continuelle de ce rayon et de cette parallèle formera
la courbe DEFA, qui est la Quadratrice. On apperçoit, d'abord
d'après cette génération, que tirant une parallèle quelconque
KP à la base CD, et par le point F où elle coupe la quadra-

(1) Comm. *in Eucl.* l.

trice, le rayon CE, il y a même raison de CK à CA, que de l'arc BE à BA; ainsi le quart de cercle sera toujours divisé en même raison que le rayon, ou plus généralement un arc quelconque sera divisé en même raison que la partie correspondante du rayon, c'est à-dire que l'arc BE, sera à B*e*, comme CK à C*k*.

Venons maintenant à la propriété qui a donné le nom à la quadratrice. On démontre que le dernier point D, où elle se termine sur le rayon CB, est tellement situé que CD est à CB, comme CB est au quart de cercle BA. Cette courbe donneroit donc la quadrature du cercle, s'il étoit possible de trouver ce point par une opération géométrique, et c'est pour cela que les anciens l'appellèrent la *Quadratrice*. Nous soupçonnons, et *Pappus* semble le dire (1), que ce fut *Dinostrate* qui observa cette propriété remarquable, et c'est de-là peut-être qu'est venue la coutume de dire la quadratrice de *Dinostrate*, comme on dit la spirale d'*Archimède*. Car il y a quelque raison de croire que son inventeur fut *Hippias* d'Elée, philosophe et géomètre habile, contemporain de *Socrate*. Je le conjecture d'après un endroit d'un auteur ancien (2), qui dit qu'on tenta la multisection de l'angle, par les quadratrices d'*Hippias*. Je ne crois pas que l'antiquité nous fournisse aucun autre géomètre de ce nom, que celui dont je parle.

X V I I I.

Les Mathématiques mixtes ne firent pas chez les Platoniciens des progrès proportionnés à ceux de la géométrie. A l'exemple de leur chef, plus adonnés à des spéculations abstraites, qu'à l'observation de la nature, ces philosophes furent peu attentifs à saisir les véritables principes des sciences physico-mathématiques. L'astronomie resta chez eux, à-peu-près dans le même état où ils l'avoient reçue. Nous ne nous arrêterons pas à observer qu'ils eurent sur la forme de la terre, sur la cause des éclipses, etc. des idées justes et exactes. Ce n'étoit déja plus un mérite pour une école de philosophes; et l'on ne trouve plus, dès le temps de *Socrate*, aucune division parmi eux sur ce sujet.

Ce que nous venons de dire sur l'astronomie des Platoniciens, nous dispense de nous étendre beaucoup sur leurs opinions astronomiques. Nous observerons seulement que le système d'arrangement de l'univers qu'ils adoptèrent en général, est celui qui met la terre au centre, et qui fait tourner autour d'elle

(1) Collect. Math. *lib.* 4.   (2) Procl. *ad I Eucl.* p. 9.

les planètes dans cet ordre, la Lune, Mercure, le Soleil, Vénus, Mars, Jupiter et Saturne. Les écrits du chef du lycée ne nous présentent rien de remarquable, sinon des opinions ou erronées, ou inintelligibles, sur la formation de l'univers et les rapports des distances des corps célestes. On dit néanmoins que *Platon* embrassa dans sa vieillesse, et après un plus mûr examen, le sentiment pythagoricien, qui place le soleil au centre de l'univers (1). Cela paroît appuyé sur l'autorité de *Théophraste*, et elle doit être réputée d'un grand poids, car il avoit écrit une histoire fort detaillée de l'astronomie.

L'école platonicienne, quoique peu heureuse en découvertes astronomiques, nous offre cependant quelques astronomes. *Hélicon* de Cysique, l'un d'eux, donna, dit-on, un exemple d'habileté peu commune alors, en annonçant à *Denys*, tyran de Syracuse, une éclipse de soleil, qui arriva comme il l'avoit prédit (2). Aussi reçut il une récompense proportionnée à la rareté de la prédiction, s'il est vrai que *Denys* lui fit donner un talent, ce qui revient à 5,400 de nos livres. Cette éclipse pourroit être celle de soleil, qui arriva l'an 401 avant J. C. un jour qui reviendroit dans notre calendrier au 3 septembre, vers les 9ᵉ. du matin pour Corinthe et le reste de la Grèce, suivant le rapport de *Xénophon*. *Denys* l'ancien régnoit déja; mais s'il s'agit de *Denys* le jeune, on ne trouve dans les années de son règne aucune éclipse de soleil que le philosophe platonicien ait pu prédire.

Parmi les astronomes sortis de l'école de *Platon*, *Eudoxe* est celui qui jouit de la plus grande célébrité. Il séjourna long-temps en Égypte; et si nous en croyons *Sénèque* (3), il en rapporta la théorie des mouvemens des cinq planètes, que les Grecs n'avoient point encore considérées. Mais cela me paroît peu exact, puisqu'il s'écoula encore près de quatre siècles avant que les Grecs eussent seulement ébauché cette partie de l'astronomie. *Hipparque*, malgré son habileté, n'osa l'entreprendre faute d'observations, et se borna à en fournir à ses successeurs.

On attribue d'ailleurs à *Eudoxe* (4) une sorte d'hypothèse physico-astronomique, qui répond mal à cette grande réputation qu'il eut chez les anciens. Il est nécessaire que nous l'expliquions, parce qu'elle paroît être la première origine de cette multitude de sphères emboîtées les unes dans les autres, qu'on imaginoit dans les cieux durant les temps d'ignorance, et que

(1) Plat. *Quaest. Plat.* 7.
(2) Plut. *In Dion.*
(3) *Quaest. Nat.* l. 7.
(4) Arist. *Métaph.* l. 12, c. 8. Simpl. *In l. 2 de coelo. com.* 46.

des écrivains mal informés mettent injustement sur le compte de *Ptolémée* et d'*Hipparque*.

Chaque planète, suivant *Eudoxe*, avoit une espèce de ciel à part, composé de sphères concentriques, dont les mouvemens se modifiant les uns les autres, formoient celui de la planète. Pour représenter, par exemple, le cours du soleil, il imaginoit trois de ces sphères. La première tournoit d'Orient en Occident dans 24 heures, et produisoit sa révolution journalière. La seconde tournoit sur les pôles du Zodiaque, dans 365 jours, 6 heures; et elle servoit à rendre raison du mouvement propre. Il y ajoutoit une troisième sphère, pour expliquer une aberration du soleil hors de l'écliptique, qu'on avoit cru appercevoir, et celle-ci tournoit sur un axe perpendiculaire à un cercle incliné à l'écliptique de la quantité de cette aberration prétendue. *Eudoxe* assignoit de même à la lune trois sphères, pour sa révolution diurne, son mouvement en longitude et celui qu'elle a en latitude. Car comme on ne vouloit pas que le mouvement d'un ciel influât sur celui d'un autre, il falloit à chacun une sphère propre pour le mouvement diurne. A l'égard des cinq autres planètes, il leur donnoit à chacune quatre sphères, pour expliquer le mouvement journalier, le propre, celui de latitude, et les rétrogradations auxquelles elles sont sujettes.

Une hypothèse aussi absurde et aussi peu conforme aux phénomènes célestes, ne méritoit, ce semble, que d'être rejetée avec mépris des mathématiciens judicieux; mais telle étoit alors la foiblesse de l'astronomie physique, qu'elle ne laissa pas de trouver des approbateurs, et même de mérite. *Aristote* se prit d'une belle passion pour elle, de même que *Calippe*, l'auteur de la période Calippique, et un certain *Polémarque* (1). Ces deux derniers se transportèrent exprès à Athènes, pour en conférer avec le chef de l'école péripatéticienne, et ils y convinrent de quelques corrections, ou plutôt de quelques additions qui la rendoient encore plus ridicule. Car ils augmentèrent le nombre de ces sphères jusqu'à 56, au lieu de 26 qu'il en falloit, suivant *Eudoxe*. C'étoit augmenter en même rapport l'absurdité de son hypothèse.

On dit néanmoins d'*Eudoxe*, qu'il étoit un grand observateur, et l'on montroit long-temps après lui, dans Cnide sa patrie, la tour où il observoit (2). Cela est plus raisonnable que ce que dit *Pétrone*, qu'il vieillit dans cette occupation au sommet d'une montagne. Mais nous pouvons presque assurer que les travaux d'*Eudoxe*, dans ce genre, n'eurent guère

---

1) Simpl. *Ibid.* (2) Strab. *Geog. l. 2.*

d'autre objet que les étoiles fixes, et la construction des Ephémérides de leur lever et leur coucher, si usitées chez les anciens. Il se fit à cet égard une grande réputation par les Ephémérides qu'il publia pendant plusieurs années. On les nommoit *Parapegmata*, et les astronomes du temps les affichoient dans un lieu public, comme le Prytanée à Athènes. On y voyoit à chaque jour du mois l'état du ciel peu après le coucher du soleil. En effet, on cite de lui deux ouvrages, l'un intitulé Ενοπτρον, *le miroir*, comme qui diroit le miroir du ciel; c'étoit, suivant *Hipparque* (1), une description des constellations, et de leurs positions respectives; l'autre portoit le titre *de Phœnomenis*, et décrivoit leurs levers et leurs couchers. Ces deux ouvrages fournirent dans la suite, la matière au fameux poëme d'*Aratus* qui n'a presque fait que les mettre en vers. *Eudoxe* écrivit aussi sur la géographie et sur la musique, mais aucun de ces ouvrages ne nous est parvenu (2). On lui dut une espèce de cadran qui fut appelé *Aranea*, sans doute à cause du grand nombre de lignes qui s'y entre-coupoient (3). Nous ne tenterons pas de deviner cette énigme; nous sacrifierons même à des objets plus intéressans plusieurs autres choses, que nous pourrions encore dire de ce philosophe. Le même motif me porte à me contenter d'indiquer brièvement les travaux astronomiques des deux *Philippes*, dont on a parlé dans l'article précédent comme géomètres. Celui de Medmée dressa des Ephémérides, que *Ptolémée* rappelle souvent (4), et l'autre écrivit sur les planètes, sur la distance et la grandeur du soleil, de la lune et de la terre. Il ne nous est rien parvenu de ses sentimens sur ce sujet.

Les autres parties des mathématiques mixtes, du moins en ce qu'elles ont de physique, n'eurent pas chez les Platoniciens des succès plus brillans que l'astronomie; ils manquèrent ici tout-à-fait le vrai chemin. Je me borne à un exemple qui concerne les progrès de l'optique chez eux : après avoir beaucoup discuté de quelle manière se faisoit la vision, si c'étoit par une intromission de quelques espèces ou corpuscules partant des objets, ou par une émission de quelque chose sortant de l'œil, ils se déterminèrent par les raisons les plus frivoles (5) en faveur du dernier sentiment, qui est d'une extrême absurdité. Rien ne prouve mieux combien l'esprit humain sympathise avec l'erreur, que de voir les hommes les plus éclairés de leur temps, malgré leur amour pour la vérité, adopter une opinion si peu raisonnable.

(1) *In Arat. phen. passim.*
(2) Voyez Stanley, *Hist. Phil.*
(3) Vitr. *Arch. l.* 9, *c.* 9.
(4) *App. Fixar.*
(5) Euclid, *Optic.*, Præf.

Nous

Nous conjecturons néanmoins que ce ne fût pas tout-à-fait sans fruit, que les Platoniciens s'occupèrent de cette science; il est assez probable que la propagation de la lumière en ligne droite, l'égalité des angles d'incidence et de réflexion, furent des remarques qui se firent chez eux; car on les voit bientôt avoir connues et admises pour principes. Nous croyons même qu'ils trouvèrent dès-lors plusieurs des théorêmes optiques, qui sont uniquement établis sur ces fondemens purement géométriques. Nous aurons occasion ailleurs de rapprocher ces premiers traits de l'optique; ce qui fait que nous ne nous étendrons pas davantage ici sur ce sujet.

X I X.

L'école de *Platon*, après la mort de son chef, se partagea en deux autres, qui, quoiqu'opposées de sentimens sur divers points, s'accordèrent néanmoins à porter estime aux mathématiques. On continua de les regarder comme un préparatif indispensable à l'étude de la philosophie; témoin la réponse de *Xénocrate*, dont on a parlé ailleurs (1); témoin la quantité d'exemples tirés de la géométrie, dont *Aristote* a rempli ses écrits. Ainsi la géométrie cultivée avec tant d'ardeur sous *Platon*, pendant qu'il présidoit au Lycée, souffrit peu de sa perte, et les théories qui y avoient été ébauchées, s'accrurent et se fortifièrent par les soins de divers mathématiciens, dont quelques-uns nous sont connus. *Xénocrate*, le successeur de *Platon*, après *Speusippus*, écrivit sur la géométrie et l'arithmétique (2). L'école Platonicienne continua enfin d'être celle d'où sortirent les principaux géomètres. On sait qu'*Euclide* étoit Platonicien et l'on peut conjecturer par l'âge où il vivoit, qu'il avoit puisé son habileté en géométrie, sous les premiers successeurs de *Platon*. Nous le présumons aussi d'*Aristée*, géomètre célèbre de l'antiquité, quoique peu connu aujourd'hui à cause de la perte de ses écrits. Mais *Pappus* nous apprend (3), qu'il fut un des anciens qui eurent le plus de part aux progrès de la géométrie sublime. Il fut auteur de deux excellens ouvrages dans ce genre. L'un étoit un traité des coniques en cinq livres, qui renfermoit une grande partie de ce qu'*Apollonius* a rassemblé dans les quatre premiers de son ouvrage. Le second traitoit des lieux solides, et comprenoit aussi cinq livres: *Pappus* le place d'abord après les coniques d'*Apollonius*, dans l'ordre d'étude qu'il prescrit à son fils; ce qui désigne suffisamment

(1) Liv. 1, art. 1.
(2) Diog. *in Xenocr.*

(3) *Coll. Math.* l. 7, *Præf.*

que c'étoit une théorie savante, qui supposoit celle des coniques elles-mêmes. Je n'ajouterai rien à ces traits ; ils suffisent pour donner de ce géomètre une idée fort avantageuse. *Euclide* eut pour lui des égards tout particuliers (1), et qui me font conjecturer qu'il avoit été son disciple ou son intime ami. Car il faut être bien attaché à un homme pour ne pas vouloir nuire à sa gloire, en ajoutant à ses découvertes. Je ne sais même si un attachement porté à cet excès est louable.

X X.

Les mathématiques pures eurent chez les Péripatéticiens un sort moins brillant que dans l'école de *Platon* ; on ne doit cependant pas croire qu'elles y fussent négligées : bien différens de ceux des Péripatéticiens modernes, qui en blâmoient l'étude, ces anciens sectateurs d'*Aristote* y étoient fort versés, et ils ne faisoient en cela que suivre l'exemple de leur chef, dont les écrits, sur-tout métaphysiques, sont remplis d'un grand nombre d'exemples qui appartiennent à la géométrie. Ces endroits n'étoient cependant pas assez importans, pour mériter d'être rassemblés en faveur des géomètres ; et nous réputerons comme un soin assez mal employé, celui que s'est donné un mathématicien du siècle passé, à les compiler et à les commenter (2). M. *Heilbroner* a pensé aussi donner un morceau fort intéressant, en publiant de nouveau dans son *histoire des Mathématiques*, ces fragmens d'*Aristote*. Mais nous pensons qu'il eût pu s'en dispenser.

La doctrine astronomique d'*Aristote* est assez connue, pour me dispenser d'en parler avec beaucoup d'étendue. Elle est presque toute rassemblée dans les deux premiers livres *de Cælo*, où, avec quelques raisonnemens judicieux sur des points élémentaires d'astronomie, on trouve bien de la mauvaise physique, sur le mouvement, sur la pesanteur, sur la nature et l'arrangement des corps célestes. Ce fut cependant avec d'aussi mauvaises armes, qu'*Aristote* porta le coup mortel au système Pythagoricien, sur l'immobilité du Soleil. Je ne m'étonne point qu'au temps de ce philosophe, un système encore si mal établi eut peu de sectateurs. L'ordre des progrès de la raison demandoit qu'on s'obstinât à réputer la terre immobile, jusqu'à ce qu'il y eût un assez grand nombre de faits propres à déposer contre cette opinion. Il faut des preuves bien victorieuses pour convaincre d'une vérité qui choque aussi fortement le témoignage des sens, que celle du mouvement de la terre ; et vrai-

---

(1) Ibid.   (2) Blancanus, *loca Arist. Mathem.*

semblablement les Pythagoriciens ne les donnèrent pas. On doit seulement être surpris que d'aussi foibles objections que celles d'*Aristote*, ayent pu tenir, pendant une si longue suite de siècles, l'esprit humain dans l'esclavage. Nous remettons à les rappeler, jusqu'à ce que nous soyons arrivés au temps de *Copernic*.

Les écrits d'*Aristote* nous présentent quelques traits de deux branches principales des mathématiques mixtes; je veux dire de l'optique et de la mécanique. A la vérité, ils y sont encore tellement défigurés par l'erreur, qu'on ne peut les regarder que comme une grossière ébauche de ces sciences. Ses *questions mécaniques*, ouvrage qui lui a fait tant d'honneur dans un temps où il suffisoit qu'il eût parlé pour entraîner les suffrages, ne lui attireront pas les mêmes éloges des mécaniciens modernes. Ils trouveront sans doute que la plûpart des explications qu'il donne sont entièrement fausses, et que la principale et la première est tout-à-fait ridicule. Nous allons mettre les lecteurs à portée d'en juger. Il s'agit de donner la raison pour laquelle le levier ou la balance à bras inégaux, met en équilibre des poids ou des puissances inégales. *Aristote* la cherche dans les propriétés merveilleuses du cercle, dont il fait la puérile énumération; après quoi, il n'est pas surprenant, dit-il, qu'une figure si féconde en merveilles en produise une, en mettant en équilibre des puissances inégales. Tel est le raisonnement par lequel débute la mécanique d'*Aristote*, raisonnement qui, malgré son ridicule, n'a pas laissé d'être admiré, expliqué et développé en forme par plusieurs de ses commentateurs (1).

Nous remarquerons cependant, qu'*Aristote* avoit proposé ailleurs un principe très-propre à rendre raison du phénomène qu'il entreprenoit d'expliquer. C'est dans sa physique (2), où il dit assez clairement que si deux puissances se meuvent avec des vîtesses réciproquement proportionnelles, elles exercent des actions égales. Ce principe semble s'appliquer de lui-même, non-seulement au levier, mais encore immédiatement à toute sorte de machines. Car si deux poids, ou deux puissances sont tellement liées entr'elles, qu'elles ne puissent se mouvoir sans prendre des vîtesses en proportion réciproque de leurs forces, il y aura nécessairement de part et d'autre des actions égales, et par conséquent équilibre, puisque sans cela, il arriveroit qu'un effort en surmonteroit un autre, précisément égal et opposé; mais *Aristote* n'apperçut point cette liaison, quoique

---

(1) Monantholius *In quaest. Mech. Arist.* Leonicus Thomæus, Blancanus, *loca. Arist. Math.* Septalius, etc.

(2) *Lib.* 1, *c. ult.*

assez apparente; et ce principe qui devoit le mettre en possession de la cause de tous les phénomènes de la mécanique, resta stérile entre ses mains. *Descartes* plus pénétrant, en fit dans la suite le fondement et la clef universelle de sa mécanique.

Je ne saurois porter un jugement plus avantageux de l'optique qu'on trouve dans les écrits d'*Aristote* Ses raisonnemens sur l'arc-en-ciel, sur la manière dont on apperçoit les objets, les solutions qu'il donne de divers phénomènes optiques dans ses problêmes, n'ont rien de solide; tout y indique une science naissante et qui en est aux premiers pas. On a d'*Aristote*, un ouvrage intitulé περι χρωματων, *de coloribus*, publié tant à part que dans plusieurs éditions de ses œuvres, mais ce n'est pas en porter un jugement trop sévère que de dire qu'on n'y trouve rien que de vague et d'erroné sur cet objet. Cependant je ne puis disconvenir que malgré ces défauts, on ne doive reconnoître dans *Aristote* un génie supérieur. On lui doit sur-tout tenir quelque compte d'être entré un des premiers dans cette carrière, et sa physique, quoique défectueuse presque partout, est beaucoup plus raisonnable que les mystérieuses analogies dont *Pythagore* et *Platon* firent le fondement de la leur. *Aristote* enfin, malgré ses erreurs, a droit à l'estime de tous les philosophes raisonnables. Le mépris et le blâme si souvent jetés sur lui, dans ces temps où l'esprit humain venant de secouer le joug de son autorité, insultoit en quelque sorte à son vainqueur, ne doivent tomber que sur cette foule de commentateurs, ou de partisans sans génie, qui servilement attachés à ses traces, n'osèrent jamais faire un pas au-delà des siens.

Quoique les mathématiques ayent pris peu d'accroissemens dans l'école d'*Aristote*, elle nous fournit cependant quelques écrivains de ce genre, que nous ne devons pas omettre. *Théophraste* est le principal. Ce successeur d'*Aristote* écrivit divers ouvrages qui traitoient des mathématiques (1), et parmi eux il en est quelques-uns dont nous ne pouvons trop regretter la perte. Telle étoit une histoire complète de ces sciences jusqu'à son temps; elle consistoit en quatre livres sur l'histoire de la géométrie, six sur celle de l'astronomie, et un sur celle de l'arithmétique. Quelles lumières précieuses ne nous auroient pas fourni ces écrits, sur l'origine et le développement de ces sciences, sujet dont quelques légères étincelles répandues de loin en loin ne suffisent pas pour dissiper l'obscurité! Les mathématiques eurent encore, vers le même temps, un historien

(1) Diog. *in Theophr.*

dans *Eudémus*, autre disciple d'*Aristote*. On avoit autrefois de cet écrivain, six livres sur l'histoire de la géométrie, et autant sur celle de l'astronomie. C'est à ces ouvrages que nous devons ce que nous savons aujourd'hui sur l'origine de ces sciences; et c'est dans cette source que *Proclus*, *Théon*, *Diogène Laërce*, ont puisé le peu de traits qu'ils nous en ont transmis. M. *Fabricius* (1), nous a donné comme un fragment ou un passage de l'histoire astronomique d'*Eudémus*, quelques lignes tirées de l'ancien évêque *Anatolius*. Mais ce sera assez de les regarder comme un sommaire de quelques chapitres de cette histoire : car, puisqu'elle étoit en six livres, elle détailloit certainement davantage le développement des connoissances astronomiques, que ce prétendu fragment, où l'on retrouve en quatre à cinq lignes, tous les progrès de l'astronomie, depuis *Thalès* jusqu'à *Anaxagore* inclusivement. Ce sommaire me paroît même peu fidèle, et il contredit presque entièrement tout ce que nous savons d'ailleurs sur ce sujet. Au reste, *Eudémus* donna aussi des preuves de son habileté dans l'astronomie; car il prédit, ce qui étoit alors le chef-d'œuvre de cette science, une éclipse de soleil (2). Son ouvrage sur l'angle n'est connu que par le titre.

Dicéarque de Mécène, sortit de la même école; c'étoit un géographe géomètre, qui mesura géométriquement la hauteur de plusieurs montagnes. Il réduisit à sa juste valeur, ce qu'une renommée ignorante publioit des hauteurs des monts Cyllène, Pélion et Satabyre, qu'il trouva n'avoir pas plus de 1250 pas d'élévation perpendiculaire; ce qui revient à environ 1150 de nos toises (3).

X X I.

La ville de Marseille s'illustre aujourd'hui d'avoir donné naissance à un ancien astronome et géographe, à-peu-près contemporain de ceux dont on vient de faire mention. C'est de *Pythéas* que je veux parler. Je le place ici avec confiance; car on peut regarder comme démontré par un passage de *Strabon* (4), qu'il vécut au plus tard vers le temps d'*Alexandre*. En effet *Strabon* blâme *Eratosthène*, d'avoir ajouté foi aux rapports de *Pythéas*, que *Dicéarque*, malgré sa crédulité extrême, avoit rejetés. Ainsi *Pythéas* est plus ancien que *Dicéarque*,

(1) *Bibl. Gr. T* 3, *p.* 278.
(2) Simpl. *in II de caelo. Com.* 46.
(3) Voyez une dissert. de Dodwel, à la tête des *Geogr. Grœ. Min.* t. 2.

(4) *Geog.* l. 2.

qui avoit été disciple d'*Aristote*, et par conséquent il fut au moins contemporain de ce dernier.

Pythéas fut envoyé, à ce que l'on croit, par la république de Marseille, pour reconnoître de nouveaux pays vers le Nord, tandis qu'*Euthymène* alloit en découvrir du côté du Midi. On ne sait rien de plus de celui ci. Quant à *Pythéas*, il pénétra jusqu'aux dernières barrières de l'Europe, et il fut jusques dans l'île de Thulé, aujourd'hui l'Islande. Le phénomène qu'il observa, savoir que le soleil au solstice d'été touchoit seulement l'horizon, et remontoit aussi-tôt, est une preuve de la vérité de sa relation, en ce qu'il dit avoir été dans ces pays septentrionaux. Car cette île est précisément un des lieux, où l'on commence à observer un pareil phénomène. *Strabon*, ennemi déclaré des grands voyages, et *Polybe* l'ont traité de menteur (1), et sa relation d'imposture ; mais on répond facilement à l'un et à l'autre. Quelques expressions inintelligibles ou de style figuré, qui se trouvent dans cette relation, ne sont point suffisantes pour la faire rejeter en entier ; et à l'égard de *Polybe*, qui s'étonnoit qu'un homme sans richesses eût ainsi voyagé, c'est une objection encore plus foible. Qui ignore que chez un peuple dont le commerce maritime fait la puissance, rien n'est plus ordinaire que ces entreprises de découvertes, formées soit par le gouvernement même, soit par des particuliers opulens, qui s'estiment heureux de trouver des gens curieux et intrépides, pour seconder leurs vues ? *Gassendi* avoit autrefois écrit une justification plus détaillée de son ancien compatriote (2), à laquelle les auteurs de l'histoire littéraire des Gaules auroient pu avoir plus d'égard. M. de *Bougainville* a donné sur *Pythéas*, une dissertation étendue (3), à laquelle je renvoie pour le surplus de ce qui le concerne comme géographe. Je passe à une discussion astronomique plus intéressante, à laquelle cet ancien astronome a donné lieu.

Pythéas est célèbre en astronomie, par une observation de la hauteur du soleil au solstice d'été, faite à Marseille avec un gnomon d'une hauteur considérable. Elle nous est rapportée avec cette circonstance par *Cléomède* (4), et les astronomes modernes, partisans de la diminution de l'obliquité de l'écliptique, dans un temps où elle n'étoit pas encore démontrée, tiroient de cette observation une forte preuve de leur opinion.

---

(1) Ibid.
(2) *Op.* t. 4, p. 531.
(3) Mém. des Inscript. t. 20. Voyez aussi l'histoire des voyages au Nord,

par *Forster*, édit. franç. *Paris*, 1778, in-8°.

(4) *Cyclica Theor.* l. 1, c. 7.

En effet *Strabon* (1) nous apprend, sur le rapport d'*Hipparque*, qu'il y avoit à Byzance, le même rapport entre le gnomon et son ombre solsticiale, que celui que *Pythéas* avoit observé à Marseille ; et un peu plus loin il dit qu'on l'avoit trouvé à Byzance de 120 à $41\frac{4}{7}$, ou en nombres entiers de 600 à 209. Delà on conclut que l'astronome Marseillois avoit observé chez lui ce même rapport ; d'où, après les déductions nécessaires pour le demi-diamètre apparent du soleil et la réfraction, on tire la hauteur du centre de cet astre au solstice d'été, de 70°, 31', 35". Mais la hauteur de l'équateur est à Marseille de 46°, 42', et quelques secondes ; il reste par conséquent pour l'inclinaison de l'écliptique au temps de *Pythéas*, 23°, 49', et quelques secondes. Elle n'est aujourd'hui que de 23°, 28', 30" environ ; ainsi, dit-on, la diminution est apparente, et elle est d'environ une minute par siècle. M. *de Louville* n'a rien omis pour donner à ce raisonnement la plus grande force, et il faut convenir qu'il seroit décisif, si l'on etoit assuré que *Pythéas* eût observé avec une grande exactitude. Il le prétend sur ce que ces $\frac{4}{7}$ de parties indiquent un soin particulier, et prouvent qu'on n'y négligea pas les plus petites fractions. Mais à bien apprécier cette raison, elle n'est pas de grand poids. En effet elle prouveroit aussi que l'observation de ceux qui trouvèrent à Byzance le même rapport, fût très exacte. Rien moins cependant que cela : il est certain qu'ils se trompoient grossièrement ; car Byzance, aujourd'hui Constantinople, et Marseille ne sont pas sous le même parallèle : que dis-je ? ces villes diffèrent en latitude de près de deux degrés. Quoi qu'il en soit, au reste, de l'observation de *Pythéas*, la diminution de l'obliquité de l'écliptique est un fait aujourd'hui constaté.

Pythéas, au rapport d'*Hipparque* (2), apprit aux Grecs que l'étoile polaire n'étoit pas au pôle même, mais qu'avec trois autres et voisines, elle formoit un quadrilatère ou carré, dont le pôle étoit le centre ; enfin *Pythéas* paroît, d'après *Plutarque* et *Pline*, être le premier qui ait reconnu la liaison du phénomène des marées avec le mouvement de la lune. Il est vrai que *Pline* ou ceux d'après lesquels il écrivoit, ont vraisemblablement mal rendu son idée, en lui faisant dire que la pleine lune produisoit le flux, et la nouvelle le reflux. Car il n'avoit pu lui échapper dans un si long voyage, que le flux et le reflux avoient lieu chacun deux fois par jour, ou dans environ 24^h $\frac{1}{4}$. Ce n'est pas le seul exemple de sentimens d'anciens philo-

(1) *Geog.* l. 2.   (2) *Ibid.*

sophes défigurés par les compilateurs qui nous les ont transmis , comme *Stobée*, *Achille Tatius*, etc.

Nous finirons cet article par l'astronome *Autholicus*. Il fleurissoit vers le temps d'*Alexandre*, et nous avons ses deux ouvrages,
l'un intitulé : *De ortu et occasu syderum* ; l'autre : *De sphæra
mobili*. Ces deux ouvrages sont estimables, en ce que la doctrine de la sphère, et celle des divers phénomènes des levers
et couchers des étoiles fixes, y sont rigoureusement démontrées par la théorie des sphériques. Mais aujourd'hui ils n'ont
plus rien d'intéressant (1).

X X I.

Nous ne saurions mieux terminer cette partie de notre histoire, qu'en remettant succinctement sous les yeux, ce que
nous venons de présenter avec plus d'étendue. Les mathématiques pures furent celles qui firent les pas les plus rapides et
les plus assurés dans ce premier âge de la philosophie Grecque.
La géométrie transplantée dans la Grèce par *Thalès*, s'y accrut
par ses soins et par ceux des disciples qui lui succédèrent ;
mais ce fut principalement aux Pythagoriciens qu'elle dut, aussi
bien que l'arithmétique, les progrès les plus remarquables : la
plupart des découvertes de la géométrie élémentaire n'ont
pas une date moins reculée, et sont dues à ces philosophes
ou à ceux qui remplirent l'intervalle qui s'écoula entr'eux et
Platon. A cette époque, la géométrie fut en état de s'élever
à des spéculations plus brillantes et plus sublimes. Ce chef du
Lycée en fournit le moyen, en découvrant et enseignant la
méthode analytique, méthode qui est presque le seul et unique
instrument pour se frayer un chemin à de nouvelles vérités.
Aidés de ce puissant secours, les géomètres de son temps
franchirent bientôt les bornes où la géométrie avoit été res-
serrée jusqu'alors. On vit naître une théorie plus savante et
plus étendue des lignes courbes. On n'avoit encore connu et
considéré que le cercle et la ligne droite : on imagina les sections coniques, et la recherche qu'on fit de leurs propriétés
donna bientôt naissance à une théorie de ces courbes assez
profonde. Je donne une même date à l'invention des Lieux
géométriques, et à celle de leur application aux problêmes
déterminés, dernière découverte, si utile et si justement prisée

_____

(1) Divers auteurs ont traduit du
Grec et publié ces ouvrages. *Dasypodius* les donna en Grec et Latin en
1572, *in-8°*. *Jean Auria* publia de
nouveau le premier en 1587, et le
second en 1588, *in-8°*. On trouve
aussi le dernier dans la *Synopsis Math.*
du P. *Mersenne*, en latin seulement.

dans

dans la géométrie moderne. Toutes ces savantes méthodes, ébauchées par les premiers disciples de *Platon*, et cultivées par ceux qui leur succédèrent, s'accrurent en peu d'années au point de fournir la matière à plusieurs ouvrages assez considérables. Tel étoit à-peu-près l'état de la géométrie au temps d'*Alexandre*, deux siècles et demi après que le philosophe de Milet l'eut fait connoître aux Grecs.

Mais les mathématiques mixtes ne prirent pas à beaucoup près un essor si rapide et si prompt. Elles restèrent long temps arrêtées aux connoissances élémentaires. L'astronomie, quoique celle qui eut le sort le plus brillant, en est un exemple : ses progrès dans ces deux ou trois premiers siècles, consistent presque uniquement à avoir établi les vérités principales de l'astronomie sphérique; je veux dire, la rondeur de la terre, la disposition des cercles de la sphere, et les phénomènes qui en sont la suite. Ces connoissances ne commencèrent même à être universellement répandues, et hors de contestation, que vers le temps de *Socrate*. A l'égard de l'astronomie théorique, de celle qui détermine la situation et les révolutions des planètes, qui prédit leurs rencontres et leurs positions, elle en étoit encore en quelque sorte aux premiers pas. Les connoissances acquises dans cette partie de l'astronomie, se réduisent presque à celles de la cause des éclipses, et de la position des principales planètes à l'égard de la terre : les Pythagoriciens avoient entrevu le vrai système de l'univers; mais la vérité, apparemment mal établie, fut étouffée par le préjugé, et eut à peine le mérite d'un paradoxe ingénieux. Indépendamment de ce système, dont l'antiquité ne sentit jamais la justesse, il restoit à mesurer plus exactement les révolutions des corps célestes, et sur-tout du soleil et de la lune, qui sont le principal objet de l'astronomie, car on ne les connoissoit encore qu'assez imparfaitement : il restoit enfin à établir leurs rapports de distance et de grandeur, avec quelque conformité aux phénomènes, à reconnoître les inégalités de leurs mouvemens, à trouver des hypothèses propres à les représenter et à les calculer avec quelque précision. Les astronomes postérieurs, et principalement ceux d'Alexandrie, furent les premiers qui s'occupèrent de ces objets avec succès.

L'optique et la mécanique, ces deux autres branches considérables des mathématiques mixtes, présentent encore un tableau moins satisfaisant. Elles se ressentirent sur-tout de la mauvaise physique des anciens. Les raisonnemens puériles des Platoniciens sur la vision, et ceux d'*Aristote* sur la mécanique, en sont des exemples. La partie physique étoit encore à naître, et même nous ne hasarderons rien à dire, que les anciens restèrent toujours dans l'enfance en ce qui la concerne. A l'égard de la partie purement mathématique de ces mêmes sciences, celle qui est plus abstraite et plus intimement liée avec la géométrie, nous croyons devoir l'excepter de ce qu'on vient de dire. Il est certain qu'à cette époque, les anciens n'ignoroient pas quelques-uns de leurs principes fondamentaux, comme la propagation rectiligne de la lumière, l'égalité des angles d'incidence et de réflection, la réciprocité des poids en équilibre dans la balance ou le levier, avec leur distance au point d'appui. On avoit même déjà imaginé de réduire toutes les autres espèces de machines à ces premières. A l'aide de ces principes, une grande partie de ces sciences se réduit à de la géométrie pure ; ainsi, quoique nous n'en ayons aucune preuve bien positive, nous pensons qu'ils ne restèrent pas entièrement stériles entre leurs mains. La sagacité avec laquelle ils suivirent les autres recherches géométriques rend notre conjecture assez vraisemblable.

Fin du Livre troisième.

NOTES

DU

TROISIÈME LIVRE.

NOTE A.

Nous allons donner ici quelques exemples de l'analyse ancienne, ainsi que nous l'avons promis dans la page 166.

Etant donné un cercle D E F H, et une ligne A B, nous la supposons toute entière au dehors, trouver sur la circonférence de ce cercle un point E, duquel tirant, aux points A et B, les lignes E A, E B, et joignant les points H et I d'intersection du cercle avec elles, la ligne H I soit parallèle à A B ; ce que les anciens expriment ainsi : à datis punctis A, B, inflectere A E, E B, et facere H I parallelam rectæ A B.

Que la chose soit faite, c'est-à-dire, que les lignes cherchées (*fig* 13) soient A E, E B, et que H I soit parallèle à A B. Supposons que I G soit tangente au point I et coupe A B en G.

Maintenant on voit que l'angle H I G qui est égal à I G B, à cause du parallélisme de A B, H I est égal à l'angle H E I ou A E B, puisqu'ils ont chacun pour mesure la moitié de l'arc H I. D'un autre côté on voit que dans les triangles A E B, I G B, l'angle en B est commun. Ainsi ces triangles sont semblables, et on a ce rapport, A B : B E :: B I : B G ; ainsi le rectangle B I × B E est égal au rectangle A B × B G. Mais le rectangle B I × B E est égal au carré de la tangente B F, qui est donnée, puisque le point B est donné de position. D'où il suit que si à A B et B F, on cherche une 3ᵉ. proportionnelle, on aura la grandeur de B G.

Il faudra donc, pour résoudre le problème, prendre sur B A la ligne B G égale à cette 3ᵉ. proportionnelle ; du point G tirer une tangente au cercle, ce qui donnera le point I, par lequel ayant tiré B I E, et E H A, la ligne H I sera parallèle à A B.

Il seroit facile à tout géomètre de démontrer qu'au moyen de cette construction, la ligne H I sera parallèle à A B ; en voici néanmoins la démonstration.

Ayant fait la construction ci-dessus, c'est-à-dire, par le point I, ainsi déterminé, tiré B I E, E A, et du point I, au point d'intersection H, la ligne I H, il s'agit de faire voir que I H est parallèle à A B.

Puisque A B, B F et B G sont continuellement proportionnelles par la construction, le rectangle A B × B G est égal à B F₂ ; or B F² est égal au rectangle B I × B E : donc on a A B : B E :: B I : B G ; d'où il suit que les triangles A B F, G B I sont semblables, et l'angle B G I = B E A ; mais l'angle B E A ou I E H = H I G à cause de la tangente I G : donc l'angle H I G = I G B. D'où il suit que I H est parallèle à B A ; C, Q, F, D.

Bb 2

Mais il est aisé de voir que lorsque A B est extérieure au cercle, il peut y avoir un autre point qui résolve le problême, comme on le voit dans la fig. 14. L'analyse ne différera guère de la précédente.

Qu'on suppose en effet au point H une tangente qui rencontre en G la ligne A B, prolongée s'il en est besoin. On verra facilement que les triangles A H G, E B A seront semblables, en sorte qu'on aura $AG : AH :: AE : AB$, et conséquemment $AB \times AG = AF \times AH = AI^2$, en supposant AF tangente au cercle; donc AG sera 3e proportionnelle à A B et A F. Ainsi tirant du point G une tangente au cercle, elle déterminera le point H, duquel tirant une ligne au point A, et par le point E de son intersection avec le cercle, la ligne B E I, on aura H I parallèle à A B: la démonstration ne diffère pas de la précédente.

Mais supposons maintenant, pour envisager le problême sous toutes ses faces, que la ligne A B *fig.* 15) se trouve dans le cercle, l'analyse différera encore peu de celles qu'on vient de voir.

Car supposons le problême résolu, et que le point E soit celui qu'on cherche, c'est-à-dire, que E B, E A soient les lignes cherchées qui, prolongées jusqu'à leur intersection avec le cercle, donnent les points H et I, tels que H I soit parallèle à A B; qu'on suppose la tangente au point I rencontrant AB prolongée en G: on verra, comme dessus, que les triangles B I G, E H I et E A B seront semblables, ensuite qu'on aura $BG : BI :: BE : BA$; conséquemment $AB \times BG$ égal à $BI \times BE$. Or le dernier rectangle est donné, car il est égal à celui de $DB \times BF$, qui est donné à cause de la position de la ligne A B qui est donnée; et on trouvera facilement le carré qui lui est égal en décrivant sur D F un demi-cercle, et élevant au point B la perpendiculaire B L, dont le carré sera égal à $BD \times BF$. Faisant donc cette proportion continue $AB : BL :: BL : BG$, prenant ici BG sur le prolongement de A B, et du point G tirant la tangente G I au cercle, le point de contact I sera tel que menant I E E et E A H, la ligne H I sera parallèle à A B. Il est superflu d'en donner la démonstration, comme aussi de remarquer qu'il y a dans l'autre segment du cercle un second point qui résout le problême. (V. *fig.* 16.)

Voici une autre solution de ce problême, qui a l'avantage de faire voir l'usage d'un lieu géométrique dans l'analyse. Nous supposons ici que l'on connoisse une propriété locale du cercle que voici. Si (*fig.* 17.) sur une ligne A B, comme base, on construit une infinité de triangles comme A F B, A f B, A φ B, dans lesquels les côtés, à l'entour du sommet, soyent dans le même rapport, c'est-à-dire, $AF : FB :: Af : fB :: A\varphi : \varphi B$, etc.; tous ces points F, f, φ, etc., seront dans un demi-cercle, commençant au point D, où l'on a $AD : DB$, dans la raison donnée, et se terminant en E où l'on a $AE : BE$ dans la même raison. Il est donc facile de trouver ce demi-cercle, et même sans chercher le point E. Car qu'on divise d'abord A B en D dans la raison donnée; qu'on fasse ensuite un autre triangle A F B, dans lequel A F et F B se yent aussi dans la raison donnée; si l'on tire F D, elle sera la corde d'un arc du cercle cherché, dont le centre est dans A B prolongée. Si donc l'on élève une perpendiculaire à D F, sur le point qui la partage en deux également, elle rencontrera A B prolongée au point C, qui sera le centre de l'arc cherché.

Cela présupposé, voici l'analyse que j'ai autrefois suivie pour résoudre ce problême. (V. *fig.* 18.)

Que la chose soit faite, c'est-à-dire, que les lignes cherchées soyent A E, E B, et que H I soit parallèle à A B, des points A et B soyent tirées les tangentes A D, B F, lesquelles sont conséquemment données. Maintenant à cause des parallèles A B, H I, on a B I à BE comme AH à AE, et conséquemment le rectangle $AH \times AE$ semblable à $BI \times BF$. De plus ces rectangles sont respectivement égaux aux carrés de A D et B F, conséquemment A E est à B E

en raison sous-doublée du carré de AD au carré de BF; donc AE : BE ::
AD : BF. Le problème est donc maintenant réduit à trouver dans le cercle
donné un point E, d'où tirant EA, EB, ces deux lignes soyent dans la raison
donnée entre AD, BF. Or cela est facile au moyen de ce qu'on a démontré
ci-dessus.

... il n'y a qu'à diviser AB en G, de sorte que AG soit à GB, comme
AD à BF; faire avec AD et BF le triangle AOB; du point O ainsi trouvé
tirer la ligne OG, et lui élever sur son milieu une perpendiculaire qui rencontrera AB prolongée en C : ce point sera le centre d'un cercle qui, tracé
par G, coupera le cercle en deux points E et e qui donneront les deux solutions du problème; ce dont la démonstration est facile.

On pourrait encore proposer le problème de cette manière; *les trois points*
A, B, C, *étant sur une même ligne, faire ensorte que la ligne qui joint
les points d'intersection* H, I, *passe par le 3ᵉ* C. Le problème n'en acquiert pas
un grand degré de difficulté de plus, et l'on en trouve dans *Pappus* l'analyse
suivante (V. *fig.* 19.)

Que la chose soit faite, c'est-à-dire, que la ligne HI passe par le point C.
Par H soit tirée HK parallèle à AC, et par K et I la ligne KIL. Maintenant on aura l'angle HKI (égal à HEI). Mais l'angle HKL est à cause des
parallèles HK, AC, égal à l'angle KLC. Or les angles KLC, KLA sont
ensemble égaux à deux droits, conséquemment les angles KLA, AEI sont
aussi égaux à deux droits, et dans le quadrilatère AEIL, la somme des
angles opposés est égale à deux droits; ainsi ce quadrilatère est inscriptible à
un cercle. On aura donc le rectangle BI par EB égal à celui de BA par
BL. Or le rectangle de BI par BE est donné à cause du cercle HEKI
donné de position; le point L sera donc connu; car BA : LE :: BI : BL.

Le problème se réduit donc au précédent, savoir à ceci. Les points C et L
étant donnés et le cercle HEKD, trouver le point I, tel que CIH, LIK
étant tirées, la ligne HK soit parallèle à LC. Le point I résoudra le problème;
ce qui est aisé à démontrer.

Mais si les trois points A, B, C ne sont pas dans la même ligne droite, le
problème sera incomparablement plus difficile. Il a été récemment résolu par
M. *de Castillon* (Mém. de l'Acad. de Berlin, *ann.* 1776), et dans la forme
de la géométrie ancienne. Nous en parlerons au commencement du troisième
volume de cet ouvrage, ainsi que de la solution de M. *de la Grange.*

Nous nous bornerons à ces exemples de l'analyse ancienne. Ceux qui veu-
dront s'en instruire plus profondément, doivent recourir aux *collectiones mathematicae* de *Pappus* d'Alexandrie, qui en fait presque un continuel usage; ou
bien au livre *de sectione rationis* d'*Apollonius*, restitué par M. *Halley*,
ou à celui *de inclinationibus* du même géomètre, rétabli par le savant
M. *Horsley*, ou enfin à divers autres que nous aurons occasion de citer par
la suite.

NOTE B.

Les Propriétés principales des Sections coniques.

Définition I. On appelle diamètre dans une section conique,
toute ligne qui divise en deux parties égales deux parallèles quelconques tirées
dans cette courbe; telle est la ligne ST eu égard aux parallèles PQ, pq,
(*fig.* 20, 21, 22), qu'on nomme les *ordonnées* ou *appliquées*, tandis que

les segmens S R , *S r* , se nomment les *abscisses*. Mais si ce diamètre coupe les ordonnées ou appliquées à angles droits, alors il est nommé l'*axe*. Cela supposé, on démontre :

1°. Que si un diamètre ou axe coupe en deux également deux parallèles quelconques, il coupera aussi en deux parties égales toute autre parallèle à ces dernières.

2°. Que dans toute section conique, il y a une infinité de diamètres.

Que ces diamètres sont parallèles entr'eux dans la parabole (*fig.* 20).

Et que dans l'ellipse et l'hyperbole ou dans les hyperboles opposées, ils passent tous par un même point C, situé au milieu de l'axe A D *fig.* 21, 22).

3°. Dans la parabole, le carré d'une demi-ordonnée R P , est au carré d'une autre *r p*, comme l'abscisse S R est à l'abscisse *S r*. (*fig* 20.)

Mais dans l'ellipse (*fig.* 21), ces carrés sont entr'eux, comme les rectangles des segmens correspondans du diamètre $SR \times RT$. Ainsi RP^2 est à rp^2, comme $SR \times RT$ à $Sr \times rT$. Ce qui est aussi une propriété du cercle.

Dans l'hyperbole ou les hyperboles opposés *fig.* 22), ces carrés R P² , R p_2, sont comme les rectangles correspondans de l'abscisse, par une ligne composée de l'abscisse et du diamètre S T, c'est à dire, comme $SR \times RT$, à $Sr \times rT$.

Ainsi ils sont dans l'une et l'autre. (l'ellipse et l'hyperbole) comme les rectangles des abscisses. Car y ayant deux sommets dans chacune, S et T, il y a aussi deux abscisses correspondantes pour chaque appliquée.

4°. Si une ligne droite touchant une section conique dans un point P (*fig.* 23, 24, 25) rencontre le diamètre, ou l'axe auquel P R est ordonnée, en un point T ;

On aura, dans la parabole, S R égale à S T, mais dans l'ellipse et l'hyperbole, ce point de concours T sera tellement placé qu'on aura C R à C S, comme C S à C T, ou que C T sera troisième proportionnelle continue à C R et C S, ce qui est également vrai dans le cercle

Ainsi si dans l'ellipse, S T surpasse toujours S R, et au contraire dans l'hyperbole.

DÉFIN. II. La ligne R T se nomme la *sous-tangente*.

5°. Dans la parabole la sous-tangente est toujours double de l'abscisse ; dans l'ellipse elle est toujours plus grande que double, et dans l'hyperbole toujours moindre que double.

DÉFIN III. Dans l'ellipse et l'hyperbole (*fig.* 26, 27), chaque diamètre, comme S s, en a un correspondant T *t*, qui coupe en deux également les parallèles au premier, comme celui-ci les parallèles à l'autre ; on le nomme *conjugué*, et ils le sont mutuellement l'un de l'autre.

6°. Dans l'ellipse, il y a même raison du carré de C S (ou C s) au carré de C T (ou C *t*), que du rectangle $SR \times Rs$ au carré de R P, (ou du rectangle $Sr \times rs$) au carré de *r p* ; car au fond le diamètre conjugué T *t* n'est lui-même qu'une ordonnée au diamètre S s, mais passant par le centre.

Dans l'hyperbole, si l'on fait aussi comme le rectangle S R par R s au carré de R P, ainsi le carré de C S au carré d'une ligne C T, cette ligne C T sera ce qu'on nomme spécialement le demi-diamètre conjugué de C S.

DÉFIN. IV. Les choses étant comme dessus, si l'on prend une troisième proportionnelle à C S et C T, soit dans l'ellipse, soit dans l'hyperbole; ce sera ce qu'on nomme le *paramètre* du diamètre S s, c'est-à-dire, le *module* qui mesurera le rapport du carré d'une demi-ordonnée quelconque au rectangle de ses abscisses correspondantes.

Mais comme, dans la parabole, les diamètres ne sont terminés que d'un côté, on aura ce paramètre en cherchant une troisième proportionnelle à une abscisse quelconque S R, et sa demi-ordonnée R P.

Les anciens donnoient à ce module le nom de *latus rectum*, parce qu'ils avoient coutume de le dresser parallèlement aux ordonnées, à l'extrémité du diamètre auquel il appartenoit. Cela entendu, on démontre;

7°. Que dans la parabole le carré d'une demi-ordonnée quelconque, est égale au rectangle de l'abscisse par le paramètre.

Que dans l'ellipse ce carré est toujours plus petit, et dans l'hyperbole toujours plus grand que le rectangle de l'abscisse par le paramètre.

Ce sont là les propriétés qui ont fait donner à ces courbes les noms qu'elles portent; car *parabole* signifie égalité; *ellipse*, défaut; et *hyperbole*, excès, ou redondance.

8°. En général, dans toute section conique, le carré de l'ordonnée est égal au rectangle de l'abscisse par le paramètre, plus dans l'ellipse, et moins dans l'hyperbole, un certain rectangle que les anciens déterminoient et appeloient semblable et semblablement posé à la *figure du diamètre*; rectangle qui, dans la parabole devenoit nul; ce qui déterminoit l'égalité du carré de son ordonnée avec le rectangle de son abscisse par le paramètre.

DÉFIN. V. Dans toute section conique le point de l'axe F (*fig.* 28, 29, 30), où la demi-ordonnée est égale au demi-paramètre, est un point remarquable par des propriétés particulières. Les anciens le nommoient *punctum comparationis*. Les modernes le nomment *foyer* par les raisons qu'on verra.

9°. Dans la parabole, le foyer est éloigné du sommet de l'axe, du quart du paramètre.

Dans l'ellipse, il y en a un vers chaque extrémité du grand axe, et sa distance au centre F C ou *f* C est telle que le carré de C F, ou C *f*, est égal à la différence des carrés de C S et C T.

Dans l'hyperbole, c'est la somme de ces carrés qui détermine ces foyers, c'est-à-dire, que si l'on prend C F ou C *f*, telle que son carré soit égal à la somme de ceux des deux demi-axes conjugués C S, C T, ce sera la distance du foyer F ou *f* de l'hyperbole à son centre.

Ainsi dans l'Ellipse en tirant T F ou T *f*, elle est égale au demi-axe, et dans l'hyperbole, au contraire, en tirant T S ou T *s* elle sera égale à C F ou C *f*.

10°. Dans l'hyperbole (*fig.* 30) la tangente en un point G partage en deux également l'angle formé par les deux lignes F G, G *f*, tirées du point de contact aux deux foyers.

Mais dans l'ellipse (*fig.* 29) cette tangente partage en deux également l'angle formé par une de ces lignes F G, et la prolongation G H de l'autre.

Dans la parabole (*fig.* 28) c'est l'angle formé par la ligne F G tirée du foyer, et la ligne G H parallèle à l'axe qui est divisé en deux également par la tangente en G. Car la parabole n'est qu'une ellipse, dont le centre et le second foyer sont à une distance plus grande que toute quantité donnée, et conséquemment la ligne G *f* allant à l'autre foyer, approche du parallélisme avec l'axe, à n'en différer que de moins que de toute quantité possible, c'est-à-dire, lui est parallèle.

11°. Ainsi tous les rayons parallèles à l'axe de la parabole, et tombant sur sa concavité, se réfléchissent à son foyer.

Et dans l'ellipse, tous ceux qui partent d'un foyer se réfléchissent dans l'autre.

Et enfin dans l'hyperbole, les rayons qui tendent vers le foyer f de l'hyperbole opposée, se réfléchissent au foyer de la première; ou ceux qui partent de celui-ci se réfléchissent en divergeant, comme s'ils venoient de celui de l'hyperbole opposée.

C'est de-là que ces points ont pris le nom de *foyer*; car les rayons solaires étant sensiblement parallèles lorsqu'ils tombent sur la concavité d'un miroir parabolique, et parallèlement à son axe, ils se réfléchissent tous dans ce foyer unique, et y produisent une beaucoup plus grande chaleur que réfléchis par un miroir sphérique, qui ne les rassemble que dans un espace qui a une certaine étendue.

12°. Dans l'ellipse (*fig.* 29), la somme des lignes F G, G f, tirées des deux foyers à un point quelconque G, est toujours la même, et égale le grand axe.

Dans l'hyperbole (*fig.* 30), c'est la différence des lignes G f et G F qui est par-tout la même, et aussi égale à l'axe transverse S s.

13°. Dans la parabole, si au sommet de l'ordonnée qui passe par le foyer F, on tire une tangente rencontrant l'axe en A, et qu'on élève à ce point perpendiculairement sur l'axe, une ligne indéfinie B A b, toute ligne G H tirée d'un point de la parabole parallèlement à l'axe, et terminée à cette ligne, sera égale à la ligne G F tirée du même point au foyer. Ainsi dans cette courbe, toute ligne tirée du foyer à un point de la courbe, comme F G, F g, F γ, est égale respectivement à G H, $g h$, γh.

L'ellipse et l'hyperbole ont une propriété semblable, mais dans ces courbes la raison qui règne entre ces lignes est une raison d'inégalité; dans l'ellipse GH excède toujours G F, et au contraire dans l'hyperbole.

Défin. VI. Dans l'hyperbole (*fig.* 31), si au sommet S de l'axe on élève une perpendiculaire, et qu'on prenne de part et d'autre des portions S D, S d, égales chacune au demi-axe conjugué C F, et qu'on tire du centre T par D et d les lignes indéfinies C D E, C d e, on les nommera *les asymptotes*, par la raison qu'on verra plus bas.

14°. Ces lignes ainsi tirées ne rencontreront jamais les deux hyperboles, quoiqu'elles s'en approchent toujours de plus en plus, et de manière à ce que leur distance devienne moindre que toute quantité donnée, c'est de là qu'on les nomme *Asymptotes*, ou *non concurrentes*. Cela suit des propriétés suivantes. (V. *fig.* 32.)

15°. Si l'on tire entre ces asymptotes à travers l'hyperbole (ou les hyperboles opposées) une ligne quelconque K H ou $k h$, elle sera toujours coupée par l'hyperbole, en sorte que le segment K i sera égal à G H, ou ki à $g h$.

16°. Conséquemment une tangente quelconque à l'hyperbole, et terminée par les asymptotes sera toujours partagée également par le point de contact. Car une tangente n'est autre chose qu'une secante comme K H, dont les deux points d'intersection avec la courbe G et I s'approchant sans cesse, se confondent enfin.

17°. Si l'on tire entre les asymptotes (*fig.* 33) les deux parallèles LN, *L n*,

coupant

coupant l'hyperbole en M et O, *m* et *o*, le rectangle LM par MN, ou LO par ON, sera égal à *l m* par *m n*, ou *l o* par *o n*, et chacun d'eux sera égal au carré de la moitié de la tangente parallèle λ*v*. Car cette tangente n'est que la dernière des sécantes.

18°. Il suit donc de cette propriété et de la précédente, que, quelque part qu'on tire, entre les lignes décrites dans la définition VI, une ligne coupant l'hyperbole, ainsi qu'elles, l'intervalle LM ou ON ne sauroit être zéro, puisque LM par MN, ou LO par ON, sera toujours égal au carré de la moitié de la tangente λ*v*. Ainsi ces lignes ne rencontreront jamais l'hyperbole. Elles en approcheront aussi de plus près qu'aucune quantité donnée; car ON peut devenir moindre qu'aucune quantité donnée, puisque LO peut devenir plus grande qu'aucune quantité.

19°. Les parallélogrammes (*fig.* 34) formés dans l'angle asymptotique FCE, ayant l'angle commun C, et l'angle opposé dans l'hyperbole, comme CFGE, *Cfge*, C φ γ ε, etc., sont toujours égaux entr'eux. Ainsi l'on a toujours les hauteurs de ces parallélogrammes réciproques avec leurs longueurs.

20°. Tout le monde sait que dans le cercle (*fig.* 35), si on tire du point A une tangente AT, et une sécante AFE, le carré de AT est égal au rectangle de AF par AE.

Il en est de même à certains égards dans les sections coniques, c'est-à-dire, que si la courbe est par exemple une ellipse (*fig.* 36), le carré de la tangente AT sera au rectangle AF par AE, comme le carré du diamètre M*m* parallèle à la tangente, au carré du diamètre N*n* parallèle à la sécante.

Ainsi tirant plusieurs sécantes, les rectangles de leurs segmens seront comme les carrés des diamètres qui leur sont parallèles. Si tous ces rectangles sont égaux dans le cercle, c'est que tous ses diamètres sont égaux.

Tout cela s'applique encore, *mutatis mutandis*, à la parabole et à l'hy-perbole.

21°. Dans le cercle, les rectangles des portions de deux lignes qui s'y entre-coupent sont égaux. Dans l'ellipse, ils sont comme les carrés des diamètres parallèles à ces lignes. *Apollonius* entre sur cela dans de très-grands détails, dans un de ses livres.

Telles sont les principales propriétés des sections coniques, qu'on peut légitimement penser avoir été connues aux élèves de *Platon*, ou aux géomètres qui les suivirent de plus près jusqu'à *Apollonius*. Nous eussions même pu en ajouter plusieurs autres analogues, ou qui en découlent évidemment. Mais en voilà assez, et peut-être trop sur ce sujet.

Fin des Notes du Livre troisième.

HISTOIRE

DES

MATHÉMATIQUES.

PREMIÈRE PARTIE,

Contenant l'Histoire des Mathématiques, depuis leur naissance jusqu'à la destruction de l'Empire Grec.

LIVRE QUATRIÈME,

Qui comprend l'histoire de ces sciences depuis la fondation de l'école d'Alexandrie jusqu'à l'Ere chrétienne.

SOMMAIRE.

l'obliquité de l'écliptique examinées. Ses autres inventions Mathématiques. VII. D'Apollonius le géomètre. Il écrit huit Livres sur les Sections coniques. Idée de cet ouvrage, et principalement des quatre derniers Livres. Histoire de ces Livres, perdus pendant long-temps, et retrouvés au milieu du siècle passé, à l'exception du dernier. Autres écrits d'Apollonius ; précis de quelques-uns, et diverses particularités à leur sujet. VIII. De quelques Mathématiciens de mérite, contemporains des précédens, Conon, Nicomède, etc. Leurs travaux et leurs inventions. IX. Histoire d'Hipparque et de ses travaux astronomiques. Ses découvertes sur la théorie du Soleil, sur celle de la Lune, sur le mouvement des fixes, sur la Trigonométrie et la Géographie, etc. X. Mathématiciens qui fleurissent depuis le temps d'Hipparque jusqu'aux environs de l'Ere chrétienne, comme Géminus, Ctesibius, Héron, Sosigène, Théodose, etc.

I.

Nous ne pouvions choisir une époque plus propre à commencer cette partie de notre ouvrage, que l'institution de l'école d'Alexandrie. Quelque mémorable qu'elle soit dans l'histoire des lettres, il semble que c'est principalement dans celle des mathématiques qu'elle doit tenir une place. En effet, ce que l'école de Platon avoit été pour la géométrie, celle d'Alexandrie le fut pour les mathématiques en général. C'est dans son sein que nous verrons désormais fleurir ou se former presque tous les hommes devenus les plus célèbres, par l'accroissement qu'ils leur ont procuré. C'est sur-tout à l'époque de cet établissement qu'on voit l'astronomie sortir de l'état d'enfance, où l'avoient laissée les premiers philosophes Grecs, et prendre une marche plus assurée ; qu'au lieu de se livrer à de vaines conjectures, on commença à mieux sentir la nécessité des observations, et à en accumuler pour l'usage de la postérité. C'est enfin à cette école célèbre qu'est dû le premier système d'astronomie, fondé sur une comparaison réfléchie des phénomènes célestes, et propre à les représenter avec quelque vérité.

Les premières années qui suivirent la mort d'*Alexandre* furent des temps de trouble et de confusion. Le vaste empire, fondé par ce conquérant, et dont il jouit si peu, fut démembré par ses principaux capitaines, et *Lagus* eut pour sa part l'Égypte. Il ne fut pas plutôt tranquille possesseur du sceptre, qu'il tourna ses vues du côté des sciences. Il attira par son accueil et ses bienfaits un grand nombre de savans de la Grèce, et bientôt sa capitale devint une seconde Athènes par les connoissances et les talens. Il ne se borna pas là : afin de les y fixer, il conçut le projet de cette école, qu'on y vit fleurir si long-temps, et qui conserva du moins, si elle n'augmenta pas toujours, le dépôt des sciences. Mais c'est principalement à son fils et son successeur, *Ptolémée Philadelphe*, qu'est due la perfection de cet établissement. Ce prince donna aux savans, qu'il avoit attirés dans sa capitale, de nouvelles marques de sa protection. Il les logea dans un magnifique édifice, qui, au rapport de *Strabon* (1), faisoit partie de son palais, et il contribua libéralement aux frais des entreprises qui avoient pour objet la perfection des sciences. Il commença enfin à rassembler cette magnifique bibliothèque, où toutes les richesses de l'esprit humain étoient renfermées, et dont la perte doit nous causer tant de regrets.

I I.

Parmi les savans, que l'accueil des *Ptolémées* attira les premiers à Alexandrie, on remarque *Euclide* le géomètre, et les deux astronomes anciens, *Aristille* et *Timocharis*, qui sont mémorables à plusieurs égards. Nous commencerons à parler d'*Euclide*, le plus célèbre des mathématiciens de ce temps, et le plus connu par ses écrits.

On ne confond plus l'*Euclide*, dont nous parlons ici, avec celui de Mégare, le fondateur d'une secte plus renommée par son acharnement à la dispute, et par l'invention de divers sophismes, que par ses progrès dans la recherche de la vérité. On n'a pu commettre cette erreur que dans ces temps de barbarie scholastique, où attachant un mérite singulier à l'art de disputer, on croyoit beaucoup honorer *Euclide* le géomètre, en le faisant l'inventeur de cette dialectique captieuse, et aujourd'hui ridicule. Mais indépendamment de la différence des caractères que les écrivains nous ont tracés de l'un et de l'autre, l'anachronisme où l'on tombe en les confondant est grossier. *Euclide* de Mégare fut un des premiers auditeurs de *Socrate*; et lorsque les Athéniens mirent à mort ce philosophe respectable, *Platon*, âgé seulement de 30 ans, se retira auprès de lui avec quelques-uns de ses condisciples, effrayés du sort de leur maître (2). Or cet événement répond à l'an 393 avant J. C. Notre géomètre étoit au contraire contemporain du pre-

(1) *Geograph.* lib. 13.   (2) Diog. Laërce, *in Plat.*

mier *Ptolémée* (1), et vivoit par conséquent près d'un siècle
après. Il falloit ignorer entièrement ces faits pour confondre
deux hommes aussi différens.

On ne sait point quelle fut la patrie d'*Euclide*, et l'on ne
connoît guère plus les événemens de sa vie. Nous remarquerons
seulement que les historiens Arabes le font natif de Tyr, fils
d'un certain *Naucrates*, et habitant de Damas. Mais on ne
peut guère ajouter de foi à de pareilles autorités (2), et il
paroît certain qu'il habita la Grèce, et ensuite Alexandrie. Il
avoit, à ce qu'on croit, étudié à Athènes sous les disciples
de *Platon*, et ensuite il se fixa à Alexandrie, attiré apparemment par les bienfaits du premier *Ptolémée*. *Pappus* (3)
nous peint son caractère des traits les plus avantageux. Doux
et modeste, dit-il, il porta toujours une affection particulière
à ceux qui pouvoient contribuer aux progrès des mathématiques ; et bien différent d'*Apollonius*, qui, selon le même
Pappus, étoit un homme vain, et saisissoit avec plaisir les occasions de déprimer ses contemporains ; on ne le vit jamais aller
sur leurs travaux, ou chercher à les prévenir, pour leur ravir
ou partager avec eux les lauriers qu'ils méritoient. Nous pouvons conjecturer sur le trait suivant, qu'*Euclide* ne fut pas
un savant trop courtisan. Le roi *Ptolémée* lui ayant demandé
s'il n'y avoit pas de chemin moins épineux que l'ordinaire
pour apprendre la géométrie : « Non, prince, lui répondit-il,
» il n'y en a point de fait exprès pour les rois » ; *non est
regia ad mathematicam via* (4).

C'est sur-tout à ses élémens qu'*Euclide* doit la célébrité de
son nom. Il ramassa dans cet ouvrage, le meilleur encore de
tous ceux de ce genre, les vérités élémentaires de la géométrie, découvertes avant lui. Il y mit cet enchaînement si admiré
par les amateurs de la rigueur géométrique, et qui est tel qu'il
n'y a aucune proposition qui n'ait des rapports nécessaires avec
celles qui la précèdent ou qui la suivent. En vain divers géomètres, à qui l'arrangement d'*Euclide* a déplu, ont tâché de
le réformer, sans porter atteinte à la force des démonstrations.
Leurs efforts impuissans ont fait voir combien il est difficile
de substituer à la chaîne formée par l'ancien géomètre, une
autre aussi ferme et aussi solide. Tel étoit le sentiment de l'illustre M. *Leibnitz*, dont l'autorité doit être d'un grand poids
en ces matières ; et M. *Wolf* qui nous l'apprend (5), convient d'avoir tenté inutilement d'arranger les vérités géomé-

(1) Procl. *in I Eucl.* l. 2, c. 4.
(2) Casiri, *Biblioth. Arabico-Hispana*, t. 1.
(3) *Coll. Math.* l. 7. *Proem.*
(4) Proclus. *Ibid.*
(5) *Element. Math.* t. 5, c. 3, art. 8.

triques dans un ordre absolument méthodique, sans supposer des choses qui n'étoient point encore démontrées, ou sans se relâcher beaucoup sur la solidité de la démonstration. Les géomètres Anglois, qui semblent avoir le mieux conservé le goût de la rigoureuse géométrie, ont toujours pensé ainsi; et *Euclide* a trouvé chez eux de zélés défenseurs dans divers géomètres habiles, que nous citerons plus loin. L'Angleterre voit moins éclore de ces ouvrages, qui ne facilitent la science qu'en l'énervant; *Euclide* y est presque le seul auteur élémentaire connu, et l'on n'y manque pas de géomètres.

Le reproche de désordre fait à *Euclide*, m'oblige à quelques réflexions sur l'ordre prétendu qu'affectent nos auteurs modernes d'élémens, et sur les inconvéniens qui en sont la suite. Peut-on regarder comme un véritable ordre, celui qui oblige à violer la condition la plus essentielle à un raisonnement géométrique, je veux dire, cette rigueur de démonstration, seule capable de forcer un esprit disposé à ne se rendre qu'à l'évidence métaphysique? Or rien n'est plus commun chez les auteurs dont on parle, que ces atteintes portées à la rigueur géométrique. Veulent-ils démontrer que chaque point de la perpendiculaire à une ligne est également éloigné des points de cette ligne, pris à égales distances de côté et d'autre, ils croiront vous convaincre en disant que cela est évident, parce que cette perpendiculaire ne penche pas plus d'un côté que de l'autre (1). S'agit-il de prouver que toutes les cordes égales dans un cercle soutendent des arcs égaux, ils se contenteront de dire que c'est une suite nécessaire de l'uniformité du cercle (2), ils imploreront le secours de vos yeux pour vous assurer que deux cercles ne peuvent se couper qu'en deux points, ou que plus une ligne tirée à une autre, est éloignée de la direction perpendiculaire, plus elle est grande (3). Des géomètres sont-ils excusables d'employer de pareils raisonnemens? Ils ne sont tout au plus bons qu'auprès de ces esprits dociles, prêts à céder à la moindre lueur de vérité, ou au témoignage de leurs sens. Mais il leur falloit nécessairement se relâcher jusqu'à ce point, ou commencer à traiter d'un certain genre d'étendue, avant que d'avoir épuisé ce qu'il y avoit à dire d'un autre plus simple, et ils ont mieux aimé ne démontrer qu'à demi, c'est-à-dire, ne point démontrer du tout, que blesser un prétendu ordre dont ils étoient épris.

Il y a même, à mon avis, une sorte de puérilité dans cette affectation de ne point parler d'un genre de grandeur, des

(1) Lami, *Elém. de Géom.* et deux cents autres.

(2) Lami, *Elém. de Géom.*

(3) Rivard, *Elém. de Géom.*

triangles, par exemple, avoir que d'avoir traité au long des lignes
et des angles: car pour peu que, s'astreignant à cet ordre, on
veuille observer la rigueur géométrique, il faut faire les mêmes
frais de démonstrations, que si l'on eût commencé par ce genre
d'étendue plus composé, et d'ailleurs si simple, qu'il n'exige
pas qu'on s'y élève par degrés. J'ose aller plus loin, et je ne
crains point de dire que cet ordre affecté va à rétrécir l'esprit,
et à l'accoutumer à une marche contraire à celle du génie des
découvertes. C'est déduire laborieusement plusieurs vérités particulières, tandis qu'il n'étoit pas plus difficile d'embrasser tout
d'un coup le tronc, dont elles ne sont que les branches. Que
sont en effet la plûpart de ces propositions sur les perpendiculaires et les obliques, qui remplissent plusieurs sections des
ouvrages dont on parle, sinon autant de conséquences fort simples
de la propriété du triangle isoscèle? Il étoit bien plus lumineux,
et même plus court, de commencer à démontrer cette propriété,
et d'en déduire ensuite toutes ces autres propositions. Qu'il me
soit permis, pour ne pas trop interrompre le fil de notre histoire, d'étendre dans une note particulière, placée à la fin de
ce livre, une partie des griefs que l'esprit géométrique peut élever contre les négligences et les inexactitudes de quelques-uns
de ces auteurs élémentaires modernes. On sera étonné d'y voir
jusqu'à de fausses définitions du cercle et des figures les plus
simples que considèrent les géomètres.

Les Elémens d'*Euclide* appartiennent également à la géométrie et à l'arithmétique; c'est pour cette raison qu'ils sont simplement intitulés *les Élémens*. Tels qu'ils sortirent des mains
de leur auteur, ils ne contenoient que treize livres, dont dix
regardent la géométrie, et trois l'arithmétique. Parmi ces livres
il y en a huit, savoir les six premiers, les 11e et 12e,
dont la doctrine est absolument nécessaire; elle est à l'égard
du reste de la géométrie, ce que la connoissance des lettres
est à la lecture et à l'écriture.

Les autres livres sont réputés moins utiles, depuis que l'a-
rithmétique a changé de face, et que la théorie des incommensurables et celle des solides réguliers n'excitent guère plus l'attention des géomètres. Il ne laissent cependant pas d'avoir leur
mérite, pour quiconque est doué de l'esprit mathématique. Les
7, 8 et 9e. livres appartiennent à l'arithmétique, non à cette
arithmétique vulgaire qui apprend les règles pratiques du calcul,
mais à celle qui traite des propriétés relatives des nombres, nécessaires dans une multitude de recherches arithmétiques. On y
donne la solution du problême de trouver un nombre parfait,
c'est-à-dire, dont toutes les parties aliquotes réunies forment le
nombre lui-même; problême qui, traité même avec nos moyens

actuels, exige un artifice particulier. Quel que soit le géomètre ancien qui trouva la solution de ce problême, elle lui fait certainement honneur.

Le 10e. livre contient une théorie si profonde des incommensurables, que je doute qu'il y ait aujourd'hui un géomètre qui osât suivre *Euclide* dans cet obscur dédale. On y examine en 110 propositions les différentes espèces et différens ordres d'incommensurables; on ne voit pas trop, je l'avoue, l'utilité de ces recherches. Quoi qu'il en soit, le livre est terminé par une démonstration très-ingénieuse de l'incommensurabilité du côté du quarré avec sa diagonale. *Euclide* fait voir que, pour que ce rapport pût être exprimé par celui d'un nombre à un nombre, il faudroit qu'un nombre pût être à la fois pair et impair; ce qui étant impossible, montre l'impossibilité de cette expression. Je ne sais si la démonstration directe, car il y en a une aussi, force *l'assentiment*, d'une manière aussi complète; et par cette raison, il me semble que ceux qui, dans des éditions d'*Euclide*, ont changé sa démonstration, ont eu tort. Quoi qu'il en soit, j'ai vu bien des personnes, même instruites en géométrie, ne donner pour démonstration de cette incommensurabilité que l'impossibilité d'extraire la racine quarrée de 2 par l'approximation décimale. Mais qui a suffisamment prouvé que cetteapproximation estinterminable? Aussi ai-je connuun homme, (c'étoit un architecte) s'aheurter à la suivre, espérant toujours qu'il arriveroit à la fin. Il en étoit déja, me dit-il, à la 100e. décimale. Que de peine il se seroit épargnée, s'il avoit lu et entendu *Euclide* !

Après le 13e. livre, où la théorie des corps réguliers est ébauchée, on en trouve d'ordinaire un 14e. et un 15e. qui sont d'*Hypsicle* d'Alexandrie. Le préambule de ces livres le prouve évidemment. La théorie des corps réguliers y est beaucoup plus profondément creusée, mais l'addition de ces deux livres n'étoit pas bien nécessaire, et ils auroient pu faire l'objet d'un traité à part. C'est probablement *Théon* d'Alexandrie qui les y a joints.

Nonobstant le peu d'utilité de ces livres, au moins dans l'ordre des élémens de la géométrie, un éditeur d'*Euclide*, M. de *Foix-Candalle*, n'a pas laissé d'y en ajouter trois autres, où il semble avoir entrepris d'épuiser tout ce qu'on peut imaginer sur la comparaison des corps réguliers entre eux. Il y examine même de nouveaux corps régulièrement irréguliers, et formés en recoupant les réguliers d'une certaine manière; sujet qui méritoit assez peu qu'un géomètre s'en occupât sérieusement. Au surplus cette théorie des corps réguliers pourroit être aujourd'hui comparée à ces anciennes mines abandonnées, parce que le produit n'en vaut pas la dépense. Les géomètres la regardent tout au plus

comme

comme un objet d'amusement, ou l'occasion de quelque problême singulier (1).

Malgré la rigueur avec laquelle procède *Euclide*, il y a eu cependant des gens difficiles qui l'ont accusé de plusieurs défauts; le célèbre *Ramus* lui en trouve une foule. Mais sa tentative pour substituer aux Élémens d'*Euclide* d'autres Élémens, prouve qu'il avoit tort de penser qu'il étoit facile d'éviter ces prétendus défauts et de faire mieux, car ses 28 livres sur l'arithmétique et la géométrie ne contiennent pas le quart de géométrie qui se trouve dans *Euclide*, et rien n'y est démontré que pour qui est à-peu-près content d'entendre l'énoncé d'un théorème. Un autre géomètre, *Jacques Pelletier* du Mans, blâmoit comme mécanique cette superposition employée par *Euclide* dans quelques propositions du 1er. livre. Mais il ne faisoit pas attention qu'il n'est question que d'une superposition mentale; qu'il n'est pas d'idée plus claire d'égalité que celle-là, et même qu'il faut nécessairement commencer par là. Car deux figures qui ne sont pas les mêmes, comme un rectangle et un certain quarré qui lui est égal, ne sont égales que parce que, en dernière analyse, elles se réduisent en parties qui, mentalement superposées les unes sur les autres, se recouvriroient exactement.

D'autres ont blâmé ses démonstrations *ad absurdum*, mais ils ont eu tort. Car il est incontestablement des propositions qui ne peuvent être démontrées que de cette manière.

Mais il est deux autres accusations plus généralement faites à *Euclide*. L'une concerne son *Postulatum* du livre 1er., savoir que, si une ligne en coupant deux autres fait les angles alternes inégaux, ou les internes moindres que deux droits, ces deux dernières concourront nécessairement. Il faut convenir que dans l'endroit où ce *Postulatum d'Euclide* est communément placé, savoir, à la suite des définitions et axiômes préliminaires au premier livre, il n'est ni clair ni intelligible. Mais, placé après la proposition 26, où l'on démontre que si les angles internes sont ensemble égaux à deux droits, les lignes ne sauroient concourir, ce *Postulatum* est, à mon avis, presque aussi évident qu'un axiôme. Quoi qu'il en soit, divers géomètres ont tenté de le démontrer comme une simple proposition de géométrie: tels furent dans l'antiquité *Ptolémée*, *Proclus*; parmi les géomètres du moyen âge, le persan *Nassireddin* qui y a le mieux réussi; parmi les

(1) Un problème de ce genre est de percer un cube, de manière qu'un autre cube égal puisse passer au travers. Il a été proposé et résolu par le prince *Robert*, oncle de *Charles II*, roi d'Angleterre, et l'on peut en voir la solution dans *Wallis*, t. 2. *Voyez* aussi les Mém. de l'Acad. royale des Sciences, ann. 1721.

modernes, *Clavius*, *Wallis*, le P. *Saccheri*, dans un ouvrage particulier (1), et divers éditeurs ou commentateurs d'*Euclide*. On ne s'imagineroit pas combien il est difficile de le faire en n'employant que ce qu'*Euclide* a démontré dans ses 26 propositions précédentes, et quel échafaudage de démonstrations cela exige.

Enfin, et c'est ici le grand crime que les géomètres relâchés font à *Euclide*. Il s'agit de sa définition des quantités proportionnelles qui est la 5e. du Ve. livre. *Euclide* dit, que quatre grandeurs sont proportionnelles ou en même raison, lorsque prenant des équimultiples quelconques de la première et de la troisième, ils sont égaux, ou toujours plus grands ; ou toujours moindres que des équimultiples de la seconde et de la 4e ; c'est-à-dire que des quantités seront appellées proportionnelles, si des équimultiples de la 1re. et de la 3e. sont égaux à des équimultiples de la 3e. et de la 4e., ou, dans le cas où cette égalité ne pourroit avoir lieu, si du moins, quelques équimultiples que l'on prenne de la 1re. et de la 3e., ils sont toujours plus grands que des équimultiples semblables de la 2e. et de la 4e. ou bien toujours moindres.

J'observerai d'abord que si *Euclide* n'eût pas voulu généraliser sa définition, et les démonstrations qui en sont la suite, il se seroit borné à dire que quatre grandeurs sont en même raison, quand elles sont telles que des équimultiples semblables de la 1re. et de la 3e. sont respectivement égaux à des équimultiples semblables de la 2e. et de la 4e. Et je me crois fondé à dire que c'est là la manière la plus simple et la plus commune de comparer ensemble des grandeurs inégales. En effet parcourons nos campagnes ; verrons-nous dire à nos paysans que la mesure de Paris est à celle de Meaux, par exemple, comme 20 à 21 ? Non, ils diront que 21 mesures de Paris en font 20 de Meaux. Ouvrons tous les livres de commerce où il y a des rapports de poids, d'aunages, etc. ; on y lit que 100 aunes d'un tel endroit en font 103, par exemple, d'un autre ; que 50 livres ou 5e quintaux d'un tel pays en font tant d'un autre. Ainsi la définition d'*Euclide*, en tant qu'elle concerne des quantités telles qu'un multiple de l'une puisse égaler un multiple d'une autre, est non-seulement exacte, mais conforme à la manière la plus triviale de s'exprimer.

Mais il y a dans la géométrie une multitude de grandeurs, telles que jamais un multiple quelconque de l'une ne peut égaler un multiple de l'autre. Telles sont les quantités incommensurables. Il falloit les comprendre dans la définition, et c'est ce

(1) Euclides *ab omni naevo vindicatus, etc.* Mediol. 1731, in-4°.

qu'*Euclide* a fait par cette addition, qui la complique à la vérité, mais nécessairement, sans quoi on auroit pu lui objecter que ce qu'il démontroit pouvoit être vrai à l'égard des quantités rationnelles entre elles, mais ne l'étoit peut-être pas de celles qui sont incommensurables. Or le plus grand défaut d'une démonstration géométrique est sans doute de ne pas comprendre tous les cas contenus dans l'énoncé de la proposition.

Quelque supériorité que je donne aux Élémens d'*Euclide* sur les ouvrages modernes de ce genre, je ne disconviendrai cependant point de l'utilité de ces derniers. On ne peut leur contester l'avantage d'avoir rendu l'étude de la géométrie plus facile, d'en avoir même répandu le goût. Tous ceux qui étudient la géométrie, ne se proposent pas d'y pénétrer profondément. Les uns ne le font que pour connoître une science qui a une grande réputation ; les autres, parce que l'état qu'ils embrassent exige des connoissances mathématiques : j'en ai vu qui se soucioient si peu de la démonstration géométrique qu'ils s'en seroient volontiers tenus à la parole et à la bonne foi de leur maître. Enfin, plusieurs ne sont pas capables du degré d'attention, ou doués du courage d'esprit nécessaire pour surmonter les difficultés de certains endroits du géomètre ancien. Il étoit donc nécessaire de rendre la géométrie plus accessible, et c'est ce que plusieurs des ouvrages dont nous parlons ont fait fort heureusement. Si j'avois à enseigner la géométrie, je ne ferois aucune difficulté de m'en servir ; cependant si je rencontrois un esprit doué d'une grande facilité, de ce génie enfin qui annonce le géomètre avenir, je ne lui conseillerois point d'autre livre qu'*Euclide*. Ma façon de penser m'a été confirmée par un habile géomètre, consommé dans l'art d'instruire, que je nommerois si je croyois qu'il le trouvât bon.

J'aurois de quoi former un article d'une étendue excessive, si je m'attachois à donner une notice complète des commentaires, des éditions et des traductions sans nombre qu'ont eu les Élémens d'*Euclide*. Je me contente d'indiquer les plus remarquables ; le lecteur curieux de ces détails bibliographiques, peut recourir pour le surplus à un écrit de M. *Bose* de Wittemberg, qui a donné sur cet objet un écrit intéressant, quoique imparfait à bien des égards, parce qu'il n'étoit rien moins qu'à portée de voir les éditions mêmes, dont les titres sont pour la plupart défigurés dans ses citations (1).

Parmi les anciens, *Théon* d'Alexandrie commenta le premier par des notes les treize livres d'*Euclide*, et y fit quelquefois de légers changemens. Après lui le philosophe *Proclus* entre-

_____
(1) *Schediasma litterarium*, etc. *de variis Euclidis editionibus*, etc. Lipsiæ, 1734, *in-4°.*

prit un commentaire immense sur cet ouvrage ; on peut en juger par ses préliminaires, et ce qu'il a donné sur le premier livre seul : cependant, malgré la prolixité étrange de ce commentaire, les traits nombreux qu'on y trouve, concernant l'histoire de la géométrie, et la métaphysique des anciens sur cette science, font regretter, du moins quant à cet objet, qu'il n'ait pas été poussé plus loin. Peu auparavant le même ouvrage avoit été réduit en abrégé par un certain *Enéas* d'Hiérapolis.

Les Arabes nous fourniroient un grand nombre d'auteurs de la même classe ; *Thébith ben Corrah* traduisit, ou du moins revisa les élémens dans le cours du neuvième siècle. Mais le principal éditeur d'*Euclide* chez les Orientaux, est *Nassir-Eddin* de Thus, célèbre géomètre et astronome persan, qui florissoit vers 1250. Son savant commentaire a été imprimé l'an 1594, en Arabe, dans la magnifique imprimerie des Médicis. Cet ouvrage, estimé parmi ceux de sa nation, le seroit peut-être aussi parmi nous, si une langue plus commune l'eût mis à portée d'être entendu. Nous en parlerons ailleurs plus au long. *Euclide* a eu aussi quelques traducteurs parmi les Hébreux, savoir *Moses Aben-Tibon*, *Isaac ben-Honain*, etc. dont les ouvrages se trouvent manuscrits dans quelques bibliothèques.

Parmi les chrétiens occidentaux, *Athélard* en Angleterre, et *Campanus* de Novarre en Italie, travailloient vers le même temps, c'est-à-dire dans les 12.ᵉ ou 13.ᵉ siècles, à déchiffrer et à traduire *Euclide* sur des versions arabes. Ce fut seulement alors que les Latins commencèrent à connoître cet auteur ; car jusqu'à ce temps ils n'avoient eu de maître en géométrie que *Boèce* et *Saint-Augustin*, ou l'auteur, quel qu'il soit, du livre *de principiis geometriae*, qu'on trouve dans les œuvres de ce père de l'église. L'ouvrage d'*Athélard* n'existe qu'en manuscrit dans diverses bibliothèques. Celui de *Campanus* paroît avoir servi de base à la plûpart des traductions latines de ce géomètre, qui parurent sur la fin du 15.ᵉ siècle et au commencement du 16.ᵉ La première de toutes et qui est incontestablement l'*editio princeps* d'*Euclide*, est celle que *Radtolt* d'Augsbourg, imprimeur célèbre de ce temps, donna en 1482 à Venise (*in-folio*). Elle fut suivie en 1489 d'une autre avec le commentaire de *Campanus*, donnée à Vicence par les imprimeurs *Léonard* de Basle, et *Guillaume* de Pavie, associés. En 1505 *Zamberti* vénitien donna, d'après le grec, une autre édition des Élémens d'*Euclide*, ainsi que de ses autres écrits conservés jusqu'à nos jours, sous le titre de *Euclidis opera, Bartholomæo Zamberto interprete.* (*Venet. in-fol.*) J'avoue n'avoir jamais pu m'en procurer la vue ; cette traduction au reste fut de nouveau imprimée à Basle, en 1537, (*in-fol.*) par les soins des *Hervages*, et de nouveau encore en 1565.

Mais comme *Zamberti* n'étoit que médiocrement géomètre, on l'accuse de n'avoir pas toujours entendu son original. On vit ensuite paroître l'édition que donna en 1509 (à Venise, in-fol.), *Lucas Paccioli* qui a suivi la version de *Campanus*. Il y joignit beaucoup d'additions, auxquelles contribua un médecin de Florence, mathématicien, nommé *Scipion Vegius*. En 1516 *Jacques Faber* d'Étaples publia encore à Paris chez *Henri-Étienne* une édition latine des Élémens, faite d'après le grec, et dans laquelle il fut aidé par *Michel Pontanus*. Elle comprend le commentaire de *Théon*, ainsi que les notes de *Campanus* et *Zamberti*. On ne doit point la regarder comme une simple réimpression de l'édition donnée par ce dernier. Il est à remarquer que dans ces diverses éditions, ainsi que dans nombre d'autres postérieures, *Euclide* est qualifié *de Mégarien*; on en a dit plus haut la raison. Je passe, pour abréger, sous silence diverses autres éditions, soit de la totalité, soit de partie des Elémens d'*Euclide*, que produisirent les premières années de ce siècle.

Cependant le texte grec des *Élémens* manquoit encore. Enfin il parut en 1533 à Basle, chez *J. Hervage*, célèbre imprimeur de ce temps, et par les soins de *J. Grynaeus*. Cette édition présente le texte grec d'*Euclide* d'après *Théon*, et avec les 4 livres du commentaire de *Proclus* sur le 1er. livre. En conséquence on vit bientôt paroître en divers lieux de nouvelles traductions de cet ouvrage plus exactes et mieux entendues. Parmi ceux qui coururent cette carrière, on fait cas sur-tout de *Commandin*, dont la traduction latine des Elémens, accompagnée de notes brièves et judicieuses, parut en 1572, à Pésaro, (in-fol.) et dont il donna en 1575 une édition italienne à *Urbin*, réimprimée en 1619 à Pésaro, avec des additions et corrections. L'*Euclide* italien de *Tartaléa*, donné à Venise en 1543, a aussi son mérite. M. *de Foix-Candalle* publia en 1566 une édition latine d'*Euclide* (in-fol.) à laquelle il ajouta un 16e. livre sur les solides réguliers; elle parut de nouveau en 1578 (in-fol.) et augmentée encore de deux autres livres sur les mêmes solides. L'*Euclide* anglois de *Billingsley* donné à Londres, (in-fol.) par *J. Déc* mérite aussi attention. Mais le P. *Clavius*, jésuite, est un de ceux qui ont le plus utilement travaillé sur *Euclide*. On a estimé et l'on estime encore son commentaire, qui est clair, méthodique, et dont la prolixité n'est pas en pure perte pour le lecteur. Cette édition d'*Euclide* parut pour la première fois à Rome en 1574 (in-8. 2 vol.) et a eu de nombreuses réimpressions.

Je finis cette énumération par recommander l'*Euclide* latin de *Barrow* donné en 1659, et sur-tout celui de *Keil* d'après *Commandin*, qui ne contient que les 8 livres ordinaires, c'est-à-dire les 6 premiers avec les 11e. et 12e. Il fut imprimé pour la première fois en 1701, (à Oxford , *in-8.*) et a eu un très-grand nombre d'éditions. On trouve à la suite de la plûpart, un excellent traité des logarithmes et quelques autres morceaux utiles qui rendent cet *Euclide* précieux. Ajoutons ici la superbe édition grecque et latine que *Gregori* donna en 1703 , (*in-fol.*) non-seulement des Elémens d'*Euclide* , mais de tous ses autres ouvrages, sous le titre d'*Euclidis quae supersunt omnia.* Enfin pour terminer une recension qui deviendroit fastidieuse, et nous borner à ce qu'il y a de mieux, nous citerons l'édition latine des 8 livres d'*Euclide* donnée en 1756, (à Glasgou, *in-4.*) par M. *Robert Simson.* Il y en a eu une édition en anglais. M. *Simson* qui a particulièrement cultivé la géométrie ancienne, y rétablit diverses démonstrations qu'il montre n'être pas entièrement conformes au vrai sens d'*Euclide.* Elle fait d'ailleurs honneur aux presses de *Glasgow*; et c'est aujourd'hui le livre classique des Elémens de géométrie dans les universités angloises.

Il est peu de langues européennes dans lesquelles *Euclide* n'ait été traduit. Indépendamment d'un grand nombre de traductions de ce géomètre, en Français, en Italien, en Espagnol, en Anglais, j'en connois en Allemand en Hollandais, en Suédois, en Danois. Il est probable qu'il en existe quelqu'une en Russe depuis l'établissement de l'académie impériale de Pétersbourg.

A l'égard des langues orientales, on verra dans la suite que ce géomètre a été traduit en Arabe, en Persan, en Turc, en Hébreu. Les jésuites missionnaires de la Chine en ont même fait une traduction Tartare pour le célèbre empereur de la Chine *Kang-hy.* Ce prince ne pouvoit, dit-on, trop admirer l'exactitude scrupuleuse de ses démonstrations.

Quelque célébrité qu'*Euclide* ait acquise par l'ouvrage dont on vient de parler , nous ne l'avons cependant encore fait connoître que par le côté le moins avantageux. En effet, s'il y a du mérite à avoir frayé aux commençans les routes de la géométrie , à avoir solidement établi ses vérités fondamentales, il y en a sans doute beaucoup plus à en avoir reculé les bornes. C'est ce qu'*Euclide* fit par divers ouvrages, dont les plus propres à lui faire honneur ne nous sont pas parvenus. On a ses *Data* ou *Donnés.* C'est une continuation de ses *Elémens* et le premier pas vers la géométrie transcendante. Nous ne pouvons nous dispenser de donner ici une idée de ce que l'on nomme ainsi.

On appelle *Donné* en géométrie ce qui est déterminé par les conditions du problème et en même temps connu et assignable. Telle est l'aire d'un triangle , sa hauteur et sa base étant connues. Il y a des donnés d'espèce , comme un triangle dont tous les angles ou les rapports des côtés sont connus; il y en a de grandeur comme l'aire d'un triangle dont les côtés sont donnés. Il y en a enfin de position, comme des lignes dont l'inclinaison avec une autre est connue. Deux lignes étant données de position, leur intersection est donnée ; ce langage étoit très-familier dans la géométrie ancienne, et un problème, sans aller plus loin dans l'analyse, est résolu lorsqu'il est réduit à des donnés. M. *Newton* employe beaucoup ce terme dans les premières sections de ses principes. On peut consulter cet ouvrage pour prendre une idée distincte de son usage en géométrie.

Cet ouvrage a eu plusieurs éditions, entr'autres celle que *Hardi* donna en 1625 avec le texte grec et la préface du géomètre *Marinus* de Naples. On peut encore citer celle que *Barrow* donna en 1659.

On avoit autrefois d'*Euclide* 4 livres sur les sections coniques, et *Pappus* nous atteste qu'il avoit beaucoup augmenté cette théorie, et qu'elle formoit une grande partie des 4 premiers livres des coniques d'*Apollonius*. Il attaqua aussi et résolut, du moins en partie, le fameux problème par lequel *Descartes* débute dans sa géométrie, problème qui ne fut pas tout-à-fait aussi intact par les anciens que *Descartes* le donne à entendre. On en parlera ailleurs plus au long.

Parmi les écrits d'*Euclide*, on avoit encore de lui 2 livres sur les *Lieux à la surface*. On doit regretter que *Pappus* n'en ait pas donné le précis comme il a fait de divers autres. Nous savons seulement que ces Lieux à la surface ne sont autre chose que des courbes à double courbure, ou décrites sur une surface courbe, par une certaine combinaison de mouvement, telle que la spirale cylindrique, la courbe, au moyen de laquelle *Architas* résolvoit intellectuellement le problème de la duplication du cube. Telle est encore la spirale hémisphérique dont *Pappus*, dans son 4e. livre, donne une propriété très-curieuse, et dont nous parlerons en son lieu.

Mais de tous les ouvrages géométriques d'*Euclide*, le plus profond, et celui qui sans doute lui feroit le plus d'honneur s'il nous étoit parvenu, ce sont ses trois livres intitulés *de Porismatibus*. *Pappus* en donne, il est vrai, une idée et un précis dans la préface de son 7e. livre des *collections mathématiques*; mais cette exposition, faute de développement et de figures, a toujours resté si obscure, que le célèbre *Halley*, tout versé qu'il étoit dans la géométrie ancienne, avouoit n'y rien entendre. Un géomètre habile des Pays-bas, qui vivoit vers 1630, nommé *Albert Girard*, annonçoit dans une note sur la statique de *Stévin*, (1) avoir restitué ces livres ; mais ils ne se sont jamais retrouvés.

(1) *Œuvres de* Stévin, 1634, in-fol.

Fermat a aussi donné quelques propositions qu'il intitule du nom de *Porismes*, et il promettoit de les restituer ; mais il étoit réservé à M. *Robert-Simson* d'être l'OEdipe de cette énigme. On doit voir à cet égard ses œuvres Posthumes publiées en 1776 par M. *Clow*, et aux frais de milord *Stanhope* (1). Cette espèce de divination en occupe une grande partie. Nous tâchons d'en donner une idée dans la note C qui est à la suite de ce livre. On remarquera seulement ici que la plûpart de ces propositions sont peu accessibles au calcul.

Proclus cite un autre ouvrage d'*Euclide* qu'il intitule *De Divisionibus*. On croit avec quelque raison qu'il concernoit ce que nous nommons aujourd'hui la géodésie, c'est à-dire, la division des figures. On a sur le même sujet un assez élégant traité d'un géomètre arabe, *Mehemet* de Bagdad, que quelques personnes ont soupçonné être celui d'*Euclide*. Mais c'est traiter l'écrivain arabe de plagiaire, sur un fondement trop léger.

Nous n'avons encore parlé que des ouvrages géométriques d'*Euclide*. Mais il y a peu de parties des mathématiques sur lesquelles il n'ait écrit. On a son traité *De phœnomenis* ; ce sont les démonstrations géométriques des phénomènes des divers levers et couchers des étoiles, dont l'astronomie ancienne s'occupoit beaucoup. Sa musique intitulée *Isagoge seu introductio musica*, en deux livres, où il traite de la théorie de cet art chez les anciens, nous est aussi parvenue On la trouve sur-tout dans le recueil des *Musici veteres* de *Meibomius*. Nous en avons donné une idée en parlant de la musique ancienne. Quelques manuscrits néanmoins portent le nom de *Cléonidas*. Ce *Cléonidas* fut peut-être l'auteur de l'un de ces deux livres. Car sûrement ils ne sont pas tous deux du même auteur, celui du premier livre étant pythagoricien, et celui du second aristoxénien.

L'on attribue enfin à *Euclide* deux livres d'optique ; mais j'ai quelque peine à croire que cela soit fondé, car cet ouvrage fourmille de fautes et d'inexactitudes, absolument imcompatibles avec l'exactitude scrupuleuse qui caractérise l'auteur des Élémens. Il est cependant certain, par le témoignage de *Proclus* et *Théon*, (2) qu'*Euclide* avoit écrit sur ce sujet. Mais il est probable qu'il a éprouvé des additions et des altérations par ceux qui sont venus après lui; et ce qui semble fortifier cette conjecture, c'est qu'on y lit le nom de *Pappus*, géomètre bien postérieur à *Euclide*. Au surplus ce n'est pas d'aujourd'hui qu'on a vu d'excellens géomètres avoir en quelque sorte réservé toute leur sagacité et

---

(1) *Roberti* Simson , etc. *opera quædam reliqua* , etc. *Glasguae* , 1776 , in-4°.

(2) In I. Eucl. lib. 1, cap. 5—*in* 1 *Almag.*

leur justesse d'esprit pour la géométrie , et n'en avoir guère montré dans des matières tenantes à la physique.

Nous ne disons rien du livre *de Levi et Ponderoso* qu'on attribue aussi à *Euclide*. On ne peut comparer ce qu'il contient qu'au bégayement d'une physique naissante.

I I I.

Nous avons déja annoncé que l'astronomie se ressentit particulièrement de la fondation de l'école d'Alexandrie ; et qu'on reconnut dans cette école, mieux qu'on n'avoit encore fait, l'importance de l'observation. Les astronomes *Aristille* et *Timocharis* furent ceux qui commencèrent à travailler sur ce nouveau plan, et il est à regretter que nous n'en sachions que le peu que nous en apprennent les citations de *Ptolémée*. Elles suffisent néanmoins pour nous apprendre qu'ils servirent l'astronomie avec zèle, et que leurs observations furent d'une utilité remarquable pour leurs successeurs. Ils paroissent avoir été les premiers qui ayent déterminé la position des étoiles fixes par rapport au zodiaque, en marquant leurs longitudes et leurs latitudes. Si nous en jugeons même par un assez grand nombre d'observations rappellées par *Ptolémée* (1), nous penserons qu'ils commencèrent les premiers à former le hardi projet de dresser un catalogue des étoiles ; car on trouve dans les endroits cités des déterminations de positions d'étoiles fort éloignées du zodiaque ; d'où l'on peut conclure qu'ils ne se bornèrent pas à celles qui sont voisines de ce cercle, et dont il est le plus important de connoître le lieu. Ils observèrent du moins depuis l'an 295 avant J. C., date de leur première observation connue, jusqu'à la 13e. année de *Ptolémée Philadelphe*, ce qui fait un intervalle de 26 ans. La position des étoiles ne fut pas la seule chose qui les occupa, ils fournirent à *Ptolémée* une grande partie des observations fondamentales de sa théorie des planètes ; et il paroît que ce sont eux qu'il désigne souvent par le nom d'anciens observateurs. Les dates sont favorables à cette conjecture, et d'ailleurs *Timocharis* est souvent nommé en particulier.

Nous apprenons aussi par un catalogue des commentateurs d'*Aratus*, qu'il y eut deux géomètres ou astronomes du nom d'*Aristille*, qui paroissent avoir été frères ; en effet ils y sont nommés *Aristilli duo geometræ major minorque*. Nous savons par-là que celui dont nous avons parlé, avoit commenté *Aratus*, mais on ne sait de l'autre rien de plus que son nom et cette circonstance. Je termine cet article par l'astronome *Dionysius*,

_____

(1) *Almag.* l. 6, cap. 3.

contemporain de *Timocharis* et *Aristille*. Il fut auteur d'une Ere particulière, où les noms des mois sont dérivés de ceux des signes du Zodiaque, ce qui seroit assez raisonnable ; et *Ptolémée* rapporte de lui plusieurs observations de planètes attachées à cette Ere, ce qui paroît prouver qu'elles furent son ouvrage. Nous savons encore que ce *Dionysius* fut adjoint par *Ptolémée Evergètes*, à *Mégastène* et à *Daaimachus*, qu'il envoyoit à deux rois de l'Inde, comme ambassadeurs (1). Il étoit leur astronome ; mais sa relation, s'il en fit une, ne nous est pas parvenue.

I V.

Dans ce même temps fleurissoit *Aristarque* de Samos, qui s'illustra par ses travaux astronomiques, et sur-tout par ses idées sur le système de l'Univers ; *Ptolémée* rapporte de lui une observation de solstice, faite la 50e année de la première période de *Calippe*, c'est-à-dire, la 281e avant l'Ere chrétienne. Une date si précise ne me permet pas de dissimuler l'étonnement que me cause la variété de sentimens, qu'on trouve sur l'âge de cet astronome. *Aristarque* fut un observateur habile et ingénieux, un de ces hommes rares, suivant *Vitruve* (2), qui ont enrichi la postérité d'une multitude d'inventions utiles et agréables. Sa méthode pour déterminer la distance du soleil à la terre, par la *Dichotomie* de la lune, (méthode par laquelle il recula considérablement les bornes de l'Univers) est un monument de son génie. Nous allons l'exposer en peu de mots.

Personne n'ignore que les phases de la lune sont produites par les différentes positions de son hémisphère éclairé à notre égard. Lors donc qu'une de ces positions sera telle, que le plan du cercle qui sépare la partie éclairée de l'obscure, passera par nos yeux, alors le confin de la lumière et de l'ombre sur son diamètre apparent sera une ligne droite; mais en même temps il est aisé de voir (*fig.* 37.) que les lignes tirées de l'œil du spectateur T, au centre de la lune L, de ce centre à celui du soleil S, et du soleil à l'œil de l'observateur terrestre T, formeront un triangle rectangle TLS, dont l'angle droit sera au centre de la lune, un angle très aigu au soleil, et le troisième fort approchant du droit à la terre T. Qu'on observe donc, dit *Aristarque*, l'instant où la lune paroîtra Διχοτομῆ, c'est-à-dire, partagée également par la lumière et l'ombre, et qu'à ce même instant on observe la grandeur de

---

(1) Strabon. Geogr. *liv.* 2.   (2) Architect. *lib.* 1, *cap.* 1.

l'arc intercepté entre le soleil et la lune (ce qui peut se faire, rien n'étant plus ordinaire que de les voir ensemble sur l'horizon dans ces circonstances), on aura ce troisième angle LTS, qu'on a dit se former à l'œil du spectateur. Il n'en faut pas davantage au géomètre pour assigner dans ce triangle le rapport des côtés, dont l'un est la distance de la lune à la terre. On connoîtra conséquemment combien de fois la distance du soleil comprend celle de la lune, et cette dernière étant connue en demi-diamètres du globe terrestre, on aura en semblable mesure celle du soleil à la terre.

Aristarque réduisant cette méthode en pratique, trouva que cet angle n'étoit pas moindre que 87° ; et il en conclut que la distance du soleil à la terre contenoit au moins 18 à 20 fois celle de la terre à la lune. C'étoit étendre l'Univers beaucoup au-delà des limites que les Pythagoriciens, conduits par leurs raisons harmoniques, ou ceux qui les prenoient à la lettre, lui avoient assignées. Il trouvoit aussi, d'après certains raisonnemens, qu'il seroit trop long de discuter, que le diamètre de la lune étoit à celui de la terre dans un rapport plus grand que celui de 43 à 108 , et moindre que celui de 19 à 60 ; de sorte que le diamètre de la lune étoit, selon lui, un peu moins du tiers de celui de la terre ; ce qui est assez exact. Nous n'en dirons pas autant de la supposition qu'il faisoit que le diamètre apparent de la lune égaloit la 15ᵉ partie d'un signe, tandis qu'il en est à peine la 60ᵉ. S'il avoit vu quelque éclipse de soleil, totale ou presque totale, il ne pouvoit pas douter que les diamètres apparens de la lune et du soleil ne fussent à peu-près égaux ; et suivant le témoignage d'*Archimède* (1), il ne faisoit la grandeur apparente du soleil que de la 720ᵉ partie du Zodiaque et non de la 27ᵉ, c'est ce que lui impute fort à tort M. *Weidler*, faute d'avoir consulté l'original Grec qui dit : *vigesima et septingentesima*, et non *vigesima et septima*, ce qui ne seroit même pas dans le génie de la langue Grecque qui eût dit *septima et vigesima*. Quant à la détermination du diamètre apparent de la lune, si éloignée de la vérité, nous ne savons comment excuser *Aristarque*, car elle paroît confirmée tant par le témoignage de *Pappus*, que par le texte même de son livre *de magnitudinibus et distantiis solis et lunæ*, qui nous est parvenu (2).

Aristarque s'est principalement illustré par les efforts qu'il fit pour faire revivre l'opinion Pythagoricienne du mouvement

---

(1) *In Arenario.*

(2) *Arist.* Sam. *de magnit et dist.* Solis et Lunae, édit. 1572, in-4°. et *in Wallisii op. t. 3, Gr. Lat.* Pappus nous en a conservé un précis dans ses *Coll. Mathem.* l. 6, à la Prop. 38.

de la terre. Nous le tenons expressément d'*Archimède*, qui parle de son hypothèse dans un de ses ouvrages (1), et qui nous apprend qu'*Aristarque* avoit composé un écrit sur ce sujet. Il plaçoit, dit *Archimède*, le soleil immobile au milieu des fixes, et il ne laissoit de mouvement qu'à la terre dans son orbite autour de cet astre. Et comme il prévit qu'on objecteroit, ou qu'on avoit déjà objecté, que dans cette disposition les étoiles fixes seroient sujettes à une diversité d'aspects, suivant les différentes places que la terre occuperoit, il répondit que toute son orbite n'étoit qu'un point, qu'une grandeur insensible comparée à sa distance aux étoiles fixes.

A l'égard de l'accusation d'impiété, intentée par *Cléante* à *Aristarque*, c'est un trait qui n'est fondé que sur quelques paroles de *Plutarque* mal entendues (2). Il est vrai que *Cléante* avoit dit dans un écrit contre lui, cité par *Diogène Laërce*, qu'il auroit mérité à ce sujet d'être accusé d'irréligion, comme ayant osé porter atteinte au repos de Vesta, ou des Dieux Lares de l'Univers. *Cléante* le disoit-il sérieusement, ou seulement en raillant? c'est ce que l'on ne sait point. Mais aucun écrivain ne nous a appris que le successeur de *Zénon* ait traduit devant les tribunaux ce partisan de l'opinion Pythagoricienne. On convient aujourd'hui qu'il y a une faute dans le passage de *Plutarque*, où l'on lit *Cléante* à la place d'*Aristarque*. Et cette faute doit être aussi corrigée dans quelques autres endroits où cet historien la répète, en attribuant à ce philosophe Stoïcien d'avoir adopté le mouvement de la terre.

Le reste de ce qu'on sait sur *Aristarque* est peu important. Il inventa, dit *Vitruve*, l'horloge appelée *Scaphé* : c'étoit un segment de sphère, sur lequel étoit élevé un style, dont le sommet répondoit au centre, et qui marquoit les heures. On a dans quelques bibliothèques un traité Grec, sous le nom d'*Aristarque*, intitulé : *Prædictiones Mathem. de planetis* (3): ce n'est probablement que celui dont on a parlé plus haut sur les distances et les grandeurs du soleil et de la lune. Car on doit compter bien peu sur ces catalogues de manuscrits, faits souvent par des gens dont le savoir ne s'étend guère au-delà de celui de compiler inexactement des titres.

C'est vers ce temps qu'*Aratus* publia son poëme des *Phénomènes*, qui, quoique assez indifférent aux progrès de l'astronomie, eut une célébrité qui ne nous permet pas de le passer sous silence. *Aratus* vivoit à la cour de *Seleucus*, qui lui im-

---

(1) *In Arenario.*
(2) *De facie in orbe Lunae.*

(3) Labbe, *Biblioth. nova mss.* p. 116, 119.

posa la tâche de décrire en vers les constellations célestes. Il le fit dans un poème d'environ 1200 vers, dont la première partie est intitulée : *Phenomena*, et l'autre, *Pronostica*. Ces phénomènes ne sont autre chose que les levers et couchers poétiques, c'est-à-dire, Achroniques et Héliaques des constellations célestes pour le climat de la Grèce, en quoi *Aratus* passe pour n'avoir guère fait autre chose que de mettre en vers l'ouvrage d'*Eudoxe* sur le même sujet. Avec plus de talent pour la poésie, il auroit pu semer son poème d'Episodes qui en auroient fait disparoître la sécheresse. Mais malgré ce défaut, le charme apparemment de sa versification, charme que nous ne pouvons apprécier aujourd'hui, lui fit la plus grande réputation. Cet ouvrage a eu parmi les anciens une foule de commentateurs, parmi lesquels on distingue le célèbre *Hipparque*. Trois traductions Latines le firent connoître aux Romains. La première fut l'ouvrage de *Cicéron*, et il nous en reste des fragmens nombreux. *Germanicus* César, un des fils d'*Auguste*, ne dédaigna pas d'y essayer son talent poétique ; sa traduction subsiste presque en entier. On doit enfin à *Avienus* une troisième traduction qui nous est parvenue, et qui se fait lire avec plaisir. Remarquons ici que les *Pronostica* n'ont aucun trait à l'astrologie judiciaire. Les Grecs ne se doutoient pas encore de ce vain art. Ces pronostics ne sont autre chose que les signes physiques, avant-coureurs de la pluie et du beau ou mauvais temps ; et ce n'est pas la partie la moins intéressante de l'ouvrage. Ce poème a eu un grand nombre d'éditions et de traductions, dont la principale, à mon gré, est le *Syntagma arateorum*, donné par *Grotius*, en 1600, à Leyde, *in-4°*.

V.

Tandis que l'astronomie fleurissoit ainsi à Alexandrie, la Sicile donnoit naissance à un géomètre, dont le génie devoit être l'admiration de la postérité. Cet homme célèbre est *Archimède*, dont le nom est mémorable auprès de tous ceux qui ont quelque connoissance de l'histoire ou des sciences. Sa vie avoit été écrite autrefois par un certain *Héraclide* ; mais ce morceau, si propre à intéresser notre curiosité, ne nous est pas parvenu, et nous n'en connoissons aujourd'hui que quelques traits que nous allons rassembler.

Archimède naquit à Syracuse vers l'an 287 avant J. C., et suivant le rapport de *Plutarque* (1), il étoit parent du roi Hiéron. Comme *Archimède* n'emprunte aucune partie de sa

(1) *In Marcello.*

célébrité d'être né d'un sang distingué, avantage qui ne l'auroit pas préservé de l'oubli, s'il eût été un homme ordinaire, nous n'insisterons point sur ce fait, non plus qu'à discuter la manière dont *Cicéron* en a pensé, lorsqu'il l'a appelé *humilis homo* (1). Quand il seroit vrai que l'orateur romain, dans un de ces momens d'enthousiasme pour son art, qui lui étoient assez frequens, eût parlé d'*Archimède* avec quelque mépris, ce seroit une chose assez indifférente, et peu capable de déterminer les justes appréciateurs des talens. Mais il témoigne dans divers autres endroits tant d'admiration pour lui, que nous pouvons nous assurer qu'il n'a point voulu le déprimer par ces mots. S'il eût regardé *Archimède* comme un homme du commun, eût-il pris la peine de chercher son tombeau aux environs de Syracuse; et l'ayant trouvé l'eût-il montré comme il fit à ses compatriotes, en leur reprochant leur oubli et leur indifférence pour un homme qui faisoit tant d'honneur à leur ville ?

Quoique toutes les parties des mathématiques ayent occupé *Archimède*, la géométrie et la mécanique sont néanmoins celles dans lesquelles éclata principalement son génie. Il étoit si passionné pour ces sciences qu'il en oublioit, dit-on, le soin de boire et de manger, et ses domestiques étoient obligés de l'en faire souvenir, et presque de le forcer à satisfaire aux besoins de l'humanité. Nous avons des exemples, quoique rares, de cette sorte d'aliénation d'esprit, occasionnée par une forte application sur un sujet. *Plutarque* en raconte plusieurs autres traits, peut-être un peu trop chargés, tel que celui de sa sortie du bain, en criant ευρηκα, ευρηκα, *inveni*, *inveni*. Quoique ses recherches tendissent pour la plûpart à une fin utile, il regarda cependant toujours la pratique comme une vile esclave de la théorie ; et toutes ces ingénieuses machines, que la défense de sa patrie ou d'autres circonstances lui firent imaginer, n'étoient, selon lui, que des jeux de la géométrie, dont il dédaigna même de laisser la description par écrit. C'est cette délicatesse dont nous ne pouvons lui savoir gré, qui nous a privés d'une foule d'inventions dont il ne reste plus aucune trace. Au reste ceci nous fournit une réponse à ces personnes, qu'on entend tous les jours déclamer contre la théorie, et la traiter, peu s'en faut, de vaine curiosité. Que faut-il de plus, pour les confondre, que cet exemple qui leur montre, dans le même homme, et l'auteur des plus merveilleuses inventions, et l'esprit le plus profond dans la théorie ?

La géométrie ayant été l'objet auquel *Archimède* rapporta

(1) *Tuscul.* lib. 5.

la plus grande partie de ses méditations, c'est par l'exposition de ses découvertes dans ce genre que nous commencerons. En génie supérieur, il s'attacha uniquement à reculer les bornes de cette science. La mesure des grandeurs curvilignes étoit un sujet neuf, et que les recherches des géomètres avoient encore peu approfondi. *Archimède* l'embrassa comme par prédilection, il s'ouvrit de nouvelles voies dans ce champ presque inculte de la géométrie, et il y fit un si grand nombre de découvertes, que l'antiquité lui a décerné d'un commun accord la première place parmi les géomètres. Les méthodes imaginées par *Archimède* sont aussi reconnues pour les premiers germes, et des germes assez développés de celles qui ont porté si haut la géométrie dans ces derniers temps. *Wallis*, bon juge en ces matières, témoigne son admiration pour ce grand homme, par ces mots, *vir stupendae sagacitatis*, dit-il quelque part en parlant de lui, *qui prima fundamenta posuit inventionum ferè omnium, de quibus promovendis aetas nostra gloriatur.*

Les écrits d'*Archimède* sur la géométrie sont en assez grand nombre. On a d'abord ses deux livres *sur la sphère et le cylindre* : il y mesure ces corps, soit quant à leur surface, soit quant à leur solidité ; soit entiers, soit coupés par des plans perpendiculaires à leur axe commun. Ils sont terminés par cette belle découverte géométrique, belle, dis-je, quoique commune et presque triviale aujourd'hui, que la sphère est les deux tiers, soit en surface, soit en solidité du cylindre circonscrit; bien entendu que dans la surface de ce cylindre, celle des bases y soit comprise. Que si l'on n'a égard qu'à la surface courbe du cylindre, *Archimède* démontre que celle de chaque segment cylindrique compris entre des plans perpendiculaires à l'axe, est égale à celle du segment sphérique qui lui répond. Ces découvertes sur le rapport de la sphère et du cylindre, satisfirent tellement *Archimède*, qu'il désira qu'après sa mort on inscrivît ces figures sur son tombeau ; ce qui fut exécuté, comme on le dira plus bas.

Le livre *sur la mesure du cercle*, est une sorte de supplément à ceux de la sphère et du cylindre, qui supposent la connoissance de cette mesure. *Archimède* y démontre d'abord cette vérité, *que tout cercle et tout secteur circulaire est égal à un triangle, dont la base est la circonférence ou l'arc du secteur, et la hauteur le rayon.* Delà il passe à déterminer les limites si connues depuis lors du rapport entre la circonférence et le rayon. Il fait voir que le rayon étant l'unité, la circonférence est moindre que $3\frac{10}{70}$, ou 3 et $\frac{1}{7}$, et plus grande que $3\frac{10}{71}$. De sorte qu'on approche fort près de la valeur de cette circonférence, en prenant trois fois le diamètre, et une septième. Ceci suffit pour les besoins ordinaires des arts, et c'est le seul objet qu'*Archimède* se proposa. Sans cela il lui eût été facile de pousser son approximation plus loin; ce que firent dans la suite *Apollonius* et un autre géomètre nommé *Philon de Gadare* (1).

Le moyen qu'*Archimède* employa pour parvenir à cette détermination, est assez connu pour me dispenser presque de l'expliquer ici. Chacun sait que ce fut en inscrivant et circonscrivant au cercle deux polygones de 96 côtés chacun. Il calcula leurs longueurs, entre lesquelles la circonférence du cercle doit évidemment se trouver. Mais il est important de remarquer une adresse particulière, dont il fit usage pour mettre sa démonstration à l'abri de toute exception. Il prévit bien que comme il entroit dans son calcul plusieurs extractions imparfaites de racines, on pourroit lui objecter que les petites fractions négligées lui avoient donné une valeur du polygone inscrit plus grande, ou celle du circonscrit moindre que la véritable. Alors il n'auroit plus été vrai que la circonférence fût renfermée entre ces limites. Aussi pour prévenir cette difficulté, il arrange son calcul de telle sorte, que ces petits écarts indispensables de la vérité ne servent qu'à rendre sa conséquence plus certaine, parce qu'ils lui donnent évidemment une valeur du polygone inscrit moindre, et celle du circonscrit plus grande qu'elles ne sont réellement. Il ne dit point que le diamètre étant 1, le polygone inscrit est 3 et $\frac{10}{71}$, mais il dit et il démontre qu'il est plus grand que ce nombre, et que celui du circonscrit est moindre que 3 et $\frac{1}{7}$; ainsi l'on ne peut se refuser à la conséquence qu'il tire que la circonférence elle-même est entre ces deux limites. J'ai cru devoir faire cette remarque pour répondre à l'objection spécieuse, que quelques prétendans à la quadrature du cercle ont élevée pour détruire l'induction qu'on tiroit contr'eux de ce que leurs prétendues valeurs de la circonférence ne se rencontroient point entre les limites d'*Archimède*. Cette objection prouve seulement qu'ils n'avoient jamais lu *Archimède*.

Après avoir en quelque sorte épuisé les recherches que présentent les corps réguliers et déjà connus, *Archimède* s'ouvrit un nouveau champ de spéculations dans son traité *des Conoïdes et des Sphéroïdes*. Il appella ainsi les corps formés par la révolution des sections coniques autour de leur axe. Il examine dans ce traité les rapports de ces corps; il les compare, soit entiers, soit coupés par segmens, avec les cylindres ou les

(1) Eutoc. *in Arch. de dim. circuli.*

cônes

cônes de même base et de même hauteur. C'est-là qu'il démontra pour la première fois que le conoïde parabolique est égal à une fois et demi le cône de même base et même sommet, ou la moitié du cylindre de même base et hauteur; que le conoïde hyperbolique, et ses segmens sont aussi au cylindre ou au cône de même base et même hauteur, en raison donnée. Toutes ces déterminations sont aujourd'hui familières aux géomètres: c'est pourquoi, afin d'abréger, nous nous dispensons de les énoncer, de même que plusieurs autres propositions qu'il y démontre. Mais nous ne saurions omettre de remarquer que le tour que prend *Archimède* est extrêmement profond et ingénieux. A la vérité il est en même-temps si difficile, que je suis assuré que dans ce siècle, où la méthode ancienne est fort négligée, plus d'un géomètre renonceroit à le suivre.

Parmi les découvertes géométriques d'*Archimède*, il n'en est aucune qui lui fasse plus d'honneur dans l'esprit des modernes, que celles de la *quadrature de la Parabole* et des propriétés *des Spirales*. *Archimède* parvint à la première de deux manières différentes; l'une est mécanique, non dans le sens de quelques modernes tout-à-fait étrangers en géométrie, qui se sont imaginés qu'*Archimède* avoit effectivement comparé une parabole avec un espace rectiligne en les pesant l'un contre l'autre. Nous voulons dire seulement par-là que l'une des deux manières dont *Archimède* parvint à sa découverte, est fondée sur les principes de la statique, mais d'une statique toute intellectuelle, par laquelle il découvre ce qui se passeroit, si ces espaces étoient pesés à l'aide d'une balance telle que la conçoivent les mathématiciens. Ce procédé, qui fut celui par lequel il découvrit d'abord le rapport de la parabole au triangle inscrit, doit lui faire d'autant plus d'honneur qu'il est plus détourné et plus extraordinaire. L'autre méthode d'*Archimède* est purement géométrique et plus directe. Il y emploie la sommation d'une progression géométrique décroissante : il inscrit un triangle dans la parabole, puis un autre dans chacun des deux segmens restans. Il conçoit qu'on en fait autant dans les quatre, les huit, les seize autres, etc. qui naissent de cette espèce de bissection continuelle, et il trouve que le premier triangle, les deux inscrits dans les segmens restans, les quatre suivans forment une progression comme $1, \frac{1}{4}, \frac{1}{16}$, etc. Il cherche à déterminer la somme de cette progression, et il trouve par un procédé facile à appliquer à toute autre, qu'elle est $1\frac{1}{3}$; ainsi la parabole qui est la somme de tous ces triangles, est les $\frac{4}{3}$ du triangle inscrit, ou les $\frac{2}{3}$ du parallelogramme circonscrit. C'est-là le premier exemple de véritable quadrature d'une courbe; car celle de la lunule d'*Hippocrate* et plusieurs autres de ce genre, ne sont, comme l'a dit un mathématicien de beaucoup d'esprit, qu'une sorte de tour de subtilité, par lequel on ajoute d'un côté autant qu'on retranche de l'autre.

La spirale étoit une courbe inventée par un géomètre ami d'*Archimède*, nommé *Conon*. Qu'on imagine (*fig.* 38.) un point qui s'avance uniformément sur le rayon d'un cercle du centre vers la circonférence, tandis que ce rayon a lui-même un mouvement circulaire et uniforme. La trace que laisseroit ce point, seroit la spirale C A B D E, qui peut faire, comme on voit, tant de révolutions qu'on voudra. Mais *Conon* s'étoit borné là : ce fut *Archimède* qui découvrit les propriétés de cette courbe, comme le rapport de son aire avec celle du cercle qui la renferme, la position de ses tangentes, etc. Il fit voir que tout secteur de spirale, comme C A F, est le tiers du secteur circulaire G C F, qui le renferme : ainsi la spirale qui fait une révolution entière, est le tiers du cercle qui la comprend ; celle qui en fait deux, est les $\frac{7}{12}$ du sien ; celle qui en fait trois, les $\frac{19}{27}$, etc. A l'égard des tangentes, pour nous borner au cas le plus simple, la tangente à l'extrêmité E de la première révolution retranche de la perpendiculaire C K au rayon C E, une ligne égale à la circonférence du cercle ; la tangente à la fin de la seconde révolution, une ligne égale au double de celle de son cercle, et ainsi de suite en même raison multiple que le nombre des révolutions. Ce n'est donc pas sans raison que la spirale a retenu le nom d'*Archimède*. Celui qui pénètre fort avant dans un pays inconnu, mérite à plus juste titre de lui donner son nom, que celui qui ne fait que le reconnoître. Il est à propos de remarquer que les démonstrations d'*Archimède* sur la tangente de la spirale, sont un des endroits les plus difficiles de ses écrits. M. *Bouillaud*, habile géomètre lui-même, après les avoir méditées, doutoit encore s'il les avoit bien comprises (1). En effet, elles exigent une grande contention d'esprit : mais plus le chemin qu'a tenu cet admirable génie, nous paroît difficile à suivre, même lorsqu'il nous sert de guide, plus nous avons de motifs de l'admirer pour l'avoir frayé le premier, et ne s'y être point égaré. Je remarque, au surplus, que M. *Bouillaud*, qui a voulu simplifier les démonstrations d'*Archimède*, n'en a donné lui-même que de fort embrouillées, et à mon avis, plus difficiles que celles du géomètre ancien.

L'objet de cet ouvrage exige que nous donnions ici une idée de la méthode qu'*Archimède* et les anciens employoient dans les cas où nous faisons usage de la considération de l'infini.

(1) *De Spiralibus.* Par. 1658, in-4°.

Car, bien moins hardis que nous, les géomètres de l'antiquité évitèrent toujours ce terme capable de susciter des querelles à la géométrie, comme on l'a vu arriver depuis qu'on a franchi ce pas. A la vérité, je ne doute point qu'ils ne pensassent à peu-près comme nous à cet égard ; qu'ils ne vissent qu'un cercle, par exemple, pouvoit être regardé comme un polygone d'une infinité de côtés, un cône comme une infinité de cylindres décroissans, d'une hauteur infiniment petite, ou une pyramide régulière d'un nombre infini de côtés, etc. ; mais ils crurent toujours devoir user de circonlocution par le motif que j'ai dit plus haut, et c'est pour cela qu'ils recoururent à une démonstration indirecte qui ne laisse lieu à aucune difficulté. Nous donnons dans une note qui est à la suite de ce livre, quelques exemples de ce genre de démonstration (voyez la note D). Nous nous bornerons ici à en faire connoître l'esprit. Il consiste à examiner les propriétés des grandeurs rectilignes qui enferment les curvilignes, et qui s'approchent continuellement d'elles, comme de leurs limites, avec lesquelles elles se confondent enfin. Tels sont, par exemple, à l'égard du cercle, les polygones inscrits ou circonscrits qui en doublant sans cesse le nombre de leurs côtés, approchent continuellement du cercle, les premiers étant toujours moindres et les autres toujours plus grands. Telles sont les figures en forme d'échelons qu'emploie *Archimède* dans ses démonstrations, et qu'on peut voir dans la note D. Ce qui détermine qu'une grandeur est la *limite* d'une autre, c'est lorsque cette dernière peut en approcher sans cesse davantage, et au point de n'en différer que moins d'une quantité quelconque donnée si petite qu'elle soit. On démontre ensuite facilement que la propriété qui convient à ces grandeurs, convient aussi à leurs limites ; c'est pour cela que quelques modernes ont appelé cette méthode, des *limites*. D'autres lui ont donné le nom de méthode d'*exhaustion*, parce qu'il semble qu'on épuise toutes les grandeurs rectilignes dans lesquelles se résoud la figure curviligne qu'on a à mesurer. La démonstration *ad absurdum*, par laquelle on montre qu'il y auroit de l'absurdité, si la proposition étoit autre qu'on ne l'énonce, est fort remarquable, je dirai même fort ingénieuse, et propre à ne rien laisser à répliquer. Mais nous renvoyons à la note citée plus haut.

Parmi les ouvrages de pure théorie dûs à *Archimède*, il ne nous reste plus à faire connoître que celui qui est intitulé : *Psammitès seu Arenarius*, ou *de numero arenae*. Quelques personnes peu instruites de la nature des nombres et des progressions, lui en fournirent le sujet. Elles disoient qu'aucun nombre, quelque grand qu'il fût, ne suffiroit à exprimer la quantité de grains de sable répandus sur les bords de la mer. *Archimède* entreprit de montrer qu'elles étoient dans l'erreur; et effectivement il fait voir dans cet ouvrage, que quand on supposeroit les bornes de l'Univers beaucoup au-delà de celles qu'on lui donnoit alors, le cinquantième terme d'une progression décuple croissante, seroit plus que suffisant pour exprimer le nombre des grains de sable qu'il contiendroit; et cela est même vrai encore, en supposant notre système planétaire aussi étendu qu'on le démontre aujourd'hui dans l'astronomie.

Archimède porta dans la mécanique les mêmes lumières que dans la géométrie : on peut même dire qu'il en fut le créateur; car avant lui rien n'étoit plus foible que cette partie des mathématiques; et ce que nous présente l'écrit d'*Aristote* sur ce sujet, ne sauroit être regardé que comme l'ébauche grossière d'une science naissante. C'est à *Archimède* que nous devons les vrais principes de la statique, et de l'hydrostatique. Il les établit dans ses deux traités, l'un intitulé *Isorropica*, ou *de Æqui ponderantibus*, en deux livres; l'autre intitulé περι οχ-μενων, *de insidentibus in fluido*, aussi en deux livres. Sa Statique est fondée sur l'idée ingénieuse du centre de gravité; idée dont il est le premier auteur, et dont les usages fréquens dans la mécanique ont fait un des moyens de recherches les plus universels. Par son secours et celui de quelques axiômes qu'on ne peut contester, il démontre le fameux principe de la réciprocité des poids avec les distances au point d'appui dans le levier et les balances à bras inégaux. Il le déduit fort ingénieusement du cas le plus simple, savoir de celui des poids égaux suspendus à des distances égales du point d'appui, cas où l'équilibre est évident. Je ne m'arrête pas à défendre *Archimède* contre les imputations de quelques géomètres, au sujet de cette démonstration et de la supposition qu'il fait que les directions des graves sont parallèles; car elles ne méritent aucune attention. *Archimède* content d'avoir démontré ce principe fondamental de la mécanique, se jette bientôt après dans de nouvelles spéculations, en recherchant le centre de gravité de différentes figures. La manière dont il détermine celui de la parabole, est digne de son génie, et montre que s'il n'alla pas plus loin, ce ne fut pas la difficulté qui l'en empêcha, mais qu'il préféra sans doute de tourner ses recherches de quelqu'autre côté plus utile.

Une question proposée par le roi *Hiéron* occasionna les découvertes hydrostatiques d'*Archimède*; ce prince avoit fait remettre à un orfèvre une certaine quantité d'or pour en faire une couronne, mais l'artiste infidèle retint une partie de cet or, et lui substitua un égal poids d'argent. On soupçonna la fraude, et comme on ne vouloit pas gâter un ouvrage qui étoit d'ailleurs d'un travail exquis, *Archimède* fut consulté sur le moyen de découvrir la quantité d'argent, substituée à l'or. Il y songea, et voilà, dit-on, qu'étant au bain la solution du problême se présenta à lui tout à coup ; il en sortit tout transporté en criant, ευρηκα, ευρηκα, *j'ai trouvé*, *j'ai trouvé*, mot devenu célèbre depuis ce temps. On ajoute qu'il traversa les rues de Syracuse ainsi nu, et en répétant ces paroles. Le vulgaire, en admettant ces fables, semble vouloir se dédommager, par le ridicule qu'elles jettent sur les grands hommes, de la supériorité qu'ils ont sur lui : mais les critiques judicieux n'admettent ni les événemens trop merveilleux, ni les traits trop ridicules dans les hommes d'un certain ordre.

Vitruve (1) raconte qu'*Archimède* résolut le problême dont nous parlons, en plongeant la couronne dans un vase plein d'eau, et ensuite deux masses, l'une d'or et l'autre d'argent, aussi pesante qu'elle ; qu'il remarqua les rapports des quantités d'eau que chacune d'elles en chassoit, et que par-là il trouva le mélange de la première. Cette méthode, il faut en convenir, seroit bonne, si l'on pouvoit connoître avec précision la quantité d'eau qui est chassée d'un vase plein ; mais cela fût-il même facile, elle n'est en aucune manière digne d'*Archimède*. On trouve dans son livre *de insidentibus in fluido*, les principes d'une solution plus ingénieuse. C'est dans cette proposition qui fut probablement celle qui excita les vifs transports de ce géomètre, savoir, *que tout corps plongé dans un fluide y perd de son poids autant que pèse un volume d'eau égal au sien*. Effectivement, en raisonnant d'après cette découverte, on verra que l'or, comme le plus compact, perdra le moins de son poids, l'argent davantage, et une masse mêlée d'or et d'argent une quantité moindre que si elle eût été toute d'argent, et plus grande que si elle eût été d'or pur. Il suffisoit donc à *Archimède* de peser dans l'eau et dans l'air la couronne et les deux masses d'or et d'argent, pour déterminer ce que chacune perdoit de son poids : le problême après cela n'a plus de difficulté pour un analyste ; il verra facilement qu'il faut diviser la masse mêlée en deux parties qui soient entre elles comme la différence du poids qu'elle perd avec celui qu'elle auroit perdu étant toute d'or, et le poids qu'elle auroit perdu, si elle eût été toute d'argent. La première est la quantité d'argent qui entre dans le mélange. Telle fut sans doute la manière dont se conduisit *Archimède* dans cette solution. Elle lui fit un tel honneur dans l'esprit du roi, qu'il témoigna être disposé à croire désormais

(1) *Archit.* l. 9, c. 3.

possible tout ce qu'*Archimède* lui diroit l'être. *Nihil non, dicenti Archimedi, credam, s'écria-t-il, à la vue de cette découverte (1)!*

Ce principe fécond valut à *Archimède* la découverte de plusieurs vérités hydrostatiques qui sont tellement connues aujourd'hui, qu'il est inutile de les exposer ici. Elles composent le premier livre de son traité. Dans le second il recherche quantité de questions très-difficiles sur la situation et la stabilité de certains corps plongés dans les fluides. La plûpart de ses solutions donnent de nouveaux motifs d'admirer la profondeur de son génie.

Les anciens attribuoient à *Archimède* quarante inventions mécaniques; mais on n'en trouve plus que quelques-unes indiquées obscurément par les auteurs. Telle est entr'autres la vis inclinée, machine singulière, et dans laquelle la propension même du poids à tomber semble être employée à le faire monter; elle porte encore le nom d'*Archimède*. Il l'inventa, dit *Diodore* (2), étant en Egypte, pour procurer à ses habitans le moyen de vuider avec plus de facilité l'eau qui séjournoit après l'inondation dans les lieux bas. Suivant *Athenée* (3), les navigateurs faisoient aussi honneur à *Archimède*, de cette machine qu'ils employoient à vuider l'eau des sentines des navires. La vis sans fin, la multiplication des poulies, passent enfin pour des inventions d'*Archimède*, et peut être fut il le premier qui imagina la poulie mobile; car on ne trouve dans les mécaniques d'*Aristote* aucune disposition semblable.

Tout le monde sait ce que dit *Archimède* au roi *Hiéron* étonné des merveilles qu'il produisoit par ses inventions mécaniques: *Da mihi ubi consistam, et terram loco dimovebo.* On peut effectivement imaginer d'après ses principes telle machine, qui dans la théorie rendroit la moindre puissance donnée capable de surmonter la plus grande résistance. C'étoit là, suivant *Pappus*, (4) la quarantième de ses inventions; il en donna, dit-on, un essai à *Hiéron*, lorsqu'à l'aide d'une machine de sa composition, il mit seul à flot un vaisseau d'une grandeur immense (5). Mais c'est là un trait qu'on peut se dispenser de croire: ceux qui connoissent combien les frottemens absorbent de puissance dans quelque machine que ce soit, jugeront que ce ne peut être qu'une fiction. D'ailleurs, c'est un principe de mécanique, qu'autant on gagne en force, autant on perd en temps ou en vitesse. Une machine met-elle un homme en état de faire ce

(1) Proclus. *L. II in Eucl.* c. 3.
(2) *Biblioth. Hist.* l. 1.
(3) *Deipnosoph.* l. 5.
(4) *Coll. Math* l. 8, p. 10.
(5) Athénée, *Deipnos.* l. 5.

que cent seulement auroient pu exécuter avec leurs forces naturelles, il ne le fera que cent fois plus lentement. En raisonnant d'après ce principe, il est facile de voir qu'il auroit fallu à *Archimède* un temps bien considérable avant que de faire avancer sensiblement cet énorme fardeau.

La sphère d'*Archimède*, instrument par lequel il représenta les mouvemens des astres, est des plus fameuses; elle a été chantée par plusieurs poètes, et il n'est personne qui ne connoisse l'épigramme célèbre de *Claudien*, qui commence par ces vers:

> *Jupiter, in parvo cùm cerneret æthera vitro,*
> *Risit, et ad superos talia verba dedit:*
> *Huccine mortalis progressa potentia curæ;*
> *Ecce Syracusii ludimur arte senis.*

Cicéron n'en parle pas avec une moindre admiration (1), et il la regarde comme une des inventions les plus capables de faire honneur à l'esprit humain. Cet ouvrage fut aussi celui dont *Archimède* se sçut le plus de gré; car ayant négligé de décrire ses autres inventions, il laissa une description de celle-ci sous le titre de *Sphaeropaeïa*. Elle ne nous est point parvenue, et n'est citée que par *Pappus*, (2) ainsi qu'un écrit sur les Polyèdres.

Tertullien (3) paroît attribuer à *Archimède* la construction d'une orgue hydraulique, dont on fait ordinairement honneur à *Ctesibius*. Mais doit-on compter beaucoup sur le témoignage de ce père de l'église, qui est très-respectable à d'autres égards, mais qui n'a pas le même poids dans ces matières? Le grammairien *Atilius Fortunatianus* parle (4) d'une certaine invention, dont nous n'entreprendrons pas de donner une idée autrement que par ses propres termes, que nous avouons ne pas comprendre. *Nam si loculus ille Archimedeus*, dit-il, *quatuordecim lamellas, quarum anguli varii sunt in quadratam formam inclusas habens, componentibus nobis aliter atque aliter, modò sicam, modò galeam, aliùs navem, aliùs columnam figurat, et innumeras efficit species, solebatque nobis pueris hic loculus, ad confirmandam memoriam, quam plurimum prodesse, quantò majorem voluptatem, etc.* Je souhaite que quelque Œdipe moderne parvienne à déchiffrer cette énigme, quoiqu'à dire vrai, ce qu'elle paroît désigner ne me semble guère digne du génie d'*Archimède*. Mais je crois qu'on peut soupçonner

(1) *Tuscul. I et I, de Nat. Deor.*
(2) *Coll. Math. l. 8, proem.*
(3) *De animá, c. 14.*

(4) *Gramm. Vet.* p. 2684. Fabric. *Bibl. Graeca.* t. 2.

avec quelque fondement que la célébrité d'*Archimède* lui a fait attribuer cette invention, parce qu'elle paroissoit un chef-d'œuvre de combinaison.

Il nous reste à représenter *Archimède* défendant sa patrie à l'aide de sa mécanique : car ce fut principalement dans cette occasion qu'il fit éclater la puissance de son génie et celle des mathématiques. Cet événement remarquable arriva l'an 212 avant J. C. Le successeur d'*Hiéron* s'étant mal-à-propos brouillé avec les Romains, ceux-ci saisirent cette occasion de s'emparer de la Sicile, et après divers avantages mirent le siége devant Syracuse. Ses habitans consternés de la rapidité et du nom des armes romaines auroient fait peu de résistance : mais *Archimède* leur releva le courage, et devint l'ame d'une des plus vigoureuses défenses dont l'histoire ait fait mention. Diverses machines plus efficaces les unes que les autres, déconcertèrent bientôt tous les projets des ingénieurs romains ; le soldat, malgré son intrépidité, ne tenoit pas à la vue de ce qui annonçoit quelqu'une de ces machines, et pénétré d'épouvante, il reculoit ou refusoit de marcher. *Marcellus* désespérant de prendre la place de vive force, convertit le siége en blocus. Ceux qui voudront prendre une idée de ces machines, peuvent consulter *Polibe* (1), *Tite-Live* (2), et *Plutarque* (3), ou le chevalier *Folard* dans son commentaire sur le premier de ce écrivains. Ces livres sont entre les mains de tout le monde, ce qui, vu l'extrême fécondité de mon sujet, me dispense de les répéter.

C'est naturellement ici le lieu d'examiner l'histoire célèbre des miroirs ardens, avec lesquels *Archimède* brûla, dit-on, la flotte romaine. Elle est fondée sur le rapport de *Zonaras* (4) et de *Tzetzès* (5) : le premier s'appuie du témoignage de *Dion*, et l'autre de celui de *Diodore*, de *Dion*, et de plusieurs autres. Cependant cette histoire, examinée avec attention, est sujette à tant de difficultés, qu'on ne doit point s'étonner que, malgré ces témoignages, les savans ayent été partagés sur son sujet.

Effectivement il ne faut qu'une légère théorie de catoptrique pour appercevoir qu'*Archimède* ne put produire cet effet par un seul miroir de courbure continue, soit sphérique, soit parabolique. La distance à laquelle devoient être les vaisseaux romains, n'eussent-ils été qu'un peu au-delà de la portée du trait, ou même plus près, auroit exigé une portion de sphère

(1) *Hist.* l. 8.
(2) *Decad.* 3, l. 4.
(3) *In Marcello.*

(4) *Hist.* t. 3. *Sub Anast.*
(5) *Chil.* 2. *Hist.* 35.

d'une

d'une prodigieuse grandeur ; car le foyer d'un miroir sphérique est au quart du diamètre de la sphère dont il fait partie. Il n'y auroit pas moins d'inconvéniens dans un miroir parabolique : en vain proposeroit-on avec quelques-uns une combinaison de miroirs paraboliques, à l'aide de laquelle ils ont prétendu produire un foyer continu dans l'étendue d'une ligne d'une grande longueur ; ce n'est-là qu'une idée mal réfléchie, et dont l'exécution est impraticable par bien des raisons.

Sur ces fondemens on commençoit à regarder l'histoire des miroirs d'*Archimède* comme fabuleuse, lorsque le P. *Kircher* entreprit d'en montrer la possibilité. Ce savant réfléchissant davantage sur la description que donne *Tzetzès* de la machine catoptrique d'*Archimède*, pensa, conformément au sens de l'historien Grec, qu'un grand nombre de miroirs plans réfléchissant la lumière du soleil dans un même endroit, seroient capables d'y allumer du feu. Il en fit l'épreuve, qu'il poussa seulement jusqu'à produire une chaleur considérable (1). M. de *Buffon* a été plus loin. Il fit, il y a peu d'années, exécuter un miroir semblable : il étoit composé d'environ 400 glaces planes d'un demi-pied en carré ; et la réunion des rayons du soleil, réfléchis à un foyer commun, y produisit une chaleur assez considérable pour fondre du plomb et de l'étain à environ 1 o pieds de distance, et allumer du bois beaucoup plus loin (2).

Voilà donc l'histoire des miroirs d'*Archimède* démontrée possible. Il est constant qu'il a pu par ce moyen porter l'incendie dans la flotte romaine ; mais devons nous en conclure que le fait soit arrivé ? C'es une nouvelle question sur laquelle on peut encore être partagé. On peut faire valoir d'un côté le silence de *Polybe*, savant ingénieur et mathématicien, qui écrivoit l'histoire de ce siége un demi siècle après ; celui de *Tite-Live* et de *Plutarque*, qui dans les descriptions qu'ils font de ce même siége, s'étendent avec une sorte de complaisance sur les exploits merveilleux d'*Archimède*, et néanmoins ne disent rien de ses miroirs. Ces deux derniers écrivains, surtout, auroient-ils oublié un fait si capable d'orner leur récit, s'il en étoit resté la moindre trace dans la mémoire des hommes ? D'ailleurs il y a bien des inconvéniens dans une semblable invention. Il faudroit supposer que les vaisseaux romains, auxquels *Archimède* se seroit adressé, lui eussent donné, par leur inaction, le temps d'arranger sa machine, fort longue à

_____

(1) *Ars magna lucis et umbræ*,   (2) Mém. de l'Acad. ann. 1746.
vers. fin.

mettre en état. Au moindre mouvement de ces vaisseaux pour s'éloigner, il auroit fallu des heures entières pour les atteindre dans leur nouveau poste. Enfin *Zonaras* et *Tzetzès* écrivoient dans des temps si éloignés d'*Archimède*, qu'on est en droit de ne pas ajouter beaucoup de foi à leur rapport. On sait combien la renommée ajoute aux événemens, combien elle les grossit et les défigure. *Galien*, plus voisin d'*Archimède* parle, à la vérité, de l'embrasement des vaisseaux romains (1), mais il ne dit rien des miroirs, et le terme de *pyria* dont il se sert, semble désigner seulement une machine à feu, ou propre à lancer des matières enflammées, dont l'effet auroit été bien plus certain que celui des miroirs en question. L'origine de ce bruit est peut être qu'on voyoit d'un côté qu'*Archimède* avoit écrit sur les miroirs ardens, et d'un autre qu'il avoit brûlé les vaisseaux romains. En joignant les deux traits ensemble, quelqu'un aura dit qu'il produisit cet embrasement par ces miroirs, et tout ce qui est merveilleux est tellement assuré de l'accueil du vulgaire, qu'il n'en falloit pas davantage pour donner crédit à cette histoire, et la faire voler de bouche en bouche.

Ce sont là les raisons dont s'appuient ceux qui, convenant de la possibilité du fait dont il s'agit, refusent d'en admettre la réalité : mais celles qu'on leur oppose, ne paroissent pas moins puissantes. Ce n'est point sur l'autorité directe de *Zonaras* et de *Tzetzès* qu'on se fonde, celle de *Tzetzès* seroit de peu de poids ; mais c'est *Dion*, c'est *Diodore de Sicile*, *Héron*, *Pappus*, *Anthémius*, qu'on cite comme garants de ce fait. Les vers de *Tzetzès* sont remarquables à plusieurs égards, c'est pourquoi nous allons rapporter leur traduction.

Cum autem Marcellus removisset illas (naves) ad jactum arcus,
 Educens quod speculum fabricavit senex,
 A distantia autem commemorati speculi,
 Parva ejusmodi specilla cùm posuisset angulis quadrupla (*)
 Quæ movebantur scamis, et quibusdam γυγγλιμοις (**)
 Medium illud posuit radiorum solis.
 Refractis, (reflexis) deinceps in hoc radiis
 Exursio sublata est formidabilis ignita navibus, etc.
 Dion atque Diodorus scribunt historiam ;
 Et cùm ipsis multi meminerunt Archimedis,

(1) *De temper.* l. 3, c. 2.   (**) Charnières.
(*) C'est probablement *Quadrangula*.

Anthemius quidem imprimis, qui paradoxa scripsit,
Heron, Philon, Pappusque, ac omnis mechanographus,
Ex quibus legimus et speculorum incensiones,
Omnemque aliam descriptionem rerum mecanicarum
Ponderum tractricem, pneumaticam ac hydroscopia,
Idque ex senis hujus Archimedis libris.

On voit par-là que *Tzetzès* fortifie son récit de plusieurs autorités qu'il n'est pas possible de récuser. D'ailleurs, et ceci est important, il ne se borne pas à un simple rapport du fait : il donne une espèce de description de la forme du miroir d'*Archimède*; et elle est réellement l'unique avec laquelle il ait été possible d'opérer l'effet qu'on raconte. On ne peut, ce me semble, désirer de preuves plus concluantes que ce trait n'est point un ouvrage de l'imagination.

Nous n'avons plus, il est vrai, la partie de l'ouvrage de *Dion*, ni celle de *Diodore*, que citent *Tzetzès* et *Zonaras*. Mais il me semble que *Diodore* promet quelque part une description plus ample des inventions d'*Archimède*, et c'étoit-là sans doute qu'il parloit de ses miroirs.

A l'égard d'*Anthémius*, c'étoit un architecte-ingénieur de l'empereur *Justinien*. Il avoit écrit un livre, intitulé : Περι παραδοξων μηχανηματων ou *Paradoxa machinamenta*, que j'ai peut-être l'avantage d'avoir fait connoître par la première édition de cet ouvrage. Quoi qu'il en soit, nous devons à M. *Dupuy* d'avoir publié dans les Mémoires de l'académie des Inscriptions, et à part, un curieux fragment de cet ouvrage. On parlera ailleurs plus au long de cet *Anthémius*. Mais je reviens au siége de Syracus, et à la mort d'*Archimède*.

Nous avons dit que la résistance des Syracusains fut si vive, que *Marcellus* discontinua ses attaques. Il convertit le siége en blocus, en attendant quelque occasion favorable de surprendre la place. La confiance des Syracusains la lui fournit bientôt. Occupés un jour à célébrer une fête de Diane, et croyant les Romains trop abattus de leurs pertes pour songer à aucun mouvement, ils laissèrent leurs murs dégarnis. Les Romains s'en apperçurent, et présentant brusquement l'escalade pour laquelle ils avoient tout préparé, ils pénétrèrent dans la ville qui fut prise et saccagée. On raconte qu'*Archimède* insensible au bruit occasionné par un pareil événement, se livroit à son étude favorite, lorsqu'un soldat Romain entra dans son appartement. *Marcellus* pénétré d'estime pour cet homme extraordinaire, avoit commandé qu'on l'épargnat. Mais ces ordres furent mal exécutés; et soit que l'infortuné mathématicien, trop occupé dans sa méditation, eût lassé la patience du soldat; soit qu'il eût eu le malheur de l'éblouir par les richesses que sembloit renfermer une cassette qu'il emportoit, il fut tué, et ne survécut pas à sa patrie (1). Cela arriva l'an 542 de Rome, et 212 ans avant l'Ere chrétienne. *Marcellus* témoigna, dit *Valère Maxime* (2), un regret extrême de la mort de ce grand homme. Ne pouvant le sauver, sa générosité se tourna du côté de ceux qui lui appartenoient. Il combla de bienfaits ceux qui avoient échappé à la fureur du soldat : il leur rendit leurs biens, et le corps de ce grand homme pour lui dresser un tombeau. *Archimède* avoit désiré que l'on y gravât une sphère inscrite dans un cylindre, en mémoire de sa découverte sur le rapport de ces corps. Cela fut exécuté, et c'est à ce signe que *Cicéron* étant Questeur en Sicile, retrouva ce monument au milieu des ronces et des épines qui le déroboient à la vue (3).

Je n'ai encore fait mention que des ouvrages d'*Archimède*, qui nous sont parvenus, et qui sont entre les mains de tout le monde. Il en avait écrit un prodigieux nombre, s'il est vrai, comme le dit un historien Arabe, que les Romains en brûlèrent quinze charges (4); mais cela n'a aucune vraisemblance, et ne peut être regardé que comme un conte hasardé par cet auteur, qui n'est pas toujours suffisamment éclairé du flambeau de la critique. Nous avons encore dans les bibliothèques riches en manuscrits, différens traités qui portent le nom d'*Archimède*, et la plûpart en langues Orientales. Nous renvoyons à la bibliothèque Grecque de *Fabricius*, qui en a rassemblé les titres avec beaucoup de soin; mais ils se réduiroient probablement à un petit nombre, s'ils étoient examinés avec d'autres yeux que ceux de nos bibliographes ordinaires.

On a attribué à *Archimède* un petit traité sur le miroir ardent parabolique, traduit de l'Arabe par *Gongava*, et publié en 1548, à Louvain, sous le titre de *Antiqui scriptoris libellus de speculo comburente concavitatis parabolæ*, in - 4°. Il fait la troisième partie d'un volume, dont la première est le *Quadripartitum* (ou *tetrabiblos*) de *Ptolémée*, et la seconde, un écrit d'un anonyme intitulé : *De sectione coni rectanguli quae parabola dicitur*. Il est difficile de croire que cet ouvrage soit d'*Archimède*, vû l'embarras qui règne dans ses démonstrations. Au reste les traducteurs Arabes étoient fort coutumiers de bouleverser et altérer les ouvrages qu'ils traduisoient: *Gongava* plaçant celui-ci à la suite du *Quadripartitum* de *Ptolémée*, paroît le lui attribuer de préférence à *Archimède*. Mais

---

(1) Plut. *in Marcello.*
(2) *Liv. 8, ex. 7.*
(3) *Tuscul. l. 5.*
(4) *Abulph. Hist. Dyn.*

en voilà assez sur ce petit ouvrage qui n'a rien que de très-élémentaire. Quoi qu'il en soit, il est certain par le témoignage d'*Apulée*, dans son *Apologia*, qu'*Archimède* avoit écrit sur l'optique ; car après avoir parlé des propriétés des miroirs plans, convexes et concaves, des arcs-en-ciel et des parhélies, il ajoute : *quae ingenti volumine tractat Archimedes*. Peut-être l'ouvrage dont nous parlons est-il seulement un lambeau de ce grand ouvrage, qui nous est parvenu.

Parmi les écrits attribués à *Archimède*, on doit encore ranger celui des *Lemmes* que MM. *Greaves* et *Foster* firent les premiers connoître en 1659, sous le titre de *Lemmata Archimedis*, en les traduisant de l'Arabe, et qu'*Alphonse Borelli* publia de nouveau, en 1661, également d'après l'Arabe et avec les notes de deux de ses commentateurs, l'un nommé *Almochtasso-Abul hassan*, et l'autre *Abu-sahal al-cuhi*. Le savant *Borelli* examine dans sa préface, les raisons qui peuvent faire douter qu'*Archimède* soit l'auteur de ce livre ; et celles qui peuvent confirmer l'opinion qui le lui fait attribuer. Celle qui milite le plus contre cette opinion, est que l'ouvrage est d'une géométrie bien inférieure à celle des autres écrits d'*Archimède*. Ce n'est pourtant rien moins que de la géométrie commune, et il y a plusieurs théorêmes curieux et utiles à l'analyse géométrique. Il est d'un autre côté certain qu'*Archimède*, dans ses écrits avoués, renvoye quelquefois à un livre semblable, et qu'*Eutocius*, son commentateur, cite un livre ancien de ce titre, et fort tronqué, qu'il conjecture néanmoins être d'*Archimède*, à cause du dialecte dorique dans lequel il étoit écrit, ainsi que ses autres ouvrages. Quant à l'objection tirée de ce qu'il y a dans ce livre quelques démonstrations imparfaites ou fautives, cela ne prouve pas beaucoup contre le sentiment qui l'attribue à *Archimède*, parce que c'est assez le cas des ouvrages qui nous ont été transmis par les Arabes. Ils se sont permis, à l'égard de la plûpart, de les bouleverser, transposer, changer les énoncés et les démonstrations. Remarquons encore que ce livre des *Lemmes* fait mention d'un autre ouvrage d'*Archimède* sur les *fig. quadrilatères*. Enfin il parle lui-même dans son *Arenarius*, d'un écrit intitulé : Αρχαι, *Principia*, et adressé à *Zeuxippus*, dont l'objet paroît avoir été d'y faire voir comment les plus grands nombres peuvent être exprimés.

Nous ne pouvons terminer cet article sans parler des commentaires et des éditions des écrits d'*Archimède*. Parmi les anciens, *Eutocius* en a commenté une partie, savoir les livres *De sphæra et cylindro*, *de dimensione circuli*, et *de æquiponderantibus*. Son travail est utile, curieux, et fournit beaucoup de traits utiles à l'histoire de la géométrie ancienne. Vers le milieu du seizième siècle (en 1543), on vit paroître à Bâle une édition grecque et latine de tout ce qui s'étoit retrouvé de ces œuvres dans leur langue originale, avec le commentaire d'*Eutocius*. La traduction auroit pu être faite avec plus d'intelligence : mais malgré ses défauts, on eut obligation à. *Venatorius*, qui l'exécuta alors. *Commandin* en donna une meilleure dans la suite, avec de courtes notes, et les livres *de insidentibus in fluido*, qui ne se sont retrouvés qu'en Arabe. Pendant ce temps là *Maurolicus*, habile géomètre Messinois, méditoit une édition qu'il fit imprimer en 1570. Mais c'est plutôt une paraphrase qu'une traduction. Cette édition de l'*Archimède* de *Maurolicus* éprouva un sort malheureux ; car elle se perdit toute entière par un naufrage, à l'exception d'un ou de deux exemplaires, qui, retrouvés un siècle après, ont servi à en donner une édition nouvelle, qui parut en 1681, in-fol. L'*Archimède* enfin donné par *Rivault* de *Fleurances*, en 1625, est une belle édition grecque et latine ; ouvrage au reste qui seroit beaucoup meilleur, si cet éditeur eût toujours bien entendu son original ; car M. *Midorge* lui a reproché le contraire ; en l'appellant à plusieurs reprises *infelix commentator*. Cependant cette édition n'est point du tout à mépriser. L'Angleterre qui s'intéresse encore à la gloire des géomètres anciens, nous donnera peut-être quelque jour une belle édition de celui-ci, qui puisse aller de pair avec celles d'*Euclide* et d'*Apollonius* que nous lui devons. L'*Archimède* du D. *Barrow* est un excellent ouvrage ; il est sur-tout propre à ceux de nos géomètres modernes, qui voudroient connoître la méthode ancienne, parce qu'elle y est réduite sous une forme plus abrégée, sans que l'esprit en soit altéré. *Borelli* s'est proposé le même objet dans un livre intitulé *Archim. opera compendiaria*, et y a fort bien réussi. A l'égard de l'histoire intéressante d'*Archimède*, de ses inventions et de ses écrits, je sais que ce sujet a été traité avec beaucoup de savoir et d'étendue, par M. le comte *Maria Mazuchelli*, noble Sicilien (1). Mais il ne m'a pas été possible de me procurer cet ouvrage. M. *Mélot* a donné dans les mémoires de l'Académie des Belles-Lettres (2), un commencement d'une vie d'*Archimède*, qui fait regretter que ce savant académicien n'ait pas entièrement exécuté son entreprise.

Suivant *Suidas*, il y a eu un *Archimède* de *Tralles*, auteur de trois livres sur la mécanique. Mais il y a lieu de croire que *Suidas* s'est mépris ; car cet *Archimède* de *Tralles* étoit

_____

(1) *Notizie hist. intorno alla vita, alli scritti, l'invenzioni d'Archimede*, 1755, in-4°.

(2) Tom. 15.

un grammairien commentateur d'*Homère* ; or ce genre de connoissance est trop hétérogène avec celui des mathématiques, pour en pouvoir croire *Suidas* qui, citant de mémoire, aura probablement attribué à un des *Archimèdes* ce qui appartenoit à l'autre.

V I.

Un homme aussi célèbre qu'*Archimède* exigeoit l'étendue que nous avons donnée à ce qui le concerne. Retournons maintenant en Egypte, où fleurissoit vers le même temps *Eratosthène*, à qui les mathématiques ont diverses obligations qu'il est de notre objet de faire connoître.

Eratosthène fut un de ces hommes rares dont le génie étendu embrasse tous les genres de savoir : orateur, poète, antiquaire, mathématicien et philosophe, il fut nommé par quelques-uns Πενταθλος, surnom qu'on donnoit à ceux qui avoient remporté la victoire dans les cinq exercices des jeux olympiques. Ce vaste savoir le fit choisir par le troisième *Ptolémée* pour son bibliothécaire, emploi qu'il exerça jusqu'à l'âge de quatre vingt ans, où, las d'une vie infirme et languissante, il la termina en se laissant mourir de faim. Il eût été plus philosophique d'attendre la mort de pied ferme.

Parmi les mathématiques, ce furent principalement la géométrie et l'astronomie, dans lesquelles *Eratosthène* se fit un nom. Il mérita d'être associé aux trois célèbres géomètres de l'antiquité, *Aristée*, *Euclide*, et *Apollonius*, qui avoient travaillé sur l'analyse géométrique. *Pappus* cite (1) de lui un ouvrage en deux livres, destiné à perfectionner cette méthode, lequel étoit intitulé *De Locis ad medietates*. Il seroit à souhaiter, du moins pour notre curiosité, qu'il nous en eût conservé le précis, comme il a fait de quelques autres, mais tout ce qu'il en dit se réduit à ce titre. Nous hasardons néanmoins dans la note E, une sorte de divination sur ce livre.

La solution qu'*Eratosthène* donna du problème de la duplication du cube, eut encore quelque célébrité. *Eutocius* nous l'a conservée dans ses commentaires sur *Archimède*. *Nicomaque* et *Boëce* (2) rapportent enfin de lui une méthode pour trouver tous les nombres premiers ; il lui avoit donné le nom de κοκκινον , ou *le crible* , parce qu'au lieu de les déterminer directement, il le faisoit indirectement, en donnant en quelque sorte l'exclusion à ceux qui ne le sont pas. Cette invention trop peu connue méritoit de l'être davantage ; c'est pourquoi nous l'exposerons d'après un curieux mémoire de

(1) Coll. Mathém. præf. *ad lib.* 7.　　　(2) *Isagoge Arith.* Boetii *Arith.* l. 2.

M. *Horsley*, inséré dans les transactions philosophiques de l'année 1772. *Voyez* la note F, à la fin de ce livre.

L'astronomie eut également des obligations de divers genres à *Eratosthène*. Ce fut lui qui engagea *Ptolémée Evergète* à faire construire et placer dans le portique de l'École d'Alexandrie, de grands instrumens pour l'observation des astres; ce sont sur-tout ces fameuses armilles, je dis fameuses, parce que les principales observations de l'astronomie grecque furent faites par leur moyen. Ces armilles étoient un assemblage de divers cercles qui représentoient ceux de la sphère céleste, et qui étant placés dans la situation convenable, servoient à un grand nombre d'usages astronomiques. Comme nous nous proposons de donner ailleurs une idée de l'astronomie pratique des anciens (1), nous nous bornons ici à cette légère indication.

La tentative d'*Eratosthène*, pour mesurer la grandeur de la terre, est fameuse en astronomie, et mérite une discussion particulière. Mais avant de nous en occuper, il est à propos de parler ici d'une mesure beaucoup plus ancienne, dont *Aristote* fait mention, et qu'il attribue à ce qu'il appelle les *anciens mathématiciens*.

Aristote, en effet, dans son livre *de cœlo*, c. 14, dit que ces anciens mathématiciens avoient trouvé la circonférence de la terre de 400,000 stades. Il seroit fort à desirer que ce philosophe fût entré dans plus de détails sur ce sujet, et en particulier qu'il eût expliqué de quelle espèce de stade il entendoit parler. Car d'abord on ne sauroit l'entendre du stade olympique commun de la Grèce, qui étant de près de 95 de nos toises, auroit donné pour la mesure du degré terrestre, plus de 105,000 toises; ce qui excède tellement la mesure réelle, constatée aujourd'hui d'environ 57000 toises, qu'on ne peut admettre une pareille erreur, si l'on veut donner cette mesure pour quelque chose de plus qu'une conjecture vague.

Il y a à la vérité un autre stade grec, quoique moins commun, savoir celui dont parle *Xénophon*, en évaluant la marche des Grecs dans la fameuse expédition des dix mille; et ce stade, d'après des combinaisons assez probables, n'est que de 75 de nos toises; ce qui est assez bien le rapport d'un homme de taille moyenne avec un homme de taille gigantesque, tel qu'étoit *Hercule*, dont le pied avoit servi de module au stade olympique. En supposant donc que ce soit là le stade dont *Aristote* a entendu parler, il en résulteroit, pour cette mesure de la terre, une longueur de 83325 de nos toises par degré.

(2) Voyez le livre suivant.

L'erreur

L'erreur est ici à la vérité de 26000 toises, ou de près d'un tiers sur la grandeur réelle; mais quand on considérera que la géométrie et l'astronomie étoient dans l'enfance, on trouvera peut-être que ce premier effort de l'esprit humain pour mesurer notre demeure n'est pas tout-à-fait malheureux.

Je n'ignore pas que pour rapprocher cette mesure du degré terrestre, de la véritable, on a eu recours à un autre stade, dont il est fait une mention obscure dans quelques auteurs anciens, et que par des combinaisons recherchées on a fixé de 50 à 54 toises. On a fait plus: après avoir supposé cette ancienne mesure de la terre aussi exacte que celle de M. *Picard*, on en a conclu que ce stade étoit tout juste de 51 toises 10 pouces; puis à force de tirailler cet ancien stade à-peu-près inconnu à la Grèce, on l'a ramené à cette mesure, et on en a conclu que les anciens mathématiciens avoient déjà mesuré la terre avec autant d'exactitude que les modernes. Mais en vérité peut-on supposer qu'*Aristote* écrivant pour des Grecs, ait pu employer à cette évaluation une mesure si peu commune chez eux, que pour l'établir conjecturalement, il faut recourir à quelques rapports obscurs de cette mesure avec la parasange Perse ou le schène Egyptien. C'est pourtant ainsi qu'on trouve que tout est renouvellé chez nous, je ne dis pas des Grecs seulement, mais des Chaldéens, des Indiens, ou de cette espèce d'hommes qu'on a placée sur les plateaux des montagnes de la Sibérie, avant que la terre se fut assez refroidie pour que ses parties plus méridionales pussent être habitées. Il n'est rien qu'avec une pareille torture de passages anciens on ne parvienne à trouver; on n'a pour s'en convaincre qu'à lire le commentaire de M. *Loys de Chézeaux* sur *Daniel*; et j'en pourrois citer plusieurs autres exemples. Contentons nous donc d'accorder à nos anciens des germes d'idées, qui, mûris par les siècles, ont produit les découvertes dont nous sommes en possession; mais gardons nous de penser que nous n'avons pas la plus grande part à leur développement.

Si cependant, peu content de cette dimension grossière de la terre, on vouloit à toute force lui donner plus d'authenticité et d'exactitude, je serois porté à penser que ce fut l'ouvrage des astronomes Chaldéens; car je ne saurois croire que ce soit celui des mathématiciens Grecs. Il est bien vrai que *Diogène Laërce* parlant d'*Anaximandre*, dit de lui: *terrae marisque circuitus dimensus est*; mais il n'est là question que de dimensions topographiques de la Grèce, dont il présenta le tableau aux Grecs assemblés. La Grèce presque par-tout hérissée de montagnes, n'offroit nulle part un local propre à y mesurer un grand arc du méridien. Il en est tout au contraire de la Chaldée, où les vastes plaines de la Mésopotamie permettoient une pareille opération. Car sans doute on ne pensera pas qu'on s'y soit pris comme ont fait dans ces temps modernes *Snellius* et M. *Picard*, par une suite de triangles liés entre eux, mais à-peu-près comme firent dans la suite les Arabes, lorsqu'ils mesurèrent la toise à la main deux degrés du méridien dans les mêmes plaines. Si donc on veut que cette mesure ait été une mesure réelle et approchante de l'exactitude, on pourroit dire avec quelque probabilité qu'*Aristote* la tenoit des Chaldéens par la même voie qu'il obtint les observations Chaldéennes, dont il est parlé dans le même livre *de caelo*, et dans ce cas le petit stade en question aura été une mesure en usage dans ce pays, qu'*Aristote* aura nommée *stade*. Mais vouloir faire cacher dans la toise cette mesure avec celle des modernes, c'est ce qui me paroît tout-à-fait forcé. Après cette digression je reviens à *Eratosthène* : voici comment il procéda dans sa mesure (1).

Il y avoit à Syène, un puits profond qui étoit entièrement illuminé à midi, le jour même du solstice d'été. *Eratosthène* l'avoit remarqué ; et comme à 300 stades à la ronde les hauteurs verticales ne jettoient point d'ombre à ce moment, il en concluoit que Syène étoit précisément sous le tropique du Cancer. Il supposa ensuite que Syène et Alexandrie étoient l'une et l'autre sous le même méridien, et il estima leur distance de 5000 stades. Il ne s'agissoit plus que de connoître quelle partie du méridien terrestre étoit l'arc compris entre ces deux villes. Pour y parvenir, il attendit à Alexandrie le midi du jour du solstice, moment auquel le soleil étoit absolument vertical à Syène ; et à l'aide d'un style élevé au milieu d'une *Scaphé* ou d'un segment sphérique creux, et dont le sommet atteignoit à son centre, il mesura l'arc intercepté entre le soleil alors au zénith de Syène, et le zénith d'Alexandrie. Il le trouva par-là d'une 50ème partie de la circonférence, d'où il conclut que la grandeur du degré terrestre étoit de 250,000 stades.

Il nous est superflu d'observer qu'une semblable mesure de la terre est plutôt une évaluation approchée qu'une mesure exacte. Car, en premier lieu, *Eratosthène* supposoit assez légèrement que Syène étoit sous le même méridien qu'Alexandrie ; il est vrai que le Nil court assez directement du sud au nord dans toute l'étendue de l'Egypte ; mais enfin Syène, aujourd'hui *Souesne* ou *Assouan* dans la haute Egypte, est de plus de trois degrés à l'est d'Alexandrie. Il est vrai que cet écartement est si peu considérable, qu'il n'en résulteroit presque pas une

_____

(1) Cleomedis *cyclica theoria*, etc. liv. 1, cap. 10.

erreur sensible. En second lieu l'évaluation de 5000 stades entre
ces deux villes, n'est qu'une évaluation en nombres ronds,
qu'on ne peut regarder comme juste que par le plus grand des
hasards ; et comme les distances itinéraires données par les voyageurs sont toujours plus grandes que les distances réelles en
ligne droite, la distance d'Alexandrie à Syène étoit aussi probablement moindre que 5000 stades. Enfin, et ceci est une observation de *Riccioli* (1), il est probable qu'*Eratosthène* prit l'ombre
forte de son style pour le terme véritable de l'ombre solsticiale
à Alexandrie, dans lequel cas c'étoit l'ombre du bord supérieur du soleil ; et pour avoir la distance du zénith d'Alexandrie
au centre du soleil, il falloit y ajouter environ 15 minutes. Il
faisoit par conséquent cette distance trop petite en la prenant
de $\frac{1}{50}$ de la circonférence ou de 7°. 12'. Toutes ces raisons
tendoient à lui donner une mesure trop grande, et il est probable que ces deux corrections lui auroient donné une mesure
plus petite, comme de 240000 stades.

Au reste un élément fort important qui nous manque ici, est
l'espèce de stade qu'*Eratosthène* employa. On est d'abord porté
à penser que c'étoit un stade Egyptien dont 60 composoient
un schène, qui lui-même valoit 4 milles romains ou 3024
toises, dans lequel cas ce stade valoit 50 toises 2 pieds (2).
Mais il en résulteroit une mesure beaucoup trop petite, car le degré ne se trouveroit que de 35000 toises environ.

D'un autre côté, en employant le stade olympique qui étoit
de 91 pieds 5 pouces , et réduisant même les 250,000 stades
d'*Eratosthène* à 240,000, il en résulteroit une mesure du degré
terrestre de 65000 toises, ce qui excède la véritable de 6000
toises. Mais tous ces élémens sont si incertains, que nous ne
croyons pas devoir nous arrêter davantage à cette discussion.

L'observation que fit *Eratosthène* de l'obliquité de l'écliptique ou de la distance des tropiques, n'est pas moins célèbre que
la précédente ; et avec celle de *Pythéas*, elle a servi de fondement à ceux qui prétendent que cette obliquité est moindre aujourd'hui qu'autrefois. Aucun auteur ancien ne nous a transmis
le procédé de ce philosophe. On sait seulement qu'il trouva que
la distance des tropiques étoit les $\frac{11}{83}$ de la circonférence d'un
grand cercle, c'est-à-dire, de 47°. 42' 27'' ; conséquemment
l'inclinaison de l'écliptique à l'équateur de 23°. 51', 13''.

Le P. *Riccioli* (3) a entrepris de discuter cette observation,
et de faire voir qu'en y introduisant une erreur semblable à celle
qui affecte la précédente, il en résultoit aussi une diminution

---

(1) *Geogr. reformata, Lib. r.*   (3) *Ibid.*
(2) *Danville, Mef. itinéraires.*

de 15 à 16' à faire à la détermination d'*Eratosthène*. Je pourrois le suivre ici dans cette discussion ; mais comme tout ce qu'il
dit sur ce sujet est fondé sur la supposition qu'*Eratosthène* a fait
son observation d'une certaine manière ; et que l'on peut faire
aussi des suppositions où cette erreur n'influeroit point sur cette
détermination, il nous paroît superflu de discuter un objet dont
toutes les données sont incertaines, à commencer par la première ; savoir, que Syène soit précisément sous le tropique du
Cancer. Car il est aisé de voir que le phénomène observé à
Syène, avoit lieu dans une zone de près d'un demi-degré de
largeur, à cause du diamètre apparent du soleil.

Macrobe nous apprend dans son songe de Scipion, qu'*Eratosthène*, dans son livre *de Dimensionibus*, faisoit le soleil 27
fois aussi grand que la terre ; et *Plutarque*, dans son livre *de
Placitis Philosophorum*, dit que ce philosophe éloignoit la lune
de la terre, de 780,000 stades, c'est-à-dire, d'environ 19 demi-diamètres terrestres, et le soleil de 804,000,000 ; ce qui feroit
environ 19,000 demi-diamètres de la terre. Tout cela est fort
mal concordant ; car *Eratosthène* donnant au soleil un diamètre égal à 27 fois celui de la terre, et ne pouvant ignorer
que son diamètre apparent n'est que d'environ un demi-degré,
devoit trouver par le calcul son éloignement de la terre d'environ 620 demi-diamètres terrestres, ou seulement 24,800,000
stades. Il est même probable que disant que le soleil est 27
fois aussi grand que la terre, il l'entendoit du volume ou de
la solidité, ce qui réduiroit le diamètre du soleil à 3 fois celui
de la terre ; et dans ce cas, il étoit assez géomètre pour trouver
cette distance de 70 demi-diamètres seulement, ou de 2,800,000
stades. Ainsi il y a sans doute erreur dans *Plutarque* et
Macrobe.

On s'attend bien qu'un homme, tel qu'*Eratosthène*, dut
laisser un grand nombre d'ouvrages. En effet, il avoit écrit,
suivant *Proclus*, sur les sections coniques ; selon *Suidas*, sur
l'astronomie, c'étoient sans doute ses écrits astronomiques ci-
dessus qu'il avoit en vue ; *Théon de Smyrne* le cite à l'occasion de ses écrits arithmétiques. Il avoit, sur tout, travaillé sur
la géographie, puisqu'*Hipparque* le citoit et le contredisoit
souvent, au rapport de *Strabon*, qui prend fréquemment sa
défense. Tous ces ouvrages sont perdus, et le seul qui ait
percé, est une description des astérismes ou constellations célestes, publiée en 1630, par le P. *Petau*, dans son *Uranologium*, et qui l'a été de nouveau dans la magnifique édition
d'*Aratus*, donnée en 1672, à Oxford. Il y a cependant de
fortes raisons de douter que cet ouvrage soit d'*Eratosthène*,
ou il a éprouvé des altérations considérables. Quoi qu'il en

soit, on trouve dans cette dernière édition divers autres fragmens d'*Eratosthène*, comme son *Mésolabe* d'après *Eutocius*, sa mesure de la terre d'après *Cléomède*, sa division harmonique d'après *Théon*, et une table des nombres ayant trait à son κοκκινον, ou *crible* des nombres premiers. Mais l'édition de l'endroit de *Nicomaque* ou de *Boëce* qui y a trait, auroit mieux rempli cet objet. Cela a été suppléé comme on l'a dit plus haut, par M. *Horsley*, dans les transactions philosophiques, année 1772.

Eratosthène enfin étoit auteur d'un poème sous le nom d'*Hermès*. *Scaliger* en a rapporté des fragmens dans son commentaire sur *Manilius*, et l'on voit par-là que c'étoit un poème astronomique. Car un de ces fragmens est une description des zones terrestres; ce qui a fait donner par d'autres à ce poème le titre *de zonis*.

VII.

Vers le temps où *Archimède* finissoit sa carrière, l'école d'Alexandrie voyoit commencer la sienne à un géomètre, qui ne s'est guère moins illustré par son génie. C'est *Apollonius* de Perge, à qui les anciens déférèrent le surnom de *grand géomètre*, du *géomètre par excellence*. Il me semble néanmoins que quel que soit le génie que montre *Apollonius*, on ne peut disconvenir que le géomètre Sicilien ne lui cède en rien, et même ne se montre à certains égards plus merveilleux par les voies extraordinaires qu'il a su se frayer. S'il n'est qu'un *Newton* parmi les modernes, il n'est qu'un *Archimède* dans l'antiquité.

Apollonius étoit de Perge en Pamphilie. Il naquit sous le règne de *Ptolémée Evergète* I, c'est-à-dire, vers le milieu du second siècle avant l'Ere chrétienne, et il fleurit principalement sous *Ptolémée Philopator*, ou vers la fin du même siècle (1). Nous apprenons de *Pappus* qu'il se forma à Alexandrie sous les successeurs d'*Euclide*, et que ce fut-là qu'il acquit cette habileté supérieure en géométrie qui le rendit fameux. Le même auteur parle assez peu avantageusement des autres qualités d'*Apollonius* : il nous le représente (2) comme un homme vain, jaloux du mérite des autres, et saisissant volontiers l'occasion de les déprimer. Faut-il que les perfections de l'esprit soient si souvent ternies par les défauts du cœur?

Apollonius fut un des écrivains les plus féconds et les plus

---

(1) *Eutoc. in Apoll. conica.*   (2) *Coll. Math. l. 7, præf.*
Photii Biblioth. cod. 150.

profonds qu'aient eu les mathématiques. Ses ouvrages seuls
composoient autrefois une partie considérable de ceux que les
anciens regardoient comme la source de l'esprit géométrique
(1); son traité des coniques est neanmoins le plus remarquable, et celui qui a le plus contribué à sa célébrité. Par cette
raison il excitera le premier notre attention. On a expliqué,
dans le livre précédent, la génération et quelques-unes des
propriétés des sections coniques. Nous ne pouvons qu'inviter
nos lecteurs à y recourir pour en prendre une idée, s'ils ne l'ont
pas déjà. On peut voir sur-tout la note *B* du livre précédent.

On croit, sur le rapport d'*Eutocius*, qu'*Apollonius* est le
premier qui ait donné aux sections coniques les noms qu'elles
portent aujourd'hui; mais ce rapport me paroît peu exact : car
Archimède a connu le nom de *Parabole*, et s'en est servi dans le
titre même de l'ouvrage où il carre cette courbe. A la vérité
il ne paroît pas avoir connu ceux d'*Ellipse* et d'*Hyperbole*.
Apollonius les introduisit peut-être à l'imitation du premier :
quoi qu'il en soit, ses sections coniques sont un des ouvrages
les plus précieux de l'antiquité; elles comprenoient autrefois
huit Livres, où il rassembla tout ce qu'on connoissoit de son
temps sur ces courbes, soit les découvertes des géomètres qui
l'avoient précédé, soit celles qu'il y avoit ajoutées. Les quatre
premiers Livres, qui sont les seuls que nous ayons eus jusqu'au milieu du siècle passé, remplissent le premier de ces
objets. *Apollonius* s'en explique ainsi dans une sorte de préface, où il ne s'attribue que le mérite d'avoir étendu et développé cette théorie déjà fort avancée avant lui. Ceux qui n'ont pu
voir que ces quatre Livres, n'ont donc presque pas connu ce
géomètre, et ne voyoient guère que ce qui étoit dû à l'école
de *Platon*, à *Aristée*, à *Euclide*, etc., c'est-à-dire, les élémens des coniques. Ainsi il n'est pas surprenant que *Descartes*,
sur l'inspection de ce commencement de l'ouvrage d'*Apollonius*, n'en pensât pas aussi avantageusement que l'antiquité. A
cela il se joignoit un autre motif; c'est que le géomètre moderne ne jugeoit de la difficulté des découvertes de l'ancien,
que par les moyens dont il étoit lui même en possession pour
y parvenir. Il y a de l'injustice dans cette manière de penser.
Seroit-on fondé à juger de l'habileté d'un ancien capitaine par
la résistance que lui auroit fait une place, qu'on emporteroit
aujourd'hui d'emblée? M. *Newton*, plus équitable, portoit un
jugement bien différent de ce géomètre (2).

Les quatre derniers Livres des coniques, sont les plus su-

_____

(1) *Ibid. init.*　　　　　　(2) *Vita Newt. in opusc. t.* 1.

blimes et contiennent les découvertes propres d'*Apollonius*.
Il y en a sur-tout deux, savoir le cinquième et le septième,
qui lui feront toujours beaucoup d'honneur parmi les géomètres.
On ne sauroit les lire sans concevoir de leur auteur l'idée d'un
homme doué d'une prodigieuse force d'esprit, pour avoir pu
suivre, sans s'égarer, des recherches dont la plûpart exigent
même de l'adresse à manier notre analyse moderne.

Pour donner une idée de ce que la géométrie doit à *Apollonius*, nous allons exposer en raccourci l'objet de ces deux
Livres. Ils traitent l'un et l'autre un des sujets les plus difficiles de la géométrie, savoir les questions *de maximis et minimis* sur les sections coniques. Dans le cinquième, *Apollonius*
examine particulièrement quelles sont les plus grandes et les
moindres lignes qu'on puisse tirer de chaque point donné à
leur circonférence. On y retrouve tout ce que nos méthodes
analytiques d'aujourd'hui nous apprennent sur ce sujet; on y
apperçoit enfin la détermination de nos *développées* : car
Apollonius remarque très-bien qu'il y a une suite de points
dans l'espace au-delà de l'axe d'une section conique, d'où l'on
ne peut tirer à la partie opposée qu'une ligne qui lui soit perpendiculaire. Il détermine même ces points que les modernes
connoissent sous le nom de *centres d'osculation*, et il observe
que leur continuité sépare deux espaces, dont l'un est tel que
de chacun de ses points on peut tirer deux lignes perpendiculaires à la partie opposée de la courbe, et l'autre au contraire a cette propriété qu'on n'en peut tirer aucune ligne semblable. Le premier de ces espaces est visiblement celui qui est
renfermé entre l'axe de la courbe et sa développée. Toutes les
questions qui appartiennent à de semblables recherches, sont
traitées dans ce cinquième Livre avec un soin qui en laisse à
peine échapper une sans la résoudre.

Le septième Livre, (car je passe le sixième qui ne contient
pas des choses fort difficiles, et qui traite des sections coniques
semblables) le septième Livre, dis-je, présente diverses propriétés remarquables de ces courbes : telles sont celles-ci : que
*dans l'ellipse, et les hyperboles conjuguées, les parallélo-
grammes formés par les tangentes aux extrémités des diamètres conjugués, sont constamment les mêmes* : que *dans l'hyperbole la différence des carrés de deux diamètres conjugués, et
dans l'ellipse, leur somme est toujours la même.* Je pourrois
accumuler un grand nombre d'autres propositions semblables,
dont plusieurs sont fort remarquables, et servent de fondemens
de résolutions à des problêmes *de maximis et minimis* d'une
certaine difficulté; en voici, par exemple, un : *dans une hyperbole quelconque, déterminer le diamètre dont le paramètre*

est le moindre, ou bien celui dont le carré avec celui de son paramètre fasse la plus petite somme. Ces questions et plusieurs autres du même genre étoient traitées dans le huitième Livre qui ne nous est pas parvenu, mais on en juge ainsi sur l'inspection des théorêmes contenus dans le septième, qui étoit la base du huitième. Il y en a quelques-uns qui seroient capables d'embarrasser par la difficulté d'y appliquer l'analyse moderne. Pour donner enfin de l'ouvrage d'*Apollonius* l'idée qu'il mérite, je remarquerai que nous avons dans notre langue et en style algébrique, un traité des sections coniques dont on fait cas avec justice; je veux parler de celui de M. le marquis *de l'Hôpital* : cependant je ne craindrai point de dire qu'il y a dans le géomètre ancien une théorie bien plus étendue et plus complette de ces courbes, que dans le géomètre moderne.

Les coniques d'*Apollonius* ont eu, de même que tous les ouvrages célèbres de l'antiquité, un grand nombre de commentateurs et d'annotateurs. Parmi les Grecs mêmes, *Pappus* d'Alexandrie les éclaircit par des lemmes ou propositions préliminaires à la tête de chaque Livre. La savante *Hypathia*, fille de *Théon*, avoit donné sur cet ouvrage un commentaire qui ne nous est pas parvenu. Nous avons celui d'*Eutocius*, d'Ascalon, qui avoit travaillé de même sur les écrits d'*Archimède*. Ce commentaire ne roule que sur les quatre premiers Livres, ou du moins il n'en subsiste plus que cette partie.

Lorsque les Arabes commencèrent à accueillir les sciences presque fugitives du reste de l'Univers, les coniques d'*Apollonius* furent un des premiers ouvrages dont ils entreprirent la traduction. Elle fut commencée sous le calife *Almamon* en 830 (1); et *Thebit Ben-Cora* prit le soin de la reviser et de l'augmenter de celle de trois des derniers Livres dans le cours du même siècle. Il omit le quatrième auquel il convint ne rien entendre. *Abalphat* en fit une nouvelle sous le calife *Abu-Calighiar* en 994; c'est celle qui tomba entre les mains de M. *Borelli*, comme nous le dirons plus bas. Le géomètre et astronome Persan *Nassir-Eddin* fit des notes sur cet ouvrage dans le milieu du treizième siècle; et *Abdolmelec* de Schiras, autre Persan, l'abrégea. Les Européens possèdent toutes ces versions, en manuscrit.

On n'a commencé à connoître *Apollonius* parmi les chrétiens Occidentaux que vers le milieu du quinzième siècle, où *Regiomontanus* en méditoit une édition. Sa mort précipitée fit échouer ce projet, et l'on ne vit paroître ce géomètre qu'en 1537, dans une traduction latine faite par *Memmius*, noble

(1) Abulph. *Hist. Dynast.* D'Herbelot, *bibl. ori.* au mot *Abolloxious*.

Vénitien,

Vénitien , et publiée après sa mort par son fils. Cette édition , ouvrage d'un traducteur peu intelligent, et d'un éditeur qui l'étoit encore moins , n'a que le mérite d'être la première. *Commandin* en donna une meilleure en 1566, avec le commentaire d'*Eutocius* , et les lemmes de *Pappus*. J'en passe un grand nombre d'autres dans la vue d'abréger cette notice bibliographique.

Les Européens n'ont eu pendant long-temps que les quatre premiers livres d'*Apollonius* , et ce n'est que depuis le milieu du siècle passé qu'on a recouvré trois des derniers. Leur perte avoit déjà excité quelques géomètres à traiter les sujets sur lesquels on savoit que rouloient ces livres. *Maurolicus* , géomètre Sicilien du seizième siècle, avoit ébauché avec succès la theorie du cinquième et du sixième Livre ; et en avoit formé un supplément à *Apollonius*, que *Borelli* publia en 1654 (1). Le P. *Richard* , jésuite, promettoit au milieu du siècle passé, un ouvrage de la même nature, qui, quoiqu'annoncé comme étant sous presse (2), n'a jamais paru. Cette divination sur les livres d'*Apollonius*, perdus jusqu'alors, lui eût fait plus d'honneur que son commentaire étrangement prolixe sur les quatre premiers livres. M. *Viviani*, l'un des plus illustres élèves de *Galilée*, et des plus habiles géomètres de l'Italie, se proposa cette recherche vers le même temps ; ce qui a donné lieu au savant ouvrage de cet auteur, intitulé : *Divinatio in V Apollonii conicorum* , dont nous allons faire l'histoire.

Pendant que M. *Viviani* amassoit lentement et dans le silence des matériaux pour faire revivre *Apollonius*, le célèbre *Golius* revenoit d'Orient chargé d'un grand nombre de manuscrits Arabes, parmi lesquels étoient les sept premiers Livres des coniques. Assez instruit dans la géométrie pour sentir le prix de cette découverte, il se hâta d'en informer les géomètres de son temps, et je trouve qu'en 1644 le P. *Mersenne* en fait mention (3), et en cite même quelques propositions. J'ignore ce qui fit échouer le projet formé par *Golius* d'en donner une traduction ; on n'y songeoit plus ; et malgré cet avertissement l'on continuoit de regarder le reste d'*Apollonius* comme perdu, lorsqu'en 1658 M. *Borelli* passant à Florence, et examinant la bibliothèque des Médicis, y trouva un manuscrit Arabe dont le titre Italien annonçoit les huit livres d'*Apollonius*. Passionné pour la géométrie ancienne, il ne put se contenir de joie ; il parcourut le manuscrit, et jugea par la comparaison des figures, que c'étoit effectivement l'ouvrage du

(1) Viviani, *divin. in Apol.* p. 45.   (3) *Synop. Math. præf. ad con.*
(2) Lab. *Bibl. mss.*   *Apollon.*

géomètre Grec, beaucoup plus complet que ce qu'on en avoit déjà. Il se fit traduire par un religieux Maronite le titre de la cinquième partie qui, conformément à la division d'*Apollonius*, traitoit *de maximis et minimis*. Le duc de Toscane lui confia généreusement ce manuscrit qu'il porta à Rome : là aidé par *Abraham Ecchellensis*, savant dans les langues Orientales, il parvint à le traduire en Latin, et le publia en 1661 avec de savantes notes, que la précision extrême du traducteur, ou plutôt de l'abréviateur Arabe, rendoit nécessaires. Il faut remarquer que ce manuscrit avoît le même défaut que celui de *Golius :* le huitième Livre ne s'y trouvoit point, et probablement il est perdu pour jamais. Car il manquoit encore à la version abrégée d'*Abdolmélec*, que *Ravius* avoit apportée d'Orient, et qu'il publia en 1669, traduite dans un Latin que M. *Halley* traite avec raison de barbare.

Cependant M. *Viviani* conseillé par ses amis de ne pas se laisser enlever par cet événement le fruit de plusieurs années de travail, se disposoit à publier le résultat de ses réflexions sur le cinquième livre d'*Apollonius*. Il obtint une attestation du grand duc qui paraffa tous ses manuscrits dans l'état où ils étoient. *Borelli* eut ordre de ne rien communiquer de ce qu'il trouvoit, à mesure qu'il avançoit dans sa traduction. *Viviani* enfin qui ignoroit l'Arabe, travailla en diligence et publia un an après, savoir en 1659, sa divination sur *Apollonius*. Le parallèle qu'on put en faire quelque temps après avec l'ouvrage de ce dernier, ne fut pas désavantageux au géomètre Italien : souvent aussi profond que l'ancien dans les questions qu'ils traitent ensemble, il se jette dans un champ beaucoup plus vaste. Il se forme de nouvelles théories, il trouve quantité de nouvelles propriétés des sections coniques, de sorte que son ouvrage pourroit être considéré comme un supplément à la théorie ancienne de ces courbes. Il faut pourtant convenir que M. *Viviani* ne touche pas les questions les plus difficiles qu'*Apollonius* traite dans son cinquième Livre, comme la détermination des points d'où il n'est possible de tirer à la partie de la courbe au-delà de l'axe qu'une seule perpendiculaire.

L'histoire de cet ouvrage de *Viviani* m'a un peu écarté de mon sujet ; j'y reviens, et je termine en peu de mots ce qui me reste à dire sur les coniques d'*Apollonius*. L'édition qu'en a donné M. *Halley* (1), est recommandable par toutes les qualités qui peuvent rendre une édition précieuse. Ce mathématicien célèbre n'a rien oublié pour nous rendre dans leur intégrité le texte Grec et les derniers livres dont on vient de

(1) En 1710, *in-fol.*

parler. Il a rétabli le huitième sur les indications de *Pappus*; et son habileté dans la géométrie ancienne ne nous permet plus de regretter la perte de l'original.

Les autres écrits d'*Apollonius*, quoiqu'en grand nombre, nous occuperont moins que ses coniques. Ils eurent la plûpart pour objet l'analyse géométrique, comme les traités, *de sectione rationis*, *de sectione spatii*, *de sectione determinatâ*, *de tactionibus*, *de inclinationibus*, divisés chacun en deux livres. Ce sont divers problêmes susceptibles d'un grand nombre de cas et de déterminations particulières, où *Apollonius* déploie tout l'art de l'analyse ancienne. Le traité *de locis planis* est un recueil très-utile des propriétés locales du cercle et de la ligne droite, parmi lesquelles il y en a de très-remarquables. Aucun de ces ouvrages ne nous est parvenu que le traité *de sectione rationis*, qui s'est retrouvé en Arabe : M. *Halley* l'a publié en 1708 avec celui *de sectione spatii*, qui lui est analogue, et qu'il a rétabli sur la description qu'en fait *Pappus* (1). Nous croyons devoir en donner une idée dans la note G, à la fin de ce livre. Le précis que cet ancien géomètre nous a transmis de tous ces livres, avoit déjà excité quelques modernes à faire des efforts pour nous les restituer. Au commencement du siècle passé, *Snellius* travailla sur les trois traités *de sectione rationis, spatii, et determinatâ* (2). Mais quoique les problêmes que s'y proposoit *Apollonius*, y soient résolus, il s'en faut beaucoup que l'ouvrage du géomètre moderne soit comparable à celui de l'ancien. Le premier de ces traités que nous possédons, nous met aujourd'hui en état de faire la comparaison de l'un et de l'autre. Dans le même temps *Marin Ghetaldi*, de Raguse, analyste et géomètre habile, rétablit le traité *de inclinationibus*. M. *Viète* nous a donné le livre *de tactionibus*, sous le titre d'*Apollonius Gallus* (3). Un démêlé qu'il eut avec *Adrianus Romanus*, géomètre habile des Pays-Bas, lui donna l'occasion de proposer le problême principal, et le seul difficile de ce livre. C'est celui-ci : *Trois cercles étant donnés, on en demande un quatrième qui les touche tous les trois.* *Romanus* le résolut mal en déterminant, ce qui se présente au premier coup-d'œil, le centre du cercle cherché par l'intersection de deux hyperboles; car le problême est plan, et par conséquent il peut être résolu par les secours de la géométrie ordinaire. *Viète* le résolut de cette manière, et très-élégamment; sa solution est la même que celle qu'on voit dans l'*arithmétique universelle* de *Newton*.

(1) *Coll. Math.* l. 7, *praef.*
(2) *Voyez* Herigone, *curs. math.* c. 1.

(3) *Vietæ*, *op.* p. 326.

On en trouve une autre dans le premier livre *des principes de la philosophie naturelle*, où cette question est nécessaire pour quelques déterminations d'astronomie physique. Ici *Newton* réduit avec une adresse remarquable les deux lieux solides de *Romanus* à l'intersection de deux lignes droites. Ce problême, un de ceux où l'analyse algébrique ne s'applique pas avec facilité, occupa aussi *Descartes*; et de deux solutions qu'il en trouva, il convient lui-même (1) que l'une lui donnoit une expression si compliquée, qu'il n'entreprendroit pas de la construire en un mois. L'autre, quoique moins embarrassée, l'est encore assez pour que *Descartes* n'ait osé y toucher. Remarquons enfin, au sujet de ce problême, une anecdote qui l'illustre en quelque sorte. C'est que la princesse Elisabeth de Bohême, qui honoroit, comme l'on sait, notre philosophe de sa correspondance, daigna s'en occuper, et lui en envoya une solution; mais, comme elle est tirée du calcul algébrique, elle a, les mêmes inconvéniens que celle de *Descartes*.

Je citerai encore ici à cette occasion un ouvrage anglois de M. *Lawson*, qui s'est proposé le même objet (2); mais je n'ai pu me procurer cet ouvrage.

Remarquons ici en passant que M. *de Fermat* s'est proposé, et a résolu un problême beaucoup plus difficile. C'est celui-ci : *Quatre sphères étant données de position et de grandeur, trouver celle qui les touchera toutes.* Ce problême lui avoit été proposé par *Descartes*, qui dit aussi en avoir trouvé la solution, et par l'algèbre, et par la géométrie ordinaire. On ne la trouve nulle part. Mais celle de *Fermat*, qui forme un petit traité, se lit dans ses œuvres. (*Op. Fermatii*, 1679, in-fol.)

Le traité *de Locis planis d'Apollonius* a aussi occupé divers géomètres. *Fermat* l'a rétabli, et on le trouve dans ses œuvres. Il avoit été communiqué aux géomètres dès l'année 1637, quoiqu'il n'ait été imprimé qu'après sa mort. Ce délai donna lieu à *Schooten* de travailler sur le même sujet. Il publia son ouvrage en 1659 : mais quoique ce soient les mêmes propositions que celles d'*Apollonius*, car *Pappus* les énonce assez clairement, elles y sont démontrées en style le plus souvent algébrique; ce qui est contrevenir à la condition essentielle de ces sortes de divinations. Ce motif paroît avoir engagé M. *Robert Simson*, qui a fait une étude particulière des méthodes anciennes, à nous rendre cet ouvrage dans le style où il fut d'abord écrit. Il a publié ce curieux morceau de géométrie en 1746, sous le titre d'*Apollonii loca plana restituta*, in-4°. La préface

―――――――――

(1) Lettres, *t.* 3; lett. 80, 81, *éd. in*-4.
(2) *The two Books of* Apollonius, *on tangenties restaured.* Lond. 111, in-4.

mérite sur-tout d'être lue à cause des excellentes réflexions qu'elle contient sur l'analyse des anciens. On donne une idée de ces différens ouvrages dans la note G.

Je me contente d'indiquer quelques autres productions moins importantes d'*Apollonius*, comme son livre *de Cochleâ*, un autre *de perturbatis rationibus*, un troisième *sur la comparaison de l'icosaèdre et du dodécaèdre inscrits dans la même sphère*; un quatrième portoit le titre d'Οκυτοβοος, mot qui n'est plus entendu, de sorte qu'on ne sait point quel étoit l'objet de cet ouvrage. *Eutocius* nous apprend seulement qu'*Apollonius* y poussoit à une plus grande exactitude l'approximation de la grandeur de la circonférence donnée par *Archimède*. Enfin *Ptolémée* nous apprend qu'il avoit écrit *sur les stations et rétrogradations des planètes*, et en cite quelques théorèmes ingénieux, dont il fait usage.

V I I I.

Avant de passer à des temps postérieurs, il nous est nécessaire de revenir sur nos pas, pour ne pas oublier quelques mathématiciens contemporains des précédens. *Apollonius* nous en fait connoître plusieurs par les préfaces ou épîtres dédicatoires de ses coniques : le principal fut *Eudemus* de Pergame, auquel il adressa les trois premiers livres de ses coniques; il lui parle comme à un bon juge en ces matières, à un homme dont il ambitionne le suffrage. *Eudemus* étant mort avant que le 4e livre fut achevé, *Apollonius* l'adressa à *Attalus*. Il dit dans sa première épître que *Naucrate* étoit celui qui l'avoit encouragé à la contemplation des coniques; et dans celle qui précède le deuxième livre, il prie *Eudemus* de le communiquer à *Philonide* d'Ephèse. Il est encore question de *Trasidée* le géomètre, avec qui *Conon* de Samos, un peu antérieur à lui, avoit eu un commerce de lettres sur les coniques, et de *Nicotèle* le Cyrénéen, qui avoit repris *Conon* de Samos, sur quelques inexactitudes, objet néanmoins sur lequel *Apollonius* le reprend quelquefois lui-même. Ainsi voilà cinq à six géomètres qui avoient probablement cultivé la théorie des coniques, indépendamment d'*Aristée*.

Les regrets qu'*Archimède* témoigne (1) sur la perte de *Conon*, sont propres à nous donner une grande idée de ce géomètre. Mais c'est à-peu-près tout ce que nous en savons, quant à sa capacité géométrique. Il fut aussi astronome, et composa des éphémérides sur ses observations faites en Italie. *Ptolémée* le

(1) *Praef. ad quad. parab.*

cite souvent dans un de ses ouvrages (1). Ces éphémérides lui donnèrent apparemment une grande célébrité dans cette contrée, puisque *Virgile* met son nom dans la bouche d'un de ses bergers.

In medio duo signa Conon, et quis fuit alter,
Descripsit radio totum qui gentibus orbem,
Tempora quae messor, quae curvus arator haberet? Eclog. 3.

Ce fut *Conon* qui fit de la chevelure de Bérénice une nouvelle constellation, trait qui paroît mettre hors de doute qu'il cultiva l'astronomie à Alexandrie. *Sénèque* nous donne aussi lieu de le penser, en nous apprenant qu'il avoit recueilli les observations des anciens Egyptiens (2). Nous devons beaucoup regretter la perte d'un ouvrage aussi précieux et aussi utile à l'astronomie.

Dosithée de Colonie étoit encore un ami d'*Archimède*, qui avoit fait, ainsi que *Conon*, des observations et des éphémérides. *Archimède* lui adresse plusieurs de ses ouvrages, ce qui prouve l'intimité qui régnoit entr'eux, et en même-temps que *Dosithée* étoit versé dans la profonde géométrie.

Je crois devoir placer vers ce temps le géomètre *Nicomède*, inventeur de la conchoïde, lequel est communément réputé beaucoup moins ancien, et même postérieur de quelques siècles à l'ère chrétienne. Je me fonde sur quelques témoignages combinés de *Proclus* et d'*Eutocius*; le premier nous apprend positivement que *Nicomède* fut l'inventeur de la conchoïde (3); courbe sur laquelle *Geminus* écrivit dans la suite (4). Or cet auteur précéda certainement notre ère au moins d'un siècle (5). D'un autre côté il étoit postérieur, ou tout au plus contemporain d'*Eratosthène*, puisqu'au rapport d'*Eutocius* (6) il se moquoit de son invention pour résoudre le problême de la duplication du cube. De ces faits réunis, on doit conclure que *Nicomède* vivoit entre le premier et le troisième siècle avant l'ère chrétienne.

Le seul monument qui nous reste des travaux de *Nicomède* est l'invention de sa conchoïde, et l'usage ingénieux qu'il en fit pour la résolution du problême des deux moyennes proportionnelles. C'est ici le lieu de décrire cette courbe, et quelques-unes de ses propriétés.

(1) *Phases fixarum. Passim.*
(2) *Quaest. nat. lib.* 7.
(3) *Ad* I. *Euclid. Prop.* 1.
(4) *Ibid.* lib. 11, *ad finem.*

(5) Voy. l'art X de ce livre.
(6) *Ad Archim.* lib. 2, *de Sph. et Cylindro.*

Soit (*fig.* 39.) une ligne droite indéfinie A B, et un point P pris hors d'elle, duquel soit abaissée la perpendiculaire P C D, et tiré autant de lignes qu'on voudra P *c d*, P *c d*, etc. Si l'on suppose toutes ces lignes C D, *c d*, *c d*, etc. égales entre elles, la ligne qui passera par tous les points *d*, *d*, D, *d*, *d*, *d*, etc. sera la conchoïde, dont le point P sera appellé le *pôle*. On l'appelle la conchoïde supérieure lorsque la ligne C D ou *c d*, constante, est prise au-delà de la base A B, à l'égard du pôle P. Mais si, ce qui est également faisable, on prenoit C au-dessous de cette base, et ses égales *c δ*, *c δ*, etc. la ligne passant par les points Δ, *δ*, *δ*, seroit appellée la conchoïde inférieure.

Ainsi, l'on auroit la description de la conchoïde par un mouvement continu, si ayant une ligne indéfinie D C E, et la partie C D étant déterminée et invariable, on faisoit mouvoir cette ligne, ensorte que le point C parcourût la ligne A B, cette ligne D C E passant toujours par le point P; alors, dis-je, le point D passant successivement en *d*, *d*, *d* etc. décriroit la conchoïde. Il en est de même du point Δ si on suppose C Δ prise au-dessous de la base.

Or il est aisé de voir que quelque inclinée que soit la ligne *c d*, et quel que soit son éloignement du point C, c'est-à-dire quelque grande que soit la base C B, le point *d* ne sauroit jamais atteindre cette ligne C B, quoiqu'il s'en approche de moins que toute quantité donnée. Ainsi, la ligne A B est asymptote de la courbe; on fait voir aussi que, concave vers sa base, près du sommet D elle devient convexe vers elle après un certain terme.

Nicomède ne se borna pas à cette idée de sa conchoïde; il falloit, pour ses vues que nous expliquerons bientôt, la tracer d'un mouvement continu. Il imagina pour cela l'instrument que nous allons décrire.

Soit une règle peu épaisse, comme H I, (*fig.* 40.) au milieu de laquelle soit pratiquée une rainure bien égale. Cette règle portera vers son milieu la branche perpendiculaire *f* G, sur laquelle sera implantée une pointe d'acier ou de cuivre bien lisse. E C D est une autre règle portant aussi dans son milieu une rainure de même calibre bien juste à la pointe P, afin de pouvoir glisser dessus sans aucune vacillation. Au point C sera aussi fixée, une pointe bien lisse et de calibre à glisser sans aucune vacillation dans la rainure de la règle H I. Enfin, le point D est un trou pratiqué pour y placer une pointe propre à tracer sur le papier la courbe cherché. Il est facile de voir qu'ayant mis la règle H I, sur la ligne A B, ensorte que celle ci soit bien placée au milieu de la rainure; que la ligne C D étant fixée d'une manière invariable, on pourra faire glisser la pointe en

C le long de la rainure; que par ce mouvement la règle E D coulera, embrassant toujours par sa rainure la pointe P, et que conséquemment la pointe ou crayon fixé en D décrira la courbe d'un mouvement continu.

Le point D pourroit être également pris en-dessous de la règle, et alors la pointe ou le crayon décriroit la conchoïde inférieure.

Il est à propos de remarquer dès à présent que cette conchoïde inférieure peut avoir des formes différentes, suivant le rapport de C Δ à C P; Δ est le point décrivant. Car si C Δ est moindre que C P la courbe aura la forme de la *figure* 39. Elle sera d'abord convexe vers le point P, ensuite elle deviendra concave du même côté, et convexe vers son asymptote.

Si C Δ est égale à C P, la courbe passera par le point P et aura la forme que représente la *figure* 41. Et enfin, si C Δ étoit plus grande que C P, elle auroit celle qu'on voit dans la *figure* 42.

Voyons maintenant l'usage de cette courbe. Elle sert à résoudre, par un procédé uniforme le problème de la trisection de l'angle, et celui de la duplication du cube, ou des deux moyennes proportionnelles. Car d'abord on a vu plus haut, livre III, art. XVI, que le problème de la trisection consiste à trouver le moyen d'insérer dans un angle droit, ou entre le cercle et son diamètre prolongé, une ligne égale à une ligne donnée, en sorte que prolongée, elle passe par un point déterminé. Ainsi, dans la résolution indiquée par la *fig.* 43, que nous répétons ici, il s'agit d'insérer dans l'angle droit A B C une ligne égale au double de la diagonale du parallélogramme B D E C, et qui, prolongée, passe par le point D. Prenant donc ce point pour pôle de la conchoïde G A F, pour règle ou module une ligne A B égale à deux fois la diagonale susdite, la conchoïde décrite par l'instrument ci-dessus coupera le côté E F, prolongé en un point F, qui sera le point cherché; et I F sera égale à deux fois la diagonale C D.

Pour construire le problème, suivant l'autre moyen de résolution indiqué par la *fig.* 10, on employeroit la conchoïde inférieure, en prenant le point pour pôle, le diamètre B A pour base et le rayon pour module. L'intersection de cette conchoïde avec le demi-cercle donneroit le point cherché, comme l'on voit *fig.* 44.

Nicomède réduisoit aussi le problème des deux moyennes proportionnelles à une construction semblable (*fig.* 45.). Car ayant deux lignes, entre lesquelles il falloit trouver deux moyennes proportionnelles, il faisoit faire de deux lignes égales à celles-là un rectangle A B C D; diviser A D en deux parties égales en G, et élever la perpendiculaire G I égale à ½ A B. Faisant ensuite G H égale

égale a A D, il tiroit la ligne H I, et sa parallèle indéfinie
D O; enfin, dans l'angle E D O, il falloit adapter L E égale à
G I, et passant par le point I ; ce qui déterminoit la ligne E
C F, de telle manière que A D, B F, D E, B A étoient en pro-
portion continue.

Il ne s'agissoit donc encore que de prendre le point I pour
pôle; la ligne D O pour base, et le module égal à I G; la conchoïde décrite suivant ce procédé, en coupant la ligne D E,
donnoit le point cherché, et les deux moyennes étoient B F,
D E. Cette application de la conchoïde à la solution des problèmes solides a été fort approuvée par le grand *Newton*, qui
construit d'une manière semblable toutes les équations du 3e.
et du 4e. degré. (1).

I X.

Si le siècle dont on vient de faire l'histoire mathématique,
est remarquable par les progrès de la géométrie, celui où nous
arrivons ne l'est pas moins par les découvertes dont il enrichit
l'astronomie. Elles furent l'ouvrage du célèbre *Hipparque* qu'on
doit regarder comme le principal instaurateur de cette science
chez les Grecs. C'est à son temps qu'on commence véritablement à appercevoir plus d'intelligence dans l'art d'observer, une
connoissance plus distincte des diverses circonstances des mouvemens des astres, des hypothèses plus judicieuses et plus développées pour les expliquer, les semences enfin de quantité
de découvertes que les travaux des siècles suivans ont fait éclore.

Hipparque étoit de Nicée en Bithynie (2). C'est à tort que
quelques personnes d'ailleurs fort savantes en astronomie semblent
s'être fait un système d'écrire *Hypparque*. Son nom est toujours
écrit Ιππαρχος, et non Υππαρχος Il s'appliqua long-temps à
la théorie et à la pratique de l'astronomie dans différens endroits où il fixa successivement son séjour, comme dans sa patrie, à Rhodes et à Alexandrie. *Ptolémée* nous rapporte plusieurs
de ses observations faites depuis l'an 160 avant J. C. jusqu'à
l'an 125; ce qui détermine l'age où il a fleuri. Il donne en divers endroits des éloges à sa dextérité dans l'observation, à sa
sagacité et à son amour pour la vérité. Le récit que nous allons
faire de ses travaux confirmera parfaitement cet éloge. Au reste,
c'est une erreur que de faire, avec *Riccioli*, deux *Hipparques*, l'un
de Rhodes, l'autre de Nicée; ce sont seulement quelques modernes qui lui ont donné le surnom de la première de ces villes,

(1) *Arith. univers. in Appendice.*
(2) *Strabon, Geogr.* l. 12; Suidas au mot Ιππαρχος.

parce qu'ils le voyoient souvent cité par *Ptolémée* (1), comme
y ayant observé : cette distinction n'est fondée sur le témoignage
d'aucun auteur ancien.

Quelques personnes ont donné à *Hipparque* le nom d'*Abrachis*, ou ont fait de cet *Abrachis* un astronome inconnu à toute
l'antiquité. Mais ceux qui connoissent un peu l'arabe apperçoivent
facilement l'origine de ce nom. C'est celui que lui donnoient
les Arabes, qui n'ayant point de *p*, ont substitué à sa place le
b suivant leur coutume. Ils appelloient probablement cet astronome *Ibbarchos*, d'où les premiers traducteurs qui lisoient sur
des manuscrits sans voyelles ont fait *Abrachis*.

Le premier soin d'*Hipparque* fut de déterminer avec plus de
précision qu'on n'avoit encore fait, la durée des révolutions du
soleil. Il observa dans cette vue avec toute l'exactitude qui lui
fut possible, les retours de cet astre aux équinoxes et aux solstices durant une longue suite d'années. S'appercevant néanmoins
que ses observations n'étoient pas assez éloignées pour en pouvoir conclure rien de précis et d'exact, il préféra de les comparer avec les plus anciennes qu'il trouva avant lui. Pour cet
effet, il choisit une de ses observations du solstice d'été, et
il la compara à une autre faite 145 ans auparavant par *Aristarque* de Samos ; en quoi il donna le premier exemple de cette
ingénieuse méthode, qui distribuant sur un grand nombre de
révolutions les erreurs de l'observation, les rend par-là insensibles. Le premier fruit de cette méthode fut de racourcir l'année solaire d'environ cinq minutes. Car *Hipparque* trouvoit que
le solstice, qui dans cette cent-quarante cinquième année auroit dû arriver à une certaine heure du jour, si l'année eût
été de 365 jours $\frac{1}{4}$, avoit rétrogradé d'un demi jour, ou étoit
arrivé douze heures plutôt. C'étoit donc une précession d'un demi
jour à partager en cent-quarante cinq révolutions, et le quotient à retrancher de trois-cent soixante-cinq jours et six heures.
Cette méthode est encore celle dont on se sert pour déterminer
la grandeur de l'année solaire. *Hipparque* écrivit sur ce sujet
un traité intitulé *de magnitudine anni* (2), où il établissoit sa
découverte par d'autres preuves.

Si le mouvement du soleil étoit parfaitement égal et uniforme,
on devroit en conclure qu'il roule dans un cercle dont la terre
occupe le centre : mais on seroit dans l'erreur, si l'on imaginoit qu'aucun des mouvemens célestes s'exécutât avec cette régularité ; le soleil même, le modérateur du temps, est sujet à
des inégalités sensibles de vîtesse. Il est vrai que les observations des anciens n'étoient pas assez parfaites pour les en faire

(1) *Almag.* l. 5, c. 5.　　　(2) *Alm.* l. 3, c. 2.

appercevoir immédiatement, mais ils y parvinrent de la manière suivante. Ils remarquèrent qu'il y avoit une différence considérable entre les intervalles des équinoxes et des solstices, intervalles qui auroient dû être égaux, si le mouvement du soleil eût été uniforme : *Hipparque* observoit, par exemple, 94 jours $\frac{1}{2}$ entre l'équinoxe du printemps et le solstice d'été, et seulement $92\frac{1}{2}$ de celui-ci à l'équinoxe d'automne. C'étoient 187 jours employés à parcourir la moitié boréale de l'écliptique ; ainsi il n'en restoit que 178 et près d'un quart pour le temps que le soleil demeuroit dans la partie Australe, et ce temps étoit aussi inégalement partagé par le solstice d'hyver. Ces phénomènes démontroient que le soleil parcouroit cette dernière moitié plus rapidement que la première, et que sa moindre vîtesse étoit dans le quart de cercle entre l'équinoxe du printemps et le solstice d'été.

C'étoit un problème proposé déja depuis long-temps, comment on parviendroit à rendre raison par un mouvement circulaire et uniforme, de cette irrégularité qu'on supposoit n'être qu'apparente. Car on étoit persuadé qu'il ne convenoit pas à la dignité des corps célestes de marcher autrement que d'un pas très-égal. Tous les astronomes n'étoient peut-être pas coupables de cette puérile opinion ; on pourroit trouver une cause plus raisonnable de cette loi qu'ils s'étoient imposée de ne faire mouvoir les astres que sur des cercles, et d'une manière uniforme. Le cercle étoit la courbe la plus simple et celle qui offroit le plus de facilité pour le calcul des mouvemens célestes : cette raison suffisoit pour déterminer l'astronomie naissante à l'employer. On avoit donc imaginé de faire mouvoir le soleil dans un cercle excentrique, c'est-à-dire dont le centre n'étoit point occupé par la terre. Qu'on suppose, par exemple, le soleil parcourir uniformément la circonférence circulaire A D B E (*fig.* 46), et que le spectateur terrestre, au lieu d'être placé à son centre C, soit en T. Il est facile de voir que cet astre, quoique mû toujours d'une vîtesse égale, paroîtra aller plus lentement dans la partie la plus éloignée A, plus vîte dans la plus voisine B, et d'un mouvement moyen dans les parties intermédiaires. Mais c'étoit encore avoir peu fait que d'avoir proposé cette solution. Il falloit, pour calculer le mouvement du soleil, et son arrivée dans chaque point de son orbite, il falloit, dis-je, déterminer la quantité de cette excentricité, et la position de la ligne des apsides, c'est-à-dire de cette ligne qui détermine dans le ciel les termes du plus grand et du moindre éloignement. C'est ce que fit *Hipparque* en combinant les intervalles inégaux entre les équinoxes et les solstices. Par ce moyen il trouva la quantité de cette excentricité d'une vingt-quatrième du rayon de l'orbite, et l'apogée, ou le point du plus grand éloignement du soleil, au vingt-quatrième degré des *Gémeaux*. Ptolémée s'accorde avec lui dans ces deux points Mais on a reconnu depuis eux qu'ils s'étoient trompés l'un et l'autre à l'égard de l'excentricité, et qu'ils l'avoient faite trop grande d'environ un sixième.

Cette hypothèse de l'excentrique ayant été la base des premières tables solaires, et ayant été long-temps adoptée par les astronomes, il nous a paru convenable de la développer davantage, et de faire voir comment *Hipparque* et ses successeurs, du mouvement ou lieu moyen du soleil déduisoient son mouvement ou lieu vrai, c'est-à-dire apparent.

Soit à cet effet, (*figure* 46) le cercle A E B D A représentant l'orbite du soleil, dont A B est le diamètre, C le centre, T le lieu de la terre, ensorte que A est l'apogée, et B le périgée. Soit S le lieu du soleil duquel soyent tirées à C et T les lignes S C, S T; le mouvement du soleil étant uniforme autour du point C, l'angle A C S sera proportionnel au temps écoulé depuis le passage du soleil par son apogée. Ainsi l'on pourra connoître l'angle A C S par un calcul facile; et comme dans le triangle S C T l'angle S C T ou S C A et l'excentricité C T sont donnés, on aura par un calcul simple l'angle C S T, et conséquemment l'angle S T C. Cet angle est celui du mouvement vrai du soleil ou de son élongation apparente à l'apogée. Or cet angle ne diffère de celui S C A que de l'angle C S T; c'est pourquoi on s'est borné à calculer sa valeur pour toutes les valeurs successivement croissantes de l'angle A C S; on l'appelle par cette raison l'*équation*, parce qu'après avoir calculé l'angle A C S, il n'y a qu'à lui ajouter ou en soustraire cet angle C S T, pour avoir l'angle A T S.

Cette équation est en effet tantôt soustractive, tantôt additive. Car en supposant le soleil marcher de son apogée vers son périgée, ou du cancer vers le capricorne dans le sens A D B, comme dans les mois d'été et d'automne, la distance apparente A T S du soleil au point A, sera moindre que la distance moyenne A C S de la quantité de l'angle C S T. Il faudra donc soustraire ce dernier du premier. Mais lorsque le soleil aura passé le périgée et sera arrivé, par exemple, en *s*, alors l'élongation du soleil à l'égard du point A, qui est composée du demi-cercle A S B et de l'angle *s* T B, sera plus grande que l'élongation moyenne mesurée par l'angle B C S, jointe au même demi-cercle; car l'angle *s* T B est plus grand que *s* C B et de la quantité de l'angle C *s* T; ayant donc l'arc A E B D *s* plus grand que 180⁰, il faudra lui ajouter l'arc exprimé par l'angle en *s* ou l'équation.

Par ce que nous venons de dire, il est aisé de voir encore que l'équation est nulle quand le soleil est à son apogée ou à son périgée, qu'elle va en croissant de l'apogée au périgée jusqu'à un certain terme où elle est la plus grande, et va ensuite en diminuant jusqu'au périgée; qu'enfin elle est soustractive de l'apogée au périgée, ce qu'on appelle le premier demi-cercle d'anomalie; et additive ou doit s'ajouter dans le second demi-cercle du périgée à l'apogée.

Voici donc tout le système d'une table des mouvemens solaires. On a pris pour base une observation qui donnoit le lieu du soleil un certain jour de l'année, (les astronomes européens ont pris le premier janvier, parce qu'il commence l'année). Connoissant ensuite la durée de l'année solaire, et ayant le nombre des années, des mois, des jours et des heures écoulées depuis cette époque, il a été facile de calculer pour le moment donné, le lieu moyen du soleil; ce que l'on fait par une table qui réduit le tout à une simple addition. Ensuite connoissant la distance de l'apogée au point dont on suppose le soleil parti primitivement, on ôte du lieu moyen exprimé en signes, degrés et minutes, cette distance de l'apogée, qui, si elle est moindre que l'arc qui donne le lieu moyen, laisse l'arc A S, (dans le cas contraire, c'est l'arc A s). On va de là à la table des distances à l'apogée, à côté desquelles on trouve l'équation, que l'on soustrait du lieu moyen, où qu'on lui ajoute selon la circonstance, c'est-à-dire suivant que le lieu S est entre l'apogée et le périgée, ou entre le périgée et l'apogée. Tel est l'esprit des tables solaires et en général de toutes celles des mouvemens des astres, avec cette différence que dans celles-ci les équations sont plus multipliées, parce que les irrégularités de leurs mouvemens tiennent à plusieurs causes, et prennent leur origine de différens points de leurs orbites. Dans la lune, par exemple, la première équation dépend de la distance de son lieu à l'apogée; mais la seconde dépend de son aspect avec le soleil, c'est-à-dire de la distance de son lieu, d'abord corrigé par la première équation, au lieu apparent du soleil.

Il y a une seconde hypothèse imaginée par les anciens pour représenter ces inégalités. C'est celle qu'on nomme des épicycles. Ils concevoient (*fig.* 47.) l'astre porté par un petit cercle se mouvoir uniformément sur l'orbite, au centre duquel étoit le spectateur terrestre. Dans le cas du soleil en particulier, ce petit cercle avoit pour diamètre le double de l'excentricité observée, et ce petit cercle se mouvoit d'un mouvement toujours parallèle à lui même, ensorte que partant du point A où l'on avoit observé l'apogée, après être arrivé en B, le soleil se trouvoit plus voisin de la terre qu'au point A, de tout le diamètre de l'épicycle. Il étoit également facile de calculer l'équation dans les positions moyennes.

Nous remarquerons ici que cette hypothèse étoit virtuellement la même que celle de l'excentrique. Car en supposant l'épicycle se mouvoir d'un semblable mouvement, la courbe décrite par le soleil est précisément l'excentrique même de la première hypothèse. Il y avoit des cas où, pour satisfaire à plusieurs inégalités à la fois, tantôt on faisoit mouvoir l'épicycle sur un cercle excentrique lui-même, tantôt l'on donnoit à l'épicycle un certain mouvement autour de son centre. Mais il nous suffit d'avoir indiqué ici ces tentatives infructueuses, ces premiers efforts de l'esprit humain, pour expliquer et représenter les phénomènes.

Hipparque ébaucha aussi la théorie de la lune, en découvrant et calculant quelques-uns des élémens nombreux qui la compliquent. Il mesura d'abord la durée de ses révolutions, objet sans doute du livre intitulé *de menstruo revolutionis tempore* (1). La méthode qu'il y employa, fut semblable à celle qui lui avoit servi à mesurer le mouvement annuel du soleil. Il compara d'anciennes observations d'éclipses avec les siennes, et il divisa ensuite l'intervalle écoulé par le nombre des révolutions synodiques. Il détermina l'excentricité de l'orbite lunaire, et son inclinaison à l'écliptique qu'il fixa à 5°, sujet sur lequel il écrivit le traité *de menstruo lunae motu in latitudinem*. Il mesura aussi plus exactement qu'on n'avoit encore fait le mouvement des apsides de la lune, qui suit l'ordre des signes, et celui des nœuds qui se fait en sens contraire. A l'égard de la seconde inégalité de la lune qui dépend, non de l'excentricité de son orbite, mais de son aspect avec le soleil, *Ptolémée* semble dire qu'elle fut inconnue à *Hipparque* (2), ce qui me paroît difficile à concilier avec la sagacité dont il donna tant de preuves. *Hipparque* enfin calcula les premières tables des mouvemens de la lune et du soleil, dont il soit fait mention dans l'Astronomie. C'est apparemment de ces tables que parle *Pline* (3), quand il dit que cet astronome prédit le cours de ces astres pour 600 ans; ce que quelques-uns ont entendu par des éphémérides calculées pour cette suite d'années. Il y a certainement de l'exagération dans ce trait, et il s'accorde mal avec cette circonspection pour laquelle *Hipparque* est plusieurs fois loué par *Ptolémée*.

Un des objets de l'astronomie est de reconnoître les distances des corps célestes, et la grandeur de l'univers. Ce fut aussi un de ceux auxquels *Hipparque* s'adonna avec beaucoup de soin, et s'il resta encore bien en deçà de la vérité dans ses déterminations, il faut du moins convenir qu'il éloigna les limites de

---

(1) Suidas, *in Hipparcho.*
(2) *Alm.* l. 5, c. 2.
(3) Hist. Nat. *l.* 2, c. 12.

l'univers beaucoup plus qu'aucun de ses prédécesseurs. Au défaut d'une méthode directe il en imagina une indirecte fort ingénieuse, qu'on connoît en astronomie sous le nom du *Diagramme d'Hipparque*. C'est une manière de comparer les diamètres apparens, les parallaxes horizontales du soleil et de la lune, leurs distances et leurs grandeurs respectives, aussi-bien que le diamètre de l'ombre terrestre dans l'endroit où la lune la traverse dans ses éclipses. *Hipparque*, au rapport de *Théon*, (1) en avoit écrit un traité particulier qui étoit intitulé *de magnitudinibus et distantiis solis et lunae*, et il s'étoit servi, pour déterminer ces rapports différens, de quelques phénomènes des éclipses. Il y a en effet entre eux une telle liaison, que quelques uns étant une fois déterminés, tous les autres s'en ensuivent nécessairement. Par ce moyen *Hipparque* trouvoit la distance du soleil à la terre d'environ 1200 demi-diamètres terrestres, sa parallaxe horizontale de 3'; la distance moyenne de la lune à la terre de 59 de ces demi-diamètres, d'où il concluoit que le diamètre de la terre étoit égal à trois fois et ⅓ celui de la lune, et que celui du soleil contenoit cinq fois et demie celui de la terre (2). *Ptolémée* s'accorde avec lui dans ses mesures, et fait usage des mêmes moyens pour y parvenir. Mais les modernes, en rendant justice au génie d'*Hipparque*, n'ont pas cru que sa méthode fût propre pour atteindre à des déterminations aussi délicates: ils ont seulement retenu sa figure et son raisonnement, comme un des principaux élémens du calcul des éclipses.

Hipparque fut contraint de s'en tenir à la théorie de la lune et du soleil. Il ne crut pas avoir des observations assez nombreuses pour jetter les fondemens de celle des autres planètes. Trop amateur de la vérité pour proposer des hypothèses dont il auroit senti l'imperfection extrême, il laissa à ses successeurs le soin de fonder cette théorie, et il se borna à leur transmettre des matériaux pour cet effet: dans cette vue, il rédigea les observations faites avant lui sur ces planètes, et il en fit lui-même un grand nombre avec tout le soin dont il fut capable. Je m'étonne que *Ptolémée*, qui nous apprend ceci (3), n'ait fait aucun usage des observations d'*Hipparque*, lorsqu'il établit sa théorie des cinq planètes. Il semble que l'exactitude pour la-

(1) *Com. in Alm.* l. 6.
(2) Je ne puis m'empêcher de laver cet Astronome ancien d'une imputation de M. *Weidler*, qui lui fait dire dans son Histoire de l'Astronomie, que le diamètre du Soleil contenoit 1050 fois le rayon de la terre. L'Auteur dont s'appuie M. *Weidler* dit seulement 10, 50, c'est-à-dire, 10 fois et ¹²⁄₂₀; et quand il auroit attribué cette absurdité à *Hipparque*, il auroit fallu ne l'en point croire.
(3) *Alm.* l. 9, c. 2.

quelle il le loue si souvent, devoit leur assurer la préférence
sur celles de *Timocharis*, qui sont le plus souvent employées.

Une étoile nouvelle qui parut au temps d'*Hipparque*, le porta
à entreprendre un des plus grands projets que l'astronomie ait
jamais osé concevoir, et donna lieu à une belle découverte.
Pour mettre la postérité en état de reconnoître si le tableau du
ciel étoit toujours le même, s'il y naissoit quelquefois des étoiles,
ou s'il en disparoissoit, il en entreprit l'énumération. La difficulté et l'immensité du projet n'effrayèrent pas cet astronome
infatigable. Il le poussa assez loin, et il dressa un catalogue
étendu des principales fixes, qui servit dans la suite de base à
celui de *Ptolémée*. *Pline* enchanté de cette entreprise, ne s'en
explique qu'avec enthousiasme (1). *Hipparchus*, dit-il, *nunquam
satis laudatus, ut quo nemo magis comprobaverit cognatio-
nem cum homine syderum, animasque nostras partem esse
caeli. . . . ausus rem etiam Deo improbam annumerare posteris
stellas. . . . . Caelo in hæreditatem cunctis relicto*, &c. Nous
conjecturons qu'*Hipparque* décrivit les constellations avec les
étoiles qui les composent, sur une sphère solide, et qu'il laissa
ce monument dans l'école d'Alexandrie. Car *Ptolémée* voulant
prouver que la position des fixes entre elles n'avoit pas changé
depuis *Hipparque*, demande qu'on la compare avec celle de
la sphère solide de cet astronome (2). Ce fut probablement
à cette occasion qu'il imagina de projeter la sphère sur un
plan, invention dont l'évêque mathématicien *Synesius* lui fait
honneur (3). Effectivement ayant conçu le projet de faire passer
à la postérité l'état du ciel à son temps, il ne pouvoit rien faire
de mieux que de réduire dans une forme aussi commode, les
globes qui, par leur volume, sont peu propres à se transmettre
avec la même facilité.

Le travail d'*Hipparque* sur les fixes est sur-tout mémorable
par la découverte qu'il occasionna. En comparant ses observations avec celles d'*Aristille* et de *Timocharis*, faites un siècle
et demi avant lui, il s'apperçut que toutes les étoiles avoient
changé de place en s'avançant dans l'ordre des signes d'environ
deux degrés. Ce fut pour cela qu'il intitula le livre où il traitoit de ce phénomène, *de mutatione punctorum aequinoxialium
et solstitialium*. J'ai eu tort de traduire autrefois ce titre, *de retro-
gradatione punctorum*, etc. le mot employé par *Hipparque*,
ne signifiant que *mutation*, ensorte que ce que je conjecturois
d'après cela sur ses idées, relativement au vrai systême de l'univers, est sans fondement.

(1) *Hist. Nat.* l. 2, c. 26.
(2) *Alm.* l. 7, c. 1.

(3) *De dono Astrol. inter opp.* Syn.

Ptolémée

Ptolémée nous apprend qu'*Hipparque* soupçonna d'abord qu'il n'y avoit que les étoiles situées dans le Zodiaque, ou aux environs, qui eussent été déplacées, comme si, plus voisines du cercle qui est en quelque sorte le grand chemin des planètes, elles eussent été plus exposées à participer à leur mouvement. Mais cette idée fut bientôt dissipée par la comparaison des lieux des autres étoiles, et *Hipparque* reconnut que ce mouvement étoit général, et qu'il se faisoit autour des pôles du Zodiaque. Cependant toujours circonspect, et n'osant pas entièrement se fier aux observations grossières de ses prédécesseurs, il ne crut pas devoir annoncer sa découverte avec trop de confiance. Mais afin de mettre la postérité en état de prononcer, il lui transmit un grand nombre d'observations sur les fixes. Elles servirent dans la suite à *Ptolémée* pour assurer en même temps et l'immobilité parfaite des fixes les unes à l'égard des autres, et le mouvement de toute la sphère étoilée autour des pôles du Zodiaque.

Le génie d'*Hipparque* porta dans la géographie les mêmes lumières que dans l'astronomie. Il imagina le premier de faire usage des longitudes et des latitudes pour fixer la position des lieux sur la surface de la terre (1), et il se servit pour déterminer les premières, des éclipses de lune. Nous conviendrons du peu d'exactitude des déterminations d'*Hipparque*; mais le principe étoit excellent : il ne manquoit que de la perfection à l'astronomie pratique pour en retirer le fruit.

Les calculs nombreux où tant de travaux engagèrent ce laborieux astronome, firent enfin naître entre ses mains la trigonométrie, soit rectiligne, soit sphérique. *Théon* cite de lui un traité sur les *cordes* des arcs de cercle en douze livres (2), qui ne pouvoit être qu'un traité de trigonométrie. Car on sait que les anciens employoient les cordes des arcs doubles au lieu des sinus, qui sont aujourd'hui en usage.

Je termine en peu de mots cet article, en rapportant les titres de quelques autres ouvrages d'*Hipparque*. Dans celui *de intercalaribus mensibus*, cité par *Suidas*, il corrigeoit la période *Callippique*; nous avons rendu compte de cette correction dans l'article douzième du livre précédent. Sa critique des Phénomènes d'*Aratus*, intitulée, *in Arati et Eudoxi phenomena enarrationum libri III*, est le seul ouvrage de cet astronome qui nous soit parvenu, et a pour nous peu d'intérêt depuis que ce genre d'astronomie n'est plus d'usage. Il en est de même de ses remarques sur la géographie d'*Ératosthène* qu'il critiquoit avec une

---

(1) *Strab. Geog.* l. 1, p. 7, *Edit. Par.* (2) *Comm. in Alm.* l. 1, c. 9.

Tome I.   Ll

sorte d'acharnement, mais dont *Strabon* prend souvent le parti. C'est apparemment dans cet ouvrage qu'*Hipparque* présentoit son sentiment sur la mesure de la terre, dont il portoit le grand cercle à 275,000 stades. Mais nous ignorons de quelle espèce de stade *Hipparque* entendoit parler. Si c'étoit du stade olympique, il s'écartoit encore plus de la vérité que ne faisoit *Eratosthène*. Si c'étoit du stade égyptien, il restoit encore fort en arrière du but.

X.

L'intervalle de temps qui s'écoule depuis *Hipparque* jusqu'à l'ère chrétienne, nous présente un grand nombre de mathématiciens. On y vit fleurir successivement *Geminus*, *Ctésibius*, *Héron*, *Philon*, *Possidonius*, *Cléomède*, *Dionysidore*, *Sosigène*, *Théodose*, qui ont tous quelque part aux progrès des mathématiques, et dont quelques-uns ont eu de la célébrité. Nous allons les faire connoître.

Géminus étoit un mathématicien de l'île de Rhodes, qui fut auteur de deux ouvrages, l'un géométrique, l'autre astronomique, dont le dernier seul nous est parvenu. Le premier étoit intitulé *Enarrationes Geometricæ*, et comprenoit six livres. Les fréquentes citations de *Proclus* (1) qui semble en avoir tiré tout ce qu'il dit sur l'histoire et la métaphysique de la géométrie, nous donnent le moyen de nous en former une idée. Ce devoit être un commentaire historique, une sorte de développement philosophique des découvertes géométriques. On ne peut trop regretter qu'un ouvrage si curieux et si instructif n'ait pas percé jusqu'à nous. L'autre que nous possédons, est une *introduction à l'astronomie*, qui contient une saine doctrine et divers traits intéressans pour l'histoire de cette science. Le P. *Pétau* a fixé l'âge de *Géminus* vers l'an 77 avant l'ère chrétienne (2). Il s'appuie sur ce qu'on lit dans son ouvrage, qu'il y avoit 120 ans que la fête d'*Isis* se célébroit précisément au solstice d'hyver. Un autre savant en a conclu que *Géminus* vivoit vers l'an 137 avant cette époque; ce qui pourroit donner lieu de penser qu'il ne faut pas beaucoup compter sur ces déterminations. Mais on a un autre témoignage positif de l'antiquité de cet auteur dans *Simplicius*, qui fait dire à *Possidonius* quelque chose d'après lui (3). Il étoit donc antérieur à ce philosophe qui étoit prêt à mourir chargé d'années vers l'an 63 avant J. C. Je vais plus loin, et je suis porté à penser qu'il n'est pas postérieur à *Hipparque* : je me fonde sur ce qu'il

(1) *Comm. in I. Eucl. passim.*
(2) *Uranol. in notis ad Gem.* p. 33.
(3) *In L. II Phys.* Arist.

ne dit rien de ce célèbre astronome, et de sa découverte mémorable du mouvement propre des étoiles. Je ne saurois me persuader qu'avec autant d'intelligence qu'il en montre, il n'eût point eu de connoissance de cette découverte, et qu'il n'en eût point fait mention s'il lui avoit été postérieur.

Ctésibius et *Héron* son disciple, l'un et l'autre d'Alexandrie, s'illustrèrent par leur habileté dans les mécaniques. Le premier vivoit sous *Ptolémée Évergète* II, ou au milieu du second siècle avant l'ère chrétienne. Né dans un état qui l'éloignoit des sciences (car il étoit fils d'un barbier d'Alexandrie), il dut tout à son génie. Un jour étant dans la boutique de son père, il remarqua qu'en abaissant un miroir, le poids qui le contrebalançoit et qui étoit renfermé dans une coulisse cylindrique, formoit un son par le froissement de l'air poussé avec violence dans l'espace étroit qui lui servoit de jeu. *Ctésibius* doué de l'esprit d'observation, en conçut l'idée d'une orgue hydraulique par le moyen de l'air et de l'eau. Il y réussit, et il appliqua cette ingénieuse invention à des clepsidres sur lesquelles il travailla beaucoup. *Vitruve*, à qui nous devons ce trait historique sur *Ctésibius* (1), décrit au long plusieurs de ses machines, et entr'autres, une fort ingénieuse, où l'eau coulant par un trou ménagé dans une lame d'or ou une pierre précieuse, soulevoit une nacelle renversée. Cette nacelle portoit une règle dont les dents s'engrainant dans celles d'un tambour, le mettoit en mouvement, et celui-ci le communiquoit à d'autres roues, au moyen desquelles s'exécutoient divers jeux, des sons musicaux d'orgue, de trompette, etc. Ce mouvement servoit aussi à montrer les heures de nuit et de jour par un index mobile sur une colonne, le premier exemple connu d'un horloge mécanique. Il fut, dit-on, l'inventeur des pompes, et nous en avons effectivement une fort ingénieuse qui porte son nom ; elle est composée de deux corps de pompe qui vont alternativement, de sorte que tandis que l'un des pistons monte et aspire, l'autre descend, et refoulant l'eau, la fait monter dans un tuyau commun. Le chevalier *Morland* s'est beaucoup appliqué à perfectionner cette pompe, à laquelle il a trouvé de grands avantages (2), et qui en a réellement. *Philon* de Bysance (3) lui attribue encore une invention fort semblable à notre fusil à vent. C'étoit un tube, dans lequel l'air comprimé et ensuite rendu tout-à-coup à lui-même, poussoit un trait.

Héron s'acquit, de même que son maître, une haute réputation par son habileté dans la mécanique, et ce fut un des an-

---

(1) *Archit.* l. 9, c. 9; l. 10, c. 12.   (3) *Belopoeeca.*
(2) Elevat. des eaux, c. 4.

ciens qui écrivirent le plus dans ce genre. On avoit autrefois de lui un ouvrage du moins en trois livres, où il traitoit au long des différentes puissances mécaniques ; il les réduisoit au levier, suivant l'idée déja reçue des mathématiciens, et il les combinoit de diverses manières pour les appliquer aux besoins de la vie (1). *Golius* apporta d'Orient, au milieu du siècle passé, un ouvrage où ce mécanicien restituoit la machine d'*Archimède* pour tirer des fardeaux énormes : *Pappus* en parle (2) et la nomme Βαρουλκος, *onerum tractor*. C'étoit une machine fort semblable à notre cric, c'est-à-dire composée de plusieurs roues dentées, engrainées dans des pignons etc. Le calcul qu'il faisoit de sa force, est en tout conforme au nôtre.

Ce fut principalement par ses *clepsidres à eau*, par ses *automates* et ses *machines à vent*, qu'*Héron* excita l'admiration de l'antiquité. Nous avons son traité des machines à vent, sous le nom de *Spiritalia* ou *Pneumatica*, avec un fragment de ses automates (3). Le premier de ces traités est un monument très-estimable du génie d'*Héron* : on y remarque particulièrement que, quoique de son temps l'élasticité de l'air fût inconnue, elle est cependant presque toujours heureusement appliquée à produire son effet ; ce sont d'ingénieuses récréations mécaniques. A l'égard des *automates*, je doute que leur effet parût aujourd'hui merveilleux. *Héron* dans ce genre me paroît au-dessous de ce qu'il est dans ses *pneumatiques*. On a encore de ce mécanicien un traité intitulé *Belopœca*, ou de la construction des traits, que les éditeurs des *Mathematici veteres* ont publié. Nous finissons ce qui le concerne, par remarquer qu'il joignoit à cette habileté dans les mécaniques, beaucoup d'intelligence dans la géométrie : il est souvent cité par *Proclus*, comme auteur de nouveaux tours de démonstration de diverses propositions des Élémens.

Philon de Bysance fut aussi un mécanicien célèbre de l'antiquité : il vécut, non vers le temps *d'Alexandre*, comme l'ont pensé les éditeurs des *Mathematici veteres*, mais, au plutôt, peu après *Héron*, qu'il nomme dans son traité de la construction des *balistes* et des *catapultes*. Il étoit fort versé dans la géométrie, et sa solution du problème des deux moyennes proportionnelles, quoique la même dans le fonds que celle d'*Apollonius*, a son mérite dans la pratique. *Philon* écrivit aussi un traité de mécanique, dont l'objet étoit à-peu-près le même que celui d'*Héron* ; mais il ne nous est point parvenu, et il n'est connu que par les citations de *Pappus* (4).

(1) Papp. *Coll. Math.* l. 8, *passim.*   Commandini 1575. *in-4°. iterùm* 1647,
(2) Papp. *Ibi*. *prop.* 10.   *curâ N. Alleoti.*
(3) Heronis *Spiritalia*, *c. à Fel.*   (4) *Ibid.* l. 8, *passim.*

Possidonius est un stoïcien célèbre par l'amitié que *Cicéron* lui témoigne en plusieurs endroits de ses écrits : les marques de vénération que lui donna un jour le grand *Pompée*, font également honneur au consul Romain et à la philosophie. Ce général Romain passant par l'île de Rhodes, et voulant visiter ce philosophe, il défendit à ses licteurs de frapper à sa porte. *Fores*, dit l'historien latin, (1) *percuti de more à lictore vetuit, ac fasces lictoris januæ submisit, cui se oriens atque occidens submiserant.*

Possidonius fut géomètre, astronome, mécanicien, géographe. Il mérita bien de la géométrie pour avoir repoussé les attaques d'un *Zénon* de Sidon, épicurien, qui avoit tenté d'infirmer sa certitude et ses principes (2). *Cicéron* parle avec admiration d'une sphère mouvante semblable à celle d'*Archimède* qui étoit son ouvrage (3).

Cet astronome est encore connu dans l'antiquité par une détermination de la grandeur de la terre (4). Il avoit remarqué qu'à Rhodes l'étoile de Canope ne faisoit que raser l'horison, au lieu qu'à Alexandrie elle s'elevoit jusqu'à une 48e. partie de la circonférence ou 7°. $\frac{1}{2}$. Il en conclut que la distance de ces deux villes étoit de 7°. $\frac{1}{2}$: il estima ensuite leur distance directe et sous le même méridien, à 5000 stades ; par conséquent la circonférence entière de la terre devoit en contenir 240,000. Il est sans doute assez superflu d'observer combien peu un pareil moyen étoit propre à donner une mesure un peu exacte de la terre ; car comment s'assurer avec quelque précision de la distance de deux lieux séparés l'un de l'autre par une mer de 7°. $\frac{1}{2}$ de largeur ? Il est faux aussi, à cause de la réfraction, que cette observation donne pour distance méridienne entre Rhodes et Alexandrie 7 degrés et demi : tout le reste supposé exact, cet arc seroit de 7°. 56. Il est vrai que *Possidonius* ne pouvoit encore se douter de cette erreur, mais le peu de certitude de la distance itinéraire directe entre Alexandrie et Rhodes, devoit si peu échapper à ce philosophe, que nous croyons qu'il ne donnoit cette mesure de la terre que comme une évaluation assez peu exacte.

Je ne sais sur quel fondement divers auteurs parlant de cette mesure ou estimation de la grandeur de la terre, ne la portent qu'à 160,000 stades. L'évaluation ci-dessus, qui est celle rapportée par *Cléomède*, qui emploie si fréquemment des raisonnemens de *Possidonius*, qu'on est tenté de penser que ce fut un de

---

(1) Hist. Nat. *lib.* 7, *cap* 30.
(2) Proclus *in primum* Euclid. *Ax.* 1. cap. 10.
(3) De Nat. deorum, *lib.* 2.

(4) Cleomed. *Cycl. Theor.* lib. 1,

ses disciples, cette évaluation, dis-je, paroît devoir être regardée comme la véritable.

M. Weidler (1) attribue à *Possidonius*, sans doute par précipitation, un sentiment absurde, savoir, celui de faire le diamètre du soleil de 300,000 diamètres de la terre. Il cite *Cléomède l. 2. cap. 1*; mais on n'y lit rien de semblable : on y voit seulement un certain raisonnement de *Possidonius*, duquel il concluoit que le diamètre du soleil pouvoit être de 300,000 stades; ce qui ne fait que 3 à 4 diamètres de notre globe.

Il n'y a encore aucune espèce de fondement à ce que *Riccioli* (2) trouve d'après *Pline* (3), que ce philosophe éloignoit le soleil de la terre, de 13,141 demi diamètres terrestres, en quoi il eût surpassé tous les astronomes anciens et modernes jusqu'au commencement de ce siècle. Le texte de *Pline* dit qu'il donnoit 40 stades de hauteur à notre air grossier troublé par les vents et les nuages; que de-là il mettoit jusqu'à la lune, *vicies centum stadiorum*, enfin de-là jusqu'au soleil, *quinquies mille*. Or cela est étrangement éloigné du calcul de *Riccioli*, car 2000 stades font à peine 75 de nos lieues, et ce n'étoit, d'après la dimension de la terre de *Possidonius* même, que la 20e. partie d'un rayon terrestre; et les *quinquies millies*, en supposant qu'ils signifiassent cinq mille fois la distance précédente, ne donneroient encore que 240 à 250 demi-diamètres terrestres à la distance du soleil à la terre.

Mais peut-on croire qu'après les démonstrations d'*Aristarque* de Samos et celles d'*Hipparque*, qui ne pouvoient guère être ignorées de *Possidonius*, peut-on croire, dis-je, que ce philosophe fît la lune si voisine de la terre? Ainsi il faut qu'il y ait quelque erreur dans les nombres donnés par *Pline*; et c'est avec raison qu'on conjecture qu'il faut lire *vicies centum millia* et *quinquies millies millia*. Car on remarque qu'il étoit assez familier aux Romains d'omettre l'*M*, qui signifioit *mille* ou *millia* dans ces dénominations numérales, et l'on en cite des exemples assez fréquens. Admettons donc cette correction, et nous trouverons que ce philosophe astronome faisoit la lune éloignée de la terre de 2,000,000 stades; ce qui revient, selon sa mesure, à environ 50 rayons terrestres, et approche assez de la vérité pour ces temps anciens.

Quant au soleil, il en résulteroit une distance de 10 millions de stades, de cet astre, à ajouter à celle de la lune; ce qui donneroit un éloignement de 300 demi-diamètres terrestres du soleil à la terre; et il n'en falloit pas moins, ajoute *Cléomède*

(1) *Hist. Astronomiae*, cap. 5.　　(3) Hist. Nat. *lib. 2, cap. 23.*
(2) *Almag. Novum.* t. 1, p. 111.

d'après ce philosophe, pour que ce vaste globe de feu ne brûlât pas la terre de ses rayons.

Il est vrai cependant qu'en admettant cette détermination de la distance du soleil à la terre, comme de *Possidonius*, elle seroit contraire à ce qu'*Aristarque* avoit démontré quelques siècles auparavant; savoir, que le rapport entre les distances du soleil et de la lune à la terre ne pouvoit être au-dessous de celui de 18 ou 19 à 1, tandis que du calcul précédent il ne résulte qu'une distance quintuple : mais ce seroit un temps assez mal employé que de s'épuiser davantage en conjectures, d'après des données aussi douteuses que celles qu'on a sur ce sujet.

Cléomède attribue encore à ce philosophe un sentiment fort raisonnable, et depuis vérifié par l'expérience, sur la possibilité d'habiter les pays situés sous la ligne équinoxiale. On croyoit vulgairement de son temps qu'ils étoient si brûlés par le soleil, qu'ils étoient absolument déserts : *Possidonius* osa penser le contraire, et il en donnoit pour raison, que les terres voisines des tropiques étant habitables, il en doit être ainsi, à plus forte raison, de celles qui sont sous l'équateur, à cause de la longueur des nuits toujours égales aux jours ; ce qui donne à l'air et à la terre le temps de se refroidir, indépendamment des vents et des pluies qui servent encore à tempérer l'ardeur du soleil. C'est en effet ce que l'expérience a fait voir. Les pays sous l'équateur sont en général moins chauds que ceux qui avoisinent les tropiques : il fait moins chaud à Cayenne qu'à Saint-Domingue ou à la Martinique.

On doit probablement placer peu-après *Possidonius* l'astronome *Cléomède*, auteur d'un petit traité intitulé : *Cyclica theoria meteororum (seu corporum cælestium)* : ce sont des espèces d'élémens d'astronomie sphérique. Quoique l'âge de *Cléomède* ait paru assez incertain, je ne doute point qu'il ne soit antérieur à l'ère chrétienne. Le silence qu'il garde sur tout autre astronome postérieur à *Possidonius*, me le persuade, et l'usage presque continuel qu'il fait des raisonnemens de ce philosophe, pourroit le faire regarder comme un de ses disciples : on peut, au reste, s'étonner de ce qu'il ne parle jamais d'*Hipparque*, le premier sans doute des astronomes de l'antiquité jusqu'à *Ptolémée*. Cet ouvrage fut publié d'abord en 1493, en latin par *George Valla*, et l'a été de nouveau en grec et en latin par *Balfour*, savant Ecossois, en 1605, à Bordeaux. Cette édition est beaucoup meilleure que la première, et accompagnée de savantes notes. Il y en a aussi une de 1547.

L'astronome *Sosigène* doit sa célébrité à la circonstance de la réformation du calendrier Romain faite par *Jules-César*. Ce dictateur Romain, versé lui-même dans la science des astres, le consulta sur cette affaire astronomique, et l'on croit que ce fut cet astronome qui le détermina sur la forme d'intercalation qu'il projettoit, et sur la grandeur de l'année solaire qu'il fixa à 365 jours 6 heures. Si nous en croyons *Pline* (1), il balança longtemps avant de se déterminer, non par les motifs que lui prête cet historien, mais apparemment parce qu'il étoit incertain, à quelques minutes près, de la grandeur de l'année solaire, et qu'il ne pouvoit se dissimuler qu'*Hipparque* l'avoit trouvée moindre de quelques minutes. *Sosigène* avoit écrit un traité intitulé *de Revolutionibus*, qui avoit probablement pour objet cette discussion ; mais ce titre est tout ce qui nous en est parvenu.

Dionysiodore dont *Pline* parle (2), étoit un géomètre habile, à en juger par sa solution d'un problême difficile d'*Archimède*, qu'*Eutocius* (3) rapporte comme de lui. Il s'agissoit de diviser un hémisphère en raison donnée par un plan parallèle à la base, problême dont le géomètre Sicilien renvoie la solution à un autre endroit qui ne se trouve nulle part. Ce problême ne peut être résolu que par une section conique au moins, et il est de nature à exiger une assez profonde analyse, au moins pour le temps. *Pline* raconte encore de lui une histoire, qui ne peut être qu'une fable ridicule, et que je passe sous silence par cette raison. *Strabon* fait enfin mention de ce géomètre, comme d'un homme qui faisoit honneur à Émèse sa patrie, et nomme à cette occasion un autre géomètre nommé *Icène*, son compatriote.

Je me bornerai à dire ici un mot de quelques mathématiciens voisins de cette époque, des ouvrages desquels il ne nous est parvenu que les titres, comme *Artémidore* et *Alexandre*, d'Éphèse. Le premier avoit écrit onze livres sur la géographie, et *Sénèque* discute dans le livre VII de ses *Questions naturelles* quelques-unes des opinions physico-astronomiques de ce philosophe ; le second, surnommé *Lychnus*, écrivit en vers une description de l'univers tant céleste que terrestre.

Le géomètre *Théodose*, auteur des *Sphériques* et de quelques autres traités moins connus, qui nous sont parvenus, m'a paru devoir être placé vers cette époque, et terminera cet article. *Vitruve* (4) et *Strabon* (5) parlent l'un et l'autre d'un mathématicien de ce nom, qui ne peut être que celui dont il s'agit ici. *Strabon* dit même que ce *Théodose*, compatriote d'*Hipparque*, avoit deux fils mathématiciens comme lui. Je m'arrête peu à l'objection qu'on peut former d'après *Suidas* (6), qui

---

(1) Hist. Nat. *lib.* 18, *cap.* 25.
(2) Hist. Nat. *lib.* 2, *cap. ultimo*.
(3) *Comment. in lib. de Sphæra et Cylindro*.

(4) *Archit.* lib. 9, cap. 9.
(5) *Geograph.* lib. 2.
(6) **Au** mot Θεοδοσιος.

attribue

attribue à un *Théodose* Scepticien, qui vivoit après le second siècle de l'ère chrétienne, non seulement les *sphériques*, mais les autres traités du *Théodose* dont nous parlons. Il est évident, que ce Lexicographe s'est trompé, et je m'étonne que cette difficulté ait embarrassé quelques habiles gens ; car les Scepticiens ne s'amusoient guère à cultiver les mathématiques, et il parle bientôt après du *Théodose* de Tripoli en Bythinie, qui est le titre que prend le géomètre astronome dont nous parlons, à la tête de ses ouvrages. Ainsi il est évident que, soit par méprise de *Suidas*, soit par négligence de copistes, l'article du Scepticien a été chargé des titres des ouvrages du géomètre : encore moins y a-t-il matière d'embarras au sujet du Tripoli, patrie de *Théodose*, que quelques-uns ont cru être la ville de ce nom sur la côte d'Afrique. Il est également clair que c'est la ville de Tripoli sur la côte de Syrie.

Les Sphériques de *Théodose* sont un des ouvrages les plus estimables de la géométrie ancienne : l'objet que s'y est proposé ce mathématicien a été d'établir solidement les principes géométriques de l'astronomie sphérique et de l'explication qu'elle donne des phénomènes qui en sont l'objet ; ce qu'il fait en trois livres. Il fit à cet égard ce qu'*Euclide* avoit fait sur les Élémens de la géométrie ; il rassembla en un corps les différentes vérités sur ce sujet trouvées avant lui par les astronomes et les géomètres, car on ne doit pas douter que cette théorie, assez simple pour la plus grande partie, ne leur ait été bientôt familière. Le troisième livre est cependant remarquable par plusieurs propositions fort curieuses et assez difficiles pour avoir eu besoin d'être éclaircies et commentées par *Pappus*.

Cet ouvrage, qu'on peut regarder comme classique en astronomie, fut d'abord traduit par les Arabes, qui nous le donnèrent lorsque les sciences commencèrent à prendre racine parmi nous. Il fut traduit de leur langue en une espèce de latin barbare par un certain *Platon* de Tivoli, et parut pour la première fois en 1518. Il a depuis été publié en grec et latin, ou en latin seulement, par divers éditeurs, dont le principal est *Jean Pena*, professeur royal, qui en donna en 1557 une édition grecque et latine *in-4*°. L'édition latine des Sphériques donnée en 1675 à Londres, par *Isaac Barron*, *in-8*°., mérite aussi une mention particulière, ainsi que celle de *Jean Hunt* donnée en 1709 à Oxford, *in-8*°., que je crois la meilleure de toutes.

Les deux autres traités qu'on a de *Théodose*, sont un intitulé *de Habitationibus* et l'autre *de Diebus et Noctibus*. L'objet de ces deux ouvrages est la démonstration des phénomènes que doivent appercevoir les habitans de la terre, suivant la position où ils se trouvent sur le globe, ou celle du soleil dans l'écliptique : ils ne sont plus aujourd'hui fort importans, car cette doctrine est si facile, qu'on la saisit avec de légères connoissances de la sphère. Ils ont été l'un et l'autre traduits et publiés par *Jean Auria*, mathématicien Napolitain, en 1587 et 1588. (Romæ *in*-4º.)

Enfin *Vitruve* attribue au *Théodose* dont il parle l'invention d'un cadran qu'il nomme προς παν κλιμα, ce qui veut sans doute dire pour toute sorte de climats. On est fondé à conjecturer d'après cela que c'étoit une sorte de cadran universel et portatif, comme quelques-uns de ceux que construisent nos Gnomonistes ; mais nous ne croyons pas devoir ici nous arrêter sur ce sujet.

Fin de la matière du quatrième Livre.

NOTES

DU

QUATRIÈME LIVRE.

___

NOTE. *A.*

Sur les négligences d'Auteurs élémentaires de Géométrie.

LA crainte de donner à l'article d'*Euclide* une trop grande étendue, m'a empêché d'entrer dans de plus grands détails sur les écarts multipliés de la rigueur géométrique, dont plusieurs auteurs élémentaires ont donné des exemples. On va y suppléer ici.

Qui ne s'étonnera, par exemple, de voir quelques-uns de ces auteurs se tromper, même dans la définition du cercle ? C'est cependant la faute grossière de la plûpart de ceux qui n'ont voulu traiter des plans, qu'après avoir épuisé tout ce qu'on peut dire sur les lignes, les angles, les figures rectilignes et le cercle même. Plusieurs définissent ce dernier, *une figure bornée par une courbe dont tous les points sont également éloignés d'un point unique qu'on appelle centre*, ou bien la *figure décrite par l'extrémité d'une ligne droite, tournant sur son autre extrémité, jusqu'à ce qu'elle soit revenue à sa même place.* Cette définition est fausse, à moins qu'on ne dise *le cercle* est *une figure plane bornée*, etc., ou bien le cercle est la *figure décrite sur un plan par l'extrémité,* etc. En effet, si sur une surface courbe, comme celle d'un cylindre, ou toute autre, on applique la pointe d'un compas, et qu'on décrive avec l'autre une circonférence, voilà une courbe dont tous les points sont également éloignés d'un point unique ; voilà une ligne droite tournant sur une de ses extrémités, et décrivant par l'autre une courbe rentrante dans elle-même. Cependant ce n'est pas un cercle.

On aura peine à croire que des hommes, qui devoient donner l'exemple des raisonnemens les plus rigoureux, soyent coupables de fautes si lourdes. C'est cependant ce qui est arrivé à M. *de Crouzas*, tout auteur qu'il étoit d'un traité de logique (*voyez* ses Élémens de géométrie). Je suis fâché de voir aussi entachés de cette faute, les Élémens de géométrie de M. l'abbé M***. publiés pour la première fois en 1745, et réimprimés depuis plusieurs fois, sans qu'elle y ait été corrigée. Je citerai encore à cet égard ceux de M. l'abbé *T* * * * ; publiés en 1754. On l'y voit, sans avoir seulement dit ce que c'est qu'un plan, traiter des parallèles, des carrés, des parallélogrammes, des propriétés du cercle, etc. ; sans se douter que tout ce qu'il dit, ou suppose à ce sujet, est faux, à moins que ces figures ne soyent décrites sur un plan. Je passe, ne voulant contrister personne, sur un grand nombre d'autres auteurs élémentaires, qui ont aussi peu raisonné géométriquement, dans des livres qui devroient être les élémens de la manière de raisonner.

Le célèbre *Wolf* lui-même, tout grand logicien qu'il étoit, n'est pas exempt de ces fautes; car dans ses *Elementa matheseos universae* (édit. de 1740), on le voit dire (t. 1, pag. 118) : *si avec deux lignes ensemble plus grandes qu'une troisième, on décrit deux cercles des extrémités de cette troisième, prises pour centres, ces cercles se couperont.* Or cela est faux, à moins que la différence de ces deux lignes ne soit moindre que la troisième. Il commet la même faute lorsqu'il propose de décrire sur une base donnée, un triangle avec deux lignes données. Il ne suffit pas que ces deux lignes soyent plus grandes que la troisième; il falloit dire avec *Euclide*: pourvu que deux quelconques de ces lignes soyent plus grandes que la troisième. Je présume que ces fautes de précipitation et diverses autres, ont disparu de la nouvelle édition, que MM. *Marzagaglia* et *Conti* ont donnée, en 1750, de cet ouvrage qui est d'ailleurs, à mon avis, un des cours élémentaires de mathématiques les plus complets, les plus concis et les plus clairs.

On a déjà remarqué l'insuffisance de la définition des quantités proportionnelles, telle qu'elle est donnée dans la généralité des Elémens de géométrie modernes. Il n'étoit cependant pas bien difficile de l'étendre même aux quantités incommensurables. Car on peut faire voir par une démonstration *ad absurdum*, que si quatre quantités sont telles que la première contienne toujours de la seconde le même nombre d'aliquotes plus un reste, que la troisième de la quatrième plus un reste, quel que soit le nombre de ces aliquotes, ces quantités sont également proportionnelles. Mais je ne sais si aucun des auteurs a jamais songé à généraliser ainsi la notion des grandeurs proportionnelles, ensorte qu'on peut dire que tout ce qu'ils démontrent sur ces grandeurs, n'est point applicable aux quantités irrationnelles.

La plûpart de ces auteurs se hâtent de démontrer que si quatre grandeurs sont proportionnelles, le produit des extrêmes est égal à celui des moyennes: mais sans sortir de la géométrie, quel est le produit d'une surface par une surface, d'un solide par un solide, etc? Je sais bien qu'il y a réponse à ces difficultés; mais n'auroient-elles pas dû être prévues et résolues?

Il n'y a pas plus d'exactitude dans la définition commune des parallèles, lorsqu'on dit que ce sont des lignes droites équidistantes dans tous leurs points. Cette définition est vague; car il eût fallu d'abord expliquer en quoi consiste cette équidistance. Or je suppose qu'on eût dit qu'elle consiste en ce que toutes les perpendiculaires à l'une, et terminées par l'autre, sont égales, il faudroit prouver que cela est possible, c'est-à-dire, qu'ayant élevé sur l'une trois perpendiculaires égales, une ligne menée par deux des sommets de ces lignes passe par l'autre, ou que ces trois points sont en ligne droite. Or cela est plus difficile qu'on ne pense, et ne sauroit être fait sans employer un échafaudage de proportions, tout autre que celui qui est au pouvoir de ceux qui ne veulent parler des triangles, qu'après avoir épuisé tout ce qu'on peut dire sur les lignes; et que dirons-nous de ceux qui croient avoir démontré tout cela, sans avoir dit que ces lignes doivent être sur le même plan, et sans avoir même encore donné l'idée d'un plan?

La manière enfin, dont la plûpart de ces auteurs tentent de démontrer diverses propriétés des cercles, des cylindres, des cônes, de la sphère, savoir, en supposant les courbes divisées en parties infiniment petites, et réputées comme des lignes droites, les solides curvilignes, comme composés de tranches infiniment petites et en nombre infini; cette manière, dis-je, est vicieuse à bien des égards. C'est introduire dans les élémens d'une science, dont toutes les notions doivent être infiniment claires, une notion obscure ou du moins sujette à mille chicanes métaphysiques plus ou moins fondées. Ces termes d'infiniment petits, de polygones d'une infinité de côtés, etc. ne sont que des manières de parler abrégées, et inventées pour éviter un long détour géométrique, détour néanmoins nécessaire, si l'on veut forcer un esprit pointilleux dans ses derniers retranchemens. On devroit donc donner au moins un exemple du tour rigoureux de démonstration, imaginé et employé à cet effet par les anciens.

NOTE. *B.*

Sur les Porismes d'EUCLIDE.

IL n'est, dans la géométrie ancienne, rien de si abstrus et de si difficile, que le sujet des Porismes, et l'on peut en juger par l'aveu que fait M. *Halley.* Nous craignons même que malgré l'explication qu'en a donnée M. *Robert Simson,* il ne nous soit encore difficile de donner une idée bien claire de ce qui faisoit l'essence d'un porisme, et de ce qui constituoit sa différence d'avec un théorème et un problème; car la nuance est si délicate qu'à peine nous flattons-nous de l'avoir saisie nous-mêmes. Les propositions qu'*Euclide* démontroit dans ses trois livres sur les Porismes, ne sont pas moins difficiles à entendre, par leur nature, leur généralité et la multitude de cas dont elles sont susceptibles; ensorte que *Pappus* avoit raison d'appeler cette matière, *collectio artificiosissima multarum rerum quae spectant ad analysim difficiliorum et generaliorum problematum quorum ingentem copiam praebet natura,* etc. Mais commençons par faire entendre, si nous le pouvons, ce que c'est qu'un porisme, et sa différence d'avec un problème et un théorème même local, entre lesquels il semble tenir un milieu, et participer de la nature de l'un et de l'autre.

Un problème est une proposition, dans laquelle il s'agit d'exécuter une opération géométrique, comme de trouver un point, une ligne qui remplisse les conditions données.

Un théorème est l'énonciation d'une vérité qu'il est question de démontrer; et notamment un théorème local est une proposition qui a pour objet de faire voir qu'une suite de points d'une ligne droite ou courbe, satisfait à une question proposée, en jouissant d'une propriété commune.

Si, par exemple, on dit: *ayant un cercle* (fig. 48) *dont le centre est C, et une droite A·B, si du centre C on abaisse sur cette ligne une perpendiculaire CD, coupant le cercle en E, toute ligne comme F E G, terminée d'un côté au cercle, et de l'autre à la droite, aura son rectangle F E × E G constant et égal à celui de D E × E H;* ce sera un théorème, et même un théorème local.

Mais si l'on disoit: *ayant une ligne comme A B indéfinie, et un point E, duquel soient tirées des lignes comme F E G, D E H, f E g, tels que les rectangles F E × E G, D E × E H, f E × E g soient égaux entr'eux, quelle sera la nature de la courbe dans laquelle seront tous les points G, H, g, etc.?* Ce sera un problème local, et l'analyse fera voir, et a voit fait voir aux anciens que cette courbe est un cercle.

Enfin, si ignorant cette propriété du cercle, on disoit: *ayant un cercle et une droite. A B,* (fig. 49), *il y a sur le cercle un point E, tel que tirant par ce point une ligne quelconque F E G, le rectangle F E × E G sera constant, ou tou-*

jours le même, quelle que soit la position de cette ligne; ce sera un *Porisme*. Nous avons choisi à dessein cette proposition, parce que, en même-temps qu'elle est facile, elle présente une assez curieuse propriété du cercle. Considérée sous ce dernier aspect, on la résoudroit au moyen de l'analyse suivante.

Que le point E soit le point cherché, et soit du point E abaissée sur la ligne A B, la perpendiculaire E D prolongée jusqu'à sa seconde intersection avec le cercle en H. Que F E G soit une de ces lignes qui doivent jouir de la propriété énoncée; enfin soit tirée du point G la ligne G H. On raisonnera ensuite de la sorte.

Puisque les lignes F E G, D E H sont coupées par le point D, ensorte que le rectangle $FE \times EG$, est égal au rectangle $DE \times EH$, on aura ce rapport. E D est à E F comme E G à E H; d'où il suit que les triangles E D F, E G H sont semblables, et en tirant G H, E D à F D, comme E G à G H. Or l'angle en D est droit, donc l'angle E G H est droit aussi, et devant être droit dans tous les autres points de l'arc circulaire E G H, cet arc est un demi-cercle, et la ligne H E un diamètre, et enfin le point E dans l'intersection de ce diamètre avec le cercle.

Voici un Porisme du même genre. *Un point A étant donné*, (fig. 50) *et un cercle auquel sont tirées les lignes A F, A H, etc. il y a au dedans du cercle un point E, duquel tirant les lignes E F, E H, etc. il y a même raison entre les lignes A F et F E, qu'entre les lignes A H et H E*, etc.

Que le point cherché soit E, et soit tirée la ligne A E; soit fait ensuite l'angle E F C égal à F A E, et que C soit le point de rencontre de F C avec A E prolongée.

L'angle E F C étant égal à F A C, et l'angle F C A étant commun aux deux triangles F A C, E F C; ces deux triangles sont semblables, et l'on a A F : F E :: A C : C F :: C F : C E, et à cause de cette dernière proportion continue, on a encore $AC_2 :: CF^2 : AC : CE$. Or en vertu de la première, on a $AF^2 : FE^2 :: AC^2 : CF^2$, d'où il suit que $AF^2 : EF^2 :: AC : CE$.

Du point H soit tirée au point C la ligne H C: Par une propriété des triangles démontrée ailleurs, on a $CH^2 \times AE + AH^2 \times EC = HE_2 \times AC + AC \times CE \times AE$. Or par l'hypothèse du porisme, $AH^2 : HE^2 :: AF_2 : FE^2$, et l'on a trouvé plus haut $AF_2 : FE_2 :: AC : CE$. Ainsi l'on aura $AH^2 : HE^2 :: AC : CE$, et $AH^2 \times CE = AE^2 \times AC$. Ainsi ôtant de quantités égales des quantités égales, on aura $HC^2 \times AE = AC \times CE \times AE$, et conséquemment $HC^2 = AC \times CE$. Or on a trouvé également $AC^2 : FC^2 :: AC \times CE$: donc F C et H C sont égales, et pareille chose arrivant à l'égard de tout autre point de la circonférence, C est le centre du cercle donné. Ainsi C K est aussi un rayon, et puisque $CK_2 = CE \times AC$, il s'ensuit que C A, C K, C E sont continuellement proportionnelles. Ainsi le point E est donné.

Ces deux porismes fournissent des exemples de ceux qui avoient donné lieu à la définition proposée par quelques géomètres, que *Pappus* appelle *modernes*, et suivant laquelle un porisme étoit une proposition qui ne différoit que par l'hypothèse, d'un théorème ou d'un problême local. Cela est vrai des porismes ci-dessus; mais on seroit dans l'erreur, si l'on croyoit qu'ils fussent tous de cette espèce, et *Pappus* désapprouvoit les géomètres ci-dessus, en ce qu'ils donnoient pour une définition du porisme un symptôme particulier à une espèce d'entr'eux. En voici, par exemple, quelques-uns, où il n'est nullement question de propriétés locales ou d'invention de lieu.

Un cercle étant donné (Fig. 51.) *et un point A sur un de ses diamètres prolongé, il est au dedans du cercle un autre point, comme E, tel que menant par ce point une ligne quelconque B C, et ensuite de A les lignes A B, A C, coupant de nouveau le cercle en F et D; 1°. la ligne D E passera par le même point E; 2°. que les lignes C D, B F seront parallèles, et les angles D A G, G A F égaux.*

On trouve par une analyse assez compliquée que le point E est tellement situé que AH : AG :: HE : EG.

Voici encore un porisme du même genre, ou si l'on veut, un théorème rangé dans cette classe par les anciens, et beaucoup plus difficile (fig. 52).

Si l'on a trois lignes partant d'un même point comme A D), A E, B A C, et qu'on prenne sur la dernière deux points quelconques B et C, desquels on tire au point O d'une autre ligne donnée de position F G, les lignes B O, O C, coupant les deux premières A D, A E en M et N ; que l'on joigne M, N, toutes les lignes semblables passeront par un même point L, qu'on déterminera facilement en tirant deux lignes à un autre point H de F G, et joignant les deux nouveaux points d'intersection P, Q, par la ligne P Q qui coupera la première en L.

On en peut voir l'analyse et la démonstration dans le livre de M. *Simson*.

Terminons cet article par un porisme général et des plus abstrus, dont le développement, dans tous les cas, paroît avoir fait la principale partie du premier livre des Porismes d'*Euclide* (fig. 53).

Si l'on a quatre lignes A B, C D, A F, B E, qui se coupent dans les cinq points A, B, C, D, G, (dans lequel cas deux, comme A B, C D, seront parallèles; car autrement et les autres ne l'étant pas, il y auroit six intersections. On suppose encore que par chaque point de section ne passent pas plus de deux lignes), et que deux de ces points soient fixes ou donnés sur la ligne A B, si des trois autres, deux se meuvent sur deux lignes droites H I, K L, le troisième, G, se trouvera aussi ou se mouvra sur une ligne G g donnée de position, ou en style de géométrie ancienne, tanget rectam positione datam.

Si l'on a quatre lignes, dont aucune ne soit parallèle à une autre, dans lequel cas elles se couperont en six points; que trois de ces points d'intersection soyent sur la même ligne, et que des trois restans, deux, comme ci-dessus, se trouvent continuellement, ou se meuvent sur deux droites données de position, le sixième sera aussi sur une droite donnée de position.

Généralement enfin, si l'on a cinq lignes ou plus, se coupant (sans que néanmoins plus de deux passent par le même point, et pourvu que nulle ne soit parallèle à une autre), le nombre de leurs intersections sera exprimé par le nombre triangulaire, dont le côté sera le nombre des lignes moins un ; ainsi, dans le cas de cinq lignes, on a quatre points d'intersection sur une même droite, et dix en total; pour six lignes on aura cinq points d'intersection sur la même, et quinze en total, etc.

Maintenant si ces quatre (ou cinq) points d'intersection sur une même droite sont donnés, et que des restans au nombre de six (ou dix), trois (ou quatre) se meuvent sur autant de droites données de position, chacun des autres, savoir trois pour le cas de cinq lignes, (ou quatre) pour celui de six lignes) touchera une ligne droite donnée de position.

Sur ce simple exposé que nous ne pouvons étendre davantage, on peut juger combien épineuse et savante étoit cette doctrine des porismes, et quels géomètres étoient ceux qui l'ont créée ou avancée, comme paroît être *Euclide*, qui me semble par-là ne céder en rien aux *Archimède* et aux *Apollonius*, si même ces théorêmes ne sont pas plus compliqués qu'aucun des coniques de ce dernier. On voit aussi par-là combien est peu satisfaisante la notion des porismes donnée dans l'*Encyclopédie*, tant ancienne que récente, où on les fait synonymes avec lemmes. Mais sur tout cela, nous ne pouvons qu'inviter les curieux de ces vestiges de l'ancienne géométrie, de recourir à l'ouvrage cité de M. *Robert Simson.*

Je remarquerai encore que les derniers théorêmes ont de l'affinité avec ce que *Neuton*, *Maclaurin* et *Braiken Ridge* ont trouvé sur les lignes décrites par des intersections d'autres lignes, pendant qu'on promène un certain nombre de ces intersections sur des lignes données.

N O T E. C.

Sur les Loca ad Medietates *d'ERATOSTHÈNE.*

Nous croyons pouvoir annoncer avec quelque confiance notre divination sur les *Loca ad Medietates* d'*Eratosthène*, objet sur lequel personne, à notre connoissance, ne paroit avoir formé de conjectures; mais pour établir les nôtres, il est d'abord nécessaire d'observer que d'après *Pappus*, ces lieux *ad medietates* étoient des sections coniques. On sait d'ailleurs que le nom de *Médiété* étoit, chez les anciens, commun aux trois proportions nommées chez nous arithmétique, géométrique et harmonique. Ils ne donnoient le nom de proportion qu'à la raison géométrique.

Cela entendu, voici quelques théorêmes qui nous paroissent avoir pu faire partie du livre d'*Eratosthène*; si nous nous trompons, ce seront du moins des théorêmes coniques, que je ne crois pas avoir été remarqués. Nous allons, pour abréger nous énoncer à-peu-près à la manière de *Pappus*.

1°. Soient (fig. 54) deux droites A B, C D, tirées d'une manière quelconque, et la ligne G H prise pour axe; enfin la ligne O F tirée sous un angle quelconque sur G H. Que le point P (ou *p*, on π, etc.) soit tel que O P, (ou O *p*, ou O π), soit à l'égard de O F, O E en médiété continue arithmétique, géométrique ou harmonique, c'est-à-dire, qu'on ait O P : O E :: O E : O F, ou O E : O *p* : O *p* : O F, ou O E : O F :: O F : O π, en raison quelconque arithmétique, ou géométrique, ou harmonique, je dis que les points P, déterminés semblablement (ou *p*, ou π) sont dans une section conique, n'en excluant pas la ligne droite.

2°. Soient tirées (fig. 55) trois lignes A B, C D, G H, et un axe L G A pris à volonté, enfin la ligne O F K tirée sous un angle quelconque sur C A; que le point P soit tel que l'on ait O P : O E :: O F : O I, en médiété quelconque arithmétique, géométrique ou harmonique, tous les points P, ainsi situés, seront dans une section conique de position donnée. Il en sera de même des points *p*, π, ϖ, si l'on a O E : O *p* :: O F : O I, ou O E : O F :: O π, O I, ou O E : O F :: O I : O ϖ; ces points *p*, π, ϖ, dis-je, seront aussi dans une section conique.

Ces théorêmes sont faciles à démontrer au moyen de l'analyse moderne; car il est aisé de voir que les dimensions des co-ordonnées ne sauroient jamais excéder le second degré. Mais on sentira facilement aussi qu'à les étendre à la manière des anciens, à en examiner tous les cas, il y avoit matière à deux livres assez amples, dont l'un pouvoit contenir le développement du premier théorême, et l'autre celui du dernier. Il y a même quelques autres théorêmes de ce genre que j'omets pour abréger.

NOTE. *D.*

Sur le crible d'ERATOSTHÈNE.

VOICI le fond et l'esprit de la méthode indirecte d'*Eratosthène*, pour discerner dans la suite des nombres, ceux qui sont premiers. Il l'appela le *crible*, parce que, tout ainsi que dans un crible restent les corps qui sont d'une dimension excédente, celle des ouvertures étant destinée à laisser passer ceux d'une dimension moindre ; de même dans la suite des nombres exposés selon le procédé d'*Eratosthène*, il ne reste que ceux qui ont la propriété de n'avoir que l'unité ou eux-mêmes pour diviseurs. Mais venons au fait.

On voit d'abord que tous les nombres pairs, hors 2, sont composés ; car ils ont au moins le nombre 2 pour diviseur : ainsi on doit d'abord dans la suite des nombres naturels supprimer tous les nombres pairs.

Soit donc exposée la suite des nombres impairs comme il suit, en commençant par 3.

3, 5, 7, 9, 11, 13, 15, 17, 19, 21, 23, 25, 27, 29.
31, 33, 35, 37, 39, 41, 43, 45, 47, 49, 51, 53, 55, 57, 59.
61, 63, 65, 67, 69, 71, 73, 75, 77, 79, 81, 83, 85, 87, 89.
91, 93, 95, 97, 99, 101, 103, 105, 107, 109, 111, 113, 115, 117, 119.
121, 123, 125, 127, 129, 131, 133, 135, 137, 139, 141, 143, 145, 147, 149.
151, 153, 155, 157, 159, 161, 163, 165, 167, 169, 171, 173, 175, 177, 179.
181, 183, 185.

Maintenant si l'on prend pour premier diviseur le premier des nombres 3, on verra facilement que tous les nombres divisibles par 3, sont placés de telle sorte, que, entre 3 et le premier de ces nombres 9, il y a deux nombres que 3 ne mesure point, et ainsi successivement ; il y a un multiple de 3 après deux qui ne le sont pas. On peut donc par une opération fort sûre et fort simple, exclure tous ces nombres en les pointant de 3 en 3, c'est-à-dire, tous les troisièmes.

Prenons maintenant 5 pour diviseur, tous les nombres divisibles par 5 seront situés de manière qu'il y en aura 4 entre les deux voisins, qui ne seront pas divisibles par 5. On pointera donc tous les cinquièmes nombres après 5, comme 15, 25, 35, etc.

En prenant 7 pour diviseur, on trouvera 6 intermédiaires, non divisibles par 7 ; ainsi pointant tous les septièmes après 7, on exclura tous les nombres divisibles par 7.

Il est superflu de faire la même opération à partir de 9, parce que 9 étant divisible par 3, tous les multiples de 9 sont déjà compris parmi ceux de 3.

En continuant par 11, on comptera et rayera de même tous les onzièmes nombres, dont le premier sera 33, etc.

On voit par ce progrès que tous les nombres antérieurs à celui qu'on prend par ordre pour diviseur, et qui ne se trouveront pas pointés, seront des nombres premiers ; ainsi nous avons ici 3, 5, 7, 9, 11, 13, pour nombres premiers, et la besogne ira même ensuite beaucoup plus rapidement, parce que, à mesure que l'on avancera, les enjambées, pour ainsi dire, seront plus grandes ; et j'imagine qu'en moins d'un quart-d'heure, on pourroit assigner tous les nombres premiers entre l'unité et 1000.

Il faut convenir que cette méthode est indirecte ; mais personne n'a pu encore en trouver une directe ; on s'est borné à donner quelques symptômes des nombres premiers Tel est celui annoncé par *Leibnitz* ; savoir, que tout nombre premier est un multiple de 6, augmenté ou diminué de l'unité. Ainsi les seuls nombres qui puissent être premiers, quoique tous ne le soient pas, sont ceux-ci après 3 ; savoir, 5, 7 ; 11, 13 ; 17, 19 ; 23, 25 ; 29, 31, 35, 37 ; 41, 43 ; 47, 49 ; 53, 55 ; 59, 61 ; 65, 67 ; 71, 73 ; 77, 79, etc., où peut-être on trouvera quelque jour une loi qu'y suivent les nombres premiers.

Je reviens au *crible d'Eratosthène*, en invitant les lecteurs curieux de ces antiquités géométriques, à lire le mémoire de M. *Horsley*, sur ce sujet, dans le volume des *transactions philosophiques*, année 1772 ; ils y trouveront cette matière traitée avec plus d'étendue, et des observations particulières et intéressantes, auxquelles les bornes que nous nous sommes prescrites, ne nous permettent pas de donner place ici.

N O T E. E.

Sur les démonstrations ad absurdum, *ou la méthode d'exhaustion employée par* Archimède, *et les géomètres anciens.*

Nous allons donner ici, comme nous l'avons promis dans l'article V de ce livre, un exemple de la méthode employée par *Archimède*, et les géomètres anciens, pour la dimension des figures curvilignes. En voici deux exemples : l'un tiré de la géométrie élémentaire, et l'autre d'une géométrie plus relevée.

Supposons qu'on voulût démontrer que le cercle est égal au rectangle de la moitié de la circonférence par le rayon. Pour cela, on établit d'abord, ce qui est facile, qu'on peut inscrire et circonscrire au cercle deux polygones, dont chacun n'en différera que d'une quantité moindre que toute quantité donnée. Cela établi, voici le raisonnement des anciens. (Voy. *fig.* 56.)

Si le cercle n'est pas égal au rectangle ci-dessus, il est plus grand ou moindre. Supposons-le d'abord plus grand, et que ce dont il diffère de ce rectangle soit la quantité A, si petite qu'on voudra. Circonscrivez au cercle un polygone qui en diffère de moins que cette quantité. Ce polygone sera égal au rectangle de son demi-contour par le rayon du cercle. Or le contour de ce polygone est plus grand que la circonférence du cercle ; d'où il suit que le rectangle de ce demi-contour par le rayon, est nécessairement plus grand que le rectangle de la demi-circonférence par le même rayon. Mais l'on suppose le cercle plus grand, de la quantité A, que ce dernier rectangle, et le rectangle du demi-contour du polygone circonscrit, ne diffère du cercle que de moins que la quantité A. Ce dernier rectangle est donc moindre que celui de la demi-circonférence par le rayon ; d'où il suit que la demi-circonférence seroit plus grande que le demi-contour du polygone circonscrit. Or cela est absurde; le cercle n'est donc pas plus grand que le rectangle du rayon par la demi-circonférence.

On prouvera par un raisonnement semblable, et au moyen d'un polygone inscrit, que le cercle n'est pas moindre que le rectangle susdit : donc il est égal à ce rectangle. Tel est l'esprit, sinon les mots précisément, de la démonstration d'*Archimède*, ou des anciens. Car sûrement ils n'ignorèrent pas jusqu'au temps d'*Archimède*, que le cercle étoit égal au rectangle du rayon par la demi-circonférence.

Voici le second exemple de cette méthode employée par *Archimède*, dans son livre *de Conoidibus et Spheroidibus*, pour démontrer que le conoïde parabolique est égal à la moitié du cylindre, de même base et même hauteur.

Pour cet effet, *Archimède* propose d'abord, et démontre ce lemme. *Si l'on a une suite de grandeurs arithmétiquement croissantes, dont la différence soit égale à la moindre, et que l'on prenne un égal nombre de grandeurs toutes égales à la plus grande, la somme de celles-ci sera moindre que le double de celle de toutes les premières, mais elle surpassera le double de cette somme diminuée de la plus grande.*

Il montre ensuite qu'un conoïde parabolique étant donné, (*fig.* 57.) on peut toujours lui inscrire une suite de cylindres, comme V E, T G, etc. et lui en circonscrire d'autres, comme D B, F E, etc. ; de sorte que la somme des cylindres inscrits ne diffère de celle des circonscrits, que d'une quantité moindre qu'une quantité quelconque donnée. Cela est évident, car tous les excès des cylindres circonscrits sur les inscrits correspondans, sont visiblement égaux au premier circonscrit D B, qu'on peut faire moindre que tout ce que l'on voudra. Enfin il est facile de voir que tous ces cylindres, les inscrits comme les circonscrits, se surpassent arithmétiquement; car étant de hauteurs égales, ils sont comme leurs bases, ou comme les carrés des demi-ordonnées X O, V M, etc., qui sont comme les abscisses S X, S Y, etc. qui se surpassent également, et dont la différence est égale à la plus petite S X.

Cela démontré, que le conoïde ne soit pas la moitié du cylindre de même base et même hauteur; mais qu'il soit, si l'on veut, plus grand de la quantité A; qu'on inscrive et qu'on circonscrive au conoïde les suites de cylindres décrits ci-dessus, dont la différence soit moindre que A ; le conoïde surpassera donc la somme des cylindres inscrits de moins que A; et puisqu'il surpasse de A, le demi-cylindre de même base et même hauteur, il suit que ce demi-cylindre est moindre que la somme des cylindres inscrits. Mais la demi-somme de tous les cylindres égaux, qui font le cylindre A Z, surpasse la somme de tous les circonscrits, moins le premier D B, et cette somme des cylindres circonscrits, moins le premier D B, est égale à la somme des inscrits; donc la moitié du cylindre A Z est plus grande que celle de tous les inscrits. Or on a fait voir, en vertu de la supposition, qu'elle étoit moindre. Ainsi cette supposition est fausse, et le conoïde ne peut être plus grand que la moitié du cylindre A Z. Il est facile de démontrer par un raisonnement semblable qu'il n'est pas moindre. Il est donc égal à la moitié.

NOTE. *F.*

Sur les Loca plana d'*APOLLONIUS.*

VOICI quelques-unes des propositions les plus remarquables des *loca plana* d'Apollonius.

1°. Si d'un point P (*fig.* 58), partent plusieurs paires de lignes P A, P *a*; P B, P *b*, etc., faisant des angles constans A P *a*, B P *b*, etc., et que la raison de P A à P *a*, de P B à P *b*, etc. soit toujours la même, ou que le rectangle de P A × P *a*, P B × P *b*, etc. soit toujours le même, si les points A, B, etc., sont dans un lieu plan, c'est-à-dire, sur une ligne droite ou circulaire, les points *a*, *b*, seront également dans un lieu plan, c'est-à-dire, dans le premier cas, sur une ligne droite, et dans le second, sur un arc de cercle.

2°. Il en sera de même (*fig.* 59), si les angles P A *a*, P B B, P C *c*, etc., étant les mêmes, on a la raison de P A à A *a*, P B à B *b*, etc., toujours la même, ou le rectangle de P A par A *a*, P B par B *b*, etc., toujours le même.

3°. Si l'on a tant de lignes droites données de position qu'en voudra (*fig.* 60), et qu'on propose de leur tirer d'un point P, autant de lignes droites sous des angles données, ensorte que la somme de deux soit à la troisième (s'il y en a trois), ou la somme de deux à celle des deux autres (s'il y en a quatre), etc. en raison donnée, le point P et tous ceux qui résoudront le problème seront dans un lieu plan, ligne droite ou circulaire.

Ce sera la même chose, si le rectangle de deux est égal au carré de la troisième, ou le rectangle de deux égal, ou en raison donnée avec le rectangle des deux autres.

4°. Si d'un point P donné à une ligne droite A B C (*fig.* 61), on mène les lignes P A, A *a*; P B, B *b*; P C, C *c*, etc., faisant les angles P A *a*, P B *b*, P C *c*, etc. égaux, et que P A soit à A *a*, P B à B *b*, etc., en raison donnée, tous les points *a*, *b*, *c*, etc. ainsi déterminés, seront à une ligne droite; et si A B C est un cercle, les points *a*, *b*, *c*, seront aussi à un cercle.

5°. Si des deux points donnés A et B (*fig.* 62) sont tirées à un troisième P, des lignes A P, B P, qui soient dans une raison quelconque d'inégalité, ce point P et tous les semblables *p*, π, etc. où aboutiront des lignes tirées de A et B dans la même raison, seront dans une circonférence circulaire.

6°. On sait que tous les triangles, où la somme des carrés des côtés est égale à celui de la base, ont leur sommet dans un demi-cercle; cela est encore vrai, lorsque la somme des carrés est toujours la même, quoique plus grande ou moindre que celui de la base. Il y a seulement cette différence que, dans ce dernier cas, les points A, B, extrémités de la base, au lieu d'être aux extrémités du diamètre, sont au dehors ou au-dedans; savoir, au-dehors, si la somme des carrés est moindre, et au-dedans, comme en *a* et *b*, si elle est plus grande que celui de la base (*fig.* 63).

7°. Si ayant un point D quelconque, et une (*fig.* 64) droite B A C donnée de position, on tire tant qu'en voudra de lignes A D G, B D E, C D F, etc., et que les rectangles de A D, D G; B D, D E; C D, D F, etc., soient égaux, les points D, E, G, F, etc. seront dans une circonférence circulaire.

Et si la ligne B A C est elle-même un cercle, comme dans la *fig.* 65, les rectangles ADG, BDE, CDF, etc. étant égaux, le lieu des points G, E, F, etc. sera encore un cercle, et l'on aura encore *vice versâ* les rectangles *g*D*a*, *e*D*b*, *f*D*e*, etc. égaux entr'eux, et au rectangle des tangentes DH, D*h*.

8°. C'est ici une des propriétés les plus singulières du cercle. Si de tant de points qu'on voudra, comme A, B, C, D, F, etc. (*fig.* 66), partent autant de lignes à des points P, *p*, etc. tels que la somme des carrés des lignes tirées au point P, soit égale à celle des carrés des lignes tirées au point *p*, etc., et ainsi de toutes les autres lignes tirées à d'autres points, tous ces points P, *p*, etc. appartiendront à la circonférence d'un cercle, dont le rayon et le centre se détermineront ainsi:

Tirez la ligne NO qui laisse tous ces points d'un même côté, et la ligne NM perpendiculaire à la première, qui les laisse pareillement tous du même côté; que AG, BH, CI, DK, EL, etc. soyent perpendiculaires à cette dernière, et que NT soit la partie des lignes NG, NH, NI, NK, NL, etc., dénommée par le nombre des points, comme ici la cinquième partie, parce qu'il y a cinq points; sur le point T soit élevée la perpendiculaire TQ, égale à pareille partie de la somme des lignes A*g*, B*h*, C*f*, etc. le point Q sera le centre du cercle, lieu de tous les points P, *p*, etc., et le rayon sera celui dont le carré est pareille partie (ici la cinquième) de la somme des carrés de AP, BP, CP, DP, EP, etc.

Il est aisé de reconnoître ici que le centre du cercle cherché, est précisément le centre de gravité des points A, B, C, D, E, etc., en leur supposant à tous un égal poids.

Je remarquerai encore que, si l'on supposoit le point P et ses semblables, tels que *m* fois le carré de AP, plus *n* fois le carré de BP, plus *p* fois le carré de CP, plus *q* fois le carré de DP, plus *r* fois le carré de EP, fissent toujours une même quantité; alors le centre Q du cercle, lieu des points P, *p*, etc., seroit le centre de gravité des points A B, ect. en supposant à A un poids comme *m*, à B un poids comme *n*, à C un poids comme *p*, etc.

NOTE. G.

Sur les Livres d'Apollonius, *intitulés :* De Tactionibus ; de Sectione rationis ; de Sectione spatii ; de Determinata Sectione ; de Inclinationibus.

Nous avons donné dans le texte même de cet ouvrage, et de ce Livre, article VII, une idée suffisante du livre *de Tactionibus*, du géomètre ancien; c'est pourquoi nous n'y reviendrons pas ici.

§. I.

LE Livre *de Sectione rationis*, avoit pour objet le problème suivant, proposé dans toute sa généralité. Nous l'énoncerons dans les termes mêmes de M. Halley, qui nous a donné les deux livres d'*Apollonius*, traduits de l'Arabe.

Soyent deux lignes infinies M N, P Q, *données* (*fig* 67, 68,) *sur un même plan, qui soyent parallèles. ou qui se coupent en un point. Sur chacune d'elles soit pris un point quelconque, A B; enfin, soit hors de ces lignes un point donné* O. *On demande de tirer de ce point une ligne, rencontrant les deux premières en* C *et* D, *de manière que les segmens* A C, B D, *compris entre ses intersections* C, D, *et les points donnés* A, B, *soyent dans une raison assignée de* M à N.

Or il est aisé de voir de combien de cas différens ce problême est susceptible; car d'abord si les lignes sont parallèles, le point O peut-être au-dehors ou entr'elles. Il peut aussi, dans chacun de ces cas, retrancher les segmens des deux lignes, ou tous deux à droite des points donnés, ou tous deux à gauche, ou l'un à droite, l'autre à gauche, de deux manières. Si les lignes se coupent, le point donné peut être situé dans l'un des angles quelconques, et les deux lignes peuvent être coupées de cinq manières différentes, relativement à la position de la ligne coupante à l'égard des points donné·, qui peuvent être pris eux-mêmes ou sur le point d'intersection, ou l'un d'eux, ou aucun d'eux. De toutes ces combinaisons enfin résultent pour le premier livre d'*Apollonius*, qui comprend les cas des lignes parallèles, et ceux où les lignes se coupant, les points pris sur elles, sont celui d'intersection, 14 cas différens; et pour le second livre, 63, dont quelques-uns nécessitent des déterminations particulières.

On demandera peut-être à quoi servoit la solution d'un pareil problême suivi, pour ainsi dire, dans toutes ses ramificatio s. Nous répondrons que c'étoit ainsi que les deux suivans des espèces d'Elémens de l'art analytique, étant moins faits pour les géomètres formés, que pour ceux qui, dans le système de la géométrie ancienne, cherchoient à acquérir, comme dit *Pappus*, la faculté inventrice en géométrie; et en effet, quiconque voudra parcourir ce livre d'*Apollonius*, y verra une analyse et une méthode dignes de la peine qu'a prise M. *Halley*, de le mettre au jour avec ses excellentes notes.

§. I I.

Le livre *de Sectione spatii* a une extrême analogie avec le précédent. Ce sont les mêmes suppositions de lignes données de position, de points déterminés sur elles, de point pris au-dehors; mais ici la ligne tirée du point donné, doit retrancher des segmens qui, au lieu d'être en raison donnée, doivent former un rectangle égal à un carré donné, ou à un espace donné, selon le langage de la géométrie ancienne. Il présente aussi à-peu-près le même nombre de cas, savoir 24 pour le premier livre, et 60 pour le second. *Halley* l'a restitué, mais avec plus de briéveté, d'après les simples indications de *Pappus*.

§. I I I.

Le livre *de Sectione determinata* est encore un de ces livres qu'il faut regarder comme des élémens d'analyse ancienne. Le problême qn'on y analysoit, peut pour plus de distinction, être partagé en ces trois cas. (*Voy. fig.* 69, 70, 71.)

1°. Une ligne droite étant donnée, et deux points A, B, pris sur elle, en trouver sur la même ligne un troisième P, tel que P A² soit à P B², ou P A × une donnée R à P B², ou P A² à P B × une donnée R, en raison donnée de M à N.

2°. Sur une droite étant donnés trois points A, B, C, en trouver un quatrième P, tel que P A² soit à P B × P C, ou P B² à P A × P C, ou P A ×

PB à PC par une donnée R, en raison donnée, quelle que soit la position de P hors ou entre les points A, B, C.

3°. Ayant sur une droite les points A, B, C, D, en déterminer un cinquième P, tel que l'on ait PA × PB à PC × PD, ou PA × PC à PB × PD, en raison donnée de M à N, etc. quelle que soit la position du point P, qui peut être ou au dehors des points donnés, ou entre eux.

Or il est aisé de voir pour quiconque est un peu géomètre, combien de cas peuvent résulter de ces dispositions différentes du point P, à l'égard des points A et B, ou A, B, C, ou A, B, C, D; et suivant la raison donnée, qui peut être ou une raison d'égalité, ou celle d'une quantité moindre à une plus grande, ou au contraire; ce qui rend tantôt le problème possible d'une ou deux manières, tantôt impossible; et ce que dans le style, et la rigueur de la géométrie ancienne, il étoit nécessaire de déterminer, pour que le problème fût censé parfaitement résolu. Aussi les deux livres d'*Apollonius*, dont le premier contient le développement des deux premiers problèmes, et le second celui du troisième, présentoient-ils en total neuf problèmes, huit *maxima* ou *minima*, 51 lemmes & 83 théorèmes.

Nous apprenons, au reste, de *Pappus*, qu'*Apollonius* avoit résolu ces problèmes de deux manières différentes; l'une celle qu'*Euclide* a employée dans son second livre des Élémens, et l'autre d'une manière plus facile et plus propre à l'instruction, en employant le demi-cercle.

Snellius et *Marin-Ghetald* de Raguse, avoient entrepris de restituer à la géométrie cet ouvrage d'*Apollonius*; mais ils y réussirent imparfaitement. Les constructions du dernier manquent même souvent d'élégance, et paroissent déduites du calcul algébrique. Un géomètre italien, M. *Giannini*, y a beaucoup mieux réussi, et a mieux saisi le sens d'*Apollonius*, qu'il imite aussi en résolvant les mêmes problèmes linéairement et au moyen du cercle. Cet ouvrage fait vraiment honneur au savoir, et à l'habileté de ce géomètre dans la méthode ancienne. C'est néanmoins M. *Robert Simson* qui a fait sur cet objet le travail le plus complet, et probablement le plus approchant de celui d'*Apollonius*. Il y a même ajouté un troisième livre, qui contient des problèmes du même genre beaucoup plus difficile. Nous nous bornons à inviter le lecteur à consulter ses *opera posthuma* donnés en 1778.

§. I V.

Il nous reste encore à faire connoître un de ces ouvrages analytiques des anciens, et en particulier d'*Apollonius*; c'est celui qui est intitulé : *De Inclinationibus*, en deux livres. Le problème général, dont il y étoit question, est celui-ci : entre deux lignes *droites ou circulaires données de position, adapter une ligne droite égale à une donnée, et qui passe par un point donné, ou la rencontre, étant prolongée*. *Pappus* observe néanmoins, qu'*Apollonius* s'est borné aux cas ou aux dispositions de lignes droites et circulaires, qui rendent le problème plan. Car conçu dans sa généralité, c'est un problème, comme il l'observe très-bien, tantôt plan, tantôt solide, et même linéaire, suivant l'expression des anciens, c'est-à-dire, exigeant, pour sa solution, l'emploi d'une ligne d'un ordre supérieur aux sections coniques.

Le problème étant donc ainsi limité, se réduit à ceux-ci : 1°. *Deux lignes droites étant données et faisant un angle* (car si elles sont parallèles, le problème n'a aucune difficulté) *par un point donné entr'elles, mener une ligne égale à une ligne donnée; pourvu que ce point soit dans la ligne qui coupe l'angle en deux également*; car autrement le problème seroit solide.

2°. *Etant donné un demi-cercle et une ligne droite perpendiculaire à son diamètre, insérer entr'elle et le cercle une ligne égale à une ligne donnée, qui passe par une des extrémités de ce diamètre.* 3°. *Etant donnés deux demi-cercles, dont les demi-diamètres sont dans la même ligne droite, soit que ces demi-cercles se touchent, se coupent, ou soyent disjoints l'un de l'autre, ou bien qu'ils ayent leurs concavités dans le même sens ou opposées, insérer entr'eux une ligne droite égale à une droite donnée, et qui passe par un point donné, extrémité de l'un des deux diamètres.* Je me borne à observer que M. *Horsley* a restitué ces deux livres, dans le style pur de la géométrie ancienne, et avec l'élégance qui lui est propre. Il est probable qu'*Apollonius*, revenant à la vie, ne le désavoueroit pas.

Fin des Notes du quatrième Livre.

HISTOIRE

DES

MATHÉMATIQUES.

PREMIÈRE PARTIE,

Contenant l'Histoire des Mathématiques chez les Grecs,
depuis leur origine jusqu'à la prise de Constantinople.

LIVRE CINQUIÈME,

Qui comprend le reste de cette histoire depuis l'Ere Chrétienne
jusqu'à la ruine de l'Empire Grec.

SOMMAIRE.

I. *Idée générale de ce Livre.* II. *Des Mathématiciens Agrippa,
Ménélaüs et Théon de Smirne.* III. *De l'Astronome Ptolémée.
Précis des découvertes et des hypothèses qu'il ajoute à
celles d'Hipparque. Exposition des phénomènes du mouvement de la Lune, connus des Anciens, et manière dont
Ptolémée y satisfait. Ses hypothèses pour les mouvemens
des autres Planètes. Idée de l'Astronomie pratique chez
les Anciens. Notices Bibliographiques sur l'Almageste.* IV.
*Autres ouvrages de Ptolémée, sa Géographie, etc. Divers
traits échappés de son optique, qui prouvent qu'il connut
la réfraction astronomique, la cause de la grandeur extraordinaire des Astres vus à l'horizon, etc.* V. *De divers
Mathématiciens qui vécurent dans les premiers siècles de*

l'Ere Chrétienne, tels que Sérénus, Porphyre, Nicomaque et plusieurs autres. VI. De Diophante en particulier. Il est l'inventeur, ou du moins il traite le premier de l'Algèbre. Genre de questions qu'il se propose, et manière dont il les résout. Epitaphe de cet Analyste en un problême d'Arithmétique. Auteurs modernes qui se sont adonnés à l'Analyse de Diophante. VII. Divers problêmes arithmétiques extraits de l'Anthologie. VIII. Les Mathématiques commencent à décliner chez les Grecs. Pappus est presque parmi eux le dernier Auteur original dans ce genre. Découverte intéressante qu'il fait. De Théon et de sa fille Hypathia. IX. De Proclus et de divers autres Mathématiciens, jusqu'au milieu du sixième siècle. D'Anthémius, Ingénieur et Architecte de Justinien. Trait remarquable qu'il nous fournit sur les miroirs ardens. De Dioclès l'inventeur de la Cyssoïde; mérite de ce Géomètre, etc. X. Ruine de l'Ecole d'Alexandrie, incendie de sa Bibliothèque, et décadence entière des mathématiques dans la Grèce. De quelques mathématiciens de peu d'importance qui y vivent dans les septième et huitième siècles. Vains efforts de Léon le sage et de son successeur, pour relever les Sciences dans leur Empire. Derniers mathématiciens qui y fleurissent jusqu'à la prise de Constantinople. XI. D'Emmanuel Moscopule qui a écrit sur les carrés magiques. Histoire abrégée de ce genre d'amusement arithmétique.

I.

Si le nombre des découvertes et des écrivains originaux sur les mathématiques, répondoit à celui des siècles que nous avons à parcourir dans cette partie de notre ouvrage, elle ne céderoit en rien à aucune des précédentes. Mais de même que les lettres, les sciences ont leurs temps de prospérité et de décadence. En vain les mêmes avantages, les mêmes établissemens subsistent en leur faveur; la nature, après avoir produit des génies d'un certain ordre, semble tomber dans l'épuisement, et avoir besoin d'un long repos pour s'en relever. Ce n'est pas que cette longue suite de siècles ne nous offre quelques hommes estimables par les qualités du génie, et qui ont contribué à l'avancement des mathématiques. Mais ils sont en petit nombre, et l'on pourroit dire d'eux, *apparent rari nantes in gurgite vasto.* Il vient un temps où l'on voit les plus habiles se borner à l'intelligence des auteurs célèbres, et enfin l'éclat des mathématiques s'obscurcit tellement, quoique dans une nation où le savoir n'étoit ni inconnu ni méprisé, qu'à peine y trouve-t-on quelques hommes qui ayent pénétré au-delà de leurs élémens; tel est le tableau général de cette partie de notre histoire.

I I.

L'étude des mathématiques, qui semble avoir langui durant le premier siècle de l'ère chrétienne, reprit quelque vigueur au commencement du second. Ce fut sur-tout l'astronomie qui s'en ressentit; nous trouvons vers l'époque que nous venons d'indiquer, trois observateurs, *Agrippa, Menelaüs* et *Théon*, qui fournirent des matériaux utiles à cette science. *Agrippa* observoit en Bythinie, et l'on (1) a de lui une observation d'occultation des Pléiades par la lune, faite la douzième année de Domitien, ou la quatre-vingt-treizième de notre ère. C'est tout ce qu'on sait de cet astronome; l'on peut en conjecturer qu'il travailla à vérifier ou à confirmer la découverte d'*Hipparque* sur le mouvement des fixes. *Ptolémée* cite aussi diverses observations sur les fixes, faites par l'astronome *Ménélaüs*, quelques années après (2). Ce mathématicien servit l'astronomie de plus d'une manière, car il écrivit sur la trigonométrie, partie de la géométrie si nécessaire aux astronomes : on avoit autrefois ses six livres sur *les cordes*, ouvrage où il traitoit apparemment de la construction des tables trigonométriques. Il écrivit aussi trois livres sur les Sphériques, qui roulent en grande partie sur les triangles sphériques, et contiennent beaucoup de théorêmes curieux et peu connus. *Regiomontanus* avoit formé le projet d'en donner une édition, et en effet, parmi ses manuscrits, se trouve une traduction de ce géomètre : mais *Maurolycus* fut le premier qui le fit connoître en 1558, en le publiant en latin, d'après une traduction arabe, avec les Sphériques de *Théodose* et les siens propres (*Messanæ 1558, in-fol.*) *Mersenne* les publia aussi, mais sans démonstrations et avec quelques additions, tant de *Maurolycus* que de lui-même, dans sa *Synopsis mathematica*. M. *Halley* avoit autrefois préparé une nouvelle édition de ce géomètre, corrigée d'après un manuscrit hébreu; mais ses occupations ne lui ayant pas permis d'en faire la préface qu'il projettoit, il se borna à en donner des exemplaires à quelques savans, comme le *D. Mead, Pemberton, Machin, etc.*; enfin il mourut sans l'avoir mis au jour. Ce monument du travail de *Halley* et de son goût pour la géométrie ancienne n'a paru qu'en 1758 (*in-8o.*) par les soins de M. *Costard*, auteur d'une excellente histoire de l'astronomie, que je n'ai jamais pu me

(1) *Alm.* l. 7, c. 3.　　　(2) *Ibid.*

procurer, et de plusieurs excellens morceaux chronologico-as-
tronomiques, insérés dans les *Transactions philosophiques*.

Il appartient encore à l'histoire de *Ménélaüs* de remarquer
qu'il fut un des géomètres qui s'attachèrent à la théorie des
lignes courbes (1) : au reste, c'est défigurer son nom que de
l'appeller *Mileüs*, comme ont fait quelques auteurs qui le lisoient
ainsi dans de mauvaises traductions faites d'après l'arabe. Cette
erreur est fondée sur la méprise d'une lettre qui, avec deux
points au-dessous, forme un *i*, et avec un au-dessus, une *n*.
Ceux qui connoissent un peu la langue arabe, verront facilement comment dans un manuscrit sans voyelles et mal ponctué,
on a pu lire l'un pour l'autre. Pour épuiser enfin tout ce qu'on
peut dire de *Ménélaüs*, j'ajouterai qu'on ne peut guère douter
que ce ne soit ce mathématicien, que *Plutarque* introduit comme
un de ses interlocuteurs, dans son dialogue *de facie in orbe
lunæ*.

Je ne puis m'empêcher de donner ici une place à un homme,
dont *Lucien* (2) fait un éloge extraordinaire pour sa capacité, non-seulement en architecture, mais dans toutes les parties des mathématiques. Il se nommoit *Hippias*, et étoit ou
son contemporain, ou quelque peu antérieur. Il vivoit conséquemment vers le commencement du second siècle après J. C.
Il avoit construit, à Samosate probablement, des bains qui
étoient un chef-d'œuvre de distribution et de commodité. Mais
ceci n'est pas de notre objet. Suivant *Lucien*, il possédoit su-
périeurement la mécanique, et même l'astronomie, au point,
dit cet écrivain, que ceux qui l'avoient précédé, n'étoient en
sa comparaison que comme des enfans. Il seroit long, ajoute-
t-il, de parler de son habileté, en ce qui concerne la lumière
et les miroirs. Il avoit enfin orné ses bains de deux horloges,
l'un hydraulique, qui sonnoit les heures, et l'autre solaire. La
musique ne lui étoit pas moins familière, tant en ce qui concerne la théorie que la pratique, et toutes ces connoissances,
il les possédoit, dit *Lucien*, comme s'il eût fait de chacune
d'elles son unique étude. Ajoutez à cela le talent de la parole,
et celui de rendre ses idées avec la plus grande netteté ; et
nous aurons de cet *Hippias* l'idée d'un des hommes les plus
extraordinaires par la réunion des talens. Mais il ne paroît pas
avoir rien écrit, et c'est là, sans doute, la raison pour laquelle
il n'a jamais figuré, jusqu'à ce moment, parmi les mathématiciens.

Théon cultivoit l'astronomie sous l'empire d'Adrien, et *Ptolémée* emploie, pour fonder sa théorie de Vénus et de Mercure,

plusieurs de ses observations. Nous n'hésitons point à faire de ce *Théon* le même que celui de Smirne, et celui à qui *Plutarque* donne, dans quelques endroits de son dialogue *de facie in orbe lunæ*, le titre d'habile astronome. On prouve que *Théon* de Smirne vivoit vers ce temps, et rien n'est plus fondé que de faire de trois hommes de même nom, contemporains et adonnés au même genre d'étude, un même et unique personnage. M. *Bouillaud* a publié une partie d'un ouvrage de *Théon*, qui concerne l'arithmétique et la musique (1) : on dit que le reste, qui regarde l'astronomie et la géométrie, se trouve dans la bibliothèque ambroisienne de Milan. Il est fâcheux que jamais personne n'ait songé à publier cette partie, qui vraisemblablement nous instruiroit de beaucoup de faits curieux ; d'ailleurs, comme *Théon* fut observateur, peut-être y trouveroit-on diverses observations utiles à l'astronomie moderne. Nous pourrions dire de ce mathématicien plusieurs autres choses médiocrement intéressantes ; mais nous nous hâtons d'arriver à *Ptolémée*, qui offre un plus vaste champ à notre histoire.

I I I.

Le projet qu'*Hipparque* s'étoit proposé, et qu'il avoit commencé d'exécuter avec succès, je veux dire celui de fonder un corps complet d'astronomie, fut achevé par *Ptolémée*, à qui l'antiquité a décerné le titre du premier des astronomes. Quoique nous n'adoptions pas ce jugement en entier, (car il nous semble qu'elle n'eut pas assez d'égards aux droits d'*Hipparque* sur ce titre) nous ne pouvons du moins refuser à *Ptolémée* un des premiers rangs parmi ceux qui ont couru cette carrière dans tous les temps. Il est vrai qu'il y a eu beaucoup, et même presque tout, à réformer dans l'édifice astronomique qu'il éleva ; mais au travers de tous ces défauts, on y apperçoit trop d'art pour ne pas rendre justice au génie et à l'habileté de l'architecte. On doit moins lui imputer les endroits défectueux de l'astronomie ancienne, qu'à la force des préjugés de son temps, et sur-tout au peu d'exactitude des observations qui lui servirent de guides.

Ptolémée étoit, non de Peluse, comme on l'a cru jusqu'ici sur la foi des Arabes, mais de Ptolémaïde en Egypte. Nous le tenons de deux écrivains Grecs, dont M. *Bouillaud* a publié des fragmens sur l'astronomie (2), et ils sont plus croyables sur

(1) *Exposit. eorum quae ad Plat. lectionem utilia sunt.* Par. 1644, in-4°.
(2) Olympiodori *et* Theodori Melite-

niotæ, *frag. astronom. cum* Ptolem. *de Jud. Facult.* Gr. Lat. 1663.

ce point que les Arabes, toujours fort suspects en ce qui est étranger à leur propre histoire. Un de ces écrivains dit que *Ptolémée* faisoit son séjour ordinaire à Canope, qui n'étoit qu'à quelques milles d'Alexandrie, et qu'il y observa durant quarante ans, du haut d'un temple : mais je ne sais si l'on doit ajouter beaucoup de foi à ce récit, car il semble qu'il devroit subsister quelques preuves dans l'*Almageste* ; cependant toutes les observations de *Ptolémée* paroissent avoir été faites à Alexandrie. Quoi qu'il en soit, il jetoit les fondemens de son grand ouvrage astronomique intitulé Μεγαλη Συνταξις, *magna Compositio*, sous les empereurs *Adrien* et *Antonin*, depuis l'année 125 jusqu'à la 140.ᵐᵉ de notre ère. C'est sans aucun fondement que quelques auteurs l'ont fait sortir de la race royale des *Ptolémées* (1). Ce trait doit être mis dans le même rang que la prétendue royauté, dont quelques autres (2) ont décoré la savante *Hypathia*, fille seulement du philosophe *Théon* d'Alexandrie.

Comme l'objet que je me suis principalement proposé dans cet ouvrage, a été de développer les progrès des mathématiques, je ne puis mieux le remplir qu'en présentant leur état à certaines époques. Celle de *Ptolémée* est une des plus remarquables dans l'astronomie ; c'est pourquoi je saisis l'occasion qu'elle me présente de tracer le tableau abrégé de cette science, telle qu'il nous l'a transmise. Si l'on joint à ce morceau celui du livre précédent, qui concerne les travaux d'*Hipparque*, on aura une partie considérable de l'histoire de l'astronomie ancienne.

Le premier pas à faire dans l'établissement d'un système complet d'astronomie, est de déterminer dans quel ordre sont rangés les corps que nous voyons rouler dans le ciel ; quelle place sur-tout tient dans l'univers le globe que nous habitons ; s'il en occupe le centre, ou au contraire s'il est en mouvement autour de ce centre, ou de quelqu'autre corps : *an velociorem*, comme dit *Sénèque* quelque part, *sortiti simus sedem, an pigerrimam.* On sait que le plus grand nombre des anciens se déterminèrent à placer la terre au centre de l'univers, et à faire rouler autour d'elle tous les corps célestes : il y eut quelques divisions sur l'ordre dans lequel il falloit les placer ; mais on s'accorda dans la suite assez unanimement à les ranger de cette manière en s'éloignant de la terre ; savoir, la Lune, Mercure, Vénus, le Soleil, Mars, Jupiter, Saturne et les étoiles fixes. C'est-là ce qu'on appelle le *systéme de Ptolémée*, parce que cet astronome l'adopta, et qu'il lui donna par son suffrage une espèce d'autorité, qui n'a pas peu contribué à affermir le préjugé pen-

---

(1) Isid. de Séville, George de Tre- (2) Isidore. Stevin, *préf. de Dioph.* bizonde, Grynæus.

dant long-temps. Personne n'ignore qu'il est aujourd'hui démenti dans tous ses points par les observations, et s'il n'avoit d'autre appui que le témoignage des sens, il seroit difficile de justifier l'antiquité à cet égard. Mais on doit remarquer que plusieurs phénomènes semblent d'abord déposer en faveur de cet arrangement. Si la terre n'étoit pas au centre, disoient les anciens et *Ptolémée* avec eux, on ne verroit pas toujours précisément la moitié du ciel ; et de deux étoiles diamétralement opposées, tantôt ni l'une ni l'autre ne paroîtroit sur l'horison, tantôt on les y verroit toutes les deux. Les pôles du monde, ajoutoient-ils, ne seroient pas deux points immobiles ; mais, dans le cours d'une révolution de la terre autour du centre de l'univers, ils parcourroient plusieurs endroits de la sphère étoilée ; enfin les mêmes étoiles paroîtroient tantôt plus proches, tantôt plus éloignées, à proportion que la terre en seroit plus près ou plus loin. C'étoient-là des démonstrations assez pressantes de la stabilité de notre demeure, et elles étoient capables d'en imposer même à des esprits fort disposés d'ailleurs à se défier du témoignage de leurs sens. Il n'y avoit qu'un grand nombre de tentatives infructueuses pour concilier toutes les circonstances des mouvemens célestes, qui pût apprendre à rejetter ces preuves. Ajoutons que l'antiquité manqua toujours des secours et des faits nombreux, qui ont été si utiles aux modernes pour établir le vrai système de l'univers. Ces motifs l'excuseront facilement d'avoir resté si longtemps dans une erreur, dont il étoit aussi difficile de se désabuser.

Hipparque avoit ébauché la découverte du mouvement des étoiles fixes ; *Ptolémée* l'acheva, et l'établit d'une manière incontestable par la comparaison de ses observations avec celles d'*Hipparque*. Il se servit d'abord de la description qu'*Hipparque* avoit donnée de la position respective des principales étoiles entr'elles, pour prouver qu'elle n'étoit point changée ; ensuite, comparant les longitudes de plusieurs étoiles avec celles que cet astronome avoit trouvées, il démontra qu'elles avoient avancé parallèlement à l'écliptique de 2° 40' depuis lui. Comme il y avoit 265 ans d'écoulés, il en conclut que le mouvement des fixes étoit d'un degré par siècle ; mais une astronomie pratique plus exacte, et une comparaison d'observations plus éloignées, ont appris aux modernes que *Ptolémée* fit ce mouvement trop lent, et qu'il est d'un degré dans 72 ans. On a dans le huitième livre de l'*Almageste* le catalogue des fixes, que *Ptolémée* dressa d'après ses observations propres et celles d'*Hipparque* réduites à son temps. Il y donne les longitudes et les latitudes de 1022 étoiles ; il n'en compta pas davantage, quoiqu'il y en ait un bien plus grand nombre, même de celles qu'on peut appercevoir à la vue simple. Nous remarquerons cependant en passant, qu'il est fort au dessous de celui que le vulgaire imagine.

Nous avons parlé avec une étendue suffisante de la théorie du soleil, en rendant compte des travaux d'*Hipparque*. Comme *Ptolémée* adopta les déterminations de cet astronome sans y faire aucun changement, ce seroit tomber dans des répétitions inutiles que de revenir sur ce sujet. Nous passerons donc à la théorie des autres planètes, qui est proprement l'ouvrage de *Ptolémée*.

Comme le soleil a une excentricité peu considérable, et que son mouvement, ou plutôt celui de la terre, est peu dérangé par les causes physiques, dont la découverte est due aux modernes, l'hypothèse d'un excentrique simple est assez propre à le représenter ; et l'astronomie auroit bientôt touché à sa perfection, si les mouvemens des autres planètes étoient aussi peu compliqués que celui de cet astre. Mais il n'en est point ainsi ; toutes ces autres planètes sont sujettes à un grand nombre d'irrégularités, les unes optiques, les autres réelles ; et la lune, quoique la plus voisine de nous, a été de tout temps celle qui a donné le plus de peine aux astronomes. Ce n'est que depuis quelques années qu'on a commencé à dompter cette planète rebelle, en cultivant, à l'aide d'une géométrie profonde, la théorie dont *Newton* a jeté les fondemens dans ses *Principes*.

La première et la plus sensible des inégalités de la lune est de la même nature que celle du soleil. Elle est occasionnée par sa différence d'éloignement à la terre dans deux points diamétralement opposés de son orbite ; mais, si l'on n'avoit égard qu'à cette cause d'irrégularités, on n'auroit par le calcul les lieux vrais, qu'aux environs des conjonctions et des oppositions. Dans tous les points intermédiaires de son orbite, la lune est affectée d'une seconde inégalité qui provient d'une autre cause ; savoir, de ses configurations avec le soleil, ou de sa distance à cet astre. Celle-ci tantôt augmente, tantôt diminue la première, et tantôt plus, tantôt moins : nous rendrons bientôt compte de ces phénomènes particuliers.

Ce n'étoit pas l'ouvrage d'un astronome d'une médiocre habileté, que de démêler et d'assujettir au calcul cette nouvelle source d'irrégularités dans les mouvemens de la lune : il falloit comparer un grand nombre de lieux de cet astre, trouvés par le calcul, avec les lieux observés, et cela dans différens points de son orbite et dans un grand nombre de lunaisons. Tout ceci suppose bien des vues, du travail et de la réflexion ; et il n'en faudroit guère davantage pour justifier le jugement que j'ai porté plus haut de *Ptolémée*, qui sut découvrir la loi que suivoient ces inégalités, malgré leur complication extrême ; car il n'étoit

pas

pas si facile de la démêler, comme on le va voir, et l'on ne sauroit refuser du génie à celui qui en vint heureusement à bout.

Si l'on considère la lune dans le ciel durant une révolution synodique, et qu'on compare son lieu observé avec le lieu calculé dans la supposition de la seule première inégalité, on trouve que son plus grand écart est dans les quadratures, et qu'il va delà en diminuant vers l'opposition ou la conjonction. Mais si l'on compare diverses révolutions entr'elles, on trouvera que cet écart n'est point toujours le même dans des lieux semblables de ces révolutions. Il y a plus : on remarquera que cet écart ne se fera pas toujours dans le même sens, c'est-à-dire, que la lune sera tantôt plus, tantôt moins avancée que son lieu calculé. Ce ne fut sans doute qu'après bien des tentatives que *Ptolémée*, ou l'auteur, quel qu'il soit, de l'explication de ces phénomènes, trouva qu'ils dépendoient de la combinaison du lieu de l'apogée avec celui des conjonctions. On observe en effet, que lorsque les conjonctions arrivent dans l'apogée de la lune, alors la seconde inégalité est la plus grande qu'il est possible, et le lieu de cette planète est altéré dans les quadratures d'environ 2° 40′. On observe aussi que, dans ce cas, elle est soustractive dans le premier demi-cercle de sa révolution, c'est-à-dire que la lune y est moins avancée qu'elle ne devroit l'être, en n'ayant égard qu'à sa première inégalité : c'est le contraire dans la seconde moitié de cette révolution, ou de la pleine lune à la conjonction ; le lieu observé de la lune anticipe le lieu calculé. Cette inégalité est encore la plus grande, quand les conjonctions se font dans le périgée ; il y a seulement cette différence, que la seconde inégalité est additive dans le premier demi-cercle, et soustractive dans le reste de la révolution synodique. A mesure que les conjonctions passent l'apogée ou le périgée, la seconde inégalité diminue, de sorte qu'elle est nulle, quand les quadratures se font dans l'apogée et le périgée. Après avoir passé ces termes, elle augmente de nouveau jusqu'à ce que les conjonctions se fassent dans la ligne des apsides. Elle est enfin soustractive dans la première moitié de la lunaison, et additive dans l'autre, pendant tout le temps que les conjonctions se font dans le premier quart de cercle, à compter de l'apogée ou du périgée ; et c'est le contraire, quand elles arrivent dans le second, à compter de ces termes, c'est-à-dire, dans les quarts de cercle qui précèdent le périgée ou l'apogée.

Voyons maintenant l'hypothèse par laquelle *Ptolémée* satisfait à toutes ces conditions des mouvemens lunaires. Au lieu d'un excentrique simple, comme dans la théorie du soleil, il imagine un épicycle porté sur un excentrique ; ce qu'il montre ailleurs être l'équivalent, pourvu que l'excentricité et le rayon de l'épicycle fassent ensemble une ligne égale à l'excentricité de l'excentrique simple (1). Ceci suffiroit pour satisfaire à la première inégalité : pour représenter la seconde, *Ptolémée* imagine que cet excentrique dont nous parlons, au lieu de rester fixe, ait lui-même une révolution telle que son périgée venant au devant de l'épicycle, ils se rencontrent toujours dans les quadratures, de sorte que le centre de l'épicycle soit toujours, lors des quadratures, dans le périgée, et lors des conjonctions ou des oppositions, dans l'apogée. Delà il doit arriver (*voyez* fig. 72, 73, 74), que la conjonction s'étant faite au plus haut de l'épicycle en L, par exemple, lorsque le centre de l'épicycle sera aux environs de la quadrature suivante, la lune sera en L′ au lieu d'être en L, où elle seroit si le déférent eût été immobile. Ainsi la distance de la lune à la quadrature sera vue sous l'angle *a* T L′, qui est plus grand que l'angle ATL ; la lune paroîtra donc moins avancée qu'elle n'auroit été dans la supposition de la première inégalité seule, où l'on auroit laissé le déférent immobile ; et cela aura lieu jusqu'à l'opposition, où cette différence s'évanouira. De l'opposition à la conjonction, il est facile de voir que le contraire arrivera ; la lune vers la quadrature suivante sera en L″ au lieu de L, où elle eût été dans le cas du déférent immobile et d'une seule inégalité : elle sera donc plus avancée de tout l'excès de l'angle *a* T L″ sur ATL. On voit enfin que dans les lieux moyens, cette différence sera moindre que dans les quadratures, soit à cause du plus grand éloignement, soit à cause de la plus grande obliquité, sous laquelle le rayon de l'épicycle se présentera aux yeux du spectateur.

Il est encore facile d'appercevoir que la conjonction se faisant, tandis que la lune tient le point le plus bas de son épicycle, le contraire doit arriver ; la seconde inégalité fera paroître la lune plus avancée vers la première quadrature, et moins vers la seconde. Elle sera additive dans la première moitié de la lunaison, et soustractive dans l'autre. Les quadratures concourant enfin avec l'apogée (*fig.* 74), ou bien la conjonction se faisant quand la lune est dans un des points latéraux, ʌ ou ʎ de son épicycle, il ne doit y avoir aucune inégalité dans les quadratures et dans toute la révolution. On reconnoîtra enfin que lorsque la lune, au temps de la conjonction, occupera des lieux moyens entre le plus bas, le sommet ou les côtés de l'épicycle, cette inégalité variera et sera plus ou moins grande, quoique dans le cours d'une lunaison, elle soit toujours la plus grande vers les quadratures.

(1) *Alm.* l. 4, c. 5.

On ne peut disconvenir que cette première ébauche de la théorie de la lune ne soit assez ingénieuse, du moins en la considérant comme une hypothèse purement mathématique. Elle satisfait assez bien aux phénomènes généraux des mouvemens lunaires; à la vérité elle n'est pas aussi heureuse en ce qui concerne les détails de ces mouvemens, et ce sont eux qui sont la pierre de touche de toutes les hypothèses. D'ailleurs elle est sujette à plusieurs défauts; un des principaux est que, suivant les dimensions que *Ptolémée* est obligé de donner à l'excentricité de son orbite mobile et au rayon de son épicycle, la lune se trouveroit quelquefois dans les quadratures à une distance de la terre moindre de moitié que dans les conjonctions ou les oppositions. Mais cela est entièrement contraire à l'observation; on ne remarque point dans les diamètres apparens de la lune, une variation proportionnée à cette différence d'éloignement.

Il est à propos de remarquer qu'afin de simplifier notre explication, nous n'avons eu aucun égard au mouvement de l'apogée de la lune. Il est facile de le représenter, en ne faisant parcourir à cette planète sur son épicycle, qu'un peu moins de son cercle entier durant une révolution périodique. Par-là elle ne se trouvera au plus haut de cet épicycle qu'après un peu plus d'une révolution, et l'apogée paroîtra avancé à la fin de chacune. Nous avons aussi raisonné comme si l'orbite lunaire étoit dans le plan de l'écliptique : nous savons que cela n'est pas entièrement exact; mais, outre que nous sommes obligés de nous resserrer, nous n'avons pas cru devoir entrer dans les mêmes particularités, en exposant une tentative insuffisante, qu'en rendant compte d'une vraie découverte. Une ébauche légère doit suffire dans le premier cas.

Si l'étendue de notre ouvrage nous le permettoit, ce seroit ici le lieu de parler des phénomènes qui résultent du mouvement de la lune et du soleil, comme les éclipses, et de la manière dont les anciens les calculoient. Ce seroit aussi le lieu convenable de rendre compte des moyens par lesquels ils mesurèrent la parallaxe de la lune, sa distance à la terre, de même que celle du soleil, etc.; mais il nous seroit impossible de le faire avec quelque distinction, sans sortir bientôt des limites que nous nous sommes prescrites. Nous passerons donc à exposer les mouvemens des autres planètes, et les hypothèses par lesquelles *Ptolémée* crut y satisfaire.

Si l'on suit une des planètes supérieures, Mars, Jupiter ou Saturne, durant le cours d'une même année, on observe des mouvemens fort bizarres. Lorsqu'elle commence à se dégager des rayons du soleil, sa vîtesse qui est alors médiocre, va en diminuant de jour à autre jusqu'à un certain point où elle semble s'arrêter. Après quelques jours elle commence à rétrograder, d'abord lentement, puis en accélérant son mouvement jusqu'aux environs de l'opposition : là sa vitesse recommence à diminuer, et quelque temps après elle s'arrête en apparence une seconde fois ; elle reprend enfin son mouvement suivant l'ordre des signes, allant d'abord fort lentement, et ensuite plus vîte, jusqu'à ce que l'approche du soleil qui l'atteint, la fasse disparoître à nos yeux. Mars éprouve ces apparences deux fois dans une de ses révolutions, Jupiter douze, et Saturne trente.

Ce que nous venons de dire est ce qui arrive à une des planètes supérieures dans une même année ; mais si l'on continue de l'observer pendant plusieurs années, on y remarquera d'autres irrégularités : pour s'en former une idée claire, il faut remarquer qu'il y a une station avant et après chaque opposition, et que chaque année cette opposition se fait dans une partie différente du ciel. Or, si l'on mesure d'années en années les intervalles entre les points d'opposition, on trouve qu'ils ne sont pas égaux, mais qu'ils sont plus grands d'un côté du zodiaque, et moindres du côté opposé. Dans Jupiter, par exemple, les oppositions devroient se faire d'année en année à un signe environ de distance ; mais, vers la constellation du Bélier, cette distance est de plus d'un signe ; et lorsqu'il est dans la constellation diamétralement opposée, elle est moindre. Il en est de même de l'arc compris entre les deux stations voisines de l'opposition ; il croît d'année en année jusqu'à un certain terme, et ensuite il diminue. Je ne dis rien de la différence de grandeur apparente, qui indique une différence d'éloignement. Mars est la planète dans laquelle les irrégularités qu'on vient de décrire, sont les plus remarquables, et qui a le plus inquiété les astronomes. *Pline* le témoignoit autrefois par ces mots : *Martis cursus maximè inobservabilis*, etc. (1). Il vouloit dire par-là que les mouvemens de cette planète mettoient en défaut les observateurs et leurs conjectures.

Les planètes inférieures, Vénus et Mercure, sont sujettes à des irrégularités qui ne sont pas moins bisarres en apparence. On sait déja qu'on ne voit jamais ces deux planètes en opposition avec le soleil, elles font seulement des excursions de côté et d'autre, Vénus les plus grandes, Mercure les moindres : mais les excursions de chacune ne sont pas égales entr'elles ; tantôt celles du côté de l'Orient sont plus grandes que celles du côté de l'Occident, tantôt c'est le contraire, quelquefois elles sont égales. La différence n'est presque pas sensible dans Vénus, mais dans Mercure elle est fort remarquable. Lorsque

(1) *Hist. Nat.* l. 2, c. 17.

l'une et l'autre se dégageant des rayons du soleil, paroissent au couchant, elles vont fort vîte, et leur mouvement diminue de jour à autre, jusqu'à ce qu'elles s'arrêtent; après quoi elles rétrogradent en accélérant de plus en plus leur mouvement, et elles vont se plonger dans l'éclat du soleil, pour reparoître quelques semaines après avant son lever. Ce mouvement par lequel elles continuent de rétrograder, diminue de jour en jour; elles sont de nouveau stationnaires, et enfin elles reprennent leur cours suivant l'ordre des signes, en l'accélérant jusqu'à leur nouvelle occultation.

Pour satisfaire aux mouvemens apparens des planètes supérieures, *Ptolémée* supposa d'abord qu'elles étoient portées sur des épicycles. En effet, préoccupé comme il l'étoit, qu'elles tournoient autour de la terre, il ne pouvoit expliquer autrement leurs stations et rétrogradations. Il imagina donc de les faire mouvoir dans leurs épicycles (*fig.* 75), de sorte que, tandis que les centres de ceux-ci étoient portés dans le sens D A B, elles y circuloient dans le sens E F G H, et elles se rencontroient toujours au plus bas de l'épicycle, dans l'instant de l'opposition moyenne avec le soleil. A l'égard du centre de l'épicycle, il ne devoit faire qu'une révolution sur le déférent dans l'intervalle moyen d'une révolution de la planète, qui est de trente ans pour Saturne, de douze pour Jupiter, et de deux pour Mars. De-là il devoit arriver que, quand la planète étoit dans la partie supérieure de son épicycle, elle avoit un mouvement conforme à celui du centre de l'épicycle et à l'ordre des signes; quand elle passoit dans la partie inférieure, dont elle occupoit le plus bas vers le temps de l'opposition, elle avoit un mouvement contraire à celui du centre; et suivant que ce mouvement de rétrogradation, vu de la terre T, l'emportoit sur le mouvement direct du centre, ou lui étoit égal, ou en étoit surpassé, la planète paroissoit rétrograder, s'arrêter, ou suivre l'ordre des signes. On voit aussi que chaque rétrogradation devoit être précédée et suivie d'une station, et que celle-ci arrivoit vers les parties latérales de l'épicycle, enfin qu'à la dernière station devoit succéder un mouvement direct, continuellement accéléré jusqu'à l'occultation suivante. *Ptolémée* recherche (1), d'après une détermination géométrique d'*Apollonius*, les endroits où la planète doit être stationnaire, rétrograde ou directe; il calcule aussi la durée et l'intervalle de ces stations, et ses résultats ne s'écartent pas beaucoup de la vérité. On ne doit cependant rien en conclure en faveur de son hypothèse; cela vient seulement

_____
(1) *Alm.* l. 12.

de ce qu'il a eu soin de déterminer la grandeur de ses épicycles d'après l'étendue de ces rétrogradations.

Mais nous avons remarqué que les progressions annuelles des planètes supérieures, par exemple, d'une opposition à l'autre, n'étoient pas égales : il en est de même de l'intervalle compris entre leurs deux stations, ou de l'étendue de leurs rétrogradations. *Ptolémée* fut conduit, par l'inspection de ce phénomène, à faire mouvoir les épicycles de ces planètes, non dans un cercle concentrique à la terre, mais dans un excentrique : par-là il parvenoit à accélérer leur mouvement dans certaines parties de leur orbite, et à le retarder dans d'autres. Dans l'apogée, l'intervalle entre les stations, et la distance des oppositions de suite, devoient être moindres que dans le périgée, et d'une grandeur moyenne dans les parties de l'orbite situées entre ces termes. *Ptolémée* commença ici à donner atteinte à cette parfaite régularité, que les anciens croyoient devoir conserver dans les mouvemens célestes ; car, afin de satisfaire à plusieurs phénomènes, auxquels l'excentrique simple ne pouvoit suffire, il fut contraint de faire tourner l'épicycle d'un mouvement égal, non autour de l'excentrique, mais autour d'un point M aussi éloigné au delà de ce centre vers A, que la terre T l'étoit en deçà. Ainsi il y avoit dans le mouvement du centre de l'épicycle une inégalité en partie réelle, en partie apparente ; et peut-être cette idée a-t-elle été la première occasion de songer à partager l'inégalité des planètes en deux parties, l'une optique, l'autre réelle. Elle a pu aussi donner lieu à l'hypothèse de ceux qui ont fait mouvoir les planètes dans des ellipses, de manière que leur mouvement angulaire, vu du foyer opposé à celui de la planète centrale, parût uniforme.

Les hypothèses de *Ptolémée* pour les planètes inférieures diffèrent peu de celles des supérieures. Un épicycle sur un excentrique en fait la base, mais il y a quelque changement dans les détails. Ici le centre de l'épicycle suit le lieu moyen du soleil, pendant que la planète le parcourt avec une vîtesse correspondante au temps qu'elle emploie d'une digression à la suivante du même côté. Cela ne suffisant même pas pour Mercure, *Ptolémée* imagina de donner à son orbite un mouvement analogue à celui qu'il donnoit au déférent de la Lune. Il lui fallut aussi prendre pour centre du mouvement égal de l'épicycle un point moyen entre la terre et le centre de l'excentrique. Enfin, pour expliquer les phénomènes de la latitude de Vénus et de Mercure, il fut contraint de donner à leur excentrique un mouvement de libration très-bisarre et très-composé. Je néglige de rapporter diverses autres circonstances qui augmentent beaucoup la complication ; elle est si grande, qu'elle justifie presque le

mot peu religieux et si connu, du roi *Alphonse* l'astronome.
Ptolémée lui-même ne peut se dissimuler ce défaut, et il cherche
à le pallier (1). On ne doit pas, dit-il, comparer les astres aux
corps terrestres, ni juger de la difficulté de leurs mouvemens
par celle que nous trouvons à les concevoir et à les représenter.
La simplicité de l'ouvrage de l'univers est d'un autre genre que
celle des ouvrages des hommes : il faut à la vérité tenter les
suppositions que nous jugeons les plus simples ; mais si elles
ne suffisent pas, on doit employer celles qui représentent exactement les phénomènes, quelles qu'elles soient, et les regarder
comme les véritables. *Ptolémée* se seroit fait plus d'honneur en
ne donnant sa théorie que comme une fiction, par laquelle il
avoit tenté de représenter les mouvemens célestes, en attendant
que des génies plus heureux, aidés de l'expérience des siècles,
démêlassent le vrai arrangement de l'univers. On ne peut même
l'excuser d'avoir eu la témérité de croire qu'il l'avoit deviné,
tandis que ses hypothèses sont si éloignées de la simplicité qu'on
voit à tout instant éclater dans les procédés de la nature. Mais
nous le disculperons d'un autre côté, du crime qu'on lui impute
vulgairement, d'avoir introduit dans le système céleste ces orbes
solides et transparens qu'on voit représentés dans les livres des
astronomes du seizième siècle. Jamais *Ptolémée* n'enseigna une
physique si grossière ; l'on ne voit rien de semblable dans ses
ouvrages, et sans l'endroit que nous venons de citer, on seroit
porté à penser qu'il ne regarda ses hypothèses que comme de
pures suppositions mathématiques, nécessaires pour calculer les
mouvemens célestes. L'idée ridicule de ces orbes solides est plus
ancienne, comme nous l'avons remarqué en parlant d'*Eudoxe*
et d'*Aristote* ; ce sont les astronomes Arabes et ceux des siècles
de barbarie, comme *Sacro-Bosco*, etc., physiciens grossiers et
sans génie, qui ont transporté cette absurde physique dans le
ciel.

Nous ne devons pas omettre ici un fait curieux que M. *Bouillaud*
nous a conservé d'après *Olympiodore* et *Théodore* de Mélitène ;
c'est que *Ptolémée* consacra dans le temple de Sérapis à Canope
une inscription, dans laquelle il consignoit à la postérité les hypothèses de son astronomie, comme la durée de l'année sydé-
rale et de l'année tropique, les excentricités du soleil et de la
lune, les dimensions des épicycles des planètes, enfin toutes
les circonstances des mouvemens célestes, tels qu'il croyoit les
avoir déterminées. On peut voir ce curieux morceau dans le
livre de *Bouillaud* cité au commencement de cet article. Ce
monument fut apparemment détruit, lorsque l'établissement gé-

(1) *Alm.* l. 13, c. 2.

néral de la religion chrétienne en Égypte entraîna la destruction du Temple de Sérapis.

*Il y a dans l'astronomie deux parties, l'une qui consiste dans l'explication des phénomènes célestes et le moyen de les prévoir par le calcul; l'autre qui est l'art de les observer, et qu'on nomme l'astronomie pratique. Nous ne nous sommes encore occupés que de la première; mais il manqueroit quelque chose à ce qu'on a dit, si nous omettions de donner une idée de ce que fut la seconde chez les anciens. Dans cette vue, nous allons faire connoître quelques-uns de leurs instrumens, leurs usages et leur degré de perfection.

Un des premiers instrumens dont se servit l'astronomie, est le Gnomon. On en attribue l'invention à *Anaximandre*. Ce philosophe, dit *Diogène Laërce* (1), observa avec un gnomon les retours du soleil, c'est-à-dire les solstices, et probablement il mesura l'obliquité de l'écliptique à l'équateur, que son maître avoit déja découverte. On peut ainsi concilier ce qu'on sait de *Thalès* avec ce que dit *Pline*; savoir, qu'*Anaximandre* connut le premier l'obliquité du zodiaque, et que par-là il ouvrit en quelque sorte les portes de l'astronomie. Ce sont les propres expressions de *Pline*, qui s'explique, comme on sait, souvent avec enthousiasme et d'une manière figurée. A l'égard du gnomon, c'étoit chez les anciens un style aigu par le bout, et élevé perpendiculairement sur un plan horisontal. On mesuroit l'ombre qu'il projettoit sur la ligne méridienne, et par le rapport de sa hauteur avec la longueur de cette ombre, on connoissoit l'angle que faisoit avec l'horison le rayon solaire passant par le sommet. Avant qu'on eût des tables trigonométriques, dont les premières semblent avoir été construites par *Hipparque* et *Ptolémée*, pour trouver cet angle, on le construisoit géométriquement, et l'on tâchoit de découvrir par comparaison quelle partie aliquote de la circonférence il étoit, ou combien il en contenoit; car la division du cercle en 360°. est postérieure aux premiers temps de l'astronomie : c'est pourquoi *Eratosthène* disoit que la distance des tropiques étoit de $\frac{11}{83}$ de la circonférence, et non qu'elle étoit de 47° 42′ 26″.

Le Gnomon est sans contredit de tous les instrumens celui avec lequel on peut faire les observations solaires les plus délicates. Mais les anciens ne firent pas toutes les attentions nécessaires pour s'en servir avec sûreté. L'ombre qu'une pointe projette au soleil, n'est pas assez distinctement terminée pour qu'on soit bien certain de son extrémité, et les observations anciennes des hauteurs du soleil faites de cette manière, paroissent devoir être

(1) *In Anaximandro.*

corrigées

corrigées d'environ un demi-diamètre apparent du soleil ; car il
est probable que les anciens prenoient l'ombre forte pour la vraie
ombre : ainsi ils n'avoient que la hauteur du bord supérieur du
soleil, et non celle du centre. J'avouerai cependant que nous
n'avons aucune certitude qu'ils ne fissent pas cette correction,
du moins dans les derniers siècles avant l'ère chrétienne. Il semble
en effet que c'est pour obvier à cet inconvénient, qu'ils termi-
nèrent le gnomon par une boule dont le centre répondoit au
sommet, afin que, prenant le milieu de l'ombre elliptique de
cette boule, on eût la hauteur du centre du soleil. Cette invention étoit assez heureusement imaginée pour les gnomons exposés au grand jour. Telle étoit la forme de celui que le mathématicien *Manlius* ou *Manilius* éleva à Rome sous les auspices d'*Auguste* : mais les modernes ont encore plus heureusement remédié à ce défaut, en se servant d'une plaque verticale ou horisontale percée d'un trou circulaire, qui transmet
les rayons du soleil dans un endroit à couvert.

Le Gnomon donna naissance à l'instrument nommé *Scaphé*.
C'étoit proprement un petit gnomon, dont le sommet atteignoit
au centre d'un segment sphérique. Un arc de cercle passant par
le pied du style, étoit divisé en parties, et l'on avoit tout d'un
coup l'angle que formoit le rayon solaire avec la verticale ; du
reste il étoit sujet aux mêmes inconvéniens, et il exigeoit les
mêmes corrections : il étoit enfin moins propre que le gnomon
à des observations délicates, parce qu'il étoit plus difficile de
s'en procurer un d'une hauteur considérable. Cela n'empêcha
cependant pas *Eratosthène* de s'en servir pour mesurer la grandeur de la terre et l'inclinaison de l'écliptique à l'équateur ; c'est
pourquoi ces observations sont légitimement suspectes, et l'on
ne sauroit regarder leurs résultats que comme des approximations
encore assez éloignées de la vérité.

Ce fut *Eratosthène*, selon les apparences, qui imagina les armilles qu'on vit longtemps placées dans le portique d'Alexandrie, et qui servirent à *Hipparque* et à *Ptolémée*. Ce dernier
nous donne l'idée suivante de cet instrument. C'étoit, suivant
sa description, un composé de différens cercles qui le rendoient
assez ressemblant à notre sphère armillaire. Il y avoit d'abord
un grand cercle qui faisoit l'office du méridien ; qu'on se représente ensuite un équateur avec l'écliptique et les deux colures formant un assemblage solide, et d'une dimension moindre
que le diamètre intérieur du cercle précédent, afin de pouvoir
jouer dedans ; on l'y plaçoit de manière qu'il y tournoit sur
des pôles qui étoient ceux de l'équateur. Il y avoit ensuite un
cercle tournant sur les pôles de l'écliptique, garni de pinnules
diamétralement opposées, et dont la partie concave touchoit

presque à l'écliptique, ou portoit un index pour reconnoître la division où il étoit arrêté. Voici maintenant l'usage de cet instrument. Il servoit d'abord aux observations des équinoxes, comme *Ptolémée* nous l'apprend en rapportant celles d'*Hipparque* (1). L'équateur de l'instrument étant mis avec un grand soin, comme il devoit toujours l'être, dans le plan de l'équateur céleste, on attendoit l'instant où la surface inférieure et supérieure n'étoient plus éclairées par le soleil, ou bien, ce qui étoit plus sûr, celui où l'ombre projettée par la partie antérieure convexe du cercle sur la partie concave, la couvroit entièrement. Il est évident que ce moment devoit être celui de l'équinoxe. Lorsque cela n'arrivoit point, ce qui indiquoit que l'équinoxe s'étoit fait dans la nuit, on choisissoit deux observations, où cette ombre projettée sur la partie concave du cercle, l'avoit été également en sens différent, et le milieu de l'intervalle entre les observations étoit réputé l'instant de l'équinoxe.

Les armilles servoient encore à plusieurs usages astronomiques, sur-tout à déterminer immédiatement et sans calcul la longitude et la latitude d'un astre ; invention utile dans des temps où la trigonométrie sphérique étoit encore à naître ou dans l'enfance. On le faisoit dans la manière suivante. Vouloit-on observer le lieu d'une étoile, par exemple, on tournoit l'instrument sur les pôles de l'équateur, de telle sorte que le lieu de l'écliptique, occupé alors par le soleil, fût, à l'égard du méridien, dans une situation semblable à celle du soleil même. Sans tarder, on miroit à l'étoile par les pinnules du cercle mobile sur les pôles de l'écliptique ; le point où il la coupoit, ou la division que montroit l'index, donnoit le lieu de l'étoile en longitude, et la division où étoient arrêtées les pinnules du cercle mobile, donnoit en même temps sa distance à l'écliptique, ou sa latitude. Cette manière d'observer servoit principalement, quand il s'agissoit d'une planète qu'on pouvoit voir sur l'horison en même temps que le soleil, comme la Lune et Vénus dans certaines circonstances ; car on pouvoit mirer à la fois au soleil, par l'endroit de l'écliptique qu'il occupoit au moment de l'observation, et à l'astre par les pinnules du cercle mobile, ce qui étoit beaucoup plus sûr. *Walther*, le célèbre disciple de *Régiomontanus*, observa de cette manière, et *Tycho* avoit des armilles dans son observatoire d'Uranibourg. Mais, quoique cet instrument soit fort ingénieux, on peut dire qu'il est bien au-dessous de ceux de l'astronomie moderne, et il n'est pas susceptible du même degré de perfection.

Ptolémée nous a décrit dans son Almageste (2) quelques autres

---

(1) *Alm.* l. 3, c. 2. (2) L. 1, c. 11 ; et l. 5, c. 12.

instrumens, l'un assez ressemblant à notre astrolabe, et sur lequel je ne m'arrêterai pas; l'autre, celui qu'on a nommé *les règles parallactiques*, à cause que cet astronome ancien l'employa primitivement à l'observation de la parallaxe de la Lune. C'étoient (*fig.* 76.) trois règles, dont deux faisoient toujours l'office des côtés égaux d'un triangle isoscèle, et la troisième qui portoit les divisions, faisoit celui de la base, ou étoit la corde de l'angle du sommet. L'un des côtés égaux étoit garni de pinnules par lesquelles on observoit l'astre, pendant que l'autre étoit placé verticalement, de sorte qu'on avoit, en consultant une table des cordes, la distance de l'astre au zénith. *Ptolémée* voulant observer avec une grande exactitude les hauteurs de la Lune, se prépara un instrument de cette sorte, d'une dimension considérable; car les règles égales avoient quatre coudées de longueur, afin que les divisions en fussent plus sensibles. Il rectifioit sa position avec beaucoup de soin par le moyen d'un fil à plomb. Les astronomes du quinzième siècle, *Purbach*, *Régiomontanus*, *Walther*, employèrent beaucoup cette manière d'observer, qui n'est pas méprisable : aussi les observations de *Walther*, qui y apporta tous les soins nécessaires, sont-elles estimées des astronomes, et ont-elles servi à des déterminations assez délicates.

Ces instrumens construits avec un soin extrême, en ce qui concerne soit la matière, soit les divisions, auroient pu être d'un assez bon usage, et fournir des résultats assez exacts; mais ce qui manqua principalement à l'astronomie ancienne, ce fut une manière de mesurer le temps avec quelque précision. Il y eut des astronomes qui proposèrent des clepsydres pour cet effet; mais *Ptolémée* les rejette (1) comme pouvant fort facilement induire en erreur, et effectivement ce moyen est sujet à bien des inconvéniens et à des irrégularités difficiles à prévenir. Cependant, comme la mesure du temps est l'ame de l'astronomie, on recourut à un autre expédient qui est assez ingénieux. Il consistoit à observer, au moment d'un phénomène dont on vouloit savoir l'heure, la hauteur du soleil, si c'étoit le jour; ou celle d'une étoile fixe, si c'étoit la nuit; car le lieu du soleil étant connu, à quelques minutes près, au temps de l'observation, avec la latitude du lieu, on peut en conclure l'heure. On le peut aussi faire de la hauteur d'une étoile, dont la déclinaison et l'ascension droite sont données : ainsi lorsqu'on observoit, par exemple, une éclipse de lune, il falloit avoir soin de prendre la hauteur de quelque étoile remarquable à chaque phase de l'éclipse, sur-tout au commencement et à la fin, pour en pouvoir

(1) *Alm.* l. 5, c. 14.

conclure l'heure ; et c'est ce qu'ont fait les astronomes jusqu'à l'application du pendule à la mesure du temps. Mais il est facile de sentir combien ce procédé ancien étoit laborieux, et ce qui est pis encore, combien il étoit peu sûr et peu praticable dans certaines circonstances. Que ne doit pas l'astronomie à l'inventeur de l'instrument commode et certain, dont nous nous servons aujourd'hui pour cette mesure! Je sens qu'il y auroit bien d'autres choses à dire concernant l'astronomie pratique chez les anciens; mais les limites de cet ouvrage ne me le permettant pas, je laisse à l'historien de l'astronomie le soin de traiter ce sujet avec plus d'étendue.

L'*Almageste* de *Ptolémée*, de même que la plûpart des ouvrages célèbres de l'antiquité, a eu plusieurs éditeurs et commentateurs. Parmi les anciens, *Théon* d'Alexandrie et *Pappus* le commentèrent. L'ouvrage de *Théon* nous est parvenu, mais il ne va pas au delà du onzième livre. Il a vu le jour en 1538, que *Simon Grynaeus* le publia en grec à la suite du texte de l'*Almageste*, qu'il donnoit dans la même langue. Ce commentaire n'a jamais paru en latin, à l'exception du premier livre traduit et publié par *J. B. Porta* en 1588. On doit regretter que les dix derniers livres de ce commentaire n'aient jamais trouvé de traducteurs, car il est impossible qu'ils ne contiennent beaucoup de traits curieux sur l'astronomie et la géométrie. Ce n'est, par exemple, que par eux qu'on connoît le petit ouvrage sur les isopérimètres du géomètre *Zénodore* ou *Zénodote*. Quant au commentaire de *Pappus*, il n'en subsiste qu'un morceau concernant le cinquième livre, que *Théon* nous a conservé. Dans des temps postérieurs, *Nicolas Cabasilla*, archevêque de Thessalonique, commenta aussi l'*Almageste*, ou peut-être seulement une partie. L'écrit de ce prélat astronome a été inséré dans l'édition dont on vient de parler : il regarde le troisième livre.

Lorsque les Arabes donnèrent asile aux sciences, l'*Almageste* fut un des ouvrages qu'ils s'empressèrent le plus de traduire. Ils le firent l'an 212 de l'Hégire, ou 827 de l'ère chrétienne, sous le règne et les auspices d'*Almamon*. Suivant un manuscrit de M. de *Peiresc* (1), les auteurs de cette version furent l'Arabe *Alhazen Ben Joseph* et le chrétien *Sergius* : au reste, on ne doit point confondre cet *Alhazen* avec l'opticien, comme je le montrerai dans la suite. Ce fut alors que l'ouvrage de *Ptolémée* prit le nom d'*Almageste* qu'il a conservé depuis. Il est formé du mot grec Μεγιστος, très-grand, et de l'article arabe *al*, soit qu'on ait voulu dire *le très-grand ouvrage*, *l'ouvrage par excellence*, soit qu'on l'ait fait du premier mot du titre grec, μεγας, ou μεγιστος αστρονομος, que lui donnèrent les astronomes de l'école d'Alexan-

_____
(1) Gassendii, *vita Peiresc.* l. 5.

drie, postérieurs à *Ptolémée*. Enfin divers autres mathématiciens de la même nation commentèrent l'*Almageste*, comme *Thebit-Ben-Corah*, *Nassir-Eddin*, etc.

Aussitôt que les sciences commencèrent à s'établir dans la partie occidentale de l'Europe, on se hâta de traduire *Ptolémée*. On en fit dès l'année 1230 une version, d'après l'arabe, sous les auspices de l'empereur *Frédéric 11*, qui protégeoit l'astronomie. *Gérard* de Crémone en fit une nouvelle vers le milieu du quatorzième siècle, qui subsiste en manuscrit dans diverses bibliothèques. La première édition, enfin, de l'*Almageste* en latin vit le jour à Venise en 1515, et est un monument très-rare de la typographie ancienne. Elle paroît avoir été faite d'après une version arabe, et pourroit bien être celle de *Gérard* de Crémone, ce que je n'ai pu vérifier.

Après la chûte de l'empire Grec, *George* de Trébizonde, l'un des Grecs retirés en Italie, traduisit l'*Almageste* de sa langue naturelle en latin, et même entreprit de le commenter; mais ce savant, peu versé en astronomie, y commit un grand nombre de fautes, dont la critique coûta, dit-on, la vie au savant *Regiomontanus*.

Cet astronome en effet sentoit toute l'importance d'une bonne traduction de *Ptolémée*, et il eut le courage d'apprendre le grec pour en donner une au monde savant. Il traduisit donc l'*Almageste*, comme nous l'apprend un catalogue de ses ouvrages fait par lui-même (1); mais sa mort précipitée priva l'astronomie de cet ouvrage utile. Malgré les justes critiques de *Régiomontanus*, la traduction de *George* de Trébizonde est encore la seule, que je connoisse, qui ait été faite d'après le grec. Elle parut bien des années après la mort de ce savant; savoir, en 1515, à Venise (*in fol.*), par les soins de *Lucas Gauricus*, astronome assez habile, mais astrologue encore plus célèbre de ce temps, et avec une préface des fils de *George* de Trébizonde, qui s'y plaignent beaucoup des détracteurs de la mémoire de leur père.

Enfin, en 1538, parut le texte grec de l'*Almageste*, mais sans traduction, ainsi que celui du commentaire de *Théon* (2), qui sortit des presses de J. *Valder*, et qui leur fait honneur. Il sembleroit que cette édition de l'*Almageste* en sa langue originale en auroit dû procurer une bonne traduction; mais les souhaits du monde savant n'ont jamais été remplis à cet égard. Celle de *George* de Trébizonde vit de nouveau le jour en 1541,

(1) *Voy.* Doppelmayer *in Math. Norinbergensibus.* Weidler *Hist. Astron.* Heilbroner. *Hist. Math. Univ.*

(2) ΚΛΑΥΔΙΟΥ ΠΤΟΛΕΜΑΙΟΥ, etc. Cl. Ptolemaei *magnae constructionis*, etc. *libri* 13. Theonis *Alex.* in eosd. Comment. *libri* 11. Basileæ 1538, in-fol.

dans un recueil d'ouvrages de *Ptolémée* (1), qui, malgré son
titre, ne les contient pas tous ; et il en fut fait en 1551 une
nouvelle édition avec des notes, corrections et additions de
Erasme Oswald Schrekenfuchs, et les *hypotyposes* ou hypothèses astronomiques de *Proclus* (2). Mais le latin dur et presque
barbare de cette traduction, l'obscurité et le peu d'intelligence
qui y règnent, font regretter qu'un ouvrage aussi important, du
moins dans les siècles passés, n'ait jamais été mieux exécuté.
Il est même inconcevable que le commentaire de *Théon*, qui
étoit si propre à éclaircir le texte de *Ptolémée*, et qui d'ailleurs
contient mille choses curieuses, n'ait jamais été traduit, à
l'exception du premier livre, qui l'a été, comme on l'a dit déja,
par le fameux J. - B. *Porta*.

I V.

L'antiquité a produit peu de mathématiciens aussi laborieux
que *Ptolémée* ; le vaste projet de son *Almageste*, projet auquel
la vie entière d'un homme semble à peine suffire, lui mériteroit presque seul cet éloge. Nous connoissons cependant encore de lui divers autres ouvrages, qui annoncent une grande
universalité de connoissances dans les mathématiques ; et l'un
de ces ouvrages le cède peu au précédent, du moins en étendue
de connoissances et de travaux ; c'est sa *géographie* en huit livres.
Les matériaux lui en furent fournis par une multitude d'auteurs,
d'itinéraires et de voyageurs, qu'il lui fut nécessaire de peser
et de comparer entr'eux. Il est facile de sentir l'immensité de
cette entreprise ; mais ce qui rend sur-tout cet ouvrage remarquable en mathématiques, c'est que *Ptolémée* y jette les fondemens géométriques de la construction des cartes géographiques,
et des diverses projections propres à représenter le globe terrestre, ou ses parties. On y voit aussi, pour la première fois, les
positions des lieux désignées, par longitude et par latitude. Ce
moyen dû à *Hipparque* est sans contredit le plus commode pour
donner à l'esprit une idée juste de la situation des diverses contrées, pour les représenter dans leur place convenable, soit
sur le globe, soit sur les cartes, enfin pour reconnoître les
variétés des phénomènes astronomiques, qui arrivent dans chacune d'elles. Il ne faut cependant pas croire que *Ptolémée* ait
eu, ni qu'il ait feint d'avoir des observations immédiates, propres

(1) Claudii Ptolemæi *Pelusiensis
Alexandrini*. omnia *quae extant opera
praeter geographiam*, etc. Basil. 1541,
in-fol.

(2) Cl. Ptolemæi Pelus. Alex. *omnia*

quae extant opera; *geographia ex-
cepta*, etc. Basil. 1551, in-fol.

(3) J. B. Portæ, *interpret*. 1. libri,
magnae constr. Ptolemæi, *cum* Theonis
Comment. Neap. 1582, in-4°.

à fixer ces positions ; il n'en avoit au contraire qu'un bien petit nombre : car dans combien peu d'endroits avoit encore pénétré l'astronomie ! Il fut par conséquent réduit à les déterminer par des calculs fondés sur la durée des plus grands jours, sur la longueur des chemins et sur leur direction, telles que les relations des voyageurs le lui apprenoient : ainsi on ne doit pas s'étonner des erreurs nombreuses qu'on rencontre dans sa *géographie*. Avec si peu de secours pour se tirer de ce dédale d'incertitude, comment pouvoit-il éviter d'en commettre une foule, sur-tout dans un temps où la terre presqu'entière, c'est-à-dire, à l'exception d'une petite partie de l'Asie, de l'Afrique et de l'Europe, n'étoit guère plus fréquentée et plus abordable que l'est aujourd'hui l'intérieur de l'Amérique ?

Voici quelques autres petits écrits astronomiques, ou tenans à l'astronomie, qu'on doit à *Ptolémée*. L'un est intitulé : *Complanatio superficiei spherae*, ou *du planisphère* ; ce qui indique suffisamment son objet. Un autre porte le titre *de l'Analemme*, qui est une sorte d'instrument astronomique et gnomonique assez connu (1). Le livre *des hypothèses des planètes* est un précis de celles qu'il a établies dans son *Almageste* : il a été mis au jour en grec et latin par *Bainbridge* en 1620, *in-* 4°. On a encore celui *des apparences des fixes, et de leurs significations ;* ce sont des éphémérides faites à l'imitation de celles d'*Eudoxe* et de tant d'autres astronomes dont on a souvent parlé. Ce livre a été publié plusieurs fois, entr'autres par le P. *Petau* dans son *Uranologion*. Sa table *chronologique* des rois des Assyriens, des Mèdes, des Perses, des Grecs et des empereurs Romains, depuis l'ère de *Nabonassar* jusqu'à son temps, c'est-à-dire au règne d'*Antonin* le Pieux, est précieuse dans la chronologie.

On attribue à *Ptolémée* plusieurs traités astrologiques, tels que le *Tetrabiblos* ou *Quadripartitum* en quatre livres, qui sont une sorte de cours d'astrologie judiciaire, et le *Centiloquium*, qui est un recueil d'aphorismes de cette vaine science. Je suis porté à croire que ces livres sont supposés, chose assez commune chez les Grecs ; et quelques astrologues de bonne foi l'ont pensé. Mais je desirerois avoir de plus fortes preuves pour en décharger entièrement la mémoire de *Ptolémée*.

Les ouvrages de cet ancien auteur, qu'il nous reste à faire connoître, regardent les autres parties des mathématiques, dans lesquelles il déploya aussi beaucoup d'habileté. Nous trouvons d'abord sa *musique* intitulée : *Ptolemaei harmonicorum lib. III* ;

_____

(1) Ces deux Ouvrages ont été traduits et publiés par Commandin, le premier en 1558, le second en 1562, *in-*4°.

traité fort utile pour connoître la théorie de cet art et son histoire chez les anciens. Il a d'abord été publié en latin en 1624, *in-4°.*, ensuite par *Wallis*, en 1684, avec le texte grec et la traduction, *in 4°.* : on le retrouve enfin dans le troisième volume des œuvres de ce mathématicien avec le commentaire de *Porphyre* sur une partie. Nous regrettons, pour son honneur, qu'il ne s'en soit pas tenu aux deux premiers livres des trois que contient cet ouvrage ; car le dernier n'est qu'un tissu de visions les plus puériles des anciens sur les rapports des intervalles harmoniques avec les orbites des planètes, leur inclinaison à l'écliptique, etc.

Pappus et *Eutocius* (1) font mention des livres mécaniques de *Ptolémée*, qui ne nous sont point parvenus. *Proclus* (2) en cite un autre intitulé, *à minoribus quàm duo recti productas coincidere.* L'objet de celui ci étoit de prouver l'espèce de principe *des Élémens*, sur lequel on a accusé *Euclide* de relâchement.

Simplicius, dans son commentaire sur le premier livre d'*Aristote, de cœlo*, nous apprend encore que ce mathématicien avoit écrit un traité en un livre, intitulé Περι Διαστασεων, *de dimensionibus*, dans lequel il démontroit qu'il ne pouvoit y avoir dans la nature plus de trois dimensions, longueur, largeur et profondeur. Je termine cette énumération, peut-être ennuyeuse pour plus d'un lecteur, par le traité d'optique de *Ptolémée* ; traité le plus étendu et le plus complet qu'aient eu les anciens dans ce genre. Quoiqu'il ne nous soit pas parvenu, quelques auteurs dans le temps desquels il subsistoit, nous en ont transmis divers traits fort remarquables.

Un de ces traits concerne la réfraction astronomique. Ne nous regardera t-on point comme avançant un paradoxe, lorsque nous dirons que *Ptolémée* a eu connoissance de ce phénomène : mais nous en tirons la preuve du fameux *Roger Bacon* et de l'opticien Arabe *Alhazen*, qu'on soupçonne avec justice, quoiqu'il s'en défende, de devoir à *Ptolémée* presque toute son optique. *Bacon* (3), après avoir remarqué qu'on se trompoit sur le lieu des astres vers l'horison, après avoir même tenté de le prouver par l'observation, ajoute ces mots : *sic autem Ptolemaeus in lib. V de opticis, et Alhazen in VII.* Celui-ci enseigne effectivement dans l'endroit cité la même doctrine; il explique de quelle manière on peut s'en assurer par l'observation, et il donne pour cause de cette réfraction la différence de transparence entre l'air qui nous environne immédiatement, et l'éther qui est au delà. Cette doctrine est encore celle de *Vitellion*,

(1) *Coll. Math* l. 8. *Comm. in* Arch. *de æqripond.*   (2) *Comm in I. Eucl. prop.* 26.
(3) *Specula Math.* p. 37.

qui n'a fait presque autre chose que copier l'opticien Arabe.
Voilà la découverte de la réfraction astronomique reculée, si
je ne me trompe, fort au-delà de l'époque qu'on lui assigne
ordinairement ; mais il faut remarquer en même temps que cette
connoissance fut tout-à-fait stérile chez les anciens, et qu'ils
n'en firent aucune application à l'astronomie. On ne voit pas
que *Ptolémée*, ni aucun de ceux qui lui succédèrent, ait jamais
eu l'idée d'en conclure que toutes les hauteurs prises, du moins
dans le voisinage de l'horison, demandoient une correction.

Une seconde observation digne de remarque sur l'optique de
Ptolémée, est qu'il y donnoit une assez bonne raison de l'augmentation apparente des astres vus à l'horison. Il ne la faisoit
point dépendre, comme ont fait inconsidérément quelques physiciens modernes, de la réfraction qu'ils y éprouvent ; car il
démontroit au contraire que l'effet de cette réfraction devoit
être de diminuer leur diamètre apparent dans le sens vertical.
Il donnoit pour raison de ce phénomène le jugement tacite de
l'ame sur la grandeur apparente de l'astre, jugement excité par
le grand nombre des objets interposés, qui donnent l'idée d'une
grande distance lorsqu'il est voisin de l'horison, au lieu que
le manque de ces objets, lorsqu'il est au méridien, le fait juger
beaucoup plus près. C'est *Roger Bacon* qui nous apprend encore
ceci, en citant le troisième et le quatrième livre de *Ptolémée*.
On fait ordinairement honneur de cette solution à *Malebranche*,
qui eut à son sujet une fort vive querelle avec M. *Regis*, qui
prétendoit que ce phénomène étoit occasionné par la réfraction (1) ; mais elle est, comme on voit, d'une bien plus grande
antiquité : on la lit aussi dans *Alhazen* et *Vitellion*. Nous ne
déciderons point si c'est là le véritable dénouement de la question ; mais il n'y a que ceux qui n'ont pas une idée claire de
la manière dont opère la réfraction, qui puissent être de l'opinion de M. *Regis*. Ce physicien, d'ailleurs estimable, prouva
dans cette querelle, qu'il ne suffit pas d'employer dans une discussion physique des termes et des considérations mathématiques;
mais que quand on le fait vaguement et sans les approfondir,
les mathématiques, destinées à éclairer la physique, ne servent
qu'à éblouir, et à induire en erreur. En effet, il ne faut qu'être
en état de suivre un raisonnement géométrique fort simple, pour
être convaincu que le diamètre perpendiculaire de l'astre est contracté, tandis que le diamètre horisontal reste sensiblement le
même.

Ces deux traits de lumière échappés de l'optique de *Ptolémée*,

---

(1) Voy. la *Recherche de la vérité*, l. 1, et t. 3, p. 391. *Syst. de Phil.* de
M. *Regis*, t. 4, l. 8.

nous donnent lieu de penser que c'étoit un ouvrage fort estimable à plusieurs égards, quoiqu'à en juger par celuid'*Alhazen*,
on puisse assurer qu'il contenoit beaucoup de mauvaise physique.
Quant à la partie purement géométrique de ce même ouvrage,
nous nous croyons fondés à penser qu'elle étoit très-étendue
et très-savante : on y trouvoit, par exemple, la résolution
d'un beau problême d'optique, qui exerça vers le milieu du siècle
passé plusieurs géomètres modernes du premier rang; c'est celui
de déterminer sur un miroir sphérique le point de réflexion,
le lieu de l'œil et celui de l'objet étant donnés. La solution
d'*Alhazen*, qui est probablement tirée de *Ptolémée*, procède
par le moyen d'une hyperbole, et est un peu prolixe ; mais,
outre que la difficulté du problême excuse cette prolixité, elle
n'est peut-être que l'ouvrage de l'auteur Arabe. Remarquons enfin
que ce livre n'est probablement pas entièrement perdu; car on
lit dans le catalogue de la bibliothèque Bodleyenne, parmi les
titres de livres latins (*p.* 300), celui-ci : *Ptolemæi opticorum
sermones V ex arabico latinè versi.* Ainsi, pour lui faire voir
le jour, on n'auroit pas même besoin de le traduire de l'arabe ;
la traduction est toute faite.

Plusieurs des livres de *Ptolémée* sont accompagnés de cette
adresse, *ad Syrum fratrem* ; ce qui prouve qu'il avoit un frère
de ce nom, qui étoit probablement versé en astronomie, peut-
être un coopérateur dans ses observations et calculs. Je lui ai
aussi déterré un fils nommé *Hériston*, duquel on peut former
le même jugement. C'est dans le titre d'un livre extrêmement
rare, imprimé à Venise en 1509, sous ce titre : *Sacratissimae
astronomiae* P T H O L E M Æ I *liber diversarum rerum quem scripsit ad* Heristonem *filium suum, etc. ut habetur in tabulá quae
est in principio istius libri.* 1509, *felicibus astris prodeat in
lucem ductu Petri Lichtenstein, etc.* J'aurois desiré voir ce
livre qui contient peut-être des choses intéressantes et peu connues; mais je ne l'ai pu trouver dans aucune bibliothèque de
Paris. Ce livre n'a pas échappé à *Maittaire* ni à M. *Hirsch*,
auteur d'une récension de livres imprimés depuis l'an 1 jusqu'au
50e. du XVIe. siècle, d'après laquelle M. *Scheibel* le cite dans
son *Introduction* (en allemand) à la connoissance des livres
de mathématiques.

V.

Cet article est destiné à rassembler divers mathématiciens dont
le temps est peu connu, ou qui fleurirent dans l'intervalle des
trois ou quatre premiers siècles après l'ère chrétienne. Je com-
mencerai par le géomètre *Sérénus* d'Antinse, qui s'est acquis

une sorte de célébrité par ses deux livres sur *les sections des cylindres et des cônes.* Un des objets de ce traité est de détruire le préjugé de ceux qui se persuadent que l'ellipse, formée par la section du cône, est différente de celle qui se fait par celle du cylindre. On sent facilement, pour peu qu'on soit géomètre, que la chose n'étoit pas bien difficile, et elle n'auroit pas fourni à *Sérénus* la matière de deux livres, s'il ne se fût pas bientôt jetté dans diverses recherches concernant la section du cône par le sommet, dont quelques-unes sont assez curieuses. Il examine, par exemple, quel est le plus grand triangle formé, en coupant le cône de cette manière, et quels sont les cas où ce problème peut avoir lieu ; ce qui est au reste fort facile à déterminer par nos calculs modernes. Mais il n'examine pas quel est absolument le plus grand triangle dans un cône scalène quelconque. Ce problème qui est solide, a été résolu par M. *Halley* dans l'édition qu'il a donnée de *Sérénus*, à la suite de celle des coniques d'*Apollonius.*

Hypsicle d'Alexandrie, géomètre assez connu, fut contemporain de *Ptolémée*, ou le suivit de près ; car son maître *Isidore*, auquel *Suidas* donne de grands éloges sur son habileté en mathématiques, fleurissoit sous le règne des *Antonins* (1). En parlant des Elémens d'*Euclide*, on a fait mention des deux livres d'*Hypsicle* sur les corps réguliers. Il avoit écrit un autre livre *sur les ascensions des astres*, qui contient cette doctrine assez curieuse à certains égards, mais qui n'intéresse plus aujourd'hui l'astronomie (2). Il faisoit autrefois partie des livres classiques de l'école d'Alexandrie.

Le célèbre *Porphyre* se distinguoit dans le même temps par ses connoissances multipliées. On a encore les titres de quelques ouvrages qu'il écrivit sur les mathématiques, ouvrages au reste peu importans, et de la perte desquels il est aisé de se consoler. Tels étoient une *Introduction à l'astronomie*, que quelques-uns croyent retrouver dans un commentaire sur le *Tetrabiblos* attribué à *Ptolémée*, un *abrégé d'arithmétique*, un *traité des mystères des nombres* (3). M. *Wallis* a publié, dans le 3ᵉ volume de ses œuvres, son commentaire sur le premier livre de la musique de *Ptolémée*.

Vers la fin du même siècle fleurissoit le savant prélat *Anatolius* d'Alexandrie. *Eusèbe* (4) parle de son *Introduction à l'arithmétique* en dix livres que nous n'avons plus ; mais nous possédons son traité *du cycle paschal*, qui ne paroît pas mériter

(1) Suidas. *Lexic. au mot* Isidore.
(2) *Hypsiclis Alex. de Ascensionibus Liber.* G. L. Par. 1657, in-4.
(3) Voyez la *Bibl. Græca* de Fabricius, t. 4.
(4) *Hist. Eccles.* p. 287, ed. Par.

le pompeux éloge que lui donne M. *Weidler*; car ce *cycle*, qui est à la vérité de 19 ans, est bien différent de celui de *Méton*, et il n'est conforme ni au mouvement du soleil, ni à celui de la lune. Aussi fallut-il bientôt recourir à un autre expédient pour fixer la célébration de la Pâque, ainsi qu'on le verra plus loin.

Nous ignorons entièrement l'âge du géomètre *Perseus Cittieus*, inventeur de certaines lignes nommées *Spiriques*, sujet d'une méprise grossière pour tous ceux qui en ont parlé avant nous (1); car ils se sont imaginés qu'il s'agissoit-là des spirales, et ils étoient d'autant moins excusables que, faisant de ce *Perseus* un géomètre fort ancien, ils attribuoient une seconde fois l'invention de ces courbes à *Conon* ou à *Archimède*. Mais *Proclus* (2) nous apprend ce que c'étoit que ces spiriques. Il les décrit assez clairement, et nous apprend que c'étoient les courbes qui se formoient, en coupant le solide engendré par la circonvolution d'un cercle autour d'une corde, ou d'une tangente, ou d'une ligne extérieure quelconque. De-là naissoit, suivant ces diverses circonstances, un solide en forme d'anneau ouvert ou fermé, ou de bourrelet; et ce corps étant coupé par un plan, donnoit, suivant l'inclinaison et la position de ce plan, des courbes d'une forme fort singulière; les unes alongées en forme d'ellipse, les autres applaties et rentrant dans leur milieu, tantôt se coupant en forme de nœuds ou de lacet, tantôt composées de deux ovales conjuguées, séparées, ou l'une dans l'autre, et même d'une ovale avec un point conjugué au milieu; ce sont enfin des courbes du quatrième ordre, pour m'exprimer selon le langage de la géométrie moderne. Il est impossible de deviner jusqu'où *Perseus* avoit creusé cette spéculation; je me rappelle m'être dans ma jeunesse fort amusé de ces courbes, en déterminant leurs équations algébriques suivant les diverses positions de l'axe, autour duquel tournoit le cercle, et suivant la position du plan coupant. Nous avons cru qu'il ne seroit pas indigne de la curiosité de quelques lecteurs de donner les figures de quelques-unes d'entr'elles (*voy.* *fig.* 77, nᵒˢ. 1, 2, 3, 4, 5, 6), nous réservant d'entrer dans plus de détails sur ce sujet, si l'abondance de notre matière n'y met pas obstacle.

Philon de Thyane fut encore un géomètre recommandable, si nous en jugeons par la nature de ses écrits; car ils regardoient la partie la plus transcendante de la géométrie ancienne, la considération des lignes courbes, et en particulier de certaines qui naissoient de l'intersection d'un plan avec certaines surfaces

---

(1) *Blancanus, Vossius, Deschales,* etc.
(2) *Com. in I. Eucl. ad Def.* 4 et 7.

appelées par*Pappus*, *plectoides* ou *complicatæ*. (1) Il n'est pas facile de deviner, sur une aussi légère indication, quelles étoient ces surfaces et quelles étoient ces courbes. Il paroît seulement par le récit de *Pappus*, qu'elles avoient particulièrement excité l'attention de quelques géomètres, une entr'autres nommée *admirable* par *Ménélaüs* d'Alexandrie; ce qui nous apprend que ce *Philon* fut antérieur ou contemporain de ce dernier. *Pappus* joint à ces géomètres un *Démétrius* d'Alexandrie qui avoit écrit sur les courbes un ouvrage intitulé: *Lineares aggressiones.* Ceci pourroit fortifier la conjecture, que les anciens avoient sur ce sujet une théorie plus étendue qu'on ne le pense ordinairement. M. *Newton* alloit même plus loin, et pensoit que tout ce qui nous est venu d'eux n'est qu'une esquisse de leurs découvertes; mais cette estime pour la géométrie ancienne me paroît exagérée. *Pappus* nous parle aussi d'un géomètre nommé *Erycème*, qui avoit écrit un livre intitulé: *Paradoxa mathematica*; il en cite quelques propositions qui ne sont pas fort merveilleuses. Il est enfin souvent question d'un *Carpus* d'Antioche, qui avoit écrit sur l'astronomie et sur la mécanique: *Proclus* en fait aussi mention dans l'ouvrage si souvent cité.

Nous plaçons ici, ne sachant où le faire avec plus de certitude, le mathématicien *Thymaridas*, auteur d'un livre intitulé *Epanthema*, ce qu'on pourroit traduire par *Florilegium*; c'étoit en effet, d'après les citations de *Jamblique*, une sorte de récréation arithmétique. *Thymaridas* y considéroit diverses propriétés des nombres, selon les divisions que leur assignoient les géomètres; et l'on voit par une table que rapporte M. *Bouillaud* (2), qu'il touchoit de près à la découverte du triangle arithmétique. *Jamblique* le cite fréquemment dans un commentaire sur *Nicomaque*, qui existe manuscrit dans la bibliothèque du roi, et que M. *Bouillaud* avoit lu. C'est à lui qu'est dû l'honneur d'avoir déterré ce mathématicien inconnu, ainsi qu'une femme ou fille savante en mathématiques, nommée *Ptolémaïs*, dont l'âge ne nous est pas connu, si ce n'est qu'elle vivoit avant *Porphyre*, qui la cite plusieurs fois dans un ouvrage qui existe en manuscrit à la bibliothèque du roi, sous le titre de *Hypomnemata in Ptolemaei harmoniam.* M. *Bouillaud* en rapporte quelques passages dans son commentaire sur *Théon* de Smyrne: on voit par ces citations, que cette *Ptolémaïs* avoit écrites sur la musique mathématique, mais c'est tout ce que nous en savons.

Achille Tatius, le même, à ce qu'on croit, que l'auteur du roman célèbre de *Théagène et Cariclée*, depuis évêque, fut auteur d'une *Introduction à Aratus*. S'il étoit permis d'appré-

cier un auteur qui a quatorze ou quinze siècles d'antiquité,
nous dirions que ce n'étoit qu'un philologue d'une intelligence
fort bornée, du moins en astronomie ; j'en juge ainsi par le
peu d'exactitude avec laquelle il parle des opinions des astronomes sur des phénomènes, dont la cause étoit déja connue depuis plusieurs siècles, au temps où il écrivoit. Lorsqu'il entreprend, par exemple, de rapporter ce qu'on pensoit des phases
de la lune, il n'entasse qu'un vain verbiage, et il défigure la vraie
raison qu'on en donnoit, de telle sorte qu'elle y est absolument
méconnoissable. Celui qui écriroit l'histoire de l'astronomie sur
de pareils mémoires, ne feroit encore dire aux astronomes que
des absurdités sur ce phénomène, jusqu'à *Ptolémée*. Ceci montre
combien il est nécessaire d'être sur ses gardes lorsqu'on lit certains auteurs, afin de ne pas imputer aux anciens des sentimens
qu'ils n'eurent jamais. *Tatius* est fort sujet à mal interpréter les
opinions les plus saines, et à leur donner un tour ridicule. Nous
en avons donné ailleurs (1) un exemple remarquable concernant
Empedocle, à qui il attribue une opinion physique, absurde
et monstrueuse, pendant que celle de ce philosophe est fort
raisonnable et conforme à la vérité.

Quoique *Nicomaque* ait eu beaucoup de célébrité parmi les
anciens, le temps où il vivoit n'en est pas moins difficile à déterminer. On peut seulement assurer qu'il vécut entre *Eratosthène*, dont il cite une invention, et *Jamblique*, le premier de
ses commentateurs. Il parle à la vérité, dans ses écrits, d'un
certain *Trasillus* ; mais étoit ce l'astronome ou plutôt l'astrologue de ce nom attaché à *Tibère*, ou l'ancien musicien surnommé de *Phliase* ? c'est ce qu'il est difficile de décider, quoique
par la nature de ses écrits, il soit beaucoup plus probable que
c'est du dernier dont il s'agit. Je crois qu'il n'y aura pas un
grand inconvénient à laisser la chose indécise.

Il nous est parvenu de *Nicomaque* un traité d'*Arithmétique*
suivant la méthode des anciens ; c'est un traité des propriétés
et des divisions des nombres, selon les Platoniciens et les Pythagoriciens. Cet ouvrage intitulé, *Isagoge Arithmetica*, n'a
été publié qu'en grec : mais l'arithmétique de *Boëce* en est une
sorte de traduction libre, qui peut la remplacer auprès de ceux
qui ignorent cette langue. *Nicomaque* a eu divers commentateurs, comme *Jamblique* dont nous avons l'ouvrage (2), *Proclus*,
Asclepius et *Philoponus* (3) : les ouvrages des derniers, ou
sont perdus, ou n'existent qu'en manuscrits dans des biblio-

(1) L. 3, art. 6.　　　　　　　　(3) Fabr. *Biblioth. Graeca*, t. 4.
(2) Jamblichus, *Comm. in Arithm.*
Nicom.

thèques où ils sont ignorés. Cet écrivain prit la peine de rassembler les rapports mystérieux des nombres, que les anciens avoient remarqués avec tant d'affectation et de crédulité. Il en fit un livre intitulé : *Theologumena Arithmetica*, que nous avons. *Photius* en parle dans sa *Bibliothèque*, et il l'apprécie au juste en l'appellant un recueil de pitoyables visions. Les gens sensés ne s'aviseroient guère de le regretter, s'il eût eu le sort de celui de *Porphyre* sur le même sujet. De pareils écrits ne peuvent que servir à l'histoire humiliante de l'esprit humain ; la matière est d'ailleurs assez abondante et n'est pas prête à manquer. Il eût été bien plus utile que son ouvrage intitulé *Praxis Arithmetica*, nous fût parvenu. Il nous auroit probablement fourni quelques lumières sur la façon dont les anciens exécutoient leurs opérations sur les nombres ; car ils avoient, selon les apparences, une sorte d'arithmétique pratique, pour soulager l'imagination dans les calculs prolixes et difficiles : mais il n'en reste aucune trace.

Je n'ai qu'un mot à dire de son *Introduction à la Musique.* Elle m'a paru un des écrits sur ce sujet, où il étoit le plus facile de prendre une idée de la musique ancienne. Au surplus, *Nicomaque* est *Aristoxenien* dans ce traité ; chose assez surprenante pour un géomètre. A la vérité, il écrivoit pour une femme, et peut-être a-t-il suivi par cette raison le systême le plus facile à concevoir. Je me borne à remarquer que *Meibomius* l'a publié dans sa belle et savante collection des *Musici veteres.*

Nous devons à M. *Lindenbrock*, et ensuite à M. *Bartholin*, un ancien traité d'Optique intitulé : *Damiani Philosophi, Heliodori Larissaei Opticarum Hypotheseon lib.* 2. Il est difficile de juger, sur cet intitulé, quel est l'auteur de l'écrit en question ; si c'est *Héliodore* ou *Damien* ; si l'un est le fils ou le disciple de l'autre. Aussi voit-on des éditions de ce livre qui portent le nom de *Damianus*, d'autres celui d'*Héliodore*, d'autres enfin de l'un et de l'autre à la fois. Le titre varie aussi beaucoup dans ces éditions, mais c'est toujours le même livre. Ce qu'il y a de plus intéressant à observer, c'est que cet ouvrage ne contient rien que de très-commun en optique, et il me semble que dans ce siècle, c'étoit une peine bien superflue que celle qu'a prise presque recemment (en 1758) M. *Matani*, professeur de mathématiques à Pise, d'en donner une nouvelle édition, laquelle au surplus est grecque et latine, et préférable aux précédentes. Il y en avoit même déja une en grec et latin, donnée en 1573 par *Egnazio Danti*. in 4°.

V I.

On doit ranger dans une classe bien différente le mathématicien, qui va nous occuper dans cet article. C'est le fameux *Diophante* d'Alexandrie, l'inventeur de l'algèbre, ou du moins le premier des Grecs dans les écrits duquel on trouve des traces de cette ingénieuse invention. Son ouvrage est intitulé : *Arithmeticorum libri*, dont les six premiers seulement nous sont parvenus, avec un *de Numeris multangulis*. Le temps où il vivoit ne nous est pas connu bien précisément. Suivant *Abulpharage* (1), auquel nous recourons faute d'autorités grecques et romaines, il fleurit sous l'empereur *Julien*, ou vers l'an 365 de notre ère. Ce témoignage, il est vrai, n'est pas entièrement décisif. Mais il est du moins certain que *Diophante* ne fut guère postérieur à ce temps ; car la savante *Hypathia* avoit commenté son ouvrage, et l'on sait que cette fille célèbre mourut vers le commencement du cinquième siècle.

Il n'est pas possible de déterminer si *Diophante* même fut l'inventeur de l'algèbre. Quelques mots qu'on lit dans son épître préliminaire semblent le dire ; mais examinés avec attention, ils peuvent également se rapporter seulement à la méthode particulière qu'on voit régner dans cet ouvrage. Quoi qu'il en soit, on peut se former, d'après cet ouvrage, une idée de ce qu'étoit l'algèbre au temps de *Diophante*, et nous allons en présenter le tableau.

Il seroit injuste d'attendre que l'algèbre ancienne se fût élevée au même point que la nôtre. Mais l'ouvrage en question nous apprend qu'elle s'éleva du moins jusqu'aux équations du second degré ; car quoique l'arithméticien grec n'en résolve aucune de cette espèce avec nos signes de radicaux, il promet d'enseigner à le faire dans un autre écrit ; et d'ailleurs, les limitations qu'il met à certains problêmes, montrent clairement qu'il connoissoit la formule de ces équations. Quant aux symboles dont se sert *Diophante*, ils ressemblent beaucoup à ceux dont se servoient les algébristes modernes, avant l'introduction des lettres dans l'algèbre. Le nombre inconnu et cherché, *Diophante* le désigne par ϛ ; son quarré, il le nomme *δυναμις*, *potentia*, et il le marque par $δ^n$; le cube est nommé *κυβος*, et il le désigne par $κ^u$. Le quarré - quarré est désigné par $δδ^n$. ; le quarré cube ou cinquième puissance, est marqué par $δκ^u$. etc. A l'égard des signes d'addition ou soustraction, il n'en employe qu'un pour la dernière, et c'est un ⋔ renversé et un peu

---

(1) Hist. Dynast.

tronqué.

tronqué. Mais passons à ce qui constitue le mérite principal de l'ouvrage de *Diophante*.

Ce qui doit y fixer principalement notre attention, c'est l'application adroite que *Diophante* y fait de l'analyse algébrique, aux problêmes indéterminés. Dans ces problêmes, qu'on nomme ainsi, parce qu'ils sont susceptibles d'une multitude de solutions, il s'agit d'éviter les valeurs irrationnelles, auxquelles conduit la méthode ordinaire. D'ailleurs, les anciens ne les regardoient pas comme des nombres : lors donc qu'on demandoit un ou plusieurs nombres propres à satisfaire une question, il ne falloit pas donner des valeurs irrationnelles ; et cette condition n'est pas moins rigoureuse parmi nous. *Diophante* sait décliner cet écueil avec beaucoup d'adresse, au moyen de certaines équations feintes, dont l'artifice mérite d'être développé avec distinction. Nous en donnerons quelques exemples dans une note, que l'on trouvera à la fin de ce livre.

Quoique nous ayons cru devoir épargner aux lecteurs peu versés dans l'analyse, le dégoût de ces exemples algébriques, nous ne pouvons nous dispenser de remarquer jusqu'où *Diophante* a poussé sa méthode, et quel en est l'artifice. Il ne faut pas y avoir beaucoup pénétré, pour voir que cet artifice consiste à faire ensorte qu'une certaine expression, composée de grandeurs connues et d'inconnues, forme une puissance parfaite, de sorte que donnant à la grandeur inconnue une valeur quelconque, ce qui en résulte ait une racine convenable à cette puissance ; une racine quarrée, si c'est un quarré ; une cubique, si c'est un cube, etc. Lorsqu'il ne s'agit que de faire ensorte qu'une expression semblable soit un quarré, c'est le cas de ce qu'on nomme dans cette analyse, *égalités*, ou *équations simples*. La note qui suit ce livre en contient des exemples, mais il y en a d'autres plus compliquées. Car on peut proposer un problême tel, que pour le résoudre, il faille que deux expressions différentes et dépendantes l'une de l'autre, soient à la fois des puissances parfaites. Ce sont-là des *égalités* ou *équations doubles*. *Diophante* les résoud aussi fort adroitement. Il peut y avoir dans le même sens des *égalités triples*, *quadruples*, etc., lorsque trois ou quatre, ou même davantage d'expressions dépendantes les unes des autres d'une certaine manière, doivent être à la fois des puissances qui aient des racines de leur espèce. On n'en trouve aucune de cette nature dans ce que nous avons de *Diophante*. Peut-être s'élevoit-il jusques-là dans les six livres que l'injure des temps nous a ravis : mais sans le supposer, il y a dans les premiers suffisamment de quoi faire remarquer son génie, par la difficulté de quelques-uns des problêmes qu'il y résout.

Tome I.   S s

Un poëte grec a pris soin de faire l'épitaphe de *Diophante*
dans le même genre qui l'avoit tant occupé ; je veux dire que
cette épitaphe est un problème d'arithmétique. On la trouve
dans l'Anthologie grecque ; la voici de la traduction de M. *Bachet
de Méziriac* (1).

> *Hic Diophantus habet tumulum, qui tempora vitæ*
>   *Illius mirâ denotat arte tibi.*
> *Egit sextantem juvenis, lanugine malas*
>   *Vestire hinc cæpit parte duodecimâ.*
> *Septante uxori post haec sociatur, et anno*
>   *Formosus quinto nascitur indè puer.*
> *Semissem aetatis postquàm attigit ille paternæ,*
>   *Infelix subitâ morte peremptus obit.*
> *Quatuor æstates genitor lugere superstes*
>   *Cogitur; hinc annos illius assequere.*

Ces vers veulent dire, pour me borner au sens du problème,
que *Diophante* passa la sixième partie de son âge dans la jeunesse, une douzième dans l'adolescence ; qu'après und septième
de son âge, passée dans un mariage stérile, et cinq ans de
plus, il eut un fils qui mourut après avoir atteint la moitié
de l'âge de son père, et que celui ci ne lui survéquit que de
cinq ans. Ainsi il s'agit de trouver un nombre tel que sa 6e, sa
12e, sa 7e. avec 5, la moitié et 4 fassent ensemble le nombre
entier. Le problème est des plus faciles, et l'on trouve 84.
On avoit autrefois 13 livres des Questions arithmétiques de
Diophante ; et la savante *Hypathia* les avoit commentés (2)
sur la fin du quatrième siècle, ou au commencement du cinquième. Il ne nous en reste aujourd'hui que les six premiers
avec des notes du moine *Maxime Planude*, qui vivoit vers le
milieu du treizième siècle. Dans ces premiers livres, *Diophante* s'élevant de difficultés en difficultés, nous donne
de justes motifs de regretter la perte des derniers. Ces six premiers livres sont ordinairement suivis d'un septième, qui probablement étoit autrefois le treizième : *Diophante* y traite des
nombres polygones d'une manière très-savante. *Théon* (3) cite
un autre ouvrage de cet analyste, où il étoit question de la
pratique de l'arithmétique. Je soupçonnerois que c'étoit-là qu'il
expliquoit plus au long les règles de sa nouvelle arithmétique,
sur quoi il ne s'étoit pas assez étendu au commencement de
ses questions.

(1) Diophanti *Alex. quaest. arith.*
l. 5, p. 270. Ed. 1670.

(2) *Suidas*, au mot *Hypathia.*
(3) *Comm. in Alm.* l. 5.

Lorsque *Diophante* fut trouvé dans la bibliothèque Vaticane vers le milieu du seizième siècle, *Xylander* le traduisit et le commenta. Mais comme c'étoit un arithméticien de médiocre capacité, il tomba dans bien des fautes. Cette traduction parut en 1575. Le savant M. *Bachet de Méziriac*, l'un des premiers membres de l'Académie Françoise, nous en a donné une meilleure édition avec un commentaire (1). On pourroit, peut-être aujourd'hui, lui reprocher d'être quelquefois un peu trop prolixe. L'historien de l'Académie Françoise nous apprend que M. *Bachet* y travailla durant le cours d'une fièvre quarte, et qu'il disoit lui-même que, rebuté de la difficulté de ce travail, il ne l'auroit jamais achevé sans l'opiniâtreté mélancolique que sa maladie lui inspiroit. M. de *Fermat* ayant fait de savantes notes sur cette édition, son fils en publia une nouvelle en 1670, augmentée de ces notes, et des découvertes de son père dans ce genre d'analyse. Le Père de *Billy* qui y étoit très-versé lui-même, prit le soin de les réunir sous le titre de *doctrinae analyticae inventum novum, coll. ex epist. D. de Fermat.* Ce savant traité de l'analyse de *Diophante* est fort capable de satisfaire les curieux, et est digne de M. de *Fermat.*

Diophante a ouvert par ses *Questions* une carrière, dans laquelle plusieurs analystes modernes sont entrés. Peut-être n'aurons nous nulle part une occasion plus favorable d'en parler. C'est pourquoi nous le ferons ici. Nous trouvons d'abord M. *Viète* qui s'est proposé dans les *Zététiques* ou *Questions*, quantité de problèmes de cette espèce, sur-tout sur les triangles rectangles en nombres. M. *Bachet* mérite de tenir un rang parmi ceux qui ont cultivé cette analyse. En traducteur habile, il a fait diverses additions à son texte et à la théorie de *Diophante.* *Descartes* a aussi montré dans quelques-unes de ses lettres (2) son habileté dans ce genre d'analyse, en donnant la solution de divers problèmes singuliers qui lui avoient été proposés; mais il n'a point laissé transpirer sa méthode. Il fut quelque temps dans une sorte de commerce de lettres à ce sujet avec M. *Frénicle*, et un M. de *Sainte-Croix* qui s'occupoit de questions fort singulières.

Parmi ceux qui ont couru cette carrière en France, MM. de *Fermat* et *Frénicle de Bessi* ont eu la plus grande réputation. Le premier est auteur de quantité d'inventions analytiques très subtiles, pour surmonter des difficultés fort supérieures à celles des questions de l'analyste grec. Celui-ci s'étoit arrêté aux doubles égalités, du moins dans ce qui nous est par-

(1) Dioph. *Alex. Quaest. Arithm.* Paris. 1621.   (2) T. 2, lett. 88, 95; t. 3, l. 62; 65, 70, 74.

venu de son ouvrage ; M. de *Fermat* étend sa méthode aux triples, aux quadruples égalités, etc. et il résout quantité de problêmes, contre lesquels MM. *Viète* et *Bachet* avoient échoué. On lui doit aussi quantité de théorêmes nouveaux et remarquables sur les nombres, qu'on peut voir dans les endroits que nous venons de citer (1). Quant à M. *Frénicle*, il se fit une méthode propre et fort singulière, à laquelle peu de problêmes numériques échappoient. M. de *Fermat* admira plusieurs fois la facilité avec laquelle il expédioit par ce moyen les problêmes les plus épineux. Elle consistoit à reconnoître par les conditions du problême, quels sont les caractères des nombres auxquels elles peuvent convenir, et ceux qui les en rendent incapables : il ne s'agissoit après cela que de rejetter tous ceux qui avoient les derniers, et ceux qui n'avoient pas les premiers, ce qui n'en laissoit plus qu'un petit nombre à examiner. Cette méthode qui n'est qu'un tâtonnement, mais très-ingénieux, a été nommée des *Exclusions*, parce qu'au lieu de chercher directement le nombre demandé parmi une infinité d'autres, on exclut tous ceux qui ne peuvent point l'être. Elle est exposée dans le cinquième volume des mémoires de l'Académie avant 1699, et dans le recueil d'ouvrages des académiciens, publié en 1693. Je conjecture que le D. *Pell*, algébriste Anglois, étoit en possession de quelque chose de semblable, et qu'il l'avoit imaginé à l'imitation d'une méthode d'*Eratosthène*, pour trouver les nombres premiers, laquelle avoit de l'analogie avec celle de M. *Frénicle*, et qu'on nommoit par cette raison le crible d'*Eratosthène*. On lit dans une lettre de *Leibnitz* (2), que le D. *Pell* avoit étendu cette invention.

La France nous fournira encore quelques hommes qui se sont adonnés avec succès à l'analyse de *Diophante*. Le Père de *Billi* jésuite a eu dans ce genre une grande réputation, et il écrivit plusieurs ouvrages sur ce sujet, un entr'autres intitulé *Diophantus redivivus*, rempli de questions beaucoup plus difficiles que celles de l'ancien analyste. Elles roulent la plûpart sur les triangles rectangles en nombres. M. *Ozanam* se jettoit vers le même temps dans cette carrière ; et au jugement du Père de *Billi*, il y prenoit un essor extraordinaire. Il avoit écrit un Traité de l'analyse de *Diophante*, qui n'existe qu'en manuscrit, et que possédoit M. *d'Aguesseau* en 1717, suivant ce que nous apprend l'historien de l'Académie des Sciences dans l'éloge de cet auteur. Cet ouvrage eût contribué davan-

---

(1) Voyez l'édition donnée en 1670, et les lettres de M. *de Fermat*, à la fin de ses Œuvres.

(2) *Comm. Epist de analysi promota*, p. 65, ed. in-4°.

tage à sa réputation, non auprès du vulgaire des mathématiciens, mais auprès des habiles gens, que tout ce qu'on a de lui.

Les autres écrivains qui ont cultivé ou exposé l'Analyse de *Diophante*, sont le P. *Prestet*, dans ses *nouveaux Élémens de Mathématiques*; *Kersey*, dans ses *Elements of algebra*, 2 vol.; *Schooten* dans ses *exercitationes*. M. de *Lagni* a donné une méthode pour la résolution de certains problêmes indéterminés, dans ses *Élémens d'Arithmétique* et *d'Algèbre*. On peut encore consulter divers autres ouvrages qui contiennent des recherches dans ce genre d'analyse, comme les lettres de *Wallis*, de *Fermat* et de *Frénicle*, dans le *Comm. Epistolicum* de *Wallis*, etc.

V I I.

L'épitaphe singulière de *Diophante* n'est pas l'unique pièce de cette nature que nous fournisse l'antiquité. Apparemment ce genre d'énigmes eut de la célébrité durant un temps; et il y eut des poètes qui s'attachèrent à en proposer, ou à les mettre en vers. L'Anthologie nous a conservé plusieurs de ces monumens de l'arithmétique grecque, et M. *Bachet* en a fait part au public dans son commentaire sur *Diophante*. C'est ici le véritable lieu de faire connoître quelques-unes de ces pièces : nous le ferons d'après l'auteur que nous venons de citer, en nous bornant néanmoins à un petit nombre, et à quelques-unes de celles qui présentent des questions différentes; car des 45 qu'on lit dans M. *Bachet*, le plus grand nombre n'est que le même problême retourné de diverses manières : nous suivrons aussi sa traduction en vers latins; et à cause de leur obscurité, nous y ajouterons un exposé brief de la question, laissant aux lecteurs le plaisir d'en trouver la solution.

1. *Dic Heliconiadum Decus ô sublime sororum,*
   Pythagora, tua quot tirones tecta frequentant,
   Qui sub te, sophiæ sudant in agone, magistro.
   Dicam, tuque animo mea dicta, Polycrates, hauri.
   Dimidia horum pars præclara Mathemata discit;
   Quarta immortalem naturam nosse laborat.
   Septima, sed tacitè, sedet, atque audita revolvit.
   Tres sunt feminei sexûs, at prima Theano.
   Pieridum arcanis tot vates induo sacris.

Dis-moi, illustre *Pythagore*, combien de disciples fréquentent ton école et écoutent tes instructions. Le voici, répond le philosophe : Une moitié étudie les mathématiques, un quart la musique, un 7ᵉ. garde le silence, et il y a trois femmes pardessus. Ainsi il s'agit de trouver un nombre dont la moitié, le quart, le 7ᵉ. et 3 fassent le nombre lui-même.

2. *Aurea mala ferunt Charites, aequalia cuique*
Mala insunt calatho : Musarum his obvia turba
Mala petunt ; Charites cunctis æqualia donant.
Dic quantùm dederint, numerus sit ut omnibus idem ?

Les trois Graces également chargées de fruits, rencontrent les neuf Muses, et elles leur en donnent chacune le même nombre : après cela chaque Grace et chaque Muse est également partagée. Combien en avoient les premières avant cette distribution ?

3. *Æquo sequentem cum triente tertii*
Æquat sequens me, junctus et primi triens,
Supero trientem primi ego decem minis.

Il y a trois nombres, dont le premier ajouté au tiers du troisième, est égal au second, le second avec le tiers du premier égale le troisième, et le troisième surpasse le premier de dix. On demande quels sont ces nombres ?

4. *Dic quota nunc hora est ? superest tantùm, ecce dici*
Quantùm bis gemini exactâ de luce trientes.

Quelle heure est-il, demande-t-on ? on répond que ce qui reste à s'écouler, est les quatre tiers des heures déja passées.

5. *Totum implere lacum, tubulis è quatuor, uno*
Est potis iste die, binis hic, at tribus ille,
Quatuor at quartus : dic quo spatio simul omnes ?

Un réservoir reçoit l'eau par trois canaux, dont l'un le remplira dans un jour, l'autre dans deux, le troisième dans trois, le quatrième dans quatre. Dans combien de temps sera-t-il rempli, quand les quatre canaux seront ouverts ?

6. *Unâ cum mulo vinum gestabat asella,*
Atque gravi nimiùm sub pondere pressa gemebat.
Talibus at dictis mox increpat ille gementem.
Mater, quid quereris tenerâ de more puellæ ?

Dupla tuis, si des mensuram, pondera gesto ;
At si mensuram capias, aequalia porto.
Optimè mensuras distingue, Geometer, istas.

L'ânesse et le mulet faisoient voyage ensemble : l'ânesse se plaignoit. De quoi te plains-tu, dit le mulet ? Si tu me donnois une de tes mesures, j'en aurois le double de toi ; et si je t'en donnois une, tu n'en aurois qu'autant que moi. Combien en avoient-ils chacun ?

7. *Æs, ferrum, stannum miscens, aurique metallum,*
   Sexaginta minas pendentem effinge coronam.
   Æs aurumque duos efficiunto trientes ;
   Ternos quadrantes stanno mixtum pendeat aurum :
   Ast totidem quintas auri vis addita ferro.
   Ergò age, dic fulvi quantùm tibi conjicis auri
   Miscendum, et quantùm æris stannique requiras.

Il faut faire une couronne de soixante marcs, avec de l'or, du cuivre, du fer et de l'étain. L'or et le cuivre font les $\frac{2}{3}$, l'étain et l'or les $\frac{1}{4}$, l'or et le fer les $\frac{1}{3}$. On demande combien il faudra de chacun de ces métaux.

8. *Octo drachmarum et drachmarum quinque coemit*
   Quis choeas, famulis vina bibenda suis.
   Pro cunctis pretium numerum præbet tetragonum
   Qui præfinitas suscipiens monadas,
   Diversum dat quadratum ; sed summa choarum
   Illius exæquat, constituitque latus.
   Dic age quot choeas drachmarum quinque, quot octo
   Drachmarum choeas, emerat ille priùs ?

Cette question n'est pas tirée de l'Anthologie, elle est la 33e. du 5e. livre de *Diophante* : en voici le sens qui n'est pas aisé à démêler. Un maître a acheté de deux vins, dont l'un lui coûte cinq dragmes la mesure, et l'autre huit. Il a payé pour le tout un certain nombre de dragmes, qui est un nombre quarré, et qui étant augmenté d'un nombre donné (60) devient un autre quarré, dont la racine est la quantité des mesures achetées en tout. Combien y en a-t-il de l'un et de l'autre prix ?

V I I I.

Nóus voici parvenus à des temps qu'on pourroit, à juste titre, appeller les derniers momens du beau jour, où nous avons vu les sciences durant quelques siècles. Au lieu des écrivains originaux, dont les découvertes nous ont occupés jusqu'ici, il ne se présente presque plus à nous que des commentateurs et des annotateurs. Les écrivains de cette classe, lorsqu'ils sont les seuls dans un siècle, annoncent ordinairement le prochain retour d'un temps d'obscurité et d'ignorance.

Pappus et *Théon* d'Alexandrie servirent les mathématiques de cette manière : le premier mérite néanmoins d'être rangé dans une classe plus relevée ; car il donne dans ses *Collections Mathématiques* (1), des marques d'une intelligence peu commune dans la géométrie, et l'on y trouve en plusieurs endroits des traces de génie. L'objet de *Pappus* semble avoir été de rassembler en un corps plusieurs découvertes éparses, d'éclaircir et de suppléer en une foule d'endroits les écrits principaux des mathématiciens les plus célèbres; c'est ce qu'il fait sur-tout à l'égard d'*Apollonius*, d'*Archimède*, d'*Euclide*, de *Théodose*, par une multitude de lemmes et de propositions curieuses, dont ils supposoient la connoissance : on y trouve aussi les diverses tentatives des anciens sur les problèmes les plus célèbres, comme la duplication du cube, et la trisection ou multisection de l'angle ; nous saurions même peu de choses sur ce sujet, sans le soin qu'a pris *Pappus* de nous transmettre leurs tentatives ; je veux dire leurs tentatives raisonnables et géométriques, et non celles qui aboutissent à un paralogisme. Il en **réfute** néanmoins une de cette espèce au commencement de **son** 3e. livre. Le nom enfin d'un assez grand nombre d'excellens géomètres de l'antiquité, ne nous seroit pas même parvenu, sans ce travail de *Pappus*, ensorte que l'histoire des mathématiques lui doit beaucoup à cet égard.

La préface de son septième livre est sur-tout un morceau inestimable en ce genre, puisqu'elle a préservé de l'oubli un grand nombre d'ouvrages analytiques des anciens, dont les titres même ne nous seroient pas parvenus. Le précis qu'il donne de plusieurs de ces écrits, car c'est tout ce qui nous reste de la plûpart, nous permet de renouer de temps en temps le fil interrompu de l'histoire de la géométrie ; il sert même à nous donner de ces anciens géomètres une idée fort supérieure à celle que l'on

____

(1) Pappi Alexandrini, *Math. Collectiones.* Pisauri 1588, in-fol. *It.* Bon. 1660, in-fol.

pourroit en prendre, d'après leurs ouvrages venus jusqu'à nous, que l'on pourroit dire n'être, en comparaison des autres, que des ouvrages élémentaires. Tel est en particulier le cas d'*Euclide*, lorsqu'on considère la nature et la difficulté de ses trois livres des *Porismes*.

Un mérite inappréciable enfin de l'ouvrage de *Pappus*, est de nous avoir transmis la méthode analytique, ou la méthode que les anciens employoient dans leurs recherches : elle y est développée par l'application à une multitude de problèmes intéressans, en sorte que rien n'est si facile que de s'en former une idée claire, et qu'on n'a pu soupçonner que les anciens avoient une sorte d'algèbre, que faute de connoître l'ouvrage de cet ancien géomètre.

On trouve dans cet ouvrage la première idée, et une idée assez développée d'une découverte, qui a donné de la célébrité au géomètre moderne qui l'a renouvellée parmi nous : c'est l'usage du centre de gravité pour la dimension des figures. *Pappus* dit expressément à la fin de la préface de son septième livre : *Les figures décrites par une révolution complette ont une raison composée de celle de ces figures, et de celle des lignes semblablement tirées de leurs centres de gravité sur l'axe de révolution, et la raison de celles décrites par une révolution incomplette est celle des figures tournantes et des arcs décrits par leurs centres de gravité.* Il est, au reste, manifeste que *la raison de ces arcs est composée de celle des lignes semblablement tirées aux axes, et des angles contenus par les extrémités de ces lignes rapportées aux mêmes axes. Pappus* s'attribue même assez clairement la découverte de ce principe, en disant : « Lorsque je vois plusieurs géomètres s'occuper » des principes dans des recherches mathématiques, etc. j'en » ai honte, pouvant mettre en avant des choses plus géné- » rales et plus utiles ; et, afin que je ne paroisse pas dire cela » gratuitement, je vais leur dévoiler ceci qui est peu connu ». Vient ensuite le principe ci-dessus énoncé, après quoi il dit : « Ces propositions qui ne sont au fond que la même, com- » prennent un grand nombre de théorèmes variés sur les lignes, » les surfaces et les solides, sous une même dénomination, » dont quelques-uns ne sont pas encore démontrés, et quelques » autres le sont, comme ceux qu'on lit dans le 12e. des Élé- » mens ». D'après ces développemens, ne devroit-on pas donner à ce principe géométrique si fécond, le nom du principe de *Pappus*, au lieu de celui de *Guldin*, qui n'a fait que le renou- veller, soit qu'il l'ait fait de son propre fonds, soit que cet endroit de *Pappus* lui en ait donné l'idée.

Je dois en effet faire ici un aveu ; c'est que je me suis trompé dans la première édition de cet ouvrage, en disant que cet endroit de *Pappus* n'avoit vu le jour que dans l'édition des *collections mathématiques* de 1660; on le lit également et en mêmes termes dans celle de 1588. Je ne sais ce qui m'a jeté alors dans l'erreur. On ne peut même dire que *Guldin* ne connut pas cet ouvrage du géomètre ancien, car il est cité nombre de fois dans son propre ouvrage : je n'ai garde néanmoins d'accuser *Guldin* de plagiat, mais il me paroît difficile de l'en disculper.

Je ne dois pas omettre une curiosité géométrique qu'on trouve dans *Pappus*, soit qu'elle soit son ouvrage, soit qu'elle soit celui d'un géomètre antérieur à lui : c'est la détermination sur la surface sphérique d'une portion absolument quarrable. *Pappus* démontre que si, du sommet d'un hémisphère, on décrit une spirale par un point partant de ce sommet, et marchant uniformément sur le quart de cercle qu'il parcourra pendant que ce quart de cercle fera une révolution entière autour de l'axe de l'hémisphère; la portion de surface sphérique, comprise entre la spirale et la base, sera égale au quarré du diamètre.

C'est encore dans la préface de son septième livre, que *Pappus* parle du problème *ad tres aut plures lineas*, tenté par les anciens et résolu par eux jusqu'à un certain point, sans pouvoir en achever la solution générale, qui en effet dépendoit d'une méthode nouvelle, telle que l'analyse algébrique et l'art d'exprimer algébriquement la propriété essentielle et primordiale d'une courbe. Il est à propos de donner ici une idée de ce problème. *Quatre lignes droites*, par exemple, *étant données de position*, on demandoit *un point et la suite de tous les points, desquels menant sur ces droites des lignes à angles donnés, perpendiculaires, par exemple, le rectangle de deux fût égal ou en raison donnée avec le rectangle des deux autres; ou s'il y avoit cinq lignes, que le solide formé des lignes menées à trois de ces cinq, fût égal ou en raison donnée avec le solide formé du rectangle des deux autres lignes menées aux deux autres restantes, et d'une ligne donnée; ou s'il y en avoit 7 ou 8, que le produit de quatre des lignes menées à quatre des données de position, fût égal au produit des trois autres (s'il y en avoit seulement sept) par une donnée, ou au produit des quatre autres, s'il y avoit huit lignes données de position.*

Or les anciens avoient fort bien vu, que s'il n'y avoit que trois ou quatre lignes, le lieu ou la courbe dans laquelle se trouvoient tous ces points, étoit une des sections coniques, sans pouvoir néanmoins, dit *Pappus*, la déterminer dans tous les cas; et, à cet égard, *Pappus* inculpe *Apollonius* de jactance, en ce qu'il prétendoit avoir beaucoup ajouté à la solution d'*Euclide*, ce qu'il lui conteste. Mais si le problème étoit proposé en plus de quatre lignes, les anciens se bornoient à dire que le lieu cherché étoit une courbe, sans pouvoir l'assigner, hors un cas cependant où ils l'avoient déterminée à cause de son utilité : il est fâcheux que *Pappus* n'ait pas spécifié ce cas particulier.

Ici *Pappus* fait mention d'une difficulté qui arrêtoit quelques géomètres ; savoir, quel étoit le contenu ou le produit de quatre lignes, par exemple, ou d'un plus grand nombre, puisqu'il n'y a pas d'étendue de plus de trois dimensions. Il y répond, en disant qu'on peut énoncer ces produits par de simples compositions de raisons, langage fort usité dans la géométrie ancienne ; mais en voilà assez sur ce sujet. Nous verrons ailleurs que *Descartes* commence sa géométrie par le cas de ce problème qui avoit arrêté les anciens ; mais quoiqu'ils eussent laissé le problème imparfait, ce qu'ils en avoient trouvé par les moyens dont ils étoient en possession, paroîtra sans doute à tout juge impartial, propre à donner une grande idée de leur sagacité.

On doit au travail de *Fed. Commandin* cet ouvrage ancien. Il l'avoit traduit, enrichi de notes, et se proposoit de le faire imprimer lorsqu'il mourut. Des divisions survenues entre ses héritiers faillirent à rendre ses soins inutiles; enfin un de ses gendres, aidé de la protection et des secours pécuniaires de *François Marie*, duc d'Urbin, parvint à mettre au jour ce dernier fruit des travaux de *Commandin*, sous le titre de *Pappi Alexandrini collectiones mathematicae à Federico Commandino in latinum versæ et commentariis illustratae*; Pisauri, 1588, *in-fol*. Je remarque en passant que l'édition de Venise, portant 1589, n'en diffère en rien que par le frontispice changé. Il y en a eu une seconde édition sous le même titre, donnée en 1660 par M. *Marolessi* ; mais ce que cet éditeur annonce, savoir, une plus grande correction, est sans fondement. M. *Halley* observe au contraire, qu'à cet égard l'ancienne édition est préférable à la moderne. Le même M. *Halley* nous a communiqué le texte grec de la préface du septième livre, dans l'édition qu'il nous a donnée du livre *de sectione rationis* d'*Apollonius*. J'aurois dû déjà remarquer que des huit livres dont cet ouvrage étoit composé, il ne nous est parvenu que les six derniers, encore le commencement du troisième livre est il tronqué. *Wallis* a cependant depuis trouvé un fragment du second livre, et l'a publié dans le troisième volume de ses œuvres. Il est curieux, en ce qu'il y est question des opérations de l'arithmétique ancienne, dont les procédés étoient infiniment plus laborieux que ceux de la nôtre.

Je passerai légèrement sur un autre ouvrage de *Pappus*, comme son commentaire sur l'*Almageste*, et dont il ne subsiste d'ailleurs qu'un fragment, afin de parler de *Théon* son collègue dans l'école d'Alexandrie. Nous avons les deux principaux ouvrages de celui-ci; savoir, ses Scholies ou notes sur *Euclide*, et son commentaire sur les onze premiers livres de l'*Almageste*. Ils parurent pour la première fois, en 1533 et en 1538, seulement en grec. Les scholies ont été donnés par *Commandin* dans une de ses éditions latines d'*Euclide*; mais le commentaire sur l'Almageste n'a jamais été traduit, excepté le premier livre. Il est surprenant qu'un ouvrage aussi intéressant pour l'astronomie dans les siècles passés, et qui pourroit même encore nous instruire de plusieurs faits relatifs à cette science, n'ait jamais été publié dans une langue plus commune. Il est vrai que le grec étoit alors, je veux dire dans le seizième siècle, presque aussi communément entendu que le latin l'est à présent; et bientôt le latin, grace à nos nouvelles institutions, ne sera guère plus connu chez nous que le grec.

L'école d'Alexandrie vit, sur la fin de ce siècle, un de ces phénomènes, dont l'Italie seule est en possession de donner des exemples fréquens. *Hypathia*, fille de *Théon*, fit des progrès si grands dans la philosophie et les mathématiques, qu'elle mérita de professer ces deux sciences. Elle les enrichit de quelques écrits, tels qu'un commentaire sur *Apollonius*, un autre sur *Diophante*, et des tables astronomiques. Aucun d'eux ne nous est parvenu, si ce n'est le troisième livre du commentaire sur l'Almageste, que son père *Théon* lui attribue expressément. Le triste sort de cette fille est connu de tous ceux à qui l'histoire ecclésiastique de ce siècle est familière : elle fut mise en pièces par quelques séditieux, qui la soupçonnoient d'être la cause de la mésintelligence qui régnoit entre le patriarche d'Alexandrie, *Cyrille*, et le gouverneur *Oreste*, qui, charmé de l'esprit de cette fille, lui donnoit des marques particulières d'estime. Remarquons ici que *Théon* avoit encore un fils nommé *Epiphane*, apparemment versé comme sa célèbre sœur dans les mathématiques; car il lui adresse son exposition des tables manuelles (*canones procheiroi*) de *Ptolémée* (1): mais la célébrité de la sœur a éclipsé le frère.

Hypathia eut pour disciple *Synesius*, depuis évêque de Ptolémaïs en Lybie, qui eut des connoissances en astronomie. Il nous reste la préface ou épître dédicatoire (2) d'un ouvrage de ce prélat, qui contenoit la description et les usages d'un astro-

(1) *In Biblioth. Medicæa.*
(2) *Synesii opp.* ed. Paris. p. 306.

labe de son invention, plus parfait que ceux d'*Hipparque* et de *Ptolémée*. Sa description (1) nous donne l'idée d'un instrument analogue à nos planisphères modernes. Une lettre de *Synesius* à *Hypathia*, dont M. de *Fermat* a seul entendu le sens, nous apprend l'usage qu'on faisoit déjà de l'*Aréomètre* ou du *pèse-liqueurs* (2) : au reste, cela n'a rien de surprenant, puisqu'il y avoit long-temps qu'*Archimède* en avoit dévoilé le principe.

Nous ne devons pas omettre ici divers personnages qui, dans les premiers siècles de l'église chrétienne, s'aidèrent des connoissances astronomiques pour inventer ou rectifier des cycles ou périodes lunisolaires propres à déterminer de la manière convenable les fêtes qu'on y célèbre, et en particulier la Pâque, qui détermine la plupart des autres. Les premiers chefs de l'église chrétienne, plus pieux que versés en astronomie, s'y prirent à la vérité fort mal, en employant des périodes de 4, de 8, de 16 ans, qui étoient tout-à-fait inexactes. Tel étoit le Canon paschal de l'évêque *Hippolyte*, qui n'étoit qu'un cycle de 16 ans. Ce prélat vivoit vers l'an 220 de J. C. : aussi les Juifs, qui avoient déjà fait usage de périodes grecques, reprochoient-ils aux Chrétiens leur ignorance en ces matières, et c'est en vain que l'empereur *Constantin*, dans une lettre, veut les en disculper.

Anatolius d'Alexandrie, évêque de Laodicée, tâcha de faire cesser ce reproche, en proposant l'emploi du cycle de *Méton* pour calculer la Pâque. Il fixa le commencement de son cycle au 22 mars de l'an premier de l'ère Dioclétienne, qui est le 284 de l'ère chrétienne ; mais je ne sais si le projet d'*Anatolius* eut lieu, ou si l'on y reconnut des défauts : car l'on voit, environ un siècle après, les patriarches d'Alexandrie, *Théophile* et *Cyrille*, proposer un nouveau cycle, fondé à la vérité sur celui de *Méton*, mais composé de cinq de ces cycles combinés, ce qui faisoit 95 ans, au bout desquels ils comptoient que toutes les variétés dans la position de la Pâque, entre les termes fixés par le concile de Nicée, étoient épuisées. Mais ils étoient dans l'erreur sur ce point, ainsi que sur la bonté de leur période, car elle ne valoit pas la période Calippique de 76 ans, employée alors par les Juifs. Il paroît cependant que l'usage de cette période de 95 ans s'introduisit et se conserva long-temps dans l'église d'Alexandrie ; et, comme cette ville étoit célèbre dans tout l'univers par l'étude de l'astronomie qui y avoit fleuri tant de siècles, ce fut à elle qu'on s'adressa pendant long-temps pour décider le jour de la Pâque dans les cas

---

(1) Voyez *Hist. Astron.* de *Weidler*, p. 193.
(2) *Fermatii opp. ad finem.*

ambigus, comme il en arrive encore assez souvent. J'avoue n'avoir pas une assez profonde érudition pour pouvoir dire jusqu'à quelle époque ce cycle de 95 ans fut en usage. J'ai idée d'avoir lu que l'église actuelle d'Alexandrie et celle d'Abyssinie, qui reçoit d'elle ses patriarches, en font encore usage, sauf les correction qu'exigent des écarts devenus trop sensibles. *Joseph Scaliger* nous a conservé, dans son livre *De emendatione temporum*, divers morceaux de ce genre, qu'il a savamment commentés, tels que le canon paschal de l'évêque *Hippolyte*, dont on a parlé plus haut ; celui de l'église d'Antioche, qui est en arabe ; celui des Grecs de Constantinople, selon le moine *Maxime*, contemporain d'*Héraclius* ; le comput ecclésiastique des Éthiopiens ; celui des Coptes ou des descendans chrétiens des anciens Égyptiens ; le comput judaïque, invention du *Rabbi Adda*, qu'il regarde comme un des plus ingénieux et des mieux combinés, et enfin le Samaritain. Mais on sent aisément que nous devons nous en tenir à cette légère indication.

I X.

Le philosophe *Proclus*, chef de l'école Platonicienne établie à Athènes ; y transféra en quelque sorte le siége des mathématiques vers le milieu du cinquième siècle. A l'exemple du chef de sa secte, ces sciences lui furent chères ; et si nous ne lui devons pas des découvertes, il contribua du moins par ses travaux et par ses instructions à en perpétuer l'éclat encore pendant quelque temps. Son commentaire sur le premier livre d'*Euclide* est à la vérité un ouvrage d'une prolixité excessive ; mais nous lui devons une multitude de traits concernant l'histoire et la métaphysique de la géométrie, et c'est un mérite qui nous a fait sincèrement désirer plus d'une fois qu'il eût travaillé de même sur les livres suivans. Les autres écrits mathématiques de *Proclus*, comme son *Exposition des hypothèses* astronomiques de *Ptolémée*, qui est un tableau raccourci de l'Almageste, et sa *Sphère*, qui n'est que l'abrégé de l'ouvrage de *Geminus*, sont de très-peu d'importance.

On raconte de ce philosophe une histoire semblable à celle d'*Archimède* brûlant la flotte des Romains avec ses miroirs. *Vitalien* tenant Constantinople assiégée, *Proclus*, dit *Zonaras* (1), fabriqua des miroirs avec lesquels il mit le feu aux vaisseaux assiégeans, et délivra la ville ; mais un autre historien (2) réduit ce trait à sa juste valeur, en disant que ce fut avec du soufre

(1) T. 3, *sub Anastasio Dioscoro*.   (2) Malalas, *Chronic*.

enflammé, et apparemment lancé avec des machines, que *Proclus* opéra cet incendie.

Proclus eut pour successeur dans son école *Marinus* de Néapolis, qui forma avec *Isidore* de Milet et *Eutocius* une sorte de succession, qui nous conduit jusqu'au règne de *Justinien*. *Marinus* est auteur d'une préface ou introduction *aux donnés d'Euclide*, qui est ordinairement imprimée à la tête de ce traité. Son élève *Isidore* de Milet fut un habile mécanicien, géomètre et architecte, que *Justinien* employa avec *Anthémius* de Tralles dans diverses entreprises. *Eutocius* (1) parle d'un instrument qu'*Isidore* avoit imaginé pour décrire la parabole par un mouvement continu, et résoudre par là le problème de la duplication du cube : mais cela mérite peu de nous arrêter.

Nous nous occuperons davantage d'*Anthémius* : ce fut, au rapport de *Procope*, de *Paul le Silentiaire*, d'*Agathias* et de *Tzetzès*, un homme extraordinaire par son génie pour la mécanique. Ce mérite le fit choisir par *Justinien* pour la construction de la fameuse basilique de Sainte-Sophie, qu'il conduisit d'abord conjointement avec *Isidore*, et ensuite en chef après la mort de celui-ci. Il justifia parfaitement le choix de l'empereur, et fut, à ce qu'il paroît, le premier inventeur des dômes, couronnement qui termine avec tant de majesté les bâtimens de ce genre. Il n'eut cependant pas l'idée qu'eut plusieurs siècles après le célèbre *Michel-Ange*, savoir, celle des pendentifs qui, en raccordant avec grace et solidité la base ronde du dôme avec les angles rentrans des piliers, présentent un champ également favorable à la peinture et à la sculpture. Mais notre objet n'est pas de considérer *Anthémius* comme architecte, mais comme mécanicien, et sur-tout comme auteur de la solution de quelques problèmes ingénieux d'optique, dont un est celui d'exécuter ce que l'on raconte du géomètre Syracusain, brûlant les vaisseaux Romains avec des miroirs.

Anthémius avoit en effet écrit un ouvrage intitulé περι πα-ραδοξων μηχανηματων, *de machinis paradoxis*, *seu mirabilibus*, dont un fragment subsiste dans diverses bibliothèques, et notamment dans celle du roi, où il y en a deux, et dans celle de l'empereur à Vienne. Nous avons à M. *Dupuy*, de l'académie royale des Inscriptions, l'obligation de l'avoir publié d'après ces manuscrits et un quatrième, et de l'avoir inséré avec de savantes notes dans les mémoires de cette académie, *tom. XLII*. Ce fragment roule sur l'optique, et contient quatre problèmes de ce genre dont il nous faut donner une idée.

Le premier est de faire en sorte qu'un rayon du soleil passant

(1) *Comment. in* Arch. *lib.* 2, *de Sph. et Cyl.*

par un point, soit perpétuellement réfléchi sur un point donné.

Je m'attends que tous ceux qui sont versés en optique et en géométrie, verront aussi-tôt que la forme de ce miroir doit être celle d'un miroir elliptique concave, dont les foyers soient aux points donnés. C'est aussi à quoi aboutit la solution d'*Anthémius* qui, après avoir montré géométriquement la position de trois miroirs principaux, pour les temps où le soleil méridien seroit aux points des solstices et de l'équinoxe, dit qu'on pourroit multiplier ces miroirs pour les positions mitoyennes, et enseigne la manière de tracer par un trait continu la courbe, dans laquelle se trouveroient les points de réflexion de tous ces miroirs multipliés. Il y emploie le moyen connu de tracer l'ellipse par le moyen d'un fil attaché par ses extrémités aux deux foyers.

Anthémius passe de-là à discuter la possibilité de l'histoire d'*Archimède* brûlant la flotte Romaine avec ses miroirs, et il dit d'abord que ce ne pouvoit être par un miroir concave sphérique Pour première raison, il allègue celle-ci; savoir, qu'un miroir concave sphérique ne brûle qu'autant que sa concavité est tournée du côté du soleil même, et conséquemment que l'objet à brûler doit être entre le soleil et le miroir directement. Or telle ne pouvoit être la position des vaisseaux de *Marcellus*: d'ailleurs, ajoute-t-il, leur distance auroit exigé un miroir d'une sphère de grandeur démesurée, ce qu'il juge presqu'absolument impossible. Toutefois, continue *Anthémius*, comme l'on ne peut enlever à *Archimède* la gloire que lui attribuent tous les historiens d'avoir brûlé les vaisseaux Romains par le moyen du soleil, il faut reconnoître que la chose est possible; c'est pourquoi, après y avoir profondément réfléchi, nous allons développer le moyen que la théorie nous a fait découvrir pour cet effet, après quelques préliminaires nécessaires. Cet exposé est en effet suivi d'une proposition lemmatique, dans laquelle il fait voir comment, étant donnés le point rayonnant et celui où doit être projetté le rayon ainsi que le lieu du miroir, il faut incliner le miroir pour remplir cet objet, ce qui n'a aucune difficulté : enfin il propose son idée.

Il observe d'abord qu'un miroir ardent ne brûle que par la réunion de plusieurs rayons solaires dans un même lieu : s'il falloit donc porter l'incendie dans un lieu, on y parviendroit en y réunissant la chaleur de plusieurs miroirs plans, qu'un nombre d'hommes tiendroit, suivant la position convenable, pour y renvoyer le rayon solaire.

Mais, pour éviter cet embarras, car, dit-il, nous avons trouvé qu'il ne falloit pas moins de vingt-quatre pareilles réflexions pour mettre le feu, on pourra s'y prendre ainsi :

Ayez un miroir plan hexagone, et d'autres semblables attachés
au

au premier selon ses côtés, de sorte qu'ils puissent se mouvoir sur ces lignes au moyen de lames ou bandes en forme de charnières : il est évident que, s'ils sont tous dans le même plan, ils éprouveront une réflexion semblable et parallèle, et ne produiront aucune augmentation de chaleur. Mais, si le miroir du milieu restant immobile, ou incline les autres sur lui avec intelligence ou d'une certaine manière, les rayons qui en réfléchiront tendront vers le milieu de la ligne où est dirigé le premier miroir ; et avec plusieurs miroirs semblables rassemblés autour du premier et pouvant s'incliner sur lui, on produira l'inflammation dans le lieu donné ; ce qu'on pourra faire encore mieux, en employant à cet effet quatre ou cinq de ces miroirs composés, et même jusqu'au nombre de sept, etc. (On ne voit pas trop pourquoi ce nombre particulier ; car plus il y en aura, plus l'effet sera considérable, ainsi qu'il est aisé de le sentir.) S'il y avoit sept miroirs de cette espèce, ce seroit l'équivalent de quarante-neuf réflexions sur le même point, ce qui produiroit un d'autant plus grand degré de chaleur et une plus violente ignition, si tant est que vingt-quatre suffisent, suivant ce que dit *Anthémius*.

Le mécanicien Grec passe après cela à un autre problème optique, dans lequel il se propose, étant donné le diamètre du disque d'un miroir caustique ordinaire, et la distance du point où l'on veut renvoyer tous les rayons, de déterminer la position de tous les miroirs plans qui le composeront. Il le fait par une construction, qui annonce clairement à un géomètre que, multipliant ces miroirs, la ligne dans laquelle ils seront situés, sera une ligne parabolique ; mais ici le manuscrit du géomètre Grec est tronqué. On ne peut cependant douter que, de même qu'il a enseigné dans son premier problème à décrire l'ellipse par un mouvement continu, il n'enseigne de même ici à décrire la parabole par un mouvement semblable et analogue.

On ne peut trop regretter que ce manuscrit nous soit parvenu d'une manière aussi mutilée ; car, sans doute, il faisoit partie d'un ouvrage beaucoup plus considérable, où probablement *Anthémius* décrivoit ses autres inventions ; peut-être se retrouveroit-il parmi les manuscrits arabes. J'ai idée d'avoir vu le titre d'un de ces manuscrits, qui semble l'annoncer.

Nous devons néanmoins terminer cet article sur *Anthémius* par quelques observations. Je crois qu'on peut douter que ce mécanisme, sans quelque petit changement, puisse servir à réunir les rayons réfléchis de tous ces miroirs au même endroit. Car, si l'on suppose les charnières qui lient le miroir central aux miroirs latéraux dans le même plan que le premier, aucun mouvement de ceux-ci sur leurs charnières ne fera coïncider

leur réflexion avec celle du miroir central. Il faudra de plus
pour cela que la charnière ait un mouvement qui l'incline plus
ou moins sur ce miroir central : ainsi cette charnière devroit
être portée elle-même sur un pivot placé dans le même plan du
miroir central. Par ce moyen seulement, on parviendra à porter
toutes les réflexions sur le même point ; aussi voyons-nous que
tous les miroirs du miroir ardent de M. *de Buffon* sont susceptibles d'un mouvement dans tous les sens.

On ne voit point pourquoi *Anthémius* a voulu que ses sept
miroirs fussent hexagones ; car, si c'est parce que ces sept hexagones
joints les uns aux autres remplissent exactement l'espace, comme
ils se joignent dans le même plan, ils ne pourroient s'incliner
l'un à l'autre : peut-être a-t-il entendu que les charnières les
éloignant un peu les uns des autres, ils pourroient s'incliner
suffisamment pour porter leur réflexion à une distance considérable. Mais, au fond, la forme des miroirs n'y fait rien ;
il suffit qu'un grand nombre de miroirs bien plans portent leur
rayon réfléchi sur un même lieu, pour y produire l'ignition.

M. *Dupuy*, qui nous a donné ce fragment d'*Anthémius*, a
savamment discuté ce qu'ont dit sur cette invention *Tzetzès*
et *Vitellion*. Il est évident que *Tzetzès* l'a mal entendue, ou
que, gêné par l'espèce de mesure, quoique fort libre, de ses vers,
il l'a mal rendue. Il nous semble à nous qu'il seroit superflu
de presser trop les expressions de cet historien, très-peu estimé
pour le style et l'intelligence. *Vitellion* ne l'a pas mieux rendue,
en imaginant que les miroirs en question devoient être rangés
dans la surface concave d'une sphère, en sorte, dit-il, qu'ils
brûleroient alors au centre : car il étoit 1°. dans l'erreur sur le
lieu du foyer d'un miroir concave ; 2°. ce miroir auroit eu à-
peu-près tous les inconvéniens d'un miroir à courbure continue,
comme d'exiger un rayon de courbure de 100 pas pour brûler
à 50, et que l'objet à brûler fût à-peu-près entre le soleil et le
miroir. Mais nous ne sommes pas de l'avis de M. *Dupuy*,
qu'on ne puisse faire un miroir concave, et même susceptible
d'un assez grand effet avec des fragmens de miroir appliqués
à une surface sphérique concave, pourvu que l'arc de sa concavité n'excède pas une trentaine de degrés : car, si nous supposons, par exemple, une portion concave de sphère de 30°.
d'amplitude et de 36 pouces de diamètre, elle sera susceptible
de recevoir 8 à 900 petits fragmens circulaires ou quarrés
de glace plane d'un pouce de largeur, lesquels réfléchissant
tous les rayons solaires vers le milieu du rayon de sa concavité,
ne peuvent manquer d'y produire une violente chaleur. J'ai lu
en effet quelque part, qu'un artiste Allemand s'étoit fait un pareil

miroir, qui brûloit violemment et à la manière d'un miroir concave sphérique continu.

Eutocius d'Ascalon, disciple d'*Isidore* et ami d'*Anthémius*, s'est fait un nom par ses commentaires sur une partie des œuvres d'*Archimède* et d'*Apollonius*. Ce sont des ouvrages solides, et l'histoire de la géométrie doit à son commentaire sur *Archimède* beaucoup de traits importans et curieux.

Dioclès le géomètre et l'inventeur de la Cyssoïde, m'a paru devoir être placé vers ce temps ou peu auparavant ; car *Pappus* qui décrit les différentes manières de résoudre le problème des deux moyennes proportionnelles, ne fait aucune mention de celle de *Dioclès*, qui est une des plus élégantes ; d'où je suis fondé à croire que ce dernier lui est postérieur. *Eutocius* est le premier et le seul des anciens qui en fasse mention, ce qui fixe le temps de ce géomètre vers le sixième siècle de notre ère. Sa Cyssoïde étant une courbe qui a conservé son nom, nous croyons devoir expliquer ici sa nature et l'usage que ce géomètre en faisoit pour la solution de ce célèbre problème : mais il faut d'abord donner une idée de celle de *Pappus*. Ce géomètre avoit réduit le problème à cette construction (fig. 77) : Les deux extrêmes données A C, C L, étant mises à angles droits, et du point C ayant décrit le demi-cercle A B D, tirez et prolongez indéfiniment A L I ; tirez enfin la ligne D F, de sorte que les segmens I O, O F, soyent égaux entr'eux : la ligne C O sera la première des deux moyennes cherchées.

Mais comme ce point I ne se trouve que par un tâtonnement, le géomètre *Dioclès* crut devoir chercher à l'éviter en déterminant la courbe dans laquelle ils se trouvent tous, suivant les différentes positions de A I. Cette courbe qu'il nomma cyssoïde, se construit ainsi :

Ayant élevé la perpendiculaire A M m (fig. 78) sur l'extrémité A du diamètre A D, tirez une ligne quelconque D M coupant le demi-cercle en F ; prenez ensuite D I égale à F M, vous aurez un point I de la courbe, et tous les semblables i, i, &c. en tirant d'autres lignes D m D m, etc. : car il est aisé, tirant le rayon perpendiculaire C B, de voir que D O est égale à O M ; et puisque D I égale M F par la construction, il s'ensuit que O I et O F sont égales.

Cette courbe étant donc décrite, et les deux extrêmes données étant A C et C L, comme on l'a dit plus haut, il n'y avoit qu'à tirer A L rencontrant la cyssoïde en I, et par le point I tirer D I rencontrant C L prolongée en O ; la première des moyennes étoit C O.

Quant aux propriétés principales de cette courbe, il est aisé de voir, 1°. qu'elle touche le diamètre A D en D ; 2°. qu'elle passe par le point B, extrémité du rayon perpendiculaire C B, et qu'enfin elle a pour asymptote la perpendiculaire A M infiniment prolongée. On peut y ajouter, ce que les anciens ne pouvoient remarquer parce que la théorie intime des courbes ne leur étoit pas connue, que la cyssoïde entière comprend une autre branche semblable et égale à la première qu'on vient de décrire, placée au-dessous du diamètre A D, et ayant, comme la première, A N pour asymptote, en sorte qu'elle forme une pointe au point D.

Il manquoit toutefois à la solution de *Dioclès* un degré de perfection : c'étoit le moyen de décrire sa cyssoïde par un mouvement continu, ainsi que *Nicomède* l'avoit fait pour sa conchoïde. *Newton* a fait voir qu'il étoit des plus simples : car si l'on veut décrire la cyssoïde répondante à un cercle du diamètre A D (fig. 79), élevez au centre C sur ce diamètre une perpendiculaire indéfinie C H, et tirez sa parallèle A I ; que A D soit ensuite prolongée en E, de sorte que D E soit égale à C D ; enfin ayez une équerre K F G, dont la branche F K soit indéfinie, et l'autre F G égale à A D, et partagée en deux au point L, auquel sera fixé, une pointe ou style. Si vous faites couler cette équerre de telle sorte que, pendant que le côté F K sera continuellement appliqué au point E, (ce qu'on peut faire en y fixant une pointe déliée) le point G de l'autre branche coule le long d'une règle appliquée en C H, le style placé au point L décrira la cyssoïde D B L, qui aura évidemment pour asymptote la ligne A I.

Eutocius attribue encore à *Dioclès* la solution d'un problême du livre de *la sphère et du cylindre*, dont *Archimède* promet de donner ailleurs la solution, qu'on ne trouve cependant aucune part. Il s'agit de diviser une sphère par un plan, en raison donnée ; ce qui fait un problême solide assez difficile. La solution qu'en donne *Dioclès* est très-propre à faire concevoir une idée avantageuse de son habileté en géometrie. On y trouve une savante et profonde analyse, qui montre qu'il manioit cette méthode avec une grande dextérité. Cette solution au reste n'est pas exempte du défaut ordinaire à celles des anciens, savoir, d'employer deux sections coniques, au lieu qu'une seule combinée avec un cercle eût pu suffire. Ce mathématicien étoit probablement un ingénieur ; car le livre d'où *Eutocius* tira ces solutions, étoit intitulé *de Pyriis*, c'est-à-dire, *des machines à feu*.

Nous placerons aussi vers ce temps le géomètre *Sporus* et son maître *Philon* de Gadare. Le premier n'est connu que par sa solution du problême des deux moyennes proportionnelles, rapportée par *Eutocius*, solution au reste dont ce commentateur

cût pu se dispenser de grossir son livre; car elle diffère à peine
de celle de *Pappus*. A l'égard de *Philon*, le même auteur nous
apprend (1) qu'il avoit poussé jusqu'à des 10000mes. l'approximation qu'*Archimède* avoit autrefois donnée du rapport du diamètre du cercle à la circonférence.

Nous devons à M. *Bouillaud* la connoissance d'un astronome
Athénien, nommé *Thius*, qui observa une assez longue suite
d'années vers la fin du cinquième siècle et le commencement
du sixième. Le manque de monumens astronomiques, depuis
Ptolémée jusqu'à *Albatenius*, a engagé l'astronome moderne
que j'ai cité, à publier quelques-unes de ses observations. Il les
avoit extraites d'un manuscrit de la bibliothèque du roi, et elles
lui ont été d'un grand secours pour fonder et rectifier sa théorie
des planètes supérieures (2).

X.

Les travaux des mathématiciens de l'article précédent, dont
plusieurs ne furent pas entièrement dépourvus de génie, sont
comme les derniers traits de lumière que jettent les mathématiques dans la Grèce. Le vaste intervalle qu'il y a d'ici à la ruine
de l'empire Grec, ne nous offre plus que des écrivains si élémentaires, que dans des siècles plus heureux ils auroient à peine
mérité le nom de mathématiciens. L'école d'Alexandrie subsistoit
néanmoins encore, et il y auroit eu quelqu'espérance de voir
renaître les beaux temps des *Apollonius*, des *Hipparque*, etc.,
sans les troubles qui agitèrent l'Orient, et l'invasion des Arabes.
La prise d'Alexandrie par ces derniers fut le coup mortel qui
acheva de ruiner les connoissances non seulement dans cette
capitale célèbre, mais dans tout l'empire Grec. Ce funeste événement arriva l'an 641; cette malheureuse ville, jusqu'alors le
séjour des sciences, subit le joug des Califes et d'un peuple
fanatique, de la domination desquels les premiers effets furent
de détruire tous les monumens de la savante antiquité. La bibliothèque d'Alexandrie, ce trésor d'un prix infini, fut livrée au feu. En
vain le philosophe et grammairien *Philoponus* tenta de la sauver,
il fut peut-être au contraire la cause innocente de sa perte; car
ayant demandé au commandant du Calife qu'elle fût épargnée,
celui-ci n'osant rien faire sans l'ordre de son maître, lui écrivit.
Mais *Omar* lui fit cette réponse mémorable par sa barbarie :
Les livres, lui dit-il, *dont vous me parlez, sont ou conformes,
ou contraires à l'alcoran : dans le premier cas, il faut les
brûler comme inutiles; dans le second, ils sont dignes du*

---

(1) *Comm. in Arch. de dim. circ.*   (2) Voyez *Astron. Philolaica.*

feu comme détestables. L'arrêt fut exécuté, et l'on vit cette précieuse collection, ouvrage de plusieurs siècles, servir pendant près d'un an à chauffer les étuves d'Alexandrie. Nous sommes avec raison révoltés d'une barbarie semblable. Mais à quoi a-t-il tenu que la démagogie française ne se rendît coupable de pareils excès? et peut-être, si elle eût cru, en exterminant toutes les connoissances et tous les monumens de l'esprit humain en France, les exterminer également dans tout l'univers, rien n'eût échappé à la dévastation.

Le *Philoponus* dont nous venons de parler et *Didyme* d'Alexandrie sont les derniers mathématiciens de cette école. On a de *Philoponus* un traité de l'astrolabe, qui existe dans la plûpart des bibliothèques riches en manuscrits. Son nom lui vint de son prodigieux attachement au travail, en quoi il fut imité par *Didyme*, qui en reçut le surnom de Καλκεντερος, c'est-à-dire, entrailles de bronze ou de fer. C'est à ce *Didyme* qu'on doit quelques changemens dans la distribution des tons majeurs et mineurs de la gamme, que nous avons adoptée. Il y avoit eu dans des temps antérieurs un autre *Didyme*, aveugle et géomètre, dont *Cicéron* fait l'éloge. Cette espèce de merveille, nous la verrons renouveller chez les Arabes et chez nous.

Telle fut la fin de cette célèbre école, qui avoit été, pendant près de dix siècles, dans la possession non interrompue de contribuer aux progrès les plus réels de l'esprit humain. A dater de cette époque malheureuse, on ne trouve plus dans l'empire Grec qu'un très-petit nombre d'hommes qui ayent cultivé les mathématiques; encore se bornèrent-ils la plûpart à ce qu'elles ont de plus élémentaire, en sorte que peu de pages suffiront pour les faire connoître avec l'étendue qu'ils méritent.

Les sciences tant bien que mal cultivées se réfugièrent donc à Constantinople ou dans les autres parties de l'empire grec, fort resserré par l'invasion des Arabes, et voici l'énumération succincte des mathématiciens qu'il produisit jusque, vers la chûte entière de cet empire. Nous y trouvons d'abord (vers l'an 620) un mathématicien d'un grand nom, savoir, l'empereur *Héraclius*, si l'on peut ajouter foi au titre d'un manuscrit de la bibliothèque Bodleyenne, savoir, celui-ci: *Heraclii imperatoris in* PTOLEMÆI *canones procheiros (manuales) commentarius*. Je ne sais si ceux qui ont compilé avec plus de curiosité que de critique les noms des rois, princes et grands, qui ont cultivé l'astronomie, y ont donné place à *Héraclius*.

Un autre philosophe et mathématicien de ce siècle, fut *Léontius* le mécanicien, dont il nous reste un ouvrage de peu d'importance, intitulé *de la préparation de la sphère d'Aratus*. Il y explique la construction et les usages d'une sphère céleste où il avoit disposé les constellations, comme les décrit ce poète qu'il contredit plus d'une fois : c'est une sorte de commentaire de son poème. Ce *Léontius* est celui dont la fille *Athénaïs*, au moyen de l'éducation brillante qu'il lui avoit donnée, peut-être plus encore par son esprit et ses charmes, s'éleva jusqu'au trône de Constantinople.

Héron le jeune, ainsi nommé pour le distinguer de celui d'Alexandrie, étoit un ingénieur dont l'âge est assez incertain. Il vivoit probablement vers le huitième siècle. On a de lui un traité des machines de guerre, qui est curieux et intéressant; il fait partie de la collection des *Mathematici veteres*, magnifiquement imprimée au Louvre en 1693 par les soins de M. *Thevenot*: mais sa *Géodésie* (on nommoit autrefois ainsi la géométrie pratique) n'est d'aucune importance. Remarquons cependant qu'on y trouve la méthode ingénieuse de mesurer la surface d'un triangle rectiligne par la connoissance seule des trois côtés, sans rechercher la perpendiculaire; mais *Héron* la donne sans démonstration, et il est probable qu'elle est l'ouvrage de quelque mathématicien antérieur et plus profond. *Tartaglia*, à qui j'en ai autrefois attribué la découverte, et *Oronce-Finée*, qui la donne aussi dans sa *Proto-mathesis*, ne seront plus que ceux qui l'ont démontrée les premiers parmi nous.

L'empereur *Léon* le Sage, qui régnoit vers la fin du neuvième siècle, fit quelques efforts pour relever les sciences dans l'empire Grec. Ce prince, dont nous avons un traité sur *l'art militaire*, sentit le prix des mathématiques, et fonda à Constantinople une école pour les y faire fleurir. Les historiens l'ont même représenté comme fort instruit dans ces sciences, et surtout en astronomie; mais ses efforts et ceux de *Constantin Porphyrogénète* ne produisirent pas un effet sensible. Bientôt les esprits ne s'occupèrent presque plus que de disputes de religion, aussi frivoles que les questions philosophiques qu'agitoient autrefois nos écoles : enfin, depuis ce *Constantin* jusqu'au treizième ou quatorzième siècle, on ne rencontre que *Psellus*, qui ait un peu cultivé les mathématiques. On a de lui un abrégé des quatre parties des mathématiques : l'arithmétique, la géométrie, la musique et l'astronomie; ouvrage imprimé plusieurs fois en grec et en latin, hormis la partie astronomique; mais si élémentaire qu'il n'en valoit guère la peine, ainsi que l'extrait qu'a donné M. *Heilbroner* de sa *Doctrina omnifaria* (1) en ce qu'elle a trait à l'astronomie. Il avoit aussi écrit sur la *méthode arithmétique des Égyptiens*, c'étoit probablement celle des Arabes déjà en possession de ce royaume; sur *les*

(1) Hist. Math.

dogmes astronomiques des Caldéens &c. ; sur *les cycles de la lune et du soleil* &c. *le calcul pascal* &c. ouvrages restés manuscrits dans diverses bibliothèques.

Ces treizième et quatorzième siècles nous présentent cependant quelques Grecs amateurs des mathématiques, qui firent des efforts pour les remettre en honneur. On vit, au milieu du treizième, un certain *Chioniades* aller exprès en Perse, pour y étudier l'astronomie presque inconnue chez ses compatriotes. Il lui fallut des recommandations de l'empereur Grec, pour en obtenir la permission : car les Persans, soit par estime pour l'astronomie, soit par quelques préjugés ridicules, ne permettoient pas qu'on dévoilât aux étrangers, et sur-tout aux Grecs, ce qu'on savoit à cet égard. *Chioniades* l'obtint cependant, et rapporta en Grèce des tables, dont on a l'abrégé dans la bibliothèque du roi, ainsi que le systême de l'astronomie Persanne. C'est M. *Bouillaud* qui nous a instruit de ces faits, d'après l'examen de ces manuscrits, dont il donne un extrait et quelques lambeaux dans son *Astronomia philolaïca*. Quant à *Cosmas Indopleuste*, ou l'auteur quel qu'il soit d'une *Géographie chrétienne*, ce n'est qu'un imbécille voyageur qui a entassé dans sa relation mille absurdités géographiques et physiques (1). Un bon garçon serrurier de Paris fit, il y a quelques années, la même découverte que *Cosmas Indopleuste;* savoir, que la terre n'étoit pas sphérique, mais qu'il y avoit au nord une haute montagne derrière laquelle le soleil se cachoit pour former la nuit. J'ai connu ce bon garçon serrurier, qui ne se seroit pas échangé pour *Neuton*, tant il étoit satisfait de lui et de sa découverte.

Le moine *Barlaam* vivoit vers le commencement du quatorzième siècle, et se rendit jusqu'à un certain point recommandable parmi les mathématiciens de son temps. Son traité en six livres, intitulé *Logistice*, parut en 1600 avec le texte grec et la traduction latine : il présente la manière laborieuse dont les Grecs faisoient encore leurs calculs de fractions et de divisions sexagésimales. *Barlaam* avoit aussi écrit un traité sur *la manière de calculer les éclipses de soleil;* mais celui-ci a resté manuscrit.

Maxime Planude, moine comme *Barlaam*, (car dans ces temps malheureux, toute étude, toute science s'étoit réfugiée dans les cloîtres) commenta les deux premiers livres de *Diophante* par des notes; on doit lui en savoir gré, quoique, au jugement des habiles gens, elles ne soient pas d'un grand secours, et même qu'elles soient quelquefois frivoles ou erronées : elles ont été données par *Xylander* dans son édition de cet auteur. Il

---

(1) *Bibl. Graca*, t. 3.

fit quelque chose de plus utile, en expliquant à ses compatrio es les principes de notre arithmétique moderne. Son ouvrage qui existe manuscrit dans diverses bibliothèques, étoit intitulé : ψεφοφορια κατα Ινδυς, η μεγαλη λεγεται, *logistica secundùm Indos quae magna dicitur*; car c'est des Indiens, comme nous le remarquerons ailleurs, et par l'entremise des Arabes, que nous tenons cette ingénieuse invention. La traduction de cet ouvrage eût été bien plus intéressante que celle de vingt autres, que nous ont donné des gens plus versés en grec qu'en mathématiques ; tels sur-tout que nombre de livres astrologiques.

Vers le milieu du même siècle, *George Chrysococca* le médecin, rédigeant les manuscrits de *Chioniades*, en forma le traité d'astronomie persanne, qu'il intitula *syntaxis Persarum, seu expositio in astron. Persarum*, qui se trouve dans la bibliothèque nationale, sous le titre de *G. Chrysococcae astronomia*. M. *Bouillaud* en a fait connoître la préface, et en a extrait quelques tables qu'il a insérées à la fin de son *astronomia Philolaïca* ; il avoit aussi écrit sur l'astrolabe, sur la manière de trouver les syzigies du soleil et de la lune, etc.

Le moine *Nicéphore Grégoras*, *Nicolas Cabasilla*, archevêque de Thessalonique, et le moine *Isaac Argyrus* furent encore des mathématiciens du même siècle. Le premier prit la défense de l'astronomie contre ses détracteurs, et composa un traité de l'astrolabe, que *Valla* publia en 1498. *Cabasilla* commenta enfin l'Almageste, et l'on a un fragment de son travail dans l'édition grecque de *Ptolémée* et *Théon* ; il a trait au troisieme livre. *Argyrus* donna une *Géodésie*, ou *Géométrie pratique* ; un traité de *la réduction des triangles non rectangles en rectangles* ; (peut-être ce titre n'est-il pas fort exact) et des Scholies sur les six premiers livres d'*Euclide*. Aucun de ces ouvrages n'a vu le jour, et ne valoit guère la peine de l'impression ; mais on a de lui un petit traité sur la célébration de la Pâque, qui a été publié en 1590 par *Christmann*, en grec et en latin, avec des notes.

Je me bornerai, pour abréger, à citer ici brièvement quelques autres auteurs de cette classe et de cette nation, et sans m'astreindre à une exactitude chronologique. Tels furent Jean *Pédiasimus*, auteur d'un traité sur la mesure et la division des terres, et d'un commentaire sur *Cléomède* ; le philosophe *Démétrius*, surnommé le Persan, auteur d'un traité astronomique ; *Gémiste Pléthon*, qui écrivit une méthode astronomique ; le philosophe *Etienne* d'Alexandrie, auteur d'un calcul des syzigies ; le moine *Eutymius*, qui fit un abrégé d'astronomie ; George *Pachymère*, qui écrivit un traité de mécanique, intitulé *de quatuor machinis*, et un autre d'arithmétique en quarante-sept chapitres; Nicéphore *Blemmidas*, auteur d'un traité sur le soleil et la lune; Nicolas *Sophianus* enfin, auteur d'une préparation et usage de l'astrolabe. Tous ces ouvrages existent en manuscrits dans les bibliothèques, et peut-être y auroit-il quelque fruit à retirer de leur lecture, sinon pour la perfection de la science, du moins pour leur histoire.

X I.

Nous rencontrons enfin, pour terminer ce livre d'une manière un peu plus intéressante, un auteur Grec, qui nous fournit la première idée d'un amusement mathématique, dont plusieurs habiles gens n'ont pas dédaigné de s'occuper. Cet auteur est *Emmanuel Moscopule*, et l'amusement dont nous voulons parler, est celui des *quarrés magiques* (1). *Moscopule* en a écrit un traité qui est dans la bibliothèque nationale, et dont M. *de la Hire* a extrait quelque chose; il en avoit même fait la traduction, et se proposoit de la publier. Nous saisissons cette occasion de rassembler ici ce que les modernes ont fait sur ce sujet, d'autant plus volontiers que nous en trouverions difficilement la place ailleurs.

On appelle *quarré magique* un quarré divisé en cellules égales, dans lesquelles on inscrit les termes d'une progression arithmétique, de telle manière que la somme de chaque bande, soit verticale, soit horisontale, et de chacune des diagonales, soit la même. Ces quarrés doivent, selon les apparences, leur origine à la superstition, ou du moins s'ils en eurent une plus raisonnable, l'astrologie ne tarda pas à se les approprier. Rien n'est plus célèbre parmi ceux qui croyent à cet art ridicule, que les talismans planétaires, qui ne sont autre chose que les quarrés des sept nombres, 3, 4, 5, etc., rangés magiquement, et dédiés à chacune des planètes. M. *de la Loubère* en a trouvé la connoissance répandue dans l'Inde, et sur-tout à Surate (2); il rapporte même la méthode dont les savans de ce pays se servent pour ranger les quarrés impairs. Cela donne lieu de penser que les *quarrés magiques* pourroient bien avoir pris naissance parmi les Indiens; ce qui ne paroîtra point étonnant à ceux qui savent que nous leur devons l'ingénieuse invention de notre arithmétique moderne.

Quel que soit le sort de notre conjecture, ce qui n'étoit dans son origine qu'une pratique vaine et superstitieuse, ou qu'un

(1) Il y a eu deux Emmanuel Moscopule, l'un en 1342, et l'autre en 1450. On ignore auquel des deux appartient le traité dont il est ici question.

(2) Relation de Siam, t. 2.

simple amusement, n'a pas laissé d'exciter l'attention de plusieurs mathématiciens de mérite. Ce n'est pas qu'ils y aient entrevu quelqu'utilité ; on convient qu'il n'y en a aucune, et, comme le dit quelque part ingénieusement M. *de Fontenelle*, les *quarrés magiques* se ressentent de leur origine sur ce point ; ce n'est qu'un jeu dont la difficulté fait le mérite, et c'est à ce titre que les mathématiciens les ont considérés : d'ailleurs tout ce qui exige des combinaisons et des raisonnemens, est propre à exercer les facultés de l'esprit, et à perfectionner le génie d'invention. Le célèbre M. *Leibnitz* ne dédaignoit pas de jouer au jeu qu'on nomme *du solitaire*, et il a donné dans les *Miscellanea* de Berlin un petit écrit plein de vues ingénieuses et de réflexions philosophiques sur les jeux de combinaison. Elles justifient l'application que quelques mathématiciens ont donnée à ce problème d'arithmétique.

Il y a deux sortes de *quarrés magiques*, dont le degré de difficulté est bien différent ; les uns sont les impairs, ou ceux dont la racine est impaire, comme 9, 25, 49, etc. ; ce sont les plus faciles à ranger. Les autres sont les pairs qui sont beaucoup plus difficiles. On les distingue même en pairement et impairement pairs, suivant que leur racine est divisible par 4, ou seulement par 2. La méthode qui sert aux uns, est différente de celle qu'exigent les autres.

Moscopule est le premier auteur connu qui ait écrit sur les *quarrés magiques*. M. *de la Hire* avoit traduit cet ouvrage, et le destinoit à l'impression. Il nous rapporte au surplus (1) ses deux manières de ranger les quarrés impairs : elles sont l'une et l'autre fort ingénieuses. Il ajoute qu'il en donnoit une pour les quarrés impairement pairs, et il en a extrait quelques exemples de quarrés pairement pairs.

Le superstitieux, et à la fois incrédule *Agrippa*, est le premier, je crois, d'entre les modernes, qui ait fait mention des *quarrés magiques* au sujet des talismans. M. *Bachet* qui les remarqua dans cet auteur, chercha la manière de les construire : il réussit aux quarrés impairs, pour lesquels il trouva une méthode générale, et il la publia en 1613 dans ses récréations mathématiques, intitulées *Problèmes plaisans et délectables, qui se font par les nombres.* (Lyon. in-8°. 1613.) Mais il convient lui-même qu'il ne put rien trouver qui le satisfît, pour construire les quarrés pairs.

M. *de Frénicle*, si connu par son adresse à résoudre les problèmes arithmétiques les plus épineux, alla plus loin que M. *Bachet*. Il trouva non seulement de nouvelles règles pour

_____

(1) Mém. de l'Acad. 1705.

les quarrés impairs, mais il en donna une pour les pairs, et il
enseigna à les varier d'une multitude de manières. On en a
un exemple dans celui de 16, qu'il varia de 880 façons. Ce traité de
M. *Frénicle* se trouve parmi les anciens mémoires de l'académie,
tome V, et dans le recueil publié en 1693, *in-fol.* Enfin le
problême n'étant pas assez difficile à son gré, il se créa de
nouvelles difficultés, pour avoir le plaisir de les surmonter. Il
ajouta à la condition ordinaire de ces quarrés, celle-ci, qu'ils
fussent tels qu'en les dépouillant successivement de leurs bandes
extérieures, ils restassent toujours magiques ; et il enseigna à
en trouver qui eussent cette propriété. On pourroit les appeller
magiquement magiques, eu égard au degré d'adresse, et, pour
ainsi dire, de magie nécessaire pour les construire.

M. *Poignard*, chanoine de Bruxelles, publia en 1703 un
traité des *quarrés magiques*, qu'il nomme *sublimes*. On y
trouve plusieurs innovations ingénieuses. Cet ouvrage a donné
lieu à M. *de la Hire* de traiter fort au long cette matière dans
deux mémoires lus à l'académie des sciences en 1705, et imprimés dans le recueil de cette année. M. *Saurin* a aussi communiqué ses réflexions sur ce problême dans ceux de 1710 ;
et M. d'*Ons-en-bray* a donné en 1750 une méthode nouvelle
pour les quarrés pairs. On trouve dans le tome IV des *Mémoires
des savans étrangers*, un écrit de M. Des Ourmes, ancien conseiller au parlement de Rennes, qui contient de nouveaux artifices en ce genre. Ce sont les pièces auxquelles nous renvoyons
ceux pour qui ce genre d'amusement a des attraits. Ils doivent
aussi lire l'histoire de l'académie de ces années, et sur-tout
celle de 1705, d'où nous avons tiré une partie de ce que nous
venons de dire. A l'égard des autres écrits, sur ce sujet, nous
nous contentons de les indiquer dans la note suivante (1), afin
de ne pas donner à des bagatelles de cette nature un temps, que
des matières plus intéressantes ont droit de revendiquer.

(1) *Act. Lips.* 1686. Stifels dans son *Arithmetica integra.* Schwenter dans ses *Deliciae Physicomath.* Le P. Kircher dans son *Arithmologia.* Le P. Prestet dans ses *Elémens d'Algèbre.* Ozanam dans ses *Récréations Mathématiques.* M. Meerman. *Specim. calcul. flux.* Ce dernier mérite une attention spéciale.

Fin du cinquième Livre et de la première Partie.

NOTE

DU

CINQUIÈME LIVRE.

NOTE. *A.*

Exemples et développement de l'analyse de DIOPHANTE.

ON demande, par exemple, de diviser un carré donné en deux autres. Pour cet effet, que le carré donné soit, par exemple, 25, et un des carrés cherchés xx, le second sera $25 - xx$, ce qui doit être un nombre carré. Afin qu'il le soit nécessairement, formez, dit *Diophante*, un carré quelconque, de la racine du carré donné, augmentée ou diminuée d'un nombre de fois l'inconnue x, que vous égalerez au précédent $25 - xx$. Ce nombre est arbitraire, pourvu que l'équation ne renferme aucune absurdité. Supposons donc ce nombre, 3, l'on aura pour la racine du carré fictif $5 - 3x$, dont le carré $25 - 30x + 9x^2$, sera égale à $25 - xx$. Ainsi, dans cette équation, 25 s'évanouira des deux membres, et il restera seulement $9x^2 - 30x = - xx$: ce qui donne, en divisant par x, et résolvant ensuite l'équation du premier degré, $10x = 30$, $x = 3$. Ainsi les carrés cherchés seront 9 et 16.

Mais en formant autrement le carré fictif, en prenant par exemple pour racine $5 - 4x$, on auroit eu l'équation $25 - xx = 25 - 400 + 16 xx$, ce qui auroit donné $x = \frac{40}{17}$, dont le carré est $\frac{1600}{289}$; or ce carré étant ôté de 25, il reste $\frac{5625}{289}$, dont la racine est $\frac{75}{17}$: ainsi voilà encore deux nombres carrés qui, joints ensemble, forment le carré 28. On auroit une foule d'autres solutions, en prenant d'autres membres pour le coéfficient, qui affecte la grandeur inconnue dans la racine du carré fictif.

Mais si l'on vouloit un carré qui, ajouté à un nombre quelconque, 3, par exemple, fît encore un carré ; on y parviendroit ainsi : le carré cherché étant xx, l'autre seroit $3 + xx$, qui devant être un carré, pourroit être égalé à celui qui seroit formé de la racine x, moins un certain nombre de fois, 3 ; ou de $x - 3n$, (n exprimant ce nombre indéterminé). On auroit donc $3 + xx = x^2 - 6nx + 9n^2$, ou $3 = 11 - 6nx + 9n^2$, ce qui donne $x = \frac{9n^2 - 3}{6n}$. Ainsi en formant $n = 2$ ou $x = \frac{11}{4}$, par conséquent $3 + xx$ sera $\frac{169}{16}$, qui est en effet un vrai carré, ayant $\frac{13}{6}$ pour racine : en donnant à n une autre valeur quelconque, 3 par exemple, on auroit $x = \frac{39}{9}$; par conséquent $3 + xx$ sera $\frac{1764}{91}$, qui est en effet un carré ayant pour racine $\frac{42}{9}$ ou $4\frac{2}{3}$.

On voit par-là que l'artifice de la méthode de *Diophante* consiste à faire disparoître un des carrés, ou celui qui est connu, ou celui de l'inconnue, en le faisant trouver avec le même signe dans les deux membres de l'équation, ce qui la réduit au premier degré, ou permet de l'abaisser par la division. Mais on doit lire *Diophante* lui-même, et l'on y trouvera une foule d'autres problêmes de la même nature, sans comparaison plus difficiles que les deux précédens, et qui font éclater à chaque instant l'adresse de cet ancien analyste à faire des suppositions possibles de valeurs, qui font évanouir les degrés supérieurs de l'inconnue.

Fin de la Note **A** *du cinquième Livre.*

HISTOIRE

DES

MATHÉMATIQUES.

SECONDE PARTIE.

Contenant l'Histoire de ces Sciences chez divers peuples Orientaux, comme les Arabes, les Persans, les Juifs, les Indiens, les Chinois.

LIVRE PREMIER.

Histoire des Mathématiques chez les Arabes, les Persans et les Turcs.

SOMMAIRE.

des Arabes, et de leurs principaux Géomètres. VIII. Origine de nôtre Arithmétique. Preuves diverses fournies par les Arabes même, qu'ils la tiennent des Indiens. Examen de quelques opinions sur ce sujet. Histoire singulière racontée par Alsephadi. IX. Les Arabes connoissent l'Algèbre, et même dès le temps d'Almamon. Etymologie de son nom : jusqu'où cette science est poussée chez eux. X. Des Sciences Physico-mathématiques parmi les Arabes, et de l'Opticien Alhazen en particulier. XI. Des Mathématiques chez les Persans, et sur-tout de l'intercalation ingénieuse qu'ils emploient pour retenir toujours l'équinoxe à la même place. XII. Protecteurs qu'eut l'Astronomie dans les Conquérans Tartares qui envahirent la Perse. Holagu Hekan favorise cette science d'une façon extraordinaire dans le treizième siècle. De l'Astronome Nassireddin. XIII. Du roi Ulugh-beigh : ce Prince cultive l'Astronomie lui-même, et travaille ou fait travailler sous ses yeux à divers ouvrages que nous avons. Anéantissement où est tombée l'Astronomie chez les Persans modernes. XIV. Géomètres que la Perse a eus autrefois. Nassireddin : ses travaux. Maimond Reschid : singularité de ce dernier. Noms que les Persans donnent aux Mathématiques et à diverses propositions des Elémens. XV. De la Musique chez les Arabes et les Persans. XVI. Des Mathématiques chez les Turcs. XVII. Notice des principaux Mathématiciens Arabes et Persans, et de leurs Ouvrages.

I.

LES Arabes dont nous avons communément une idée si désavantageuse, ne furent point toujours insensibles aux charmes des sciences et des lettres. Ils eurent, comme tous les autres peuples, leurs temps de barbarie et de grossièreté ; mais ensuite ils se polirent tellement, que peu de nations peuvent faire gloire d'autant de lumière et d'autant de zèle pour les belles connoissances, qu'ils en montrèrent pendant plusieurs siècles. Tandis que les sciences tomboient dans l'oubli chez les Grecs, et ne subsistoient presque plus que dans les bibliothèques, les Arabes les attiroient chez eux, et leur donnoient un asyle honorable. Ils en furent enfin les seuls dépositaires pendant assez long-temps ; et c'est au commerce que nous eûmes avec eux que nous devons les premiers traits de lumière, qui viennent interrompre l'obscurité des onzième, douzième et treizième siècles.

La férocité qu'on voit éclater dans les premiers conquérans Arabes, ne leur étoit pas naturelle : c'étoit seulement l'effet du

fanatisme

fanatisme, dans lequel les avoit plongés la nouvelle religion qu'ils
venoient d'embrasser. Plus polis auparavant, ils avoient toujours
fait cas des talens de l'esprit. La poésie, l'éloquence, la pureté
du langage étoient en honneur chez eux, et ils tâchoient à
l'envi de s'y surpasser les uns les autres. C'est du moins ce
que nous apprend Abulpharage leur historien, et l'on en a diverses preuves dans leur ancienne histoire. Ainsi lorsqu'ils brûlèrent la bibliothèque d'Alexandrie, ils ne firent que suivre l'impétuosité passagère d'un zèle emporté, et les ordres d'un chef
despotique, dont la barbarie ne doit pas être mise sur le compte
de la nation entière. Il vint bientôt un temps où ils auroient
regardé ce trésor comme un des principaux avantages de leur
conquête.

Les anciens Arabes, avant ce temps où les sciences fleurirent
chez eux, avoient une sorte d'astronomie semblable à celle qui
étoit connue des Grecs avant Thalès. Attentifs comme eux aux
levers et aux couchers des étoiles principales, ils en tiroient des
conséquences pour les changemens généraux des saisons. Ils
avoient divisé à leur manière le ciel en constellations, et ils
avoient donné des noms aux étoiles, ou à leurs groupes les plus
remarquables. Comme ils étoient principalement adonnés à la
vie pastorale, la plûpart de ces noms étoient tirés des animaux
ou des ustensiles qui font la richesse des bergers. Ce qui est
pour nous l'étoile polaire, ou le bout de la queue de la grande
ourse, étoit nommé chez eux le Chevreau, et les deux étoiles
plus apparentes, qui sont à l'autre extrêmité de cette constellation, se nommoient les Veaux (1). Ils avoient donné le nom
de Chameau (*Fenic*) à celle que nous nommons l'œil du taureau;
celui de *Nagman* qu'ils donnoient aux pléiades, paroît venir
de la sérénité qu'elles annoncent quand on les apperçoit. Canope
étoit l'Etalon, ou le Chameau mâle. Les groupes, qui forment
chez nous la grande et la petite ourse, sont aussi trop remarquables, pour n'avoir pas eu un nom parmi eux. Mais, au lieu
de comparer, comme ont fait les gens de nos campagnes, les
quatre étoiles qui forment le quadrilatère de cette constellation,
aux roues d'un char, ils y imaginèrent un cercueil, de sorte
qu'ils l'appelèrent le Cercueil, et les trois autres étoiles furent
pour eux les pleureuses qui accompagnent le convoi (2). Ils
nommèrent, par cette raison, la petite ourse, le petit Cercueil;
il est remarquable qu'on trouve cette même dénomination dans
Job, et peut-être pourroit-on l'apporter en preuve, que ce livre
a été originairement fait et écrit en Arabie. Je pourrois étaler
ici un plus grand nombre d'autres dénominations propres aux

(1) Gol. *ad* Alferg. p. 63.   (2) Golius, *ibid.*

anciens Arabes, si je voulois donner toutes celles que mes recherches m'ont fait découvrir. Je me bornerai à quelques-unes
des plus remarquables. La voie lactée étoit chez eux, comme
chez les Egyptiens, la voie de paille, *via straminis*. On en a
vu l'origine chez ces derniers peuples. Enfin la brillante constellation d'Orion étoit un géant, qui avoit éreinté sa femme dans
ses embrassemens. Golius en raconte l'histoire dans son dictionnaire : mais en voilà assez sur ce sujet.

Les Arabes paroissent avoir toujours fait usage d'une année
purement lunaire, et sans aucun égard au cours du soleil.
Ainsi ils la composoient de douze mois, alternativement de 30
et de 29 jours, ce qui fait 354 jours; mais, comme douze lunaisons font 8ʰ 48′ de plus, ils intercaloient un jour, lorsque
cet excès accumulé pendant quelque temps étoit devenu sensible. L'intercalation la plus parfaite dans ce système d'années,
eût été celle de 11 jours dans 30 ans. Il auroit fallu d'abord
faire chaque troisième année de 355 jours, et de plus choisir
dans quelqu'autre endroit de la période une lunaison de 29
jours, pour la changer en une de 30. Mais nous ignorons de
quelle manière s'y prenoient ces peuples, quoique quelques
siècles d'attention aient pu facilement leur suggérer une pratique semblable.

Cette forme d'année a donné lieu chez les Arabes, de même
que chez les autres nations qui en faisoient usage, à une division particulière du zodiaque. Ils partageoient cette bande céleste en 28 parties égales, qu'ils nommoient les Maisons de la
lune. La raison en est facile à appercevoir : de même que nous
partageons la révolution entière du soleil en douze signes, qui
répondent aux douze divisions de notre année, ils partagèrent
la révolution périodique de la lune, qui est de 27 jours et quelques heures, en 28 parties. On trouve dans les Elémens d'Alferganus tous les noms de ces signes lunaires, et les étoiles qui
les caractérisoient. Ils paroissent pour la plûpart prendre leur
origine de ceux que les Grecs donnoient à leurs constellations :
par exemple, la première et la seconde maison de la lune se
nommoient les cornes et le ventre du Belier, etc. Ainsi il paroît
qu'on doit en conclure que cette division est postérieure au temps
où les Grecs, répandus dans l'Asie, y transportèrent les noms
de leurs constellations.

I I.

Les Arabes, nouveaux sectateurs de Mahomet, furent, pendant près d'un siècle et demi, ce que peut être un peuple uniquement occupé de projets d'agrandissement et de conquête. Ils

Rent pendant tout ce temps peu de cas des sciences qu'ils voyoient en estime chez les chrétiens. Ce motif même étoit suffisant pour les leur faire détester. Mais lorsqu'ils jouirent avec tranquillité de leurs nouveaux établissemens, ce préjugé ne tarda pas à se dissiper. Le calife Abu-Giafar, surnommé Almansor, (le Victorieux) qui régnoit vers le milieu du huitième siècle dans la Perse, la Corasmie, la Transoxane, etc., commença à voir cette révolution dans la manière de penser de sa nation, et il y eut quelque part; car, indépendamment de la connoissance des lois où il excelloit, il s'étoit adonné à l'étude de la philosophie, et sur-tout de l'astronomie (1).

Le goût des Arabes pour les sciences, continua de se former sous les successeurs d'Almansor; savoir, Aaron-al-Reschid, et Alamin. On trouve, vers l'an 807, une ambassade célèbre que Aaron envoyoit à Charlemagne. Parmi les présens que ce prince faisoit au roi chrétien, étoit une horloge artistement travaillée, qui marquoit les douze heures, et qui les faisoit sonner par le moyen de certaines balles qui tomboient dans un vase d'airain. On y voyoit aussi douze cavaliers qui se présentoient à autant de portes, qu'ils fermoient suivant le nombre des heures écoulées. C'est la description qu'en fait l'historien anonyme de Pepin, Charlemagne et Louis le Débonnaire. Cet ouvrage ingénieux prouve que les Arabes commençoient à faire cas des arts, ou que s'il n'y avoit pas déjà parmi eux des artistes habiles, ils savoient du moins accueillir les talens étrangers, et se les attacher par des récompenses. Je trouve aussi que, dès le règne d'Aaron-al-Reschid, les Élémens d'Euclide furent traduits en Arabe par Hegiah-ben-Joseph, qui intitula sa version du nom d'*Aronea*, parce qu'elle fut faite sous les auspices de ce calife. Il la refit, ou la corrigea sous Almamoun, ce qui forma une seconde édition d'Euclide, appellée *Maimonea*. Mais le prince, à qui la Nation Arabe a l'obligation principale du goût qu'elle prit pour les sciences, est le calife Abdalla Almamon, second fils d'Aaron Reschid, et qui commença à régner à Bagdad l'an 814 de J. C. Almamon avoit été instruit par Jean Mesva, médécin chrétien. Il fit des progrès considérables dans la plûpart des sciences, et parvenu au trône, il les protégea, et n'oublia rien pour en inspirer l'amour à ses sujets. Le premier pas à faire pour réussir dans cette entreprise, étoit d'avoir les excellens originaux que possédoit la Grèce. Il en fit non seulement acheter, mais, dans une paix qu'il donna, en victorieux, à l'empereur Michel III, il mit pour condition qu'on lui fourniroit toutes sortes de livres grecs : il convoqua

(1) Abulph. *hist. dyn.* p. 160.

enfin et il encouragea par des récompenses un grand nombre de traducteurs, et bientôt la nation Arabe fut en possession de toutes les richesses littéraires de l'antiquité. Pour nous borner ici aux mathématiques, affectionnées comme elles l'étoient du souverain, elles ne tardèrent pas à être familières aux sujets, et il se forma parmi eux un grand nombre de mathématiciens, dont plusieurs sont justement estimés. Ce nombre est si considérable, sur-tout celui des astronomes, qu'il fourniroit la matière d'un ample catalogue. Nous ne pourrions en éviter la sécheresse, si nous nous conformions à l'ordre chronologique, d'ailleurs fort embarrassant par la diversité des matières. Je préfère, par cette raison, d'exposer à part les progrès que firent chez les Arabes chacune des branches des mathématiques.

I I I.

L'astronomie fut la première qui se ressentit de la protection d'Almamon. Ce prince lui portoit une affection particulière, et y étoit fort versé. Pour hâter ses progrès parmi ses sujets, il ordonna la traduction de l'Almageste, qui fut faite par Isaac-ben-Honain, suivant M. d'Herbelot (1), et suivant un manuscrit de M. de Peiresc, par Albazan-ben-Joseph, et un chrétien nommé Sergius. On pourroit concilier ces deux faits, en admettant qu'il y eut plusieurs traductions de Ptolémée, faites sous ce prince, comme il y eut plusieurs traductions et révisions d'Euclide. Almamon ne se borna pas là : il fit composer par les hommes les plus intelligens qu'il trouva dès-lors en astronomie, un corps de cette science, qui subsiste encore dans des bibliothèques riches en manuscrits orientaux, sous le titre de *Astronomia elaborata à compluribus D. D. jussu regis Maimon* (2) : enfin ce ne fut pas seulement par des bienfaits qu'il l'encouragea ; il eut part lui-même à ses progrès, soit en observant, soit en assistant, comme témoin, aux conférences et aux observations de ces savans. L'histoire céleste fait mention de deux observations de l'obliquité de l'écliptique, sinon comme l'ouvrage d'Almamon en personne, du moins faites sous ses auspices, l'une à Bagdad, et l'autre à Damas. (3) Dans la première, dont les auteurs furent Iahia ben Abilmansor, Sened ben Alis et Abbas ben Saïd, avec plusieurs autres, on trouva la plus grande déclinaison de l'écliptique de 23° 33', suivant le rapport d'Ibn Iounis ; et selon Alfraganus (4), de 23° 35'. Mais il y a lieu de croire que,

(1) *Bibl. Orientale*, p. 101.

(2) Labbe, *Bibl. nova mss. suppl. 6.*

(3) Golii *notae in* Alfragan. *p. 67 et seq.*

(4) Alfragani *Elem. Astronomic ex edit.* Golii, *cap.* 5.

dans ce dernier auteur , il faut lire 33′ , vu que le détail dans
lequel entre le premier, annonce beaucoup plus d'exactitude ;
car il indique même le lieu de Bagdad, où se fit l'observation.
Il y a d'ailleurs des éditions d'Alfraganus (1), qui portent seulement 33′.

L'autre observation fut faite à Damas par Chalid ben Abdolmelic, Abultib, Sened ben Alis, et Alis ben Isa, surnommé
l'Astrolabe, parce qu'il étoit habile fabricateur d'instrumens. On
y employa un grand instrument, fait par ordre d'Almamon,
auquel quelques auteurs ont donné une dimension de 52 pieds,
ce qui sembleroit indiquer que ce fut un gnomon. Quoi qu'il en
soit , ils trouvèrent la plus grande déclinaison de l'écliptique
de 23° 33′ 52″. Cette observation est datée par Ibn - Iounis de
l'an 201 d'Iesdegerd ; ce qui revient à la 233 de l'Hégire.

A cette occasion , nous parlerons encore ici d'une observation
de l'obliquité de l'écliptique , faite environ un siècle et demi
après à Bagdad. Elle fut, suivant le même Ibn-Iounis, l'ouvrage
des trois fils de Muza ben Shaker, qui se nommoient Mohammed,
Ahmed et Hazen ; ils observèrent les hauteurs du soleil aux deux
solstices d'hiver et d'été consécutifs (2), et ils trouvèrent la hauteur au solstice d'hiver, corrigée de la parallaxe, de 28° 5′,
et celle au solstice d'été de 80° 15′ , ce qui donne pour l'arc
intercepté 47° 10′ , et pour sa moitié, ou la déclinaison des
points solstitiaux , 23° 35′. Il seroit sans doute inutile aujour-
d'hui de discuter ces observations ; il paroît seulement en résulter invinciblement que , vers cette époque, la plus grande
déclinaison du soleil étoit fort voisine de 23° 35′.

Le calife Almamon se proposa encore un objet fort utile,
lorsqu'il entreprit de mesurer la terre plus exactement que n'a-
voient fait les anciens. Des mathématiciens habiles eurent ordre
de mesurer un degré du méridien par un procédé plus propre
à y parvenir, que tous ceux qui avoient été employés jusqu'alors.
Ils choisirent, à cet effet, une vaste plaine dans la Mésopotamie appellée *Singiar* (3) : là, se divisant en deux bandes,
dont l'une avoit à sa tête Chalid ben Abdolmelic, et l'autre
Alis ben Isa, ils tournèrent, les uns vers le Septentrion , les autres
vers le Midi, en mesurant, chacune la coudée à la main, une
ligne géométriquement alignée sur la méridienne. Ils s'écartèrent
ainsi les uns des autres, jusqu'à ce que , mesurant la hauteur
du pôle, ils se fussent éloignés d'un degré du lieu de leur départ ;
après quoi ils se réunirent, et ils trouvèrent, pour la valeur du

(1) Golius , *ibid.*   in *Proleg. Geographiae.* Alfagani ,
(2) *Ibid.*   *Elementa Astron.* cap. 8 , et Goli
(3) *Hist. Dynast.* p. 164. Abu'feda   *notae*, p. 72 , 73.

degré terrestre, les uns 56 milles, les autres 56 milles deux tiers,
le mille étant composé de 4000 coudées. On se détermina, apparemment par de bonnes raisons, pour la dernière de ces mesures. A la vérité nous ne nous bornerions pas aujourd'hui à
un pareil moyen de décider la question; car on réitéreroit les
deux mesures, jusqu'à ce que l'on se trouvât d'accord, à une
bagatelle près.

On ne peut s'empêcher d'être curieux de connoître jusqu'à
quel point cette mesure s'accorde avec les modernes. Pour cet
effet, il faut observer qu'Abulfeda nous dit positivement (1)
que la coudée employée, dans cette mesure, fut la coudée appellée *noire*, qui comprenoit 27 pouces, dont chacun étoit déterminé
par six grains d'orge mis côte à côte, la rainure de l'un contre
le dos de l'autre; or, d'un autre côté, M. Thevenot nous dit
(2) qu'ayant mis cent quarante-quatre grains d'orge à côté les
uns des autres, il en est résulté, après plusieurs essais réitérés,
une longueur qui équivaloit précisément à un pied et demi de
Paris; d'où il suit que quatre coudées noires équivaloient à
une toise et neuf pouces : ainsi les 56 milles deux tiers, chacun
de 4000 coudées, donneroient 63,750 toises. J'avone que je trouve
cette différence d'avec la grandeur réelle si considérable, que
je suis tenté de penser que ceux qui ont dit qu'on employa dans
cette mesure la coudée noire, se sont trompés; cela cadre mal
avec les précautions que l'on voit avoir été prises par ces observateurs. On trouve mieux son compte, en supposant qu'ils employèrent la coudée ordinaire, appellée royale, de 24 pouces,
car il en résulte alors une mesure du degré, qui est de 56,666
toises.

D'un autre côté, peut-on bien compter sur la mesure de
M. Thevenot? Il est à la vérité fort vraisemblable que l'orge
des pays orientaux n'a pas varié de grosseur; mais il ne paroît
pas avoir fait attention à la manière de placer les grains l'un
à côté de l'autre, condition qui ne paroît pas avoir été mise
sans motif : car peut-être en résulteroit-il une différence qui
pourroit aller à un neuvième ou un dixième. Mais nous ne
croyons pas que cette discussion mérite d'être poussée plus loin.
Voici cependant encore quelques mots sur ce sujet.

Un auteur Arabe, Abou-Hassan Ali Almassoudi, parle de
cette mesure dans un ouvrage curieux, intitulé *Mouroudgé al
Dahab*, ou *les Prairies d'or*; car les Arabes affectent, comme nous
le faisions jadis, des titres singuliers. On lit le précis de cet ouvrage dans le premier volume des notices de manuscrits de la

(1) Golius, *in notis ad* Alferganum, *ibid.*
(2) *Voyage en Asie*, etc. Paris 1663, in-4°.

bibliothèque ci-devant du roi. Les détails qu'il donne de l'opération dont il s'agit, sont un peu différens : il y dit que, sous le califat d'Almamon, on observa le soleil dans le désert de Sandjiar, dépendant de la province de Diar-Rabia, et que l'on trouva que la mesure du degré terrestre étoit de 56 milles, le mille étant de 4000 coudées noires de 27 doigts, établies par le calife, le doigt étant de cinq grains d'orge placés à côté l'un de l'autre.

Mais cette narration de l'auteur Arabe, quant à sa première partie, ne doit-elle pas évidemment céder à celle d'Abulfeda, qui, traitant la matière exprès, y a sûrement mis plus d'exactitude, et qui dit qu'on jugea le degré de 56 milles deux tiers. On voit encore ici une contradiction avec Abulfeda, qui dit positivement que le doigt étoit formé de six grains d'orge posés côte à côte, et non de cinq. Au surplus, en prenant l'évaluation de la coudée telle que la donne le Massoudi, il en résulteroit, pour la mesure en question, 53,123 de nos toises.

Ce compilateur Arabe, car au fond ce n'est pas autre chose, rapporte le sentiment de Ptolémée sur la mesure de la terre, dont il fait la circonférence de 24000 milles ou de 66 milles deux tiers par degré; et il ajoute : On est parvenu à cette connoissance, en prenant la hauteur du pôle septentrional dans deux villes qui forment une ligne (du sud au nord), d'une part Tadmor (ou Palmyre) dans le désert, et de l'autre Racah ou l'ancienne Aracia. On trouva, dit il, la hauteur du pôle à Racah de 85 parties un tiers, et à Tadmor de 84; ce qui fait entre deux une partie un tiers. On mesura l'intervalle entre les deux villes, et il fut trouvé de 37 milles. Mais que signifie ce récit, si l'on ne dit combien de parties contenoit le tout ou la circonférence, ou le quart du méridien ? On voit ici l'auteur Arabe ne savoir ce qu'il dit ; il semble d'ailleurs attribuer à Ptolémée, ou à ses devanciers, une mesure qu'ils ne firent certainement pas. Elle fut peut-être l'ouvrage de quelques autres mathématiciens Arabes, que ceux qui travaillèrent sous Almamoun, mais ce ne fut certainement pas l'ouvrage de ceux ci ; Abulfeda eût nommé les deux villes qui en furent les termes, et aucune des circonstances de la première ne s'accorde avec celles de l'autre. On peut être étonné que ces observations ayent échappé au savant académicien, à qui ce morceau de Massoudi a été communiqué.

I V.

Un siècle dans lequel les mathématiques, et en particulier l'astronomie, avoient de tels protecteurs, ne pouvoit manquer d'être fécond en hommes habiles dans ces sciences. Aussi l'histoire des Arabes nous a-t-elle transmis la mémoire de plusieurs astronomes contemporains d'Almamon, ou qui le suivirent de près. Tel fut d'abord le juif Messalah, qui vivoit déjà sous le calife Almansor, et dont nous avons quelques ouvrages (1), malheureusement fort infectés de visions astrologiques. Mais nous le remarquerons ici en passant, ce fut et c'est encore le foible de tous les Orientaux, et à peine y a-t-il un siecle que nous-mêmes en sommes entièrement affranchis. On doit ensuite faire mention de Mohammed Ben Musa, le Kovaresmien, qui dressa des tables astronomiques long-temps célèbres sous le titre de *Zig al Send* (2). Ce même ben Musa travailla sur la trigonométrie sphérique ; mais son traité a resté manuscrit, et, par cette raison, il m'est impossible de dire s'il fut un des géomètres Arabes qui contribuèrent à la perfection de cette partie du calcul astronomique : j'aurai occasion de parler de ce savant à d'autres titres. Abdalla ibn Sahel et Iahia ibn Abilmansur furent encore deux astronomes qu'Almamon employa dans les premières années de son règne, ainsi que Sened ben Alis, Ibn Seid (3). Sur la fin de son règne, fleurissoient Chalid - Ben Abdolmelic, Abul Tib et Alis Ben Isa, le fabricateur d'instrumens, dont on a parlé au sujet de la mesure de la terre ordonnée par ce prince ; Ahmed Ben Abdalla al Habech al Merouzi, qui dressa les tables appellées Zig Aldamaski, (de Damas). On met encore dans ce temps Albumasar, dont le vrai nom est Abumashar Giafar, etc. ; il fut auteur de certaines tables qui portèrent son nom, et d'une introduction à l'astronomie (4). Au reste ce fut un homme singulièrement renommé par son habileté prétendue dans l'astrologie judiciaire, et on lit à son sujet divers contes. Les trois frères Mohammed, Ahmed et Alhazan, fils de Musa, sont aussi mis au nombre des observateurs de ce temps. Nous avons rapporté l'observation qu'ils firent à Bagdad, pour déterminer la déclinaison de l'écliptique, qu'ils trouvèrent de 23° 35′ un peu plus grande que celle qu'avoient déterminé Almamon et ses observateurs ; et il paroît que, depuis ce temps, on s'en tint chez les Arabes à 23° 35′.

Vers ce temps vivoit encore Alfraganus, ou plutôt Alferganus, ainsi nommé parce qu'il étoit de Fergana en Sogliane. Son nom véritable étoit Mohammed Ibn Cothair al Fergani. En cherchant à fixer l'âge de cet astronome, nous avons cru devoir nous en tenir plutôt au témoignage d'un historien national, comme

---

(1) *De Astrolabii compos.* In margar. phlos. ed. 1783 ; *de elementis et orbibus caelestibus*, Norib. 1537. in 4°.

(2) Abulpharage, *Hist. Dynastia-*

rum, p. 161. Notez que *Zig*, signifie en Arabe, *tabula. canon.*

(3) Golius in *Alferganum*, p. 60.

(4) *Bibl. Orient.* au mot *Abumashar.*

Abulpharage,

Abulpharage, qu'à ceux de Riccioli, Vossius, etc., et sans doute il n'y aura personne qui ne soit de notre avis. Alferganus composa des Élémens d'astronomie, livre presque classique autrefois, même en Occident, et qui a été traduit et publié parmi nous à diverses reprises (1). Au reste, cet ouvrage ne contient rien que de fort ordinaire en astronomie, et ce n'est qu'une exposition succincte de la doctrine de l'Almageste; Alfraganus traita aussi des horloges solaires et de l'astrolabe, ouvrages qui se trouvent encore dans quelques bibliothèques riches en manuscrits. La facilité extrême, avec laquelle il expédioit les calculs les plus compliqués, lui attira le nom de *Calculateur* (2).

Le même siècle vit fleurir un autre mathématicien Arabe, dont les dogmes astronomiques séduisirent pendant un temps sa nation, et même quelques-uns des astronomes chrétiens. Thebit-Ben Corah, c'est le nom de ce mathématicien, vivoit un peu après le milieu du IXe. siècle. L'historien Abulpharage (3), plus à croire sur cela que les écrivains occidentaux, nous est garant de cette date. On sait de plus, par les témoignages d'autres auteurs nationaux, que Thébit, surnommé Al-Sabi al Harrani, ou le Sabéen d'Harran, parce qu'il étoit Sabéen de religion et né à Harran, l'ancienne Carres des Grecs, fut secrétaire du calife Mothaded; qu'il naquit l'an 221 de l'Hégire, et qu'il mourut l'an 282; ce qui revient à l'an 901 de J. C. (4)

Thébit embrassa les mathématiques dans toute leur étendue; mais nous nous en tiendrons ici à ses travaux ou à ses dogmes astronomiques. On rapporte de lui une observation de la déclinaison de l'écliptique, qu'il fixa à 23° 33′ 30″; et c'est sur ce fondement qu'on l'a placé dans le XIIe. ou le XIIIe. siècle : car cette déclinaison étant peu différente de celle qu'avoient trouvé Alnéon et Profatius vers ce temps-là, ceux qui prétendent qu'elle est moindre aujourd'hui qu'autrefois, en ont conclu qu'il étoit à peu près contemporain de ces astronomes. Ensuite on s'est servi de son observation, pour prouver l'approche successive de l'écliptique à l'équateur : raisonnement pitoyable; car, avant que de tirer aucune conséquence de cette observation, et de la placer entre celles d'Alnéon et de Profatius, il falloit commencer à chercher, ce qui étoit fort facile, chez les histo-

(1) Alfr. *Rudim. Astron Ferrariae* 1493, in-4°. *Norib.* 1537, in 4°. *Francof* 1590, in-8°. *Amstel* 1669, in-4°. *Operâ* Jac. Golii. Cette dernière édition est sans contredit la meilleure, et elle est extrêmement estimable, sinon par l'ouvrage d'*Alfraganus* même, qui n'a plus rien d'intéressant, du moins par les savantes notes de l'éditeur, dont l'érudition orientale étoit prodigieuse. Il est dommage que la mort l'ait empêché d'aller au-delà du septième chapitre.

(2) Golius *in notis ad* A'ferg.

(3) Abulfarag. *Hist Dynastiarum.*

(4) *Bibl. Orient.* Voyez *Th.bot.*

riens de la nation, dans quel temps vivoit son auteur : alors on eût trouvé que, loin de pouvoir servir à démontrer la variation de l'obliquité de l'écliptique, elle fourniroit au contraire une induction pour son invariabilité.

Une opinion fort singulière qu'eut Thébit, et qui cependant a fait secte pendant long-temps, est celle de la trépidation des fixes; je m'explique. Thébit pensa, et s'efforça de prouver, d'après quelques observations mal-entendues, que lesétoiles avoient à la vérité un mouvement selon l'ordre des signes pendant un temps, mais qu'ensuite elles rétrogradoient et retournoient à leurs premières places, après quoi elles reprenoient un mouvement direct; qu'elles avoient enfin un mouvement inégal, assez rapide pendant un temps, ensuite moindre et enfin insensible dans un autre. Il faisoit aussi l'obliquité de l'écliptique variable et sujette à de pareilles périodes d'accroissement et de diminution. Afin d'expliquer ces mouvemens, qu'il eût fallu commencer à bien prouver avant que d'imaginer une hypothèse pour les représenter, Thébit supposoit un cercle de 4° 18′ 43″ de rayon, décrit des points d'intersection de l'équateur et de l'écliptique dans la sphère immobile, et il faisoit mouvoir le commencement des deux signes du Bélier et de la Balance dans les circonférences de ces cercles; cette révolution étoit d'un certain nombre d'années qu'il fixoit, je crois, à 8oo. Par ce moyen, les étoiles situées dans l'écliptique, devoient avoir un mouvement de 8° 37′ et quelques secondes, tantôt suivant l'ordre des signes, tantôt en sens contraire. Ce systême avoit séduit bien des gens dès le temps d'Albatenius ; car ce judicieux et habile astronome se moque expressément de ceux qui adoptoient une pareille chimère, et ce qui est remarquable, c'est précisément de cette quantité de 8° environ qu'il parle. Ceci confirme ce qu'on a dit plus haut de l'âge de Thébit ; car on convient universellement que ce fut lui seul qui imagina cette prétendue retrogradation des fixes, que les observations des siècles postérieurs n'ont point confirmée.

V.

Parmi les astronomes que cite la nation Arabe, aucun ne lui fait plus d'honneur qu'Albaténius. La justesse de ses vues, et les nombreuses découvertes qu'il fit dans la théorie des mouvemens célestes, l'ont fait appeler le Ptolémée des Arabes, et lui ont attiré de grands éloges de la part des modernes (1). Le récit que nous allons faire de ses travaux, les confirmera.

(1) Bouillaud, *Astron. Philol. in prolog.*

Albatenius, dont le nom propre est Mohammed Ben-Geber Ben-Senan Abu-Abdalla Al-Batani, et à qui nous donnons le nom ci-dessus à cause de sa patrie qui étoit la ville de Batan en Mésopotamie, fleurissoit environ 50 ans après Almamon (1), c'est-à-dire, vers l'an 880 de J. C. On a en effet une des observations datée de cette année. Il fut commandant pour les califes en Syrie, et il observa, soit à Antioche, le siége de son gouvernement, soit à Aracta, ville de Mésopotamie, aujourd'hui Racha, où il faisoit son principal séjour. C'est de-là que lui vient le nom de *Mahometes Aractensis* qu'on lui a donné quelquefois, ce que j'observe, afin que quelque auteur inexact ne s'avise pas d'en faire un personnage différent d'Albatenius. On peut remarquer au reste qu'Albatenius n'étoit point musulman, mais de la religion des Sabéens, comme Thébit dont nous venons de parler. Il est surprenant que ces deux personnages jouîssent de cette confiance auprès de leurs maîtres; car on sait que les Musulmans abhorroient particulièrement les Sabéens ou adorateurs des étoiles, et même bien plus que les chrétiens. Il mourut, suivant Abulpharage, l'an 317 de l'Hégire, c'est-à-dire, l'an 928 de l'ère chrétienne.

Albatenius suivit en général le système et les hypothèses de Ptolémée, mais il les rectifia en plusieurs points, et il fit diverses découvertes que nous allons exposer.

1°. Il approcha beaucoup plus de la vérité que les anciens, en ce qui concerne le mouvement des fixes. Il le jugea plus rapide que ne l'avoit cru Ptolémée, qui leur faisoit parcourir un degré en 100 ans seulement. L'astronome Arabe les fait mouvoir de cet espace en 66 ans. Ce sont 72 ans qu'elles y emploient, suivant les modernes.

2°. On ne pouvoit approcher davantage de la grandeur de l'excentricité de l'orbite solaire, que l'a fait Albatenius. Il la détermina de 3465 parties, dont le rayon est 100,000. Plusieurs astronomes modernes s'accordent précisément avec lui à cet égard.

3°. Albatenius paroîtra d'abord moins heureux dans sa détermination de la grandeur de l'année solaire. En comparant ses observations avec celles de Ptolémée, il la trouvoit de 365 jours, 5 heures, 46', 24''; ce qui est moins qu'il ne faut d'environ 2 minutes et demie. Mais M. Halley justifie Albatenius, en remarquant que son erreur vient de la trop grande confiance (2) qu'il a eue dans les observations de Ptolémée, dont plusieurs semblent plutôt fictices que réelles, si peu elles s'ac-

(1) Herbelot. *Bibl. Orient.* p. 193, et Abulpheda, *Hist. Dynast.* p. 161.

(2) *Trans. Phil.* an. 1693, *num* 204.

cordent avec les mouvemens du soleil connus aujourd'hui. Celle qu'Albatenius a employée dans sa détermination, est de ce nombre. C'est un équinoxe que Ptolémée dit avoir observé la troisième année d'Antonin, et qui devroit tomber le 20 du mois Athir, et non le 21, comme il le dit. Le savant astronome Anglois remarque encore que si Albatenius eût comparé ses observations avec celles d'Hipparque rapportées par Ptolémée, il auroit beaucoup plus approché de la vérité. C'est cette détermination vicieuse, qui a persuadé à quelques astronomes du XVIe. siècle, que l'année solaire tropique avoit diminué jusqu'à lui, et qu'elle recommençoit à augmenter ; conjecture précipitée qu'on regarde aujourd'hui comme destituée de fondement.

4°. Avant Albatenius, on avoit regardé l'apogée du soleil comme fixe dans le même point du zodiaque immobile et imaginaire, qu'on conçoit au delà des étoiles ; il avoit même paru tel à Ptolémée. Mais l'astronome Arabe, aidé d'observations plus éloignées entr'elles, démêla ce mouvement, et le distingua de celui des fixes. Il fit voir qu'il étoit un peu plus rapide, comme les observations modernes semblent le confirmer.

5°. Il remarqua l'insuffisance et les défauts de la théorie de Ptolémée sur la lune et les autres planètes ; et s'il ne les corrigea pas, il y apporta du moins, qu'on me permette ce terme, des remèdes palliatifs, en rectifiant un peu les détails de ses hypothèses. La découverte qu'il avoit faite du mouvement de l'apogée du soleil, le porta à soupçonner qu'il en étoit de même de celui des autres planètes ; ce qui s'est encore vérifié.

6°. Albatenius enfin construisit de nouvelles tables astronomiques, et les substitua à celles de Ptolémée, qui commençoient à s'écarter bien sensiblement du ciel. Celles-ci, beaucoup plus parfaites, eurent une grande célébrité dans l'orient, et furent long-temps en usage. L'ouvrage qui contient les travaux de cet astronome, est intitulé *de scientiâ stellarum*. Il fut imprimé pour la première fois en 1537, avec d'anciennes notes de Regiomontanus. On en a donné en 1646 une nouvelle édition in-4°., qui, malgré l'annonce de ses éditeurs, n'a sur la précédente que l'avantage d'un caractère moins désagréable.

V I.

La ville de Bagdad fut, pendant le dixième siècle, le théâtre principal de l'astronomie chez les Orientaux. Cette ville, le séjour ordinaire des califes, étoit l'Athènes des Arabes ; et parmi les écoles nombreuses qu'on y voyoit, il y en avoit une pour l'astronomie. Aussi en sortit-il divers astronomes de mérite, suivant Abulpharage (1) : tels furent Ebn-Sophi, autrement Abdorhaman-El Sophi ; Aben-Erra-Alfarabi, plus connu sous le nom d'Alfarabius ; Ali Ebnol-Hosain ; Abdalla-Ebnol-Hassan-Abul Cassem ; Mohammed-Ebn-Yahia-Aibuziani ; Alchindus, ou plus correctement Jacob Alkendi ; Ahmed-Ebn-Mohammed-Abu-Hamed, et Vaïan-Ebn-Vasham de Chus. Ces deux derniers étoient particulièrement attachés au calife Scharfodaula, qui accorda à l'astronomie une protection marquée ; car il fit construire dans un endroit retiré de ses jardins un observatoire, où ces deux astronomes, dont le premier étoit, de plus, habile géomètre et excellent artiste, vaquoient aux observations. Il se fit, sous ce prince, à Bagdad, l'an 378 de l'hégire, (988 de J. C.) deux observations de solstices et d'équinoxes, souscrites par les astronomes suivans : Joseph Abubecr ben Sacer ; Aboul-Hossain-Al-Kushi ; Abu-Isaac-Ben-Helal-Ibrahim ; Abu Sahal-Al-Fadel (*Pauli filius christianus*) ; Abu-Sahl-Ben-Vaslem-Al Rigiani ; Aboul-Ouapha-Mohammed-Ben-Mohammed ; Abu-Ahmed-Ahmed-ben-Mohammed ; Abul-Hassan-Mohammed (*Samaritanus*) ; Abul-Hassan (*Hispan.*) Abu-Sahl-Al-Kushi (2). Est-il quelque observatoire Européen mieux monté en observateurs, du moins pour le nombre ? On doit, par cette raison, regretter que les détails ne nous en soient pas parvenus, ou restent ensevelis dans la poussière des bibliothèques.

Le nombre des astronomes qu'on vit fleurir dans les siècles suivans, et dans les diverses contrées où s'étendoit la domination Arabe, fourniroit la matière à une longue énumération. Mais, pour éviter la sécheresse qu'elle entraîneroit nécessairement avec elle, je me bornerai à ceux dont on connoît quelques particularités intéressantes, et je renverrai les autres à une note qu'on trouvera à la fin de ce livre.

L'astronome Ibn-Ionis étoit attaché au calife d'Egypte Aziz-Ben-Hakim, qui vivoit vers l'an 1000 : il s'acquit une grande célébrité dans l'Orient. Outre les tables qu'il composa, et qu'il dédia à son protecteur, on a de lui une espèce d'histoire céleste, ou un recueil d'observations faites par ses nationaux. Golius qui l'apporta d'Orient, en a cité (3) plusieurs fragmens bien propres à faire regretter que nous n'en ayons point une traduction. Ce livre est aujourd'hui dans la bibliothèque de Leyde ; et des astronomes modernes, jugeant comme moi de son importance, ont fait des efforts pour en avoir des extraits. M. Scul'ens, professeur des langues orientales dans l'université de cette ville,

---

(1) *Hyst Dyn.* p. 214 et suiv. Weidler. *Hist. Astron.* c. 8.

(2) *In not. ad Alferg.* p. 69.

(3) Casiri. *Bibl. Arab. Hisp.* t. 1, p. 441 *et seq.*

s'est prêté à leurs desirs, et M. de l'Isle possédoit une partie de l'ouvrage d'Ibn-Ionis, qui contient des observations utiles. J'ignore quel sort il a eu après sa mort.

L'Espagne nous fournit plusieurs astronomes des onzième, douzième et treizième siècles, qui sont fort connus, et même cités quelquefois. Arsahel, ou Arsachel, qui vivoit en 1080, fut un des plus assidus et des plus laborieux observateurs (1) qu'ait eu l'astronomie. Il résidoit à Tolède, où il composa des tables qu'on nomma *Toledanes* par cette raison. Elles existent manuscrites dans nombre de bibliothèques, avec une introduction à leur usage (2). Il fut aussi auteur d'un instrument nouveau nommé *Saphaea*, espèce d'astrolabe qui avoit des utilités particulières. Ce traité existe pareillement en manuscrit, ainsi que son ouvrage sur les éclipses et les révolutions des années : mais ce qu'il fit de plus utile, ce fut un très-grand nombre d'observations pour déterminer les élémens de la théorie du soleil, comme le lieu de son apogée, son excentricité, etc. Pour y parvenir, il imagina une méthode plus parfaite que celle d'Hipparque et de Ptolémée. Ceux-ci s'étoient servi de trois observations, deux d'équinoxes, et une de solstice : mais l'incertitude de la dernière, incertitude occasionnée par le changement trop peu sensible de déclinaison aux environs des solstices, rendoit cette manière de trouver la position de l'orbite du soleil fort sujette à erreur. Cela engagea Arsachel à recourir à un autre expédient : il consiste à se servir d'une observation quelconque d'un lieu du soleil avec deux équinoxes, et même à employer trois observations du soleil dans trois points quelconques de l'écliptique, qui ne soient pas trop voisins, et où la déclinaison varie sensiblement. L'opération plus compliquée donne un résultat plus exact, et, dans ce cas, l'astronome ne doit pas plaindre sa peine.

Arsachel, suivant cette méthode (3), trouvoit l'apogée du soleil moins avancé de quelques degrés qu'Albatenius, en quoi il avoit raison ; il auroit cependant dû se borner à en conclure qu'Albatenius, employant une méthode moins sûre que la sienne, s'étoit apparemment trompé dans une détermination si délicate. Cela auroit été bien plus raisonnable que l'opinion, à laquelle il donna naissance, en pensant que l'apogée avoit rétrogradé depuis cet astronome, opinion qui a eu des partisans pendant long-temps. Comme il trouvoit aussi quelque différence à l'excentricité établie par Albatenius, il imagina, pour satisfaire à

(1) Aben-Esra , *cit. Scaligero, de em. temp.* Snellius, *in app. ad obs.* Hassiacus.

(2) *Bibliot. Bodleyana*, etc.
(3) Snellius *ubi supra.*

ces deux phénomènes, une hypothèse, dans laquelle il faisoit mouvoir le centre de l'orbite du soleil sur un petit cercle, ce qui lui permettoit de s'approcher ou de s'éloigner de la terre jusqu'à de certaines bornes. Cette hypothèse a été imitée dans d'autres circonstances, comme dans la théorie de la lune, où cette variation d'excentricité est réelle et sensible. Arsachel adopta aussi les visions de Thébit sur la rétrogradation des fixes, et il se contenta de lui donner une carrière un peu plus grande, en faisant ce mouvement d'oscillation de 10°. La durée de la rétrogradation des étoiles étoit, suivant lui, de 750 ans, après quoi elles s'avançoient autant de temps, suivant l'ordre des signes (1). Il observa l'obliquité de l'écliptique de 23° 34'.

Ibn Heitem, Syrien, travailla, à ce qu'il paroît, beaucoup sur l'astronomie; car on avoit de lui un *recueil de toutes les observations astronomiques*; c'étoit une entreprise utile. Il écrivit aussi *sur la mesure du soleil, de la terre et de la lune; sur la manière de déterminer la hauteur du pôle; sur le mouvement de l'épicycle de la lune*. Tous ces ouvrages existent, sous des titres plus ou moins défigurés, dans les bibliothèques de manuscrits orientaux.

Alhasen (2) mérite ici une mention spéciale, à cause de son traité des Crépuscules, qui contient une doctrine assez juste. Cet ouvrage est sur-tout remarquable, parce qu'on y trouve une connoissance bien distincte des réfractions astronomiques. Le mathématicien Arabe les fait dépendre, non des vapeurs accumulées dans le voisinage de l'horison, mais de la différente transparence qui se trouve dans l'air qui environne la terre, et dans l'éther ou l'air subtil, qui est au delà. Il enseigne même de quelle manière on peut s'assurer, par l'observation, de cette différence du lieu apparent de l'astre, avec celui où on devroit le voir. Il ne s'explique pas moins clairement dans le septième livre de son Optique, et il y examine avec soin l'effet de la réfraction Bien éloigné de penser que c'est là qu'on doit chercher la raison de la grandeur extraordinaire du soleil et de la lune à l'horison, il montre que la manière dont se fait cette réfraction, tend au contraire à diminuer la distance apparente

(1) Bouillaud, *Astron. Philol.* p. 219.

(2) On ne sait point dans quel temps vivoit ce mathématicien. Nous pouvons seulement assurer qu'il est différent de celui de ce nom, qui traduisit *Ptolémée* sous Almamon; car le traducteur se nommoit *Alhazen Ben-Joseph*, et l'opticien dont nous parlons prend le titre d'*Alhazen ben-Alhazen*. Le traité *des crépuscules* de cet auteur, a été donné en latin dans le *Thesaurus opticæ* de *Risner*, en 1572. Il a été aussi publié avec l'ouvrage de *Nonius* sur les crépuscules.

de deux étoiles, et par conséquent à resserrer le diamètre apparent des astres, lorsqu'il a une grandeur sensible.

Geber, que quelques personnes, se fondant sur la ressemblance du nom, ont pris pour l'inventeur de l'algèbre, étoit un astronome de Séville, auquel la trigonométrie sphérique doit d'utiles découvertes. On lui fait honneur des deux principaux théorèmes, qui servent à la résolution des triangles sphériques rectangles, au lieu de la règle embarrassée, dont les anciens faisoient usage. L'abrégé de trigonométrie, qui précède son ouvrage astronomique, est du moins le premier écrit, où l'on rencontre cette découverte.

Le travail de Geber en astronomie consiste en une espèce de commentaire sur l'Almageste (1). Il prétendit y relever bien des erreurs; mais, au jugement de Copernic, il n'est pas toujours bien fondé. Au reste, Geber étoit fort ennemi de longs calculs, et il le témoigne si souvent, que Snellius lui donne l'épithète de *calculorum osor* (2). Si c'est à l'envie d'abréger les calculs, que nous devons ses inventions trigonométriques, on peut dire que la paresse, si peu propre à produire de bons effets, en a produit ici un très-heureux.

Almansor, autrement Alméon, ou peut être Alméon fils d'Almansor, observa, dit on, au milieu du douzième siècle, la déclinaison de l'écliptique, et la trouva de 23° 33′ 30″ (3). Nous ne comptons pas trop sur cette date; car nous ne connoissons point les auteurs originaux, sur lesquels on la fonde. On a dans la bibliothèque de Bodley des tables astronomiques d'Almansor, qui pourroient décider la question, si elle étoit intéressante. Averroës, le célèbre médecin de Cordoue, abrégea dans le même siècle Ptolémée : il rapporte qu'ayant calculé une conjonction de Mercure avec le soleil, il vit, au temps marqué, une tache sur cet astre; observation dont il se servit, pour confirmer la certitude de son calcul. Mais on peut assurer aujourd'hui, que ce ne fut point Mercure qu'il apperçut, mais seulement une de ces taches qu'on voit souvent sur la surface du soleil; car les observations modernes ont appris que Mercure, passant sous le disque du soleil, est absolument insensible à la vue simple, n'y occupant qu'une 180e. partie de ce disque en diamètre. Alpetragius fleurissoit vers le même temps à Maroc, et donna une *Théorie physique des mouvemens célestes* (4). Il imagina de faire mouvoir les astres dans des spirales, pour

(1) Geberi, *in Ptolemaei magn. constr. expositio*, 1533, in-4°.

(2) Snellius, *in appendice ad obs. Hassiacas.*

(3) *Astron. Philol. in prolegomenis*

(4) Riccicli, *Alm. nov. Chron. Astron.*

représenter

représenter à la fois leurs mouvemens propre et diurne. Cette idée, quoiqu'adoptée par Ticho - Brahé, Fabri, etc., et par tous ceux qui refusoient autrefois de se rendre aux preuves du mouvement de la terre, ne méritoit guère cette fortune. A l'aspect d'une pareille hypothèse, on ne peut se refuser à cette réflexion : à quelles pitoyables ressources n'a-t-on pas été obligé de recourir, pour concilier la physique avec les phénomènes, tant qu'on a ignoré ou refusé de reconnoître le véritable système de l'univers ?

Lorsque le roi Alphonse de Castille entreprit de relever l'astronomie chez les chrétiens Occidentaux, les astronomes qu'il employa furent la plûpart Arabes. Nicolas Antonio en nomme les principaux, d'après des manuscrits mêmes d'Alphonse (1). Ce furent Aben Musa et Mohammed de Séville ; Joseph Aben Ali et J. Abuena de Cordoue ; Aben Ragel et Alcabitius de Tolède. Ces derniers qui avoient été les maîtres d'Alphonse en astronomie, furent constitués les chefs de cette espèce d'académie. Mais il faut convenir que ce choix fut peu heureux : ces deux hommes ne nous ont pas donné une grande idée de leur jugement, par les écrits presqu'entièrement astrologiques qu'on connoît d'eux, et les bisarres hypothèses sur le mouvement des fixes qui défigurent leurs premières tables. Un astronome de la même nation, et plus judicieux, nommé Alboacen, s'éleva contre ces absurdités, dans un ouvrage sur *le mouvement des fixes*. Ces raisons firent impression sur Alphonse, et occasionnèrent une nouvelle édition de ces tables, qui fut faite en 1256, quatre ans après la première (2).

Je passe ici sous silence une multitude d'autres astronomes Arabes, antérieurs ou postérieurs à ceux dont je viens de parler. Il me suffira de donner, en ce moment, une idée de leur nombre et de leurs travaux, d'après M. Edouard Bernard, qui, étant versé dans les langues orientales, s'étoit adonné à des recherches sur ce sujet. Il nous apprend (3) que la seule bibliothèque d'Oxford possède plus de 400 manuscrits Arabes sur l'astronomie ; et si l'on veut y ajouter ceux que pourroit encore fournir la bibliothèque orientale de M. d'Herbelot, celles d'Hottinger, du Père Labbe, et divers catalogues de bibliothèques riches en manuscrits orientaux, le nombre en paroîtra très-considérable. Le même M. Bernard, qui avoit parcouru une grande partie de ces manuscrits, donne une idée fort avantageuse de l'astronomie arabe. Je vais rapporter ses paroles mêmes, qui

(1) *Biblioth. Hisp. vetus*, t. 2.   (3) *Trans. Philos.* ann. 1694.
(2) Aug. Riccius, *de motu octavae Sphaerae*, cap. 46.

sont remarquables. « Plusieurs avantages, dit-il, rendent recom-
» mandable l'astronomie des Orientaux ; comme la sérénité des
» régions où ils ont observé, la grandeur et l'exactitude des
» instrumens qu'ils y ont employés, et qui sont tels que l'on
» auroit de la peine à le croire ; la multitude des observateurs
» et des écrivains, dix fois plus grande que chez les Grecs et
» les Latins ; le nombre enfin des princes puissans, qui l'ont
» aidée par leur protection et leur magnificence. Une lettre ne
» suffit pas pour faire connoître ce que les astronomes Arabes
» ont trouvé à réformer dans Ptolémée, et leurs efforts pour
» le corriger ; quel soin ils ont pris pour mesurer le temps par
» des clepsidres à eau, par d'immenses cadrans solaires, et
» même, ce qui surprendra, par les vibrations du pendule ;
» avec quelle industrie enfin et quelle exactitude ils se sont
» portés dans ces tentatives délicates, et qui font tant d'honneur
» à l'esprit humain ; savoir, de mesurer les distances des astres
» et la grandeur de la terre ». On voit par-là que M. Bernard
se proposoit de détailler quelque part davantage ces différens
objets, et il est à regretter que ce n'ait été qu'un projet. Car,
quoiqu'il n'y eût peut-être que peu d'avantage pour nous, à le
considérer du côté de la perfection de l'astronomie, on verroit
avec plaisir jusqu'où cette nation célèbre y avoit pénétré. M. Bernard auroit sur-tout rendu un grand service aux astronomes,
si, au lieu de la gigantesque entreprise qu'il avoit formée de
donner une collection complette de tous les mathématiciens de
quelque réputation, sous le titre d'*Oceanus mathematicus*, en
dix volumes *in-fol.*, il eût extrait des manuscrits dont il parle,
une suite d'observations choisies, puisqu'ils en contenoient un
si grand nombre. Il auroit aussi fait une chose agréable aux
mathématiciens, s'il avoit indiqué les endroits où, suivant lui, se
trouvent en Syriaque divers ouvrages grecs réputés perdus, comme
les six derniers livres de Diophante, les deux premiers de
Pappus, etc. J'ai fait autrefois beaucoup de recherches pour les
découvrir, et je crois que j'aurois eu le courage d'apprendre
exprès le Syriaque, si j'eusse été assuré de leur existence en
cette langue.

Les mathématiciens Arabes donnèrent aussi une attention
particulière à la Gnomonique ou à l'art des cadrans solaires ;
et comme cette science n'est qu'un problême astronomico-géo-
métrique, c'est ici le lieu de parler de ceux de leurs ouvrages
qui eurent cet objet. On en trouve plusieurs manuscrits dans
les bibliothèques de ce genre. Takioddin Ibn-Maruph fut un
de ces auteurs de Gnomonique : son traité sur les horloges solaires plans est dans la bibliothèque Bodleyenne, ainsi que celui
d'Abul-Hazen de Maroc, et un autre d'un mathématicien nommé

Mohalled ; si toutefois les maigres indications de ces ouvrages ne nous trompent pas. Le fameux Jacob Alkendi avoit aussi écrit sur les ombres, et c'étoit probablement un traité des horloges solaires, nommés en grec et latin *Sciothcrica*.

Je n'ai plus qu'un mot à dire de l'astronomie arabe : tout le monde sait que nous tenons d'elle plusieurs termes encore usités aujourd'hui, comme ceux de *Zenith*, *Nadir*, *Azimuth*, *Almincantarat*, *Alhidade* ; et quelques lecteurs seront peut-être curieux de connoître l'étymologie de ces mots. Nous allons donner, pour les satisfaire, celle de quelques-uns. Le mot *Zenith*, dit Golius dans ses notes sur Alfraganus, vient du mot arabe *Semt* en changeant l'*m* en *ni*, ce qui a pu facilement arriver par l'ignorance des copistes ; les Arabes disent *Semt al-razi*, *tractus*, *plaga capitis*, pour le point vertical au-dessus de notre tête ; de-là nous avons fait *Semt*, puis *Senit*, et enfin *Zenith*. Le mot *Nadir* veut dire *opposé*, et a été employé par les Arabes en opposition à celui de *Semt al-razi*, pour désigner le point perpendiculairement situé sous nos pieds. Le mot *Alhidade* vient d'*Hadda* (*numeravit*), de sorte que *Hidad*, ou, avec l'article, *Alhidad*, a voulu dire primitivement le *numérateur* ; c'est en effet cette partie de l'instrument, qui sert à la fois à mirer l'objet, et à compter les divisions du limbe. *Azimut* est dérivé de *Semt*, *tractus*, *plaga* : ici il signifie le côté de l'horison, ce qui est l'emploi du cercle de ce nom.

Plusieurs noms arabes d'étoiles ont aussi passé dans notre astronomie moderne. Tel est celui de l'œil du Taureau, nommé par les Arabes *aldebaran*, qu'on doit prononcer *addebaran* ; celui de *fum-al-haut*, (la bouche du Poisson austral) dégénéré en *Fomahant*, mot barbare pour une oreille arabe ; *Schedir*, la brillante de Cassiopée ; *Rigel*, le cœur du lion. J'en pourrois ramasser un grand nombre d'autres, d'après le commentaire de *Scaliger* sur *Manilius* ; mais il n'y a plus guère que ceux d'*Addebaran*, *Rigel* et *Fum-al-haut*, ou, si l'on veut, *Fomahant*, qui soient employés ; et l'on ne peut qu'approuver la réflexion de *Scaliger* (1), qui s'élevoit contre l'affectation d'employer des mots tirés d'une langue si peu connue, et pour la plûpart si défigurés par l'ignorance de la langue arabe, qu'ils seroient barbares pour des Arabes mêmes.

V I I.

L'astronomie des Arabes nous a occupés jusqu'à ce moment;

_____
(1) *Notae in Manilium*, p. 473, ed. 1600.

et cela devoit être, parce que ce fut le genre auquel ils s'adonnèrent le plus ardemment. Mais, pour peu qu'on connoisse l'enchaînement des mathématiques, l'on sentira aisément que les connoissances astronomiques en supposent une infinité d'autres, tirées de la géométrie, de l'arithmétique, de l'optique, etc. C'est pourquoi, quand même l'astronomie auroit été la seule qui eût flatté la curiosité des Arabes, les autres parties des mathématiques auroient eu part à l'accueil qu'elle en reçut : aussi presque en même temps qu'on vit paroître chez eux des astronomes, on y vit des géomètres, des opticiens, des algébristes même.

La plûpart des géomètres Grecs, et principalement ceux qui sont nécessaires à l'intelligence des livres d'astronomie, comme Euclide, Théodose, Hypsicle, Ménélaüs, furent mis en arabe dès le règne d'Almamon, ou peu de temps après lui. On commença même dès-lors à s'élever à une géométrie plus sublime, car les quatre premiers livres d'Apollonius furent traduits par ordre de ce prince (1). Le traducteur fut Ahmed-ben-Musa ben-Shacer, géomètre dont nous parlerons bientôt. A l'égard des autres livres, les Arabes ne les eurent pas tout-à-fait si-tôt dans leur langue, s'il est vrai que ce fut Thebit ben-Corah qui les traduisit, comme il paroît par les manuscrits que nous possédons ; car il ne naquit que peu après la mort d'Almamon. On a de Thébit un grand nombre de traductions ou de révisions ; celle des treize livres des Elémens d'Euclide, d'abord traduits par Isaac ben-Honain, mais révisés et corrigés par lui ; (les quatorzième et quinzième livres furent traduits par Costa ben-Luca) ; le traité d'Archimède intitulé *de Sphaerâ et Cylindro*, et probablement ses autres ouvrages ; les Lemmes attribués à ce géomètre, ensuite augmentés de notes du docteur Almohtasso ; les Coniques d'Apollonius, du moins trois des derniers livres. Tous ces ouvrages sont dans les bibliothèques riches en manuscrits orientaux, et c'est sur le dernier corrigé et augmenté des notes de Nassireddin, géomètre Persan, que M. Halley a rendu à la géométrie les cinquième, sixième et septième livres de l'ancien auteur Grec : le dernier paroît perdu sans ressource. Observons ici que ces mêmes livres furent encore traduits, ainsi que les quatre premiers, vers l'an 380 de l'hégire (de J. C. 1000), par le géomètre Abalphat ben-Mahmoud ben-Alcasem ben-Alphadali Al-Isphaani, ou d'Ispahan. Cette traduction fut faite par ordre et pour la bibliothèque du calife Abucaligiar. Abalphat ne paroît pas avoir connu la traduction de Thébit, ce qui n'est pas extraordinaire ; car la doctrine de ces derniers livres, et sur-tout celle

_____

(1) *Bibl. Orient.* au mot *Abollonious.* Abulpharage, *Hist. Dynast.*

du cinquième, est si profonde, et si compliquée de cas et de figures, qu'il a bien pu se faire que les traductions manuscrites, faites antérieurement, se fussent perdues par le non-usage. Quoi qu'il en soit, c'est sur cette dernière que Borelli, aidé d'Abraham Ecchellensis, donna en 1661 sa traduction latine des cinquième, sixième et septième livres d'Apollonius.

Je ne dois pas oublier de remarquer que les Arabes citent plusieurs écrits de géomètres Grecs, que nous ne connoissons point. Tels sont un traité des *lignes parallèles*, un autre sur les *triangles*, un troisième sur la *division du cercle*, qui paroît dans les catalogues de manuscrits sous le titre *de Fractione circuli*, etc. Ils attribuent ces traités à Archimède, qu'ils nomment *Arschemides*. Tel est encore un traité des *nombres*, attribué par eux à Aristote. Mais on ne doit guère ajouter de foi à leur témoignage ; car ils paroissent, à cet égard, d'une crédulité extrême, et au point de faire Adam auteur d'un traité d'algèbre, qu'ils disent posséder (1). Il est encore à propos d'observer que ces traducteurs Arabes ont le plus souvent fort défiguré leurs originaux ; et même on peut dire qu'ordinairement, après avoir passé par leur filière, ils ont presque entièrement perdu leur physionomie grecque.

Une des obligations que nous avons à la nation Arabe, est d'avoir donné à la trigonométrie la forme qu'elle a parmi nous. Quoique Ptolémée eût beaucoup simplifié la théorie de Ménélaüs, il s'étoit servi d'une règle fort laborieuse, qui procédoit par une certaine composition de raisons entre six grandeurs, d'où lui étoit venu le nom de *règle des six quantités*. Il résolvoit de cette manière les principaux cas des triangles sphériques rectangles (2). Mohammed ben-Musa, l'astronome dont nous avons parlé plus haut, traita des triangles plans et sphériques. Son ouvrage paroît nous être parvenu sous le titre *de figuris planis et sphericis* ; mais nous ignorons s'il perfectionna l'invention des anciens. L'ouvrage de Geber ben-Aphla est plus connu. Ce géomètre et astronome, qui vivoit dans le onzième siècle, substitua à la méthode ancienne, des résolutions plus simples, en proposant les trois ou quatre théorêmes, qui sont le fondement de notre trigonométrie moderne ; ils sont exposés dans son ouvrage sur Ptolémée, qui a été publié en 1533, à la suite d'un ouvrage d'Apianus. Les Arabes simplifièrent encore la pratique des opérations trigonométriques, en employant les sinus des arcs, au lieu des cordes des arcs doubles, dont les anciens se servoient. Ce fut même une de leurs premières inventions ; car on la trouve dans Albaténius, et il y a aussi dans les biblio-

(1) *Bibl. Orient.* éd. in-fol. p. 976.   (2) *Alm.* l. 2.

thèques un traité d'Alfraganus sur les sinus droits, sujet sur lequel plusieurs autres Arabes écrivirent, comme Iahia ben-Mesva, contemporain d'Almamon.

Parmi les géomètres Arabes, Abulpharage nomme encore avec distinction les trois fils de Musa ben-Shacer ; l'un se nommoit Abujaafar Mohammed, le second Hamed, et le troisième Alhazen. Ce furent eux qui firent cette observation de l'obliquité de l'écliptique, dont on a parlé plus haut, et qu'ils fixèrent à 23º 35′. Le premier excella dans la géométrie et dans l'astronomie ; le second s'adonna à la mécanique, et le dernier se rendit célèbre dans la géométrie. Celui-ci n'avoit cependant point été au delà du sixième livre d'Euclide, si nous en croyons l'histoire Arabe, et il ne laissoit pas de résoudre les questions les plus épineuses de la géométrie. Ils vivoient du temps d'Almamon, et Abulpharage raconte la petite altercation qu'eut le dernier en présence de ce prince, avec un autre géomètre nommé Al-Merousi, qui lui reprochoit de n'avoir jamais passé le sixième livre des Élémens. Alhazan répondit fort bien qu'il importoit peu qu'on eût étudié, pourvu qu'on sût, et que l'on fût en état de résoudre les difficultés qui peuvent se présenter. Thébit ben-Corah fut le disciple du premier de ces trois frères, et il s'acquit une grande réputation en géométrie, comme en astronomie. Ce fut même un des mathématiciens Arabes les plus féconds. Jacob Alkendi, plus connu sous le nom d'Alchindus, fleurissoit aussi dans ce temps-là, et écrivit sur la géométrie. Cardan dit qu'on conserve entr'autres son traité *de sex quantitatibus* dans la bibliothèque de Milan, et il lui donne un rang parmi les plus puissans génies qu'on ait vus depuis l'origine des sciences. L'éloge de Cardan est peut-être très-hyperbolique : il avoit apparemment trouvé dans Alkendi quelques visions analogues aux siennes, et c'étoit-là ce qui excitoit dans lui ces transports d'admiration. Au reste, ce traité *de sex quantitatibus* étoit probablement un développement, un commentaire, peut-être une abréviation, de la règle de Ptolémée dont on a parlé plus haut. Bagdadin, ou Mahomet Al-Bagdadi, (de Bagdad,) est l'auteur d'un élégant traité de Géodésie, qui a été traduit et publié en 1570. (1) On l'a soupçonné de n'être que le copiste d'Euclide, qu'on croit avoir traité le même sujet. Mais il faudroit avoir plus de preuves de ce larcin, pour faire le procès au Mathématicien Arabe. On a encore en manuscrit un traité des *sections coniques*, sous le nom d'As-

---

(1) *De superficierum divisionibus,* 'liber Machometo *Bagdadino* adscrip-   *tus*, etc. Pisauri 1570, in-4°. It. (italice versus), *ibid.* 1570, *in-4°.*

singiari, ou du géomètre *Al-Singiar*, et un autre du même Auteur, intitulé *Responsa Mathematica*. (1).

L'Opticien Alhazen mérite encore ici une place, à cause de la Géométrie quelquefois profonde, qu'il étale dans certains endroits de son Optique. Il faudroit même le ranger parmi les Géomètres d'un ordre supérieur, pour son temps, s'il étoit certain qu'il fût l'auteur de la solution qu'il donne du problême de *trouver sur un miroir sphérique le point de réflexion, le lieu de l'objet et celui de l'œil étant donnés*. Car c'est un problême assez difficile, et qu'on ne peut résoudre qu'à l'aide d'une longue et profonde analyse : mais, je l'ai déja dit en parlant de Ptolémée, il est probable que cette solution lui venoit des Grecs, et je doute qu'aucun Géomètre Arabe ait jamais été capable de résoudre une question de cette nature. Abu-Ali Ibnol-Heitem, déja cité comme Astronome, fut un Géomètre qui eut un nom parmi ses nationaux, de même que Abul-Cassem Abbas de Grenade, surnommé le *Géomètre*, apparemment à cause de son habileté dans la Géométrie. Mais je termine cette énumération, qui dégénéreroit bientôt en une simple et ennuyeuse nomenclature. L'histoire des sciences, chez un peuple, consiste moins à accumuler des noms d'Ecrivains et des titres d'ouvrages, qu'à développer les progrès qu'elles y ont faits. Je remarquerai donc seulement, avant de finir, que les Géomètres Arabes ne paroissent pas avoir été doués du génie d'invention. Presque toujours commentateurs ou compilateurs des Anciens, ils prirent rarement l'essor au delà des connoissances qu'avoient ceux-ci ; ou quand ils le firent, ils n'y ajoutèrent que des choses la plûpart faciles et élémentaires. C'est-là du moins le seul jugement qu'on peut en porter, sur ceux de leurs ouvrages que nous possédons, et que l'on connoît.

V I I I.

L'ingénieux systême de numération, qui fait la base de notre Arithmétique moderne, a été long-temps familier aux Arabes, avant que de pénétrer dans nos contrées. Mais on feroit à ce peuple un honneur qu'il reconnoît être dû à un autre, si on lui en attribuoit l'invention. On a (2) un grand nombre de preuves, la plûpart fournies par les Arabes mêmes, que cette sorte d'Arithmétique dont nous parlons, leur est venue des Indiens. Les voici en peu de mots.

(1) Voyez *Bibl. nova mss.* du P. Labbe. *Catalogus librorum à Golio ex Oriente advectorum*.

(2) *Bibl. Orient.* d'Herbelot. *Bibl. nova mss.* du P. Labbe.

1°. On trouve dans diverses Bibliothèques des manuscrits de Traités Arabes sur l'Arithmétique, qui sont intitulés, l'*Art de calculer suivant les Indiens*, *du Calcul Indien*, etc. Et parmi ces manuscrits, on en voit un dans la Bibliothèque de Leyde, dont les signes numériques sont fort ressemblans aux nôtres (1), et à ceux de Planude, dont nous parlerons bientôt. Nous trouvons encore plusieurs Tables Astronomiques, qui annoncent par leurs titres qu'on y a employé cette méthode, comme celles de Damas faites sous Almamon ; certaines composées par Ebn-Almassi, vers le même temps ; plusieurs autres enfin, dont je pourrois rassembler les titres, si je voulois étaler ici une érudition de ce genre (2).

En second lieu, Alséphadi, dans son Commentaire sur un fameux Poëme Arabe de *Tograi* (3), dit qu'il y avoit trois choses, dont la Nation Indienne se glorifioit ; le Livre intitulé, *Golaila ve damma*, (ce sont des espèces de fables semblables à celles d'Esope,) sa *manière de calculer* et *le jeu des Echecs*. Le témoignage d'Aben-Ragel, Auteur Arabe du XIIIᵉ siècle, trouve naturellement sa place ici. Il dit, dans la Préface d'un Traité d'Astronomie, conservé dans la Bibliothèque de Leyde, que l'invention de cette sorte d'Arithmétique étoit l'ouvrage des Philosophes Indiens (4).

3°. Le moine Planude, qui écrivoit dans le XIIIᵉ siècle, est Auteur d'un ouvrage qui subsiste manuscrit en plusieurs endroits, et qui est intitulé Λογιστικη Ινδικη ou Ψεφοφορια κατα Ινδες ; ce qui signifie *Arithmétique Indienne*, ou *manière de calculer suivant les Indiens*. Le système de numération qu'il y explique, est précisément celui qui est en usage aujourd'hui, et ses caractères, quoique assez différens des nôtres, sont presque les mêmes que ceux d'Alséphadi, dont nous avons parlé plus haut. Il y a plus : bientôt après il confirme expressément ce que le titre de son livre vient d'apprendre. Il dit, après avoir exposé la forme des neuf caractères significatifs de cette arithmétique, *et ces neuf caractères sont Indiens* : il y en a, ajoute-t-il, un dixième appelé Τζιφρα, qu'ils expriment par o, et qui ne signifie rien, suivant eux. Je remarque en passant que ceci nous fournit la vraie étymologie du mot *chiffre*, dont un abus, introduit seulement depuis quelques siècles, a fait le nom de tous nos caractères numériques. La manière dont l'auteur Grec écrit ce mot, désigne clairement qu'il ne vient point de la racine *Sephera*, (*numeravit*,) mais de celle-ci, *Tzephera*,

---

(1) Meerman. *Specim. calcul. fluxion.* præf. p. 9.

(2) Voyez *Bibl. Orient.* au mot *Zig.*

(3) Wall. *Arith.* c. 9.

(4) *Specim. calcul. flux.* Ibid. p. 8.

(vacuus

(*vacuus seu inanis fuit*). L'usage du zéro confirme entièrement cette étymologie.

4º. J'ajouterai, pour dernière preuve de l'origine de notre arithmétique, que lorsqu'elle commença à s'introduire parmi nous, comme dans le XIIIᵉ siècle, on ne doutoit point qu'elle ne nous vînt des Indiens. Jean de Sacro-Bosco nous l'apprend dans son arithmétique en vers, qui se trouve manuscrite dans diverses bibliothèques. M. Wallis (1) en a extrait ces vers, par où elle commence.

> *Haec Algorithmus, ars praesens, dicitur, in quâ*
> *Talibus Indorum fruimur bis quinque figuris.*

Nous aurons bientôt occasion de montrer la grande ressemblance, ou pour mieux dire, l'identité presqu'entière des caractères de Sacro-Bosco avec ceux d'à présent.

Il est assez prouvé par ces témoignages, que les Arabes empruntèrent des Indiens leurs caractères arithmétiques et leur système de numération. Ainsi, lorsque M. Vossius (2) a prétendu que les Arabes les tenoient des Grecs, et les Indiens des Arabes, c'est que sûrement il ignoroit les faits que nous venons de rapporter, et surtout l'aveu unanime que font ceux-ci de les devoir aux Indiens. Mais voici une nouvelle question qu'on peut se former. Les Indiens sont ils les premiers inventeurs de cette arithmétique, ou la doivent-ils à quelqu'autre peuple ? C'est encore là un sujet de division parmi les savans, et il est plus difficile de décider entr'eux. Le savant M. Huet a pensé que nos chiffres venoient des neuf premières lettres grecques défigurées, de sorte que les Indiens les auroient reçus des Grecs (3) ; mais ce sentiment ne me paroît en aucune manière soutenable, et rappelle l'épigramme si connue sur l'origine étrangement détournée, qu'un étymologiste donnoit au mot *Alfana*. On peut dire avec égale justice, que si ces caractères viennent des lettres grecques, ils ont étrangement changé sur la route. En effet, ce n'est qu'en tronquant ces lettres et les retournant d'une manière étrange, qu'on vient à bout de les faire ressembler à nos chiffres. D'ailleurs il s'agit ici bien moins de leur forme que de ce système ingénieux, qui, au moyen de dix caractères seulement, exprime tout nombre possible. Les Grecs avoient trop de génie pour ne pas sentir le mérite de cette invention ; et ils l'auroient promptement adoptée, si elle eût pris naissance chez eux, ou même, s'ils en eussent eu seulement connoissance.

---

(1) Wallis, *Alg.* c. 3.   (3) *Huetiana*, p. 113.
(2) *Not. ad Pomp. Melam.* p. 64.

On trouve dans Boëce quelque chose de plus séduisant en faveur des Grecs (1). Il dit que quelques Pythagoriciens inventèrent, pour désigner les nombres, des notes particulières qu'ils nommèrent *apices* ou *caractères*. De là il passe à expliquer la manière dont on les employe ; et à travers l'obscurité de son explication, on ne peut y méconnoître notre arithmétique moderne. Il y a plus : divers manuscrits de cet ancien auteur nous offrent des caractères numériques qui approchent beaucoup des nôtres, et dont quelques-uns sont absolument semblables. M. Ward nous a communiqué ceux qu'il a trouvés dans un beau manuscrit appartenant au D. Mead. (2). On les voit dans la planche XI, nº. 1.

Cet endroit de Boëce a paru à plusieurs savans, et entr'autres à M. Weidler (3), une forte preuve que nos chiffres ne furent point inconnus aux Grecs. Quelques auteurs ont cru l'éluder, en disant qu'il est fort difficile de juger de l'âge d'un manuscrit, et que ceux sur lesquels on se fonde, ne sont peut-être pas antérieurs au douzième ou au treizième siècle. Or, en le supposant, il ne doit plus paroître surprenant d'y trouver nos chiffres ou des caractères fort ressemblans. Car c'est vers ce temps que cette invention commença à s'introduire dans nos contrées ; elle y avoit même été apportée, vers la fin du dixième siècle, par Gerbert. Ainsi il a pu arriver que des copistes ayent substitué ces caractères à ceux qu'ils voyoient dans les manuscrits de Boëce, qu'ils transcrivoient ; cela même abrégeoit leur besogne.

Ce que l'on dit sur l'antiquité de ces manuscrits est vraisemblable ; et je ne trouve pas que, malgré ses efforts, M. Weidler ait bien solidement prouvé qu'ils en avoient une plus grande que du douzième ou treizième siècle. Mais on peut répliquer que ce dénouement n'est point suffisant. Il faudroit, pour détruire l'induction de ce passage de Boëce, supposer qu'il a été ajouté dans le douzième ou treizième siècle ; car, en le reconnoissant pour l'ouvrage de Boëce même, on est forcé de convenir que le principe de notre arithmétique moderne étoit connu de son temps. Or qui pourra se persuader que tous les manuscrits sans exception de cet auteur, ayent été altérés de cette manière Voici donc quelques autres conjectures sur ce sujet.

Les Indiens sont si attachés à leurs usages, et montrent tant d'éloignement à adopter aucun de ceux des étrangers, qu'il faut, à mon avis, les regarder comme les inventeurs de notre arithmétique, puisqu'ils en sont en possession depuis si long-

---

(1) *Geom.* lib. 1.
(2) *Trans. Philosoph.* ann. 1735.
(3) *De caract. numer. vulgaribus et*
eorum aetate. Diss. Math. critic.
Witteb. 1727, in-4º.

temps, et qu'on reconnoît de toute part la leur devoir. Nous la supposerons donc née dans l'Inde, d'où elle aura pu passer de proche en proche aux Arabes et aux autres peuples de l'Orient, avec lesquels les Grecs étoient en commerce, dans les premiers siècles après la fondation de Constantinople. Ce fut peut-être alors que ces derniers la connurent : mais comme les sciences commençoient à décliner beaucoup chez eux, ce ne fut pour eux qu'une connoissance stérile, renfermée tout au plus dans quelques livres savans, et dont ils ne tirèrent pas tout l'avantage que leurs ancêtres en auroient tiré. Boëce qui écrivoit au commencement du sixième siècle, et qui avoit puisé chez les Grecs tout son savoir, la reçut d'eux, et l'inséra dans sa géométrie, en l'attribuant à Pythagore; soit que ceux de qui il la tenoit, le lui eussent dit ainsi, soit qu'il ait lui-même conjecturé et hazardé ce fait. Cette conjecture me paroît avoir l'avantage de concilier toutes les difficultés : notre arithmétique moderne aura été connue à Boëce, et elle ne laissera pas de venir des Indiens, à qui tant de témoignages en adjugent l'invention. Mais ce fut une invention, pour ainsi dire, enterrée dans la poussière des livres savans, jusqu'au moment où des circonstances particulières, que nous verrons plus bas, la firent fructifier. Nous nous hâtons de satisfaire l'impatience des lecteurs curieux de connoître quelle forme avoient ces caractères, et par quels dégrés ils sont devenus les nôtres.

Al-Séphadi, dans l'ouvrage que j'ai cité, nous apprend que les dix caractères numériques de son temps, étoient ceux qu'on voit dans la planche XI; et il donne un exemple de leur usage. Il s'agit de représenter le nombre 1844674407373709551 615; il le fait par les figures du n°. VIII de cette planche. Les caractères de Planude ne diffèrent en rien de ceux d'Alséphadi, si ce n'est dans la forme du cinq et dans celle du zéro, que Planude marque comme nous par o, au lieu que l'auteur Arabe se sert pour cela d'un fort point, ce qui ne fait pas, pour ainsi dire, une différence. D'autres Arabes désignèrent le cinq par o, et le zéro par un petit crochet. Il est difficile de décider, si les caractères de Planude et d'Alséphadi sont ceux des anciens Indiens. Si cela est, ils ont beaucoup changé depuis; car Tavernier nous a rapporté ceux qui sont à présent en usage chez eux, et ils ne ressemblent en rien à ceux des auteurs Grecs et Arabes, dont nous avons parlé.

Le poëte Alséphadi, rapportant dans l'ouvrage cité ci-dessus, l'origine du jeu des échecs, fait l'histoire d'une question arithmétique qui m'a paru mériter ici une place, et qui égayera peut-être un peu la discussion qui nous occupe. Ardschir, roi des Perses, ayant inventé le jeu de tric-trac, et ceux-ci s'en glorifiant, un certain Sessa fils de Daher, Indien, inventa les échecs, et présenta ce jeu à un roi des Indes. Ce monarque en fut si satisfait qu'il lui offrit pour récompense tout ce qu'il désireroit de lui. Sessa lui fit en apparence une demande bien modeste; car il souhaita seulement autant de bled qu'il en faudroit, en commençant par un grain et en doublant autant de fois qu'il y avoit de cases dans son échiquier, c'est-à-dire, 64 fois. Le roi fut presque indigné d'une demande si bornée et si peu digne de sa magnificence; mais Sessa insistant, il ordonna à son visir de le satisfaire. Ce ministre fut bien étonné, quand il eut calculé l'énorme quantité de bled qu'il falloit pour cela, et il courut au roi, qui ne pouvoit se le persuader. Après qu'on le lui eut prouvé, il fit venir Sessa, et lui dit qu'il se reconnoissoit insolvable : il ajouta qu'il l'admiroit encore plus pour la subtile demande qu'il lui avoit faite, que pour l'invention du jeu qu'il lui avoit présenté.

L'auteur Arabe, après avoir trouvé et exprimé le nombre de grains de bled énoncé ci-dessus, fait le calcul de la quantité qui en résulteroit, et il trouve qu'il faudroit 32768 villes, toutes en greniers, pour l'emmagasiner, et que si on l'entassoit en une pyramide, il en formeroit une de plus de six milles de hauteur sur autant de longueur et de largeur. Mais comme nous ne connoissons pas bien le rapport du mille arabe au nôtre, M. Wallis (1), reprenant le calcul d'Alséphadi, a trouvé que cette pyramide auroit neuf milles anglois de hauteur, de largeur et de longueur; ce qui revient à environ trois de nos lieues. Je me suis jadis amusé à faire ce calcul; et pour partir d'une base solide, j'ai trouvé qu'une livre de bled contenoit environ 12,800 grains, et conséquemment le septier, qui est de 240 livres pesant, 3,072,000, au plus 3,100,000 : d'où il suit que le nombre ci-dessus de grains de bled, feroit 59,505,620,544,422 septiers. En supposant ensuite qu'un arpent de terre rendît cinq septiers, il en faudroit, pour produire cette quantité, 1,190,112,408,884; ce qui fait environ huit fois la surface de la terre, y compris toutes les mers. On trouve aussi que cette quantité de bled formeroit une pyramide d'environ trois de nos lieues, de 3600 toises chacune de hauteur, et d'autant de longueur et de largeur; d'où il suit que la quantité de bled dont il s'agit, couvriroit 162,000 lieues quarrées à un pied de hauteur; ce qui fait au moins trois fois la surface de la France, qui ne contient guère, à ce que je pense, que 50,000 lieues quarrées de surface. En supposant enfin le septier de bled à une pistole, la valeur du présent demandé par Sessa, eût été de plus de 595,056,200 millions. Mais en

(1) *Arith.* cap. 31.

voilà assez sur cette bagatelle arithmétique. Je reviens à mon sujet.

Lorsque cette espèce d'arithmétique commença à se répandre parmi nous, c'est-à-dire vers le commencement du treizième siècle, ces chiffres avoient la forme qu'on voit dans la planche XI. C'est ce que nous apprennent deux ouvrages de ce temps, savoir le *Traité d'arithmétique* de Sacro-Bosco, et celui du *calendrier* de Roger Bacon ; leur ressemblance avec les nôtres est déjà fort grande, et il est facile de concevoir comment ils ont pu se transformer en ces derniers. Le quatre est devenu notre 4, en le redressant un peu, et en l'écrivant à traits quarrés. Le cinq diffère à peine de notre 5 ; il est assez semblable à celui de Planude, dont on auroit retranché le trait ascendant, pour la commodité et la vîtesse de l'écriture. Notre sept est l'ancien, un peu redressé de gauche à droite. Quant au deux, j'ai remarqué plusieurs fois, dans des notes manuscrites, à la marge des livres arithmétiques du seizième siècle, qu'à cette époque il y avoit encore des gens qui le faisoient comme Sacro-Bosco et Bacon. Nous ferons connoître ailleurs (1) dans quel temps et par l'entremise de qui cette ingénieuse invention a commencé à s'établir dans ces contrées, et nous y renvoyons.

Il n'est pas douteux, et il ne peut l'être, que les Arabes n'ayent reçu les règles principales de leur arithmétique avec ces caractères, et il est aussi fort probable que leurs mathématiciens leur en ajoutèrent d'autres, comme les règles de proportion, fondées sur les propriétés des grandeurs proportionnelles, démontrées dans les Géomètres Grecs. Peut-être les Indiens n'allèrent-ils pas jusque là. Parmi les artifices que nous devons aux Arabes, paroissent être les règles de fausse position simple et double. Lucas de Burgo les tenoit d'auteurs orientaux, et il les appelle les *règles d'Elcataim* (2). La règle de fausse position double est fort ingénieuse, et est une manière de se passer du calcul algébrique, qui réussit fort bien dans un certain ordre de questions. Clavius et quelques autres arithméticiens ont pris la peine de la démontrer rigoureusement.

I X.

L'algèbre est encore une branche des mathématiques, transplantée de l'Arabie dans ces climats. Elle n'est guère moins ancienne chez les Arabes que les autres parties des mathématiques, qu'ils tenoient des Grecs. Cela pourroit donner lieu de penser qu'ils n'en sont pas les inventeurs, mais qu'ils la doivent

(1) *Part.* 3, L. 1.   (2) *Summa de Arith. et Geom.*

aussi à ces derniers. M. Wallis (1) pense néanmoins le contraire ;
et il en donne une raison assez spécieuse : c'est que les Arabes
ont adopté dans la dénomination des puissances un système
différent de celui de Diophante. Dans l'auteur grec, les deuxième,
troisième, quatrième, cinquième, &c. sont le quarré, le cube, le
quarré-quarré, le quarré-cube, le cube-cube, &c. ; chaque puissance
est dénommée par les deux inférieures, dont elle est le produit.
Chez les Arabes, ces mêmes puissances sont le quarré, le cube, le
quarré-quarré, le premier sursolide, le quarré-cube, le second
sursolide, &c. : ce sont des puissances de puissances, et celles
qui ne peuvent pas être ainsi formées, sont nommées sursolides.
Par exemple, chez Diophante, le quarré-cube est le quarré multiplié par le cube, et c'est la cinquième puissance : les Arabes
en font au contraire la sixième, parce qu'ils entendent par-là
le quarré du cube ou le cube du quarré : on les distingueroit
en latin l'un de l'autre, en appelant le premier *quadrato-cubus*,
et le second *quadrati cubus*. Cette différence semble effectivement
désigner une science puisée dans une autre source. Je n'ose
cependant point trop insister sur la validité de cette raison.

Quelle que soit l'origine de l'algèbre chez les Arabes, c'est
une puérile opinion que celle qui en attribue l'invention à Géber,
et qui prétend par-là rendre raison du nom qu'elle porte. La
seule ressemblance de ces noms a fait hasarder cette étymologie.
Lucas de Burgo, l'écho pour ainsi dire des premiers qui enseignèrent l'algèbre aux Italiens, nous donne vraisemblablement
la vraie étymologie de ce nom, ou plutôt de ceux-ci : *algebra
v'almucabala* ; car c'étoit sous ce double nom que la science
de l'algèbre étoit connue des Arabes. Ces mots, dit Lucas de
Burgo (2), signifient *restauratio et oppositio.* En effet, suivant
Golius, le mot arabe, *gebera* ou *giabera*, s'explique par *reli-
gavit*, *consolidavit* ; et *mocabalat* signifie *comparatio*, *oppositio.* Le dernier de ces mots se rapporte assez bien à ce
qu'on fait en algèbre, dont une des principales opérations
consiste à former une opposition ou comparaison à laquelle
nous avons donné le nom d'équation. Quant au premier, on
ne voit pas aussi facilement en quoi il convient à notre objet,
et diverses explications qu'on lui a données sont assez peu satisfaisantes ; c'est pourquoi nous ne jugeons pas qu'il soit fort
important de les discuter. Aussi quelques Italiens adoptèrent le nom d'*Almucabala*, et on le voit employé dans
quelques écrits de Cardan. Quoiqu'il en soit, après bien

(1) *Algebra.*
(2) *Summa de Arith. et Geometria, proportioni è proportionalità*, &c.
Venet. 1494, in-fol. ibid 1526, in-fol.

des vicissitudes et des changemens de noms, celui d'algèbre est le seul qui soit resté en usage.

Les plus anciens auteurs d'algèbre chez les Arabes sont Mohammed ben-Musa et Thébit ben-Corah. Le premier est donné par Cardan pour l'inventeur de la résolution des équations du second degré (1) : j'ignore sur quel fondement. La découverte n'est pas assez difficile pour lui faire beaucoup d'honneur, d'autant plus qu'on la trouve dans Diophante. (Voyez aussi une note qui est à la fin de ce livre.) Mais enfin c'est toujours avancer, que de faire un pas, quoiqu'il ne soit pas grand. L'ouvrage de Ben-Musa subsiste en manuscrit dans plusieurs bibliothèques (2), et le titre de *Covaresmien* qu'y porte cet analyste, nous apprend qu'il est le même que celui qui vivoit sous Almamon. Thébit écrivit sur la certitude des démonstrations du calcul algébrique (3). Ceci pourroit donner lieu de penser que les Arabes eurent aussi l'idée heureuse d'appliquer l'algèbre à la géométrie : mais il n'y a que l'inspection du manuscrit dont il s'agit ici, qui pourroit nous apprendre jusqu'où ils avoient porté cette invention.

On est vulgairement persuadé que les Arabes n'allèrent pas au delà des équations du second degré. Cela est fondé sur ce que Lucas de Burgo, qui avoit appris d'eux tout ce qu'il savoit d'algèbre, dit que les équations du troisième degré et au-dessus, sont irrésolubles ; mais ; eut-être cet arithméticien n'avoit pas appris ce qu'il y avoit de plus savant dans l'algèbre des Arabes, ou les sciences, ayant déjà beaucoup dégénéré chez eux, ses maîtres n'avoient eux-mêmes point de connoissance des méthodes plus relevées. Car la bibliothèque de Leyde nous fournit un manuscrit, qui porte pour titre l'*Algèbre des équations cubiques, ou la résolution des problèmes solides* par Omar ben-Ibrahim. C'est du moins l'intitulé que rapporte M. Meerman dans la préface de son *Specimen calculi fluxionalis*; mais, je l'avoue, la plûpart des titres des livres arabes, donnés par les bibliographes, sont si défigurés, qu'on ne peut guère compter sur cette conjecture. Il est fort à regretter que parmi ceux qui savent l'arabe, personne n'ait le goût des mathématiques, et que parmi ceux qui possèdent les mathémathiques, personne n'ait le goût de la littérature arabe. Je l'ai eu quelque peu dans ma jeunesse, et l'on peut s'en appercevoir par cette partie de mon ouvrage, où j'espère que ceux qui savent l'arabe, ne trouveront pas les mots arabes défigurés, comme dans la plûpart des auteurs entièrement ignorans dans cette langue ; où l'on voit l'*Émir al moumenin* (le

(1) *Algebra.*
(2) *bibl. biblioth. mss. du P. Montfaucon, et du P. Labbe.*

(3) *361. nova mss. suppl. 5.*

commandant des croyans) transformé en *miramolin*, et *l'Emir al-bara* (*le commandant de la mer*) tronqué de la moitié de son corps, pour en faire notre amiral ; c'est-à-dire, le *commandant de la*. Mais les circonstances ont contrarié mes goûts, sans quoi j'aurois donné à cette partie de mon ouvrage, déjà assez curieux, à ce que je crois, une bien plus grande étendue.

Les bibliothèques fournies en manuscrits orientaux, et particulièrement celle de Bodley en Angleterre, et celle de l'Escurial en Espagne, possèdent un grand nombre d'auteurs d'algèbre en arabe (1). Tels sont Mohammed ben-Musa, dont on a déjà parlé, auteur d'une *Algebra cowaresmica* ; Al-hosein, Alhazan ibn Al Hirt, un autre Al-hazan Al-Nisaburi, un Salaheddin de Gaza, et un autre du même nom, surnommé *Al-misri*, ou *l'Égyptien* ; Phecreddin et Iahia. Je finis par un trait remarquable : c'est que l'algèbre fournit aux Arabes des sujets de poème, et quelques-uns chantèrent ses merveilles. Tel fut entr'autres le poète Ibn-Iasmin, qui en fit le sujet de son poème intitulé *de Scientia algebrae*, dont on a aussi un commentaire. Il y en a un autre intitulé *des merveilles de l'Algèbre*. Il n'y a pas d'apparence que la poésie françoise s'élève jamais jusque là ; mais j'ai vu un traité d'algèbre en vers latins, dans lequel on ne peut s'empêcher de reconnoître quelques préceptes assez heureusement rendus.

X.

Les Arabes ne firent pas dans les autres parties des mathématiques des progrès remarquables au-delà des Grecs. Les savans de cette nation portèrent en général un esprit servile dans les sciences, et sur-tout dans les parties tenant à la physique, qui de toutes a le plus besoin de cette inquiétude d'esprit, qui excite sans cesse de nouveaux efforts, jusqu'à ce qu'on ait enfin évidemment atteint la vérité. Ainsi ils durent en rester au même point que les anciens, et pour ainsi dire bégayer avec eux ou commenter leurs erreurs.

La mécanique ne nous fournit chez les Arabes que quelques traductions, comme celle du livre des machines de guerre d'Héron le jeune (2); celle du traité d'Héron d'Alexandrie, intitulé *Barulcon*, que Golius apporta d'orient au milieu du siècle

____

(1) *Bibl. Orient.* au mot *Gebr.* Montfaucon, *Bibl. bibl. mss.* Labbe, *Bibl nova mss. supp.* 6. *Bibl. Arabico-Hispana*, par Casiri, t. 1.

(2) *Bibl. Orient.* au mot *Ktiab.* (livre.)

passé, et qu'il déposa dans la bibliothèque de Leyde (1). Mais il paroît que l'original du livre existe parmi les manuscrits de la bibliothèque de la basilique de Saint-Pierre. Tel est encore un traité attribué à Archimède, et intitulé *des machines à eau*, si toutefois un traducteur peu intelligent n'a pas rendu ainsi le titre de l'ouvrage *de insidentibus in fluido*, qui avoit aussi été traduit par les Arabes, et que nous n'avons eu que par leur entremise. On a enfin un ouvrage arabe, intitulé *des machines ingénieuses*, que je soupçonne être une compilation des pneumatiques et des hydrauliques de Ctesibius et Héron d'Alexandrie (2).

L'optique eut chez les Arabes un grand nombre d'écrivains : tels furent Al-Farabius, dont on a en manuscrit le traité intitulé *perspectiva*, par où il ne faut probablement entendre que notre optique ordinaire ; Ibn Heitem, Syrien, qui écrivit sur la vision directe, réfléchie et rompue, et sur les miroirs ardens. Mais de tous ces opticiens, le plus célèbre est Alhazen ; nous avons son traité d'optique, qui nous offre une sorte de tableau de cette science chez ses nationaux. Nous y trouvons beaucoup de mauvaise physique sur la cause de la vision, sur les couleurs ect. Elle est néanmoins entremêlée de quelques réflexions judicieuses, comme sur la réfraction astronomique, sur la grandeur apparente des objets, et spécialement sur le phénomène du grossissement apparent du soleil ou de la lune, vus à l'horison. Voilà ce qui concerne la partie physique. Celle qui appartient purement à la géométrie, comme la catoptrique, y est beaucoup meilleure, quoiqu'elle ne soit pas exempte d'erreur, comme sur le lieu apparent de l'image dans les miroirs courbes, le foyer des miroirs caustiques. A l'égard de la dioptrique, quoiqu'elle y soit assez étendue, elle est fort imparfaite. On y entrevoit néanmoins quelques tentatives ingénieuses, pour expliquer la réfraction. Au reste Alhazen n'est point coupable de l'erreur que lui impute M. Huygens, en lui faisant dire que les angles rompus sont proportionnés aux angles d'inclinaison. Au contraire, il apperçut très-bien qu'il n'y avoit entr'eux aucune raison constante, et il recourut à l'expérience, pour déterminer la quantité de réfraction convenable à chaque obliquité ; il en donne même une table, qui montre que M. Huygens l'a accusé à tort. L'optique d'Alhazen, traduite de l'arabe, a été publiée pour la première fois en 1572, par Risner, avec celle de Vitellion, sous le titre de *thesaurus opticæ*. in-fol.

(1) *Catalogus rariorum lib. quos ex Oriente advexit* Golius.—Labbe, *Bibl. nova mss.* p. 260.

(2) *Bibl. Orient* aux mots *Haroun, Arschemides, Ketab.*

X I.

Les Persans étant les successeurs des anciens Perses, qui l'étoient eux-mêmes des Caldéens qui avoient tant cultivé l'astronomie, on devroit y trouver des traces de l'étude de cette science. Leur histoire n'en offre néanmoins aucune, si ce n'est peut-être l'ouvrage, plus astrologique qu'astronomique, de leur ancien philosophe Giamasb. Ce philosophe, contemporain de Zoroastre ou Zerdust, vivoit sous le règne, et étoit même frère, suivant quelques-uns, de Kistasp ou Histaspe, roi des Perses. Son ouvrage, dont peut-être il seroit imprudent de garantir l'authenticité, a été traduit, dans le treizième siècle, en arabe, sous le titre de *Ketab al Kerenat* ou *Livre du Philosophe* Giamasb, *sur les grandes conjonctions des planètes, et sur les événemens qu'elles produisent.* Ce Giamasb vivoit à Balke, ville depuis encore célèbre par le séjour d'Abumashar, autre astronome et astrologue, (ces qualités marchoient d'ordinaire ensemble) et qui vivoit un peu après Almamon. Les siècles qui s'écoulèrent depuis Giamasb jusqu'un peu au-delà de l'hégire, ne nous présentent aucun vestige des sciences parmi ces peuples.

En parlant des Arabes, nous avons déja fait d'avance une partie de l'histoire des mathématiques parmi les Persans. Soumis pendant plusieurs siècles aux mêmes souverains, faisant profession de la même religion, ces deux peuples n'en formèrent qu'un seul jusques vers le milieu du onzième siècle, que les Persans secouèrent le joug des califes, et se donnèrent des maîtres particuliers. C'est à cette époque qu'on commence à les distinguer des Arabes, et que nous commencerons l'histoire des mathématiques chez eux en particulier.

Les Persans donnèrent, peu après le milieu du onzième siècle, une nouvelle forme à leur calendrier, qui fait beaucoup d'honneur à leurs astronomes. L'histoire abrégée du calendrier Persan trouve ici naturellement sa place : la voici en peu de mots.

Giemschid, roi des Mèdes, qui paroît être le prince connu des Grecs sous le nom de *Darius Ochus*, avoit été l'instituteur de l'année solaire chez les Perses : l'époque de cet établissement est la dix-septième année avant la mort d'Alexandre; car lorsque Iesdegerd monta sur le trône, ce qui arriva l'an 943 de l'ère d'Alexandre, il y avoit déja 960 ans d'écoulés depuis la réformation de Giemschid.

L'année solaire de Giemschid étoit de 365 jours et 6 heures, comme la Julienne; mais au lieu de l'intercalation dont nous faisons usage, ce prince en avoit ordonné une fort bizarre. Elle consistoit à intercaler un mois de 30 jours au bout de 120 ans, ce qui produit le même effet ; à cela près que notre intercalation ramène tous les quatre ans le commencement de l'année civile au commencement de l'année astronomique, au lieu que cette autre ne le fait qu'au bout de 120 ans. Il y avoit encore une singularité dans l'intercalation de ce treizième mois ; c'est qu'on le plaçoit successivement le premier, puis le second de l'année, et ainsi de suite. Ces peuples superstitieux prétendoient sans doute, à l'imitation des Égyptiens, sanctifier par-là successivement toutes les saisons de l'année, en les faisant parcourir par le mois intercalaire, qui occasionnoit des fêtes et des cérémonies extraordinaires.

Iesdegerd qui monta sur le trône l'an 629 de J. C., abolit une coutume si bizarre, en introduisant l'intercalation d'un jour tous les quatre ans. Mais cette correction fut de peu de durée : les Perses, bientôt soumis à la domination des califes, furent obligés de recevoir, et la religion, et la forme d'année usitée par leurs vainqueurs. L'année des Persans devint donc lunaire, et le fut jusqu'au temps où ils secouèrent le joug des califes Arabes, et qu'ils se donnèrent des maîtres particuliers. Cela arriva vers la fin du onzième siècle ; Gelal-Eddin Melic-Shah, qui fonda alors une nouvelle dynastie, remit en usage l'année solaire : les astronomes furent consultés sur la forme qu'il falloit lui donner ; et comme l'astronomie avoit fait dès lors assez de progrès pour reconnoître que l'année solaire étoit plus courte d'environ onze minutes, que Giemschid et Iesdegerd ne l'avoient cru, on chercha à y avoir égard. L'astronome Omar Cheyam est celui à qui l'on fait honneur de l'intercalation ingénieuse, dont les Persans font usage depuis ce temps. Il imagina d'intercaler sept fois de suite chaque quatrième année, et à la huitième fois de ne le faire qu'après cinq ans ; c'est précisément la même chose que si l'on intercaloit huit jours dans 33 ans, ce qui ramène les équinoxes avec beaucoup d'exactitude au même point de l'année civile. En effet, si l'on suppose l'excès de l'année solaire sur la civile de cinq heures $49'\ 5''\ 28'''$, cet excès, répété trente-trois fois, est entièrement absorbé par l'addition de huit jours intercalaires dans cet intervalle de temps. Cette forme de calendrier commença à avoir cours chez les Persans l'an 1079 de notre ère, et son époque est le 14 du mois de mars de cette année, jour auquel arriva l'équinoxe du printemps, qui commence toujours l'année Persanne.

Il ne faut cependant pas s'imaginer que les Persans aient immédiatement déduit de leurs observations cette grandeur de l'année, qui approche tellement de la véritable, qu'elle tient un milieu entre celles que les plus habiles astronomes de nos jours ont déterminées. Il est plus vraisemblable que la forme

de l'intercalation proposée par Omar, et qui, par un heureux
hazard, convient précisément à cette longueur d'année, est ce
qui les a déterminés à l'adopter. C'est à peu près ainsi que nos
réformateurs du calendrier Julien ont été conduits à supposer
l'année solaire de 365 jours, 5 heures 49′ 12″, parce que c'est
celle qui résulte, en supposant que trois bissextiles retranchés
dans 400 ans ramènent précisément l'équinoxe au même jour et
au même moment de l'année civile.

Pour en revenir à l'intercalation Persanne, on ne peut disconvenir qu'elle ne soit plus parfaite, à certains égards, que
celle dont nous faisons usage depuis la réformation Grégorienne.
Car elle a l'avantage de ramener, au bout de 33 ans, l'équinoxe
au même point, et de ne lui pas permettre de s'en écarter de
plus de 24 heures, au lieu que la nôtre lui permet des écarts
plus considérables, et ne le ramène précisément au même point
qu'au bout de 400 ans. Mais aussi il faut remarquer, en faveur
des auteurs de notre calendrier, qu'ils n'avoient pas seulement
une année solaire à arranger, mais à accorder avec elle une
année lunaire. Ainsi les conditions du problème qu'ils avoient
à résoudre, étant en plus grand nombre, on ne doit pas leur
faire un crime de s'être contentés d'une solution, qui satisfait
moins parfaitement aux unes, pour pouvoir en même temps
remplir les autres.

Les Persans furent pendant un temps si jaloux de l'astronomie,
qu'ils firent une loi, suivant laquelle il n'y avoit qu'eux qui pussent
l'étudier. On accordoit rarement à un étranger la faveur de
pouvoir l'apprendre chez eux ; car ils ajoutoient foi à une pro-
phétie, qui leur annonçoit que l'empire Persan seroit renversé
par les chrétiens, et que ceux-ci tireroient leur principal avantage de certaines connoissances astronomiques. Celui qui nous
apprend ces traits, est un Grec du treizième siècle, nommé
Chioniades, qui alla exprès en Perse pour y apprendre l'astronomie, presqu'inconnue chez ses compatriotes. Malgré les
recommandations de l'empereur de Constantinople auprès du
monarque Persan, avec qui il étoit alors en bonne intelligence,
il ne put avoir cette permission qu'au prix de plusieurs services,
qu'il rendit à ce dernier (1). Il rapporta dans la Grèce des tables,
dont on a l'abrégé dans diverses bibliothèques, et qui donnoient
à M. Bouillaud une idée fort avantageuse de l'astronomie
Persane (2) ; car, dit-il, elles convenoient assez exactement
avec les mouvemens célestes, pour le temps auquel elles avoient
été calculées, à l'exception de celles de Mercure.

(1) *Astron. Philolaïca, in Tab.* p. 211.
(2) *Ibid. in proleg.* p. 15.

XII.

Parmi les protecteurs qu'eut l'astronomie chez les Persans, un des plus magnifiques est le roi Holagu Ilecou-Kan. Ce prince, petit fils de Genghis-kan, avoit été envoyé par son oncle Octaï, empereur Tartare, pour subjuguer les pays situés à l'occident. Il entra dans la Perse vers l'an 1254, et il la subjugua rapidement, après avoir pris prisonnier le sultan Mostasem, le dernier de la famille des Abassides. On a dit que l'astronome Nassir-Eddin fut la cause de cette révolution; qu'ayant été outragé par Mostasem, à qui il présentoit un de ses ouvrages, il se retira chez Holagu, et qu'il l'engagea à porter la guerre chez son ancien maître. Mais cette histoire est fausse; car dans le temps que ce successeur de Gengis-Kan détrônoit Mostasem, cet astronome étoit tombé entre les mains des Ismaëliens, qui le retenoient esclave dans un de leurs châteaux de l'Iraque Persienne, et il n'en fut délivré que lorsque ce conquérant eut subjugé ces brigands. Ce fut alors qu'Holagu le prit en amitié, à cause de ses grandes connoissances en mathématiques; il le combla de biens; et voulant faire fleurir l'astronomie qu'il aimoit beaucoup et qu'il cultivoit, il assembla par son conseil les plus habiles gens de la religion musulmane, et en composa une sorte d'académie, dont l'occupation ne devoit être que de perfectionner cette science. La ville de Maragha, voisine de Tauris, et dont l'exposition étoit favorable, fut choisie pour y construire un observatoire. Ce fut-là qu'on observa long-temps sous la direction de Nassir-Eddin, qui fut établi le président de cette assemblée de savans, qualité qui fut encore relevée par celle de Chef de tous les mathématiciens de l'empire. M. d'Herbelot nous a transmis les noms de quelques-uns de ces astronomes, coopérateurs de Nassir-Eddin; savoir, Almoviad Al-Aredi de Damas, Al-Fakr de Maragha, Al-Kelath de Teflis, Nagmeddin de Casbin. On doit sans doute aussi leur ajouter Nedammoddin, le disciple de Nassir-Eddin, qui écrivit entr'autres un traité de l'explication des années, qui est dans la bibliothèque de Leydé.

Nassir-Eddin composa à Maragha divers ouvrages, entr'autres une théorie des mouvemens célestes, un traité de l'Astrolabe, et sur-tout ses Tables, fruit de douze années d'observations, et qu'il nomma Ilécaniques, du nom de son bienfaiteur. Ces Tables ont eu et ont même encore dans l'Orient une grande célébrité; et elles y passent avec celles d'Ulugh-beigh pour les plus exactes qui aient été faites.

On s'étonnera, avec quelque raison, en voyant un prince Tartare, élevé au milieu des horreurs de la guerre, avoir un goût aussi décidé pour les sciences. Mais, outre que nous en avons un autre exemple non moins illustre dans le petit-fils de Tamerlan, il faut remarquer que les successeurs de Gengis - kan, ni ce conquérant lui-même, ne furent point ennemis des lettres. Jamais l'astronomie n'a été cultivée à la Chine avec plus de succès et plus d'assiduité que sous ces princes. Les Chinois possèdent une suite complette d'observations fort intéressantes, soit pour l'astronomie, soit pour la géographie, depuis Gengis-kan jusqu'à Houpilié son petit-fils, qui fonda à la Chine la dynastie des Yven en 1271. Houpilié étoit frère d'Holagu ; et comme Gengis-kan s'étoit attaché des lettrés Chinois pour ministres, ces deux princes avoient probablement reçu une éducation Chinoise, c'est-à-dire, qu'ils avoient puisé dès leur jeunesse de l'estime pour les sciences et pour les talens de l'esprit.

Il est à remarquer que, dans le même temps que ceci se passoit en Asie, le roi Alphonse de Castille assembloit à Tolède des astronomes pour la composition de ses Tables. Ainsi l'on voit presque à la fois deux souverains, l'un en Occident, l'autre en Orient, concourir comme de concert au même but. Il y a seulement cette différence, que l'entreprise d'Alphonse mérite plus d'être louée pour le dessein que pour l'exécution. On réussit beaucoup mieux en Orient, à l'aide d'une doctrine solide et judicieuse ; et l'on sut s'y préserver des opinions monstrueuses, qui ternissent l'ouvrage des astronomes occidentaux.

La faveur d'Holagu pour ces savans, se soutint jusqu'à sa mort. L'histoire orientale (1) nous apprend que ce prince mourut entre leurs bras à Maragha, où il étoit allé les visiter et être témoin de leurs travaux. Quant aux tables Ilécaniques, leur célébrité dans l'Orient a occasionné un grand nombre d'ouvrages d'après elles. Elles furent 1º. commentées par divers astronomes, entr'autres par Schah Colgi, astronome du quinzième siècle. M. Greaves nous a donné, en 1652, une édition latine et persanne d'une partie de cet ouvrage. 2º. Elles furent abrégées par d'autres astronomes, et enfin traduites en arabe (2). Ces Tables et la plûpart de ces ouvrages se trouvent en manuscrits dans les bibliothèques riches en écrits orientaux.

XIII.

Le monarque Persan, dont nous venons de parler, eut deux siècles après un imitateur dans un prince de la même nation, et petit-fils comme lui d'un conquérant fameux. C'est Ulugh-Beg Mirza Mohammed Ben-Sharock, petit - fils de Tamerlan.

---

(1) *Bibl. Orient.* au mot *Holagu.*   (2) *Bibl. Orient.* au mot *Ilekan.*

Ulug-Begh (le prince Ulugh) donna non seulement ses soins à faire fleurir l'astronomie, mais il montra lui-même l'exemple, et son nom illustre aujourd'hui le catalogue de ceux qui ont écrit sur cette science. Il convoqua vers l'an 1430 à Samarcande sa capitale, un grand nombre d'astronomes; il y fit construire un observatoire, et il le fournit des instrumens les plus parfaits qu'il fût possible. Là Ulugh-Beg assistoit quelquefois en personne, et prenoit part aux opérations des savans qu'il avoit rassemblés. On dit qu'il employa dans ses observations un gnomon de cent-quatre-vingt palmes de hauteur; mais cela est fort douteux, et n'a d'autre fondement que ce que dirent quelques Turcs à M. Greaves, savoir, que ce prince se servit d'un quart de cercle, dont le rayon égaloit la hauteur des voûtes de la grande mosquée de Constantinople, autrefois Sainte-Sophie; et que ce fut ainsi qu'il mesura la latitude de Samarcande. Comme un quart de cercle de cette dimension est impossible, M. Greaves en tire la conjecture que ce pouvoit être un gnomon, seul instrument susceptible d'une grandeur si démesurée.

Il est juste de ne pas ensevelir dans le silence les noms des principaux de ces astronomes qu'employa Ulugh Beg. Le premier est Salaheddin son maître, surnommé *CadiZade al-rumi*, (ou le Romain,) parce qu'il étoit chrétien. Nous jugeons qu'il fut le directeur de cette académie astronomique. Il eut du moins la surintendance et la charge particulière de travailler aux Tables que Ulugh-Beg se proposoit de publier; mais Sala-Eddin étant mort sur l'ouvrage, ce prince, malgré les occupations de son gouvernement, ne dédaigna pas de mettre lui-même la main à l'œuvre, et il s'associa, pour l'aider, Ali-Cushi fils de Sala-Eddin, et l'astronome Ali Ben-Gaïat-Eddin Mohammed Giamschid, dont nous croyons trouver, dans les catalogues des manuscrits Grecs, le nom défiguré sous celui de Siamps, Persan. Il avoit écrit sur l'astrolabe, mais son principal ouvrage avoit pour objet les mouvemens célestes et paroît avoir été traduit en grec, sous le titre de *Persica constructio astronomica quæ Persarum lingua zizi appellatur, excerpta a Samps Pucharez Persa cum tabulis*. Il est dans la bibliothèque Médicéenne; quoi qu'il en soit de l'identité de ces deux hommes, c'est au travail d'Ali-Cushi et de Mohammed Giamschid, que les astronomes orientaux durent les tables excellentes qui portèrent le nom d'*Ulugh-Beg*: je les dis excellentes, si nous en jugeons par le cas qu'on en fait dans l'Orient, où elles sont encore dans une grande estime. Nous leur accorderons encore ce titre, du moins eu égard au temps de leur composition, s'il est vrai, comme le dit le chevalier Chardin, qu'elles s'accordent assez bien avec celles de Tycho-Brahé. Mais nous avons beaucoup de peine à le croire, et même nous nous croyons fondés à dire que cela n'est pas possible, à moins que les auteurs n'aient abandonné les hypothèses des astronomes grecs, et l'arrangement de l'univers qu'ils avoient adopté ; ce qui n'est aucunement probable. Cet ouvrage n'a jamais été publié parmi nous en entier ; M. Hyde en a seulement donné la quatrième partie, qui est le catalogue des fixes d'Ulugh-Beigh, dressé sur ses observations faites à Samarcande sa capitale, et achevé l'an 1437 (1). Le même M. Hyde y a ajouté un assez ample commentaire. M. Oldembourg, alors secrétaire de la société royale de Londres, invitoit, à cette occasion, quelque amateur de l'astronomie, versé dans les langues orientales, à nous faire présent de l'ouvrage entier d'Ulugh-Beigh ; mais il ne s'est encore trouvé personne qui se soit rendu à cette invitation. M. Greaves nous a donné deux autres ouvrages de ce prince savant; l'un est une table géographique des contrées orientales, et l'autre concerne la chronologie des peuples différens qui les habitent. Ils ne peuvent manquer d'être d'une grande utilité pour débrouiller l'histoire de ces peuples, et reconnoître le théâtre des événemens qui s'y sont passés pendant plusieurs siècles. On a la vie d'Ulugh-Beigh dans la préface que M. Hyde a mise à la tête de son catalogue des fixes. Nous y voyons qu'il mourut assassiné l'an 853 de l'hégire, ou 1449 de l'ère chrétienne, après avoir régné deux ans seulement depuis la mort de son père, qui l'avoit associé à l'empire.

Le chevalier Chardin, qui nous a décrit l'état des sciences en Perse dans le siècle passé (2), nous apprend que l'astronomie y est encore regardée avec beaucoup d'estime, mais qu'elle y a beaucoup dégénéré. Suivant ce voyageur éclairé, on ne remarque plus chez les Persans aucune trace de cet esprit d'observation et de recherches qu'ils eurent autrefois. Ce n'est plus l'astronomie, c'est l'astrologie qu'ils cultivent, c'est-à-dire un art prétendu qui dégrade la raison humaine. Contens de ce que leur ont transmis les anciens ou leur prédécesseurs, ils n'observent et ne calculent plus que pour dresser quelque horoscope. Les instrumens d'une certaine grandeur, et propres à des observations un peu exactes, sont hors d'usage, et ils ne les regardent que comme des monumens de l'astronomie des siècles passés, dont ils n'ont plus que faire. Ceux dont ils se servent se réduisent à un petit astrolabe fort propre, qu'ils portent pendu à leur ceinture, comme dans ces pays ci les femmes portoient leurs montres, il y a quelques années. Mais les astrologues ne

(1) *Tab. long. et latit. Stell. fix. ex Obs. Ulug-Beg, Tamerlani Nepotis*, etc. *In calce accessit. Moh. Ti-* cini, *Tab. declin et Ascens. Rect.* 1606, in-4°.

(2) *Voy. de Chardin*, t. 3, c. 8 et 9.

sont pas dans la Perse, comme ils étoient autrefois parmi nous,
c'est-à-dire réduits à l'indigence, au milieu des respects d'un
vulgaire imbécille. Les Persans comblent au contraire de biens
ceux qui exercent cette profession. Le président d'un collège
d'astrologues jouit quelquefois de plus de cinquante mille livres
d'appointement, et ses subalternes à proportion. Comme il y
a parmi nous tant de gens qui font plutôt métier que profession
de savoir, je ne sais si à pareil prix on n'y trouveroit pas
encore des astrologues en grand nombre.

X I V.

La Perse a eu aussi ses géomètres, sans parler de ceux qui
y fleurissoient pendant qu'elle étoit soumise à la domination
arabe, et que nous avons fait connoître. Le plus célèbre est
Nassir-Eddin Al-Tussi, que M. Chardin nomme Coggia Nessir
ou le Docteur Nessir. La géométrie lui est redevable de quelques
bons ouvrages; on a surtout de lui un commentaire fort savant
sur Euclide, qui a été imprimé en 1590, à l'imprimerie des
Médicis, dans sa langue naturelle, c'est-à-dire en Arabe. Nous
pensons qu'une bonne traduction latine eût été beaucoup plus
utile dans le temps. On y trouve entr'autres une démonstration
rigoureuse de la fameuse demande d'Euclide sur les lignes, qui
font avec une troisième les angles internes moindres que deux
droits. Il n'est pas difficile de démontrer qu'elles doivent concourir dans ce cas, mais seulement de le faire sans supposer
rien de plus que ce qu'Euclide a établi avant que de la proposer;
et cela a fort occupé divers mathématiciens, comme on l'a dit
ailleurs (1). Le géomètre Persan en est venu à bout fort heureusement, et Clavius rapporte sa démonstration qu'il approuve.
Nassir-Eddin donne aussi plusieurs démonstrations ingénieuses
de la quarante-septième du premier livre d'Euclide; elles ne
procèdent que par une simple transposition de parties, avec
lesquelles il compose tantôt le quarré de la base du triangle
rectangle, tantôt les deux des côtés. Il paroît être l'auteur de cet
ingénieux moyen de démontrer cette proposition. Quelques géomètres modernes se sont exercés à en imaginer de semblables;
mais elles sont toutes renfermées dans celle de Nassir-Eddin.

Le second ouvrage géométrique qu'on a de Nassir-Eddin, est
une révision des coniques d'*Apollonius*, avec un commentaire
sur leur sujet : il a été fort utile à M. Halley, pour nous re-
donner les 5e, 6e, et 7e livres de ce précieux traité. On a

_____

(1) Première Partie, *l.* 4, *art.* 2.

enfin de lui quelques ouvrages analytiques , comme un traité d'*Algèbre* , etc.

Le géomètre dont, après Nassir Eddin , les Persans font le plus de cas , est un certain Maimon-Reschid. Il a aussi commenté Euclide , et il avoit une manie fort singulière , au rapport de M. Chardin. Il avoit pris une des premières propositions des Elémens en une telle affection , qu'il en portoit la figure brodée sur sa manche. Je doute qu'un pareil ornement parût aujourd'hui de bon goût, et qu'il contribuât à rendre la géométrie et le géomètre respectables.

La géométrie a continué d'être en estime chez les Persans, qui connoissent la plûpart des auteurs grecs de ce genre, et qui prétendent même posséder quelques-uns de leurs ouvrages que nous n'avons pas. Cela mériteroit bien d'être vérifié par quelque voyageur intelligent en mathématiques. Au reste ils n'ont pas été un pas au delà d'eux, et fort contens de les entendre, ils s'en tiennent là. Le voyageur que nous avons déja cité plusieurs fois, nous apprend quelques traits de la pédanterie de leurs savans. Ils ont donné , dit-il , à chaque proposition des Elémens un nom tiré de quelqu'un de ses usages , ou de quelqu'autre circonstance. La 47ᵉ du premier livre , par exemple, se nomme *la figure de l'Epousée*. Les géomètres Persans ont voulu dire par-là , que comme du mariage suit la propagation de l'espèce humaine , et plusieurs autres avantages pour la société , ainsi cette proposition procure aux mathématiques une multitude d'utilités , et elle est la mère d'une foule d'autres propositions. La 48ᵉ qui est l'inverse de la 47ᵉ , se nomme *la Sœur de l'Epousée*. Quant aux mathématiques en général, ils leur donnent un nom assez juste , en les appellant *les sciences difficiles*. Ce qui fut , suivant quelques-uns , dans la Grèce , la science par excellence, est chez les Persans la science difficile pardessus toutes les autres.

X V.

Parmi les arts et les sciences que les Arabes et les Persans cultivèrent, on doit encore donner un rang à la musique. Il étoit difficile que des peuples doués , comme ils l'étoient, d'une imagination vive , fussent inaccessibles aux charmes d'un art, qui a d'ailleurs tant d'analogie avec la poësie, pour laquelle ils étoient passionnés. Mahomet avoit pourtant défendu la musique ; mais que font des défenses contraires à la nature et au génie d'un peuple? Ce sont des barrières impuissantes et bientôt franchies. Celles-ci le furent tellement, que rien ne fut pendant long-temps plus célèbre en Orient, que les chansons et les airs d'un Abulpharage d'Hispahan , et d'un Deinin Al-Moussali , ainsi que d'Alpharabius. Aujourd'hui même, chez les Turcs, la musique entre dans les exercices religieux.

Les Arabes cultivèrent donc la musique. Plusieurs de leurs savans écrivirent sur ce sujet, et s'illustrèrent même par leurs connoissances musicales, tant théoriques que pratiques. Le célèbre Alpharabius étoit si grand musicien, qu'il produisoit avec un instrument grossier, des effets qui égalent au moins, s'ils ne sont au-dessus, tous ceux qu'on attribue à certains musiciens Grecs. Car il faisoit alternativement danser, pleurer et même dormir ses auditeurs, en changeant de mode et de mélodie. On dit qu'il en fit l'épreuve à un concert donné par un visir, où il arriva étant inconnu. Ayant demandé la permission de jouer d'un instrument qu'il apportoit, il fit alternativement rire et pleurer tous les assistans. Il les fit aussi danser, et l'on vit même le grave ministre du commandeur des croyans, hors de lui-même, se mêler à la bande joyeuse des danseurs. Il écrivit aussi des Élémens de musique, et fut auteur d'un très grand nombre d'airs et de chansons célèbres dans tout l'Orient.

Le philosophe Jacob Al-Kendi fut aussi un musicien distingué. Il composa une *introduction harmonique* et une *histoire de la musique*, dont fait mention M. Caziri, dans sa *Bibliotheca arabico hispana*, et qui existe dans la bibliothèque de l'Escurial.

Je me borne à citer encore quelques Arabes qui écrivirent sur cet art. Un des principaux fut Abu-Abas Ahmed ben-Mohammed al-Sharacsi, qui étoit de Séville. La bibliothèque citée ci-dessus possède deux de ces ouvrages; l'un intitulé *Ketab al-moussiki al-kebir* c'est-à-dire, *Musicæ liber magnus*; l'autre, *Ketab al-moussiki al-sephir*: ou *Musicæ liber parvus*. C'étoit un mathématicien, et même un auteur d'algèbre. Tel fut encore le célèbre Abu-Sina, ou Avicène. Ce médecin écrivit des *Élémens de musique*, où il explique fort bien le système de la musique Arabe; ils sont pareillement à l'Escurial. On trouve aussi dans diverses bibliothèques, l'ouvrage de Shemseddin al-Saydaoui, intitulé *Fiarefat al-angan*, ou *introduction à la musique*. Je citerai enfin, pour terminer cette énumération, le musicien Aboul-Ouolfa, qui a écrit en Persan. Je préfère de donner quelque légère idée de la musique Arabe, ainsi que de celle des Persans.

Les Arabes et les Persans, dont les premiers paroissent avoir emprunté ce que leur musique a de plus agréable et de plus savant, ont une gamme qui, suivant M. Delaborde, (*essai sur la musique ancienne et moderne*), revient à celle-ci : *la, si, ut, re, mi, fa, sol*. Les Persans les désignent par leurs sept premiers mots numéraux, *yeck, dou, si, tchar, pendi, schecschs, heft;* ce que les Arabes font aussi communément : cependant ils y employent aussi quelquefois leurs sept premières lettres alphabétiques. Ils écrivent apparemment ces mots sur une ligne, et voilà leur notation. Je dis apparemment, car je ne vois cela expliqué nulle part.

J'observerai néanmoins que, suivant une note de M. de Tott, qu'on peut voir à la fin du Tome I de l'ouvrage cité ci-dessus, la chose n'est pas aussi simple. En effet on y voit une division de l'octave arabe ou persane, qui comprend plusieurs sons étrangers à la nôtre, et qui nous semblent tenir de l'ancien *enharmonique*. Car tous les tons y sont divisés en trois ou quatre parties, par exemple, celui d'*ut* à *re*, de *fa* à *sol*, de *sol* à *la*, en quatre ; c'est-à-dire, qu'ils font trois sons intermédiaires, et tous les autres, sans distinction de semi-tons, ont trois, ou seulement deux sons intermédiaires. Cela est sans doute difficile à concilier avec la génération harmonique, mais revient au surplus assez bien à ce que nous savons déjà, que la musique orientale a des sons que la nôtre ne sauroit rendre, et qui contribuent beaucoup à lui donner un ton mol et efféminé. Au reste les Persans et les Arabes se servent-ils communément et ordinairement de tous ces différens sons, comme nous de ceux de notre échelle diatonique, ou bien n'entrent ils que dans certains modes : c'est une question à laquelle je ne puis répondre.

La musique arabe a en effet aussi ses modes, qui ont chacun leur caractère particulier. Ils jouent un rôle fréquent dans les célèbres contes arabes et persans, savoir les mille et une nuits et les mille et un jours. Nous ne pouvons qu'en donner une idée légère.

Ces modes, que les Arabes tiennent, à ce qu'il paroît, des Persans, car il en est deux qui portent les noms d'*Iraki* et d'*Isfaani* ; ces modes, dis-je, sont divisés, comme dans notre ancienne musique d'église, en principaux ou authentiques, et plagaux ou secondaires. Les premiers sont au nombre de quatre, qui portent les noms de *Rast*, *Iraki*, *Zirafkend*, et *Isphaani* ; et chacun d'eux en a deux adjoints, l'un en dessus, l'autre en dessous. Les deux adjoints au *Rast*, par exemple, sont le *Penkela* et l'*Ishac*. Je crois superflu de nommer les autres. Je présume que, comme il est tout à fait naturel à l'homme chantant d'abandonner le ton sur lequel il a commencé, pour passer dans un autre analogue, et qui a avec le premier le plus grand nombre de ses notes communes ; (comme chez nous de *ut* en *sol*) ces modes ou tons adjoints sont ceux dans lesquels le chant en *Rast* passe le plus souvent, l'un à la quinte au-dessus, l'autre à la quinte au-dessous, peut-être, comme chez nous, à la tierce mineure, ou de *ut* majeur en *la* mineur. Il nous a au surplus paru, d'après les contes orientaux, que les caractères de ces modes étoient à peu-près ceux-ci. Le *Rast* est gai et brillant. L'*Iraki*, répondant aux mœurs des habitans de l'Iraque persienne, est, comme le Dorien des Grecs, propre aux airs de marche et guerriers; le *Ziraf-kend* est affectueux et tendre, et enfin, l'*Isfaani* est triste et lugubre, surtout quand il passe à un de ses collatéraux, l'*Husseïni*, qui est tout-à-fait lamentable. Car c'est celui qu'on emploie pour déplorer la mort d'Hussein fils d'Ali, dans la personne duquel devoit, selon les Persans, se perpétuer le califat.

Quant aux instrumens, ils en ont un grand nombre, tels qu'une guitarre, appellée *canoun*; une orgue qu'ils nomment *arganoun*, du mot *organon*; une espèce de violon, auquel ils donnent le nom de *barbet*: mais celui qui paroît le plus en usage, est l'*aoud*, espèce de luth à cinq cordes, qui donne cinq octaves complètes; ce qui est une étendue considérable et bien propre à déployer toutes les richesses de la mélodie. On ne connoît d'ailleurs dans tout l'Orient rien qui approche de notre accompagnement. Celui de nos concerts le plus harmonieux, seroit, pour des oreilles orientales, un charivari déchirant. Comment concilier cela avec la prétention du célèbre Rameau, qui prétend que la mélodie est fille de l'harmonie; c'est-à-dire, que dans nous le sentiment de l'harmonie est antérieur à celui de la mélodie?

Les Turcs tenant leur musique des Persans, nous sommes dispensés d'en parler, si ce n'est pour dire qu'ils n'exécutent rien que de mémoire. Les Arabes et les Persans paroissent au contraire avoir de la musique écrite. Car j'ai vu citer, parmi les ouvrages d'un savant Arabe, un livre intitulé, *magna tonorum collectio*. C'étoit probablement un recueil d'airs.

XVI.

Il nous reste à dire quelques mots, sur l'état des mathématiques, tant ancien qu'actuel, chez les Turcs. La matière n'est pas, à beaucoup près, aussi abondante que chez les Arabes et les Persans. Ce peuple ne s'est, pour ainsi dire, jamais que traîné, et de fort loin, sur les traces des Arabes. Nous dirons cependant qu'il n'est pas aussi ignorant dans ces sciences, que nous le présentent nos préjugés. Tous le monde sait que les Turcs ont leurs *medresses* ou collèges, dans lesquels il y a des professeurs entretenus, même pour la géométrie et l'astronomie. Ils ont dans leurs bibliothèques publiques, qui sont assez nombreuses à Constantinople, la plûpart des mathématiciens Grecs traduits en Arabe, et même plusieurs d'entr'eux en Turc. M. l'abbé Toderini nous a donné à cet égard, dans son ouvrage *della litteratura Tur-chesca*, des détails qui peut-être ne déplairont pas ici.

Suivant M. l'abbé Toderini, les Turcs sont très versés dans la science des nombres, qu'ils apprennent dans leur enfance, sur les nombreux livres arabes et turcs qui en traitent. A l'exemple même des Indiens, ils calculent avec une prodigieuse prompti-tude, de sorte qu'en quelques minutes de temps ils font, dit-il, sur un quarré de papier, un calcul que nous ne ferions pas sur quatre feuilles en deux heures. Je crois cela exagéré. Au reste, j'ai remarqué que l'esprit se monte à cet égard comme une machine, et j'ai vu avec étonnement d'habiles mathéma-ticiens être devancés, à cet égard, par de minces maîtres d'arithmétique. Les caractères qu'emploient les Turcs, sont les anciens caractères arabes, auxquels ils donnent une origine indienne, en sorte que cela confirme ce que nous avons dit plus haut de l'origine de notre notation arithmétique. Un des auteurs Turcs les plus estimés sur cette science, est Ala-Eddin, dont l'ouvrage est en trois parties.

L'algèbre même n'est pas inconnue aux Turcs, et le nom qu'ils lui donnent confirme l'étymologie que nous lui avons assignée ; car ils ne l'appellent jamais simplement *Algeber*, mais *Algeber-v-almucabela*, c'est-à-dire, *comparatio et restitutio*. M. l'abbé Toderini nous dit qu'aujourd'hui quelques jeunes Turcs cultivent l'algèbre sur nos livres modernes, et qu'il en a connu un qui avoit beaucoup de talent, parloit bien l'italien, et savoit autant d'algèbre qu'un Européen ; cela lui fut assuré par deux habiles ingénieurs françois.

La géométrie tient un rang trop éminent parmi les connois-sances de ce genre, pour qu'elle ne soit pas à plus forte raison cultivée jusqu'à un certain point par les Turcs. Elle est enseignée dans la plûpart de leurs *Medresses*. Ils ont même, ainsi que nous l'avons déja dit, dans leurs bibliothèques la plûpart des géomètres Grecs, traduits en arabe ou en turc. Il ne paroît cependant pas qu'ils aillent au-delà des Elémens d'Euclide, pour l'étude duquel ils font principalement usage du commentaire de Nassireddin de Thus, ou d'un ouvrage élémentaire particulier du Cadi-zade Al-rumi, intitulé, *Commentaire sur les figures fonda-mentales de la géométrie*. Quelques-uns néanmoins, suivant l'auteur cité, vont plus loin et font usage des traductions arabes des autres géomètres Grecs ; comme Archimède, Apollonius etc. Un fait assez singulier, c'est que le fameux sultan Bayezid (Bajazet) II, cultiva la géométrie qui lui avoit été enseignée, ainsi que l'astronomie, par son précepteur Sella-uddin.

Mais c'est surtout l'astronomie, que les Turcs cultivent avec le plus de soin. Deux motifs y ont contribué ; l'un est le besoin de régler le temps ; l'autre le goût qu'ils ont pour l'astrologie, qui ne peut se passer du secours de l'astronomie elle-même.

Toute nation policée, en effet, ne peut se dispenser d'avoir une méthode réglée de compter les temps, et les Turcs, à cet égard, se sont donné les soins nécessaires pour y parvenir. Ils emploient à la vérité, comme les Arabes, les années lunaires dans l'usage civil et religieux. Mais cependant ils n'ont pas entièrement négligé le moyen de la faire concorder avec l'année solaire, et ils font usage pour cet effet d'un cycle de 95 ans, qui est la période Métonicienne répétée cinq fois. Ils paroissent tenir ce cycle des chrétiens d'Alexandrie ; car ce fut une invention de l'évêque Anatolius. Ils ont au reste, selon le prince Cantemir, des méthodes pour calculer assez exactement le jour, l'heure et la minute d'une conjonction ou opposition lunaire, ainsi que d'une éclipse, soit lunaire, soit solaire ; et ils en font usage dans la confection de leurs almanachs annuels, qu'ils nomment du nom Persan *Rus-nahmé*.

Le calcul de ces almanachs est confié à l'astronome impérial, qui se fait aider par beaucoup de gens exercés dans ce calcul, et présente au sultan le nouvel almanach, écrit sur une longue peau roulée à la mode des livres anciens. Mais il s'en fait pour le public et pour les seigneurs Turcs, de petits, reliés en forme de livres européens et fort décorés. On trouve dans ces almanachs le cours de la lune et du soleil, les phases de la première, avec les éclipses, mais seulement celles qui doivent être visibles à Constantinople. C'est à deux habiles Turcs que la nation est redevable de ces méthodes de calcul. L'un se nommoit Mustapha ben-Ali surnommé Almouackat, ou observateur des temps et des heures ; il étoit attaché à la mosquée de Selim I, et publia, l'an de l'hégire 940, (1533 de J. C.) son livre intitulé *Talassar* en turc, où il explique aux musulmans les combinaisons de l'année arabe avec les années solaires Juliennes, et les cycles par lesquels on les fait concorder. L'autre astronome Turc est Darandeli Mehemet Effendi, qui vivoit il y a une centaine d'années. Il s'est rendu célèbre par son *Rus-nameh*. Cet ouvrage contient des tables, qui donnent avec assez de précision les jours, heures et minutes de chaque lune. Ce *Rus-nameh*, ou *calendrier perpétuel* turc, a été imprimé en 1676, à Augsbourg en sa langue originale, et sans traduction, mais avec une dissertation savante, par M. Velschius.

Nous remarquerons encore comme une singularité, que les Turcs ont, dans la bibliothèque publique du sultan Mehemet, l'astronomie de Cassini traduite en turc. Mehemet Effendi, qui vint en France comme ambassadeur du sultan, en 1740, et qui, en homme instruit, vit avec satisfaction l'observatoire de Paris, la reçut comme un présent précieux de M. Cassini lui-même ; et de retour à Constantinople, il en fit faire la traduction, dont il enrichit la bibliothèque ci-dessus.

Il y a une vingtaine d'années que le sultan Mustapha III, qui n'étoit pas un homme aussi méprisable que le représente M. de Voltaire, mais qui étoit au contraire fort instruit et curieux (1), fit demander à l'académie des sciences, les meilleurs livres de l'astronomie Européenne : on les lui adressa, et parmi eux l'astronomie de M. Lalande, avec ses Tables. Ces dernières ont été traduites en turc, et cette traduction se trouve dans la bibliothèque du sultan.

Quant à l'astronomie pratique des Turcs, il faut convenir qu'ils sont peu observateurs, et font peu ou point d'usage de nos grands instrumens inventés dans la vue de porter l'observation à la plus grande précision ; mais ils les connoissent et admirent la sagacité européenne. Ils sont au surplus fort curieux des petits instrumens, comme astrolabes, analemmes, anneaux astronomiques, et cadrans solaires proprement faits et divisés. M. Toderini nous dit en avoir vu plusieurs de ce genre, et en particulier chez Achmet Effendi, seigneur Turc, très instruit dans les sciences européennes, y compris l'astronomie, et très curieux en instrumens de toute espèce, mathématiques et physiques, qu'il a rassemblés avec de grandes dépenses.

La division du temps dans la journée est trop nécessaire, pour que la Gnomonique, partie secondaire de l'astronomie, n'ait pas été aussi un peu cultivée par les Turcs. Leur Mustapha ben-Ali, dont nous avons parlé plus haut, est auteur d'un traité écrit en turc, sur les cadrans solaires et sur la manière de mesurer le temps, sous le titre de *Tashil al micat fil-Elm alancat.* L'astronome Tachioddin, dont nous avons parlé plus haut à l'occasion des cadrans solaires, étoit un Turc de Galata, qui vivoit l'an de l'hégire 987 (de J. C. 1579.) On lui attribue aussi l'invention d'un grand et bel instrument, pour observer les étoiles. Les Turcs ont enfin plusieurs autres traités sur les cadrans solaires de toute espèce, fixes et portatifs, ainsi que sur l'astrolabe, entr'autres celui de Soliman Zade, avec un commentaire étendu, intitulé *Serhil usturlab*, qui se trouve dans les principales bibliothèques.

La géographie et la marine sont encore deux branches de l'astronomie, dont les Turcs ont reconnu au moins depuis quelque temps, l'importance même pour des vues politiques. La marine étoit, il y a trente à quarante ans, absolument livrée à une routine grossière ; et le savant Ibrahim Effendi Muteferrica déploroit

_____

(1) Voyez *Mémoires du Baron de Tott, sur les Turcs et les Tartares.*

dans

dans un traité politique, l'ignorance de ses compatriotes en cet art ; ignorance qui est la cause de la perte annuelle de quantité de vaisseaux, surtout dans la mer noire, comme l'observa le P. Boscovich dans son voyage à Constantinople, en 1772. Le sultan Mustapha III voulant y remédier, ordonna la traduction d'un bon traité de navigation, fait par un Européen ; je crois que c'est celui de M. Bouguer qui fut choisi. On vit aussi bientôt s'élever deux écoles de marine ; l'une par la munificence du grand amiral Gazi-Assam, excitée tant par son propre goût que par les conseils du baron de Tott ; l'autre par les soins de Hamid Chalil Pacha, grand visir. La première s'ouvrit en 1773, et fut nommée *Muhendis Khané*, la chambre de la géométrie. Elle eut pour premier professeur un Algérien instruit tant dans les principales langues européénes qu'il parloit bien, qu'en navigation théorique. Il se nommoit Seid Hassan, et ayant passé au grade de vice-amiral, il eut pour successeur, Ogiasi Seid Osman Effendi, natif de Constantinople, qui l'occupoit encore au départ de M. Toderini de cette ville. C'est ou c'étoit un homme habile en géométrie, suivant nos ingénieurs françois.

L'école de marine de Chalil Pacha est d'une date un peu plus récente, savoir, de 1784, et la direction en fut confiée à Ibrahim Effendi, homme instruit dans les sciences ; nous voudrions pouvoir dire en quel état sont aujourd'hui ces établissemens, mais nous n'avons pu nous en assurer. Nous nous bornerons à ajouter que l'instruction paroissoit y être, à la date du séjour de M. Toderini à Constantinople, sur un assez bon pied. Des instructions en géométrie, en géographie, en astronomie, d'après les principes europééns, sont données aux élèves régulièrementtous les jours de la semaine, hors deux, et pendant quatre heures. Si les Turcs peuvent enfin secouer le joug de leurs préjugés qui les empêchent de voir que leurs malheurs militaires et politiques ne tiennent qu'au défaut d'instruction ; si, dis-je, ils peuvent enfin secouer leurs préjugés, cette instruction se perfectionnera et s'étendra de plus en plus. Mais devons nous le désirer ? je crois fort le contraire. Cette puissance menaceroit alors trop sérieusement du joug, le reste de l'Europe.

M. Toderini fait beaucoup d'éloge, dans le cours de son ouvrage, d'un savant Turc, nommé Hadgi-Kalfah ; qui vivoit vers le milieu du siècle passé. Il nous le représente comme un homme fort versé dans toutes les sciences, et à qui la géographie surtout a beaucoup d'obligations auprès de ses compatriotes. Les Turcs étoient en effet, à cette époque, fort ignorans en géographie. A peine en savoient-ils ce que les auteurs Arabes antérieurs à toutes les découvertes nouvelles leur en avoient appris, et ils n'avoient sur les pays occidentaux pas plus de connoissance qu'en a le vulgaire de notre populace, qui appelle tous les pays éloignés, des îles, et qui confond l'Amérique avec les Indes. Hadgi Kalfah redressa ou tenta de redresser sur ce sujet les idées de sa nation. D'après les géographes chrétiens, il traça des cartes tant géographiques qu'hydrographiques, et fut en particulier auteur d'un petit Atlas turc, intitulé *Gian Numah* ou *Gian Nahmé*, le *miroir du monde*, qui représente les diverses parties de l'univers alors connues avec assez d'exactitude. Cet Hadgi Kalfah étoit un homme d'une grande érudition ; il fut auteur d'une bibliothèque orientale, où il faisoit mention de plus de trois mille écrivains Arabes, Persans ou Turcs, dont il donne une notice succincte ; la manière dont il parle des livres mathématiques, prouve qu'il avoit en ce genre des connoissances assez étendues.

Nous terminerons ici ce que nous avions à dire de l'état des sciences mathématiques chez les Turcs. Il est superflu d'ajouter qu'ils sont fort entichés de foible pour l'astrologie. Mahomet en avoit défendu l'usage ; mais cette manie est une vieille maladie de l'esprit humain, que la seule propagation des lumières peut guérir, et les Turcs en sont encore bien éloignés, puisqu'il n'y a pas 150 ans que cette folie trouvoit chez nous des défenseurs, et qu'elle en a peut-être même encore.

X V I I.

J'avois dessein de terminer cette partie de mon histoire, par une notice assez complette de mathématiciens Arabes et de leurs ouvrages. Mais obligé de me resserrer, à cause de l'abondance extrême de matières plus intéressantes, je me suis vu contraint de la sacrifier, ou du moins de l'abréger considérablement. Je ne donnerai donc ici qu'une petite partie de ce que j'avois rassemblé, d'après d'Herbelot, et divers catalogues de bibliothèques riches en manuscrits Orientaux, et sur-tout d'après celui des manuscrits Arabes de la bibliothèque de l'Escurial (1), plus riche elle seule en manuscrits de ce genre, que toutes les autres bibliothèques ensemble de l'Europe. Mais on n'en sera pas étonné, quand on saura combien les sciences fleurissoient en Espagne, et qu'il y avoit dans ce pays, au temps des princes Maures, soixante et quinze bibliothèques ouvertes au public. Tout cela a dû refluer dans celle de l'Escurial, qui seroit même encore bien plus riche, si un incendie

---

(1) *Bibliotheca Arabico-hispana Escurialensis, opera et studio Mi-* *chaëlis Caziri, Syro-Maronitæ, etc.* *Matriti*, 1770, in-fol. 2 vol.

n'en avoit consumé une partie. Nous allons donc donner ici par ordre alphabétique les noms des mathématiciens Arabes, que nous avons jugé à propos de réserver pour cette notice, avec les titres de leurs ouvrages.

A.

ABBAS BEN SEID AL-GIAUHARI. *Tabulae astronomicae --- Comment. in Euclidem.* Ce mathématicien vivoit sous Almamoun, et étoit un excellent fabricateur d'instrumens mathématiques.

ABDALLA AL-NAGIAR (le géomètre) BEN ALHAZEN ABUL-CAS-SEM. *De sphaera -- de inerrantium stellarum motu -- de radiis — magna syntaxis — tabulae astronomicae secundum Persarum computum.* -- Il étoit de Bagdad.

ABDALLA BEN MOHAMMED BEN HEGIAGE IBN IASMINI. *De Algebra poema nobilissimum, quod omnium manibus teritur,* dit l'historien Arabe. Il étoit de Fez, et habitant de Séville : il vivoit en 600 de l'Hégire.

ABDALLA MOHAMMED BEN ABU SHAKER. *Tabularum corona et thesaurus sufficiens, seu instit. Astron. Chron. et Geogr. in quibus Ptolemaeus saepe emendatur.* (Bibl. Arab. Hisp. t. 2).

ABDALLA MOHAMMED surnommé l'*Arithméticien. De sciothericis tractatus seu scientia ex umbra desumpta constans problematibus 64, fig. 53,* (Casiri).

ABDEL HAZIS AL-MASSOUD AL-SCHEBILLI (de Séville). *Tractatus sufficiens dictus in quo de tabulis sinuum atque eorum usu in trigonometria.* (Bibl. Arab. Hisp. t. 2).

ABDEL HAZIS AL-CABITI (*Alcabitius*), *Selenographia -- de planetarum conjunctionibus* (Venet. 1491, Paris. 1521) --- *introductio ad astronomiam.* (Bibl. Bodley).

ABDORRHAMAN AL-SUPHI. -- *Institutiones astronomicae -- de Asterismis.*

ABU-VALID MOHAMMED ABEN ROSCH (vulgò AVERROES). *Epitome Almagesti.*

ABRAHAM ALZARACHEL (vulgò ARZACHEL). *Tabulae Toledanae, seu canones motuum coelestium cum in eosdem introductione.* (Bibl. Vat. Bodl. Escurial.) *Compositio instrumenti Saphea dicti.* (Ibid).

ABU ABDALLA MOHAMMED EL EDRISI. *Curiosi animi relaxatio,* etc. C'étoit un traité de géographie, dont nous n'avons plus qu'un abrégé ou extrait fait par un Arabe chrétien, vers 1195, pour servir à l'explication d'un globe terrestre d'argent, que possédoit le roi Roger de Sicile. C'est ce que fait voir le savant M. Casiri dans sa *Bibliotheca Arabico-Hispana,* t. 2. Cet extrait fut publié en Arabe seulement, sous ce titre: *de Geographia universali hortulus cultissimus mire, orbis regiones, provincias, insulas, urbes earumque dimensiones et orisonta describens.* Rom. 1592, in-4°. Il fut ensuite traduit par les Maronites *Gabriel Sionita* et

Jean Hesronita, et publié à Paris en 1619, sous le titre de *Geographia Nubiensis*, id est, *accuratissima totius orbis in 7 climata divisi descriptio*, etc. in-4°. Mais M. Casiri se plaint de ce que les noms des villes et régions y sont pour la plûpart tellement défigurés, qu'un Arabe même ne sauroit les reconnoître. Il en avoit fait par cette raison une nouvelle traduction, qu'il auroit donnée sans ses occupations. On doit désirer qu'elles lui permettent d'effectuer ce projet ; car cette géographie toute imparfaite qu'elle est, est précieuse pour reconnoître l'état de l'Asie et de l'Afrique, surtout pendant les siècles du moyen âge, et est essentiellement liée à l'histoire orientale de ces temps-là.

ABU ABDALLA MOHAMMED AL-GASI AL-OTHMANNI. *De numeris poema, seu Arithmetica versibus conscripta : -- res curiosis expedita seu comment. in Almag.*

ABU ABDALLA MOHAMMED BEN OMAR BEN BADR. *Algebrae, seu comparationis Equationum epitome.*

ABU ABBAS AHMED BEN MOHAMMED IBN OTHMAN AL-GARNATI (de Grenade). *Via Patens, seu regia curiosorum, sive institutio astron. cum tabulis motûs planetarum : -- isagogica numerorum scientia.*

ABU ALI AL-HOSSAIN IBN SINA (vulgò AVICENNA). *Opera mathematica, seu Arithm. Geom. Astron. et Musica. -- Euclidis elementa : -- Arithmetica et musica in Epitomen contracta : -- de sphaera : -- de corporibus caelestibus una cum ad singula additionibus ingeniosissimis.* C'est ainsi qu'en parle l'auteur de la bibliothèque philosophique Arabe. (Casiri).

ABU HASSAN ALA EDDIN IBN SHATER AL-DAMASKI, (c'est-à-dire, de Damas). *De usu quadrantis Allaei : -- de usu sextantis : -- Elementa geometriae et geodesiae.* (Bibl. Cantab.)

ABU ISMAIL AL-GAZARI AL-RASSAB, (ou le marchand de Ris. Il lui étoit arrivé une avanture assez semblable à celle d'*Hippocrate* de Chio. Il fut auteur d'un ouvrage ou compilation de mécanique, sous ce titre : *de machinis et pneumaticis tractatus sex partibus constans.* I. *De horologiis hydraulicis.* II. *De vasibus structurae singularis.* III. *De mach. hydraulicis.* IV. *De machinis ad onera sublevanda.* V. *De vasibus ingeniosis.* VI. *De aliis machinis promiscuè.* Il a été traduit en Turc, et c'est probablement une compilation des mécaniciens Grecs, tels que *Héron*, *Ctésibius* et autres. (Voyez *Bibl. Orient.* au mot *Ketab.* -- Casiri, *Bibl. Arab. Hisp. t. 1.*)

ABU FADHL GIAFFAR. *Observationes astronomicae. Bibl. Arab. Hisp. t. 1.* Cet astronome étoit d'une naissance illustre, car il étoit fils du calife *Moctafi Billah*. Il parloit dans ces observations de comètes observées en divers temps; mais par ce qu'on en dit, on voit que ces apparitions étoient envisagées plus astrologiquement qu'astronomiquement. Il y étoit aussi parlé de taches vues sur le Soleil, entr'autres d'une qui avoit été vue 91 jours de suite, ce qui est impossible, et montre que ces observations sont peu exactes, et qu'on n'en peut tirer aucune induction utile.

ABU MASHAR AL-BALKI (vulgò ALBUMASAR). Cet astronome, dont la réputation fut grande dans tout l'Orient, plus encore par son prétendu savoir astrologique, que par ses connoissances astronomiques, fut disciple du célèbre *Alfarabius*, qu'à la suggestion d'un de ses envieux, il s'étoit chargé d'assassiner. Mais celui-ci lui ayant dit, dès le moment qu'il l'apperçut, qu'il connoissoit son dessein, qu'il jetât son poignard, et qu'il lui apprendroit l'astronomie, *Albumasar* obéit, et se mit sous sa discipline, où il fit de tels progrès qu'il égala son maître en célébrité. Il étoit né, et faisoit son séjour à Balke en Bactriane, où il fonda une école d'astronomie, et plus encore d'astrologie longtemps célèbre. Ses ouvrages connus sont *De magnis conjonctionibus et annorum revolutionibus*, etc. *Tractatus 8*, (Aug. Vind. 1488, in-4°. Venet. 1515, in-4°.) *Introductorium ad astronomiam*, (Venet. 1489, in-4°.) *De conjonctionibus*. Ce sont seulement les petites conjonctions ; celui-ci n'existe qu'en manuscrit et en Arabe. Le premier de ces ouvrages, quoique farci de visions astrologiques, n'est cependant pas sans prix, à cause de ses discussions chronologiques. Il est d'ailleurs fort prisé par les amateurs de l'astrologie. *Voyez* d'Herbelot, Casiri, etc.

ABU NASSER MOHAMMED BEN MOHAMED AL-FARABI (vulgò AL-FARABIUS). Cet Arabe célèbre étoit non seulement astronome et géomètre, mais encore grand musicien théorique et pratique. Il naquit vers l'an 280 de l'hégire, et mourut vers l'an 343, le 953 après J. C. L'histoire raconte de lui des choses fort extraordinaires et plaisantes. *Voyez* d'Herbelot, Casiri. Ses ouvrages étoient : *Musices elementa* — *Encyclop. astron.* — *De uno et unitate.* — *De puncto geom. seu indivisibili.* — *Comment. in almag.* — *de authom. et hydraulicis :* — *de perpetuo astrorum motu :* — *Nilus felicitatum seu discipl. math. Thesaurus*, etc.

ABULFEDA. *Voyez* ISMAEL.

ABU RIHAN MOHAMMED IBN HAMIL AL-BIRUNI (vulgò ALBIRUNIUS). *De superficiebus (seu de fig.) sphæricis :* — *de motitus astrorum :* — *ipsius et aliorum de anguli trisectione et cubi duplicatione tentamina :* — *de horis ex altitudine stellarum dignoscendis :* — *comment. in Almag. :* — *canon al Massoudi, seu tractatus geograph. astron.* — *de sphaera.* Il vivoit vers l'an 1030 de J. C., et avoit longtemps voyagé sur-tout dans les Indes. *Abulfeda* en a fait beaucoup d'usage, et le cite fréquemment. On raconte de son talent astrologique des choses telles que si elles étoient réelles, il faudroit croire à ce vain art. (Voyez *Bibl. Orient.* au mot *Albiruni*).

ALBATANI ou ALBATEGNIUS. *Voyez* MOHAMMED BEN AHMED.

AL-HAZAN IBN ALHIRST AL-HABBUBI. *Elementa algebræ.*

ALI ABDORRAHMAN IBN IOUNIS IBN ABDOLSALA (vulgò IBN IONIS). *Astron. institutiones cum tabulis quae Hakimicæ vocantur, in 4 tomos distributæ.* (Bibl. Leyd. Bibl. Escurial). On a vu dans le deuxième article de ce livre, par les citations de cet auteur, combien une traduction complette de ce livre eût été curieuse.

ALI IBN ALHAZAN IBN IBRAHIM IBN AL-HUMEN AL-MISRI, (vulgò HUMENUS ÆGYPTIUS). *Astronomia cum tabulis :* — *canones in ipsius tabulas almanach dictas :* — *theoria planetarum :* — *in eamdem demonstrationes :* — *in planispherium demonstrationes.*

ALKINDI. *Voyez* IACOUB.

AVICENNA. *Voyez* ABU-ALI AL-HOSSAIN, etc.

B.

BEN HEITEM AL-MISRI (seu Ægyptius). *In almagestum commentarius :* — *obs. astron. collectio :* — *comment. in Euclidem.*

C.

CAISAR-IBN-ABOULCASEM BEN-MOUSAPHER AL-ABRAKI. Cet astronome fut celui qu'employa le sultan d'Egypte *Mohammed al-Kamel* pour la construction d'un globe céleste, orné d'indications arabico-cufiques; qui est aujourd'hui dans le musée du cardinal Borgia à Veletri. Ce globe qui fut fait l'an 622 de l'hégire, a été pour le savant M. *Assemani*, le sujet d'une curieuse dissertation intitulée : *Globus caelestis Kufico-arabicus Veliterni musæi Borgiani*, etc. *illustratus; præmissa ejusdem de Arabum astronomia dissertatione et duabus epistolis (l. Jos. Toaldi*, etc. Patavii, 1784, in-4. Nous aurions désiré trouver dans l'extrait de cet ouvrage, inséré au journal des savans de 1790, le diamètre de ce globe.

COHBEDDIN AL-SHIRAZI (ex urbe Shiras). *Donum regium, seu astron. universæ syntagma.* Persice.

E.

EZZEDIN AL-DAHIR (l'*aveugle*). C'étoit, dit d'*Herbelot*, un homme très-savant en philologie, philosophie et mathématiques. Il étoit en état de démontrer les six premiers livres d'Euclide, d'après les figures peintes dans son imagination. Mais ce n'est pas là une grande merveille. Il y a un autre géomètre et astronome Arabe, aveugle comme lui, et qui en faisoit davantage; au reste tout cela est encore loin de notre Sanderson.

G.

GEBER. *Voyez* MOHAMMED GEBER.

H.

HAZAN AL-MESROUR AL TABINI. *De horol. solaribus.*

HOZEIN IBN MOHAMMED AL NISCHABOURI AL-AMMI, (c'est-à-dire, de Nischabour, surnommé l'*aveugle*). *Algebra :* — *notæ in tabulas Ile-kanicas.*

I.

IACOUB BEN ISAAC ABU-JOSEPH ALKINDI AL-BASRI (vulgò ALKINDUS ex Bassora). *Quod philosophia sine matheseos studio comparari non possit :* — *Isagoge in arithmeticam :* — *de arithmetica Indica :* — *de numeris harmonicis à Platone in Timaeo memoratis :* — *quod sphærica figura sit omnium capacissima :* — *de quantitate relativa, seu Algebra :* — *quod mundus sit sphaericus : — quod maris superficies sit sphaerica : — de planispheriis et armillis : — Isagoge harmonica de tonis et musices historia : — de Euclidis instituto : — in Euclidem commentarii : — de parallaxibus : — de speculorum differentiis : — de triangulorum ac quandrangulorum dimensione : — quomodo describendus sit circulus aequalis superficiei cylindri dati : — comment. in Euclid. libros* 14 *et* 15 — *comment. in Hypsiclis librum de ascensionibus : — de astrolabii constr. : — de horolog. sciathericorum descriptione : — de horolog. horisontali præstantiore : — de magna Ptolemaei constructione, seu Almagesto liber* 1 : *— de instrumentis quibus stadia numerentur et magna corpora mensurentur : — Autholici de sphaera mobili liber cum comment. — De luna centri distantia d terra : — de maris Æstu : — de automatis et thaumantiis machinis : — de iis quae aquae innatant.* C'est probablement le litre d'*Archimède*, intitulé : *de innatantibus in fluido : — de regula sex quantitatum, et alia multa philologica, philosophica, moralia,* etc. etc. (Bibl. Arab. Hisp. Escurial. t. 1.)

On voit par là que cet *Alkindi* fut un des plus savans Arabes, et qu'il y a quelque fondement à l'éloge pompeux qu'en fait *Cardan.* Il vivoit vers le temps d'*Almamon*; on raconte de lui des choses singulières, quant à son talent astrologique. (*Voyez* Bibl. Orient. d'*Herbelot*, p. 460. *Casiri bibliotheca Arabico Hispana*, t. 1.)

ISMAEL ABULFEDA ou OMADEDDIN ISMAEL ABULFEDA BEN NASSER AL-MALEC AL-SALEH, prince de Hamah en Syrie, né l'an de l'hégire 672, ou de J. C. 1273, mort en 732, ou de J. C. 1313. *Tabulæ geographicae secundùm climata dispositae.* Il y cite trente géographes Arabes, tels que *Albirani*, *El edrisi*, *Iacuth*, *Cordadabah*, etc , etc. *Abul-feda* fut de plus un historien distingué, et auteur d'une histoire universelle, conduite jusques vers l'an 1310 de notre Ere.

K.

KETAB. Sous ce mot qui, en Arabe, signifie *livre* ou *traité*, nous rassemblons ici, à l'exemple de M. d'*Herbelot*, divers titres d'écrits que nous aurions peine à placer ailleurs ; quelques-uns étant anonymes, ou légèrement attribués à des auteurs anciens.

K. *al-Maout v-algebr.* Traité sur le monde et l'algèbre, attribué à *Adam.*

K. *Al-Norbal al-Giodhour lé Abollonious.* Traité de la section déterminée par *Apollonius.* Il n'y a que le premier livre ; *Thebith* son traducteur étant convenu ne rien entendre au second.

K. *Al-Adad lé Aristous.* Traité des nombres, par *Aristote.*

K. *Al Okar lé Menelaous.* Traité des sphériques, par *Ménélaüs.*

K. *Al-Alat al-Harb lé Haroun.* Traité des machines de guerre, par *Héron.*

K. *Tarbi al-Daïrat lé Arschemides.* Traité de la dimension du cercle, par *Archimède.*

K. *Al Shems v-al-Kamar lé Aristocsenous.* Traité du Soleil et de la Lune.

C'est sans doute le livre d'*Aristarque*, sur les distances et grandeurs de la Lune et du Soleil, où par erreur on lit *Aristocsenous* au lieu d'*Aristarchous*.

K. *Al-Gebr v-Hessab al-Hindi.* Traité de l'algèbre et de l'arithmétique Indienne, par *Mouaffec al Bagdadi.*

K. *Kata al-Sohouth lé Abollonious Al-Nagiar al-Iscanderani.* Traité *de sectione rationis; it. de sectione spatii*, par Apollonius le géomètre d'Alexandrie. Les Arabes faisoient *Apollonius* d'Alexandrie, et le nommoient *Al-Nagiar*, le charpentier, l'ingénieur, ou le géomètre. Ils avoient cependant des termes plus relevés et plus appropriés, comme *Al-Hendassa*, *Al-Mohendez*, pour signifier la géométrie et le géomètre.

K. *Al Korrat v-Alostouan lé Archemides al-Misri.* Traité de la sphère et du cylindre, par *Archimède* l'Egyptien. Les Arabes donnoient en effet, mais mal à propos, à *Archimède* l'Egypte pour patrie; comme à *Apollonius* la ville d'Alexandrie, et à *Euclide* la ville de Tyr.

K. *Al Mothallat lé Arschemides.* Traité des triangles, par *Archimède.*

K. *Al-Kers v-Algebr lé Bocrat.* Traité des fractions et de l'algèbre, par *Hippocrate.* Ouvrage sans doute apocryphe, car aucun Hippocrate connu n'a écrit sur l'algèbre.

K. *Al Korrat al-Motaharacat lé Autolocsous.* Traité de la sphère mobile d'*Autolycus.*

K. *Al-Khotouth lé Aristou.* Traité des lignes, attribué à *Aristote.* C'est peut-être le livre *de Lineis insecabilibus*, qui est plus physique que mathématique.

K. *Al-Khotouth al-Motavaziat lé Arschemides.* Traité des lignes parallèles attrib à *Archimède.*

K. *Saat.* Traité des horloges, par *Abou-Omar*, etc. *Al-Thalabi.*

K. *Saat al Mouhiat.* Traité des horloges à eau, ou clepsidres, attribué à *Archimède.*

K. *Al-Agebat Al-Rassadiat.* Traité des instrumens admirables pour l'astronomie, par *Al-Khasen.*

K. *Al-Semá v-Al-Kamho.* Traité de musique, par *Aboul Abbas Ahmed ben Mohammed al-Schebilli* (de Séville).

K. *Al-Hessab.* Traités d'arithmétique par divers auteurs, comme *ben Albanna al-Marakeschi; ben al-Moussali; ben Folous al-Mazini; Schamet ben Iahia*, etc. etc.

M.

MESSALHA ou **MASHALLA.** *Epistola de eclipsi Lunae :* — *de receptionibus et conjonctionibus planetarum, et de revolutionibus annorum mundi* (Venet. 1493, in-4°.): — *de elementis et orbibus coelestibus*, etc. (Noriberga, 1549, in-4°.) — *de compositione et utilitate astrolabii.* (Basil.

1533 . . . It. *in margarita philosophica*, édit. 1523, 1583, in-4°.) *de ratione circuli et stellarum operationibus*. (Bas. 1535.) Ce *Messalah* étoit Juif de naissance, mais comme il a écrit en Arabe, on a cru devoir lui donner place ici. Il vivoit vers le temps d'*Almamoun*.

MOHAMMED AL-MARDINI. *De quadrante perfecto* : — *de temporum cognitione et ejus usu* : — *proportio sexagena, seu de horis astron. et calculo astronomico.*

MOHAMMED BEN AHMED BEN GEBER AL-BATANI ; (c'est l'astronome si connu sous le nom d'*Albategnius*. Ses ouvrages sont *de scientia stellarum liber*. (Norimbergæ, 1537, in-4°). *Astronomia chronologica et geographica in 4 libros digesta* : *Archimedis opera in compendium redacta*. (Voyez la *Bibl. Arabico-Hispana*, t. 1. On a donné, sur cet astronome célèbre, d'assez grands détails dans l'article V de ce livre.

MOHAMMED GEBER BEN APHLA. *Magna Ptolemæi constructio 9 libris exposita*. (Norib. 1533, in-4°.) — *Liber radicum*, (*Forsan de radicibus extrahendis*) *Bibl. Cantab*. Ce *Geber*, auquel on a attribué mal-à-propos l'invention de l'algèbre, étoit de Séville, et vivoit vers l'an de l'hégire 425 ou de J. C. 1050.

MOHAMMED IBN-IAHIA IBNOL-OUAFFA AL-BUZIANI. *Commentaria in Almagestum A°. Heg.* 393 *scripta* : — *tabulæ motuum caelestium* : — *comment. in Euclidis librum 5*. — *Comment. in Diophantum*. Casiri, *Bibl. Arab. Hispana*. Il seroit utile de voir si ce commentaire de *Diophante* ne contiendroit pas les six livres qui nous manquent.

MULANA SALAHEDDIN MOUSSA BEN MOHAMMED. *Astronomicæ instit. et tabulæ motûs diurni planetarum* (persicè) : — *in Euclidem Nassir-eddini nota*. Ce *Salaheddin*, surnommé *Cadi-zade al-Rumi* ou *le Chrétien fils du Cadi*, étoit Persan : il fut l'instituteur en astronomie du célèbre *Uleigh-Beigh*, et chargé par lui du calcul de ses Tables ; mais il mourut avant de les avoir achevées.

N.

NASSIREDDIN AL-THUSI, surnommé GOGGIA NESSIR, ou le docteur *Nassir* de Thus. *Tabulæ astronomicæ* : — *Euclidis elementa arabice versa cum commento, et arabice impressa*. (Romæ, 1594, in-fol.) : — *de astrolabio tractatus in 20 capita digestus* — : *tractatus medii, nempe Euclidis dat1, Archimedes, Autholicus, Theodosius, arabice versi* (Bibl. Bodleyana). *Aristarchus Samius de dist. et magn t. Solis et Lunæ, arabicè versus* : — *de Algebra tractatus* : — *Arith. et Algebræ compendium* (d'Herbelot, Casiri.) On a parlé avec assez de détails de ce mathématicien, qui, quoique Persan, a écrit en Arabe.

O.

OMADEDDIN AL-BOCHARI. (de Eocara) *De figura orbis* : — *de motu Lunae et Mercurii.*

S.

SCHABEDDIN ABU-ABBAS AL-MAGEDI. *Viatoris commeatus, seu tractatus de sciothericis (portatilibus) planis, rectis et obliquis cum tab. ad usum Muhammedanorum.*

SCHEMSEDDIN MOHAMMED BEN AHMED AL-MUSI. *Euclidis elementa arab. versa :* — *de quadrantis usu tractatus in 24 cap. d'gestus :* — *de circulis Almincantarat.* Herbelot, Casiri.

T.

THEBIT (ou THABET) BEN CORRAH AL-SABI AL-HARRANI (ou le *Sabéen d'Harran. De imaginibus sphaerae :* — *de motu octavæ sphæræ :* — *Euclidis ab Isaaco ben-Honain versi recensio :* — *Apollonii libri postremi* 5, 6, 7, *arabice versi.* Le dernier fut laissé à cause de son obscurité et du mauvais état du manuscrit) — *De his quæ ante Ptolemæi lectionem expositione indigent :* — *quod si duæ rectæ ad eandem incidentes, angulos (internos) duobus rectis minores faciant necessario concurrent :* — *de quadratura circuli :* — *de causis eclipsium Solis et Lunæ :* — *in Almagesti expositionum libri* 11 : — *de locis ut de problemata geometriæ petuntur.* (Peut-être sont-ce les lieux plans d'*Apollonius*, dont l'original ne nous est pas parvenu). — *De cylindi sectione :* — *de siderum motu tardiore, velociore et medio :* — *de Solis ac Lunæ eclipsium supputatione ubi Theon suppletur :* — *de anno solari* — *de Arithmetica libri* 3. — *De geometria* I. — *De musica* I. — *De parabola et conicis sectionibus.* — *De solido basibus seu Hedris* 14 *sphæræ circumscriptibili :* — *de horometria seu horis d'urnis ac nocturnis :* — *de figura Linearum quas gnomometrum (styli apicis umbra) percurrit :* — *de instrumento quod sector vocatur.* — *Epitome arithm. Nichomachi :* — *de sideribus eorumque ad nauticae usum :* — *de numeris Polygonis (forsan Diophanti liber.)* — *de problem. algebricis geometrica ratione comprobandis (fo san construendis) :* — *de causa discriminis inter Ptolemæi tabulas et recentiores :* — *de æqualibus et similibus coni sectionibus :* — *Astron. observationum libri complures :* — *Menelai ad Thimotheum regem de statica liber ;* (livre sans doute apocryphe, car je n'ai jamais connu de roi de ce nom). — *Apollonii de sectione determinata lib.* 1, *arab. versus ;* (Thebit convenoit n'avoir rien pu entendre au second) *et multa alia medica, philologica, physica,* etc. Herbelot, Casiri, etc. On est entré sur ce mathématicien dans des détails, qui dispensent d'y rien ajouter ici. Son petit fils *Thebit ben Senan ben Thebit* fut aussi un mathématicien et médecin distingué.

U.

ULUGH-BEIG (MIRZA MOHAMMED BEN SCHAROK). *Tabulae astronomicae ad merid. Samarcandae constructae et in* 4 *partes divisæ.* Elles n'ont jamais vu le jour en entier par une traduction. MM. *Hyde* et *Greaves* en ont seulement donné deux parties ; la première sous ce titre : *Epochae celebriores astronomis, historicis, chronologis, Cataïorum, Syro-Græcorum,* etc. *ex traditione Ulug-Beigh Indiae citra extraque Gangem principis,* etc. *accedit Chorasmiae et Mawaralnahar nec non regionum extra fluvium Oxum descriptio ex tabulis Abulfedæ Ismaelis principis Hamah.* Lond. 1650, in-4°.

La quatrième a paru sous ce titre : *Tabulae longitudinum et latitud.*

stellarum fixarum ex obs. Ulug-Beighi, etc. *accesserunt* Mohammedis Tizini *tabulae decl. et ascens. rectarum.* Oxonii, 1665, in-4°.

On a encore d'*Ulug-Beigh* un ouvrage : savoir, *Tabula geographica Ulug-Beighi persice et latine : opera Jo.* Grævii *cum Nassiretidini Tabula*, Lond. 1652, in-4°. On y trouve les lieux principaux de la terre alors connus, avec leurs latitudes et longitudes comptées des Canaries.

Ulug-Beigh partagea pendant quelque temps, avec son père *Scharoch*, le trône d'un vaste royaume, sis au-delà de l'Oxus, et dont Samarcande étoit la capitale. Il régna seul depuis 1447 jusqu'à 1449, qu'il fut détrôné et mis à mort par son fils, qui fit aussi mourir son frère. Mais cet exécrable parricide ne tarda pas d'être puni par un sort à-peu-près semblable.

Z.

ZENEDDIN ABUL AHMED BEN-MASSOUD ALGASNEVI (de **Gazna**). *Geographia et Astronomia.*

ZIG. Ce mot signifie chez les Arabes qui l'ont emprunté des Perses, *table*, *canon*, *règle*, et c'est celui que portent en général leurs Tables astronomiques. Je l'avois remarqué dans ma première édition, ce qui n'a pas empêché qu'on n'ait fait postérieurement de ce mot un nom d'auteur. On a cru devoir rassembler ici les titres des principales Tables Arabes.

ZIG-AL-DAMASKI. *Tabulae Damascenæ*, dédiées à *Almamon*, par *Ahmed ben-Abdalla al-Merouzi.*

ZIG AL-SIND-HIND. *Tabulae Indicæ*, par *Mohammed ben Mousa.*

ZIG AL-MAMOUNI. *Tabulae Maimonicae seu Almamonis*, par *Iahia Ibn-Abilmansur*, et les autres astronomes employés par ce Calife.

ZIG AL-SANGIARI. *Tabulae Sangiaricae*, ainsi nommées parce qu'elles furent dédiées au sultan *Singiar*, qui gratifia de mille dinars ou pièces d'or leur auteur *Abulfeth Abdorrahman.*

ZIG ALMEGISTI. *Tabulae Almagesti*, rédigées sur les hypothèses de *Ptolémée*, rectifiées par *Al-Merouzi.*

ZIG AL-SCHAHI. *Tabulae regiae*; ce sont probablement les suivantes sous un titre différent.

ZIG ILECKANI. *Tabulae Ilecanicae.* Elles furent l'ouvrage des astronomes, dont il a été parlé dans l'article douzième de ce livre; et suivant ce que nous en rapporte M. d'*Herbelot*, elles étoient divisées en quatre parties : la première contenoit les ères et les époques; la deuxième, le cours des planètes en longitudes, latitudes, et déclinaisons; la troisième, les temps de leurs ascensions ou levers; et la quatrième traitoit des étoiles fixes; c'est-à-dire, de leurs longitudes et latitudes. Ces tables furent mises au jour pour la première fois l'an 668 de l'hégire, ou 1270 de J. C., en Persan. Elles eurent une grande réputation dans l'Orient.

ZIG ULUG-BEIGH. *Tabulae Ulug-Beighi.* On en a parlé un peu plus haut, et précédemment dans l'article 8.

ZIG AL-HAKIMI. *Tabulae Halimicae.* Elles furent l'ouvrage d'*Ibn Iounos* ou *Ibn Ionis*, astronome du sultan *Hakim*, qui régnoit au Caire, et auquel elles furent dédiées. Elles furent apportées d'Orient par *Golius*, et se trouvent dans la bibliothèque de Leyde.

ZIG AL-KOWARESMI. *Tabulæ Covaresmicæ*, ainsi nommées par ce qu'elles furent l'ouvrage de *Ibn - Musa al-Kovaresmi*, un des mathématiciens d'*Almamon*.

Nous terminons ici cette notice d'auteurs, et de livres Arabes sur les mathématiques. Nous aurions pu facilement l'étendre bien davantage, en employant des matériaux que nous avions rassemblés ; peut-être aurai-je quelque part ailleurs l'occasion d'en faire usage Ceux qui en désireroient d'avantage peuvent consulter d'Herbelot, Casiri, et les catalogues de grandes bibliothèques riches en manuscrits Orientaux, ou enfin les extraits qu'en a donnés M. Heilbroner, quant à la partie mathématique. Mais ce savant ne connoissant point l'ouvrage de M. Casiri, qui lui est fort postérieur, n'a pu, à beaucoup près, entrer dans les détails sur les ouvrages et auteurs Arabes, que l'on vient de voir.

Fin du Livre premier de la seconde Partie.

NOTE

Lorsque j'ai dit que les Arabes, et avant eux *Diophante*, avoient trouvé la résolution des équations du second degré, je n'ai entendu parler que de cette résolution en forme analytique, semblable à celle que nous employons dans notre algèbre ; car il faudroit avoir une idée bien fausse de la géométrie des anciens, pour penser que des problèmes qui mènent au second degré, leur fussent inaccessibles. On trouve cette résolution énoncée en d'autres termes, dans les Elémens même d'*Euclide*, et notamment dans les propositions vingt-sept et vingt-huit du sixième livre ; propositions qui, par cette raison, ont été mal-à-propos omises par divers éditeurs d'*Euclide* qui ne les ont pas entendues, et en ont méconnu l'usage. Mais avant de le faire voir, il faut expliquer quelques expressions de la géométrie ancienne, que la désuétude de son langage a rendu peut-être inintelligibles à nos meilleurs géomètres.

Appliquer à une ligne donnée un rectangle égal à un espace donné, et sous certaines conditions données, c'étoit sur cette ligne, prise pour base, construire un rectangle égal à l'espace donné, et qui remplît ces conditions : ainsi, par exemple, *Euclide*. dans sa proposition vingt-sept du sixième livre, propose le problème suivant : *à une ligne donnée, appliquer un parallélogramme égal à un espace donné, et déficient d'un parallélogramme semblable à un autre* ; c'est-à-dire, *sur une ligne donnée, construire un parallélogramme qui, tronqué d'un autre semblable à un donné, soit égal à un espace donné* : ou prenant des rectangles au lieu de ces parallélogrammes, *sur une ligne donnée, construire un rectangle qui, tronqué d'un carré de même hauteur, soit égal à un carré donné.*

Or cette dernière proposition contient la résolution de l'équation du second degré analogue à celle-ci, $bx - xx = aa$; car b est ici la ligne donnée, x la hauteur cherchée du rectangle à construire sur cette ligne, et xx le carré dont ce rectangle étant tronqué, le restant sera égal à aa. Ce problème est résolu fort élégamment par *Euclide* en cette manière.

A B étant la ligne donnée, et A (*fig. 81*) la ligne dont le carré est donné, faites, dit *Euclide*, sur C B moitié de A B, le carré C B D E. Soit ensuite construit dans l'angle C E D, le carré E G égal à l'excès du carré de C B sur le carré de A ; par le point G soit tirée la parallèle à la base, H G I, le rectangle A I sera le rectangle cherché, c'est-à-dire, que le rectangle A I (bx) tronqué du carré K I (xx) sera égal à l'espace donné (aa) ; et il n'échappa pas aux géomètres de ce temps, que pour que le problème fût possible, il falloit que le carré de la moitié de A B excédât le carré donné de A. Aussi cette limitation est-elle l'objet de la proposition immédiatement précédente d'*Euclide*. En effet dans le langage moderne, cette équation $bx - xx = aa$, ou $xx - bx = aa$ n'est possible que lorsque $\frac{1}{4} bb$ excède aa ; car la valeur de x est $\frac{1}{2} b + \sqrt{\frac{1}{4} bb - aa}$, et cette expression radicale est impossible lorsque $\frac{1}{4} bb$ est moindre que aa.

L'autre cas des équations de second degré $bx + xx = aa$, est résolu par la vingt-huitième du sixième livre, et se trouve sans limitation comme chez nous, quelle que soit la valeur de b.

Il est vrai que les anciens ne paroissent pas avoir, ni dans l'un ni dans l'autre cas, reconnu la seconde valeur qui résulte pour x, de l'un et de l'autre équation. Ils n'ont employé que celles qui sont ainsi exprimées $x = \frac{1}{2} b - \sqrt{\frac{1}{4} bb - aa}$, $x = \frac{1}{2} b + \sqrt{\frac{1}{4} bb + aa}$; or il y en a deux autres $\frac{1}{2} b + \sqrt{\frac{1}{4} bb - aa}$, $x = \frac{1}{2} b - \sqrt{\frac{1}{4} bb + aa}$. Il leur eût été également facile de les construire. Mais je ne vois nulle part qu'ils se soyent apperçus que leur problème avoit deux solutions.

Quant aux équations du troisième et quatrième degré, s'ils ne les résolvoient pas à notre manière, ils les construisoient au moins géométriquement par les sections coniques. Car ils résolurent ainsi divers problêmes qui conduisent à ces équations, tels que ceux de la duplication du cube, de la trisection de l'angle, et en particulier ce problême d'optique assez difficile : *étant donné un miroir sphérique, le point rayonnant et le lieu de l'œil, trouver le point de réflexion*. Car on le trouve résolu dans l'optique d'*Alhazen*, qui, selon toute apparence, n'étoit que le copiste de *Ptolémée*.

Fin de la Note du premier Livre de la seconde Partie.

HISTOIRE

DES

MATHÉMATIQUES.

SECONDE PARTIE,

Contenant l'Histoire de ces Sciences chez divers peuples Orientaux, comme les Arabes, les Persans, les Juifs, les Indiens, les Chinois.

LIVRE SECOND.

Histoire des Mathématiques chez les Hébreux et les Juifs.

SOMMAIRE.

I. *Des Mathématiques et sur-tout de l'Astronomie chez les anciens Hébreux.* II. *Des Juifs qui ont cultivé les Mathématiques depuis le commencement de l'Ere chrétienne.* III. *Notice de leurs principaux Ecrivains, et Ouvrages de ce genre.*

I.

L'ÉTAT des mathématiques chez les Hébreux ne présenta jamais un spectacle aussi intéressant que chez les Arabes; nous avons cru néanmoins devoir lui destiner un article à part, afin de ne rien omettre de ce qui concerne notre objet.

Le peuple Hébreu, presque toujours concentré en lui-même, abhorrant par principe de religion, toutes les nations étrangères livrées à un polythéisme grossier et insensé, étoit bien éloigné d'aller chercher chez elles les sciences qui y fleurissoient. Aussi avoit-il primitivement si peu de connoissances astronomiques, qu'on ne déterminoit la nouvelle lune que d'après les cornes naissantes de cet astre. Des gens préposés à cela, alloient guetter sur les plus hautes montagnes, le phénomène de l'apparition de la lune, et l'annonçoient au peuple. Tout le monde sait encore qu'au temps de Salomon, ce fut le roi *Hiram* qui lui fournit ses navigateurs, ses architectes, etc. On ne voit pas enfin que le séjour des Israélites à Babylone, où l'astronomie étoit cultivée par les Caldéens, leur ait procuré des connoissances de ce genre, qu'il leur eût été facile d'y puiser. A l'horreur que leur inspiroit l'idolatrie de ce peuple, devoit naturellement se joindre l'éloignement d'une nation asservie, pour ses oppresseurs et pour tout ce qui lui appartenoit, comme ses sciences, ses arts. Ce motif est une sorte d'apologie pour les Hébreux; car, à le bien prendre, et Rousseau ne m'en dédiroit pas, l'ignorance n'est-elle pas encore préférable à la corruption de l'esprit et du cœur?

Les Hébreux ne furent cependant pas insensibles au spectacle du ciel. Ils avoient, à ce qu'il paroît, dénommé les principales étoiles ou groupes d'étoiles, à leur manière. Ainsi la grande Ourse étoit appellée par eux, *gnash ve benim, gallina et pulli*; le Bootès étoit pour eux un chien aboyant; le Cigne étoit une *Poule* : c'est du moins le P. Kircher, qui nous apprend cela dans son *Œdipus Ægyptiacus*. Mais ce n'est là que de cette astronomie populaire, commune à tous les peuples et à tous les habitans des campagnes, qui ont ainsi donné des noms aux étoiles et à leurs principaux groupes, d'après leur ressemblance, plus ou moins éloignée, avec des objets qui les intéressoient particulièrement.

I I.

Ce n'est que lorsque les Juifs éprouvèrent leur seconde dispersion parmi les nations, qu'on les vit commencer à prendre part aux sciences qu'elles estimoient. On vit alors parmi leurs rabins quelques hommes qui les cultivèrent. On trouve enfin parmi eux des arithméticiens, dés géomètres, des astronomes, et quelques opticiens, mais en général d'une chose purement élémentaire ou peu élevée au-dessus; beaucoup moins savans enfin que les Arabes, parmi lesquels il y eut des mathématiciens d'un ordre distingué. Nous croyons cependant devoir

comme

connoître les principaux de ces Hébreux ou Juifs qui cultivèrent les mathématiques, ainsi que leurs ouvrages, dont quelques-uns ont vu le jour dans leur langue naturelle, ou traduits en latin, mais dont la plûpart gissent parmi les manuscrits de quelques bibliothèques.

Parmi ces savans Hébreux, instruits ou versés dans les mathématiques, les premiers qui se présentent, sont le Rabbi Eliezer ben-Hircan ; R. Adda-bar-ahaba ; R. Hillel ben-Juda ; R. Samuel, qui vivoient vers le troisième siècle de J. C. Le premier avoit laissé un traité astronomique sur la mesure de la terre, sur celle des orbites des planètes, sur leurs mouvemens et leur signification. Le second cultiva spécialement l'astronomie, en tant qu'elle est nécessaire pour le calcul des temps, et il avoit donné une règle pour calculer les révolutions des équinoxes. Les deux derniers eurent le mérite d'introduire dans l'année Judaïque, le cycle d'or. C'est à peu-près tout ce qu'on sait d'eux, ou qui mérite d'en être su.

Le Juif Messalah les suivit, quoique d'un peu loin ; car il vivoit vers l'an 620. On a de lui, dans les bibliothèques, divers ouvrages manuscrits ou imprimés, parmi lesquels un *sur les éclipses*. Mais nous nous bornons à citer les suivans : le premier est celui *de utilitate et compositione astrolabii*, traduit de l'arabe, (car il écrivit dans cette langue) et imprimé dans la *Margarita philosophica*, éditions de 1535 et de 1585. Le second, également traduit de l'arabe, et imprimé en 1549, *in 4°.*, étoit intitulé, *de elementis et orbibus cœlestibus*. Ce sont des élémens d'astronomie qu'on pourroit comparer, pour la doctrine, à la sphère de J. de Sacro-bosco ; l'éditeur y a joint deux écrits assez intéressans d'un Juif et d'un Arabe anonymes sur les ères de leurs nations respectives, leurs années et leurs mois, avec des Tables astronomiques. Nous ne parlons du livre du même auteur, intitulé, *de ratione circuli et stellarum*, etc., imprimé à Venise, en 1509, *in-4°.*, et avec le *Firmicus*, en 1551, *in-4°.*, que pour dire que c'est un ample ramas de visions astrologiques. Mais alors l'astronomie ne pouvoit faire un pas sans sa sœur bâtarde, l'astrologie ; Messalah fut, à ce que l'on croit, employé par Almamon, dans la traduction de l'Almageste.

C'est apparemment vers ce temps, ou peu après, qu'à l'imitation des Arabes, les Juifs instruits traduisirent dans leur langue les Élémens d'Euclide, l'Almageste de Ptolémée, Archimède et divers autres mathématiciens Grecs. Car ces traductions existent dans plusieurs bibliothèques riches en manuscrits orientaux ; mais les auteurs de la plûpart ne sont pas connus, ou il faudroit visiter ces manuscrits pour en déterrer les noms, ce qui n'en vaut pas la peine. On trouve cependant que la version d'Euclide fut l'ouvrage du R. Mczcz ben-Tybon ; elle existe à la bibliothèque ci-devant du roi.

Après une lacune de deux ou trois siècles, nous trouvons en Espagne quelques Juifs qui cultivèrent les mathématiques. La ville de Cordoue étoit alors l'Athènes des Arabes occidentaux ; cette école produisit les rabins célèbres, Abraham ben-Esra, Mosez ben-Maimon, ou Maimonides, Salomon-Iarchi, Abraham ben-Dior, Abraham ben-Chaïa. On possède dans les bibliothèques fournies en manuscrits orientaux, divers ouvrages d'Aben-Esra, tant astronomiques ou semi-astrologiques qu'arithmétiques et géométriques. On cite de lui une arithmétique, une géométrie, un traité de l'astrolabe, et un autre sur les années embolismiques ou intercalaires. Scaliger avoit en sa possession un manuscrit de ce savant Juif, intitulé : *Initium sapientiæ*, dont il a tiré des choses fort curieuses, sur l'ancienne sphère Egyptienne et Persane, qu'il a insérées dans son commentaire sur Manilius. Nous en avons cité quelque chose, en parlant de ces sphères, dans la première partie de cet ouvrage, livre II.

Mosès ben-Maimon étoit savant en astronomie ; il donna un traité sur le double mouvement de la huitième sphère, ou des fixes. Le surplus de ce qu'on connoît de lui, est cependant plus astrologique qu'astronomique. Salomon Iarchi, françois de naissance, publia des Tables astronomiques, des Ephémérides et un traité d'astronomie, bizarrement intitulé : *les Six ailes*, (*Sechs Kenaphaim*), apparemment parce qu'il étoit divisé en six parties, ou formé de six traités. Abraham ben-Dior écrivit aussi sur l'astronomie. On a enfin d'Abraham Chaia ou Haija, un traité de la sphère, publié l'an 1546, à Bâle, en hébreu et latin, sous le titre *de sphœra mundi*, et par les soins réunis de Schrekenfuchs et du célèbre Munster ; auquel est joint un traité d'arithmétique d'Elias Misrachi ou *l'Oriental*, qui étoit beaucoup plus moderne. Ce traité de la sphère présente de passables élémens d'astronomie, suivant les idées des anciens.

Lorsque le célèbre Alphonse, roi de Castille, entreprit le rétablissement de l'astronomie, il y employa, selon quelques-uns (1), le Rabbi Isaac ben-Sid, surnommé *El-Hazan*, inspecteur de la synagogue de Tolède. Ses compatriotes le regardent même comme le principal auteur des Tables Alphonsines. On nomme aussi parmi les coopérateurs de cet ouvrage, avec nombre d'Arabes, les Juifs Samuel Iehuda et Coneço, surnommé l'*Alfaqui* (ou le chantre) de Tolède. Cet ouvrage, tout célèbre qu'il est, ne fait pas beaucoup honneur à ceux qui le di-

(1) Nicolas Antonio, *Biblioth. Hispana vetus*, t. 2.

rigèrent ; car ils adoptèrent des principes astronomiques peu raisonnables. Ils le reconnurent néanmoins, et se corrigèrent en partie, dans une nouvelle édition de ces tables, qu'ils donnèrent en 1256.

Nous passerons légèrement sur divers autres Juifs qui eurent à la vérité des connoissances en mathématiques, mais en général trop peu approfondies, pour avoir aidé la science à faire un pas en avant : tels furent le Juif R. Jacob bar Simon Antoli, qui traduisit en sa langue les Elémens astronomiques d'Alfergani ou Al-fraganus ; il vivoit vers l'an 1280 ; R. Isaac ben-Israel, qui écrivit sur l'astronomie vers le même temps ; un autre R. Isaac ben-Lateph, encore à peu-près contemporain de ces premiers, auteur d'un livre *de Figura mundi*, où il traite de l'astronomie et de la géographie ; R. Levi ben-Gerschon, qui fit vers 1290, un abrégé astronomique, et un autre ouvrage plus astrologique qu'astronomique ; car c'est une compilation des visions astrologiques des Indiens, des Perses et des Egyptiens.

L'astronome Juif *Profatius*, Marseillois de naissance, qui vivoit vers 1300, observa dit-on, beaucoup, et détermina de son temps, l'obliquité de l'écliptique, qu'il trouva de 23° 32′. Il fut aussi auteur d'un traité du quart de cercle, d'un autre sur les éclipses, et de Tables astronomiques, qui existent en diverses bibliothèques, et que le docteur Bernard avoit dessein de publier ; ce qui semble annoncer qu'elles avoient quelque mérite particulier. Le R. Isaac Israelita, que je crois être le même que le R. Isaac ben-Israel, fut auteur d'un livre intitulé, *fundamentum mundi, seu porta cœli*, où il traite de l'astronomie et de la géographie, et donne des Tables astronomiques. Le R. Elias ben Moseh, Juif de Constantinople, qui vivoit vers 1480, écrivit aussi sur le calcul des temps, et donna des Tables célestes. Il est probablement le même que le R. Elias Misrachi, pareillement Juif de Constantinople, et auteur d'un traité d'arithmétique imprimé, dont on a parlé plus haut.

Parmi tous ces hommes, néanmoins Abraham Zacuth paroît mériter une mention particulière ; il enseignoit, vers la fin du quinzième siècle, à Carthage en Afrique, où jusqu'à des chrétiens alloient l'écouter. Il enseigna ensuite l'astronomie à Salamanque : il étoit observateur, et fut, dit-on, astronome d'Emmanuel, roi de Portugal ; enfin il composa un ouvrage intitulé, *almanach perpetuum omnium cœli motuum*, qui a été imprimé en 1472, et en 1502, à Venise. Il prétend y réduire tous les mouvemens célestes à des périodes qui ramènent les planètes à des points, où recommencent de nouveau les mêmes inégalités. Comme elle est de quatre ans, dont un bissextile, à quelques minutes près, pour le mouvement du soleil, il la faisoit de 31 ans pour la Lune ; pour Vénus, de 8 ; pour Mercure, de 125 ; pour Saturne, de 59 ; pour Jupiter, de 85 ; et enfin pour Mars, de 79 ans ; mais tout cela mérite peu d'attention, étant entièrement destitué de fondement.

Nous placerons, vers la même époque, ne sachant où le faire mieux, le R. Emmanuel ben-Jacob, qui publia aussi des Tables astronomiques, qui parurent si bonnes à ses nationaux, qu'il en reçut le nom de *Bahal Hakenophim*, ou auteur des Tables par excellence ; elles étoient intitulées *les ailes*, et elles existent dans la bibliothèque de Médicis : elles étoient dans celle de Saint-Germain-des-Prés. On a du R. Mardochée, un traité d'astronomie et un de géométrie. Les rabins Jacob ben-machir, Gamaliel ben-Ada, David Ausa, Costa ibn-Luca, furent aussi des Juifs qui cultivèrent les mathématiques, et écrivirent divers traités astronomiques, dont les manuscrits se trouvent dans les bibliothèques. Costa ibn-Luca écrivit de plus sur presque toutes les parties des mathématiques, et traduisit en Arabe divers ouvrages Grecs, entr'autres les XIVᵉ et XVᵉ livres d'Euclide, communément attribués à Hypsicle.

Je trouve encore au commencement et dans le cours du seizième siècle, une couple de Juifs instruits dans les mathématiques et auteurs de quelques ouvrages sur ces sciences. L'un d'eux est le Juif Bonnet de Latis, médecin provençal, dont on a un petit traité, *de annulo astronomico*, qu'il dédia au Pape Alexandre VI par une épître assez honnête pour un Juif écrivant à un pontife Romain. Cet ouvrage fut imprimé en 1507, à la suite d'une édition d'Euclide, donnée par Henri Etienne, et de nouveau en 1557, dans un recueil d'ouvrages sur l'anneau astronomique, de Regiomontanus, Dryander, Mithobius, etc.

Raphael Mirami étoit aussi un Juif Italien, dont on a un traité d'optique intitulé, *introduzione alla prima parte della specularia cioe scienza degli specchi*, etc. Ferrara, 1584, in-4°. Je ne sais enfin, si je dois ajouter à ces Juifs instruits en mathématiques, Philippe Montalto, Juif Portugais et médecin, qui publia en 1606, à Florence, un traité intitulé : *optica intra philosophiæ et medicinæ arcam*, etc. Ce titre annonce que l'ouvrage avoit plus pour objet la partie médicale que la partie mathématique de la vision. Ce Juif, au reste, prenoit aussi le nom de *Philotheus Alethanus*, et c'est sous ce nom, que son ouvrage fut réimprimé à Cologne, en 1613 ; il fut médecin de la reine Marie de Médicis. Nous avouerons n'avoir pas recherché avec grand empressement ces deux ouvrages, ne présumant pas qu'ils renferment des choses fort intéressantes pour notre objet ; nous nous bornerons donc à terminer cette partie de notre ouvrage, comme nous avons fait dans le livre précédent, par une espèce de récension alphabétique des auteurs Juifs, qui ont écrit sur les mathémathiques, et de leurs ouvrages.

I I I.

A.

RABBI AARON BEN ISAAC. *Computus arithmeticus.*

R. ABRAHAM BEN ESRA. *Fundamenta arithmetica : -- de geometria : -- Astrolabium : -- de conjunctionibus et revolutionibus annorum* (Venet. 1507, in-4°.), où il réfute les visions d'*Abumaşhar* ou *Albumasar.* -- *Initium sapientiæ, in quo multa de sphaeris variorum populorum.* Cet *Aben-Esra* fut un des plus savans hommes qui illustrèrent la nation Juive. Il travailla en tous les genres, et avec plus de solidité et de jugement que la plûpart de ses nationaux.

R. ABRAHAM BEN DIOR. *Astronomia.*

R. ABRAHAM BEN R. CHAIA *vel* HAIA. *De forma terræ* (Basil. 1548, in-4°.) *Una cum arithmetica Elia orientalis.* Hebr. et Latine. -- *De computo astrol. -- De mensibus et annis Lunaribus etc. -- De anno solari : -- de arithm.* lib. 2.

R. ABRAHAM ZACUTH. *Almanach perpetuum, seu Ephemerides et tabula septem planetarum.* (Venet. 1472, in-4°. it. 1502).

R. ADDA BAR AHABA. *De aequinoctiorum calculo.*

B.

R. BEN PHALEG. *Tractatus de sphæra ◦ --- supplementum ad* Ben-Hudi *tractatum de math. disciplinis.*

BONNET DE LATIS. *De annulo astronomico tractatus* (Parisiis, 1507; 1516, 1557

C.

COSTA-BEN-LUCA. *De sphaera : -- Euclidis libri* 14 et 15 *arabice versi.*

E.

R. ELIAS MISRACHI. *De Arithm. tract.*

R. ELIEZER CONTINO. *De computo astronomico et alia astronomica varia.*

R. ELIEZER BEN HIRCAN. *De mensura terræ ; -- de orbitarum planetarum magnitudine, motu et signif.*

R. EMMANUEL-BEN-IACOB. *Tabulæ astron. ex Ptolemæo et Albategnio apud Tarasconem editæ* (ex bibl. Nostradami sct. 16) : -- *de Solis et Lunæ cursu.* (Forsan idem cum precedente.)

G.

R. GAMALIEL. *Liber Neomeniarum·*

I.

R. JACOB BAR-SIMON ANTOLI. Alfragani *Elem. Astron. in Heb. conversa.* Francof. 1590, in-4°.

R. JACOB BEN-MACHIR AL-HARRARI. *De Arithmet.* lib. 1. -- *De Astronomia, lib.* 1.

R. JOSEPH SALOMON *ou* BEN SALOMON. *Mayen-Gannim, fons hortorum, seu tract. varii Math.* Hebraïce, in-4°. (Bibl. d'Est.)

R. ISAAC ABARBANEL. *Dissertatio de principio anni et consecratione seu determinatione Novilunii.* Basil. 1660, in-4°. (*Edente Buxtorfio.* Hebr. Lat. in libro Kosri.) Beughem.

R. ISAAC BEN-ISRAEL. *Tract. de sphæra, seu fundamentum mundi, ex Arab in Hebr. conversus : -- Instrument. Math. explicatio : -- De rebus mathematicis opus pragrande.*

R. ISAAC BEN-HONAIN. *Euclid. Elementa Hebr. versa, et alia plurima.*

R. ISAAC BEN LATEPH. *De figura mundi.*

M.

R. MARDOCHEI. -- *Astron.* -- *Geometria.*

R. MOSES BEN-MAIMON. (vulgo RAMBAM). *De duplici motu octavae spherae.*

R. MOSEZ BEN-SAMUEL BEN-ICHUDA BEN-TYBON. *Euclidis Elementa in hebraicum conversa.* --.

R. MOSES GALIENI. *De Astron. liber.*

R. MOSES MOSNIN. *Astronomia.*

O.

R. ORI BEN-SIMEON. *Calendarium Palestinorum ad annos 40 lat. versum à Christmanno.* Francof. 1594, in-4°.

P.

PROFATIUS. (Massiliensis Judæus) *Tractatus de quadrante : -- de Eclipsibus : -- Almanach : -- Tab. astronomicae.*

S.

R. SALOMON BEN-IARCHI. *Tabl. Astron. et Ephemerides.*

R. SALOMON TALMID. *Sex Kenaphaim, seu sex alae, systema astronomicum cum commentario.*

Nous nous bornons à cette notice, suffisante sans doute, vu la foiblesse dans laquelle furent toujours les mathématiques chez les Hébreux, et les Juifs. Nous renvoyons ceux qui en désireroient davantage, aux bibliothèques hébraïques de *Buxtorff, Hottinger, Wolfius, Bartolocci,* etc.

Fin du second Livre de la seconde Partie.

HISTOIRE

DES

MATHÉMATIQUES.

SECONDE PARTIE,

Contenant l'Histoire de ces Sciences chez divers peuples Orientaux, comme les Arabes, les Persans, les Juifs, les Indiens, les Chinois.

LIVRE TROISIÈME.

Histoire des Mathématiques chez les Indiens.

SOMMAIRE.

Des Mathématiques, et en particulier de l'Astronomie chez les Indiens. II. Des célèbres Eres Indiennes appelées Yougam. III. De la méthode des Indiens pour calculer les éclipses de Lune et du Soleil, et d'abord de leur double Zodiaque; de la grandeur de l'année Solaire, et de la révolution de la Lune; de la précession des Equinoxes, etc. IV. De quelques monumens Astronomiques subsistans dans l'Inde. V. De l'ignorance des Indiens dans l'Astronomie physique. VI. De l'Astronomie Siamoise. VII. De celle des Madecasses ou Madagascariens.

I.

L'Inde ayant été, comme il y a tout lieu de le croire, le premier berceau de l'espèce humaine, on est porté à penser que c'est aussi dans l'Inde que les arts, les sciences, et particulièrement l'astronomie, ont pris naissance et ont fait leurs premiers progrès.

Mais tout cela est aujourd'hui couvert d'épaisses ténèbres; et de même qu'il seroit impossible de faire l'histoire d'une ville, au moyen de quelques fragmens d'inscriptions trouvés dans ses ruines, il ne me paroît pas moins impossible de déterminer jusqu'où les Indiens ont pénétré dans cette dernière science, au moyen de quelques traits de lumière échappés au travers de cette profonde obscurité.

Ceux qui ont traité jusqu'ici cette matière, ont été extrêmement partagés sur ce qu'il falloit penser de l'ancienne astronomie des Indiens. Quelques-uns, et je crois qu'il y a de l'enthousiasme, ont pensé trouver dans les restes de cette ancienne astronomie, des preuves qu'ils avoient à peu-près connu tout ce que nous connoissons aujourd'hui, et que par des observations suivies pendant une immensité d'années, ils avoient découvert tous les plus petits élémens des mouvemens célestes. On se partage ici, et quelques-uns pensent que ces découvertes leur ont été transmises par un peuple plus ancien que tous nos mémoires historiques, dont l'habitation étoit au nord de l'Inde; que ce peuple aujourd'hui détruit, au point que son habitation même n'est plus qu'une vaste solitude, étoit celui des anciens Atlantes, premiers créateurs des arts et des sciences des hommes; que ces connoissances, par une suite de l'indolence des Indiens, se sont peu-à-peu effacées parmi eux, en sorte qu'ils ne sont plus que dépositaires de quelques pratiques astronomiques, dont ils ignorent même les fondemens. On veut enfin que leurs ères célèbres, quels qu'en soient les premiers auteurs, cachent sous des apparences fabuleuses jusqu'à l'absurdité, de grands mystères astronomiques.

Tel est l'avis de quelques savans célèbres; mais il en est d'autres qui pensent que l'astronomie Indienne est bien éloignée d'avoir une origine aussi reculée. Selon eux, elle est l'ouvrage des Arabes, et les Indiens la reçurent d'eux vers le milieu seulement du neuvième siècle; ce qu'ils établissent par diverses preuves: ainsi il ne resteroit aux astronomes du bord du Gange, que le mérite d'avoir su substituer à l'usage des Tables arabes, les pratiques mémorales qu'ils emploient, et qui, à dire vrai, sont fort ingénieuses et fort commodes pour un peuple mystérieux, qui ne vouloit transmettre ses connoissances qu'à un petit nombre d'adeptes et par une tradition orale.

Il est difficile de prendre un parti au milieu de ces prétentions diverses, étayées chacune de fortes raisons. Je me bornerai en conséquence à les exposer, laissant au lecteur la liberté de se déterminer.

I I.

Le premier objet qui semble devoir nous occuper dans cette discussion de l'antiquité de l'astronomie indienne, est celui des fameuses périodes appelées *Yougam*, dont les Indiens font usage dans leur chronologie historique, et même dans leur calcul astronomique; ce sont ces périodes, qui, expliquées d'une certaine manière, ont donné lieu de penser qu'elles cachent des déterminations, qui feroient honneur même à l'astronomie européenne. Comme les Indiens ne sauroient en avoir été les inventeurs, et conviennent eux-mêmes avoir reçu leur astronomie d'un peuple situé au nord de leur pays, il en résulte, dit-on, qu'elle est l'ouvrage d'un peuple aujourd'hui détruit, qui habitoit la haute Tartarie, et qui avoit porté les sciences au plus haut degré. Ce peuple enfin, suivant les conjectures d'un homme trop malheureusement célèbre à plus d'un titre, (M. *Bailly*) n'est autre que les Atlantes, si fameux par le Dialogue de Platon, intitulé *Critias*, et qu'après bien des discussions il place dans la haute Tartarie, qu'il habita, jusqu'à ce que le refroidissement de cette partie de l'Asie, ou quelque catastrophe particulière, le balayât de dessus la surface de la terre.

Mais je l'avouerai, je n'ai pu encore, ainsi que bien d'autres, *m'élever jusqu'à la hauteur* de cette conjecture hardie. Elle suppose en effet, comme une vérité, ce système de M. de Buffon, sur la formation de la terre, qui l'a fait arracher du soleil, ainsi que les autres planètes, par une comète, et qui l'a fait peupler ensuite, après son refroidissement, des pôles à l'équateur. Je ne crois pas que cette idée soit réputée aujourd'hui le fleuron le plus précieux de la couronne de cet homme célèbre, tant elle présente d'objections irrésolubles, soit du côté de la physique, soit de celui de la mécanique. D'ailleurs qu'a-t-on trouvé dans la Tartarie, qui prouve qu'elle ait été autrefois habitée par un peuple tel que celui qu'on suppose? Sont-ce quelques ruines où règne le plus mauvais goût, et qui sont évidemment les restes d'ouvrages des Tartares ignorans et barbares? Encore s'il y subsistoit des ruines, comme celles de Persepolis, on pourroit dire: voilà des monumens qui attestent l'habitation d'un grand peuple, d'un peuple instruit. Mais je le répète, ce qu'on y trouve disséminé dans une vaste solitude, ne consiste qu'en quelques vestiges d'habitations ou d'édifices barbares, et qui ne présentent point l'apparence d'une grande antiquité. Je sais bien qu'on me dira qu'une longue suite de siècles a pu effacer toutes les traces de cette ancienne race d'hommes; mais à quoi ne répondra-t-on pas par de pareilles conjectures? Après cette légère discussion, je reviens à mon sujet, c'est-à-dire à nos périodes indiennes.

Tous ceux qui connoissent un peu l'histoire de l'Inde, et ses antiquités, savent que les Indiens partagent la durée de ce monde en 4 périodes, appellée par eux *Yougams*. La première de 1,728,000 ans, appellée *Sat-Yougam*; la seconde de 1,296,000 ans, nommée *Treyta-Yougam*; la troisième de 864,000 ans, nommée *Duapar-Yougam*; enfin la quatrième, que nous commençons en quelque sorte, doit être de 432,000 ans; nous en sommes, suivant eux, en cètte année 1795, à la 4896ᵉ année de cette période, qu'on nomme *Kal-Yougam*, ou période de malheurs: elle est à coup sûr trop bien nommée pour nous. On trouve en effet par le calcul, que son commencement date à peu-près du déluge, qui fut véritablement un grand malheur pour le genre humain, n'eût il été qu'un déluge particulier. Ces quatre périodes réunies forment une espace de 4,320,000 ans, qu'ils disent être un demi-jour de Brahma; car la nuit en comprend un égal nombre, et chaque année de Brahma, qui doit en vivre cent, est de 360 de ces nyctimères complets de 8,640,000 ans. Brahma, pour le remarquer en passant, peut avoir aujourd'hui, selon les visions indiennes, 50 ans et un demi jour, plus quelques bagatelles, comme ces 4896 ans écoulés du *Kaliougam*. Il est, comme on voit, encore presque à la fleur de son âge.

Une question qui se présente d'abord ici, c'est de savoir si cette ère est une invention indienne, ensuite si ces périodes ont quelque fondement astronomique, et quel il est; enfin si les Indiens sont ici des originaux ou des copistes.

Remarquons d'abord une circonstance particulière, c'est que cette période de 432,000 ans, se retrouve chez les Caldéens. En effet, Bérose nous dit, suivant le Syncelle, (1) que les Caldéens prétendoient avoir une suite de rois qui avoient régné pendant 432,000 ans. Mais comme il faudroit, afin que cela fût possible, que la plûpart de ces rois eussent régné plusieurs milliers d'années, il s'ensuit que ces 432,000 années, ne peuvent être qu'une ficton astronomique, et d'autant plus, que cette somme d'années est divisible, et par la durée de la grande année de 600 ans, et par leurs *Sossos, Neros* et *Saros*, comme aussi par la durée de la révolution des fixes, en supposant qu'elles ayent un mouvement de progression de 54ⁿ par an; ce qui donne, pour leur grande année, 24,000 ans.

Voilà donc une période remarquable, qui est commune aux

(1) *Chronographia.*

Caldéens et aux Indiens : lequel des deux peuples l'a pris de l'autre ? c'est-là que gît la difficulté.

On peut dire, et l'on dira sans doute en faveur des Indiens, que ce peuple a toujours été si attaché à ses mœurs, à ses usages et à ses arts, qu'il témoigne une répugnance invincible à rien adopter des étrangers ; ainsi il n'a pu adopter ou recevoir des Caldéens leurs visions astronomiques ; ce sont donc les Caldéens qui les ont reçues d'eux.

Cette raison est assez pressante, mais n'est cependant pas sans replique ; car, suivant M. Anquetil Duperron (1), qu'on peut assurément prendre pour guide en cette matière, vu l'étude particulière qu'il a faite des antiquités indiennes, et la connoissance profonde qu'il a des langues de l'Inde et de la langue Samscretane ; suivant M. Anquetil, dis-je, les Indiens conviennent que l'astronomie n'est pas indigène chez-eux ; que la connoissance leur en vient des parties septentrionales de leur pays : on ne peut donc alléguer en leur faveur la raison ci-dessus, puisqu'ils y renoncent eux-mêmes.

M. Anquetil va plus loin et il prétend que leur fameuse ère du *Kalyougam*, commencée aujourd'hui (en 1795) depuis 4896 ans, leur a été communiquée par les Arabes du neuvième ou dixième siècle, et il l'établit ainsi.

1°. On ne trouve aucune trace du *Kalyougam*, dans les auteurs Indiens antérieurs au douzième siècle, lesquels cependant nous ont transmis l'histoire de leurs rois avec assez de détails, et par une suite qui commence vers l'an 2250 avant J. C. Si cette ère chronologique eût été si ancienne, les règnes de ces rois ne lui eussent-ils pas été liés ?

2°. Aucun des auteurs Arabes, Persans, Tartares, etc. qui nous ont décrit les ères des différens peuples, n'a parlé de cette ère indienne, d'où M. Anquetil conclut, avec beaucoup de vraisemblance, qu'elle n'est nullement ancienne, et même qu'elle est assez moderne.

Quant à son origine, il pense qu'elle vient du fameux *Abou-mashar*, communément appelé *Albumasar*, dont les visions astrologiques et le livre intitulé *de conjonctionibus et revolutionibus orbium cœlestium*, etc. ont eu tant de vogue dans le temps du règne de l'astrologie judiciaire. Car les Indiens conviennent eux-mêmes que leur astronomie leur vient des pays septentrionaux ; or, dit M. Anquetil, au nord de l'Inde, en tirant un peu à l'ouest, est l'ancienne Bactriane, dans la capitale de laquelle, savoir Balk, vivoit cet astronome et astrologue célèbre, qui y fonda une sorte d'école astrologique long-temps

(1) *Description géographique de l'Inde*, par le P. Thieffendaller, etc. t. 3.

renommée. Si donc, dans les écrits d'Albumasar, nous trouvons, quoique sous un autre nom, l'époque du *Kalyougam* Indien, il sera très-vraisemblable que ce sera de là qu'elle a passé dans l'Inde. Or c'est en effet ce que montre le calcul; car si de 4896 ans, que les Indiens comptent aujourdui, on ôte 1795 ans, il en restera 3101, depuis cette époque jusqu'à la naissance de J. C. Or, tel est précisément, ou à deux années près, le nombre de celles écoulées depuis le déluge jusqu'à l'ère chrétienne, puisque Albumasar compte 3795 ans, depuis le déluge jusqu'à l'hégire, dont la date est l'an 622 de notre Ere. Une différence de deux années n'est pas une affaire dans un pareil calcul; elle peut venir, selon M. Anquetil, de la manière dont l'astronome Arabe établit son calcul; peut-être vient-elle de ce que, suivant le plus grand nombre des chronologistes, il y a une erreur de deux années dans la fixation de notre Ere; je veux dire que nous comptons deux ans de moins que nous ne devrions. Quoi qu'il en soit, cette identité paroît prouver que cette fameuse période du *Kalyougam* des Indiens, n'est point une de leurs inventions, mais qu'elle leur a été transmise avec les visions astrologiques et les calculs de cet homme, sur les divers événemens de cet Univers. Il est remarquable au surplus, que les Tables Alphonsines mettent précisément le même intervalle de temps entre la naissance de J. C. et le déluge. Tel étoit le sentiment des astronomes Juifs et Arabes qui dressèrent ces Tables. M. Anquetil fait même voir, par un calcul fondé sur les témoignages d'Eusèbe, de Saint-Augustin et autres, que ces astronomes n'ont fait au fond qu'adopter, à quelques légères variations près, la chronologie des livres saints, au moins selon la tradition des Septante. Il paroît résulter enfin de cette discussion, avec une vraisemblance qui approche de la démonstration, que cette fameuse Ere Indienne, dont nous comptons aujourd'hui la 4897e année, n'est au fond que l'Ere du déluge, suivant le calcul des Septante, laquelle, d'abord transmise aux Arabes, l'a été ensuite par ceux-ci aux Indiens. Ces derniers ne pouvoient au reste lui donner un nom plus approprié, puisque le déluge fut sans doute une catastrophe terrible pour l'espèce humaine. Il resteroit à déterminer complètement, lesquels des Indiens ou des Hébreux sont les originaux ou les copistes. Si nous croyons à l'inspiration des livres saints, nous ne devons pas être embarrassés. Mais dans ce siècle philosophique, qui oseroit, sans se vouer au ridicule, appuyer sur une pareille raison?

Essayons cependant de voir si cette période de 432.000 ans, et les trois qui la précèdent, n'auroient pas quelque origine astronomique réelle ou fictice. Il est d'abord bien probable qu'elle n'est que fictice; car, suivant les Indiens, l'origine de leur dé-

nomination est celle-ci. Ils ont partagé en quatre parties les
vertus et les biens de cette vie. Le premier *Yougam* de 1,728,000
ans, eut toutes les vertus et tous les biens en partage ; ce fut
l'âge d'or des Indiens ; il devoit durer quatre fois autant que les
autres, parce que les vices ont accéléré la fin de l'homme, en
le faisant tomber dans des excès qui ont détérioré sa nature.
De là vint à cet âge le nom de *Sat-Yougam* ou le quatrième
Yougam. Le suivant n'eut que trois de ces portions de vertus
et de biens ; il eut par cette raison le nom de *Treyta-Yougam*,
le troisième *Yougam* ; le suivant n'en eut que deux, d'où lui
vient son nom de *Duapar Yougam*, le second *Yougam*. Enfin
l'âge où nous vivons, le *Kal-Yougam*, n'en a qu'une et trois des
vices et des malheurs qui en sont la suite : c'est là la période
de malheurs.

Mais ce développement des noms donnés à ces périodes a
trop d'affinité avec la fiction des quatre âges du monde, pour
qu'on puisse y trouver de la réalité. Il semble en effet que tous
les hommes, pénétrés des maux qui affligent l'humanité, des
vices et des crimes qui la déshonorent, aient aimé à se figurer
qu'il a été un temps, où l'homme, sortant en quelque sorte des
mains du créateur, étoit bon, innocent, et jouissoit sans peine
et sans travail des biens que la nature n'accorde plus qu'à ses
sueurs. Et comme un jour ne fait pas d'un homme honnête et
vertueux, un criminel et un scélérat, de même ce n'est que par
degrés que la nature humaine s'est pervertie. Ainsi au *Sat-
Yougam* ou à l'âge d'or, succéda le *Treyta-Yougam* ou l'âge
d'argent ; à celui-ci le *Duapar-Yougam* ou l'âge de cuivre ; et
enfin à ce dernier, le *Kal-Yougam* ou l'âge de fer ; mais tout
cela n'est qu'une ingénieuse fiction, et il en faut dire autant des
quatre *Yougams* Indiens, que des quatre âges de nos poètes.
L'homme, quoi qu'en ait dit J. J. Rousseau, n'a jamais été beaucoup meilleur que maintenant ; à peine sortoit il des mains de
la divinité, que la terre fut ensanglantée par un fratricide.

Mais comment les Indiens ou les inventeurs quelconques de
cette immense période, faisant en total 4,320,000 ans, ont ils
été amenés à lui donner cette prodigieuse durée ? Voici sur cela
ce qui nous semble de plus probable.

Les Indiens tenoient, à ce qu'il paroît, des Arabes, que les
étoiles fixes, par leur mouvement progressif, parcourent chaque
année 54 secondes en longitude, d'où il résulte qu'elles mettroient
24000 ans à faire une révolution complette. Or, on trouve que
ces 4,320,000 ans sont divisibles par 24000, et que le quotient
est 180. Ainsi l'on est conduit par là à penser que cette période est la moitié d'une autre, qui seroit le produit de 24000 par
360, ou autant de révolutions des fixes qu'il y avoit de jours

dans l'année primitive ; et en effet nous trouvons cette idée chez les Arabes et les Persans. Les astronomes, dit un auteur Persan du douzième siècle, cité par M. Anquetil, pensent que la vie du monde, depuis que l'astre Hamel (le Belier), a commencé son mouvement, jusqu'à l'entrée du Calife Motawakel à Damas (l'an 858 de J. C.), étoit de quatre mille fois mille, et 320 mille ans ou 4,320,000 ans. Or, ce nombre est le produit de 24,000 par 180, d'où il suit que leur opinion étoit, que depuis la création du monde jusqu'à l'an 858, il s'étoit écoulé la moitié de la grande période. Cette idée a beaucoup d'analogie avec celle de Bramah, qui, selon la mythologie des Indiens, a vécu aujourd'hui un peu plus que la moitié de son âge, si ce n'est qu'ils ont pris pour un jour de Bramah, la durée entière de la période. Il est au reste à remarquer, à l'égard de cet auteur Persan, nommé *Hamza d'Hispahan*, que quoiqu'il entre dans le détail et l'explication de toutes les ères et époques célèbres connues dans l'Orient, il ne dit pas un mot des *Yougams* Indiens ; d'où il est probable que cette idée de la grande année a postérieurement passé de l'Arabie et de la Perse dans l'Inde, et que les Indiens l'ont ensuite revêtue d'une forme mythologique, en faisant de cette période entière un jour de Bramah. Il n'y a en tout cela qu'une période astronomique fictice, et ses élémens semblent le démontrer ; mais c'est assez et trop long-temps marcher ainsi au milieu des demi-lueurs des conjectures. Nous dirons seulement que nous sommes fort portés à adopter l'avis de M. Anquetil, qui pense que ce seroit se fatiguer fort inutilement que de tourner et retourner ces périodes, prenant des mois, des jours etc. au lieu d'années, pour y trouver quelque période d'années plus rapprochée de nos calculs. On sçait d'ailleurs qu'il n'est rien dont, au moyen de pareilles combinaisons, on ne vienne à bout ; parce que, partant du principes que le mot année peut être entendu, soit d'une année, soit d'un trimestre, d'un mois, d'un jour, au besoin même d'une heure ou d'une minute, avec de l'adresse et de la patience on fait tout cadrer à ses idées ; j'en citerois volontiers pour exemple les recherches de M. Loys de Cheseaux, sur la période de Daniel. Je termine donc ici cette discussion plus curieuse qu'utile : mais comment parler des Indiens, sans toucher au moins ce sujet ?

I I I.

Personne ne nous a donné des connoissances plus détaillées et plus précises sur l'état de l'astronomie des Indiens et sur leurs pratiques astronomiques, que M. Legentil, de l'académie royale des sciences (1). Rien n'est plus curieux que ce qu'il dit sur ce sujet, et nous ne pouvons mieux faire que de le suivre pas-à-pas.

Ce ne fut pas sans une peine extrême, que M. Legentil parvint à s'instruire de ce qu'il désiroit savoir sur l'astronomie Indienne. On lui avoit amené un Brame instruit de la manière de calculer les éclipses de soleil et de la lune; ce qui est à peu-près en quoi consiste toute cette astronomie, car les Indiens s'embarrassent peu du lieu de la lune ou du soleil dans toute autre circonstance: mais ce Brame l'amusoit; et peut-être M. Legentil ne fût il jamais arrivé à son but, s'il n'eût eu le secours d'un Tamoul chrétien, qui, par un travail opiniâtre pendant deux ans et par artifice, avoit enfin saisi à ce Brame les principales pratiques de ce calcul; mais ce n'étoit chez lui que des mots et des chiffres. Cependant, en s'aidant des connoissances de ce Tamoul, M. Legentil est parvenu à démêler les principes de ces calculs, souvent enveloppés de beaucoup d'inutilités, comme pour y jetter un voile impénétrable. Il en donne divers exemples, desquels il résulte que les méthodes Indiennes pourroient être beaucoup plus simples et plus intelligibles. Mais ce n'est pas là ce que veut ce peuple ou cette caste mystérieuse. Revenons aux premiers principes de l'astronomie Indienne.

Les Indiens ont deux zodiaques : l'un est le zodiaque lunaire, divisé en vingt-sept constellations. M. Legentil en donne les figures avec les étoiles dont elles sont composées, en les dénommant d'après nos catalogues, quand cela lui a été possible; car souvent ces figures sont presque imaginaires; souvent les étoiles qui les composent sont fort éloignées du chemin de la lune. M. Legentil conjecture à cet égard, que ceux qui les premiers établirent cette division de la carrière de la lune, faisant leurs observations par des alignemens d'étoiles, préférèrent des étoiles un peu éloignées pour avoir ces alignemens plus exacts. Il eût été à souhaiter que M. Legentil eût donné l'explication des noms Indiens que portent ces constellations lunaires; mais il dit n'avoir pu l'obtenir.

Le zodiaque solaire des Indiens est, comme le nôtre, divisé en douze signes; ils le nomment *sodi-mandalam*, le *cercle des astres*. Voici les noms de ces douze signes, dans la langue des Brames, ou Tamoule, avec l'explication françoise.

(1) *Voyage dans les mers de l'Inde, fait par ordre du roi*, etc. t. 1.

BRAME OU TAMOUL.	FRANÇOIS.
Mécham.	Le Chien Maron.
Urou-Chabam.	Le Taureau.
Mitounam.	Les Gémeaux.
Carcallacam	L'Ecrevisse.
Simham.	Lion.
Canny.	La Fille ou la Vierge.
Tolam.	La Balance.
Vrouchikam.	Le Scorpion.
Danosson	La Flèche ou l'Arc.
Macaram	Espèce de Poisson fabuleux.
Coumbam.	Cruche.
Minam	Le Poisson.

On voit par là que le zodiaque Indien diffère peu du Grec et de l'Egyptien ; au Bélier que les Indiens n'ont pas , ils ont substitué le chien Maron ; une flèche au Sagitaire ; une espèce particulière de poisson au Capricorne ; une cruche au Verseau , déjà désigné chez nous par *Amphora* ; et enfin un poisson unique , au lieu des deux poissons de notre zodiaque. La plus grande différence est dans le signe du Capricorne , et elle sera moindre , si l'on considère que notre Capricorne est ordinairement représenté par un monstre terminé en poisson.

Cette similitude me porte à penser , quoi qu'en aient dit quelques savans , que les Indiens tiennent ce zodiaque des Grecs, ou plutôt des Egyptiens. Car je ne puis me persuader , que si ces peuples étoient les premiers auteurs de cette division , elle n'eût pas davantage le caractère Indien qui est si marqué ; qu'on n'y vît ni Brama , ni Wischnou , ni Routrem , ou au moins quelques - uns des objets du culte des Indiens , ou des instrumens qu'ils emploient , ou des animaux qu'ils révèrent , comme la Vache, etc. Il n'y a d'ailleurs aucune espèce de relation entre ces signes , et ce qui se passe lorsque le soleil les occupe ; car l'ordre des saisons et des travaux de la campagne dans l'Inde , est absolument différent de celui des nôtres , ainsi que de ceux des Egyptiens et des Grecs. Je pense donc , quoi qu'en disent ceux qui veulent tout faire venir de l'Inde , que ce zodiaque n'est pas Indien d'origine , mais emprunté du nôtre , peut-être dans le temps où l'astronomie Arabe pénétra dans cette partie de l'Asie.

Je n'ignore pas qu'on cite des monumens Indiens, où l'on trouve sculptés les signes du zodiaque ci-dessus. Tel est en
particulier

particulier le plafond d'une pagode ou *Choultrie*, sise à Verdapettah dans le Maduré, dont M. J. *Call*, écuyer, envoya en 1772 le dessin à M. Maskelyne; on peut le voir dans le volume des transactions philosophiques de cette même année. Les signes qui y sont représentés dans les compartimens quarrés qui environnent celui du milieu, sont, à peu de chose près, les précédens. On y remarque seulement que le signe du Capricorne se rapproche davantage du Capricorne Grec; car au lieu d'un Bouc finissant en poisson, c'est un Bouc avec un Poisson comme accouplés. On y remarque aussi, qu'au lieu des deux figures des Gémeaux, il n'y en a qu'une. M. Call parle de plusieurs autres lieux, où il a vu les mêmes signes, entr'autres un sur la côte de Coromandel, et la pagode de Teppecolam, près Mindurah. Il est du sentiment que ce sont des monumens très-anciens, et peut-être antérieurs à la conquête des Indes par les Perses; il l'appuye même sur l'observation, que les Indiens sont tellement attachés à leurs anciens usages, qu'ils n'en adoptèrent jamais aucun des nations étrangères, même de leurs conquérans; ce qui porte à croire à plus forte raison qu'ils n'eussent pas admis dans leurs temples cette décoration, si elle eût pris naissance hors de chez eux. Je sens toute la force de cette raison, mais je ne cesse pas de persister dans mon opinion, et voici sur quoi je la fonde.

Est-il bien vrai que les Indiens soient si constans à ne rien recevoir des étrangers? cela ne paroît pas si bien établi. Car, 1°. ils conviennent eux-mêmes devoir leur astronomie à un peuple étranger, situé au nord du leur. 2°. Une tradition Indienne rapporte, suivant le P. Pons (1), qu'un Grec, qui voyagea autrefois dans l'Inde, où il apprit la science des Brames, leur enseigna à son tour une méthode d'astronomie; ils ont pu alors recevoir les noms des signes du zodiaque, qui, je le répète, n'ont point la physionomie Indienne. 3°. Le même missionnaire raconte que, de son temps, le Raja Raesing, fit traduire sous son nom les tables de la Hire; sans doute seulement celles du soleil et de la lune; ce qui, dit-il, fera peut-être un jour regarder ce prince comme un grand astronome, et lui fera attribuer des découvertes déjà faites en Europe. Si l'on admet ces faits, il faut en conclure qu'il n'est pas vrai sans exception, que les Indiens n'adoptent rien des étrangers; et si l'on joint à cette raison celle du peu d'analogie des signes du zodiaque des Indiens, avec les objets de leur culte, les instrumens de leurs arts ou les animaux qui leur étoient familiers, il paroîtra difficile de se refuser à donner au zodiaque Indien une origine

(1) Lettr. édif. et curieuses, t. 26.

étrangère. Il en est ici comme des Egyptiens. Comment un peuple, tel que ces derniers, qui couvroit tous ses monumens d'Isis, d'Anubis, d'Horus, etc. ne les auroit-il pas aussi portés au ciel? De même, comment les Indiens qui couvrent leurs pagodes de figures de leurs Dieux, ne les auroient-ils pas représentés dans leur sphère céleste?

Il ne me paroît pas au reste, que les Indiens tiennent aucun compte des autres groupes d'étoiles disséminés dans le ciel, et auxquels nous avons donné des noms. Aucun voyageur, du moins que je sache, ne nous a instruit sur cela.

Les Indiens connoissent toutefois les planètes; voici leurs noms dans le langage des Brames : le Soleil se nomme *Souria*; la Lune, *Chandren*; Mercure, *Bouta*; Vénus, *Soucra*; Mars, *Mangula*; Jupiter, *Brahaspati*; Saturne, *Sani*; et ces noms servent comme chez nous à désigner les différens jours de la semaine, et dans le même ordre, en commençant par vendredi ou jour de Vénus, *Soucra-Varam*, *Sani-Varam*, etc. Mais à cela près, le soleil et la lune sont les seuls astres errans dans le ciel, dont le cours les intéresse; leur esprit ne s'est jamais élevé à désirer connoître le mouvement des autres, quelque bizarre qu'il paroisse par ses stations et rétrogradations.

L'année est divisée chez eux en douze mois; mais à la différence des nôtres, qui sont d'un nombre de jours déterminé, ces mois sont, chez les Indiens, composés de jours et de parties de jours. Le nombre des jours est fixe; mais cette fraction de jours est variable et change chaque année; elle est déterminée par le temps que le soleil emploie à complletter les 30° du signe. C'est un calcul que les Brames font chaque année, et qu'ils publient dans des espèces d'almanachs; et comme il entre pour beaucoup dans les superstitions Indiennes, d'observer les mois et les jours heureux ou malheureux, il est très-important de connoître le moment du jour où se termine un mois heureux, celui où il commence, et même l'heure de la journée, où commence et finit un jour heureux ou malheureux. Le débit de ces almanachs est par cette raison très assuré et très abondant.

Le jour des Indiens se divise en soixante parties d'heures qu'ils nomment *guries*, et qui valent conséquemment chacune vingt-quatre de nos minutes. La gurie se divise en 60 autres parties appellées *polls*, dont chacune vaut 24 secondes, et celles-ci se subdivisent encore, pour le besoin des calculs astronomiques, en 60 *mimiks*, ou clins-d'œil, dont chacun est de 24 tierces.

La durée de l'année solaire astrale, c'est à-dire, de la révolution du soleil d'un point du ciel au même point, est, selon les Indiens, de 365 jours 15 guries, trente une minutes, quinze secondes Indiennes, qui reviennent à 365 jours, 6 heures, douze minutes et 30 secondes européennes. Or, comme ils admettent une précession d'équinoxe de 54″ par année, il en résulte, pour l'année tropique, une durée de 365j 5h 50′ 54″, plus longue d'environ 2′, que celle que nous admettons aujourd'hui.

Nous avons parlé des fameux Yougams des Indiens ; mais comme ces périodes fictices ne sont nullement propres à l'usage civil, ils ont, comme les Chinois, une période de 60 ans, dont chacun porte un nom particulier. La première de ces périodes paroît avoir commencé l'an 78 de J. C., temps auquel régnoit le roi *Salivaganan*, protecteur zélé de l'astronomie. Ainsi, cette année 1795, nous sommes à la 47e année de la 28e de ces périodes.

Le principal et presque le seul instrument qu'emploient les Brames dans leurs observations, est le gnomon. C'est par son moyen qu'ils tracent la ligne méridienne, ce qu'ils font avec beaucoup d'exactitude ; car leurs pagodes sont par-tout parfaitement orientées ; c'est par-là qu'ils déterminent encore la latitude d'un lieu, ou son éloignement de ce qu'ils nomment *le milieu du monde*. Ils ont enfin une méthode assez enveloppée, mais néanmoins assez exacte de calculer, au moyen de la longueur de l'ombre équinoxiale, la différence ascensionnelle, ou ce qu'il faut ajouter pour un lieu donné, à la demi-durée du jour équinoxial, pour avoir la durée d'un jour quelconque de l'année, ce qui est une opération qui entre dans leur calcul des éclipses.

Je viens maintenant à ce calcul, auquel est subordonnée toute l'astronomie Indienne. M. Legentil nous apprend qu'il y a deux méthodes pour cet effet ; l'une appellée *Vequiam*, ou nouvelle, l'autre, *Sittandam*, ou ancienne : c'est la nouvelle qu'il a eu occasion d'apprendre et qu'il nous décrit ; l'autre, dont il n'a pas eu la possibilité de s'instruire, est celle des Brames de Benarez, qui sont beaucoup plus mystérieux que ceux du midi de la presqu'île. Il s'écoulera peut-être encore bien des années, avant qu'un Européen ait la possibilité de la leur arracher. Nous commençons par l'éclipse de lune qui est la plus facile à calculer, et dont plusieurs élémens lui sont d'ailleurs communs avec l'éclipse de soleil.

La première opération consiste à trouver le *Chouda-Dinam*, (des mots *Chouda*, pur ou complet, et *Dinam*, jour.) C'est le nombre complet des jours écoulés depuis l'époque *Kalyougam*, jusqu'à la fin de celui finissant au lever du soleil du 13 (24), dans lequel on sait qu'il doit arriver une pleine lune écliptique. Ainsi pour le 12 décembre 1762, selon les Indiens, ou le 23, selon le calendrier Grégorien, on trouve le *Chouda-Dinam* de 1,778,701 jours. La seconde a pour objet de calculer le *Souria-Sthoutam*, c'est-à-dire le lieu du soleil, du mot *Souria*, soleil , et *Sthoutam* , lieu, place. Ils le font, en comptant le nombre des mois et des jours, à dater du premier avril, qui est le premier mois de l'année astronomique Brame , laquelle commence à l'arrivée du soleil au premier degré du Belier, ou *Chien maron*, du zodiaque mobile ; ce nombre des mois et des jours étant trouvé, ils comptent autant de signes, de degrés et de minutes, qu'il y a de mois, de jours et d'heures dans cet intervalle. C'est visiblement le mouvement moyen du soleil depuis l'époque ci-dessus; et ils y appliquent ensuite l'équation tirée d'une petite table menstruelle.

Cette opération est suivie du *Chandra-stoutham* ou du lieu de la lune; (*Chandra* ou *Chandren*, lune.) Pour cette détermination les Brames emploient quatre périodes de jours complets, dont la dernière qui est de 248 jours , ramène la lune à son apogée; ils emploient aussi quatre autres périodes de mois, jours, heures et minutes, et deux tables , l'une du mouvement journalier de la lune pendant sa période anomalistique, et l'autre servant à une seconde correction; cela fait, on a le lieu de la lune doublement corrigé aux environs de la conjonction ou opposition.

Enfin , au moyen d'une quatrième opération qu'ils appellent le *Dithy-Entham*, ou l'âge de la lune complet, ils trouvent l'éloignement de la lune au soleil, qui doit toujours passer six signes dans l'opposition, ou être au moins au-delà du soleil dans le cas de la conjonction; car dans le cas contraire, il faudroit recommencer les opérations précédentes pour un jour de plus. De cet éloignement et au moyen du mouvement journalier de la lune, en s'écartant du soleil, ils concluent finalement le moment de l'opposition ou de la conjonction, et le lieu des deux planètes à cet instant.

Il est question ensuite de trouver le *Ragou-stoutham*, ou le lieu de la tête du dragon, c'est-à-dire du nœud ascendant de la lune. Car les Indiens sont persuadés que , dans ce moment, la lune est en danger d'être dévorée par un dragon ou serpent, sur quoi ils font beaucoup de contes absurdes. Cette opération mène à une autre appellée le *Vichepam*, ou le *Pat-ona-Chandren*; le premier de ces mots signifie la latitude de la lune, et le second la lune offensée par le dragon, des mots *Chandren*, lune, *Pat*, serpent, et *Ona*, offenser. De-là ils passent à chercher le *Mana yog-antham*, ou la somme des demi-diamètres de l'ombre et de la lune, au moyen du *Chandra-mandalam*, ou du cercle (diamètre) de la lune , et du *Chaya-mandalam*, le demi-diamètre de l'ombre. Ces élémens servent à trouver le *Grahana-Pramanam*, ou la grandeur de l'éclipse , par une opération qu'il est facile d'imaginer, ainsi que le *Grahana calam*, ou le temps, c'est-à-dire la demi-durée de l'éclipse, d'où l'on tire le commencement et la fin, et la durée de l'éclipse.

Il reste, pour compléter entièrement le calcul du phénomène, de déterminer le rhumb de vent, suivant lequel commence et finit l'éclipse. C'est encore une opération que font les Brames, et qu'ils appellent le *Grahana-diy*.

Telles sont les opérations qui composent le calcul d'une éclipse de lune ; ce dont M. Legentil donne une application très-détaillée à l'éclipse totale de lune, arrivée le 12 décembre 1762, suivant le calendrier Indien, à Tirvalour, ce qui est le 23 décembre, suivant le calendrier Grégorien. Il compare ensuite le calcul Indien avec celui qui résulte des Tables de Mayer et avec l'observation ; d'où il résulte que l'erreur du calcul Indien est seulement de 22 minutes, dont il s'écarte de l'observation, tandis que le calcul de Mayer s'accorde avec elle dans la minute. Il en donne encore un exemple sur l'éclipse totale et centrale du 30 août 1765, qu'il eut occasion de voir et d'observer à l'Ile de France : la différence du calcul Brame avec l'observation, est de 22′ et quelques secondes.

Nous passons maintenant au calcul des éclipses du soleil.

Il faut d'abord, comme pour celles de lune, trouver le *Choud-hanidam*, le *Souria Sthoutam*, le *Chandra-Sthoutam*, ainsi que le *Dithy - antham*, et le *Ragou-sthoutam*, comme pour l'éclipse de lune ; car pour peu qu'on soit astronome, on voit que ces élémens sont aussi bien ceux d'un calcul d'éclipse de soleil que de lune. On a alors la distance des centres de la lune et du soleil (vus du centre de la terre), et le moment de la conjonction.

Ici les opérations se compliquent plus que dans le calcul des éclipses lunaires ; car les Brames ne paroissant pas avoir la connoissance de la parallaxe, qui influe beaucoup sur le commencement, la durée, la quantité et la fin visibles d'une éclipse solaire ; plusieurs opérations sont destinées à y suppléer.

La première est appellée l'*Ayanangsam*, qui sert à trouver l'éloignement du soleil du premier point du signe immobile du Belier, qui dans ce siècle est de 28°, 57′ en arrière du commencement du même signe étoilé, à l'égard de ce qu'il étoit à l'époque du commencement du Kalyougam. J'avoue ne pas voir à quoi bon cette différence entre le calcul de l'éclipse du soleil et de celui de lune. Quoi qu'il en soit, on a par-là ce que les Brames nomment l'*Ayana - souria - sthoutam* ; puis ils trouvent ce qu'ils nomment le *Lengna-sthoutam*, qui paroît être le point de l'écliptique se levant au moment de la conjonction. Ces deux déterminations servent à trouver le *Nata-naligacy*, ou la différence entre le milieu de l'éclipse et la conjonction.

Cette différence ajoutée au moment de la conjonction, donne le milieu de l'éclipse appellé *Ambana-parvanta-naliguey*; auquel moment il faut calculer le *Ragou-sthoutam*, ou le lieu du nœud ascendant, comme pour l'éclipse de lune, et l'augmenter de la quantité ci-dessus de la précession.

L'opération qui suit, est le calcul de l'*Avanati*; c'est un des plus compliqués et dont on voit moins l'origine. Cela signifie au surplus le calcul d'une quantité, qui, comparée à la latitude de la lune, donne la grandeur de l'éclipse. Après quoi, le calcul du *Grahana-paramam* et celui du *Grahana-calam*, n'ont pas plus de difficulté que pour la lune. Tous ces préceptes appliqués à l'éclipse solaire du 17 octobre 1762, en donnent le commencement pour Trivalour, en heures Indiennes, à 8ʰ 7′ 32″, le milieu, à 10ʰ 33′ 32″, et la fin, à 12ʰ 52′ 32″; ce qui, en heures européennes, met le commencement à 3ʰ 15′ 1″, le milieu à 4ʰ 13′ 25″, et la fin à 5ʰ 11′ 49″, conséquemment la durée de 1ʰ 56′ 48″.

Nous terminerons ce détail par quelques réflexions : il n'est pas possible de se refuser à reconnoître dans ces opérations, des principes très-profonds en astronomie. On y voit tous ceux du mouvement du soleil, périodique et anomalistique; la connoissance du mouvement des nœuds de la lune et de son apogée, de l'inclinaison de son orbite, des diamètres apparens des deux luminaires dans les divers points de leur orbite; on y voit un emploi de la fameuse propriété du triangle rectangle, dont on attribue communément la découverte à Pythagore.

Si d'un autre côté on considère l'extrême ignorance où paroissent être les Brames sur les principes de ces méthodes, leur indifférence même pour s'en instruire, on sera à peu-près forcé d'en conclure que tout cela vient d'un peuple d'hommes plus instruits, et qui avoient pénétré profondément dans l'astronomie. Sont-ce les anciens Caldéens, ou ces hommes qu'on prétend avoir anciennement habité le plateau de la Tartarie, et y avoir fait, dans les sciences, des progrès qui peut-être surpassent les nôtres ? Sont-ce enfin les Arabes qui cultivoient l'astronomie au nord-ouest de l'Inde, comme le prétend M. Anquetil, qui dérive d'eux chez les Indiens leur ère du Kalyougam, qui n'est au fond que celle du déluge ? Le lecteur pensera sur cela ce qu'il voudra. Je crois cependant appercevoir dans une des opérations ci-dessus, pour l'éclipse du soleil, une circonstance qui semble prouver que cette méthode n'a aujourd'hui guère plus de 1200 ans d'ancienneté. C'est cette opération dans laquelle, au lieu du soleil trouvé, comme pour l'éclipse de lune, c'est-à-dire dans le zodiaque étoilé, on fait, pour le rapporter au zodiaque fixe, ajouter la précession des équinoxes, qui étoit en 1762 de

18° 57′ : or cette précession convient à 1263 ou 1264 ans. Ainsi, vers l'an 500 de J. C., cette addition étoit nulle.. Or il est assez proba, le que, lors de l'invention de la méthode, le calcul pour le lieu du soleil dans les deux éclipses étoit le même. Pourquoi enfin cette correction ? est-elle une précession qui convient à l'intervalle de cette époque plutôt qu'à celui d'une autre ? Il pourroit donc bien se faire que ce fussent les Perses du temps des Sapor ou des Cosroës, qui eussent donné aux Indiens ces méthodes ; car il est assez probable qu'ils étoient les héritiers des connoissances des anciens Caldéens et Babyloniens. On voit même par leur ancienne forme d'intercalation introduite par Isdegerd II, qu'ils étoient très-versés dans cette science.

Je ne sais au surplus, si l'on doit autant admirer ces méthodes Indiennes qu'on le fait : car il résulte de leur analyse, qu'on y suppose l'année solaire tropique de 365j 5h 50′ 54″, ce qui diffère de la véritable de 2′. Cette erreur est à la vérité moindre que celle d'Hipparque et de Ptolémée ; mais elle est, à certains égards, énorme pour des peuples qu'on prétend avoir connu tout ce que l'on sait aujourd'hui, quelques quatre ou cinq mille ans avant nous. Il est vrai qu'on en tire la conjecture que l'année solaire a diminué depuis ce temps de cette quantité ; mais c'est une conjecture que beaucoup d'astronomes regardent aujourd'hui comme fort hazardée.

Aussi la méthode Indienne pour les éclipses de lune n'est-elle pas fort exacte, du moins si l'on la compare à la nôtre. Car le calcul de l'éclipse du 23 décembre 1762, s'écarte de l'observation, et de celui tiré des Tables de Mayer, d'environ 22′ ; et il en est de même de celle du 30 août 1765. Or regarderions nous aujourd'hui comme un grand chef-d'œuvre en astronomie, que de prédire une éclipse de lune à 22′ près ?

Il n'y a aucun doute que le calcul de l'éclipse du soleil ne soit sujet à une erreur encore plus grande, sur-tout dans une éclipse qui arriveroit près de l'horizon ; puisque les Indiens ne font nul usage de la parallaxe de la lune, qui peut l'abaisser, dans cette circonstance, d'un demi-degré, tandis qu'elle n'influe point sensiblement sur le lieu apparent du soleil. Il eût été à désirer que M. Legentil eût observé ou calculé pour Tirvalour, l'éclipse de soleil du 17 octobre 1762, pour voir quelle eût été l'erreur de la méthode Indienne.

I V.

L'Inde, ainsi que le reste de l'Asie et l'Europe, a eu de temps à autre de puissans protecteurs de l'astronomie ; tel fut probablement le roi Salivaganan, qui vivoit quelques 70 ou 80 ans après l'ère chrétienne. C'est ce qui lui a val.' l'honneur de donner son nom à l'ère astronomique, dont se servent aujourd'hui quelques Brames dans leurs calculs. Cette ère est pour eux ce que fut celle de Nabonassar pour Ptolémée et ses successeurs. Elle commence à l'an Julien 78 de J. C., année de la mort de Salivaganan, en sorte que cette année 1795, on compte, dans les calculs Indiens, la 1717ᵉ de l'ère de Salivaganan. Je n'ai pu au-reste retrouver le nom de ce roi dans le catalogue des 136 rois, qui, en onze familles ou dynasties, ont régné sur les Indiens depuis les temps voisins du déluge, jusqu'en 1192. On croit que c'est le roi Succadit qui régnoit, vers l'an de J. C., dans le Bisnagar.

Un autre protecteur célèbre de l'astronomie dans l'Inde, fut l'empereur Mogol Acbar. Il fit construire, il y a environ 200 ans, à Benarez, un superbe observatoire, dont les restes sont encore dans un très bel état de conservation ; il en avoit même fondé deux autres en deux autres lieux de ses états ; savoir, Dehli et Agra. Mais celui de Benarez est le seul qui ait été visité, et nous en devons la description à M. le chevalier Rob. Barcker, qui l'a insérée dans les *transactions philosoph.* de l'année 1772 : nous allons suivre son récit.

M. Rob. Barcker raconte qu'ayant été à Benarez en 1772, il eut la curiosité de conférer avec quelqu'un de ces Brames savans qui habitent cette ville, l'Athènes de l'Inde pour les sciences et les lettres. Son objet étoit de savoir de lui, par quelle voie ils s'étoient assurés d'une éclipse de soleil qu'ils avoient annoncée. Il ne put cependant tirer que peu de satisfaction de celui dont on lui procura l'entretien ; il sut seulement par là, que la connoissance de ces matières étoit réservée à un petit nombre d'hommes, qui avoient en leur possession certains livres et préceptes écrits en langue Samscretane, entendue même de peu d'entr'eux. Mais on lui promit de le conduire dans un lieu destiné aux observations qui faisoient l'objet de ses recherches ; on le conduisit en effet dans un grand et ancien bâtiment construit en pierre, dont le dessous étoit employé à des écuries, mais qui, par la multitude de ses cours et logemens, paroissoit avoir été destiné à l'usage de quelque corps ou collège. De-là il parvint à une terrasse, où il vit avec étonnement et satisfaction, un grand nombre d'instrumens, dont plusieurs étoient d'une grandeur démesurée, et dans un état de conservation, tel qu'ils sembloient n'être construits que depuis fort peu de temps. Ces instrumens, au reste, ne ressembloient en rien aux nôtres ; ils étoient en pierres et immobiles, mais leur stabilité avoit éprouvé si peu de variation, qu'en régardant à travers plusieurs pinnules

qui

qui devoient se trouver en ligne droite, le rayon visuel n'y éprouvoit aucune obstruction. Parmi ces instrumens, il y avoit deux gnomons flanqués chacun de deux quarts de cercle, dont les divisions et graduations étoient faites avec la plus grande propreté et exactitude. Deux de ces quarts de cercle avoient neuf pieds de rayon, et les deux autres servant au plus grand gnomon, en avoient 22; ce qui donne à un seul degré 4 pouces 8 $\frac{1}{2}$, et à une minute bien près d'une ligne.

Il y avoit encore un cercle de bronze de deux pieds de diamètre, mobile sur un axe horisontal, et un cadran équinoxial, tracé sur une grande pierre, supportée, dans l'inclinaison convenable, par deux solides piliers. Enfin M. Barcker parle de deux murs concentriques, dont l'intérieur, d'environ 40 pieds de diamètre, portoit des divisions, et au milieu desquels étoit une espèce de piédestal cylindrique, percé à son centre d'un trou, destiné apparemment à porter un style. M. Barcker dit n'avoir pu en deviner l'usage; mais il nous semble qu'au moyen du style placé au centre, il pouvoit servir à prendre l'Azimuth du soleil à son coucher. On trouve dans le volume des transactions que nous avons cité, une vue de cet observatoire et des instrumens qu'il renferme, dessinée par M. le major Campbell; et deux autres planches de développement.

Le P. Tieffenthaller (1) nous parle encore de deux observatoires Indiens, qu'on voit à Djepour et à Oudjen, deux villes assez grandes de la province ou royaume d'Adjoner; ils furent l'un et l'autre élevés par le Raja Djesing, qui régnoit sur cette province en 1725. Ce prince aimoit avec passion l'astronomie, et avoit fait venir, en 1733, à Djepour sa capitale, le P. Boudier, jésuite, et ensuite les P. P. Antoine Gabelsperger, et André Strohl, pour être apparemment ses astronomes. Ces deux observatoires contiennent des instrumens assez semblables, pour la construction, à ceux de Benarez, que nous venons de décrire. Mais, à en juger par l'idée que nous en donne l'auteur ci-dessus, ils ne furent pas construits d'une manière à beaucoup près aussi solide et autant à l'abri des injures de l'air. Car il parle de construction de brique et de chaux ou de plâtre, par où l'on doit peut-être entendre le ciment particulier des Malabares, qui prend une dureté égale à celle de la pierre; mais cela est toujours fort éloigné de la construction en grandes pierres de taille des instrumens de Benarez.

Parmi ces instrumens, il en est un à Djepour, dont le P. Tieffenthaller parle avec une admiration particulière: c'est ce

_____
(1) Description de l'Inde, etc. t. 1, p. 316 et 347.

qu'il appelle un gnomon et axe du monde, de 70 pieds d'élévation, au sommet duquel étoit un belvédère ou terrasse, d'où
l'on dominoit sur toute la ville, et d'où l'on ne pouvoit regarder
en bas sans effroi ; il étoit accompagné latéralement de deux
immenses quarts de cercle, de même construction, tournant
leur concavité vers le ciel. Pour prendre une idée de cet instrument, dont on voit aussi une représentation dans les planches
qui accompagnent le mémoire de M. Rob. Barcker sur celui
de Benarez, qu'on imagine un mur élevé bien perpendiculairement dans le plan du méridien, et terminé, du côté du
nord, par une face dressée bien verticalement, et du côté du
midi, par un plan incliné, parallèle à l'axe du monde. Cet
instrument pourra servir à-la-fois et de gnomon et d'axe d'un
grand cadran horisontal ou équinoxial ; car les deux angles
du plan vertical, exposé au nord, serviront alternativement de
gnomon, avant et après-midi, et les angles du plan incliné
selon l'axe du monde, avec les deux plans verticaux latéraux,
représenteront alternativement cet axe, et par leur ombre projettée, soit sur le plan horisontal, soit sur les quarts de cercle
verticaux placés à côté, serviront à des déterminations particulières. On sent d'ailleurs, qu'on pourra pratiquer dans l'é-
paisseur de ce mur, le long du plan incliné, un escalier qui
servira à monter au sommet de ce gnomon. On en voit un
semblable dans les planches de M. Barcker ; il y avoit encore
dans cet observatoire, ainsi que dans celui d'Oudjen, divers astrolabes fixes et mobiles, des cadrans de diverse espèce, ect.
Il eût été à désirer que le P. Tieffenthaller, plus astronome,
eût accompagné sa description de plus de détails. Au surplus,
tout ceci n'est que de pure curiosité ; car ces instrumens, tout
gigantesques qu'ils sont, ne sauroient servir à des déterminations
aussi délicates que celles de nos gnomons et de nos autres
instrumens.

Il y a apparence que ce Raja Djesing est celui dont parle
le P. Pons (1), qui fit, dit-il, traduire sous son nom et dans
la vue de s'en faire honneur, les Tables de la Hire. Il le nomme
le Raja Raesing, mais cette différence légère de nom peut
venir de différentes causes.

L'affectation de mystère que les Indiens ont toujours mis
dans l'emploi de leurs connoissances astronomiques, quelles
qu'elles soient, n'a pas permis de passer jusqu'à nous les
noms des astronomes qu'ils ont dû avoir. Nous en avons pourtant
trouvé deux dans un écrit astronomique, traduit de l'arabe,
qui accompagne l'ouvrage de Messalah, publié par Heller, en

(1) *Lettres Edif.* t. 26.

1539. L'un est nommé Alchoarism, et il est qualifié du titre de *Magister Indorum*, par où il paroîtroit que ce fut le fondateur ou un des fondateurs de l'astronomie Indiene. Cet Alchoarism paroît au surplus avoir été un Arabe.

L'autre astronome est nommé Kan-karaf, et est qualifié d'Indien. Il paroît qu'il avoit fait un traité sur les révolutions célestes ; car l'auteur Arabe explique une règle de lui, pour déterminer l'année courante d'une période de 350 ans, dont l'année du déluge étoit la 269e. Mais en voilà assez sur ce sujet, et j'ai presque honte d'y avoir perdu et fait perdre à mon lecteur tant de temps.

On n'est guère plus instruit sur les ouvrages qui contiennent ou ont autrefois contenu les préceptes de l'astronomie Indienne. On fait néanmoins mention d'un de ces livres, qui étoit intitulé *Sindhind*, composé, dit-on, sous le règne de Bahman, l'un des premiers empereurs de l'Inde, qui vivoit vers l'an 540 avant J. C. ; c'est un Arabe qui nous l'apprend. (1) Mais que contenoit ce livre ? on n'en sait rien.

L'autre est intitulé *Soorey-suddant*, et est aussi d'une époque très reculée ; celui-ci pourroit bien être entre les mains des Brames de Benarez, car il paroît contenir l'ancienne manière de calculer les éclipses, appellée *suddantam*, ou l'ancienne, qui est spécialement pratiquée par ces Brames, à la différence de la nouvelle, qui l'est par ceux du Carnatic et de la côte de Coromandel. Ce seroit une acquisition précieuse qu'un pareil ouvrage. Mais qui forcera jamais ces hommes mystérieux à en donner communication ?

V.

Nous devons au surplus observer, qu'il est inutile de chercher chez les Indiens quelque connoissance de l'arrangement des corps célestes, même de ceux dont ils calculent les mouvemens. S'ils en ont eu jadis quelqu'une, elle est aujourd'hui entièrement effacée de leur mémoire : car les plus instruits d'entr'eux, malgré les calculs qu'ils savent faire des éclipses de soleil et de lune, ne sont pas plus avancés, à l'égard de leurs positions et de leurs distances respectives à la terre, que nos bonnes femmes. On raconte même sur cela des traits plaisans, celui-ci, par exemple. Un Brame et un Jésuite versé dans l'astronomie, se trouvoient un jour ensemble dans la même prison ; il régna d'abord entr'eux assez de cordialité ; le Jésuite en étoit même presque venu à faire goûter à l'Indien les vérités de la religion chrétienne.

(1) Voyez *Notice d'anciens manuscrits, faisant suite aux Mémoires de l'Académie des Inscriptions*. Extrait de Massoudi.

Mais malheureusement l'astronomie se mit de la partie; l'Européen entreprit de .prouver au Brame, que la lune étoit plus voisine de la terre que le soleil : mais loin d'y réussir, le bon Brame en fut si indigné, qu'il ne voulut plus parler au Jésuite pendant leur détention. Comment en effet se seroit-il rendu au preuves palpables du Jésuite ? il étoit pour lui de principe religieux, que la terre est portée par un éléphant, l'éléphant par une tortue; la tortue nage dans la grande mer de lait; et si l'on demande qui soutient cette grande mer, je ne sais ce qu'on y répond. Ce ne peut être que par quelque nouvelle absurdité.

J'ai pourtant peine à croire que les Brames, instruits dans le calcul des éclipses, en soient à ce point d'ignorance, de penser, avec le peuple, que ce soit un serpent qui veut dévorer le soleil ou la lune, et de faire cette dernière plus éloignée de la terre que le soleil. Il peut se faire que l'histoire, racontée ci-dessus, soit une plaisanterie, ou que le Brame dont il s'agit, fût un homme tout-à-fait ignorant de sa carte. M. Sonnerat (1) s'inscrit positivement en faux contre cette prétendue ignorance des Brames, relativement aux positions respectives du soleil et de la lune; mais ce qu'il leur attribue n'est guère moins absurde; car il dit que les Brames font parcourir au soleil, chaque jour, un cercle de 392 millions de lieues, ce qui donne pour sa distance à la terre, estimée grossièrement, 65 millions de lieues; et ils placent la lune à 100,000 yoguenais ou 400,000 lieues seulement au-dessous du soleil; ils placent ensuite Vénus 400,000 lieues au-dessus du soleil, puis Mercure encore 400,000 au-de-là; après cela Mars encore plus loin de 400,000; Jupiter, 400,000 plus loin; après lequel vient Saturne, encore 400,000 au-delà; enfin, à un million au-dessus, le Lésard qui tient à sa queue l'étoile polaire : mais l'esprit se soulève à tant d'absurdités monstrueuses. Je ne sais au surplus où M. Sonnerat a vu que les Brames avoient calculé, avec beaucoup de justesse, le passage de Vénus sur le disque du soleil. M. Legentil, qui est allé dans l'Inde exprès pour cette observation, nous en auroit appris quelque chose. Mais comment les Brames qui font Vénus plus élevée que le soleil, pourroient ils avoir l'idée de calculer quand elle passera au-dessous ?

Quelle que soit au surplus la manière de penser des Indiens sur l'arrangement des planètes à él'gard de la terre, il paroît certain que leurs astronomes, contens de pouvoir calculer les éclipses de lune et de soleil, sont de la plus grande indifférence sur tout le reste de l'astronomie. On leur a fait voir dans nos

(1) **Voyage aux Indes Orientales** et à la Chine, t. 1, p. 123.

télescopes, Jupiter et ses satellites, Saturne avec son anneau ; à peine ont ils témoigné quelque étonnement. Le Brame astronome de M. Gentil, en témoigna cependant un peu, en voyant se vérifier la prédiction qu'il lui avoit faite de la réapparition de la comète de 1769, après avoir disparu dans les rayons du soleil. Que peut-on attendre de gens doués d'une pareille indifférence ? ils sont au reste persuadés qu'ils en savent plus que tous les Européens, et ce qui n'est pour nous que la curiosité de connoître leurs méthodes, il le prennent pour l'envie d'apprendre des choses que nous ignorons.

Il seroit superflu de rechercher quel est l'état des autres parties des mathématiques chez les Indiens ; il est probable néanmoins qu'ils ont quelque méthode pour mesurer les terres, puisqu'ils sont cultivateurs et propriétaires. Mais je ne sache pas qu'aucun Européen ait fait sur cela des recherches. On voit par leurs calculs astronomiques, que ceux qui en furent les inventeurs, y ont fait usage de la fameuse propriété du triangle rectangle ; peut-être néanmoins les Indiens modernes, en pratiquant cette opération, ne se doutent pas du principe. Mais l'arithmétique doit aux Indiens l'ingénieux système de notation des nombres, dont nous nous servons, et qui a été unanimement adopté par toutes les nations Européennes, après avoir été d'abord transplanté chez les Arabes. Nous en avons fait l'histoire, en parlant de ce dernier peuple, et nous y renvoyons. Il nous suffira de remarquer encore ici, que les Indiens ont une aptitude singulière pour le calcul, et qu'un Européen, avec sa plume et son papier, a peine à opérer aussi rapidement que le fait un Indien ou un Banian, avec quelques petits cailloux, par forme de jettons, ou en traçant ses chiffres sur une feuille de palmier. L'opération de la racine quarrée et celle de la règle de proportion, leur sont connues ; car elles entrent dans leur calcul des éclipses.

On doit aussi probablement attribuer aux Indiens ce jeu ingénieux d'arithmétique, qui consiste à ranger, dans les cases d'un quarré, des nombres de la progression arithmétique, ensorte que les bandes, soit horisontales, soit verticales, soit diagonales, fassent toujours la même somme. Mais nous en avons déja parlé à l'occasion des arithméticiens Grecs qui s'en occupèrent, et il nous suffira d'y renvoyer.

V I.

Il nous reste, pour terminer cette partie de notre ouvrage, à dire quelque chose de divers autres peuples orientaux, et

principalement des Siamois, qui paroissent faire quelque usage
de l'astronomie. Ce n'est pas à la vérité pour l'astronomie même
qu'ils la cultivent, si c'est la cultiver que d'être en possession
de quelques règles mémoriales et techniques, pour calculer le
lieu du soleil et de la lune, sans se soucier d'en approfondir
les principes. Leur objet seul paroît être de tirer l'horoscope
d'un sujet, par la position de ces deux planètes, au moment de
sa naissance. C'est au surplus à l'Inde, c'est-à-dire, à cette partie
de l'Asie, située entre l'Indus et le Gange, qu'ils doivent ces
règles; on ne peut en douter par leur analogie avec celles des
Indiens, et à d'autres caractères.   •

Nous devons à M. de la Loubère, envoyé extraordinaire de
Louis XIV auprès du roi de Siam, en 1687, la connoissance de
ces règles; de retour en France, il les communiqua au célèbre
Cassini, qui, après les avoir méditées, en retrouva les principes, malgré la complication des opérations souvent inutiles,
qui y entrent, et qui paroissent n'avoir pour objet, que d'en
voiler les fondemens. Malgré ces difficultés, il parvint à deviner
l'énigme, et il démêla, sous cette enveloppe obscure, deux
époques, l'une purement civile, qui date de 544 ans avant
J. C., temps auquel mourut, suivant eux, leur fameux *Sommona-
codom*; l'autre astronomique, qui date de l'an 638 de notre
ère, et nommément du 21 mars de cette année, jour où arriva
une nouvelle lune équinoxiale, à 3^h du matin, pour Siam,
et qui fut encore remarquable par une grande éclipse de soleil,
arrivée quelques heures après. On voit par ces règles, que leurs auteurs savoient faire la distinction de l'année solaire tropique, qu'ils
estimoient de 365j 5^h 55′ environ, comme Hipparque et Ptolémée,
et de l'année solaire anomalistique, c'est-à-dire, du retour du
soleil à son apogée, qu'ils firent de 365j 6^h 12′ et quelques
secondes. On y reconnoît aussi l'équation du soleil, tantôt
additive, tantôt soustractive; les deux équations de la lune,
un cycle de 19 ans solaires, équivalant à 235 lunaires, dont
la combinaison parut à M. Cassini plus avantageuse que celle
du cycle de Méton, que nous avons adopté, etc. etc. On peut
voir cette curieuse divination astronomique, dans le VIIIe volume des mémoires de l'Académie des sciences, avant le renouvellement, ou bien dans la relation du royaume de Siam, par
M. de la Loubère, qui l'y a insérée en entier (Tome II.) M.
Cassini trouve cette méthode ingénieuse, et il ajoute que si elle
étoit rectifiée en quelques points, savoir, en quelques-uns de
ses élémens, et simplifiée en d'autres, elle pourroit être utile
en certaines circonstances. En effet, il semble qu'on ne pouvoit
rien imaginer de mieux, pour affranchir le calcul des mouvemens du soleil et de la lune, de l'appareil des tables. Si nous

avions des règles semblables, et que quelqu'un les mît en vers techniques, pour les imprimer mieux dans la mémoire, un voyageur qui les sauroit, pourroit, au milieu de l'Amérique, et sans aucun livre, calculer ces mouvemens; ce qui ne seroit peut-être pas un petit avantage dans quelques occasions.

V I I.

Les habitans de Madagascar paroissent n'être pas entièrement ignorans en astronomie : ce sont leurs prêtres, nommés *Ombiasses*, qui en font usage, principalement pour dresser l'espèce d'horoscope des enfans nouveaux nés. Tout ce qu'ils savent au surplus en ce genre, ils le tiennent des Arabes ; car leurs noms des douze signes du zodiaque, tels que *Al-Ahemali*, *Al-Zorou*, *Al-Acarabo*, *Al-Hotzi*, etc. *Aries*, *Taurus*, *Scorpius*, *Pisces* etc. sont dérivés de l'Arabe. Il en est de même des noms des planètes, comme *Samousi*, *Azohora*, *Alotarida*, *Alacamari*, *Azeali*, *Alamouselzari*, *Alimareche*, qui répondent au *Soleil*, à la *Lune*, *Mars*, *Mercure*, *Jupiter*, *Vénus*, *Saturne* ; car tel est l'ordre qu'on leur donne, ainsi qu'aux jours de la semaine, à l'exemple des Egyptiens, dont nous avons expliqué le système d'arrangement, qui a donné lieu à la dénomination des jours de la semaine. Les Madagascariens ou Madecasses ont quelques livres qui paroissent contenir leurs règles astronomiques, ou astrologiques. Tels sont le *Kitab Al-samai*, *Kitab Al-samoussi*, *Kitab Al-azoari* etc. *le livre du ciel*, *le livre du soleil*, *le livre de la lune*. Ils ont enfin une sorte de gnomonique assez semblable à celle des Grecs et des Romains, avant l'invention des cadrans solaires. Car ils comptent leurs jours du lever du soleil, savoir, douze du lever au coucher, et douze autres du coucher au lever suivant. Il est une heure, (ou à peu-près sept heures du matin pour nous, vers le temps de l'équinoxe) lorsque l'ombre d'un homme est de 24 fois la longueur de la plante de son pied ; il est deux heures (ou 8 heures du matin), quand elle est de onze ; trois heures (ou 9), lorsqu'elle est de huit et demi ; quatre heures (ou 10), lorsqu'elle est de cinq et demi ; cinq heures (ou 11), lorsqu'elle est de trois ; enfin, midi, lorsqu'il n'y en a point, ou presque point. Il est superflu d'observer combien cette gnomonique est grossière et inexacte. Mais on fera grâce à ces bonnes gens, lorsqu'on remarquera que les Grecs, jusqu'à quatre ou cinq siècles avant notre ère, comptoient à peu près ainsi leurs heures.

Fin du troisième Livre de la seconde Partie.

HISTOIRE
DES
MATHÉMATIQUES.

SECONDE PARTIE,

Contenant l'Histoire de ces Sciences chez divers peuples Orientaux, comme les Arabes, les Chinois, les Indiens, et autres peuples leurs voisins.

LIVRE QUATRIÈME.

Histoire des Mathématiques chez les Chinois.

SOMMAIRE.

I. *Réflexions générales sur les progrès des Sciences à la Chine.* II. *De ceux de la Géométrie, de la Mécanique, etc. dans cet Empire.* III. *De l'Astronomie Chinoise, et de ses anciennes observations.* IV. *Connoissances Astronomiques des Chinois sur le mouvement du Soleil et de la Lune. Antiquité qu'ils leur donnent. De leur cycle sexagénaire,* etc. V. *Histoire particulière et abrégée de l'Astronomie Chinoise depuis son renouvellement, quelques siècles avant l'Ere Chrétienne, jusqu'à nos jours. Ses vicissitudes*

jusqu'à

jusqu'à l'arrivée des Européens à la Chine. VI. Entrée des Missionnaires Jésuites à la Chine. Ils se font bientôt jour par leurs connoissances Astronomiques, et ils sont établis Présidens du Tribunal des Mathématiques. Traverses différentes qu'ils ont à essuyer. Obligations que leur a l'Astronomie Européenne et la Géographie. VII. De la Musique Chinoise. VIII. Notice de livres Astronomiques Chinois, ou faits à la Chine par les Missionnaires Européens.

I.

SI l'on ne jugeoit de l'état des mathématiques chez les Chinois, que par la longue suite de siècles depuis lesquels ils se vantent d'en être en possession, et par l'importance qu'ils donnent à une de leurs principales parties, savoir l'astronomie, il faudroit les regarder comme les plus habiles mathématiciens de l'Univers. Mais l'idée qu'on en concevroit de cette manière, ne seroit rien moins que conforme à la réalité. Lorsque d'habiles gens ont cherché à approfondir à quoi se réduisoit leur savoir dans ce genre, et à quel point une application continuée pendant tant de siècles les avoit conduits, on a reconnu qu'ils étoient bien inférieurs aux Européens, ou, pour mieux dire, qu'il n'y avoit aucune comparaison à faire d'eux à ces derniers; que le feu du génie s'étoit rarement montré chez eux, et que leur principal mérite consistoit en quelques inventions dans lesquelles ils avoient prévenu les autres peuples, mais qu'ils n'avoient jamais portées à la perfection dont elles étoient susceptibles.

De savans Européens établis à la Chine pour la propagation de l'Evangile, ont recherché quelles étoient les causes qui avoient ainsi retardé le progrès des sciences chez cette nation, et ils ont pensé que c'étoit le peu d'encouragement qu'on y a toujours eu pour les cultiver. Le seul moyen qu'aient les Chinois pour s'avancer, est l'étude des lois et de la morale. C'est par-là qu'on devient Mandarin de lettres, qu'on acquiert des distinctions honorables, en attendant des emplois lucratifs. Au contraire la carrière des mathématiques est des plus bornée. Quoique l'astronomie soit cultivée par les lois de l'Empire, qu'il y ait même un tribunal, ou une sorte d'académie pour en conserver le dépôt, il n'y a qu'un petit nombre de places à y remplir, et de médiocres avantages à en espérer. C'est ce qui écarte de l'étude de ces sciences, ceux qui seroient doués d'un esprit propre à les perfectionner, et qui seroient portés à s'y adonner.

Je conviens que cette raison peut contribuer à l'état de langueur où sont les mathématiques à la Chine; mais elle me paroît insuffisante. Est-ce donc que chez les Grecs, à qui les sciences doivent tant, l'étude de la nature et de la philosophie fut jamais le chemin de la fortune? Le fut-elle jamais chez nous qui les cultivons avec tant de succès? A la vérité, il y a plus de récompense à attendre maintenant, qu'il n'y en avoit dans l'antiquité. Depuis quelques siècles, la plûpart des princes de l'Europe concourent par leurs bienfaits à l'avancement des sciences et des lettres. Mais que sont ces avantages en comparaison de ceux qu'offrent la plûpart des autres professions de la société, comme le barreau, la médecine, le commerce, etc.? professions dont l'opulence est souvent l'agréable perspective. Le nombre des gens de lettres ou des savans, que des bienfaits accumulés, ou des circonstances particulières, ont mis dans une situation équivalente, est si petit, qu'on ne peut refuser à ceux qui se jettent dans cette carrière, le mérite du désintéressement, et même du mépris des richesses.

Il faut donc recourir à d'autres raisons que le peu d'encouragement des sciences à la Chine, afin d'expliquer pourquoi leurs progrès y ont été si lents. Nous ne craindrons point de e dire, c'est principalement faute de ce génie inventeur, qui distingua particulièrement les Grecs dans l'antiquité, et qui semble être propre depuis quelque temps aux Européens. Si ce génie se fût souvent montré à la Chine, il y auroit eu, comme en Europe, des hommes qui négligeant la fortune, contens presque du pur nécessaire, auroient donné tous leurs soins à perfectionner les sciences.

Une autre raison de la lenteur des progrès des sciences chez les Chinois, est le respect extrême qu'ils ont pour leurs ancêtres. Rien de si juste, sans doute, que ce sentiment, et la nature l'a imprimé dans tous les cœurs bien nés. Mais porté trop loin, il dégénère dans une sorte de vénération, qui ne permet plus d'oser faire un pas au-delà de ceux qui ont déjà été faits, et qui est le poison des sciences. On les a vu s'arrêter tout court aussi-tôt que trop d'attachement pour l'antiquité, ou pour quelque philosophe, n'a plus permis de mettre à la balance ses sentimens, et de s'en écarter.

I I.

De toutes les parties des mathématiques, l'astronomie est la seule qu'on puisse dire avoir eu quelqu'étendue chez les Chinois. A l'arrivée des Européens chez eux, leur géométrie ne consistoit qu'en quelques règles très-élémentaires d'arpentage. Il y avoit, à la vérité, fort long-temps qu'ils connoissoient la fameuse propriété du triangle rectangle. Ils avoient devancé les Grecs à cet égard de plus de dix siècles (1). Mais cette propriété, dont la découverte méritoit si bien par ses usages nombreux le sacrifice que fit Pythagore, suivant la renommée ; cette propriété, dis-je, avoit été stérile entre leurs mains. Quoique la trigonométrie sphérique soit si utile, et même si nécessaire à l'astronomie, ils avoient resté jusqu'au treizième siècle sans la connoître, et même la connoissance qu'ils en eurent alors, leur vint probablement des astronomes Arabes ou Persans, que les successeurs de Genghis-kan prirent à leur service.

L'arithmétique des Chinois n'étoit pas plus relevée, lorsque nous arrivâmes dans leur empire. Elle étoit bornée à quelques règles d'usage nécessaire, comme les premières de la nôtre : ils les exécutoient, et les exécutent encore par le moyen de certaines boules enfilées, qu'ils manient avec beaucoup de promptitude et de dextérité (2). Leur mécanique se réduisoit à quelques machines, telles que le besoin et l'expérience continuellement rectifiée les suggèrent à un peuple industrieux. Leur navigation n'étoit qu'une manœuvre grossière : ils connoissoient depuis long-temps la propriété qu'a l'aimant de se diriger vers le Nord, et ce n'est pas sans vraisemblance qu'on prétend que nous tenons d'eux la connoissance de cette propriété, par l'entremise de Marc Paul, ou au moyen de celle des marchands Vénitiens, qui faisoient alors le commerce de l'Inde par la mer rouge. Mais tandis qu'à peine un demi siècle après, le génie Européen en formoit la boussole d'à-présent, les Chinois faisoient encore porter un morceau de fer touché de l'aimant, sur une petite nacelle mise dans un vase plein d'eau, et je crois qu'aujourd'hui même c'est la boussole des Jonques Chinoises. Ils avoient encore moins d'idée de l'optique : on a prétendu, à la vérité, qu'ils se servoient autrefois du télescope. Le P. Gaubil rapporte (3) qu'on dit que vers l'an 164 avant J. C. ils observoient avec un tube : le P. Kœgler parle aussi d'une description du ciel faite long-temps avant l'arrivée des Européens à la Chine, où l'on remarque des étoiles qui ne paroissent plus à la vue simple. Mais ce sont-là de légers indices que le télescope leur ait été connu. Le tube dont parle le P. Gaubil, a pu être un simple tube propre à écarter les rayons latéraux, et à faire voir par-là plus distinctement les petites étoiles. Quant à ce que rapporte le P. Kœgler,

(1) Traité de l'astron. Chin. par le P. Gaubil., p. 20.

(2) Hist. de la Chine, par le P, du Halde, t. 3.

(3) Traité de l'Astr. Chin. p. 25.

c'est encore une foible preuve que les Chinois aient autrefois connu cet instrument. Quelques yeux extrêmement perçans, et aidés d'une grande sérénité d'air, ont pu appercevoir ce qui se refusoit aux yeux ordinaires; d'ailleurs il y a des étoiles qui ont diminué depuis plusieurs siècles, comme le fait voir M. Halley dans son catalogue des étoiles australes, et celles dont parle le savant Jésuite, pourroient être de ce nombre. Le P. Duhalde raconte enfin, dans sa grande histoire de la Chine, qu'il montra à l'empereur Kang-hi plusieurs curiosités physiques, comme une lanterne magique, des télescopes, des prismes, et un œolipile, dont le vent faisoit marcher un petit charriot à voiles, etc. ; ce qui surprit extrêmement ce prince et les mandarins de sa cour.

C'est donc de l'astronomie seale que les Chinois peuvent tirer quelque gloire. Quoique le début de ce livre ne paroisse guère propre à prévenir avantageusement sur ce que nous avons à en dire, nous remarquerons néanmoins qu'elle contient plusieurs faits dignes d'intéresser la curiosité.

I I I.

Il n'est en effet aucun peuple qui puisse vanter, avec quelques fondemens, des monumens astronomiques aussi anciens que ceux des Chinois. Ces monumens sont une conjonction de cinq planètes arrivée, suivant les annales chinoises, sous le règne de l'empereur Tchuen-hiu, vers le commencement du printemps; l'autre est une éclipse de soleil, arrivée sous l'empereur Tchong-kang, vers la constellation du Scorpion. Ces deux observations astronomiques sont regardées par les défenseurs de la chronologie Chinoise, comme des démonstrations de l'extrême antiquité de cet empire. Car, suivant les annales de la Chine, l'empereur Tchuen-hiu régna depuis l'an 2514, jusque vers l'an 2436 avant J. C., et Tchong-kang, vers l'an 2150; d'où l'on doit conclure, que si en effet, vers ces dates, il est arrivé de pareils phénomènes, celles des règnes de ces princes sont réelles et démontrées.

Deux phénomènes si remarquables par leur liaison avec les annales d'un peuple célèbre, ne pouvoient manquer d'être soumis aux recherches les plus sévères du calcul; et il est assez singulier qu'avec une pierre de touche si sûre, les avis aient été partagés. Car nous trouvons en premier lieu, quant à cette fameuse conjonction, que le P. Gaubil, tout partial qu'il dut être pour les Chinois, déclara d'abord l'observation controuvée (1). Le célèbre

---

(1) *Traité de l'Astronom. Chinoise*, p. 46.

J. D. Cassini en porta le même jugement, et trouvoit seulement que quatre planètes avoient pu se conjoindre ainsi, vers l'an 2012 avant J. C.; ce qui rapprocheroit de près de 500 ans, le commencement un peu avéré de l'empire Chinois. (1)

Mais divers autres astronomes ont été plus heureux dans cette recherche, que M. Cassini et le P. Gaubil. Nous lisons en effet, dans un curieux mémoire de M. Desvignoles (2), qu'André Muller, qui le premier, à Berlin, a cultivé la littérature chinoise, avoit trouvé, dès 1674, que toutes les planètes avoient été conjointes vers l'an 2450 avant J. C., époque qu'il corrigea postérieurement en celle de 2459. Mais nous ignorons les élémens de son calcul, et d'ailleurs nous n'avons pas besoin de toutes les planètes, mais seulement de cinq; car les annales Chinoises n'en mettent pas davantage: mais voici quelque chose de plus précis.

Le même M. Desvignoles, nous dit, qu'en 1686, il eut l'idée de refaire ce calcul, et qu'en employant les tables de Lansberg, il trouva que l'an 2459 avant J. C., le 28 février bissextile, le soleil occupant le 19° du Verseau, jour de la conjonction de la lune, les quatre planètes, Saturne, Jupiter, Mars et Mercure, se trouvoient conjointes, (ou dans la même partie du ciel) depuis le onzième jusqu'au vingt-cinquième dégré des Poissons, peu avant le coucher du soleil; en sorte que le premier mars suivant, la lune les atteignant, on vit, dans ce petit espace, cinq planètes conjointes. Ce calcul a été confirmé par M. Kirch, célèbre astronome de Berlin, qui a trouvé les mêmes choses à quelques minutes près, en employant les tables Rudolphines. On peut voir le type de ce phénomène, suivant M. Kirch, dans les *Miscellanea Berolinensia*, Tome V. Cette vérification inattendue m'engagea, dit M. Desvignoles, à penser, d'une manière plus équitable, sur les antiquités chinoises.

Voici un autre calcul qui vient à l'appui de ce fait intéressant de l'histoire Chinoise. Il est l'ouvrage du P. de Mailla, auteur de la grande histoire de la Chine, ou de quelqu'un de ses confrères, mathématicien de la cour de l'empereur.(3) Il a trouvé, en employant les tables de M. de la Hire, que l'an 2461 avant J. C., le 9 février, style Grégorien, à 7h ½ environ après midi, dans le Petcheli, où Tchuen-hiu tenoit sa cour, les planètes, Saturne, Jupiter, Mars, Mercure et la Lune, se trouvèrent dans la position suivante; savoir, Saturne, vers le 17e dégré

(1) *Réfl. sur l'Istr. Chin. Mém. de l'Académie avant le renouv.* t. 8.

(2) *Miscellanea Berolinensia*, t. 5, p. 193.

(3) Hist. de la Chine, t. 1, lettre 1.

des Poissons ; Jupiter, vers le 24e ; Mars, vers le 26e ; Mercure, vers le 14e, et la Lune, vers le 25e du même signe. Ainsi l'on a précisément ici cinq planètes rassemblées dans un espace d'environ 12 dégrés. Il est d'ailleurs à remarquer que cette conjonction, suivant l'un et l'autre calcul, répand fort bien aux caractères chronologiques donnés par l'histoire chinoise ; car elle dit, suivant la traduction littérale du texte Chinois : *Hoc anno prima lunæ prima die præcesserat ver. Quinque planetæ convenere in cælo transmissa constellatione Ché.* Or, en effet, le printemps, qui, chez les Chinois commence au passage du soleil, par le 1er du Verseau, concourut cette année très-près, avec le premier jour de la première lune, qui commence toujours à la conjonction qui suit immédiatement le 1er du Verseau. Les cinq planètes conjointes, avoient d'ailleurs passé la constellation *Ché*, qui est le Verseau. Il semble qu'on ne peut rien désirer de plus précis, et voilà les annales Chinoises justifiées autant que leur étrange précision le permet, ainsi que la concision et l'ambiguité de la langue Chinoise.

Mais, dira-t-on, pourquoi est-ce que MM. Muller et Kirch ont trouvé le phénomène arrivant le premier mars l'an 2459 avant J. C., et que le P. de Mailla l'a trouvé, en employant les tables de M. de la Hire, le 9 février de l'an 2461 ? Voilà une difficulté un peu embarrassante. Je crois pourtant qu'on peut y satisfaire en partie. Je crois que Kepler, qui a fait un livre sur la vraie époque de la naissance de J. C., la recule, ainsi que Lansberg, de deux années ; ainsi l'an 2461 vulgaire avant J. C., est l'an 2459, selon Kepler. Quant à l'autre différence de date, j'avoue n'en pas pénétrer la cause. Il seroit curieux que quelqu'un calculât le phénomène, au moyen de tables encore plus exactes que celles de la Hire, comme celles de Halley, rectifiées même par les découvertes modernes, sur la variation séculaire des moyens mouvemens, de l'excentricité, etc. Je crois enfin, qu'on peut regarder comme astronomiquement démontré, qu'en effet, vers l'an 2459 avant J. C., il y a eu dans la constellation des Poissons, une conjonction des cinq planètes dont on a parlé ci-dessus. Et d'ailleurs, il n'y a guère d'apparence que les Chinois ayent jamais été en état de calculer un pareil phénomène, pour un temps aussi éloigné, puisqu'il est notoire que leurs astronomes n'entendirent jamais rien aux mouvemens des planètes, comme Mars, Jupiter et Saturne, encore moins de Vénus et Mercure ; on peut même dire que les tables de Ptolémée ne pourroient servir à calculer les lieux de ces planètes pour un temps aussi éloigné, soit avant, soit après leur époque. Il faut pourtant convenir que le Cheu-King n'en dit pas tant, et laisse beaucoup plus de latitude au phénomène. Ce qu'on a dit plus haut est tiré d'une espèce de paraphrase de cet ancien livre, appellée *Ouai-ki*, et n'a pas la même authenticité que le premier, ouvrage de *Confucius* même. Nous discuterons les autres difficultés qu'on élève contre la réalité de cette observation, après en avoir rapporté une autre qui n'est guère moins célèbre.

Il s'agit de l'éclipse de soleil arrivée vers l'an 2155 avant J. C., sous l'empereur Tchong-kang, vers l'équinoxe d'automne. Nous apprenons en même temps un trait remarquable de l'importance que cette nation donnoit déjà à l'observation des phénomènes célestes. Il en coûta la vie, suivant les historiens Chinois, aux astronomes Ho et Hi, pour avoir manqué d'annoncer cette éclipse, et le décret qui les condamna nous a été conservé. Il contient en substance que les anciens princes avoient statué la peine de mort contre ceux qui, étant chargés du soin de calculer les phénomènes célestes, ne les avoient pas prévus; que ces astronomes, négligeant leur devoir, vivoient plongés dans la débauche et une ignorance volontaire; qu'ainsi ils méritoient la peine décernée par les lois : mais on doit observer ici que les historiens Chinois disent que ce ne fut qu'un prétexte saisi habilement par l'empereur Tchong Kang, pour les faire mourir. Ces astronomes avoient été élevés au rang de princes et de gouverneurs de provinces; mais liés avec un ministre infidèle, ils méditoient des projets de révolte. L'empereur les prévint, et motiva leur mort sur le scandale qui avoit résulté d'une éclipse de soleil arrivée sans être annoncée. Si un pareil réglement eût toujours été en vigueur, il eût été dangereux d'être le chef du tribunal des mathématiques.

Cette observation a aussi éprouvé ses contradictions; mais tous les calculs réitérés à diverses reprises par des missionnaires versés en astronomie, ont confirmé qu'il y eut réellement, l'an 2155 avant J. C., une éclipse de soleil fort près du point équinoxial d'automne, place qu'occupoit alors le Scorpion; et effectivement les Chinois rapportent que le soleil étoit alors voisin de l'étoile qu'ils nomment *Fang*, qui est l'une de celles de ce signe.

Mais il se présente ici des difficultés d'un autre genre contre ces observations, et sur-tout contre celle du temps de Tchuen-hiu. Car, disent d'abord ceux qui les rejettent, elles font un furieux ravage dans nos livres saints. L'époque du déluge ne précède, suivant le texte Hébreu et la vulgate, l'ère chrétienne, que de 2327 ans; ainsi la première des observations dont on parle, remonteroit avant le déluge; et quant à la seconde, elle le suivroit de trop près, pour qu'il fût possible que les Chinois formassent déja un empire. Le genre humain, réduit par cette catastrophe à une seule famille qui n'étoit pas nombreuse, dut rester rassemblé quelques générations avant de se disperser. Lorsque ce moment fut venu, la population ne put se faire que de proche en proche. Ainsi il est impossible que la nation Chinoise existât même encore à la date de la dernière observation, ou tout au plus ne consistoit elle qu'en un petit nombre de familles les plus avancées vers l'Orient. Or, des hommes occupés laborieusement à se procurer les premiers besoins de la vie, dans un pays qu'ils sont obligés de dessécher et de labourer, songent-ils à cultiver la science des astres ?

On ajoute que ces phénomènes ont pu être calculés postérieurement, et que les Chinois, souverainement jaloux et vains de leur antiquité, peuvent les avoir insérés dans les annales fabuleuses de leur origine. Enfin, dit on, quelques siècles avant l'ère chrétienne, l'empereur Tsin-chi-hoang-ti fit brûler tous les livres. La mémoire de ce qui s'étoit passé jusqu'alors a donc dû être effacée, et l'observation de la conjonction dont on a parlé, celle de l'éclipse de Tchong-kang, ainsi que le décret contre les astronomes négligens, Ho et Hi, ne sont que des fictions.

On convient de la force de ces objections, mais elles ne sont pas sans réplique. Premièrement l'on peut mettre les livres saints à l'abri du ravage qu'y fait l'astronomie Chinoise, en adoptant la chronologie des Septantes, qui recule l'époque du déluge de 900 ans. Alors nous trouverons un temps suffisant pour faire peupler l'Asie de proche en proche, et mettre, 2500 ans avant l'ère chrétienne, les Chinois en corps de nation déjà assez nombreux pour former un empire naissant.

En second lieu, lorsqu'on dit que Tsin-chi-hoang-ti fit brûler tous les livres, cela s'entend qu'il fit un édit sévère, par lequel il l'ordonnoit ; mais l'on ne sauroit croire qu'il soit venu à bout de son dessein, vu l'attachement de la nation Chinoise à ses antiquités. D'ailleurs on donne comme certain que cette proscription ne porta que sur les livres des historiens et des moralistes Chinois, parce qu'ils étoient une censure continue du gouvernement tyrannique et insensé de cet empereur. Si cette main-basse sur tous les livres avoit eu lieu, il faudroit donc dire que toute l'histoire Chinoise, avant cette époque, est une fiction continuelle, ce que n'admettront point ceux qui ont examiné ses monumens.

En troisième lieu, il est fort peu croyable que les Chinois aient jamais eu une astronomie assez parfaite pour déterminer, par le calcul, des phénomènes aussi reculés. C'est tout au plus ce qu'on pourroit attendre de nos tables modernes. Les plus

légères

légères erreurs, dans les mouvemens des planètes, accumulées pendant une si longue suite de siècles, suffisent pour donner leurs lieux étrangement différens des vrais. Si les Chinois sont parvenus jusqu'à annoncer avec quelque justesse les phénomènes de l'année suivante, ce n'est que par des corrections continuelles à leurs méthodes. Mais ils n'en eurent certainement jamais d'assez exactes, pour remonter avec sûreté à des époques si reculées. Au reste, nous ne faisons ici que l'office de rapporteur. C'est au lecteur à peser les raisons de part et d'autre, et à se déterminer.

I V.

Nous allons maintenant entrer dans les détails convenables concernant les travaux des Chinois en astronomie, et les vicissitudes que cette science a éprouvées chez eux.

Les historiens Chinois rapportent les premiers traits de leur astronomie à l'empereur Fou-hi, qui régna en Chine, suivant leurs annales, dès l'an 2900 avant J. C. Il examina, disent-ils, les signes célestes et la régularité des mouvemens des astres. Mais ses sujets nouvellement civilisés, n'étant pas capables de s'élever à des conceptions aussi sublimes, il leur donna du moins le moyen de compter les temps, en employant le cycle ingénieux dont les Chinois font encore usage, et qui sera expliqué ailleurs. Nous ajouterons ici en passant, que Fou-hi fut encore l'inventeur de ces caractères, formés de lignes entières et brisées, où M. Leibnitz trouvoit l'arithmétique dyadique, conjecture, à tout prendre, plus ingénieuse que solide. Il paroît pourtant très vraisemblable que ces caractères, ainsi que certaines autres combinaisons de lignes et de points (1), avoient trait à l'arithmétique. On lui attribue enfin l'invention du système de musique Chinois et de plusieurs instrumens de cette nation. C'est un objet sur lequel nous reviendrons.

L'empereur Hoang-ti, qui régnoit vers l'an 2650 avant J. C., fut aussi, dit-on, très-versé dans la science des astres. Son goût pour l'astronomie lui fit choisir, parmi ses officiers, ceux qui avoient le plus de talens en ce genre ; il chargea les uns d'observer le cours du soleil, les autres d'observer celui de la lune, ou bien de suivre celui des cinq planètes, avec ordre de rapporter leurs observations, pour être comparées entr'elles. Ce fut alors qu'on reconnut que douze révolutions de la lune n'égaloient pas une révolution du soleil, et l'on reconnut, dit-on, dès-lors, que pour ramener la lune au même point de départ avec

(1) Voyez l'*Histoire de la Chine*, par le *P. de Mailla*, t. 1, p. 78.

le soleil, il falloit, en 19 années solaires, ajouter 7 révolutions synodiques de la lune, ou 7 lunaisons. Ainsi ce qui fut inventé dans la Grèce, environ 400 ans avant J. C., par Méton, l'avoit déja été en Chine, 2300 ans auparavant. On nomme même le principal auteur de cette découverte. Il s'appelloit Koua-hïu-kiu. L'empereur lui en demanda la démonstration, qu'il lui fit, au moyen d'une machine particulière qui le satisfit beaucoup, en sorte qu'il en recommanda fortement à ses astronomes l'application à leurs emplois. Il fut aussi l'inventeur des poids et des mesures, encore usités dans la Chine; et d'un nouvel instrument de musique, où se trouvoient les douze tons chromatiques de l'octave.

Tchuen-hiu ne fut pas moins amateur de l'astronomie que ses deux prédécesseurs. Il régna, selon les annales Chinoises, depuis l'an 2514, jusqu'à l'an 2437 avant J. C. C'est dans cet intervalle de temps, en 2461, qu'arriva cette conjonction mémorable de planètes, dont on a parlé plus haut, et qui est un des principaux points fixes de la chronologie Chinoise. On prétend même que ce n'est pas une simple observation faite sous son règne, mais qu'il l'avoit prévenue par le calcul, et que ce fut par cette raison, qu'il établit le commencement du printemps et celui de l'année Chinoise, au passage du soleil par le 15e dégré du Verseau, en ordonnant que la première lune de l'année, seroit celle qui suivroit immédiatement ce passage. Telle fut en effet la position de ces astres, quelques jours avant le phénomène mémorable dont on parle. Cet usage a subsisté en Chine. Nous en avons au surplus assez dit sur ce phénomène; mais s'il nous étoit permis de critiquer l'empereur Tchuen-hiu, nous dirions que ce commencement du printemps étoit assez mal fixé, et qu'il eût été bien plus naturel de le placer, comme nous, au moment de l'équinoxe. Car le passage du soleil par l'équateur, est une circonstance de son mouvement bien plus frappante, et bien plus propre à servir d'époque. Au surplus, croira-t-on facilement que, dans ces temps si reculés, on ait pu calculer d'avance un phénomène de cette nature? C'est sur quoi je me borne à proposer un doute.

Cependant, malgré tous les soins des empereurs Hoang-ti et Tchuen-hiu, il paroît qu'après eux, l'astronomie dégénéra chez les Chinois. Car le célèbre empereur Yao, celui auquel commence proprement l'histoire avérée de la Chine, fut obligé, pour ainsi dire, de la créer de nouveau. Ce prince monta sur le trône, vers l'an 2317 avant J. C. Un de ses premiers soins fut de réveiller de leur négligence ceux que ses prédécesseurs avoient chargés des calculs et de l'observation des phénomènes célestes. Il y avoit à sa cour deux astronomes, frères probablement, du nom de *Hi* ; savoir, Hi-tchong et Hi-tchou ; et deux autres du nom de *Ho*, distingués par les mêmes surnoms. Il les envoya en quatre lieux différens, au nord, au sud, à l'est et à l'ouest. « Que Hi-tchou aille, dit-il, du côté » de l'est, pour examiner avec soin, quelle est l'étoile qui » se trouve au point de l'équinoxe du printemps ; et que Hi-» tchong aille du côté du sud, et y observe quelle est l'étoile » qui est au point du solstice d'été ». Ho-tchong fut envoyé faire une observation semblable, à l'ouest, et Ho-tchou fut dépêché vers le nord. D'après ces ordres, ils trouvèrent, dit-on, que l'étoile *Niao* étoit à l'équinoxe du printemps, que l'étoile *Ho* étoit au solstice d'été, *Hiu*, à l'équinoxe d'automne, et *Mao*, au solstice d'hiver. Mais on ne peut s'empêcher d'observer sur cela, qu'il n'y avoit nul besoin d'aller aux extrémités sud et nord, est et ouest de l'Empire, pour observer ces étoiles. Il n'y a pas d'ailleurs, et il n'y a jamais eu, quatre étoiles remarquables, comme de la première ou seconde grandeur, espacées de cette manière précise. Ainsi cet ordre d'Yao a probablement été mal rendu, ou il avoit quelque autre objet, comme de déterminer les dimensions de l'Empire en tous les sens. Quoi qu'il en soit, après cette opération achevée par nos quatre astronomes, Yao leur prescrivit d'arranger le calendrier, chose cependant déjà faite du temps de Hoang-ti, mais apparemment oubliée.

Un ancien historien, Tchu-hi, fait ainsi raisonner ces astronomes. Un grand cercle céleste est divisé en 365 parties et un quart, il tourne sur lui-même, et le ciel fait cette révolution sur son axe, en vingt-quatre heures ; mais le soleil marche moins vîte que lui vers l'occident, de manière qu'à chaque révolution, il reste en arrière d'une des parties ci-dessus ; ce qui le fait paroître avoir reculé vers l'orient, de cette quantité ; la lune va encore plus lentement, et reste en arrière, à chaque révolution, de 10 degrés, et 7 parties dont le degré en contient 19 ; ce qui fait qu'en 29 jours et 499 parties, dont le jour en contient 940, elle se retrouve avec le soleil. Ainsi, en 354 jours et $\frac{348}{940}$, la lune aura rejoint le soleil douze fois, et c'étoit là, suivant eux, la durée de l'année lunaire ; ce qui revient à 354 jours et 9 heures, moins quelques minutes ; calcul assez exact.

D'un autre côté, trouvant la révolution du soleil de 365$\frac{1}{4}$ ou $\frac{235}{940}$, et l'année lunaire de 354 $\frac{348}{940}$, leur différence est de dix jours et $\frac{827}{940}$, qui, multipliés par 19, donnent 206 $\frac{673}{940}$, lesquels égalent sept révolutions, ou mois lunaires, de 29 jours $\frac{499}{940}$. Telle fut, si l'on en croit l'historien Tchu-hi, la période lunaire Chinoise, établie par les astronomes Ho et Hi, et qui fut nommée

Tchang. Elle étoit néanmoins vicieuse, en ce qu'ils faisoient l'année lunaire trop grande. Car elle n'est véritablement que de 354j 8ʰ 48ʹ. Aussi le *Tsien-pien* remarque-t-il que cette période de 19 ans n'est pas entièrement juste, et il prétend, que la prenant 27 fois, ce qu'il appelle *hoey*, et trois *hoey* pour un *tong*, et trois *tongs* pour un *hiven*, il en résulte une période de 4617 ans, qui est absolument juste, sans le moindre reste; ce que je laisse à examiner.

Mais je ne puis m'empêcher de remarquer ici que la manière, dont, suivant ce récit, ces astronomes concevoient le mouvement propre du soleil et de la lune, a beaucoup d'analogie avec celle dont le faisoit Leucippe. Car ce philosophe Grec ne disoit pas que le soleil eût un mouvement propre, en sens contraire du mouvement général et diurne de la sphère céleste; mais qu'il restoit en arrière à l'égard des étoiles fixes. Cette ressemblance d'idées est assez remarquable.

On rapporte encore à Yao l'institution du zodiaque lunaire, ou une division du zodiaque en 28 constellations, appellée les mansions de la lune; on la trouve aussi, comme on l'a vu chez les Indiens. Il fit faire, dit-on, la carte de l'Empire, et ce fut probablement lui, qui institua ces lois sévères contre les astronomes préposés à la prédiction des phénomènes célestes, qui y manqueroient par négligence.

Il est à propos de parler ici de la période, d'après laquelle les Chinois comptent les années de l'Empire et des souverains qui ont régné sur eux. Ce n'est point, comme nous, par siècles ou par périodes de cent années, mais par des périodes de 60 ans, dont chacun porte un nom particulier, composé de deux mots. Voici la mécanique de cette dénomination : il y a deux suites de mots, l'une de dix, comme *kia*, *y*, *ping*, *ting*, *ou*, *ki*, *kong*, *sin*, *yen*, *koui*; et l'autre de douze, savoir, *tsée*, *tcheou*, *yn*, *mao*, *tchen*, *sée*, *ou*, *ouei*, *chen*, *yeou*, *hiu*, *hai*. On combine donc le premier de l'une avec le premier de l'autre, le second avec le second; de sorte qu'après dix combinaisons semblables, le premier mot de la première suite se rencontre avec le onzième de la seconde; le second de la première, avec le douzième de la seconde; le troisième de la première, avec le premier de la seconde, qui commence à se répéter, et ainsi de suite, jusqu'à ce que le premier de l'une se rencontre avec le premier de l'autre. Or, cela n'arrive qu'après 60 combinaisons semblables, ou 60 ans révolus. Ainsi l'on ne dit pas la première, la seconde année du cycle, etc.; mais l'année *kia*; *tsée*; *y-tcheou*, etc. Il en est de même des jours, le premier de chaque année porte le nom de l'année, après quoi on les compte par les noms composés de la période sexagénaire, qu'on recommence tant qu'il en est besoin. Le P. Gaubil dit, qu'en 1723, on comptoit à la Chine la quarantième année, ou l'année *koui-mao*, du 74ᵉ cycle sexagénaire, d'où il est facile de remonter au commencement vrai ou fictif de l'ère Chinoise. Car c'est 74 cycles de 60 ans, et 39 années complètes, à rétrograder en arrière; ce qui fait 4419 ans, qui nous ramènent à l'an 2695 avant l'ère chrétienne : ce seroit plus de 300 ans avant l'époque du déluge, suivant la chronologie Hébraïque, et de la vulgate. Mais nous l'avons déjà dit; le texte des Septante recule le déluge de plus de 1000 ans, et bien des raisons militent pour lui donner la préférence. On attribue communément l'institution de ce cycle à Hoang-ti, qui vivoit environ 300 ans avant Yao. L'année actuelle 1795 de notre ère est l'année *y-hai*, ou la 52ᵉ du 75ᵉ cycle Chinois.

Lorsque l'empereur Yao eut fait choix du vertueux laboureur Chun, pour l'associer à l'Empire, celui-ci fit venir les astronomes Ho et Hi, et leur recommanda de nouveau de ne pas se relâcher de leur assiduité à l'astronomie. Pour les tenir même en haleine, il leur ordonna de lui construire une machine propre à représenter le ciel, ses divisions, les étoiles fixes, les mouvemens du soleil, de la lune, et des planètes. Ho et Hi lui obéirent, et lui présentèrent la première et la plus ancienne sphère qui ait jamais été faite. Le P. de Mailla, dans son histoire de la Chine, donne le dessin de cette sphère ; mais, à dire vrai, on n'apperçoit ni étoiles fixes, ni planètes. Elle ressemble beaucoup à une de nos sphères armillaires.

On ne peut s'empêcher de faire ici une réflexion. Il faut, ce me semble, que le peuple Chinois ait été un peuple bien privilégié ; car le progrès des sciences et de toutes les bonnes institutions, y a une marche toute contraire à celle qu'il a eue chez toutes les nations connues. Chez ces dernières, on voit des siècles nombreux de barbarie s'écouler, avant que l'on soupçonne seulement qu'il existe des sciences. Les premiers chefs de ces peuples, ne sont que des guerriers qui connoissent uniquement le mérite de la valeur, et d'une valeur féroce. Chez les Chinois, au contraire, on voit que les premiers travaux, pour l'établissement d'un peuple, et les premiers pas d'une science spéculative, comme l'astronomie, vont de pair ; et ce qui peut encore surprendre davantage, c'est que ces anciens rois, plus instruits que leurs sujets, commandent en quelque sorte des découvertes, comme si des découvertes se commandoient. Enfin, le goût et la curiosité pour les sciences ne s'établissent chez un peuple, que lorsqu'il est tranquille, et jouissant des commodités amenées par les richesses ; il semble au contraire voir les Chinois, dès les commencemens laborieux et difficiles de leur empire, agités de cet esprit de curiosité et de recherches qui amène les découvertes, tandis qu'aujourd'hui qu'ils jouissent d'une profonde paix, on y voit si peu de traces de cet esprit, que leurs empereurs ont été obligés de confier le tribunal des mathématiques à des étrangers, qui n'ont jamais pu faire chez eux des disciples. La tournure d'esprit de ce peuple a donc étrangement changé; je sais bien ce que répondront à cela les admirateurs de la sagesse Chinoise. Je ne veux pas être un de ses détracteurs, je me bornerai à dire que tout est, chez ce peuple, marqué au coin de la singularité. Je reprends le fil de mon sujet.

Nous ne voyons pas sous les successeurs de Chun, jusqu'au règne de Tchong-kang, le quatrième prince de la dynastie des Hia, de trait remarquable concernant l'astronomie. Mais ce règne est mémorable dans les fastes de cette science, et par l'éclipse de soleil arrivée en 2155, et par la punition sévère qu'éprouvèrent les astronomes Ho et Hi, pour ne l'avoir pas prédite. Nous avons au surplus dit plus haut, que cette négligence ne fut qu'un prétexte; il y avoit des motifs plus sérieux, mais nous devons observer que ces deux astronomes, Hi et Ho, ne pouvoient être les mêmes que ceux qui vivoient sous Yao; car ce prince monta sur le trône en 2317 avant J. C.; et comme un de ses premiers soins fut de donner ses ordres à ces astronomes, de faire les observations dont on a parlé plus haut, il s'ensuit qu'ils étoient, vers cette époque, d'un âge mûr. Ils ne pouvoient donc pas vivre en 2155 avant J. C. Ils auroient eu au moins 180 ans, d'où l'on doit conclure, qu'apparemment ils étoient seulement descendans des premiers.

Nous avons dit plus haut, que cette observation d'éclipse solaire de l'an 2155 avant J. C., n'a pas manqué de contradicteurs, mais nous croyons avoir résolu leurs objections. Les autres observations consignées dans l'histoire Chinoise, ne souffrent plus de difficulté. Il y en a une d'éclipse de soleil, arrivé l'an 776 avant J. C., près d'un demi-siècle avant la première, connue des Babyloniens. Le P. Gaubil en rapporte 14 à 15 autres, qu'il a calculées et vérifiées, ainsi que divers autres missionnaires. Il les a tirées des livres authentiques et presque sacrés dans la Chine; du texte de l'histoire Chinoise, du Chou king, l'un des livres de Confucius. Il faut cependant remarquer ici, que parmi les phénomènes annoncés dans ces livres, il s'en trouve quelques-uns qui ne sont point arrivés; ce qui pourroit fortifier le soupçon que quelquefois on a inséré dans ces annales, des observations fictices, dont quelques-unes sont fondées sur de faux calculs. Comme historien, je ne dois dissimuler aucune des raisons qu'on peut alléguer pour et contre cette prodigieuse antiquité, dont se parent les Chinois.

Le même P. Gaubil nous apprend que, dès la dynastie des Han, qui commença vers l'an 265 avant J. C., et qui finit vers l'an 206 de notre ère; on trouve des traités d'astronomie Chinoise, encore subsistans. On y voit qu'ils ont assez bien connu, depuis plus de 2000 ans, le mouvement diurne du soleil et de la lune, la quantité du mois lunaire, soit périodique, soit synodique, enfin la durée des révolutions des planètes, qu'ils faisoient assez approchantes de celles que nous leur reconnoissons. A la vérité, ils n'étoient pas aussi instruits en ce qui concerne les diverses particularités de ces mouvemens, comme leurs stations et rétrogradations. Ce phénomène mettoit sur-tout leur sagacité en défaut, et l'on ne s'en étonnera pas, puisque le système de Copernic est le seul qui puisse en rendre un compte satisfaisant. Le P. Gaubil ajoute qu'ils savoient, à cette date, se servir de gnomons, et qu'ils calculoient passablement la hauteur du soleil et sa déclinaison, par leurs ombres méridiennes; qu'ils ont des catalogues d'étoiles, faits environ ce temps là, et que depuis l'an 400 avant J. C., jusqu'au quatorzième siècle, il ont des observations assez suivies des solstices, des éclipses et des comètes.

Les Chinois, comme les autres peuples, ont divisé le ciel en constellations, et ils leur ont donné des noms à-peu-près comme nous avons fait. On voit, dans leur sphère, quelques hommes célèbres parmi eux, des animaux, des instrumens et des ustensiles d'agriculture ou de ménage, etc. Ils ont sur-tout transporté en quelque sorte toute la Chine dans le ciel, en plaçant du côté du nord tout ce qui a le plus de rapport à la cour et à la personne de l'empereur. On y voit l'impératrice, l'héritier présomptif de la couronne, les ministres de l'empereur, ses gardes, etc. En général, néanmoins, ces noms paroissent plutôt donnés à des étoiles seules, qu'à des groupes, comme ceux qui font nos constellations; ils ont aussi deux divisions du zodiaque : l'une en 28 parties, comme celles que les Arabes et les Indiens appellent les mansions de la lune. Ils leur donnent divers noms d'animaux. La seconde est en 12 parties égales, qu'on nomme les 12 palais du soleil, et elle commence au 15e dégré du Verseau.

V.

L'astronomie et toutes les sciences, éprouvèrent à la Chine un grand revers, vers le milieu du troisième siècle avant l'ère chrétienne. L'empereur Tsin-chi-hoang ordonna, sous de grandes peines, de brûler tous les livres. Il est vrai que ceux à qui il en vouloit le plus, étoient les livres de morale, et sur-tout ceux de Confucius, parce qu'ils étoient la censure de sa conduite, aussi extravagante que barbare. Mais ceux d'astronomie, malgré la vénération qu'on leur portoit, ne laissèrent pas d'avoir une grande part à la proscription. On perdit par-là les observations et les préceptes astronomiques, de sorte qu'il ne s'en est transmis que quelques fragmens à la postérité. Enfin ce prince ennemi des lettres, mourut, en cherchant le breuvage de l'immortalité, et la persécution cessa. Son successeur Lieou-pang, qui monta sur le trône, vers l'an 206 avant l'ère chrétienne, rétablit le tribunal des mathématiques, et l'on commença de nouveau à observer les mouvemens célestes. Le P. Gaubil dit, dans son histoire de l'astronomie Chinoise, qu'on a un état du ciel, dressé par les Chinois, plus de 120 ans avant J. C.; qu'on y voit le nombre et l'étendue de leurs constellations, les déclinaisons des fixes, et à quelles étoiles répondoient les points équinoxiaux et solstitiaux. L'astronome Se-mat-sien donna, vers l'an 104 avant notre ère, quelques préceptes pour le calcul des éclipses et des lieux des planètes. Il se servit d'instrumens de cuivre, ou d'espèces d'armilles, de deux pieds trois pouces de diamètre; il observa les hauteurs méridiennes, à l'aide d'un gnomon de 8 pieds de hauteur, et les ascensions droites des étoiles, par le temps de leur passage au méridien, qu'il mesuroit avec des clepsydres. Il mesura aussi la durée des jours et celle des crépuscules. À cette époque les Chinois faisoient l'année solaire de 365 jours et un quart. On rapportoit tous les mouvemens célestes à l'équateur, et l'on ne connoissoit pas encore l'inégalité du mouvement du soleil. On croyoit que cet astre avançoit chaque jour, vers l'est, d'un dégré Chinois, c'est-à-dire, d'une des parties dont le cercle entier contient 365 et un quart. Mais on ne doit pas s'étonner que l'astronomie fût encore si peu avancée; il avoit presque fallu recommencer sur nouveaux frais; et réduit, comme on étoit, à quelques fragmens de livres échappés de la proscription de Tsin-chi hoang, il n'étoit pas possible qu'on sortît bien promptement de l'ignorance, dans laquelle le long règne de ce prince avoit plongé tous les esprits.

A cet astronome succéda, vers l'an 66 avant J. C., Lieou-hiu, qui donna un cours d'astronomie intitulé, *les trois principes*. On n'y trouve encore aucune équation pour les mouvemens des planètes, du soleil et de la lune, et aucune connoissance du mouvement des fixes. On commença environ un siècle et demi après, à rapporter les mouvemens des planètes et les lieux des étoiles à l'écliptique; car auparavant on ne considéroit que l'équateur. Vers l'an 164, un observateur nommé Tchang-Heng, construisit un catalogue des fixes très-ample; car il y en avoit compris 3500.

Le

Le troisième siècle après J. C. produisit deux découvertes importantes dans l'astronomie Chinoise ; la connoissance de la première équation de la lune, et celle du mouvement propre des fixes. Il est assez singulier de voir cette découverte faite à la Chine, peu-après l'époque où Ptolémée la concluoit de la comparaison de ses observations avec celles d'Hipparque. La première fut l'ouvrage des astronomes Lieou Hang et Tsay-Yong, qui reconnurent aussi que la grandeur de l'année solaire étoit moindre que 365 jours 6 heures. Ce furent eux qui commencèrent à enseigner les solides principes du calcul des éclipses. La seconde découverte est due à Yu-Hi : il est le premier, dit le P. Gaubil, qui ait parlé à la Chine du mouvement propre des fixes; il le détermina d'un degré dans 50 ans.

L'astronomie ne marcha jamais qu'à pas bien lents chez les Chinois. On croyoit encore au milieu du cinquième siècle que l'étoile polaire étoit située au pôle même du monde : c'est une erreur dont enfin l'astronome Tsou-Tchong désabusa en 460. Il apprit qu'elle tournoit autour du pôle même, à environ trois degrés de distance. Un siècle après, c'est-à-dire en 550, Tchang-tse-Tsin distingua les différentes espèces de parallaxes de la lune, et il enseigna à calculer les éclipses et leurs différentes phases, c'est-à-dire le commencement, le milieu et la fin.

Depuis le cinquième siècle jusqu'au septième, l'astronomie Chinoise ne nous offre rien de remarquable ; elle fut pendant presque tout ce temps dans un grand désordre, par l'ignorance de ceux qui y présidoient. Enfin grand nombre d'éclipses faussement calculées, firent que l'empereur Hiven-Tsong, appella à sa cour l'astronome Y-Hang. C'étoit un habile homme, comme on le va voir, et il travailla fort utilement. Il fit faire de grands instrumens, des sphères, des astrolabes, des armilles, etc.; il fit envoyer deux bandes de mathématiciens au nord et au sud, pour mesurer les latitudes des villes, par le moyen de l'ombre du gnomon ; il chargea aussi ses voyageurs d'aller dans la Cochinchine et le Tonquin, pays plus méridionaux que la Chine, et là, d'observer les étoiles qu'on ne pouvoit voir dans cet empire. Il fit faire des observations d'éclipses de lune, dans diverses provinces de la Chine, pour déterminer leur différence de longitude. On dit enfin qu'il fit fabriquer une grande sphère, comme celles qui ont fait tant d'honneur à Archimède et à Possidonius. L'eau la mettoit en mouvement, et faisoit marcher le soleil, la lune et les autres planètes, de sorte qu'on y voyoit tous les phénomènes qui résultent de la combinaison de leurs mouvemens. Il y avoit deux aiguilles qui marquoient les heures et les ke, ou centièmes de jours qui équivalent à 14 de nos minutes et 24". Une statue paroissoit au moment où l'une de ces aiguilles

marquoit une division, et frappoit sur un tambour pour les centièmes de jours, et sur une cloche pour les heures. Avec toute
cette habileté, Y-Hang ne laissa pas de recevoir un affront
sensible pour un astronome : il calcula une éclipse de soleil ;
elle étoit annoncée dans tout l'empire, et il ne parut rien. Mais
les astronomes Chinois avoient depuis long-temps des moyens
pour sauver leur honneur dans ces cas qui étoient assez fréquens.
Ils disoient qu'en considération des princes vertueux, le ciel
changeoit quelquefois les règles de son mouvement. Y-Hang
fut obligé d'y avoir recours, tandis qu'en secret il travailloit à
rectifier les principes de ses calculs. Il le faisoit avec ardeur,
lorsqu'il mourut en 727, au grand regret de l'empereur et de
toute sa cour.

L'astronomie Chinoise peut aussi se vanter d'avoir, à l'exemple
des Grecs et des Arabes, cherché à déterminer la grandeur de
la terre. Cette opération fut encore l'ouvrage de l'astronome
Y-Hang ; il mesura, à cet effet, nous ne savons au reste comment,
en trois endroits de l'empire, des arcs du méridien, approchans
d'un demi-degré. La Chine très-montueuse ne permettoit apparemment pas des dimensions plus en grand. Le premier de ces
arcs, qui étoit de 29 minutes et demie, lui donna une longueur
de 168 lis et 169 pas, le second, de 29′ 50″, lui donna
167 lis et 281 pas ; le 3e arc enfin, de 28′ 34″, se trouva de
160 lis et 10 pas. Ces mesures sont réduites à la graduation
Européenne ; car le cercle Chinois se divise en 365 degrés et un
quart, ensorte que le quart de cercle en contient $91\frac{1}{4}+\frac{1}{16}$; ce qui
donne le degré Chinois égal seulement à 59′ 08″ du nôtre.

De ces trois mesures combinées, à l'une desquelles l'astronome
Y-Hang donnoit cependant la préférence, il concluoit que le
degré Chinois étoit de 331 lis et 80 pas, d'où il résulte que le
degré Européen étoit de 336 lis ; en prenant un milieu entre
les trois mesures, on en trouve 338.

Pour juger de l'exactitude de cette mesure, il nous resteroit
à savoir quelle étoit alors la dimension précise du li Chinois ;
car il ne faut pas confondre cet ancien il avec le moderne,
qui est incontestablement plus grand, et qui va jusqu'à 295 toises.
Mais il seroit superflu de chercher à déterminer la vraie longueur du premier. Les données nous manquent à cet égard.

A la vérité, par une opération inverse, et en supposant la
mesure de l'astronome Chinois exacte, M. Danville, dans son
traité des mesures itinéraires anciennes et modernes, en conclut
la mesure de cet ancien li Chinois, de 168 toises et quelques
pieds. Mais notre objet n'est pas le même que le sien.

Nous terminons ce récit, en observant que, dans le dixième
siècle, sous la dynastie des Song, cette mesure de la terre

fut réitérée en Chine. La mesure de 3 degrés, tout juste, fut trouvée égale à 1000 lis ; ce qui donne 333 lis ⅓ pour le degré Chinois, et comme ci-dessus, 338 pour le degré de graduation Européenne. Nous parlerons de la mesure du degré terrestre, faite dans ces derniers temps en Chine, quand nous serons parvenus à cette partie intéressante de cet ouvrage.

Jamais l'astronomie ne fut plus cultivée à la Chine, que sous Gengis-kan et ses successeurs. Alors fleurissoit un astronome nommé Yelu-Tchu-Tse-Sai, prince de la famille Leao. Gengis kan qui du moins, en habile politique, affecta les manières Chinoises, s'attacha cet habile homme dès ses premières conquêtes. Tchu-Sai eut des conférences avec les mathématiciens d'Occident, que le conquérant Tartare avoit dans son camp, et qui étoient des Arabes : il convint de bonne foi qu'ils avoient de meilleures méthodes que les Chinois. De retour à la Chine, il composa une astronomie, à laquelle il donna le nom d'un pays occidental. Il y a apparence qu'il y expliquoit la méthode des mathématiciens Arabes.

Kobilai, le cinquième successeur de Gengis-kan, et celui qui fonda à la Chine la dynastie des Yven en 1271, favorisa beaucoup l'astronomie. Ce prince étoit frère d'Holagu Ilecan, que nous avons vu protéger en Perse cette science de la manière la plus magnifique. Kobilai, qu'on nomme encore Houpilié, établit pour chef du tribunal des mathémathiques, un Chinois nommé Co-Cheou-King, qui étoit réellement un habile homme. Un peu aidé des lumières que lui avoient communiqué les occidentaux, Cheou King fit plusieurs changemens importans à l'astronomie Chinoise. Il observa avec un gnomon de 40 pieds : il renonça aux époques fictices, si long-temps en usage chez les Chinois, et il établit pour époque réelle de ses tables, le moment d'un solstice observé à Pékin, le 14 décembre 1280, à une heure 26′ 24″ après minuit. Il marqua aussi avec distinction les lieux des planètes à ce moment, ceux de l'apogée, des nœuds et des autres points, d'où dépend le calcul des mouvemens célestes. Il observa plusieurs autres solstices; et en les comparant avec celui qu'avoit observé Tchou Tsong en 460, il détermina la quantité de l'année solaire de 365 jours 5 heures 49′ 12″. Il fixa aussi la plus grande déclinaison du soleil à 23° 33′ 39″. Il rectifia les instrumens anciens, et en fit construire de nouveaux qu'on voit encore à Péking, dans les salles basses du tribunal des mathématiques. On regarde aussi à la Chine, Co-cheou king, comme l'inventeur de la trigonométrie sphérique : il est assez vraisemblable que ce fut une connoissance qui lui fut communiquée par les astronomes Occidentaux que Kobilai avoit à sa cour; car le P. Gaubil nous apprend que du temps de ce prince, les Chinois apprirent beaucoup des mathématiciens de Perse (1). Les Chinois vantent encore un instrument composé d'un tube et de deux fils, avec lequel il prenoit, disent-ils, jusqu'aux minutes les distances des astres. Mais comme cela se trouve écrit seulement dans une astronomie faite du temps de l'empereur Kang-Hi, c'est-à-dire vers la fin du siècle passé, il est fort probable que les auteurs Chinois qui l'ont composée, ont voulu faire honneur à un de leurs compatriotes, de cet instrument des astronomes Européens; et ce n'est point-là une raison suffisante de lui en adjuger l'invention. On trouve dans l'histoire Chinoise de Gengis-kan et de ses successeurs, jusqu'à Kobilai, un grand nombre d'observations de différente espèce, comme d'éclipses du soleil et de la lune, d'occultations de fixes par les planètes, de Mercure, etc (2).

L'astronomie fut négligée à la Chine, après la mort de Cheou King. Elle resta ainsi pendant près d'un siècle, c'est-à-dire, jusqu'en 1398, qu'une nouvelle dynastie, appellée des Ming, supplanta celle des Yven, ou des descendans de Gengis kan. Alors l'astronomie se releva, et ce furent principalement des astronomes Mahométans, qui eurent la direction du tribunal des mathématiques. Les choses allèrent assez bien au commencement, et l'on détermina le mouvement des étoiles fixes d'un degré en 71, ou 72 ans. Mais peu après l'astronomie Chinoise retomba dans sa langueur habituelle, et vers le milieu du XVIe siècle, tout étoit sens-dessus-dessous. Les Chinois et les Mahométans ayant oublié, ou négligeant les principes de leurs devanciers, commettoient mille fautes. Cependant, vers la fin de ce siècle, le prince Tching et l'astronome Hing-Yun Lou, entreprirent de relever l'astronomie. Ils prirent des peines incroyables pour cet effet, et ils y réussirent assez bien. Ils expliquèrent la méthode des éclipses, et calculèrent toutes celles qui étoient arrivées précédemment, et dont les fastes Chinois faisoient mention. Le P. Gaubil dit que c'est ce que les Chinois ont de mieux en ce genre.

V I.

Ce fut alors que les Jésuites pénétrèrent dans la Chine pour y prêcher l'évangile. Ils ne tardèrent pas à s'appercevoir qu'un des moyens les plus efficaces pour s'y maintenir, en attendant le moment que le ciel avoit marqué pour éclairer ce vaste empire, étoit d'étaler des connoissances astronomiques. Ils s'y

(1) Observations recueillies par le   (2) *Ibid.*
P. Souciet, *t.* 1, *p.* 202.

firent bientôt distinguer par leur savoir dans ce genre. Au commencement du dixseptième siècle, le calendrier Chinois, malgré les soins de Tching et d'Hing-Yun-Lou, dont nous venons de parler, étoit tombé dans un grand désordre : car c'est une réflexion que nous ne devons point omettre, que chez les Chinois l'astronomie fut presque toujours une affaire de système. Bien différens de nous, qui faisant usage des connoissances solidement établies, avons toujours été en approchant de la perfection, les Chinois au contraire ont eu tantôt une astronomie assez passable, tantôt une pitoyable. Un président du tribunal, qui avoit enrichi cette science de plusieurs découvertes et de diverses méthodes utiles, venoit-il à mourir, son successeur, sans y avoir égard, aspiroit à l'honneur de fonder un nouveau système, et tout ce que son prédécesseur avoit fait de bon, précieusement consigné dans les fastes de l'Empire, étoit comme non avenu. C'est de-là que vient cette prodigieuse multitude d'écrits, ou de nouveaux systèmes de calculs astronomiques, qui partant de principes arbitraires et fictices, ont moins servi chez eux aux progrès solides de l'astronomie, quoiqu'ils s'y soient livrés plusieurs milliers d'années, que les travaux de deux ou trois siècles chez les Grecs, et environ autant chez les modernes. Mais revenons aux travaux astronomiques des Jésuites dans la Chine.

Nous avons dit qu'au commencement du dix-septième siècle le calendrier Chinois étoit tombé dans un grand désordre ; ce fut le sujet de beaucoup de délibérations dans le tribunal des mathématiques et dans le conseil de l'empereur. Un Mandarin converti au christianisme, nommé *Paul Siu*, parla à ce prince de l'habileté de certains étrangers arrivés d'Occident. Il lui montra un livre que le P. Schall avoit composé en Chinois sur les éclipses, et un calcul du P. Terentius, qui annonçoit exactement une éclipse récemment manquée par les astronomes du tribunal. L'empereur, charmé de trouver des gens capables de remettre les choses en ordre, chargea le P. Terentius de la correction du calendrier : on s'attend bien que ce ne fut point sans beaucoup éprouver l'habileté du missionnaire, qu'on se détermina ainsi à remettre entre des mains étrangères une affaire de cette importance. Mais l'astronomie Européenne, aussi sûre que la Chinoise étoit incertaine et chancelante, satisfit facilement à toutes les épreuves auxquelles on put la mettre. Le P. Terentius exerça cet emploi jusqu'à sa mort qui arriva en 1630. Les astronomes Chinois firent alors quelques efforts pour supplanter ceux d'Europe : mais après bien des tracasseries, ces derniers l'emportèrent. Le P. Adam Schall fut substitué au P. Terentius, et peu après nommé président du tribunal des mathématiques.

par l'empereur Chun-Ti, qui l'honora d'une familiarité peu ordinaire aux monarques asiatiques.

Ce prince, dont le règne fut très-court, étant mort, on profita de la minorité de son successeur Kang-Hi, pour élever une cruelle persécution contre les missionnaires Jésuites. Le P. Adam Schall fut dépossédé de sa charge, enfermé avec ses compagnons dans d'obscures prisons, enfin condamné à la mort la plus ignominieuse et la plus cruelle qu'on connoisse à la Chine : mais cette sentence n'eut point d'exécution. Cependant l'astronomie Chinoise remonta sur le trône pour donner de nouvelles preuves de sa foiblesse. Le calendrier retomba bientôt dans un tel désordre, qu'on annonça la huitième année de Kang-Hi comme intercalaire, quoiqu'elle ne dût point l'être. Ces défauts devenant de jour en jour plus apparens, l'empereur Kang-Hi, qui dans sa tendre jeunesse avoit ouï parler de l'habileté des missionnaires, ordonna qu'on les consultât. On les tira de leurs prisons, et on les lui amena. Sur la demande que leur fit l'empereur s'ils étoient en état de montrer les défauts du calendrier, et de le remettre en ordre, le P. Verbiest s'offrit à les rendre sensibles par des observations auxquelles il seroit impossible de se refuser. Elles furent faites en présence de l'empereur assisté d'une cour nombreuse, et l'ignorance de l'astronome Chinois qui présidoit au tribunal, ayant été démasquée, le P. Verbiest fut chargé du soin du calendrier, et en 1669 établi président du tribunal des mathématiques. Cette affaire fut traitée avec le même appareil que si le salut de l'Empire en eût dépendu (1). L'ignorant et méchant Yang-Kang-Sien, qui avoit soulevé la tempête contre les Jésuites, et qui les avoit fait chasser du tribunal, fut condamné à mort : peine qui fut commuée en celle d'une prison perpétuelle dans une place frontière de l'Empire. Ainsi se termina cette querelle entre l'astronomie Européenne et la Chinoise. Le P. Verbiest fut chargé de refondre, pour ainsi dire, tout l'observatoire du tribunal. Il le garnit d'instrumens Européens, et les anciens furent relégués dans quelques souterreins, où le P. le Comte, dans ses mémoires sur la Chine, dit les avoir vus en 1687 ; il fait dans ces mémoires la description de ces instrumens nouveaux et de l'observatoire Chinois, qu'il ne trouve nullement répondre à l'idée qu'on en avoit en Europe. Mais le P. Verbiest avoit quitté l'Europe long-temps avant l'époque, où l'astronomie pratique avoit fait, entre les mains des Cassini, des Halley, des Flamstead, des Picard, etc., les progrès connus de tout le monde ; depuis ce temps l'astronomie Européenne a toujours eu le dessus à la Chine, et le P. Verbiest étant mort en 1684, il

_____
(1) Histoire de la Chine du P. Duhalde, t. 3.

a été successivement remplacé par des missionnaires Jésuites : aujourd'hui même que la religion chrétienne est fort persécutée à la Chine, l'habileté des missionnaires Européens dans les arts et les sciences, et particulièrement en astronomie, leur a fait permettre d'y demeurer. Ils sont toujours à le tête du tribunal des mathématiques, et c'est à eux qu'est encore confiée l'affaire importante du calendrier; le P. Kœgler, Jésuite Allemand, étoit président de ce tribunal en 1752, et a rempli cette place jusqu'en 174.... Alors son âge avancé et ses infirmités lui firent donner pour adjoint et successeur désigné, le P. de Hallerstein, de la maison des comtes d'Hallerstein. Ce savant Jésuite remplit ces fonctions si importantes à la Chine, jusqu'en 1775, qu'il mourut frappé d'apoplexie, ainsi que deux de ses confrères, à la nouvelle de la suppression de leur compagnie. Le P. de Rocha a été son successeur, et je crois qu'il remplit encore ce poste important; il vivoit du moins en 1784, et probablement cette place sera long temps remplie par un astronome Européen. Car il ne paroît pas que les missionnaires aient jamais réussi à faire un seul élève Chinois, capable de les remplacer. La politique exige même, ce semble, qu'ils ne le fassent pas; car il est certain que si l'on pouvoit se passer d'eux, ce peuple orgueilleux et ennemi de tout étranger les renverroit bientôt. Mais il n'y a pas d'apparence que la masse de géométrie nécessaire pour former un bon astronome, puisse entrer de sitôt dans une tête Chinoise. Je lis néanmoins dans la *description générale de la Chine*, que sur cent à deux cents élèves en astronomie, qu'alimente le tribunal, il y en a les deux tiers au moins, qui connoissent bien l'état du ciel et sont en état de calculer des éphémérides comme les nôtres; mais il y a loin encore de ce dégré de capacité à celui d'un savant astronome.

L'obligation où étoient continuellement les missionnaires Européens, de cultiver l'astronomie à la Chine, a produit quantité d'ouvrages de ce genre en Chinois. Le P. Ricci, qui sut le premier s'ouvrir l'entrée de cet Empire pour y prêcher l'évangile, ne dédaigna pas de composer en Chinois *une exposition de la sphère céleste et terrestre*. Les Chinois étoient alors et sont même encore, en général, dans d'étranges préjugés sur leur empire et les nations étrangères. Ils faisoient la terre quarrée et en remplissoient la plus grande partie par la Chine; les autres pays étoient représentés par quelques isles disséminées çà-et-là dans les angles. Le P. Ricci combattit cette idée avec les ménagemens convenables, pour ne pas blesser l'orgueil Chinois. Il fut imité par les PP. Sébastien de Ursis, Emmanuel Diaz, Jacques Rho, et Jean Terentius, qui écrivirent en Chinois sur l'astronomie et la géographie. Les Chinois possèdent sur-tout plusieurs

traités en leur langue, des P. Adam Schall et Verbiest. Nous
en renvoyons les titres à la fin de ce livre avec ceux de plusieurs autres ouvrages Chinois conservés dans les bibliothèques, et
ceux de divers ouvrages relatifs à l'astronomie Chinoise.

Les savans missionnaires dont nous parlons, ne se sont pas
contentés de réformer l'astronomie Chinoise sur les principes
de celle des Européens, mais ils ont encore été très-utiles à
l'astronomie Européenne par leurs observations, ainsi que par
les lumières qu'ils ont données sur la géographie des pays orientaux et voisins de la Chine. Ils avoient déjà rendu divers
services de ce genre jusqu'au milieu du siècle dernier, mais
moins qu'on ne pouvoit en attendre, parce que cet objet n'entroit
pour rien dans leur mission; mais lorsque l'académie royale des
sciences fut établie, elle sentit tout l'avantage qu'il y auroit d'en-
tretenir des correspondances avec eux, et dès-lors il partit peu
de missionnaires Jésuites sans des instructions propres à rendre
leur voyage utile aux sciences Européennes. On ne peut trop
louer le zèle avec lequel ils s'y prêtèrent. Plusieurs missionnaires,
la plûpart Jésuites, devant partir en 1684, pour la Chine ou
les Indes orientales, ils eurent de fréquentes conférences avec
M. Cassini et les autres astronomes de l'Académie. On les
fournit des instrumens nécessaires, et le roi les décora du titre
de ses mathématiciens. Ces Pères étoient les PP. Bouvet,
Gerbillon, Fontenai, Le Comte, Tachard, et Visdelou. Ils
partirent sur les vaisseaux qui portoient l'ambassade envoyée
au roi de Siam, et ils arrivèrent en 1686 à la Chine. Leur route
fut marquée par des observations de tout genre; elles furent
publiées en 1688 par le P. Gouye, qui en donna un second
volume, en 1692. C'est à leurs observations enfin, qu'on doit
le rapprochement des côtes orientales de notre continent, que,
jusqu'à la fin du dernier siècle, on portoit à 40 ou 50° plus
à l'est qu'il ne falloit.

L'empereur Kang-Hi, l'un des plus grands princes qu'ait eu
la Chine, voulant faire faire une carte générale de l'Empire
Chinois et de ses environs, en chargea les missionnaires Européens, et en employa pendant plusieurs années dix à douze
à parcourir la Chine. C'est à ces travaux que nous devons la
grande carte de cet empire, publiée d'abord en 1735, par le
P. Duhalde, et depuis, avec quelques corrections, par M.
Danville. Ce prince leur fit aussi traduire en Chinois et en
Tartare-Mantcheou, divers livres de mathématiques, comme
des traités et des tables astronomiques, avec les Élémens
d'Euclide, dont il admiroit la marche rigoureuse. Le P. Verbiest
calcula pour lui, en 1683, les éclipses de soleil et de lune, qui

doivent arriver pendant 2000 ans, et plus, après cette époque (1).
L'invention des logarithmes et des tables de sinus lui plaisoit
entr'autres, au-de-là de toute expression ; il s'en étoit même
fait faire une édition en très-petit format, qu'il portoit toujours
avec lui. Elle fut envoyée, après sa mort, à la bibliothèque des
Jésuites de Lyon, comme une curiosité (2). A la vérité, ses
oreilles accoutumées à la musique grave et monotone de sa
nation, ne goûtoient pas beaucoup la musique Européenne,
vive et sémillante. Ce que nous appellons harmonie et accompagnement, ne lui paroissoit que du bruit ; mais il admiroit
l'art Européen de l'écrire. Plusieurs de ses fils, imitateurs de
leur père, se firent aussi initier par les missionnaires dans la
plûpart des sciences Européennes.

Nous ne pouvons nous dispenser de faire connoître ici un
grand nombre d'autres missionnaires mathématiciens, et sur-tout
astronomes, qui remplissent le long intervalle du commencement
de ce siècle à l'époque actuelle : tels sont le P. Noël, qui publia en 1710 ses observations et celles de ses confrères, tant
à la Chine, que dans l'Inde (3) ; le P. Kœgler, dont nous avons
déjà parlé ; le P. Slaviseck son collègue dans la plûpart de ses
observations ; le P. Pereyra ; les PP. Regis et Jartous ; le P.
Simonelli ; le P. Fredeli ; le P. Bonjour, religieux augustin ; les
PP. Gaubil et Jacques ; le P. de Hallerstein ; le P. de Rocha,
aujourd'hui président du tribunal des mathématiques ; le P.
Colas, etc. etc. Il n'est aucun de ces laborieux missionnaires,
à qui l'on ne doive des choses utiles en astronomie ; mais nous
croyons devoir distinguer, après le P. Kœgler, les PP. Gaubil
et de Hallerstein,

Le P. Gaubil, né en 1689, à Gaillac en Albigeois, entré
dans la société de Jésus en 1704, partit en 1723 pour la Chine,
et arriva à Pékin en 1723. Il ne tarda pas à s'y faire distinguer
par ses connoissances dans les arts et dans les langues Chinoise
et Mantcheou ; ce qui lui mérita la confiance et la faveur de
l'empereur, et le fit charger de l'emploi d'interprète auprès de
lui, des nouveaux missionnaires qui ne pouvoient pas encore
s'exprimer en Chinois, ainsi que de la traduction de la correspondance latine avec la Russie, qu'il falloit rendre en Mantcheou.
On lui doit beaucoup d'observations de phénomènes célestes,
faites au collège des Jésuites François ; mais on lui a sur-tout l'o-
bligation d'un traité historique et scientifique de l'astronomie
Chinoise, et du calcul de nombre de phénomènes anciens rap-

____

(1) Voyez *Astron. Europæa*, etc.   par le P. de Mailla, t. 1, lettres p.
du P. Verbiest.   168.
(2) Histoire générale de la Chine, etc.   (3) Voyez à la fin l'article 7.

portés dans les annales de la Chine. Le P. Souciet a publié toutes ces choses avec nombre d'observations des autres missionnaires, en trois volumes *in*-4°. dont le premier parut en 1729, et le dernier, en 1732 (1). Mais nous devons remarquer ici, que le P. de Mailla, dont on lit, à la tête de sa grande histoire de la Chine, plusieurs lettres très-savantes, se plaint amèrement des fautes grossières dont ce recueil est parsemé ; le P. Gaubil vivoit encore en 1759.

Le P. Hallerstein a rempli la place de président du tribunal des mathématiques depuis environ 1742, jusqu'en 1775. Une foule d'observations utiles et de tout genre, est le fruit de sa présidence ; elles ont été publiées en deux volumes *in*-4°, en 1768. Nous avons déjà dit qu'il a été remplacé par le P. de Rocha, que nous croyons vivre encore.

Nous avons si souvent fait mention du tribunal des mathématiques, qu'il est indispensable de donner ici une idée de sa composition et de ses occupations.

Ce tribunal, qui est comme une académie subordonnée au grand tribunal des Rites, étoit, à l'arrivée des Jésuites à la Chine, formé de quatre classes, dont l'une étoit composée de mathématiciens Mahométans, calculant d'après les tables Arabes. Il est probable qu'ils eurent beaucoup de part aux intrigues de Yang-van-Kang-Sien, et que cette classe fut supprimée bientôt après la victoire remarquable que l'astronomie Européenne remporta sur la Chinoise. Le tribunal ne comprend aujourd'hui que trois classes. La première est chargée de la composition des trois calendriers qui ont lieu à la Chine ; savoir, le calendrier vulgaire, qui donne pour chaque jour de l'année, et pour chaque latitude des lieux de l'Empire, l'heure du lever et du coucher du soleil, la longueur et le commencement de chacun des mois solaires et lunaires ; l'entrée du soleil dans chaque signe et demi-signe du zodiaque, et celle de la lune dans chacune des 28 constellations lunaires ; les conjonctions écliptiques ou non, et les éclipses de ces astres. Ce calendrier est présenté chaque année, et un an d'avance, à l'empereur, qui, après y avoir mis sa sanction, le fait imprimer et distribuer dans tout l'empire. Un second calendrier comprend les mouvemens des planètes et leurs lieux, à chaque jour de l'année, lieux exprimés par leurs distances de la première étoile de chacun des 28 signes du zodiaque lunaire. Le troisième calendrier contient les appulses de la lune, soit aux autres planètes, soit aux étoiles fixes, arrivans dans la proximité d'un degré. Mais ces deux derniers

(1) Voyez à la fin de ce livre.

calendriers ne sont présentés qu'à l'empereur, et ne servent qu'à l'usage de la cour et du tribunal.

La seconde classe est composée d'observateurs. Ce sont des Mandarins, qui se relayent pour veiller nuit et jour sur l'observatoire, et remarquer tout ce qui se passe d'extraordinaire dans le ciel. Ils y sont si exacts, qu'ils annotent jusqu'aux météores, comme les étoiles tombantes. Le P. Lecomte dit au surplus, que, de son temps, c'étoit de purs mercenaires, sans goût et sans amour pour les sciences.

La troisième classe, au temps du P. Verbiest, étoit formée de gens préposés à assigner les places et les momens des constructions publiques; car tout cela devoit se faire d'après des déterminations astronomiques, ou plutôt astrologiques. Pour cela ils portoient toujours avec eux une aiguille aimantée et une horloge. Ils étoient sur-tout chargés d'annoncer l'heure à l'empereur, et de l'indiquer à la cour, et à la ville, en frappant sur une grosse cloche. On dit que depuis l'introduction de l'astronomie Européenne dans ce pays, il y a eu de grands changemens dans cette classe; mais ils ne nous sont pas connus.

Si les Chinois mettent tant d'importance dans l'annonce des phénomènes célestes, ils n'en mettent pas moins dans l'observation des principaux, tels que les éclipses. Cela se fait avec la plus grande cérémonie, et même il y a pour cela un cérémonial d'usage. L'empereur, quoique prévenu par l'almanach de l'année, doit l'être encore quelques mois d'avance dans les formes, c'est-à-dire, par une requête qui en détaille les différentes circonstances. Le type de l'éclipse, calculé pour les différentes capitales de l'empire, leur est aussi envoyé par le tribunal des Rites : quant à la ville de Péking, ce même tribunal le fait afficher quelques jours d'avance, avec toutes les circonstance de l'heure du commencement, de la fin, et de la partie du ciel où s'observera l'éclipse. Le jour du phénomène étant enfin arrivé, les Mandarins se rendent en grand habit de cérémonie dans la cour du tribunal de l'astronomie, où ils attendent en silence le moment où le soleil ou la lune commence à s'obscurcir; tous se jettent à genoux à ce moment et frappent la terre de leur front. Tandis qu'ils restent ainsi prosternés, les membres du tribunal font leur observation, qu'ils rédigent, et dont ils font une sorte de procès-verbal, qui est adressé à l'empereur. Le prince fait d'ordinaire l'observation dans son palais, assisté de quelques membres du tribunal.

N'oublions cependant pas de remarquer qu'au moment où le signal du commencement de l'éclipse est donné, le peuple, par un effet de son ancienne superstition et de son ignorance,

ne manque pas, même à Péking, où il devroit être plus ins-
ttuit, de faire un affreux tintamare de tambours et de chaudrons,
pour aider l'astre qui est aux prises avec le serpent céleste.
La même chose se pratique dans toutes les principales villes
de la Chine.

Il est presque superflu d'ajouter ici, que les Chinois n'ont
jamais eu la moindre connoissance de l'astronomie physique,
et même qu'ils ne cherchèrent jamais à y pénétrer. Il leur
faudroit pour cela une géométrie bien plus cultivée que la leur;
et comment un peuple aussi ignorant en physique et dans les
lois du mouvement, auroit-il pu atteindre à des connoissances
si relevées? Est-ce au surplus un mal pour l'homme que ce
manque de curiosité pour des objets si éloignés de lui, et
dont la connoissance importe si peu au bonheur de l'espèce
humaine!

V I I.

La musique des Chinois mérite encore de nous arrêter, par
quelques circonstances particulières. Il est d'abord remarquable
qu'ils lui donnèrent toujours, comme avoient fait les Grecs, une
singulière influence dans le système de leur gouvernement; et
si l'on s'étonne de ce que les Lacédémoniens firent une affaire
fort grave au musicien Timothée, pour avoir amolli leur musique, par l'addition de quelques cordes à la lyre, on ne le sera
pas moins de voir quelle importance les Chinois mettoient et
mettent encore à leur musique. Veut-on savoir, disent quelque
auteurs Chinois, si un royaume est bien administré, si ses
habitans sont vicieux ou honnêtes, il suffit d'examiner sa
musique. Confucius fut si enchanté de celle du royaume de Tsi,
qu'il en fut, pendant plusieurs mois, dans une sorte d'aliénation
de lui-même.

Si l'on en croit les annales des Chinois, ce fut leur empereur
Fohi, qui inventa les premiers instrumens de musique. On lui
attribue un instrument de 27 cordes jusqu'à 36, ainsi qu'un autre
plus simple à 5 cordes; et il enseigna à ses sujets la manière
d'en toucher. Admirons la bonté de ces premiers empereurs
Chinois; car ce fut pour distraire ses peuples de leurs travaux,
que Fohi inventa cet amusement. Après lui Hoang-ti construisit
un instrument à vent, composé de 12 chalumeaux de différentes
longueurs, et fut l'inventeur des rapports des tons, que les
Grecs ne trouvèrent que 2000 ans et plus après lui. Car cet
instrument étoit composé de 12 tuyaux de bambou, dont les
longueurs étoient, dit-on, dans les rapports de ces nombres:
$9; 8\frac{254}{243}; 8; 7\frac{2075}{2187}; 7\frac{1}{9}; 6\frac{12979}{19083}; 6\frac{36}{81}; 6; 5\frac{451}{729}; 5\frac{1}{3}; 4\frac{6524}{6560}; 4\frac{20}{27}.$

Nous remarquerons ici que les sons désignés par 9, 8, 7 $\frac{1}{9}$; 6, 5 $\frac{1}{3}$; 4 $\frac{20}{27}$, sont bien exactement ceux de *ut*, *re*, *mi*, *sol*, *la*, *si*; en supposant, comme dans l'échelle Grecque, la tierce de *ut* à *mi*, formée de deux tons majeurs. J'ai passé le *fa* qui est exprimé dans cette échelle, par 6 $\frac{12979}{17083}$, où il y a probablement faute dans les chiffres; car pour être le *fa* juste, il devroit être exprimé par 6 $\frac{3}{4}$. Les autres expriment les sons chromatiques, *ut* dièse, *re* dièse, *fa* dièse, *sol* dièse, *la* dièse; en observant, par exemple, que *ut* dièse ne diffère du *re*, que d'un demi-ton Grec de $\frac{243}{256}$. Enfin, c'est sans doute une omission, qui fait qu'on ne trouve pas ici la réplique ou l'octave du premier son, qui doit être 4 $\frac{1}{2}$; car le dernier des sons exprimé ci-dessus, étant le *si*, cette note, qui est la note sensible, semble appeller de toute nécessité l'octave *ut* Quoi qu'il en soit, c'est ainsi que les annales Chinoises nous rapportent l'origine de la musique dans cet Empire. (1)

Si nous en croyons encore les historiens Chinois, Hoang-ti ne se borna pas là. Il dériva du son fondamental de son échelle musicale, toutes les autres mesures de longueur, de contenue, et de poids. Les dimensions de son tuyau primitif étoient telles que sa capacité intérieure devoit être la dixième partie de sa longueur, et contenir 1200 grains de millet; ce qui lui donnoit une mesure fixe et propre à être retrouvée en tous les temps : cela supposé, la dixième partie de cette longueur étoit le *tsun* ou pouce, qui se divisoit encore en dix parties, appellées *fen* ou lignes. Dix *tsun* ou pouces, faisoient un *tché* ou pied; dix *tché*, un *tchang* ou verge; et dix *tchang*, un *ye* ou chaîne.

Quant aux mesures de poids, cent des petits grains ci-dessus, faisoient un *tchu*, vingt-quatre de ces *tchu*, une once, seize onces, une livre, trente livres, un *keou*, et quatre *keou*, un *tun* ou quintal. Enfin, à l'égard du mesurage des grains, les 1200 petits grains ci-dessus, remplissoient une mesure appellée *yo*; dix *yo* faisoient un *ho*; dix *ho*, un *chin*; dix *chin*, un *teou*, et dix *teou*, un *kou*, qui étoit la plus grande mesure de capacité. Tel fut l'artifice par lequel, selon les historiens, Hoang-ti procura à ses peuples une mesure universelle, et même un son fixe pour tous les temps. Si cela est, il faut convenir que ce peuple fut bien précoce en sagesse et en industrie. Car il y a à peine un demi-siècle que nous avons songé, dans ces contrées, à nous procurer une semblable mesure fondée sur la nature. Mais revenons à la musique Chinoise.

Lorsque l'on considère cette ancienne division de l'octave,

(1) Histoire de la Chine, par le P. Mailla, t. 1, p. 25.

trouvée par Hoang-ti, d'autres disent par le musicien Ling-lun; que cet empereur chargea de ce travail, il est difficile de ne pas être étonné que les Chinois aient plutôt rétrogradé qu'avancé dans cette carrière. En effet, il paroît que ce peuple n'a aujourd'hui qu'un systême musical fort imparfait, je veux dire une échelle musicale à laquelle manquent deux des sons que comporte l'étendue de l'octave diatonique ; c'est ce qui paroît résulter des airs envoyés de Chine par le P. Amiot, ainsi que d'un instrument venu de ce pays-là. Car il n'est composé que de cinq tuyaux de différentes longueurs, adaptés à un vase en forme de calebasse, où, soufflant par un bec recourbé, on en tire divers sons. On a reconnu, après divers essais, que les sons, donnés par cet instrument, répondoient à nos notes, *sol*, *la*, *si*, *re*, *mi*; et en effet, dans le fameux air Chinois du *saule à feuille de satin*, on ne rencontre ni *ut*, ni *fa*, et il en est de même des divers autres, communiqués par le P. Amiot.

Mais d'où a pu venir aux Chinois l'idée d'une semblable échelle musicale? M. l'abbé Roussier a le premier déchiffré cette énigme, et ce n'est pas là une preuve légère de la justesse de l'origine qu'il donne à la musique. Notre octave nous a été suggérée par une suite de quintes, *sol*, *re*, *la*, *mi*, *si*, *fa*, *ut*, en rangeant ensuite les sons que produit cette succession, dans l'étendue d'une seule octave. Nous y avons fait six pas en montant, et cela nous a donné les sept sons de notre échelle diatonique, sans compter la réplique du premier son. Mais les Chinois, ou du moins les auteurs du systême musical dont nous parlons, paroissent avoir fait dans cette succession deux pas de moins, ce qui les a privés de l'*ut* et du *fa*. C'est ainsi que les Grecs, dans leur premier et plus ancien systême musical, se bornèrent à trois quintes successives, et n'eurent par-là que les quatre sons de l'ancienne lyre de Mercure. Mais je crois devoir terminer ici ce que j'ai à dire de la musique des Chinois, tant ancienne que moderne. Je renvoie, pour de plus grands détails, au savant mémoire du P. Amiot, Jésuite, qui est inséré dans le sixième volume des *Mémoires concernant les Chinois*, ou au précis qu'en a donné M. de Laborde, dans le premier volume de son *Essai sur la musique ancienne et moderne*.

V I I I.

Nous croyons faire une chose agréable à nos lecteurs, que de terminer cette histoire abrégée de l'astronomie Chinoise, par une notice de divers ouvrages, soit d'auteurs Chinois, soit des missionnaires Jésuites établis à Pékin. Les voici selon un

ordre à-peu-près chronologique, et avec leurs titres Chinois,
traduits en latin.

Yve Ling Kouang y, (Lunarum ordinationis lata expositio).

Cet ouvrage est Chinois d'origine, et fort ancien. Il a plusieurs auteurs ;
dont le principal est, dit-on, *Lu-Pu-Guey*, qui vivoit du temps de *Tsin-Chi-
Hoang*, dont il étoit *Colao*, ou l'un des ministres. Comment le ministre de
cet empereur, destructeur des livres, en a-t-il pu faire un? Quoi qu'il en soit,
cet ouvrage a eu plusieurs commentateurs comme *Chou-ven-Kong*, *Kong-
Ying-Kia* et *Taï-Gia*; il a été imprimé en 1687, en 8 volumes. Nos missionnaires auroient bien dû nous en donner la traduction, qui n'auroit pas été
un ouvrage bien long; car on sait que dix pages Chinoises en font à peine
une de nos langues modernes.

Tien-ven ta Tching, *Eulh xe Kiven*, (coeli scientiæ magnum opus, 24 libris):
aut. *Hoang-lo-Gan*.

Cet ouvrage, comme ceux des Orientaux, est moitié astrologique. J'ignore
quand vivoit cet astronome ; il fait mention de 150 astronomes ou astrologues
Chinois.

Van-que-Civen-tu, (omnium regnorum universa tabula) : aut. P. Ricci S. J.
1600-1610.

Ki-ho-yao-fa, (principia geometriæ) : aut. P. Jul. Aleni S. J. 1600--1610.

Che-fang-vai-ki, (mundi extra Sinas explicatio) : aut. P. J. Aleni S. J. 1600.

Planispharium, (Sinicè) aut. P. Seb. de Ursis, S. J.

Tractatus de sphæra, (Sinicè) aut. P. Emmanuel Diaz, S. J.

Compendium utriusque sphæræ, (Sinicè).

De sphæræ constructione et eclipsibus, (Sinice) aut. P. Joanne Terentio,
S. J. 1620--1630.

*Tabulæ quinque planetarum, theoria Lunæ, ac Solis, introductio ad astrono-
miam*, (Sinicè) aut. P. Jac. Rho. S. J. 1625--1638.

Y-Siang tu, *Eulh Kiven*. (Regularum et schematum tabula duobus libris),
seu de theoria et usu instrumentorum astronomicorum et mecanicorum; aut.
P. Verbiest, S. J. 1663.

Kang-hi yung nien lie fa, *san xe Eulh Kiven*, (Kang-hi imper.) in
perpetuos annos astronomica norma, 32 libris ; seu astronomia perpetua
imperatoris Kang-hi.

Le P. Verbiest rend compte de cet ouvrage dans son *Astronomia Europæa*, etc. en ces mots : *hoc anno 1683, absolvi tabulas astronomicas
expensas septem planetarum nec non eclipsium Solis et Lunæ, quas
jussu imperatoris Kang-hi ad 2000 annos venturos et ultra extendi, lib. 32
impressis.*

Hi-Tchao-ting-yen, *San-Kiven*, (imperatorum majorum firma sententia) sive
libelli supplices et judicium in favorem Astron. Europeæ, 3 libris : aut.
P. Verbiest.

Quen-yu-tu-xai, Eulh-Kiven, (orbis terræ tabulæ expositio; 2 libris : aut. P. Verbiest.

Quen-yu-civen-tu, (orbis terræ integra tabula) : aut. P. Verbiest.

Kien-ping-quey, cung-sing-tu, (folium planum directionum, universarumque stellarum tabula), seu planisph. coeleste.

Che--Tao nan--pe-sing-tu, (æquatoris, australium ac septentrionalium stellarum tabula).

Kia-Tse-hoey-li, (cyclorum collectio et commemoratio).

Astronomia Europea sub imperatore Kam-hi, (Kang-hi) *ex umbra in lucem revocata à P. Ferdinando Verbiest, Flandro-Belga, S. J. Acad. Astron. in regia Pekinensi Præfecto,* Dilingæ, 1687, in-4°.

Ouvrage à lire par quiconque veut connoître l'astronomie Chinoise.

Tien-Mien--Lio, (coeli porta parva). C'est un traité de la Sphère, par un missionnaire jésuite.

Tchong-ching--lie-chou, (Imp. Tchong-King cursus dierum) sive Kalendarii liber.

Ce Livre contient aussi de la géométrie tirée d'Euclide, des anciens mathématiciens Grecs, et même de Clavius. C'est l'ouvrage des Missionnaires jésuites; il avoit été fait pour l'usage et l'instruction de Tchong-king.

Nous clorrons cette notice par l'ouvrage suivant.

Observations mathématiques, astronomiques, chronologiques et physiques, tirées des anciens livres Chinois, ou *faites nouvellement* à la Chine et aux Indes, etc. par les PP. de la compagnie de Jésus, publiées par le P. Souciet. Paris 1729, 1732, *in-4°.* trois volumes.

Au nombre de ces volumes, est l'histoire de l'astronomie Chinoise, par le P. Gaubil. Mais nous remarquerons ici que le P. de Mailla, dans sa septième lettre à M. Freret, qui est à la tête de sa grande histoire de la Chine, se plaint beaucoup des fautes qui se sont glissées dans cette édition, à l'égard des longitudes et latitudes des lieux de la Chine ; ce qui vient, dit-il, de ce que ces déterminations ont été données par des gens qui n'y avoient eu aucune part. Le P. Gaubil devoit en envoyer un catalogue exact, et d'après l'observation, pour servir à une nouvelle édition; mais je ne sache pas qu'elle ait eu lieu.

Fin du quatrième Livre de la seconde Partie.

HISTOIRE

DES

MATHÉMATIQUES.

TROISIEME PARTIE,

Contenant l'Histoire de ces Sciences chez les Latins et les peuples Occidentaux, jusqu'au commencement du dix-septième siècle.

LIVRE PREMIER.

Etat des Mathématiques chez les **Romains**, et leurs progrès en Occident, jusqu'à la fin du quatorzième siècle.

SOMMAIRE.

I. *Quel fut l'état des Mathématiques chez les Romains jusqu'au cinquième siècle après l'Ere Chrétienne. Du Calendrier de Numa. De l'Astronome Sulpitius Gallus. De la réformation du Calendrier faite par Jules César. De l'Obélisque élevé dans Rome par l'Astronome Manlius, pour servir de Gnomon. De divers Ecrivains Latins qui ont eu des connoissances en Mathématiques. II. Troubles qui agitent l'Empire Romain, et qui empêchent les Sciences d'y faire des progrès. De Boëce, Bède, Alcuin et autres Savans qui*

Tome I.   Ppp

écrivirent sur les Mathématiques depuis le sixième siècle jusqu'au neuvième. III. Obscurité profonde des neuvième et dixième siècles. Gerbert va puiser, vers le milieu du dixième, chez les Maures, quelque connoissance des Sciences, et il en rapporte notre Arithmétique, dont il expose les principes. De quelques autres Mathématiciens de ce temps, comme Adelbold, Herman Contractus, Athelard, etc. IV. Les Sciences, et en particulier les Mathématiques, commencent à faire des progrès parmi les Occidentaux dans le treizième siècle. Des principaux Mathématiciens de cette époque. V. Des progrès de l'Astronomie, et sur-tout de ce qu'elle dut au roi Alphonse. VI. De Roger Bacon. Examen des inventions qu'on lui attribue. VII. Découverte des verres lenticulaires ou Lunettes simples. Leur antiquité prétendue examinée. VIII. Invention de la Boussole dans le quatorzième siècle. IX. Des Mathématiciens principaux qui vécurent vers cette époque. X. Origine de quelques arts qui prirent naissance dans cette période de temps.

I.

Les sciences ne firent jamais chez les Romains des progrès proportionnés à ceux qu'on leur vit faire dans la Grèce. Ces conquérans de l'Univers, uniquement occupés du soin d'étendre leur domination, ne s'avisèrent que fort tard d'aspirer à la gloire d'être savans et éclairés. Il y eut même à diverses reprises des décrets du sénat pour chasser de Rome les philosophes et les rhéteurs, qui apportoient dans cette capitale les sciences de la Grèce. Si ces ordonnances ne parvinrent pas à détruire dans l'esprit des Romains le goût des lettres et de l'éloquence, elles influèrent du moins tellement sur la philosophie et les mathématiques, moins attrayantes par elles-mêmes, qu'on ne compte parmi eux qu'un fort petit nombre d'hommes qui ayent eu des connoissances plus qu'ordinaires dans ce genre. Les mathématiques sur-tout furent extrêmement négligées à Rome, et la géométrie, à peine connue, ne s'y éleva guère au-dessus de l'art de mesurer les terres, et d'en fixer les limites. *In summo honore*, dit Cicéron, *apud Græcos geometria fuit; itaque nihil mathematicis illustrius : at nos ratiocinandi metiendique utilitate hujus artis terminavimus modum* (1).

Les premiers temps de la république sont marqués par des

_____
(1) *Tuscul.* l. 1.

traits d'une ignorance extrême. Rien ne fut plus mal arrangé que le calendrier, dont les Romains se servirent jusqu'à Jules-César. Romulus n'avoit composé l'année que de 340 jours ; on ne devoit guère plus attendre de ce fondateur de Rome. Numa, qui étoit un philosophe qu'on tira de la retraite pour le mettre sur le trône, donna au calendrier romain une forme plus passable. Soit qu'il eût puisé chez les Grecs une connoissance approchée de la durée des années solaire et lunaire, soit que ce fût l'ouvrage de ses réflexions, il fixa la première à 365 jours, et la seconde à 354. En conséquence il voulut que l'année romaine fût composée de 12 mois, alternativement de 29 et de 30 jours, afin de se conformer aux mouvemens de la Lune, et que de deux en deux on ajoutât un mois intercalaire alternativement de 22 ou 23 jours, afin de s'accorder avec le mouvement du Soleil. Mais il est facile de voir que Numa manquoit l'un de ces deux objets, et que son année ne s'accordoit que de deux en deux ans avec le cours du Soleil, rarement et seulement par hazard avec celui de la Lune. Numa sentit, ce semble, l'imperfection de son calendrier, et il préposa les Pontifes pour y veiller, et pour l'accorder avec les mouvemens célestes, quand il s'en écarteroit trop : il les exhorta même à s'adonner à l'astronomie pour y réussir avec plus de succès. Mais ils remplirent mal les intentions de ce prince, comme nous le verrons bientôt ; et l'on peut dire, à la honte de ce peuple, dominateur de l'Univers, que jusques à Jules-César, il fut, en ce qui concerne son calendrier, au-dessous de tous les peuples connus, même de plusieurs qu'il traitoit de Barbares.

L'art de diviser la journée ne parut que tard à Rome ; car on n'y connut, jusques et au-delà du milieu du cinquième siècle de sa fondation, que le lever et le coucher du Soleil avec le midi. Ce dernier étoit marqué par l'arrivée du Soleil, entre la tribune aux harangues, et un lieu nommé *Graecostaris*. Alors un héraut préposé à guetter le moment, le proclamoit au peuple. Les gens de qualité, à l'imitation des Grecs, avoient des esclaves qui leur en apportoient l'annonce. Lucius Papirius Cursor fut le premier qui fit connoître aux Romains une horloge solaire. Onze ans avant la guerre de Pyrrhus, ou l'an 460 de Rome, il en fit tracer une près du temple de Quirinus, pour accomplir un vœu de son père. Pline qui raconte ce fait (1), en doute cependant, et bientôt après, il ajoute que, selon Varron, le premier cadran solaire fut placé à Rome 30 ans plus tard, et pendant la première guerre Punique, par le consul Valérius Messala, qui l'avoit fait transporter de Catane après la prise de cette ville, mais qu'il remplissoit mal sa des-

(1) *Hist. Nat.* l. 7, cap. 60.

tination; cela n'étoit pas étonnant, attendu que la latitude de
Catane étoit considérablement moindre que celle de Rome, et
que probablement le consul Messala, plus guerrier qu'instruit,
avoit fait placer son cadran précisément comme il étoit à
Catane. Cependant, ajoute Pline, on s'en contenta encore pendant 99 ans, jusqu'à ce qu'enfin le consul Martius Philippus,
vers l'an de Rome 590, en fit tracer un plus exact, qui fut
probablement l'ouvrage de quelque Grec, car les armées romaines avoient déjà pénétré dans la Grèce. On lui en sut beaucoup de gré; mais il restoit à avoir un moyen de connoître
les heures dans un temps nébuleux et pendant la nuit. Ce fut
à Scipion Nasica que les Romains en eurent l'obligation environ
un siècle après. Ce personnage célèbre fit faire une clepsidre
pour suppléer à l'horloge solaire (1) : ce fut sans doute aussi
l'ouvrage de quelque Grec; car Héron et Ctésibius qui vivoient
sous les premiers Ptolémées, étoient les inventeurs de cette ingénieuse machine.

Une invention si commode, je veux dire, celle des cadrans
solaires ne pouvoit manquer de se répandre rapidement. Aussi
voit-on que dès le temps de Plaute, ils étoient fort communs.
Ce comique en fait le sujet d'une plaisanterie sur les parasites
et les gourmands. Il introduisoit l'un d'eux dans une de ses
pièces, dont il ne nous est parvenu qu'un fragment rapporté
par Aulugelle. Le parasite s'y plaint amèrement de cette invention détestable : «jadis, dit-il, on mangeoit quand on avoit
» faim; l'estomac de chacun étoit son cadran; aujourd'hui
» l'on ne mange que quand il plaît au Soleil».

Le premier des Romains qui ait eu quelque connoissance
approfondie de l'astronomie, est C. Sulpitius Gallus. Il cultiva cette science avec une ardeur extrême, à en juger par
ce que Cicéron fait dire à Caton dans son traité de la vieillesse;
et il se faisoit un grand plaisir d'annoncer à ses amis les
éclipses à venir; ce qui le fit admirer de ses compatriotes. Son
habileté avoit servi la république dans une occasion importante (2). La nuit qui précéda le jour, où Paul Emile défit
Persée, il devoit y avoir une éclipse de Lune. Gallus l'annonça
aux soldats Romains, et leur en ayant expliqué les causes, il
dissipa la frayeur que ce phénomène imprévu auroit jeté dans
leur esprit. Cette éclipse arriva, suivant Riccioli, le matin du
4 septembre de l'an 168 avant J. C.

On ne connoît depuis Sulpitius Gallus, jusqu'aux derniers
temps de la république, aucun Romain qui ait cultivé l'étude

(1) Ibid.
(2) Tite-Live, l. 44.

du ciel. Mais Jules César, malgré les embarras où le plongèrent son *ambition*, et son amour pour la gloire sut trouver les momens de s'y adonner ; il écrivit même sur ce sujet, et Pline nous rapporte quelques extraits de ses livres. (1) Ptolémée le cite dans son traité sur les apparences des fixes, et le range parmi les observateurs, dont il a profité pour cet ouvrage.

Jules César n'est guère moins célèbre par la nouvelle forme d'année qu'il introduisit dans l'empire Romain, que par ses qualités militaires. Le calendrier étoit tombé de son temps dans une prodigieuse confusion par l'avarice et la mauvaise foi des Pontifes, que Numa avoit préposés à sa direction. Gagnés, tantôt par les magistrats qui étoient en place, pour proroger l'année, tantôt par les Candidats, pour hâter le moment de leur élection, ils avoient si bien fait que l'équinoxe civil s'écartoit de l'astronomique de près de trois mois. Jules César ne jugea pas qu'il fût indigne de ses soins de rétablir l'ordre dans le calendrier, et de lui donner une forme stable. Pour cela il préféra l'année solaire moins embarrassante à conformer avec l'état du ciel. Elle lui parut, et à son conseiller *Sosigène*, de 365 jours et un quart : c'est pourquoi après avoir ajouté à l'année alors courante 85 jours pour ramener l'équinoxe du printemps, au 25 de mars qui étoit sa place, il ordonna que dorénavant l'année seroit de 365 jours, et qu'afin de tenir compte des 6 heures de plus qu'il y avoit dans une révolution du Soleil, de quatre ans en quatre ans, on intercaleroit un jour entre le 6 et le 7 des calendes de février. Ainsi l'on comptoit cette année deux six des calendes, et l'on disoit *bis-sexto Calendas* au second, d'où est venu le nom de *Bissextile*, que l'on a donné depuis à l'année de 366 jours. Cette forme d'année a été nommée *Julienne*, du nom de son instituteur. La correction qu'il a fallu y faire après plusieurs siècles, vient des 11 minutes, dont l'année solaire est moindre que Jules César et Sosigène ne l'avoient pensé. Ce dernier n'ignoroit cependant pas qu'elle étoit moindre de quelques minutes, qu'il ne le falloit pour que l'arrangement projeté par Jules César fût parfait, et ce fut la raison pour laquelle il témoigna une sorte d'incertitude que Pline attribue mal-à-propos à d'autres motifs peu fondés. (1) On fera dans son temps l'histoire de cette correction. La première année Julienne commença l'année 46 avant la naissance de J. C., ou la 708e de la fondation de Rome.

L'empereur Auguste éleva un monument digne de la magnificence romaine, lorsqu'il fit placer dans le champ de Mars un obélisque pour observer la longueur de l'ombre méridienne, et le mouvement du Soleil pendant l'année. Il avoit de hauteur 70 de nos pieds, et son ombre se projetoit à midi sur une ligne horizontale, qui étoit marquée par des lames de bronze incrustées dans de la pierre, et qui portoit les divisions. Le mathématicien Manlius, qui dirigea cet ouvrage, termina l'obélisque par un globe, non pour lui donner de la ressemblance avec la figure humaine, comme le dit Pline souvent peu heureux dans ses conjectures, mais afin que le sommet de l'obélisque étant censé au centre de ce globe, le milieu de l'ombre qu'il projetteroit, désignât la hauteur du centre du Soleil. Manlius chercha à prévenir par-là l'inconvénient auquel les autres Gnomons étoient sujets, savoir de ne donner par l'ombre forte, qui est la seule dont on puisse déterminer les limites, que la hauteur du bord supérieur de cet astre. Une attention aussi fine, et qu'il est difficile de méconnoître dans cette construction, lui fait honneur. Mais ce monument fut de peu de durée, et il y avoit 30 ans, au temps de Pline, qu'il ne remplissoit plus sa destination. Cet historien en soupçonne trois causes (1), comme un changement de cours dans le Soleil, un déplacement de la terre, ou l'affaissement de la base de l'obélisque ; mais il eût montré plus de discernement à accumuler moins de conjectures, et à s'en tenir à la dernière qui est la seule vraisemblable.

Le calendrier institué par Jules César eut besoin, au temps d'Auguste, d'une espèce de correction dont Pline n'a pas plus heureusement démêlé le motif. Les Pontifes préposés à la direction du calendrier, avoient mal entendu ce que Jules César avoit ordonné, savoir d'intercaler un jour après chaque quatrième année révolue, et ils avoient intercalé à chaque quatrième année commençante, c'est-à-dire, de trois en trois ans. Ce désordre avoit déja duré 36 ans, et l'équinoxe commençoit à arriver trois jours plutôt qu'il ne falloit. Auguste fit apparemment examiner par d'habiles gens la cause de ce désordre, et sur le rapport qu'on lui en fit, il ordonna que l'on n'intercaleroit point de 12 ans, et qu'ensuite on ne le feroit qu'à la fin de la quatrième année. Pline en a inféré que le Soleil avoit accéléré son cours durant ce temps-là. Mais qu'il me soit permis de le dire, cette conjecture et celles que j'ai rapportées un peu auparavant, doivent donner une idée peu avantageuse de son intelligence dans ces matières.

C'est vers cette époque que vivoit Manilius, l'auteur du poème latin, intitulé *Astronomicon*, en cinq livres. Elle est positivement fixée par quelques vers de son premier livre, où il dé-

_____

(1) *Hist. Nat.* l. 36, cap. 10.

plore, en assez beaux vers, la fameuse défaite de Varus en Allemagne. Il en parle comme d'un événement tout récent ; or il arriva deux ans avant la mort d'Auguste, c'est-à-dire, l'an 765 de Rome.

Le poème de Manilius, à la vérité, appartient beaucoup plus à l'astrologie qu'à la saine astronomie ; car des cinq livres qu'il comprend, le premier seulement traite de la sphère, de la forme de la terre, de la division du ciel et des constellations qu'il décrit. Les quatre derniers sont purement astrologiques, et sont une sorte de traité complet de cet art vain et imposteur. Mais sa versification agréable, et souvent digne du siècle d'Auguste, a donné à cet ouvrage une célébrité, qui ne nous permettoit pas de le passer ici sous silence.

C'est une question agitée par les savans, si ce poète astronome ou astrologue est le même que le Manlius, dont on a parlé plus haut. On est porté à le penser ; car il y a des manuscrits qui le nomment *Manlius* ; mais on ne peut pas faire grand fond sur une pareille autorité. Car Vossius en avoit un intitulé : *M. Mallii Paeni-Astronomicon.* Mais le plus grand nombre porte le nom de M. *Manilius*, et tel étoit celui sous lequel Gerbert, vers 990, désignoit ce poème en en demandant une copie à son ami.

Quoi qu'il en soit de l'identité de notre Manilius avec Manlius, nous sommes portés à penser avec Vossius, et malgré les objections de Scaliger, que ce Manilius est le Manilius Antiochus, que Suétone nous apprend avoir été amené à Rome comme esclave, avec Publius Syrus son cousin ; car Suétone appelle *Publius Syrus*, le fondateur de la scène mimique, et *Manilius Antiochus*, celui de l'astrologie, ce qui convient, on ne peut mieux, à notre poète. Or Publius Syrus fleurissoit à Rome vers l'an 732 de sa fondation ; il est possible qu'il eût alors 40 ans ; et en supposant Manilius du même âge, ce dernier à la mort d'Auguste, arrivée en 767 de Rome, auroit eu 75 ans, et environ 70 ans au temps de la défaite de Varus. Il est à remarquer que, dans cette supposition, le nom d'*Antiochus* étoit probablement le vrai nom de notre poète qui, après son affranchissement prit, selon l'usage, celui de son patron qui étoit un Manlius ou Manilius, comme Publius Syrus, Syrien de nation, et affranchi d'un Publius, prit le nom de son ancien maître.

Le poème de Manilius a eu nombre d'éditeurs et de commentateurs. On se bornera à citer ici quelques-unes de ses éditions, dont la première est de 1472. Régiomontanus en donna une en 1473. Scaliger a pris des peines incroyables pour éclaircir cet auteur, et sa doctrine apotélesmatique, contenue dans les quatre derniers livres. La première édition qu'il en donna, parut en 1579, et fut suivie d'une autre en 1590, et d'une troisième en 1600; elle reparut enfin à Strasbourg en 1655, avec des notes nouvelles de Reinesius, de Bouillaud, et de l'éditeur même J. H. Boëcler. Il y en a une *ad usum Delphini*, publiée en 1679 (1), qui n'a pas paru répondre entièrement à l'objet qu'on eut en la donnant; enfin l'année 1739 vit paroître celle du fameux Bentley, qui est, je crois, la plus estimée aujourd'hui. Mais on me permettra de passer sur les autres, mon objet n'étant pas d'entrer ici dans de profonds détails de bibliographie. Je ne puis cependant passer sous silence la traduction françoise de ce poème donnée par M. Pingré, membre de l'académie des sciences, laquelle parut en 1784. Elle fait honneur à la plume, à la saine critique, et au savoir astronomique de cet académicien.

Je demande pardon à mon lecteur de cette aride digression, et je reviens à mon sujet principal, remontant un peu en arrière pour ne pas omettre quelques Romains qui, s'ils ne furent pas des mathématiciens, eurent des connoissances en mathématiques.

Le célèbre Varron étoit de ce nombre. On sait qu'il passa pour le plus savant des Romains. Il avoit écrit sur l'arithmétique, la géométrie, l'astrologie, l'astrologie, la musique et la navigation. Son livre *de Arithmetica* existoit vers la fin du seizième siècle. Car il est cité par Vertranius Maurus, auteur d'une vie de Varron, comme l'ayant eu entre les mains, et comme faisant partie de la bibliothèque du cardinal Ridolfi. Il est fâcheux qu'aucun amateur de l'antiquité ne l'ait publié. Frontin cite le livre sur la géométrie, ainsi que Priscianus, sous le titre de *Mensuralia*. Cassiodore enfin parle du livre de Varron *de Astrologia* (seu *Astronomia*), et rapporte d'après le livre *de Musica*, le sentiment de ce savant Romain, sur l'efficacité des tons. Je soupçonne cependant que ce savant parloit de ces sciences, plus en orateur et en grammairien, qu'en vrai mathématicien.

Les mathématiques ne furent point inconnues à Cicéron, quoiqu'il ne les ait pas cultivées. On trouve dans ses écrits divers traits de son estime pour les mathématiques; et la manière juste dont il parle quelquefois de la méthode qu'on y suit, feroit croire qu'il y avoit donné quelque application. Dans sa jeu-

---

(1) Marci Manilii *astronomicon. Interpretatione ac notis et figuris illustravit Michael Fagius jussu Christ. Regis in usum Sereniss. Delphini.* Accesserunt viri illustris Danielis Huetii *animadversiones in manilium et Scaligeri notas.* Paris, 1679, in-4°.

nesse, il avoit traduit en vers latins le poème d'Aratus, et il
nous en reste quelques fragmens conservés par divers auteurs.
Je ne sais si l'on peut dire que cette traduction ne fait pas honneur à la verve de Cicéron. Nous sommes de mauvais juges
en fait de versification latine.

Quoique les Romains ne paroissent pas s'être jamais soucié
de géométrie au-delà de ce qui étoit nécessaire pour mesurer
et diviser leurs champs, en quoi encore ils n'étoient pas bien
Grecs, témoin la manière donnée dans les *Gromatici veteres*,
pour mesurer un trapézoïde; nous trouvons cependant, au rapport de Cicéron (1), un géomètre plus profond, et d'une
naissance bien illustre. Il étoit en effet de la famille des Pompée,
et se nommoit *Sextus Pompeius Strabo*. Il avoit cherché à se
faire, dans la philosophie et les lois, un nom, que ses parens
et ancêtres s'étoient fait dans les armes. Mais malheureusement
nous n'en savons pas davantage. Le même Cicéron nous parle
d'un autre savant géomètre de sa connoissance, nommé *Didyme*, qui étoit aveugle; mais il étoit Grec de naissance.

On met au rang des plus savans hommes, pour l'étendue de
ses connoissances dans les sciences et les arts, le philosophe
Publius Nigidius Figulus; c'étoit un ami de Varron. Il avoit
écrit sur la différence de la disposition du ciel, dans le climat
de la Grèce et dans celui de l'Egypte; c'est ce qu'on appeloit
la sphère Grecque et la sphère Barbarique. Mais il ternit son
savoir en astronomie par son foible pour l'astrologie; c'étoit
au surplus le vice du temps, et il seroit difficile de citer un
astronome de ce siècle et des suivans, qui n'en fût plus ou
moins entaché. C'est pourquoi nous ne ferons pas difficulté de parler
encore ici de L. Tarutius (ou Tarruntius) Firmanus, que Cicéron
appelle *Familiaris noster*, et qu'il dit versé dans les sciences
Caldaïques. Il est probable que Cicéron n'auroit pas eu de l'intimité avec un simple astrologue, et que ce foible de Tar-
rutius pour cet art étoit racheté par des connoissances solides.

Vitruve a étalé beaucoup de connoissances en mathématiques, sur-tout dans le neuvième livre de son architecture.
Nous lui devons la mémoire de quantité de traits curieux,
concernant la mécanique et la gnomonique de son temps; et
quoique cela ne vienne pas extrêmement à propos de son
objet principal, nous lui devons savoir beaucoup de gré de
cette excursion, sans laquelle beaucoup de traits curieux sur
ces sciences nous auroient échappé.

C. Julius Hyginus, qu'on croit avoir été un afffranchi d'Auguste, écrivoit vers ce temps son *Poeticon Astronomicon*, où

_____

(1) *De Clar. Oratoribus*, art. 177. Tiraboschi, *Hist. della lett. Italiana.*

l'on trouve quelques connoissances astronomiques fort communes sur la sphère, et la description des constellations célestes. Son objet principal semble avoir été de rassembler toutes les fables, insipides pour la plûpart, qui avoient été débitées par les anciens et par les poètes, sur l'origine et les noms des signes célestes. Il nous suffira de dire ici que cet ouvrage, malgré sa ténuité, a eu de nombreuses éditions.

Je ne sais encore, si je dois donner place ici à Thrasyllus, que ses connoissances soit astrologiques, soit astronomiques, rendirent cher à l'empereur Tibère. Car ce prince chassant de l'empire tous les astrologues, moins par mépris de l'art, que parce que quelques-uns d'entr'eux s'étoient trouvés impliqués dans des conspirations tramées contre lui, retint cependant Thrasyllus, et lui accorda en quelque sorte le privilége exclusif de l'astrologie. C'étoit un Grec, à en juger par son nom, qui n'est nullement Romain. Si nous en parlons ici, c'est que ce fut sans doute lui qui informa ce prince de l'éclipse de Soleil, qui devoit arriver précisément le jour anniversaire de sa naissance; et comme ce soupçonneux tyran pensa que ce pouvoit être un sujet de conjectures sur sa mort prochaine, et l'occasion de quelques troubles, il crut devoir instruire le peuple par un écrit, de l'arrivée de cette éclipse, de ses causes et de sa quantité. C'est ce que nous apprend l'historien Dion. Quant à Thrasylle, il n'étoit pas seulement astronome, mais encore musicien, et il écrivit sur la musique, suivant le témoignage de Théon de Smyrne, de Plutarque, et de divers autres.

Nous avons au célèbre Pline l'obligation de nous avoir transmis dans son histoire naturelle, et sur-tout dans le Livre II, un grand nombre de traits relatifs à l'astronomie. On désireroit cependant trouver dans cet ouvrage plus d'exactitude et d'intelligence, en ce qui concerne le fond de la science. Car il y a un grand nombre d'endroits, où son savant auteur montre n'avoir pas une idée exacte du sujet qu'il traite.

Sénèque donne des marques de génie et de connoissances astronomiques dans le septième livre de ses *Questions naturelles*. On aime à le voir adopter comme il fait certaines opinions physico-astronomiques, fort au-dessus de la physique de son temps; comme celle d'Apollonius Myndien, qui réputoit les comètes des astres éternels, et sujets à des retours périodiques. Sénèque saisit cette idée avec une sorte d'enthousiasme, et s'élançant en quelque sorte dans l'avenir, il ose prédire (1)

----

(1) *Quaest. nat.* lib. 7, *inter opp.* Senecæ.

qu'il viendra un temps, où leur cours sera connu et assujetti à des règles, comme celui des planètes. A en juger par ce trait, Sénèque eût eu bien peu de peine à adopter les vérités les plus sublimes de l'astronomie moderne.

Frontin, ou Julius Sextus Frontinus, s'est fait un nom par son livre : *De Aquaeductibus urbis Romae*, à la conduite desquels il fut préposé plusieurs années sous l'empereur Vespasien. Il y montre autant d'habileté qu'on pouvoit en avoir dans ce genre, en un temps où les vrais principes de l'hydraulique étoient encore inconnus; il en entrevit même quelques-uns.

On doit à Censorin, qui vivoit vers l'an 240 de J. C., plusieurs traits curieux relativement à l'astronomie et au calendrier. C'est dans son livre *De Die natali*, qu'il nous les a transmis. Mais tout cela mérite à peine qu'on le qualifie de connoissances mathématiques.

Je ne sais enfin si je dois parler ici de Julius Firmicus Maternus, qui vivoit vers le même temps. Je ne le fais que parce que la réputation, dont il a joui pendant un temps, semble en imposer la loi : mais son ouvrage (1) ne contient qu'une pitoyable astrologie, sans un seul mot presque de solide astronomie. Nous nous sommes fait une règle de passer sur cette sorte d'auteurs, dont les pitoyables rêveries déshonorent l'esprit humain.

I I.

Il ne faut que connoître un peu l'histoire de l'empire d'Occident, pour trouver les causes de l'ignorance, et sur-tout de celle des sciences exactes, que nous allons voir régner pendant plusieurs siècles. Cette partie de l'Europe attaquée de tous côtés, et subjuguée par des barbares venus du Nord, qui ne connoissoient d'autre mérite que celui d'une valeur féroce, commençoit à peine à respirer, qu'un nouveau fléau venu du midi, vint la menacer des mêmes horreurs. Dans des circonstances si malheureuses, doit-on s'attendre que les sciences y pussent prendre racine, et frapper de leurs attraits des hommes uniquement occupés du soin d'attaquer ou de se défendre? Si donc dans le même temps les sciences exactes perdoient déjà leur éclat chez les Grecs, où il avoit été si brillant, il ne faut pas s'étonner qu'elles fussent négligées, et à peine connues dans l'Occident, où, dans les temps même les plus éclairés de l'empire Romain, elles avoient à peine jeté quelques foibles traits de lumière.

Les cinquième, sixième et septième siècles nous offrent moins des mathématiciens, que des philologues qui ont par occasion

(1) *Astronomicon*, *sive Matheseos libri* 8, Basil. 1551, in-fol.

parlé des mathématiques. On ne peut en effet guère ranger dans une autre classe les auteurs qui suivent ; comme Macrobe, Martianus Capella, St. Augustin, Cassiodore, Isidore de Séville. Le premier étale quelques connoissances astronomiques dans son *Commentaire sur le songe de Scipion*; mais souvent avec peu de discernement et d'exactitude. Martianus Capella traita en abrégé les quatre principales parties des mathématiques dans son ouvrage, espèce de poème barbare sur les sept arts libéraux, intitulé : *De nuptiis Mercurii et Philologiæ*; mais c'est plutôt en rhéteur qu'en mathématicien. On y remarque cependant qu'il fait tourner Vénus et Mercure autour du Soleil. On attribue à St. Augustin, quoique assez légèrement, des principes de géométrie et d'arithmétique; mais c'est plutôt une nomenclature qu'un traité instructif. Le savant sénateur Cassiodore donna, dans son livre des sept arts libéraux, un abrégé de l'arithmétique, de la géométrie, de la musique et de l'astronomie. Mais ce ne sont guère que des distinctions et des divisions. Observons cependant qu'il écrivit aussi sur les cycles du Soleil et de la Lune, et sur le calcul de la Pâque. Enfin ce que le célèbre Isidore de Séville dit des mathématiques dans ses *Origines*, est encore plus superficiel; il n'y a rien dans tous ces auteurs, qui passe la capacité d'un commençant initié dans ces sciences. On n'y trouve pas une seule démonstration, ce qui est cependant l'essence et l'ame des mathématiques. On ne peut, malgré tout cela, s'empêcher de désirer qu'un plus grand nombre de livres de ce genre fût venu jusqu'à nous, vu le grand nombre de traits curieux qu'ils nous ont conservés.

Nous nous arrêterons davantage à Boëce, (*Manlius Severinus Boetius*) qui, dans ces siècles ténébreux, laissa éclater des étincelles d'une connoissance plus profonde dans les mathématiques. Ce sénateur et consul Romain, si connu par ses disgraces et sa *consolation philosophique*, fut, relativement à son temps, un des hommes les plus versés en mathématiques. Si nous en jugeons même par ses travaux, il eut pour elles des vues que les seuls malheurs des temps rendirent inutiles. Ce fut par ses soins que divers auteurs Grecs, comme Nicomaque, Ptolémée, Euclide, commencèrent à être un peu connus des Latins. Son *arithmétique* et sa *géométrie* ne sont proprement que des traductions libres du premier et du dernier, où il nous a conservé beaucoup de traits intéressans de l'histoire de ces sciences; il fut encore habile dans la mécanique et dans la gnomonique. C'est ce que nous apprend une lettre de Théodoric, roi des Goths. Ce prince lui demande, pour le roi des Bourguignons, deux horloges, l'une solaire, l'autre hydraulique, et il s'exprime ainsi : *ne tardez pas de nous envoyer ces deux ouvrages, afin que votre nom pénètre dans ces contrées, où vous ne pouvez venir vous-même, et que les nations étrangères apprennent que nous avons ici une noblesse aussi instruite que le sont ailleurs ceux qui font profession de savoir.* Ces sentimens feroient plus d'honneur à Théodoric, s'il n'eût pas fait mettre dans la suite à mort, sous de légers soupçons, cet homme respectable.

Le sixième siècle de l'Ère chrétienne, tout obscur qu'il est relativement aux mathématiques, vit néanmoins éclore une invention assez ingénieuse en chronologie; c'est celle de la période appelée *Dyonisienne* : ayant parlé ailleurs des efforts de l'église Grecque, pour concilier son calendrier avec le ciel, nous saisissons cette occasion de parler de ceux de l'église Latine pour le même objet.

L'église Latine ne pouvoit en effet omettre un objet aussi important. Aussi voyons-nous plusieurs hommes, plus ou moins versés dans l'astronomie, prendre beaucoup de peine pour donner une forme constante et solide à son calendrier, tant ecclésiastique que civil. Il paroît néanmoins que jusqu'au cinquième siècle, on y suivit de près la marche des églises d'Orient, et sur-tout de celle d'Alexandrie, à cause de la réputation que conservoit cette ville, qui fut pendant tant de siècles le séjour de l'astronomie. On fit comme elle d'abord usage de cycles de 16 ans, ensuite de celui de Méton. Enfin, vers l'an 460, Prosper d'Aquitaine proposa un nouveau cycle paschal, dont apparemment on fut peu satisfait, puisque, vers l'an 465, le Pape Hilaire (1) recourut aux lumières de Victorin ou Victorius d'Aquitaine, pour remettre l'ordre dans le calendrier, et dans la détermination de la Pâque. Ce fut à cette occasion que Victorin, combinant le cycle de Méton, ou cycle lunaire de 19 ans, avec celui qu'on nomme *solaire*, ou de 28 ans, imagina la période de 532 ans, qui est le produit de 19 par 28. Cette période devoit, suivant lui, avoir l'avantage de ramener la Lune Paschale au même mois, et au même jour de la semaine, après 532 ans, et conséquemment la Pâque dans le même ordre, à chaque nouvelle période; et cela seroit vrai, si le cycle de Méton étoit parfaitement exact, et si l'année solaire étoit précisément de 365 jours 6 heures. Mais tout le monde sait que cela n'est pas, et de là vient la rétrogradation des équinoxes, et des nouvelles Lunes vers le commencement de Mars. Mais l'invention ne laisse pas d'être assez ingénieuse, et Victorin méritoit sans doute qu'elle portât son nom; ce fut néanmoins un autre

_____
(1) Gennadius *in catal.*

qui lui donna le sien, savoir, Denys le Petit, au moyen de quelque correction qu'il y fit. Ce Denys le Petit, ainsi nommé à cause de sa petite taille, étoit Scythe de naissance et abbé Romain. Il arrangea le cycle de Victorin d'une manière un peu différente; celui-ci le faisoit commencer par la pleine Lune Paschale, qui suivit immédiatement la mort de J. C., ou du moins la première année de son cycle étoit celle où J. C. avoit souffert la mort. Mais Denys le Petit, qui écrivoit vers l'an 526, arrangea les choses de manière que la première année de son cycle de 532 ans, étoit celle qui suivit la naissance de J. C. C'est à cette occasion, et de cette manière, que s'introduisit en Occident, l'Ere que nous appelons *Chrétienne*, quoiqu'il soit assez probable que l'année vraie de la naissance de J. C., est de deux ans antérieure au commencement de cette Ere. Quelques chronologistes même la font antérieure de quatre sans. Quoi qu'il en soit, la période de Denys le Petit, fut appelée *Dionysienne*, et est vulgairement connue sous ce nom. L'année 1596 étoit la dernière de la troisième période, et l'année courante 1795 est la 199e de la quatrième. L'objet du calendrier devant nous occuper, lorsque nous serons arrivés vers la fin du seizième siècle, nous n'en dirons pas ici davantage.

Bède illustra le commencement du huitième siècle par son savoir. Il embrassa jusqu'aux mathématiques, encore si peu connues, et sur-tout l'astronomie, dont il traita dans divers écrits. Son objet principal fut néanmoins l'établissement d'un calendrier bien ordonné, sur quoi il composa divers traités, sous les titres suivants : *Bedae presbiteri de Argumento Lunae; computus vulgaris qui dicitur Ephemeris ; de Embolismorum ratione; de temporum ratione ; de Paschae celebratione seu de aequinoctio vernali juxta Anatolium ; decemnovenales circuli*, etc. Celui-ci est un développement des caractères paschaux de la première période Dionysienne, et d'une partie considérable de la deuxième; on sait que cette période, dont l'usage fut introduit en Occident par Denys le Petit, est de 532 ans, étant formée de la combinaison des deux cycles, savoir le solaire de 28 ans, et le lunaire de 19. Nous remarquerons même, à cette occasion, que ce fut Bède qui introduisit l'usage de ce cycle, au moins en Angleterre, et celui d'y compter les années depuis la naissance de J. C. Sur quoi néanmoins il ne lui échappa pas, que cette période étoit de deux années en erreur sur la vraie époque de cette naissance. L'anticipation de l'équinoxe sur le temps fixé par le concile de Nicée, ne lui échappa même pas, et il proposa, pour y remédier, un remède assez semblable à celui des modernes correcteurs de notre calendrier.

Ces ouvrages ne sont cependant pas les seuls de Bède, relatifs aux mathématiques. Il fut auteur d'un livre d'Arithmétique intitulé : *De numeris*, et d'un autre : *De numerorum divisione*, par lequel on voit combien dans son temps cette opération étoit embarrassée. On lui en attribue un autre, intitulé : *Propositiones arithmeticae ad acuendos juvenes*, dont nous parlerons plus au long à l'occasion d'Alcuin ; il écrivit aussi deux ouvrages sur la musique ; l'un sous le titre de *Musica theorica ;* l'autre sous celui de *Musica practica*, par le dernier desquels il paroîtroit que ce que l'on rapporte de Guy d'Arezzo, et de Jean de Muris, étoit plus ancien qu'eux. On a encore de lui un petit écrit : *De circulis sphaerae et polo*, un *De astrolabio*, un de Gnomonique, sous le titre *De mensura horologii*. Il y enseigne en particulier la construction d'une horloge qu'on porte toujours avec soi ; car c'est un tableau de la longueur de l'ombre d'un homme à chaque heure de la journée, selon les divers·mois de l'année. J'ai vu quelque part citer un petit traité de ce genre, ouvrage d'un Italien qui lui avoit donné le titre d'*Homometrum*. Tous ces différens ouvrages, dont celui *De temporum ratione* est assez considérable, forment le premier tome, ou les deux premiers volumes des œuvres de Bède, publiées à Bâle en 1543, en huit volumes *in-folio*. Ceux qui sont relatifs au calcul des temps, avoient déjà été imprimés à part, sous le titre de *Bedae opuscula complura de ratione temporum castigata*, etc. Col. 1537, in-fol.

M. Wallis, zélé pour l'honneur de sa nation, a pris soin de nous faire connoître quelques mathématiciens à-peu-près contemporains et compatriotes de Bède : comme le moine Hemoalde,·auteur d'un écrit intitulé : *De rebus mathematicis*, qu'il avoit adressé à Bède qui, de son côté, lui envoya un petit traité en forme de lettre, intitulé : *De ratione quadrantis anni et de bissexto*. On lui doit aussi la remarque de quelques éclipses, qui ont servi à établir des dates chronologiques. (Hemoalde vivoit vers l'an 680.) Adelme, abbé de Malmesbury, petit-fils d'Ina roi des West-Saxons, fut auteur d'un petit écrit *De cyclo paschali*, contre les Bretons qui s'obstinoient alors à célébrer la Pâque, contre les dispositions du concile de Nicée, adoptées par le reste de l'église Romaine. Il fut aussi auteur de quelques écrits sur l'arithmétique et la géométrie.

C'est en effet une justice due à l'Angleterre, qu'on y vit les mathématiques plus cultivées alors, qu'en aucune autre partie de l'Europe. Elle donna un maître à Charlemagne, dans la personne d'Alcuin, qui étoit un disciple de Bède. Ce savant dans toutes les parties des mathématiques, écrivit en particulier, *de cursu et saltu lunae, et de bissexto ; de reperienda luna paschali per* 19 *annos ; propositiones arithmeticae ad acuendos juvenes*, et autres petits traités, dont quelques-uns ont été imprimés dans les œuvres de Bède : ces différens ouvrages se trouvent dans la nouvelle et superbe édition des œuvres d'Alcuin, donnée en 1777, par le prince-abbé de St. Emeran.

Nous nous arrêterons quelques momens sur le dernier de ces écrits, imprimé parmi les œuvres de Bède, mais que le savant abbé de St. Emeran revendique à Alcuin ; ce petit ouvrage nous présente quelques singularités dignes de remarque. C'est un recueil de questions arithmétiques du genre de celles de l'Anthologie Grecque, dont nous avons parlé à l'occasion de Diophante ; on pourroit le regarder comme le germe du livre si connu des *récréations mathématiques* : car on y trouve, par exemple, plusieurs manières de deviner un nombre pensé, au moyen de quelques questions et opérations arithmétiques, dont on ne dévoile que le résultat ; le problème si connu du père, laissant une femme enceinte, à qui il lègue une portion de sa succession, dans l'hypothèse qu'elle accouchera d'un fils, et telle autre, dans le cas où elle accouchera d'une fille : mais comme elle accouche de deux gémeaux, l'un mâle, l'autre femelle, on demande quelles seront leurs parts dans la succession : celui des trois frères, arrivant avec leurs soeurs au bord d'une rivière, où il n'y a qu'un bateau capable de passer deux personnes à la fois : mais chacun des frères ne voulant pas que sa sœur se trouve en la compagnie des autres hommes, que lui présent, il s'agit de s'arranger en conséquence pour passer la rivière ; on le propose communément sous le titre de *trois maris jaloux*, arrivant avec leurs femmes sur le bord de la rivière : celui des 21 tonneaux, dont sept pleins, sept à demi-pleins, et sept vides, à partager entre trois co-héritiers, de manière que chacun ait autant de vin, que de futailles. Il est probable que Bachet, le premier auteur des récréations mathématiques, sous le titre de *problêmes plaisans et délectables*, *qui se font par les nombres*, (Lyon, 1613, in-8°.) avoit rencontré cet ouvrage d'Alcuin, déjà imprimé en 1543, sous le nom de *Bède*, et que cela joint à l'Anthologie Grecque, lui a donné l'idée du sien.

Alcuin ne se borna pas à tâcher d'éclairer ses contemporains par des écrits savans pour son siècle. Il fit plus, il inspira le goût des sciences et des lettres, et spécialement celui de l'astronomie à son illustre élève, qui la cultiva avec plus de soin qu'on n'en pourroit attendre d'un prince, et d'un prince de son siècle. Car on rapporte que Charlemagne, malgré les soins qu'exigeoit de lui un vaste empire, observoit souvent ; et ce fut, dit-on, dans une de ces nuits employées à observer, qu'il découvrit une chose plus grave que les amours de sa fille Emma

avec

avec Eginard son secrétaire. On lui attribue la dénomination Allemande des vents, qui a été adoptée par presque toutes les nations Européennes.

Ce furent enfin les conseils d'Alcuin qui portèrent Charlemagne à fonder les universités de Paris et de Pavie ; tant il est vrai que les despotes cherchèrent dans tous les temps à retarder le progrès des lumières. Cette institution fut imitée, quelques siècles après, par divers souverains et divers princes, et elle servit du moins à perpétuer le dépôt des sciences et des lettres, jusqu'à un temps plus favorable à leur accroissement. Alcuin avoit enfin formé avec son disciple couronné, et quelques autres amateurs des lettres, une sorte d'académie qui pourroit être regardée comme le germe des ces assemblées littéraires et savantes, établies dans toute l'Europe, et auxquelles les sciences ont tant d'obligation.

Mais ces efforts de Charlemagne et d'Alcuin ne purent résister au torrent des ténèbres qui devoient bientôt après inonder entièrement l'Europe ; la disposition générale des esprits s'opposa à leur noble dessein, et l'ignorance continua d'étendre et d'affermir son empire. Nous ne trouvons qu'un seul anonyme, amateur de l'astronomie, que ces exemples aient excité. Il vivoit sous Louis-le-Débonnaire, dont il écrivit les annales avec celles de Pepin et de Charlemagne. Ces annales font mention de plusieurs phénomènes célestes, observés pendant une assez longue suite d'années, savoir depuis 807 jusques en 842. Il y a plusieurs éclipses de Lune et de Soleil, une occultation de Jupiter par la Lune, etc. On y lit sur-tout une observation remarquable, c'est celle d'une tache du Soleil qu'on apperçut huit jours de suite en 807, et qu'on prit pour Mercure passant sous cet astre. Kepler écrivant dans un temps qui précédoit la découverte des taches du Soleil, a tâché de rendre cette observation conforme à la saine théorie de Mercure. Il soupçonnoit qu'il y avoit une faute dans la citation de l'année, et que c'étoit l'an 808, où, selon lui, il pût effectivement y avoir une conjonction écliptique de Mercure et du Soleil. Il conjecturoit aussi qu'on y devoit lire *octories*, ce qui en latin barbare auroit voulu dire, durant huit heures, au lieu d'*octo dies*, pendant huit jours. Mais on sait aujourd'hui que Mercure passant sous le disque du Soleil ne sauroit être apperçu sans télescope. Ainsi cette observation ne peut être que celle d'une tache du Soleil assez considérable pour être apperçue à la vue simple, et que des temps nébuleux empêchèrent d'observer les premiers et les derniers jours de sa marche sur le disque de cet astre ; ce qui est d'ailleurs conforme au récit de l'historien. Enfin il est aujourd'hui démontré que ni en 807, ni en

808, il n'y a eu de conjonction visible de Mercure avec le Soleil, à l'égard d'aucun point de la terre.

C'est à l'époque de ces siècles d'obscurité pour les sciences humaines, qu'on rapporte la prétendue condamnation de la croyance des antipodes dans la personne du prêtre Virgile, par le pape Zacharie. C'est sur la foi d'Aventin, dans son histoire de Bavière (1), qu'on raconte ce fait. Mais l'amour de la vérité nous oblige d'observer qu'il a été fort défiguré, soit par la crédulité, soit par la mauvaise foi. Voici à quoi il se réduit, selon Baronius, et le savant et impartial auteur de l'histoire ecclésiastique, M. l'abbé Fleuri.

L'évêque Boniface qui porta la foi chrétienne en Allemagne, ayant eu quelques démêlés de sentimens avec le prêtre Virgile, son coopérateur, l'accusa, soit par ressentiment, soit par persuasion, de quelques erreurs. On n'a pas la lettre qu'il écrivit au pape Zacharie sur ce sujet ; mais la réponse qui subsiste, nous apprend quelle étoit l'erreur imputée justement ou injustement à Virgile ; car Zacharie y dit : « s'il est prouvé qu'il » soutienne qu'il y a un autre monde, et d'autres hommes sous » la terre, un autre Soleil et une autre Lune, chassez-le de » l'église ». (*Baronii Annales*, ann. 748). Or on voit par là que s'il y avoit quelque réalité dans l'accusation intentée à Virgile, c'est qu'on mettoit dans l'idée des antipodes des circonstances absurdes, comme un autre Soleil et une autre Lune. Il paroîtroit même par-là qu'on imaginoit un autre monde, dont nous habiterions l'étage supérieur ; et c'est-là à-peu-près l'idée que se forment des antipodes, les gens grossiers, et dépourvus de toute connoissance mathématique. Or ne pouvant y avoir entre ces hommes et nous aucune communication, il en résultoit qu'il y avoit sous terre, ou dans la terre, une espèce d'hommes qui ne sortoit point d'Adam, prétention qu'on se croyoit en droit d'anathématiser. Mais quelle que soit la justice ou l'injustice de cette condamnation, elle ne tomboit point sur la rondeur de la terre, ni sur la possibilité qu'il y eût dans l'hémisphère opposé au nôtre, des êtres vivans. C'est par une semblable raison, que St. Augustin qui reconnoissoit la rondeur de la terre, nioit l'existence d'hommes qui habitassent la partie opposée à la nôtre. Car on étoit persuadé de son temps que la zone torride étoit une barrière insurmontable, ensorte que s'il y eût eu des hommes dans l'autre hémisphère, ils eussent été d'une autre race que nous, ce que les idées religieuses du temps ne permettoient point d'admettre. Nous sommes, il faut l'avouer, plus aguerris aujourd'hui. Mais pour en revenir à

---

(1) *Annales Boyorum.*

l'histoire du prêtre Virgile, on voit que ce ne fut pas l'idée physique de la rondeur de la terre, que condamnoit le pape Zacharie; mais celle qu'il y eût quelque part sous la terre ou dans la terre, des hommes issus d'un autre père qu'Adam. Au reste Virgile, ou fut reconnu innocent, ou abjura ses idées sur cette race d'hommes étrangères à la nôtre; car il fut quelques années après fait évêque de Saltzbourg, où il mourut en 780.

I I ' I.

Il se trouve ici un long intervalle de temps, près d'un siècle et demi, pendant lequel je n'ai pu, malgré mes recherches, rencontrer un seul mathématicien. Je crois pouvoir regarder cette période de temps, comme celle de la plus profonde obscurité qui ait régné en Occident. Mais vers le milieu et la fin du dixième siècle, l'esprit humain sembla faire quelques efforts pour se réveiller de ce long engourdissement. On vit alors quelques hommes qui, épris des connoissances mathématiques, montrèrent un zèle digne d'éloge pour s'en instruire. Les Arabes chez lesquels elles fleurissoient alors, furent pour les Chrétiens ce que jadis avoient été les Egyptiens pour les Grecs avides de savoir. Parmi ceux que ce noble motif porta à entreprendre ces voyages, on distingue le fameux Gerbert, que son mérite et son savoir élevèrent dans la suite au pontificat sous le nom de *Silvestre II*; mais avant d'entrer dans les détails de ce qu'on dut alors à Gerbert, il est nécessaire de porter ses vues quelque peu en arrière.

Le monastère de Fleuri, de l'ordre de St. Benoît, avoit alors à sa tête un abbé d'un très-grand mérite; c'est Abbon, dont Aimoin nous a donné la vie. Il avoit beaucoup de goût pour les sciences, et même pour les mathématiques encore si peu connues. Car on cite les titres de quelques ouvrages qu'il avoit composés sur l'astronomie; ils existent même en manuscrits dans diverses bibliothèques. Il étoit en correspondance avec les savans de son ordre, parmi lesquels on se borne à nommer Bridferth, anglois, dont on a quelques écrits mathématiques insérés parmi les œuvres de Bède, en particulier celui *De principiis Mathematicis*; on ne sait, au reste, rien de plus concernant ce mathématicien. Quant à Abbon, doué du goût qu'on vient de dire pour les sciences, il fit de son monastère de Fleuri une école célèbre de savoir et de piété. On y envoyoit tous les sujets de son ordre, qui donnoient de grandes espérances, et de ce nombre fut Gerbert, né en Auvergne, vers le commencement du dixième siècle. Mais cet homme avide de connoissances n'eût pas plutôt goûté dans ce monastère les prémices des sciences, qu'il vit que la chrétienté ne pouvoit lui fournir des secours suffisans pour y faire de grands progrès. Il ne s'enfuit pas, comme je l'ai dit autrefois, mais il obtint la permission de passer en Espagne, où elles étoient plus cultivées chez les Arabes qui y dominoient alors, et y avoient deux écoles célèbres à Cordoue et à Grenade, où l'on accouroit de l'Orient et de l'Occident. Gerbert fit en Espagne des progrès dans les mathématiques, tels qu'il surpassa bientôt ses maîtres. L'arithmétique, la musique, la géométrie, l'astronomie, lui furent familières, et de retour en France, il y fit connoître ces sciences oubliées depuis si long-temps. Il écrivit sur la géométrie un livre qui, après avoir resté long-temps manuscrit, a été publié par les savans auteurs du *Thesaurus anecdotorum novissimus*, t. 3, deuxième partie. On y voit que Gerbert connoissoit le contenu d'Euclide et d'Archimède. Le livre ne contient cependant pas une doctrine profonde; c'est plutôt un livre de géométrie pratique, et l'on y voit diverses méthodes ingénieuses pour mesurer presque sans calcul des distances et hauteurs inaccessibles, au moyen d'un instrument obscurément décrit, qu'il appelle *Horoscopus*. Ce paroît être un astrolabe garni d'un carré géométrique, sur lequel tant d'auteurs élémentaires ont autrefois écrit. On a aussi de Gerbert un traité sur la *construction de la sphère*, que le P. Mabillon nous a conservé dans ses *Analecta*, t. 11, et un autre intitulé *Rithmomachia*, resté manuscrit dans les bibliothèques; mais qui a, dit-on, servi de base à la *Rithmomachie* de Gustave Sélénus, qui n'est autre qu'un duc de Brunsvick-Lunebourg.

Je ferai ici, à l'occasion de ce petit ouvrage de Gerbert, que le P. Mabillon nous a conservé, une observation, qui peut-être paroîtra intéressante. C'est qu'il nous donne l'explication d'un passage de la chronique de Dithmarsus, dont quelques auteurs ont voulu inférer que Gerbert avoit connu le télescope. Ce passage dit : *in Magdeburgo horologium fecit, illud recte constituens, consideratâ per fistulam quamdam stellâ nautarum duce.* On a cru voir dans ce tube, une lunette, par laquelle Gerbert considéroit l'étoile polaire, et même un auteur, qui a assez récemment et fort savamment écrit sur la découverte de la Boussole, a cru y en voir une, quoique cela n'y ressemble en aucune manière (1). L'ouvrage en question explique tout ceci.

Gerbert voulant enseigner à construire une sphère ou globe céleste, ordonne de prendre un globe; et après en avoir marqué

(1) *Considerazioni istoriche di Abondio Collina sopra l'origine della Bussola nauiica*, etc. Faenza, 1718, in-8°.

les pôles, de le percer de part en part d'une ouverture en forme de tuyau, qui doit servir à le mettre en position, en considérant à travers ce tube l'étoile polaire. Car dans ces temps obscurs, on en étoit revenu à croire, comme dans l'enfance de l'astronomie, que l'étoile polaire étoit au pôle même du monde. On le voit aussi, par la division qu'il enseigne, établir ses tropiques à 24° tout juste de l'équateur ; voilà l'explication du passage de Dithmarsus, et l'on y voit seulement que pour se diriger au nord, et probablement fixer la position du style de son horloge, Gerbert regardoit l'étoile polaire, et croyoit que la direction de son tube étoit précisément celle de l'axe de la révolution diurne.

Cela donne aussi l'explication de ce dessin d'un manuscrit cité par Mabillon, qui représente Ptolémée considérant le ciel au moyen d'un tube. Car les astronomes de ces temps anciens étant dans l'usage de déterminer ainsi le nord, il étoit naturel que le dessinateur qui a décoré ce manuscrit, représentât Ptolémée dans cette attitude. C'est encore probablement ainsi qu'on doit entendre quelques passages de l'ancienne astronomie Chinoise, qui nous disent qu'on y employoit un tube. Mais vouloir trouver là notre télescope, c'est ce qui n'a aucune vraisemblance.

Les chrétiens occidentaux ont sur-tout à Gerbert l'obligation de leur avoir transmis l'arithmétique, dont nous faisons usage aujourd'hui. *Abacum certe primus à Saracenis rapiens regulas dedit quæ à sudantibus Abacistis vix intelliguntur*, dit l'historien Guillaume de Malmesbury (1) : cette date de l'introduction de l'arithmétique arabe chez les Latins est encore confirmée par plusieurs lettres de Gerbert. Il y en a sur-tout une, savoir la 160e, qui paroît avoir été à la suite d'un petit traité sur ce sujet. Il y remarque que le même nombre devient tantôt *articulus*, tantôt *digitus*, *minutum*, c'est-à-dire centaine, dixaine, unité ; ce qui convient tout-à-fait à cette arithmétique dont nous parlons. L'éditeur des lettres de Gerbert dit avoir eu entre les mains le traité désigné dans celle-là, et certes il a eu grand tort de ne nous avoir pas fait part de ce curieux monument. On le trouve, au surplus, en manuscrit dans la bibliothèque Vaticane et dans d'autres. La date de cette introduction de l'arithmétique arabe parmi nous, paroît devoir être fixée vers l'an 970 ou 980....

Gerbert avoit aussi beaucoup de goût pour la mécanique. Guillaume de Malmesbury dit, (2) que de son temps, c'est-à-dire en 1250, on voyoit dans l'église de Rheims une horloge

mécanique qu'il avoit faite, et des orgues hydrauliques, où ,
dit-il, le vent poussé d'une manière merveilleuse par la violence
de l'eau, faisoit donner *des sons modulés à des flûtes d'airain.*
Enfin Gerbert excita une telle admiration qu'il passa pour magicien, et qu'on fut persuadé qu'il falloit qu'il se fût donné
au diable pour devenir si savant, et sur-tout pour devenir pape.
On ajoute même que le temps de son marché étant expiré,
il en auroit été emporté, tout pape qu'il étoit, s'il n'eût fait
une prompte pénitence. Il n'est pas besoin de réfuter de semblables contes.

L'exemple de Gerbert eut quelques imitateurs, soit dans le
siècle où il vécut, soit dans le suivant. Nous trouvons parmi
les premiers Adelbold, de l'ordre de ... Benoît, et dans la
suite promu à l'évêché d'Utrecht. On a de lui un petit traité
intitulé : *De modo inveniendi crassitiem (soliditatem) sphœrœ*,
qu'il adressa à Gerbert déjà pape. Il y prend le simple titre
de *Scholasticus*, ce qui annonce qu'il étoit beaucoup plus jeune
que Gerbert, et non encore évêque d'Utrecht. Ce traité a été
imprimé dans le *Thesaurus anecdot. noviss. t.* 3, à la suite
de la géométrie de Gerbert. Il prouve qu'Adelbold connoissoit
les découvertes d'Archimède, tant à l'égard du cercle que de
la sphère. Car en supposant le rapport approché du diamètre
à la circonférence, donné par Archimède, il fait celui de la
sphère au cube du diamètre, de 11 à 22; c'est en effet ce
qui suit du rapport précis de 2 à 3, entre la sphère et le
cylindre circonscrit, combiné avec le premier. Mais les raisons
qu'en donne Adelbold sont tout-à-fait vagues et agéométriques.
Vers l'an 1050, Hermann Contractus, religieux de St. Gall,
ainsi nommé à cause de sa taille raccourcie, se fit un nom
par ses connoissances mathématiques et de nombreux écrits,
comme un traité de la quadrature du cercle, un sur l'astrolabe,
sur les éclipses et le comput ecclésiastique; enfin des institutions astronomiques. L'ouvrage sur l'astrolabe est le seul qui
ait vu le jour; il a été imprimé dans le *Thesaurus anecdotorum novissimus* cité ci-dessus. Il est composé de deux parties;
l'une intitulée : *De mensura (seu constructione) Astrolabii,
liber*; l'autre : *De utilitatibus Astrolabii, libri* 2. On voit par
le grand nombre de mots arabes qui y sont employés, que
toute cette doctrine est puisée dans des livres arabes. Quelques
années après, vers l'an 1080, Guillaume, abbé d'Hirsaugen,
marcha sur les traces d'Hermann; car il fut auteur, entr'autres,
d'institutions astronomiques, et d'un traité sur les horloges
apparemment solaires; mais ces écrits ont resté manuscrits, quoi
qu'en disent Vossius et Heilbroner.

Je trouve enfin encore, vers cette époque, un Robert Lorraine, ainsi appelé parce qu'il étoit Lorrain de naissance. Il avoit, au rapport de l'historiographe anglois Balæus, écrit sur les mouvemens des étoiles, des tables mathématiques ou astronomiques, et sur le comput lunaire; ses connoissances le rendirent cher à Guillaume-le-Conquérant, qui les récompensa par l'évêché d'Hérefort.

Le douzième siècle, malgré l'ignorance générale, dont les ténèbres couvroient l'Europe, ne laissa pas de fournir quelques mathématiciens. Le moine Adhélard, anglois, dont le nom propre étoit *Goth*, imita Gerbert dans son zèle pour aller s'instruire auprès des Arabes, les seuls professeurs des sciences mathématiques. Il voyagea en Espagne et en Egypte, il y apprit l'arabe, et à son retour il traduisit de cette langue en latin divers ouvrages anciens qu'il avoit apportés de ces pays, entr'autres les Élémens d'Euclide. Il paroît même être le premier qui ait fait connoître en Occident cet auteur, dont le nom y avoit encore à peine pénétré. Ainsi je me suis trompé en attribuant autrefois cet avantage à Campanus de Novarre, qui lui est postérieur d'environ un siècle. Il écrivit aussi quelques ouvrages originaux, comme un traité sur l'astrolabe, et sur les sept arts libéraux; mais tous ces ouvrages, ainsi que sa traduction d'Euclide, n'existent qu'en manuscrits dans diverses . bibliothèques.

Adhélard eut divers imitateurs dans quelques-uns de ses compatriotes, tels que Daniel Morlay, Robert de Reading; William Shell, ou Guillaume de Conchis, Clément Langtown, etc. Ils vivoient vers la fin de ce siècle, où nous trouvons encore Robert, évêque de Lincoln, appelé *Grosthead*, à cause de la grosseur de sa tête, auteur d'un abrégé sur la sphère; et son frère Adam Marsh, ou de Marisco, qui prolongèrent leur vie jusques dans les premières années du siècle suivant. Roger Bacon, leur contemporain dans sa jeunesse, donne de grands éloges à leur savoir en mathématiques, et sur-tout en géométrie.

Trois hommes de ce siècle qui firent encore ce qui étoit en leur pouvoir, pour faire connoître les auteurs anciens, termineront cette énumération. L'un est Platon de Tivoli, qui traduisit de l'arabe les sphériques de Théodose vers l'an 1120 : son latin est à la vérité presque barbare; mais tel étoit celui de son siècle. Cette traduction, infiniment rare, ne fut imprimée qu'en 1518.

Le second est Jean de Séville, qui traduisit les Élémens astronomiques d'Alfraganus; cette version qui a les mêmes défauts que la précédente, parut par la voie de l'impression en 1493, et de nouveau en 1548.

Le troisième est Rodolphe de Bruges, qui en fit autant à

l'égard du planisphère de Ptolémée, d'après une version arabe commentée par Moslem. Elle vit le jour par l'impression, d'abord en 1507, avec la géographie de Ptolémée ; mais comme elle étoit fort inexacte, Commandin en donna en 1568 une meilleure, d'après un manuscrit plus correct.

On ne peut se refuser ici à une réflexion ; c'est que presque tous ces savans qui, s'ils n'augmentèrent pas le trésor des sciences, du moins servirent à nous le transmettre, étoient des religieux, ou l'avoient été avant d'être élevés aux honneurs ecclésiastiques. Les couvens furent, dans ces temps de barbarie, où une valeur féroce étoit presque l'unique mérite, l'asyle des sciences et des lettres. Sans ces moines qui, dans le silence des cloîtres, s'occupèrent à transcrire, étudier ou imiter tant bien que mal les ouvrages anciens, c'en étoit fait entièrement d'eux. Aucun peut-être ne nous fût parvenu. Le fil entre nous, les Romains et les Grecs, étoit coupé ; ces productions précieuses de la littérature ancienne, n'existeroient pas plus pour nous que les ouvrages, s'il y en eût, qui précédèrent le déluge, ou le cataclysme quelconque, qui a anéanti à notre égard tout ce que savoient ces hommes si instruits, qu'on place dans la Tartarie ou aux environs du Caucase. A l'égard des sciences il eût fallu tout créer ; et au moment où l'esprit humain sortant de son assoupissement, commença à se réveiller, on ne se seroit guère trouvé plus avancé que les Grecs, après la prise de Troye. Ces motifs ne devoient-ils pas engager à traiter, avec plus de modération, ces hommes sur qui aujourd'hui l'on se plaît à verser la coupe de l'humiliation et de l'opprobre ; comme si, dans ce siècle même, il n'y avoit pas eu et en grand nombre des religieux, également recommandables par leur science et par leurs mœurs ?

Je n'ignore pas qu'un auteur récent, M. Mallet, a prétendu que ce n'est point aux religieux, que nous devons cette transmission des connoissances de l'antiquité. Cela est vrai, j'en conviens, de quelques parties de ces connoissances ; comme la médecine, les mathématiques, et sur-tout la philosophie d'Aristote. Il nous en seroit parvenu quelques lambeaux bien défigurés, au moyen des traductions qu'en firent les Arabes, et qui nous les firent connoître pour la première fois ; mais à qui devons nous la transmission des originaux précieux de ces anciens écrivains ? c'est sans doute aux religieux tant grecs que latins. Aurions-nous d'ailleurs sans eux toutes les productions précieuses de la littérature grecque et latine ? Sont-ce les Arabes qui nous ont transmis les poëmes d'Homère et de tant d'autres parmi les Grecs ; ceux de Virgile, Horace, Ovide, etc. ? Les orateurs, les historiens grecs et latins, les a-t-on jamais trouvés

parmi

parmi les manuscrits arabes ? Disons donc que l'observation de M. Mallet effleure à peine les obligations que nous avons aux religieux, et d'autant moins que ce sont encore des religieux, pour la plûpart, à qui nous devons ces richesses transplantées de la langue arabe en latin, tels que Gerbert, Athelard, Roger Bacon, Paccioli, etc. etc. Je ne dis rien de tous nos historiens de l'Europe moderne, depuis les 4e., 5e. ou 6e. siècles de notre ère, jusqu'au 13e. ou 14e. Presque tous furent des religieux, témoins Grégoire de Tours, Sigebert de Gemblours, Hemoald, Aimoin, nombre d'anonymes, Vincent de Beauvais, Guillaume de Malmesbury, et une immense foule d'autres. Sans eux, oui, sans eux à peine saurions-nous les événemens d'avant-hier ; et que ne devons-nous pas, sur-tout en ce genre, aux bénédictins, cet ordre toujours distingué par ses mœurs et son application à de grands travaux impossibles à exécuter que par le concours d'un grand nombre de membres, animés du même esprit? Il est tombé, comme les autres, au regret même des protestans, et le moule de ces grands et immenses ouvrages, qui ont jetté tant de jour sur notre histoire et sur l'histoire générale, est brisé à jamais.

Ce n'est pas que je veuille, heurtant la manière de penser de mon siècle, entreprendre l'apologie du monachisme. Il régnoit sans doute de grands abus dans les cloîtres ; mais quelle institution humaine, même celle de nos académies de philosophes et de gens de lettres, où il n'en règne à la fin ? Il en est des abus comme de la mousse qui finit toujours par couvrir les édifices anciens, ou des maladies qui finissent par attaquer le corps humain. Mais je reviens aux cloîtres. Il étoit bon et nécessaire, sinon de les anéantir, au moins de les réduire extrêmement, en ne leur conservant qu'une subsistance aisée et honnête. L'autorité publique auroit pu rompre les chaînes de ces malheureuses victimes de l'ignorance, de la jeunesse, ou de l'ambition de leurs familles. Mais falloit-il repousser dans le monde et malgré eux, avec une misérable pension, morcelée de mille manières, et souvent encore refusée, sous mille prétextes, une foule de vieillards qui ne pouvoient y rentrer que pour y trouver la misère et la mort? Peu d'années encore auroient suffi pour achever l'extinction des cloîtres ; et sans doute vingt à trente maisons réservées sur un immense territoire, pour leur servir d'asyles, ne pouvoient être un objet d'envie ou de ressource, pour une grande et puissante nation, qui se piquoit de générosité et d'humanité.

I V.

Le treizième siècle fut presque un temps de lumière, en comparaison de celui qu'on vient de voir s'écouler. On le regardera même comme le crépuscule du beau jour qui a commencé à nous éclairer depuis environ deux cents ans, si l'on fait attention au nombre de savans qu'il produisit, et aux encouragemens que divers souverains donnèrent alors aux sciences. Jordanus Némorarius, qui vécut vers l'an 1230, fut un homme très-intelligent en géométrie et en arithmétique. Nous en jugeons ainsi par son traité du planisphère et ses dix livres d'arithmétique. (1) Jean de Halifax, plus connu sous le nom de Sacro-Bosco, qui signifie la même chose dans le latin barbare alors en usage, fut contemporain de Jordanus Nemorarius. Son traité de la sphère a eu l'avantage d'être pendant long-temps un livre classique, et l'honneur d'être commenté et réimprimé une multitude de fois. Un de ses principaux commentateurs a été le P. Clavius. Ce savant Jésuite pouvoit cependant se dispenser d'être si prolixe sur un livre tel que celui là, qui ne contenoit rien que d'assez commun, même pour le seizième siècle. Mais alors régnoit la manie des commentaires. Jean de Sacro-Bosco laissa encore des traités sur l'astrolabe ou le planisphère, sur le calendrier et sur l'arithmétique Arabe ; invention alors peu répandue en Europe, et presque renfermée entre les mathématiciens. Le dernier de ces traités étoit en vers techniques, pour être mieux retenu. Ce mathématicien enseigna à Paris, et y mourut en 1256. On voyoit son tombeau dans le cloître des PP. de la Mercy, plus vulgairement les Mathurins.

C'est encore dans ce siècle que vivoit Campanus de Novarre, le célèbre traducteur et commentateur des Élémens d'Euclide, sur l'âge duquel on a fort varié, les uns le plaçant dans le dixième, et les autres dans le treizième siècle. Mais M. l'abbé Tiraboschi, dans sa savante histoire de la littérature Italienne, est parvenu à fixer le temps de ce savant estimable ; je dis estimable, puisqu'au milieu d'un siècle peu éclairé, il a contribué à répandre les lumières qui ont enfin dissipé les nuages de l'ignorance. Il a fait voir que Campanus étoit du treizième siècle, et contemporain du pape Urbain IV ; car il cite le manuscrit d'un traité de la sphère de cet auteur, conservé dans la bibliothèque Ambroisienne de Milan, et dont l'épitre dédicatoire est adressée à ce souverain pontife. Or Urbain IV monta sur le trône

(1) *Arithmetica decem libris demonstrata*, etc. etc. Parhis. 1496, in-fol. it. ibid. 1514, inf.

pontifical en 1261, et mourut en 1285. Nous apprenons enfin, par les recherches de ce savant, que Campanus étoit chapelain de ce pape, et chanoine de l'église de Paris. Il se fit un nom par son commentaire sur les Élémens d'Euclide, et un tel nom, que presque toutes les premières éditions de cet ouvrage furent faites sur sa version et son commentaire manuscrits. S'il n'a pas toujours parfaitement saisi le sens de son original, si Euclide tel qu'il nous l'a transmis, est en beaucoup d'endroits différent de l'Euclide grec, il seroit injuste de lui en faire un crime, vu le temps où il vivoit, et vu les sources où il avoit été obligé de puiser. Car les Arabes s'astreignoient rarement à rendre exactement les originaux qu'ils traduisoient; il n'en est presque aucun qu'il n'aient interpolé, et presque bouleversé.

Campanus écrivit aussi divers ouvrages sur l'astronomie, comme ce traité sur la sphère dont nous venons de parler; et un autre des *Théoriques des planètes*, dont l'objet étoit de faire connoître l'astronomie ancienne et les corrections que les Arabes y avoient faites. On a enfin de lui un traité intitulé *de quadratura circuli* (1), où s'étayant du rapport donné par Archimède, il résout quelques problèmes sur le cercle. Il faut convenir que le bon Campanus se fourvoye ici, en confondant ce qui chez Archimède n'est qu'un rapport approché avec un rapport exact; mais ce qui est aujourd'hui un opprobre, savoir de donner un paralogisme pour une démonstration, est excusable pour un géomètre de ce temps.

Le fameux Albert le Grand, ainsi nommé, soit à cause de sa réputation, soit parce que son nom propre qui est *Grott*, signifioit *grand* dans le langage du temps, figura dans ce siècle parmi les précurseurs de la restauration des sciences. Les mathématiques furent du nombre des connoissances nombreuses qui lui méritèrent non seulement cette réputation brillante, mais qui le firent même passer, comme Gerbert, pour magicien. Il avoit écrit quatre livres sur l'arithmétique, la géométrie, l'astronomie et la musique, ainsi qu'un ouvrage intitulé *Speculum astronomicum*. Il ne subsiste plus rien de tout cela, pas même en manuscrits. Mais ce fut sur-tout par son habileté dans la mécanique, qu'il se fit ce nom célèbre, dont il jouit encore. On rapporte de lui qu'il avoit fabriqué un automate de figure humaine, qui alloit ouvrir sa porte quand on y frappoit, et qui poussoit quelques sons comme pour parler à celui qui entroit. Ce bel ouvrage fut dit-on, mis en morceaux par un de ses confrères, irrité d'avoir été trompé par cette apparence humaine. Mais on doit mettre cette histoire au rang de celles

(1) Voyez la *Margarita philosophica*, édit. 1323 et 1583.

de la colombe volante d'Architas, et de l'aigle de Regiomontanus, dont on parlera plus loin. On fait d'Albert Grott bien d'autres contes plus absurdes. Ce seroit perdre du temps à les rapporter seulement.

Vitellion ou Vitellon, Polonois de naissance, fut dans le même temps de quelque utilité aux sciences, par son volumineux traité d'optique. Il semble cependant qu'on devroit plutôt le ranger au nombre des traducteurs, que parmi les auteurs originaux; car son ouvrage n'a guère sur celui d'Alhazen, que le mérite d'être moins prolixe et dans un meilleur ordre. Il indique cependant, dans son auteur, une connoissance de géométrie rare pour le temps où il vivoit; cet ouvrage a été publié, d'abord seul en 1535 et 1551 (Nuremb. *in* f.) et ensuite avec celui du mathématicien Arabe ci-dessus, sous le titre de *Thesaurus opticæ*. (Bas. 1572 *in*-f.)

L'optique eut encore dans ce siècle un écrivain dont l'ouvrage nous est parvenu, et a même eu l'avantage d'être pendant long-temps comme un ouvrage classique. Cet opticien est Thomas Peccam ou Pecham, qui, de simple religieux observantin, parvint au siége archiépiscopal de Cantorbery. Son ouvrage intitulé *Perspectiva communis*, traite de l'optique directe et est accompagné d'un abrégé de catoptrique : quoique sa doctrine soit des plus communes, et même, on s'y attend bien, fort souvent inexacte, il ne laisse pas d'avoir eu de fréquentes éditions (1). Le nom de cet auteur a été au surplus étrangement défiguré dans ces différentes éditions : en effet, il est appellé tantôt Peccam, tantôt Petzam ou Petzan, quelquefois Pisanus, et enfin, tout court, *Cantuariensis*. Mais nous pouvons assurer que tous ces noms désignent le même homme, et que tous les ouvrages qui les portent, sont le même plus ou moins altéré, soit par les copistes, soit par les éditeurs.

Nous devrions parler ici du célèbre Roger Bacon ; mais l'abondance de la matière qu'il nous présente, nous a engagés à lui destiner un article particulier.

V.

Parmi les sciences qui se ressentirent de cette inquiétude, qui commençoit à agiter l'esprit humain et le porter à secouer la rouille dont il étoit couvert, on doit spécialement ranger l'astronomie; ce ne fut cependant peut-être pas pour elle-même, que l'astronomie s'attira cette prédilection ; mais tout le monde sait que, dans ces siècles ignorans, l'astrologie étoit une des maladies de l'esprit humain ; et il n'y a pas si long-temps qu'il

(1) Ioannis *Archiep. Cantuariensis* et anno. It. Col. 1580, in-4°. It. 1593, *Perspectiva communis* : 1°. sine loco in-4°. Italicè, etc.

en est guéri , encore n'est-ce que dans la partie la plus éclairée
de l'univers. C'est une triste réflexion enfin , que c'est peut-être
à cette chimère que nous devons la conservation des ouvrages
des anciens mathématiciens, et sur-tout des astronomes. Car
l'astrologie suppose la connoissance des mouvemens célestes ;
cette connoissance exige à son tour les secours de la géométrie
et d'autres parties des mathématiques , en sorte que c'est peut-
être à cet art imposteur et frivole , que nous devons une partie
des connoissances solides que l'antiquité avoit déjà acquises
dans les mathématiques.

Quoi qu'il en soit, l'astronomie eut dans ce siècle, deux protecteurs zélés et puissans. L'un fut l'empereur *Frédéric* II , et le
second , *Alphonse* X , roi de Castille. Le nom de ce dernier
forme même, dans les fastes de cette science, une époque mémorable.

L'Europe doit aux encouragemens de Frédéric II, la première
traduction de l'Almageste de Ptolémée, ouvrage qui commença
à faire connoître la vraie et solide astronomie. Car jusques là
elle avoit été uniquement puisée dans quelques sources détournées
de l'Arabe. Comme néanmoins le Grec étoit profondément
inconnu dans l'occident, ce fut encore d'après l'Arabe que
cette traduction fut faite ; mais enfin c'étoit Ptolémée , quoique
défiguré par les traducteurs de cette nation. Elle fut vraisemblablement l'ouvrage de Gérard de Sabionetta , communément
appellé de Crémone , et non d'un autre Gérard de Crémone
ou de Carmona , qui paroît être mort en 1187 , et qui passa
la plus grande partie de sa vie à Tolède, où il mourut. Car
celui-ci n'auroit pu travailler pour Frédéric II, qui monta sur
le trône impérial en 1218 , mais seulement pour Frédéric I, dit
Barberousse, qui ne fut jamais réputé un grand amateur des
sciences , au lieu que Frédéric II fut non seulement un zélé
protecteur des sciences et des lettres, mais encore très-instruit ,
et même auteur d'un poëme latin sur la chasse des oiseaux.
On ajoute qu'il étoit fort versé en astronomie, et que parmi
les objets qui lui étoient les plus chers, étoit un globe ou une
sphère céleste , dont la surface représentoit les constellations,
et dont le dedans offroit la disposition et les mouvemens des
corps célestes.

Je reviens à Gérard de Crémone ; on lui dut aussi une traduction du commentaire de l'astronome et géomètre Geber,
sur l'Almageste, ainsi qu'un petit traité d'Alhazen, sur les
crépuscules. Il fut aussi auteur de certaines *Théoriques des*
planètes , qui furent pendant long-temps une espèce de livre
classique, mais qui , suivant Regiomontanus, n'en étoient
pas moins un tissu de délires et de bévues. Cet astronome

se crut obligé de les mettre au jour , par un petit ouvrage particulier.

Mais ce fut surtout le roi de Castille, Alphonse X, qui déploya, en faveur de l'astronomie, un zèle qui a rendu son nom célèbre dans les fastes de cette science. L'intérêt qu'il y mit paroît supposer qu'il y étoit très versé. Ce prince n'épargna rien pour remplir son objet ; car il fit venir à grands frais, de tous les pays de l'Europe, des astronomes chrétiens, Juifs et Arabes. Il les logea magnifiquement près Tolède , et les fit conférer ensemble sur les moyens de remédier aux défauts de l'astronomie ancienne , dont la théorie s'écartoit de plus en plus de l'observation. On travailla dans cette vue pendant quatre ans , et enfin, en 1252, on publia ces fameuses tables nommées *Alphonsines*, du nom du prince qui avoit encouragé leur composition par sa libéralité. La somme qu'elles lui coûtèrent fut immense, s'il est vrai qu'elle monta à 400,000 ducats. On doit probablement la réduire à 40,000 , encore seroit-ce une somme très-considérable pour ce temps, où la dot d'une fille de France étoit de douze mille francs.

On ne s'accorde pas sur ceux qui furent à la tête de cet ouvrage. Les uns y mettent le juif R. Isaac Aben-Said; d'autres disent, d'après des manuscrits du roi Alphonse (1), que ce furent Alcabitius et Aben-Ragel , ses maîtres en astronomie, qui y présidèrent. Quelques circonstances que je remarquerai bientôt, rendent probable que l'astronome Juif eut une grande part à la direction de ce travail. Parmi les astronomes qui y furent employés, on nomme encore Aben-Musa, Mohammed, Joseph Ben-Ali, et Jacob Abuena , Arabes ; Samuel et Jehuda El-Coneso , Juifs : on ignore les noms des astronomes chrétiens, s'il y en eut parmi eux.

L'exécution de cette entreprise astronomique mérite à certains égards des louanges, et du blâme à certains autres. On a pensé avec raison que les astronomes qu'Alphonse employa, répondirent mal aux dépenses considérables qu'il fit, et qu'ils donnèrent une idée peu avantageuse de leur savoir et de leur jugement, en admettant la bizarre hypothèse sur le mouvement des fixes qu'on voit dans ces tables. Car ils attribuèrent aux fixes un mouvement inégal en longitude ; et pour représenter ce mouvement, et l'assujettir au calcul, ils imaginèrent un cercle de 18° de rayon , dont le centre parcouroit l'écliptique en 49000 ans, pendant que les points équinoxiaux de la sphère des fixes parcouroient la circonférence

(1) Nicol. Ant. *Bibl. Hisp. vetus*, t. 2.

de ce petit cercle en 7000 ans. Il est aisé d'appercevoir que ces mouvemens combinés devoient produire une progression des fixes, tantôt accélérée, tantôt moyenne, tantôt retardée. L'obliquité de l'écliptique devoit aussi diminuer jusqu'à un certain point, ensuite augmenter. C'est-là en quoi consiste le mouvement de la huitième sphère, suivant les Alphonsins. Mais cette hypothèse, soutenue après eux par quelques astronomes peu judicieux, a toujours été rejetée par les plus habiles et les plus raisonnables. Les tables d'Alphonse paroissoient à peine, qu'un astronome Arabe, nommé *Alboacen*, s'éleva contre elles, et établit si solidement le sentiment d'Albaténius, qui ne donne aux fixes qu'un mouvement égal, que les Alphonsins furent obligés de se rétracter, et publièrent en 1256 de nouvelles tables plus judicieuses et plus correctes (1). Les tables Alphonsines eurent aussi un critique dans un astronome Flamand, Henri Baten de Malines, qui publia vers 1290 un écrit sur les erreurs de ces tables. Mais cet ouvrage a resté manuscrit.

Au reste, le choix des nombres 7000 et 49000 qu'on a vus ci-dessus, nombres révérés des Juifs cabalistes à cause des années jubilées ordinaires qui se renouvellent tous les sept ans, et des grandes qui reviennent tous les 49; ce choix, dis-je, désigne que les astronomes Juifs eurent une grande part à la direction de ces fameuses tables. Alphonse, choqué des hypothèses embarrassées qu'il falloit admettre pour concilier tous les mouvemens célestes, ne put retenir une plaisanterie peu respectueuse. Il dit que *si Dieu l'eût appelé à son conseil, lorsqu'il créa l'Univers, les choses eussent été dans un ordre meilleur et plus simple.* Si nous ne trouvons pas dans ce mot une preuve de la religion de ce prince, il nous apprend du moins qu'il ne voit qu'à regret cet embarras monstrueux, et qu'il le regardoit comme une tache à l'ouvrage de l'Univers.

Les autres défauts de l'astronomie Alphonsine sont plus à imputer au temps, qu'au manque de lumière ou d'industrie des astronomes qui y travaillèrent. Nous remarquerons à leur avantage qu'ils fixèrent le lieu de l'apogée du Soleil plus exactement qu'on n'avoit encore fait, en le plaçant à l'époque de leurs tables, c'est-à-dire en 1252, au 28e degré 40′ des Gémeaux; en quoi ils ne se trompèrent que d'un degré et demi. Mais quand on réfléchira sur l'état d'imperfection où étoit encore l'astronomie pratique, on ne pourra regarder ce succès dans une détermination aussi délicate, que comme un

(1) Alb. Pigh. *De motu oct. sph.* c. 46.

effet du hasard. Il n'appartient qu'à une histoire particulière de l'astronomie, d'entrer dans une exposition plus circonstanciée des hypothèses qui ont servi de base aux tables Alphonsines : il suffira de dire ici que, quoique leurs succès n'aient pas été bien brillans, la postérité tiendra toujours compte à Alphonse de ses efforts, en le rangeant parmi les princes à qui les sciences ont le plus d'obligation.

Je ne sais si je dois donner place ici à deux ou trois hommes qui me paroissent beaucoup plus astrologues qu'astronomes. Tels furent un certain Reinero de Todi, et Léonard de Pistoye, Dominicains, et sur-tout le fameux Guido Bonati de Forlivio, dont l'ouvrage qui lui a mérité sa grande réputation, fut imprimé en 1491, in-4º. C'est un tissu de visions astrologiques, mais qui supposent toujours des connoissances astronomiques. Il fut en effet auteur d'un traité des Théoriques des planètes, imprimé à Venise en 1506.

V I.

Quoique parmi les hommes, dont les efforts pour la restauration des sciences viennent de nous occuper, il y en ait plusieurs qui jouissent d'une célébrité au moins relative au temps où ils vivoient, il n'en est point dans ce siècle qu'on puisse comparer à Roger Bacon. Né avec un esprit avide de connoissances, il étendit ses vues sur toutes les sciences, et en particulier sur les mathématiques. Le désir de s'instruire le porta à apprendre le Grec et l'Arabe, et à lire quantité de livres écrits dans ces langues. Doué d'un génie digne d'un meilleur temps, il sentit bientôt qu'on avoit entièrement manqué la vraie route pour faire quelques progrès dans la philosophie naturelle. Il conseilla fortement les mathématiques, seules capables, avec l'expérience, de porter le flambeau dans la recherche des secrets de la nature. On le voit se plaindre, en divers endroits de ses écrits, de l'oubli presque général où elles étoient ensevelies.

Tout le monde sait que Bacon fut la victime de son génie. Il avoit embrassé à un âge déjà mûr la règle de l'Observance, pensant qu'il pourroit se livrer plus librement à l'étude dans la tranquillité du cloître qu'au milieu du monde, où son peu de fortune l'eût obligé de choisir quelque profession peu compatible avec son goût. Mais il se trompa, et cette démarche empoisonna sa vie d'amertumes. Le siècle où il vivoit, étoit le beau siècle de la philosophie scholastique. C'étoit un temps où des argumens auxquels nous ne trouverions pas aujourd'hui l'ombre de raison, poussés avec une forte poitrine, donnoient la réputation de grand philosophe, et faisoient même des docteurs à surnom. Aristote, et qui pis est, Aristote défiguré par les Arabes, enrichi des visions creuses de leurs commentateurs, régnoit seul despotiquement dans les écoles. Bacon, qui avoit goûté la vérité dans les mathématiques, désapprouva hautement une manière si déraisonnable de philosopher, et souleva par là tous les esprits contre lui. Les philosophes de son ordre, le plus fertile de tous en subtiles dialecticiens, c'est-à-dire, en hommes habiles à disputer pour ou contre, sans aucun avantage pour la vérité, ne purent souffrir sa liberté à fronder leur méthode et leur philosophie. Divers secrets naturels, à l'aide desquels il opéroit des choses extraordinaires, servirent de moyens pour le perdre; et le même homme qui avoit écrit un livre *de nullitate Magiæ*, passa pour magicien. On le condamna dans un chapitre général, et on lui défendit d'écrire. On le renferma enfin dans une prison, où on le détint long temps à différentes reprises. Il ne fut élargi que dans une extrême vieillesse, à la sollicitation de quelques personnes puissantes. Il mourut en 1292, à l'âge de 78 ans.

Nous ne pouvons cependant dissimuler que Roger Bacon mérite plus d'éloges pour avoir senti l'utilité des mathématiques dans la philosophie naturelle, que pour avoir fait des découvertes qui les aient étendues. On ne peut lui refuser de grandes vues, mais souvent moins justes que gigantesques, et plus séduisantes que solides, comme l'examen de quelques-unes de ses inventions le montrera. Il y eut dans lui un singulier contraste de connoissances, (cela s'entend toujours relativement au temps où il vivoit), et d'erreurs ou de crédulité. C'étoit, pour me servir de l'expression d'un homme célèbre (M. de Voltaire), un or encrouté de toutes les ordures de son siècle : car il croyoit, ce qui paroîtra peu compatible avec le génie qu'on lui attribue, il croyoit, dis-je, à la pierre philosophale, à mille secrets naturels méprisés aujourd'hui par les gens sensés, enfin à l'astrologie judiciaire dont il entreprit même la défense. Il est vrai que c'est une astrologie assez modérée, et qu'il ne donne aux configurations des astres d'autre influence que sur les variations du temps, les tempéramens des hommes, et l'action des remèdes. Mais ce n'en étoit pas moins une erreur pitoyable, et qui montre jusqu'où peut aller la foiblesse de l'esprit humain.

Roger Bacon avoit écrit un grand nombre d'ouvrages, dont différentes parties ont été imprimées à diverses reprises. Sa *Perspective* (1) l'a été vers le commencement du siècle passé,

---

(1) Rog. Baconis, *viri eminentissimi perspectiva*, etc. *nunc primum in lucem edita opera et studio* Joh. Combachii *philos. prof. ordo in acad. Marpurgensi.* Francof. 1514, in-4°.

avec un autre traité intitulé *Specula Mathematica*. Mais ce
n'étoient que des morceaux détachés de son *Opus Majus*, qui
est un précis de ses inventions et de ses vues, qu'il avoit
adressé à Clément IV. Cet ouvrage a été publié, en 1733, à
Londres par M. Jebb. La partie qui concerne l'optique et l'histoire naturelle, y est intéressante. On y trouve de grandes
vues, et des réflexions judicieuses sur divers points d'optique,
comme sur la réfraction astronomique, sur la grandeur apparente des objets, et l'apparence extraordinaire du Soleil et de
la Lune à l'horizon (1). On y voit que Bacon avoit beaucoup
profité d'Alhazen et de Ptolémée. L'optique de ce dernier subsistoit certainement alors ; car il la cite souvent, ainsi qu'un
livre de Jacob Alkindi, intitulé *de Aspectibus* ; et Aihazen,
qu'il appelle *Alharen*, par une faute des manuscrits Arabes ;
car le *z* et l'*r* ne diffèrent en Arabe que par un point sur le
premier. Au reste Bacon fit des tentatives inutiles pour résoudre
diverses questions optiques qui avoient échappé aux anciens.
Ce qu'il dit sur le lieu des foyers des miroirs sphériques, sur
le phénomène de la rondeur de l'image formée par les rayons
du Soleil passant par une ouverture quelconque, sur la manière dont se fait la vision, etc. ne présente que des explications manquées, comme celles des opticiens ci-dessus. Il est
vrai que souvent il touche de fort près aux véritables, et qu'en
lisant son écrit, on est surpris de l'obstacle qui l'empêcha
d'y arriver.

C'est ici le lieu de discuter s'il y a de la réalité dans quelques inventions optiques qu'on attribue à Roger Bacon. Plusieurs personnes, entr'autres parmi ses compatriotes, ont cru
trouver dans ses écrits la connoissance du télescope ou des
lunettes à longue vue : on a même voulu que ce soit le merveilleux de cet instrument qui l'ait fait passer pour magicien.
Il nous faut examiner cette prétention. Voici d'abord le passage qui lui sert de fondement : *de visione fracta majora
sunt* (2) : *nam de facili patet per canones supradictos quod
maxima possunt apparere minima, et è contrà, et longè
distantia videbuntur propinquissima, et è converso. Nam
possumus sic figurare perspicua, et taliter ea ordinare respectu
nostri visûs et rerum, quòd frangentur radii, et flectentur
quorsùmcumque voluerimus, et sub quocumque angulo voluerimus, et videbimus rem longè vel propè ; et sic ex incredi-
bili distantiâ legeremus litteras minutissimas, et pulveres*

*ex arenâ numeraremus, etc. . . . et sic posset puer apparere
gigas, et unus homo videri mons... et parvus exercitus
videretur maximus. Sic etiam faceremus solem et lunam des-
cendere hîc inferiùs secundùm apparentiam, et super capita
inimicorum apparere*, etc.

On ne peut disconvenir qu'il n'y ait dans ce passage quelque
chose de séduisant en faveur de Roger Bacon, et je ne suis
pas étonné que M. Wood, écrivant l'histoire de l'université
d'Oxford, dont Bacon étoit membre, et M. Jebb, l'éditeur
de son *Opus Majus*, ayent positivement avancé qu'il avoit
été en possession du télescope. D'ailleurs il en résultoit que
la première idée de cette belle invention étoit due à un Anglois,
et c'en étoit bien assez pour déterminer des compatriotes de
Bacon à prendre le passage dont il est question, de la manière
la plus avantageuse. M. Molineux, dans sa Dioptrique, a avancé
le même fait, comme clairement prouvé par les paroles de
Bacon. Celles qu'il rapporte, seroient en effet plus décisives, si
elles étoient exactes : mais il a eu la bonne foi d'avertir qu'il
ne les citoit que de mémoire, n'ayant pas le livre à sa portée. Aussi nous ne craindrons pas de dire qu'elles ne sont point
conformes à celles qu'on lit dans les ouvrages de Bacon, soit
sa *Perspective*, soit son *Opus Majus*.

M. Smith cependant n'a point été du même avis que ses
compatriotes, au sujet des inventions de Bacon. Il lui refuse
non-seulement la connoissance du télescope, mais même celle
de l'effet des verres lenticulaires pris séparément (1) : ses raisons me paroissent solides; et je le cite d'autant plus volontiers, qu'un François contestant à un Anglois une découverte, a besoin d'être fortement appuyé pour ne pas encourir
l'accusation de haine et d'envie nationales. Les voici :

1º. Bacon allègue dans l'endroit cité ses *canons*, ou chapitres sur la vision rompue; mais on n'y trouve rien qui res-
sente la composition du télescope. Il n'y est question que de
la réfraction faite par une seule surface sphérique. L'objet
visible est toujours supposé plongé dans l'un des deux milieux,
et l'œil dans l'autre. Or cela supposé, Bacon démontre en
effet que si la surface du milieu le plus dense dans lequel l'objet
est plongé, e ° convexe vers l'œil, cet objet paroîtra plus grand,
et au contraire. C'est ce qui lui a fait concevoir que l'inter-
position d'un milieu dense, figuré sphériquement, grossiroit
les objets qui seroient au-delà, et il n'en falloit pas davantage à un homme doué d'une forte imagination, comme il

(1) *A compleat syst. of. Opt. t.* 2; *Remarcks*, p. 20.

l'étoit, pour lui faire annoncer toutes ces merveilles comme possibles.

2º. Les paroles mêmes de Bacon peuvent servir à prouver qu'il n'a jamais eu de télescope entre les mains : car plusieurs des effets qu'il décrit dans le passage cité, sont impossibles, ou ne sont point tels qu'il le dit. Il n'est point vrai qu'un télescope fasse appercevoir les plus petites lettres d'une distance incroyable ; qu'un homme paroisse grand comme une montagne ; qu'une petite armée paroisse innombrable par son moyen. On ne sait encore ce qu'il veut dire, lorsqu'il ajoute qu'on pourra faire descendre le Soleil et la Lune sur la tête de ses ennemis. Cela n'a aucun rapport au télescope, et ne peut être que l'ouvrage d'une imagination qui se joue.

3º. Ce que Bacon dit qu'on pourra faire par le moyen d'un milieu terminé sphériquement, il dit, dans un chapitre précédent, qu'on pourra aussi l'exécuter avec un miroir concave, et que par ce moyen on pourra voir les objets d'aussi loin qu'on voudra. Je m'étonne qu'on ne se soit pas avisé de même de trouver ici l'invention du télescope à réflexion. Mais si cette idée étoit venue à quelqu'un, les autres circonstances du passage de Bacon la dissiperoient bientôt : car la manière dont il propose de se servir de ces miroirs, est entièrement chimérique. Il veut qu'on les élève sur des hauteurs du côté des villes ou des armées ennemies, pour découvrir ce qui s'y passe. C'est à-peu-près ainsi qu'il dit ailleurs que Jules César découvrit par des miroirs élevés sur la côte de France, ce qui se passoit en Angleterre ; fait hasardé et impossible, de même que celui que raconte le crédule Porta, lorsqu'il dit que Ptolémée distinguoit avec des miroirs, les vaisseaux qui étoient à six cents milles de distance. S'il y a dans les anciens quelque passage qui ait pu donner lieu à ces fables, on doit l'entendre, non des miroirs, mais de quelque tour élevée, qui se disant en latin *specula*, a pu, dans certains cas obliques du pluriel, occasionner cette équivoque.

Ces raisons sont sans réplique, et elles prouvent que c'est légèrement qu'on a fait Bacon l'inventeur du télescope. Tout ce qu'on peut lui accorder, c'est ce qu'il a prévu, que des milieux figurés d'une certaine manière, et disposés convenablement entre l'œil et l'objet, pourroient augmenter l'angle visuel, et conséquemment l'apparence de cet objet. Mais dans aucun de ses écrits on ne trouvera les solides principes de l'augmentation de grandeur que produisent les télescopes. On seroit un peu plus fondé à lui faire honneur de l'invention des verres lenticulaires simples ; cependant M. Smith la lui refuse encore sur des raisons qui me paroissoient solides : voici le passage qu'on a cru contenir cette découverte, et qui soutiendra aussi peu que le précédent, l'épreuve de la discussion. *Si verò homo respiciat litteras et alias res per medium crystalli vel vitri suppositi litteris, et sit portio minor sphaerae, cujus convexitas sit versùs oculum, et oculus sit in aere, longè meliùs videbit litteras, et apparebunt ei majores*, etc.

Je remarque d'abord, avec M. Smith, que dans les figures qui regardent ce passage, on voit toujours l'objet appliqué à la base plane du segment sphérique, d'où il paroît assez clairement que c'est ainsi que Bacon prétendoit que le verre fût disposé à l'égard de l'objet à regarder. C'est ce que désigne encore cette expression *suppositi*, qui est équivalente à *super-impositi*.

En second lieu, ce que Bacon dit ici, n'est à-peu-près que ce qu'Alhazen avoit dit dans le septième livre de son optique. Mais Bacon s'est trompé, en ce qu'il attribue l'avantage pour grossir, au petit segment sphérique ; au lieu que l'opticien Arabe a très-bien reconnu, que plus le segment de sphère auroit d'épaisseur et approcheroit de la sphère entière, plus il grossiroit. Cette erreur de Bacon nous fournit une preuve qu'il n'a jamais réduit sa théorie en pratique : car il auroit apperçu aussitôt un effet tout contraire : il auroit vu que, malgré ses conjectures, le grand segment grossissoit davantage que le moindre. Bacon nous fournit encore une preuve sans réplique, qu'il n'a jamais fait l'expérience de sa théorie, et qu'il n'a jamais eu de verre lenticulaire. C'est en disant, peu de lignes après le passage cité, qu'un morceau plan de crystal produira le même effet. Mais si Bacon s'est trompé sur un fait aussi facile à vérifier, car il ne s'agissoit que d'avoir un morceau de glace plane, est-il probable qu'il ait éprouvé ce qu'il avançoit sur les verres sphériques ?

Après avoir montré, par un examen approfondi des paroles de Bacon, qu'il ne connut ni le télescope, ni les verres lenticulaires, quoiqu'il ait décrit, par un pressentiment qui ne laisse pas de lui faire honneur, quelques-uns de leurs effets, il est inutile de m'arrêter à ce que quelques auteurs ont avancé, savoir, qu'il observa les astres par le moyen du télescope. Le seul fondement de cette opinion, est ce qu'il dit dans le premier passage cité, que l'on pourra faire descendre en apparence le Soleil et la Lune ; et dans un autre, que la construction des instrumens d'astronomie exige des connoissances d'optique. Mais ce sont-là des preuves bien foibles ; et quand on voudra s'en tenir à de pareilles inductions, il sera facile d'attribuer à d'anciens auteurs, bien d'autres découvertes qui

sont certainement l'ouvrage des modernes. Je remarquerai
encore ici que Bacon, doué d'une imagination vive, s'y livroit
souvent d'après de simples lueurs de possibilité. Dans un de
ses ouvrages (1), par exemple, on lit : *possunt etiam fieri
instrumenta volandi, ut homo sedens in medio instrumenti
revolvens aliquod ingenium per quod alae artificiales aerem
verberent ad modum avis volantis*, etc., et plusieurs autres
choses aussi impossibles dans la pratique. Dira-t-on que Bacon
ait fabriqué une machine pour voler, et qu'il ait mis à exécution ce qu'une imagination ardente lui suggéroit?

Une connoissance qu'on peut attribuer à Bacon avec plus
de fondement, est celle de la poudre à canon. Il décrit bien
nettement sa composition, et le bruit qu'elle produit lorsqu'elle
s'enflamme (2). Mais M. Plot (3) donne à cette découverte
une plus grande antiquité, et il soupçonne que ce que Bacon
dit à ce sujet, il l'a tiré d'un auteur Grec antérieur nommé
Marc, dont le docteur Mead possédoit l'ouvrage intitulé *de
Compositione ignium*. On ne sauroit en effet trouver aucune
part la poudre à canon plus clairement décrite qu'elle l'est
chez ce Grec. La dose de chacun des ingrédiens y est énoncée
avec la même précision que dans nos formules d'ordonnances
de médecine. On s'en servoit alors pour faire des fusées volantes et des pétards, qu'on y voit aussi clairement décrits.
Mais comme ce sujet est étranger à notre plan, il nous suffira
d'avoir indiqué ce trait curieux.

Outre l'*Opus Majus* qui est imprimé, la bibliothèque d'Oxford
possède divers autres écrits de Bacon, comme un *Opus Minus*,
un *Opus Tertium*, un *Traité du Calendrier*, qui se trouve
aussi dans d'autres bibliothèques, et qui contient des tables
astronomiques. Ce dernier traité nous donne lieu d'observer,
à la louange de Bacon, qu'il remarqua l'erreur qui s'étoit déjà
glissée de son temps dans le calendrier Julien, soit à l'égard
du mouvement du Soleil, soit à l'égard de celui de la Lune.
Il proposa même des expédiens pour la corriger, mais que
nous ne connoissons point. M. Jebb et M. Freind vont jusqu'à dire qu'il ne s'est rien fait de meilleur jusqu'ici sur ce
sujet, et ils semblent insinuer que les moyens mêmes, dont
on s'est servi lors de la réformation Grégorienne, sont de
l'invention de Bacon. Il eût été à souhaiter qu'ils nous eussent
mis à portée d'en juger. Au reste, il peut se faire facilement

---

(1) *De secretis naturae et artis, et nullitate Magiae*. Paris. 1542, in-8°. *ibid.* 1622, in 8°.

(2) *Opus Majus*, p. 474.

(3) Nouv. suppl. de Bayle, *t.* 1, au mot *Bacon*.

que Bacon se soit rencontré avec les réformateurs de notre calendrier, en ce qui concerne le mouvement du Soleil (ce n'étoit pas-là la partie difficile de leur ouvrage); mais nous ne croirons point, sans d'autres preuves, qu'il les ait aussi prévenus dans l'invention du moyen qu'ils ont employé pour concilier l'année lunaire et la solaire. Il y a apparence que ces deux écrivains, trop transportés du plaisir de pouvoir revendiquer à un de leurs compatriotes l'ébauche d'une invention attribuée jusqu'ici à des étrangers, ont été plus loin qu'il ne falloit. On a attribué à Roger Bacon d'avoir fabriqué une tête d'airain, qui répondoit aux questions qu'on lui faisoit, ce qui n'a pas peu contribué à le faire passer pour un magicien auprès du vulgaire. Mais les gens sensés ne verront en cela qu'un tour de subtilité, ou quelque automate ingénieux qui surprit les contemporains de Bacon, et qui a donné lieu à cette fable. Dans le langage de ces temps ignorans, et si amateurs du merveilleux, avoir été magicien, ou avoir fait des figures volantes et parlantes, c'est avoir eu quelque secret naturel, ou avoir fait quelque machine fort étonnante pour lors, quoique peut-être elle ne nous surprît pas beaucoup aujourd'hui.

V I I.

Quoique le treizième siècle n'ait pas été un siècle de génie, il est cependant remarquable par une découverte utile, et qui a été le premier degré pour s'élever à une autre tout-à-fait mémorable. C'est celle des verres à lunettes, ou des verres lenticulaires propres à aider les vues affoiblies. Les premières traces en remontent, d'une façon bien avérée, à la fin du siècle dont nous parlons : mais la manière dont elle fut faite nous est absolument inconnue, et l'on n'a guère plus de lumières sur le nom de son inventeur. Je serois néanmoins porté à penser que ce furent les ouvrages de Bacon et de Vitellion, qui lui donnèrent naissance. Quelqu'un chercha à mettre en pratique ce que ces deux auteurs avoient dit sur l'avantage qu'on pouvoit tirer des segmens sphériques pour agrandir l'angle visuel, en les appliquant immédiatement sur les objets. A la vérité, ils s'étoient trompés à cet égard; mais il suffisoit d'en tenter l'expérience pour faire la découverte qu'ils n'avoient pas soupçonnée : car il est impossible de tenir un verre lenticulaire à la main, et de l'appliquer sur une écriture, sans appercevoir aussi-tôt qu'il grossit les objets bien davantage, quand il en est à un certain éloignement, que quand il lui est contigu.

Personne n'a plus savamment discuté l'antiquité des verres

à lunettes, que M. Molineux dans sa *Dioptrique*. Il y prouve, par un grand nombre d'autorités laborieusement recherchées, qu'ils ont commencé à être connus en Europe vers l'an 1300, et il y examine les vestiges que quelques auteurs ont cru en trouver dans l'antiquité. Voici un précis de cet endroit curieux.

Si l'on considère le silence de tous les écrivains qui ont vécu avant la fin du treizième siècle, sur une invention aussi utile, on ne pourra refuser de reconnoître qu'elle est d'une date qui ne va pas au delà de cette époque. Comme il est cependant des savans qui seroient en quelque sorte fâchés de trouver parmi les modernes, des inventions que l'antiquité eût ignorées, on en a vu quelques-uns prétendre que les lunettes lui furent connues. On a été jusqu'à forger des autorités pour étayer cette prétention ; on a cité Plaute, à qui l'on fait dire dans une de ses pièces : *Cedo vitrum, necesse est conspicilio uti.* Mais malheureusement ce passage qui décideroit la question en faveur des anciens, ne se trouve nulle part : divers (1) savans ont pris la peine de le chercher dans toutes les éditions connues de Plaute, et n'ont jamais pu le rencontrer. Ces recherches réitérées et sans effet, nous donnent le droit de dire que le passage en question, est absolument controuvé.

On rencontre, à la vérité, dans deux autres endroits de Plaute (2), le terme de *conspicilium*, mais il n'y a aucun rapport avec un verre à lunette, et il paroît devoir s'y expliquer par des jalousies, d'où l'on apperçoit ce qui se passe au dehors, sans être apperçu. Pline racontant la mort subite du médecin Caius Julius, parle encore d'un instrument appelé *Specillum* (3) ; mais c'est sans aucun fondement qu'on l'interprète par un verre à lunette : ce mot signifie seulement une sonde ; et si l'on prétendoit, par les circonstances du passage, que ce fût un instrument optique, il seroit plus naturel d'en faire un petit miroir.

Il y a une scène d'Aristophane, qui paroît fournir quelque chose de plus spécieux, pour prouver que les anciens ont été en possession des verres lenticulaires, et les conséquences qu'on en tire, sont les seules qui méritent d'être discutées. Aristophane introduit dans ses *Nuées* (4) une espèce d'imbécille

(1) Vossius, *de sc. Math.* c. 16, s. 10. L'abbé Michel Giustiniani dans ses *Lettere Memorabili*, p. 3, l. 17. Plempius, Ophtalm. *l.* 4, *c.* 71.

(2) Frag. de la Com. du Médecin, et dans la *Cistellaria*.

(3) *Hist. Nat.* l. 8, c. 33.

(4) *Act. II*, s. 1.

nommé

nommé *Strepsiade*, faisant part à Socrate d'une belle invention qu'il a imaginée pour ne point payer ses dettes. *Avez-vous vu*, dit-il, *chez les droguistes la belle pierre transparente dont ils se servent pour allumer du feu? Veux-tu dire le verre*, dit Socrate ? *oui*, répond Strepsiade. *Eh bien! voyons ce que tu en feras*, réplique Socrate. *Le voici*, dit l'imbécille Strepsiade : *quand l'avocat aura écrit son assignation contre moi, je prendrai ce verre, et me mettant ainsi au soleil, de loin je fondrai toute son écriture*. Quel que soit le mérite de cette plaisanterie, ces termes *de loin* (ἀποτέρωσυς) ont paru à quelques auteurs désigner qu'il s'agissoit d'un instrument qui brûloit à quelque distance, et conséquemment que ce n'étoit point une simple sphère de verre, dont le foyer est très-proche, mais un verre lenticulaire qui a le sien plus éloigné. A cette autorité on joint celle du Scoliaste Grec sur cet endroit; il remarque qu'il s'agit d'un *verre rond et épais* (τροχοειδης), *fait exprès pour cet usage, qu'on frottoit d'huile, que l'on échauffoit, et auquel on ajustoit une mèche, et que de cette manière le feu s'y allumoit*. Cette explication, quoiqu'inintelligible en quelques points, semble prouver clairement que le Scoliaste entend parler d'un verre seulement convexe, d'où l'on conclut que les verres de cette forme étoient connus du moins de son temps.

Si ceux qui entreprennent d'adjuger cette invention à l'antiquité, n'ont pas de plus fortes raisons, je doute qu'ils trouvent beaucoup de personnes qui se rangent à leur avis. Rien n'est plus foible en effet que l'autorité qu'ils allèguent pour prouver leur prétention. Il n'y a personne qui ne voie que le dessein de cette pièce est uniquement de ridiculiser Socrate, en mettant des propos impertinens dans la bouche de Strepsiade, et les faisant approuver par le premier. Aristophane ne pouvoit mieux remplir son objet, et mieux faire éclater la grossièreté de Strepsiade, qu'en lui faisant concevoir et proposer un moyen en même-temps ridicule et impossible : mais sans donner une explication si fine à ce passage, ne pourroit-on pas dire qu'Aristophane ignoroit peut-être qu'il n'y avoit qu'un seul point où la sphère de verre allumoit le feu, et que ce point en étoit fort voisin ? On trouveroit peut-être encore bien des gens d'esprit, et même doués de talens, assez peu instruits de l'effet de nos verres ardens, pour donner dans quelques méprises semblables. Ne pourroit-on pas encore soupçonner que le mot qu'emploie Aristophane, n'est là que pour la mesure du vers? Rien de plus ordinaire dans les poètes que ces expressions peu exactes, effet de la contrainte continuelle de la versification. Quant à l'autorité du Scoliaste Grec, elle est d'un

homme qui montre trop d'ignorance sur l'effet et l'usage de
ces verres, pour avoir quelque poids. Ce qu'il dit, savoir qu'on
les frottoit d'huile et qu'on les échauffoit, doit nous donner
une défiance extrême sur le reste de sa description. C'est ici
le cas d'alléguer la règle de droit, que tout témoignage
grossièrement faux dans un point, doit être rejeté en
entier.

On pourroit rassembler un grand nombre de passages, propres
à prouver que les anciens se servoient, pour brûler, de sphères
de verre, et non de verres lenticulaires. Pline (1) parle des
boules de verre ou de crystal, avec lesquelles on brûloit les
habits, ou les chairs des malades qu'on vouloit cautériser.
C'étoit, suivant Plutarque, avec une sphère de verre que les
vestales allumoient le feu sacré. J'ai peine à me persuader que
ces auteurs eussent pris un verre seulement plus relevé dans
son milieu qu'à ses bords, pour une sphère. Ajoutons enfin,
que si l'invention des verres lenticulaires eût été connue au temps
d'Aristophane, leur utilité est telle qu'il est moralement impossible, que leur usage ne se fût transmis d'âge en âge.

Je ne disconviendrai cependant pas qu'il a fallu que la propriété des sphères de verre remplies d'eau, pour grossir les
objets, ait été connue dans la Grèce. Car comment leurs gra-
veurs en pierres fines auroient-ils pu exécuter de pareils ouvrages, sans ce secours qui est encore celui qu'employent les
ouvriers ou artistes de ce genre? Mais quelque peu qu'il y eût
à faire pour passer de-là aux verres lenticulaires, ce pas paroît
avoir resté à faire jusqu'à ces derniers temps.

Les raisons de ceux qui ont voulu trouver dans l'antiquité
des traces des verres lenticulaires, me paroissent assez discutées : il me reste à établir, par des témoignages certains, qu'ils
n'ont commencé à être connus que vers la fin du treizième
siècle. Les voici rassemblés en peu de mots.

Premièrement, les écrits de Roger Bacon montrent que de
son temps on ignoroit encore cette invention, puisque les
secours qu'il propose à ceux qui ont la vue affoiblie, se réduisent à appliquer un segment sphérique sur les objets qu'ils
voudront voir (2). C'est dans l'Italie que nous trouvons les
premières traces des verres appelés *lunettes*, et cela vers les
dernières années du treizième siècle. M. Spon (3) nous a rapporté une lettre curieuse écrite par Redi à Paul Falconieri,
sur l'inventeur des lunettes. Redi y allègue une chronique ma-

---

(1) Lib. 36, 37.
(2) Voyez l'art. précéd.
(3) *Recher. curieuses d'antiq. Diss.* p. 20.

16 V. Molineux, *Dioptrick.* M. Smith.
Syst. complet d'Optique, t. 2, rem.

nuscrite, conservée dans la bibliothèque des Frères Prêcheurs de Pise. On y lit ces mots : *Frater Alexander de Spina, vir modestus et bonus, quæcumque vidit et audivit facta, scivit et facere : ocularia ab aliquo primo facta, et communicare nolente, ipse fecit et communicavit corde hilari et volente.* Ce qui est confirmé et davantage développé dans un autre endroit de la même chronique. Ce bon Père mourut en 1313 à Pise.

Le même Redi possédoit dans sa bibliothèque un manuscrit de 1299, où on lit ces paroles remarquables : *Mi trovo così gravoso d'anni, che non arei valenza di leggere e di scrivere senza vetri appellati* Occhiali, *trovati novellamente per commodità de' poveri vecchi, quando affebolano di vedere.* C'est-à-dire : je me trouve si accablé d'années, que je ne pourrois ni lire, ni écrire, sans ces verres appelés *Occhiali*, (lunettes) qu'on a trouvés depuis peu pour le secours des pauvres vieillards, dont la vue est affoiblie.

Le dictionnaire *della Crusca* nous fournit encore une preuve que les lunettes étoient d'une invention récente au commencement du quatorzième siècle. Il nous apprend au mot *Occhiali*, que le frère Jordan de Rivalto, dans un sermon prêché en 1305, disoit à son auditoire, qu'il y avoit à peine vingt ans que les lunettes avoient été découvertes, et que c'étoit une des inventions les plus heureuses qu'on pût imaginer. Enfin on peut ajouter à ces trois témoignages ceux de deux médecins du commencement du quatorzième siècle, Gordon et Gui de Chauliac. Le premier, qui étoit un docteur de Montpellier, recommande dans son *Lilium Medicinae*, un remède pour conserver la vue. *Ce remède est d'une si grande vertu,* dit-il, *qu'il feroit lire à un homme décrépit de petites lettres sans lunettes.* Gui de Chauliac, dans sa *Grande chirurgie*, après avoir recommandé divers remèdes de cette espèce, ajoute que s'ils ne produisent aucun effet, il faut se résoudre à faire usage de lunettes.

Voilà le temps auquel l'invention des lunettes commença à paroître assez bien constaté : il nous reste à en faire connoître l'auteur ; il paroît que c'est un Florentin nommé *Salvino degl' Armati*, et le savant M. Maria Manni en donne des preuves auxquelles il est difficile de se refuser, dans son livre *de Florentinis inventis*, et dans deux savantes dissertations sur l'origine de cette invention, qu'on lit dans le recueil d'*Opuscoli scientifici et philologici*, t. IV, Ven. 1739. Il cite en effet, d'après un antiquaire, auteur d'un livre intitulé *Florentia illustrata*, l'inscription suivante d'un ancien tombeau de Ste. Marie Majeure de Florence : *Qui diace (giace) Salvino d'Armato degl'Armati*

Firenze inventor di egl' Occhiali, anno MCCCXVII. Voilà, avec la plus grande probabilité, celui dont Alexandre de Spina avoit découvert le secret qu'il ne vouloit pas communiquer, et par cette raison, ce bon Père mérite une grande reconnoissance de la postérité. Quant à *Salvino degl' Armati*, il paroît qu'il étoit d'une des familles patriciennes de Florence ; car le même M. Manni nous apprend que son petit-fils mourut postérieurement à 1341, après avoir été quatre fois premier magistrat de sa république.

V I I I.

Une découverte des plus mémorables illustre le commencement du quatorzième siècle ; j'entends parler de celle de la boussole, que des Melphitains inventèrent vers l'an 1302. Les historiens varient peu sur l'époque : l'incertitude ne tombe presque que sur les noms de l'inventeur. Les uns le nomment *Flavio Gioia*, les autres l'appellent *Giri*, quelques autres enfin les associent ensemble dans cette découverte. Mais après tout, peu importe ; et ce seroit en vain que nous chercherions de plus grandes lumières sur ce fait.

La plûpart des découvertes ne viennent à leur perfection, que par des accroissemens insensibles. Cela est vrai, surtout à l'égard de la boussole. On ne peut douter, quand on considérera les passages que j'ai cités plus loin, que la direction de l'aimant n'ait été connue plusieurs siècles auparavant, qu'on ne la communiquât même à un morceau de fer, sans doute alongé, et que les gens de mer ne s'en servissent pour diriger leur route. On faisoit nager ce morceau de fer, en le plaçant sur une petite nacelle de bois ou de liége, et sa direction servoit à indiquer le nord. C'est à-peu-près ainsi que plusieurs nations Indiennes le font encore : mais il est aisé de sentir combien ce moyen étoit peu commode, et combien de fois l'agitation de la mer devoit le rendre impraticable. Cependant on s'en tenoit là, tant l'ignorance avoit étouffé le génie propre à l'invention et à la perfection des découvertes. Les Melphitains dont nous avons parlé, imaginèrent la suspension commode dont nous usons aujourd'hui, en mettant l'aiguille touchée de l'aimant sur un pivot qui lui permet de se tourner de tous les côtés avec facilité. On ne sait s'ils allèrent d'abord plus loin ; dans la suite on la chargea d'un carton divisé en 32 rumbs de vents, qu'on nomme la rose des vents, et l'on suspendit la boîte qui la porte, de manière, que quelque mouvement qu'éprouvât le vaisseau, elle restât toujours horizontale. Les Anglois se font honneur de cette addition à la boussole ; *jure an injuriâ*, c'est ce que je ne saurois dire ; je n'en connois du moins aucune preuve.

Il est inutile de faire ici l'éloge de cette invention. Les progrès de la navigation qui changea presque subitement de face, les gens de mer s'enhardissant de plus en plus à s'éloigner des côtes ; le commerce de toute l'Europe qui prit par-là une nouvelle vigueur, la découverte enfin d'un passage aux Indes Orientales en doublant le Cap de Bonne-Espérance, et celle de l'Amérique ; tous ces avantages sont des fruits qu'on retira de l'invention de la boussole dans ce siècle ou le suivant. Ainsi ce n'est pas sans raison que la ville de Melphi se fait gloire de lui avoir donné le jour. On voit, suivant quelques relations, sur une de ses portes une inscription qui rappelle la mémoire de cet événement : elle jouit même de quelques priviléges particuliers, et elle porte pour armes une Boussole.

Nous ne nous amuserons pas à discuter les prétendues autorités qu'allèguent ceux qui veulent, à quelque prix que ce soit, trouver une connoissance de la boussole dans l'antiquité. Il suffit de considérer les nombreux passages où les anciens ont parlé de l'aimant, pour se persuader que sa vertu attractive, et celle de la communiquer au fer, sont les seules dont ils eurent connoissance. Ce sont en effet les seules dont ils ayent parlé dans leurs écrits ; et l'on ne sauroit présumer que si la direction de l'aimant leur eût été connue, elle eût moins excité leur admiration. Cependant Pline, dans un passage remarquable (1), et où il s'étend avec une sorte d'enthousiasme sur les propriétés de l'aimant, ne dit rien de sa direction, et l'on sait que Pline étoit bien plus porté à adopter, sans beaucoup d'examen, ces singularités de la nature, qu'à les rejeter : d'ailleurs il lui étoit aisé d'en éprouver la vérité. Claudien, dans ces vers pompeux (2), où il célèbre les propriétés de l'aimant, garde sur celle-là un profond silence. En faut-il davantage pour établir qu'elle fut entièrement inconnue aux anciens? Je dois seulement craindre de paroître avoir donné trop de soin à prouver ce que les lecteurs ne me contesteront point.

Il n'est pas possible de déterminer au juste quand cette propriété aussi utile que merveilleuse, a commencé à être connue : mais il y a apparence qu'elle le fut quelques siècles avant l'époque de la boussole, telle que la construisirent les Melphitains dont j'ai parlé. Dans un livre faussement attribué à Aristote, mais connu dès le treizième siècle, et cité par Vincent

(1) *Hist. Nat.* l. 36, c. 16.   (2) *De magnete.*

de Beauvais (1), et Albert le Grand (2), on lit ce passage remarquable : *Angulus quidam magnetis est, cujus virtus convertendi ferrum est ad Zorrum, id est ad Septentrionem, et hoc utuntur nautæ. Angulus verò alius magnetis illi oppositus, trahit ad Afron, id est Meridiem.* Ces mots désignent d'une manière aussi claire qu'on puisse le désirer, la propriété directive de l'aimant, et son usage dans la navigation.

Les vers de Guyot de Provins, poète du douzième siècle, car il étoit à la cour de Frédéric I, tenue à Mayence en 1181, nous fournissent une nouvelle preuve que la connoissance de la direction de l'aimant étoit déjà répandue. *Icelle étoile ne se muet*, dit-il, d'abord en parlant de l'étoile polaire ; puis il ajoute :

> *Un art font, qui mentir ne puet*
> *Par vertu de la Mariuette,*
> *Une pierre laide et noirette,*
> *Où le fer volontiers se joint*, etc.

Il y a des personnes qui attribuent ces vers au moine Hugues Bertius, contemporain de S. Louis, et par conséquent du milieu du treizième siècle : mais cela fût-il vrai, il s'ensuit toujours de cette autorité que la connoissance de la direction de l'aimant est du moins de ce siècle, et précède l'invention des Melphitains. Le nom que porte l'aimant dans ces vers où il est appelé *la Marinette,* à cause de son utilité pour les marins, semble même désigner un usage établi depuis long-temps.

Quelques auteurs ont pensé que l'invention de cette boussole informe, dont on usoit avant celle de Gioia de Melphi, est due aux Chinois, et nous a été apportée par Marc Paul. Mais les témoignages précédens, qui nous ramènent à une époque plus ancienne que celle de ce voyageur célèbre, ne nous permettent pas d'adopter ce sentiment. Il est vrai que les Chinois ont connu la boussole très-long-temps avant les Européens ; mais si elle nous vient d'eux, c'est par l'entremise de quelque autre que Marc Paul. Nous conjecturons que ce pourroit bien être par celle de quelque Vénitien qui faisoit le commerce de l'Inde : ce commerce étoit, comme l'on sait, pour Venise la source des richesses et de l'opulence, et par conséquent devoit attirer dans l'Inde un grand nombre de Vénitiens. Quelqu'un d'entr'eux aura pu pénétrer jusqu'à la Chine,

(1) *Specul. Hist.* t. 2, l. 8, c. 16.   (2) *De mineralibus.*

et là ayant appris la propriété de l'aimant, il en aura instruit ses compatriotes à son retour.

L'invention de la boussole est si mémorable, que l'on ne doit point s'étonner que les nations s'en soient disputé l'honneur. Les François ont allégué pour eux la connoissance ancienne que fournissent deux de leurs écrivains, de la propriété directive de l'aimant. Ce sont en effet deux François, Guyot de Provins et Vincent de Beauvais, chez qui nous en trouvons les plus anciennes traces. Ils ont aussi prétendu que la coutume de se servir, dans la rose des vents, d'une fleur de lis, pour diriger le nord, prouve que les premières boussoles ont été faites en France, et qu'on les a ensuite imitées ailleurs. On en a aussi voulu tirer une preuve, du nom de *calamita* que porte l'aimant chez les Italiens, nom qui paroît venir de celui de *calamite*, qui en ancien François signifioit une petite grenouille, à laquelle on compare l'aimant nageant sur l'eau, comme on le mettoit autrefois avant que de suspendre l'aiguille sur un pivot. Les Anglois prétendent à la gloire de l'invention, et ils disent pour eux que le mot de *boussole*, dont se servent les autres nations, vient du mot anglois *boxel*, boîte. Un savant d'Allemagne (1), qui a pris des peines extrêmes pour revendiquer à sa patrie quantité de découvertes, a voulu lui faire honneur de celle-ci, sur le fondement que les noms de vents qui sont inscrits sur la rose, sont allemands. Je laisse au lecteur à peser ces raisons qui me paroissent peu solides. On peut concevoir facilement que diverses nations ayent successivement perfectionné la boussole. L'Italien suspendit l'aiguille sur son pivot, et peut-être en resta-là. L'Anglois imagina la suspension de la boîte où l'aiguille est contenue. Les noms des rumbs de vents ont été dérivés dans l'Océan, de la langue qui fournissoit le plus de monosyllabes pour désigner les points cardinaux, afin de pouvoir plus facilement en composer les noms des rumbs moyens. La langue Allemande ou Angloise s'est trouvée jouir de cet avantage; et c'est ce qui a fait donner aux vents les noms qu'ils portent aujourd'hui.

I X.

C'est de l'invention de la boussole que le quatorzième siècle tire son principal lustre. Cependant nous ne devons pas passer sous silence les divers mathématiciens, et sur-tout astronomes,

(1) *Goropius Becanus.*

qu'il nous présente, quoique pour la plûpart plus dignes de louange par leurs efforts pour pénétrer dans ces sciences, que par leurs succès.

Pierre d'Apono ou d'Abano, médecin célèbre de ce temps, cultiva aussi l'astronomie, et écrivit un traité sur l'astrolabe (1), malheureusement infecté de beaucoup de visions et d'applications astrologiques. Sa réputation en ce genre le fit brûler, au moins en effigie, en 1316, après sa mort. Le malheureux *Cecchi d'Ascoli*, dont le nom étoit *Francesco de' Stabili*, professa les mathématiques à Bologne, et fut auteur d'un commentaire sur la sphère de J. de Sacro-Bosco, qui fut imprimé à diverses reprises plusieurs années après (2). J'ai dit le malheureux Cecchi; en effet, il n'en fut pas quitte à si bon marché que Pierre d'Abano : victime de la superstition ou de la jalousie de ses envieux, il fut réellement brûlé à Florence en 1328, âgé de 70 ans. Ils ont été l'un et l'autre victorieusement justifiés des imputations d'hérésie et de sortilége, tant pár Naudé, dans son livre *sur les hommes suspects de magie*, que par M. l'abbé Tiraboschi, dans son *Historia Litteraria d'Italia*. Ce dernier y rapporte et discute avec étendue les motifs de la funeste aventure de Cecchi.

Marc de Bénevent écrivit vers l'an 1350, sur le mouvement de la huitième sphère, ou des étoiles fixes, mais assez inutilement pour le bien de la science; car il adopta les idées fausses de quelques Arabes sur ce sujet. Biagio Pelacano, autrement Biagio di Parma fut encore un Italien qui contribua à la renaissance des mathématiques dans son pays; car il écrivit sur l'arithmétique, la géométrie, l'astronomie et l'optique, et il proposa sur ces deux dernières sciences des questions que Simler, de qui nous tenons cette notice, appelle très-subtiles. Je trouve encore vers cette époque un noble Génois nommé *Andalo*, ou *Andalone del Negro*, qualifié de grand voyageur et astronome; il fut auteur d'un traité *de Astrolabio*, publié à Ferrare en 1473. Nous lui joindrons enfin Paolo dell' Abaco, ainsi nommé à cause de sa prodigieuse habileté en arithmétique. Il mérite une place ici, tant à ce titre qu'à celui d'astronome et de géomètre. Car il réunissoit toutes ces connoissances, et l'on croit qu'il fut un des premiers qui pratiquèrent l'algèbre dans ce siècle. Il étoit observateur, et se fit lui-même différens instrumens qui lui servirent à rectifier des erreurs commises dans les lieux des fixes. Voilà bien des titres pour figurer en cet endroit.

(1) *Astrolabium planum in tabulis*, etc. Venetiis, 1502, in-4°.   (2) 1485, 1499.

Nous n'avons presque à citer que les noms d'un grand nombre de mathématiciens Anglois, qui vécurent dans cette période de temps ; comme Jean Bacondorp, Richard Wallingfort, Jean Mandovich, Climiton Langley, Guillaume Grisaunt, Nicolas de Lynn, Walther Evesham, William Read, évêque de Chester, Breton, Jean Chillmarck, Louis de Gaër-Lyon, Jean Summer, Richard Lavingham, Jean Estwood ou Eschwid, Richard Swinshead, mal à propos appelé communément *Suisseth*, surnommé *le Calculateur*, à cause de son habileté en arithmétique ; et enfin le fameux poète Chaucer, qu'on ne s'attendroit pas à trouver ici ; car il fut auteur d'un traité sur l'astrolabe, que je crois même imprimé. Il nous suffira de dire ici en général, qu'on leur dut beaucoup d'ouvrages sur l'arithmétique, sur la géométrie, et principalement sur l'astronomie ; ceux-ci souvent fort entachés de mélange d'astrologie. Tous ces ouvrages ont resté en manuscrit dans les principales bibliothèques d'Angleterre. Parmi ces hommes néanmoins nous en distinguerons un, pour en dire quelque chose de plus ; c'est Richard Wallingfort, qui, né dans une condition très-obscure, car il étoit fils d'un Forgeron, ne laissa pas d'acquérir de grandes connoissances en mathématiques, et sur-tout en mécanique. Il inventa et fit faire pour le couvent de S. Albans, dont il étoit abbé, une horloge qui étoit une merveille ; car, suivant Leland, elle ne montroit pas seulement les heures, mais encore le cours du Soleil et de la Lune, les heures des marées, avec une multitude d'autres choses ; il écrivit sur cela un ouvrage intitulé *Albion*, en faisant allusion aux mots anglois *All-by-one* ; ce qui signifioit sans doute *tout par un seul moteur*. Cet ouvrage existe encore en manuscrit dans la bibliothèque de Bodley. Richard Wallingfort vivoit en 1326. Je passe, pour abréger, nombre d'autres mathématiciens de cette classe, et vivans vers cette époque, ou dans les premières années du siècle suivant, en Angleterre. Ce nombre semble présager dès-lors les succès que la nation Angloise devoit avoir un jour dans cette carrière.

En Allemagne, Jean de Saxe, religieux Augustin, écrivit sur les tables du roi Alphonse, et sur les éclipses ; Henri de Hesse, professeur de la nouvelle université de Vienne, traita de la théorie des planètes ; mais ces ouvrages n'ont jamais vu le jour par l'impression.

La France, quoique déchirée dans ce temps par des divisions intestines, et par des guerres étrangères, ne fut pas entièrement dépourvue de mathématiciens. Tel fut le célèbre Jean de Muris ; célèbre, dis-je, par la part qu'il eut au système de notre musique moderne. Mais ce qu'on ignoroit jusqu'à ce moment, c'est qu'il fut aussi astronome, ou cultiva l'astronomie. Il existe de lui, dans la bibliothèque de l'église cathédrale de Metz, un manuscrit astronomique intitulé : *J. de Muris tractatus de Sole et Luna, et corporibus coelestibus, cum tabulis astronomicis 400 annorum* (1).

La ville d'Amiens revendique aussi un astronome nommé *Jean de Ligneriis* ou *de Lignières* ; il professoit les mathématiques à Paris, et étoit observateur ; car il entreprit de rectifier, par ses observations, les lieux de diverses étoiles observées par ses devanciers. On trouve dans les œuvres de Gassendi, tom. 6, quelques-unes de ces observations, qui lui avoient été communiquées par Wendelin, habile astronome des Pays-Bas.

Nous observerons enfin que, peu après le milieu de ce siècle, Charles V, dit le Sage, fit quelques efforts pour relever les sciences. A la sollicitation de Nicolas Oresme, son précepteur, il employa divers savans à traduire des ouvrages anciens, et Nicolas Oresme lui-même fit une traduction ou traité original de la sphère, et traduisit le livre *de Mundo* d'Aristote. Il fut aussi auteur d'un traité *de Proportionibus proportionum* ou *de Proportionibus*, resté manuscrit. Les soins ou les anciens services de ce savant furent récompensés par l'évêché de Lizieux. Mais les vues de Charles, et de son instituteur, n'eurent pas pour lors d'effet sensible.

X.

Cette longue période de siècles, dont plusieurs peuvent être comparés, relativement aux travaux de l'esprit humain, à une profonde nuit, ne furent cependant pas stériles en diverses inventions d'une grande utilité. Nous trouvons, par exemple, dans cet intervalle de temps, celle des moulins à vent, machine si utile pour la société, et pour l'un des premiers besoins de la vie humaine. Vitruve décrit assez bien le moulin-à-eau, qui étoit probablement une invention grecque ; cependant il ne parle point du moulin à vent, qu'il auroit sans doute décrit s'il eût été connu de son temps. Mais comme cette dernière machine existe depuis bien des siècles en Hollande, où, par son usage presque absolument nécessaire, elle est comme indigène, nous nous croyons fondés à penser qu'elle y fut inventée dans les huitième, neuvième ou dixième siècles. Dans quel pays en effet pouvoit-elle mieux prendre naissance, que dans

(1) Montfaucon, *Bibliotheca Bibliothecarum Manuscr.* t. 2.

celui où de vastes plaines, de niveau avec la mer, ne permettoient point d'employer des eaux courantes? Ceux qui connoissent la disposition des aîles du moulin-à-vent, n'auront pas de peine à convenir que rien n'est plus ingénieux, et qu'on ne pouvoit imaginer rien de mieux, pour communiquer le mouvement à une roue toute plongée dans le fluide moteur.

Nous voyons encore par un passage d'Ausone, qu'on avoit déja de son temps imaginé le moulin à scier des marbres. Ses vers méritent d'être cités. C'est dans son poème sur la Moselle, adressé à l'empereur Gratien, qu'il lui dit :

Te rapidus Gelbis *, te marmore clarus Erubrus **.
Festinant famulis victorem adlambere limphis.
Nobilibus Gelbis celebratus piscibus, ille
Praecipiti torquens cerealia saxa rotatu,
Stridentesque trahens per laevia marmora serras.

Les orgues de nos églises sont aussi une invention du huitième ou neuvième siècle ; car on lit dans un poème de Wolstan, sur la vie de S. Svinton, une belle description de la grande orgue, qu'Elfeg, évêque de Winchester, fit placer en 951 dans son église (1). C'étoit une des plus grandes orgues qui ayent jamais été exécutées, car le vent y étoit donné par quatorze soufflets, mis en mouvement par cinq hommes chacun ; ce qui faisoit soixante-dix hommes employés à cette opération. Il y avoit 400 tuyaux, et il falloit deux organistes à la fois sur son clavier pour le toucher. Aussi faisoit-elle un tel bruit que, suivant le poète, on l'entendoit dans toute la ville. Il faut au surplus remarquer que cette invention n'étoit pas absolument difficile après celle des orgues hydrauliques, qui, suivant la description de Vitruve, ne diffèrent guère de notre orgue, qu'en ce que, dans les premières le soufflet, qui administre l'air, est mis en mouvement par un courant d'eau, tandis que, dans notre orgue, il est mû par des hommes.

Voici encore une invention de ces siècles, et notamment du quatorzième ; c'est celle des moulins à papeterie. D'après des documens publiés par M. Von Murr (2), on est porté à

---

* Le Kil.
** L'Arouvre.

(1) Mabillon, *acta sanctorum ord. Sti. Bened.* Sæcul. V, t. 7. Venet. 1758, in-fol.
(2) Journal de Littér. et des Arts (*en Allemand*).

croire que la mécanique en est due à un sénateur de Nuhrem-berg, nommé *Ulman Strœmer*; car il n'y employoit personne qu'après lui avoir fait faire serment de lui être fidèle, et de ne point découvrir ses procédés. Il est cependant certain qu'on avoit fait du papier avant lui; ainsi l'objet de ce secret invio-lable ne pouvoit guère être que la mécanique de son moulin à broyer le chiffon.

C'est enfin dans cet intervalle de temps que la mécanique s'enrichit de l'invention des horloges à roues, soit fixes, soit portatives. Une esquisse de l'histoire de cette invention si utile à la société et si commode, ne sauroit être déplacée ici.

Je ne connois point de trace d'horloge mécanique avant Ctésibius, dont nous avons parlé, liv. 4 de la première partie. Vitruve nous a donné la description de celle de ce mécani-cien, dans son architecture, liv. 9, chap. 9. Une nacelle ren-versée, et surnageant à mesure que l'eau montoit dans un vase, en y entrant par un trou percé dans une plaque d'or ou une pierre précieuse, élevoit une règle garnie de dents qui s'en-grenoient dans celles d'une roue. Cette roue en poussoit d'autres qui servoient à faire jouer divers instrumens, ou à exécuter divers jeux, comme de lancer de petites pierres ou des œufs, etc. Quant aux heures, elles étoient marquées sur une colonne ou un pilier; et une figure qui montoit à mesure que l'eau s'élevoit, les indiquoit au moyen d'une baguette qu'elle tenoit à la main. Il y avoit au surplus deux obstacles à l'exactitude de ce mécanisme; l'un provenant de l'inégalité des heures; car on comptoit alors douze heures pendant le jour, ou d'un lever du Soleil à son coucher, et autant du coucher au lever suivant; l'autre obstacle provenoit, de l'inégalité de l'élévation ou de l'abaissement de l'eau, dans le vase contenant la petite nacelle. Vitruve explique le moyen par lequel on subvenoit au premier de ces inconvéniens. Il consistoit à écrire les heures de chaque mois sur des bandes parallèles et verticales d'un cylindre, qui faisoit l'office de cadran; et un mécanisme par-ticulier donnoit à ce cylindre, mobile sur son axe, la position convenable pour que la bande du mois se trouvât en face de l'index de la figure. Quant au moyen de rendre l'ascension de l'eau uniforme, objet sur lequel Vitruve garde le silence, il est probable qu'on y employa le moyen suggéré et décrit par Héron lui-même, dans ses *Spiritalia*. M. Perrault nous a donné dans sa traduction de Vitruve, liv. 9, une représentation de cette machine, restituée d'après les indications de cet archi-tecte.

Long-temps après Ctésibius, il est fait mention des horloges de Boëce et de Cassiodore, dont la description ne nous est pas parvenue. Il en est de même de celle que le pape Paul I envoya à Pepin le Bref, vers la fin du sixième siècle, et de celle que Gerbert, quelques siècles après, avoit fajte pour l'église de Rheims ; enfin de celle dont le diacre Pacificus de Vérone enrichit sa patrie vers le milieu du neuvième siècle, et qui lui fit une très-grande réputation (1).

Parmi les horloges de ce genre, on fait encore mention de celle que le calife Aaron Al-Reschid envoya à Charlemagne en 807 ; c'étoit un des présens dont furent chargés ses ambassadeurs. Elle étoit fort composée et fort ingénieuse ; car indépendamment des heures qu'elle montroit, elle exécutoit divers autres jeux ou mouvemens assez compliqués (2). Ce curieux morceau de mécanique dut causer un grand étonnement à la France, encore si voisine de la barbarie.

Parmi les Grecs modernes, il y eut aussi des mécaniciens qui exécutèrent de pareils ouvrages. Car Léon le Philosophe exécuta ou fit exécuter, pour l'empereur Théophile, une magnifique horloge mécanique. Sa richesse fut cause de sa perte ; car un des successeurs de Théophile aima mieux verser dans ses coffres l'argent qui y étoit employé, que de le voir décorer ce chef-d'œuvre de l'art.

Mais tous ces ouvrages paroissent avoir eu l'eau pour moteur, ou principe de mouvement. Ceux dont nous allons parler, nous semblent avoir été les premiers de ce genre, mus par des poids ou des ressorts.

Ce fut au commencement du quatorzième siècle, que l'art de l'horlogerie acquit cette perfection. Richard Wallingfort, bénédictin Anglois, fit dans les premières années de ce siècle, une horloge qui lui fit beaucoup d'honneur. On peut voir dans l'article précédent quelques détails sur cet objet. Wallingfort fut imité en Italie par Jacques de Dondis, citoyen de Padoue, qui réunissoit dans un degré éminent pour son siècle, les qualités de philosophe, de médecin, d'astronome et de mécanicien. L'horloge qu'il fit pour sa patrie, passa pour une des merveilles de son siècle. Car elle marquoit, outre les heures, le cours du Soleil, celui de la Lune et des autres planètes, ainsi que les jours, les mois et les fêtes de l'année. Le surnom d'*Horologio* en est resté à sa famille qui subsiste encore, ou subsistoit il y a peu dans l'état de Venise d'une manière distinguée, et avec le titre de marquis. Jacques de Dondis eut un fils nommé *Jean*, qui fut aussi astronome et mécanicien. Il fit une semblable horloge, et même

---

(1) Voyez *la Verona illustrata* du marquis Maffei.

(2) Voyez *Anonymi annales regum Franc. Pipini*, etc.

plus curieuse, qui fut placée à Pavie. Cette horloge s'étant dé-
rangée après la mort de Jean, et ne se trouvant en Italie personne en état de la raccommoder, Guillaume Zélandin qui étoit
probablement, non un François, comme on le dit, mais un
Hollandois de la province de Zélande, vint pour la raccommoder, à quoi il réussit. Ce fut Galéas Visconti, duc de Milan,
qui employa ses talens à cette restauration ; mais il fallut encore
peu de temps après y revenir, et Charles-Quint la fit rétablir
de nouveau par Janellus-Turrianus, mécanicien célèbre de ce
siècle, qu'il s'étoit attaché, et avec lequel, las enfin des soucis
de l'empire, et des troubles que son ambition avoit excités dans
toute l'Europe, il s'amusa de mécanique dans les dernières
années de sa vie. J'ignore le sort ultérieur de ce curieux ouvrage.

　　Tous ces ouvrages célèbres, et qui, dans le temps, firent tant
d'honneur à leurs auteurs, ne subsistent plus. Mais en voici
deux qui ont à-peu-près conservé leur ancien éclat ; il est vrai
qu'ils sont d'un temps postérieur à celui des précédens. L'un
est la fameuse horloge de la cathédrale de Strasbourg ; elle
fut faite sur les dessins du mathématicien Conrad Dasypodius,
en 1580. C'est vraiment un chef-d'œuvre, et le premier de
l'Europe en ce genre, par les divers mouvemens et le nombre
des jeux qu'elle exécute. Bientôt après le chapitre de S. Jean
de Lyon en fit faire une par Lippius de Bâle, qui est, je
crois, regardée comme la seconde de l'Europe. Elle fut rétablie, vers 1660, par Nourrisson, excellent horloger de Lyon ;
mais elle commence, et même depuis plusieurs années, à demander en plusieurs parties un second restaurateur ; et il ne
seroit pas difficile à trouver, vu l'état brillant auquel est aujour-
d'hui portée l'horlogerie (1). Les autres horloges célèbres sont
celles de Lunden, de Nuhremberg, d'Augsbourg, de Liége,
de Venise, etc. Mais nous ne croyons pas devoir nous étendre
davantage sur cette matière.

　　(1) Je crains bien que cette horloge et celle de Strasbourg, n'ayent éprouvé
les funestes effets du délire, qui a anéanti tant de monumens des arts et des
sciences en France.

Fin du premier Livre de la troisième Partie.

HISTOIRE

DES

MATHÉMATIQUES.

TROISIEME PARTIE,

Qui contient leur Histoire chez les Peuples Occidentaux, jusqu'au commencement du dix-septième siècle.

LIVRE SECOND.

Histoire des Mathématiques durant le quinzième siècle.

SOMMAIRE.

I. *Les Mathématiques commencent à prendre une nouvelle vigueur en Europe. L'Algèbre est transplantée d'Arabie dans ces climats, par Léonard de Pise, et même plutôt.* II. *De quelques Mathématiciens du commencement de ce siècle, comme Pierre d'Ailly, le cardinal de Cusa, etc.* III. *De Purbach; ses travaux divers, changement qu'il fait dans la Trigonométrie. Usage du fil à plomb dans les instrumens astronomiques.* IV. *De Régiomontanus, de ses travaux et divers écrits. Perfection que lui doit notre Trigonométrie moderne.* V. *De Bernhard Walther. Habileté de cet observateur. Il découvre la réfraction astronomique.*

VI. *De divers autres Mathématiciens du même siècle ; entr'autres Lucas de Burgo.* VII. *Notices bibliographiques sur divers Ouvrages qui parurent à la fin de ce siècle.*

I.

Nous venons de voir, dans les deux siècles précédens, les mathématiques se relever lentement de la langueur où elles avoient été si long-temps plongées parmi nous. Celui-ci nous présente des progrès plus rapides vers leur rétablissement, et il nous a paru propre, par cette raison, à former comme une nouvelle époque dans cette histoire. Si nous n'y trouvons pas encore de grandes découvertes, comme celles qui caractérisent le dix-septième siècle, nous y voyons du moins des hommes qui entrèrent dans la bonne route, et qui travaillèrent puissamment à la restauration des sciences. Il y auroit même de l'injustice à lui refuser entièrement le mérite d'avoir contribué à leur accroissement. Divers traits que la lecture de ce livre fera connoître, annoncent dans ceux qui nous les fournissent, quelque chose de mieux que du zèle et de l'intelligence.

L'algèbre, qui avoit pris naissance chez les Arabes, fut transplantée au commencement de ce siècle en Occident. L'Europe a cette obligation à Léonard de Pise, ou Camille Léonard de Pise, qui, porté du désir de s'instruire dans les mathématiques, fit de longs voyages en Arabie et dans les autres contrées Orientales. A son retour il fit connoître l'algèbre à ses compatriotes, et nous trouvons même qu'elle fit d'assez rapides progrès. Nous remarquons en effet, dès le milieu du quinzième siècle, que les règles de l'algèbre, pour la résolution du second degré, étoient vulgairement connues : l'ouvrage de *Régiomontanus sur les Triangles*, nous en fournit la preuve ; car se proposant un problème qu'il analyse algébriquement, et qui le conduit à une équation du second degré, il renvoie aux règles de l'art, qu'il dit connues, *fiat*, dit-il, *secundum cognita artis præcepta*. Ainsi l'on s'est trompé lorsqu'on a regardé Lucas de Burgo, comme celui qui le premier avoit fait connoître l'algèbre aux Européens. L'époque en est plus ancienne, et cette connoissance paroît due à Léonard de Pise, si même elle ne date pas d'un temps encore antérieur ; je trouve en effet deux hommes qui ont précédé Léonard, et qu'on met sur les rangs pour la connoissance de l'algèbre.

L'un est Paul dell'Abaco, ainsi surnommé, à cause de sa réputation dans les calculs. Il vivoit vers la fin du quatorzième siècle, et le P. Ximenèz, qui a été à portée de puiser dans

les

les sources, soupçonne que ce Paul a le premier, en Italie, fait usage des équations algébriques. Cela n'est cependant pas absolument tiré au clair. Il fut au surplus habile astronome, et fit voir des erreurs dans les tables Tolédanes et Alphonsines, sur le mouvement des fixes.

L'autre concurrent avec Léonard, dans l'honneur d'avoir apporté en Europe la connoissance de l'algèbre, est Prosdocimo Beldmando, ou Beldomando, de Padoue, dont le livre intitulé *dell' Algorithmo*, fut imprimé en 1483, mais date du commencement du quinzième siècle; car ce Prosdocimo, qui étoit aussi astronome, avoit calculé des tables astronomiques, qui existent en manuscrit dans la bibliothèque de Médicis, et qui portent la date de 1428.

Quant à Léonard de Pise, il écrivit divers ouvrages, dont un seul a eu les honneurs de l'impression long-temps après lui (1). Il a pour objet d'épargner, au moyen de certains cercles et roues de carton, tournant les unes dans les autres, les fatigues du calcul astronomique; entreprise que beaucoup d'autres ont formée après lui, mais qui ne sauroit jamais donner que des résultats peu exacts. Un autre ouvrage de Léonard de Pise regardoit la géométrie, et Commandin, vers la fin du seizième siècle, le jugeoit assez bon pour mériter l'impression. Il en préparoit une édition lorsqu'il mourut, ce qui fit échouer ce projet (2).

I.

L'astronomie prit aussi quelqu'accroissement au commencement de ce siècle; elle fut cultivée par Jean de Gmunden, qui la professoit dans l'université de Vienne, et qui fit un grand nombre de disciples; cet astronome a quelque part à la restauration de cette science, et il écrivit divers ouvrages qui subsistent dans la bibliothèque de l'université de Vienne. Après lui vint le fameux Pierre d'Ailli, qui écrivit aussi sur divers sujets astronomiques. Il ressentit surtout la nécessité d'une réformation du calendrier, et il proposa pour cela des moyens, soit pour ajuster l'année solaire avec la civile et l'ecclésiastique, soit pour accorder l'année solaire avec la lunaire. Son projet eut l'approbation du pape Jean XXIII, et des prélats assemblés au concile de Constance. Mais il ternit le mérite de ses connoissances astronomiques par un singulier attachement à l'astrologie judiciaire. Il le poussa même jusqu'au point de penser

(1) *Liber desideratus canonum caelestium motuum sine calculo*, etc. Pisauri, 1549, in-4°.

(2) Bernardino Baldi, *Chronica-Math.* etc.

et d'écrire que la naissance de J. C. auroit pu être déduite de cet art.

Le cardinal de Cusa s'acquit aussi au commencement de ce siècle une grande réputation en géométrie et en astronomie. Il insista surtout sur la réformation du calendrier, et il releva divers défauts dans les Tables Alphonsines, en quoi il se trompa néanmoins quelquefois (1). Il est le premier des modernes qui ait tenté de faire revivre le système Pythagoricien, qui met la terre en mouvement autour du soleil (2) : mais le temps n'étoit pas encore venu, où une opinion si contraire au témoignage des sens, pouvoit faire quelque fortune. Il faut même remarquer que ce cardinal ne la propose guère que comme un paradoxe ingénieux, et on ne la regarda pas autrement. La réputation du cardinal de Cusa, en géométrie, a moins de fondement : car il crut avoir trouvé la quadrature du cercle, prétention à laquelle s'opposa fortement Régiomontanus, qui le réfuta avec solidité (3). Ses autres ouvrages géométriques ne contiennent guère une doctrine meilleure que sa quadrature ; c'est pourquoi nous nous dispenserons même d'en citer les titres. Nous sommes portés à penser, d'après un témoignage du cardinal de Cusa (4), que le pape Nicolas V, qui siégea sur le trône pontifical depuis 1447, jusqu'en 1455, étoit géomètre, et avoit traduit du grec en latin les œuvres d'Archimède. J'entends ainsi ces mots, *tuo studio in latinum conversa*, car autrement il eût dit *tuis auspiciis*. Ce cardinal les avoit lues, mais avec assez peu de fruit ; car il n'eût pas donné son livre *de mathemat. complementis*, qui n'est qu'une suite de paralogismes. Quoi qu'il en soit au reste de notre conjecture sur Nicolas V, ce fut du moins un des protecteurs des mathématiques, dans ce siècle encore si couvert des ténèbres des siècles précédens. On lui doit aussi la justice de dire que ce fut un des papes qui firent le plus de choses utiles pour l'embellissement de Rome, et pour la renaissance des sciences et des arts, pendant le peu d'années que dura son pontificat.

I I I.

Les deux hommes à qui les mathématiques doivent le plus dans le quinzième siècle, sont Purbach et Régiomontanus. Ce ne sera point concevoir d'eux une idée trop avantageuse, que de les regarder comme les vrais restaurateurs de ces sciences, et sur-

---

(1) Astronomiæ Philol. *lib.* 2, *cap.* 3.

(2) *De doctâ ignorantiâ.*

(3) *De quad. circuli, contrà Card. Cusanum.*

(4) *De Math. Complementis.*

tout de l'astronomie. Ceci nous engage à faire connoître avec
étendue ce qui les concerne. Voici les principaux traits de leur
vie et de leurs travaux ; je commence par Purbach.

George Purbach, ainsi nommé, parce qu'il étoit d'un endroit
de ce nom entre l'Autriche et la Bavière, naquit en 1423. Il
fut disciple de Jean de Gmunden, qui enseignoit l'astronomie au
commencement de ce siècle dans l'université de Vienne. Ce
fut là sans doute que Purbach puisa le goût qu'il eut toujours
pour cette science. Il voyagea ensuite dans diverses parties de
l'Europe, pour profiter des connoissances de ceux qui cultivoient
l'astronomie. De retour dans sa patrie, il succéda à son maître,
Jean de Gmunden, après avoir été fort sollicité de se fixer à
Bologne et à Padoue. Mais l'amour de sa patrie, et les bienfaits de l'empereur Frédéric III, le fixèrent à Vienne.

Purbach ne jouit pas plutôt de la tranquillité de la vie sé-
dentaire, qu'il entreprit un ouvrage utile, et qui manquoit.
C'étoit une bonne édition de Ptolémée ; on en avoit à la vérité une, et même plusieurs d'après l'arabe ; mais elles étoient
fort vicieuses, parce que ceux qui les avoient faites, n'entendoient que médiocrement l'astronomie. Celle que George de
Trébizonde avoit donnée d'après l'original grec, n'étoit guère
meilleure par la même raison. Purbach en entreprit une nouvelle,
en conférant les précédentes, et en les corrigeant. C'étoit tout
ce qu'il pouvoit faire, parce qu'il ignoroit le grec et l'arabe ;
mais aidé des connoissances qu'il avoit en astronomie et de ces
traductions déjà faites, il parvint assez bien à rétablir le vrai
sens, et le texte de Ptolémée, dont il fit dans la suite un abrégé
qui n'a jamais vu le jour.

Purbach s'attacha spécialement à observer. Il sentit que c'étoit
le seul moyen de corriger ou de confirmer les hypothèses de
l'ancienne astronomie. Il imagina dans cette vue divers instrumens, et il rectifia ceux des anciens. Il corrigea, d'après ses
observations, les hypothèses de Ptolémée en divers points, et il
introduisit de nouvelles équations dans les mouvemens des planètes. Il mesura plus exactement les lieux des fixes, dont la
connoissance est si nécessaire pour les mouvemens célestes. Pour
aider enfin les astronomes dans leurs calculs, il dressa un grand
nombre de tables de différente espèce : mais ce dont on lui
a le plus d'obligation, est d'avoir banni l'usage du calcul sexagénaire de la trigonométrie qu'il enrichit de diverses propositions
nouvelles. Il supposa le rayon divisé en 600000 parties, au lieu
des divisions de 60 en 60 usitées par les anciens ; et au lieu
des cordes des arcs doubles exprimées en parties sexagénaires
du rayon, il calcula les sinus en six cents millièmes de ce rayon.
Son disciple, Régiomontanus, perfectionna cela davantage,

comme on le verra bientôt. Je ne dis rien de plusieurs inventions gnomoniques, dont Purbach fut auteur. On ne regarde pas aujourd'hui la géométrie qui y préside, comme bien relevée, mais au temps de Purbach c'étoit une théorie assez fine et délicate. J'ajoute que Purbach est l'inventeur d'un instrument connu dans la géométrie pratique, sous le nom du *quarré géométrique*; il paroît être le premier qui ait employé le fil à plomb pour marquer les divisions d'un instrument. On en voit un dans son quarré géométrique, qui comprend aussi un quart de cercle, dont le centre est au point d'où pend le fil à plomb. On n'a fait que supprimer le quarré qui étoit peu utile, et c'est ainsi que s'est formé notre quart de cercle astronomique.

Cependant le bien de l'astronomie faisoit toujours désirer à Purbach d'avoir une traduction fidelle de l'*Almageste*. Lors donc que le cardinal Bessarion, qui étoit Grec d'origine, et qui aimoit l'astronomie, vint à Vienne en qualité de légat du pape, il lui fut aisé de le déterminer à apprendre cette langue; mais il n'en étoit pas alors comme à présent, où, par le secours des livres et des grammaires, on peut apprendre quelque langue que ce soit, sans aucun commerce avec ceux qui la parlent. Toute l'érudition grecque étoit encore renfermée dans l'Italie, qui venoit de recevoir les savans de la Grèce, fuyant les malheurs de leur patrie. Bessarion persuada à Purbach de retourner dans ce pays, pour y puiser les élémens de la langue Grecque, avec son disciple Régiomontanus, qui ne désiroit pas moins de l'apprendre. Il étoit sur le point de partir, lorsqu'une maladie imprévue l'enleva, en 1461, au grand regret de tous les amateurs des sciences : car il avoit déja beaucoup fait pour elles, quoiqu'il ne fût arrivé qu'à la fleur de son âge, et il promettoit encore plus pour la suite. On lui fit cette épitaphe qu'on lit sur son tombeau dans la cathédrale de Vienne.

Extinctum, dulces, quidnam me fletis, Amici?
Fata vocant, Lachesis sic sua fila trahit.
Destituit terras animus, cœlumque revisit,
Quae semper coluit, liber ut astra colat.

Les écrits de Purbach qui ont vu le jour, sont ses *Théoriques des planètes* (1), quelques observations d'éclipses, que Willebrord Snellius a publiées (2); ses Tables des éclipses pour le méridien de Vienne (3), son livre du *Quarré géométrique* (4).

(1) *Theoricae novae planet.* Purbachii, *cum notis* Reinoldi, Witeb. 1580, in-8°.; & *alibi multoties.*

(2) *Obs. Hassiacae*, app. p. 12.
(3) 1514, in-fol.
(4) Norimbergæ, 1544, in-4°.

Un mathématicien de l'université de Vienne a donné un catalogue des manuscrits de Purbach (1). M. Gassendi, a écrit fort au long, et peut être trop prolixement, la vie de cet astronome, avec celles de Régiomontanus son disciple, de Tycho-Brahé, et de Copernic.

I V.

Le célèbre Régiomontanus seconda dignement le zèle de Purbach, pour l'astronomie : il le surpassa même à plusieurs égards par l'universalité de ses connoissances. Son vrai nom est *Jean Muller.* Il étoit de la petite ville de Kœnigsberg en Franconie, d'où lui est venu celui de *Jean de Regiomonte*, ou de *Régiomontanus*, quelquefois de *Montroyal.* Il naquit en 1436, et à peine avoit il quatorze ans, qu'épris des charmes des mathématiques, et surtout de l'astronomie, il se mit sous la conduite de Purbach, qui jouissoit alors d'une grande réputation, et il fut bientôt son disciple chéri, ou plutôt son compagnon. Pendant un séjour d'environ dix ans qu'il fit auprès de Purbach, c'est-à-dire jusqu'à la mort de celui-ci, il l'aida dans ses différens travaux, il fit avec lui quantité d'observations pour y comparer les hypothèses de Ptolémée, et des autres astronomes qui l'avoient suivi, et pour déterminer plus exactement les lieux des fixes, et les momens des phénomènes. Il ne nous est cependant parvenu qu'un fort petit nombre de ces observations, savoir celles des éclipses de lune des années 1457 et 1460, avec une autre de la planète de Mars, qu'ils trouvèrent éloignée de deux degrés du lieu, où elle auroit dû se trouver suivant les tables.

Régiomontanus devoit faire avec Purbach le voyage d'Italie, afin d'y apprendre le grec, et de pouvoir puiser dans les sources pures de l'antiquité. La mort en empêcha Purbach, et son disciple y suivit seul le cardinal Bessarion ; il y apprit le grec, et traduisit de nouveau sur le texte original l'*Almageste* de Ptolémée, et son commentateur Théon. On auroit peine à croire qu'un homme ait pu suffire aux nombreux ouvrages qu'il entreprit de faire connoître par ses traductions, qui ne sont cependant qu'une partie de ses écrits. Car il mit encore en latin les *Sphériques* de Ménélaüs, ceux de Théodose, et ses autres traités. Ses vues même s'étendant fort au-delà de l'astronomie, il corrigea sur le texte grec l'ancienne version d'Archimède, faite par Gérard de Crémone. Il traduisit les

(1) *Tab. eclips. Georgii Purbachii.* Viennæ, 1514, in-fol.

Coniques d'Apollonius, les *Cylindriques* de Sérénus, les *Pneumatiques* d'Héron, la *Musique* et l'*Optique* de Ptolémée, avec sa *Géographie*; les *Questions mécaniques* d'Aristote, etc. Il se proposoit de donner ces différens ouvrages au public; mais sa mort précipitée l'en empêcha : plusieurs subsistent encore en manuscrits dans la bibliothèque de Nuremberg, où l'on a soigneusement rassemblé tout ce qu'on a pu en retrouver. Le catalogue en fut donné en 1514, par G. Tanstetter, professeur des mathématiques, à Nuremberg, et l'on peut le voir dans l'histoire de l'astronomie de M. Weidler. Je me borne à renvoyer à ce dernier ouvrage, pour ne pas être trop prolixe.

Régiomontanus ne se borna pas à ce travail qui, quoiqu'utile, n'est pas capable, par sa nature, de faire beaucoup d'honneur. Le nombre de ses ouvrages propres, dont plusieurs sont imprimés, n'est pas moins considérable. Il continua l'*Epitome*, ou l'abrégé de l'*Almageste*, que Purbach, prévenu par la mort, avoit laissé imparfait, et qu'il avoit fortement recommandé à ses soins dans ses derniers momens. Après s'être acquité de ce devoir d'amitié, il commenta Ptolémée d'une manière très-claire et très-succincte, et il résolut par occasion quantité de problêmes astronomiques qui tiennent à cette théorie. Il traita dans un autre ouvrage des instrumens astronomiques, soit ceux dont les anciens s'étoient servis, soit ceux que l'on avoit imaginés après eux, et dont plusieurs sont de son invention. Il réfuta l'opinion de Thébith, et des Alphonsins, sur le mouvement irrégulier ou de rétrogradation qu'ils donnoient aux fixes. Je passe légèrement sur diverses tables, comme des tables du premier mobile, de direction, etc., pour parler de ses éphémérides qu'il calcula pour la durée de 30 ans, depuis 1475 jusqu'à 1505. Cet ouvrage fut reçu avec un empressement extraordinaire, et valut à son auteur une gratification considérable du roi Mathias, à qui il le dédia. Mais ce qu'il y a de plus essentiel ici, c'est que ces éphémérides approchèrent beaucoup de la vérité.

L'année 1472 fut remarquable par une comète que Régiomontanus observa, et qui donna lieu à un traité ingénieux qu'il composa à ce sujet (1). Cette comète parut vers le milieu de janvier, allant d'abord d'un mouvement médiocre, qui s'accéléra bientôt de telle sorte, qu'elle parcourut vers son périgée plus de 30 degrés dans vingt-quatre heures. Elle traînoit une queue qui avoit plus de 30° de longueur. Régiomontanus observa sa parallaxe, et la trouva de trois degrés, de manière que, si l'on peut compter sur cette observation, elle passa à

(1) Voy. *Willeb. Snellii Obs. Hass. ad finem.*

environ vingt demi-diamètres de la terre, et est une de celles
qui peuvent s'en approcher le plus. L'extrême rapidité de son
cours rend cela assez vraisemblable. Une autre particularité à
observer dans cette comète, c'est que son mouvement se fit en
allant presque directement du zodiaque vers le pôle. Elle parut
d'abord vers l'Épi de la Vierge, de là elle passa dans les constellations de Bootès et d'Arcturus, ensuite au-dessus de la queue
du Dragon, et au travers de la petite Ourse fort près du pôle,
d'où elle continua sa route au travers de Céphée, Cassiopée,
Andromède, les Poissons; et enfin elle disparut dans le Bélier,
offusquée par le voisinage du Soleil. Tout cela se fit dans l'espace d'un mois et demi. Il est fort à regretter que la persuasion où l'on étoit alors que ces phénomènes n'étoient que des
météores allumés dans la région sublunaire, nous ait privés
d'observations plus exactes : car celles que fit Régiomontanus,
sont en petit nombre, et de peu d'utilité.

On dit de cet astronome célèbre (1), qu'il étoit assez porté
en faveur de l'opinion qui met la terre en mouvement autour
du soleil : il est à croire que s'il eût vécu un siècle plus tard,
il auroit été un de ses zélés défenseurs. Mais lorsqu'il parut,
il n'étoit pas encore temps de renverser l'édifice de l'astronomie
ancienne ; il falloit auparavant s'assurer de ses défauts, en le
reconnoissant dans toutes ses parties. Le penchant de Régiomontanus vers le système de l'école pythagoricienne, montre
qu'il commençoit à connoître l'insuffisance de celui de Ptolémée.

Régiomontanus ne se borna pas à l'astronomie : presque
toutes les autres parties des mathématiques lui furent également
connues, et il en est peu qu'il n'ait illustré par des écrits.
1°. Il commenta les livres d'Archimède, auxquels Eutocius n'a-
voit point touché. 2°. Il défendit Euclide contre les imputations de Campanus, et des Arabes, au sujet de la définition
fameuse des quantités proportionnelles. 3°. Il réfuta la prétendue quadrature du cardinal de Cusa. 4°. Il écrivit sur les
poids, sur la conduite des eaux, sur les miroirs ardens, etc.
(2) 5°. Il perfectionna considérablement la trigonométrie. Cette
partie des travaux de Régiomontanus, est une de celles qui
lui font le plus d'honneur; c'est pourquoi il faut que nous nous
y arrêtions davantage.

Les travaux trigonométriques de Régiomontanus sont contenus
dans son traité *de triangulis*, en cinq livres (3). C'est une tri-

(1) Schoner. *in opusc. Geog.* Doppelmayer, *de Math. Norimb.*

(2) Voyez le Cat. de Tanstetter, *in
pref. Tab. Eclip. Purbachii*; et Doppelmayer, *in Math. Norimb.*

(3) Norib. 1533, *in-fol.* Basilex,
15.., *in-fol.*

gonométrie, soit rectiligne, soit sphérique, fort complette. Les
Arabes l'avoient, à la vérité, assez heureusement avancée en
découvrant quelques-uns de ses théorêmes fondamentaux : mais
le mathématicien Allemand y mit le comble par la découverte
de la solution des cas les plus difficiles, tels que ceux où l'on
ne connoît que les côtés ou les angles ; et par celle de divers
autres théorêmes utiles, et qui varient les ressources de la science.
A l'invention près, des logarithmes et de quelques théorêmes
proposés par Neper, la trigonométrie de Régiomontanus ne le
cède guère à la nôtre ; du moins telle qu'elle étoit au commencement de ce siècle. Régiomontanus ne s'y borne même pas,
comme nous faisons, à la considération des cas ordinaires :
il se propose, dans son cinquième livre, divers problèmes sur
les triangles rectilignes, et il en résoud quelques-uns à l'aide
de l'algèbre. Je remarque cette circonstance, parce qu'on
pourroit en inférer que cet art étoit connu en Europe avant
Lucas de Burgo, à qui on attribue ordinairement de l'avoir
transplanté dans ces climats. On pourroit néanmoins penser
que ces solutions sont l'ouvrage de Schœner, son éditeur, qui
vivoit vers le milieu du siècle suivant.

La trigonométrie a encore diverses obligations à ce mathématicien. Il perfectionna ce que Purbach, son maître, avoit
commencé à l'égard de la Table des sinus. Nous avons vu que
celui-ci avoit substitué au rayon divisé en parties sexagénaires,
le même rayon divisé en 600000 parties. Régiomontanus avoit
même construit des tables des sinus suivant cette division : mais
s'appercevant ensuite qu'elle ne remplissoit pas encore parfaitement tout ce que le calculateur pouvoit désirer, il lui substitua celle du même rayon en 1000000 parties, et il calcula,
suivant ce systême, de nouvelles tables pour tous les degrés et
minutes du quart de cercle. Remarquons encore que Régiomontanus introduisit dans la trigonométrie l'usage des tangentes.
Les avantages nombreux qu'il trouva à s'en servir, lui firent
donner à la Table de ces lignes le nom de *Table féconde*,
qu'elle a gardé pendant quelque temps.

Régiomontanus excella enfin dans la mécanique. Ramus lui
attribue des ouvrages si extraordinaires, qu'ils l'emportent encore
sur les productions les plus merveilleuses de nos mécaniciens
modernes. Telle est une mouche artificielle, qui, sortant de la
main de son maître, faisoit le tour d'une table, et venoit se
reposer à l'endroit d'où elle étoit partie. Il parle aussi d'un aigle
qui, dit-on, alla au devant de l'empereur, et qui l'accompagna
jusqu'à l'entrée de la ville. Mais ce n'est là qu'un conte adopté
par Ramus, sur un mal-entendu. L'aigle de Régiomontanus
se borna à battre des ailes, au moment où l'empereur entra dans

la

la ville ; ce qui n'excède pas les forces d'une mécanique ingénieuse. Ce que l'on sait positivement des inventions mécaniques de Régiomontanus, se réduit aux additions qu'il fit avec Walther à la fameuse horloge de Nuremberg, une des merveilles de son temps. Il avoit aussi commencé à faire exécuter une machine, qu'il nomme *Astrarium*. On doit probablement entendre par-là ce que nous appellons aujourd'hui, un Planétaire. Ce devoit être une machine fort composée, à en juger par ce qu'il dit : car après l'avoir annoncée comme étant entre les mains des ouvriers, il ajoute ces mots : *Opus planè pro miraculo spectandum.*

Régiomontanus eut le même sort que son maître, je veux dire qu'une mort précipitée interrompit tous ses projets utiles, en l'enlevant à la fleur de son âge. Après un séjour de quelques années en Italie où nous l'avons laissé, en commençant le récit de ses travaux, il étoit retourné en Allemagne, et en 1471 il avoit fixé son séjour à Nuremberg, où il avoit fait un disciple illustre dans la personne de Bernard Walther, l'un de ses citoyens, dont nous parlerons bientôt. Il resta dans cette ville, partagé entre les travaux de son cabinet et ceux d'observer, jusqu'en 175 qu'il retourna à Rome. Le motif de ce voyage fut l'invitation que lui fit le pape Sixte IV, de travailler à la réformation du calendrier. Ce pontife ayant formé ce projet, personne ne lui parut plus capable de seconder ses vues, que Régiomontanus. Il lui fit de grandes promesses, et le nomma même à l'évêché de Ratisbonne. Régiomontanus partit donc, laissant Walther continuer ses observations à Nuremberg, et arriva à Rome en 1475. Il commençoit à former le plan de la réformation projetée, lorsqu'il mourut. Ce fut au mois de juillet de l'année 1476, que les mathématiques firent cette perte, qui excita les regrets de tous les savans. Le pape lui fit faire de magnifiques obsèques, et donner une sépulture au Panthéon. La cause de sa mort fut, dit-on, la critique qu'il avoit faite de la traduction de Ptolémée et de Théon, donnée par George de Trébizonde. Les fils de ce Grec ne purent digérer l'affront fait à la mémoire de leur père, et s'en vengèrent par le poison. Mais quoique bien des auteurs l'aient répété les uns après les autres, ce n'est pas même un soupçon fondé, et l'on ne doit pas croire, sans de fortes preuves, de semblables atrocités. Il régna en effet à Rome, cette année, une maladie épidémique très-cruelle, et ce fut probablement de cette maladie que Régiomontanus fut victime.

V.

Régiomontanus fit plusieurs élèves qui perpétuèrent l'étude de l'astronomie durant le reste de ce siècle. Mais je me bornerai à parler du plus célèbre, savoir Bernard Walther. C'étoit un riche citoyen de Nuremberg, qui étoit depuis long-temps amateur des mathématiques, lorsque Régiomontanus vint fixer sa demeure dans cette ville. La proximité de cet homme célèbre enflamma Walther d'une nouvelle ardeur, et il commença à s'adonner fort sérieusement à l'astronomie. Comme il étoit opulent, il fit des dépenses considérables pour exécuter tous les nouveaux instrumens que Régiomontanus imagina. Il assista à la plûpart des observations que ce dernier fit à Nuremberg, et après son départ pour Rome, il continua d'y observer avec exactitude pendant près de quarante ans, savoir depuis 1475 jusqu'à 1504, qui fut l'année de sa mort. On a cette suite d'observations, qui présente aux astronomes des phénomènes de toute espèce, des hauteurs méridiennes du soleil, des éclipses, des occultations de fixes ou de planètes par la lune, des conjonctions de planètes, des mesures de leurs distances avec des fixes (1). Ces observations sont très-estimées, du moins respectivement à leur temps, où l'astronomie pratique étoit bien loin du point de perfection qu'elle a atteint depuis. Elles sont ordinairement caractérisées, par quelque note qui apprend quelle foi on peut y ajouter, et jusqu'à quel point Walther y comptoit lui même. Cet astronome étoit enfin un soigneux observateur, qui n'épargna rien pour avoir des instrumens grands et parfaits. Il se servoit, pour mesurer le temps, d'une horloge à roues, qu'il dit être fort correcte, et marquer exactement le midi, s'accordant presque toujours entièrement avec le calcul.

Walther est encore mémorable en astronomie, pour avoir été le premier des modernes, qui se soit apperçu de la réfraction. Il semble, à la vérité, que Régiomontanus l'avoit soupçonnée : car il avertit que les hauteurs paroissent différentes suivant les saisons; et il préfère par cette raison les équinoxes d'automne à ceux du printemps. Mais il est vraisemblable qu'il n'attribuoit cet effet qu'aux vapeurs accidentelles qui remplissent l'air plus dans un temps que dans un autre; et il ne paroît pas avoir songé à cette réfraction constante, qui se fait même dans l'atmosphère la plus pure. Walther s'en apperçut en observant Vénus avec ses armilles. Car le lieu qu'il trouvoit par l'écliptique de

(1) *Norib.* 1544, ed. Schonero. *Hist. Celest.* L. Barreti, *sub titulo. obs. Norib.* p. 46, ad. 64. *Obs. Hassiacae.*

l'instrument, étant fort différent de celui que donnoit le cercle de latitude, il fut conduit à penser que c'étoit l'effet d'une réfraction, qui faisoit paroître sur l'horison l'astre qui étoit encore au-dessous, et qui affectoit une des déterminations plus que l'autre. Cette idée lui vint, à ce qu'il dit, avant même que d'avoir vu Alhazen et Vitellion, qui parlent fort distinctement de la réfraction astronomique, et qui en examinent assez au long les effets. Walther imagina à cette occasion un moyen que Képler (1) appelle ingénieux, pour corriger cette erreur optique. Mais il faut remarquer que Walther ne paroît pas avoir cru que la réfraction s'étendît au delà du voisinage de l'horison, ce qui montre qu'il n'en avoit pas saisi le vrai principe.

Quelque obligation qu'ait l'astronomie à Walther, elle lui en auroit eu davantage sans la singularité et la bizarrerie de son caractère. Aussitôt après la mort de Régiomontanus, il avoit acheté de ses héritiers tous ses papiers et instrumens. Le bien de l'astronomie exigeoit qu'il fît part aux savans des écrits de cet homme célèbre, et il le pouvoit faire d'autant plus facilement, qu'il étoit fort riche, et qu'il avoit chez lui une imprimerie. Mais semblable à l'avare, qui ne veut partager ses trésors avec qui que ce soit, et qui a même peine à s'en servir lui-même, il garda toujours ces manuscrits soigneusement renfermés, sans les communiquer à personne (2). Ce fut la cause de la perte de plusieurs d'entr'eux. Car Walther étant mort, ses héritiers, qui n'avoient pas le même goût, négligèrent ce trésor. Heureusement le sénat de Nuremberg en arrêta la dispersion, en achetant tous les manuscrits de l'un et de l'autre. Il furent consignés dans la bibliothèque de cette ville, d'où les Schœner, père et fils, tirèrent dans la suite divers morceaux qu'ils publièrent.

V I.

On vient de faire connoître les mathématiciens les plus célèbres que produisit le quinzième siècle. Il seroit cependant injuste de passer sous silence divers autres hommes qui vécurent sur la fin de ce siècle et le commencement du suivant, et qui, s'ils ne servirent pas les mathématiques avec autant de succès, leur furent cependant utiles, en répandant de plus en plus le goût de ces sciences. On va les faire connoître avec l'étendue ou la brièveté que comporte la plus ou moins grande importance de leurs travaux.

(1) *Paralipom. ad Vitell. opticam*, p. 155.
(2) Wernerus: *ad Amiruccii Geog. prefatio.*

En France, Jacques Faber, ou le Fèvre, d'Etaples, homme célèbre à d'autres titres, cultiva avec succès les mathématiques sur la fin de ce siècle, et leur fut utile par ses traductions et autres ouvrages, comme son *Arithmetica libris X demonstrata*, sa *Musica libris demonstrata* IV, son abrégé de Boëce, et sa *Rithmomachia*, qui est une sorte de jeu arithmétique. Ces ouvrages parurent en 1496, et de nouveau en 1514, en un volume qui est aujourd'hui une rareté bibliographique. Les lettres et les sciences durent beaucoup à Jacques Faber, qui mourut en 1537 à un âge plus que centenaire. Heureux si, par ses opinions nouvelles il n'avoit pas commencé à secouer les torches, qui peu d'années après, portèrent le feu et le ravage dans la France.

François Capuani, de Manfredonia, professa l'astronomie à Padoue, et écrivit, tant sur la sphère de J. de Sacro-Bosco, que sur les Théoriques de Purbach; c'étoit alors tout ce qu'il y avoit de mieux en hypothèses astronomiques.

Jean Blanchin ou Bianchini, Bolonois, fut auteur de tables astronomiques, qui eurent quelque réputation. Jean Angelus ou Engel, Bavarois, mit au jour des éphémérides des mouvemens célestes, à l'exemple de Régiomontanus, ainsi que quelques autres écrits sur l'astronomie, dont l'un étoit un projet de réformation du calendrier; Jean Stœfler, de Justingen, publia des tables astronomiques et des éphémérides calculées pour les années 1499 et suivantes, jusqu'en 1531; ce qu'il continua pendant long-temps, et fort en avant dans le seizième siècle; Léopold, fils naturel d'un duc d'Autriche, et évêque de Frisingen, fut auteur d'un livre intitulé *De astrorum scientia*, malheureusement plus astrologique qu'astronomique; Ferdinand de Cordoue, qui probablement avoit étudié l'astronomie sous quelques Arabes Espagnols, commenta l'Almageste de Ptolémée; et un de ses compatriotes, Bernard de Granolachi, publia en Espagnol des éphémérides commençant à 1488 et finissant en 1550. Santritter en composa d'autres, qu'il publia en 1498, et qu'il prétendoit devoir être perpétuelles; car il avoit adopté, sur parole, les idées du Juif Abraham Zacuth, qui prétendoit que les anomalies de toutes les planètes, se renouveloient après un certain nombre d'années, comme celles du soleil le font après quatre années, dont une bissextile. Malheureusement cela est sans fondement, et n'est même qu'un à-peu-près pour le soleil.

Voici encore quelques savans de ce siècle, en astronomie pour la plûpart. Jacob Angelus (Angelo), Florentin, fut un des premiers qui travaillèrent à s'instruire dans la langue Grecque, et il l'apprit d'Emmanuel Chrysoloras, qui, prévoyant les malheurs de sa patrie, fut un des premiers qui la fuirent,

pour passer en Italie. Il traduisit en effet la géographie de
Ptolémée, et la dédia à Alexandre V, qui siégeoit en 1409.
Angelo étant mort avant l'invention de l'imprimerie, il fut
suppléé, après cette époque, par Jérôme Manfredi et Pierre
Bono, ou Buoni, Bolonois, qui publièrent cet ouvrage en
1462, ou, plus probablement, en 1482, ainsi qu'on le verra
plus bas. Manfredi étoit médecin, mais fort adonné à l'astrologie; c'étoit la maladie régnante de l'esprit humain. On peut
conjecturer avec quelque vraisemblance, que ce fut un des
ancêtres des illustres frères MM. Manfredi, de Bologne, comme
Jean Blanchin ou Bianchini, un de ceux du célèbre Bianchini, du
commencement de ce siècle.

Disons aussi un mot de Nicolas de Donis (Doni) : c'étoit un religieux bénédictin, que Trithème dans son catalogue des hommes illustres, traite de philosophe et d'astronome distingué. Il travailla
principalement sur la géographie de Ptolémée, et il vivoit sous le
pontificat de Paul II, c'est-à-dire, vers 1465 ; sa traduction
fut publiée à Ulm, en 1482, enrichie par lui de cinq nouvelles
planches, en sus des 27 anciennement faites par un certain
Agathodæmon, mécanicien d'Alexandrie.

Dominique Maria-Novara de Bologne, où il cultivoit les
mathématiques, et sur-tout l'astronomie mérite ici une mention
distinguée, pour avoir été le maître de Copernic, et l'avoir
engagé par son exemple et ses conseils à se livrer à l'astronomie.
Maria fut de plus, à ce qu'il paroît, observateur. Il eut toutefois une opinion singulière et mal fondée, quoiqu'elle ait trouvé
quelques partisans modernes : c'est que, depuis Ptolémée, le pôle
du monde avoit changé et s'étoit rapproché de notre zénith, en
cette partie de la terre. Il se fondoit sur ce qu'il trouvoit les
hauteurs du pôle, en Italie, généralement plus grandes d'un
degré et plus, que ne les donne l'astronome Grec. Mais il eût
mieux valu en inférer qu'il s'étoit trompé ; et en effet, obligé
de s'en tenir à des rapports de voyageurs, il n'a déterminé la
plûpart de ces latitudes, que d'après des observations fort imparfaites des plus courts et des plus longs jours. Cette opinion,
trop légèrement fondée, a été réfutée par Snellius.

Lucas Paccioli, surnommé de Burgo, parce qu'il étoit de
Borgo-San-Sepolchro, en Toscane, eut beaucoup de part, vers
la fin de ce siècle, à la renaissance des mathématiques en Europe.
C'étoit un franciscain, qui paroît avoir voyagé dans l'Orient, soit
par goût pour ces sciences, soit par ordre de ses supérieurs.
Il les enseigna ensuite à Naples et à Venise, ainsi qu'à Milan,
où il remplit le premier une chaire de mathématiques, fondée
par Louis Sforce, dit le More ; il eut beaucoup de disciples,
dont il donne dans ses ouvrages le nombreux catalogue ; il

traduisit Euclide en latin, ou plutôt il revit la traduction de
Campanus, qu'il corrigea et augmenta de ses notes; mais cet
ouvrage ne vit le jour qu'en 1509, *in-f.* Son livre principal est
sa *Summa de arithmetica, geometria, proportioni è proportionalità*, écrite d'un style Italien, fort corrompu, et imprimée
pour la première fois à Venise, en 1494, *in f.* Je n'ai jamais
vu cette édition, qui est une rareté de la bibliographie. Mais
comme la seconde, qui est de 1523, n'est guère moins rare,
et est remarquable par quelques singularités, je vais la décrire
ex visu.

Son titre est *Summa de arithmetica, geometria, proportioni è
proportionalità, nuovamente impressa in Toscolano su la
riva dil Benacense e unico carpionista laco : amenissimo
sito : de le antique e evidenti ruine de la nobil cita Benaco
ditta illustrato con numerosita di imperatorii epitaphii di
antique e perfette littere scalpiti dotato : e cum finissimi e
mirabil colonne marmorei, innumeri fragmenti di alabastro
e serpentini : cose certo lettor mio diletto, oculata fide miratu
degne soterra si ritrovano*; et à la fin du livre, on lit après
l'inscription de la date de la première édition de 1494, par
Paganino de Paganinis de Brescia : *è per esso l'aganino di
novo impressa in Tusculano sulla riva dil laco Benacense,
nel proprio luoco e sito dove gia esser solea la nobile città ditta
Benaco, regnante il Serenissimo Principe Andrea Gritti inclito
duce di Venecia, finita a di* 20 *decembre* 1523. L'ouvrage
est imprimé en caractères de ce temps, semi-gothiques, et avec
beaucoup d'abréviations. Ajoutons que la première édition étoit
dédiée au noble vénitien Marco Sanuto, et celle-ci l'est par
une seconde et double Épître dédicatoire en Italien et en Latin,
au prince Gui Ubaldo, duc d'Urbin, Montefeltro, etc., etc.
que Paccioli loue beaucoup sur ses connoissances en mathématiques. Ce duc d'Urbin avoit été probablement un de ses
disciples en mathématiques; et c'est, je crois, le fameux général de ce nom qui joua un grand rôle dans nos guerres en
Italie. Je remarque encore en passant l'éloge singulier donné
par Lucas Paccioli à ce lac Benaco, qui est le lac de Garde
dans l'état de Vérone; savoir de donner les meilleures carpes
du monde; apparemment ce bon religieux s'en étoit fort régalé
pendant son séjour en ce lieu pour l'impression de son livre.
Il aimoit aussi sans doute beaucoup les antiquités, puisqu'il
a si spécialement remarqué celles dont étoit semée l'ancienne
place de *Benacum*, dont je suis étonné de ne trouver pas
même le nom dans les livres de géographie ancienne. Mais je
reviens à la *Summa* de Lucas Paccioli.

Elle est divisée en deux parties principales, l'une relative à l'arithmétique, et l'autre à la géométrie. Dans la première, il expose fort au long les différentes règles de l'arithmétique, avec quelques inventions dues aux Arabes, comme celles des règles de fausse position simple et double, qu'il nomme les règles d'*Elkathaim*. On y trouve non-seulement l'arithmétique mathématique, mais l'arithmétique commerciale avec une grande profusion de questions et d'exemples. Mais ce qu'il y a de plus remarquable, c'est qu'il y traite fort au long de l'algèbre qu'il appelle *Arte-Maggiore*. Nous aurons, dans le livre suivant, l'occasion d'en parler, en rapprochant tout ce qui concerne les premiers traits de cette science transplantée parmi nous; c'est pourquoi nous nous bornerons ici à cette indication. Dans la seconde partie de cet ouvrage, Lucas de Burgo donne de passables Élémens de géométrie, terminés par une division de l'ouvrage, qui contient un grand nombre de problêmes de géométrie résolus algébriquement.

Le second ouvrage de Paccioli, dont nous devons parler ici, quoiqu'il n'ait vu le jour que dans les premières années du seizième siècle, est son traité *De divina proportione*. C'est encore une rareté bibliographique; son titre est : *Divina proportione, opera à tuti gl'ingegni perspicaci e curiosi necessaria. Ove ciascun studioso di philosophia, prospettiva, pictura, sculptura, architectura, musica e altre mathematiche, soavissima sottile e admirabile doctrina conseguira e delectarassi con varie questione di secretissima scientia.* Et à la fin du livre, on lit : *Venetiis impressum per probum virum Paganinum de Paganinis de Brixia,* etc. *anno Redempt. nostrae MDIX Kien, Junii. Leonardo Lauretano Ve·rem pu gubernante pontificatûs Julii II, anno VII.*

L'ouvrage est dédié à Louis Sforce, duc de Milan, dit *le More*, son bienfaiteur, et commence par les éloges de la ligne divisée en moyenne et extrême raison, dont il détaille treize *effetti*, ou utilités. Cette division joue en effet un grand rôle dans la géométrie des polygones et des corps réguliers; et justifie presque le nom emphatique, que lui donne Lucas de Burgo, en l'appelant *proportion divine*. Une forte partie de l'ouvrage est composée de planches, représentant l'application de la proportion divine à l'architecture, à la formation des lettres capitales qui me paroissent même de si bon goût, que je les soupçonne tirées des monumens anciens, dont il est parlé dans le titre de sa *Summa de Arithmetica*. Suivent enfin des représentations perspectives des corps réguliers, solides et évidés, recoupés par leurs angles, ou surmontés, sur chacune de leurs faces, de pyramides équilatérales; ainsi que de quelques autres corps plus composés, et régulièrement irréguliers.

Un dernier ouvrage de Lucas de Burgo paroît avoir échappé à tous ceux qui en ont parlé, et même qui m'ont reproché de n'avoir pas vu le précédent. Son titre est : *Libellus in tres partiales tractatus divisus quorumcumque corporum regularium et dependentium active perscrutationis ; B. P. Soderino principi perpetuo populi Florentini à Luca Pacciolo Burgense Minoritano particulariter dicatus feliciter incipit ;* et à la fin, par une inscription semblable à celle du livre précédent, on voit qu'il a été imprimé à Venise en 1508, sous le doge Loredano, etc. Ces trois traités roulent sur les polygones, et les corps réguliers, sur l'inscription mutuelle de ces corps les uns dans les autres, et une foule d'autres problêmes analogues, qui y sont pour la plûpart résolus algébriquement.

On se tromperoit néanmoins si l'on croyoit y trouver, comme dans les livres modernes d'algèbre appliquée à la géométrie, des constructions géométriques, déduites des formules algébriques. Ce n'étoit pas là le procédé de ces premiers algébristes. Leurs solutions sont en quelque sorte purement arithmétiques ; je veux dire, qu'ils supposoient aux lignes données des figures, des valeurs numériques, et ils se bornoient à trouver les lignes cherchées en pareilles valeurs. Ce n'est qu'assez longtemps après que les géomètres ont imaginé de généraliser leurs solutions par des constructions déduites du calcul.

Nous nous sommes étendus bien au long, et peut-être trop au gré de nos lecteurs, sur ce géomètre et algébriste du quinzième siècle. Peut-être aussi improuveront-ils les détails bibliographiques où nous sommes entrés à cet égard. Mais si le célèbre bibliographe M. l'abbé Rives, qui nous a vivement critiqués M. de la Lande et moi, à cause de notre négligence à citer exactement les titres des livres, vivoit encore, il verroit sans doute avec plaisir que je me suis corrigé, et même donné un vernis de bibliographe. Je n'avois au reste pas attendu sa critique pour improuver moi-même cette négligence. Quant aux détails sur Lucas de Burgo, on nous les pardonnera, si l'on fait attention qu'il est le premier qui, par des ouvrages imprimés, porta la lumière des sciences mathématiques dans ces contrées : l'acharnement avec lequel Tartaléa, quelques cinquante ans après, critiquoit dans ces ouvrages des fautes, pour la plûpart de pure précipitation, est tout-à-fait injuste. Nous ignorons l'année de la naissance, et celle de la mort de ce bon religieux, dans les écrits duquel on voit éclater une modestie rare et digne de l'état qu'il avoit embrassé.

Il est encore un homme de ce siècle, qui mérite qu'on en

fasse ici une mention particulière, quoiqu'on n'ait de lui aucun ouvrage imprimé. Mais le monument qu'il éleva à l'astronomie lui donne un titre à la mémoire des amateurs de cette science, en prouvant combien il y étoit versé, et ce qu'il auroit pu faire pour elle en d'autres temps : c'est Paul Toscanella ou Toscanelli. Il naquit vers le commencement du quinzième siècle, et fut disciple en mathématiques du fameux architecte Philippe Brunelleschi, qui termina, contre l'attente de tout le monde, la fameuse coupole de Sta. Maria del Fiore de Florence. Il fut très-versé dans la géométrie, l'astronomie et l'optique, dont il écrivit un traité resté manuscrit. Ce qui le rend sur-tout recommandable, c'est l'établissement d'un gnomon dans la cathédrale de Florence ; établissement qui ne pouvoit avoir pour objet, que de déterminer les hauteurs du soleil au temps des solstices, et de mesurer plus exactement la déclinaison de l'écliptique encore fort incertaine. Mais expliquons d'abord ce que c'est qu'un gnomon moderne.

Un Gnomon, proprement dit, seroit une pyramide allongée, dont le sommet par son ombre serviroit à déterminer la hauteur du soleil. Telle étoit celle que le mathématicien Manlius avoit élevée dans le cirque de Rome, et qu'il avoit surmontée d'un globe, par les raisons qu'on a déjà vues. Mais Toscanelli fit mieux encore. Ayant sans doute observé que les rayons solaires, entrant par un trou quelconque dans un endroit obscurci, donnent une image du soleil, il se ménagea dans le haut du dôme de Florence une ouverture circulaire, et traça sur le pavé une méridienne, sur laquelle passoit chaque jour une image oblongue du soleil, de plusieurs pieds de dimension ; car le centre de cette ouverture étoit à 277 pieds au-dessus du pavé horisontal de l'église, d'où il résulte que le jour du solstice d'été, l'image du soleil devoit avoir deux pieds et trois quarts près de longueur, dans le sens de la méridienne. On pouvoit donc par ce moyen mesurer avec une exactitude, dont aucun instrument connu ne sauroit approcher, la hauteur des bords du soleil à son passage par le méridien ; par conséquent celle de son centre aux solstices, et aux équinoxes ; et enfin déterminer par-là avec une exactitude inconnue jusqu'alors, la distance des tropiques etc. La description de ce curieux monument astronomique, qui lui seul surpasse en hauteur tous les autres gnomons de l'Europe ensemble, a été donnée par le P. Ximenez, mathématicien du grand duc de Toscane, dans un ouvrage intitulé : *Del vecchio e nuovo Gnomone Fiorentino*, (Firenze, 1757, in-4°.) où il en fait l'histoire avec celle des diverses observations faites par son moyen en divers temps. On y voit aussi les procédés qu'il a suivis pour sa restauration, et pour lui rendre le lustre qu'il avoit perdu depuis plusieurs années; enfin les nouvelles observations faites par lui-même, et desquelles il conclut que, depuis 1510 jusqu'en 1755, l'obliquité de l'écliptique a diminué d'une minute seize secondes, ce qui fait 30″ par siècle.

Le P. Ximenez nous apprend dans cet ouvrage plusieurs autres particularités relatives à Toscanelli, qui cultiva spécialement la géographie; et d'après une lettre écrite au chanoine Martenz, alors resident à Lisbonne, et considéré du roi Alphonse, il ajoute qu'il a préludé à la découverte de la route des Indes par le Cap de Bonne-Espérance. Mais ici il nous paroît, et il a paru comme à nous, aux auteurs du Journal des Savans (janvier 1758), que le P. Ximenez, par un zèle excessif pour Toscanelli, lui attribue plus qu'il ne faut. Tout ce qu'on peut inférer de quelques passages de cette lettre, c'est que Toscanelli avoit, sur le moyen de parvenir aux Indes orientales, des idées assez semblables à celles que Christophe Colomb mit 20 ou 30 ans après à exécution, savoir de cingler à l'occident, au moyen de quoi on ne pouvoit manquer de rencontrer les Indes des épiceries; car on les plaçoit alors si démésurément à l'orient, qu'elles occupoient presque la place de l'Amérique. Mais le roi Alphonse, s'il eut connoissance de cette proposition, fut apparemment effrayé d'une navigation aussi dangereuse, et la rejeta, comme son successeur Jean II celle de Colomb. Au reste, c'en est assez pour la gloire de Toscanelli, que de le voir préluder ainsi à la découverte de l'Amérique : *ne quid nimis.*

Je ferai ici sans peine un aveu : n'ayant parlé que par occasion, dans la première édition de mon ouvrage, de ce monument astronomique, et n'ayant pas encore vu le livre du P. Ximenez, je suis tombé dans quelques inexactitudes, dont la principale est d'avoir attribué à M. de la Condamine trop d'influence et trop de part à la restauration du gnomon de Toscanella. Cela a donné lieu au traducteur et abbréviateur de l'histoire de la littérature italienne de M. Tiraboschi, de faire une vive sortie contre les littérateurs françois, qu'il accuse d'un mépris injurieux pour les littérateurs italiens. Je ne disconviendrai pas qu'en général la littérature italienne n'est pas connue en France, comme elle mériteroit de l'être. Mais ce reproche ne me va pas à moi, qui, à peine à l'âge de 18 ans, ai lu l'Arioste et le Tasse dans leur langue, et qui regarderai toujours comme des plus délicieux les momens de ma vie passés à cette lecture, et sur-tout à celle du premier de ces poètes. J'ai d'ailleurs prouvé combien j'aimois à rendre justice aux Italiens par les détails recherchés, où je suis entré relativement à leurs découvertes. Si donc je me suis trompé, c'est que le livre du P. Ximenez, publié en Italie en 1757, ne m'étoit encore connu que par le titre; et je pouvois difficilement le mieux connoître, mon ouvrage, quoique daté de 1758, ayant vu le jour dans les derniers mois de 1757. L'espèce d'amertume de la critique de M. Tiraboschi ou de M. Landi, étoit donc hors de propos.

V I I.

Nous ne devons pas omettre de remarquer ici que la fin de ce siècle commença à procurer à l'Europe plusieurs des ouvrages des mathématiciens Grecs. De ce nombre furent les Élémens d'Euclide, dont l'*editio princeps* parut en 1482, à Venise, in-fol., par les soins d'*Erhard Ratdolt*, un des premiers imprimeurs de ce siècle. Elle porte pour titre, suivant la mode du siècle, où l'on n'avoit pas encore nos frontispices : *Praeclarissimus liber Elementorum Euclidis perspicacissimi in artem geometriæ incipit quàm felicissimè*; et à la fin on lit : *Opus Elementorum Euclidis Megarensis in geometriam artem; in id quoque Campani perspicacissimi commentationes. Erhardus Ratdolt, Augustensis impressor solertissimus, Venetiis impressit, anno salutis* MCCCCLXXXII, *oct. cal. junii. Lector vale.* Au *verso* de la première page est l'épître dédicatoire au doge, alors régnant, dans laquelle Ratdolt dit que la cause pour laquelle on n'avoit point encore imprimé de géomètre Grec, étoit l'embarras que causent les figures, sans lesquelles ces ouvrages sont inintelligibles; mais qu'il avoit heureusement trouvé le moyen de surmonter cette difficulté. Ces figures sont effectivement imprimées à la marge du livre, et selon les apparences, au moyen de bandes de bois, sur lesquelles on les avoit gravées en relief, comme cela se pratique dans la gravure en bois. On a depuis trouvé le moyen fort simple de les imprimer dans le texte même, en les détachant sur de petits carrés à part, et les insérant dans les formes. Il y eut une réimpression de cet Euclide en 1486 à Ulm, que je crois plus rare que la première; car je n'ai jamais rencontré cette seconde, tandis que la première est dans plusieurs bibliothèques de Paris et ailleurs. Enfin le même siècle en vit paroître encore une autre en 1491, in-fol. sous ce titre : *Euclidis elementa latinè, cum commentariis Campani, per Leonhardum de Basilea et Guillelmum de Papia, socios. Vicentiæ,* in-fol.

On doit aussi à George Valla, qui vivoit vers la fin de ce siècle, des efforts utiles pour faire connoître des ouvrages anciens. Car indépendamment du quatorzième livre d'Euclide, qu'il traduisit avec son Introduction harmonique, et qu'il publia en 1492, il donna encore, la même année, la traduction de Proclus sur la sphère; celle de Nicéphore sur l'astrolabe; d'Aristarque de Samos, sur les grandeurs et distances du Soleil et de la Lune; de la *Cyclica theoria* de Cléomèdes, qu'il appelle *Cleomades*; du traité de Timée *de Mundo*, et de celui d'Aristote *de Cuelo*. Il avoit composé une sorte d'Encyclopédie sous le titre : *De rebus expetendis ac fugiendis*, dans laquelle il traite de l'arithmétique en trois livres, de la musique en cinq, de la géométrie en six, avec ses applications à la mécanique, à l'optique, etc.; et enfin de l'astronomie et de l'astrologie médicale en quatre livres. C'est une sorte de compilation des auteurs Grecs qui avoient écrit sur ces matières. La mort l'ayant prévenu, son ouvrage ne parut qu'en 1501, par les soins de P. Valla son fils, en deux forts volumes in-fol.

La géographie de Ptolémée fut un de ces ouvrages, dont la typographie naissante s'empressa le plus d'enrichir le monde savant. Si l'on en croit la date de l'édition de Bologne, cette édition sera l'*Editio princeps*. Elle est, comme les imprimés de ce temps, sans frontispice, et elle finit par ces mots: *Hic finit geographia Ptolemæi, impressa opera Dominici de Lapis* (Lapi) *civis Bononiensis, anno* MCCCCLXII, *mensis Junii XXIII. Bononiae*. Mais le savant typographe et bibliographe, M. Maittaire, soupçonne, ou pour mieux dire, d'après de fortes raisons, tient pour certain, qu'il y a au moins un X omis dans cette date, ce qui n'est point sans exemple; et M. Raidel, auquel nous devons un très-curieux ouvrage sur les différentes éditions de la géographie de Ptolémée, ne doute même point, par d'autres raisons, qu'au lieu de MCCCCLXII, il ne faille lire MCCCCLXXXII; ensorte que cette édition seroit bien loin d'être la première, et ne seroit même que la troisième; car il y en a eu deux autres, en 1475 et 1478. La première, à l'instar de la plûpart des éditions de ce siècle, entre tout de suite en matière, et se termine par ces mots: *en tibi lector cosmographia Ptolemaei, ab Hermanno Levi-Lapide Coloniensi, Vicentiae accuratissime impressa, Benedicto Trevisano et Angelo Michaele praesulibus* MCCCCLXXV, *id. sept. t.* Cet Herman Levi-Lapis est *Lichtenstein*, (qui signifie la même chose en allemand) imprimeur célèbre de ce temps qui exerça d'abord son art à Vicence, et ensuite à Venise, sur quoi l'on peut voir M. Maittaire. Quant à l'édition de 1478, elle se termine par ces mots : *Claudii Ptolemaei geographiam, Arnoldus Bucking è Germania, Romae, tabulis aeneis*

in picturis formatam impressit, sempiterno ingenii artificii-
que monumento, Anno Dom. *natalis* MCCCCLXXVIII; VI
*idus octobris, sedente Sixto IV, pontifice maximo, anno
ejus* VIII.

Nous avons pensé que ces détails bibliographiques que
nous aurions pu étendre bien davantage, ne déplairont pas
dans un temps, où ces anciennes éditions sont devenues
fort recherchées. Nous nous bornerons néanmoins à cela, en
convenant même que nous devons à M. Raidel la plus grande
partie de ce que nous venons de dire : ce savant a donné un
intéressant écrit sur les différentes éditions de la géographie
de Ptolémée, et même sur les manuscrits anciens de cet ouvrage existans dans les bibliothèques (1). Nous ne pouvons
qu'inviter les curieux de ces recherches à y recourir.

Nous ne saurions au surplus disconvenir que la plûpart de
ces premiers éditeurs et traducteurs sont souvent tombés dans
des méprises, quelquefois même dans de grossières erreurs.
Mais il faudroit être bien injuste pour leur refuser le tribut de
reconnoissance, que méritent leurs soins. On doit se transporter
au siècle où ils vivoient, et ne pas imiter un géomètre que
j'ai connu, qui ne faisoit pas grand cas d'Archimède, parce qu'il
n'avoit trouvé la quadrature de la parabole, que par d'assez
longs circuits, tandis qu'aujourd'hui, on la démontre en deux
lignes au moyen du calcul intégral. Ce fut peut-être un tort
de Régiomontanus, d'avoir critiqué trop amèrement les fautes
de George de Trébizonde, dans sa traduction manuscrite de
l'Almageste.

(1) *In geographiam Ptolemaei variasque ejus editiones Comment.* Je ne
cite ce Livre que de mémoire, l'ayant perdu par un effet des mouvemens occasionnés par les circonstances.

Fin du second Livre de la troisième Partie.

HISTOIRE

DES

MATHÉMATIQUES.

TROISIEME PARTIE,

Qui contient leur Histoire chez les Occidentaux, jusqu'au commencement du dix-septième Siècle.

LIVRE TROISIÈME.

Progrès des Mathématiques pures durant le seizième Siècle.

SOMMAIRE.

I. *Causes qui accélèrent le progrès des Sciences parmi nous.* II. *On travaille fortement à se mettre en possession des richesses de l'antiquité. Des principaux Éditeurs, Traducteurs ou Commentateurs des Ouvrages anciens.* III. *Des Géomètres les plus dignes d'être connus, qui fleurirent durant ce Siècle, dans les diverses parties de l'Europe. Travaux des Géomètres Allemands dans la Trigonométrie. Inventions ingénieuses de quelques-uns pour en applanir les calculs.* IV. *Récapitulation de ce qu'on a dit ailleurs sur l'histoire de l'Algèbre, jusqu'au seizième siècle, pour*

servir d'introduction à cette histoire pendant ce siècle
V. Progrès de l'Algèbre durant le seizième siècle en Italie.
Découverte de la solution des équations du troisième degré
par Tartalea, et histoire singulière de cette découverte.
Démêlés qu'a ce Mathématicien avec Cardan sur ce sujet.
Inventions diverses de Cardan. Il considère les racines
négatives et positives. Ferrari, son disciple, trouve la
solution des équations du quatrième degré; sa méthode.
Ce que Bombelli ajoute à ces découvertes, entr'autres sa
méthode pour le cas irréductible. Erreurs multipliées de
Wallis sur tous ces sujets. VI. Découvertes purement ana-
lytiques de M. Viète : ses diverses règles pour la réso-
lution et la préparation des équations : ses remarques
sur la composition de leurs coëfficiens, germe assez
développé des inventions de Descartes et d'Harriot :
sa méthode pour la résolution des équations de tous les
degrés. Il reconnoît la loi de la formation des puissances.
Nouvelles erreurs et injustices de Wallis à l'égard de
Viète. VII. Suites des découvertes de Viète dans l'analyse
mixte. Il applique le premier l'Algèbre à la Géométrie. Ses
constructions des équations du troisième degré. Ses remarques
sur les sections angulaires : il donne la première suite infinie
pour exprimer la grandeur du cercle. VIII. Courte énumé-
ration des autres Analystes de ce siècle.

I.

Les semences de mathématiques jetées, durant le quinzième
siècle, par Régiomontanus, Lucas Paccioli, et quelques autres,
commencèrent, dès les premières années du seizième, à promettre une ample moisson. Nous devons remarquer ici les
deux circonstances particulières qui contribuèrent à produire
cette heureuse révolution dans les esprits. L'une est la connoissance de la langue Grecque, seule dépositaire des solides
principes des sciences et des découvertes des anciens, mais
presqu'entièrement ignorée jusqu'alors dans l'Occident. La décadence de l'empire Grec, et la prise de Constantinople, arrivée l'an 1453, sont presque l'époque de nos lumières à cet
égard; une foule de savans fuyant les malheurs de leur patrie
désolée, se retirèrent en Italie, et y portèrent leur langue
et les précieux originaux de l'antiquité. Ils n'eurent pas plutôt
fait connoître cette langue et les richesses qu'elle renfermoit,
que l'on s'attacha de toutes parts à l'étudier. Il y eut déjà
dans le quinzième siècle des hommes qui s'illustrèrent par

leur savoir dans ce genre; mais ce fut sur-tout au commencement, et durant le cours du seizième, que cette étude fit des progrès marqués. On puisa alors dans les sources pures de l'antiquité, et l'on fut bientôt en possession d'une grande partie des ouvrages Grecs par les traductions qu'on en fit. Ce fut aussi au commencement du seizième siècle, que l'imprimerie, surmontant heureusement les difficultés qui accompagnent toutes les inventions naissantes, commença à se répandre universellement. A cette époque les livres instructifs, soit originaux, soit traductions de ceux des anciens, devinrent plus communs; enfin par une suite nécessaire de ces circonstances réunies, on vit se former dans tous les genres un grand nombre d'hommes qui travaillèrent à publier les travaux des anciens, quelques-uns à perfectionner ce qu'ils nous avoient transmis.

Il est vrai que le nombre des premiers, je veux dire de ceux qui se bornèrent à travailler sur le fond des anciens, est le plus considérable. On peut dire que l'esprit général du seizième siècle ne fut pas celui d'invention; ce seroit néanmoins être peu équitable, que de ne pas reconnoître qu'on y vit quelques génies heureux qui surent se frayer des routes particulières. Ce fut le siècle des Copernic, des Ticho, etc. ; l'analyse y prit des forces par les soins de divers géomètres, entr'autres de M. Viète ; on y vit même quelques géomètres originaux et profonds. D'ailleurs on fit à-peu-près alors ce qu'on devoit attendre de la marche ordinaire de l'esprit humain. Il falloit commencer à faire en quelque sorte l'inventaire des connoissances qu'on tenoit des anciens ; il falloit se familiariser avec elles, avant que de songer à en acquérir de nouvelles.

La matière abondante que nous présente le reste de cette histoire, nous oblige d'adopter un plan un peu différent de celui qu'on a suivi jusqu'ici. Dans les parties précédentes de cet ouvrage, on a exposé les découvertes des principaux mathématiciens dans chaque genre, en suivant l'ordre de leurs temps, plutôt que celui des matières. Comme ils ne se succédoient que de loin en loin, nous pouvions suivre cet arrangement ; mais leur nombre se multipliant désormais, en nous conformant davantage à ce plan, nous ne pourrions éviter une extrême confusion. Nous commencerons donc par les mathématiques pures, telles que l'arithmétique, la géométrie, l'algèbre ou l'analyse algébrique. Ce sera l'objet principal de ce livre. De-là nous passerons aux autres branches des mathématiques appelées *mixtes*, dont nous exposerons successivement les principaux traits, en donnant la préférence à ceux qui regardent plus particulièrement leurs progrès.

I I.

Le premier pas vers le renouvellement des sciences, étoit, comme on l'a dit, de se procurer la connoissance des travaux des anciens. On avoit déjà fait, dès la fin du siècle précédent, quelques efforts à cet égard. Mais on y travailla avec plus de succès et d'intelligence, dès le commencement du seizième, en commençant à puiser dans les sources Grecques. Zamberti, Vénitien, donna en effet en 1505, d'après le Grec, une édition des divers écrits d'Euclide (1). Je n'ai jamais pu me procurer la vue de cette édition, qui vit au surplus de nouveau le jour en 1537 à Bâle, par les soins de J. Hervage, célèbre imprimeur de cette ville, à qui les mathématiques ont de nombreuses obligations. Mais Zamberti étoit plus versé en grec qu'en géométrie, de sorte que sa traduction est vicieuse en bien des endroits.

L'année 1518 vit paroître pour la première fois les Sphériques de Théodose, mais de la mauvaise et antique traduction de Platon de Tivoli; on n'eut rien de mieux, pendant plusieurs années, c'est-à-dire, jusqu'à ce que Vogelin, Pena, Dasypodius, eurent donné leurs nouvelles traductions.

Pendant ce temps néanmoins Jean-Baptiste Memmius, ou Memmo, noble Vénitien, s'occupoit d'un travail plus difficile. C'étoit la traduction des Coniques d'Apollonius, ou du moins des quatre premiers livres, les seuls connus alors et existans en grec. Il mourut sur ce travail, et cette traduction fut mise au jour en 1537, par les soins de son fils, qui se conforma si rigoureusement aux manuscrits de son père, qu'on voit à la marge des calculs algébriques qui n'y ont aucun trait. Cette traduction d'Apollonius annonce au reste, comme celle d'Euclide par Zamberti, plus de connoissance du grec, que de savoir en géométrie. Mais on doit à la fois indulgence et reconnoissance à ces hommes qui, les premiers, travaillèrent à nous mettre en possession des trésors de l'antiquité.

Ces premiers travaux eurent l'avantage de procurer bientôt après des éditeurs et traducteurs plus savans. On doit donner à cet égard le premier rang à Fédéric Commandin. Ce savant mérite de grands éloges par son intelligence, soit dans la langue grecque, soit dans les mathématiques, ainsi que par le grand

---

(1) Euclidis *opera*, *Bartolom. Zamberto Veneto interprete*, Venet. 1505, in-f.

nombre de bons ouvrages qu'il publia. Car on lui doit d'abord
la traduction latine de partie des œuvres d'Archimède, qu'il
publia en 1558, avec un commentaire sur les endroits difficiles. Les deux livres de ce géomètre, intitulés *De iis quæ
vehuntur in aqua*, dont le texte grec ne s'est jamais retrouvé,
furent aussi publiés par ses soins en 1565, et en sont jusqu'à
présent la meilleure édition. Il donna l'année suivante, 1566,
les quatre premiers livres des Coniques d'Apollonius, avec le
commentaire d'Eutocius, et les lemmes de Pappus, qui en sont
une sorte de commentaire ou d'introduction, et ses propres
notes. Sa nouvelle traduction latine des Elémens d'Euclide, vit
le jour pour la première fois en 1572, et il en procura une
bonne traduction en italien, qui parut à Pesaro en 1575, et
de nouveau en 1619. Cette édition latine d'Euclide est si estimée, que réduite aux huit livres ordinaires, savoir les six premiers, avec les onzième et douzième, elle est devenue comme
classique en Angleterre, et a été réimprimée un grand nombre
de fois (in-8º.). On doit encore à Commandin les meilleures
traductions latines de divers ouvrages anciens, comme les traités
du *Planisphère* et de l'*Analemme* de Ptolémée; le livre d'Aristarque de Samos, *sur les grandeurs et distances du Soleil et
de la Lune*; les *Pneumatiques d'*Héron; le traité de Géodésie
ou des divisions des figures du géomètre Arabe, Mehemet de
Bagdad, dont l'original lui fut fourni par Jean Dée, géomètre
Anglois. Mais un dernier ouvrage, et le plus important de
tous, dont on ait l'obligation à Commandin, est sa traduction,
éclaircie par des notes, des *Collections mathématiques* de
Pappus. Car cette traduction est encore l'unique qui ait paru, et
peut-être sans lui, cet ouvrage si important dans l'ordre de la
géométrie ancienne, seroit encore enseveli dans la poussière
des bibliothèques. Commandin y travailla un grand nombre
d'années. Elle parut après sa mort à Pesaro, en 1588, in-fol.
Je renvoie, pour le surplus de ce qui concerne cet objet, à
ce que j'en ai dit dans le quatrième livre de la première partie de
cet ouvrage.

Ce géomètre, recommandable par ses travaux multipliés,
mérite qu'on jette quelques fleurs sur son tombeau. Il étoit né
à Urbin en 1509, et passa la plus grande partie de sa vie au
service du duc de ce nom (Jean Marie), qui fut son élève
en mathématiques, ainsi que Guido Ubaldo, marquis del Monte,
et l'on peut dire qu'il fut un des hommes qui servirent le plus
utilement les mathématiques à cette époque. On pourroit le
donner comme le modèle des commentateurs; ses notes vont
au fait, et ne viennent qu'à propos, sans être ni trop longues,
ni trop courtes. Très versé dans tout ce que les mathématiques

avoient de plus profond pour son temps, il prend bien le sens de son texte, et le redresse où il en est besoin. Quand on s'acquitte, avec cette intelligence, de son devoir d'éditeur et de commentateur, on mérite une place à côté des bons originaux. Ce savant estimable mourut en 1575.

L'abbé Maurolyco ou Marullo de Messine, se distinguoit dans le même temps, non-seulement comme géomètre original, ainsi qu'on le verra dans la suite, mais aussi par ses éditions de divers géomètres anciens. Car il publia en 1558 une nouvelle traduction des *Sphériques* de Théodose, d'après le grec, à laquelle il joignit les *Sphériques* de Menelaüs, d'après l'arabe, et deux nouveaux livres sur ce sujet par forme de supplément. Il publia aussi l'ouvrage d'Autholicus, *de Sphera mobili*, et celui de Théodose *de Habitationibus*, ainsi que celui d'Euclide, intitulé *de Phaenomenis*. Il avoit enfin traduit les Coniques d'Apollonius; il les avoit éclaircis avec des notes, et avoit formé une sorte de divination de la doctrine dès cinquième et sixième livres. Il travailla également sur Archimède, dont après sa mort on fit une édition, qui s'étant perdue par un naufrage, fut renouvellée par un exemplaire retrouvé, en 1681. Mais c'est plutôt une imitation d'Archimède, que l'ouvrage du géomètre ancien. On ne dit rien ici d'un grand nombre d'autres ouvrages sur toutes les parties des mathématiques, dont une grande partie a resté manuscrite. Mais ce qui en a été publié prouve que Maurolycus étoit un des plus forts géomètres de son temps. Il étoit d'une famille grecque qui avoit fui de Constantinople en Sicile, dès avant la prise de cette ville, par Mahomet II. Il étoit né en 1494, et mourut en 1575.

Tartalea, dont nous aurons occasion de parler assez au long dans la suite même de ce livre, fut encore un de ceux qui s'attachèrent à faire connoître dans sa langue quelques ouvrages anciens. On a de lui une traduction italienne des quinze livres des Elémens d'Euclide qu'il publia en 1543, et qui fut réimprimée en 1557. Mais le mauvais italien dans lequel elle est écrite, qui est celui qu'on parle à Venise, dut la rendre moins utile. Il donna aussi une traduction latine de partie des œuvres d'Archimède, qui parut pour la première fois en 1543, et de nouveau avec ses *Quesiti e invenzioni diverse*.

Nous donnerons aussi place dans cette classe de mathématiciens estimables, à Joseph Auria Napolitain, et au noble Vénitien, François Barozzi. Ce fut par les soins de celui-ci, que parut la traduction latine du curieux, quoique excessivement prolixe, commentaire de Proclus, sur le premier livre d'Euclide (1). Il fut encore auteur d'un ouvrage en partie original, en partie extrait des géomètres anciens, sur onze manières de décrire une courbe qui, s'approchant toujours de plus en plus, et de plus près qu'une quantité quelconque si petite soit elle, d'une ligne droite, ne l'atteint jamais. C'étoit de son temps une espèce de paradoxe, dont tout le merveilleux est évanoui.

Auria publia, d'après les manuscrits du Vatican, divers ouvrages astronomico géométriques, tels que le traité de Théodose *de diebus et noctibus*, et celui *de Habitationibus*. Il en projetoit divers autres qui n'ont pas vu le jour.

Je m'étendrai moins, pour ne pas devenir trop prolixe, sur les divers traducteurs et commentateurs, que nous offrent les autres parties de l'Europe, pendant ce siècle. Dès l'an 1516, on vit paroître en France une édition complette des Élémens d'Euclide en latin, par les soins réunis de Jacques Faber d'Etaples, et d'Isaac Pontanus. Elle est donnée comme faite d'après le grec, ou du moins comme celle de Zamberti, revisée d'après l'original, et combinée avec les commentaires de Théon, et Campanus. Oronce Finée, professeur royal, publia, en 1536, une autre traduction latine des six premiers livres d'après le grec, et même avec le texte grec des propositions ; et Jacques Pelletier du Mans en donna aussi une en 1557, avec d'assez amples notes. Cette traduction parut de nouveau avec des corrections et additions en 1610. C'est là que prit naissance la fameuse querelle sur l'angle de contingence, dont il sera plus au long question dans la suite. Euclide eut aussi un traducteur en langue françoise, dans Pierre Forcadel de Beziers, qui publia en 1564 les six premiers livres, et les trois suivans en 1566. Le livre X qui traite des quantités irrationnelles, le plus difficile de tous, excita particulièrement l'attention de Pierre Mondoré, bibliothécaire du roi, et ami du célèbre chancelier de l'Hôpital qui, dans ses poésies, en fait un éloge brillant. Il le publia en 1551 (2). Il avoit préparé plusieurs autres ouvrages de ce genre, sur des mathématiciens anciens. Mais victime de la St. Barthélemy, il périt dans cette affreuse journée, son cabinet fut pillé, et ces ouvrages perdus.

A ces éditeurs François de géomètres anciens, on doit joindre Jean Péna, ou de la Pêne, gentilhomme Provençal, et professeur royal à Paris, qui donna en 1557 le texte grec des Sphériques de Théodose, avec la traduction latine. C'est une des

---

(1) Procli *Diadochi Philos. Platonici comment. in* 1 *Euclidis librum*, *libri* 4. Par. 1560, in-fol.

(2) *Euclidis elementorum libri* 10, Petro Montaureo *interprete*, etc. Paris. 1551, *in-4*.

meilleures éditions et traductions de ce géomètre; il publia la même année la traduction et le texte grec de l'Optique et de la Catoptrique d'Euclide, ainsi que de son *Isagoge harmonica*. Pascase Hamelius ou Duhamel, aussi professeur royal, donna en 1557 le *Psammètes* ou *Arenarius* d'Archimède avec des notes, en quoi même il devança Commandin. Enfin M.. de Foix-Candalle, évêque d'Aire en Gascogne, donna en 1566 une édition (in-fol.) d'Euclide, à laquelle il ajouta un seizième livre sur les corps réguliers; édition qui fut suivie, en 1578, d'une nouvelle, dans laquelle il fit entrer deux nouveaux livres sur le même sujet. Mais nous renvoyons à ce que nous en avons dit, en parlant, à l'occasion d'Euclide, de ses principaux éditeurs; car nous n'avons pas eu le dessein ni là, ni ici, d'épuiser cette matière.

L'Allemagne ne manqua pas, pendant la même époque de traducteurs, éditeurs ou commentateurs des anciens géomètres. On en feroit une prolixe énumération; il faut se borner ici aux principaux, comme Vogelin, Grynæus, Herlinus, Venatorius, Dasypodius, Scheubel, Camerarius, Xylander. Le premier, qui étoit un professeur de mathématiques à l'université de Vienne, publia en 1528 et 1536, une sorte d'extrait de la géométrie d'Euclide, sous le titre d'*Elementale geometricum*. Il travailla en particulier fort utilement, en publiant d'après le grec une édition des Sphériques de Théodose, meilleure que celle de 1518.

On eut sur-tout, vers cette époque, une grande obligation au savant Grynæus, qui fit enfin connoître par l'impression le texte grec des Élémens qu'il publia en 1533, par l'entremise de J. Hervage, imprimeur de Bâle. Il y joignit le commentaire de Proclus sur le premier livre d'Euclide, le tout sans traduction. Car alors il n'étoit guère moins commun de savoir le grec, qu'aujourd'hui le latin. Au surplus ceux qui donnent à cette édition une date de 1530, sont absolument dans l'erreur, et je doute qu'il y en ait eu une nouvelle de 1539.

Grynæus eut peu d'années après un imitateur dans Thomas Venatorius, qui publia en 1544 (in fol.) le texte grec des ouvrages d'Archimède, qui se retrouvent dans cette langue, ainsi que celui de son commentateur Eutocius. Il y est accompagné d'une traduction latine, ce qui en rend l'utilité plus grande.

Herlinus et Dasypodius, tous deux successivement professeurs à Strasbourg, firent sur Euclide un travail assez pédantesque; ce fut de le réduire en forme syllogistique (1). Le premier avoit fait ce travail sur deux livres; le dernier en ajouta quatre

(1) *Analyses geometr. sex librorum Euclidis*, etc. Argent. 1566, in-fol.

pour avoir les six premiers livres ainsi traités. C'étoit une peine
bien superflue ; car par là une démonstration de 20 à 20 lignes
se trouve quelquefois filée, de syllogisme en syllogisme, à occuper plusieurs pages, ce qui ne fait que la rendre plus obscure.
Un essai sur quelques propositions eût suffi ; en faire davantage, étoit abuser de la patience du lecteur tant soit peu intelligent. Au reste, Dasypodius se rendit plus utile, tant par la publication en grec et en latin de plusieurs livres d'Euclide successivement, que par la traduction des Sphériques de Théodose,
ainsi que de l'Optique et de la Catoptrique d'Euclide.

Le savant Xylander forma une entreprise et plus utile et
plus difficile, en s'occupant d'une traduction des sept livres
qui nous restent de Diophante. Elle parut en 1575 ; on lui doit
savoir gré de ce travail, quoique vicieux en plusieurs endroits,
tant par le mauvais état du manuscrit, que par la difficulté
de la matière, et la hâte avec laquelle son indigence l'obligeoit
de travailler. On lui dut aussi la première traduction Allemande
des six premiers livres d'Euclide qui parut en 1562. Les mêmes
livres furent traduits en Danois par Jean Moor, ou pour mieux
dire, cet auteur en fit un extrait accompagné d'usages divers,
sous le titre d'*Euclides Danicus*, qui fut ensuite mis en Hollandois par Peters Dow.

Mais il est temps de finir cette ennuyeuse énumération ;
je ne parlerai plus pour cette raison que du célèbre jésuite
Clavius. On lui doit une nouvelle édition et traduction d'Euclide, accompagnée d'un commentaire. Elle parut pour la première fois en 1574, avec le 16e. livre de Foix-Candalle. Il en donna
en 1589 une nouvelle édition augmentée, qui fut suivie de
nombre d'autres en 1591, 1603, 1607, sans compter celle
qui est dans le recueil de ses œuvres publié, en 1612. C'est une
preuve de l'accueil qu'elle reçut des géomètres, et en effet
c'est une des meilleures, quoique le commentaire soit quelquefois un peu prolixe. On doit encore au P. Clavius une bonne
traduction des Sphériques de Théodose. Tels furent les principaux éditeurs, traducteurs ou commentateurs d'ouvrages géométriques anciens, pendant le seizième siècle. Ils furent, comme
l'on voit, pour la plûpart bornés à l'élémentaire. Mais si l'on
considère depuis combien peu de temps la géométrie avoit
pénétré parmi nous, il s'agissoit seulement encore de dégrossir
les esprits, et de leur faire goûter une science presque inconnue jusqu'alors. L'esprit humain, semblable à un estomach
foible, que fatigueroit une nourriture trop solide, avoit besoin
d'être amené par degrés à des considérations d'un ordre plus
relevé.

I I I.

Nous allons maintenant parcourir les diverses parties de l'Europe, et faire connoître les travaux et le mérite des principaux géomètres qui y fleurirent durant le seizième siècle, et qui tentèrent par des ouvrages, autres que des traductions ou commentaires, à étendre le champ des mathématiques. Il est juste que nous commencions, par l'Italie d'où sont, en quelque manière, sorties les premières étincelles des sciences et des arts.

Nicolo Tartalea ou Tartaglia, car il prit indifféremment l'un de ces noms dans différens ouvrages, nous occupera le premier, comme celui qui, parmi les mathématiciens d'Italie, semble avoir joué le rôle le plus brillant, tant par ses divers écrits et inventions, que par ses démêlés avec un homme non moins célèbre, le fameux Cardan; nous le citerons comme un exemple remarquable de ces hommes qu'on voit, de temps à autre, se faire jour malgré les obstacles les plus capables d'étouffer le génie. Il étoit de Brescia, mais d'une famille très-basse et très-pauvre, car son père faisoit le métier de messager; et ce père qui soutenoit sa famille, étant venu à mourir, elle tomba dans une misère extrême. Pour surcroît de malheur, Tartalea étoit à Brescia, quand les François revenant de Naples, et ayant gagné la bataille de Fornoue, prirent et saccagèrent cette ville. Il y reçut, quoique très-jeune, plusieurs blessures sur la tête, qui le rendirent bègue, ce qui lui fit donner le nom de *Tartaglia* ou *Tartalea*. La nature fut son seul médecin; car il n'avoit pas de quoi payer le pansement de ses blessures. Revenu cependant de ce fâcheux accident, il apprit à lire, je ne sais comment; mais pour apprendre à écrire, il fut obligé de voler un maître, à qui il feignit de vouloir apprendre un modèle des lettres de l'alphabet. C'est lui-même qui nous instruit de ces faits dans son livre des *Quesiti è invenzioni diverse*; mais il ne nous conduit pas plus loin. Il est aisé d'imaginer quelles difficultés il lui fallut surmonter pour parvenir aux connoissances qu'il sut acquérir. Ces difficultés ne l'empêchèrent pas de se faire un nom dans sa patrie; il professa les mathématiques à Venise, où il fut considéré et consulté par tous les amateurs de ces sciences. Car on voit par plusieurs endroits de l'ouvrage ci-dessus, qu'il vivoit dans une sorte de familiarité, avec ce que la république avoit de plus distingué. Indépendamment de ses traductions d'Archimède et d'Euclide, on a de lui un grand ouvrage sur l'arithmétique, la géométrie et l'algèbre (1); ouvrage fort bon pour son temps,

(1) *General trattato di numeri è misure di Nicolo* Tartaglia, etc. *la 1ª parte,* Vineg. 1551, in-fol. *la 2ª e 3ª,* ibid. 1556, *la 4ª, 5ª e 6ª parte,* ibid. 1560.

et très-curieux par les détails de ses querelles avec Cardan. L'histoire de ce démêlé tient d'assez près aux progrès de la science, pour mériter une place en ce lieu.

Tartalea et Cardan avoient été fort amis, mais la rivalité en mathématique les brouilla, et ce fut la résolution des équations du troisième degré, qui fut la pomme de discorde entr'eux. En effet, Tartalea ayant trouvé la résolution des équations du troisième degré, à l'occasion de quelques défis géométriques avec un certain Florido, la communiqua à Cardan sous le secret. Mais cela n'empêcha pas celui-ci de la publier à-peu-près comme une invention à lui; Tartalea étoit fondé à s'en plaindre, et s'en plaignit vivement. Il fit plus : pour prouver à Cardan le droit primitif qu'il avoit à cette découverte, et sa supériorité en géométrie sur lui, il lui fit le défi de résoudre dans un temps déterminé trente-un problêmes, soit de géométrie, soit d'analyse, qu'il lui proposeroit; il consentoit que Cardan lui en proposât autant, et s'engageoit à les résoudre ou à en résoudre un plus grand nombre, que Cardan ne résoudroit des siens. Enfin une condition du défi étoit que celui qui en résoudroit le moins, payeroit à l'autre une certaine somme à raison de chaque problême résolu de plus par son adversaire. Les problêmes ayant été proposés de part et d'autre, il paroît que Cardan n'en résolut qu'un fort petit nombre, et même après le terme convenu, tandis que Tartalea résolut presque tous ceux de Cardan en peu de jours. Cependant ce dernier incidentoit et se vantoit. C'est pourquoi Tartalea voulant lui fermer la bouche, lui proposa un défi public à vider dans un lieu déterminé à Milan, et s'y rendit aussitôt. C'est un fait que Cardan s'absenta et laissa le fardeau de la querelle à Louis Ferrari son disciple. Ce Louis Ferrari étoit au surplus un fort habile homme, et c'est à lui qu'on doit la première solution des équations du quatrième degré. Les champions se présentèrent donc, Tartalea seulement, accompagné de son frère, et Ferrari suivi d'une foule de personnes, partisans ou amis de Cardan. Tartalea entama la dispute, et prouva l'erreur de Cardan dans la solution d'un de ses problêmes; ce dont on convint, si l'on en croit Tartalea; mais ensuite les partisans de Cardan incidentèrent sur la qualité des juges, et élevèrent tant de difficultés contre Tartalea, qui étoit seul contre eux, que la séance fut rompue; et ce dernier quitta Milan aussitôt, avec la précaution même de prendre un chemin détourné, par où il donne à entendre qu'il craignoit quelque embûche de la part des amis de son adversaire. On peut voir dans l'ouvrage cité ci-dessus, les problêmes qui furent

proposés

proposés de part et d'autre. Il y en a quelques-uns de curieux et de difficiles pour le temps. En voici un de Tartalea. *Il y a un corps inscriptible à une sphère, et composé de trois espèces de faces régulières, dont douze sont des pentagones réguliers, trente carrés, et vingt triangles équilatéraux.* On demande le rayon de la sphère inscriptible, et la solidité de ce polyèdre (1). La plûpart des autres tiennent à des extractions de racines, à trouver ou à démontrer impossibles, de grandeurs irrationnelles de degrés fort élevés; je ne sais si même aujourd'hui on n'y trouveroit pas quelques épines. Quand à ceux de Cardan, il faut en convenir, ils étoient tous d'une difficulté fort médiocre, ou n'étoient pas des problêmes, mais plutôt des discussions métaphysiques, à l'exception de celui-ci. *Diviser le nombre donné 8 en deux parties, telles que le produit de l'une par l'autre, et par leur différence, fusse le plus grand produit possible.* C'est, comme l'on voit, un problême *de maximis et minimis.* Tartalea s'en tire très-bien, et promettoit de donner sa méthode dans son *Algebra nova,* mais cet ouvrage n'a jamais paru. Quant aux problêmes proposés par Tartalea à Cardan, si les réponses que rapporte le premier ne sont pas controuvées, il paroît certain qu'il s'étoit le plus souvent trompé. Ainsi se termina cette querelle; mais Tartalea, pendant dix ans qu'il vécut encore, ne laissa échapper aucune occasion de critiquer Cardan et Louis Ferrari son disciple, ainsi que de relever les erreurs du premier. On trouve au surplus, dans Tartalea, beaucoup de choses qui lui font honneur. Il a très-bien vu les progrès des coëfficiens des termes d'un binome élevé à une puissance quelconque, et l'on voit dans le livre II de la seconde partie du *General Trattato de'i numeri e misure,* quelque chose qui approche beaucoup du triangle arithmétique, avec le développement de la formation des nombres qui le remplissent. Dans un autre endroit, il parle de la solution d'un problême sur le jeu de dez, trouvée, dit-il, pendant la nuit qui suivit un jour de carnaval, qu'il avoit passé avec ses amis en partie de plaisir. Il s'agissoit de savoir quel étoit le nombre de points différens qu'on peut amener avec deux dez, avec trois, avec quatre, etc. Il trouve, au moyen de la sommation de six termes des progressions naturelle, triangulaire, etc., que pour deux dez il y a 21 points différens, pour trois 56, pour quatre 126; sur quoi néanmoins il convient d'observer que Tartalea ne fait pas attention aux diverses manières, dont tous les points, hors

(1) Voyez la note *A* à la fin de ce livre.

les raffles, peuvent être amenés; car ces diverses manières sont pour deux dez 36, pour trois 216, pour quatre 1296, etc.

Nous remarquerons au surplus, à l'occasion de cette querelle entre Tartalea et Cardan, que nous n'avons entendu qu'une des deux parties. Car le dernier, quoique cruellement provoqué, n'y a jamais mis que beaucoup de modération, se plaignant tout au plus de Tartalea, comme d'un ancien ami qui avoit rompu avec lui par trop d'amour-propre. Bombelli, dans son Algèbre, nous le dépeint comme un homme excessivement vain et ardent à trouver et à relever des erreurs dans les ouvrages d'autrui, quoique lui-même n'en fût pas exempt, ainsi qu'il le montre en trois ou quatre endroits.

Je ne sais si je dois parler ici d'une bagatelle géométrique, à laquelle Tartalea donne plus d'importance qu'elle ne méritoit. C'est le moyen de construire tous les problêmes d'Euclide avec une seule ouverture de compas, comme si pour tout instrument on n'avoit qu'une règle et un compas invariable. Cardan s'en étoit amusé dans son livre *de subtilitate*, et paroît avoir voulu se borner à un essai. Mais Tartalea parcourt tous ces problêmes avec une ridicule exactitude, et querelle beaucoup son adversaire d'en avoir laissé plusieurs en arrière. Cardan étoit assurément bien supérieur à des bagatelles de cette espèce. Cependant elles n'ont pas laissé d'occuper un géomètre, qui ne leur étoit pas moins supérieur, savoir, J. B. Benedictus, qui a donné en 1555 un livre entier sur ce sujet.

Ce petit problême me donne occasion de parler d'un autre, à-peu-près du même genre. C'est de résoudre les mêmes questions en s'interdisant l'usage du compas, pour en tracer un arc de cercle, et même la description d'un arc de cercle quelconque, ensorte qu'on ne fasse usage que d'une mesure fixe, et déterminée, pour prendre sur une ligne donnée de position, une longueur donnée. Schooten fait mention d'un petit ouvrage intitulé *Geometria peregrinans*, qui avoit cet objet, et qu'il dit ingénieux. Mais, je le répète, ces bagatelles ne méritent guère l'attention des géomètres, et sont faites tout au plus pour trouver place dans des *Récréations mathématiques*, où la singularité des questions est plus recherchée que leur difficulté ou leur utilité. L'édition des Récréations mathématiques, donnée en 1778, en contient quelques exemples, auxquels pourra recourir le lecteur qui en sera curieux.

Le fameux Cardan, dont on vient de parler à l'occasion de sa querelle mathématique avec Tartalea, querelle dans laquelle, autant qu'on peut en juger, il ne joua pas le plus beau rôle, mérite cependant qu'on en fasse ici mention. Ce fut un homme fort extraordinaire. Il vit le jour à Milan en 1501. Doué d'un génie facile, et d'une imagination brillante, il embrassa successivement, ou à la fois, toutes les connoissances humaines. On le vit orateur, naturaliste, géomètre, algébriste, astronome ou plutôt astrologue, médecin, physicien, moraliste et philologue. Mais il donna en même-temps dans des travers excessifs ; et après diverses mutations de domicile, et des agitations sans nombre, il mourut à Rome en 1575. Il n'est cependant pas vrai qu'il soit mort dans l'indigence, ni qu'il se soit laissé mourir pour ne pas faire mentir son horoscope ; car cet horoscope étoit assez vague pour lui donner de la marge, et il paroît que quand il mourut, il jouissoit de l'aisance d'un médecin accrédité qui va voir ses malades en voiture. Il étoit au surplus habile géomètre, et il tenta d'appliquer la géométrie à la physique dans un ouvrage intitulé : *Opus novum de proportionibus, numerorum, motuum, ponderum, sonorum*, etc. Basil. 1570, in-fol. Il est vrai que ses efforts furent en général destitués de succès ; les bases propres à fonder ses raisonnemens géométriques manquoient ; mais cet ouvrage qui lui fit beaucoup d'honneur, montre qu'il avoit dans la tête autant de géométrie qu'aucun de ses contemporains. Tous ses ouvrages mathématiques se trouvent dans le tome IV des *Opera Cardani*, édition de Lyon en dix volumes in-folio. On donnera ailleurs l'histoire de ce que lui doit l'analyse algébrique. Car c'est par-là qu'il s'est rendu principalement recommandable, ainsi que son disciple, Louis Ferrari ou Ferraro.

Commandin (Fédéric), médecin et mathématicien de la ville d'Urbin, né en 1509, s'est rendu, comme on l'a vu plus haut, surtout recommandable par ses nombreuses traductions, qui respirent une parfaite intelligence dans la géométrie, soit ordinaire, soit transcendante. A la vérité il ne fut pas aussi heureux dans les efforts qu'il fit pour aller au-delà des anciens ; le seul ouvrage où il ait tenté d'être original, est son traité des centres de gravité des solides, matière à laquelle Archimède n'avoit presque pas touché. Mais parmi les corps dans lesquels la position de ce centre ne se présente pas au premier coup-d'œil, l'hémisphère et le conoïde parabolique sont les seuls où il put réussir. Il y avoit plus de difficulté à déterminer les centres de gravité des segmens de sphères et de sphéroïdes, et ceux des conoïdes hyperboliques : c'est ce que fit au commencement du dix-septième siècle Lucas Valérius, autre géomètre Italien très-ingénieux et très-habile, dont nous parlerons dans la suite. Commandin mourut en 1575.

Maurolicus de Messine mérite d'être regardé comme le premier des géomètres ses contemporains. Il fleurit au milieu du seizième siècle ; personne de son temps ne fut plus versé

que lui dans la géométrie transcendante. Il donna non-seulement des éditions de divers géomètres anciens, tels qu'Archimède, Théodose; mais il fit quelques découvertes dans la
théorie des sections coniques. 1°. Il travailla à rétablir le cinquième livre d'Apollonius, sur les indications de Pappus, qui
apprenoit qu'il traitoit *de maximis et minimis*. Il en forma
deux livres, à la vérité, fort inférieurs à celui d'Apollonius,
et à ceux de M. Viviani ; ils n'ont paru qu'en 1654, par les
soins, je pense, d'Alphonse Borelli, et Viviani en a donné
un précis dans sa divination sur Apollonius. Mais ce qui fait
principalement honneur à Maurolicus, c'est l'ingénieuse manière dont il considère les sections coniques. Il les prend dans
le cône même, et il montre par cette voie diverses propriétés
de ces courbes, comme celles de leurs targentes, des asymptotes de l'hyperbole, etc., avec une élégance ravissante pour
les amateurs de la géométrie ancienne. Aussi plusieurs auteurs
ont ils adopté cette méthode, entr'autres M. de la Hire dans

avoient dans ce temps leur difficulté. Il sera fait encore mention de lui, lorsqu'on parlera de la gnomonique et de la mécanique.

Le célèbre Wolf n'est pas le premier qui ait entrepris de démontrer jusqu'aux axiomes de la géométrie. Il y eut vers ce temps un géomètre Italien, qui forma un semblable projet. Il se nommoit François Patrizi, et il eut de la célébrité à d'autres titres. Dans son livre intitulé : *Della nuova geometria, di Francesco* Patrizi *Libri XV*, etc. (1), il entreprend de démontrer les notions géométriques les plus évidentes, et il le fait par des détours de raisonnement, tels qu'après avoir lu ses démonstrations, on commenceroit volontiers à douter que le tout soit plus grand qu'une de ses parties. Ses quinze livres conduisent jusques vers la moitié du premier livre d'Euclide, ensorte qu'un cabinet d'*in-quarto* auroit à peine completté les Élémens. C'étoit là ce que Patrizi appeloit un chemin royal et plus uni que celui que les anciens avoient frayé.

La France ne fut pas la dernière à accueillir les mathématiques pures nouvellement importées, pour ainsi dire, chez les Occidentaux. Divers membres ou élèves de l'université de Paris, donnèrent dès le commencement du siècle des ouvrages sur l'arithmétique et la géométrie. Tels furent Thomas Bradwardin, dont on a une *Arithmetica et geometria speculativa* (2); Gaspard Lax, auteur d'une *Arithmetica speculativa et practica*, et d'un traité *de proportionibus* (3); Jean-Martin Siliceus, dont le nom propre étoit *Guijen* (qui, en Béarnois, signifie un *caillou*), auteur d'un *Ars arithmetica in theoriam et praxim scissa* (4); Josse Clictovée, qui publia aussi un traité intitulé : *Praxis numerandi*; et Cuthbert Tonstall, ami intime de Thomas Morus, auteur d'un livre intitulé *de Arte supputandi libri VI* (5). Tous ces savans étoient à la vérité étrangers, mais ils avoient, à ce qu'il paroît, puisé leurs connoissances à Paris, déjà réputé la métropole des sciences et des lettres. Remarquons ici que la plûpart de ces hommes arrivèrent dans la suite aux plus grands honneurs ecclésiastiques; car Bradwardin, de retour dans sa patrie, fut archevêque de Cantorbery; Siliceus ou Guijen monta sur le siége archiépiscopal de Tolède; Tonstall fut évêque de Durham, et Gaspard Lax parvint au souverain pontificat.

Dans le même-temps vivoit Charles de Bovelle, dons nous ne parlons cependant ici que pour dire qu'il fut, ainsi qu'Oronce Sinée, fort au-dessous de sa réputation. On lit parmi ces ouvrages (6) divers traités géométriques, mais qui, ainsi

---

(1) Ferrara, 1587, in-4°.
(2) Paris, 1495 et 1496; *It.* 1505, 1508, etc.
(3) *Ibid.* 1515, in-fol.
(4) *Ibid.* 1514, 1526, in-4°.
(5) *Ibid.* 1508, in-4°.
(6) Caroli Bovilli *Samarobrini opera*, etc. 1510, in-4°.

ainsi que sa géométrie imprimée en 1507, et de nouveau en 1542, par les soins d'Oronce Finée, ne sont qu'un tissu de paralogismes sur la quadrature du cercle, la cubation de la sphère, l'inscription des polygones dans le cercle &c. On diroit qu'il n'a jamais vu ni connu une démonstration géométrique. Ce dernier ouvrage présente seulement une chose assez curieuse, savoir une tentative de quarrer le cercle par la considération de la trace que décrit un point d'un cercle roulant sur une ligne droite, comme une roue sur le pavé; mais cette trace n'est point un arc de cercle, ainsi que Bovelle tente de le démontrer, ou plutôt comme il le suppose. Ainsi, tout ce qu'il dit sur cela n'est que paralogisme pur.

Oronce Finée, homme assez célèbre dans ce siècle, ne fut pas inutile au rétablissement des mathématiques. On a de lui plusieurs ouvrages élémentaires, tels que sa *Proto-Mathesis* (1) et nombre d'autres traités d'arithmétique, de géométrie, d'astronomie etc. qu'il étoit singulièrement habile à reproduire sous des titres différens et nouveaux. Mais il eut pour sa réputation le malheur de croire avoir trouvé la quadrature du cercle, qu'il publia non-seulement dans sa *Proto-Mathesis*, comme incidemment, mais dans un ouvrage à part. Il ne se borna même pas là; car il se fit l'illusion d'avoir aussi trouvé la duplication du cube, la trisection de l'angle, et même sa division en un nombre quelconque de parties égales. Tout cela fut publié peu après sa mort dans un livre pompeusement intitulé *de rebus Mathematicis hactenus desideratis* (2), dont en mourant il avoit fortement recommandé le manuscrit à son ami le bon Mizault de Montluçon. Mais le monde géomètre n'y vit que des paralogismes pitoyables et indignes d'un professeur royal. Jean Butéon ou de Batéon, géomètre Dauphinois, anciennement un de ses disciples et chanoine régulier de saint Antoine, dévoila ses erreurs (3), en 1559, dans un livre rempli de bonne et solide géométrie, où il fait l'histoire de ce problème, et réfute les divers paralogismes qu'il avoit déjà occasionnés. Jean Butéon écrivit aussi une Algèbre (4); enfin il donna des preuves d'un esprit solide et de ses connoissances variées en mathématiques, dans l'application raisonnable qu'il en fit à la résolution de diverses questions de jurisprudence et de philologie (5). Il est au surplus assez diffi-

(1) Orontii Finei, *Delphinatis Protomathesis*, Par. 1532, in-fol.

(2) Paris. 1555, *in-fol.*

(3) J. Buteonis, *de quadratura circuli libri duo*, etc. Lugd. 1559, in-8°.

(4) J. Buteonis, *logistica*, etc.

(5) J. Buteonis, *opera*, etc. Lugd. 1555, in-fol.

cile de démêler comment le nom propre de ce géomètre qu
étoit Borel ou *Bourel*, a été traduit en latin par celui de
Buteo ; mais revenons à Oronce. Il fut aussi réfuté solidement
par Nugnez, géomètre Portugais très-habile, et plus connu sous
le nom de Nonius, dans un livre intitulé *de Erratis Orontii* (1).
Mais Oronce ne laissa pas de mourir dans la persuasion que son
nom voleroit de bouche en bouche et d'âge en âge, comme
celui de l'heureux Œdipe de cette énigme scientifique. C'est
ainsi que Ronsard ferma les yeux, bien persuadé que le sien
seroit accouplé dans les siècles futurs avec celui d'Homère.

Jacques Pelletier, du Mans, vivoit vers la même époque,
et il écrivit sur l'arithmétique, l'algèbre, la géométrie, des
ouvrages qui furent utiles dans leur temps ; mais ce qui lui a
donné une sorte de célébrité, est sa querelle avec le P. Clavius, sur l'angle de contingence ; on appelle ainsi l'angle qui
se forme, lorsqu'une ligne droite touche un cercle ou une
courbe quelconque. Clavius prétendoit que cet angle est d'une
nature hétérogène avec l'angle rectiligne, et il se fondoit sur
ce que l'on démontre que le plus grand angle de contingence
d'un cercle avec une ligne droite, est moindre que le plus
petit angle rectiligne. Pelletier vouloit que cet angle n'en
fût pas un véritable. Cette dispute fut poussée assez vivement
par divers écrits de part et d'autre. On peut voir les raisons
alléguées par les deux adversaires, dans le commentaire de
Clavius sur Euclide, à la proposition 28e. du 3e. livre. Avant
de parler du fond de la contestation, je remarquerai que cet
angle de contingence a été le sujet d'une querelle fréquemment
renouvellée. Car elle eut encore lieu dans le même siècle entre
Pelletier, d'un côté, et Monantheuil, professeur royal, et
Butéon ou Borel, de l'autre. Les PP. Léotaud et Grégoire de
Saint-Vincent ou ses disciples agitèrent encore avec chaleur
ce sujet vers le milieu du siècle dernier. Enfin à peine cette
contestation s'étoit-elle assoupie, qu'on la vit se renouveler vivement entre Léotaud et le célèbre Wallis, qui embrassa le
parti de Grégoire de Saint-Vincent et de Pelletier. Nous pensons avec Wallis que ces derniers avoient raison. Car il est
nécessaire, suivant les principes de la nouvelle géométrie, que
la tangente se confonde avec le côté infiniment petit ou
évanescent de la courbe. Il n'y a donc point d'angle en ce
point, car deux lignes qui sont dans la même direction ne
font point d'angle. Si cette considération d'infiniment petits
laissoit quelque nuage dans l'esprit, nous observerions, pour
consolider ce sentiment, que le point décrivant la tangente et

(1) Conimb. 1546 et 1573, *in-fol.*

celui qui décrit la ligne courbe, lorsqu'ils coïncident au contact, ont la même direction; il n'y a donc point d'angle entre l'une et l'autre à ce point. Mais il n'en est pas ainsi de deux lignes droites qui s'entrecoupent. Les deux points décrivans, arrivés en même-temps au point d'intersection, ont des directions différentes, et quelque peu différentes qu'elles soient, elles forment un angle. Je n'ignore pas que Neuton démontre qu'il y a des angles de contingence infiniment plus petits ou plus grands les uns que les autres, et néanmoins tous moindres que le plus petit angle rectiligne. Mais cela n'est rien moins qu'inconciliable avec ce qu'on vient de dire. La démonstration de Neuton prouve seulement qu'il y a des courbes, où le changement de direction du point décrivant se fait par des gradations infiniment plus lentes que dans d'autres. Mais on ne peut se former une idée de cette variation de courbure, que lorsqu'on a parfaitement entendu la méthode des fluxions de Neuton.

Jean Fernel, Pierre Mondoré, Gosselin de Cahors, Vinet, Forcadel, Jean Pena ou de la Pène, Ramus, furent aussi des hommes qui servirent utilement en France les mathématiques.

Jean Fernel, avant de se livrer uniquement à la médecine où il se fit un grand nom, avoit beaucoup cultivé les mathématiques, et même avec un attachement que les exhortations de son beau père et la raison eurent peine à surmonter. On a de lui un livre de pure mathématique, intitulé : *De Proportionibus Libri II* (Paris. 1528. f.), et deux ouvrages astronomiques; l'un intitulé *Monalospherion*, espèce d'analemme, et l'autre *Cosmotheoria*. Mais ce qui le rend principalement recommendable, c'est sa mesure d'un dégré terrestre du méridien, qui, par un heureux hasard, car il faut dire la vérité, approche singulièrement de la véritable.

Je me borne à nommer ici Mondoré, Gosselin, Forcadel, Vinet, Pena, dont nous avons eu ou dont nous aurons ailleurs occasion de dire quelques mots, pour parler du fameux Ramus, qui mérite ici une mention distinguée à cause de son zèle pour les mathématiques. Doué d'un esprit plus juste que la plûpart de ses contemporains, il sentit que la philosophie des écoles n'étoit qu'un vain cliquetis de mots. Il voulut la réformer; et pour y parvenir, il tenta de donner aux mathématiques une plus grande part dans les études scolastiques, et plus d'influence sur les autres parties de la philosophie. Il osa enfin attaquer de front Aristote, et peut-être le fit-il avec trop peu de ménagement. Mais le temps d'abattre, ou du moins de réduire à son juste degré de vénération, cette ancienne idole des écoles, n'étoit pas encore venu. Cette

entreprise

entreprise lui fit des ennemis sans nombre ; et même la persécution alla si loin, qu'il fut obligé de faire son apologie et celle des mathématiques devant le parlement de Paris. Mais cela n'empêcha pas qu'Aristote ne fût conservé dans son ancienne possession d'asservir l'esprit humain. L'issue de sa querelle avec les partisans de cet ancien philosophe est un exemple mémorable de ce dont l'ignorance et la passion sont capables ; car l'affaire ayant été portée devant des commissaires nommés par le roi, Ramus fut condamné, ce qui n'a rien de surprenant, vu les préjugés du temps. La sentence fut affichée à toutes les portes de l'université, et Ramus eut à essuyer tout ce qu'on peut attendre d'indignités de la lie des collèges, soulevée contre lui par ses ennemis (1). Il fut enfin une des victimes de l'exécrable journée de la Saint-Barthélemi, et il périt presque de la main de Charpentier son confrère et son ennemi ; au reste son sang rejaillit sur la postérité du coupable ; car le fils de ce barbare professeur mourut quelques années après sur un échafaut, comme complice d'une conspiration contre Henri IV. Mais revenons à notre sujet. On a de Ramus un ouvrage intitulé : *Prœmium Mathematicum* (2), qui est une sorte de panégyrique des mathématiques. Il donna aussi ou entreprit de donner de nouveaux élémens d'arithmétique et de géométrie (3) dans un ordre différent de celui d'Euclide, qu'il désapprouvoit. Mais cet ouvrage n'a pas obtenu l'accueil des géomètres, qui n'y ont point trouvé cette rigueur si nécessaire dans les ouvrages de ce genre, et qui fait le charme de ceux qui sont doués de l'esprit géométrique. Enfin il fonda au collège de Maître Gervais, un de ceux de l'université, une chaire de mathématiques, qui fut long-temps occupée par Roberval dans le siècle suivant. Une condition de son institution étoit qu'elle devoit être remise au concours tous les trois ans. La suppression de ce collège a fait vaquer la chaire pendant bien des années, mais elle a depuis été réunie au ci-devant collège royal ; des appointemens lui ont été assignés, et elle est aujourd'hui remplie par M. Mauduit, dont le savoir en mathématique le rend bien supérieur à la destination de cette chaire, qui n'avoit primitivement pour objet que la géométrie élémentaire. M. Mauduit a su la rendre intéressante et utile, même pour ceux qui, déjà avancés, aspirent aux connoissances les plus profondes.

Ramus eut pour successeur dans sa chaire Maurice Bressius, Grenoblois, dont on a une trigonométrie fort bonne pour son temps, sous le titre de *Metrices Astronomiae*, Lib. IV.

(1) Dict. de Bayle.
(2) Paris. 1567.

(3) *Scholarum Mathematicarum*, lib. 31, Basil. 1569, in-4°.

L'exemple de Ramus fut imité par M. de Candalle, évêque d'Aire. Ce prélat géomètre fonda à Bordeaux une chaire de géométrie; et comme il s'étoit beaucoup adonné à la théorie des corps réguliers, il voulut qu'on ne pût être admis au concours qu'autant qu'on auroit trouvé quelque chose de nouveau sur ces corps. Cette loi étoit encore en vigueur au commencement de ce siècle; car l'académie des sciences fut en 1705 prise pour juge d'une contestation élevée à ce sujet entre deux concurrens. On doit à M. de Candalle deux éditions des Elémens d'Euclide, augmentés de trois livres sur les corps réguliers et certains autres, qu'il nomme régulièrement irréguliers. Ces derniers qui avoient aussi fort occupé Hermolao Barbaro, patriarche d'Aquilée, ne méritoient peut-être pas tant d'attention de leur part. Je dis peut-être; car malgré l'inutilité apparente de ces spéculations, qui peut dire en géométrie qu'une vérité est absolument inutile?

Le célèbre M. Viète fleurissoit en France vers la fin du même siècle. Ce fut un homme d'une classe bien supérieure à celle de ses autres compatriotes, qui coururent la même carrière. L'analyse algébrique lui doit de nombreuses découvertes, que nous remettons à faire connoître à la fin de ce livre. Il n'étoit pas moins profond dans la géométrie ancienne. Un problême assez difficile, qu'il avoit proposé aux mathématiciens de son temps, lui donna occasion de restituer un ouvrage d'Apollonius qui étoit perdu, savoir celui de *Tactionibus*. Nous en avons fait l'histoire en parlant de cet ancien géomètre, et nous y renvoyons. Viète poussa le premier jusqu'à 11 décimales le rapport approché du diamètre du cercle à la circonférence. Il détermina par des formules analytiques les rapports des cordes des arcs multiples ou sous-multiples, et il construisit sur ce principe des tables trigonométriques, qu'il publia sous le nom de *Canon Mathematicus*, (Paris. 1579, f.) dont nous parlerons un peu plus loin.

Les œuvres de Viète ont été recueillies en 1646, (in-f.) par Schotten, à l'exception de son *Canon Mathematicus*. Il faut convenir qu'à l'exception de ce qui a trait à la géométrie ancienne, le reste est aujourd'hui presque illisible, tant le style analytique a changé, et tant Viète, trop familiarisé avec le grec, y avoit introduit de dénominations nouvelles, qui n'ont pas été adoptées. Parmi ceux de géométrie ancienne, on y lit son *Apollonius Gallus, seu Apollonii Geometria de Tactionibus restituta*, qui est un modèle exquis d'élégance géométrique. On y trouve aussi une partie intitulée : *Responsorum mathematicorum Liber VIII*, qui fait regretter, par ce qu'il contient, que les autres soient perdus. Il avoit fortement réfuté la prétendue quadrature du cercle donnée par Joseph

Scaliger, qui lui répliqua d'abord avec beaucoup de hauteur, mais qui ayant su ensuite par M. de Thou quel homme étoit Viète, mit dans ses écrits plus de modération envers lui. Nous parlerons ailleurs de ses découvertes analytiques, sur lesquelles est principalement établie sa célébrité dans le monde mathématique.

Les Pays-Bas nous présentent aussi plusieurs géomètres d'un mérite distingué. Pierre Métius, père de Jacques Métius, réputé l'inventeur du télescope, et d'Adrien Métius, mathématicien connu du commencement du dix-septième siècle, est célèbre. C'est lui, et non Adrien Métius, qui est l'auteur du rapport approché, qui fait le diamètre à la circonférence, comme 113 à 355. (1) Ce rapport est très-heureusement trouvé; car malgré sa simplicité, qui le rend même facile à imprimer dans la mémoire, il s'accorde, étant réduit en fractions décimales, avec la vérité jusqu'au sixième chiffre inclusivement; c'est-à-dire, qu'il donne la grandeur de la circonférence à une 100000e. près. Ce fut la prétendue quadrature du cercle d'un certain Simon Duchesne, (Simon à Quercu) musicien Franc-Comtois, qui donna lieu à cette découverte.

Adrianus Romanus, géomètre fort estimé de son temps, quoiqu'on n'ait pas de lui des ouvrages fort importans, alla plus loin que Viète dans la détermination des limites du rapport approché du diamètre du cercle à la circonférence. Car il le poussa jusqu'à dix-sept décimales. Il fut pendant son temps un des fléaux de ces prétendues quadratures du cercle qu'on voit si souvent éclore, et il réfuta entr'autres vigoureusement celle que Joseph Scaliger publia avec tant d'emphase. Sa réputation lui mérita de la part de l'empereur Ferdinand la décoration de l'ordre de chevalier. On a de lui une trigonométrie fort ingénieuse, où les 28 cas de cette partie de la géométrie sont, au moyen de certaines projections, réduits à 6 seulement. Elle parut en 1609 sous le titre de *Canon Triangulorum*, &c. Il mourut en 1625.

L'Espagne et le Portugal ne fournissent à notre histoire que deux géomètres; l'un est Nonius, ou, dans sa langue propre, Nugnez. Il déploya beaucoup de zèle pour faire fleurir les mathématiques dans le Portugal sa patrie. On a un essai de son habileté en géométrie, dans sa solution du problême du moindre crépuscule, (2) problême que M. Jacques Bernoulli avoue lui avoir échappé pendant quelque temps. Nonius le résolut, quoique d'une manière moins élégante que Bernoulli; mais

_____

(1) Adr. Metii, *Geom. Practica*, p. 1, cap. 10.

(2) *De crepusculis*, Olyssipone, 1542, in-4°.

Le problème est tel, que, quelle que soit sa solution, elle doit lui faire honneur. Ce mathématicien a donné son nom à une ingénieuse invention qu'il proposa et qu'il employa pour suppléer aux très-petites subdivisions des instrumens astronomiques (1). Il ne faut cependant pas confondre, comme on le fait communément, cette invention avec celle qu'on employe aujourd'hui presque généralement dans ce cas. Celle-ci est due à Pierre Vernier, qui la proposa en 1631, dans un petit ouvrage aujourd'hui fort rare, intitulé : *la construction, l'usage et les propriétés du nouveau quadrant mathématique*, ouvrage rempli de pratiques ingénieuses et abrégées, tant astronomiques que trigonométriques. On expliquera ailleurs en quoi consistent, et en quoi diffèrent ces deux inventions. On a de Nonius plusieurs ouvrages estimables, tels que son traité *de Crepusculis*, son *Algèbre* en Espagnol. Il est aussi un des premiers qui aient défriché la théorie des Loxodromies, dont nous parlerons ailleurs. Jean de Royas qui étoit Castillan, étala aussi de l'habileté en géométrie dans son nouveau planisphère ; c'est une projection de la sphère sur un plan qui a retenu son nom, et qui a des avantages par dessus celle de Ptolémée. Mais ce n'est point ici le lieu de nous étendre sur ce sujet.

Nous passerons maintenant en Angleterre, où les mathématiques n'étoient pas moins cultivées que dans le continent. Robert Record, Jean Dée, Léonard et Thomas Digges, Billingsley, dont on a déjà parlé à l'occasion de sa traduction d'Euclide, travaillèrent utilement à propager dans cette île le goût des mathématiques et de la géométrie en particulier. Édouard Wright mérite toutefois d'être distingué des précédens, à cause de son invention des cartes de navigation réduites. On en parlera ailleurs plus au long ; son livre intitulé : *Errours in navigation*, (Lond. 1599, in-4.) suppose dans son auteur une géométrie beaucoup plus profonde que la géométrie ordinaire de son siècle.

Mais nous ne trouvons aucune part des géomètres en plus grand nombre qu'en Allemagne. Ils ne s'élevèrent pas, à la vérité, à une géométrie fort transcendante : la plûpart s'adonnèrent à des travaux plus utiles que brillans, et qui demandent plus de flegme et de patience que de génie. Nous en rendrons compte après avoir parlé d'un géomètre de cette nation peu connu, et qui méritoit de l'être davantage.

Ce géomètre est Jean Werner de Nuremberg, qui fleurissoit au commencement du seizième siècle. Il mérite de grandes louanges, pour s'être élevé à une géométrie beaucoup plus su-

(1) *Ibid.* Prop. 31.

blime que ne le comportoit son temps. Car, outre un abrégé
des sections coniques qu'il composa, il possédoit très bien l'a-
nalyse ancienne, et il en donna un essai ingénieux dans une
nouvelle solution d'un problème solide proposé par Archimède,
et qui avoit occupé quelques géomètres de l'antiquité, comme
Dioclès et Dionysidore (1) ; c'est celui où il s'agit de diviser
une sphère par un plan en raison donnée. La solution de
Werner a, à la vérité, le défaut ordinaire à celui des Anciens, savoir, d'employer deux sections coniques, tandis qu'une
seule avec un cercle est suffisante. Mais ce défaut est bien pardonnable à un géomètre du commencement du seizième siècle. Werner avoit entrepris de rétablir un des traités analytiques d'*Apollonius*, savoir celui *de sectione rationis*. On le
reconnoît facilement à ce titre de son écrit : *Tractatus Ana-
lyticus, Euclidis Datorum pedisequus* (2). C'est en effet immédiatement après les Données d'*Euclide*, que vient le traité
ci - dessus d'*Apollonius*, dans l'énumération que fait *Pappus* des ouvrages analytiques des Anciens. La trigonométrie
et les autres parties des mathématiques durent aussi à Werner
divers ouvrages, de sorte qu'on peut dire qu'il ne fut pas un
de ceux qui contribuèrent le moins efficacement à en répandre le goût. Comme il savoit bien la langue grecque, il avoit
traduit de cette langue en allemand les Élémens d'Euclide.
Mais son manuscrit n'eut pas les honneurs de l'impression.
Il étoit né en 1468, et mourut en 1528.

Les autres géomètres Allemands dont je vais parler, n'eurent pas pour objet une théorie si sublime. L'astronomie, en
quelque sorte naturalisée en Allemagne par la succession des
Purbach, des Régiomontanus, des Walther, des Copernic, etc.
tourna les vues de la plûpart du côté des recherches utiles à
cette science. Werner, dont nous venons de parler, avoit
écrit cinq livres sur les triangles, mais qui n'ont pas été publiés. L'ouvrage de Régiomontanus sur le même sujet, ayant
été mis au jour en 1533, et ne restant en quelque sorte plus
rien à faire en ce qui concerne la théorie de la trigonométrie, divers astronomes géomètres se proposèrent pour objet
la perfection des tables. George Joachim Rheticus entreprit
d'en calculer de nouvelles plus exactes que toutes celles qu'on
avoit encore. Pour cela il supposa le sinus total exprimé par
l'unité suivie de quinze zéro, et sur ce fondement il calcula

_____

(1) *Comm. in Dionysid. problema,*   (2) Doppelmayer , *de Math.* No-
cum libello *de Elementis conicis* et rimb.
aliis multis, 1522, in-4°. *Norimb.*

les sinus, tangentes et sécantes pour tous les arcs croissans de minute en minute jusqu'au quart de cercle, et de dix en dix secondes pour les premier et dernier degré. Rheticus prévenu par la mort, ne publia pas son ouvrage : nous le devons à un de ses disciples nommé Valentin Othon, qui l'acheva, et le donna en 1594, sous le titre de *Opus Palatinum de triangulis*, (Heidelbergæ 1594, in-f.) à la dépense duquel contribuèrent l'empereur et divers autres princes d'Allemagne. Mais il faut observer que les sinus etc. n'y sont donnés qu'en onze chiffres, et d'ailleurs il s'y est glissé beaucoup de fautes. Ce motif engagea, en 1610, Barthélemi Pitiscus, non-seulement à en donner une nouvelle édition, mais à en porter les sinus, tangentes et sécantes à 16 chiffres. S'étant donc procuré, non sans peine le manuscrit primitif de Rheticus, il le revit; il eut le courage de calculer de nouveau jusqu'au septième degré les sinus et tangentes, pour un rayon de 26 chiffres. Enfin il publia ce travail en 1613, sous le titre de *Thesaurus Mathematicus sive canon sinuum ad radium 1,00000, 00000, 00000, et ad dena quæque scrupula secunda quadrantis, unà cum sinibus primi et postremi gradûs, ad eundem radium et ad singula scrupula secunda quadrantis*, etc. Francof. in-f. 1613. C'est en effet un vrai trésor et un des monumens les plus remarquables de la patience humaine, disons mieux, d'un dévouement d'autant plus méritoire à l'utilité des sciences, qu'il n'est point accompagné de beaucoup de gloire. Car on y trouve 1°. les sinus exprimés en 16 chiffres, pour toutes les minutes, et de dix en dix secondes du quart de cercle ; 2°. les mêmes sinus en 26 chiffres pour toutes les secondes du premier et du dernier degré du quart de cercle; avec les premières, secondes, et même, quand il l'a fallu, les troisièmes différences de chaque sinus avec le précédent et le suivant. Le titre annonce même le commencement de la table des sinus pour un rayon de 16 chiffres, et les sinus des dixième, trentième et cinquantième secondes des 35 premières minutes calculées à 23 chiffres ; mais M. de la Lande nous apprend dans le Journal des savans de 1771, où il a donné une histoire fort détaillée et fort curieuse de cette production typographique, que ces deux dernières parties manquent dans tous les exemplaires qu'il a vus; ce qui vient probablement de ce que Pitiscus étant mort en 1613, le libraire chercha à abréger son ouvrage. Mais dans ce cas il eût dû réformer le titre, qui est d'ailleurs ordinairement la dernière feuille qu'on imprime. Quoi qu'il en soit, cet ouvrage est d'une utilité infinie pour vérifier les tables ordinaires. Il est à propos de remarquer que c'est à Rheticus qu'on doit l'introduction des sécantes dans la trigonométrie.

Quant à Pitiscus, il s'étoit déjà rendu utile aux Mathématiques par une trigonométrie très-bonne pour le temps, et qui étoit accompagnée de ses usages, en dix livres. Elle parut pour la première fois en 1599, et de nouveau en 1608 (1).

Nous avons à parler ici d'une invention trigonométrique qui prit naissance dans ce siècle, et qui seroit d'un grand secours dans les calculs de ce genre, si la découverte des logarithmes n'en eût pas bientôt après présenté un encore plus commode pour les abréger. C'est la méthode de la *prosthaphérèse* ou *prosthaphérétique*, par laquelle quelques géomètres imaginèrent de réduire les calculs de la trigonométrie sphérique à de simples additions et soustractions. Je l'ai attribuée, dans la première édition de cette histoire, à Raymard Ursus, parce que je l'ai vue pour la première fois dans un livre de cet auteur, intitulé *Fundamentum Astronomicum*, (Argent. 1588. in-4.) Mais elle a une autre origine. Écoutons d'abord Longomontanus.

Cet astronome en parle dans son *Astronomia Danica*, imprimée en 1622, et nous dit qu'elle tire principalement son origine de Tycho et Wittichius, dans le temps où ce dernier vivoit avec lui dans l'île d'Huène, et l'aidoit dans ses calculs astronomiques, c'est-à-dire, vers 1582. Il ajoute que Clavius l'étendit ensuite, mais qu'elle dut sa perfection et son universalité au savant géomètre et mathématicien de Wittemberg, Melchior Jostel, qui lui en donna la démonstration en 1598, et d'après lequel il en donne l'explication dans son *Astronomia Danica.*

Ce récit paroît confirmé par un aveu de Raymard Ursus lui-même, consigné dans son ouvrage *de Hypothesibus Astronomicis, seu systemate mundano*, (Pragæ, 1597. in-4.) Car il y dit que ce fut Wittichius qui fit le premier connoître à Cassel, en 1584, cet abrégé de calcul, en publiant la solution du cas le plus simple, savoir celui où, dans un triangle sphérique rectangle étant donnés l'hypothénuse et un des angles adjacens, on demande le côté opposé à cet angle : mais que Wittichius, en faisant sa démonstration, donna lieu à Juste Byrge de la rechercher et d'en trouver une si générale, qu'on peut en déduire la solution de tous les cas, même de ceux où l'on auroit à employer des tangentes et des sécantes ; la règle en effet donnée par Raymard Ursus, qui est expliquée d'une manière fort

(1) *Barthol. Pitisci* Trigonometræ *libri* 10. Francof. ad Mænum, 1599, seu de dimensione triangulorum *libri* in-4°. *iterum cum add. multis*, 1608, 5 ; et Probl. Geometr. Astronom., etc. in-4°.

concise et obscure, suppose que le sinus total est le premier terme de la proportion.

Mais quoi qu'en disent Longomontanus et Raymard Ursus, il faut remonter encore plus haut pour retrouver l'origine de cette méthode *prosthaphérétique*. Car nous apprenons de Christmann, dans sa *Theoria Lunae* (chap. 17.), que son premier inventeur fut lechanoine Werner de Nuremberg Ce géomètre l'avoit proposé et en avoit fait usage, dit Christmann, dans un traité *de triangulis* qui n'ayant jamais été imprimé, a donné lieu à quelques autres de s'en faire honneur. Il critique à la vérité Werner en quelques points, mais ce n'est pas ici notre objet d'entrer dans cette discussion.

Telle est donc à peu-près l'histoire de cette invention. Werner la trouva le premier ; mais son ouvrage n'ayant pas été imprimé, elle resta enfouie dans l'obscurité jusqu'à ce que Tycho et Wittichius travaillant ensemble à des calculs astronomiques, furent conduits à ce moyen ingénieux, mais encore assez imparfait, d'abréger les calculs. Wittichius étant retourné à Cassel, le fit connoître sans en donner la démonstration. Juste Byrge la trouva, et même amplifia quelque peu cette invention. Raymard Ursus, qui se qualifie de disciple de Byrge, en publia deux cas dans son *Fundamentum Astronomicum* etc. en 1588, mettant seulement sur la voie de la démonstration par les deux figures qui leur appartiennent. Clavius qui en eut connoissance par là, comme il le dit lui-même, étendit la méthode aux cas où le sinus total ne forme point le premier terme de la proportion, et même à ceux où il ne paroît point. Enfin Melchior Jostelius l'étendit au cas même où l'on a des tangentes et sécantes à employer ; ou bien peut-être ne fit-il que dévoiler ce que Juste Byrge avoit trouvé.

En effet, M. Scheibel, auteur d'un livre fort curieux, intitulé : *Enleitung zur Mathematischen Bucher Kentniss*, ou *Introduction à la connoissance des livres mathématiques*, nous y apprend au commencement de la septième partie de cet ouvrage, qu'il a en sa possession un manuscrit fort proprement copié, dont le titre est *Melchioris Jostelii Logistica prosthapheresis Astronomica*, où cette invention est expliquée en son intégrité. Il ne sait pas si l'ouvrage a été imprimé. Je trouve au surplus que Clavius doit au moins être associé à Jostelius à cet égard ; car cette extension est expressément développée, dans tous ses cas, par ce géomètre dans son *Astrolabium*, imprimé en 1593, à Rome ; ensorte qu'il n'est aucun cas d'analogie trigonométrique qui ne puisse être résolu par simple addition et soustraction, soit que le sinus total se trouve au premier terme, soit qu'il soit autrement placé, ou
même

même qu'il n'entre point dans la proportion, ou enfin que
cette proportion soit en nombres, ou en tangentes et sécantes.
Il n'y a aucune différence entre la méthode de Clavius et
celle que Longomontanus donne d'après Jostel. Je remarquerai encore ici en passant, que Clavius donne dans cet ouvrage
une trigonométrie sans calcul ou toute géométrique, où l'on
n'emploie que la règle et le compas.

Quoique la découverte des logarithmes ait beaucoup diminué le prix de cette invention, nous croyons cependant devoir en donner une idée plus développée en faveur de ceux
qui en seroient curieux. Mais comme cela couperoit trop le fil
de notre histoire, nous le renvoyons à la note B qui suit ce
livre.

Je suis contraint de me borner presque à citer les noms de
plusieurs autres géomètres Allemands qui méritèrent bien des
mathématiques dans ce siècle. De ce nombre est André Stiborius, professeur de l'université de Vienne, un des créateurs
de notre gnomonique moderne ; car la gnomonique n'est
qu'un problème de géométrie fondé sur une supposition astronomique ; le célèbre peintre Albert Durer, auteur d'*Institutions de géométrie et de perspective* (en Allemand), principalement adaptées à l'usage des artistes ; elles ont été traduites en latin et imprimées à Paris en 1525 ; Jean Schœner et
André Schœner son fils, éditeurs de nombre d'ouvrages géométriques ou astronomiques de Régiomontanus, entr'autres,
de sa trigonométrie, à laquelle il paroît qu'ils ajoutèrent plusieurs choses. Car j'ai peine à croire qu'il ait pu sortir de la
plume d'un géomètre du quinzième siècle, un ouvrage aussi
complet ; ce sont d'ailleurs aussi les premiers auteurs modernes de gnomonique. Sébastien Munster, homme célèbre dans
ce siècle par son érudition hébraïque et par sa cosmographie,
écrivit des Élémens de géométrie sous le titre de *Rudimenta
Mathematica* en deux livres. Jean Prætorius, professeur de mathématique au collége Joachimique de Nuremberg, étoit un
habile géomètre pour son temps. Il paroît être l'inventeur de
l'instrument géodétique, appellé la *Planchette*, car j'ai vu
souvent donner à cet instrument par les géomètres Allemands
le nom de *Tabula Prætoriana*. Rheinold, fils de l'astronome de
ce nom, passe pour le premier qui appliqua la géométrie à
l'art de se conduire dans les mines, ou du moins qui perfectionna cet art ; car il est difficile de penser que dans un pays
où l'on s'occupe si fort du travail des mines, on n'eût pas déjà
des méthodes pour se conduire dans ces travaux souterrains.
Sa *Geometria subterranea* en Allemand, qui parut en 1575,
lui fit une réputation distinguée dans sa patrie.

Je crois devoir terminer cet article en parlant de Clavius, un des hommes de ce siècle, qui jouit de la plus grande célébrité. Ce fut, on ne peut en disconvenir, un de ceux qui montrèrent le plus d'universalité de connoissances mathématiques. Son commentaire sur Euclide, son traité de l'astrolabe, sa gnomonique, et surtout son traité du calendrier Grégorien, en sont des preuves. Je ne sais cependant si Clavius méritoit l'idée extraordinaire que Sixte V en avoit, lorsqu'il disoit que quand la société de Jésus n'auroit produit qu'un homme tel que Clavius, elle seroit recommandable par cela seul. Cette société savante a produit des géomètres à mon gré plus recommandables que Clavius, comme Guldin, Grégoire de S. Vincent, et divers autres. Quoi qu'il en soit, Clavius étoit de Bamberg, où il naquit en 1538. Il occupa successivement les chaires mathématiques les plus distinguées de son ordre, et il mérita du pape Grégoire XIII d'être chargé de l'explication de son nouveau calendrier ; ce dont il s'acquitta avec succès et distinction. Il mourut à Rome en 1612. Ses œuvres recueillies en cinq volumes *in-fol.*, virent le jour en 1611.

I V.

Après avoir ainsi développé les progrès de la géométrie en Europe pendant le seizième siècle, nous devons passer à ceux de l'analyse algébrique, devenue depuis ce temps un si puissant moyen de recherches entre les mains des géomètres. Nous allons dans cette vue tracer ici un tableau de l'accroissement que prit l'algèbre durant cette période de temps.

L'idée d'obscurité est tellement attachée au mot d'algèbre dans l'esprit de ceux qui ignorent les mathématiques, que notre premier soin doit être de dissiper cette obscurité et de montrer clairement la nature de cet art, dont les mathématiciens se servent avec tant de succès. Nous dirons donc d'abord que l'algèbre n'est autre chose que l'expression abrégée d'un raisonnement, que tout esprit fin et conséquent feroit en termes plus longs et plus embarrassans. Un exemple simple mettra ceci à la portée de tout le monde. Transportons-nous dans ces premiers temps des mathématiques, où cet art étoit encore inconnu, et qu'on eut proposé à un mathématicien intelligent cette question : *Trouver un nombre tel qu'en lui ajoutant 10, la somme fasse autant que le double du même nombre, diminué de 14.* Que se passeroit-il dans l'esprit de cet arithméticien, lorsqu'à l'aide du raisonnement il chercheroit ce nombre ? Sans doute il commenceroit par dire : puisque le nombre inconnu, avec 10, fait autant que le double du même nombre, diminué de 14 ; donc, ôtant de part et d'autre ce qu'on peut en ôter, c'est-à-dire, le nombre inconnu, les restans seront égaux ; c'est-à-dire que 10 sera égal à une fois le nombre inconnu, diminué de 14. Si l'on ajoute maintenant de part et d'autre 14, on aura 10 augmenté de 14 ou 24 égal au nombre inconnu ; on aura donc le nombre cherché égal à 24, et la preuve en est facile.

Mais tout ce que nous venons d'exprimer par un discours de plusieurs lignes, cet arithméticien l'exprimeroit en une, s'il se formeroit des signes particuliers pour l'écrire en abrégé. Il pourroit, par exemple, nommer A, le nombre inconnu qu'il cherche, ou bien le désigner par quelque autre signe. Pendant long-temps certains algébristes l'ont fait par ℞ (Res) ; d'autres, tels que ceux des Pays-Bas jusques après le commencement du dix-septième siècle, se sont servis pour la quantité cherchée de ce signe (1) ; de celui-ci (2) pour le quarré etc. Et ce n'est que depuis Viète que l'usage d'y employer des lettres de l'alphabet s'est introduit. Revenant donc à notre arithméticien, il diroit, après l'invention de ces nouveaux signes, que A plus 10 seroit égal à 2 A moins 14. Et suivant la trace du raisonnement développé plus haut, il concluroit que 10 est égal à A moins 14, et enfin que 10 plus 14 ou 24 est égal à A.

Notre algèbre ne diffère en aucune manière de ce qu'on vient de voir. Il y a seulement ceci de plus, que les modernes affectant de mettre tout en signes, en ont imaginé pour désigner l'addition, la soustraction des grandeurs et leur égalité. Les premiers algébristes du seizième siècle les indiquèrent par les lettres initiales de *plus*, *moins*, *égal*. Nous le faisons aujourd'hui par les signes + ; — ; =. Ainsi A + 10 = 2 A —14 signifie que A augmenté de 10, est égal à 2 A diminués de 14. En un mot, toute expression algébrique n'est qu'un raisonnement exprimé en signes abrégés, raisonnement que celui à qui cette langue est connue, voit et suit avec la même facilité que s'il étoit énoncé en termes ordinaires. Que dis-je avec la même facilité ? la brieveté extrême de l'expression fait de ce raisonnement un tableau, dont la seule inspection le lui rend beaucoup plus clair. Il arrive souvent à ceux qui lisent des livres où les matières sont traitées algébriquement, d'avoir de la peine à entendre l'énoncé d'une proposition un peu embarrassée, et de se servir de l'expression algébrique pour le concevoir. Ici l'algèbre, loin d'être obscure, sert de truchement au langage ordinaire. Un autre avantage de l'algèbre, c'est le secours qu'elle prête pour démêler les rapports les plus compliqués. Tout ce qui est exprimé algébriquement, pourroit à la rigueur s'exprimer en termes communs : mais tandis que pour suivre le fil de certains rapports énoncés à la manière ordinaire, il faudroit une contention dont aucun esprit humain ne seroit susceptible dans bien des cas, l'expression algébrique déchargeant l'esprit de cette contention, n'exige après les premiers pas qu'un mécanisme d'opérations semblables à celles du calcul, et qui conduit à coup sûr au résultat cherché. C'est cet avantage admirable, et qui pourroit faire nommer l'algèbre l'art du raisonnement réduit à un mécanisme certain; c'est, dis-je, cet avantage de l'algèbre sur le langage ordinaire, qui a procuré à la géométrie l'essor rapide qu'elle a pris dans le siècle passé. Admirons-donc ici la ridicule ineptie de l'auteur d'un écrit contre les mathématiques, inséré dans un ouvrage périodique (1). « Quelle liaison, dit ce judicieux auteur, y a-t-il entre les choses elles-mêmes, et cet obscur grimoire de lettres peut-être jettées au hasard ». *Spectatûm admissi risum teneatis amici.*

On a demandé, et c'est une question qui s'est faite bien souvent, si les Anciens connoissoient l'Algèbre ; j'entends ici par Anciens, les géomètres du temps des Euclide, des Archimède, des Apollonius. Quelques raisons qu'aient fait valoir ceux qui l'ont pensé, elles ne prouvent rien, et sûrement l'algèbre n'étoit pas connue alors. Nous avons dans des géomètres du siècle passé, tels que *Viviani, Grégoire de S. Vincent, &c.* qui n'ont employé que les méthodes anciennes, des exemples de recherches plus difficiles encore que celles d'Archimède et d'Apollonius, et certainement ils ne s'y sont conduits qu'en partie à force de tête, en partie à l'aide de l'analyse dont nous avons parlé dans la première partie de cet ouvrage (2). La conjecture de ceux qui ont cru que les anciens avoient affecté de cacher l'artifice par lequel ils étoient parvenus aux vérités qu'ils étalent dans leurs écrits, n'est qu'une conjecture de gens qui ne connoissoient guère l'histoire de la géometrie.

L'algèbre fut connue aux Grecs dans le quatrième siècle, après l'ère Chrétienne; c'est au plus tard le temps où vivoit le célèbre Diophante, auteur des *Questions Arithmétiques,* dont quelques livres nous sont parvenus. Nous avons déjà dit, en rendant compte des travaux de cet Analyste, qu'il employa l'algèbre, et nous avons exposé la nature des questions dont il s'occupa. C'est pourquoi, afin d'éviter des répétitions qui ne servent qu'à employer une place qui nous est précieuse, je renvoie à l'article qui concerne ce mathématicien. Nous passons par la même raison rapidement sur ce qui concerne les

(1) *Journ. Litt.* Septembre 1773, p. 188.
(2) *L.* 3.

progrès des Arabes dans cette science, pour arriver au temps où elle fut transplantée dans nos contrées.

Il n'en fut pas de l'algèbre comme de l'arithmétique des Arabes : cette dernière pénétra assez tôt parmi nous, ainsi qu'on l'a vu ; mais la connoissance de l'algèbre fut une nouveauté du commencement du quinzième siècle. On s'accorde généralement à croire que ce fut Léonard de Pise qui la transplanta d'Arabie dans ces climats (1). Il écrivit même sur ce sujet un traité qui n'a jamais vu le jour ; ses soins ne furent pas sans succès, car l'algèbre fut assez communément connue dans le quinzième siècle, comme nous l'avons prouvé ailleurs (2).

Lucas de Burgo est le premier dont les préceptes sur l'algèbre aient subi l'impression. C'est dans sa *Summa de Arithmetica et Geometria*, imprimée la première fois en 1494, et de nouveau en 1523, qu'il les explique. Ils composent la plus grande partie de ce qu'il appelle l'*Arte Maggiore*, et c'est de là qu'est venue la dénomination d'*Arte Magna*, *Ars Magna*, etc. que Cardan et d'autres ont donnée à l'algèbre. Le langage de cette science étoit alors bien différent de celui d'àprésent. La chose inconnue et qu'on cherche, on l'appelloit *la Cosa* ; ce qui donna même pendant un temps à l'algèbre le nom d'*Arte della Cosa* : le quarré de la quantité cherchée se nommoit *censo*, terme Italien qui signifie *produit* : la troisième puissance portoit le nom de *cubo*, comme parmi nous. Les autres étoient formées des premières, à l'imitation des Arabes : ainsi la suite des puissances étoit 1 *la cosa* ; 2 *il censo* ou *il zenzo* (le quarré) ; 3 *il cubo* ; 4 *il censo di cenzo* ; 5 *il primo super-solido*, etc. Cette dénomination varia dans la suite, et plusieurs Algébristes préférèrent celle de Diophante, où les puissances supérieures sont les produits des inférieures. Aujourd'hui on ne leur donne guère des noms au delà du cube, et l'on se contente le plus souvent de les désigner par la première, la deuxième, la troisième, la quatrième, etc.

L'algèbre de Lucas de Burgo ne va pas au delà des équations du second degré. Les règles qu'il donne pour leurs résolutions, sont fondées sur le même principe que les nôtres, mais seulement énoncées autrement. Au lieu que nous ne donnons qu'une règle générale, quelle que soit la forme de l'équation, Lucas de Burgo donne pour chacune des trois formes, dont une équation du second degré est susceptible, une espèce de règle particulière, ou de canon, qu'il a exprimé par

(1) Voyez le Liv. précéd. au comm.
(2) *Ibid.*

un quatrain d'un latin demi-barbare (1). Nous croyons devoir donner ces trois quatrains pour la curiosité ; les voici :

1. *Si res et census numero coequantur, à rebus*
   Dimidio sumpto, censum producere debes,
   Addereque numero, cujus à radice totiens,
   Tolle semis rerum, census latusque redibit.

2. *Et si cum rebus drachmae quadrato pares sint,*
   Adde, sicut primò, numerum producto quadrato
   E rebus mediis, hujusque radice receptâ,
   Si rebus mediis addes, census patefiet.

3. *At si cum numero radices census equabit,*
   Drachmas à quadrato deme rei medietatis,
   Hujus quod superit radicem adde traheve
   A rebus mediis, sic census costa notescet.

Ces espèces de vers rendus dans des termes familiers à nos Analystes, signifient ceci : 1°. si l'on a $x^2 + mx = aa$, il faut prendre la moitié du coefficient m du second terme, ou des *choses*, en faire le quarré, et l'ajouter à l'absolu ou aa, ensuite ayant tiré la racine de cette somme, en ôter la moitié du coefficient m ; le restant sera, disoient les Algébristes de ce temps, la valeur cherchée ; 2°. si l'on a $x - mx = aa$, le quarré de la moitié du coefficient du second terme étant ajouté à l'absolu et la racine extraite, il faut ajouter à cette racine la moitié du coefficient, et la valeur de x sera cette somme ; 3°. lorsqu'on a $x^2 - mx = -aa$, ôtant aa du quarré du demi-coefficient du second terme, et tirant la racine si elle est possible, il faut l'ajouter au demi-coefficient du second terme, ou l'en ôter, et l'une ou l'autre, la somme ou la différence, sera la valeur cherchée.

On voit suffisamment par ces règles, que Lucas de Burgo, et les Analystes de son temps, ne connoissoient point l'usage des racines négatives ; car c'est la seule raison pour laquelle dans le premier et le second cas, ils n'avoient aucun égard aux racines

$$x = -\tfrac{1}{2}m - \sqrt{\tfrac{1}{4}m^2 + aa}, \quad x = \tfrac{1}{2}m - \sqrt{\tfrac{1}{4}m^2 + aa}.$$

C'est aussi la raison pour laquelle ils ne considéroient en aucune manière le cas $x^2 + mx = -aa$, où les deux racines sont négatives. On n'avoit point encore fait des réflexions assez profondes sur la nature de ces sortes de quantités. La géométrie manquoit sur-tout de cet esprit de métaphysique et d'analogie, auquel elle doit une grande partie de ses progrès :

(1) *Dist.* 8a. *tract.* 5.

il auroit appris qu'une quantité prise négativement, n'est qu'une quantité prise en sens contraire de ce qu'il faudroit faire si elle étoit positive. Si l'on proposoit de trouver combien il faudroit avancer vers l'Orient pour satisfaire à certaines conditions, et que la solution donnât une quantité négative, ce seroit un indice qu'au lieu d'avancer dans le sens qu'on s'étoit proposé, il faudroit le faire en sens contraire, c'est-à-dire, reculer de cette quantité. Lorsqu'on rencontre à la fois une quantité positive et une négative, comme il arrive souvent dans les équations du second degré, c'est un indice que le problême est résoluble de deux manières ; l'une, en prenant la quantité trouvée dans le sens qu'on avoit d'abord entendu, et l'autre, en la prenant dans le sens contraire. Ainsi loin que l'analyse fournisse ici des superfluités, comme se l'imaginèrent probablement ces premiers algébristes, elle ne donne que tout ce qu'elle doit donner pour la solution complette du problême.

V.

Il étoit naturel que l'Italie où l'Algèbre avoit d'abord pris racine en arrivant dans ces climats, fût la première à lui procurer quelque accroissement. C'est aussi à des Italiens que l'analyse algébrique doit les progrès qu'elle fit dans une grande partie de ce siècle. Ils l'enrichirent de la résolution des équations du troisième et quatrième degré et de quelques autres remarques analytiques, dont nous allons faire l'histoire.

Un mathématicien Bolonois nommé Scipion Ferreo, trouva le premier, suivant Cardan (1), un cas particulier des équations cubiques. C'est celui que nous exprimerions ainsi : $x^3 + px = q$, et qu'on appelloit alors : *capitolo de cose e cubo equali à numero*. Ce mathématicien cacha soigneusement son secret et n'en fit part qu'à un certain Maria Antonio del Fiore ou Florido, son disciple. Celui-ci, fier de la possession de cette méthode, eut quelque prise avec Tartalea, et crut pouvoir l'humilier, en lui proposant des problêmes dont il ne pourroit se tirer faute de savoir résoudre les équations cubiques. Ces bravades de Florido animèrent Tartalea à rechercher la résolution de ces équations ; et après y avoir profondément rêvé, il y réussit et trouva, non seulement le cas résolu par Florido ou Ferreo, mais encore les deux autres. Alors, sûr de son coup, il accepta le défi de Florido, de se proposer mutuellement trente problêmes à condition que celui qui en auroit résolu le plus grand

(1) *Artis magnae seu de regulis algeb. liber 1.* Norimb. 1545, in-4°.

nombre gagneroit le pari, qui consistoit en un repas par chaque problême. Ce que Tartalea avoit prévu arriva ; Florido lui proposa des problêmes qui dépendoient tous du cas unique dont il étoit en possession. Mais il se trompa. Tartalea résolut tous ses problêmes en peu d'heures ; Florido fut couvert de confusion et d'autant plus, qu'il ne résolut pas un seul de ceux qui lui avoient été proposés par Tartalea, qui d'ailleurs avoit eu la finesse de les lui proposer tels, qu'ils dépendoient de différens genres de difficultés.

Tartalea, soit pour célébrer sa découverte, soit pour rendre son procédé plus aisé à retenir, l'exposa en vers Italiens, qui, quoique fort mauvais, comme le sont d'ordinaire des vers techniques, sont faits pour trouver ici place, du moins en partie Ils sont au nombre de 27, partagés en 3 strophes de 9 vers chacune, dont nous nous contenterons de donner la première, qui contient la solution du cas $x^3 + px = q$.

Quando che il cubo con le cose appresso
S'agguaglia à qualche numero discreto,
Trova mi due altri differenti in esso ;
Dapoi terrai questo per consueto
Ch'il lor producto sempre si equale
Al terzo cubo delle cose netto.
El residuo poi tuo generale
Delli lor lati cubi ben sottrato,
Verrà la tua cosa principale.

Sans doute la plûpart de nos lecteurs trouveront que ces vers ont besoin d'explication, et même de commentaire. Voici donc ce qu'ils signifient : quand le cube avec les choses est égal à un nombre, c'est-à-dire, quand, selon notre langage actuel, on a $x^3 + px = q$ (p étant le coefficient numérique de l'inconnue au premier degré, et q la quantité absolue), il faut prendre deux nombres (z et y), dont la différence soit q, et dont le produit zy soit égal au cube du tiers du coefficient des choses, c'est-à-dire, à $\frac{1}{27} p^3$. Cela fait, trouvez les valeurs de z et y, ce qui est facile ; car, par la première équation, on a $z - q = y$, et $y + q = z$, par conséquent $zz - qz = \frac{1}{27} p^3$, et $yy + qy = \frac{1}{27} p^3$, dont les racines prises à la manière de ce temps, c'est-à-dire, en ne tenant compte que des positives, sont $z = \frac{1}{2} q + \sqrt{\frac{1}{4} qq + \frac{1}{27} p^3}$, et $y = \sqrt{\frac{1}{4} qq + \frac{1}{27} p^3} - \frac{1}{2} q$. Il faut prendre ensuite leurs racines cubes, et soustraire la moindre de la plus grande, et l'on aura la valeur de la chose ou x, qui sera conséquemment

égale à $\sqrt[3]{\frac{1}{2} q + \sqrt{\frac{1}{4} q q - \frac{1}{27} p^3}} - \sqrt[3]{\sqrt{\frac{1}{4} q q + \frac{1}{27} p^3} - \frac{1}{2} q}$;

ou bien, ce qui est la même chose, $x = \sqrt[3]{\frac{1}{2} q + \sqrt{\frac{1}{4} q q + \frac{1}{27} p^3}}$

$+ \sqrt[3]{\frac{1}{2} q - \sqrt{\frac{1}{4} q q + \frac{1}{27} p^3}}$.

Au reste, Tartalea prétendoit faire de sa découverte le même usage que Ferreo et Florido. Content d'être par-là en état de résoudre des questions inaccessibles aux autres analystes, il vouloit la réserver pour lui. Il ne consentit qu'avec beaucoup de peine à la communiquer à Cardan, et il ne le fit qu'après avoir exigé son serment qu'il ne la révéleroit point, et même qu'il ne la garderoit parmi ses papiers qu'écrite en chiffres, afin qu'elle ne tombât entre les mains de personne. Cardan promit tout à Tartalea, mais ces promesses ne l'empêchèrent pas de la publier dans son algèbre ou traité *de Arte Magna*, qu'il donna en 1545. Comme cet ouvrage est le premier où ayent paru les formules de solution des équations du troisième degré, elles en ont retenu le nom de Cardan. Il seroit cependant plus équitable de les appeler les formules de Tartalea, puisque c'est à lui qu'on en a la première obligation. Mais il est malheureusement d'usage que l'on donne à une invention le nom du premier qui l'a divulguée. Après cette observation, nous revenons à notre récit. Tartalea se voyant joué, s'en plaignit amèrement, et cria au parjure. Cardan, sans beaucoup s'émouvoir, lui répondit qu'il avoit fait à sa découverte des additions qui la lui rendoient comme propre ; qu'il en avoit trouvé les démonstrations, et que par ces raisons il pouvoit en user comme d'une chose qui lui appartenoit. Il fit plus, il jetta quelques doutes sur le droit que Tartalea y avoit lui-même : car c'est de lui qu'est cette histoire de la découverte antérieurement faite par Ferreo ; ce qui pourroit la rendre suspecte. Quoi qu'il en soit, ce fut là ce qui piqua Tartalea par dessus tout, et qui redoubla la vivacité de leur querelle ; Tartalea s'y échauffa tellement que Nonius (Nuñez) parlant de lui, dit qu'il sembloit en avoir perdu l'esprit. Les problèmes, comme on l'a vu plus haut, furent lancés avec vivacité de part et d'autre, et la guerre ne finit que par la mort de Tartalea, qui arriva en 1557.

Ce n'étoit pas sans quelque raison que Cardan prétendoit avoir fait aux règles de Tartalea des additions qui lui donnoient une sorte de droit à leur découverte. En effet, il traite dans son *Ars magna* toute cette matière avec beaucoup d'étendue. Il en parcourt tous les cas, et quoique Tartalea ne lui eût communiqué que la résolution de ceux où manque le second terme, il donne des règles pour les cas où se trouvent tous les termes, comme aussi pour ceux où manque seulement le troisième. Il est bien vrai que de la manière dont nous résolvons aujourd'hui les équations, tous ces derniers cas se réduisent aux premiers enseignés par Tartalea ; mais au temps de Cardan cette liaison n'étoit pas apperçue, et il falloit de l'adresse et de l'habileté pour passer de l'un à l'autre. Chaque cas enfin, ou, selon le langage du temps, chaque *capitolo*, avoit sa règle particulière, et c'est sous cette forme qu'ont été exposées les règles de solution pour le troisième degré jusqu'à Viète.

On doit à Cardan la remarque de la limitation d'un cas particulier des équations cubiques, celui où il arrive que l'extraction de la racine carrée qui entre dans la formule, n'est pas possible. C'est ce qu'on appelle le *cas irréductible*, dont la difficulté a donné et donne encore la torture aux analystes. Il n'a pas lieu dans le premier cas développé plus haut, mais seulement lorsqu'on a $- p x$; et cela arrive lorsque $\frac{1}{27} p^3$, ou le cube du tiers du coefficient qui affecte l'inconnue au premier degré, surpasse le carré de la moitié de l'absolu ou $\frac{1}{4} q q$. Car dans l'un de ces derniers cas, par exemple dans celui où l'on a $x^3 - p x = q$, la valeur de x est $\sqrt[3]{\frac{1}{2} q + \sqrt{\frac{1}{4} q q - \frac{1}{27} p^3}}$
$+ \sqrt[3]{\frac{1}{2} q - \sqrt{\frac{1}{4} q q - \frac{1}{27} p^3}}$. Or il est visible que si $\frac{1}{27} p^3$ est plus grand que $\frac{1}{4} q q$, la quantité $\sqrt{\frac{1}{4} q q - \frac{1}{27} p^3}$ est imaginaire ou impossible. Le troisième cas $x^3 = p x - q$, est sujet à la même difficulté et par la même raison ; la remarque au reste en étoit bien facile, et il est surprenant que lorsque Cardan la communiqua à Tartalea, celui-ci ait pu la regarder comme une chicane, par laquelle il cherchoit à trouver ses règles en défaut. Il étoit bien plus difficile de déterminer en ce cas, si la valeur de l'inconnue étoit possible, ainsi déguisée sous une forme imaginaire, qui, dans les équations du second degré, désigne une impossibilité absolue; et l'on ne doit pas s'étonner que Cardan ait hésité ici. Il remarqua cependant des équations cubiques qui menoient au cas irréductible, et dont il ne laissoit pas de trouver la solution par des méthodes particulières ou par tâtonnement, celle de Tartalea ne pouvant l'y conduire ; incertain, il n'osa prononcer sur les autres. Mais depuis lui on a remarqué, et qui plus est, démontré, que le cas irréductible, non-seulement ne désigne pas une impossibilité dans l'équation, mais qu'il n'a lieu que dans les cas où elle est possible du plus grand nombre de manières.

Cardan est encore le premier qui ait apperçu la multiplicité des valeurs de l'inconnue dans les équations, et leur distinction en positives et négatives. Cette découverte qui, avec une autre de Viète, est le fondement de toutes celles d'Harriot et de Descartes sur l'analyse des équations, cette découverte, dis-je, est clairement contenue dans son *Ars Magna*. Dès l'article troisième il observe que la racine d'un carré est également plus ou moins le côté de ce carré, et dans l'article 7 il propose une équation qui, réduite à notre langage, seroit $x^2 + 4x = 21$, et il remarque fort bien que la valeur de x, est également $+3$ ou -7, et qu'en changeant le signe du second terme, elle devient -3 ou $+7$. Ces racines négatives, il les nomme *feintes*. Cardan redressa en cela l'erreur de Paccioli, qui n'ayant fait aucune mention de ces racines négatives, semble ne les avoir pas remarquées.

Ce que dit Cardan sur la multiplicité des racines des équations, ne se borne pas aux équations carrées. Il montre aussi que les cubiques sont susceptibles de trois solutions différentes, et il en donne des exemples dans les articles cinq et six. Il observe d'abord fort bien que dans toutes les équations de dénominations impaires non affectées, comme $x^3 = \pm a^3$; $x^5 = \pm a^5$, il n'y a qu'une seule valeur réelle, et que toutes les autres sont imaginaires. Delà passant aux équations cubiques dont le second terme est évanoui, il propose l'équation $x^3 + 9 = 12x$, et il dit que x y a trois valeurs, deux positives, savoir 3 et $\sqrt{5\frac{1}{4}} - 1\frac{1}{2}$, et la troisième feinte ou négative, égale aux deux premières ensemble, $-\sqrt{5\frac{1}{4}} - 1\frac{1}{2}$. Les mêmes valeurs sont, selon lui, celles de l'équation $x^3 - 12x = 9$, à cela près, que celles qui étoient positives dans la précédente, sont feintes dans celle-ci, et au contraire.

Observons cependant, pour ne pas trop accorder à Cardan, que sa découverte n'est pas parfaitement développée: outre qu'il ne dit rien sur l'usage de ces racines négatives, qu'il regarda probablement comme inutiles, il se trompe à l'égard des équations qui ont plusieurs racines égales et affectées du même signe. Ainsi dans l'équation cubique $x^3 - 12x = 16$, dont les racines sont -2, -2, et $+4$, il n'en compte que deux, -2 et $+4$; et dans celle-ci $x^3 - 16 = 12x$, il ne compte que 2 et -4; ce qu'il fait dans d'autres cas d'équations plus relevées, où la même chose arrive. Cette erreur au reste étoit fort excusable dans un temps où l'on n'appliquoit l'algèbre qu'à la résolution des problèmes numériques. Car supposons un problême de ce genre, qui eût conduit à la dernière des équations ci-dessus; que pouvoit faire un analyste qui auroit remarqué qu'elle donnoit 2 deux fois, et -4?

il ne pouvoit regarder ces deux solutions que comme la même, sans les distinguer l'une de l'autre. La simple arithmétique ne fournit aucune lumière sur ce sujet, et c'est la seule application de l'algèbre à la théorie des courbes, qui a pu apprendre à faire la distinction dont nous parlons.

La résolution des équations du quatrième degré ne tarda pas à suivre celle des équations du troisième. Elle fut l'ouvrage d'un disciple de Cardan, nommé Louis Ferrari : quelques auteurs se sont mépris en l'appellant Louis de Ferrare. Bombelli, qui étoit Bolonois, le nomme *Ludovico Ferrario citadino nostro*. Nous verrons pourtant que, selon Cardan, il étoit Milanois. Voici l'occasion de cette découverte. Une espèce d'aventurier, nommé Jean Colla, qui est souvent cité dans les *Quesiti è invenzioni* de Tartalea, et qui prenoit plaisir à embarrasser les mathématiciens par des propositions captieuses, avoit proposé un problême qui les divisoit (1). Il s'agissoit de trouver trois nombres continuellement proportionnels, dont la somme fût 10, et le produit du second par le premier fût 6. Ce problême analysé, suivant les voies ordinaires, conduisoit à une équation de cette forme : $x^4 + 6 x^2 + 36 = 60 x$. Quelques-uns croyoient le problême impossible à résoudre. Cardan ne désespéroit cependant pas de sa solution, et invita fortement à y travailler, Louis Ferrari, jeune homme plein de génie, et qui promettoit beaucoup. Ferrari se rendit aux instances de Cardan, et trouva une ingénieuse solution de ces équations : elle consiste à ajouter à chaque membre de l'équation arrangée d'une certaine manière, des quantités quadratiques et simples, qui soient telles que l'extraction de la racine carrée de chacun soit possible.

Nous présumons que les géomètres verront avec quelque plaisir la voie que tint Ferrari, pour y parvenir. Car, suivant les apparences, cette partie de notre ouvrage ne sera lue que par des géomètres.

Soit à cet effet l'équation ci-dessus proposée, $x^4 + 6 x^2 + 36 = 60 x$. Ferrari commença par lui donner cette forme, $x^4 = -6 x^2 + 60 x - 36$. Ensuite supposant n, une quantité indéterminée, il chercha à ajouter de part et d'autre des quantités telles que l'extraction pût se faire. Or, il voyoit d'abord, qu'en ajoutant au premier membre $2 n x^2 + n^2$, on a un carré parfait, $x^4 + 2 n x^2 + n^2$ dont la racine est $x^2 + n$; mais les mêmes grandeurs ajoutées de l'autre côté, en font $2 n - 6 x^2 + 60 x + n^2 - 36$, qui doit aussi être un carré. Or, il le sera si le

(1) Cardani, *Artis magnae*, etc. lib. 1.

produit de $2n - 6$ par $n^2 - 36$, est égal au carré de 3o. (Cela se voit par la considération de ce carré $a^2 x^2 + 2abx + aabb$, où $a^2 bb$ est le carré de la moitié du coefficient du second terme). Mais cela donnera l'équation $n^3 - 3n^2 - 36n = 342$. Or n étant trouvé, on aura les complémens qu'il faut ajouter aux membres de l'équation proposée pour la résoudre. Si l'on a $x^4 = 12x + 5$, en appliquant de part et d'autre $2nx^2 + n^2$, on aura le premier membre carré, et le second le sera en faisant $2n \times n^2 + 5 = 36$; c'est-à-dire $n^3 + 5n = 18$, ce qui donne n égal à 2. Le reste n'a plus aucune difficulté. Telle fut la méthode de Ferrari, qui conduit, ainsi que toutes celles qu'on a pu trouver depuis, à une équation du troisième degré. C'est donc à tort que M. Wallis, dans son traité d'Algèbre historique et pratique (1), dit qu'il ne trouvoit pas que Ferrari eût fait aucune découverte dans l'analyse. Si cet écrivain eût fait des recherches plus grandes sur l'histoire qu'il prétendoit écrire, (et n'aurions-nous pas droit d'exiger qu'il les eût faites?) il auroit trouvé dans l'Algèbre de Cardan, ce que nous venons de raconter. Bombelli lui auroit aussi appris ce que l'Algèbre devoit à Ferrari. Mais cette inexactitude de Wallis ne doit pas nous surprendre : il n'y a personne qui, après avoir lu sa prétendue histoire, ne voie clairement que son objet a été bien moins d'en faire une, que d'élever Harriot au-dessus et aux dépens de tous les analystes étrangers.

On ne sera peut-être pas fâché de connoître quelques circonstances de la vie de ce premier inventeur de la résolution des équations du quatrième degré. On les trouve dans le neuvième tome des *Opera Cardani*, (édit. de Lyon). Il étoit, dit Cardan, de Milan; en quoi, je l'avoue, il contredit Bombelli, mais il est probable qu'il étoit mieux instruit. Il y naquit en 1522, d'une famille honnête, mais ruinée par les vicissitudes qu'éprouva cette ville dans ce siècle. Entré chez Cardan à l'âge de 15 ans, comme simple domestique, il montra tant de facilité pour les sciences, que ce médecin en fit son secrétaire, et lui enseigna les mathématiques, dans lesquelles il fit de tels progrès, qu'à 17 ans il fut en état de les professer. Sa réputation lui procura l'amitié du cardinal de Mantoue, qui lui fit obtenir du prince de Gonzague, son frère, la commission honorable et avantageuse de faire la carte de l'état de Milan. Il y employa huit années, au bout desquelles ayant contracté une incommodité, que son peu de modération dans les plaisirs aggrava, il quitta cet emploi et le prince son bienfaiteur, d'une manière assez brusque et peu reconnoissante. Il se re-

(1) *De Algebra Tract. hist. et pract.* p. 228 et 229. *inter opp.* Wallisii, t. 2, 1693.

tira alors à Bologne, où Cardan qui y exerçoit la médecine, lui procura une chaire de mathématiques. Mais il mourut au bout de l'année, âgé de 43 ans, et d'une manière qui donna lieu de penser qu'il avoit été empoisonné par sa sœur, qui hérita de sa fortune assez considérable. Quoi qu'il en soit, Cardan, en faisant l'éloge de son esprit, donne une idée fort défavorable de ses qualités morales; le représentant comme un débauché, un impie, et un homme d'un caractère si colère, que quoique son ancien bienfaiteur, il se faisoit peine de l'aborder. Faut-il que les qualités de l'esprit soient si fréquemment ternies par celles du cœur? Car Cardan lui-même, considéré moralement, n'étoit pas fort estimable.

Avant que de sortir de l'Italie, nous avons encore à parler de Raphaël Bombelli, qui fit des découvertes utiles en analyse, et dont l'algèbre parut en 1589. Il développa d'abord dans cet ouvrage, d'une manière plus claire, ce que Cardan avoit dit sur les équations du troisième et du quatrième degré. A l'égard de ces dernières, il ne fit que suivre la méthode de Ferrari. M. Wallis montre encore ici qu'il n'avoit lu Bombelli qu'avec beaucoup d'inattention : il tombe même à son égard dans une double faute ; 1º. en lui faisant honneur de la résolution des équations du quatrième degré, que Bombelli attribue expressément à Ferrari; 2º. en disant que la méthode de Bombelli est la même que celle de Descartes. Cela est entièrement faux, et il falloit être aveuglé comme l'étoit Wallis, par l'envie de déprimer le géomètre François, pour tomber dans une pareille inexactitude. Bombelli ne divise point, comme fait Descartes, une équation biquadratique, en deux du second degré, qui la produisent par leur multiplication mutuelle : il n'y en a pas la moindre trace même dans la page 353 que cite Wallis. Le principe de la solution de Bombelli, ou plutôt de Ferrari, est bien différent, comme on peut le voir par ce qu'on a dit plus haut, et c'est une observation qui n'auroit pas échappé à Wallis, si Harriot eût été à la place de Descartes.

Bombelli fut plus clairvoyant que Cardan, sur le sujet du cas irréductible. Il prononça que malgré le déguisement de la racine sous une forme imaginaire, elle étoit toujours possible : il fit plus, il le démontra à l'aide de certaines constructions géométriques, dans le goût de celle que Platon donna pour la solution du problême de deux moyennes proportionnelles. Il remarque fort justement qu'on ne doit point lui faire un crime d'y employer un certain tâtonnement, puisque le problême étant de la même nature et du même ordre que celui de la duplication du cube, on chercheroit en vain à le résoudre rigoureusement à l'aide de la seule règle et du compas. C'est encore une des choses que Wallis n'a pas remarquées; car il fait honneur à Harriot, d'avoir démontré le premier que lors du cas irréductible, la racine devoit avoir trois valeurs (1). D'ailleurs il n'étoit pas difficile de le faire après les constructions que Viète avoit données de ce cas.

Bombelli ne se contenta pas d'avoir démontré que la valeur de l'inconnue dans le cas de l'équation dont nous parlons, étoit réelle : il fit des efforts pour la trouver, et pour ainsi dire, il força la nature dans un de ses retranchemens. Il eut l'idée heureuse d'observer qu'il n'y avoit qu'à opérer sur le binome composé de la quantité ordinaire et de la racine imaginaire, comme si cette dernière étoit une racine commune, et qu'on parviendroit (du moins dans certains cas) à la vraie solution. Il arrive en effet qu'extrayant la racine cube de chacun des deux binomes dont la valeur de l'inconnue est composée, suivant la manière qu'il enseigne, et qui étoit déja connue dès le temps de Lucas de Burgo; il arrive, dis-je, que chacune de ces racines comprend une partie rationnelle avec une autre imaginaire. Mais comme cette dernière est affectée dans les deux racines, de signes différens, en les ajoutant ensemble elle disparoît, et il ne reste que des quantités ordinaires, dont la somme est une des valeurs de l'inconnue. Un exemple éclaircira ceci. Soit l'équation cubique $x^3 - 7x = 6$. On trouve, suivant le procédé de Tartalea et de Cardan,

$$x = \sqrt[3]{3 + \sqrt[2]{-\tfrac{100}{27}}} + \sqrt[3]{3 - \sqrt[2]{-\tfrac{100}{27}}};$$

ou

$$\frac{\sqrt[3]{81 - 30\sqrt{-3}} + \sqrt[3]{81 + 30\sqrt{-3}}}{3},$$ expression qui

sous cette forme ne présente aucune valeur. Mais si l'on tire la racine cubique de chacun des membres du numérateur, on trouvera pour l'un $\tfrac{9}{2} + \tfrac{1}{2}\sqrt{-3}$, et pour l'autre $\tfrac{9}{2} - \tfrac{1}{2}\sqrt{-3}$; leur somme sera donc 9, qui étant divisée par 3, donnera une des valeurs de x.

M. Wallis n'est pas plus exact en ce qui concerne cet article, qu'à l'égard des précédens. Il tombe encore ici dans deux fautes plus grièves que celles qu'il a reprochées à Descartes avec tant d'animosité. L'une consiste en ce qu'il s'attribue l'invention de cette méthode (2), quoiqu'elle soit distinctement et clairement expliquée par Bombelli. Il se contente de dire que Collins lui avoit appris qu'un analyste Hollandois nommé *Kinkhuysen*, qui vivoit en 1620, avoit eu la même idée. S'il a fait à Descartes un si grand crime d'avoir donné dans

(1) *Ibid.*   (2) *Ibid.* p. 191.

sa géométrie, des choses qui se trouvoient dans Harriot, et qui n'étoient pas dans Harriot seul, comme nous le montrerons ailleurs, quoique sans se les attribuer expressément, que dirons-nous de lui, qui se pare ainsi de la découverte de Bombelli ? Ajoutons que Descartes ne faisant pas l'histoire de l'Algèbre, il seroit excusable d'avoir donné comme siennes des inventions qui se trouvoient dans des écrivains qu'il n'avoit peut-être jamais lus : mais M. Wallis écrivant cette histoire, peut-il être censé avoir ignoré que Bombelli l'avoit prévenu il y avoit près d'un siècle ?

La seconde faute que commet Wallis, c'est de donner à sa règle plus d'étendue qu'elle n'en a réellement. Il a cru, à l'exemple de Bombelli, avoir parfaitement et entièrement résolu toute la difficulté du cas irréductible. Mais cette règle, dont il se sait tant de gré, quoique générale en apparence, ne l'est point : elle est sujette à un tâtonnement, qui ne permet de s'en servir que lorsqu'on est assuré que les racines sont ou des nombres entiers, ou du moins des fractions assez simples pour qu'on puisse facilement les rencontrer. C'est ce que M. de Moivre a remarqué dans les Transactions Philosophiques, n°. 451. Bien loin d'employer la règle de Wallis, pour extraire

la racine cube d'un binome tel que $a + \sqrt{-b}$, il ordonne au contraire de remonter à l'équation du troisième degré, d'où cette expression dérive, et d'en chercher la valeur par la trisection de l'angle.

V I.

Tel étoit à-peu-près l'état de l'algèbre lorsque M. Viète entra dans la carrière. Il est peu de mathématiciens à qui cette science doive plus qu'à cet homme célèbre. Digne précurseur des grands analystes du siècle passé, il jetta les fondemens d'une partie considérable de leurs découvertes ; et les étrangers impartiaux lui rendent cette justice, de remarquer que ses écrits ont servi de flambeau à tous ceux qui ont écrit après lui.

On doit d'abord à M. Viète d'avoir établi l'usage des lettres pour désigner, non-seulement les quantités inconnues, mais même celles qui sont connues ; ce qui fit donner à son algèbre le nom de *Spécieuse*, nom qu'elle a gardé long-temps, à cause que tout y est représenté par des symboles. Ce changement que Viète fit à la méthode ordinaire, paroîtra peut-être assez indifférent à ceux qui connoissent peu l'algèbre : mais ceux qui sont versés dans l'analyse, en porteront un autre jugement.

jugement. En effet, cette méthode est d'abord utile en ce qu'elle fournit, dans tous les cas, des solutions générales, où l'ancienne n'en donnoit que de particulières. Lorsqu'on n'employoit que des nombres pour désigner les quantités connues, ces nombres se confondant ensemble, il ne restoit plus aucune trace des progrès de l'opération. Dans la nouvelle méthode de Viète, au contraire, la quantité inconnue étant dégagée et égalée aux quantités connues, on a, comme dans un tableau, toutes les opérations qu'il faut faire sur les données de la question pour parvenir à sa solution. Un autre avantage plus estimable encore, est la facilité qu'elle procure de pénétrer dans la nature et la composition des équations; c'est, nous l'osons dire, à ce changement que l'algèbre est redevable d'une grande partie de ses progrès.

Les différentes transformations dont on peut se servir pour donner à une équation une forme plus commode, sont, du moins pour la plûpart, de l'invention de M. Viète. Il en enseigne la méthode dans le livre intitulé : *de Emendatione AEquationum*. On y voit comment on peut faire sur les racines de l'équation, toutes les opérations de l'arithmétique, les augmenter, les diminuer, les multiplier, les diviser. C'est par cet artifice qu'il fait disparoître d'une équation le second terme : opération qui résoud tout d'un coup les équations carrées, et qui prépare les cubiques. C'est par-là qu'il fait évanouir les fractions qui embarrassent une équation, qu'il la délivre de l'irrationnalité quand quelques termes en sont embarrassés. Toutes ces choses ont été adoptées par les analystes modernes, et forment ce qu'on appelle *la préparation des équations.*

Après ces préliminaires, M. Viète passe à la résolution des équations de tous les degrés. A l'égard de celles du second, nous venons de remarquer qu'en faisant évanouir le second terme, elles deviennent non affectées ou simples, comme $x^2 = a$. C'est une façon particulière de les résoudre, dont on pourroit faire honneur à M. Viète, s'il étoit moins riche. M. Wallis n'a pas manqué d'en enfler le catalogue des inventions de son compatriote. A l'égard des équations cubiques, M. Viète les résoud d'une manière différente de celle de Cardan et de Bombelli; et il est aisé de voir au tour qu'il y emploie, que sa méthode lui est propre, et que si la résolution de ces équations eût été manquée jusqu'alors, elle ne lui auroit pas échappé. Il les réduit, par une adroite substitution, de la forme cubique affectée, à cette forme $y^6 \pm y^3 = a$, qui n'est proprement qu'une équation du second degré, où l'inconnue est un cube. Voici un exemple de sa méthode. Soit l'équation $a^3 + 3\,b\,b\,a = 2\,ccc$, où a est l'inconnue. Qu'on fasse, dit-il, $a = \frac{cc - bb}{e}$ (e est une autre inconnue), on trouvera, en substituant à a cette valeur dans l'équation précédente, et après les réductions ordinaires, $e^6 - 2\,c^3\,e^3 = b^6$, et ayant trouvé la valeur de e, par cette équation qui se résoud comme une du 2e. degré, on aura celle de a. Mais $\frac{cc - bb}{e}$ est la différence entre les extrêmes de ces grandeurs continuellement proportionnelles e. b. $\frac{bb}{e}$. Or e se trouve $\sqrt[3]{c^3 + \sqrt{c^6 + b^6}}$, et

b étant la 2e., la 3e. doit être $\sqrt[3]{-c^3 + \sqrt{c^6 + b^6}}$; car ces deux expressions multipliées ensemble, font la quantité b.

Ainsi $a = \sqrt[3]{c^3 + \sqrt{c^6 + b^6}} - \sqrt[3]{-c^3 + \sqrt{c^6 + b^6}}$. Lorsqu'on a $a^3 - 3\,b\,b\,a = 2\,ccc$, alors il faut supposer $\frac{cc + bb}{e} = a$, et l'on parviendra de même à la résolution. Voyez Viète, *de emend. aeq. c.* 7. Harriot (1) a suivi précisément cette méthode, et n'y a fait presque d'autre changement que d'employer de petites lettres au lieu de grandes. M. Wallis montre qu'il n'avoit lu Viète qu'avec bien de la négligence, lorsqu'il dit qu'Harriot a trouvé les formules de Cardan par une méthode qui lui est propre. Il eût dû remarquer qu'il la tenoit de M. Viète, ou du moins que celui-ci l'avoit prévenu.

La méthode de M. Viète pour les équations carre-carrées, est, à la vérité, fondée sur le même principe que celle de Ferrari : il s'y agit aussi d'ajouter à chaque membre de l'équation, arrangée de manière que la plus haute puissance de l'inconnue soit d'un côté, il s'agit, dis-je, d'ajouter des complémens qui fassent de chacun d'eux des carrés. M. Viète y emploie la méthode de Diophante, à la différence de Ferrari qui s'y prend d'une autre manière; du reste le résultat est le même, il arrive aussi à une équation du troisième degré qu'il faut résoudre. C'est tout ce que cette méthode a de ressemblant avec celle de Descartes, que Wallis affecte de confondre avec elle. S'il l'eût trouvée dans Harriot, certainement il y eût fait plus d'attention, et il y auroit remarqué de grandes différences entre l'une et l'autre.

Nous passons sous silence plusieurs autres découvertes, ou, si l'on veut, remarques analytiques de Viète, pour en venir à une qui peut avoir été le germe des découvertes d'Harriot et

---

(1) *Art. Analyt. praxis*, s. 6, prob. 12 et seq.

de Descartes, sur la nature des équations quelconques. C'est celle-ci. M. Viète finit son traité de *Emend. Æquat.* par un chapitre, où il observe que si une équation du second degré a pour coefficient de son second terme, une grandeur qui soit la somme de deux autres dont le produit est le terme connu, l'inconnue se peut également expliquer de l'une ou de l'autre. En nous servant des expressions de Viète, si $\overline{B + D} \times A - A^q = BD$ ou $A^q - \overline{B + D} \times A + BD = 0$, A est égal à B ou D. De même si dans une équation du troisième degré, $A^c - \overline{B + D + G} \times A^q + \overline{BD + BG + GD} \times A = BDG$, A est également B, ou D ou G. Il fait voir enfin en général que, lorsque l'inconnue d'une équation quelconque se peut expliquer par plusieurs valeurs positives, (car il faut en convenir, ce sont les seules qu'il considère) alors le second terme a pour coefficient la somme de ces valeurs, affectée du signe —; le troisième la somme des produits de ces valeurs multipliées deux à deux; le suivant, la somme des produits de ces valeurs multipliées 3 à 3, etc. qu'enfin le dernier terme ou l'absolu est le produit de toutes ces valeurs. Voilà la découverte d'Harriot bien avancée. Aussi M. Wallis s'est il bien donné de garde de la voir dans Viète; elle auroit trop diminué la gloire de son compatriote.

Parmi les découvertes purement analytiques de Viète, on doit aussi ranger sa méthode générale pour la résolution des équations affectées de tous les degrés. Personne jusqu'à lui n'avoit embrassé un objet si vaste. M. Viète réfléchissant sur la nature des équations ordinaires, remarqua qu'elles n'étoient que des puissances incomplettes, et il en conçut l'idée que de même qu'on tiroit par approximation les racines des puissances imparfaites en nombres, on pourroit de même extraire la racine des équations, ce qui donneroit une des valeurs de l'inconnue. En conséquence il a proposé des règles pour cela dans la partie de son ouvrage intitulé : *De numerosa potestatum affect. resolutione* ; elles sont analogues à celles dont on se sert pour extraire la racine d'une puissance complette, et on peut assez commodément les employer dans les équations cubiques. Harriot employe la moitié de son *Artis Analyticae praxis*, à les développer : on les trouve aussi expliquées dans Oughtred, Wallis, et dans l'Algèbre de M. de Lagni. Wallis s'en est même servi dans la résolution d'une équation du quatrième degré, et il a poussé son approximation jusqu'à onze décimales. Mais il falloit être doué d'un esprit aussi susceptible de contention, que ce géomètre, pour entreprendre une opération aussi laborieuse. On a aujourd'hui des méthodes d'approximation plus commodes; les curieux peuvent néanmoins consulter les endroits que j'ai cités.

V I I.

Nous n'avons pas encore épuisé tout ce que l'analyse doit à M. Viète. Il nous reste à rendre compte de ses découvertes dans l'analyse mixte, je veux dire dans l'analyse appliquée à la géométrie. Nous lui devons d'abord faire honneur de cette application, invention si utile, et dont l'analyse même n'a pas tiré de moindres avantages que la géométrie. On voit, à la vérité, dès le milieu du quinzième siècle, des traces de cette application dans Régiomontanus, qui se servit de l'algèbre pour résoudre quelques problêmes sur les triangles dans le cinquième livre de son ouvrage *de Triangulis*. On trouve aussi dans Tartalea et d'autres Analystes du seizième siècle, l'algèbre employée à la solution de divers problêmes de géométrie : mais il faut bien distinguer cette espèce d'application de l'algèbre à la géométrie, de celle que M. Viète a introduite. Car tous ces mathématiciens assignoient des valeurs numériques aux lignes données du problême, et se contentoient de trouver celle qu'on cherchoit de la même manière. Il ne me paroît pas qu'aucun d'eux ait songé à construire géométriquement cette valeur trouvée. Ils ne le pouvoient même par la nature de leur analyse, où la seule grandeur inconnue étoit représentée par quelques signes, toutes les autres l'étant par leurs valeurs numériques connues ou supposées.

M. Viète ayant donné à l'algèbre une nouvelle forme en introduisant l'usage des lettres pour représenter les grandeurs même connues, fut naturellement conduit à l'invention des constructions géométriques. Car supposons qu'après la résolution d'une certaine équation, on ait $x = \frac{ac}{b}$ ou $= \frac{1}{2} a \pm \sqrt{aa \pm \frac{bb}{4}}$, il est facile de voir, à l'égard de la première, que la valeur de x, ou $\frac{ac}{b}$, est une quatrième proportionnelle à b, c et a : on voit aussi dans le second cas, que $\sqrt{aa + \frac{bb}{4}}$ est l'hypothénuse d'un triangle rectangle dont a et $\frac{b}{2}$ sont les côtés, et que $\sqrt{aa - \frac{bb}{4}}$ est le côté d'un triangle rectangle dont a est l'hypothénuse et $\frac{1}{2}b$ l'autre côté. Rien n'est plus facile que ces constructions, et nous n'en tirerons pas un sujet de grandes louanges pour M. Viète. Nous n'avons pas besoin de faire comme Wallis, qui accumule toutes les minuties qu'il peut pour grossir le catalogue des inventions d'Harriot.

Viète a donné une marque de génie plus éclatante, en enseignant la manière de construire les équations du troisième degré, celles-là même où entre sous le signe radical une quantité imaginaire. Il fit cette remarque, que toutes ces équations pouvoient se réduire à la duplication du cube, ou à la trisection de l'angle; remarque utile, et qui fournit à la pratique, où il ne s'agit que d'avoir la valeur par approximation, une manière commode d'y parvenir. Mais si l'on demande une construction géométrique, la conchoïde de *Nicomède*, courbe facile à décrire, remplit tout ce qu'on peut désirer, même suivant la rigueur géométrique, comme l'a remarqué M. Neuton. Il nous faut donner une idée du procédé de M. Viète.

Tous les analystes savent que les équations du troisième degré se réduisent à ces trois formes, $x^3 + 3bbx = 2ccc$, $x^3 - 3bbx = 2ccc$; $x^3 = 3bbx - 3ccc$, dont les racines exprimées à la manière de Cardan, sont respectivement

$$\sqrt[3]{c^3 + \sqrt{c^6 + b^6}} + \sqrt[3]{c^3 - \sqrt{c^6 + b^6}}; \quad \sqrt[3]{c^3 + \sqrt{c^6 - b^6}} +$$

$$\sqrt[3]{c^3 - \sqrt{c^6 - b^6}}; \quad -\sqrt[3]{c^3 + \sqrt{c^6 - b^6}} - \sqrt[3]{c^3 - \sqrt{c^6 - b^6}}.$$

Mais avec un peu d'attention on apperçoit que la construction de chacune de ces formules se réduit à trouver les côtés de certains cubes égaux à la somme, ou à la différence d'autres cubes donnés, et que cela aura toujours lieu dans la première formule, et dans les autres seulement, lorsque b sera moindre que c. Or le problème de déterminer le côté d'un cube égal à la somme ou à la différence de deux autres, dépend visiblement, comme tout le monde sait, de celui de deux moyennes proportionnelles. Tous ceux qui sont un peu versés dans la construction des équations, peuvent donc trouver celle de ce cas : c'est pourquoi nous ne nous y arrêtons pas, dans la vue d'abréger.

Le second cas dont la solution fait principalement honneur à Viète, est celui où b est plus grand que c. Car il est visible que la racine $\sqrt{c^6 - b^6}$ est inexplicable dans ce cas, mais il arrive alors, par une sorte de phénomène, que c'est de la trisection de l'angle que dépend la construction. Voici celles que propose M. Viète (1).

Si l'on a l'équation $x^3 = 3bbx + abb$, ou, suivant notre formule ordinaire, $x^3 = px + q$, il faudra d'abord faire une

(1) *Suppl. Geom.* p. 16.

ligne égale $= \frac{3q}{p}$, puis construire sur cette ligne comme base
(*fig.* 82) un triangle isoscèle A B C, dont les côtés égaux,
A B, A C soient $\sqrt{\frac{1}{3} p}$; la base D B du triangle E D B, dont
les côtés B E, E D sont aussi égaux à A B, A C, et qui aura
l'angle D égal au tiers de A B C, sera la valeur d'x. Or il
est visible que tout cela peut se faire facilement par le moyen
d'une table de sinus ; car ayant la base et les côtés du triangle
A D B, il est facile de trouver l'angle B, et ayant ensuite les
côtés D E, E B avec l'angle D $= \frac{1}{3}$ A B C, on peut aussi
facilement trouver le côté B D.

Tout subsiste de même pour l'équation $x^3 = 3 b b x -$
$a b b$, ou $x^3 = p x - q$. B C est encore $\frac{3q}{p}$ et le côté A B
$= \sqrt{\frac{1}{3} p}$; enfin le triangle E D B est construit de la même
manière ; mais il faut faire E F double de E I, et l'on aura
également D F ou F B pour la valeur de la racine cherchée.
M. Viète, qui ne considéroit pas les racines négatives des
équations, s'arrêtoit ici, et ne désignoit pas la troisième racine
qui est égale aux deux premières, et qui est négative : il y
a aussi dans le premier cas ci-dessus deux racines négatives,
savoir D F et F B, que M. Viète y négligeoit par la même
raison.

Il est facile de démontrer cette construction en cherchant
la grandeur du côté D B du triangle D E B ; car nommant
A B $= a$, B C $= b$, et D B $= x$, on trouve cette équation
$x^3 = 3 b b x + a b b$, d'où l'on tire les expressions que
nous avons données, en la comparant terme à terme avec
celle-ci $x^3 = p x + q$. Car cette comparaison montre que b
ou B C $= \sqrt{\frac{1}{3} p}$, puisque $3 b b = p$; et que a ou A B $=$
$\frac{3q}{p}$, puisque $a b b$ ou $\frac{1}{3} a p = q$.

M. Viète a encore jeté dans sa doctrine des sections angulaires, les fondemens d'une autre construction également ingénieuse de ces équations, qu'Anderson (1) et Albert Girard (2),
deux analystes estimables du commencement du dix-septième
siècle, ont saisie et expliquée. Si A B $= a$ est le diamètre d'un
cercle dont A F $= b$ soit une corde, (*fig.* 83) l'arc B G étant
le tiers de l'arc B F, la ligne A G ou x est la racine d'une
équation qui, exprimée à notre manière, est $x^3 - \frac{3 a^2 x}{4} -$

(1) *App. ad tract. duos Vietac.* Edit.　　Voyez le *Comm. de Schooten* sur Des-
ann. 16... Voyez *Vietac Opera*, p. 160.　cartes, p. 345, éd. 1659.
(2) Invent. nouvelle en Algèbre, 1629.

$\frac{a^2 b}{4} = 0$. Cette équation, comme il est aisé de voir, ne peut manquer de tomber dans le cas irréductible, mais elle se construit visiblement par la trisection de l'angle, puisque c'est de là qu'elle dérive ; et elle peut servir de modèle à celle-ci $x^3 - p x - q = 0$. Car on aura par la comparaison des termes, le diamètre du cercle à décrire $= 2 \sqrt{\frac{1}{3} p}$, et la corde A F sera $\frac{3q}{p}$: ayant donc tiré cette corde, et divisé l'arc B F en trois parties égales, la ligne A G tirée à la première division, à compter du point B, sera la racine positive de x; et si l'on fait B I = B i égal à 2 B G, les lignes $\frac{1}{2}$ A I, $\frac{1}{2}$ A i, seront les deux autres racines qui doivent être négatives.

On aura la même construction dans l'autre cas, où l'équation est $x^3 - p x + q = 0$. Les lignes $\frac{A I}{2}$, $\frac{A i}{2}$ seront les racines positives, et A G la racine négative.

Cette construction diffère peu de celle d'Albert Girard, adoptée par Descartes. Tout le procédé d'Anderson restant le même, on fait l'arc A K = au tiers de A F, l'arc A L = $\frac{1}{3}$ A L F, enfin B G = $\frac{1}{3}$ B F. Les cordes A K, A L, A G, sont les trois valeurs de l'équation, A G la positive, si l'on a $x^3 - p x - q$; et A K, A L, les deux positives, si l'on a $x^3 - p x + q$.

Rien n'est plus commode que la construction qui suit de là, on n'a qu'à faire comme $\sqrt{\frac{1}{3} p}$ à $\frac{3q}{p}$, ainsi le sinus total à un quatrième terme, qui sera le sinus d'un arc ; on prendra le tiers de cet arc, et le tiers du reste au cercle entier, enfin le tiers de la somme du premier et du cercle entier ; les sinus de ces arcs étant doublés, seront les racines cherchées.

La doctrine des sections angulaires, c'est-à-dire, la connoissance de la loi suivant laquelle croissent ou décroissent les sinus ou les cordes des arcs multiples, ou sous-multiples, est encore une découverte due à M. Viète, et sur laquelle je ne connois personne qui lui ait rendu justice. Il la publia en 1579 avec son *Canon Mathematicus*, qui n'est autre chose qu'une table de sinus construite suivant ce principe. Ce que nous allons en dire, nous le tirons de sa réponse (1) à un singulier problème proposé par Adrianus Romanus, dont nous parlerons ensuite. M. Viète dit que si l'on a un demi-cercle, dont le diamètre soit A B (*fig.* 84), et qu'on prenne du point B les arcs B D, D E, E F, F G, etc. égaux ; qu'on fasse le

(1) *Vietae Oper.* p. 305.

rayon C B égal à 1; on aura la suite des cordes A D, A E, A F, A G, etc. qui sont les cordes de supplément au demi-cercle, par une expression qui, rendue à notre manière, est celle-ci. Soit $AD = x$, on aura, dis-je, la suite d'expressions ci-dessous :

$$AB = 2.$$
$$AD = x.$$
$$AE = x^2 - 2.$$
$$AF = x^3 - 3x.$$
$$AG = x^4 - 4x^2 + 2.$$
$$AH = x^5 - 5x^3 + 5x.$$
$$AI = x^6 - 6x^4 + 9x^2 - 2.$$
$$AK = x^7 - 7x^5 + 14x^3 - 7x, \text{ &c.}$$

Il ne s'agit plus que d'appercevoir la loi de cette progression, pour la continuer à l'infini : elle n'échappa pas à M. Viète. Il remarque que les termes sont alternativement positifs et négatifs ; que les exposans des puissances y décroissent de deux ; qu'enfin les coefficiens des termes de la seconde colonne, sont les nombres naturels ; ceux de la troisième, les nombres triangulaires, en commençant non par l'unité, comme *dans la génération des puissances*, mais par 2 ; que dans la quatrième ce sont les nombres pyramidaux, ensuite les triangulo-triangulaires, etc.

Mais si nous cherchons le rapport des cordes elles-mêmes, M. Viète nous apprend que le rayon étant l'unité et la première corde x, la suite des cordes des arcs double, triple, quadruple, etc., est

$$2 - x^2$$
$$3x + x^3$$
$$2 + 4x^2 - x^4$$
$$5x - 5x^3 + x^5 \quad . \quad . \quad \text{etc.}$$

Cette progression est la même que la précédente, à cela près que les termes affectés dans la première du signe $+$, le sont ici du signe $-$, et au contraire. Il est facile de voir que cette théorie nous fournit tous les théorêmes nécessaires pour la section d'un arc en raison quelconque. Car si la corde de l'arc donné est b, le rayon l'unité, la corde cherchée x, et qu'il faille diviser cet arc en cinq parties égales, l'équation $x^5 - 5x^3 + 5x = b$, sera celle qu'il faudra résoudre pour cet effet.

M.

M. Viète remarqua encore ici une vérité importante de la doctrine des sections angulaires : c'est que lorsqu'on cherche à diviser un arc en parties égales, par exemple, en cinq, on trouve non-seulement la corde de la cinquième partie de cet arc, mais encore celle de la cinquième partie du restant au cercle, celle de la cinquième partie de la circonférence entière plus l'arc proposé, celle de la cinquième partie de deux fois la circonférence augmentée de ce même arc, et ainsi de suite jusqu'à ce qu'on ait autant de valeurs différentes qu'il y a d'unités dans le nombre des parties demandées : (on ne sauroit en avoir davantage, parce qu'en continuant on retrouve les mêmes cordes qu'auparavant, et dans le même ordre; par exemple, la corde de la cinquième partie, de cinq fois la circonférence plus l'arc proposé, n'est que la corde de la cinquième de cet arc). M. Viète néanmoins s'exprime un peu différemment, et il n'a égard qu'aux valeurs positives de l'inconnue, dont le nombre dans ces sortes d'équations est toujours égal à la moitié de l'exposant s'il est pair, ou à sa plus grande moitié s'il est impair. Ainsi dans l'équation qui sert à diviser l'arc en cinq parties égales, il y en a trois positives et deux négatives; dans celle qui sert à le partager en sept, il y en a quatre positives et trois négatives, etc. Ces théorêmes fournissent enfin à M. Viète une solution des équations de tous les degrés qui sont de même forme que celles qui servent à la multisection de l'arc, ou qui peuvent s'y réduire. C'est par-là qu'il parvint à résoudre une équation singulière qu'Adrianus Romanus avoit proposée aux Géomètres de son temps. Elle étoit du 45e. degré, et en l'exprimant à notre manière, ce seroit celleci, $x^{45} - 45 x^{43} + 945 x^{41} -$ etc. $= A$, cette quantité A étant moindre que 2. Quelque difficile que paroisse cette énigme, ce n'en fut pas une pour M. Viète. Ayant approfondi, comme il avoit fait, la théorie des sections angulaires, il reconnut bientôt que la solution de cette équation dépendoit de la division d'un arc donné, (savoir celui dont la corde étoit A,) en 45 parties égales; ce que l'on peut exécuter en le partageant d'abord en trois parties égales, puis une de ces parties en trois, et une de ces dernières en cinq. Mais ce que n'avoit pas fait Romanus, M Viète remarqua et assigna les vingt-deux autres valeurs positives de cette équation, qui sont, comme l'on sait, les cordes de cette quarante-cinquième partie de l'arc proposé, augmentée des $\frac{2}{45}$ de la circonférence entière, ou des $\frac{4}{45}$, ou des $\frac{6}{45}$, et ainsi de suite.

Il y a trop d'analogie entre les formules des équations pour les sections angulaires, et celles des puissances d'un binome tel que $a + b$, pour que M. Viète ignorât les lois de celles-ci. Aussi montre-t-il en plusieurs endroits qu'il les connoissoit, entr'autres lorsqu'il explique les lois de la progression des termes des équations pour la multisection de l'arc. Il dit que dans ces équations, les coefficiens numériques sont les nombres triangulaires, pyramidaux, etc. formés des nombres naturels en commençant non par l'unité, *ut in potestatum genesi*, mais par 2. Ailleurs il fait cette remarque, savoir que la suite des termes d'un binome tel que $a \pm b$, élevé à une puissance quelconque, est celle de toutes les proportionnelles continues depuis la puissance semblable de a, jusqu'à celle de b. Ainsi dans la cinquième, ce sont a^5, $a^4 b$, $a^3 b^2$, $a^2 b^3$, $a b^4$, b^5, et ces grandeurs étant mises avec leurs coefficiens convenables, savoir 1. 5. 10. 10. 5. 1. tirés de la table des nombres triangulaires, pyramidaux, etc. ci-jointe, et avec tous les signes positifs, si on a $+ b$, ou alternativement positifs et négatifs si on a $a - b$, forment la cinquième puissance de $a \pm b$. On peut même tirer de-là la formule générale d'une puissance quelconque n de $a \pm b$. Car n étant un des nombres naturels, on a pour le nombre triangulaire correspondant $\frac{n . n - 1}{2}$, pour le pyramidal $\frac{n . n - 1 . n - 2}{1 . 2 . 3}$, pour le nombre figuré suivant $\frac{n . n - 1 . n - 2 . n - 3}{1 . 2 . 3 . 4}$, et ainsi de suite. On eût donc pu dès-lors dire que la puissance $\overline{a \pm b}^n$ (n étant un nombre quelconque, entier ou rompu, ou même négatif), étoit $a^n \pm n a^{n-1} b + \frac{n . n - 1}{2} a^{n-2} b^2 \pm$ etc. ce qu'a fait dans la suite M. Neuton. Mais ce pas, il faut en convenir, Viète ne le fit point; il étoit réservé à Neuton de le franchir.

Table :

$$
\begin{array}{ccccccc}
 & & & 1 & & & \\
 & & 1. & 1 & & & \\
 & 1. & 2. & 1 & & & \\
1. & 3. & 3. & 1 & & & \\
1. & 4. & 6. & 4. & 1 & & \\
1. & 5. & 10. & 10. & 5. & 1 & \\
1. & 6. & 15. & 20. & 15. & 6. & 1. \\
1. & 7. & 21. & 35. & 35. & 21. & 7. \; 1.
\end{array}
$$

nat. tri. pyra. etc.

Il nous reste à parler d'un ouvrage de Viète, qui lui causa quelque chagrin; c'est son *Canon Mathematicus seu ad triangula cum appendicibus*, imprimé en 1579, in-f. et devenu excessivement rare, parce que Viète mécontent des fautes d'impression qui s'y étoient glissées, en retira tous les exemplaires qu'il put recouvrer. Je n'en ai en effet jamais vu que deux, celui de la bibliothèque ci-devant du roi, et celui qui fut vendu lors de la vente de la bibliothèque de Soubise, que je voulois avoir. Mais un curieux le poussa si haut que je l'abandonnai. Je reviens à mon sujet; ce *Canon mathematicus* est un recueil de tables très-utiles dans les mathématiques, parmi lesquelles tiennent le premier rang des tables trigonométriques de sinus, tangentes et sécantes ; ces lignes n'y sont pas comme dans nos tables modernes accouplées ensemble, mais forment trois tables séparées, dans la première desquelles l'hypothénuse du triangle rectangle étant supposé 100,000, on a les sinus et co-sinus (sous le nom de la perpendiculaire et la base) pour chaque minute du quart de cercle, avec les différences. Dans la seconde qui est appellée *Tabula fecunda et fecondissima*, la base du triangle étant supposée 100,000, on a les deux autres côtés, qui sont nos tangentes et sécantes ; et la troisième, où le second côté du triangle est également divisé en 100,000, présente les co-tangentes et co-sécantes. On voit à la suite de cette table une autre pareillement divisée en trois, qui donne la série des triangles rationaux, en supposant, soit l'hypothénuse, soit la base, soit la perpendiculaire divisée en 100000 parties. Les angles correspondans à chacun de ces triangles, étant absolument irrationels entr'eux, Viète les a on *is*. La table eût été plus utile, si Viète les eût donnés aussi en degrés, minutes et secondes par approximation.

Viennent ensuite plusieurs autres tables utiles ou essais de tables, comme celle des S. T. et S. pour chaque degré, le rayon supposé de 100,000,000 avec la longueur des arcs de cercles, correspondans en pareilles parties décimales, ce qui lui sert à déterminer une valeur plus approchée de la circonférence, qui se trouve, le rayon étant comme dessus, entre, 314,159,265,35. 314,159,265,37.

La seconde partie de cet ouvrage, intitulé, *Universalium inspectionum ad Canonem mathematicum liber singularis*, est un traité, abrégé à la manière de Viète, de trigonométrie rectiligne et sphérique, appliquée à un grand nombre de problêmes géométriques curieux et utiles, et suivi de diverses spéculations relatives à la quadrature du cercle, et à la duplication du cube ; c'est-là qu'il donne l'approximation dont nous venons de parler.

Nous pourrions encore faire honneur à M. Viète, d'avoir eu la première idée d'exprimer l'aire d'une courbe, par une suite infinie de termes. Nous en tirerions la preuve d'un endroit de ses ouvrages (1), où il recherche l'aire du cercle en le considérant comme le dernier des polygones inscrits. Il y démontre cette vérité, savoir qu'en nommant 1 le diamètre, le rapport du carré au cercle qui le renferme, est égal à

$$ V\tfrac{1}{2} \times \sqrt{ \tfrac{1}{2} + V\tfrac{1}{2} } \times \sqrt{ \tfrac{1}{2} + \sqrt{ \tfrac{1}{2} + V\tfrac{1}{2} } } , \text{ etc. à l'infini.} $$

(1) *Resp. Math.* l. 8, c. 18.

Quoique cette expression ne soit guère traitable, à cause de la multitude d'extractions de racines carrées, et de multiplications qu'il faudroit faire pour en tirer une approximation de la grandeur du cercle, elle ne laisse pas d'être remarquable du moins dans la théorie.

Nous ne devons pas terminer cet article sans faire connoître plus particulièrement un homme à qui les mathématiques ont tant d'obligations. M. Viète étoit de Fontenai dans le Poitou, où il naquit vers l'an 1540. Il fut maître des requêtes à Paris. Malgré les occupations de cette charge, et les affaires qu'il eut à conduire, il sut trouver le temps de s'adonner aux mathématiques avec le succès qu'on a vu. M. de Thou (1) nous rapporte qu'on le vit quelquefois passer trois jours de suite sans quitter son travail, et même sa table, où on lui apportoit de quoi réparer les forces qu'il dissipoit par une application si continuelle. Il eut deux vifs démêlés, l'un avec Scaliger, et l'autre avec Clavius. Dans le premier il avoit incontestablement raison, puisqu'il réfutoit la prétendue quadrature du cercle, que ce savant Littérateur, mais méchant géomètre, avoit donnée. Sa querelle avec Clavius, lui fait, à mon avis, moins d'honneur. Le calendrier qu'il prétendoit substituer à celui que Grégoire XIII avoit adopté d'après Lilius et Clavius, étoit sujet à des défauts monstrueux que Clavius releva fort bien. M. Viète étoit profondément versé dans le grec, et l'on ne s'en apperçoit que trop. Ses écrits sont tellement parsemés de phrases en cette langue, ou de mots qui en tirent leur origine, comme *parabolisme*, *hypobibasme*, *antistrophe*, et mille autres, que leur lecture est extrêmement laborieuse. Mais tel étoit le goût du temps où il vivoit : il falloit étaler de l'érudition grecque avec profusion, pour mériter un nom parmi les savans. Durant les guerres de la France avec l'Espagne, des lettres de la cour de Madrid à ses gouverneurs dans les Pays-Bas, ayant été interceptées, personne ne parut plus capable que M. Viète de les déchiffrer. Il y parvint en effet, malgré la difficulté et la complication extrême de leur chiffre ; ce qui dérangea beaucoup pendant deux ans les affaires des Espagnols. Ils comptoient tellement sur l'impossibilité d'en trouver la clef, que lorsqu'ils s'apperçurent qu'on en étoit venu à bout, ils publièrent par-tout qu'on y avoit employé le sortilége. M. Viète vécut jusqu'à 63 ans, et mourut à Paris au mois de Décembre de l'année 1603. Il avoit publié durant sa vie divers écrits, mais qui furent toujours très-rares, parce que lorsqu'il les avoit fait imprimer, il en retiroit tous les exemplaires,

(1) *Hist.* l. 129.

n'en faisant présent qu'à des géomètres habiles ou à ses amis. Après sa mort, Alexandre Anderson mit au jour quelques-uns de ses manuscrits; enfin Schooten donna en 1646 une édition de tous les ouvrages de Viète, qu'il put se procurer.

V I I I.

Il nous faut maintenant passer brievement en revue les principaux algébristes du seizième siècle, qui contribuèrent, par leurs écrits, à répandre la connoissance et le goût de l'algèbre. En Italie, outre les algébristes dont on a parlé, on trouve un certain Caligarius, qui vivoit en 1515. J'ai lu quelque part que son nom propre étoit *Galighai*, et qu'il fut le grand-père de la fameuse maréchale d'Ancre, dont le nom étoit, comme tout le monde sait, *Eléonora Galighai*. L'arithméticien et algébiste Galighai ayant dédié son livre au cardinal de Médicis, depuis Clément VII, avoit été attaché à cette maison. De-là l'origine de la fortune de sa petite-fille auprès de Marie de Médicis, qui l'amena d'Italie. La satyre lui a donné une origine beaucoup plus abjecte en la faisant fille, ou petite-fille d'un cordonnier. Mais il y a encore loin de l'état d'un petit arithméticien à celui auquel la fortune l'éleva pour l'en précipiter, à la vérité, ensuite d'une manière si tragique.

En France, Jacques Pelletier du Mans traita en deux livres, de l'algèbre; son ouvrage intitulé : *l'Algèbre départie en deux livres*, parut pour la première fois en 1554, et eut plusieurs éditions. Peu après, c'est-à-dire, en 1559, Jean Butéon ou de Batéon, Dauphinois et religieux de l'ordre de Saint-Antoine, donna aussi une algèbre sous le titre de *Logistica* etc. Je me suis trompé en disant autrefois que Butéon avoit le premier substitué des lettres aux signes dont les algébristes avoient fait usage avant lui. Il employa la lettre grecque ϱ pour la *chose* ou la *cosa* des Italiens; une espèce de carré rhomboïde pour le carré de l'inconnue, et enfin un petit cube en perspective pour son cube. Pierre Josselin de Cahors publia en 1576, un traité d'algèbre intitulé : *de occulta parte numerorum*, etc. J'ai idée d'y avoir vu anciennement des essais assez ingénieux d'application de l'algèbre à la géométrie, entr'autres à l'invention des deux moyennes proportionnelles continues, où il se trompe néanmoins, croyant avoir résolu par une équation du second degré, le problème qu'Apollonius résolvoit au moyen d'une hyperbole. Enfin, Bernard Salignac, Bordelois, donna en 1580 une Algèbre, précédée de l'arithmétique, sous le titre de *Arithm. Libri II et Algebrae totidem*. On me permettra de passer les autres sous silence.

En Allemagne, le plus ancien et le premier des Algébristes, fut Christophe Rudolff, dont l'algèbre allemande intitulée : *Die Coss.* parut pour la première fois en 1522, et de nouveau en 1553, par les soins de Michel Stiffel : son habileté, tant en arithmétique qu'en algèbre, étoit telle, qu'on l'appella le précepteur en ce genre de toute l'Allemagne. Michel Stiffel est néanmoins plus généralement connu par son *Arithmetica integra*, qu'il publia en 1544, et qui contient les germes de nombreuses inventions, comme des logarithmes, et de diverses autres ; car il y compare expressément les progressions arithmétiques et géométriques, comme on le fait dans nos traités vulgaires de logarithmes ; mais il lui manqua de chercher à interpoler dans la suite géométrique les termes moyens. Ainsi mal-à-propos chercheroit-on à atténuer par-là la gloire de Neper, qui d'ailleurs envisage la génération des Logarithmes d'une manière entièrement différente, et qui lui est propre.

Jean Neudorffer et Zacharias Lochner furent aussi des auteurs de traités d'Algèbre en allemand, ainsi que leur compatriote, Peter Roth, qui intitula le sien, quoique écrit en allemand, *Arithmetica Philosophica*, etc. Cette Algèbre étoit savante et profonde pour son temps. L'auteur y traitoit des équations des troisième et quatrième degrés, et y résolvoit entr'autres 160 questions choisies, proposées par Faulhaber, et imprimées à Ulm, sous le titre de *Arithmetische cubicossische Lust-garten*, (*Parterre arithmétique cubicossique*, ou *algébrique.*)

Ce Faulhaber mérite ici quelques détails particuliers. Il étoit d'Ulm, et né dans la classe des ouvriers ; ce qui ne l'empêcha pas de faire des progrès remarquables dans toutes les parties des mathématiques qu'il cultiva et enrichit. Il vécut encore pendant une partie assez considérable du dix-septième siècle ; car Descartes eut l'occasion de le voir, ayant passé à Ulm, pendant qu'il étoit dans le service militaire. Faulhaber visité par un jeune officier François, le jugea d'abord d'après ses discours, un avantageux qui ne doutoit de rien, sur-tout lorsqu'ayant proposé une question qu'il jugeoit fort difficile, il eut vu le jeune Descartes lui en promettre la solution. Sa surprise fut grande lorsque le lendemain Descartes la lui apporta. Il connut alors tout ce qu'il valoit, et cela établit entr'eux des liaisons d'amitié, où probablement Descartes ne joua pas le rôle de disciple. A ces Algébristes Allemands on doit encore joindre Scheubel et Lazare Schœner, qui écrivirent des traités d'Algèbre en latin, mais ils ne s'élevèrent pas au-delà des équations du second degré.

En Angleterre ceux qui cultivèrent les premiers l'Algèbre,

et qui la montrèrent à leurs compatriotes, furent Robert Record, Richard Norman et Léonard Digges ; mais celui qu'elle se vante avec plus de raison d'avoir produit, est le célèbre Harriot. Son ouvrage néanmoins n'ayant paru qu'en 1631, une dixaine d'années après sa mort, nous renvoyons à la partie suivante l'exposition de ses découvertes analytiques.

Le géomètre Portugais, Pierre Nonius ou Nuñez, expliqua aussi à ses compatriotes les règles de l'Algèbre en langue castillane. Son livre est intitulé : *Libro de Algebra y arithmetica y geometria*, (Amberez, 1567). Il y entre dans d'assez grands détails sur la querelle de Cardan avec Tartalea. Je ne connois pas d'autre Algébriste Espagnol ou Portugais.

On vit enfin l'algèbre cultivée dans la Hollande et dans les Pays-Bas, par divers mathématiciens. L'un des principaux est Stevin, dont nous avons l'algèbre publiée à la fin du seizième siècle, et de nouveau imprimée dans le recueil de ses œuvres, donné en 1634 ; et un commentaire sur les questions de Diophante, à l'égard duquel il a été accusé de diverses erreurs, effet probablement de sa précipitation. Sa notation, ainsi que celles de ses compatriotes, qui cultivèrent l'Algèbre, consiste dans les signes suivans : $\textcircled{1}$ désigne l'inconnue, la *cosa*, suivant la dénomination des Italiens; $\textcircled{2}$ désigne son carré; $\textcircled{3}$ exprime le cube, etc.

Ludolph Van-Ceulen et Adrianus Romanus se distinguèrent aussi dans cette carrière. Ludolph appliqua l'algèbre à la résolution de nombre de questions arithmétiques et géométriques dans ses *Fundamenta arithmetica et geometrica.* Le dernier jouta en quelque sorte avec Viète, en proposant un problème fort singulier, puisque c'étoit la résolution d'une équation du 45e. degré; mais Viète devina l'énigme, et montra que cette équation résultoit de la quinquisection de la neuvième partie du cercle, et il fit voir ce qu'Adrianus Romanus ne paroît pas avoir soupçonné ; qu'indépendamment de la corde de la quarante-cinquième partie de la circonférence, il y avoit 44 autres cordes qui résolvoient aussi le problème, d'où il résulte que quoiqu'Adrianus Romanus eût cultivé la théorie des sections angulaires, il n'y avoit pas pénétré aussi profondément que Viète.

Fin du troisième Livre de la troisième Partie.

NOTES

DU

TROISIÈME LIVRE.

────────

NOTE. A.

Sur un Problême proposé par Tartalea.

Quoique ce problême ne soit rien moins 'que difficile, il m'a paru assez curieux dans son genre; et comme on n'en trouve la solution ni dans Cardan, ni même chez Tartalea qui l'avoit proposé, je me suis amusé à le résoudre. Le plus embarrassant est de reconnoître la manière, dont ces différens polygones sont arrangés entr'eux pour former le polyèdre. Le voici d'abord:

Sur un des pentagones qui servira de base, arrangez cinq carrés portés par les côtés du pentagone, et que ces carrés soyent ensuite relevés au-dessus du plan du pentagone, de sorte que les côtés de deux voisins se joignent à angle de soixante degrés; ainsi l'on aura un rang de polygones composés de cinq carrés et cinq triangles équilatéraux. Sur chacun des carrés de ce rang, élevez un pentagone égal au premier, et sur chacun des côtés de ce pentagone, placez un carré; en rapprochant les carrés latéraux des pentagones, ils formeront les bases des cinq triangles équilatéraux ci-dessus, et vous aurez une seconde bande composée de cinq pentagones, et de cinq carrés. Faites la même construction sur un autre pentagone comme base, en vous bornant à ajuster deux carrés sur des côtés latéraux des pentagones de la seconde bande. On joindra ensuite ces deux moitiés, de sorte que les angles du sommet de ces derniers pentagones s'emboîtent entre deux carrés. Vous aurez ainsi un corps composé de douze pentagones, trente carrés et vingt triangles, tous équilatéraux; et il est aisé de démontrer qu'il est inscriptible à la sphère.

Quant au surplus des questions faites par Tartalea, au sujet de ce corps, un de mes amis qui a bien voulu s'amuser a trouvé;

1°. Que l'angle formé par les deux plans, l'un du pentagone, l'autre du carré adjacent, est de 148° 16' 46''.

2°. Que l'angle formé par les triangles avec les carrés environnans est de .160° 1' 19''.

3°. Que le côté de chacun des polygones ci-dessus, étant nommé 1, le rayon de la sphère circonscriptible est 2,336758.

4°. Que la perpendiculaire tombant du centre de la sphère sur celui des pentagones, est 2,265795.

Celle tombant sur le centre des carrés est 2,227181.

Celle tombant sur le centre des triangles équilatéraux est 2,264289.

5°.

5°. Que la surface de ces soixante-deux faces, ou de tout le polyèdre, est de 59.305954, la surface entière de la sphère étant égale à 68.645438.

6°. Enfin que la solidité de ce corps est égale à 43.0317287, dont la solidité de la sphère contient 54.174293.

Ce qui comprend toutes les questions, et au-delà, faites à Cardan.

Pour ajouter encore ici quelque chose d'intéressant, nous appliquerons à ce polyèdre la loi générale trouvée par M. Euler, pour déterminer dans un polyèdre, le nombre de ses angles solides, et de ses tranchans ou angles formés par deux plans, en connoissant la forme et le nombre des faces. Cette règle est celle-ci.

Dans tout solide compris de figures planes et rectilignes, le nombre des tranchans est la moitié du nombre des angles plans de toutes les faces.

Dans tout solide de cette espèce, le nombre des angles solides est égal au nombre des tranchans, moins le nombre des faces diminué de 2.

Ainsi en appliquant ces deux règles au cas du polyèdre de Tartalea, on trouvera que le nombre des tranchans est de 120, et que le nombre des angles solides est de soixante tout juste.

NOTE. B.

Sur la méthode de la Prostaphérèse.

Pour donner une idée plus claire de la méthode qui fait l'objet de cette note, et en mieux faire concevoir l'usage, nous croyons devoir la dériver de quelques théorêmes sur les sinus et co-sinus, qui sont aujourd'hui fort familiers aux géomètres. Ce sont ceux-ci, savoir, en supposant le sinus total égal à l'unité :

$$\text{Sinus } A \times \text{Sin. } B = \frac{\text{Cos. } (A - B)}{2} - \frac{\text{Cos. } (A + B)}{2}.$$

$$\text{Cos. } A \times \text{Sin. } B = \frac{\text{Sin. } (A + B)}{2} - \frac{\text{Sin. } (A - B)}{2}.$$

$$\text{Cos. } A \times \text{Cos. } B = \frac{\text{Cos. } (A + B)}{2} + \frac{\text{Cos. } (A - B)}{2}.$$

$$\text{Sin. } A \times \text{Cos. } B = \frac{\text{Sin. } (A + B)}{2} + \frac{\text{Sin. } (A - B)}{2}.$$

Supposons à présent que nous ayons (*fig.* 85) dans le triangle sphérique B A C rectangle en A, l'hypothénuse B C = 60°, et l'angle C de 25°; on trouve par la méthode vulgaire le côté B A au moyen de cette analogie.

Comme le sinus total, au sin. de l'hypoth. B C, ainsi le sinus de l'angle C, à celui du côté B A cherché.

On a donc sinus B A = Sin. B C × Sin. C; mais par le premier des théorêmes ci-dessus, Sin. B C × Sin. C = Cos. (B C — C) — Cos. (B C + C),

ou dans l'exemple présent $\frac{\text{Cos. } 60° - 25°}{2} - \frac{\text{Cos. } 60° + 25°}{2} =$

$\frac{\text{Cos. } 35° - \text{Cos. } 85°}{2}$; donc Sin. B A = $\frac{73200}{2}$ = 36630, ce qui donne B A

= 21° 28' 10".

Si l'on avoit à résoudre un cas de trigonométrie d'où résultât cette proportion : Sin. ou Cosin. X = Cos. A × Sin. B, on se serviroit du second théorême qui donne également Cos. A × Sin. B = $\dfrac{\text{Sin. } (A + B) - \text{Sin. } (A - B)}{2}$.

Enfin si l'on avoit Sin. ou Cos. X = Cos. A × Cos. B, on se serviroit du troisième théorême qui donne Cos. A × Cos. B = $\dfrac{\text{Cos. } (A + B) -}{}$ Cos. $(A - B)$.

$\dfrac{}{2}$

La méthode est aussi applicable à la trigonométrie rectiligne (nous supposons toujours que le sinus total soit le premier terme de l'analogie). Que l'on ait, par exemple, le triangle B A C rectangle en A (*fig.* 86), dont on connoît B C (de 370 tois. par exemple), et l'angle C de 30°, et qu'il faille trouver B A ; on auroit A B = B C × Sin. C, le sinus total étant l'unité ; mais comme B C n'est pas un sinus, on l'élèvera, pour ainsi dire, à cette dignité, en lui ajoutant le nombre de zéro nécessaire pour égaler celui des chiffres des sinus employés dans la table, que nous supposons de cinq chiffres. On regardera ensuite ce nombre comme un sinus, et l'on cherchera dans la table l'arc auquel répond ce sinus. Ici en ajoutant deux zéro, on a 57000 qui répond à un arc de 34° 45′. Supposons le D, on aura donc l'équivalent de cette analogie à résoudre. Sin. tot. : Sin. D :: Sin C : AB ou A B = Sin. D × Sin. C. On aura donc A B = Cos. (D − C) − Cos. (D + C); ce qui donne

pour A D le nombre de 28500, considéré comme sinus : ôtons-en le même nombre de chiffres que nous avions ajoutés à 570 ; nous aurons 280 $\frac{1}{2}$ toises pour la valeur cherchée de A B.

Ce même procédé est applicable à la multiplication de deux nombres quelconques ; car s'ils sont assez grands pour être considérés comme des sinus, comme sont, par exemple, 57573, et 46323, qui doivent être regardés comme 0,57573 et 0,46323, le sinus total étant 1,00000 ; on prendra ces nombres pour des sinus, on cherchera les arcs qui leur répondent, et l'on procédera comme on a fait ci-dessus ; le sinus répondant à l'arc trouvé par ce procédé, sera le produit des deux nombres, en ayant l'attention de le prendre dans une table où les sinus soient exprimés en dix chiffres, parce que le produit des deux nombres ci-dessus doit être de dix chiffres.

Si les nombres étoient trop petits, on les augmenteroit du nombre de zéro nécessaires pour en faire des sinus ; sauf à retrancher ensuite du produit le nombre de chiffres correspondant ; enfin si les nombres à multiplier excédoient le sinus total, on en retrancheroit le nombre de zéro convenable, pour les faire rentrer dans les limites de la table des sinus. On procéderoit ensuite comme à l'ordinaire, et comme on a prescrit plus haut.

Ce que l'on vient de dire, est un acheminement au cas où l'on a une analogie trigonométrique exprimée en autres termes que des sinus, par exemple des tangentes, ou des tangentes et sécantes, et même des sinus verses ; pourvu que le sinus total soit toujours le premier terme. Car il n'y a alors qu'à considérer ces lignes comme de simples nombres qu'on laissera comme ils sont, s'ils n'excèdent pas les limites de la grandeur du sinus total. On les augmentera au contraire du nombre de chiffres nécessaire, s'ils sont fort au-dessous ; ou on les réduira à ces limites, en supprimant un ou deux des derniers chiffres, s'ils sont au-dessus. Le surplus de l'opération se fera comme dans la règle générale.

Supposons, par exemple, qu'on ait cette analogie comme le sinus total, à la tangente de 85° ; ainsi celle de 76° à un quatrième terme, tangente d'un arc cherché. La tangente de 85° est 11.43005, et celle de 76° est 4.01078.

L'une et l'autre excédant beaucoup le sinus total, on les tronquera chacune de leurs deux derniers chiffres; ce qui les réduira à 11430, et 4010; c'est-à-dire, 0.11430 et 0.4010. Le premier nombre est le sinus d'un arc de 60° 31′ 30″, et l'autre d'un arc de 2° 17′ 30″. On aura donc la quatrième proportionnelle cherchée égale à $\frac{\text{Cos. } 4° 11′}{2}$ -- $\frac{\text{Cos. } 89° 49″}{2}$, ce qui donne 0060454.

Mais comme on a tronqué chacun des nombres ci-dessus de leurs deux derniers chiffres, on doit ajouter autant de zéro, c'est-à-dire ici quatre, et l'on aura 4540000. L'arc auquel répondra ce nombre, comme tangente, sera l'arc cherché. On le trouve ici de 88° 45′, plus ou moins quelques secondes. Le calcul logarithmique donne à moins d'une minute près, le même résultat.

Il nous reste à parler des cas où le sinus total occupe la seconde ou troisième place de la proportion, comme celle-ci : Sin. A : Sin. tot. :: Sin. B : à un quatrième terme. Or Sin. A : Sin. tot. :: Sin. tot. : Coséc. A. On aura donc par les tables Coséc. A, et la proportion sera changée en celle ci : Sin. tot. : Coséc. A :: Sin. B : au terme cherché; ce qui rentre dans le cas expliqué ci-dessus. Il est sans doute inutile d'observer que si le sinus total est à la troisième place, on le fera passer à la seconde en alternant.

On supposera enfin que le sinus total n'est nulle part, comme dans cette proportion : Sin. A : Sin. B :: Sin. C : à un quatrième. Faites alors celle-ci : Sin. tot. : Sin. B :: Sin. C : à un quatrième, qui soit Sin. D, qu'on aura par une première prostaphérèse. En substituant à Sin. B ✕ Sin. C, son égal Sin. tot. ✕ Sin. D; l'analogie proposée se changera en celle-ci : Sin. A : Sin. tot. :: Sin. D : à la quatrième proportionnelle cherchée; ce qui ramène ce cas au précédent.

Si enfin on avoit A : B :: Sin. C : à la quatrième cherchée, on feroit cette proposition : Sin. tot. : Sin. C :: B : D, et conséquemment l'on auroit Sin. tot. ✕ D = B ✕ Sin. C; ce qui changeroit la proportion précédente en celle-ci : A : Sin. tot. :: D : à la quatrième cherchée; ce qui réduit encore ce cas à un des précédens.

Il est vrai que dans ces derniers cas on a deux prostaphérèses à employer; et je ne sais si, pour quelqu'un très-rompu au calcul, ces deux opérations qui exigent quelques attentions particulières, ne seroient pas aussi laborieuses que les multiplications et divisions de l'opération directe.

Ceci suffira sans doute, parce que, selon les apparences, personne ne s'avisera d'employer cette ressource, aujourd'hui que les logarithmes en fournissent une bien plus commode. Nous pensons, cependant, que nos lecteurs ne nous sauront pas mauvais gré des détails où nous venons d'entrer sur cette méthode, à laquelle on ne peut refuser le nom d'ingénieuse.

Fin des Notes du troisième Livre de la troisième Partie.

HISTOIRE

DES

MATHÉMATIQUES.

TROISIEME PARTIE.

Histoire des Mathématiques en Occident , jusqu'au commencement du dix-septième siècle.

LIVRE QUATRIÈME,

Qui contient les progrès de l'Astronomie, pendant le seizième siècle.

SOMMAIRE.

I. *Prospectus général de l'état de l'Astronomie durant le seizième siècle.* II. *De quelques Astronomes qui fleurirent au commencement de ce siècle.* III. *De Copernic. Abrégé de la vie de cet homme célèbre. Développement de ses idées sur le système de l'Univers : il établit enfin le véritable dans son Livre des Révolutions.* IV. *Exposition détaillée du système de Copernic, et de la manière dont il satisfait aux principaux phénomènes.* V. *Histoire des premières contestations qu'il essuie avant que de s'établir. Examen des objections de divers genres qu'on a proposées contre le mouvement de la terre. Des avantages de ce système, et des preuves qu'on en donne aujourd'hui. VI. De divers Astronomes qui fleurirent après le milieu du seizième siècle, et entr'autres de Reinold, du Landgrave de Hesse, de Maestlin, etc. VII. De Tycho Brahé; Histoire de cet Astronome célèbre. Ses travaux astronomiques, et ses découvertes nombreuses. VIII. De la fameuse étoile qui parut en 1572 dans Cassiopée. IX. De la réformation du Calendrier, faite en 1582, par le Pape Grégoire XIII. Explication du Calendrier Grégorien, et examen de ses défauts et de ses avantages.*

I.

L'astronomie qui avoit commencé à renaître en Allemagne, continua d'y être cultivée avec un grand succès durant le seizième siècle. En jetant un coup-d'œil sur l'histoire de cette science, on ne peut se refuser à une réflexion, savoir que pendant près de trois cents ans, l'Allemagne resta dans la possession presque exclusive, de donner naissance aux astronomes les plus célèbres. C'est en effet dans cette partie de l'Europe qu'on avoit vu Purbach et Régiomontanus, relever l'astronomie de la langueur où elle étoit plongée ; c'est à elle que nous devons le rétablissement du véritable système de l'Univers, ouvrage de l'immortel Copernic ; c'est aussi en Allemagne que l'astronomie s'enrichit par les soins du Landgrave de Hesse, et du fameux Tycho-Brahé, d'une précieuse suite d'observations plus exactes que toutes celles qui avoient été faites précédemment ; c'est-là enfin qu'on voit éclore de ces observations les heureuses découvertes du célèbre Kepler. Je ne dis rien des travaux d'une foule d'autres astronomes dignes de louange, qui fleurirent dans le même temps. Tel est le tableau abrégé du progrès de l'astronomie pendant le seizième siècle, et le commencement du dix-septième.

I I.

Avant que de parler de Copernic, qui nous fournira le su-

jet de plusieurs articles, il est nécessaire que nous fassions
connoître plusieurs astronomes, qui s'acquirent de la réputation au commencement de ce siècle. Les Annales de l'astronomie citent avec éloge André Stiborius, Jean Stabius,
l'un et l'autre professeurs de mathématiques dans l'université
de Vienne, et sur-tout Jean Werner. Les écrits des deux premiers n'ont jamais vu le jour : c'est pourquoi nous avons peu
de chose à en dire. Nous remarquerons seulement qu'il paroît
par les titres de ces écrits que quelques Ecrivains nous ont
conservés, que ces deux Astronomes furent des premiers créateurs de notre gnomonique moderne. Quant à Werner,
dont on a déjà parlé comme d'un habile géomètre, ce fut
aussi un astronome de grande réputation, et qui marcha de
près sur les traces de Purbach et de Régiomontanus. Son principal ouvrage est celui qui porte pour titre, *de Motu oc-*
tavae sphærae, ou sur le mouvement propre des fixes. Il y rejette sur de solides raisons les chimériques idées des Astronomes Arabes et de ceux du roi Alphonse, sur la rétrogradation
on l'inégalité du mouvement des fixes. Il se trompe néanmoins un
peu en faisant ce mouvement d'un degré en 86 ans : il est,
comme on sait, plus rapide, c'est-à-dire, d'environ un degré en 66
ans. Soit hasard, soit industrie, personne n'a plus approché de la
vérité, qu'il le fit en fixant l'obliquité de l'écliptique à 23°. 28′.
Il écrivit sur divers sujets astronomiques ou attenans à l'astronomie, comme la géographie, etc.

Parmi les Astronomes que produisit le commencement de ce
siècle, il en est encore plusieurs, dont on doit faire mention.
Tels furent Augustin Ricci, Italien, auteur d'un traité : *de*
Motu octavae sphærae, où il discute et désapprouve les idées des
Alphonsins sur le mouvement des fixes ; Albert Pighius qui avoit
été maître de mathématique de Paul III : il est auteur d'un livre
intitulé : *de Æquinoctiorum et Solstit. inventione* ; *de ratione*
paschatis celebrationis et restitutione calendarii. Jean Stoeffler
ou Stoefflerin, se fit, vers le commencement de ce siècle, une
célébrité par la publication de ses éphémérides, commencées dès
1499, et continuées jusqu'au de là de 1550. Il fit beaucoup de
peur à toute l'Allemagne, par sa prédiction d'un grand déluge
qui devoit avoir lieu en 1524, par l'effet de la conjonction des
trois planètes supérieures dans les Poissons, prédiction qui fut
appuyée par Jean Wirdungus. Les bateaux en renchérirent
dans ce pays ; mais à la honte de l'astrologie et des astrologues, jamais année ne fut plus sèche. Il convient cependant
d'ajouter qu'il y eut de bons esprits qui combattirent cette folie par de solides raisonnemens, tels qu'Augustin Niphus,
Corneille Scepper, G. Tanstetter, etc. Mais le temps n'étoit pas

encore arrivé, où l'esprit humain devoit secouer cette pitoyable erreur. Jean Schoener et André Schoener son fils, se rendirent utiles à l'astronomie par la publication de grand nombre d'ouvrages astronomiques de Régiomontanus et de Walther, qui avoient resté dans l'obscurité, et par nombre d'autres ouvrages instructifs dont ils furent auteurs ou éditeurs. Pierre Apianus tenta de rendre les calculs astronomiques plus faciles, au moyen de certaines opérations mécaniques, qui se faisoient par des cercles de papiers ou de cartons, tournans les uns dans les autres. C'étoit l'objet de son ouvrage intitulé : *Æquatorium astronomicum*, (Norimb. 1530). Mais cette invention, quoiqu'ingénieuse, n'a pas fait fortune en astronomie, et Kepler déplore quelque part, avec raison, le temps qu'y perdirent ceux qui s'en occupèrent. Au surplus, si le travail d'Apianus fut à cet égard fort inutile à l'astronomie, il ne lui fut pas inutile à lui-même. Car Charles V en fut si enchanté, qu'il le créa chevalier, et ce qui étoit encore plus solide, il lui fit présent de 3000 écus d'or. La seconde partie de l'*Astronomicon Caesareum*, a été plus utile ; car elle contient des observations d'Apianus, sur-tout celles qu'il fit des comètes de 1531, 1532, 1533, 1538, 1539 ; celles de 1532 ont été utiles pour conjecturer le retour de la fameuse comète de 1758, reconnue aujourd'hui pour la même que celle de 1532, 1607, 1682. On a aussi de lui des observations d'éclipses, et une cosmographie qui a eu long-temps de la réputation. Il méditoit divers autres ouvrages lorsqu'il mourut en 1552. Il laissa un fils nommé Philippe Apianus, qui fut aussi astronome, et dont le seul écrit que nous connoissions, est une lettre au Landgrave de Hesse, sur la fameuse étoile qui parut tout-à-coup dans Cassiopée, en 1572.

Vers le même temps, c'est-à-dire, vers l'an 1525, Jean Fernel, qui devint dans la suite une des lumières de la médecine, cultivoit les mathématiques, et sur-tout l'astronomie. On a de lui deux ouvrages de ce genre, l'un intitulé : *Monalospherium*, (Paris. 1528. in f.) où il explique les usages d'une espèce d'astrolabe de son invention, pour représenter les mouvemens du premier mobile, et résoudre les problèmes qui en dépendent ; l'autre intitulé : *Cosmotheoria*, (ibid. 1528, in f.) est une explication de la théorie des corps célestes ; mais il s'est rendu sur-tout recommandable par la mesure de la terre qu'il exécuta en 1525, et où il ne s'éloigna pas beaucoup de la vérité. On en parlera ailleurs avec l'étendue qu'elle mérite.

En Italie l'astronomie étoit cultivée vers la même époque par Lucas Gauricus, Cardan, Maurolicus de Messine, Fracastor, etc. Le premier, quoiqu'évêque de Civita Vecchia, ne laissa pas d'être tellement entiché d'astrologie judiciaire, que

ses ouvrages contiennent à peine quelque chose d'utile à la
saine astronomie. Tous les écrits astronomiques de Cardan
sont entachés du même défaut. Maurolicus de Messine, célèbre géomètre et plus raisonnable, donna divers ouvrages qui
furent utiles à l'astronomie, comme sa cosmographie en
dialogues, des éditions de divers ouvrages astronomico-géomé-
triques, comme ceux de Théodose et de Menelaüs, etc. etc.
Quant à Fracastor, plus médecin ou lettré qu'astronome,
il prétendit dans son ouvrage intitulé : *Homocentrica*, (Ve-
ronæ, 1538, in-4°.) qu'il n'y avoit point d'excentricité dans
les mouvemens célestes, et que toutes leurs inégalités n'étoient
qu'optiques, et l'effet des réfractions des orbes célestes. Les
astronomes n'ont jamais vu dans cette prétention et ses preuves, qu'une chose absolument contraire aux phénomènes que
Fracastor ne connut jamais, et un abus de raisonnemens. On
n'y trouve pas même ce spécieux qui peut faire illusion, en sorte
que je suis étonné que l'historien de l'astronomie ait entrepris
en quelque sorte de faire son apologie, et ait pu trouver du
séduisant dans ces rêves de Fracastor.

Pierre Nonius, en son nom, *Nuñez*, Portugais ; Jean de
Royas ; Alfonse de Cordoue et François Sarzozo, cultivoient l'astronomie dans le même temps en Espagne. Alfonse de Cordoue,
natif de Séville, publia en 1503 des tables astronomiques dédiées à
la reine Isabelle de Castille, et commençant à l'époque de
son avénement au trône (1474) : ces tables, au reste, ne
sont que les Alphonsines réduites à cette époque. Jean de
Royas écrivit un traité très-ingénieux, sur une projection particulière de la sphère, qui a retenu son nom ; ce traité parut
à Paris en 1540, et a eu presque les honneurs du commentaire. François Sarzozo donna en 1526 un ouvrage intitulé :
in AEquatorium planetarum libri II, (Paris. 1540.) Cet
équatorial des planètes est encore un instrument imaginé pour
éviter les calculs, et on peut y appliquer ce que Kepler disoit des inventions d'Apianus, Schoener, Munster et divers
autres. Nuñez le Portugais est celui de tous ces astronomes
à qui l'astronomie a le plus d'obligation, il étoit observateur
assidu ; son traité *de Crepusculis*, qui vit pour la première fois
le jour en 1542, lui fit honneur et lui en fait encore : car il y
résolut le problème du plus court crépuscule, problême assez
difficile pour avoir occupé pendant quelque temps l'un des
Bernoulli. Ses autres ouvrages astronomiques furent principalement utiles à l'art de la navigation qu'il cultiva particulièrement pour remplir les vues du prince Henri, fils du roi Emmanuel, l'un des principaux promoteurs des découvertes géographiques de son temps. On trouve ces divers traités dans le
recueil

recueil de ses œuvres, imprimé à Bâle, en 1566. Nous dirons encore quelque chose d'intéressant sur Nonius, lorsque nous parlerons de la gnomonique.

Nous croyons enfin devoir dire quelques mots de Jacob Ziegler, auteur de quelques ouvrages astronomiques, et sur-tout d'un commentaire savant sur le second livre de Pline, qui traite du ciel ; en quoi il fut imité par Jacob Milichius, grand ami du célèbre Melanchton ; de Jean Dryander, qui écrivit sur l'astrolabe et sur l'anneau astronomique ; de Simon Grynæus, qui donna en 1538, à Bâle, le texte grec de Ptolémée (on lui devoit déjà celui des *Élémens* d'Euclide) ; de Joachim Camérarius, une des lumières de l'Allemagne vers cette époque, qui fournit à Grynæus le texte grec du commentaire de Theon, et écrivit un traité curieux sur les comètes, ouvrage néanmoins plus philologique qu'astronomique ; de Reiner Gemma Frisius, auteur de divers ouvrages sur les *globes*, l'*anneau astronomique*, sur l'*astrolabe* et les *règles* d'Hipparque, &c.; de Jean Wirdungus, auteur de tables qu'il publia en 1542, sous le titre de *Tabulae resolutae*, à cause de la facilité qu'il s'efforça de leur donner. Mais il est temps de terminer cette espèce de nomenclature assez stérile, pour arriver au temps de Copernic, auquel l'astronomie doit une révolution qui conservera son nom, tant que l'esprit humain s'occupera de la sublime science des Astres.

I I I.

Pendant qu'on travailloit ainsi de toutes parts à faire fleurir l'astronomie, mais sans s'écarter encore de la route que les anciens avoient frayée, le célèbre Copernic méditoit un projet plus avantageux pour cette science. Libre des préjugés sous lesquels les esprits étoient depuis si long-temps asservis, il osoit soumettre à l'examen les raisons qui avoient fait croire jusqu'alors, que notre habitation étoit le centre de l'univers et des mouvemens célestes. Frappé de la foiblesse de ces raisons et des inconvéniens sans nombre qui suivent de l'immobilité de la terre, il travailloit à relever de ses ruines le véritable système de l'univers ; il osoit enfin le publier malgré l'air de paradoxe qui l'accompagne auprès du vulgaire, et les contradictions qu'il prévoyoit. Cette époque est tout-à-fait digne de l'attention des philosophes ; car ce pas hardi fut comme le signal de l'heureuse révolution qu'éprouva la philosophie peu de temps après. Il entre dans notre plan d'exposer par quelle suite de réflexions Copernic parvint à cette sublime découverte. Nous le ferons d'après lui-même (1) , lorsque nous aurons fait connoître quelques traits de sa vie.

Copernic (Nicolas) naquit à Thorn en Prusse, suivant Maestlin, presque son contemporain , le 19 février 1473 , d'une famille noble. Après avoir appris dans la maison paternelle les langues grecque et latine , il alla à Cracovie continuer ses études. Ce fut-là que le goût qu'il avoit toujours senti pour l'astronomie, commença à trouver de quoi se satisfaire. Il profita des instructions d'un professeur pour en apprendre les élémens, et bientôt enflammé d'ardeur par la haute célébrité où étoit Régiomontanus, mort depuis une vingtaine d'années, il entreprit le voyage d'Italie , où fleurissoient des astronomes de réputation Il conféra et il observa à Bologne, avec Dominique Maria Novarra ; de là il alla à Rome , où son habileté lui mérita bientôt une chaire de professeur. Diverses observations furent le fruit de son séjour dans cette ville. Il quitta enfin l'Italie vers le commencement du seizième siècle , et son oncle, l'évêque de Warmie , lui donna un canonicat dans sa cathédrale ; ce qui le fixa le reste de sa vie. C'est ici que nous allons commencer à suivre Copernic dans ses réflexions, qui aboutirent enfin à lui montrer l'insuffisance de l'ancien système de l'univers, et qui l'obligèrent d'en établir un autre sur ses débris.

Copernic ne jouit pas plutôt de la tranquillité de son établissement, qu'il se livra avec une ardeur nouvelle à l'étude du ciel. Alors les inconvéniens de l'ancienne astronomie le frappèrent vivement. Le prodigieux embarras qui résultoit des hypothèses de Ptolémée , le peu de symmétrie et d'ordre qui régnoit dans ce prétendu arrangement de l'univers , l'extrême difficulté de concevoir qu'une si vaste machine eût un mouvement aussi rapide que celui qu'on lui donnoit , en la faisant tourner sur elle-même en vingt-quatre heures ; toutes ces raisons lui persuadèrent qu'il s'en falloit beaucoup qu'on eût deviné l'énigme de la nature. Il se mit alors à rechercher dans les écrits des philosophes , s'il n'y avoit pas quelque arrangement plus raisonnable et plus parfait. Plutarque lui fournit la première idée de son système , en lui apprenant que quelques Pythagoriciens , entr'autres Philolaüs , avoient placé le soleil au centre de l'univers , et mis la terre en mouvement autour de cet astre ; que d'autres avoient fait tourner la terre sur son axe , et refusé aux corps célestes ce mouvement diurne qu'ils paroissent avoir. Cette dernière idée le charma par sa simplicité : elle l'affranchissoit déjà de l'inconvénient de faire mouvoir toute la machine céleste avec une rapidité inconcevable , pour satisfaire au mouvement diurne. Il apprit aussi de Martianus Capella , que

(1) *De revolutionibus.* *Pref.* *ad* Paulum III.

des philosophes avoient pensé que Vénus et Mercure faisoient leurs révolutions autour du soleil ; ce fut pour lui un nouveau trait de lumière, car les conséquences de cette hypothèse s'accordent si bien avec les phénomènes, que tout esprit exempt de préjugés, ne peut manquer d'en être frappé.

Copernic remarquoit encore que Mars, Jupiter et Saturne paroissoient bien plus grands vers leurs oppositions, que dans le reste de leur cours. C'étoit-là une forte raison de soupçonner que ces trois planètes n'avoient pas la terre pour centre de mouvement, à moins de leur donner une excentricité prodigieuse. Il n'y avoit guère d'autre parti à prendre, que de les faire tourner autour du soleil ; et en le supposant, on apperçoit aussitôt que cette diversité considérable de grandeur apparente en est une suite nécessaire. L'idée de Philolaüs et de ces anciens philosophes qui faisoient le soleil immobile, se lie admirablement avec ces premières découvertes. Copernic ne manqua pas de voir que mettant le soleil en mouvement autour de la terre, pourvu qu'il entraînât avec lui, comme centre, les cinq planètes dont j'ai parlé, on satisferoit aux phénomènes. Mais l'ordre et l'harmonie de l'univers lui parurent en être blessés. Tout est au contraire dans une symmétrie satisfaisante, si, plaçant le soleil au centre, on fait tourner autour de lui toutes les planètes dans cet ordre : Mercure, Vénus, la Terre, Mars, Jupiter et Saturne. Alors la Lune, de planète principale, devient une compagne de la terre, asservie à la suivre dans toutes ses révolutions ; ce qui, bien loin de nuire à l'harmonie de l'univers, sert au contraire à mieux faire éclater la bonté du créateur, qui a accordé aux habitans de cette planète un astre dont la lumière considérable peut les dédommager, pendant une partie des nuits, de l'absence du soleil.

Copernic ne se borna pas-là ; quelque satisfaisante que fût cette idée, il sentit qu'il falloit qu'elle répondît, non-seulement aux phénomènes généraux, mais encore aux particuliers. Ces vues lui firent entreprendre de longues observations, qu'il continua pendant près de trente-six ans, avant que de proposer publiquement son nouveau système. Qu'il seroit à souhaiter que tous les physiciens suivant cette sage méthode, ne missent au jour que des idées méditées et réflechies pendant long-temps, éprouvées enfin à la pierre de touche de l'expérience et de l'observation ! On verroit moins de systêmes nouveaux, mais on n'en verroit que de justes et de solides.

Malgré de si légitimes raisons d'espérer un grand succès, ce ne fut pas sans peine que Copernic dévoila son système. Il fallut des exhortations de personnes de poids et de grande considération pour l'y déterminer. Quelque chose en ayant transpiré, ou Copernic ayant communiqué ses idées à des amis intelligens et sans prévention, le cardinal Schoenberg l'exhorta fortement à ne pas cacher plus long-temps ce trésor au monde savant. Sur ces entrefaites Rheticus, professeur de Vittemberg, attiré par la réputation de Copernic, vint se ranger sous ses instructions, et lui offrir ses secours pour donner la dernière main à son ouvrage. Alors Copernic ne différa plus à le mettre au jour. Il parut en 1543, sous le titre *de Revolutionibus Celestibus*, en six livres, dans lesquels ce grand homme fonde, d'après son hypothèse, un corps d'astronomie complet, comme Ptolémée avoit fait d'après celle qu'il avoit adoptée.

C'est ici le lieu de dire quelques mots d'un contemporain de Copernic, et qui pourroit paroître l'avoir devancé dans ses idées sur le mouvement de la terre. C'est Celio Calcagnini, professeur de littérature, à Ferrare, dont on a un écrit intitulé : *quod caelum stet et terra moveatur*. On le trouve dans le recueil posthume de ses œuvres, imprimé à Bâle, en 1544. Leur auteur étoit mort en 1541 ; mais en admettant que cet écrit ait eu une publicité antérieure à celle de l'ouvrage de Copernic, on n'en peut rien conclure contre lui : car ce n'est qu'une sorte de disputation paradoxale, où l'on établit la possibilité du mouvement de la terre ; il n'y est d'ailleurs question que du mouvement autour de son axe, pour satisfaire au mouvement apparent de toute la sphère céleste ; il n'y est nullement question du mouvement de transport de la terre dans les espaces éthérés à l'entour du soleil, et c'est-là en quoi consiste vraiment la grande découverte de Copernic, auquel je reviens après cette courte digression.

J'ai dit que ce ne fut pas sans beaucoup de ménagement que Copernic publia son systême. Il n'osa pas le proposer comme une vérité physique, mais seulement comme une hypothèse par laquelle il représentoit plus facilement les mouvemens célestes. Il en parle de cette manière dans sa préface adressée à Paul III. « Les astronomes, dit-il, quoique persuadés qu'il n'y a dans » le ciel aucun des cercles qu'ils y ont imaginés, ne laissent » pas d'employer des hypothèses fondées sur ces suppositions » contraires à la nature ; pourquoi ne pourrai-je pas supposer » la terre mobile, s'il en résulte un calcul plus simple des phé- » nomènes » ? Cependant lorsque dans le cours de son ouvrage il réfute les raisons par lesquelles on prétendoit alors démontrer l'immobilité de la terre, il est facile de voir que ce qu'il ne donnoit que comme une hypothèse, il le regardoit intérieurement comme le vrai et l'unique arrangement de l'univers.

Copernic n'eut pas le temps d'être témoin de l'effet que son systême produiroit dans le monde savant. Un flux de sang l'enleva presque subitement le 24 mai 1543, peu de jours après qu'on lui eut envoyé de Nuremberg le premier exemplaire de son ouvrage. Il avoit alors 71 ans et quelques mois. Il fut enterré dans la cathédrale de Warmie, sans pompe et sans épitaphe : mais sa réputation plus durable que les monumens de marbre et de bronze, vivra tant qu'il y aura des philosophes, et que quelque affreuse révolution ne replongera pas l'esprit humain dans son ancienne ignorance. Le portrait de cet homme célèbre s'étant retrouvé, le docteur Wolf, astronome et médecin de Dantzic, en envoya en 1777 une copie fidèle à la société royale de Londres, qui lui a donné la place qu'il méritoit parmi ceux des hommes mémorables dans les fastes des sciences, qui décorent son lieu d'assemblées. On peut voir dans les transactions philosophiques de l'année 1777, les titres qui constatent l'authenticité de ce portrait de Copernic. La vie enfin de cet homme célèbre a été écrite fort au long par Gassendi, qui la publia en 1654, à la suite de celle de Tycho-Brahé, et avec celles de Régiomontanus et de Purbach.

I V.

L'hypothèse de Copernic et la manière dont elle explique les phénomènes célestes sont si connues, qu'il paroîtra peut-être inutile d'en rendre compte ici. Je l'ai d'abord pensé : mais ensuite il m'a semblé que cette exposition entroit nécessairement dans le plan d'une histoire raisonnée de l'astronomie. Ce motif m'a déterminé à ne point supprimer ce morceau. Quoique superflu pour ceux qui sont versés dans cette science, il peut avoir son utilité pour quelques lecteurs à qui elle est moins familière.

Les premiers phénomènes qui doivent s'attirer notre attention, et dont il s'agit de rendre raison dans le système de Copernic, sont ceux qui concernent le globe que nous habitons, comme l'inégalité périodique des jours et des nuits, et la variété des saisons, occasionnée par le transport apparent du soleil d'un tropique à l'autre. On doit encore remarquer que l'axe de la terre paroît répondre constamment au même point du ciel, du moins dans le cours d'un petit nombre de révolutions ; de là l'immobilité apparente de ces points, qui paroissent être les extrémités d'un axe autour duquel tourne toute la machine céleste.

Pour rendre raison de ces effets, imaginons un plan qui représente l'écliptique, et qu'on décrive sur ce plan un cercle au centre duquel soit le soleil. Il est inutile ici d'avoir égard à la forme elliptique de l'orbite de la terre. La circonférence de ce cercle étant divisée en douze parties égales, qui seront les douze

signes du Zodiaque, il est évident que tandis que le centre de
la terre parcourra cette circonférence, le soleil que l'œil du
spectateur terrestre rapporte à l'endroit diamétralement opposé,
parcourra aussi tous les signes dans le même ordre. Ainsi la
terre étant dans la Balance, et passant de là dans le Scorpion,
le Soleil sera dans le Belier, et passera de là dans le Taureau,
etc. Il n'est pas moins aisé de concevoir que la terre tournant
toutes les vingt-quatre heures autour de son axe, comme si
elle rouloit sur la circonférence convexe de son orbite, le soleil paroîtra se mouvoir dans le même temps en sens contraire.
Voilà le mouvement diurne, qui semble se faire dans un sens
opposé à celui du mouvement annuel.

Si l'axe de la terre étoit perpendiculaire au plan de l'orbite
qu'elle décrit, l'écliptique et l'équateur coïncideroient ensemble : le soleil passeroit toujours à midi à une égale distance de
notre zénith : nous jouirions enfin d'un équinoxe perpétuel.
Mais cet astre passe tantôt plus près, tantôt plus loin de notre
zénith, et semble parcourir, par son mouvement annuel, un
cercle incliné à l'équateur, de 23° $\frac{1}{2}$. La considération de ces
phénomènes apprit à Copernic qu'il falloit donner à l'axe de
la terre une inclinaison semblable. Il fit donc tourner la terre
dans son orbite, de telle manière que son axe restant toujours
parallèle à lui-même, déclinât constamment de la situation
perpendiculaire, d'un angle de 23° et demi. C'est ce parallélisme de l'axe terrestre, avec son inclinaison, qui produit la
continuelle alternative des saisons, comme on va l'expliquer.

Qu'on imagine deux perpendiculaires AB, DE, (*fig.* 87),
qui partagent l'orbite terrestre en quatre parties égales, en la
traversant du Belier à la Balance, et du Cancer au Capricorne : plaçons d'abord la terre au commencement du Belier,
son axe incliné au plan de son orbite, de 23° $\frac{1}{2}$, et de manière que l'angle PCS soit droit ; dans cette situation, la ligne
tirée du soleil au centre de la terre, sera dans un plan perpendiculaire à l'axe, et par conséquent la terre faisant dans
vingt-quatre heures une révolution, cette ligne ou le rayon
solaire décrira un grand cercle qui sera l'équateur, et les jours
seront égaux aux nuits ; voilà l'équinoxe. Mais quand la terre
se sera avancée au commencement du Cancer, alors son axe
P C, par un effet de son parallélisme constant, formera, avec
la ligne S G, un angle aigu de 66° $\frac{1}{2}$. Le rayon solaire tiré
à son centre, ou perpendiculaire à sa surface, y décrira, durant le cours d'une révolution diurne, un cercle éloigné du
pôle, de 66° $\frac{1}{2}$, et par conséquent un parallèle distant de l'é-
quateur de 23° $\frac{1}{2}$. Tous les lieux éloignés de l'équateur, de ce
nombre de dégrés, auront donc à midi le soleil à leur zénith,

tandis que ceux qui sont sous l'équateur, l'auront à 23° ½ du leur. Cet astre paroîtra enfin à tous les habitans de la terre, décrire dans le Ciel, le plus éloigné des parallèles à l'équateur, c'est-à-dire le tropique; ce sera pour eux le jour du solstice. Que la terre aille de là au commencement de la Balance, il se fera un nouvel équinoxe, par la même raison qu'il s'en est fait un lorsqu'elle entroit dans le signe du Belier; et lorsqu'elle sera arrivée au Capricorne, on aura un nouveau solstice, le soleil décrira l'autre tropique. Il est enfin aisé d'appercevoir que dans les positions moyennes, entre celles qu'on vient de décrire, le soleil paroîtra parcourir des parallèles moyens entre l'équateur et les tropiques : par conséquent il paroîtra tantôt s'approcher, tantôt s'éloigner du zénith de chaque lieu.

Il suivra encore de cette disposition de l'axe terrestre, qu'il regardera toujours sensiblement le même point du Ciel éloigné du pôle de l'écliptique, de 23° ½ environ. Il faut, à la vérité, supposer pour cela que les étoiles fixes sont à une distance du soleil incomparablement plus grande que celle de la terre à cet astre. Sans cela la même étoile, par exemple, l'étoile polaire, seroit tantôt plus, tantôt moins près du pôle. Aussi Copernic, à l'exemple d'Aristarque, supposoit-il que la grandeur de l'orbite terrestre, comparée à celle de la sphère des fixes, étoit insensible. Cette supposition peut paroître un peu dure, mais elle n'est rien en comparaison de celles auxquelles on est contraint en s'en tenant au repos de la terre; et d'ailleurs nous en établirons la probabilité quand nous discuterons les objections élevées contre le système de Copernic. Admettons-la ici comme nécessaire pour rendre raison de l'invariabilité des pôles dans la sphère des fixes.

Mais par quelle force, demandera-t-on, l'axe de la terre garde-t-il toujours ce parallélisme qui semble devoir être continuellement dérangé par le mouvement de translation qu'elle éprouve? La réponse est facile pour ceux qui connoissent les lois du mouvement. La terre ne se meut autour du soleil que par l'effet de deux forces combinées, dont l'une la pousse dans la direction de la tangente à son orbite, et l'autre vers le soleil. Ces deux forces affectant également toutes ses parties, il en doit naître un mouvement semblable dans chacune. C'est ainsi qu'un cube poussé par deux forces qui agissent sur lui suivant les deux côtés d'un parallélogramme, conserve le long de la diagonale le mouvement de parallélisme. La terre est dans le même cas : tandis qu'elle parcourt chacun des côtés infiniment petits de son orbite, son axe doit rester dans une situation invariable vers le même côté, et le mouvement de rotation qu'elle a autour de cet axe, est de nature à ne pouvoir le déranger. On peut même s'assurer de ceci par une expérience facile. Qu'on ait un globe très-homogène et percé d'un axe, on pourra le jeter en l'air, et lui imprimer en même-temps un mouvement de rotation autour de son axe. On remarquera que soit que cet axe se trouve dans une situation perpendiculaire au plan de la courbe décrite par le corps, soit qu'il lui soit oblique, il restera parallèle à lui-même. Ce qui se passe dans cette expérience, représente en petit le mouvement de la terre, et montre la possibilité, que dis-je, la nécessité de ce parallélisme de son axe ; car ce sont des causes semblables qui font décrire à la terre une courbe autour du soleil.

J'ai fait jusqu'ici abstraction d'un petit mouvement, qu'il est nécessaire d'attribuer à l'axe terrestre pour expliquer un autre phénomène, savoir la progression apparente des fixes : car c'est aussi dans la terre elle - même que Copernic va chercher la cause de cette progression. En effet, quand on considérera le prodigieux éloignement de cette masse de corps qui paroît se mouvoir comme un seul tout, il sera hors de vraisemblance que ce mouvement soit réel, excepté pour ceux qui, à l'exemple des grossiers physiciens du dixième siècle, pourroient croire que les étoiles fixes sont des brillans implantés dans la surface concave de la dernière voûte du ciel. Il est plus raisonnable de penser avec Copernic, que ce mouvement apparent n'est que l'effet d'une petite irrégularité dans le parallélisme de l'axe de la terre : on l'explique ainsi. Qu'on imagine que quelque cause, comme une impulsion, ait imprimé à la terre un mouvement qui feroit décrire à son axe, une surface conique autour de la perpendiculaire à l'écliptique, mais seulement dans plusieurs milliers d'années, il est évident que l'altération du parallélisme qu'il produira, sera imperceptible à chaque révolution : tout s'y passera, peu s'en faut, comme si la terre eût gardé un parallélisme exact. Cependant, quoique l'effet de cette aberration ne soit pas appréciable aux sens dans une révolution, on s'en appercevra au bout d'un certain nombre d'années : l'axe de la terre répondra à un autre point de la sphère des étoiles fixes, et chacune de ses extrémités, ou chaque pôle, se sera avancée dans la circonférence d'un cercle concentrique au pôle de l'écliptique. Mais la situation des pôles de l'équateur changeant, il est visible que les intersections de ce cercle avec l'écliptique, changeront de même ; et si l'on suppose dans l'axe de la terre un mouvement de turbination contre l'ordre des signes, ces intersections se mouvront dans le même sens, c'est-à-dire, rétrograderont, de sorte que l'équinoxe du printemps anticipera

l'arrivée

l'arrivée de la terre au point A de son orbite, où il s'est fait l'année précédente. L'étoile placée au point A, paroîtra donc s'être écartée vers l'Orient, de l'intersection de l'équateur et de l'écliptique, et cet écart très-peu sensible à chaque révolution, (car il n'est que d'environ 50″ par an) deviendra remarquable dans la suite des années. Ainsi la brillante d'*Aries*, qui étoit autrefois voisine de l'intersection de l'équateur et de l'écliptique, semble s'être avancée vers l'Orient de près d'un signe depuis Hipparque; non qu'elle ait changé de place, non plus que l'immense assemblage des étoiles fixes, il seroit aujourd'hui ridicule de le croire; mais parce que les points équinoxiaux ont continuellement rétrogradé. C'est pour cela qu'on appelle ce phénomène *la précession des équinoxes*.

De ce qu'on vient de dire, suit une conséquence qu'il faut remarquer; c'est que dans cette nouvelle astronomie, la vraie révolution de la terre n'est pas l'intervalle écoulé entre un équinoxe et son retour, comme dans le système de la terre immobile; car ce retour de l'équinoxe anticipe toujours le retour de la terre au même point de son orbite, parce que les points équinoxiaux rétrogradant, viennent au-devant d'elle. La révolution de la terre est donc le temps qu'elle emploie à revenir à une même étoile fixe; elle est de 365 jours 6 heures 9 minutes, tandis que la révolution tropique, ou l'intervalle d'un équinoxe au suivant du même nom, n'est que de 365 jours 5 heures 49 minutes.

Il est un autre phénomène dont il ne faut pas chercher la cause ailleurs, que dans le mouvement de la terre. Toutes les planètes, si nous en exceptons la Lune, sont sujettes à certaines irrégularités fort bizarres. On les voit après qu'elles se sont dégagées des rayons du Soleil, ralentir peu à peu leur mouvement, s'arrêter ensuite, puis rétrograder rapidement jusqu'à l'opposition, ensuite aller plus lentement, s'arrêter une seconde fois, et enfin reprendre leur marche suivant l'ordre des signes, jusqu'à ce que le Soleil qui les atteint, les fasse disparoître. Jupiter, qui dans chacune de ses révolutions est douze fois atteint et dépassé par la terre, éprouve ces apparences douze fois, Saturne trente, et Mars deux. Cette considération suffiroit déjà, ce semble, pour faire rejeter la cause de ce phénomène sur le mouvement de la terre. Mais la manière simple et lumineuse dont on explique ces irrégularités dans cette hypothèse, ne laisse aucune incertitude sur la justesse de l'explication qu'en donne Copernic. Une comparaison que nous allons faire, jettera du jour sur l'exemple que nous donnerons ensuite.

Transportons-nous dans un bateau qui est en mouvement

sur un grand lac, et examinons ce qui arrivera lorsque de ce
bateau on en considérera un autre allant dans la même direction entre celui-ci et le rivage. Se meuvent-ils tous les deux
avec une égale vîtesse, et dans des directions parallèles? alors
celui qui est le plus proche du rivage, paroît sans mouvement
au spectateur placé dans l'autre, et si ce rivage étoit à une
très-grande distance, ce bateau paroîtroit au spectateur dont
nous parlons, répondre pendant assez long-temps à un même
objet. C'est ainsi qu'une des planètes supérieures est stationnaire à l'égard du spectateur terrestre, c'est-à-dire, lui semble
s'arrêter : cette planète est le bateau le plus proche du rivage ;
la sphère des fixes à laquelle nous rapportons tous les mouvemens célestes, est ce rivage, mais infiniment éloigné ; ce
qui fait que lorsque la terre et cette planète marchent avec
une vîtesse égale vers le même côté, celle-ci paroît répondre
pendant tout ce temps au même point du ciel, et elle est stationnaire. Mais reprenant notre comparaison, que le bateau le
plus voisin du rivage aille le moins vîte, le spectateur placé
sur l'autre, le verra rétrograder, et lui cacher successivement
le long du bord, des objets vers le côté opposé à celui où
il va. Lorsqu'au contraire le premier ira le plus vîte, il paroîtra avancer dans sa véritable route, il sera direct. Si l'on
supposoit que le plus éloigné du bord se mût dans un sens
contraire, le plus voisin paroîtroit encore direct. Tout ceci
est l'image de ce qui arrive aux planètes supérieures à l'égard
de la terre. Lorsque celle-ci les surpasse en vîtesse dans la
même direction, elles sont rétrogrades : elles deviennent directes quand la terre reste en arrière, ou qu'elle passe dans
la partie de son orbite où elle a une direction opposée. Ainsi
les stations et les rétrogradations des planètes supérieures se
feront vers les oppositions, elles seront directes dans tout le
reste de leur cours, et c'est ce que l'observation justifie ; un
exemple achevera de rendre sensible cette explication.

Que l'arc A F (*fig.* 18) représente une portion de la sphère
des fixes, où le spectateur terrestre projette le mouvement
de Jupiter, et que *a m* soit une partie de l'orbite de cette
planète, savoir celle qu'elle parcourt durant un an, ou pendant que la terre fait une révolution entière autour du soleil;
que l'orbite de la terre soit divisée en douze portions égales
par les points 1, 2, 3, etc. et qu'on en fasse autant de l'arc
a m, ces portions de l'orbite de la terre et de l'arc *a m*,
seront à-peu-près les espaces correspondans que parcourent
les deux planètes dans le même temps. Lorsque Jupiter approche de son opposition, que la terre parcoure le petit arc
5, 6, pendant que Jupiter parcourt le semblable dans son

orbite $e\,f$, il est évident que si cet arc 5, 6, est tel, (et il y en aura nécessairement un), que les lignes $5\,e$; $6\,f$ soient parallèles entr'elles, la planète sera stationnaire; car le spectateur placé en 5, la rapportera en L, et placé en 6, il la verra au point l, qui, à cause de l'éloignement immense des fixes, se confond avec le premier. Mais quand la terre parcourra les arcs 6, 7, 7, 8, alors elle devancera de vîtesse la planète parcourant dans le même temps les arcs $g\,h$, et $h\,i$, et le lieu où la rapportera l'observateur terrestre, sera moins avancé que le point L. Ainsi elle sera rétrograde, et l'opposition se fera vers le milieu de la rétrogradation de la planète. Enfin la terre étant arrivée à l'arc 8, 9, qui soit à l'égard de celui que décrit dans le même temps la planète $h\,i$, comme 5, 6, étoit à l'égard de $e\,f$, il se fera une nouvelle station qui terminera la rétrogradation. La planète commencera alors à être directe, et elle le sera tant que la terre parcourra la partie de son orbite 9, 10, 11, 12, 1, 2, 4, 5, etc., où elle se meut dans un sens contraire. On voit aussi facilement que le mouvement de la planète doit aller en s'accélérant continuellement depuis sa dernière station, jusqu'à son occultation dans les rayons du soleil, et que du moment où elle s'en dégage, elle doit aller en retardant sa vîtesse jusqu'à la première station.

Les mêmes phénomènes arrivent aux planètes inférieures, qui circulent autour du Soleil entre cet astre et la terre, comme Vénus et Mercure; et quoique l'explication de leurs stations et rétrogradations diffère un peu de la précédente, elle est néanmoins fondée sur les mêmes principes. Ce qu'une des planètes inférieures est à l'égard de la terre, celle-ci l'est à l'égard d'une des supérieures. Ainsi nous prendrons pour exemple la terre vue de Jupiter, et ce que nous en dirons sera applicable aux planètes de Vénus et de Mercure, vues de la terre. Il est d'abord facile de voir que la terre sera stationnaire à l'égard de Jupiter, quand celui-ci le séra à l'égard d'elle. Les stations de la terre arriveront donc quand elle parcourra avant et après sa conjonction inférieure, les arcs comme 5, 6, 8, 9, tels que les lignes $5\,e$, $6\,f$, ou $8\,h$, $9\,i$, soient parallèles : elle sera rétrograde quand elle décrira l'arc intermédiaire 6, 8; car elle aura alors, à l'égard de Jupiter, un mouvement contraire à l'ordre des signes, et une vîtesse plus grande que celle de Jupiter dans son arc correspondant. Elle sera enfin directe dans tout le reste de son orbite, et sa vîtesse augmentera à mesure qu'elle approchera de sa conjonction supérieure, comme au contraire elle ira en diminuant, lorsqu'elle se montrera après l'avoir passée. Ainsi l'on voit que les stations et les rétrogradations des planètes supérieures se font avânt et après leurs oppositions, et au contraire les inférieures éprouvent ces apparences avant et après leur passage entre le soleil et la terre.

Ce que nous venons de dire montre encore que le lieu apparent d'une planète quelconque, de Jupiter, par exemple, dépend du lieu où est la terre ; ainsi lorsque dans l'astronomie moderne on veut calculer le lieu de Jupiter, qu'on nomme géocentrique ou vu de la terre, il faut d'abord calculer son lieu à l'égard du soleil, qu'on appelle le lieu héliocentrique, et qui dépend de la figure de l'orbite et des équations propres à cette planète. Il faut après cela calculer pour le même instant le lieu de la terre vu du soleil, ce qui donne la distance où ces deux corps paroîtroient l'un à l'égard de l'autre, à un spectateur placé sur cet astre (*fig.* 88) ; c'est à-dire, l'angle formé par les lignes I S, S T ; enfin par les théories particulières de Jupiter et de la terre, on connoît les rapports des lignes I S, S T, ce qui, avec l'angle I S T, donne l'angle S T I qui est la distance de Jupiter au Soleil dans l'écliptique : ainsi le lieu du Soleil étant connu, on a celui de Jupiter à l'égard de la terre. Il arrive de-là que tantôt le lieu héliocentrique précède le géocentrique, tantôt il le suit, tantôt ils coïncident ; c'est-là ce qui cause cette variété de phénomènes si singuliers en apparence, et qui dépendent néanmoins d'une cause si simple.

Ce seroit ici le lieu d'exposer les hypothèses particulières que Copernic imagina pour représenter les mouvemens de chaque planète. Une histoire particulière de l'astronomie l'exigeroit ; mais l'immensité de mon objet ne permet pas de me livrer à ces détails. Je me bornerai à remarquer que Copernic improuva l'inégalité réelle que Ptolémée avoit donnée à quelques planètes, en plaçant le centre du mouvement uniforme ailleurs que dans le centre des cercles qu'il leur faisoit parcourir. Il étoit persuadé, avec l'antiquité, que le *mouvement d'un corps simple, comme les astres, devoit être simple et uniforme*, et que quelque irrégulier qu'il parût être, il ne pouvoit être composé que de mouvemens simples : les plus grands hommes tiennent toujours à leur siècle par quelque foible. En conséquence, pour représenter les mouvemens des planètes, il se servit d'un excentrique sur lequel rouloit un épicycle qui portoit la planète, et qui tournoit suivant une certaine loi. Il ne se fit pas même une peine de mettre épicycle sur épicycle, comme dans la théorie de la Lune, où les irrégularités multipliées obligent de recourir à des moyens extraordinaires. Je passe aussi légèrement sur quelques-uns de ses sentimens astronomiques. Il pensa, par exemple, que la progression annuelle des fixes n'étoit pas toujours la même, qu'elle avoit été plus rapide au temps d'Hipparque, où elles paroissent avoir parcouru un degré en 72 ans, et plus lente au temps de Ptolémée. Il admit aussi des variations périodiques dans l'excentricité de l'orbite terrestre, et dans l'obliquité de l'écliptique. Mais ces questions qui ont autrefois divisé les astronomes, ne le font plus aujourd'hui. Il est, à la vérité, fort probable que l'action mutuelle des planètes les unes sur les autres, peut produire quelque variation dans leurs excentricités, etc., mais ce n'est point dans le sens de Copernic et de ceux qui adoptèrent son opinion. Ces irrégularités, si on en excepte celles de la Lune, étoient trop peu sensibles pour tomber sous l'observation dans le siècle où il vivoit.

V.

La terre étoit réputée depuis si long-temps dans un repos parfait au centre de l'Univers, que ce seroit un sujet de surprise que le système qui venoit la troubler dans cette possession, se fût accrédité sans de longs et de vifs débats. Aussi ce n'est pas sans peine qu'il a prévalu sur celui de l'antiquité. On a vu pendant près d'un siècle les physiciens et les astronomes aux prises les uns avec les autres à son sujet. A la vérité c'étoit avec des armes bien inégales : les partisans de Copernic étoient la plûpart des astronomes du premier ordre, des hommes guéris des préjugés de la philosophie ancienne, et qui s'étoient illustrés par de brillantes découvertes. On ne voyoit presque de l'autre côté que des péripatéticiens qui proposoient les plus ridicules argumens ; des théologiens qui jugeoient une question qu'ils n'entendoient pas; de ces hommes enfin qui, dans tous les siècles, auroient été des obstacles aux progrès de la philosophie et de la raison. Tel est, qu'on me permette cette expression, le tableau des deux armées. L'histoire de cette querelle philosophique, sembleroit trouver place ici ; mais comme c'est dans les premières années, et jusques vers le milieu du dix-septième siècle qu'elle a régné avec le plus de chaleur, nous avons cru devoir renvoyer jusqu'à cette époque, ce que nous avons à en dire.

Le premier disciple de Copernic fut Joachim Rheticus, que nous avons vu quitter sa chaire de Vittemberg, pour aller travailler avec lui, et l'exciter à publier son livre *des Révolutions*. Rheticus goûta parfaitement les raisons de Copernic, et dès l'année 1540, il se déclara publiquement le partisan de

son système (1). Plus hardi que son maître, qui ne proposoit le mouvement de la terre que comme une hypothèse,
Rheticus ne fit aucune difficulté de l'assurer positivement. Il
ajouta de nouvelles raisons à celles de Copernic ; et il ne crai-
gnit pas d'insulter en quelque sorte aux partisans du sentiment contraire, en disant que si Aristote, leur chef, revenoit au monde, il reconnoîtroit son erreur. Cependant malgré ce zèle de Rheticus, et la solidité des raisons de Copernic, le système de la terre mobile ne prit que de foibles accroissemens dans ce siècle, et l'on compte facilement le nombre
de ses partisans. Il se réduit presque à Rheinold, l'auteur des
Tables Pruténiques ; à Rothman, que Tycho parvint dans la
suite à attirer à lui en allarmant sa religion ; à Christianus
Wurstisius, qui lui fit quelques prosélytes en Italie ; à Mœstlin
enfin, l'illustre maître de Kepler, dont nous ferons connoître
ailleurs le mérite. Le vulgaire des philosophes et des astronomes continua à réputer la terre immobile, et à accabler,
en apparence, Copernic sous le poids des raisons d'Aristote
et de Ptolémée. En vain y avoit-il répondu ; les moins prévenus se contentèrent de regarder son système comme un ingénieux paradoxe : il falloit, ce semble, que l'esprit humain
eût encore acquis quelque degré de force pour être capable
de goûter une vérité si sublime.

Cela arriva enfin au commencement du dix-septième siècle.
Le télescope nouvellement découvert, en mettant en évidence
le mouvement de Vénus et de Mercure autour du Soleil, en
faisant appercevoir autour de Jupiter de nouvelles planètes semblables à notre Lune, en démontrant enfin la ressemblance
de la Lune avec la terre, fournit de nouvelles preuves au sentiment de Copernic. On commença vers le même temps à connoître mieux qu'auparavant les lois du mouvement, et à consulter en physique plutôt l'expérience que les raisons métaphysiques. Aristote fut trouvé si souvent en défaut, qu'il perdit
beaucoup de son crédit auprès des gens de génie, ou non
prévenus. On remit ses raisons à la balance, et lorsqu'on les
examina sans cette prévention servile de ses sectateurs, il
parut surprenant qu'elles eussent si long-temps captivé l'esprit
humain ; enfin la révolution fut rapide par-tout où l'on jouit
de la liberté de penser. Dès le milieu du dix-septième siècle,
et même auparavant, il n'y avoit presque pas un philosophe
ou un astronome libre et de quelque réputation, qui ne tînt
le mouvement de la terre comme une vérité établie, ou du

(1) *Narratio de Libris revol. Copern* 1540, in-4°., *et cum opere de revol.*
1566, in-fol.

moins qui ne le regardât comme une hypothèse qui n'avoit rien de répugnant à la saine physique, et qui étoit plus propre qu'aucune autre à expliquer les phénomènes célestes.

Il est ordinaire d'attaquer par l'autorité ce qu'on ne peut détruire par de bonnes raisons. Quand les objections physiques qu'on élevoit contre le système de Copernic, eurent été convaincues d'impuissance, on souleva les théologiens. Copernic avoit prévu qu'on lui feroit quelque jour cette querelle, et qu'il n'auroit pas seulement affaire aux physiciens, et aux astronomes invétérés dans leur erreur. Il avoit traité fort cavalièrement cette sorte de gens qui prétendent trouver dans des passages de l'Écriture, le dénouement d'une question physique, et il n'avoit pas daigné leur répondre. Ces passages furent la dernière arme qu'on employa contre lui : on accusa d'impiété et d'hérésie ceux qui osoient penser que la terre tournoit ; bientôt même ils furent déférés aux tribunaux ecclésiastiques. Nous ferons ailleurs l'histoire de cette persécution, dont Galilée fut le principal objet, et dont on a sûrement honte aujourd'hui dans le pays qui en fut le principal théâtre. Nous nous bornerons ici à la discussion des prncipales difficultés astronomiques ou physiques qu'on opposa dans le temps à Copernic.

La première objection que ses adversaires aient fait valoir contre lui, est la prétendue démonstration que donne Aristote du repos de la terre au centre de l'Univers. Tous les corps graves, avoit dit ce philosophe, dont l'autorité a retardé si long-temps les progrès de la raison, tous les corps graves, tendent vers le centre de l'Univers, comme les corps légers vers sa circonférence. Or l'expérience nous apprend que les premiers tendent au centre de la terre : ce centre et celui de l'Univers, sont donc dans le même point.

Dès qu'on commença à secouer la honteuse servitude de l'autorité d'Aristote, il ne fut pas difficile de répondre à un aussi mauvais raisonnement. Car, qui avoit appris à ce philosophe que les corps graves tendent par leur nature au centre de l'Univers? Il les avoit vu tomber vers la terre, et il en avoit conclu dans son préjugé sur la position de notre demeure, qu'ils tomboient vers le centre de l'Univers, que la pesanteur enfin n'étoit qu'une appétence de ce centre. Puis prenant cette conclusion pour un principe, il vouloit en déduire le repos de la terre au centre. Le paralogisme est évident, et fait peu d'honneur à ce législateur de la logique. Nous trouvons dans la réponse que faisoit Copernic à cet argument, des traits du système de la gravitation universelle; la pesanteur, suivant lui, n'est autre chose que la tendance qu'ont toutes les parties de la terre à se réunir. *Etenim*, dit il (1), *existimo gravitatem nihil aliud esse quàm appetentiam quamdam naturalem terræ partibus inditam à divinâ providentiâ opificis universorum, ut in integritatem unitatemque suam sese conferant in globi formam coeuntes, quam affectionem credibile est etiam soli, lunæ, caeterisque errantium fulgoribus inesse, ut ejus efficacia in eâ quâ sese representant rotunditate permaneant.* Ainsi, disoient Copernic et ses partisans, les corps terrestres ne pèsent que parce qu'ils tendent à se réunir au tout dont ils sont parties ; il en est de même de la Lune, et c'est de l'égalité des forces avec lesquelles toutes ces parties tendent à composer un tout, que naît la rondeur de la terre et des corps célestes.

Je passe quelques autres mauvais argumens fondés sur les fausses notions qu'Aristote avoit du mouvement qu'il divisoit en circulaire et rectiligne, attribuant le premier aux corps célestes, et le second aux corps terrestres. Ils seroient tout-à-fait ridicules aujourd'hui, et les Coperniciens s'en tiroient comme du précédent, en rejetant toutes ces assertions dénuées de preuves. On doit faire aussi peu de cas des raisons de convenance, tirées du plus ou du moins de noblesse du centre ou de la circonférence, du repos ou du mouvement, que quelques-uns faisoient beaucoup valoir contre Copernic. Ses partisans les tournoient à leur avantage, avec autant de vérité et de probabilité.

Les raisonnemens qu'on fonde sur les phénomènes astronomiques, n'ont pas plus de force pour prouver l'immobilité de la terre. En tout temps, disoient les adversaires de Copernic, on voit une moitié du ciel sur l'horison ; et de deux étoiles diamétralement opposées, l'une paroît toujours se coucher lorsque l'autre se lève. Les étoiles enfin paroissent toujours de la même grandeur. Ces apparences auroient-elles lieu si la terre n'étoit pas au centre ? Cet argument ancien avoit été opposé à Aristarque de Samos, et il n'en avoit pas été plus incommodé que les partisans modernes du mouvement de la terre. Il avoit répondu comme eux, que l'orbite de la terre comparée à la distance des fixes, n'étoit qu'un point, qu'une quantité insensible. Copernic, avant qu'on lui fît cette objection, n'avoit pas manqué de l'assurer, et il en avoit fait un des points fondamentaux de son système : car l'axe de la terre paroissant toujours répondre à un même point du ciel étoilé, il lui falloit nécessairement supposer les étoiles si éloignées, que tout l'espace réel que décrivoit cet axe se perdît dans l'im-

_____
(1) *De Revol.* c. 9.

mensité de cette distance, et ne fût que comme un point à son égard. Je conviens que cette idée présente d'abord quelque chose de dur et de difficile à admettre ; ce fut aussi une des raisons qui engagèrent Tycho-Brahé à proposer son système mi-parti de ceux de Ptolémée et de Copernic. A quoi bon, disoit-il, cet espace immense qui se rencontre au-delà de l'orbite de Saturne, espace qui, suivant lui, se trouvoit vide et désert ? Cette difficulté étoit spécieuse du temps de Tycho ; mais ce n'en est plus une à l'égard de l'astronomie moderne. Nous savons aujourd'hui, ou du moins nous avons de grandes raisons de croire, que cet espace immense est destiné aux orbites des comètes qui, étant extrêmement excentriques, ne demandent pas un champ moins vaste pour leur cours. Cette découverte, confirmée par l'accord du calcul avec les observations de toutes les comètes qui ont paru depuis un siècle, peut même servir à prouver cette immensité si difficile à concevoir ; et ce qui n'étoit qu'une conséquence du système de Copernic, est aujourd'hui une vérité de fait. Que si quelqu'un, sans être frappé de ces raisons, s'obstinoit à la rejetter, parce qu'elle effraye son imagination, nous lui dirions, avec Gassendi (1) : « Eh ! qui êtes vous, pour mesurer les œuvres de » la Divinité, et les resserrer au gré de votre intelligence ? » Etre qui jouissez à peine d'une étincelle de raison, et qui » rampez sur un point de l'immensité, depuis quand avez-» vous pénétré toutes les vues du suprême Auteur de la Na-» ture ? Quelle certitude avez-vous que ces vastes espaces où » vos foibles organes n'apperçoivent rien, sont réellement » vides et déserts ? et quand ils le seroient, connoissez-vous » assez tous les ressorts que la Divinité emploie dans ses ou-» vrages, pour être assuré que cette immensité ne soit pas » dans l'ordre de quelqu'un de ses desseins. »

Ptolémée et quelques anciens philosophes employoient autrefois les raisons suivantes contre le mouvement de la terre. Ils objectoient à ceux qui auroient pu le soutenir, que si la terre tournoit autour de son axe, aucun corps ne pourroit rester sur sa surface ; que les édifices seroient renversés, et que toutes les parties de la terre seroient bientôt dissipées par la vîtesse du tourbillonnement ; qu'on ressentiroit enfin un vent d'une violence extrême, effet du choc des corps terrestres contre l'air immobile. Les modernes adversaires du mouvement de la terre, ont ajouté plusieurs autres raisons à celle-là ; si la terre, disoient-ils, avoit un mouvement autour de son axe, un corps qu'on laisse tomber du haut d'une tour ne tomberoit pas au pied, mais à quelques milles de là, suivant l'espace de

_____
(1) *Adversus Casreum. Epist.* 2, 1644, in-4°.

temps qu'il employeroit dans sa chûte. Les oiseaux voltigeant dans l'air, seroient laissés en arrière, et ne retrouveroient plus leurs retraites. Un canon tiré du côté de l'Orient, n'auroit aucune force ; la balle resteroit en arrière du but : et au contraire, tiré vers l'Occident, il feroit une impression plus grande, le but allant au devant de la balle. Je passe sous silence plusieurs autres objections de cette nature, parce que ce n'est que la même présentée sous des faces différentes. Je les trouve toutes renfermées dans ces agréables vers de Buchanan (1) :

Finge animo pigris immoto corpore flammis
Stare solem, terram sese convolvere in orbem,
Perque ter octonas umbrarum et luminis horas,
Claudere perpetuum sua per vestigia gyrum.
Hanc neque vim cursus celeres aeq are sagittae,
Nec poterunt alae volucrum, nec flumina venti,
Nec quae sulphureae impellit violentia flammae
Saxa, cavo inclusus quoties furit oestus aheno.
Nonnè vides parvâ pueri crepitacula dextrâ
Cum quatiunt, vel cum nervo stridente sagitta
Missa volat, vel cum follis de fauce reclusus
Ventus, anhelantem fovet in fornacibus ignem ;
Nonnè vides quanto cum murmure sibilat aer,
Seque gemit findi, si parvo igitur momento
Cùm sonitu impulsus fremat atque remugiat aer,
Quem fore speramus sonitum, quae murmura tellus
Concita praecipitem dum sese contorquet in orbem,
Totque simul silvas, praeruptaque culmina montium
Auram indignantem, scindant lacerentque forentque.

Ergò tam celeri motu si concita tellus
Iret in occasum, rursùsque rediret in orbem,
Cuncta simul quateret secum, vastoque fragore
Templa, aedes, miseris etiam cum civibus urbes
Opprimeret subitae strages inopina ruinae.
Ipsae etiam volucres tranantes aera leni
Remigio alarum, celeri vertigine terrae
Abreptas gemerent sylvas, nidosque tenellâ
Cum sobole, et charâ forsan cum conjuge, nec se
Auderet zephiro solus committere turtur,
Ne procul ablatos terrâ fugiente Hymenaeos

(1) *De Sphera*, lib. I.

Et viduum longo luctu defleret amorem.
Quid? cùm prima leves ineunt certamina Persae,
Medorum et paribus stat contra exercitus armis,
Stante polo, fugiente solo, dum missile ferrum
Aere suspensum vacuo rotat, altera telis
Occurrens pars sese indueret; pars altera nunquam
Vulnera perferret, tela et vertigine terrae
Hostibus ablatis domini vestigia propter
Irrita conciderent. . . . .

Si quelqu'un trop peu versé dans la connoissance du mouvement, étoit ébranlé par ces objections, il seroit aisé de le rassurer par des observations fort simples. Il suffit d'avoir été une fois dans sa vie sur un vaisseau cinglant à pleines voiles, ou dans un bateau porté par le courant d'un fleuve rapide. On y observe que tous les mouvemens particuliers s'y exécutent de même que si le corps total du bâtiment étoit en repos. Un coup de pistolet tiré de la poupe à la proue, ne fait pas moins d'impression que de la proue à la poupe, et en le tirant transversalement, on ne frappe pas moins le blanc que si le vaisseau étoit sans mouvement. Un corps jetté perpendiculairement, retombe sur la main de celui qui l'a jetté, et le corps qu'on laisse tomber, quelque léger qu'il soit, semble tomber perpendiculairement. L'oiseau qu'on laisse en liberté dans une chambre, et voltigeant d'un endroit à l'autre, n'est point trompé par le mouvement du vaisseau qui avance pendant qu'il est en l'air. Tout s'y passe enfin comme si l'on étoit dans un parfait repos. Outre ces expériences familières à tous ceux qui ont navigué sur mer ou sur les rivières, Gassendi en fit une à Marseille pour convaincre les adversaires de Copernic, de la foiblesse de leur objection tirée de la chûte des corps pesans. Quelques-uns d'entr'eux avoient eu la témérité d'assurer qu'un corps qu'on laissoit tomber du haut d'un mât, dans un vaisseau cinglant à pleines voiles, ne tomberoit pas au pied, et de là ils tiroient une forte induction contre le mouvement de la terre. Car, disoient ils, il en sera de même d'un corps qu'on laissera tomber du haut d'une tour, et si le corps de la terre étoit en mouvement, ce corps ne tomberoit point au pied de la tour, ce qui est contre l'observation. Tycho, de bonne foi sans doute, ou trompé par une expérience mal faite, avoit assuré à Rothman, que la chose étoit ainsi, et ce fut une des principales raisons par lesquelles il le débaucha du parti de Copernic. Néanmoins Galilée dans son *Systema Cosmicum*, avoit hardiment nié la prétendue expérience, et avoit établi,

sur des raisons tirées des lois du mouvement, que le corps
laissé à lui-même, tomberoit au pied du mât. Gassendi crut
devoir en faire l'expérience, non qu'il doutât en aucune manière du succès, mais uniquement pour forcer dans leur dernier retranchement ceux qui nioient le mouvement de la terre.
Elle réussit, comme Galilée l'avoit assuré : le poids fidèle à se
prêter au mouvement général en même-temps qu'il tomboit,
alla frapper le pied du mât. Ce fut un sujet de surprise, et
pour les ignorans philosophes qui avoient assuré le contraire,
et peut-être dans un sens différent pour les matelots et les
gens de mer, à qui le doute même qui occasionnoit cette expérience, dut paroître ridicule : car il leur étoit souvent arrivé d'être blessés par un corps tombant de la hune, pendant
qu'ils reposoient, ou se trouvoient au pied du mât, quoique
le vaisseau cinglât à pleines voiles. Gassendi publia sur ce sujet son excellent écrit intitulé, *de Motu impresso à Motore
translato.* Nos physiciens ont imaginé une machine pour répéter cette expérience à moindres frais, sur quoi nous renvoyons
aux livres de physique expérimentale.

Il y a un peu plus de réalité dans l'objection de ceux qui
ont dit que si la terre tournoit autour de son axe, ses parties
se dissiperoient, comme l'on voit les gouttes d'eau, dont la
circonférence d'une roue est chargée, s'écarter dès qu'on la
fait tourner avec quelque vîtesse ; comme la pierre d'une fronde
agitée circulairement, s'échappe dès qu'elle est libre. On répondoit, il faut l'avouer, fort mal à cette objection avant qu'on
eût l'idée convenable du mouvement. Car Copernic et ses partisans, encore prévenus de la mauvaise division du mouvement
en rectiligne et circulaire, disoient que le mouvement naturel
de toutes les parties de la terre étant circulaire, elles ne devoient
point s'écarter ; et ils trouvoient une disparité entre les exemples ci-dessus et le mouvement de la terre, en ce que les
gouttes d'eau ou la pierre de la fronde n'avoient point le mouvement circulaire naturellement. La réponse étoit suffisante pour
le temps ; on se défendoit avec des armes semblables à celles avec
lesquelles on étoit attaqué : mais aujourd'hui l'on répond mieux
à cette difficulté. On convient que c'est le propre du mouvement
circulaire, d'écarter du centre de rotation les parties du système
qui l'éprouve. Ainsi tout mouvement circulaire dissipera les corps
qui n'ont aucune adhérence entr'eux : c'est pour cela que dans
l'exemple cité, les gouttes d'eau se détachent aussi-tôt de la roue
qui tourne : car il n'est aucune force qui les y attache, qu'une
très-légère ténacité; encore faut-il que la roue ait une certaine vîtesse
pour la vaincre. Mais il n'en sera pas de même lorsque les parties
d'un système de corps mu circulairement, tiendront les unes
aux autres par quelque force, et tel est le cas des parties de la

terre. Cette force est la pesanteur qui les porte au centre du globe terrestre. Tout mouvement circulaire ne suffira pas pour la surmonter : il ne fera qu'en diminuer l'action, d'autant plus qu'il sera plus rapide. Les philosophes modernes, par des expériences réitérées, et une connoissance plus approfondie du mouvement, ont appris que les corps pèsent moins sous l'équateur, d'environ une 289e., qu'ils ne feroient si la terre étoit en repos. On démontre aujourd'hui par la théorie des forces centrales, qu'afin que les parties de la terre sous l'équateur, fussent sur le point de se dissiper par l'effet de la force centrifuge et du tourbillonnement, il faudroit que sa révolution fût dix-sept fois plus rapide qu'elle n'est, c'est à-dire, que le jour ne durât qu'une heure et 25′. Le mouvement qu'elle a est par conséquent de beaucoup trop lent pour nous inspirer aucune allarme.

Nous examinerons ailleurs quelques autres objections plus spécieuses contre le système de la terre mobile. Obligés de nous resserrer ici, nous passons à développer quelques-uns des avantages nombreux du côté de l'ordre et de la simplicité, qui ont déterminé tous les astronomes modernes en faveur de l'arrangement de l'univers, proposé par Copernic.

Nous remarquerons d'abord qu'on ne doit pas s'attendre en physique et en astronomie à des preuves de la même nature, que celles que les géomètres donnent des vérités géométriques. Si l'on en exigeoit de semblables, ce seroit encore une question problématique, si la lune tourne autour de la terre, quelle est la cause de ses phases, etc. ? Car si quelque physicien imaginoit, par exemple, de dire que les phases de la lune sont l'effet d'un feu qui parcourt successivement sa surface, ou qu'elle a un hémisphère lumineux de lui-même qu'elle nous présente tantôt directement, tantôt obliquement, on s'en moqueroit sans doute ; mais qui que ce soit ne pourroit démontrer le contraire, comme on démontre que les trois angles d'un triangle ne sont pas plus grands que deux angles droits. Les démonstrations en physique et en astronomie sont d'un autre genre. Une hypothèse physico-astronomique est censée revêtue de preuves qui doivent entraîner tous les esprits, lorsqu'en même temps qu'elle satisfait sans contrainte aux phénomènes, on y trouve cette simplicité qui charme ceux qui connoissent les procédés de la nature ; lorsqu'elle ne renferme rien qui ne soit conforme aux vérités physiques qui sont déjà reconnues et prouvées ; lorsqu'à mesure qu'on découvre de nouveaux phénomènes, ils en reçoivent une explication facile ; lorsqu'enfin l'hypothèse contraire est exposée à une foule de difficultés qui ne sont susceptibles que d'une explication forcée.

Or tous ces avantages sont incontestablement propres et uniques au système de Copernic. Quoi de plus simple que de supposer au centre de l'univers, ou de notre monde, le soleil qui est pour toutes les planètes la source de la lumière et de la chaleur, qui d'ailleurs est d'une grandeur immense à leur égard ? Quoi de plus conforme à l'ordre et à la simplicité qui éclatent dans les procédés de la nature, que de mettre toutes les planètes (excepté la lune, dont la révolution environne évidemment la terre,) en mouvement autour du soleil ; au lieu que dans le système de Tycho, l'on fait d'abord du soleil le centre des révolutions de la plûpart des planètes, et ensuite l'on met ce centre en mouvement autour de la terre ? Qui peut se dissimuler dans ce dernier cas un manque d'ordre et de simplicité ? L'observation suivante est encore d'un très-grand poids en faveur du mouvement de la terre ; et nous oserions presque la donner avec Kepler, comme une démonstration absolue de ce mouvement. Si l'on met le soleil au centre, et qu'on fasse mouvoir autour de lui toutes les planètes, on voit s'observer une même loi dans toutes les parties de ce système. Cette loi est l'une de celles que l'immortel Kepler a découvertes ; elle consiste en ce que lorsque plusieurs planètes tournent antour d'un même centre, les carrés de leurs temps périodiques sont comme les cubes de leurs distances à ce centre. En effet, lorsqu'on compare les temps des révolutions de Mercure, Vénus, la Terre, Mars, Jupiter et Saturne, et leurs distances au Soleil déterminées par d'autres moyens, on voit ce rapport s'observer si exactement, qu'on ne sauroit le regarder que comme l'effet d'une cause physique qui règne dans le système de l'univers. On voit aussi ce rapport s'observer entre les quatre planètes qui tournent autour de Jupiter, et les cinq qui environnent Saturne ; et si nous avions deux lunes, il régneroit aussi nécessairement entr'elles. Mais si l'on place, avec Tycho-Braché, la terre au centre, et qu'on mette en mouvement autour d'elle, la lune et le soleil, cette loi ne s'observera plus entre ces deux planètes, tandis qu'elle régnera dans le reste du système. Voilà un manque de liaison, un défaut marqué d'uniformité qui rend cette dernière hypothèse bien inférieure à celle de Copernic : ajoutons à cela l'énorme rapidité dont il faut faire mouvoir la machine céleste pour satisfaire au mouvement diurne dans la supposition de l'immobilité de la terre. Depuis que les observations modernes ont extrêmement étendu les bornes de l'univers, cette rapidité est bien autre que celle qu'admettoit Tycho. Qui pourra concevoir que les étoiles fixes parcourent chaque jour environ plusieurs milliers de millions de lieues ? Car, suivant les observations dont je viens de parler, on ne peut guère moins compter qu'environ mille millions de lieues de la terre aux fixes les plus voisines; ce qui fait plus de trois mille millions de circonférence. Quoiqu'on puisse s'obstiner à dire que cela n'est pas métaphysiquement impossible, l'esprit peut-il se satisfaire d'une pareille réponse, pendant qu'on évite cette dure supposition dans le système de Copernic?

L'hypothèse de Tycho est non-seulement inférieure à celle de Copernic, à l'envisager du côté de la simplicité, de l'ordre et de l'enchaînement qui doivent régner dans le système de l'univers, mais elle est encore, nous l'osons dire, incompatible avec la physique. On ne peut aujourd'hui balancer qu'entre ces deux partis : ou de faire circuler les planètes autour du soleil, par le moyen des tourbillons que Descartes a imaginés; ou d'admettre la gravitation universelle pour le ressort du mécanisme de l'univers. Mais de quelque côté que l'on penche, il y a d'égales absurdités à admettre, en s'obstinant à placer, avec Tycho Brahé, la terre au centre. En adoptant les tourbillons de Descartes, qui pourra se persuader, à moins de n'avoir aucune idée de physique; qui pourra, dis-je, se persuader que tandis que la terre est plongée dans le tourbillon qui entraîne Mercure, Vénus, Mars, Jupiter et Saturne autour du Soleil, elle puisse non seulement lui résister, mais que ce tourbillon immense qui emporte ces corps, dont quelques-uns ont une masse beaucoup plus grande que la sienne, tourne lui-même autour d'elle avec le soleil, centre du mouvement du tourbillon? La prétention seroit ridicule. Si l'on admet la gravitation universelle et réciproque, il est également impossible que la terre soit en repos ; si elle y étoit un instant par quelque contrainte, bientôt elle prendroit, conformément aux lois de la mécanique, ou un mouvement qui la feroit retomber sur le soleil, ou un mouvement autour de cet astre, si quelque impulsion oblique venoit se combiner avec sa tendance vers lui. On ne sauroit enfin concilier le système de Tycho avec aucune hypothèse sur le mécanisme de l'univers, conforme aux lois de la physique et du mouvement. Il a pu paroître bon dans ces temps où l'on donnoit aux planètes des anges pour les gouverner dans leur route : mais aujourd'hui on ne peut le regarder que comme un système physiquement absurde.

Nous pourrions encore étaler ici d'autres preuves qui déposent en faveur du mouvement de la terre, mais afin d'abréger, nous nous bornerons à une ; c'est l'applatissement de la terre vers les pôles, que les observations récentes viennent de démontrer. Quoi de plus capable de prouver la rotation de notre globe autour de son axe, que la liaison nécessaire de cet applatissement avec cette révolution ? Le télescope a ajouté une nouvelle force à cette preuve, en découvrant, à l'aide du micromètre, l'applatissement considérable de Jupiter, suite de la rapidité de sa révolution. En saine physique, des mêmes effets on doit conclure les mêmes causes, sur-tout lorsqu'on apperçoit leur liaison mutuelle.

Les preuves qu'on vient de donner du mouvement de la terre, sont plus que suffisantes pour convaincre tout esprit exempt de préjugés ; cependant comme ces preuves sont en quelque sorte indirectes, il seroit avantageux d'en avoir une directe, et telle qu'il fût impossible de s'y refuser.

Ce motif a excité divers astronomes à faire des efforts pour la trouver. On a cru pendant long-temps pouvoir y réussir par le moyen de la parallaxe annuelle des fixes. Mais comme les astronomes qui s'en sont occupés, sont d'une date fort postérieure, nous avons cru devoir renvoyer à cette date le récit de leurs tentatives et de leurs succès.

V I.

Nous ne pourrions éviter une extrême prolixité, si nous entreprenions de passer en revue tous les astronomes ou écrivains d'ouvrages astronomiques, que nous offre le seizième siècle. Ce seroit même, nous l'osons dire, manquer entièrement notre objet, que d'entrer dans des détails aussi peu intéressans. L'histoire d'une science n'est pas celle de tous les auteurs qui en ont écrit, mais seulement de ceux qui ont contribué par leurs travaux à en reculer les bornes : l'énumération exacte des premiers est l'ouvrage du bibliographe, et non de l'historien. On ne doit donc point s'étonner si l'on ne fait ici aucune mention de quantité d'auteurs auxquels M. Weidler a donné place dans son ouvrage. D'ailleurs, obligés de nous resserrer dans des bornes étroites, nous devons nous réserver pour ce que notre sujet a de plus important.

Erasme Rheinold s'est acquis de la célébrité par ses tables Pruténiques. Il les nomma ainsi, parce qu'il les calcula sur les nouvelles hypothèses et les principes de Copernic, qui étoit Prussien. Elles parurent pour la première fois en 1551, et elles furent pendant long-temps dans une grande estime et avec raison ; car quoique de beaucoup inférieures aux tables modernes, elles sont bien supérieures à toutes celles qui avoient été calculées auparavant, comme celles de Ptolémée, les Alphonsines, etc. Rheinold soupçonna quelques-unes des vérités que Kepler établit depuis dans son livre *sur les mouvemens de Mars.*

Mars. Il enseigna dans ses notes' sur les *Théoriques de Pur-bach*, dont il donna une édition en 1542, que l'orbite de Mercure étoit elliptique. Il étoit, ce semble, assez naturel que l'ellipticité des orbites des planètes commençât à se manifester par celle de Mercure, qui est effectivement la plus excentrique et la plus alongée de toutes. Rheinold perfectionna aussi un peu la théorie de la lune, en imaginant de faire mouvoir son épicycle sur une orbite elliptique. Il avoit préparé quantité d'ouvrages utiles à l'astronomie et aux mathématiques en géné-ral, que sa mort, arrivée en 1553, l'empêcha de publier. Il étoit presqu'à la fleur de son âge, étant né en 1511. C'étoit un homme doué de génie, et à qui il ne manqua qu'une plus longue vie, et plus d'assiduité à observer, pour rendre de grands services à l'astronomie.

Le catalogue des astronomes du seizième siècle, s'illustre du nom d'un souverain qui, non content de protéger l'astro-nomie, la cultiva lui-même presque avec l'assiduité d'un astro-nome de profession. C'est Guillaume IV, Landgrave de Hesse-Cassel, qui donna cet exemple rare et mémorable, à la posté-rité. Il commença à observer vers l'année 1557, et en 1561 il fit bâtir à Cassel un observatoire, qu'il fournit dans la suite d'instrumens travaillés avec grand soin, et où il continua d'ob-server sans aucun aide jusqu'en 1577. Alors l'administration de ses états ne lui permettant plus de se livrer autant à son goût, il s'attacha Christophe Rothman et Juste Byrge, qui tra-vaillèrent en quelque sorte sous ses yeux et sa direction jus-qu'à sa mort. On a les observations du Landgrave et de ses astronomes : Snellius les publia pour la première fois en 1618, avec diverses autres de Régiomontanus, Walther et Tycho (1). On les trouve aussi dans l'*Historia Coelestis* d'Albert Curtius, ou Lucius Barretus. Un des travaux du Landgrave, fut de dresser un nouveau catalogue des fixes, et il en observa dans cette vue environ 400. Sa méthode étoit précisément la même que nous employons aujourd'hui. Elle consistoit à mesurer leur déclinaison par leur hauteur méridienne, et leur ascension droite par le temps écoulé entre leur passage par le méridien, et celui du soleil ou de quelqu'autre étoile, dont l'ascension droite étoit connue ou déterminée. Pour cela le Landgrave avoit dans son observatoire des horloges travaillés avec beau-coup de soin, et aussi parfaits qu'on pouvoit les avoir dans son siècle. Le catalogue des fixes observées à Cassel, a été

(1) *Cœli ac sid. in eo errantium observat. Hassiacae, illust. Wilhelmi Hassiae Landgravii auspiciis quon-dam institutae,* etc. Lugd. Bat. 1618, in-4°.

inséré dans l'*Historia Coelestis*, dont nous avons parlé. M. Hévé-
lius en fait cas, et préfère même quelquefois les déterminations du Landgrave à celles de Tycho. On dit qu'on conserve
encore à Cassel quantité d'autres observations de ce prince,
qui n'ont point vu le jour. Le Landgrave entretint pendant
long temps avec Tycho un commerce de lettres, soit directement, soit par l'entremise de Rothman : il a été publié en
1596, sous le titre de *Tychonis-Brahe epist. Astr. Lib 1.* Nous
ne devons pas oublier de remarquer que c'est aux sollicitations
du Landgrave, que le célèbre astronome Danois dut les faveurs
qu'il reçut de Frédéric, et le magnifique établissement que ce
souverain lui donna dans l'île d'Huène. Le prince savant dont
nous parlons, étoit né en 1532. Il succéda à son père Philippe le Magnanime l'année 1567, et il mourut en 1592.

Nous ne pouvons mieux placer qu'à la suite du Landgrave
les deux observateurs Rothman et Juste Byrge, qu'il s'étoit
attachés pour l'aider dans ses travaux astronomiques. Rothman
entra au service du prince en 1577, et il observa avec assiduité jusqu'en 1590, qu'il alla à Uranibourg visiter Tycho.
Mais au lieu de retourner à Cassel, soit besoin de respirer
l'air natal, soit singularité, dont Tycho et le Landgrave le
taxent dans leurs lettres, il ne reparut plus. On voit plusieurs
lettres de Rothman parmi celles que Tycho publia en 1596.
Il étoit fort partisan du systême de Copernic, et plusieurs de
ses lettres roulent sur ce sujet. Il y eut même un peu de vivacité de part et d'autre ; mais Tycho fit tant qu'il l'enleva
à Copernic, soit en allarmant sa religion, soit en lui objec-
tant diverses absurdités physiques, dont il ne put trouver la
solution. Au reste c'est Tycho qui se vante de ce triomphe :
peut-être ne paroîtroit il pas aussi réel qu'il le dit, si nous
avions quelqu'écrit de Rothman, postérieur à son voyage d'Uranibourg. Je ne connois de Rothman qu'un ouvrage sur la comète
de 1585, à l'égard de laquelle il s'accorda avec Tycho, en
ne lui trouvant point de parallaxe. Mais ses conjectures sur
la nature de ces astres, ne sont pas supérieures à la mauvaise
physique de son siècle.

Juste Byrge, dont nous avons déja fait mention à l'occasion
de ses travaux géométriques, excelloit dans l'art de fabriquer
les instrumens astronomiques, et se rendit cher par là au Landgrave de Hesse. Il étoit également versé dans la théorie et la
pratique de l'astronomie, et ce fut lui qui, après l'espèce
d'évasion de Rothman, et la mort du Landgrave, continua
d'observer à Cassel jusqu'en 1597. Il passa de là au service de
l'empereur, dont il fut mathématicien. Nous parlerons ailleurs
de la part qu'il a eue à l'invention des Logarithmes. Elle est

aujourd'hui démontrée, sans que néanmoins il en résulte rien de défavorable à Neper. Si nous en croyons Becker (1), Byrge eut aussi l'heureuse idée d'appliquer le pendule à la mesure du temps. Becker dit le tenir d'un mathématicien de l'électeur de Mayence, qui le lui avoit dit en 1678 : mais il y a trop loin de Byrge à ce premier témoin de sa découverte, et nous connoissons trop peu quel degré de croyance nous lui devons, pour dépouiller Galilée et Huygens de l'honneur de cette ingénieuse et utile invention.

Michel Moestlin mérite ici une place à plusieurs titres. C'est en quelque sorte à lui que l'astronomie doit le célèbre Kepler; car ce furent ses exhortations qui le déterminèrent à se livrer à cette science, dans un temps où il balançoit entre elle et une autre carrière plus propre à satisfaire son ambition. Moestlin a eu quelques idées heureuses en astronomie-physique : on lui doit d'abord savoir gré d'avoir été un zélé partisan du système de Copernic, dans un siècle où cette sublime vérité en avoit encore si peu. Il est sur-tout mémorable pour avoir donné la vraie raison de la lumière obscure qu'on apperçoit sur le disque de la lune peu de jours avant et après la conjonction. Ce phénomène étoit depuis long-temps une énigme sur laquelle les plus habiles physiciens astronomes n'avoient encore avancé que de fausses conjectures. En effet les anciens croyoient que cette lumière foible de la lune lui étoit propre : il étoit, suivant eux, fort raisonnable de penser qu'un corps céleste ne fût pas entièrement destitué d'une perfection aussi essentielle que celle d'être lumineux, et la plûpart des modernes avoient embrassé cette opinion. L'illustre Tycho l'avoit rejetée, mais ce n'avoit été que pour lui en substituer une autre aussi peu juste. Il avoit conjecturé que cette lumière étoit occasionnée par l'éclat de Vénus, qui éclairoit l'hémisphère obscur de la lune. Avec un peu d'attention, il est facile de voir que cela est impossible; Vénus est toujours trop élevée, à l'égard de la lune, pour pouvoir jamais éclairer l'hémisphère tourné du côté de la terre vers les conjonctions.

Moestlin trouva enfin la solution de ce problême. Il enseigna que cette lumière étoit produite par l'éclat que la terre, alors dans son plein à l'égard de la lune, jetoit sur elle, et cette explication une fois proposée a eu aussitôt l'assentiment unanime des astronomes; car tel est souvent l'effet d'une explication juste. Semblable à une lumière tout-à-coup découverte, elle saisit tous les esprits, et ne permet plus aucun doute. Destitué de commodités pour observer, Moestlin étoit ingénieux

_____

(1) *Phys. subt.* ed. 1738, p. 489.

à y suppléer : il observoit les comètes et les planètes par le moyen d'un fil tendu, à l'aide duquel il déterminoit deux paires différentes d'étoiles qui fissent avec elles des lignes droites. C'est-là un moyen fort simple, et que pourroit pratiquer, dans certaines circonstances, un observateur dénué d'instrumens. Sans autre secours, Mœstlin ne laissa pas de trouver que la fameuse étoile nouvelle de Cassiopée n'avoit aucune parallaxe. Tycho donne des louanges à un de ses écrits sur la comète de 1577. Effectivement Mœstlin avoit non-seulement apperçu que ce n'étoit point un météore sublunaire, mais il tentoit dans cet écrit de représenter son cours, en combinant son mouvement sur une orbite autour du soleil, avec celui de la terre sur la sienne. Cette idée est fort heureuse et fort analogue à celle qu'on a des comètes dans l'astronomie moderne. Kepler fait souvent mention de Mœstlin dans son *Astronomiae pars optica*, et il nous en donne une idée fort avantageuse par les diverses choses qu'il en rapporte. On lui doit plusieurs observations que l'on trouve dans l'*Hist. Coelestis*. Il est cependant à regretter qu'il n'ait pas eu plus de secours pour y vaquer avec exactitude. Il fut long-temps professeur à Tubinge, où il mourut vers le commencement du dix-septième siècle.

Il est difficile de ne pas faire ici quelque mention du célèbre et malheureux Jordan Brunus, (Giordano Bruno) dont le sort tragique est si connu. Ce n'est pas qu'il se soit rendu recommandable en astronomie par des travaux qui ayent contribué à ses progrès. Mais il eut sur la physique de l'Univers des idées d'une extrême hardiesse pour son temps. Il les publia en 1591 dans un ouvrage intitulé : *De monade numero et mensura, etc. De innumerabilibus mundis et infigurabili, seu de universo et mundis, Libri VIII.* Là on lit que l'Univers est infini, que notre monde n'est pas unique, que chaque étoile est un soleil autour duquel roulent des planètes habitées, etc. Mais tout cela est noyé dans un océan d'idées folles et incohérentes, vrai ouvrage d'un cerveau exalté au plus haut degré. Ce livre que j'ai vu payer à une vente publique 25 louis, n'a de mérite que pour les bibliomanes, à raison de sa rareté et de la célébrité de son auteur. Remarquons toutefois que ce ne fut pas pour ces opinions singulières, et au-dessus de la philosophie de son siècle, que Brunus encourut la peine du feu qu'il subit à Rome dans le champ de Flore, le 17 février 1600; mais pour son *Spaccio della Bestia triomphante*, qu'il avoit publié à Londres, et qui est une satyre sanglante de la religion romaine et du gouvernement papal. Avec une pareille tache envers la cour de Rome, il falloit être bien imprudent pour reparoître en Italie. Il semble, au reste, que la plûpart de ces victimes, comme Vanini, Brunus, Morin, ayent voulu par leur hardiesse à braver les gouvernemens et les tribunaux, les forcer de sévir contre elles.

V I I.

L'histoire de l'astronomie nous présente deux époques mémorables durant le cours du seizième siècle. L'une est celle de Copernic, l'autre celle de Tycho Brahé, à laquelle nous touchons. Copernic doué de cette force d'esprit nécessaire pour secouer le joug du préjugé, sut démêler le vrai arrangement de l'Univers, et il jeta par-là les fondemens de la solide astronomie. Tycho-Brahé ne contribua pas moins à l'avancement de cette science. Plus assidu et plus exact observateur que Copernic, il perfectionna en divers points la théorie particulière des planètes, et entr'autres celle de la lune. Il tira la pratique de l'astronomie de l'état d'imperfection qui étoit depuis si long-temps un obstacle aux progrès de la théorie. Il commença à dessiller les yeux sur la nature des cieux, et la place que les comètes occupent dans l'Univers. Les nombreuses observations qu'il transmit à la postérité, servirent enfin à perfectionner dans les détails le systême dont Copernic n'avoit en quelque sorte tracé que le plan général. Telles sont les obligations de l'astronomie envers Tycho-Brahé. Nous nous occuperons de ces objets divers avec l'étendue qu'ils méritent ; mais comme la vie d'un homme aussi célèbre ne peut qu'être intéressante, nous commencerons par en rapporter les principaux traits.

Tycho-Brahé naquit en 1546 à Knud-strup en Scanie, qui étoit un château appartenant dès-long-temps à la maison de Brahé, déja illustre en Danemarck, et qui y subsiste encore aujourd'hui avec éclat. Je passe les traits peu intéressans de ses études de belles-lettres et de philosophie. Son génie pour l'astronomie commença à se développer à la vue d'une éclipse de soleil, qui arriva en 1560. Tycho avoit à peine quatorze ans ; et dans cet âge où l'on réfléchit si peu, il fut tellement frappé de la justesse du calcul qui annonçoit le phénomène, qu'il n'eut point de repos qu'il ne se fût mis en possession des principes de ces sortes de prédictions. En 1562 il quitta Copenhague, et alla étudier en droit à Leipsick. La contrainte où le tenoit son gouverneur, qui s'opposoit à son goût pour l'astronomie, ne servit qu'à l'enflammer davantage. Ne pouvant se procurer ouvertement des livres de cette science, et les étudier, il y employoit l'argent que les jeunes gens de son âge et de son état dépensent pour leur plaisir, et il sacrifioit à l'étude le temps de son sommeil. Malgré ces difficultés, il ne laissa pas d'avancer assez rapidement pour reconnoître en 1563 le peu d'exactitude des tables dans l'annonce d'une conjonction de Saturne et de Jupiter, et il conçut dès-lors le projet de perfectionner la théorie des planètes. Diverses autres observations furent le fruit de son séjour à Leipsick, et de l'amitié qu'il contracta avec un autre amateur de l'astronomie, nommé *Barthelemi Scultet*. Celui-ci moins gêné que Tycho-Brahé, lui procura les moyens d'avoir quelques instrumens ; mais la rigueur avec laquelle ses maîtres lui interdisoient toute étude du ciel, ne se relâchant point, il fut toujours obligé de s'en servir en secret.

Enfin après un séjour de trois ans à Leipsick, Tycho commença à jouir de la liberté. De retour à Copenhague, il vit avec chagrin le peu de cas que la noblesse et ses proches faisoient de sa science favorite. Il se mit donc à voyager, et il passa les années 1566, 1567 et 1568, tantôt à Wittemberg, tantôt à Rostoch. Il observa dans cette dernière l'éclipse de soleil de 1567, qui est la première observation sur laquelle il ait cru pouvoir faire quelque fonds, et dont il fasse mention dans ses *Progymnasmata*. Etant à Augsbourg en 1569, il y contracta une étroite amitié avec les sénateurs Jean-Baptiste et Paul Hainzel, tous deux astronomes, et dont le dernier entrant dans les vues de Tycho, fit fabriquer à ses frais un immense quart de cercle : je dis immense avec raison, car il avoit quatorze coudées de rayon ; fait qui paroîtroit incroyable, si l'on ne le lisoit dans un ouvrage de Tycho (1). Il profita aussi de cette occasion, et de l'adresse des ouvriers d'Augsbourg, pour faire exécuter divers instrumens nouveaux et plus parfaits qu'aucun de ceux dont on s'étoit servi avant lui.

Après quelques années ainsi employées à parcourir l'Allemagne, Tycho retourna dans son pays, où il rencontra plus d'agrément. Son oncle maternel Stenon Billée, rendit plus de justice à son goût pour l'astronomie : il lui fournit même les moyens de le satisfaire commodément, en lui donnant un logement dans une de ses terres, et un emplacement commode pour observer. Là Tycho passa l'année 1572, uniquement partagé entre l'étude du ciel et celle de la chimie, car il avoit aussi de l'attachement pour cette belle partie de la physique : il paroît même qu'elle l'avoit un peu détourné de l'astronomie, mais un événement extraordinaire le rendit et l'attacha plus étroitement à cette dernière science.

(1) *Progymn.* t. 1, p. 356.

Dans les commencemens du mois de novembre 1572, on vit presque tout-à-coup paroître une nouvelle étoile dans la constellation de Cassiopée. Tycho sortoit de son appartement, et alloit à son laboratoire chimique, lorsque regardant le ciel pour voir si le temps lui permettroit d'observer la nuit suivante, l'éclat de ce nouvel astre lui frappa la vue. Il crut d'abord que c'étoit une illusion; mais enfin assuré de la réalité du phénomène par le témoignage de tous ceux qu'il questionna, il courut à son observatoire, et il mesura la distance de cette étoile à plusieurs autres. Il continua d'observer avec le même soin pendant tout le temps qu'on l'apperçut au ciel, c'est-à-dire, durant près d'un an et demi. Nous dirons ailleurs quelque chose de plus sur ce phénomène si digne de notre admiration. Les observations de Tycho Brahé se trouvent rassemblées dans le premier tome de ses *Progymnasmata*, auquel il donna même le titre *de Novâ stellâ anni* 1572, quoiqu'il s'y soit proposé un objet bien plus vaste, comme on le verra par la suite de notre récit.

Tycho se proposoit de visiter de nouveau l'Allemagne en 1573, et de passer en Italie; mais diverses circonstances, une maladie; un mariage disproportionné, suivant les préjugés régnans, qui le brouilla avec sa famille; les ordres du roi de Danemarck qui l'engagèrent à donner quelques leçons d'astronomie dans l'université de Copenhague, lui firent différer ce voyage d'un an. Il partit donc en 1574, et il alla d'abord à Cassel visiter le célèbre Landgrave de Hesse, qui l'honora depuis de sa correspondance astronomique. A son passage par Bâle, cette ville lui plut tellement par sa situation qui la met également à portée de l'Allemagne, de la France et de l'Italie, qu'il résolut d'y fixer sa demeure. Il étoit sur le point d'y faire transporter ses instrumens, lorsque les offres généreuses du roi de Danemarck lui firent changer de dessein. Ce prince ayant résolu, à la sollicitation du Landgrave de Hesse, de favoriser d'une manière vraiment royale les travaux de Tycho, lui dépêcha un de ses pages avec une lettre par laquelle il l'invitoit à le venir trouver incessamment. Tycho ayant obéi, Frédéric lui fit part de son projet, et lui offrit pour s'établir la petite île d'Huène, située à l'entrée de la mer Baltique, lieu admirable pour observer. Cette île en effet qui a environ huit mille pas de circuit, s'élève, par une pente insensible, jusqu'au milieu qui domine la mer et l'horizon de tous les côtés. Frédéric se chargea aussi de tous les frais nécessaires pour la construction des édifices, et la fabrication des instrumens que Tycho jugeroit nécessaires. Tant de libéralités et de magniticence l'attachèrent à sa patrie, qu'il étoit sur le point d'abandonner.

Tycho prit possession de l'île d'Huène, vers le milieu de l'an 1576, et bientôt après il jeta les fondemens du célèbre observatoire si connu sous le nom d'*Uranibourg*. C'étoit un édifice carré et flanqué, des côtés du midi et du nord, de deux tours rondes destinées à observer. Le reste du bâtiment servoit à sa demeure, et à celle de sa famille et des gens qu'il entretenoit pour l'aider, soit dans ses travaux astronomiques, soit dans la construction des instrumens qu'il imaginoit chaque jour, et aux frais desquels le roi fournissoit généreusement. Tycho-Brahé passa ainsi vingt ans à Uranibourg uniquement livré à son étude favorite, et il y fit un amas prodigieux d'observations, et diverses découvertes. Il eut l'honneur d'y recevoir la visite d'un souverain : c'étoit le roi Jacques d'Ecosse, et qui le fut depuis d'Angleterre ; il avoit passé en Danemarck, à l'occasion de son mariage avec la sœur de Frédéric. Ce prince alla voir Tycho, et fit à son honneur des vers, qu'on voit à la tête de ses *Progymnasmata*.

Tant de félicité fut enfin troublée par la mort de Frédéric, qui arriva en 1597. Alors l'envie commença à lâcher ses traits sur Tycho. Ses ennemis (un astronome retiré au milieu d'un désert, devoit il en avoir ?) représentèrent et exagérèrent au successeur de Frédéric, les dépenses considérables auxquelles Tycho avoit engagé son prédécesseur, les grandes pensions dont il jouissoit, et les donations en terres qu'il en avoit reçues. On lui retira d'abord tous ces avantages : bientôt même il fut menacé d'être chassé d'Uranibourg, et d'être privé de ses instrumens. Dès-lors il commença à prendre des mesures contre ce dernier malheur, le plus grand de tous ceux qui pouvoient lui arriver. Il fit transporter à Copenhague la plûpart de ces instrumens : mais on lui fit défense de s'en servir.

Tycho vit bien qu'il lui falloit quitter sa patrie. Il loua un navire ; et y ayant embarqué sa famille, ses livres et tout son attirail d'astronomie, il prit le chemin de Rostoch, où il arriva au milieu de l'année 1597. Il se retira ensuite près d'Hambourg, dans un château du comte de Rantzau, seigneur qui aimoit l'astronomie, mais qui avoit malheureusement un grand foible pour l'astrologie. Il finit là son livre intitulé *Astronomiae instauratae Mecanica*, qui a pour objet la description de ses instrumens ; et afin de se procurer une retraite honorable auprès de quelque prince étranger, il le dédia à l'empereur Rodolphe II : cet ouvrage parut en 1598.

Ce que Tycho-Brahé avoit désiré, arriva. Son mérite trouva

un généreux protecteur dans Rodolphe. Ce prince ordonna à son vice-chancelier de lui écrire, et de lui offrir des avantages capables de le satisfaire. Tycho partit, sur ces assurances, pour Prague, ne cessant d'observer sur son chemin. Il y arriva au printemps de 1599, et l'empereur le reçut avec tous les témoignages possibles d'amitié. Il lui donna d'abord une pension de 3000 écus d'or ; et afin de lui procurer toutes les commodités possibles pour ses travaux astronomiques, il lui offrit à choisir, de trois châteaux hors de la ville, celui qui lui agréeroit le plus. Tycho choisit celui de Benatica, où il reçut la visite de Kepler, qui venoit de Gratz, pour converser avec lui et vaquer à l'astronomie. Mais peu après éprouvant dans ce séjour diverses incommodités, il désira retourner à Prague, où l'empereur lui donna la maison de Curtius son ancien ami, dans laquelle il avoit d'abord demeuré et observé, et qu'il fallut racheter de ses héritiers. Là il travailloit avec ardeur, aidé de Kepler que l'empereur lui avoit attaché par ses libéralités, et de ses deux disciples et secrétaires Joestelius et Longomontanus, lorsqu'une mort imprévue l'enleva le 24 octobre 1601 Au milieu d'un repas de cérémonie où, selon la coutume du pays et du siècle, on eût été un homme incivil, si l'on eût refusé de répondre à une des santés qu'on y portoit, il fut saisi d'un besoin que, par honnêteté, il dissimula jusqu'à la fin du repas. Mais il étoit trop tard, le coup étoit porté, et il lui étoit survenu une rétention d'urine, que tout l'art des médecins ne put guérir. Ce funeste accident l'emporta en peu de jours. Tycho n'avoit encore que 55 ans, et il étoit en état de faire de grandes choses pour l'astronomie. Telle fut la fin de cet homme, dont le nom méritera à jamais d'être célébré dans les fastes de cette science. Sa vie a été écrite fort au long par Gassendi, avec celles de Purbach, de Régiomontanus, et de Copernic. Passons à remplir le principal objet de cet ouvrage, c'est-à-dire, à donner un précis de ses travaux et de ses découvertes.

Tycho n'avoit pas plutôt goûté les charmes de l'astronomie, qu'il s'étoit apperçu qu'une des principales causes qui en retardoient les progrès, étoit l'imperfection des instrumens, dont on s'étoit servi jusqu'alors. Je ne dis rien de ceux des anciens, tout le monde sait combien ils étoient inexacts et grossiers. Régiomontanus et Walther, les plus grands observateurs de leur siècle, Copernic lui-même, qui travailla pendant long-temps à rétablir l'astronomie depuis ses fondemens, n'en eurent pas de beaucoup plus parfaits. On peut dire que Tycho fut le premier qui tira l'astronomie pratique de cet état d'enfance, qui retardoit tant les progrès de la théorie. Un de ses plus grands soins, fut d'avoir les instrumens les plus grands, les

plus solides qu'il lui fut possible ; et les libéralités de Frédéric
son protecteur, lui en fournirent les moyens. Je renvoie le
lecteur curieux du détail de ses travaux et de ses inventions
dans ce genre, à son livre intitulé *Astronomiae instauratae
Mecanica*, et à divers endroits de ses *Progymnasmata*.

Une des premières entreprises que conçut Tycho-Brahé, fut
de dresser un nouveau catalogue des fixes ; car celui que Ptolémée nous avoit transmis, étoit extrêmement fautif, et l'on
ne s'en étonnera pas, si l'on réfléchit sur la manière imparfaite que les anciens employoient dans ces sortes d'observations. Il faut en donner une idée pour concevoir en quoi
Tycho la rectifia.

Les anciens destitués d'un moyen assuré de compter le temps,
ne pouvoient point observer, comme nous faisons aujourd'hui,
la position d'une étoile par le moyen de sa hauteur méridienne
et de son ascension droite : car la détermination de cette ascension droite, suppose nécessairement qu'on connoisse le temps
qui s'est écoulé entre le passage par le méridien d'un astre
dont le lieu est connu, et celui de l'étoile dont on cherche
la position. Mais l'erreur de quatre minutes sur le temps,
occasionne celle d'un degré entier sur l'ascension droite, de
sorte qu'il faut être aussi assuré que le sont les modernes,
de l'exactitude de leurs pendules, pour compter sur cette manière d'observer. Les anciens ne pouvant donc se dissimuler
que leurs clepsydres étoient sujettes à de grandes erreurs, recoururent à une autre méthode. Ils attendoient le temps où
la lune, vers la première quadrature, paroît sur l'horizon avec
le soleil, et alors ils prenoient leur différence d'ascension
droite, de sorte que connoissant celle du soleil par sa théorie
et par l'observation, ils avoient celle de la lune. Ensuite le
soleil étant couché, et la lune paroissant avec l'étoile, ils mesuroient leur éloignement, et ils trouvoient par-là quel arc
de l'équateur lui répondoit. Mais comme depuis la première
observation jusqu'à la seconde, la lune, par son mouvement
propre, s'étoit approchée ou écartée du soleil, ils supposoient
la théorie de cette planète assez passablement connue pour
pouvoir calculer, sans erreur sensible, le chemin qu'elle avoit
fait pendant le temps écoulé. Ils estimoient donc le lieu de la
lune au moment de son observation avec l'étoile, et de là ils
concluoient celui de l'étoile elle-même. Telle est la méthode
qu'Hipparque et Ptolémée avoient suivie en déterminant les
lieux des étoiles, et en dressant leur catalogue. Il est facile
de sentir combien elle est sujette à erreur : l'imperfection des
instrumens, la parallaxe de la lune, et l'irrégularité extrême
de son mouvement, sur-tout aux environs des quadratures,

ne pouvoient manquer de les écarter souvent beaucoup de la vérité.

Tycho qui sentit tous ces défauts de la méthode des anciens, mais qui n'avoit pas plus qu'eux de moyen exact de mesurer le temps, quoiqu'il en eût tenté plusieurs (1), recourut à la planète de Vénus, qui a le même avantage que la lune, de paroître souvent, le soleil étant encore sur l'horizon. Il pensa que cette planète ayant un mouvement bien plus lent que celui de la lune, les imperfections de sa théorie devoient être de moindre conséquence. Tycho observoit donc pendant le jour la position de Vénus à l'égard du soleil, par le moyen d'un sextant d'une construction particulière, et à laquelle il avoit donné un soin extrême ; puis la nuit étant venue, il réitéroit cette observation entre l'étoile fixe et Vénus, d'où il tiroit la longitude de l'étoile, ayant égard au mouvement propre de Vénus pendant l'intervalle des deux observations, à sa parallaxe et à la réfraction. C'est par ce moyen qu'il détermina le lieu en ascension droite des étoiles les plus remarquables ; et à l'égard des autres, il trouva leur position en mesurant leur déclinaison et leurs distances aux premières. Tycho rectifia ainsi la position de presque toutes les étoiles que Ptolémée avoit autrefois rédigées en catalogue, et il en construisit un nouveau qui en comprend 777, et qu'on peut voir dans ses *Astron. Progymnasmata* (2). Dans la suite, Kepler insérant ce catalogue dans les tables Rudolphines, l'augmenta de 223, tirées des observations manuscrites de Tycho. Ainsi ce catalogue contient les lieux de 1000 étoiles, déterminés par les observations de ce savant astronome. Quant au mouvement propre en longitude, il le fait de 51″ par an, c'est-à-dire, d'un degré en 70 ans et 7 mois ; suivant des observations encore plus exactes, on l'a fixé à un degré dans 72 ans.

Quelque gré qu'on doive savoir à Tycho de son travail, il faut cependant remarquer qu'il a encore laissé beaucoup à faire aux astronomes, et que ses positions d'étoiles ne sont pas entièrement exactes. C'est une suite de sa manière d'observer : mais ce qu'il fit alors, est sans doute tout ce que pouvoit faire l'industrie humaine. Ce n'est guère que depuis l'application du télescope aux instrumens astronomiques, et celle du pendule à régler le temps, qu'on a pu aspirer à quelque chose de plus parfait.

Tycho-Brahé a donné naissance, comme tout le monde sait, à un troisième système astronomique. Séduit par des raisons

---

(1) *Progymn.* p. 148, 149, etc.
(2) *Ibid.* P. 257, et suiv.

de peu de poids, et s'exagérant l'obligation de prendre à la lettre les passages de l'écriture, qui semblent attester le repos de la terre, il ne put se résoudre à la mettre en mouvement autour du soleil. Ne pouvant cependant se dissimuler la solidité des preuves sur lesquelles Copernic avoit établi son système, il tâcha de le concilier autant qu'il se pouvoit avec le repos de la terre. Dans cette vue il conserva le soleil au centre des révolutions de toutes les planètes, excepté la lune et la terre; mais au lieu de mettre celle-ci en mouvement autour du soleil, il la plaça au centre, en faisant tourner autour d'elle le soleil avec la lune. Il conserva aussi cette partie du système ancien qui concerne le mouvement diurne. C'est ainsi qu'en prenant dans chacun des deux systèmes, ce qui pouvoit se concilier avec les apparences célestes, il en forma celui auquel la postérité a donné son nom.

On se tromperoit néanmoins, si l'on regardoit Tycho comme l'inventeur de cette disposition des corps célestes. Elle n'avoit pas été inconnue à Copernic. Ce restaurateur du vrai système de l'Univers avoit fort bien apperçu qu'en arrangeant ainsi les planètes, on satisferoit également à tous les phénomènes. Mais il pensa avec raison que ce seroit blesser l'ordre et la simplicité qui doivent régner dans ce bel ouvrage de la Divinité, que de faire ainsi tourner le centre principal et presque général des mouvemens des planètes autour d'un autre centre. Ce motif et plusieurs autres également pressans, le portèrent à rejeter cet arrangement, comme n'etant point celui de la nature, et à préférer, malgré l'air de paradoxe qui l'accompagne, celui où la terre, au rang des planètes, tourne autour du soleil immobile.

Il est à croire que Tycho auroit pensé comme Copernic, si l'envie de donner son nom à un système qui lui fût propre, ne lui eût exagéré les difficultés que l'on peut proposer contre le mouvement de la terre. Quoi qu'il en soit, la plûpart de celles sur lesquelles il se détermina à le rejeter, ne valent pas mieux que celles des Péripatéticiens de son temps, et ne sont fondées que sur les fausses notions du mouvement, qu'on avoit alors. Ce sont aussi de fort mauvaises raisons, que celles par lesquelles il entreprend de justifier la rapidité inconcevable, avec laquelle il faudroit faire tourner toute la machine céleste pour satisfaire au mouvement diurne. En vain prétend-il trouver et faire remarquer dans ce mouvement, des preuves de la sagesse et de la puissance de la Divinité (1); outre la mauvaise physique qui règne dans son raisonnement, il n'y

_____

(1) Voy. *Epistolae Astron.* lib. 1, p. 188, etc.

a point d'embarras et d'absurdité dans un système, qu'on ne puisse excuser de cette manière. Si ce n'est la sagesse, ce sera la puissance de la Divinité qui en éclatera davantage.

Parmi les objections que Tycho fait contre le mouvement annuel de la terre, il en est une astronomique dont il faut dire un mot. Dans le système de Copernic, disoit Tycho, le petit cercle que décrit chaque année dans le ciel l'axe de la terre prolongé, n'a aucune grandeur sensible; et les étoiles en ont une : il faudroit donc que chaque étoile fût du moins aussi grande que l'orbite annuelle de la terre. Or cela seroit absurde, et ce seroit violer la symmétrie de l'Univers, que d'admettre une inégalité aussi prodigieuse entre le soleil et ces autres astres qui l'environnent.

Cette objection pouvoit être spécieuse au temps de Tycho, où ne jugeant du diamètre apparent des fixes qu'à la vue simple, on leur en donnoit un incomparablement plus grand qu'il n'est réellement. Il est aujourd'hui certain que leur grandeur est absolument insensible, puisque des télescopes qui grossissent cent fois, mille fois même, ne les représentent encore que comme des points étincelans. Ainsi l'objection de Tycho n'a aucune force; et rien n'empêche que les étoiles ne soient des soleils à-peu-près de la grandeur du nôtre. Je ne dis rien ici d'une autre objection que fait Tycho, et qu'il tire de l'inutilité d'un espace aussi vaste que celui qu'il faut laisser, dans le système de Copernic, entre Saturne et les fixes les plus voisines : on y a répondu dans un des articles précédens.

On ne peut disconvenir que le système de Tycho-Brahé ne satisfasse mathématiquement à tous les phénomènes célestes. A le considérer uniquement de ce côté-là, il est équivalent à celui de Copernic. Mais cela ne doit pas nous suffire pour le mettre de niveau avec ce dernier. Le système de Tycho n'est qu'une ingénieuse fiction, telle que celle que pourroient imaginer les astronomes de quelque planète que ce soit. Supposons en effet qu'il y ait des habitans et des astronomes dans Mars, et qu'ils s'y obstinent à se placer au centre de l'Univers, ils rendront compte de tous les phénomènes par un système semblable à celui de Tycho, c'est-à-dire, en faisant tourner autour d'eux le soleil, tandis qu'il sera le centre du mouvement de toutes les planètes : on en pourra faire autant dans Jupiter, dans Saturne, etc. Il n'y a même pas jusqu'à la lune, dont les astronomes, s'il y en a, ne puissent s'obstiner à se réputer en repos, et en même-temps satisfaire à tous les phénomènes astronomiques. Il ne suffit donc pas qu'un système réponde aux apparences célestes, pour être réputé le véritable ouvrage de la nature ; il faut de plus qu'il n'ait rien de répugnant aux lois de la physique. Or quel physicien concevra qu'en même-temps le soleil soit le centre du mouvement de presque tous les corps célestes, et qu'il tourne autour de la terre, entraînant avec lui toute cette vaste machine? Cette hypothèse peut être suffisante en mathématique, mais en saine physique elle ne peut être que réputée absurde et impossible.

Tycho eut, dans un astronome de son temps, un concurrent qui lui disputa vivement l'honneur de son systême. Ce fut Raimard Ursus, dont nous avons parlé ailleurs au sujet d'une invention trigonométrique qui a son mérite. Ursus avoit proposé le même arrangement dans son *Fundamentum Astronomiae*, imprimé en 1588 : il en avoit aussi parlé quelques années auparavant au Landgrave de Hesse, qui avoit fait exécuter une sphère planétaire suivant cette idée. Tycho l'ayant appris, et ayant vu l'ouvrage dont nous venons de parler, prétendit qu'Ursus l'avoit volé dans un voyage qu'il avoit fait autrefois à Uranibourg. Il en écrivit ainsi à Rothman, qui de son côté le qualifie très-injurieusement dans quelques-unes de ses lettres. Tycho ayant publié cette correspondance en 1596, Raimard Ursus en fut si outré, qu'il écrivit contre l'un et l'autre un libelle, très-divertissant par son ridicule et par le singulier amas d'injures et de mauvaises plaisanteries, dont il est assaisonné.

Quel que soit le droit qu'a Raimard Ursus au systême de Tycho, on ne peut du moins lui refuser d'être l'auteur de celui qu'on nomme *demi-Tychonicien*, où l'on fait tourner la terre autour de son axe en 24 heures, pour éviter à la machine céleste la rapide révolution qu'elle paroît faire chaque jour sur elle-même. C'est en cela que le systême qu'il proposoit dans son *Fundamentum Astronomiae*, différoit de celui de Tycho. Mais l'honneur de cette invention, s'il y en a, lui a encore été ravi par Longomontanus. Au reste, ce systême qui, outre son inventeur et Longomontanus, dont il porte le nom, a eu quelques partisans au commencement du dix-septième siècle, est exposé aux mêmes difficultés que celui de Tycho ; et quoiqu'il satisfasse aussi aux phénomènes célestes, il n'a point les caractères d'ordre et de simplicité qui doivent distinguer le vrai systême de l'Univers.

Si Tycho ne secoua pas entièrement le joug du préjugé, en ce qui concerne le repos de la terre, il sut du moins s'en affranchir à l'égard des comètes. Il dévoila le premier l'erreur où l'on étoit depuis si long-temps sur ce sujet. C'étoit une opinion invétérée que ces astres étoient de simples météores qui s'engendrent dans la région sublunaire. Aristote l'avoit dit, et l'empire despotique qu'il exerçoit ne permettoit pas d'en douter. Tycho osa néanmoins soumettre cette opinion à un nouvel examen. La comète de 1577 en fut l'occasion : il l'observa avec soin durant tout son cours, et il chercha, par une méthode aussi sûre qu'ingénieuse, à démêler si elle avoit quelque parallaxe. Mais une longue suite d'observations lui apprit qu'elle n'en avoit aucune sensible, d'où il tira deux conséquences également fatales à l'ancienne philosophie ; l'une, que les comètes sont fort au-delà de l'orbite de la lune, et l'autre que les cieux réputés solides jusqu'alors dans les écoles, étoient perméables dans tous les sens, et n'étoient remplis que d'une matière extrêmement subtile. Il toucha même, peu s'en faut, à la brillante découverte de la nature de ces astres : car il eut l'idée de rechercher si quelque courbe régulière décrite autour du soleil, ne satisferoit pas au mouvement de cette comète ; et il trouva effectivement que si elle se fût mue autour de cet astre, dans un cercle d'une certaine dimension, passant entre la terre et Vénus, elle eût eu, à quelques minutes près, dans la partie inférieure de ce cercle, le mouvement qu'il observa. Il établit toutes ces choses dans son livre intitulé : *De Mundi aetherei recentioribus Phaeno-menis*, où il discute aussi les divers écrits qui parurent sur ce sujet. On vit quelques-uns de ceux qui avoient donné à cette comète une place inférieure à la lune, forcés par les raisons de Tycho, se rétracter et adopter son sentiment. Les comètes de 1585, 1590, et diverses autres que Tycho observa dans la suite, ne firent que lui fournir de nouvelles preuves de sa découverte, et toutes celles qu'on a vues depuis, l'ont entièrement confirmée.

Cette découverte de Tycho portoit un coup trop dangereux à la philosophie de l'école, pour s'établir sans contestation. Un Écossois zélé pour l'honneur d'Aristote, attaqua aigrement l'astronome Danois (1) ; il se nommoit *Craige*, et étoit probablement un des ancêtres de Craige le géomètre. Son livre intitulé : *Capnuraniae restinctio, seu cometarum in aethera sublimationis restitutio,* étoit un impertinent libelle, rempli de sarcasmes et d'injurieuses personnalités. Tycho fut engagé à ne pas se mesurer avec un pareil adversaire, d'autant plus méprisable, que Tycho l'avoit traité avec distinction, en correspondant avec lui, par l'entremise d'un ami commun. Mais la querelle ne fut bien vive qu'après la mort de Tycho, entre Kepler, Galilée, etc. d'un côté, et Scipion Claramonti de l'autre. Ce professeur de Pise, que nous appelerions volontiers

(1) *Epist. Astron.* l. 1, p. 286.

l'opprobre des siècles philosophiques, et qui semble n'avoir joui d'une vie très-longue, que pour retarder, autant qu'il étoit en lui, le progrès des nouvelles découvertes, attaqua le sentiment de Tycho en 1621, par son livre intitulé : *Anti-Tycho*. Kepler lui opposa en 1625 son *Hyperaspistes* : Claramonti répliqua en 1626 par son *Apologia pro Anti-Tychone*, et attaqua de plus le livre de Tycho, sur la nouvelle étoile de 1572, et ceux de Kepler, sur celles de 1600 et 1604. Réfuté et tourné en ridicule par Galilée dans ses *Dialogues*, il ne fit qu'en concevoir un nouvel acharnement, et il publia presqu'à la fois un *Supplément* à l'*Anti-Tycho*, une *nouvelle Apologie* pour cet écrit, et un *Examen* de la réponse qu'on avoit faite à son livre sur les nouvelles étoiles. Tous ces écrits ne sont dignes que de figurer à côté de la *Chroa-Genesie* du moderne et impuissant adversaire de Neuton.

Une des principales obligations qu'ait l'astronomie à Tycho-Brahé, c'est d'avoir démêlé plus parfaitement les réfractions astronomiques. Je dis plus parfaitement, car on a vu que ce phénomène n'avoit pas été inconnu à Walther, à Roger Bacon, à Alhazen, à Ptolémée même. Divers astronomes contemporains de Tycho, s'en étoient aussi apperçus, comme le Landgrave de Hesse (1), son observateur Rothman (2), et Mœstlin. Mais malgré son importance extrême, cette découverte n'avoit pas produit tout l'avantage qu'on pouvoit en tirer pour la perfection de l'astronomie. On savoit que les astres, sur-tout aux environs de l'horizon, paroissoient plus hauts qu'ils n'étoient réellement, mais on ignoroit de combien. Tycho, après avoir démontré les réfractions astronomiques, par des observations auxquelles il est impossible de se refuser, entreprit d'en soumettre l'effet au calcul. Il en dressa des tables qu'on voit dans son *Astronomiæ Inst. Progymnasmata*. Il s'accorde, à bien peu de chose près, avec les astronomes modernes, en ce qu'il fait la réfraction horizontale de 30 à 34 minutes: Mais il se trompe d'ailleurs en deux points; premièrement, en ce qu'il fait les réfractions solaires plus grandes que celles des fixes ; secondement, en ce qu'il termine les premières au 45e. degré, et les dernières au vingtième. Cela n'est aucunement conforme aux lois de l'optique, qui apprennent que la réfraction doit être égale, soit pour le soleil, soit pour les fixes, et qu'elle doit s'étendre jusqu'au zénith. A la vérité, Tycho ne prétendoit pas qu'elle fût absolument nulle au-delà du terme ci-dessus, mais seulement qu'elle étoit insensible et de nulle impor-

---

(1) Tychonis *Epist. Astron. l.* 1,   (2) Kepler, *Astron. pars Optica*,
p. 25.   p. 137 et 181.

tance. A l'égard de la cause de la réfraction, Tycho en avoit
d'abord eu une idée juste. Il avoit pensé qu'elle étoit produite
par la différence de transparence entre l'air qui nous environne, et la matière extrêmement subtile, dont il remplissoit
les espaces célestes. Il avoit même maintenu son sentiment avec
chaleur contre Rothmann (1), qui pensoit qu'elle étoit uniquement l'effet des vapeurs, dont notre air voisin de la terre
est chargé, tandis que celui qu'il supposoit de là jusqu'aux
astres, est absolument épuré. Ainsi l'on est surpris de le voir
dans ses *Astronomiæ Progymnasmata*, attribuer la réfraction
à ces vapeurs seules; à la vérité elles y ont quelque part
auprès de l'horizon, et c'est probablement à elles qu'il faut
imputer ce que M. Cassini le fils et M. de la Hire ont observé, savoir, que les réfractions dans les premiers degrés de
hauteur sur l'horizon, sont plus grandes que la théorie uniquement fondée sur les lois de l'optique ne les donne. Mais
la véritable cause de cette inflexion de la lumière en arrivant
à nous, est la différente densité des couches de l'atmosphère.
Au reste, Tycho soupçonna fort justement que la réfraction
devoit varier suivant la situation des lieux, la température de
l'air, etc. Les observations modernes ont convaincu de cette
vérité.

Tycho perfectionna considérablement la théorie de la lune,
et fit, sur le mouvement de cette planète bizarre, trois importantes découvertes. La première est celle d'une troisième
inégalité qu'il appela *variation*. On a vu dans l'endroit où
nous avons expliqué l'ancienne théorie lunaire de Ptolémée,
que cette planète étoit sujette à deux inégalités, l'une causée
par l'excentricité de son orbite, et de la même nature que celle
du soleil, à laquelle on donne le nom de première inégalité;
la seconde occasionnée par son aspect avec le soleil, et dé-
pendante de la position de la ligne des apsides avec le lieu
des conjonctions et oppositions. Celle-ci, lorsqu'elle a lieu,
(car on a vu que dans certaines positions de l'orbite de la
lune avec le soleil, elle étoit quelquefois nulle,) celle-ci, dis-je,
est toujours la plus grande dans les quadratures, et elle peut
aller à 2° 40'. La troisième que Tycho découvrit, dépend
aussi de l'aspect de la lune avec le soleil, et elle est la plus
grande qu'il est possible dans les octans, c'est-à-dire, vers le
45e. degré d'élongation du soleil : elle peut aller alors, suivant Tycho, jusqu'à 40' 30''; et afin qu'elle aille en croissant des sysigies, ou des quadratures, jusqu'aux octans, et que
de là elle diminue, et s'anéantisse aux sysigies et aux quadra-

---

(1) *Epist. Astron.* l. 1, p. 105, *et seq. passim.*

tures, il lui assigne la proportion du sinus du double de la distance de la lune au soleil. Tycho fit aussi quelques changemens à la manière de représenter la théorie de cette planète. Il suppose un excentrique sur lequel se meut le centre d'un épicycle, chargé lui-même d'un autre excentrique, sur lequel est le centre de la lune; il donne aussi à son excentrique un mouvement sur un petit cercle passant par le centre de la terre, ce qui équivaut au mouvement que Ptolémée donnoit à son déférent. Enfin pour représenter la troisième inégalité, il donne à son premier épicycle un mouvement transversal de libration de 40′ 30″, qui doit s'achever dans le quart d'un mois périodique. Il est inutile que nous entrions dans de plus grands détails concernant cette hypothèse, qui, outre qu'elle n'est que mathématique, n'est plus d'aucun usage. On peut la voir expliquée dans *Longomontanus*, ou dans *Tycho* même (1).

La seconde découverte de Tycho dans la théorie de la lune, concerne l'inclinaison de son orbite, qu'on avoit jusqu'alors regardée comme invariable. Il enseigna qu'elle varioit de près de 20′, qu'elle n'étoit jamais plus grande que la lune lorsqu'elle se trouve dans les quadratures, et jamais moindre que lorsqu'elle ets dans les sysigies. Dans le premier cas il la fit de 5° 17′ 30″, et dans le dernier de 4° 58′ 30″. Tycho paroît cependant n'avoir fait ici aucune attention à la position des nœuds, qui est la principale cause de cette irrégularité ; car l'inclinaison ne variera point lorsque les nœuds seront dans les sysigies, et alors l'angle de l'orbite avec l'écliptique sera le plus grand qu'il est possible. Mais lorsqu'ils seront dans les quadratures, elle variera le plus, et elle sera la moindre qu'il soit possible au moment où la lune sera dans la conjonction ou l'opposition.

On doit enfin à Tycho cette remarque de grande importance, que les nœuds de la lune n'ont point, comme on se l'étoit persuadé jusqu'alors, un mouvement uniforme contre l'ordre des signes, mais qu'ils rétrogradent dans certaines circonstances, et qu'ils avancent dans d'autres, ainsi que l'illustre M. Neuton l'a déduit depuis des causes physiques. Il ajouta en conséquence au calcul du mouvement et du lieu des nœuds, une nouvelle équation, et il montra que la négligence de cette équation pouvoit occasionner une erreur considérable dans la latitude de la lune.

Tycho travailla beaucoup, sur-tout dans les dernières années de sa vie, à restituer les autres mouvemens des planètes, comme

(1) *Progymn. addit.* post. pag. 112, p. 4.

on le voit par ce que Kepler raconte dans son livre sur les mouvemens de Mars. Mais il ne fut jamais assez content de ce qu'il avoit fait sur ce sujet pour le publier ; et comme il différoit de jour à autre, attendant du temps et des observations, de nouvelles lumières, la mort le prévint. Kepler réussit plus heureusement à représenter les mouvemens des planètes ; c'est pourquoi une esquisse générale des hypothèses de Tycho suffira ici. Elles étoient fort ressemblantes, pour la forme, à celle qu'il avoit donnée pour les mouvemens de la lune. Il supposoit autour du soleil un excentrique, sur la circonférence duquel rouloit, suivant une certaine loi, un épycicle qui en portoit lui-même un plus petit, et c'étoit sur la circonférence de celui-ci que la planète étoit placée. Nous n'en disons pas davantage, et nous renvoyons ceux qui désireroient prendre une idée plus distincte de ces hypothèses, à l'*Astronomia Danica* de Longomontanus, qui n'a fait que suivre les idées de son maître.

Ce seroit oublier un des monumens les plus remarquables des travaux de Tycho, que de ne rien dire du précieux amas d'observations qu'il fit durant trente années, et sur-tout pendant son séjour à Uranibourg. Jamais astronome n'en avoit rassemblé une suite plus complette et plus considérable. Tycho-Brahé les avoit rédigées en vingt-un Livres, pour les publier quelque jour. Mais sa mort et diverses autres circonstances en retardèrent long-temps l'impression, et elles n'ont paru qu'en 1666, par les soins d'Albert Curtius. Elles avoient d'abord été remises à Kepler pour s'en servir dans la construction des tables *Rudolphines*. Cet ouvrage achevé, Curtius insista en vain pour se les faire remettre ; Kepler à qui étoient dues plusieurs années de ses pensions, refusa de les rendre jusqu'à ce qu'il fût payé. Deux ans après, Kepler étant mort, et la guerre s'étant allumée dans l'Allemagne, elles passèrent de mains en mains, et peu s'en fallut qu'elles ne se perdissent. Heureusement quelques amateurs de l'astronomie firent tant auprès de Ferdinand II, que ce prince ordonna au comte Martinusius, chancelier de Bohême, d'en faire d'exactes recherches, et de les retirer des mains de ceux qui les possédoient. Elles ne furent pas pour cela hors de danger ; elles coururent encore plusieurs fois celui d'être brûlées ou enlevées dans les guerres continuelles qui agitèrent l'Allemagne durant une partie de ce siècle. Enfin Albert Curtius les publia en 1666, sous les auspices de Léopold I. Elles forment la principale partie de l'*Historia Coelestis* de cet auteur, qui y prend le nom de *Lucius Barretus*. Il est à regretter que l'impression n'en ait pas été faite avec plus de soin, et sur des manuscrits plus authentiques et plus exacts. M. Erasme Bartholin nous apprend (1) que ceux dont Curtius se servit, n'étoient pas ses vrais originaux, mais seulement des copies mal collationnées. Ces originaux étoient restés en Danemarck, où l'on en méditoit une nouvelle édition. Ce projet ayant échoué, M. Picard, dans son voyage d'Uranibourg fait en 1671, les obtint par le crédit de M. Bartholin, et les apporta en France. Ce précieux trésor est aujourd'hui dans la possession de l'académie royale des sciences ; Tycho-Brahé n'eût pu désirer qu'il tombât en de meilleures mains pour le bien de l'astronomie. C'eût été un ouvrage utile, que de donner un *errata* bien complet et soigneusement fait de l'édition imprimée, en la conférant avec le manuscrit original, et je m'étonne que cette idée ne soit venue à personne.

Je rassemblerai ici sous un seul point de vue les divers écrits de Tycho-Brahé. Le premier qu'il donna aux pressantes sollicitations de ses amis, est intitulé : *Contemplatio novæ stellæ in fine anni 1572 primùm conspectæ.* Il fut publié en 1573, pendant que l'étoile qui en faisoit l'objet, paroissoit encore au ciel. Tycho l'a inséré dans le premier tome de ses *Progymnasmata*, dont il fait la plus grande partie, avec la critique et la comparaison des autres écrits qui parurent sur ce phénomène. La première partie des *Progymnasmata* contient la restitution des mouvemens du soleil et de la lune, avec les tables de ces planètes, le catalogue des fixes de Tycho, et l'examen des divers écrits sur l'étoile de Cassiopée, dont nous venons de parler. Tycho avoit commencé à faire imprimer cet ouvrage à Uranibourg, lorsqu'il fut obligé d'en sortir, et de s'exiler de sa patrie. Il resta imparfait jusqu'à sa mort, après laquelle son fils en fit finir l'impression sur les manuscrits de son père, et le publia en 1602, *in-4°*. Tycho se proposoit apparemment d'en donner une seconde partie, où il auroit traité de la théorie des autres planètes ; mais il ne se satisfit jamais assez sur ce sujet, de sorte que cette seconde partie n'a point eu lieu. On a seulement ajouté à la première, le livre, *de Mundi aetherei recentioribus phaenomenis*, qui regarde les comètes, et entr'autres celle de 1577. Tycho publia en 1596 un volume de lettres sous le titre d'*Epistolarum Liber I.* Il contient principalement sa correspondance avec le fameux Landgrave de Hesse, et Rothman son astronome. On y trouve aussi une description abrégée de son observatoire et de ses instrumens, telle qu'il l'envoya au Landgrave

(1) *Specimen recognitionis editarum Augustae observ. Braheanorum.* Hafn. 1668, in-4°.

qui la lui avoit demandée. On a donné en 1610 deux autres livres des lettres de Tycho. L'ouvrage intitulé *Astronomiae instauratae Mecanica*, fut publié par Tycho même en 1598; c'est une description détaillée et fort curieuse de ses instrumens. M. Weidler cite encore un ouvrage posthume de Tycho, intitulé *de Cometa*, qui parut en 1603. J'ignore quel est l'objet de cet écrit, car je n'ai point pu me le procurer; je soupçonne qu'il regarde la comète de 1585 ou 1592.

Après ce que nous avons dit plus haut de l'observatoire d'Uranibourg, il n'est sans doute aucun lecteur qui ne s'intéresse à savoir quel fut son sort. Ce magnifique monument de l'astronomie et de la libéralité de Frédéric, ne subsista pas long-temps après le départ de Tycho. M. Huet qui, dans son voyage de Suède, eut la curiosité de visiter l'île d'Huène en 1652, y en trouva à peine de vestige. Il s'en informa même auprès de divers habitans et du ministre du lieu, qui ne surent lui en donner aucune nouvelle. Un vieillard seul, qui avoit connu Tycho-Brahé, lui en apprit quelque chose. Il lui dit que la cause de cette prompte destruction étoit la violence des vents de la mer Baltique, et la négligence des propriétaires à réparer un bâtiment qui leur étoit effectivement inutile, de sorte qu'on s'étoit même servi des matériaux pour d'autres édifices. M. Picard, qui fut envoyé en 1671 dans l'île d'Huène, pour observer la situation d'Uranibourg, eut les mêmes peines à en retrouver les vestiges. En fouillant néanmoins dans la terre, et en comparant les plans qu'il avoit apportés, il reconnut un des endroits d'où Tycho observoit, et ce fut-là qu'il établit ses instrumens. M. Picard observa de là les angles de position de différens endroits, et les comparant à ceux que Tycho avoit trouvés, il en conclut que ce célèbre astronome s'étoit trompé de 20′ dans la détermination de sa ligne méridienne. Cela me paroît bien difficile à croire, et il me semble que c'est imputer un peu légèrement à Tycho une erreur aussi grossière. Comme l'enclos d'Uranibourg étoit considérable, et que Tycho observoit de différens endroits, il faudroit mieux connoître celui d'où il avoit pris ces angles de position pour en conclure cette erreur; et j'aimerois mieux croire, si ce premier moyen de justification me manquoit, qu'il s'étoit trompé en observant les angles dont nous parlons, soit par quelque vice de division de l'instrument, soit par quelque autre cause. La détermination de la méridienne est trop importante dans l'art d'observer, pour présumer que Tycho n'ait pas mis tout le soin dont il étoit capable, soit à la trouver, soit à la vérifier.

V I I I.

Nous avons parlé seulement par occcasion dans l'article précédent, de la fameuse étoile qui parut dans Cassiopée en 1572. Un phénomène aussi extraordinaire mérite de nous occuper davantage ; c'est dans cette vue que l'on va développer ici avec plus d'étendue les particularités qui l'accompagnèrent, et les écrits aussi-bien que les sentimens qu'il excita parmi les philosophes.

Ce fut au commencement de novembre de l'année 1572, qu'on apperçut ce nouvel astre. Il seroit naturel de penser qu'il prit des accroissemens successifs, et à-peu-près correspondans aux diminutions qu'il éprouva avant que de disparoître entièrement. Mais Tycho prouve fort bien qu'il parut tout-à-coup, ou presque tout-à-coup, comme un feu subitement allumé. Car deux astronomes, Mœstlin et Mugnosius, qui avoient particulièrement considéré Cassiopée, l'un dans le mois d'octobre précédent, et l'autre le 2 de novembre, n'y avoient rien apperçu de nouveau : il ne paroît pas non plus que personne l'ait remarqué avant le 7 de novembre ; les premiers qui le découvrirent ce jour-là, sont Peucer et le sénateur Hainzelius, le premier à Wittemberg, et l'autre à Augsbourg. Il étoit déja plus brillant qu'aucune des étoiles de la première grandeur et que Jupiter même, et il égaloit presque Vénus dans son plus grand éclat.

Tycho qui a écrit avec le plus de solidité et d'étendue sur cette nouvelle étoile, rapporte avec soin les diverses périodes par lesquelles elle passa avant que de disparoître entièrement. Lorsqu'il l'apperçut, savoir le 11 novembre (car les jours précédens avoient été peu sereins,) elle étoit presqu'aussi éclatante que Vénus stationnaire. Elle resta ainsi pendant quelques semaines, et dans le cours de décembre elle égaloit seulement Jupiter. Au mois de janvier 1573, elle étoit un peu moindre que cette planète, mais elle surpassoit encore les étoiles de la première grandeur, auxquelles elle ressembla durant les mois de février et de mars. Son éclat continua à décroître pendant les mois d'avril et de mai, qu'elle n'égala plus que les étoiles de la seconde grandeur. Pendant les mois de juin, juillet et août, elle ressembla à celles de la troisième ; au mois de septembre et d'octobre, elle n'étoit plus que comme celles de la quatrième. Elle disparut enfin au mois de mars de l'année 1574. On l'auroit sans doute suivie plus long-temps, si l'on eût eu le secours du télescope ; et ce seroit une observation digne d'un astronome muni d'instrumens excellens, que d'examiner s'il n'y a point encore dans la place que Tycho lui assigne, quelque étoile imperceptible à la vue simple, qu'on pourroit soupçonner être celle-là. Cette observation pourroit jeter quelque jour sur la question si cet astre étoit une production nouvelle, ou seulement quelque étoile dont le feu eût été augmenté, et comme rallumé par quelque cause extraordinaire, telles que les Neutoniens en ont soupçonnées.

La couleur de ce nouvel astre ne fut guère moins inconstante que sa grandeur et son éclat. D'abord elle fut d'un blanc éclatant, qui se changea par degrés en un jaune rougeâtre, tel que celui de Mars, d'Aldebaran, ou de l'épaule droite d'Orion. Elle devint ensuite d'un blanc plombé comme celui de Saturne, et c'est ainsi qu'elle resta jusqu'à son entière disparition. On ne doit pas oublier qu'elle fut sujette à ce tremblement de lumière qui est propre aux étoiles fixes : cette scintillation l'accompagna jusqu'aux derniers jours qu'on l'apperçut.

Ce phénomène nous conduit naturellement à rappeler ici, et à discuter les traits à-peu-près semblables, que nous présente l'histoire des temps antérieurs. Les poètes semblent nous avoir conservé la mémoire d'un obscurcissement d'étoiles, lorsqu'ils nous ont dit qu'Electra, l'une des Pléiades, se cacha comme de douleur, à la prise de Troye ; d'autres ont nommé cette étoile plus obscure que les autres, Mérope, et ont dit qu'elle se cacha de honte de n'avoir épousé qu'un mortel : c'est à quoi Ovide fait allusion dans ses Fastes, *l. 4*, par ces vers :

Septima mortali Merope tibi, Sisiphe, nupsit.
Poenitet ; et facti sola pudore latet.
Sive quod Electra Trojae spectare ruinas
Non tulit ante oculos : opposuitque manum. Fast. l. 4.

Mais je ne crois pas qu'il faille alléguer cette fiction en preuve, qu'une des Pléiades s'est obscurcie. Il suffisoit, pour y donner lieu, qu'elle fût moins brillante que les autres. On s'expose à entasser bien des conjectures chimériques, en cherchant, sous l'enveloppe de ces fables, des vérités ou des événemens réels. Elles n'ont pour la plûpart d'autre source qu'une imagination portée à embellir tous les objets de la nature.

Il y a un peu plus de probabilité dans ce que Pline nous apprend, savoir, que ce fut l'apparition d'une nouvelle étoile qui engagea Hipparque à travailler à un Catalogue des fixes. Je ne crois cependant pas qu'on doive regarder ce trait comme une preuve assurée d'un pareil phénomène. Pline se plaît souvent à proposer des conjectures, et ce qu'il dit du motif qui porta Hipparque à entreprendre son Catalogue, pourroit bien n'en être qu'une. Il n'étoit pas besoin qu'il parût une nouvelle étoile pour engager un astronome à cette entreprise ; d'ailleurs Hipparque ne fit en quelque sorte que continuer ce qu'avoient commencé Aristille et Timocaris ; enfin il est assez probable que Ptolémée, entre les mains de qui étoient les écrits d'Hipparque, auroit parlé de cette nouvelle étoile, si elle avoit quelque réalité.

On a dit que sous l'empire d'Othon, en 945, et en 1264, il parut dans le même endroit du ciel, une nouvelle étoile. Il seroit à désirer que cela fût bien établi ; il en naîtroit une conjecture satisfaisante, savoir, que l'étoile de 1572 n'est que la même qui a reparu, et que c'est un phénomène qu'on doit attendre tous les 300 ans environ ; mais je remarque, avec Tycho-Brahé, que cela n'est fondé que sur le témoignage de l'astronome, ou plutôt l'astrologue Leovitius, homme fort peu exact, comme il paroît par son écrit sur ce phénomène : il se contente de citer vaguement les historiens, en disant, *Historiae perhibent*; mais il n'en est aucun où on lise quelque chose de semblable. Aussi Tycho paroît-il n'ajouter guère de foi à son récit.

Il est facile de se persuader qu'un phénomène aussi extraordinaire que celui dont nous parlons, excita particulièrement l'attention des astronomes et des philosophes. Ce fut pendant plusieurs années le sujet d'une foule d'écrits remplis de conjectures sur la nature et la destination de ce nouvel astre. Je ne m'attacherai pas à rappeler ici tout ce que dirent des hommes remplis de préjugés, ou qui, sans avoir jamais levé les yeux au ciel, discoururent de ce phénomène au gré de leur imagination, comme Leovitius, Chytræus, Postel, Annibal Raymond de Vérone, Frangipani, Nolthius, Buschius, Graminæus, etc. Les uns, et c'est le plus grand nombre, en firent une comète d'une nature particulière, qu'ils placèrent dans la région sublunaire. Il y en eut qui osèrent avancer que ce n'étoit point une nouvelle étoile, mais seulement la onzième de Cassiopée qui avoit changé de place, et qui étoit devenue plus brillante. Quelques autres, malgré la déposition de tous les observateurs exacts, lui attribuèrent un mouvement de quelques degrés vers le nord. Les astrologues entassèrent des pronostics, et les théologiens citèrent des passages de l'Ecriture, pour prouver que ce n'étoit pas une étoile nouvelle, mais seulement quelqu'une des anciennes, qui s'étoit jusques-là

dérobée

dérobée à la vue des astronomes, à la faveur de quelque défaut de transparence dans cet endroit du ciel.

De tous les astronomes que frappa l'apparition de ce nouvel astre, Tycho-Brahé fut, sans contredit, celui qui apporta le plus de soin à l'observer. Il ne l'apperçut pas plutôt, qu'il se hâta de déterminer sa position ; et il mesura pour cet effet sa distance, non-seulement aux principales étoiles de Cassiopée, mais encore à quantité d'autres ; et il nous a consigné sa place au 36° 54' de longitude, et à la latitude de 53° 45'. Cette détermination est fondée sur un grand nombre d'observations qui ne diffèrent qu'insensiblement entr'elles. Elles furent faites avec un grand secteur, à la construction et à la division duquel il avoit mis un soin particulier (1).

Tycho rechercha aussi si la nouvelle étoile avoit quelque parallaxe, connoissance nécessaire pour déterminer à-peu-près sa place dans l'Univers. Sa position en fournissoit un moyen commode ; car dans sa plus grande hauteur elle passoit seulement à environ 10° du zénith, où la parallaxe est insensible, et dans sa plus petite hauteur, elle étoit à environ 20 degrés de l'horizon, situation où sa parallaxe, si elle en avoit quelqu'une, devenoit très-apparente. Mais observée dans ces deux positions, cette étoile n'éprouva aucune variation d'aspect ; et sa distance aux mêmes étoiles, mesurée avec tout le soin possible, fut la même dans ces différentes hauteurs. Tycho remarque encore en faveur de ces observations, qu'elles furent faites à plusieurs reprises, et sans déranger l'ouverture de son secteur. De ces faits il est facile de conclure que l'étoile n'avoit aucune parallaxe sensible, et qu'elle étoit au-delà de l'orbite de la lune. Tout cela est établi avec beaucoup d'appareil dans le traité que Tycho en a donné.

Cette vérité est aussi confirmée par le témoignage presqu'unanime de tous les autres observateurs exacts. Paul Hainzelius, sénateur d'Augsbourg, prenant l'éloignement de l'étoile au pôle, dans sa moindre et dans sa plus grande hauteur, avec un très grand quart de cercle, trouva qu'il étoit le même. Mœstlin, dont Tycho Brahé fait grand cas, établit aussi ce fait avec autant d'évidence que de simplicité. Apparemment destitué d'instrumens propres à observer, cet astronome chercha à déterminer le lieu du nouvel astre, en remarquant, par le moyen d'un filet roidi, avec quelles étoiles il étoit en ligne droite. Il trouva que c'étoient les mêmes, soit vers le zénith, soit près de l'horizon. Ce fut enfin le sentiment de Thadæus

(1) *Progymn.* p. 336, etc.

Hagecius, de Muñosius astronome Espagnol, de Paul Fabricius, de Prætorius, de Reisacher, et de divers autres. Tous ces astronomes, sur des raisons semblables à celles de Mœstlin et de Tycho, lui donnèrent place ou parmi les fixes, ou tout au moins dans les régions les plus éloignées de la sphère planétaire. Les autres qui lui ont donné quelque parallaxe, sont en petit nombre ou de peu de considération, si nous en exceptons le Landgrave de Hesse. Ce prince et ses observateurs lui en assignoient une, qui n'excédoit cependant pas trois minutes. Mais Tycho discutant leurs observations, fait voir qu'il en résultoit une parallaxe absolument nulle. Digges, astronome Anglois, la réputoit d'environ 2′. Elias Camerarius, qui la fit d'abord de 10 à 12′, ne la trouva ensuite que de 4, de 2, et enfin absolument nulle. Ceux qui voudront voir une histoire plus circonstanciée de ce phénomène et des écrits qu'il occasionna, doivent consulter le livre que Tycho en a écrit, et que nous avons cité plusieurs fois.

I X.

L'année 1582 est remarquable dans l'histoire et dans la chronologie, par un ouvrage auquel l'astronomie présida. C'est la réformation du calendrier; réformation déja désirée depuis long-temps, et que diverses circonstances avoient fait échouer jusqu'alors. Il entre tout-à-fait dans notre plan de rendre compte de cette importante opération; mais pour le faire avec clarté, il est nécessaire de reprendre les choses de plus haut, et d'exposer la constitution du calendrier chrétien, telle que les PP. du concile de Nicée l'avoient ordonnée.

La forme du calendrier dont nous usons, renferme, comme celle des Grecs, l'année lunaire et la solaire, une partie des fêtes que nous célébrons étant attachée au cours du soleil, et l'autre à celui de la lune. C'est ce qui fait la distinction des fêtes immobiles qui ont un jour fixe dans l'année, et des mobiles qui se célèbrent tantôt un jour, tantôt un autre.

De toutes ces fêtes, la principale et celle qui règle toutes les mobiles, est celle de Pâques, qui a été instituée à l'imitation de celle des Juifs, quoiqu'en mémoire d'un événement différent. Celle des Juifs se célébroit le 14 du premier mois, qu'ils nommoient *Nisan*, et ce premier mois étoit celui dont le 14 de la lune tomboit le jour de l'équinoxe du printemps, ou le suivoit de plus près. L'église a retenu cet usage quant à la détermination du premier mois dans lequel se doit célébrer la Pâque, mais à l'égard du jour, elle a voulu qu'on ne la célébrât que le dimanche ; et comme il y eut dans les premiers siècles, des églises qui la célébroient le 14 même de la lune quand il étoit un dimanche, le concile de Nicée tenu en 325, défendit cet usage, et ordonna que dans ce cas on ne réputât jour de Pâques que le dimanche suivant. Dans le même temps du concile de Nicée, l'équinoxe du printemps arrivoit le 21 de mars : c'est pourquoi, comme il n'étoit guère praticable de recourir à l'observation immédiate de l'équinoxe, on regarda ce jour comme celui où il devoit toujours arriver. Ainsi sans autre observation, on réputa lunaison pascale, celle dont le 14e. jour tomboit le 21 de mars, ou le suivoit de plus près.

Avant la tenue du concile de Nicée, plusieurs savans évêques avoient déja travaillé à donner au calendrier chrétien une forme constante et régulière, de sorte que, par l'inspection seule d'une table, on pût aussitôt reconnoître les nouvelles et les pleines lunes, aussi-bien que les jours auxquels on devoit célébrer les fêtes de l'église. Le siècle qui précéda le concile de Nicée, S. Hippolyte, évêque de Porto, avoit imaginé un cycle de seize années Juliennes, mais il avoit le défaut de laisser anticiper les nouvelles lunes de plus de trois jours. Saint Anatolius, vers l'an 280, en proposa un autre de dix-neuf années, mais différentes des Juliennes, en ce que dans cet intervalle de temps il ne faisoit que deux bissextiles, au lieu de quatre qu'il devoit y avoir, sans compter les dix-huit heures des trois dernières années ; ainsi ce cycle avoit à-peu-près le même défaut que celui d'Hippolyte. Il est surprenant qu'Anatolius, à qui les historiens ecclésiastiques donnent de grands éloges pour son savoir en astronomie, méconnût le cycle de Meton, ou ne l'entendît pas mieux. Quelques autres imaginèrent un cycle de 84 années, moins imparfait, à la vérité, mais qui étoit sujet à une erreur de cinq jours dans quatre révolutions. Enfin Eusèbe de Césarée introduisit le cycle de Meton, ou autrement le cycle lunaire, et son usage fut confirmé par le concile de Nicée, au temps duquel on arrangea le calendrier de la manière dont il a été jusqu'au temps de la réformation.

La persuasion où l'on étoit alors que la période Métonicienne étoit parfaitement exacte, c'est-à-dire qu'après 235 lunaisons, les nouvelles lunes revenoient précisément au même jour et au même moment de l'année Julienne, donna lieu à l'arrangement du calendrier. On pensa, ce qui étoit naturel dans cette supposition, que toutes les années qui auroient le même nombre d'or, c'est-à-dire qui seroient également éloignées du commencement de la période, auroient leurs nouvelles lunes aux mêmes jours. On inscrivit donc dans le calendrier ces nombres d'or vis-à-vis les jours où devoient tomber les nouvelles lunes quand ces nombres auroient lieu. Ainsi l'on voyoit III vis à-vis le premier de janvier et le 31, le premier mars et le 31, le 29 avril, le 29 mai, le 27 juin, etc. Cela indiquoit que quand on auroit III pour nombre d'or, c'est-à-dire la troisième des dix-neuf années du cycle, les nouvelles lunes arriveroient ces jours, et ainsi des autres.

Les PP. du concile de Nicée ne firent cependant pas un tel fonds sur cette disposition, qu'ils ne la crussent sujette à quelque défaut. C'est pourquoi ils chargèrent le patriarche d'Alexandrie, dont l'église étoit censée être la plus versée dans l'astronomie, à cause de la fameuse école qui y fleurissoit; ils chargèrent, dis-je, le patriarche d'Alexandrie de vérifier les lunaisons pascales par le calcul et les observations astronomiques, et d'indiquer à l'évêque de Rome le jour de la Pâque, afin que celui-ci l'annonçât à tout le monde chrétien (1). Ainsi on a quelque raison de s'étonner que la Pâque indiquée par les cycles, pouvant être rectifiée par le secours de l'astronomie, l'église Romaine ait resté pendant si long-temps à faire usage d'un calendrier vicieux, et à célébrer le plus souvent cette fête, contre la disposition du concile. Cela justifie aussi, à certains égards, les protestans d'Allemagne de la déterminer immédiatement par le calcul astronomique, puisqu'il est démontré que le calendrier actuel la désigne mal assez souvent, et que dans le siècle qui s'écoule il y en a vingt qui sont ou trop avancées, ou trop retardées (2). Mais je reprends le fil de mon récit.

Il y avoit dans le système du calendrier adopté par le concile de Nicée, deux fausses suppositions; l'une que la révolution du soleil étoit précisément de 365 jours 6 heures; et l'autre, que dix-neuf années solaires étoient précisément équivalentes à 235 lunaisons. Ces deux erreurs qui sont peu sensibles dans un petit nombre d'années, le sont devenues beaucoup dans la suite des siècles. L'année solaire étant moindre de 11 minutes que 365 jours 6 heures, il en résultoit une rétrocession successive des équinoxes vers le commencement de l'année, qui étoit de 11 minutes par an, ou de trois jours dans 400 ans; c'est cette cause qui avoit fait passer l'équinoxe du 21 mars où il étoit lors du concile de Nicée, au 11 mars où il se faisoit dans le seizième siècle. D'un autre

---

(1) Saint Cyrille, *in prol. cycli sui.* Petav. *de doctrinâ temp. sub finem.*

(2) F. Bianchini, *Solutio prob. Pasc.*

ad finem. P. Bonjour, *Calend. Romanum.* Mém. de M. Cassini. *Mém. de l'Acad.* 1701.

côté le cycle de Meton ne ramène pas précisément les nouvelles lunes au même point de l'année Julienne ; car 19 années de cette espèce excèdent les 235 lunaisons de la période d'une heure et environ 32′ ; ce qui fait un jour en 312 ans et demi. De là vient qu'après 625 ans, les nouvelles lunes précédoient déja de deux jours celles qu'annonçoit le calendrier, et l'erreur allant toujours en croissant, après 1250 ans à compter du concile de Nicée, c'est-à-dire peu après le milieu du seizième siècle, elle fut de quatre jours. Sans la correction qui se fit alors, les âges suivans auroient eu la pleine lune, quand le calendrier auroit indiqué la nouvelle ; les rigueurs de l'hiver se seroient fait sentir au mois de juillet, et les plus grandes chaleurs au mois de janvier.

On n'avoit pas attendu le milieu du seizième siècle pour s'appercevoir de ces défauts. Le fameux Bède, qui vivoit vers l'an 700, les avoit remarqués, et principalement l'anticipation des équinoxes qui arrivoient déja trois jours plutôt qu'il ne falloit. Cinq siècles écoulés depuis Bède jusqu'à Jean de Sacro-Bosco et Roger Bacon, rendirent ces défauts encore plus sensibles ; le premier écrivit sur ce sujet dans son livre *de Anni ratione*, et Bacon donna un projet de réformation, sous le titre *de Reformatione Calendarii*, qu'il envoya au pape, et qui a resté manuscrit. Deux compatriotes de Bacon (1) en font des éloges extraordinaires, et peu s'en faut qu'ils ne disent que Lilius et Clavius lui doivent le plan entier de la réformation exécutée en 1582. Mais il y a sans doute de l'exagération dans cet éloge, et nous attendrons pour le confirmer que ce traité soit public. Nous savons seulement que Bacon eût désiré qu'en faisant la suppression de jours, nécessaire pour détruire l'effet de l'anticipation des équinoxes et des solstices, on les eût placés aux 25es. des mois de mars, juin, septembre et décembre. C'étoient effectivement les places qu'ils occupoient au commencement de l'ère chrétienne, et il n'eût pas été mal de remettre les choses précisément au même état où elles étoient à cette mémorable époque.

Le projet de réformer le calendrier, fut renouvelé dans le cours du quinzième siècle, par deux hommes célèbres ; l'un est Pierre d'Ailli, qui présenta sur ce sujet au concile de Constance, des projets et des mémoires qui firent mettre la matière en délibération. L'autre est le cardinal de Cusa, qui en fit autant au concile de Latran. Ces représentations semblent avoir enfin déterminé le pape Sixte IV, à entreprendre cet ouvrage en 1474. La réputation de Regiomontanus lui fit

(1) Voy. *Pref. ad opus majus.*

faire choix de cet astronome pour y travailler ; mais tout cela n'eut d'autre effet que de faire mourir Regiomontanus, évêque de Ratisbonne ; dignité dont ce pontife crut devoir récompenser d'avance les services qu'il en attendoit. La mort précipitée de ce mathématicien célèbre, emporta avec lui toutes les espérances d'une réformation prochaine.

Cependant le besoin d'y mettre enfin la main devenant de plus en plus pressant, et l'astronomie faisant de jour à autre des progrès, on vit dans le seizième siècle éclore une foule d'écrits qui avoient cet objet. Jean Angelus, astronome Bavarois, au commencement de ce siècle, Jean Stoeffler en 1516, Albertus Pighius en 1520, Jean Schôner en 1522, Lucas Gauricus en 1525, publièrent des traités, ou enfantèrent des projets de réformation. Paul de Middelbourg, évêque de Fossombrone, calcula les lunaisons pour les 3000 premières années de l'ère chrétienne, et détermina astronomiquement celles qui étoient Pascales. Pierre Pitatus de Vérone fit un grand nombre d'observations pour déterminer au juste les périodes lunaires et solaires. Il présenta en 1550 au pape Pie IV un plan de réformation. Le gnomon élevé par Egnazio Dante, dans l'église de Saint Pétrone à Bologne, n'a d'abord eu d'autre objet que de servir à rendre sensible à tout le monde l'anticipation considérable de l'équinoxe. Enfin le pape Grégoire XIII a rendu son pontificat mémorable, en exécutant cette entreprise désirée depuis tant de siècles.

L'auteur du projet de réformation, qui mérita la préférence, fut Aloisius Lilius, astronome Véronois ; mais il n'eut pas le plaisir d'être témoin de ses succès. La mort l'ayant enlevé lorsqu'il étoit sur le point de présenter son projet au pape, ce fut son frère qui le fit. Grégoire qui désiroit d'illustrer son pontificat par quelque trait éclatant, l'ayant donné à examiner à d'habiles mathématiciens, il parut d'une exécution facile. Dès-lors l'affaire de la réformation fut entamée, et pour la traiter et la conduire à sa fin, Grégoire assembla une congrégation de gens distingués par leurs dignités et leur savoir. Le cardinal Sirleti, le patriarche d'Antioche, etc. Clavius, Antoine Lilius le frère de l'auteur du projet, Egnazio Dante, et le fameux Ciaconius, furent ceux qui la composèrent. On y examina de nouveau le projet de Lilius, et en 1577 on l'envoya à tous les souverains de la communion Romaine, pour avoir leur avis. Il fut par-tout approuvé et comblé d'éloges. Ainsi Grégoire assuré du consentement universel, donna au mois de mars de l'année 1582, un bref, par lequel il abrogea l'usage de l'ancien calendrier, et lui substitua le nouveau. Cette année eut cela de remarquable, que le mois d'octobre n'eut que 20 jours : on passa immédiatement du 4 au 15, afin que l'année suivante 1583, on comptât le 21 de mars au jour de l'équinoxe. Il fut statué en même-temps qu'afin de retenir l'équinoxe dans sa place, de quatre années séculaires qui devroient être bissextiles, suivant le calendrier Julien, il n'y en auroit à l'avenir qu'une qui le seroit. Ainsi des quatre années 1600, 1700, 1800, 1900, la première seule a été bissextile, et les autres ne doivent point l'être, et ainsi de suite. Si l'on se rappelle la cause de l'anticipation des équinoxes, il sera facile d'appercevoir la raison de cet arrangement. Par un effet de cette suppression de bissextiles, après chaque période de 400 ans, l'équinoxe reviendra à la même minute du même jour, si l'année est de 365 jours 5 heures 49′ 12″, quantité dont elle ne diffère que d'un très-petit nombre de secondes. Si l'année solaire n'est que de 365 jours 5 heures 49′, 1 ou 2″, comme le prétend M. Bianchini, il se fera une très-lente anticipation de l'équinoxe, et elle ne sera que d'un jour en sept à huit mille ans. Pour rétablir l'équinoxe à sa place, il faudra vers ce temps faire quatre séculaires de suite non bissextiles; ainsi l'on a le temps d'y penser.

La restauration de l'année solaire, et la fixation de l'équinoxe au même jour, n'étoient pas le point le plus difficile de la correction. La principale difficulté consistoit à y lier l'année lunaire. Il n'est pas trop aisé d'expliquer, sans un très-long discours, comment on y a réussi dans le calendrier Grégorien. Je vais cependant tenter d'en donner une idée.

Le premier moyen qui se présentoit pour cet effet, étoit celui-ci. Puisque dans 312 ans et demi, les nouvelles lunes anticipent d'un jour, on auroit pu faire rebrousser d'un jour tous les nombres d'or marqués dans le calendrier Julien, après 300 ans; de manière, par exemple, que le XI qui, au temps du concile de Nicée, répondoit au 3 de janvier, eût passé 300 ans après vis-à-vis le deux, et ensuite vis-à-vis le premier, tous les autres faisant le même chemin à proportion. L'on auroit pu enfin, à cause des 12 ans et demi qui sont contenus 24 fois en 300 ans, omettre cette opération à la 25ᵉ période.

Ce moyen se présenta sans doute à Lilius, mais il y trouva des inconvéniens : c'est pourquoi il adopta un autre système qui est plus ingénieux. Il rejeta les nombres d'or, et il leur substitua les épactes. Le lecteur sait sans doute qu'on appelle épacte, le nombre de jours dont la lune est avancée au commencement de l'année. Ainsi supposant une nouvelle lune arriver le premier janvier, cette année aura 0 d'épacte; ce qu'on désigne par *, et l'excès de l'année solaire sur 12 lunaisons, étant d'environ 11 jours, la lune sera vieille de 11 jours au commencement de l'année suivante, de 22 au commencement de la troisième. Il y auroit 33 jours entre la fin de la 12e. lunaison de cette 3e. année, et le commencement de la quatrième : ces 33 jours suffisant par une lunaison de 30 jours, il faut rejeter 30, et l'on a 3 pour l'âge de la lune au commencement de la quatrième année. On continue ainsi jusqu'à la dix-neuvième année du cycle, où au lieu d'ajouter 11, on ajoute 12 pour compléter 30, afin de revenir à l'épacte 0 ou * de la première année. C'est-là ce qu'on appelle le saut de la lune. La raison de cette addition irrégulière, est que par la constitution du cycle, la lunaison intercalaire de la dix-neuvième année n'est que de 29 jours. Or ajouter 11 à l'épacte de l'année précédente, et ôter 29, c'est la même chose que de lui ajouter 12 et ôter 30.

On voit par-là que dans une révolution de 19 années, les épactes peuvent servir au même usage que les nombres d'or écrits à côté des jours, suivant l'ancien calendrier Julien. Ainsi l'année dont l'épacte auroit été XI., auroit eu XI marqué vis-à-vis les jours des mois où seroit arrivée la nouvelle lune, au lieu de II qui est le nombre d'or correspondant : il ne faut pas un plus grand nombre d'exemples pour le sentir. Cette forme auroit été perpétuelle, si le cycle de Meton eût été de la dernière précision.

Mais ce cycle ne ramène, comme on sait, avec quelque exactitude, les nouvelles lunes aux mêmes jours que pendant un peu plus de seize de ses révolutions. Après ce temps toutes ces nouvelles lunes anticipent de vingt-quatre heures, et arrivent le jour précédent, d'où il suit que les épactes, indices des nouvelles lunes, devront avoir alors une unité de plus. Car supposons que la deuxième année du cycle lunaire eût XI d'épactes, parce que l'année précédente, la nouvelle lune arriva 11 jours avant la fin de décembre, après les 312 ans et demi dont j'ai parlé, cette même nouvelle lune de la première année du cycle arrivera douze jours avant sa fin, et la seconde année devra avoir XII d'épacte : ce nombre XII sera donc l'indice de la nouvelle lune dans cette seconde année, et il est aisé d'appercevoir que l'anticipation de toutes les nouvelles lunes d'un jour, lui donnera place précisément le jour qui précède celui où est écrit XI. Après 300 ans de nouveau écoulés, on aura XIII, qui s'écrira encore le jour précédent; il en sera de même de toutes les autres épactes du cycle primitif. C'est sans doute cette espèce d'analyse qui inspira à Lilius l'idée d'écrire les épactes tout de suite, et dans leur ordre naturel, le long des jours de l'année. En ne supposant aucune irrégu-

larité

larité dans les intercalations, après s'être servi pendant 3oo ans des épactes, par exemple, *, XI, XXII, III, XIV, etc. dans les années respectives du cycle lunaire 1, 2, 3, 4, 5, etc. on eût dû employer dans les mêmes années, ou lorsque le nombre d'or eût été le même, les épactes I, XII, XXIII, IV, XV, etc: et après 3oo autres années, celles-ci : II, XIII, XXIV, V, etc. Cela se présente et se sent assez facilement.

Mais il y a un inconvénient qui dérange entièrement cet usage des épactes. C'est l'omission que l'on fait de trois bissextiles pendant 4oo ans, et par conséquent de deux jours, et quelquefois même de trois, pendant les 3oo ans qu'auroit dû durer un cycle d'épactes. Il arrive de-là que l'usage d'un cycle d'épacte, qui auroit dû servir durant 3oo ans, peut changer dès le premier siècle, et encore le suivant, puis revenir, et cela par une marche irrégulière ; en voici un exemple. Le cycle d'épacte qui fut introduit dès-après la réformation faite en 1582, est I, XII, XXIII, IV, XV, etc. pour les années qui auroient les nombres d'or 1, 2, 3, 4, 5, etc. Il auroit dû être d'usage pendant trois siècles, en supposant, comme dans la forme Julienne, les années séculaires toutes bissextiles. Ainsi l'année 16oo l'ayant été, il a dû continuer pendant le dix-septième siècle. Il auroit de même continué à servir pendant le dix-huitième, si l'année 17oo eût été bissextile : mais la suppression de ce bissextile opérant l'effet de faire rétrograder les nouvelles lunes, le cycle a dû diminuer d'une unité : on se sert aussi de celui-ci : *, XI, XXII, III, XIV, etc. Le cycle auroit dû augmenter d'une unité à la fin de ce siècle, à cause des 3oo ans écoulés, qui font une anticipation de la lune d'un jour : mais la suppression d'un bissextile à l'année 18oo, devant opérer une diminution de l'unité dans le même cycle, il se fait une compensation, et l'on se servira encore de ce cycle dans le dix-neuvième siècle. On voit de même que l'année 19oo étant une des séculaires non bissextiles, il faudra faire usage depuis 19oo jusqu'à 2ooo, du cycle épactal XXIX, X, XXI, II, XIII, etc : l'année 2ooo sera bissextile, et ne changera rien ; car il n'y aura alors encore que deux siècles depuis qu'on aura changé de cycle à cause de l'anticipation de la lune. Il diminueroit enfin d'une unité à cause de la suppression du bissextile en 21oo; mais à cause de l'anticipation d'un jour, il faudra le laisser subsister pendant le vingt-deuxième siècle; ce sera enfin celui-ci: XXVIII, IX, XX, etc, dans le vingt-troisième siècle. Tel est précisément la marche des différens cycles dans le Calendrier Grégorien, suivant les différens siècles. Mais comme il auroit été embarrassant de faire ces calculs et ces raisonnemens à chaque fois,

on a dressé deux tables. Dans l'une on voit ces trente lettres :
P, *N*, *M*, *G*, *F*, *E*, *D*, *C*, *B*, *A*, *n*, *t*, *s*, *r*, *q*, *p*,
o, *n*, *m*, *l*, *k*, *i*, *k*, *g*, *f*, *e*, *d*, *c*, *b*, *a*, et vis-à-vis
de chacune le cycle d'épactes dont elle est l'indice. Ainsi vis-
de P, on lit *, XI, XXII, III, etc. ; de sorte que cette table
représente les 30 cycles d'épactes possibles. Au haut de la table sont les nombres d'or dans cet ordre : 3 , 4 , 5 , 6 , etc. , de sorte
qu'au nombre 3' répondent dans la colonne verticale les épactes * XXIX, XXVIII, etc. ; au nombre 4, celles-ci : X, XI, IX, etc.
Cette première table se nomme *la Table développée des épactes.*

La seconde table qu'on nomme la *Table de l'équation des
épactes*, représente dans une colonne les années séculaires
1600, 1700, 1800, etc., et vis-à-vis chacune, la lettre du cycle épactal qui convient à tout le siècle suivant. Il faut remarquer que, quoique dans l'usage ordinaire, l'année 1700,
par exemple, soit du siècle passé, et non de celui-ci, cependant dans le calendrier Grégorien, comme elle dénomme ce
siècle, elle est censée en être la première.

L'usage de ces tables est facile ; qu'on demande, par exemple, quelle sera l'épacte de 2251, on cherchera d'abord dans
la table de l'équation l'année 2200, qui a A pour lettre épac-
.tale. Vis-à-vis de cette lettre on a dans la première table le
cycle XX, I, XII, etc., qui convient à ce siècle. Cherchez à
présent dans la ligne des nombres d'or celui de cette année,
qui est 8, vous trouverez dans la cellule commune à la colonne verticale au-dessous de 8, et à l'horizontale à côté de A,
le nombre XV, qui sera l'épacte cherchée de l'année 2251.

Il nous resteroit à rendre raison de quelques singularités
qu'on observe dans l'arrangement des épactes, en parcourant
d'un œil attentif tous les jours des mois. Mais cela nous mèneroit trop loin, et d'ailleurs l'objet de cet ouvrage n'est pas
de donner un traité complet de chaque matière dont nous parlons,
c'est pourquoi nous renvoyons aux traités particuliers du calendrier.

Après Lilius, personne n'a eu plus de part à la réformation
dont nous venons de parler, que le P. Clavius. Son savoir lui
mérita d'être principalement chargé de l'arrangement du nouveau Calendrier,, et ce fut sur lui que roula tout le soin des
calculs nécessaires pour en éprouver la bonté. Enfin lorsqu'il
eut été adopté, ce fut lui qui eut la commission importante
de l'exposer aux siècles à venir, et de répondre aux critiques
de ses ennemis. Il s'en acquitta par son traité *de Calendario
Gregoriano*, qui parut en 1603. Ce savant et important ouvrage est digne de grandes louanges, et mérite à son auteur
une place honorable dans la mémoire de la postérité.

La réformation du calendrier a eu le sort de presque tous

les ouvrages considérables qui, malgré les soins et l'habileté de ceux qui les ont conduits, ne laissent pas d'éprouver des critiques. Ce n'est pas que le nouveau calendrier soit en tièrement exempt de défauts ; mais l'on remarque dans la plûpart de ses contradicteurs, plus de précipitation que de justesse. Mœstlin, astronome habile, mais protestant, et par cette raison peu favorable à tout ce qui émanoit de la cour de Rome, s'éleva le premier contre le calendrier Grégorien en 1583, dans une dissertation allemande ; et il réitéra ses attaques en 1586, par une autre écrite en latin, et intitulée : *Alterum examen novi calendarii Greg.* etc. Clavius lui a répondu solidement en 1588.

Le fameux Joseph Scaliger ne censura pas avec moins d'ardeur le nouveau calendrier. Mais on reconnoît dans l'examen qu'il en fit, des effets de sa précipitation ordinaire. Le calendrier qu'il prétendoit substituer au Grégorien, n'est précisément que celui de Lilius, que Grégoire avoit communiqué à tous les princes catholiques, et que Scaliger avoit mal entendu. C'est pourquoi Clavius le réfuta avec avantage, et ce fut le sujet d'une vive altercation entre l'un et l'autre. Le célèbre M. Viète fut aussi un des adversaires du calendrier Grégorien, et il accusa Clavius d'avoir gâté le plan de Lilius. Il y a quelque chose de vrai dans cette accusation, comme on le verra ; mais M. Viète ne touchoit pas les vrais défauts, et ceux qu'il prétendoit y relever, n'ont point la réalité qu'il leur donnoit. Il se trompa, sur-tout dans le calendrier qu'il adressa en 1600 au pape Clément VIII, prétendant qu'il répondoit mieux à toutes les conditions énoncées dans la bulle de Grégoire XIII, et que par cette raison c'étoit le sien qui étoit véritablement le Calendrier Grégorien. Nous le dirons avec regret pour la mémoire de cet homme illustre ; cet ouvrage n'est aucunement digne de lui, et son calendrier, qu'il vante comme si supérieur à celui de Clavius, contient plusieurs absurdités. Telles sont celles de faire quelquefois les lunaisons de 27 ou 28 jours seulement, d'autrefois de 32 ; de ne donner aucun caractère de nouvelle lune à certains jours de l'année, quoique par l'anticipation de la lune il n'y ait point de jour dans la suite des siècles, où il ne doive arriver une nouvelle lune. Aussi Clavius lui répondit-il avec force et solidité dans son traité sur le Calendrier Grégorien. Il eut raison de ne faire aucune réponse à l'aigre plainte que la chaleur de la querelle inspira à Viète, et je ne sais à quoi ont songé les éditeurs des ouvrages de cet homme célèbre, de transmettre à la postérité une pareille pièce ; car il étoit bien facile de voir qu'il avoit tort et dans le fond et dans la forme. Le dernier auteur de réputa-

tion qui ait censuré le calendrier Grégorien, est le chronologiste célèbre Sethus Calvisius, dans son *Elenchus calendarii
Greg.* Le P. Guldin a pris la défense du souverain pontife, et
de son confrère, dans une réponse à Calvisius, intitulée : *Elen-
chi cal. Greg. refutatio.*

Quoique la plûpart des auteurs qui ont écrit contre le calendrier Grégorien, ayent été plutôt emportés par la passion, que
guidés par la justice, l'impartialité m'oblige de ne point dé-
guiser ici ce qu'il y a de défectueux et de manqué dans ce
grand ouvrage. On peut le réduire à deux chefs. Le premier
regarde la forme de l'intercalation Grégorienne, qui ne peut
empêcher que l'équinoxe vrai ne passe successivement du 21
mars au 20, et même au 19, avant que de revenir au
21, pendant que l'équinoxe moyen peut aller jusqu'au 23.
Ainsi de quelque manière qu'on l'entende, l'équinoxe n'a point
une place constante. En 1696 l'équinoxe vrai est arrivé le 19
vers les 4 heures du soir, et la même chose aura lieu dans
les autres années semblablement placées après l'année séculaire
bissextile, comme 2096, 2906, etc. L'équinoxe arrivera aussi
le 19 dans quelques-unes des dernières années de ce siècle,
et ce ne sera que par la suppression du bissextile de l'année
séculaire 1800, qu'il sera rappelé à sa place. L'équinoxe
moyen au contraire, qui suit à présent le vrai d'environ 46
heures, passe successivement du 21 au 22 et au 23. Il semble
cependant que l'équinoxe vrai étoit celui auquel il ne falloit
principalement avoir égard; car les lieux moyens ne sont que
feints, dans la vue de calculer les mouvemens des planètes
avec plus de facilité. Il auroit mieux valu le fixer au 21, d'où
il auroit passé dans ses évagations extrêmes à la fin du 20 et
au commencement du 23. Au contraire les réformateurs du calendrier semblent avoir pris pour leur équinoxe, un équinoxe
fictice tenant le milieu entre le vrai et le moyen. Dans ce sens
seulement on peut dire que l'équinoxe arrive le plus souvent
le 21, et qu'il y est constamment ramené tous les 400 ans.

Il y a encore une remarque à faire sur ce sujet, c'est qu'à
mesure que le périgée du soleil avancera vers l'équateur, la
différence de l'équinoxe vrai au moyen diminuera, et elle s'é-
vanouira enfin quand le périgée sera arrivé au commencement
du signe du Belier. Alors aucun équinoxe n'arrivera le 21 que
pendant très-peu de temps, et seulement pendant un siècle
des quatre qui forment la période de l'intercalation. Car nous
venons de voir que l'équinoxe vrai arrivoit le plus souvent le
20 ou le 19.

Quant à la forme de l'intercalation, il est certain qu'il en
est une plus parfaite, et qui ne permet jamais à l'équinoxe

des évagations aussi considérables. C'est celle des Persans, qui consiste à intercaler sept fois de suite la quatrième année, et à la huitième fois de ne le faire qu'après cinq ans. Cependant on peut dire plusieurs choses en faveur des auteurs du calendrier Grégorien. L'une est qu'ayant une année lunaire à accorder avec la solaire, cette forme d'intercalation auroit beaucoup augmenté la difficulté. L'autre, que la manière de prévenir l'anticipation de l'équinoxe adoptée par les réformateurs de notre calendrier, est plus propre à servir de loi constante pendant une longue suite de siècles. Mais il est plus difficile de justifier leur prétendue fixation de l'équinoxe à un jour, où loin d'être le plus souvent, à peine y est-il pendant le quart de la période.

Le second chef d'accusation contre le calendrier Grégorien, regarde l'année lunaire. On n'a eu égard dans la réformation, qu'à trois jours d'anticipation des nouvelles lunes depuis le temps du concile de Nicée, quoiqu'il y en eût quatre de l'aveu de tout le monde. De-là il arrive que les nouvelles lunes astronomiques devancent encore les civiles ou ecclésiastiques le plus souvent d'un jour entier, et quelquefois bien davantage. M. Cassini (1) prétend que cela est contre l'intention du concile de Nicée, dans le temps duquel il n'y avoit point d'anticipation semblable, et même qu'on n'a point suivi en cela la volonté du pape Grégoire XIII, qui dit avoir pris soin qu'on rétablît les choses comme elles étoient au temps de ce concile. Clavius s'efforce de justifier cette disposition, du défaut de laquelle il convient à certains égards. Suivant lui on l'a choisie à dessein, afin que le 14 de la lune ne précède jamais la lune astronomique de telle sorte, qu'on soit exposé à célébrer la Pâque avant cette phase. Cependant, ajoute-t-il, malgré ce soin il arrive quelquefois qu'on pèche contre cette règle, d'où il conclut qu'on la violeroit bien plus souvent sans cette précaution. Nonobstant l'apparence de solidité de cette raison, MM. Cassini et Bianchini désapprouvent tout à fait ce système d'arrangement. M. Bianchini le trouve sur-tout formellement contraire aux hypothèses et aux règlemens que les membres de la congrégation du calendrier arrêtèrent unanimement en 1580, pour servir de pierre de touche à un cycle quelconque. Le même savant y trouve divers autres inconvéniens. Ainsi malgré la justification tentée par Clavius, on ne peut ce semble disconvenir que ce défaut n'en soit un réel.

On se bornera ici à ces deux observations critiques sur le calendrier Grégorien, parce que sont celles qui paroissent

_____
(1) Mém. de l'Acad. 1702.

avoir le plus de justesse. Mais les taches que nous venons de remarquer, fussent-elles encore moins excusables, il y auroit une grande injustice à méconnoître pour cela la beauté de cet ouvrage. A la vue de la difficulté de l'entreprise et des conditions nombreuses qu'il s'agissoit d'allier, il n'y a point d'esprit équitable qui ne fasse grace de quelques défauts, sur-tout lorsqu'il étoit difficile, pour ne pas dire peut être impossible, de les prévenir sans tomber dans d'autres, égaux ou plus considérables.

Ce qu'on vient de lire sur la réformation du calendrier, doit suffire ici. Tout le monde sait qu'elle ne fut admise que par les pays de la communion Romaine. Les états protestans d'Allemagne, la Suède, le Danemarck, l'Angleterre, la rejetèrent et continuèrent de suivre le calendrier Julien, malgré ses vices reconnus. La scission de ces pays d'avec Rome étoit trop récente, pour que, quand même le calendrier Grégorien eût été géométriquement sans le moindre écart de la vérité, il y eût été admis. Ce fut seulement en 1699 que l'Allemagne protestante admit la partie du calendrier Grégorien qui concerne l'année solaire, en soumettant la détermination de la Pâque au calcul astronomique; et il n'y a pas encore cinquante ans que l'Angleterre s'est rapprochée du reste de l'Europe, en supprimant onze jours; ce qui eut lieu en 1751. Nous n'entrons ici dans aucun détail sur ce sujet, parce que ce sera l'objet d'un article particulier et assez curieux pour la suite de cet ouvrage.

Nous terminons cet article par une indication des meilleurs livres qui ont traité du calendrier. Le premier de tous est celui du P. Clavius, intitulé : *Romani calendarii à Gregorio XIII restituti explicatio. Accessit confutatio eorum qui Kalendarium aliter instaurandum esse contenderunt.* (Romæ, 1603, in-f.) Le même P. Clavius avoit donné en 1599 un petit ouvrage fort curieux sur ce sujet, sous le titre de *Computus ecclesiasticus per digitorum articulos mira facilitate traditus,* (Moguntiæ, 1599, in-8.) On peut y joindre la *Chiave del calendario Gregoriano* d'Ugolino Martelli, évêque de Glandevez, donnée à Lyon, dès 1583, in-8. Je passe à de plus récens, tels que le *Calendarium Romanum compendiose expositum,* à *Petro Gassendo* (Paris, 1651, in-f. It inter opp. Gassendi T.); l'Histoire du calendrier Romain, etc. par Blondel (Paris 1682, in-4. La Haye, 1684, in 4°.). On peut recommander encore à cet égard le *Traité du Calendrier* de M. Rivard (Paris, 1711, in 8.) J'indiquerai enfin parmi les meilleures sources d'instruction sur cette matière, le livre VIII de l'astronómie de M. de Lalande, où il traite du calendrier Grégorien ; ou l'article relatif à ce calendrier, dans l'Encyclopédie par ordre de matières, qui est de la même main. Il est sans doute beaucoup d'autres bons ouvrages sur ce sujet ; mais pour abréger, je me tiendrai à ceux que je viens de citer.

Nous nous proposions de traiter encore ici de la gnomonique et de la navigation, comme parties subordonnées à l'astronomie. Mais la grosseur à laquelle ce volume est déja parvenu, nous oblige à renvoyer ces deux articles à un autre endroit. Ils trouveront place à la fin d'un des volume suivans par forme de Supplément, et nous y rendrons avec usure au lecteur, ce que nous lui empruntons en quelque sorte ici..

Fin du quatrième Livre de la troisième Partie.

HISTOIRE

DES

MATHÉMATIQUES.

TROISIEME PARTIE.

Histoire des Mathématiques en Occident , jusqu'au commencement du dix-septième Siècle.

LIVRE CINQUIÈME,

Qui contient les progrès de la Mécanique et de l'Optique, pendant le seizième Siècle.

SOMMAIRE.

I. *La Mécanique ne fait presqu'aucun progrès durant le seizième siècle. Ignorance où sont les Mécaniciens de ce siècle sur les lois du Mouvement, et même sur certains principes de la Statique. Guido-Ubaldi débrouille quelques-uns des derniers. Tartalea traite des projectiles, et rencontre par hasard quelques vérités. II. De l'Optique. Précis de cette science à l'époque du seizième siècle. Maurolicus entrevoit la manière dont on apperçoit les objets, et donne*

la

la solution d'un problême optique qui avoit fort embarrassé jusqu'alors. Porta touche aussi à la découverte de la cause de la vision, et cependant se trompe grossièrement à ce sujet. On lui attribue avec peu de fondement la première idée du Télescope. Antonio de Dominis ébauche l'explication de l'Arc en-Ciel : il rencontre la vérité en ce qui concerne l'intérieur, mais il se trompe à l'égard de l'extérieur. III. Nouvelle branche de l'Optique qui prend naissance dans le seizième siècle ; savoir, la Perspective. Précis de l'histoire et des principes de cette science.

I.

LE tableau que nous présente ce livre, n'est pas aussi intéressant que celui des deux précédens. Les mathématiques mixtes eurent dans le seizième siècle un sort assez semblable à celui qu'elles éprouvèrent chez les anciens ; et de même que ce furent la mécanique et l'optique qui se ressentirent le plus de l'état de foiblesse où la physique resta toujours parmi eux, ce furent aussi elles qui prirent des accroissemens moins sensibles dans ces premiers temps du renouvellement des sciences. Sans quelques hommes plus heureux, ou un peu moins esclaves des préjugés que le reste de leurs contemporains, ce que nous aurions à dire ici de ces deux branches des mathématiques, se réduiroit ou à rien, ou à ne rappeler que des erreurs.

Les travaux des savans du seizième siècle sur la mécanique, ne consistent presque qu'en de prolixes commentaires sur les *Questions Mécaniques* d'Aristote. On a observé ailleurs combien peu cet ouvrage méritoit l'estime qu'on lui a prodiguée pendant long-temps : on feroit cependant une liste assez longue de ceux qui crurent rendre un grand service aux sciences, en développant les foibles ou mauvais raisonnemens qu'il contient. Tels furent Leonicus Thomæus, Piccolomini, Bernardin Baldi, etc. dont on a des commentaires sur cet ouvrage, sans compter ceux qui, dans des temps où l'on commençoit à être plus éclairé dans ces matières, entreprirent le même travail, comme Monantheuil, Guevara, le P. Blancanus, Septalius, etc. Tous ces écrits, qui n'ont pas ajouté la moindre vérité au peu de doctrine solide du Philosophe ancien, sont dignes de l'oubli où ils sont aujourd'hui.

Il ne faut pas chercher parmi les physiciens de ce siècle, aucune idée juste des lois du mouvement. Pourquoi une pierre que l'on jette continue-t-elle à se mouvoir long-temps après avoir été lâchée? c'est, disoit-on avec Aristote, que l'air qui la suit par derrière continue à lui imprimer du mouvement. On étoit encore loin de soupçonner que tout mouvement étoit de sa nature rectiligne, et qu'il se perpétueroit dans la même direction et avec la même vîtesse, si aucun obstacle ne s'y opposoit. Ainsi il y avoit des mouvemens circulaires de leur nature, et c'étoient, suivant la doctrine d'Aristote, les seuls inaltérables; il y avoit des mouvemens rectilignes qui étoient l'effet d'un certain *appetitus* de certains corps à se réunir au centre de l'Univers, ou à le fuir; ce qui formoit la pesanteur ou la légèreté. On divisoit aussi les mouvemens en naturels et violens : les premiers étoient de l'essence des corps, comme le mouvement circulaire des astres, et celui des corps graves; les autres étoient des qualités si contraires à la nature des corps, qu'ils ne pouvoient pas subsister long-temps sans une application continuelle de la force motrice. Une pierre qu'on jette étoit dans ce cas. Tel est à peu-près le précis de la physique ancienne, et de celle du seizième siècle sur le mouvement.

Les traits suivans montrent combien la théorie de la statique étoit encore foible dans le même temps. Cardan examine, dans son traité *de Ponderibus et Mensuris*, quelle est la force nécessaire pour soutenir un poids sur un plan incliné, et il la fait proportionnelle à l'angle que le plan forme avec l'horizon. Il se fondoit sur cette raison, savoir que lorsque cet angle est nul, c'est-à-dire, quand le plan est horisontal, il ne faut aucune force pour soutenir le poids, et qu'elle lui est égale quand l'angle est droit. Mais les mathématiques ne se contentent pas de ces raisonnemens vagues, et d'ailleurs Cardan auroit dû appercevoir que le sinus de l'inclinaison est aussi zéro quand le plan est horizontal, et qu'il est égal au rayon lorsque le plan est vertical. Cette remarque lui eût appris que la force qui contre-balance un poids sur un plan incliné, pouvoit être aussi proportionnelle au sinus de l'inclinaison, et c'est ce dernier rapport qui est le véritable.

Une autre question qui fut agitée avec chaleur parmi les mécaniciens de ce temps, est celle de savoir ce qui arriveroit à une balance à bras égaux, et chargée de poids égaux, qu'on auroit tirée de la situation horizontale. Y retournera-t-elle d'elle-même, ou restera-t-elle dans cette nouvelle position? On fut partagé sur cette question. Jordanus Nemorarius, mathématicien du treizième siècle, avoit décidé, dans son livre *de Ponderositate*, que la balance reprendroit la situation parallèle à l'horizon; et ce fut le sentiment qu'adoptèrent Cardan, Tartalea, et quelques autres. Mais ils tomboient dans plusieurs erreurs à la fois; car ils ne faisoient point de distinction entre le cas des directions parallèles, et celui des directions convergentes à un point. Dans le premier, la balance restera dans la situation inclinée : dans le second, tant s'en faut qu'elle revienne à la situation horizontale, qu'au contraire elle continuera à s'incliner de plus en plus jusqu'à ce qu'elle soit devenue verticale. Guido Ubaldi qui les réfuta, n'évita lui-même qu'une partie de ces erreurs : car après avoir montré que la balance resteroit dans la situation inclinée, si les directions étoient parallèles, il s'efforça d'étendre la même décision au cas dans lequel elles convergent. La cause de son illusion fut d'avoir pensé que dans le cas des directions convergentes, le centre de gravité étoit le même, soit que la balance fût horizontale, soit qu'elle fût inclinée. Une théorie plus approfondie de la statique, nous apprend que ce centre de gravité n'est fixe que dans le cas des directions parallèles, quelle que soit la situation du corps ; mais dans l'autre cas, il varie, soit que le corps approche du centre des directions, soit qu'il change de position à l'égard de ce centre. Dans la question dont il s'agit ici, le centre de gravité passe du côté du bras qu'on incline, et s'éloigne d'autant plus du point d'appui, que la balance approche davantage de la situation verticale. Il y auroit plusieurs choses curieuses à dire sur ce sujet ; mais je laisse au lecteur versé dans la mécanique, le plaisir de les trouver.

Le marquis Guido Ubaldi débrouilla cependant un peu la statique dans sa Mécanique imprimée en 1577. Cet ouvrage contient sur plusieurs points une doctrine judicieuse et solide. Ubaldi y fait usage de la méthode employée, au rapport de Pappus, par les mécaniciens anciens, savoir de réduire toutes les machines au lévier, et il l'applique heureusement à quelques puissances mécaniques, entr'autres aux poulies dont il examine avec soin la plûpart des combinaisons. Ce livre au reste n'est pas entièrement exempt d'erreurs. Outre celle dont nous avons parlé plus haut, Ubaldi en commet une autre en ce qui concerne le plan incliné : car il admet la détermination que Pappus avoit donnée autrefois, du rapport de la puissance au poids dans cette machine ; détermination qui est vicieuse à plusieurs égards (1). C'est à Stevin le premier que nous devons la résolution exacte de ce problème mécanique, aussi bien que de divers autres. Nous remettons au volume suivant à rendre compte des idées heureuses de ce Mécanicien.

(1) Voyez Papp. *Coll. Math.* l. 8, prop. 9.

La vis d'Archimède fut l'objet d'un traité particulier de Guido Ubaldi. On sait que cette machine n'est autre chose qu'un canal spiral pratiqué autour d'un cylindre, et que ce cylindre étant incliné à l'horizon, un poids quelconque entrant par l'embouchure inférieure du canal, s'élève à mesure que la machine tourne sur son axe, et sort par l'embouchure supérieure. Cette machine a cela de remarquable, que c'est en quelque sorte le propre poids du corps et sa propension à descendre, qui le fait s'élever. Ubaldi examine cet effet et diverses autres propriétés de cette machine, dans ce traité qui est un mélange de mécanique et de géométrie pure. Il fut publié seulement, en 1615, par son fils, sous le titre *de Cochleâ*. M. Daniel Bernoulli a traité depuis ce sujet plus brièvement dans son *Hydrodynamique;* je n'ai que faire d'ajouter avec plus de profondeur; il n'est aucun lecteur qui ne me prévienne dans ce jugement.

Le marquis Guido Ubaldi étoit de l'illustre maison *del Monte*, qui possédoit en Italie quelques châteaux et territoires en toute suzeraineté. Il fut élève de Commandin, sous les instructions duquel il fit de rapides progrès dès sa tendre jeunesse. Il passa la plus grande partie de sa vie dans son château de *Monte-Barrocio*, uniquement occupé de l'étude. On a de lui divers ouvrages, dont les titres sont : *Mecanicorum, libri 6;* c'est celui dont on vient de parler; *In Planispherium demonstrationes; In Archimedem de aequiponderantibus Paraphrasis; Della correzione dell' anno è della emendazione del Calendario; Perspectivae libri* 3, etc., qu'il dédia à son frère le cardinal *Alessandro Del Monte; de Cochleâ*, ouvrage posthume qui parut en 1615. Nous ignorons la date précise de sa naissance et de sa mort. *Voyez* Bernard. Baldi, *Chronica Mathem.*

La science du mouvement des projectiles occupa aussi quelques mécaniciens du seizième siècle; mais faute de principes solides sur le mouvement, ils n'enfantèrent que des erreurs. Les premiers qui traitèrent cette question, imaginèrent qu'un corps poussé avec violence, comme un boulet de canon, décrivoit une ligne droite, jusqu'à ce que ce mouvement fût entièrement détruit, et qu'alors il tomboit perpendiculairement. On voit dans quelques auteurs (1) de ce siècle, une théorie d'artillerie établie sur ce principe ridicule. Il y en eut d'autres qui pensèrent que le boulet décrivoit à la vérité une ligne droite au sortir de la bouche du canon; mais qu'après un certain terme son mouvement se ralentissant, il décrivoit

---

1) Daniel Santbech. *Problem. Astron.* . 6, 1561.

une courbe en obéissant à la fois au mouvement de projection et à la pesanteur; qu'enfin il retomboit perpendiculairement. On supposoit aussi que cette partie de courbe qui raccordoit la ligne oblique avec la perpendiculaire, étoit un arc de cercle tangent à l'une et à l'autre. Tartalea paroît être l'auteur de ce nouveau principe aussi erroné que le précédent. Il le propose dans son livre intitulé : *La nuova scientia di Nicolo Tartaglia*, aussi bien que dans ses *Quesiti ed invenzioni diverse*. Divers auteurs bâtirent sur ce principe une théorie de leur art, qui ne devoit pas faire honneur aux mathématiques.

Quelque faux que soit le principe de Tartalea, ce Mathématicien ne laissa pas de découvrir, ou plutôt de deviner une vérité de la théorie des projectiles. C'est que l'obliquité nécessaire pour pousser le corps le plus loin qu'il est possible, avec la même force, est celle de 45°. Tartalea raisonnoit à-peu-près comme Cardan avoit fait sur le plan incliné. Il remarquoit que sous l'angle zero, le jet du corps n'avoit aucune amplitude, ou que l'éloignement auquel on parvenoit par la projection, étoit nul; qu'en haussant la ligne de projection, l'étendue du jet augmentoit jusqu'à un certain terme, qu'ensuite elle diminuoit, et qu'enfin elle étoit zéro, quand la projection se faisoit dans la perpendiculaire. De là il concluoit que la plus grande projection devoit être également éloignée de ces deux termes, et conséquemment à l'angle de 45°. Ce raisonnement étoit mauvais, et ne concluoit que par hasard. Les modernes ont découvert que l'étendue du jet croît comme le sinus du double de l'angle avec l'horizon. C'est pour cela qu'elle est la plus grande à 45°; car le sinus du double de 45 degrés est le sinus total, ou le plus grand des sinus.

Il est juste néanmoins de parler ici d'un homme qui eut sur la mécanique des idées plus justes, que la plûpart de ses contemporains. C'est J. B. de Benedictis, ou Benedetti. Dans son livre intitulé : *J. B. Benedicti diversarum speculationum math. et phys. liber* (Taurini, 1585, in-fol.), on le voit raisonner beaucoup plus justement que tous ses contemporains, sur plusieurs objets qui étoient encore une énigme pour les mathématiciens. C'est ainsi qu'il attribue la force centrifuge à la tendance des corps à se mouvoir en ligne droite; ce qui fait que livrés à eux-mêmes, ils s'échapent par la tangente. Il assigne très-bien la mesure de la force dans le lévier recourbé, en démontrant qu'elle est proportionnelle à la longueur de la perpendiculaire, tirée du centre de mouvement ou du point d'appui sur la ligne de direction des forces. A l'aide de ce principe, il réfute les mauvais raisonnnemens de Jordanus et de

Tartalca, sur certains cas de la théorie de la balance, comme
ceux où les poids tendroient vers un centre. Nullement sub-
jugué par l'autorité d'Aristote, il réfute souvent ses solutions
de certaines questions mécaniques, et il en assigne mieux les
vraies raisons, comme la cause de la rotation facile d'un cercle
sur un plan horizontal, ce qu'il attribue à ce que son centre
de gravité ne monte point. Dans le problème si embarrassant
jadis, et qu'on appeloit la roue d'Aristote, il a fort bien vu
sa solution, c'est-à-dire, la composition du mouvement du
point décrivant. Nous croyons pouvoir ajouter que Benedetti
avoit aussi des idées saines sur le système du monde, qu'il
témoigne faire beaucoup de cas de celles de Copernic; et s'il
eût écrit sur des matières astronomiques, il eût été infailliblé-
ment un de ses partisans. La route curviligne de la lumière
dans l'atmosphère ne lui échappa pas. Il possédoit enfin très-
bien l'analyse géométrique des anciens, et il en donne des
preuves par les solutions de problèmes qui avoient jadis quelque
difficulté. Mais malheureusement tout cela est noyé dans une
grande diffusion, et beaucoup de désordre. Il est pour cela
sans doute, que cet homme digne de plus de réputation, a
été jusqu'à ce moment à peine connu : *Tantùm series junc-
turaque pollent.* Il pourroit bien se faire que ses idées justes
sur la mécanique eussent été le germe de celles de Galilée,
Stevin, etc.

I I.

Avant que de faire l'histoire du peu de découvertes que le
seizième siècle ajouta à l'optique, il ne sera pas hors de propos de rassembler sous un point de vue général les progrès
qu'elle avoit faits jusqu'alors.

La première ébauche de l'optique semble être due aux Platoniciens. Ils découvrirent, à ce qu'on conjecture, deux principes féconds de cette science, la propagation de la lumière
en ligne droite, et l'égalité des angles d'incidence et de réflection. Il est même probable que, doués, comme ils l'étoient,
de beaucoup de savoir en géométrie, ils bâtirent dès-lors une
partie considérable de la théorie à laquelle ces deux principes
servent de base. Mais ils furent moins heureux dans la partie
de cette science qui dépend davantage de la physique. Ils ne
débitèrent que des puérilités sur la manière dont on apperçoit
les objets, et sur la cause de divers phénomènes. Aristote,
dont les écrits nous présentent les premiers traits de l'optique
ancienne, ne fut guère plus heureux que dans sa Mécanique.
Ce qu'il dit sur la cause de la vision, sur celle de l'arc-en-

ciel, sur la rondeur constante de l'image du soleil ou de la lune reçue à travers une ouverture quelconque, n'a rien de solide, et ne peut être regardé que comme une ébauche grossière de cette partie des mathématiques mixtes.

Le seul traité ancien, et de quelque importance sur l'optique, qui nous soit parvenu, est celui qu'on attribue à Euclide. Des deux livres qu'il contient, l'un regarde l'optique directe, l'autre la catoptrique. Mais cet ouvrage n'est guère propre à donner une idée avantageuse de l'optique ancienne. Plusieurs des principes qu'on y emploie, sont peu solides, ou ont besoin de modification. On y fait dépendre la grandeur apparente des objets uniquement des angles sous lesquels ils paroissent. On y détermine le lieu apparent de l'image dans les miroirs quelconques, par le concours du rayon réfléchi avec la perpendiculaire tirée de l'objet sur le miroir. A la vérité, l'un et l'autre de ces principes sont séduisans. Le premier est même vrai à bien des égards, et le second explique, avec tant d'apparence de justesse, les phénomènes les plus communs des miroirs convexes et concaves, que les anciens sont en quelque sorte excusables de les avoir adoptés. Mais ils le sont moins de n'avoir pas apperçu la foiblesse de plusieurs mauvaises démonstrations qu'on trouve dans cet ouvrage, et qui ont porté divers auteurs modernes, zélés pour la gloire d'Euclide, à tâcher d'en décharger sa mémoire.

Ptolémée avoit écrit un traité d'optique plus considérable, et, selon nos conjectures, beaucoup plus estimable. On peut s'en former une idée d'après l'Optique d'Alhazen, qui certainement a fait beaucoup d'usage de celle du Géomètre grec. Plusieurs citations de Roger Bacon, au temps duquel elle subsistoit encore, nous apprennent que Ptolémée connut la réfraction astronomique, et raisonna plus judicieusement que quelques modernes, Regis, par exemple, sur la cause de la grandeur extraordinaire des astres vus à l'horizon; mais nous renvoyons à ce que nous avons déja dit sur ce sujet, en parlant de Ptolémée. A en juger par l'ouvrage d'Alhazen, la théorie de ce géomètre sur la catoptrique, étoit assez étendue, quoique fondée sur le faux principe, dont nous avons parlé plus haut. Mais il ne fut pas plus heureux que ses prédécesseurs, à l'égard de la vision. Quant à la dioptrique, elle ne consistoit presque que dans la connoissance de la réfraction.

Maurolicus de Messine, dont on a parlé plusieurs fois avec éloge, tenta de faire faire à l'optique quelques pas de plus, et ses efforts ne furent pas absolument infructueux. On trouve dans ses *Theoremata de lumine et umbra*, etc. *et Diupha-*

norum partes seu libri tres (1), ses tentatives plus ou moins heureuses à cet égard. Le premier de ces ouvrages, achevé dès 1525, est une sorte d'essai sur la mesure de la lumière ou de l'illumination des corps. Il y a quelques vérités mélangées d'erreurs, parce que la vraie loi de cette illumination lui échappa; mais il mérite qu'on lui fasse honneur de la première et juste solution d'un problème optique, anciennement proposé par Aristote, et que cet ancien philosophe avoit mal résolu selon sa coutume. Il s'agit d'un Phénomène fort connu. Pourquoi, demandoit Aristote, un rayon du soleil passant au travers d'un trou d'une figure quelconque, triangulaire, par exemple, linéaire même, étant intercepté à une certaine distance, présente-t-il toujours un cercle; et, ce qui est plus merveilleux encore, pourquoi le soleil étant en partie éclipsé, ce rayon forme-t-il en passant par le même trou, une image exactement semblable à la partie du disque solaire, qui n'est pas encore cachée. Cette question, jusqu'alors le désespoir des physiciens, les avoit réduits à dire avec Aristote, qu'apparemment la lumière affectoit une certaine rondeur, ou une ressemblance avec le corps lumineux, qu'elle reprenoit sitôt après avoir franchi l'obstacle qui la gênoit. Maurolicus s'en tire plus heureusement, comme nous allons le voir.

Pour expliquer ce phénomène, nous remarquerons d'abord, avec Maurolicus, que chaque point de l'ouverture est le sommet de deux cônes opposés, dont l'un a le soleil pour base, et l'autre étant coupé par un plan perpendiculaire à son axe, produiroit un cercle lumineux d'autant plus grand, que le plan de l'intersection seroit plus éloigné de l'ouverture. Ainsi il se peint sur le plan opposé autant de cercles égaux de lumière, qu'il y a de points dans cette ouverture. C'est pourquoi, si l'on décrit sur ce plan une figure égale et semblablement posée à celle de l'ouverture, et que de chacun de ces points, ou seulement de ceux de son contour, on décrive une multitude de cercles, la figure qu'ils formeront sera précisément celle de l'image du soleil, reçue à une distance proportionnée à la grandeur de ces cercles. Mais à mesure qu'on décrira de plus grands cercles, on verra que la figure qui en résultera, approchera davantage d'un cercle unique, et il est même aisé de le démontrer. Lors donc qu'on interceptera perpendiculairement la lumière du soleil à une distance un peu considérable du trou, la figure qu'elle formera sera sensiblement circulaire.

(1) Messanæ, 1575, in-4°. *Sub titulo : Photismi de lumine et umbra.* It. cum annot. Clavii. Lugd. 1613, in-4°.

Mais

Mais pourquoi le soleil éclipsé présente-t-il dans la chambre obscure la figure d'un croissant, quelle que soit l'ouverture ? L'explication est la même que celle qu'on vient de donner. Si on a une figure quelconque sur un plan, et que de chacun des points de son contour on décrive une suite d'autres figures semblables, et semblablement posées, celle qui en résultera, approchera d'autant plus de chacune d'elles, qu'elles seront plus grandes. Si ce sont des triangles, la figure totale sera un triangle ; si ce sont des croissans, la figure qui en naîtra, ressemblera à un croissant. Il n'est pas nécessaire d'en dire davantage : le lecteur intelligent achèvera l'explication, qui est facile après cette remarque. Kepler a résolu ce problème d'une autre manière également juste, et qu'on peut voir dans son *Astronomiæ pars optica*, *seu Paralipomena in Vitellionis Opticam*.

Maurolicus, il faut l'avouer, ne fut pas aussi avancé dans l'explication de la vision, qu'il m'a paru autrefois, et que je l'ai dit dans la première édition de cet ouvrage ; car il fait du cristallin l'organe principal de cette faculté, celui qui transmet au nerf optique les espèces des objets, sans cependant reconnoître l'usage de la rétine qui n'en est que l'expansion. On ne peut disconvenir que tout ce qu'il dit pour concilier la forme lenticulaire du cristallin avec la destination qu'il lui donne, n'a aucune solidité. Cependant on le voit reconnoître la cause des vues presbytes et myopes, et expliquer comment les unes sont aidées par des verres convexes, et les autres par des concaves. Il touchoit enfin de fort près à la découverte des petites images qui se peignent dans le fond de l'œil, et l'on ne conçoit guère comment cette découverte lui échappa, quand on le voit, dans un autre endroit de son ouvrage ; expliquer la formation de l'image que repercute un miroir concave, par la réunion des rayons partis de chaque point de l'objet dans autant d'autres points du plan opposé au miroir. Il fut arrêté, à ce qu'il semble, par la difficulté d'allier le renversement de l'image au fond de l'œil, avec la situation droite dans laquelle nous voyons les objets. Mais on en sera moins surpris, quand on saura que Kepler faillit aussi manquer sa découverte, par l'embarras où le jeta la même difficulté.

L'explication de l'iris ou arc-en-ciel fut encore un des objets de l'ouvrage de Maurolicus. Il en mesura le demi-diamètre qu'il trouva de 42° pour l'intérieur, et de 53 à 54 pour l'extérieur. Mais, suivant sa théorie, ils devoient être de 45 et 56 degrés ; car il faisoit en partie réfléchir le rayon solaire par l'extérieur de la goutte, en partie entrer dans cette goutte,

et y circuler par plusieurs réflections, selon les côtés d'un octo-
gone ; il n'y voyoit que quatre couleurs, l'orangé (*crocus*) le
verd, le bleu et le pourpre . . . mais il est inutile d'en dire davantage, parce que c'est une explication tout-à-fait manquée. Maurolicus croyoit enfin avoir trouvé la vraie loi de la réfraction,
en faisant la réfraction elle-même proportionnelle à l'angle d'inclinaison. Elle étoit, suivant lui, les $\frac{1}{8}$ de cette inclinaison en
passant de l'air dans le verre ; ce qui est faux, hors quelques
cas particuliers.

Nous remarquerons cependant encore ici une chose fort singulière, au sujet de Maurolicus. C'est qu'il remarqua la courbe
que forme l'intersection continue des rayons rompus par une
sphère diaphane, courbe à laquelle on a donné depuis le nom
de *caustique*. C'est à la fin du livre II de ses *Diaphanorum*,
libri II; il y observe que les rayons rompus par une semblable
sphère, ne concourent pas au même point, comme il l'a démontré précédemment ; mais que les plus éloignés de l'axe
concourant avec lui plus près de la sphère, chacun d'eux coupe
le plus voisin du centre ; ensorte qu'il en résulte une espèce
de cône de lumière, dont le côté est formé par tous ces concours, à quoi il ajoute que ce côté du cône n'est pas droit,
mais courbe, et que son sommet est le terme de tous ces concours.

Peu de temps après Maurolicus, on voit le fameux Jean-
Baptiste Porta, toucher encore de bien près à l'explication du
phénomène de la vision, faire un pas qui sembloit ne pouvoir la lui laisser échapper, et cependant la manquer encore ; j'ai
dit le fameux Porta, car il fut auteur de quantité d'ouvrages qui
lui donnèrent de la célébrité, entr'autres de celui de la *Magia
naturalis*, livre rempli de prétendues observations compilées,
pour la plûpart, avec plus de crédulité que de jugement. Dans
le chapitre 17 de ce livre, Porta parle de la chambre obscure ;
et après avoir dit que sans autre préparation qu'une ouverture
pratiquée à la fenêtre d'une chambre obscurcie, on verra se
peindre au-dedans les objets extérieurs avec leurs couleurs naturelles : il ajoute, « mais je vais dévoiler un secret, dont j'ai
» toujours fait mystère avec raison. Si vous adaptez une
» lentille convexe à l'ouverture, vous verrez les objets beau-
» coup plus distinctement, et au point de pouvoir reconnoître
» les traits de ceux qui se promèneront au dehors, comme si
» vous les voyiez de près ».

Qui ne diroit que Porta alloit être en possession de la vraie
explication de la vision, qu'il alloit comparer le cristallin à
cette lentille, la rétine qui tapisse le fond de l'œil à la muraille
opposée au trou de la chambre obscure ? Rien cependant de

tout cela. Le seul mérite de son explication consiste à avoir dit que la cavité de l'œil est une pareille chambre. Mais dans tout le reste, il se trompe, et même grossièrement, comme lorsque, à l'exemple de Maurolicus, il assigne au cristallin l'emploi de recevoir ces images. Il est surprenant que Porta, qui étoit anatomiste et médecin, n'ait pas mieux connu, et la forme et la nature du cristallin, ainsi que la destination de la rétine. L'œil est, à la vérité, comme le remarque J. B. Porta, une chambre obscure; mais c'est une chambre obscure composée, ou semblable à celle dont l'ouverture est garnie d'un verre, et qui donne une peinture distincte à une distance déterminée. Le tableau, c'est la rétine, ainsi que Kepler le démontra en 1604, dans l'excellent ouvrage cité plus haut.

Quelques personnes ont prétendu faire honneur à J. B. Porta de l'invention du télescope. Elles se fondoient sur ces paroles assez spécieuses de sa Magie naturelle : « Avec un verre con- » cave, dit Porta, on voit distinctement les objets éloignés. Un convexe sert à faire appercevoir distinctement ceux qui sont proches. Si vous savez les arranger comme il faut, vous verrez avec distinction les objets proches, et ceux qui sont éloignés. J'ai été par-là d'un grand secours à quelques personnes qui ne voyoient plus que confusément, et je les ai mises en état de voir fort distinctement».

Ces paroles décrivent effectivement un effet assez ressemblant à celui du télescope. Cependant M. de la Hire, examinant ce qu'on peut en conclure, n'y voit ainsi que nous, qu'une combinaison de verre concave et convexe, par laquelle on éloigne ou rapproche leur foyer commun, de manière à faire appercevoir les objets distinctement à différentes distances et à différentes vues.

Cette explication me paroît fondée, et l'on ne peut en douter à la vue des paroles qui terminent cette citation ; car il est évident qu'elles n'ont trait qu'aux vues affoiblies ayant besoin de lunettes. D'ailleurs, il est difficile de croire que si J. B. Porta eût jamais eu entre les mains un instrument, tel que le télescope, porté comme il l'étoit à exalter ses inventions, et à les décrire en termes pompeux, il n'en eût pas dit davantage.

On a encore de J. B. Porta, un traité intitulé *de Refractione optices parte libri nove*, etc., qu'il publia en 1593. Il y traite un grand nombre d'objets relatifs à l'optique, comme de la réfraction en général, de celle d'un globe de verre, de l'anatomie de l'oeil et des fonctions de ses différentes parties, de la division et de ses accidens, comme aussi de quelques-uns de ses phénomènes ; par exemple, pourquoi avec les deux yeux ne voit-on cependant les objets que simples ; des miroirs, des couleurs produites par la réfraction , et en particulier de l'arc-en-ciel. Mais on ne trouve en général sur tous ces objets que des choses vagues ou inexactes , entremêlées néanmoins de côté et d'autre de quelques observations justes ; comme celle du retrécissement de la prunelle à la grande lumière, et de son élargissement dans les lieux obscurs ; ce dont il donne de bonnes raisons : celle que dans les miroirs concaves sphériques , le rayon tombant parallèlement à l'axe et refléchi , ne peut rencontrer cet axe plus loin de la surface , que la moitié du rayon ; ce qui devoit lui donner la détermination du foyer des miroirs caustiques. Mais il s'arrête à ce que nous venons de dire. Je passe sur quelques autres observations , plus ou moins justes, comme peu importantes ; mais il divague ou se trompe sur presque tout le reste ; comme sur la cause pour laquelle on ne voit avec les deux yeux les objets que simples , ce qu'il attribue à ce que nous ne voyons jamais que d'un seul œil , opinion que l'artiste célèbre le Clerc a depuis renouvelée et tenté de prouver par diverses expériences Nonobstant cela, cet ouvrage fait, à certains égards, honneur à J. B. Porta, tant par la connoissance qu'il y étale des opinions des anciens, que par ses efforts pour arriver à quelque chose de mieux ; en quoi il a pu , ainsi que Maurolicus, être de quelque secours à ceux qui le suivirent.

Nous avons parlé du rétrécissement et de l'élargissement de la prunelle , selon la quantité de la lumière , comme d'une des observations justes de Porta. Mais nous remarquerons ici, qu'on en attribue aussi la découverte au fameux Frà Paolo Sarpi, et cela est fondé sur le témoignage du célèbre médecin , Fabrice *d'Aquapendente*, qui lui en fait expressément honneur , en disant que ce secret lui a été communiqué par le révérend Père Paul, de Venise', servite, théologien et philosophe insigne, particulièrement dévoué aux mathématiques, et sur-tout à l'optique. On ne connoît pas en général ce mérite particulier de Frà Paolo , le célèbre auteur de l'histoire du concile de Trente, et le hardi défenseur des libertés de la république de Venise, contre les prétentions de Paul V. Mais ces connoissances sont attestées par Galilée lui-même, qui l'appeloit *le Père et le Maître universel*, et disoit qu'on pouvoit, sans exagération, affirmer que personne ne le surpassoit en connoissances mathématiques. Ceci rendroit assez probable l'assertion de ceux qui disent qu'il devança Harvey , dans la découverte de la circulation du sang ; car il étoit encore grand anatomiste et chimiste. On dit qu'il laissa beaucoup de papiers renfermant ses observations physiques , et même astronomiques. Il est fâcheux que la république de Venise, qui avoit tant de sujets d'être satisfaite du zèle et des talens de Frà Paolo, n'ait pas, en publiant ces écrits, élevé ce nouveau monument à l'honneur de son défenseur.

Quoique ce siècle ait été peu heureux en découvertes physico-mathématiques, nous y trouvons cependant une découverte remarquable. On la doit à Marc-Antoine de Dominis, le célèbre et malheureux archevêque de Spalatro en Dalmatie, dont l'ouvrage intitulé *de Radiis visûs et lucis*, parut à la vérité seulement en 1611, mais, suivant son éditeur (Bartoli), étoit composé depuis plus de 20 ans. Ainsi cette découverte dateroit de 1590 environ. Si quelque chose est propre à prouver que le hasard a quelquefois part à des découvertes intéressantes, c'est sans doute cet ouvrage; car il ne contient en général que la plus mauvaise physique, et après l'avoir parcouru, nous avons eu peine à concevoir que la solution du plus beau problême d'optique ait été l'ouvrage d'un physicien si peu éclairé. Mais avant que de l'exposer, il faut dire quelques mots des tentatives faites jusqu'alors pour expliquer ce phénomène.

Il y avoit long temps qu'on savoit que l'arc-en-ciel est produit par les rayons du soleil, renvoyés dans un certain ordre par des gouttes de pluie. Mais on avoit toujours cherché, dans la réflection seule, la variété des couleurs qu'il présente, et cette voie ne pouvoit mener à la véritable explication. L'arc-en-ciel intérieur n'étoit reputé qu'une réflection de l'image du soleil sur une nuée concave; un physicien du commencement du seizième siècle, (Josse Chlichtovée), ajouta que l'arc-en-ciel extérieur étoit une réflection du premier; ce qui étoit assez spécieux, vu la foiblesse de cet arc comparé au premier, et le renversement de ses couleurs.

Il y avoit cependant une observation qui n'auroit pas dû échapper si long temps, et qui pouvoit conduire à la vérité: c'est que la réflection d'un rayon de lumière, qui n'est pas coloré, n'y produit jamais de couleurs, tandis que la réfraction en produit le plus souvent. Ce fut là peut être ce qui engagea Maurolicus à faire entrer le rayon dans la goutte en s'y réfractant, à lui faire éprouver au-dedans une ou plusieurs réflections, enfin à l'en faire sortir avec une réfraction pour arriver à l'œil du spectateur. Mais le chemin qu'il lui fait tenir est absolument imaginaire. Un autre physicien, son contemporain (Jean Fleischer de Breslau), s'y prit d'une manière un peu différente. Dans son livre intitulé *de Iridibus doctrina Aristotelis et Vitellionis*, 1571, in 8°., il tâche d'expliquer le phénomène par une double réfraction et une réflection. Mais il se trompoit encore; car il imaginoit que le rayon solaire, en tombant sur une goutte de pluie, la pénétroit, et en sortoit après une double réfraction, et que rencontrant ensuite une autre goutte, il en étoit réfléchi sous la couleur qu'il avoit acquise, aux yeux du spectateur.

Mais personne, avant le physicien, dont nous parlerons tout à l'heure, n'approcha davantage du dénouement du problême, que le célèbre Kepler (1). Dans une lettre qu'il écrit en 1606 à Harriot, et où il le consulte sur diverses questions optiques, on le voit lui proposer sa manière d'envisager le problême. Il concevoit que le rayon solaire, tangent à la goutte de pluie, la pénétroit en se réfractant, se réfléchissoit en partie contre le fond, et de-là en sortoit en éprouvant une seconde réfraction, pour arriver à l'œil du spectateur. C'est bien presque là le chemin du rayon solaire. Mais ce n'est pas le rayon tangent à la goutte d'eau, qui peut parvenir à l'œil du spectateur. Car si c'étoit ce rayon, le calcul montre que l'arc-en-ciel auroit un diamètre beaucoup moindre, savoir de 14° 24′ seulement. C'est avec regret qu'on voit Harriot, s'excusant sur ses occupations et ses maladies, se borner à dire à Kepler qu'il lui dévoilera quelque jour ces mystères. On voit bien clairement qu'il s'accorde avec lui sur la nécessité d'une réflection précédée et suivie d'une réfraction ; mais il ne dit rien, qui puisse faire démêler jusqu'où il avoit pénétré ce secret de la nature.

Enfin Marc-Antoine de Dominis eut une idée qui prépara le dénouement du problême. Soit hasard, soit expérience méditée, il remarqua qu'en tenant à une certaine hauteur au-dessus de l'œil et à l'opposite du soleil, une boule de verre pleine d'eau, on en voit jaillir de la partie inférieure un trait de lumière diversement coloré, suivant que l'on hausse ou baisse la boule un peu plus ou un peu moins. Cela le conduisit à reconnoître qu'il y avoit un rayon solaire qui pénétroit la partie supérieure de la boule, à l'égard de la ligne tirée du soleil par le centre, qui alloit frapper le fond de la boule, et s'y réfléchissant, sortoit par la partie inférieure, pour porter à l'œil l'impression des couleurs qu'on remarque dans l'iris ; à l'égard de ces différentes couleurs, il les expliquoit ainsi. Les rayons rouges étoient, selon lui, ceux qui en sortant étoient les plus voisins de la partie postérieure de la goutte, parce que c'étoient ceux qui traversoient le moins d'eau, et qui conservoient le plus de force ; car on a été persuadé de tout temps, et non sans quelque raison, que la lumière qui avoit le plus de vivacité, produisoit le rouge. Les rayons verts et bleus, au con-

(1) *Keppleri aliorumque* Epistolæ mutuæ, 1714, in-fol. Epist. 223 et seq.

traire, étoient ceux qui sortoient par une partie de la goutte, plus éloignée du fond, et les autres couleurs étoient suivant l'opinion alors reçue, uniquement formées du mélange des trois premières.

Marc-Antoine de Dominis remarquoit ensuite que tous les rayons qui donnent une même couleur, sortant d'un endroit semblablement situé à l'égard du fond de la goutte, centralement opposé au soleil, ils doivent former avec l'axe tiré du soleil par l'œil du spectateur des angles égaux. De là vient que les bandes de couleurs paroissent circulaires. Mais les rayons rouges sortant, dit-il, de la partie la plus voisine du fond de la goûte, ils doivent faire avec cet axe un angle plus grand, c'est pourquoi ils paroîtront les plus élevés, et la bande rouge sera l'extérieure. Après elle viendront les bandes jaunes, vertes, bleues, par une raison semblable. De Dominis confirmoit son explication par l'exemple d'une boule de verre pleine d'eau qui, exposée au soleil, et regardée de la manière convenable, présente les mêmes couleurs, et dans le même ordre, à mesure qu'on la hausse ou qu'on la baisse.

Mais tout cela, nous le répéterons ici, est expliqué d'une manière si obscure et si embrouillée ; enfin, la plus grande partie du livre de De-Dominis, présente tant d'ignorance en optique, qu'on ne peut trop s'étonner que le premier essai d'explication d'un des plus beaux phénomènes de la nature, ait été réservé à un physicien de cette classe. En effet on le voit dans un endroit de son ouvrage, faire du c.istallin l'organe immédiat de la vue, et nier la réfraction des rayons dans les humeurs de l'œil, parce que, dit-il, si cela étoit, la vue seroit continuellement dans l'erreur. Il entreprend même de le prouver. Ce qu'il dit sur les défauts de la vue, tant chez les vieillards que les jeunes gens, sur les moyens dont on y remédie, et sur l'effet des télescopes est tout aussi pitoyable. Enfin la manière dont il expose la marche des rayons solaires entrant dans une goutte d'eau, et en sortant, donneroit lieu de douter qu'il ait reconnu la seconde réfraction qu'ils éprouvent à leur sortie.

On doit donc se borner à reconnoître que Marc-Antoine de Dominis entrevit le vrai fondement de l'explication de l'Iris intérieure. Mais en lui accordant même d'avoir reconnu les deux réfractions, et la réflection, qui sont nécessaires pour la produire, on seroit encore dans l'erreur si l'on pensoit qu'il en eût donné l'explication complette. Il y a encore diverses observations à faire pour en rendre parfaitement raison. C'est ce que fit dans la suite Descartes, en examinant de plus près

la route des petits faisceaux de lumière qui pénètrent la goutte,
et sur-tout en déterminant quel étoit celui qui avoit seul les
conditions nécessaires pour pouvoir porter à l'œil du spectateur une impression sensible. On doit dire enfin que cette
explication n'a reçu sa dernière perfection que de la découverte de la différente réfrangibilité de la lumière. Sans elle,
quelque peine qu'ait pris Descartes pour expliquer les couleurs de l'iris, elle ne présenteroit qu'un arc brillant, et uniformément coloré, d'environ un demi-degré de largeur.

Mais si Marc-Antoine de Dominis a fait un pas vers l'explication de l'arc-en-ciel intérieur, il s'en faut beaucoup qu'il
mérite le même éloge pour son explication de l'arc-en-ciel
extérieur. Il manque ici tout-à-fait le vrai chemin. Il ne soupçonna pas un mot de la double réflection que souffre dans
la goutte le rayon solaire produisant la seconde iris. Descartes
est incontestablement le premier qui en ait fait la découverte ;
et Neuton qui, après lui avoir attribué dans ses *Lectiones
opticae*, les deux explications, se borne dans son *Optique*,
à lui faire honneur d'avoir rectifié la seconde, avoit été induit
en erreur. Nous osons inviter ceux qui en douteroient à lire
l'ouvrage du prélat Italien ; et s'ils ne peuvent le faire à cause
de la rareté de cet ouvrage, ils peuvent recourir aux notes
du P. Boscovich, sur le charmant poème *De Iride*, du P.
Noceti son confrère. Ils y verront le savant Jésuite, qui n'étoit
ni François, ni Anglois, prendre la défense de Descartes contre
ses détracteurs, et montrer clairement, par le développement
de l'explication que de Dominis donne de l'arc-en-ciel extérieur,
qu'il ne soupçonna jamais la vraie, qu'il erra même ou ne
dit que des choses vagues et insignifiantes sur plusieurs points
de l'intérieur. Enfin le P. Boscovich porte sur la physique, qui
règne en général dans cet ouvrage, un jugement tout au moins
aussi sévère que le mien ; puisqu'il le termine par appeler
De-Dominis, *hominem opticarum rerum, supra id quod ea
pateretur aetas, imperitissimum.*

Je ne sais donc ce qui a pu engager M. le professeur Klugel
à prendre, dans sa savante traduction de l'*Histoire de l'Optique*
de M. Priestley, la défense d'*Antonio de Dominis* contre lui
et moi, et à m'accuser d'une partialité trop grande envers Descartes, qui est, dit-il, mon héros ou mon idole. Oui, sans
doute, Descartes est mon héros où il doit l'être. Je l'ai vengé,
je crois, victorieusement contre la partialité injuste de Wallis
qui, dans son *Histoire de l'Algèbre*, après avoir dissimulé
tout ce qui étoit dû à Cardan, à Ferrari, à Bombelli, à Viète,
etc., pour en revêtir Harriot, son idole à lui-même, traite

Descartes

Descartes de plagiaire, et lui accorde à peine le titre de médiocre géomètre, quoiqu'une des plus belles découvertes de l'esprit géométrique soit celle du moyen d'exprimer la nature des courbes par des équations algébriques. Mais ai-je flatté la mémoire de Descartes sur d'autres points à l'égard desquels ce grand homme a payé le tribut à l'humanité, comme sur ses tourbillons, ses lois de la communication du mouvement, son peu de justice à l'égard de Kepler, de Galilée, &c. ? Non assurément. C'est donc à tort que M. Klugel m'accuse de faire de Descartes mon héros ou mon idole, en lui attribuant ce qui ne lui est pas dû.

Je ne sais non plus ce que ce savant professeur a voulu dire, en nous accusant, M. Priestley et moi, d'avoir traité Fleischer, comme si c'eût été un Cosaque. Le fondement de cette accusation paroît être que, par une erreur qui m'est commune avec M. Priestley, je l'ai nommé *Fleitcher*. Citant de mémoire, je me suis effectivement trompé en écrivant ainsi le nom du physicien en question, qui est *Fleischer*. Je ne sais, je l'avoue, si le premier est plus Cosaque qu'Allemand. Revenons à Antonio de Dominis.

On trouve dans son ouvrage quelques passages où il s'attribue l'invention ou la connoissance du télescope, long-temps avant que sa découverte, faite en Hollande, fût divulguée. Il dit formellement que quand cette découverte commença à faire du bruit, il devina aussitôt son artifice, et qu'elle n'eut rien de merveilleux pour lui ; qu'il annonça même dès-lors qu'il falloit former le tube de deux parties rentrantes l'une dans l'autre, pour pouvoir l'alonger ou le raccourcir, suivant l'exigence des différentes vues. Cette observation est sans doute juste. Mais comme tout cela est imprimé en 1611, que dès 1610 Galilée avoit lui-même construit un télescope, et l'avoit tourné vers le ciel, que de Dominis vivoit encore à cette époque, quoique prisonnier de l'Inquisition, on sent aisément que ces assertions sont de peu de poids, ou même n'en ont aucun.

J'ai nommé, au commencement de cet article, Antonio de Dominis, le malheureux archevêque de Spalatro. En effet de Dominis parvenu presque au faîte des honneurs ecclésiastiques, s'avisa d'annoncer des sentimens qui l'obligèrent de s'expatrier. Il se sauva à Londres, et y passa quelques années. Au tort de n'avoir pas su voiler mieux ses sentimens intérieurs, il ajouta celui de céder à des promesses qui l'engagèrent à revenir en Italie, où son indiscrétion lui suscita un nouvel orage. Il fut arrêté et renfermé à l'Inquisition, où il mourut en 1611.

I I I.

L'optique s'accrut, durant le seizième siècle, d'une nouvelle branche, qui forme aujourd'hui la quatrième de celles qui composent cette science. C'est la perspective, cet art d'imiter sur une surface les dégradations de grandeur et de position, que paroissent éprouver les objets, de manière à faire sur l'œil la même impression que les objets mêmes. On eût pu, à la la rigueur, ne regarder cette branche de l'optique que comme un problême de géométrie ; et effectivement, elle ne tient à l'optique que par son principe fondamental qui, une fois admis et conçu d'une manière abstraite, laisse tout le reste à faire à la géométrie pure. Mais les applications multipliées de ce problême l'ayant en quelque sorte élevé à la dignité d'une science particulière, je me conformerai en cela à l'usage. Et comme on ne trouve, je crois, aucune part la plus légère esquisse de son histoire, le morceau suivant pourra intéresser quelques lecteurs. Pour le rendre plus complet, je remonterai jusqu'à la première origine, et comme aux premiers linéamens de cette science.

La perspective doit sa naissance à la peinture, et surtout à celle des décorations théâtrales. Dans la nécessité où l'on fut de représenter, sur un même plan, des objets qui affectassent l'œil des spectateurs, comme s'ils eussent été en relief et à diverses profondeurs, on fit des réflexions sur les diminutions de grandeurs, les changemens de position que présentent à l'œil ces différens objets, suivant qu'ils sont plus ou moins éloignés.

Une rangée d'objets placés sur des lignes parallèles, comme une allée d'arbres, paroît se rétrécir en raison de sa longueur; une plaine, quoique de niveau, semble s'élever comme une douce pente : un plafond d'une certaine longueur semble s'abaisser à mesure qu'il s'éloigne de l'œil. Ces remarques furent sans doute les premières qui guidèrent les peintres intelligens. Mais les géomètres, dont l'inquiétude n'est satisfaite que quand ils ont atteint la rigoureuse exactitude, ont recherché les causes de ces effets, et les moyens de les imiter avec précision. C'est le systême de ces règles qui compose la perspective.

Le principe général dont les anciens se servirent, ainsi que nous, consiste à supposer les objets au-delà d'un tableau transparent, et que les rayons qu'ils envoient et qui parviennent à l'œil en traversant ce tableau, y laissent une trace. Dans cette supposition, il y resteroit une image, qui feroit sur l'œil placé au point convenable, précisément le même effet que l'objet lui même. Cela est évident, puisque cette image, envoyant sur cet œil les mêmes rayons que feroit cet objet, ne sauroit y produire une autre sensation. Le spectateur en sera donc semblablement affecté, et l'illusion sera complette, si la dégradation de grandeur et de position est secondée par celle des couleurs.

L'art de la perspective ne consiste donc qu'à déterminer géométriquement ces points, où les rayons, partis de chacun de ceux de l'objet, entrecoupent le tableau. Une représentation perspective n'est enfin qu'une projection des objets à l'égard de l'œil. On peut même concevoir le principe ci-dessus plus généralement ; car il n'est pas nécessaire d'imaginer l'objet au-delà du tableau, et celui-ci transparent : on peut concevoir l'objet au-devant, et que chacun des rayons visuels par lesquels on l'apperçoit, soit prolongé jusqu'au tableau, et y marque un point analogue à celui d'où il est parti : tous ces rayons y formeroient une image, qui seroit encore la représentation perspective de cet objet. Le premier principe est cependant le plus employé ; mais le géomètre saura se servir de l'un ou de l'autre, suivant l'occasion.

Vitruve nous a conservé (1) quelques traces de l'ancienne perspective ; il dit qu'un certain Agatarchus ayant été instruit par Eschyle, de la manière de faire les décorations théâtrales, écrivit le premier sur ce sujet ; qu'il apprit son art à Démocrite, et à Anaxagore, et que ces deux géomètres en traitèrent. Vitruve ajoute qu'ils déterminèrent comment un point étant pris dans un lieu, on pouvoit imiter si bien la disposition des lignes qui sortent des yeux en s'écartant, que bien que cette disposition soit inconnue, on ne laissa pas de représenter fort bien les édifices dans les décorations, et de faire ensorte que ce qui est décrit sur une surface plane, paroisse avancer dans un endroit et reculer dans un autre. Il y avoit en effet, parmi les ouvrages d'Anaxagore, un traité intitulé : *Actinographia* ou *radiorum descriptio*, qui est probablement celui dont parle l'Architecte Latin.

C'est ainsi que Vitruve explique l'invention d'Anaxagore et de Démocrite. Il ne faut qu'être initié dans l'optique, pour y reconnoître la ressemblance des principes de l'ancienne pers-

(1) *Archit.* liv. 9.

pective avec ceux de la nôtre. Ce point, pris dans un certain lieu, est la place de ce que l'on nomme le *point de vue*, qui détermine la position de presque tous les linéamens de l'objet. Quant à cette disposition inconnue dont il parle, c'est une expression suggérée par le peu de connoissance qu'on avoit encore alors de la manière dont s'opère la vision. Mais quel que fût le systême qu'on eût adopté à cet égard, pourvu qu'on eût reconnu que l'impression des objets se faisoit toujours par des lignes droites, il n'en falloit pas davantage pour établir les règles de la perspective.

Il ne nous reste rien de plus sur la perspective des anciens, de sorte que nous pouvons regarder les modernes comme les seconds inventeurs de cet art. Il commença parmi nous avec les beaux jours de la peinture, c'est à-dire, vers la fin du quinzième siècle, ou le commencement du seizième. Les plus anciens ouvrages de ce genre, sont celui qu'on trouve dans un traité de Pomponius Gauricus sur les Arts (1), imprimé en 1504, et celui d'un chanoine de Toul, imprimé en 1505 (2). Mais rien n'est plus mal et plus obscurément digéré, ainsi que le traité de perspective qui se trouve dans la *Margarita philosophica*; espèce d'Encyclopédie, célèbre dans ce temps, édition de 1523. Lucas Paccioli ou Lucas de Burgo, dont on a parlé ailleurs, et le célèbre Albert Durer, en traitèrent plus clairement; le premier, dans son livre de *Divina proportione*, et le second, dans ses *Institutions géométriques* en allemand, qui parurent en 1525, *in-fol.* Ce dernier imagina une espèce de châssis, qui peut servir non-seulement à mettre un objet quelconque en perspective, mais encore à démontrer expérimentalement toutes les règles de cette science. Nous apprenons aussi par Egnazio Dante, que Pietro del Borgo avoit écrit trois livres sur cet objet, et il en fait beaucoup d'éloges. Mais il faut nous en tenir à son témoignage; car ils ne subsistent plus. On met encore au nombre de ces anciens fondateurs de la perspective moderne, le fameux Balthazar Peruzzi de Sienne, auquel on attribue l'invention de ce que nous appelons aujourd'hui les *points de distance*, et il simplifia, dit-on, par-là l'invention, encore fort embarrassée, de Pietro del Borgo. Vignole, dans son traité de *Perspective* (3), dit avoir suivi

(1) *Pomponii Gaurici Neapolitani, de sculptura, ubi agitur de symmetria*, etc., etc. *de perspectiva*, etc., etc. Flor. 1504, in-8°.

(2) *De artificiali perspectiva; Viator.* Tulli, 1505, in-8°.

(3) *Regole della prospettiva pratica di Giacomo Barozzi detto il Vignola*, etc. Roma, 1583, in-fol.

de près Balthazar de Sienne. Au surplus, il ne démontre point
ses opérations ; ainsi il n'est guère bon que pour ceux qui
s'embarrassent peu de pénétrer les raisons de ce qu'ils font.
Mais ces règles sont démontrées par Egnazio Dante, son éditeur et commentateur. Parmi les peintres et les architectes qui
ont écrit sur la *Perspective*, il faut aussi ranger Léon-Baptiste
Alberti (1), et le célèbre Serlio, dans son Architecture, dont
le second livre a uniquement pour objet cette science. Nous
leur ajouterons, en France, Jean Androuet du Cerceau (2),
et Jean Cousin, peintre célèbre de ce temps (3). Le fameux
et malheureux patriarche d'Aquilée, Daniel Barbaro, écrivit
aussi sur la *Perspective* un assez gros ouvrage en 1569 (4).
Parmi les ouvrages sur la *Perspective*, publiés en Italie, on
doit encore citer celui de Lorenzo Sirigati (5), remarquable
par la multitude de ses planches (au nombre de 87), et
d'ailleurs par des préceptes assez clairs.

Tous ces ouvrages néanmoins, il faut l'avouer, ne sont pas
fort satisfaisans pour ceux qui sont doués d'un certain esprit
géométrique ; c'est pourquoi Guido Ubaldi, plus géomètre
que tous ces auteurs qu'on vient de citer, envisagea la *Perspective* d'une manière plus savante que tous ceux dont
nous venons de parler (6). Il est le premier qui ait entrevu
la généralité de ses principes. Dans le traité qu'il en donna
en 1600, il établit ce principe extrêmement fécond ; savoir,
que toutes les lignes parallèles entre elles et à l'horizon, quoiqu'inclinées au plan du tableau, convergent toujours vers
un point de la ligne horizontale, et que ce point est celui où
cette ligne est rencontrée par celle qui est tirée de l'œil parallèlement à ces premières. Guido Ubaldi auroit même pu donner
à son principe encore plus de généralité, en faisant voir que
toutes les lignes parallèles entr'elles, sans l'être à l'horizon,
concourent dans le même point du tableau, savoir celui où
il est rencontré par celle de ces parallèles qui est tirée de l'œil.
Il seroit nécessaire de recourir à ce principe, pour résoudre
certains problèmes de perspective que l'on pourroit proposer ;
mais je me contente de cette indication, et je reviens à celui
de Guido Ubaldi, qui satisfait à tous les cas ordinaires de la

(1) *De Pictura*, lib. 3.

(2) *La Perspective de J. Androuet
du Cerceau*, archit. Paris, 15   , in-fol.

(3) *Livre de Perspective de Jean
Cousin, Sénonois, maître peintre à
Paris*. Paris, 1563, in-fol.

(4) *La pratica della prospettiva di
M. Daniel Barbaro*, etc.; *opera molto*

utile a pittori, scultori e architetti.
Venet. 1569, in-fol.

(5) *La pratica della Prospettiva
del cavalier Lorenzo Sirigati*, etc.
Venèz. 1596, in-fol.

(6) *Guidi Ubaldi e Marchionibus
Montis Perspectivae*, lib. 6. Pisauri,
1600, in-fol.

Perspective, où il n'est le plus souvent question que d'objets terminés par des lignes perpendiculaires, ou parallèles à l'horizon. En partant de ce principe, on voit que le concours apparent de toutes les lignes perpendiculaires au plan du tableau dans le point principal, n'est que celui où le tableau est rencontré par la perpendiculaire tirée de l'œil. De même les lignes inclinées au plan du tableau de 45°, concourront dans un point de l'horizontale, où elle sera rencontrée par la ligne tirée de l'œil à angles de 45°. Toutes les parallèles entr'elles, inclinées de 3o° au plan du tableau, auront des apparences qui concourront au point, où la ligne, menée à angles de 3o°, le rencontrera, et il en sera de même des autres. Ainsi il étoit aisé de résoudre non-seulement de 25 manières différentes, comme fait Ubaldi, mais d'une infinité, le problème général et fondamental de toute la *Perspective*; savoir, de déterminer l'apparence d'un point quelconque donné. Au reste, l'ouvrage de Guido Ubaldi a le défaut ordinaire de ceux de son temps; ce qu'on y trouve exposé en une multitude de propositions, pouvoit souvent être dit avec plus de netteté en peu de pages.

Parmi les mathématiciens Allemands, plusieurs écrivirent dans ce siècle sur la *Perspective*. Il suffira néanmoins de les nommer ici. Tels furent Aug. Hirschvogel, en 1543; Henri Lauterbach, en 1564; Leinker et L. Storck, en 1567, et surtout Venzel-Iamitzer, en 1568. Mais, en général, ces auteurs s'attachèrent davantage à des exemples curieux par leur difficulté, comme à représenter sous toutes sortes de positions les corps réguliers, ou d'autres de configurations singulières, qu'à la théorie et à une pratique utile.

Pour n'être pas obligé de revenir sur ce sujet, qui, dans l'ordre des difficultés mathématiques, ne tient pas un rang fort relevé, nous allons faire passer rapidement en revue les principaux ouvrages de ce genre, auxquels les deux derniers siècles ont donné naissance, et qui méritent, à quelque titre particulier, qu'il en soit fait mention. On a fait cas autrefois de la *Perspective avec la raison des ombres*, par Salomon de Caux (Lond. et Francf. 1612, *in-fol.*); de *la Perspective, contenant la théorie et la pratique*, de Samuel Marolois (la Haye, 1614, *in-fol.*); de l'*Institution en la Perspective* de H. Hondius (la Haye, 1625); de celle du P. Dubreuil, en 3 volumes *in-4°*. remplis de figures, et publiée sous le nom anonyme d'un jésuite, (Paris, 1642 et 1664); de celle d'Alleaume (Paris, 1644, *in-4°*.). Les *deux livres sur la Perspective* d'André Alberti, dans le premier desquels il enseigne à pratiquer la

Perspective géométriquement et arithmétiquement (1), sont remarquables par cette singularité. J'ignore la date de l'édition originale. La *Perspective* de Desargues, habile géomètre et ami de Descartes, eût été sans doute un bon ouvrage, s'il n'avoit pas confié le soin de digérer et exposer ses idées au graveur Bosse, qui en a fait un chef d'œuvre de barbarie dans le langage, et de plate prolixité dans la méthode. Il n'en est pas ainsi de *la Perspective* du P. Deschales qui se trouve dans son *Cursus* ou *Mundus Math.* (Lugd. 1673, *ibid.* 1691, *in-fol.*). Elle est recommandable, ainsi que ses autres ouvrages, par une extrême clarté.

Je pourrois encore citer la *Perspectiva prattica* de Pietro Accolti (Flor. 1625, *in fol.*); celle de Bernardo Contino (Ven. 1645, in-fol.); la *Perspective curieuse* du P. Niceron, minime (Paris, 1652, in-fol.); la *Perspective affranchie de l'embarras du point de vue*, par le P. Bourgoing, jésuite (Paris, 1661, in-fol.). Le frère Pozzo, peintre, jésuite, terminera cette notice des auteurs de *Perspective* du dix-septième siècle. On a de lui sa *Perspectiva pictorum et architectorum*, ouvrage latin et italien, dont le premier volume parut à Rome en 1693, *in-fol.*, et le second en 1700. Il est sur-tout recommandable pour les artistes et pour les curieux, par la quantité de belles planches qui le décorent. Le P. Pozzo y traite beaucoup de la *Perspective* des plafonds. Mais il a beau faire ; il n'y a pas moyen d'empêcher que l'architecture, mise ainsi en perspective, n'ait l'air de crouler sur le spectateur.

Le siècle actuel a aussi produit un grand nombre d'ouvrages sur cette partie des mathématiques. On a du P. Lami, de l'Oratoire, une petite Perspective, sous le titre de *Traité de Perspective, où sont contenus les fondemens de la peinture* (Paris, 1701, in-8°.); mais elle est plus faite pour les peintres, et plus relative au coloris, que propre aux géomètres. Ceuxci seront plus satisfaits de l'*Essai de Perspective* (Amst., 1711, in-8°.), ouvrage de la première jeunesse du savant S'gravesande, et où il règne une manière nouvelle d'envisager son objet. M. Brook Taylor a aussi traité la Perspective d'une manière neuve, dans l'ouvrage intitulé : *Linear Perspective*, etc. (Lond., 1715, in-8°.), qui parut de nouveau, en 1719 et 1749, avec beaucoup d'augmentations sous le titre de *New principles of linear Perspective*, etc. Cet

(1) *Andreae Alberti duo libri*; prior *de Perspectiva cum et praeter arithmeticam inventa*; *posterior de umbra* ad eam pertinente, Norimb. 1671, in-fol. *antea Germanice*, ibid.

ouvrage a été traduit en François, et publié en 1753 (Lyon, in-8º.), avec l'*Essai de Perspective Linéaire* de Patrice Murdoch. On peut y joindre le *Court et élégant traité de Perspective Linéaire* de M. Michel (Paris, 1771, in-8º, 32 pag.). Le traité de *Perspective* de H. Hamilton, intitulé : *Stereography or a general treatise of Perspective in all its Branches* etc., (Lond., 1748, in-fol., 2 vol.), est précisément l'inverse de ce dernier ouvrage, par sa prolixité et son étalage de haute géométrie. Il est vrai qu'il y traite aussi des projections de toute espèce, et une foule de problèmes analogues. Les *Elementi di Prospettiva*, etc. (Rome, 1745, in-8º.) du P. Jacquier, sont également savans, et propres à satisfaire, et le profond géomètre, et le géomètre médiocre. Le *Traité de Perspective pratique à l'usage des artistes*, donné par M. Jeaurat de l'académie des sciences (Paris, 1750, in-4º.), mérite d'être recommandé par sa clarté et ses développemens multipliés et utiles. Nous citerons encore l'*Essai sur la Perspective pratique par le moyen du calcul*, de M. le Roi (Paris 1757, in-12); l'ouvrage intitulé : *Raisonnement sur la Perspective pour en faciliter l'usage aux artistes*, par M. Petitot, (Parme, 1750, in-fol.). Pour clore enfin cet article, nous parlerons de l'ouvrage de M. Priestley, intitulé : *Familiar introduction in the Theory and pratice of Perspective*, etc. (Lond., 1770, in-8º.); de celui intitulé : *The Drawing in Perspective made easy*, (Lond., 1775, in-8º.); et finalement de celui du célèbre M. Lambert, de l'académie de Berlin, publié d'abord en Allemand, à Zurich; traduit ensuite en François, avec des additions, par l'auteur même (en 1759 in 8º.), sous le titre de *la Perspective affranchie de l'embarras du plan géométral*. Ce savant s'est frayé une route nouvelle; et au moyen du compas de proportion, instrument si connu des géomètres les plus ordinaires, il exécute avec facilité les opérations les plus compliquées. Il y a sans doute un grand nombre d'autres traités de Perspective, qui ont leur mérite. Mais l'énumération de tous dégénéreroit en une bibliographie.

Il est une autre sorte de Perspective, dont il nous faut dire un mot, mais avec la brièveté convenable à la médiocre importance du sujet : c'est l'art des déformations. Il s'agit ici de décrire sur une surface plane ou courbe, une figure qui, regardée de par tout ailleurs que d'un certain point, paroîtra difforme, et qui, vue de ce point, sera bien proportionnée. Le principe de ces déformations est le même que celui de la Perspective ordinaire. On suppose l'image régulière placée devant ou derrière le plan, sur lequel on veut faire la déformation, et l'œil situé de manière que les rayons, par lesquels

il

il la regarde, soient très-obliques à ce plan. Mais comme il seroit trop difficile de trouver géométriquement chacun des points de la déformation, on divise le tableau original en parties égales et carrées, dont on détermine facilement la représentation. Ainsi tout le champ de la déformation est divisé en carrés déformés, dont chacun a son correspondant dans le tableau. Cela fait, on transporte dans chacun de ces carreaux la partie de la figure qui est dans le carreau correspondant du tableau régulier, en l'alongeant ou la retrécissant à proportion que ce carreau est lui-même allongé ou raccourci. L'œil étant placé à l'endroit convenable, verra cette image dans ses justes proportions et à-peu-près. J'ajoute cette restriction, car l'expérience montre qu'il y a un peu à rabattre des merveilles que promet la théorie. Il y avoit autrefois dans le cloître des Minimes de la place Royale, un tableau de cette espèce, assez remarquable, et qui étoit l'ouvrage du père Niceron.

Les déformations directes sont les plus simples : la catoptrique et la dioptrique en fournissent d'autres plus composées et plus ingénieuses. On dépeint, par exemple, sur un plan une image si irrégulière, que la voyant directement, il est impossible d'y rien discerner, et néanmoins elle paroît fort régulière à l'aide d'un miroir cylindrique, conique, ou prismatique. Ce jeu d'optique semble avoir pris naissance au commencement du siècle passé. Un mathématicien de ce temps, nommé M. de Vaulesard, en donna les principes sous le titre d'*Abrégé ou raccourci de la Perspective* (Paris, 1631, in-8o.). Le P. Niceron en a traité fort au long dans sa *Perspective curieuse* (Paris, 1652, in-fol.), qui est presque toute occupée de ces bagatelles; cet ouvrage avoit d'abord paru en latin sous le titre de *Thaumaturgus opticus* (Paris, 1645, in-fol.), mais la plus ingénieuse de ces déformations, et d'où nait le plus de surprise, c'est celle d'un tableau qui vu à l'œil nud, présente un objet quelconque, et qui regardé ensuite par un verre polyèdre, offre un objet tout différent. Ainsi, chez P. Niceron, l'on voit un portrait qui représente à l'œil nud, le Grand-seigneur Achmet, alors régnant; mais lorsqu'on le regarde à travers le verre polyèdre dans une position déterminée, on voit à sa place Louis XIII. J'ai vu une pareille machine optique beaucoup plus ingénieuse. Le tableau à l'œil simple offroit les diverses vertus morales qui concourent à former un grand prince, mais regardé du point déterminé, il présentoit le portrait du prince auquel on avoit voulu faire la cour; c'étoit un ouvrage de M. Amédée Vanloo qui, à ses talens pour la peinture, réunissoit beaucoup de connoissances d'optique et de physique, surtout dans l'électricité. Les divers auteurs qui ont ramassé les curiosités mathématiques comme *Bachet*, *Ozanam*, etc., n'ont pas oublié ces jeux optiques. Parmi les auteurs plus modernes, l'ingénieux M. Leupold, connu par son *Théâtre de machines*, en a donné en particulier une pour dessiner les déformations destinées aux miroirs coniques et cylindriques. Mais nous croyons devoir renvoyer aux actes de Leipsick (année 1712), pour la description de cette invention.

Fin du Livre cinq de la troisième Partie.

SUPPLEMENT

AU QUATRIÈME LIVRE,

CONTENANT L'HISTOIRE DE LA GNOMONIQUE ANCIENNE ET MODERNE.

JE me trouve en état de remplir plutôt que je n'aurois pensé, une partie au moins de la promesse que j'ai faite au Lecteur à la fin de l'avant-dernier Livre. Je vais en conséquence tracer ici un tableau beaucoup plus étendu et plus complet de l'histoire de la Gnomonique, depuis l'époque de sa naissance jusqu'au moment actuel.

Avant de présenter le peu que l'on sait de la Gnomonique des anciens, il est nécessaire d'entrer dans quelques détails sur la manière de mesurer le temps parmi les peuples les plus célèbres de l'antiquité.

On ne doit pas chercher chez les premiers hommes des divisions de la journée, semblables à celles qu'ont adopté les nations civilisées de l'Europe. Il s'est certainement écoulé une longue suite de siècles, pendant lesquels on ne remarquoit dans la journée que le lever et le coucher du soleil ; on jugeoit, comme les gens de nos campagnes, par conjecture et par une inspection vague de la hauteur du soleil, combien le jour étoit avancé, et combien il en restoit pour le finir. Le milieu du jour étoit estimé par la plus grande hauteur du soleil ou la plus grande chaleur.

Ainsi le lever et le coucher du soleil dûrent, chez toutes les nations, commencer par être les termes d'où elles partirent pour compter la durée du jour. Les Babyloniens le commençoient au lever du soleil ; et l'intervalle d'un lever à l'autre formoit une journée. Les Athéniens préférèrent de la commencer au coucher, et de la compter d'un coucher à l'autre. C'étoit ce qu'ils appelloient le *Nichtêmeron*. L'intervalle du coucher au lever étoit la nuit naturelle ; et celui d'un lever au coucher suivant, faisoit le jour naturel, *Emera*. Il est probable que les Égyptiens commencèrent de même à compter les jours ; mais l'astronomie, qu'ils cultivèrent long-temps avant les Grecs, leur fit apparemment reconnoître les inconvéniens

de cet usage, et les amena à compter les heures d'un midi
à l'autre. Ils furent en effet, à ce qu'il paroît, les premiers,
au moins avec les Babyloniens, qui surent déterminer bien
exactement le midi. La position de leurs pyramides, parfaitement orientées, en est une démonstration.

On attribue aussi aux Egyptiens la division du jour en
vingt-quatre parties égales, et l'on en raconte une origine
plaisante. Ce fut leur Cynocéphale, espèce de singe sacré, qui
leur en donna l'idée ; car cet animal, dit-on, lâchoit son
urine à toutes les heures équinoxiales. Il est fâcheux que cela
ne soit pas confirmé par nos naturalistes ; car ils ne connoissent point d'animal doué de cette singulière propriété.
Quoiqu'il en soit, on ne peut douter que les Egyptiens
ayent été un des premiers peuples qui divisèrent la durée du
jour en parties égales, soit mécaniquement, soit astronomiquement. Je dis un des premiers peuples : car les Babyloniens, soit qu'ils ayent été les maîtres, soit qu'ils ayent été
les disciples des Egyptiens, étoient en possession de cet usage
long-temps avant les Grecs.

Nous remarquerons en effet que quoique ces derniers eussent
de toute ancienneté le mot ΩΡΑ, ils lui donnoient une toute
autre acception que celle qu'il a eue dans la suite. Ce n'étoit
point une des divisions de la journée, mais une saison, un
intervalle de temps assez vague. On peut s'en assurer par une
foule de passages d'Homère, d'Hésiode, et d'Aratus même,
quoique fort postérieur. Les Grecs, jusqu'à la naissance de
la philosophie chez eux, ne connoissoient dans la journée que
le lever et le coucher du soleil ; on peut y ajouter le midi
déterminé, non astronomiquement, mais par conjecture ou
d'après quelques-unes de ces observations grossières qui se présentent à tous les hommes ; par exemple, qu'aux environs du
milieu du jour, la face d'un bâtiment cesse ou commence
d'être éclairée, &c. Il n'est aucun lieu habité qui ne présente
cette méridienne naturelle. Quant au milieu de la nuit, ce
ne pouvoit être que par estime qu'ils le définissoient.

Mais enfin la philosophie, et à sa suite la géométrie et
l'astronomie, ayant pénétré chez les Grecs, la dernière de
ces sciences fournit le moyen de diviser le temps avec plus
de précision. Le premier pas étoit sans doute la détermination
astronomique du midi. Ce fut Anaximandre, le successeur de
Thalès, qui enrichit, selon Diogène Laërce (1), la Grèce
de cette invention, en élevant à Lacédémone un gnomon ou
une pyramide quelconque dont le sommet annonçoit le midi

(1) *In Anaximandro.*

par la brièveté de son ombre, ou par sa projection sur une
certaine ligne. Cette invention, cependant, il la tenoit probablement de Thalès même ; car Pline (1) dit qu'il ne fit que perfectionner les inventions de son maître. Il est encore probable
que Thalès lui-même tenoit cette invention des Egyptiens,
chez lesquels il avoit voyagé pour s'instruire. A la vérité,
Pline attribue ailleurs (2) la même chose à Anaximène. Mais
il résulte du moins de ces différens passages, que l'un de ces
philosophes trouva la théorie des ombres, et la science appelée
Gnomonique, enfin qu'il montra à Lacédémone le premier
cadran solaire (*horologium sciatericum*). On pourroit même,
par une conjecture assez probable, conserver à chacun d'eux
une part dans ces découvertes brillantes pour leur temps.
Thalès apporta d'Egypte, avec bien d'autres choses, la manière
de tracer une méridienne ; mais il n'en fit pas usage pour
l'utilité publique. Anaximandre éleva le premier un Gnomon,
propre à déterminer le midi pour l'usage d'une grande ville,
et enfin Anaximène y ajouta les heures. Rien n'est plus conforme à la marche de l'esprit humain.

Hérodote rapporte (3) d'une autre manière l'introduction
de la Gnomonique chez les Grecs. Suivant ce père de l'histoire, c'étoit des Babyloniens qu'ils tenoient le *Pôle* et le
Gnomon, et les douze parties du jour, passage où l'on peut
remarquer qu'il ne se sert pas du mot d'*heure*. Cela s'accorde
assez bien avec d'autres autorités (4), qui nous apprennent
qu'un *Bérose* Caldéen (que nous croyons devoir être distingué
de l'historien) avoit passé en Grèce ; qu'il avoit établi à Cos
une école des sciences qu'on cultivoit dans son pays, et qui
étoient probablement l'astronomie mêlée de divinations astrologiques ; à quoi l'on ajoute que ces divinations lui firent tant
d'honneur à Athènes, qu'on lui éleva une statue. Vitruve (5)
attribuant d'ailleurs à un Bérose une sorte d'horloge solaire,
ce fut probablement lui qui apprit aux Grecs, peu avant Hérodote, l'art des cadrans solaires, et la division du jour en douze
parties. Une circonstance particulière vient à l'appui de cette
fixation de l'âge du premier Berose Caldéen ; en effet, ce
Bérose (6) reconnoissoit des observations caldéennes antérieures à lui de 480 ans ; et comme d'un autre côté, il
est constant qu'il y en avoit d'antérieures à l'ère d'Alexandre
d'environ 720 ans, il semble qu'on peut dire avec vraisem-

(1) *Hist. nat.*, l. 7, cap. 57.
(2) *Hist. nat.*, l. 2, cap. 76.
(3) *Hist.*, l. 2.
(4) *Vitruve*, *Arch.*, l. 9, cap. 4 et 7.
Pline, *Hist. nat.*, l. 7, cap. 56.

(5) *Archit.* l. 9, cap. 9.
(6) Plin., *Hist. nat.*, l. 7, cap. 56.

blancc qu'il vivoit 240 ans environ avant Alexandre, c'est-à-dire, près de 540 ans avant Jésus-Christ, 80 ans avant Hérodote, ou enfin vers le temps d'*Anaximène* et *Anaximandre*, à qui d'un autre côté l'on attribue ces inventions.

Depuis ce temps, je veux dire, depuis ces deux successeurs de Thalès, on trouve dans l'antiquité une mention assez fréquente de cadrans solaires ou d'horloges : Menandre introduisoit dans une de ses pièces un parasite affamé, qui avoit guetté au cadran l'ombre qui annonçoit l'heure du repas auquel il étoit invité, mais qui s'y étoit pris de si bon matin qu'il avoit pris l'ombre de la lune à la place de celle du soleil. On montroit à Epicure un cadran solaire comme une invention ingénieuse des mathématiques qu'il affectoit de mépriser. *Belle invention*, dit-il, *pour ne pas oublier de dîner.* L'anthologie grecque nous a conservé une jolie inscription apposée à un cadran solaire, et qui semble avoir trait à l'emploi de la journée chez un certain ordre de citoyens. Le sens en est; *six heures de la journée sont données pour le travail ; les quatre suivantes disent aux mortels : vivez.* Ces quatre heures étoient en effet marquées des lettres numérales grecques Z. H. Θ. I., et ce mot ΖΗΘΙ signifie *vis*.

C'est ici le lieu de citer un curieux fragment d'une comédie de Plaute (*la Beotienne*), qu'Aulugelle nous a conservé dans ses *Nuits attiques* (liv. 3), et dans lequel un parasite déclame contre les cadrans solaires en ces termes :

> Ut eum di perdant, primus qui horas repperit,
> Quique adeo primus statuit hic solarium,
> Qui mihi comminuit misero articulatim diem.
> Nam me puero uterus erat solarium
> Multo omnium istorum optimum ac verissimum.
> Ubi iste monebat esse, nisi cum nihil erat:
> Nunc etiam quod est, non est nisi Soli lubet.
> Itaque adeo jam oppletum est oppidum solariis,
> Major populi pars aridi reptant fame.

En faveur de la génération prochaine, pour qui la connoissance de la langue latine sera aussi familière que l'est aujourd'hui celle du grec, en voici la traduction : « que les Dieux confondent celui qui, le premier inventa les heures et plaça ici ce cadran qui, pour mon malheur, me dépéce ainsi la journée ; car dans mon enfance mon ventre étoit mon cadran, bien meilleur et plus juste que tous ceux-là : on mangeoit quand il avertissoit de manger, à moins qu'on n'eût rien ; mais aujourd'hui ce qui est, n'est pas, à moins qu'il ne plaise au soleil. Aussi depuis que la ville est remplie de cadrans, on ne voit que gens se traînant décharnés et mourans de faim ».

Ce que nous venons de dire nous annonce aussi qu'il y avoit anciennement une manière de mesurer le temps par la longueur de l'ombre qu'un style projetoit au soleil. En effet plusieurs passages d'auteurs anciens ont trait à cette mesure du temps : ainsi l'on disoit *l'ombre a dix pieds, combien de pieds a l'ombre?* Il paroît que ce fut d'abord la hauteur du corps humain qui servoit de style. Chacun, au moyen de cela, portoit avec soi son horloge ; il y avoit aussi probablement des styles en divers endroits d'une ville, et l'on peut concevoir qu'au moyen de cercles concentriques, tracés à la distance d'un pied les uns des autres, on pouvoit aussitôt reconnoître la longueur de l'ombre en pieds et parties de pieds. Mais il falloit avoir une table plus ou moins étendue des heures correspondantes à ces longueurs, et cette table devoit varier chaque mois ; ce qui étoit certainement bien incommode. Peut-être dans l'usage habituel se bornoit-on à savoir qu'au commencement du printemps on dînoit à dix pieds, par exemple ; qu'au commencement de l'été on le faisoit à quatre, au commencement de l'hiver à quatorze ou quinze. Quoiqu'il en soit, Palladius, auteur du sixième siècle, nous a conservé un ancien calendrier, où, à la fin de chaque mois, se trouve une table de la longueur de l'ombre à chaque heure de la journée (1). Mais on sent qu'à l'incommodité du besoin de cette table se joignoit celle de ne pouvoir connoître les heures voisines du lever et du coucher du soleil à cause de la longueur excessive de l'ombre. Il est cependant certain que cette expression, *l'ombre est de tant de pieds*, a subsisté long-temps après l'invention des cadrans solaires, et c'est ce qui est prouvé par plusieurs passages de Lucien. Mais je suis porté à penser que ce n'étoit plus qu'une expression restée dans l'usage, et qu'une ombre de tant de pieds étoit analogue à telle ligne horaire, une autre de tant à telle autre.

Remarquons en passant que telle est encore la manière dont les habitans de Madagascar mesurent la journée.

Le savant Bède a donné dans ses oeuvres la construction d'un pareil cadran ; et un astronome, ou plutôt astrologue Italien, nommé *Benincasa*, a en quelque sorte voulu restituer cette espèce de cadran dans un écrit intitulé : *Homo-metrum*, &c. Je me hâte de passer à des choses plus précises sur les cadrans solaires.

Nous devons à l'espèce de manie qu'avoit Vitruve, d'étaler

_____

(1) Petavü, *Diff. ad Uranolog.*

des connoissances étrangères à son art, les seuls traits qui nous soyent parvenus sur les différentes espèces de cadrans solaires usités par les anciens et sur leurs inventeurs; nous lui saurions même gré d'être entré à cet égard dans plus de détails. Suivant le récit de cet auteur (1), Bérose le Caldéen passoit pour avoir inventé le cadran appelé *Hémicycle*, creusé dans un carré et recoupé selon le climat. On ne peut, je crois, traduire autrement ces mots ; *excavatum in quadrato et ad Enclyma succisum*. On tâchera plus bas de les expliquer. Aristarque de Samos inventa le *Scaphé* ou *Hémisphère*, ainsi que le *Disque*. Eudoxe de Cnyde, ou suivant d'autres, Apollonius, imagina l'*Aracuhé* ; Scopas de Syracuse, le *Pluthe* ; le *Pros-ta Istoroumena* étoit l'ouvrage de Parmeniou, et le *Pros pan-clima*, celui de Théodose et Andréas. Patrocle fut l'inventeur du *Pélécinon* ou *Bipennis* ; Dionysiodore, du *Cône*, et Apollonius du *Carquois*. Il y en avoit encore plusieurs autres que Vitruve se borne à nommer, comme le *Gonarché*, l'*Engoniaton*, l'*Antiboreum*. Enfin il nous apprend qu'il y en avoit de portatifs qui servoient aux voyageurs (*viatoria pensilia*), sur lesquels divers auteurs avoient écrit, et dont la description dépend, dit-il, de celle de l'*Analemme*, dont il a donné peu auparavant la construction. Ce passage enrichit comme on voit la liste des mathématiciens anciens, de plusieurs autres d'ailleurs inconnus comme Scopas de Syracuse, sans doute différent du sculpteur ; Parméniou, Andréas et Patrocles ; ce Patrocles est au surplus fréquemment cité comme géographe par Strabon, et l'on ne peut guère douter que ce ne soit le même. Il seroit impossible d'en dire davantage ; mais le lecteur verra sans doute avec quelque plaisir des conjectures sur ces cadrans, et même la description de quelques-uns d'après les monumens découverts dans ces derniers temps.

Le cadran de Bérose doit nous occuper le premier. Nous croyons qu'on ne doit pas y chercher une cavité hémisphérique comme ont fait divers auteurs ; mais une cavité simplement en hémicycle ou cylindrique. Car d'ailleurs le *Scaphé* ou *Hémisphérion* que nous décrivons plus bas, et qui nous est parvenu, étoit attribué à Aristarque de Samos.

Concevons donc un bloc carré ou cubique de pierre exposé directement au midi, et qu'on en recoupe la surface de manière à être parallèle à l'axe du monde, ou à faire avec l'horizon un angle égal à la hauteur du Pôle. Voilà, je pense, le sens de ces mots *ad Enclyma succisum*, quoique peut-être il eût été plus exact de dire *excavatum in quadrato ad enclyma*

(1) *Archit.*, l. 9, cap. 9.

succiso. Tracez sur cette surface inclinée à l'horizon, et perpendiculaire à l'équateur, une méridienne qui soit l'axe d'une cavité cylindrique. Il est facile de se démontrer qu'un point quelconque de cet axe, décrira tous les jours un arc de cercle semblable à l'arc diurne décrit dans les cieux par le soleil. Ainsi élevez au fond de cette cavité cylindrique un style, dont le sommet atteigne à l'axe. L'ombre de son sommet décrira le jour de l'équinoxe un demi-cercle, et chaque autre jour un arc semblable à celui décrit le même jour par le soleil. Si donc on les divise chacun en douze parties égales, et qu'on mène dans la cavité du cylindre des lignes par les divisions semblables de chaque arc, on aura les douze lignes horaires. Il est vrai qu'on n'aura pas la totalité des heures pendant les grands jours ; car alors les parallèles diurnes doivent autant excéder le demi-cercle, que ceux des petits jours seront au-dessous. Mais on peut remédier à cet inconvénient, en prolongeant la cavité cylindrique dans la partie méridionale, jusqu'au plan horizontal.

Ce fut peut être ce défaut du cadran cylindrique ou *hémicycle* de Bérose, qui donna lieu à l'*hémisphère* d'Aristarque de Samos. C'est sans contredit le plus simple ; mais rien n'est plus ordinaire que de voir le génie ne pas prendre le chemin le plus court. Qu'on conçoive un hémisphère creusé dans un bloc de pierre cubique, dont la base soit bien horizontale. Au fond de cette cavité soit érigé un style dont le sommet coincide à son centre. La plus légère attention fait voir que l'ombre de ce sommet décrira chaque jour dans le fond un arc de cercle semblable au parallèle diurne décrit par le soleil. Il sera donc facile d'y décrire l'équateur et les deux tropiques. On pourra les diviser chacun en douze parties égales, et en faisant passer par les divisions semblables des lignes courbes ; elles seront les lignes horaires, et diviseront en douze parties égales, la trace du style et la journée entière depuis le lever du soleil jusqu'à son coucher.

J'ai toujours parlé de la division de la journée, ou du jour naturel en douze parties égales. En effet, je dois observer ici que tel fut toujours l'usage des Grecs et même des Romains.

Plusieurs cadrans de cette espèce nous sont parvenus ; le premier fut trouvé vers 1741, dans les fouilles d'une ancienne maison de campagne, sise sur le *Tusculum*, qui paroît avoir été celle de Cicéron, en sorte que ce cadran auroit le double mérite et de l'antiquité, et d'avoir appartenu à l'orateur Romain, qui paroît en parler dans une de ses lettres à son affranchi

Tyron (1). Il fut porté au muséum du collège Romain, et le
P. Zuzzeri, jésuite, en donna la description en 1746 dans un
opuscule très savant (2), où il traite aussi des anciens cadrans
solaires. On en voit la représentation dans la figure 89. On
doit y remarquer que la partie inutile de l'hémisphère a été
retranchée par un plan parallèle à celui de l'équateur ou des
tropiques. L'objet de ce retranchement est facile à appercevoir ;
quant à l'inclinaison de ce plan à l'horizon, elle se trouve vérification faite, être de 48°. 17 à 18′, qui est précisément celle
de l'équateur à l'horizon de *Tusculum*, d'où il résulte que le
cadran a été fait pour le local, et par un homme entendu. Le
P. Zuzzeri y observe au surplus quelques irrégularités, par
exemple, que le plan qui le termine horizontalement est quelque
peu au-dessous du centre, et que la cavité n'est pas entièrement
sphérique ; ce qui fait que les divisions horaires sur l'équateur
ne sont pas égales, et il en explique les raisons.

Un semblable cadran fut découvert en 1751 à Castel-Nuovo,
dans l'état ecclésiastique, et fut placé par Benoît XIV, juste
appréciateur des monumens antiques, dans le muséum du
Capitole On en déterra encore un, la même année vers le
même endroit, qui fut transporté dans le palais Locatelli. Ils
présentent l'un et l'autre dans leur cavité, non-seulement les
lignes horaires, mais encore l'équateur et les tropiques. Enfin
les ruines de Pompeii en ont encore fourni un ; mais celui-ci
diffère en quelques circonstances des précédens ; car on n'y
voit que les lignes horaires, et l'équateur sans les tropiques (3).

Le *Disque* qu'on attribue à Aristarque de Samos, n'étoit
probablement que la projection de ces lignes, sur un plan
tangent à la convexité hémisphérique ; car ce problême n'excédoit certainement pas la capacité des géomètres de ce temps.
Il est probable aussi que la *Scaphé* n'étoit autre chose que la
même projection faite dans une cavité moindre que l'hémisphère. Elle ne pouvoit donner que peu d'heures avant et
après midi.

On peut encore conjecturer avec vraisemblance que l'*Aranea*
d'Eudoxe, n'étoit autre chose qu'un cadran asymuthal, c'est-
à-dire, montrant l'heure par l'ombre d'un style droit sur un
grand nombre de cercles décrits du pied du style, comme centre

(1) *Famil.* Lib. 16. Epist. 4.

(2) *D'un ant. villa scoperta sul dosso del Tusculo ed un antico orologio d Sole tra le ruine della ritrovato.* Venez. 1746, in-4°.

(3) *Le pitture di Ercolano,* t. 3. p. 337.

et entrecoupés de plusieurs autres lignes; car, supposons que ces cercles tracés à égales distances de ce centre, et répondans aux entrées du soleil dans les signes du zodiaque; savoir le premier et intérieur pour l'entrée de cet astre dans le cancer; le suivant pour le lion et les gemeaux, &c. On pourra désigner sur chacun de ces cercles les douze heures du jour naturel pour le jour où le soleil occupe le commencement de chaque signe; et si l'on trace ensuite des lignes par les points de même heure sur chaque cercle, on aura une figure assez ressemblante à une toile d'araignée, qui sera probablement l'*Aranea* d'Eudoxe. Dans les temps où les astronomes s'occupoient beaucoup de petits moyens astronomiques, comme les diverses espèces d'ana-lemme, il y en avoit un auquel on donnoit le nom d'*Aranea*, par une semblable raison.

Il seroit trop long de parcourir ainsi les autres cadrans solaires nommés par Vitruve; nous dirons seulement que le *Pros-pan-clima* étoit apparemment un cadran qui s'adaptoit aux diverses latitudes; l'*Antiboreum*, un cadran décrit sur un plan tourné directement au nord, conséquemment sur un plan équinoxial; mais il étoit bien différent de nos cadrans équinoxiaux, vu la différence des heures. Nous laissons au reste, à l'érudi-tion, le soin de démêler ce qu'étoient le *Gonarché*, l'*Engo-niaton*, &c.; cela nous mèneroit trop loin.

Les monumens anciens nous ont encore conservé quelques représentations de cadrans antiques. Gabriel Simeoni (1) nous a transmis celle d'un cadran qui accompagnoit un calendrier; c'étoit un cadran triple, celui du milieu tracé sur une surface cylindrique concave, et les deux latéraux sur des surfaces planes. Il y en avoit autrefois un à Ravenne (2), qui consis-toit dans un hémisphère tourné au midi, et porté par un hercule sur ses épaules, ce qui lui avoit fait donner le nom d'*Ercole Orario*. Le P. Zuzzeri dit qu'il n'y subsiste plus. Lambécius a aussi conservé la figure d'un semblable cadran porté sur une colonne; il l'a extrait d'une peinture trouvée dans un très-ancien manuscrit de la bibliothèque impériale. Il manque la moitié supérieure de l'hémisphère qui étoit en effet inutile, tout le cours de l'ombre du sommet du style se passant dans la partie inférieure. On pourroit dire que ce cadran étoit à celui dont on a donné la figure, ce qu'est le cadran vertical sans déclinaison, au cadran horizontal.

Nous avons dit plus haut que les anciens avoient leurs cadrans

(1) *Illustrazioni degli Epitaffi*, &c.   (2) *Ibid.* p. 80.
p. 46.

portatifs et à suspension ; en voici un des plus curieux : il fut trouvé dans les fouilles de Portici en 1755, et les académiciens antérieurs de Naples en ont donné la description dans la préface du troisième volume de la description des tableaux trouvés dans ces ruines. Sa figure est celle d'un jambon suspendu par un anneau attaché au pied, et le bout de la queue qui a été conservée tient lieu de style. Les heures sont décrites sur la partie à peu près plane de la coupe du jambon. On y voit sept lignes verticales entrecoupées par d'autres en même nombre ; au-dessous de ces intervalles on voit les noms des mois auquel il convient en syllabes initiales, et deux à deux, mais la figure 90 suppléera à une plus longue explication. Les personnes un peu versées en Gnomonique reconnoîtront facilement comment on se servoit de ce cadran ; on le suspendoit par son anneau et on le tournoit doucement du côté du soleil, en sorte, par exemple, que le jour de l'équinoxe, l'ombre du sommet du style tombât sur la ligne du milieu qui répondoit à l'entrée du soleil dans le bélier et dans la balance, l'heure étoit alors marquée par la transversale la plus voisine. Lorsque le soleil occupoit le milieu du cancer ou des gemeaux, il n'y avoit qu'à faire tomber le bout de l'ombre au milieu de l'intervalle entre la première et la seconde ligne ; la transversale qu'elle touchoit en même temps étoit l'heure : les savans Napolitains ont trouvé ce cadran d'une grande justesse.

Un monument fort curieux en ce genre, est enfin celui que le P. Baldini a décrit dans les mémoires de l'académie de Cortone, tome 3 ; il fut déterré entre 1730 et 1740, dans l'Etat Ecclésiastique, et le savant ci-dessus l'ayant acquis, en a développé la construction et l'usage. Il consistoit en une plaque de bronze circulaire, percée d'un trou rond pour y recevoir un pivot qui portoit une espèce de triangle à hypothénuse curviligne, où étoient marquées les heures. La partie supérieure de cette plaque circulaire présente diverses divisions évidemment relatives à la déclinaison du soleil, et à son lieu dans le zodiaque ; il y avoit aussi un style dont la base seule subsiste aujourd'hui ; enfin sous la même plaque sont circulairement marquées diverses régions avec leurs latitudes. On ne peut à ces différentes circonstances méconnoître un cadran universel portatif ; c'étoit peut-être le *Pros·pan·clima* de Théodose. Mais sa complication nous impose la nécessité de renvoyer le curieux au savant recueil indiqué ci-dessus.

Nous terminerons ici ce tableau de la gnomonique ancienne, du moins parmi les Grecs. Pour le compléter, on doit y joindre ce que nous dirons sur le même objet, en parlant de l'état des mathématiques chez les Romains. Mais je manquerois à la reconnoissance, si je ne convenois ici devoir beaucoup à deux ouvrages remplis d'une savante et profonde érudition sur cet objet ; l'un est celui du P. Zuzzeri déjà cité ; l'autre est le *Traité des horloges solaires des anciens* (en allemand), par M. George Henri Martini. Il y en a encore un du savant M. Ernesti, qui est intitulé *De Solariis* ; mais à mon grand regret je n'ai pu me le procurer ; le tome V des mémoires de l'académie des Inscriptions, en contient enfin un curieux sur ce sujet, par M. l'abbé Sallier.

Après ces détails sur la Gnomonique des anciens, nous allons passer à la moderne, en commençant par donner une idée du principe général sur lequel elle est fondée.

La Gnomonique ne consiste aux yeux du géomètre intelligent, qu'en quelques problêmes peu difficiles. Le principal et presque l'unique auquel elle se réduit, est celui ci. *Qu'on ait douze plans se coupant tous à angles égaux dans une même ligne, et que ces plans, indéfiniment prolongés, en rencontrent un autre dans une situation quelconque, il s'agit de déterminer les lignes dans lesquelles ils le coupent.* En effet, si l'on place l'intersection commune de ces douze plans parallèlement à l'axe du monde, et l'un d'entr'eux dans le plan du méridien, il est visible qu'ils représenteront les plans des douze cercles horaires qui divisent la révolution du soleil en vingt-quatre parties égales. Car la distance où nous sommes de cet astre est si grande en comparaison du diamètre de la Terre, que nous pouvons, sans erreur sensible, nous réputer à son centre. A mesure donc que le soleil arrivera à un de ces cercles horaires, il arrivera aussi à celui de ces douze plans qui est semblablement situé ; et l'ombre de leur intersection commune que nous supposerons une ligne opâque, se projettera sur l'intersection de ce plan avec celui du cadran ; la marche de cette ombre marquera par conséquent l'arrivée du soleil aux cercles horaires, c'est-à-dire, les heures de la journée. Avant que d'aller plus loin, il est à propos de remarquer qu'il n'est pas nécessaire que l'axe du monde soit représenté en entier par un style oblique qui lui soit parallèle. Un seul point de cet axe, représenté par le sommet d'un style droit ou courbe, ou dans une situation telle qu'on voudra, peut suffire. Il faut alors supposer le reste de l'axe supprimé, et ce point sera réputé le centre de tous les cercles horaires, ou celui du monde. Il y aura seulement cette différence, qu'il ne faudra dans ce cas avoir égard qu'à l'extrémité de l'ombre du style, au lieu que celui qui est entier et parallèle à l'axe du monde, montre ordinairement les heures par toute l'étendue de son ombre.

Le principe que nous venons d'exposer une fois saisi, le géomètre verra facilement la construction de tous les cadrans solaires décrits sur un plan. Il ne sera d'abord ici question que des heures équinoxiales ou astronomiques, qui sont égales et au nombre de vingt-quatre d'un midi au suivant. Premièrement le plan du cadran est-il parallèle à l'équateur, ou perpendiculaire à l'axe du monde, il est évident que les lignes horaires, ou les intersections des plans horaires avec celui du cadran, feront entr'elles des angles égaux à ceux de ces plans, et par conséquent de 15°.

Ce cas est le plus simple, et il sert de fondement à la résolution de tous les autres. Voici de quelle manière : qu'on imagine un plan parallèle à l'équateur, avec les lignes horaires décrites sur ce plan, et qu'il soit prolongé jusqu'à celui sur lequel il s'agit de décrire un cadran. On voit d'abord qu'il le coupera dans une ligne qu'on nomme par cette raison l'*Equinoxiale*. Qu'on conçoive ensuite les lignes horaires du plan équinoxial prolongées jusqu'à cette intersection, elles y désigneront les points des heures. Il suffit de jeter les yeux sur la figure 91, pour appercevoir toutes ces choses. Supposons donc maintenant un plan à la fois incliné et déclinant, qui rencontre l'axe du monde en un point P; que cet axe soit P C, et que P C D soit un plan tiré perpendiculairement sur le plan proposé, il y déterminera la ligne P D, qu'on nomme la *soustylaire*. Que l'angle C P D soit l'élévation du pole sur le plan du cadran, et la ligne P XII la méridienne du lieu, ou l'intersection du méridien du lieu avec ce plan. Nous supposerons ici pour un moment toutes ces choses déterminées par des opérations préliminaires. Concevons le cercle équinoxial prolongé, la ligne dans laquelle il coupera le plan du cadran, c'est-à-dire l'équinoxiale, sera visiblement perpendiculaire à P D, et si les lignes horaires sont prolongées jusqu'à cette ligne, elles y détermineront les points horaires, comme on l'a dit plus haut. Pour les trouver, il n'y a qu'à se représenter le plan équinoxial, tournant sur l'Equinoxiale comme sur une charnière, s'appliquer au plan du cadran le point C sur le point E. Il est évident que ce changement de situation n'en apportera aucun à celles des divisions de la ligne équinoxiale ; que la ligne C 12 XII viendra s'appliquer sur E 12 XII, C I sur E I, &c.; ce qui nous suggère cette construction. Prolongés la *soustylaire*, et prenez sur elle D E égale à C D, ou au sinus de l'élévation du pole sur le plan, P D étant le sinus total. Décrivez ensuite un cercle ou une portion du cercle du centre E au rayon E D, et du point 12 où E XII coupera ce cercle, prenez du côté et d'autre des arcs de quinze degrés, et tirez du centre E des lignes par ces divisions, elles iront couper l'équinoxiale aux points horaires que l'on cherche. Les lignes tirées du pôle P du cadran à ces points, seront les lignes horaires, et le cadran sera construit.

L'analyse qu'on vient de faire du cas le plus composé de la gnomonique, montre que toute sa difficulté ne consiste qu'à déterminer ces trois choses, la ligne soustylaire, l'élévation du pôle sur le plan du cadran, et la méridienne du lieu. On peut trouver les deux premières par observation immédiate, mais il est plus sûr de le faire à l'aide de la trigonométrie, après avoir une fois trouvé la déclinaison et l'inclinaison du plan, et la hauteur du pôle du lieu, ce qui n'est qu'un problême de Trigonométrie, même rectiligne, fort facile.

Nous négligeons de développer davantage, et d'appliquer aux différens cas le principe de construction que nous avons exposé ci-dessus. Il doit nous suffire d'avoir donné l'esprit de la méthode; et c'est ce que nous croyons avoir fait d'une manière à mettre les lecteurs un peu géomètres en état de se passer de traités de Gnomonique.

On ne se borne pas dans la gnomonique, à marquer les heures sur les cadrans solaires. Ceux qui ont cultivé cette science, ont imaginé diverses autres curiosités ingénieuses. On y marque, par exemple, la trace de l'ombre que le sommet du style décrit à l'entrée du soleil dans chaque signe du zodiaque, ou certains jours déterminés. C'est là ce qu'on appelle les Arcs des Signes. On trouve dans les traités ordinaires de gnomonique, une méthode facile pour les décrire; je vais en indiquer une autre qui ne l'est guère moins, et qui est tirée d'une géométrie plus sublime.

Cette manière de décrire les arcs des signes, est fondée sur la nature des courbes qu'ils forment dans ces contrées. Lorsque le soleil parcourt des cercles également distans de l'équateur, par exemple les tropiques, il est visible que le rayon passant par le sommet du style est dans la surface des deux cônes opposés par la pointe qui ont les tropiques pour bases, leur axe dans celui de la révolution diurne, et pour sommet celui du style. L'intersection de ces surfaces coniques avec un plan horizontal, formera donc la trace de l'ombre de ce sommet quand le soleil décrira les tropiques; et comme dans ces contrées ces cônes sont coupés tous les deux par ce plan, ce seront des hyperboles opposées, qui auront la méridienne pour axe transverse, et leur sommet aux points où se terminent les ombres solsticiales : leur centre sera donc le point qui divise cet intervalle en deux parties égales. Je remarque encore que les asymptotes de ces hyperboles doivent être parallèles aux lignes horaires dans lesquelles se lève et se couche le soleil les jours qu'il décrit ces cercles. Supposons qu'à l'un des solstices il se lève à huit heures et se couche à quatre, les asymptotes seront parallèles aux lignes horaires de huit et de quatre heures. Ainsi en tirant du centre que nous venons de trouver, des parallèles à ces lignes, ce seront ces asymptotes, et comme on a un point de chacune des hyperboles, il sera facile de les décrire suivant la théorie des coniques. Il en sera de même des traces de l'ombre, lorsque le soleil parcourra d'autres Signes. On trouvera facilement par les hauteurs méridiennes du soleil, les sommets des hyperboles opposées, et par conséquent leur centre, aussi-bien que leurs asymptotes, puisqu'elles sont parallèles aux lignes des heures auxquelles le soleil se lève et se couche lorsqu'il entre dans ces Signes.

Nous n'avons encore parlé que des cadrans à heures équinoxiales ou astronomiques, comme celles qui sont ici en usage. Mais il y des pays où l'on compte différemment les divisions de la journée; en Italie, par exemple, le jour se divise en vingt-quatre parties égales, dont la première commence au coucher du soleil, et la dernière finit à celui du lendemain. Cette façon de compter les heures, rend la gnomonique de ces contrées plus difficile. On décrit aussi quelquefois ces sortes d'heures sur les cadrans de ces pays, aussi-bien que les Babyloniques, qui se comptent d'un lever du soleil au suivant; on a des méthodes assez faciles pour décrire ces heures. Nous remarquerons ici seulement leur génération particulière. Les lignes horaires équinoxiales sont les intersections du plan du cadran avec des cercles qui se coupent à angles égaux dans l'axe du monde; les lignes des heures Italiques ou Babyloniques, sont les intersections de ce plan avec vingt quatre grands cercles qui touchent dans vingt-quatre points également distans, les deux parallèles dont l'un borne toujours la partie apparente du ciel, et l'autre celle qu'on n'apperçoit jamais.

Il y a une troisième sorte d'heures que l'on considère aussi quelquefois en gnomonique ; ce sont celles qu'on compte d'un lever du soleil au coucher, de sorte qu'il y en ait toujours douze dans cet intervalle. Telles étoient celles de la plupart des anciens, et entr'autres des juifs ; ce qui fait qu'on les nomme antiques ou judaïques. Les lignes de ces sortes d'heures ne sont point droites comme les précédentes, mais courbes, et même

d'une

d'une forme fort bizarre, de sorte qu'on ne peut les décrire qu'en déterminant plusieurs points de chacune ; la manière de les trouver se présentera facilement à tout géomètre, c'est pourquoi nous ne nous y arrêtons pas.

La Gnomonique ayant pour base l'Astronomie, a dû nécessairement être cultivée partout où cette dernière l'étoit ; aussi voyons-nous chez les Arabes nombre de traités de Gnomonique ; on en a donné les titres à la fin du livre Ier. de la seconde partie. La gnomonique renaquit aussi en Europe avec l'astronomie. Jean Stabius, André Stiborius, et Jean Werner, astronomes du quinzième siècle, s'en occupèrent beaucoup ; mais leurs ouvrages ont resté manuscrits. On peut leur joindre Jean Schoner, astronome du commencement du seizième siècle, qui donna en 1515 son ouvrage intitulé *Horarii cylindri canones*, où il enseigne la construction des cadrans solaires cylindriques. Ses autres ouvrages gnomoniques furent depuis publiés par André Schoner son fils ; Munster et Oronce Finée sont ensuite les premiers dont les traités de Gnomoniques ont vu le jour. Celui de Munster parut à Basle en 1531, sous le titre de *Compositio horologiorum in plano, muro, truncis, annulo, &c.*, et celui d'Oronce Finée en 1532, sous celui-ci, *de Horologiis solaribus et quadrantibus libri IV* ; il fait partie de sa *Protomathesis*. Munster se trompe quelquefois ; mais Oronce Finée très-fréquemment, ainsi que le lui a reproché Nonius, dans son livre *de Erratis Orontii*, où il réfute ses fréquens paralogismes. André Schoner donna en 1562 sa Gnomonique, sous le titre *de Gnomonice Andreae Schoneri Norimbergensis* ; c'est un traité très-complet et très-étendu, il semble que l'auteur ait voulu épuiser sa matière ; on a aussi de lui une Gnomonique mécanique en allemand, imprimée la même année.

Parmi les Gnomonistes de ce siècle, nous connoissons encore Elie Vinet et Jean Bullant, qui ont écrit en françois ; le chartreux Jean Bat. Vico-Mercati, qui égaya sa solitude en écrivant son traité italien, *Degli horologi solari* ; Commandin, dont le traité intitulé, *de Horologiorum descriptione*, est à la suite de son édition du traité de l'*Analemme de Ptolémée* ; le géomètre sicilien, Maurolicus de Messine, dont le livre, intitulé *de Lineis horariis* parut en 1575, avec ses OEuvres posthumes, mais où il envisage la matière plus du côté de la géométrie pure que du côté de la pratique ; Bernardin Baldi, auteur d'une Gnomonique latine en cinq livres ; Jean Paduanus de Vérone, *de Compositione et usu multiformium horologiorum* ; le P. Galluci, Valentino Pini, Jean B Benedetti, ou de Benedictis, dont le traité, intitulé *de Gnomonum umbrarumque solarium usu* (*Taurini*, 1574, *in-f.*), est fort savant, mais peu accessible au commun des lecteurs ; enfin nous parlerons du P. Clavius, jésuite, dont la Gnomonique, intitulée *Gnomonices libri VIII*, &c. parut en 1581 et 1599 ; ce seroit un excellent ouvrage, sans l'embarras extrême qui règne dans ses démonstrations. Il est tel, qu'au jugement de Deschales, il n'est guère moins facile à un bon esprit de créer la Gnomonique que de l'apprendre dans Clavius. Mais on a une Gnomonique du P. Voellus, de la même société, qui est en quelque sorte le précis de celle de Clavius, et qui est beaucoup plus intelligible.

Quoique le géomètre et astronome portugais Nonius n'ait pas écrit de traité de Gnomonique, il mérite ici une place distinguée, par la remarque et l'explication d'un phénomène gnomonique fort singulier ; c'est celui de la rétrogradation de l'ombre sur un cadran sous certaines latitudes. Ce phénomène a paru à quelques personnes propre à expliquer naturellement celui de l'ombre rétrogradant sur le cadran d'Ezéchias ; mais il n'est pas de notre objet d'entrer dans cette discussion ; nous nous bornerons au phénomène remarqué par Nonius. Comme néanmoins, cette explication, nécessairement un peu longue et compliquée jusqu'à un certain point, couperoit trop notre narration, on la trouvera dans une note placée à la fin de ce supplément.

L'extrême abondance de cette matière pendant le dix-septième siècle et dans celui-ci, m'oblige à me resserrer et à me contenter de dire un mot des ouvrages principaux. Il y a en effet des traités de Gnomonique de toute sorte de formes, dans toutes les langues et pour toute sorte de capacités, depuis celle de géomètre, à qui il suffit d'indiquer de loin le principe, jusqu'à celle du maçon, dont il faut sans cesse guider la main. Parmi cette multitude d'ouvrages, nous citerons donc les deux traités *Degli orologi solari* du *Muzio Oddi* (*Mil. et Ven.* 1611 *et* 1638, *in-4°.*), remarquables par diverses pratiques ingénieuses et plus de géométrie profonde qu'on n'en trouve d'ordinaire dans les livres de ce genre. L'*Ars magna lucis et umbræ*, du célèbre P. Kircher (*Rom.* 1646, *in fol.*), qui présente beaucoup de singularités curieuses en ce genre ; la *Perspectiva horaria sive de horologiographia tùm theorica, tùm practica, libri IV*, du P. Maignan, Minime (*Rom.* 1648, *in fol.*) ; la Gnomonique latine du P. Deschales, jésuite, dans son *Cursus math.* (*Lugd.* 1674 et 1690, *in-fol.*), recommandable par sa clarté ; le traité de Gnomonique de Samuel Forster, intitulé *The art of Dialing by new and easy method*, &c. (*Lond.* 1638, *in-8°.*) ; celui de J. Collins, sous le titre de *Description and use of a great universal quadrant* (*Lond.* 1658), où la méthode de Forster, qui est fort ingénieuse, est expliquée, ainsi que dans celui, intitulé *The art of Dialing geometricaly performed by scales and compasses*, (Lond. 1681, in-4°.). Cette méthode de Forster procède au moyen de deux règles divisées d'une certaine manière ; les anglois en font beaucoup d'usage ; *la méthode de Gnomonique de Desargues* (Paris, 164.., in-4°.), eut pu être excellente, s'il n'avoit pas laissé le soin de l'expliquer au graveur Bosse. On peut ajouter à ces ouvrages la *Gnomonique* de M. de la Hire (Paris 1681, in-8°.), plus faite néanmoins pour des personnes rompues au calcul astronomique qu'à celles moins instruites. Il est difficile de ne pas parler ici de la *Gnomonique* d'Ozanam, imprimée pour la première fois en 1673 (in-8°.), et dont les nombreuses éditions ont fait presque un livre classique ; mais il est aujourd'hui fort inférieur à un grand nombre d'ouvrages du même genre, plus étendus sur la théorie et la pratique. Enfin parmi les traités reçens de ce genre, celui que M. de Parcieux a mis à la suite de sa Trigonométrie, mérite une distinction particulière, ainsi que la *Gnomonique Pratique* de Don Bedos de Celles (Bord. 1760, in-8°.). On y trouve la théorie et la pratique réunies avec le plus grand soin. La *Gnomonique* de M. Rivard (Paris 1742, in-8°.), peut aussi être recommandée, ainsi que celle de M. Blaise (Paris 1744, in-8°.). Je pourrois en citer plusieurs autres qui ont leur mérite ; mais obligé de me resserrer, je me bornerai à indiquer les deux articles *Cadran* et *Gnomonique*, dans l'Encyclopédie par ordre des matières. Ces deux articles, ouvrage de Lalande, sont très-curieux et instructifs, et le premier peut tenir lieu d'un traité de Gnomonique.

La meilleure manière de décrire les cadrans solaires, est de le faire au moyen de la Trigonométrie ; elle consiste à calculer en parties égales d'une échelle les distances des lignes horaires sur l'équinoxiale, comme D X, D XI, D XII, &c. (*fig. 91*). Le principe de cette méthode est aisé à appercevoir ; car les lignes D XII, DI, DII, &c. sont les tangentes des angles DCXII, DCI, &c. Or ces angles sont connus, puisque l'angle DCXII doit être reconnu par une des opérations préliminaires de la construction du cadran, et qu'ensuite ces angles se surpassent, ou sont moindres continuellement de 15°. C'est pourquoi, si l'on prend les tangentes de ces angles en parties égales, dont 1000 soient la grandeur du rayon DC de l'équinoxial, ces grandeurs transportées successivement de D sur la ligne équinoxiale, y détermineront les points horaires. Il est facile de voir que par là on s'épargnera bien des observations où l'on peut se tromper, et qui d'ailleurs peuvent être impraticables dans plusieurs cas. Ici toutes celles qu'il aura à faire, après avoir déterminé la soustylaire, et placé le style d'après la déclinaison et inclinaison du plan qu'on aura mesurées, se réduiront à calculer à part les longueurs des lignes dont nous parlons, et à transporter ces longueurs sur la ligne équinoxiale, par le moyen d'une échelle de parties égales, ce qui est également commode et expéditif. M. Picard a exposé particulièrement cette méthode dans sa *Pratique des grands cadrans ;* mais comme il y a employé la trigonométrie sphérique, et que cette trigonométrie a des difficultés pour certaines personnes, M. Clapiez, ancien ingénieur et académicien de Montpellier, a montré comment on peut faire la même chose au moyen de simples triangles rectilignes ; ce morceau de gnomonique se lit dans les mémoires de l'académie de l'année 1707. Cette façon de construire des cadrans solaires a été depuis exposée par tous les bons auteurs de gnomonique, entr'autres par le P. Gruber, dans son *Horographia trigonometrica* (*Prag.* 1718, *in-fol.*) ; le P. Castroni, dans son *Horographia universalis*, (*Panormi.* 1730, *in-*4°.). C'est celle à laquelle s'est attaché M. Deparcieux, dans la sienne ; M. Rivard lui a aussi donné place dans son traité.

Quelques auteurs ont tâché d'abréger ces calculs par des tables gnomoniques, au moyen desquelles la hauteur du pôle sur le plan qui doit recevoir la cadran solaire étant donnée, ainsi que la déclinaison du plan et son inclinaison, on peut trouver en parties décimales du rayon les tangentes des angles horaires depuis midi. Telles sont les *Tabulae gnomonicae, unà cum earum usu et fabrica*, d'Hyppolite Saladio (*Rom.* 1617, *in-*4°.) ; celles de Domenico Lucchini, dans ses *Trattenimenti mathematici* (*Rom.* 1630, *in-*4°.), qui n'ont que cet objet ; les *Tavole gnomoniche* de Giov. Lud. Quadri, (*Bol.* 1733, *in-*4°.). Le prince Caraffa della Roccella en a donné de très-étendues, et qui forment un énorme *in-folio*, pour les cadrans tant italiques qu'astronomiques, sous le titre de *Exemplar horologiorum solarium civilium*, &c. (*Mazzareni*, 1686, *in-fol.*). J'ai quelque idée d'en avoir vu de françoises ; mais je ne m'en rappelle pas le titre ni l'auteur.

Il y a encore une façon d'envisager les cadrans solaires qui mérite d'être exposée ; c'est de considérer tout cadran solaire sur un plan, quelque soit sa position dans un lieu particulier, tel que Paris, comme un cadran horizontal pour quelque lieu de l'univers. En effet, quelque soit cette position, quelque soit l'inclinaison et la déclinaison d'un plan à Paris, il est quelque part sur la terre un plan horizontal qui lui est parallèle, de sorte que si sur le plan donné, on décrit un considéré comme horizontal, et prenant sa soustylaire pour méridiene, on décrit un cadran, il montrera les heures, non du lieu où il est placé, mais du lieu à l'horizon duquel il est parallèle ; il ne restera donc pour le rendre propre au lieu où il se trouve qu'à changer les dénominations des heures , et il remplira l'objet désiré ; je vais développer ceci plus clairement.

Supposons dans un lieu A un plan déclinant de 20°. vers l'ouest, et faisant avec l'horizon un angle de 10°. Nous avons déjà remarqué plus haut , que si l'on imagine un vertical déclinant de 20°. vers l'ouest , et qu'on s'avance de dix degrés sur ce vertical du côté que regarde le plan , on sera parvenu à un lieu B dont l'horizon lui sera parallèle ; or il est facile de trouver par la trigonométrie , ces deux choses , la latitude du lieu B et la différence des méridiens des lieux A et B. Que cette différence en temps soit , par exemple , de 40′, il sera donc 11ʰ. 20′ , midi 20′ , 1ʰ. 20′ , &c. en B, tandis qu'il sera midi, une heure , deux heures , &c. au lieu A. Ainsi après avoir trouvé la méridienne du plan proposé, ou la soustylaire , qui est la méridienne du lieu B, qu'on fixe le style dans la situation convenable , et qu'au lieu de chercher les lignes du midi, une heure , deux heures , &c. on y cherche celles de 11ʰ. 20′, 12ʰ. 20′, 1ʰ. 20′ , &c. on aura celles qui répondent à midi, une heure , deux heures du lieu A, et le cadran sera construit. M. Picard emploie ce moyen dans sa *Pratique des grands cadrans ;* mais il me semble qu'il ne le met pas dans un aussi grand jour que nous venons de le faire.

On doit à M. Sgravesande une autre manière de considérer les cadrans solaires qui est fort ingénieuse. Imaginons un cadran horizontal ou équinoxial, le plus simple de tous, et qu'un oeil placé au sommet du style l'apperçoive au travers d'un plan quelconque, incliné et déclinant comme l'on voudra. Il est facile de voir que la représentation perspective de ce cadran en formera un sur le plan proposé, et montrera la même heure au même instant. Ainsi voilà la gnomonique réduite à un problème de perspective, que résoud M. Sgravesande (1) ; mais ce n'est pas ici le lieu de développer cette idée.

Les auteurs de gnomonique divisent les cadrans en deux espèces ; les uns stables, et uniquement destinés pour un lieu et une latitude particulière, les autres mobiles et portatifs. Parmi ces derniers, il y en a aussi qui ne sont propres qu'à une latitude déterminée, d'autres qui peuvent servir sous différens parallèles, et que par cette raison l'on nomme *universels*. La gnomonique est très-riche en inventions de cette espèce. On a des cadrans universels et portatifs de toute sorte de forme,

(1) Voyez *Essai de perspective*, Amst. 1711, in-8°. *OEuvres de Sgravesande*, t. 2.

sur un cylindre; dans un anneau, sur une carte ou une petite planchète, ou une feuille de carton qu'on dirige au soleil, au moyen de deux pinnales, tandis qu'un fil aplomb montre l'heure par un point mobile, suivant les diverses saisons de l'année. Il y en a qui montrent l'heure à la lune ou aux étoiles. On a enfin imaginé des cadrans solaires à réflection, c'est-à-dire, qui marquent l'heure à l'aide d'un rayon réfléchi par un miroir, sur le plafond d'une chambre ou sur ses murs. Il y en a même qui employent un rayon réfracté. Le P. Schoenberger, jésuite, paroît être le premier qui s'en soit occupé dans son livre, intitulé; *Demonstratio et constructio novorum horologiorum radio recto, reflexo, refracto, &c. ; horas indicante* (Friburg. 1622, in-4°.). Le P. Kircher a eu le même objet dans ses *Primitiae gnomonicae catoptricae* (Rom. 1635, in-4°.); mais il ignoroit probablement l'existence du livre de son confrère, en intitulant le sien *Primitiae*. Le P. Magnan a aussi traité de ce genre de cadran dans sa *Perspectiva horaria*; ainsi que le chanoine Tagliani de Macerata, dans son livre intitulé; *Orologi riflessi*, &c. (Macerata, 1635, in-4°.). Le C. Thuilier, ancien professeur de mathématiques des Pages de la grande écurie du roi, à Versailles, aujourd'hui professeur de l'école centrale de cette ville, s'est pratiqué sur le plafond de son salon, et par une méthode qui lui est propre, une méridienne catoptrique de ce genre accompagnée des heures les plus voisines, et de la méridienne du temps moyen; la lumière du soleil y est réflchie par un petit miroir de platine. Il en a fait l'objet d'un petit écrit également recommandable par sa précision et sa clarté, que je l'ai fort engagé à donner au public.

Quelques géomètres enfin, ont envisagé la gnomonique d'une manière plus savante, et n'ont pas dédaigné d'y appliquer l'analyse, et des considérations même de la géométrie transcendante. Maurolicus en avoit donné l'exemple dans son traité posthume *De lineis horariis*, en remarquant que les arcs des signes du moins solsticiaux, sont des sections coniques, que les heures babyloniques et italiques sont des tangentes à une section conique déterminée. M. Kœstner a donné en 1754, un traité intitulé; *Gnomonica universalis analytica* (Lips. in-4°), et réimprimé dans ses *dissertationes physicae et mathematicae* (Alt. 1771, in-4°.). On doit enfin citer à cet égard l'ouvrage intitulé : *Recherches sur la Gnomonique, les rétrogradations des Planètes, et les Eclipses du Soleil*, par MM. Dionis du Séjour et Godin (*Paris*, 1761, in-8°.). C'est un chef-d'œuvre d'élégance, pour ceux du moins qui sont accoutumés au langage analytique et à sa précision.

Quelques mathématiciens, sans avoir pour objet la gnomonique en général, se sont bornés à donner des méthodes gnomoniques nouvelles, ou des constructions de cadrans d'une forme particulière. Telle est le *cadran analemmatique*, dont le sieur de Vaulesard donna en 1644, la description et l'usage, &c. Les points horaires sont inscrits sur une circonférence elliptique, et marquent les heures au moyen d'un style qu'on avance ou recule dans une rainure pratiquée sur la méridienne. M. de Lalande n'a pas dédaigné d'en donner la démonstration dans les Mémoires de l'Académie de 1757. M. Lambert en a traité dans le tome 2, ses *Beytraege zur anwendung der Reinen mathem.*, ou *Suppléments à l'application des mathématiques pures*, &c. (Berlin, 1770, in-8°.) Il y a dans cet ouvrage beaucoup d'autres remarques gnomoniques très intéressantes et utiles, tant dans la théorie que dans la pratique. Une singulière espèce de cadran, est celle que Pingré a construite sur la colonne de la Halle, et dont il a donné la description et l'explication en 1758. Il est fâcheux qu'il faille presque pour y reconnoître l'heure, avoir son livre à la main, ou l'avoir lu avec attention. François Line, jésuite anglois, avoit construit en 1669, dans le jardin botanique de Londres, une pyramide gnomonique qui réunissoit environ deux cents cadrans solaires de diverse espèce, dont il donna la description latine et angloise, en 1673, sous le titre de *Explicatio horologii in horto regio, anno* 1669, *erecti*, &c. (Leodii, 1673, in-4°.).

Mais en voilà assez sur cette partie des mathématiques, l'une des plus agréables parmi celles qu'on nomme *Mixtes*. Si elle n'est pas une de celles qui exigent les plus puissans efforts de la géométrie, la variété presque intarissable de ses problèmes, forme une intéressante occupation, pour ceux qui, doués de connoissances géométriques jusqu'à un certain degré, aiment à en faire une application agréable, sans aspirer à l'honneur de sonder la profondeur des calculs modernes. Aussi ai-je vu plusieurs religieux, un chartreux entr'autres, s'en faire une délicieuse occupation dans sa solitude. Je n'ai vu de ma vie autant de cadrans solaires en détail, qu'il en avoit rassemblés dans sa cellule et son jardin. Il y en avoit dans toutes les expositions possibles, et entre autres soixante-trois différens sur une croix et son piédestal; car ce piédestal étoit cubique dans sa masse, et recoupé, en je ne sais combien de faces. On étoit le maître d'y voir toutes les heures possibles, astronomiques, babyloniques, judaïques, italiques, &c. et celles de la plûpart des lieux célèbres de la terre. Ainsi l'on y voyoit d'un coup d'œil quelle heure il étoit à Constanti-

nople , à Rome , à Madrid , &c. ; son cabinet étoit le recueil
de tous les cadrans portatifs possibles. Rien n'égaloit enfin
l'alacrité et la satisfaction de ce bon et pieux solitaire, lorsqu'on lui avoit proposé ou indiqué quelque chose de neuf en
ce genre. Il avoit fermé les yeux à la lumière avant les derniers événemens , et c'est un bonheur pour lui. Quelle eut été
sa douleur de quitter une cellule et un jardin qui, pendant tant
d'années, avoient fait le charme de sa douce et pieuse solitude.

Fin du Supplément au quatrième Livre.

NOTE

NOTE

DU SUPPLÉMENT

AU QUATRIÈME LIVRE,

Sur le phénomène de la rétrogradation de l'ombre dans un cadran solaire.

Nous allons expliquer ici ce que nous nous sommes bornés à indiquer, en parlant de Nonius, concernant la rétrogradation de l'ombre sur un cadran solaire.

Ce phénomène a lieu sur un cadran solaire horizontal dans tous les lieux, dont le zénith est situé entre l'équateur et le tropique, lorsque le soleil passe à midi entre ce zénith et le tropique le plus voisin. Il faut aussi supposer que le style du cadran soit un style droit ou implanté perpendiculairement au plan du cadran, qui montre l'heure par l'ombre de son sommet. On voit alors, et dans le cas ci-dessus expliqué, l'ombre de ce style marcher depuis le lever du soleil, en s'écartant de la méridienne jusqu'à un certain terme, ensuite rétrograder en se rapprochant de la méridienne. Le contraire a lieu le soir avant le coucher du soleil.

Pour concevoir comment cela arrive, il faut savoir que l'ombre du sommet d'un style droit ou implanté perpendiculairement sur un plan horizontal, décrit chaque jour dans tous les lieux sis entre l'équateur et les cercles polaires, des courbes qui, excepté le jour de l'équinoxe, sont des hyperboles, dont le centre est sur la méridienne au point où elle coupe l'équinoxiale. Car chaque jour en supposant que la déclinaison ne change pas sensiblement dans la journée la ligne d'ombre étendue depuis le sommet du style, jusqu'au plan horizontal, décrit une surface conique qui est coupée par ce plan, de manière à former une hyperbole, puisqu'il coupe aussi le cône opposé au sommet. Ces hyperboles deviennent continuellement plus aplaties depuis celle qui est décrite le jour du solstice, jusqu'à la dernière et la plus aplatie, qui est celle du jour de l'équinoxe, ou une ligne droite, le soleil ne sortant pas ce jour-là du plan de l'équateur. Ces hyperboles enfin, ont chacune pour asymptotes des lignes partant de leur centre commun, et faisant avec l'équinoxiale des angles égaux à l'amplitude ortive ou occase du jour où elles sont décrites.

Tome I. Aaaaa

Soit donc (*fig.* A) sur un cadran solaire horizontal d'un lieu quelconque, situé sous une latitude boréale moindre que 23°, 30', A B soit la ligne équinoxiale. FSG la courbe décrite par l'ombre du sommet d'un style droit pendant que le soleil passe un certain jour entre le zénith de ce lieu, et le tropique le plus voisin. Cette hyperbole aura pour asymptotes les lignes CD. CF faisant avec l'équinoxiale des angles égaux à l'amplitude ortive ou occase de ce jour. Enfin soit P le point où le style droit doit être implanté ; ce point P partage CS, de sorte que CP : PS comme la tangente de la latitude du lieu, à celle de la distance du zénith de ce lieu où passe le soleil, lorsque l'ombre du sommet du style décrit l'hyperbole FSG. Ce point P étant donc sur l'axe entre le sommet et le centre, on peut en tirer une tangente PVX à l'hyperbole FSG ; car il n'y a qu'à faire la ligne CT troisième proportionnelle à CP et CS, la perpendiculaire TV à l'axe déterminera le point de contact V de la ligne PVX. Qu'on tire enfin PH parallèle à CQ.

Ces choses étant entendues, on verra facilement qu'au jour donné, et au moment du lever du soleil, l'ombre du style droit se projettera sur la ligne PH, et l'ombre du sommet du style parcourant ensuite la branche GVS de l'hyperbole diurne, la première s'approchera de la tangente PVX, qu'elle atteindra au moment où l'ombre du sommet arrivera au point V, et lorsqu'elle l'aura dépassé, l'ombre du style se rapprochera de la méridienne, et repassera sur PH. Elle aura donc d'abord marché de PH en PVX, et sera revenue de PVX en PH, en marchant vers la méridienne ; ainsi elle aura rétrogradé de l'angle HPX.

La même chose arrivera le soir peu avant le coucher du soleil, c'est-à-dire, que l'ombre du style droit, après avoir marché depuis la méridienne jusqu'à la tangente P*u*x, reviendra sur ses pas de P*u*x en P*h* ; ce qui formera une vraie rétrogradation. Je trouve en particulier que sous la latitude de 20°, le jour du solstice, la rétrogradation de l'ombre ou l'angle HP*u* sera de 11". 30'.

On rendra la merveille plus sensible en donnant au style une hauteur considérable, et en supprimant les lignes horaires.

On peut encore rendre raison de ce phénomène gnomonique, en observant que sous la zone torride, et dans tous les lieux, à l'exception de ceux situés sous l'équateur même, ou les tropiques, un même vertical peut être coupé deux fois par l'arc diurne, et cela arrivera toutes les fois que la déclinaison du soleil excédera la latitude du lieu. Car soit (dans la fig. B,) HO, l'horizon d'un lieu dont Z est le zénith, P le pôle élevé sur l'horizon, EQ l'équateur ; EA la déclinaison du soleil excédant la latitude du lieu EZ ; AD enfin le parallèle diurne ; le zénith Z étant entre E et A, il s'ensuit que de ce point Z on peut mener un vertical qui touchera le parallèle diurne AGD. Donc, si du même point Z on mène un vertical au point G où ce parallèle coupe l'horizon, ce vertical sera coupé par le parallèle diurne dans un autre point H. Ainsi le soleil qui, à son lever, était dans le vertical ZG, commencera par s'éloigner de ce vertical, en montant par l'arc GF, et ensuite s'en rapprochera en parcourant l'arc FA, et le coupera en H. Il aura donc eu en apparence deux directions opposées avant midi, et conséquemment aussi après midi. Ainsi l'ombre du style étant toujours opposée au soleil, éprouvera la même contrariété de direction.

On pourra même se procurer le spectacle de ce phénomène sous une latitude quelconque, celle de Paris, par exemple. Pour cet effet, soit dans un lieu bien découvert construit un cadran méridional sur un plan incliné de telle sorte que son zénith tombe entre l'équateur et le tropique le plus voisin. Ce cadran sera évidemment, et d'après les principes de la Gnomonique, en tout semblable au cadran horizontal d'un lieu dont le zénith seroit au même point. Donc ce qui se passera sur l'un se passera aussi sur l'autre.

Je laisse au surplus à d'autres le soin de discuter jusqu'à quel point on peut expliquer par-là le fameux phénomène miraculeux opéré pour Ézéchias. Je me bornerai à observer que Jerusalem est hors de la zone torride, et que l'Écriture Sainte s'explique sur ce fait d'une manière qui rend plus que douteux, que ce qu'on a appellé *le cadran d'Achaz* en fut un.

Fin de la Note du Supplément au quatrième Livre, et du Tome premier.

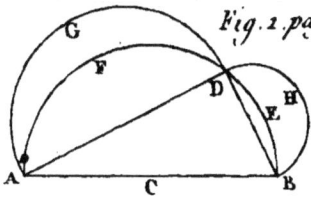

Fig. 1. pag. 152.

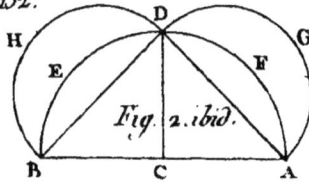

Fig. 2. ibid.

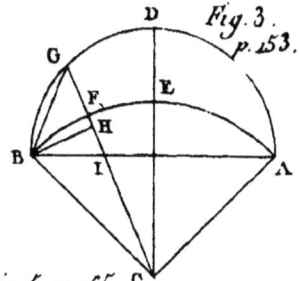

Fig. 3.
p. 153.

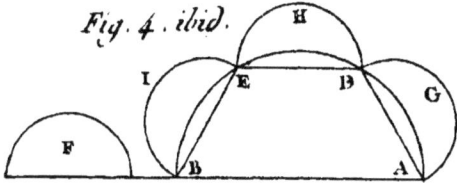

Fig. 4. ibid.

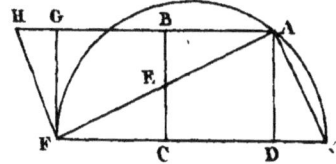

Fig. 6. p. 165.

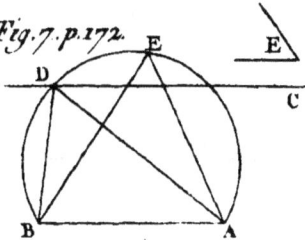

Fig. 7. p. 172.

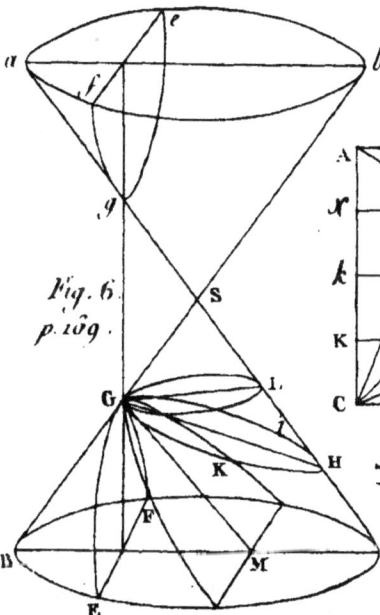

Fig. 6.
p. 169.

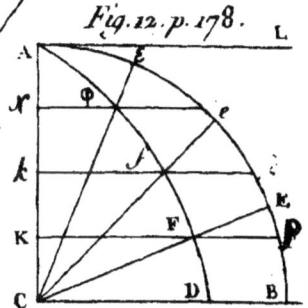

Fig. 8. p. 176.

Fig. 12. p. 178.

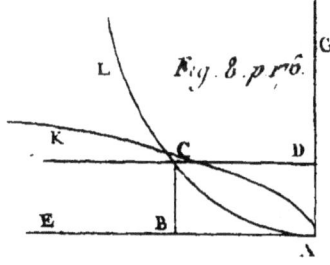

Fig. 9. p. 176.

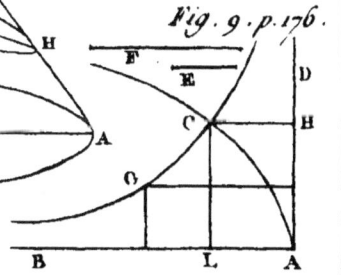

Fig. 10. p. 177.

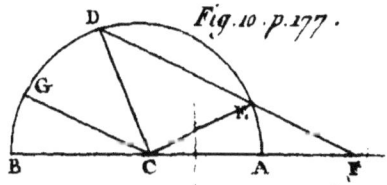

Fig. 11. p. 177.

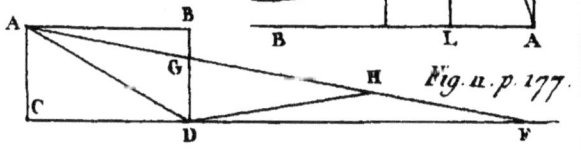

Histoire des Mathématiques.

Barard Direx.

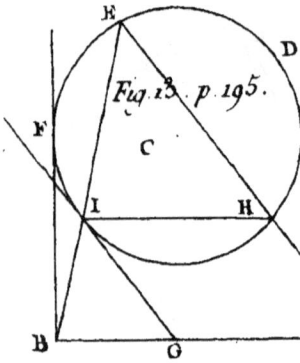

Fig. 13. p. 195.

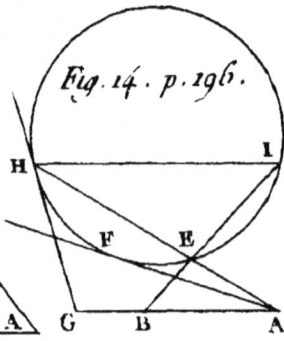

Fig. 14. p. 196.

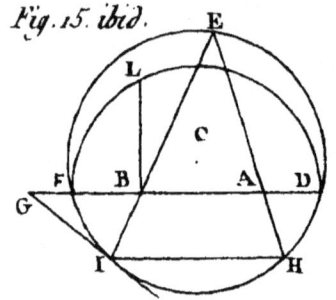

Fig. 15. ibid.

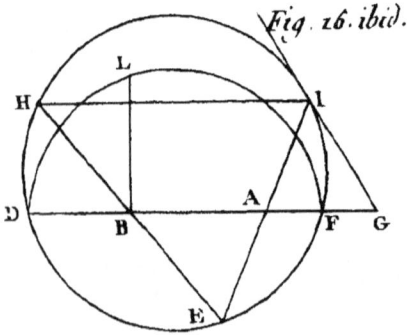

Fig. 16. ibid.

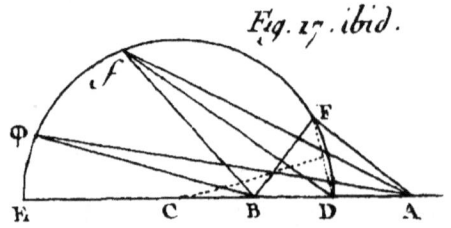

Fig. 17. ibid.

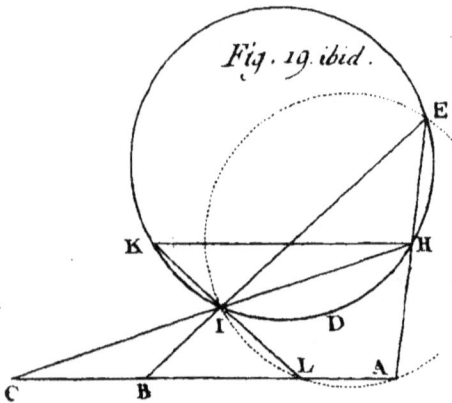

Fig. 19. ibid.

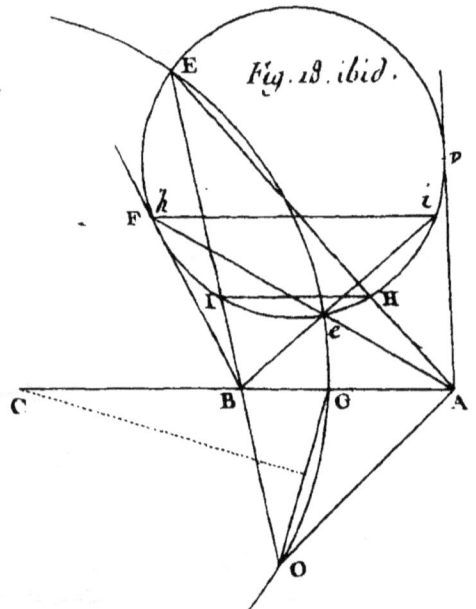

Fig. 18. ibid.

Histoire des Mathématiques.

Benard Direx.

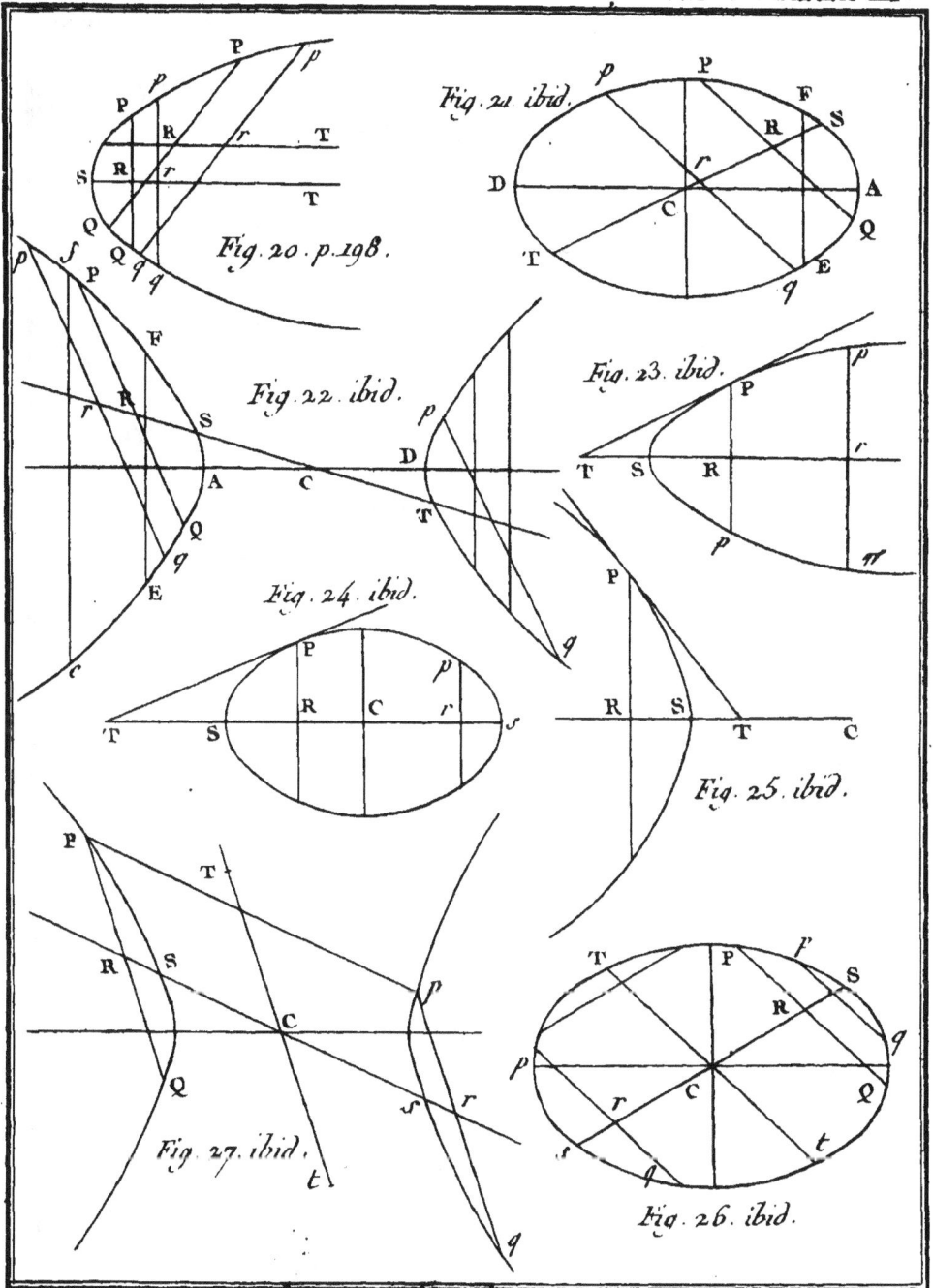

Fig. 20. p. 198.

Fig. 21. ibid.

Fig. 22. ibid.

Fig. 23. ibid.

Fig. 24. ibid.

Fig. 25. ibid.

Fig. 27. ibid.

Fig. 26. ibid.

Histoire des Mathématiques.

Benard Direx.

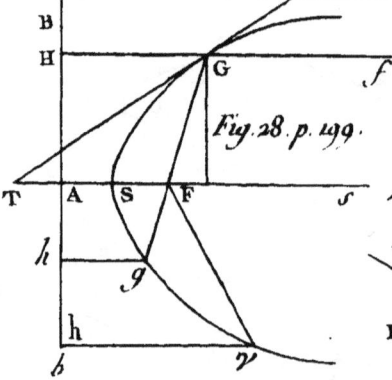

Fig.28.p.199.

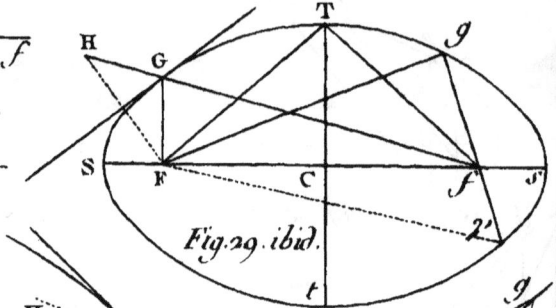

Fig.29.ibid.

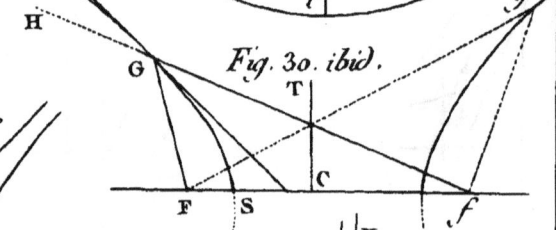

Fig.30.ibid.

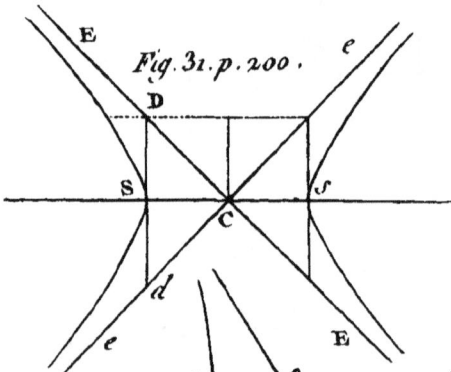

Fig.31.p.200.

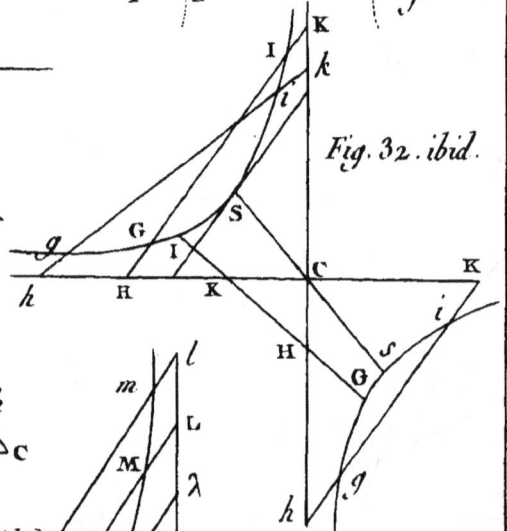

Fig.32.ibid.

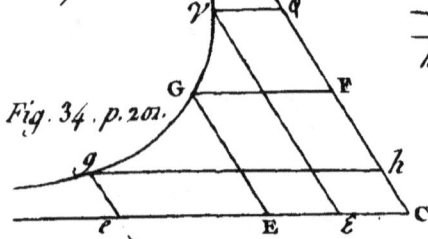

Fig.34.p.201.

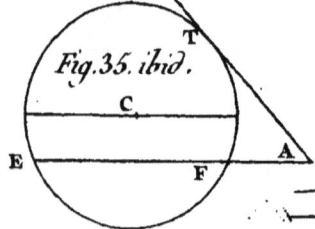

Fig.35.ibid.

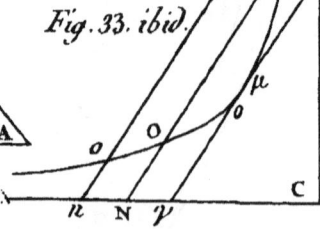

Fig.33.ibid.

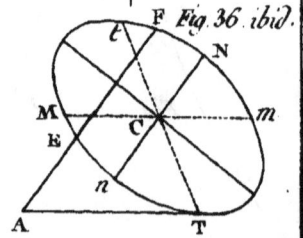

Fig.36.ibid.

Histoire des Mathématiques.

Benard Direxit.

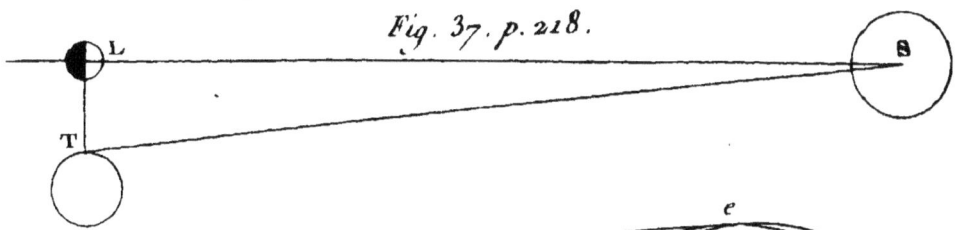

Fig. 37. p. 218.

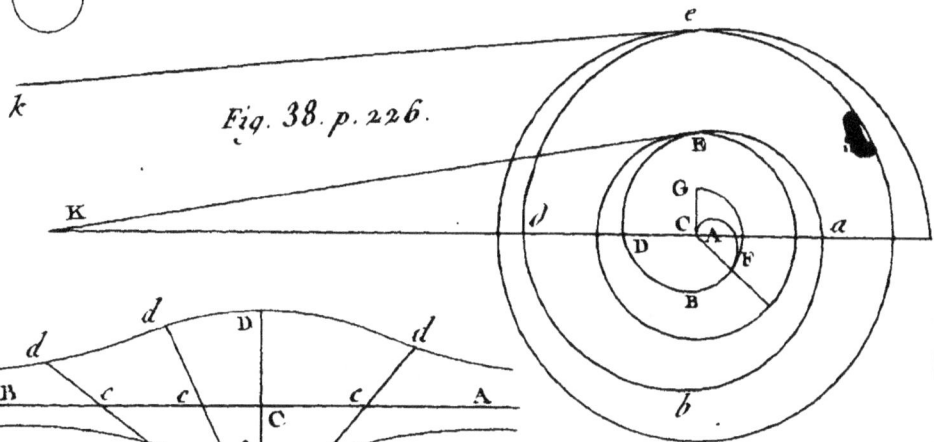

Fig. 38. p. 226.

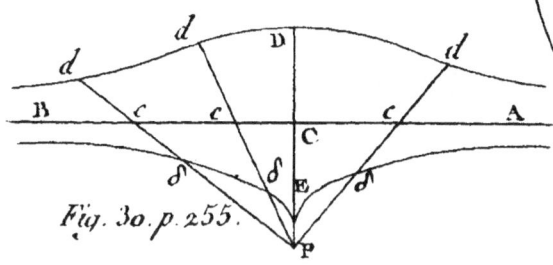

Fig. 39. p. 255.

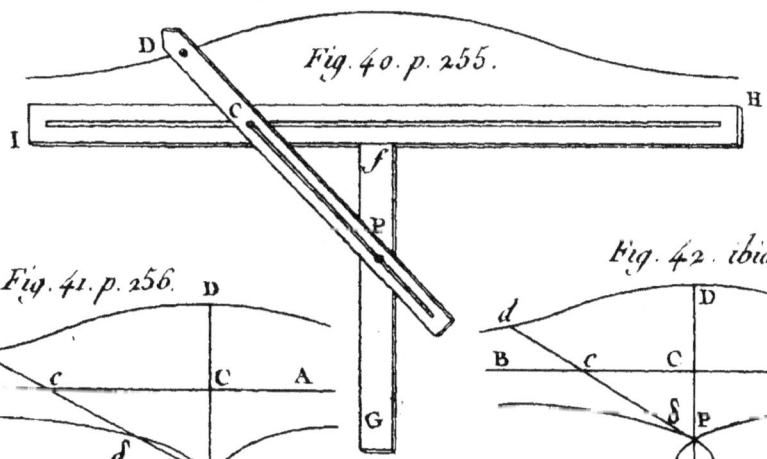

Fig. 40. p. 255.

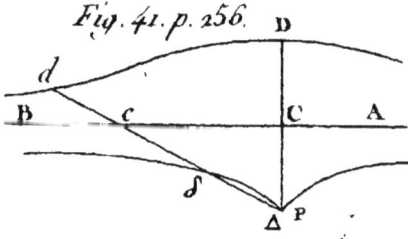

Fig. 41. p. 256.

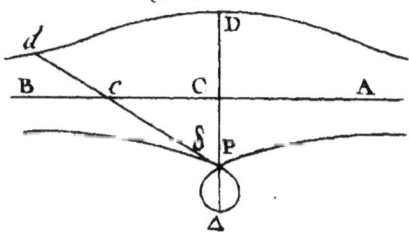

Fig. 42. ibid.

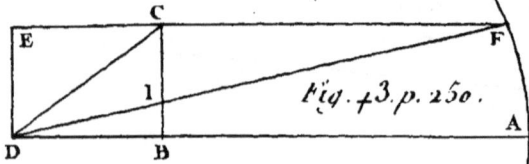

Fig. 43. p. 250.

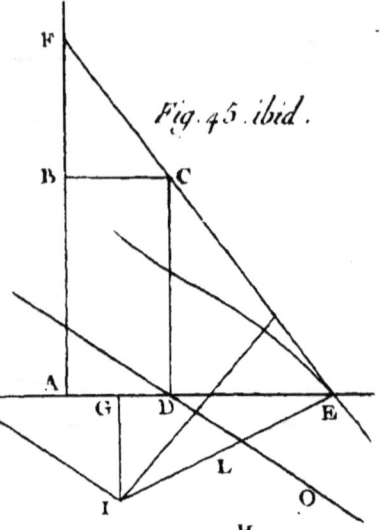

Fig. 45. ibid.

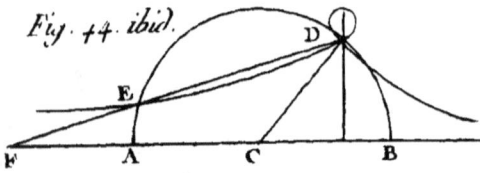

Fig. 44. ibid.

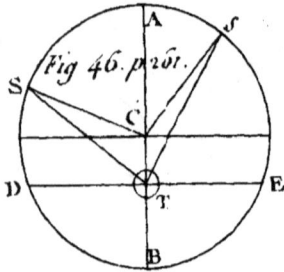

Fig. 46. p. 261.

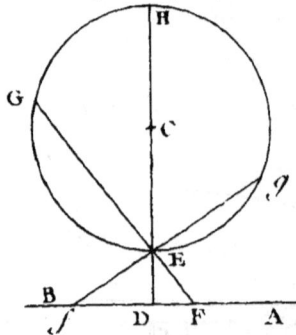

Fig. 48. p. 277.

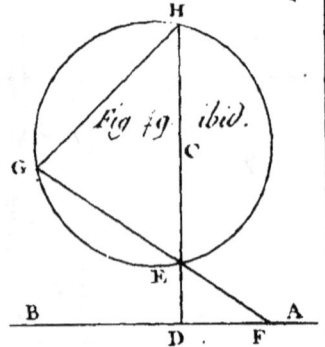

Fig. 49. ibid.

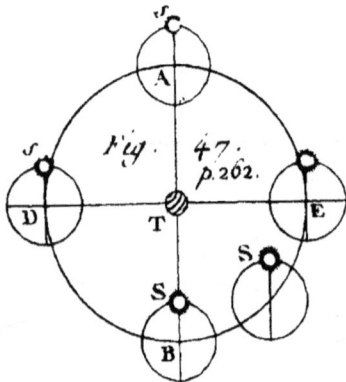

Fig. 47. p. 262.

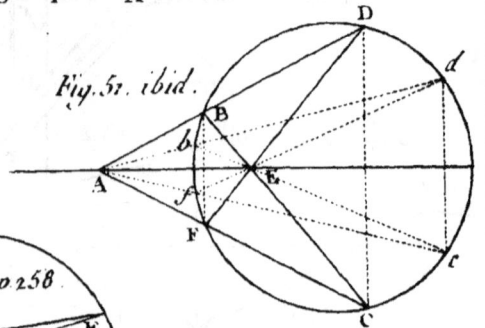

Fig. 51. ibid.

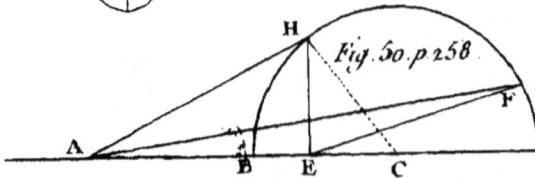

Fig. 50. p. 258.

Histoire des Mathematiques.

Benard Direx.

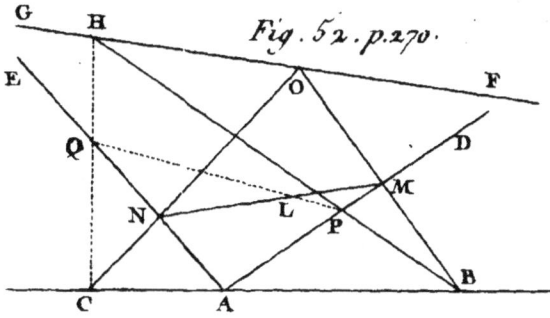

Fig. 52. p. 270.

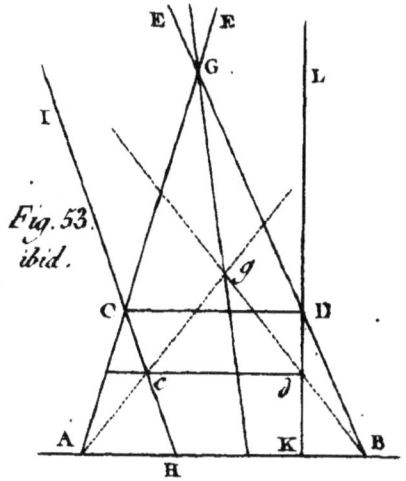

Fig. 53. ibid.

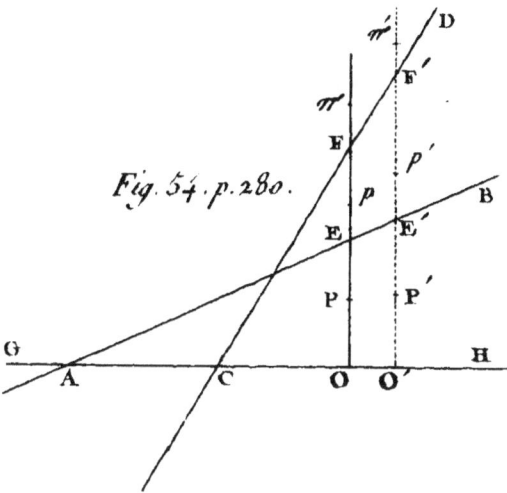

Fig. 54. p. 280.

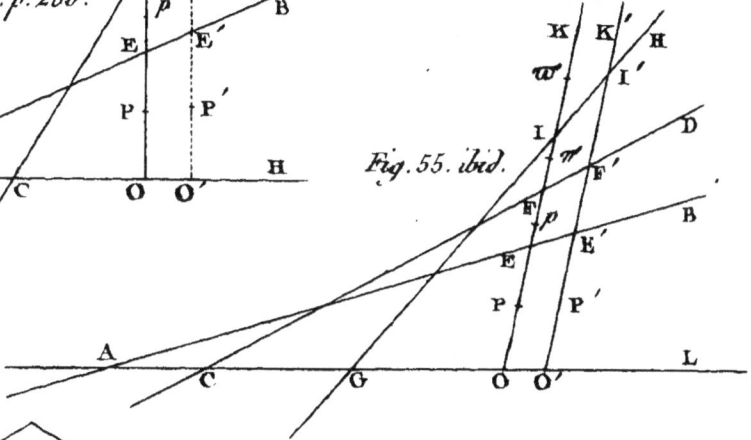

Fig. 55. ibid.

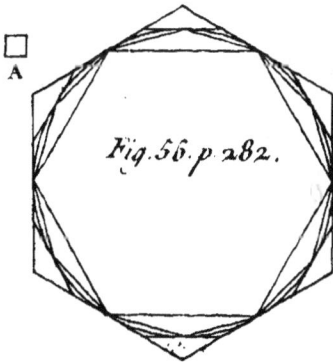

Fig. 56. p. 282.

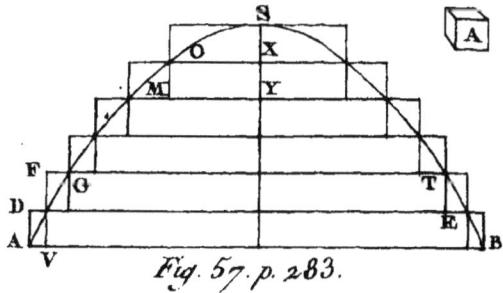

Fig. 57. p. 283.

Benard Direxit

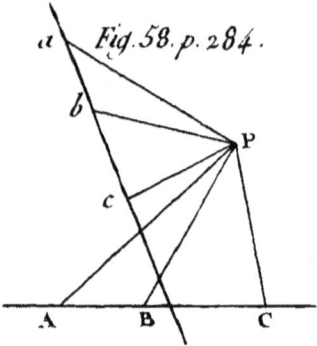

Fig. 58. p. 284.

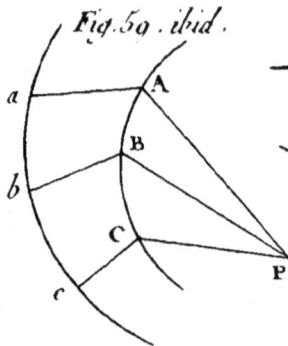

Fig. 59. ibid.

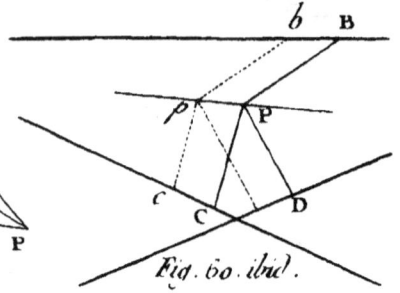

Fig. 60. ibid.

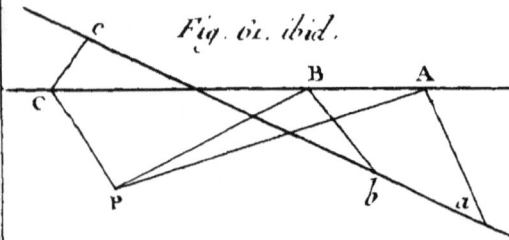

Fig. 61. ibid.

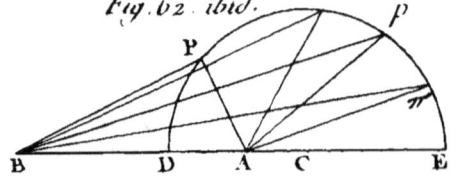

Fig. 62. ibid.

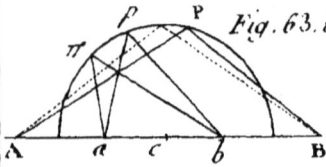

Fig. 63. ibid.

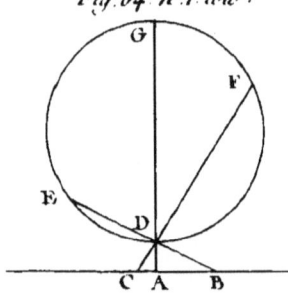

Fig. 64. n.° 1. ibid.

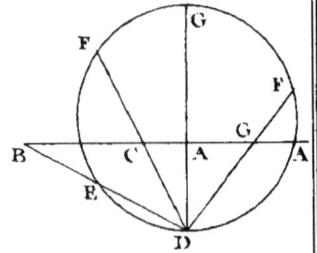

Fig. 64. n.° 2. ibid.

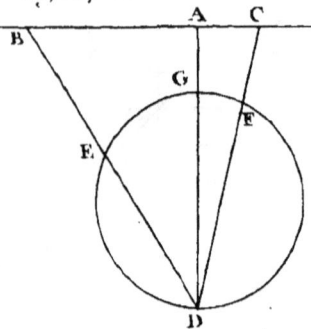

Fig. 64. n.° 3. ibid.

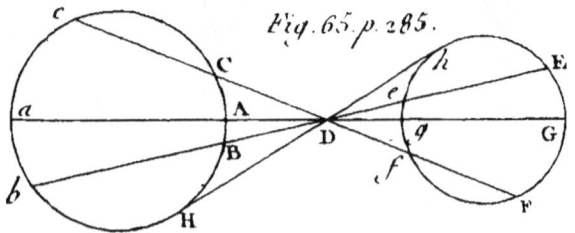

Fig. 65. p. 285.

Histoire des Mathematiques.

Bernard Direx.

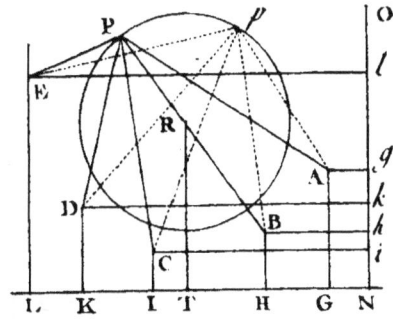

Fig. 66. p. 285.

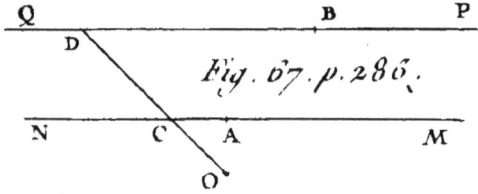

Fig. 67. p. 286.

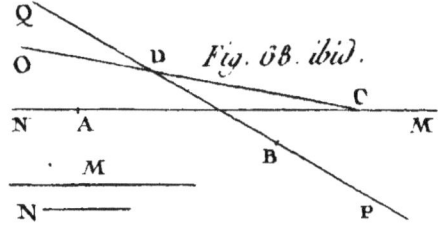

Fig. 68. ibid.

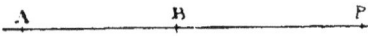

Fig. 69. ibid.

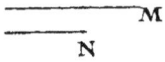

Fig. 70. ibid.

Fig. 73. ibid.

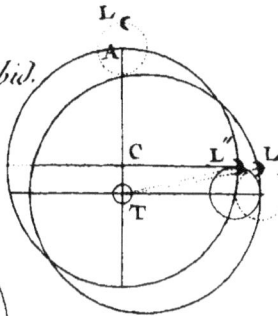

Fig. 71. ibid.

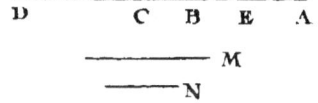

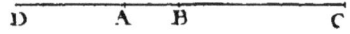

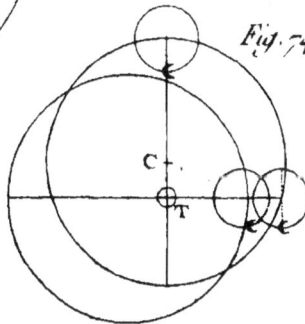

Fig. 74. ibid.

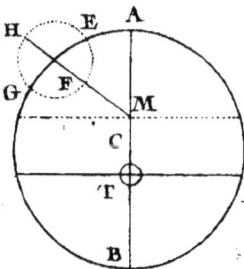

Fig. 72. p. 208.

Fig. 75. p. 301.

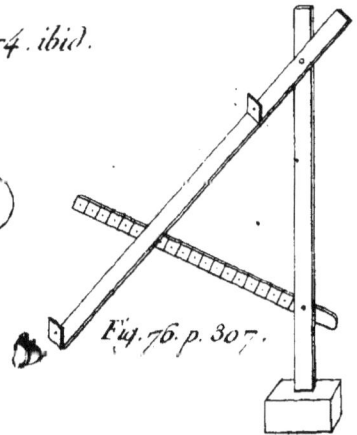

Fig. 76. p. 307.

Benard Direxit.

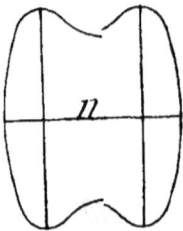
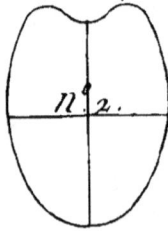
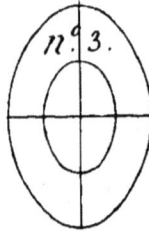
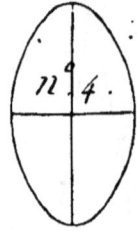

Fig. 77. p. 316.

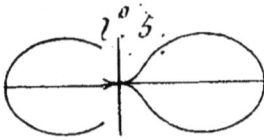
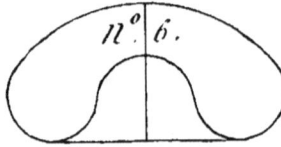
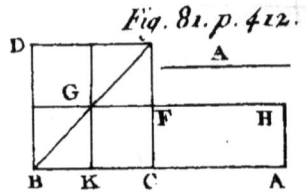

Fig. 81. p. 412.

Fig. 77. p. 339.

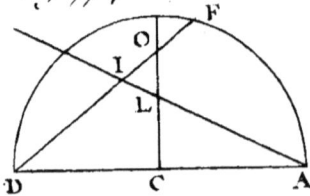
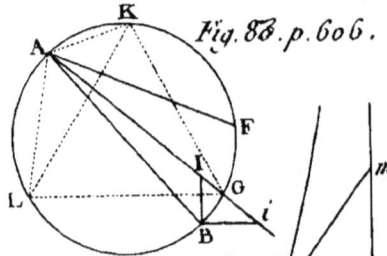

Fig. 83. p. 606.

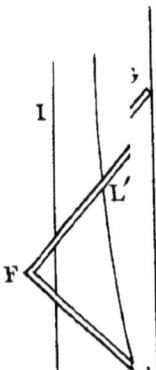

Fig. 82. p. 606.

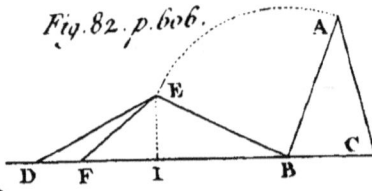

Fig. 78. ibid

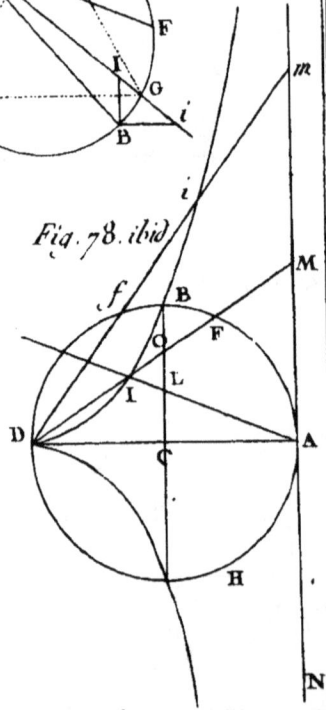

Fig. 79. p. 340.

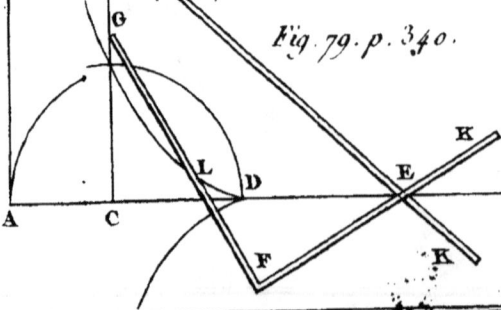

Histoire des Mathématiques.

Anciens Caractères Arithmétiques.

	1	2	3	4	5	6	7	8	9	10
1. Notes de Boece.	I	ᕁ	ɯ	⌘	Ϭ	Ⴑ	⋀	8	ᴄ	
2. De Planude.	ı	ıı	ɯ	⌐	ʃʃ	५	ᴠ	⋀	९	10
3. Caractères d'Alsephadi.	ı	ıı	ııı	⌐	B	५	ᴠ	⋀	९	ıı
4. Chiffres de Sacro Bosco.	ı	ᴜ	3	⅋	Ϭ	ϭ	⋀	8	९	10
5. De Roger Bacon.	ı	7	3	⅋	५	6	⋀	8	९	10
6. Des Indiens Modernes.	9	ᒵ	Ɛ	४	γ	3	9	ᴜ	ᴄ	9
7. Chiffres Modernes.	1	2	3	4	5	6	7	8	9	10.
8. Nombre d'Alsephadi.	ı	⋀	ص	ص	५	ᴠ	ص	ᴠ	ııı	ᴠ . ९ B ᴙ B ı . p ı . B

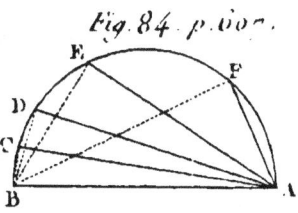

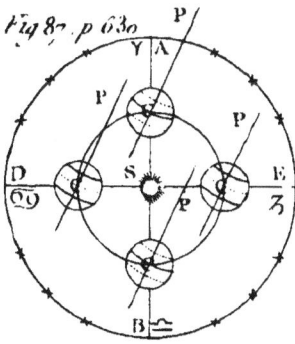

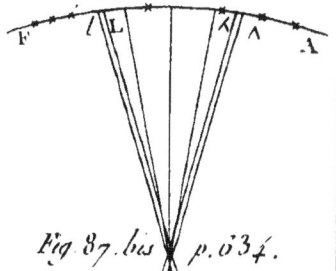

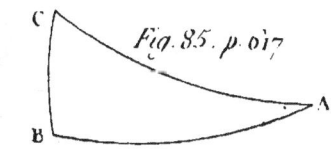

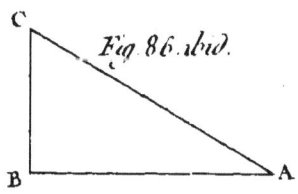

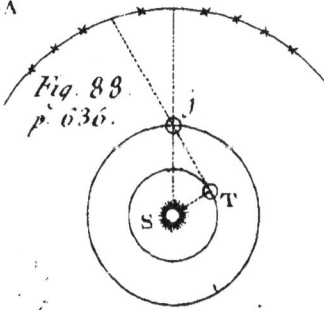

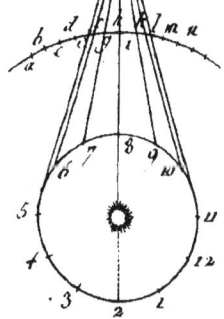

Fig. 84. p. 607.

Fig. 82. p. 630.

Fig. 85. p. 617.

Fig. 86. ibid.

Fig. 83. p. 636.

Fig. 87. bis. p. 634.

Histoire des Mathématiques.

Benard Direxit.

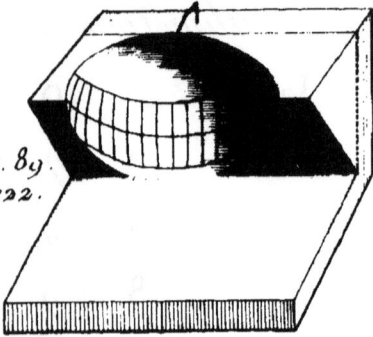

Fig. 89.
p. 722.

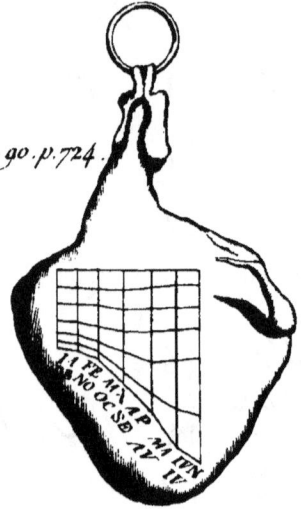

Fig. 90. p. 724.

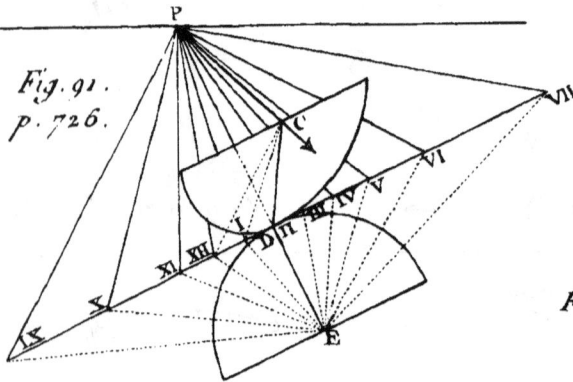

Fig. 91.
p. 726.

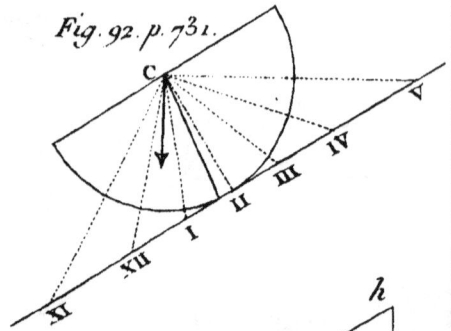

Fig. 92. p. 731.

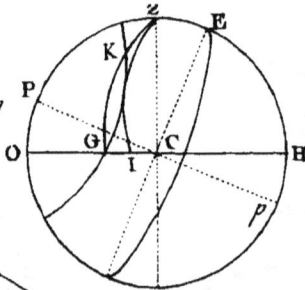

Fig. B. ibid.

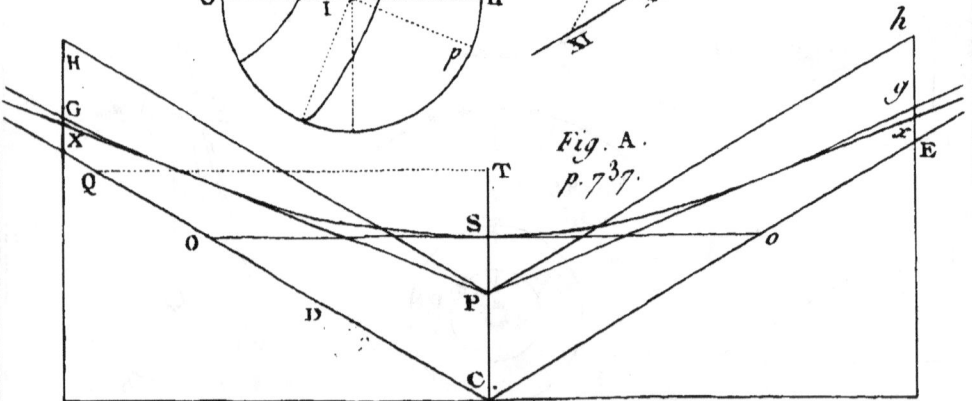

Fig. A.
p. 737.

Benard Direxit.

* 9 7 8 2 0 1 2 5 5 2 9 1 3 *